K. Imhoff, K. R. Imhoff, N. Jardin

Taschenbuch der Stadtentwässerung

32. verbesserte Auflage
herausgegeben von Norbert Jardin

unter Mitarbeit von

Peter Baumann (Kapitel 5.8.2)
Michael Becker (Kapitel 1.6, 1.7, 1.8 und 1.9)
Bert Bosseler (Kapitel 3)
Peter Cornel (Kapitel 4.5 und Kapitel 5.9)
Franz-Bernd Frechen (Kapitel 4.7.1)
Thomas Grünebaum (Kapitel 5.7.6)
Ralf Klopp (Kapitel 5.1)
Julia Kopp (Kapitel 5.10.14 und 5.10.15)
Jörg Londong (Kapitel 5.12 und 5.13)
Petra Podraza (Kapitel 6.4)
Karl-Heinz Rosenwinkel (Kapitel 5.11)
Arnd Sadowski (Kapitel 5.10.10)
Johannes Müller-Schaper (Kapitel 5.10.5)
Christian Schaum (Kapitel 4.5)
Theo Schmitt (Kapitel 1.3, 1.4 und 1.5)
Dieter Thöle (Kapitel 5.18)
Michael Weyand (Kapitel 6.2.1 und 6.2.2)
Joanna Will (Kapitel 5.1)

Mit 155 Abbildungen,
8 Tafeln und 76 Tabellen

DIV
Deutscher Industrieverlag

Bibliografische Information der Deutschen Nationalbibliothek
Die Deutsche Nationalbibliothek verzeichnet diese Publikation in der Deutschen Nationalbibliografie; detaillierte bibliografische Daten sind im Internet über **www.dnb.de** abrufbar.

Taschenbuch der Stadtentwässerung
Herausgeber: Norbert Jardin
32. Auflage 2018

ISBN: 978-3-8356-7314-4 (Print)
ISBN: 978-3-8356-7315-1 (eBook)

Friedrich-Ebert-Straße 55, 45127 Essen, Deutschland
Telefon: +49 201 820 02-0, Internet: www.di-verlag.de

Projektmanagement: Sabina Urban
Lektorat: Tatjana Holzenhauer
Satz: Melanie Zöller
Herstellung und Umschlaggestaltung: Nilofar Mokhtarzada
Titelbild: Ruhrverband, Gursch Ross, ifoto-240205oa-003113
Druck: Druckerei Chmielorz GmbH, Wiesbaden

Vorwort

Dieses Buch wurde zuerst 1906, also vor über 100 Jahren geschrieben. Es hatte den Zweck, einigen jungen Ingenieuren der damals gegründeten Emschergenossenschaft in Essen in kurzer Form die Unterlagen zu geben, die man für die Ableitung und die Reinigung des Abwassers eines engbesiedelten Industriegebietes brauchte. Die Grundregel der Abwassertechnik war dabei das „Frischhalten", das damals noch ein ziemlich neuer Begriff war. Daraus entstanden die „offenen Abwasserkanäle" und die „geruchlosen Klärwerke", die aus zweistöckigen Absetzbecken, verbunden mit Schlammfaulräumen und Trockenplätzen bestanden.
Nach einem Entwurf von 1910 wurde dann der Ruhrverband in Essen gegründet. Er übernahm die Aufgabe, den Ruhrfluss reinzuhalten, der das Trinkwasser für das große Industriegebiet zu liefern hat. Als Folge dieser Arbeiten hatte sich das Buch dann besonders mit den biologischen Reinigungsverfahren zu beschäftigen und später mit den Selbstreinigungsvorgängen im Flusswasser. Das Buch wurde 40-mal übersetzt. Es ist insgesamt in 20 Sprachen erschienen. Sämtliche Ausgaben können in der „Historischen Sammlung" des Ruhrverbands in Essen-Rellinghausen besichtigt werden. Wesentlichen Einfluss hatte das Buch: Imhoff and Fair „Sewage Treatment". Darin hat Gordon M. Fair, Cambridge, das Buch für amerikanische Verhältnisse umgearbeitet. Besonders sind die von Fair entwickelten Rechnungsverfahren für die Selbstreinigung der Gewässer zu nennen, die dann auch in das deutsche Buch übernommen wurden.
Karl Imhoff, der Begründer des Buches, ist nach Durchsicht der 21. Auflage am 28. September 1965 gestorben. Seinen Beitrag zum Gewässerschutz beschreibt G. Annen in „Wegbereiter der Bautechnik", VDI-Verlag, Düsseldorf 1990. Die Bearbeitung des Buches lag seither bei seinem Sohn, Klaus R. Imhoff. Die 30. und 31. Auflage haben Klaus R. Imhoff und Norbert Jardin, Technischer Vorstand des Ruhrverbands, gemeinsam herausgegeben. Bei der nun vorliegenden 32. Auflage liegt die Herausgeberschaft bei Norbert Jardin. Weiterhin haben die auf der Titelseite genannten Mitarbeiter mitgewirkt.
Auch in der neuen 32. Auflage hat das Buch den Grundsatz beibehalten, dass schwierige Formeln und zeitraubende Ausrechnungen vermieden werden. Wo es geht, werden nur Erfahrungszahlen angegeben, nach denen man sich richten kann. Aus den Schaulinien lassen sich viele Fragen mit einem Blick und mit genügender Genauigkeit beantworten, da die Genauigkeit der Berechnung nicht größer zu sein braucht als die der Annahmen. Über 2000 Hinweise auf die Literatur des Fachgebiets setzen den Leser instand, an jedem Punkt in Einzelheiten vorzustoßen, wo ihm der Text nicht ausreicht.

Da das Buch auch sehr häufig in Entwicklungsländern benutzt wird, werden neben den modernen kostenträchtigen Behandlungsverfahren entsprechend dem Stand der Technik auch einfachere Lösungswege für Entwicklungsländer aufgezeigt.
Gegenüber der 31. Auflage von 2009 ist das Buch wieder in allen Abschnitten verbessert und auf den heutigen Stand ergänzt worden. Besonders zu erwähnen sind folgende Punkte:

- Grundsätze der Stadtentwässerung
- Berechnung des Leitungsnetzes
- Tragverhalten von Abwasserkanälen
- Abwasser als Wertstoff
- Kosten der Abwasserreinigung
- Gerüche
- Beschaffenheit des Abwassers
- Sandfang
- Verfahren mit belebtem Schlamm
- Membranbelebungsverfahren
- Weitergehende Stickstoffelimination
- Elimination von Mikroverunreinigungen
- Bemessung und Auslegung von Belebungsanlagen
- Bemessung von Belebungsanlagen nach dem DWA-Arbeitsblatt A 131
- Automatisierung des Belebungsverfahrens
- Einsatz der dynamischen Simulation für Planung und Betrieb kommunaler Belebungsanlagen
- Abwasserwiederverwendung
- Schlammanfall
- Klärschlammdesintegration
- Gasgewinnung, Heizung und Gasverwertung
- Konditionierung des Schlammes
- Maschinelle Entwässerung des Schlammes
- Schlammwasserbehandlung
- Landwirtschaftliche Klärschlammverwertung
- Gewerbliches Abwasser

- Kleinkläranlagen, dezentrale Abwasserbehandlung
- Neuartige Sanitärsysteme
- Energetische Effizienz
- Die Europäische Wasserrahmenrichtlinie
- Oberflächengewässerverordnung
- Badegewässerrichtlinie
- TMDL-Konzept der USA
- Ansprüche des Gewässers
- Normung
- DWA-Regelwerk

Essen, im Oktober 2017
Professor Dr.-Ing. Norbert Jardin

Inhalt

Erster Teil: Stadtentwässerung

1. Grundsätze der Stadtentwässerung

1.1 Kanalnetz

Die Grundsätze der Stadtentwässerung, die die Entwicklung der Abwasserbeseitigung seit über 100 Jahren prägten, bestanden im Wesentlichen in der Einrichtung einer Schwemmkanalisation und der Abwasserreinigung auf einer Kläranlage. Nach diesem Prinzip wurden die Kanalisationssysteme als zentrale Entwässerung entwickelt und damit eine massive Verbesserung der hygienischen Situation erreicht [9, 256, 971, 1077, 1112, 1457, 1730, 1784, 1796, 1921, 1987, 2134]. Hierbei werden Aborte mit Wasserspülung angeschlossen, also keine abflusslosen Gruben, nach Möglichkeit keine Kleinkläranlagen. Das Entwässerungsnetz kann sparsam eingerichtet werden, wenn man Regenwasser versickert und zur Regenwasserableitung offene Wasserläufe benutzt. Neben der zentralen Entwässerung mit Schwemmkanalisation werden bei heutigen Neuerschließungen nicht nur im ländlichen Raum dezentrale Sanitärsysteme [579] (Kapitel 5.13) oder in schnell wachsenden Agglomerationen flexible semizentrale Systeme [260, 2211] zunehmend bedeutsam.
Leitlinien der integralen Siedlungsentwässerung behandelt [516]. Mit dem Bebauungsplan muss auch der Entwässerungsplan (Vorentwurf) aufgestellt werden [679]. Das Entwässerungsnetz wird zweckmäßig vor der gemeinsamen Wasserversorgung ausgeführt.

Vorentwurf

- ist zuerst aufzustellen,
- Übersichtsplan 1 : 25 000 bis 1 : 5 000 mit Entwässerungsgebieten, Hauptsammlern, Regenentlastungen, Regenbecken, Klärwerk, Gewässer, Höhenschichtlinien,
- Längsschnitte der Hauptsammler, Längen wie im Lageplan, Höhen 1 : 100,
- Bohrergebnisse bei Klärwerk, Regenbecken und einigen wichtigen Stellen der Sammler,
- Berechnung der Sammler,
- kritische Regenspende oder Verdünnungsverhältnis bei den Entlastungen.

Hauptentwurf

- Übersichtsplan 1 : 25 000 bis 1 : 5 000 mit Schichtlinien, Rohrnetzplan 1 : 5 000 bis 1 : 1 000,
- Längsschnitte, Höhen 1 : 100,
- Kellertiefen, Grundwasserstände,
- Boden- und Grundwasserbeschaffenheit,
- Bauplan mit Hausanschlüssen 1 : 1 000 bis 1 : 500,
- Bauzeichnung der Leitungen, der Schächte, des Klärwerks usw., vollständige Bohrergebnisse, vollständige Berechnung des Leitungsnetzes, Beschreibung,
- Hauptentwurf nur für Straßen, die unbedingt festliegen,
- Erweiterungsgebiete nur überschlägig.

Grundsatz: Abwasser frischhalten und Ablagerungen vermeiden. Dies ist besonders in Anfangshaltungen schwierig. Regelmäßig spülen oder Spülschächte vorsehen.
Vorzuziehen sind in der Regel Mischverfahren (Mischentwässerung, Regen- und Schmutzwasser gemischt in gemeinsamen Leitungen); wo möglich, Niederschlagswasser versickern lassen [8, 113, 119, 234, 357, 359, 500, 563, 893, 935, 1509, 1592, 2095, 2096]. Modifizierte Entwässerungssysteme werden mit dem Ziel gebaut, durch Versickerung bzw. getrennte Ableitung des gering verschmutzten Regenwassers die Kosten von Entwässerungsanlagen zu senken. Bei bestehenden Systemen spricht man dann von Abkopplungsmaßnahmen [517].
Trennverfahren (Trennentwässerung, getrennte Leitungen für Schmutzwasser) sind stets teurer und schwieriger, wenn zwei geschlossene Leitungsnetze vorhanden sind. Vorteilhaft sind sie manchmal in ebenem Gelände und bei Entwässerung von Tiefgebieten an Uferstraßen längs des Vorfluters, wenn Abwasserpumpwerke erforderlich sind. Bei Ausnutzung von Straßenrinnen (Straßengefälle wenigstens 1 : 200), ist auch in weitläufig bebauten Außengebieten Wirtschaftlichkeit gegeben [1183, 1301, 1302]. Zum Schmutzwasser wenigstens 100 % Zuschlag für Regen- und Grundwasser annehmen. Eine Kläranlage ist beim Trennverfahren manchmal billiger, wenn das Regenwasser nicht gereinigt zu werden braucht.
Fremdwasser ist neben dem Schmutz- und Regenwasser ein Teil des Abwassers. Es wird als unerwünschter Abfluss in einem Entwässerungssystem angesehen, weil es wegen seiner guten Wasserqualität nicht gereinigt werden müsste und mengenmäßig die Abwasseranlagen belastet. Es stammt aus angeschlossenen Quellen und Dränagen, aus Grundwasser, das durch schadhaf-

te Stellen in die Kanalisation eindringt, aus eingeleiteten Bächen und aus Sickerwasser. Beim Schmutzwasserkanal der Trennkanalisation ist auch das Niederschlagswasser Fremdwasser. Seine Menge kann durch direkte Abflussmessungen in Zeiten, in denen kein Schmutzwasser in der Kanalisation abfließt, statistisch, modelltechnisch oder durch chemische Analysen bestimmt werden [124, 848, 986, 1855]. Eine genaue Zuordnung zur Herkunft und eine Quantifizierung des Fremdwasseranfalls sind allerdings nur durch teilweise sehr aufwändige Messprogramme innerhalb der Kanalisation möglich. Auf Basis solcher Messprogramme können auch konkrete Maßnahmen zur Vermeidung bzw. Verminderung des Fremdwasseranfalls identifiziert werden [1044, 1239, 1241, 1560]. Der Fremdwasseranfall hat einen jahreszeitlichen Verlauf mit hohen Werten im Winterhalbjahr und geringen im Sommerhalbjahr [463, 1783]. Dies hat Auswirkung auf die Abwassertemperatur und die Reinigungsleistung der Kläranlage. Aufgrund der verfahrens- und reaktionskinetischen Randbedingungen erreicht die Stickstoffelimination auf Anlagen mit einem hohen Fremdwasseranfall nur eine eingeschränkte Leistungsfähigkeit. Darüber hinaus weisen Regenüberlaufbecken in Einzugsgebieten mit einem hohen Fremdwasseranfall sehr lange Einstau- und Entlastungsdauern in den Winter- und Frühjahrsmonaten auf. Einige Bundesländer begrenzen deshalb die erlaubte Fremdwassermenge, was Auswirkungen auf die Minderung der Abwasserabgabe haben kann [134].
Wasser aus Regenleitungen des Trennverfahrens hat im Mittel einen biochemischen Sauerstoffbedarf von 15 mg/l, wenn keine Fehlanschlüsse erfolgt sind. Für Regenentlastungen des Mischverfahrens kann man 250 mg CSB/l bzw. 80 mg BSB_5/l annehmen. Da beim Mischverfahren erhebliche Regenmengen der Kläranlage zugeführt werden, ist die Belastung des Vorfluters in beiden Fällen etwa gleich [351, 1775, 2317].
Getrennte Sammler sind empfehlenswert für hoch und tief liegende Gebiete, wenn nur im hohen Gebiet Regenauslässe möglich sind oder wenn aus dem tiefen Gebiet gepumpt werden muss. Einzelne besonders tiefe Keller müssen mit Pumpen entwässert werden.
Bevölkerungszunahmen (Bild 1.1) sind sorgfältig abzuschätzen. Frühere pauschale Annahmen wie zum Beispiel: Kleinstadt 1 %/a, Großstadt 0,5 %/a, Industriestadt bis 5 %/a sind heute oftmals nicht mehr zutreffend. Die Extrapolation auf Basis vergangener Entwicklung ist oftmals ein guter Ansatz zur Abschätzung der zukünftigen Bevölkerungszahl. Der Abwasseranfall von Industrie und Gewerbe geht infolge immer wassersparender Produktionsabläufe und geschlossenen Wasserkreisläufen weiter zurück. Aufgrund der demografischen Veränderungen muss in manchen Regionen Deutschlands zukünftig mit einem Rückgang der Einwohnerzahl gerechnet werden. Demgegenüber steigen die Bevölkerungszahlen in Verdichtungsräumen weiter an [1480]. Weltweit ist eine

zunehmende Urbanisierung zu verzeichnen; die rapide Bevölkerungszunahme in städtischen Räumen auf der Welt verlangt flexible Abwasserkonzepte [260].

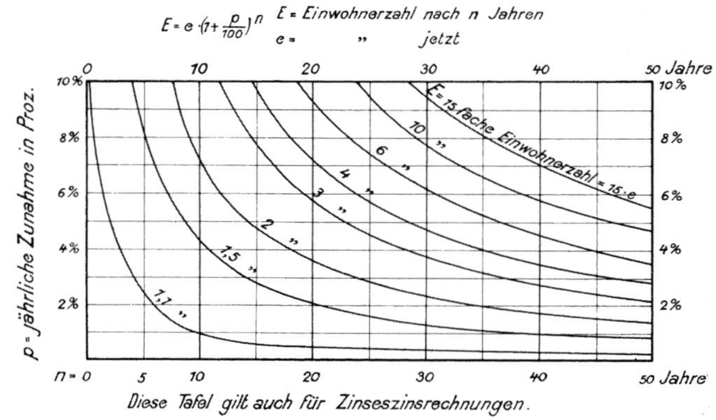

Bild 1.1: Bevölkerungszunahme

Absperreinrichtungen (Rückstaudoppelverschluss) oder Hebeanlagen bei Hausanschlüssen sind nötig, wenn Kellerräume gegen Überschwemmung aus der Straßenleitung geschützt werden sollen. Auch ein Handschieber ist möglich, der nur dann vorübergehend geöffnet wird, wenn Wasser abfließen soll, z. B. aus der Waschküche. Rohre aus oberen Stockwerken und Regenrohre müssen aber freien Abfluss haben, also den Verschluss umgehen [529]. Richtlinien für die Grundstücksentwässerung vergleiche [80].

Düker sind zur Unterquerung von Flüssen und Bachläufen oder Verkehrstrassen erforderlich. Bei der Auslegung von Dükern gilt:

- zwei Rohre, eines für Trockenwetter mit mindestens 1 m/s Geschwindigkeit während der Tagesstunden,
- Regenüberfall vor dem Regenrohr mit Schütz oder Dammbalken zur Spülung,
- Spülschieber vor beiden Rohren,
- Aufsteigender Ast nicht senkrecht, sondern mit Steigung höchstens 1 : 2 (Höhe zu Länge), damit Sand mit steigt,
- für kleine Abflüsse nur ein Rohr, aber regelmäßige Spülung,
- für große Abflüsse Regelung der Fließgeschwindigkeit durch Druckluftpolster möglich [261],
- hydraulische Berechnung nach [525].

Heber sind möglichst zu vermeiden. Sonst Gestaltung wie Düker, aber mit leicht steigenden Rohren, damit Luftblasen mitlaufen können. Fallrohre sollen senkrecht und scharf abgebogen sein, damit Luft mitgerissen wird.
Rohrbrücken vergleiche [1318].
Bei der Planung von Druckrohren der Pumpwerke [137, 138] ist Folgendes zu beachten:

- Anordnungen wie bei Düker,
- Entlüftung an ausgeprägten Hochpunkten,
- Berechnung von Düker und Druckrohr genau wie Gefälle-Leitung, jedoch nicht Gefälle der Leitung, sondern Wasserspiegelgefälle, also Verhältnis von Förderhöhe zu Rohrlänge. Einzelheiten [509],
- zu empfehlende Geschwindigkeit 1 m/s,
- Abwasser frisch zu halten bei wechselndem Anfall (Tagesspitze und Nachtanfall bei Trockenwetter und Regen) ist schwierig,
- helfen kann Spülung in kurzem Zeitabstand. Auch Belüftung von Leitungen [74].

Längsschnitte: Geringste zulässige Fließgeschwindigkeit v = 1 m/s bei voller Füllung, 0,5 m/s bei Teilfüllung (Trockenwetter), andernfalls regelmäßige Spülung. Größte zulässige Geschwindigkeit v = 6,0 m/s für Steinzeugrohre und nach modernen Fertigungsverfahren hergestellte Betonrohre. Sonst Abstürze. Bei sandfreiem Abwasser kann die geringste Geschwindigkeit 0,4 m/s, die größte 6,0 m/s, für Schleuderbetonrohre 8,0 m/s sein. Danach die Gefälle nach den Tafeln 1 – 9 berechnen. Für Kreisrohre siehe Bild 1.2. Ausführliches darüber in [1281], auch [346, 687, 1562]. Die nachteiligen Auswirkungen von Ablagerungen im Kanalnetz untersucht [2012]. Nach Carp sind die Gefälle der mit Betonplatten befestigten Wasserläufe des Emschergebiets 1 : 200 bis 1 : 1 500. Bild 1.2 gibt ausreichende Schleppspannung für Kreisrohre bis 1 m Durchmesser. Bei größeren Durchmessern kann die Formel verwendet werden [2050]:

$$I_{krit} = 1{,}6 \cdot 10^{-3} \cdot h^{-0{,}13} \quad [‰] \qquad (1.1)$$

mit:
I_{krit} = kritisches Gefälle [‰]
h = lichte Höhe [m]

Vergl. auch: [1527]. Beispiel: Welches geringste Gefälle ist bei einem 0,4 m-Rohr (d = 0,4 m) für sandhaltiges Abwasser noch zulässig? – In Bild 1.2 ist es nach der zweiten Kurve von links 0,004 = 1 : 250. Dann hat man bei voller Füllung ($h = 1{,}0 \cdot d$) etwa die Fließgeschwindigkeit v = 1,0 m/s und bei Teilfüllung ($h = 0{,}2 \cdot d$) etwa v = 0,6 m/s. Das lässt sich aus den Tafeln 1 und 5 nachprüfen.

Bei sandfreiem Abwasser wäre das zulässige Gefälle nach der ersten Kurve 0,002 = 1 : 500, wobei für die Teilfüllung $h = 0{,}25 \cdot d$ die Geschwindigkeit noch etwa 0,4 m/s wäre.

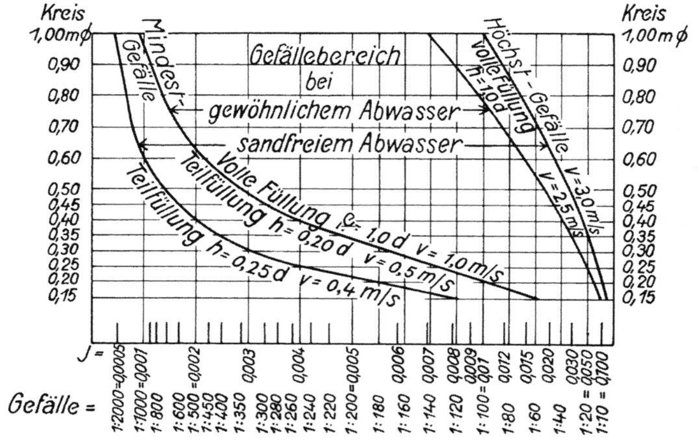

Bild 1.2: Übliche Gefälle kreisförmiger Kanäle

Sohlenstufen bei Gabeln und bei Querschnittswechseln, sodass die Mittelwasserlinien durchlaufen oder (bei reichlichem Gefälle) abfallen. Dabei darf die Sohle nach Bergsenkungen auf kurzen Strecken auch ansteigen. Bei schwachem Gefälle Sohle bündig durchführen.

Leitungsquerschnitte üblich 25 bis 60 cm Kreisform in Beton, Steinzeug oder Faserzement. Darüber Kreis in Beton oder Stahlbeton, gelegentlich Eiform.

Geschlossene Sammler: Decke nach Erddruck und Verkehrslast. Meist Gewölbe. Sohle nach Wasserverhältnissen (Schleppspannung). Bei kleinem Trockenwetterabfluss in großem Querschnitt Niedrigwasserrinne mit Seitensteg oder 1 : 1 geneigten Seiten.

Schächte bei jeder Änderung des Gefälles, der Richtung und des Querschnitts, sonst alle 100 m, in begehbaren Sammlern alle 100 m und mehr [139]. Nicht begehbare Leitungen zwischen Schächten müssen unbedingt gerade sein. Ausführungsformen vergleiche: [489] und [984]. Bei Rohrdurchmessern bis 60 cm seitliche Aufstandsflächen des Schachtgrundes nicht im Kämpfer ansetzen, sondern bis zum Rohrscheitel hochziehen. Das führt zu geringen Fließverlusten bei Überstau [1486].

Straßenabläufe: Geruchverschluss vermeiden. Dadurch beste Lüftung der Kanäle.

Kanalbetrieb umfasst die regelmäßige Inspektion [499] durch Begehung oder Fernsehkamera [550, 572, 584, 585], dazu auch: [493]. Dabei sind Maßnahmen gegen gefährdende Stoffe zu beachten [7, 510, 521, 523, 555], Möglichkeiten der Dichtigkeitsprüfung [601], Boden- und Grundwasserbelastung durch undichte Kanäle [1449], Anforderungen an die Zustandserfassung [1296] sowie Zustandserfassung und -beurteilung von Entwässerungssystemen außerhalb von Gebäuden [539, 594]. Etwa 20 % der öffentlichen Kanalisation in Deutschland sind sanierungsbedürftig [247]. Kanalschadensbehebung siehe: [1224, 1224, 1526, 1591, 1607, 2059]. Die Reinigung erfolgt durch einfache Spülung (Zugschieber, Spülschilde, Spülklappen) [471] oder mit Hilfe des Hochdruckspülverfahrens [81, 486, 580, 1085]. Die anfallenden Feststoffe können 3,6 kg TR/(E · a) betragen. Sie sind ordnungsgemäß zu behandeln und zu entsorgen [586]. Im DWA-A 147 finden sich Angaben über den Betriebsaufwand [499], im DWA-M 174 [504] wird der Personalbedarf sowie der Fahrzeug- und Gerätebedarf zugeordnet und das DWA-A 199 [523] behandelt die Betriebsanweisung für das Personal von Kanalnetzen und Regenwasserbehandlungsanlagen. Nach den Selbstüberwachungsverordnungen der Länder ist der Eigentümer der Kanalisation zu einem ordnungsgemäßen Betrieb verpflichtet. Coburg befasst sich mit der Effizienz der Instandhaltung [433].

Lüftung durch die Straßeneinläufe und die über Dach geführten Hausleitungen, also kein Hauptwasserverschluss an den Hausleitungen, wohl aber sollen Wasserverschlüsse an jedem einzelnen Wassereinlauf sein. Öffnungen in Schachtdeckeln, namentlich bei Gefällewechsel, sind notwendig, damit Luft bei plötzlichen Regengüssen entweichen kann. Bei sehr langen, abgeschlossenen Leitungen ist künstlich zu lüften [1668].

Baustoffe: Kleine und mittelgroße Leitungen werden aus Beton oder Steinzeugrohren zusammengesetzt. Beide Stoffe sind im Allgemeinen gleichwertig und bei guter Ausführung wasserundurchlässig. Sie haben gleiche Reibungsverluste, solange die Wand nicht angefressen ist, und ihre Muffenverbindungen in Glockenform sind gleich gut. Bei Asphaltdichtung müssen die Rohre trocken sein. Besser sind Roll- oder Gleitringe und Kunststoffdichtung. Wassertemperaturen über 35 °C sind nicht zulässig.

Steinzeug ist teurer, hat aber eine längere Lebensdauer und widersteht sicher chemischen und mechanischen Anfressungen [2139].

Betonrohre müssen wasserundurchlässig sein. Man erreicht dies durch die richtige Betonzusammensetzung und fachgerechte Verarbeitung. Durch Stahlbewehrung kann man sie für jeden Außen- und Innendruck einrichten. Gebräuchlichste Rohrverbindung ist eine Glockenmuffe mit Gummidichtung. Muffenrohre können in großen Längen hergestellt werden. Boden und Grundwasser müssen darauf untersucht werden, ob chemische Angriffe zu befürchten sind. Auch der Angriff von innen durch gewerbliches Abwasser, durch Faulgase

(Schwefelwasserstoff) und Sand ist zu beachten [548]. Schutzmittel sind: Ableiten des Grundwassers, Verdichten des Betons, Mörtelzusatzmittel, Anstriche, Beschichtungen und Auskleidung mit Steinzeugplatten. Bei geringem Gefälle ist die Fäulnis von Abwasser und Schlamm durch Spülen und Lüften zu bekämpfen [2196]. Auskleidung von Großrohren siehe: [261, 1333, 1500, 2132].
In Sonderfällen (hoher Grundwasserstand, Druckleitungen für Abwasser oder Klärschlamm) haben sich Faserzementrohre bewährt. Es kommen auch Guss-Stahl- und PE-HD- bzw. andere Kunststoffrohre zum Einsatz, deren Eignung nachgewiesen ist [819, 1520].
Über Erfahrungen mit Kanalrohren aus PVC-hart für kleine Durchmesser berichtet Schulte [2049]. Rohrwerkstoffe beschreibt Haendel [982, 983].
Zur Bauausführung siehe DWA-A 139 [546] und für Wassergewinnungsgebiete DWA-A 142 [591]. Meist gibt es eine offene Baugrube. Bis Rohrnennweite 50 cm Grubenbreite gleich Rohraußendurchmesser +60 cm. Darüber Rohraußendurchmesser +80 cm [1394, 1674]. Verlegen am Tiefpunkt beginnen. Rohre auf Sandunterlage oder Beton verlegen. Die fertig verlegten Rohrleitung auf Wasserdichtigkeit im offenen Rohrgraben nach DIN 4033 prüfen [461]. Füllmaterial behutsam verdichten. Unter wichtigen Verkehrswegen und bei großen Verlegetiefen vorpressen [1470, 1797]. Verschiedene Bauweisen siehe [2260] und DWA-A 125 [542]. Vortreiben kleiner Durchmesser siehe [436, 1316]. In Wassergewinnungsgebieten sind besondere Schutzmaßnahmen erforderlich [495].
Die Baukosten des Leitungsnetzes betragen bei DN 300 etwa 300 bis 600 €/m und bei DN 600 etwa 400 bis 800 €/m je nach Verlegetiefe und Bodenklasse. Bei kleinen Städten (30 000 E) werden 6 m Kanal je Einwohner benötigt. Bei großen Städten (300 000 E) 3 m/E. Die spezifischen Kanalbaukosten betragen im ersten Fall etwa 2 800 €/E, bei der großen Stadt 2 400 €/E [902, 1780].

1.2 Pumpwerke

Baulichen Teil nach Leistungsfähigkeit des Kanalnetzes bemessen, das heißt für Endausbau. Elektrischen Teil (Stromanschluss und Schaltschrankfelder) ebenfalls für Endausbau. Pumpen für Zwischenzustände. Bei Planung nicht nur fördertechnische Aufgabe lösen, sondern auch Auswirkungen auf Kanalisation (Korrosion) und Klärwerk überprüfen. Auf gleichmäßigen Förderstrom und Frischhalten des Abwassers achten. Förderung im Kanalnetz meistens mit Kreiselpumpen. Bei Pumpwerken vor der Kläranlage häufig mit Förderschnecken. Bei Transport kleinerer Mengen über längere Strecken auch pneumatisch mit Kompressoren [487, 1325, 1796, 2225, 2316].
Bei Kreiselpumpen Wahl der Pumpen und Ausbildung des Saugraumes (Pumpensumpfes) für rechenfreien Betrieb vornehmen. Meist Trockenaufstellung mit

freiem Zulauf zur Pumpe. Pumpen horizontal oder vertikal in Blockbauweise, Sperrspalt vorsehen, Sohle abschrägen, damit kein Schlamm liegen bleibt, und seitlicher Zulauf; Trockenwetterpumpe wegen Spülung als letzte anordnen. Anpassung des Förderstromes durch Saugraum, aber auch durch Drehzahländerung. Für Ausgleich kann Kanal mitgenutzt werden, wenn keine Schlammablagerungen (Fließgeschwindigkeit wenigstens 0,8 m/s bei Trockenwetter) und Rückstau zulässig. Tauchmotorpumpen in Nassaufstellung meist bei kleinen Verhältnissen und als Entleerungspumpen von Regenbecken. Laufraddurchgang ≥ 100 mm.
Nutzvolumen des Saugraumes V_N (m^3) abhängig von Pumpenförderstrom Q_F (l/s) und Schalthäufigkeit Z (l/h). Bei mehreren unterschiedlich großen Pumpen nur größte Pumpe und bei mehreren gleichgroßen Pumpen eine Pumpe maßgebend für Nutzvolumen, aber anteilige Höhen für Ein- und Ausschalten der anderen Pumpen berücksichtigen:

$$V_N = \frac{0{,}9 \cdot Q_F}{Z} \qquad [\mathrm{m}^3] \qquad (1.2)$$

Richtwerte für Schalthäufigkeiten:

Motorleistung	bis 7,5 kW	$Z \leq 15$,
	bis 30 kW	$Z \leq 12$,
	darüber	$Z \leq 10$.

Bei Tauchmotorpumpen in Nassaufstellung bis 30 kW ist die doppelte Schalthäufigkeit zulässig, da eine selbsttätige Kühlung durch das Abwasser erfolgt. Der Saugraum darf nicht zu groß sein, um das Abwasser frischzuhalten und Ablagerungen zu vermeiden.
Förderschnecken passen sich wechselnden Zuflüssen (ohne zusätzliche Vorkehrungen) an. Ein besonderer Saugraum ist dann nicht erforderlich. Nach Erreichen des Füllpunktes gibt es einen konstanten Förderstrom. Der Schneckentrog wird aus Ortbeton, Fertigbetonteilen, Stahlblech oder hoch abriebfestem Schmelzbasalt gefertigt [1479, 1684, 1685].
Pneumatische Förderung findet bei Förderstrom bis etwa 50 l/s statt. Dies ist zum Frischhalten des Abwassers günstig und bietet Vorteile auch bei kleinen Zuflüssen und großen Förderhöhen, z. B 100 m, sowie bei Anschluss mehrerer Pumpwerke an gemeinsame Druckleitung. Es gibt keine Druckstöße. Bei Wirtschaftlichkeitsberechnungen darauf achten, dass höhere Baukosten des Pumpwerkes bei Druckleitung ausgeglichen werden können, da keine Entlüftungen, Entleerungen, Spülschächte und Verlegung parallel zur Erdoberfläche möglich.
Schaltanlagen überflutungssicher installieren. Der Zugang zum Saugraum liegt außerhalb des Pumpenraumes. Die Schutzart für Schaltanlagen und elektri-

sche Geräte richtet sich nach den örtlichen Gegebenheiten. Einzelheiten nach: [487].
Motorantriebsleistung K eines Förderaggregates (für Wasser):

$$K = \frac{9{,}81 \cdot H \cdot Q_F}{\eta_A} \quad \text{[kW]} \qquad (1.3)$$

mit:
H = manometrische Förderhöhe (m),
Q_F = Förderstrom (m^3/s),
η_A = Anlagenwirkungsgrad (Gesamtwirkungsgrad von Förderaggregat und Motor mit sonstigen Abzügen).

Bei Kreiselpumpen ist η_A = 0,30 bis 0,80 abhängig von Abwasserart und Laufradausbildung. Pumpen so auswählen, dass Betriebspunkte überwiegend im Bereich des maximalen Wirkungsgrades liegen, bei möglichst flachem Verlauf der Wirkungskurve in diesem Bereich. Bei Förderschnecken ist dies maximal η_A = 0,60 bis 0,70 in einem weiten Bereich des Förderstromes. Bei pneumatischer Förderung Wirkungsgrade η_A = 0,20 bis 0,30.
Jahresstromkosten K_E:

$$K_E = \frac{8760 \cdot H \cdot Q_M}{102 \cdot \eta_A} \cdot k_E \quad [€] \qquad (1.4)$$

mit:
H = manometrische Förderhöhe (m),
Q_M = mittlerer Zufluss (l/s),
k_E = Strompreis (€/kWh).

Für den Betrieb von Abwasserpumpanlagen kann man bei einer installierten Leistung von 50 kW 200 Stunden je Jahr annehmen, bei 100 kW etwa 350 h/a [82].
Stromkosten für 1 l/s · 1 m bei mittlerem Wirkungsgrad (η_A = 0,7) und k_E = 0,19 €/kWh etwa 25 €/a. Stromkosten pro Einwohner und Jahr bei 150 l/(E · d) und H = 10 m etwa 1 €/a. Hängt aber stark von Größenordnung ab.
Bei schwierigen Untergrundverhältnissen und kleinen Zuflüssen kommen auch Druckentwässerung [72, 74, 520, 1733, 2387] oder Vakuumentwässerung [73, 520, 1997] in Frage. Bei Kleinstzuflüssen ist der Einsatz von Schneidkopfpumpen vertretbar.
Baukosten von Pumpwerken, siehe: [219]. Betriebsanweisung für das Personal von Abwasserpumpanlagen: [521].

1.3 Regenwasserbehandlung

1.3.1 Allgemeines

Weil Kläranlagen bei Regen eine begrenzte hydraulische Kapazität aufweisen, muss Regenwasser aus Mischwasserkanälen unmittelbar in die Gewässer entlastet werden. Aufgabe der Regenwasserbehandlung ist es, den Regenabfluss zur Kläranlage so zu begrenzen, dass dort die angestrebten Ablaufwerte eingehalten werden und gleichzeitig die stoßweisen Belastungen des Gewässers aus Regenentlastungen in vertretbaren Grenzen bleiben. Ziel der Regenwasserbehandlung ist die bestmögliche Reduzierung der Gesamtemissionen aus Regenentlastungen und Kläranlagen im Rahmen der wasserwirtschaftlichen Erfordernisse. Das kann mit verschiedenen Ansätzen von der Abflussvermeidung bis zum Stoffrückhalt erreicht werden.
Im Gegensatz zum Kläranlagenablauf haben die aus der Regenentlastung in die Gewässer eingeleiteten organischen Substanzen noch stark sauerstoffzehrenden Charakter und zudem erfolgt die Einleitung zeitlich konzentriert in weniger als 10 % der Jahresstunden, woraus sich die große Bedeutung einer geordneten Niederschlagswasserbehandlung für den Gewässerhaushalt ableiten lässt. Die Entwicklung der Regenwasserbehandlung beschreibt Krauth [1387]. Eine Standortbestimmung sowie den derzeitigen Ausbaustand geben Schmitt [2017] und Brombach [350, 352, 353].
Entlastungsbauwerke sind der Regenüberlauf (RÜ), an dem bei stärkerem Regen ein Teil des Mischwassers ins Gewässer abgeschlagen wird, und das Regenüberlaufbecken (RÜB), ein zusätzlich angeordnetes Becken mit Rückhalte- und Klärfunktion. Der Sammelbegriff Regenbecken [676] umfasst außer Regenüberlaufbecken auch Regenrückhaltebecken und Regenklärbecken (s. auch: [569]).
Regenüberlaufbecken (RÜB) haben als wesentliche Bestandteile den Überlauf in das Gewässer und den Ablauf zur Kläranlage. Der Überlauf kann an der Ablaufseite (Klärüberlauf KÜ) oder an der Zulaufseite (Beckenüberlauf BÜ) liegen. Die Überläufe springen erst an, wenn das Becken gefüllt ist. Für Vorentwürfe kann man im Regelfall einen Inhalt von 20 – 25 m^3/ha angeschlossener undurchlässiger Fläche annehmen bzw. ca. 4 E/m^3 Becken ansetzen. Stauraumkanäle (SK) mit oben oder unten liegender Entlastung sind Sonderformen der Regenüberlaufbecken. Regenrückhaltebecken (RRB) werden beim Misch- und Trennverfahren im Netz angeordnet, um die weiterführenden Kanäle zu entlasten. Sie sammeln das Wasser bei starken Regengüssen und geben es verzögert wieder ab. Sie haben lediglich einen Notüberlauf. Regenklärbecken (RKB) sind Absetzbecken für verschmutztes Regenwasser im Trennverfahren. Retentionsbodenfilter (RBF) können in Kombination mit Rückhalteraum für die

Behandlung des Niederschlagsabflusses sowie für die Nachbehandlung von entlastetem Mischwasser eingesetzt werden. Die gegen den Untergrund abgedichtete Sohle erhält eine Drainung, die als Grundablass zum Gewässer führt. Darüber liegt eine ca. 1 m starke, in der Regel mit Schilf bepflanzte Filterschicht [358, 360, 1610].
Die Baukosten der Regenwasserbehandlung sind etwa genauso hoch wie die Kosten der Kläranlage. Statt zu viel in Becken zu investieren, besser Kläranlage vergrößern [1776, 2357]. Die mittleren spezifischen Kosten von Regenbecken betragen nach [2359] ca. 750 €/m^3 (offenes RÜB), 1 000 €/m^3 (geschlossenes RÜB), 850 €/m^3 (SK, einfache Bedingungen) und 1 500 €/m^3 (SK, erschwerte Bedingungen). Von den Kapital- und Betriebskosten der Kläranlage muss man 10 bis 20 % der Mitbehandlung des ihr zugeführten Regenwassers zurechnen [1510]. Nach Auswertungen des Ruhrverbandes liegen die jährlichen Betriebskosten im Mittel bei etwa 15 – 20 €/m^3 [287].

1.3.2 Planungsgrundsätze

1.3.2.1 Regenwasserbehandlung und Gewässerschutz

Mit dem in den letzten Jahrzehnten erfolgten sehr weitreichenden Ausbau der kommunalen Kläranlagen ist der erhebliche Beitrag niederschlagsbedingter Siedlungsabflüsse zur Gewässerbelastung mit Schmutz- und Schadstoffen offenkundig geworden (u. a. [1042, 1611, 2320]). Handlungsbedarf resultiert zudem aus der in [516] formulierten Zielvorgabe einer möglichst geringen Beeinträchtigung des (lokalen) Wasserhaushalts durch die Siedlungsentwässerung und dem im Wasserhaushaltsgesetz [473] für Gewässer verankerten Verschlechterungsverbot. Zur Zielerreichung bietet die Regenwasserbewirtschaftung ein breites Spektrum unterschiedlicher Maßnahmen zur Abflussvermeidung, Versickerung, zur verzögerten (offenen) Ableitung, zur Regenwassernutzung sowie zum gezielten Stoffrückhalt verschmutzter Abflüsse als Regenwasserbehandlung (Bild 1.3).
Dabei erlangen dezentrale Maßnahmen besondere Bedeutung bezüglich der Abflussvermeidung, u. a. mittels durchlässiger Flächenbefestigungen und Versickerung über die bewachsene Bodenzone. Für die Behandlung belasteter Niederschlagsabflüsse nach Erfordernis des Gewässer- und Bodenschutzes stehen dezentrale und zentrale Maßnahmen und Anlagen zur Verfügung (Kapitel 1.4.1 und 1.4.2). Die Umsetzung der Regenwasserbewirtschaftung erfordert eine enge und frühzeitige Verzahnung mit der Orts- und Verkehrsplanung, sowie mit Freiraumplanung und Architektur in den Planungsabläufen.

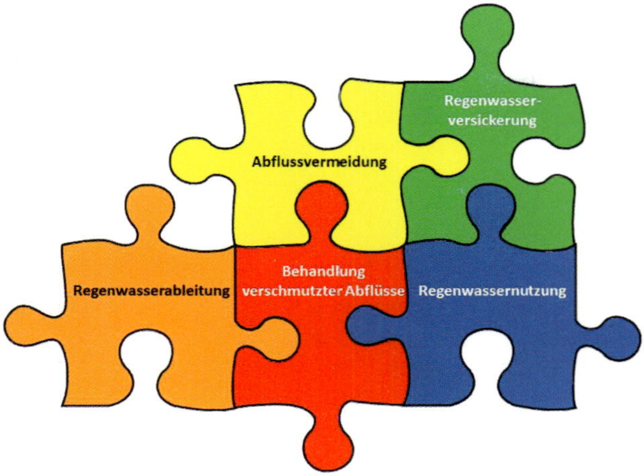

Bild 1.3: Elemente und Maßnahmen der Regenwasserbewirtschaftung in Siedlungsgebieten [604]

1.3.2.2 Begriffliche Festlegungen

Zur Klarstellung der Begriffsverwendung im Kontext der Regenwasserbehandlung dienen nachstehende begriffliche Festlegungen.

- *Niederschlagswasser* als Abwasserkomponente entsprechend der im Wasserhaushaltsgesetz [473] enthaltenen Definition; im Kontext dieses Kapitels synonyme Verwendung von „Regenwasser“,
- *Regenwetterabfluss* als übergeordneter Begriff für Niederschlagsabflüsse und Mischwasserabflüsse im Bereich der Siedlungsentwässerung („niederschlagsbedingte Siedlungsabflüsse“),
- *Regenwasserbehandlung* als übergeordneter Begriff für Maßnahmen zum Stoffrückhalt in Niederschlagsabflüssen und Mischwasserabflüssen,
- *Niederschlagswasserbehandlung* bezeichnet Maßnahmen zum gezielten Stoffrückhalt bei Niederschlagsabflüssen in dezentraler oder zentraler Anordnung (Kapitel 1.4),
- *Mischwasserbehandlung* umfasst Maßnahmen zum Stoffrückhalt bei Mischwasserabflüssen; vorrangig durch Anordnung und Betrieb von Regenentlastungsbauwerken, ggfs. in Verbindung mit klärtechnischen Maßnahmen, sowie die anteilige Behandlung des hydraulisch begrenzten Mischwasserzuflusses in der Kläranlage (Kapitel 1.5).

1.3.2.3 Rechtliche Grundlagen und Regelungen

Die Planungsgrundsätze zur Regenwasserbehandlung orientieren sich an den rechtlichen Grundlagen und Vorgaben im technischen Regelwerk auf europäischer und nationaler Ebene. Sie sind überwiegend durch das Vorsorgeprinzip und daraus abgeleitete Emissionsanforderungen geprägt, die durch gewässerbezogene Anforderungen aus Immissionsbetrachtungen der betroffenen Gewässer zu ergänzen sind.

Vorgaben auf europäischer Ebene

Die Europäische Wasserrahmenrichtlinie [792] fordert die Begrenzung der Gewässerbelastung aus diffusen Quellen und aus Punktquellen nach einem kombinierten Ansatz aus Emissions- und Immissionsanforderungen. Die EU-Richtlinie „Kommunalabwasser“ [790] enthält Emissionsanforderungen für Punktquellen der Siedlungsentwässerung, Kläranlagen sowie Mischwassereinleitungen ohne Konkretisierung von Regelungen für Regenwetterabflüsse. In der Europäischen Norm EN 752 [658] wird bezüglich der Begrenzung der Gewässerbelastung durch Regenwetterabflüsse im Wesentlichen auf national geltende Regelungen verwiesen.

Vorgaben auf Bundes- und Länderebene

Das Wasserhaushaltsgesetz [473] enthält Vorgaben zum Umgang mit Niederschlagswasser, u. a. das Gebot, Niederschlagswasser nicht mit Schmutzwasser zu vermischen. Weiterhin wird „das von bebauten oder befestigten Flächen gesammelt abfließende Wasser“ als Abwasser eingeordnet. Damit erlangt die Anforderung an das Einleiten von Abwasser nach § 57 (1), Menge und Schädlichkeit des Abwassers so gering zu halten, „... wie dies bei Einhaltung der jeweils in Betracht kommenden Verfahren nach dem Stand der Technik möglich ist, ...“, auch für Niederschlagswasser grundsätzliche Gültigkeit. Allerdings ist bislang gesetzlich kein bundeseinheitlicher Stand der Technik festgelegt. Somit erlangt das technische Regelwerk in Verbindung mit länderspezifischen untergesetzlichen Regelungen besondere Bedeutung.

Neben mehr allgemeinen Ausführungen zum Umgang mit Niederschlagswasser in den Wassergesetzen der Länder existieren länderspezifisch untergesetzliche Regelungen. So wurden in Nordrhein-Westfalen im Jahr 2004 „Anforderungen an die Niederschlagsentwässerung im Trennverfahren“ als sogenannter Trenngebietserlass eingeführt [1614]. Dort werden Niederschlagsabflüsse nach Herkunftsbereichen einer von drei Kategorien zugeordnet. Für unbelastetes Niederschlagswasser ist grundsätzlich keine Behandlung erforderlich, schwach belastetes Niederschlagswasser bedarf generell einer Behandlung. Stark belastetes Niederschlagswasser muss auf jeden Fall gesammelt, abgeleitet und einer biologischen Behandlung zugeführt werden. Im Grundsatz werden zentrale und dezentrale Behandlungsanlagen zugelassen [1614].

Technisches Regelwerk zur Regenwasserbehandlung

Als maßgebende Regelblätter der DWA zu niederschlagsbedingten Siedlungsabflüssen dienen das Arbeitsblatt ATV-A 128 [6] in Verbindung mit dem Merkblatt ATV-DVWK-M 177 [490], das Merkblatt DWA-M 153 [563] und das Arbeitsblatt DWA-A 138 [500]. In den beiden letztgenannten Regelblättern erfolgt jeweils eine Klassifizierung der Verschmutzung nach Herkunftsflächen, aus der sich Zulässigkeit und Art der Versickerung bzw. sonstige Behandlungserfordernisse ableiten. Die BWK-Merkblätter 3 [385] und 7 [386] ergänzen die vorgenannten, emissionsorientierten Regelblätter der DWA.
In einem Kooperationsvorhaben von BWK und DWA wurden systembezogene Grundsätze und Anforderungen für die Regenwasserbehandlung erarbeitet. Das Arbeitsblatt DWA-A 102 enthält emissionsbezogene Regelungen zur Einleitung von Regenwetterabflüssen in Oberflächengewässer und soll die diesbezüglichen Regelungen in ATV-A 128 und DWA-M 153 ersetzen [604].

1.3.3 Emissionsbezogene Zielgrößen für Regenwetterabflüsse

1.3.3.1 Bisherige Zielgrößen

Merkblatt DWA-M 153

Für die Einleitung von Niederschlagsabflüssen in Oberflächengewässer und Grundwasser enthält DWA-M 153 [563] ein Bewertungsverfahren zur orts- und gewässerbezogenen Abschätzung der Notwendigkeit und des Umfangs einer Behandlung mit der Maßgabe, dass die Gewässerbelastung durch die Niederschlagsabflüsse die Belastbarkeit des Gewässers nicht überschreiten soll. Für die resultierende stoffliche Gewässerbelastung werden die Verschmutzung des Niederschlags und der Oberfläche („Herkunftsfläche“) sowie die Wirksamkeit von Behandlungsmaßnahmen berücksichtigt. Die stoffliche Belastbarkeit des Gewässers wird über gewässertypische Kennziffern bewertet. Die hydraulische Belastbarkeit wird über ein zulässiges Verhältnis des Niederschlagsabflusses aus dem Siedlungsgebiet zum mittleren Niedrigwasserabfluss des Gewässers ermittelt.

Arbeitsblatt ATV-A 128

Übergeordnete Zielsetzung der Mischwasserbehandlung ist die bestmögliche Reduzierung der Gesamtemissionen aus Mischwasserüberlauf und Kläranlagenablauf. Dazu ist der Mischwasserzufluss zur Kläranlage so zu begrenzen, dass die dort angestrebten Ablaufwerte eingehalten werden. Gleichzeitig soll die Gewässerbelastung durch Mischwasserüberläufe in vertretbaren Grenzen bleiben. Die Regelungen in ATV-A 128 [6] basieren auf der Zielvorstellung der Gleichbehandlung von Misch- und Trennverfahren hinsichtlich der niederschlagsbedingten Gewässerbelastung im Jahresmittel. Sie resultiert beim Mischverfahren aus Mischwasserüberläufen und Niederschlagswasseranteil im Kläranlagenablauf. Für den Chemischen Sauerstoffbedarf CSB als Leitparameter wird von einem einheitlichen Verschmutzungspotenzial des Jahresniederschlagsabflusses ausgegangen. Die in ATV-A 128 enthaltenen Vorgaben zur Mischwasserbehandlung verstehen sich als Normalanforderungen, die bei einem besonderen Schutzbedürfnis betroffener Gewässer durch weitergehende, gewässerbezogene Anforderungen zu ergänzen wären.

1.3.3.2 Zielgrößen in DWA-A 102

Die emissionsbezogenen Regelungen zur Einleitung von Regenwetterabflüssen in Oberflächengewässer in DWA-A 102 beinhalten hydrologische und stoffliche Zielgrößen [604].

Zielgröße lokaler Wasserhaushalt

Zu den emissionsbezogenen Vorgaben gehört die Konkretisierung der übergeordneten Zielsetzung einer möglichst geringen Beeinträchtigung und Veränderung des lokalen Wasserhaushalts durch Siedlungstätigkeit. Dazu werden die Wasserhaushaltsgrößen im bebauten Zustand den Werten des nicht bebauten Referenzzustandes gegenübergestellt. Aufgrund der sachlichen Zwänge in Bestandsgebieten (fehlender bzw. begrenzter Handlungsspielraum) gilt diese Zielgröße für entwässerungstechnische Neuerschließungen [604]. Der methodische Ansatz ist in Kapitel 1.3.4.1 beschrieben.

Stoffbezogene Zielgröße

Als Grundlage zur Bewertung der stofflichen Belastung von Regenwetterabflüssen sowie der Notwendigkeit und des Umfangs der Behandlung vor der Gewässereinleitung wird der Referenzparameter „Abfiltrierbare Stoffe“ mit Eingrenzung auf den Feinanteil der Feststoffe < 63 μm als AFS63 eingeführt [604]. Für Mischsysteme wird der CSB zur Berücksichtigung von Starkverschmutzereinflüssen zusätzlich einbezogen.

1.3.4 Bemessungsverfahren im Trenn- und Mischsystem

Die Feststellung der Notwendigkeit von Maßnahmen der Regenwasserbehandlung sowie ihre Auswahl und Bemessung erfolgen nach den vorstehend beschriebenen Zielgrößen. Dabei beziehen sich die Vorgaben zum lokalen Wasserhaushalt naturgemäß auf Niederschlagsabflüsse, die stoffliche Zielgröße gilt für die Einleitung von Niederschlagsabflüssen und Mischwasserüberläufen.

1.3.4.1 Bilanzierung des lokalen Niederschlagswasserhaushalts

Bilanzierungsgrößen des lokalen Niederschlagswasserhaushalts sind der Direktabfluss, die Grundwasserneubildung und die Verdunstung, jeweils als Jahreswerte. Für den nicht bebauten Zustand kann die Quantifizierung der Wasserhaushaltsgrößen auf der Grundlage des Hydrologischen Atlas Deutschland [387] mit differenziert ermittelten örtlichen Daten erfolgen. Für den bebauten Zustand wird der ortsbezogene Jahresniederschlag zunächst in Bezug auf die Abflussflächen in Direktabfluss, Grundwasserneubildung und Verdunstung aufgeteilt. Soweit vorhanden, wird an Entwässerungsanlagen, die den Direktabfluss aufnehmen, eine anlagenbezogene Wasserbilanz erstellt. Die Quantifizierung erfolgt über flächen- und anlagenbezogene „Aufteilungswerte“, die DWA-A 102 entnommen werden können [604].
Im Bilanzgebiet (Gebiet der Neuerschließung) sollen sich die Bilanzierungsgrößen im bebauten Zustand denen des unbebauten Zustandes soweit wie möglich annähern. Dazu können Maßnahmen zur Erhöhung der Verdunstung und Versickerung angeordnet und über die Aufteilungsfaktoren bewertet werden. Dabei können auch Ersatz- und Ausgleichsmaßnahmen im Einzugsgebiet des Oberflächengewässers und des Grundwasserkörpers zur Anrechnung kommen. Der methodische Ansatz wird in [2229] ausführlich beschrieben.

1.3.4.2 Bewertung der stofflichen Belastung

Die Bewertung der Verschmutzung von Niederschlagsabflüssen erfolgt durch Zuordnung unterschiedlicher Flächentypen und Flächennutzungen zu den Belastungskategorien „gering – mäßig – stark belastet“. Die in DWA-A 102 [604] empfohlene Zuordnung berücksichtigt neben der Flächennutzung nutzungsbedingte Havarierisiken (z. B. Ölunfälle, Brandfälle mit belastetem Löschwasser etc.). Beispielhaft zeigt Tabelle 1.1 die vorgesehene Zuordnung von Flächen zur Belastungskategorie II mit weitergehender Differenzierung von Verkehrsflächen in zwei Unterkategorien.

Tabelle 1.1: Herkunftsflächen mit Zuordnung nach Belastungskategorie II [604]

Gruppe	Beschreibung
D2	Dachflächen ohne Metalleindeckung (< 20 m^2) in Industrie- und Gewerbegebieten mit Produktion oder Güterumschlag oder signifikanter Luftbelastung
W2	Einkaufsstraßen, Marktplätze, Flächen, auf denen Freiluftveranstaltungen stattfinden
V2a	Hof- und Verkehrsflächen außerhalb von Misch-, Gewerbe- und Industriegebieten mit mäßigem Kfz-Verkehr (DTV < 2 000), z. B Wohn- und Erschließungsstraßen mit Park- und Stellplätzen, ... Hof- und Verkehrsflächen in Misch-, Gewerbe- und Industriegebieten mit geringem Kfz-Verkehr (DTV < 300), ...
V2b	Verkehrsflächen außerhalb von Misch-, Gewerbe- und Industriegebieten mit mittlerem Verkehrsaufkommen (2 000 < DTV < 15 000) Hof- und Verkehrsflächen in Misch-, Gewerbe- und Industriegebieten mit mäßigem Kfz-Verkehr (300 < DTV < 2 000)

1.3.4.3 Bezugsgröße „zulässiger Stoffaustrag"

Als Bezugsgröße „zulässiger Stoffaustrag AFS63" von bebauten und befestigten Flächen wird das Stoffaufkommen auf Flächen der Belastungskategorie I („gering belastet") zugrunde gelegt. Notwendigkeit und Umfang einer Behandlung leiten sich aus der Gegenüberstellung des rechnerischen Frachtaustrages des betrachteten Einzugsgebietes mit dem zulässigen Emissionswert ab. Dazu werden den drei Belastungskategorien für den Referenzparameter AFS63 Rechenwerte des flächenspezifischen Frachtabtrages zugeordnet. Die bundesweit einheitlich angesetzten Referenzwerte zeigt Tabelle 1.2.
Beispielhaft zeigt Bild 1.4 die Bilanzierung des Stoffaufkommens für ein Einzugsgebiet mit Teilflächen der drei Belastungskategorien, den Werten zum Stoffaufkommen AFS63 und der erforderlichen Wirksamkeit einer zentralen Behandlungsanlage zum Stoffrückhalt, hier als Regenklärbecken mit Lamelleneinbauten als „Schrägklärer" [604].

Tabelle 1.2: Rechenwerte des flächenspezifischen jährlichen Stoffabtrages für AFS63 der Belastungskategorien I bis III [604]

Kategorie	flächenspezifischer Stoffabtrag $b_{R,a}$ für AFS63 in kg/(ha · a)
Kategorie I	280
Kategorie II	530
Kategorie III	760

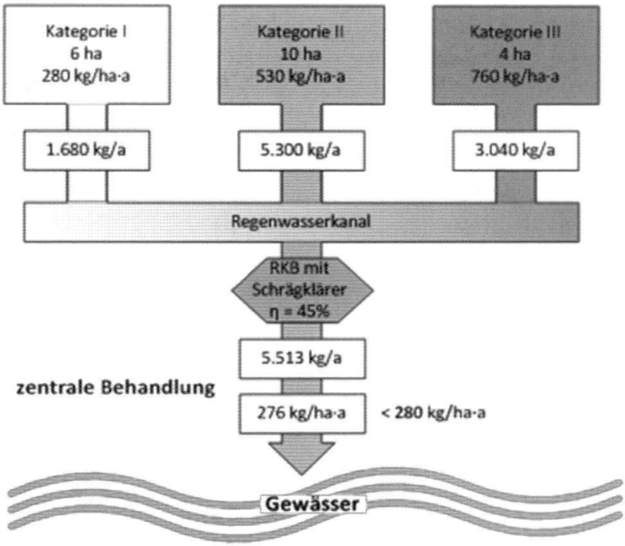

Bild 1.4: **Schema zur Bilanzierung des Stoffaufkommens und Zuordnung der notwendigen Behandlung (nach: [604])**

1.3.4.4 Bemessung der Mischwasserbehandlung

Grundsätzliches

Die Mischwasserbehandlung umfasst entsprechend Bild 1.5 die Begrenzung des Mischwasserzuflusses zur Kläranlage, die Zwischenspeicherung von Mischwasser zur nachfolgenden Behandlung in der Kläranlage, die Entlastung zur Einleitung in Oberflächengewässer sowie ggfs. klärtechnische Maßnahmen für die Mischwasserüberläufe. Bemessungsgrößen sind der zur Kläranlage weitergeführte Mischwasserabfluss und das erforderliche Speichervolumen.

Eingangswerte für die Bemessung

Teileinzugsgebiete getrennt nach Mischverfahren, Trennverfahren, Einzugsgebiet vor RRB, Reservebaugebiete. Maßgebende Flächen möglichst exakt ermitteln, Plausibilität mit Gesamtfläche und Teilflächen untereinander [491]. Ermittlung der Flächen aus Luftbildauswertungen hat sich als kostengünstiges und genaues Verfahren bewährt [1455], liefert aber nur bedingt Informationen über die Abflusswirksamkeit der befestigten Flächen. Dies kann ergänzt werden durch Detailaufnahme vor Ort oder Befragung der Grundstücksbesitzer, noch genauer durch Kalibrierung eines Niederschlags-Abfluss Modells [1239]. Gebietsdaten wie Fließstrecke, Lage, Neigung, Einwohner, Schmutzwasserabflüsse häuslich, gewerblich, industriell. Fremdwasserzufluss für heutige Verhältnisse erheben und auf Prognosezeitraum hochrechnen.

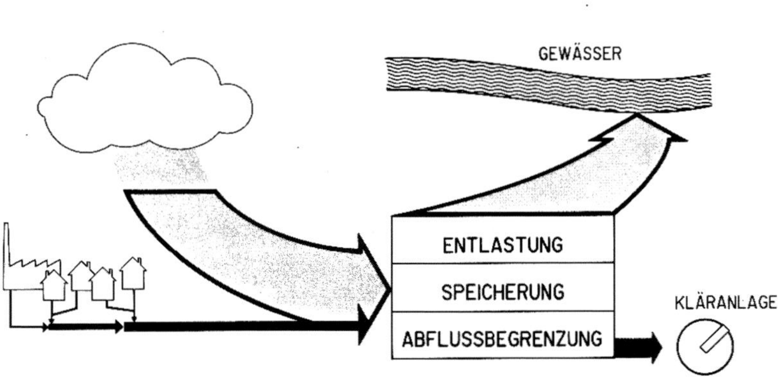

Bild 1.5: Schema der Mischwasserbehandlung und Grundfunktionen der Regenentlastungsbauwerke (nach: [604])

Um einen Spielraum zur Optimierung der hydraulischen Belastung der Kläranlage und der Niederschlagswasserbehandlung zu erhalten, wird nach ATV-DVWK-Arbeitsblatt A 198 [491] der Mischwasserzufluss bestimmt mit ($f_{S,QM}$ s. Bild 1.10):

$$Q_M = f_{S,QM} \cdot Q_{S,aM} + Q_{F,aM} \qquad [l/s] \qquad (1.5)$$

Zur Festlegung der maßgebenden Abflussdaten sind die Trockenwettertage festzulegen; günstig ist die Festlegung auf Basis der Grenzniederschlagshöhe eines Regenschreibers im Einzugsgebiet, z. B. 0,3 mm/d mit einem bzw. zwei (in großen Einzugsgebieten) Nachlauftagen. Alternativ kann die Festlegung der Trockenwettertage auch über die Bestimmung des 21-Tage-gleitenden-Minimums erfolgen [1249]. Hierbei gelten alle Tagesabflüsse, die weniger als 20 % über dem Polygonzug des gleitenden 21-Tage-Minimums (Intervall von 10 Tagen vor und 10 Tagen nach dem betrachteten Tag) liegen, als Trockenwetterabfluss. Die beiden Methoden zur Ermittlung des Trockenwetterabflusses sind in Bild 1.6 bis Bild 1.9 beispielhaft dargestellt.

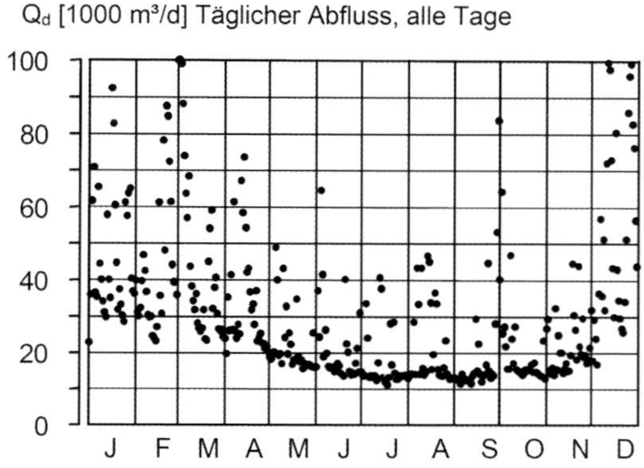

Bild 1.6: Jahresgang des täglichen Abflusses [491]

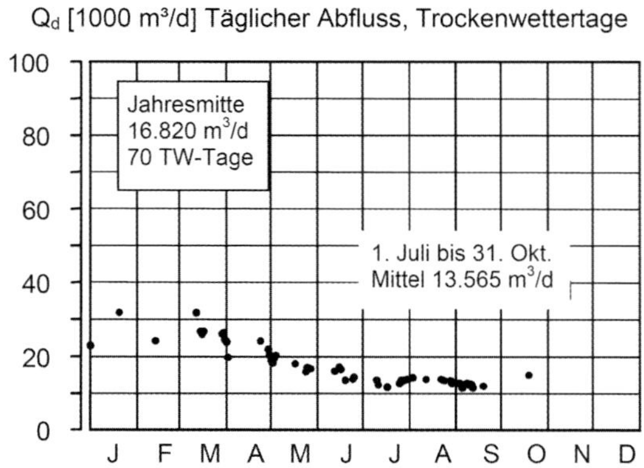

Bild 1.7: Jahresgang des Abflusses an durch Regenaufzeichnungen festgelegten Trockenwettertagen [491]

Bei fehlendem überjährigem Trend ergibt sich der jährliche mittlere Trockenwetterabfluss $Q_{T,aM}$ als arithmetisches Mittel der Abflüsse an Trockenwettertagen aus den Messergebnissen der Zu- oder Ablaufmessung auf der Kläranlage. Bei deutlichen Trends (Zu- oder Abnahme des Abflusses) sind die Ursachen zu analysieren und auf dieser Basis eine Festlegung des Bemessungsabflusses zu treffen [1249].

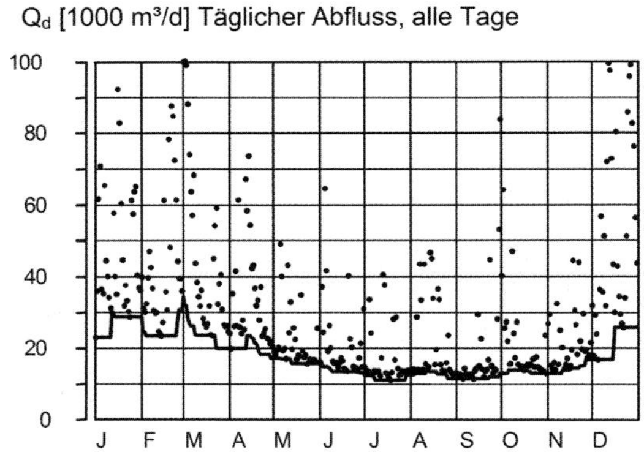

Bild 1.8: **Polygon der 21-Tage-Minimum-Abflüsse [491]**

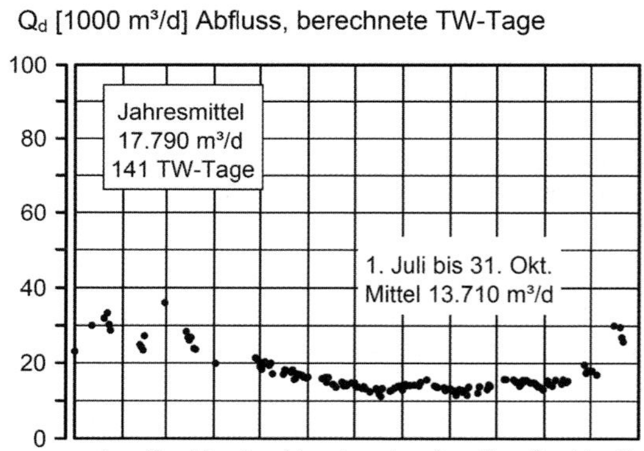

Bild 1.9: **Jahresgang des Trockenwetterabflusses auf Basis des 21-Tage-Minimums [491]**

Der Schmutzwasserabfluss kann entweder aus der Differenz von Trockenwetterabfluss und Fremdwasserabfluss, wobei der Fremdwasserabfluss beispielsweise aus Nachtmessungen bestimmt wird, abgeleitet ($Q_{S,aM} = Q_{T,aM} - Q_{F,aM}$) oder aus dem Trinkwasserverbrauch und dem gewerblichen Schmutzwasseranfall hochgerechnet werden. Die Berechnung des gewerblichen Schmutzwasseranfalls auf Basis spezifischer Flächenabflüsse (q_G) ist jedoch nur bei geringem gewerblichen Schmutzwasserabfluss zulässig. Bei signifikantem Anteil am gesamten Schmutzwasserabfluss ist nach Möglichkeit immer mit tatsächlichen Daten der Gewerbebetriebe zu rechnen [1249].

$$Q_{S,aM} = EZ \cdot \frac{w_{S,d,aM}}{86\,400} + A_{E,G} \cdot q_G \qquad [l/s] \qquad (1.6)$$

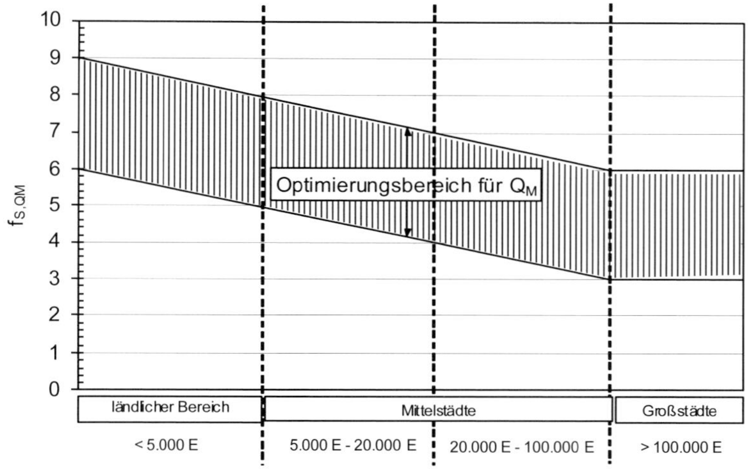

Bild 1.10: Bereich des Faktors $f_{S,QM}$ zur Ermittlung des optimalen Mischwasserabflusses zur Kläranlage auf der Basis des mittleren jährlichen Schmutzwasserabflusses (nach: [491])

In Einzugsgebieten mit einem hohen Fremdwasseranfall sind die regenreichen Wintermonate meist durch einen um das 3- bis 5-fach höheren Fremdwasserabfluss als im Sommer geprägt. Hier ist neben dem Jahresmittel auch das sogenannte periodische Mittel des Fremdwasserabflusses, beispielsweise als Monatsmittelwert, zu bilden und bei der Festlegung des Mischwasserzuflusses zur Kläranlage zu berücksichtigen [1249].

Zur Identifizierung von Fremdwasserquellen und zur Ableitung geeigneter Sanierungsstrategien ist der Aufbau einer systematischen Messkampagne, bestehend aus Durchflussmessungen in der Kanalisation und Kamerabefahrungen, unerlässlich [1045, 1241]. Durch integrale Optimierung der Siedlungsentwässerung können erhebliche wirtschaftliche Einsparpotenziale in fremdwasserbelasteten Einzugsgebieten erzielt werden. Beispielhaft zeigen Jardin und Hinzmann [1238], dass die Kombination aus Fremdwasserminimierung, Anpassung der Drosselabflüsse und leichter Erhöhung der hydraulischen Kapazität auf der Kläranlage eine wesentlich höhere Verringerung der Gesamtemissionen zur Folge haben als beispielsweise die Erhöhung des Mischwasserbehandlungsvolumens im Netz – bei gleichzeitig deutlich geringeren Kosten.

Zur Fremdwasserproblematik siehe auch: [125, 870, 871, 1046].

Ermittlung des erforderlichen Gesamtspeichervolumens

Das erforderliche Gesamtspeichervolumen wird für das Einzugsgebiet mit Bezug auf den Bemessungszufluss zur Kläranlage Q_M in DWA-A 102 über ein vereinfachtes Bemessungsverfahren bestimmt, das gegenüber ATV-A 128 [6] für den Referenzparameter AFS63 angepasst wurde. Die Berücksichtigung von Starkverschmutzereinflüssen erfolgt weiterhin über die CSB-Konzentration im Trockenwetterabfluss zur Kläranlage.

Der Bemessungsgang ist mit den gebietsbezogenen Eingangsdaten, den abgeleiteten Rechengrößen und dem Bemessungsergebnis „erforderliches Speichervolumen" in DWA-A 102 [604] als Tabellenkalkulation dargestellt. Aus wasserwirtschaftlichen und wirtschaftlichen Gründen sollte ein spezifisches Speichervolumen von 40 m^3/ha nicht überschritten werden. Gegebenenfalls sind die ursächlichen Einflussfaktoren zu ergründen und nach Möglichkeit zu beheben. Ergänzend können alternative Maßnahmen zur Verminderung der Gewässerbelastung zielführend sein, insbesondere dezentrale Maßnahmen der Regenwasserbewirtschaftung. Die Wirksamkeit dieser Maßnahmen muss im Nachweisverfahren sachgerecht aufgezeigt werden. Bei der Ermittlung des erforderlichen Gesamtspeichervolumens bleibt die frachtmindernde Wirkung klärtechnischer Maßnahmen generell außer Acht.

Sind im betrachteten Einzugsgebiet mehrere Regenentlastungsbauwerke vorhanden oder geplant, wird das ermittelte Gesamtspeichervolumen auf die Standorte von Regenüberlaufbecken und Stauraumraumkanälen im vereinfachten Aufteilungsverfahren verteilt. Das Procedere und die Anwendungsgrenzen sind in DWA-A 102 [604] beschrieben. Das oberhalb von Regenentlastungsbauwerken aktivierbare Kanalspeichervolumen darf hierbei in reduzierter Form berücksichtigt werden. Dies gilt auch für Regenüberläufe (Kapitel 1.5.1). Ergänzend zur Anordnung von Speichervolumen in Form von Regenüberlaufbecken oder Stauraumkanälen bzw. zur Kompensation fehlenden Beckenvolumens bei bestehenden Anlagen kommen ergänzende oder weitergehende Maßnahmen zum gezielten Stoffrückhalt zur Anwendung. Im Mischsystem sind dies vor allem nachgeschaltete Retentionsbodenfilter (Kapitel 1.8).

Anwendung von Schmutzfrachtmodellen

Da zukünftig die Betrachtung bestehender Entwässerungssysteme im Vordergrund stehen wird, kommt der Anwendung von Schmutzfrachtmodellen besondere Bedeutung zu. In diesen Fällen wird mit der Anwendung des vereinfachten Bemessungsverfahrens ein Referenzzustand „fiktives Zentralbecken" für die nachfolgende Schmutzfrachtsimulation als Nachweisverfahren erzeugt. Dabei kann die Wirksamkeit klärtechnischer Maßnahmen unter Einbeziehung weiterer, für Mischwasserabflüsse relevanter Stoffparameter (insbesondere CSB, Ammonium etc.) und Einflussfaktoren sachgerecht berücksichtigt und bewertet werden. Dies gilt auch für Betrachtungen zum Zusammenwirken von Kanalnetz und Kläranlage und die integrale Bewertung von Gewässerbelastungen durch Siedlungsabflüsse.

Bei bereits vorhandenen Anlagen ermöglicht die Kalibrierung eines Schmutzfrachtmodells eine weitere Optimierung des Systems. Hierzu sind vor allem Niederschlag, Abfluss und der Füllstand in den Regenbecken im Rahmen einer Messkampagne zu erfassen. Die Messkampagne sollte eine Mindestdauer von sechs Monaten haben. Bei der Auswahl der Messstellen für die Erfassung der Durchflüsse in der Kanalisation ist darauf zu achten, dass kein Rückstau vorliegt und nach Möglichkeit größere Teileinzugsgebiete von Vorentlastung gemessen werden können. Wichtig ist die repräsentative Messung des Niederschlages im gesamten Einzugsgebiet. Je 3 bis 5 km^2 ist ein Niederschlagsschreiber erforderlich. Im Einzelfall kann es sinnvoll sein, neben dem Füllstand in den Regenbecken auch den Entlastungsabfluss zu erfassen. Die Kalibrierung kann entweder mit einem hydrologischen Schmutzfrachtmodell oder mit einem hydrodynamischen Kanalnetzberechnungsprogramm erfolgen. Zur Kalibrierung eignen sich vor allem Niederschlagsereignisse, die zu einer gleichmäßigen Überregnung im Einzugsgebiet geführt haben (Abweichungen vom Mittelwert aller Niederschlagsschreiber < 15 %). Ziel der Kalibrierung ist eine möglichst hohe Übereinstimmung zwischen gemessenem und gerechnetem Abflussvolumen in der Kanalisation für ausgewählte Niederschlagsereignisse. Als entscheidender Modellparameter wird hierbei die Abflusswirksamkeit der an die Kanalisation angeschlossenen Flächen so lange variiert, bis eine hinreichende Übereinstimmung zwischen gemessenem und gerechnetem Abflussvolumen erreicht wird und die Abflussspitzen in der Kanalisation wiedergegeben werden. Eine Arbeitshilfe zur Durchführung von Messkampagnen und zur Kalibrierung gibt: [2021].

In Einzugsgebieten mit einem hohen Fremdwasseranfall ist neben der Kalibrierung der Abflusswirksamkeit auch der niederschlagsabhängige Fremdwasseranteil zu berücksichtigen, der beispielsweise durch infolge von Regen ansteigendem Grundwasser und nachfolgender Infiltration durch Undichtigkeiten der Drainagen verursacht wird, und der teilweise erhebliche Abflussanteile in den fremdwasserreichen Zeiten liefert. Jardin und Hinzmann beschreiben zur modelltechnischen Abbildung eine entsprechende Erweiterung eines hydrologischen Schmutzfrachtmodells und die darauf aufbauende Kalibrierung [1239]. Durch die im Rahmen einer integralen Betrachtung der Teilsysteme der Siedlungsentwässerung möglichen Optimierung des Gesamtsystems mit Hilfe von Schmutzfrachtbilanzierungen können erhebliche Kosten eingespart werden [1245]. Weitere Verbesserungen sind in Abhängigkeit der örtlichen Randbedingungen durch Abflusssteuerungen möglich [2329 bis 2331]. Weitere Hinweise zur integralen Bewirtschaftung geben: [777, 949, 2061].

Die Kalibrierung von Schmutzfrachtmodellen und hydrodynamischen Kanalnetzmodellen erschließt Optimierungspotenziale, da insbesondere die für die Dimensionierung der Mischwasserbehandlung, aber auch der Kanäle, wichtige abflusswirksame Fläche sehr genau ermittelt werden kann. Bezogen auf die gesamte befestigte Fläche liegt der abflusswirksame Anteil tatsächlich nur bei 70 bis 80 %, in ländlichen Gebieten teilweise auch deutlich darunter [1241]. Daher wird im DWA-A 118 [508] und im österreichischen Regelblatt 19 [1735] die Kalibrierung ausdrücklich empfohlen.

1.4 Behandlung von Niederschlagsabflüssen

Die Behandlung belasteter Niederschlagsabflüsse kann in dezentralen und zentralen Anlagen erfolgen. Als Wirkmechanismen des Stoffrückhaltes kommen insbesondere Sedimentation und Filtration zum Tragen. Daneben können bei Anlagen mit Bodenpassage oder technischen Filtermaterialien weitere Prozesse, z. B. Adsorption, Ionentausch und (bio-)chemischer Stoffumsatz wirksam werden.

1.4.1 Dezentrale Anlagen

Dezentrale Anlagen werden in unmittelbarer Nähe zu den Flächen angeordnet, deren Niederschlagsabflüsse zu behandeln sind. Sie können für Einzelgrundstücke oder für einige benachbarte Grundstücke bzw. einem Straßeneinlauf zugeordnete Abschnitte kommunaler Straßen eingesetzt werden. Die Abflüsse der Anlagen können unter Beachtung der beschriebenen Regelungen in ein oberirdisches Gewässer eingeleitet oder gemäß DWA-A 138 [500] über eine nachgeschaltete Versickerungsanlage dem Grundwasser zugeführt werden. Nähere Ausführungen zum Einsatz dezentraler Behandlungsanlagen finden sich in: [382, 783, 1091].

1.4.2 Zentrale Behandlungsanlagen

Zentralen Behandlungsanlagen werden die Abflüsse größerer Entwässerungsflächen eines Teilgebietes oder des gesamten Einzugsgebietes in der Regel über Regenwasserkanäle zugeführt. Notwendigkeit und Umfang der Behandlung ergeben sich aus der emissionsbezogenen Bewertung über das Stoffaufkommen der im Einzugsgebiet der Anlage enthaltenen Teilflächen und der Zuordnung der Herkunftsflächen zu Belastungskategorien entsprechend Kapitel 1.3.4.2. Zur Anwendung kommen insbesondere Regenklärbecken und Retentionsbodenfilter.

Regenklärbecken

Regenklärbecken werden zum Stoffrückhalt mittels Absetzwirkung bei belasteten Niederschlagsabflüssen angeordnet. Zur Verbesserung der Sedimentationswirkung können Regenklärbecken mit Einbauten als Lamellen- oder Schrägklärer ausgebildet werden [872, 1308]. Aufgrund der negativen Erfahrungen werden Regenklärbecken mit Dauerstau als Neuanlagen nicht mehr empfohlen [569, 604]. Deshalb sollte der Beckeninhalt nach Regenende entleert, der belastete Volumenanteil über einen technischen Filter oder einen Retentionsbodenfilter gereinigt und in oberirdische Gewässer eingeleitet werden. Soweit möglich, ist die Entleerung über nahe gelegene Schmutz- oder Mischwasserkanäle möglich. Die insbesondere bei ständigem Drosselabfluss resultierende hydraulische Zusatzbelastung der Kläranlage ist zu beachten. Die Art der Bewirtschaftung des Beckeninhalts zur Beckenentleerung ist bei der Bemessung bzw. bei der Bewertung des Gesamtwirkungsgrades der Anlage zum Stoffrückhalt zu berücksichtigen. Regenklärbecken werden in Kapitel 1.7 näher beschrieben.

Retentionsbodenfilter

Retentionsbodenfilter sind hochwirksame Anlagen zur Behandlung (stark) verschmutzter Niederschlagsabflüsse. Der primäre Reinigungsprozess ist die Filtration, die eine nahezu vollständige Entfernung von Feststoffen und daran gebundenen Schadstoffen erlaubt. Begleitend hierzu finden über Biofilme und die auf dem Filter abgeschiedenen Sedimente Sorptions- und Umsatzprozesse statt, die auch gelöste Abwasserinhaltsstoffe mit hohem Wirkungsgrad zurückhalten.

Anordnung, Bemessung bzw. Nachweis, bauliche Gestaltung und Betrieb von Retentionsbodenfiltern zur Behandlung von Niederschlags- und Mischwasserabflüssen sind im Merkblatt DWA-M 178 geregelt [505], das derzeit als Arbeitsblatt ausgearbeitet wird. Retentionsbodenfilter sind in Kapitel 1.8 näher beschrieben.

1.5 Anlagen zur Mischwasserbehandlung

Anlagen zur Mischwasserbehandlung dienen entsprechend den in Bild 1.5 dargestellten Funktionen der Abflussbegrenzung und ggfs. der Zwischenspeicherung von Mischwasser. Anlagen in der Mischkanalisation mit Überlauf ins Gewässer werden als Regenentlastungsbauwerke bezeichnet.

Regenüberläufe (Kapitel 1.5.1) dienen der Begrenzung des in der Kanalisation weitergeführten Mischwasserabflusses. Regenüberlaufbecken und Stauraumkanäle (Kapitel 1.5.2) weisen neben der Abflussbegrenzung ein Speichervolu-

men zur Zwischenspeicherung erhöhter Mischwasserabflüsse auf. In Kombination damit oder ergänzend kann eine klärtechnische Wirkung, vorrangig durch Sedimentation absetzbarer Feststoffe oder mittels Rechen und Sieben zum Rückhalt von Grob- und Schwimmstoffen erzielt werden.
Die Zwischenspeicherung erhöhter Mischwasserabflüsse kann auch durch die Anordnung von Regenrückhaltebecken (Kapitel 1.6), die Aktivierung von Kanalvolumen oberhalb einer „statischen“ Abflussbegrenzung und allgemein durch Maßnahmen der Kanalnetzbewirtschaftung erzielt oder verstärkt werden.

1.5.1 Regenüberläufe

Da Regenüberläufe kein bauwerksbezogenes Speichervolumen aufweisen, muss der in der Kanalisation weitergeführte Mischwasserabfluss deutlich größer als der Trockenwetterabfluss sein, um die Gewässerbelastung bei einsetzendem Überlauf zu begrenzen. Früher wurden Regenüberläufe nach einem bestimmten Verdünnungsverhältnis bemessen. Nach ATV-A 128 [6] und DWA-A 102 [604] sind Regenüberläufe nach zwei Kriterien zu bemessen:

- Weiterführung des kritischen Mischwasserabflusses,
- Einhaltung des Mindestmischverhältnisses im Drosselabfluss.

Die hydraulisch-konstruktive Gestaltung von Regenüberläufen wird in DWA-A 111 beschrieben [549].

1.5.1.1 Kritischer Mischwasserabfluss an Regenüberläufen

Der kritische Mischwasserabfluss Q_{krit} wird über die die kritische Regenspende r_{krit} ermittelt. Sie rechnet sich in Abhängigkeit der Fließzeit (t_f) im Direkteinzugsgebiet des Regenüberlaufes zu:

$$r_{krit} = 15 \cdot 120/(t_f + 120) \qquad [l/(s \cdot ha)] \qquad (1.7)$$

für $t_f \leq 120$ min

$$r_{krit} = 7{,}5 \qquad [l/(s \cdot ha)] \qquad (1.8)$$

für $t_f > 120$ min

Der kritische Mischwasserabfluss Q_{krit} berechnet sich mit der undurchlässigen Fläche (A_u) im oberhalb liegenden Einzugsgebiet, dem mittleren Trockenwetterabfluss aus dem Direkteinzugsgebiet ($Q_{T,aM}$) und der Summe der von oberhalb zugeführten Drosselabflüsse ($\Sigma\ Q_{Dr,i}$) zu

$$Q_{krit} = r_{krit} \cdot A_u + Q_{T,aM} + \Sigma\ Q_{Dr,i} \qquad [l/s] \qquad (1.9)$$

Für den weitergeführten Drosselabfluss $Q_{Dr,RÜ}$ gilt:

$$Q_{Dr,RÜ} \geq Q_{krit} \qquad [l/s] \qquad (1.10)$$

1.5.1.2 Mindestmischverhältnis m

Für den am Regenüberlauf weitergeführten Drosselabfluss ist das Mindestmischverhältnis m einzuhalten. Der Wert m errechnet sich in Abhängigkeit von der CSB-Konzentration im Trockenwetterabfluss ($C_{T,CSB}$):

$$m \geq 7 \qquad [-] \qquad (1.11)$$

für $C_{T,CSB} \leq 600$ mg/l

$$m \geq (C_{T,CSB} - 180)/60 \qquad [-] \qquad (1.12)$$

für $C_{T,CSB} > 600$ mg/l

Das Mischverhältnis $m_{RÜ}$ berechnet sich zu:

$$m_{RÜ} = \frac{Q_{Dr,RÜ} - Q_{T,aM}}{Q_{T,aM}} \qquad [-] \qquad (1.13)$$

Für den Mindestdrosselabfluss am Regenüberlauf gilt

$$m_{RÜ} \geq m$$

bzw.:

$$Q_{Dr,RÜ} \geq (m_{RÜ} + 1) \cdot Q_{T,aM} \qquad [l/s] \qquad (1.14)$$

Maßgebend ist der größere der beiden so ermittelten Drosselabflusswerte $Q_{Dr,RÜ}$.

1.5.1.3 Konstruktive Ausbildung

Die Überläufe sind möglichst mit hochgezogenem Wehr auszubilden (Bild 1.11) (Durchmesser eines Drosselrohres 200 mm ≥ d_u ≥ 500 mm). Ein RÜ mit Bodenöffnung (Springüberlauf) ist bei schießendem Abfluss sinnvoll. Verschiedene Ausbildungsformen behandelt: [33].

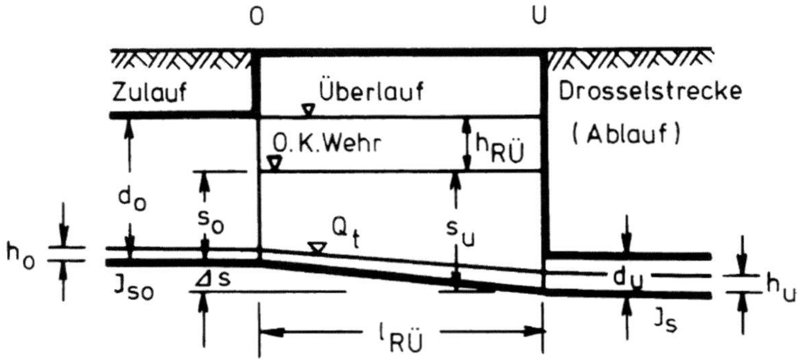

Bild 1.11: Höhenlage der Wehroberkante

Beim hochgezogenen Regenüberlaufwehr liegt die Oberkante höher als der Normalwasserspiegel im Zulauf bei Q_{krit}. Die Wehroberkante kann bei Fließgeschwindigkeiten von ≥ 0,5 m/s im Zulaufkanal bei Q_T so hoch gesetzt werden, wie es die Rückstauebene erlaubt, sollte jedoch mindestens bei 0,5 d_o und über dem Bemessungshochwasser des Vorfluters liegen. Bei schießendem Abfluss kann durch Beruhigungsstrecken mit ermäßigtem Sohlgefälle ein strömender Abfluss erzwungen werden oder das Wehr wird bis zum Scheitelbereich des ankommenden Rohres hochgezogen. Seitliche Einmündungen im Regenüberlaufbauwerk sind zu vermeiden: Mindestlänge 20 d_u, max. Länge 100 m [549].

Die Drosselstrecke muss Q_T ohne Rückstau im Zulaufkanal abführen. Die erforderliche Sohlhöhendifferenz Δ s längs des Wehres ergibt sich aus der Bedingung, dass bei Trockenwetterabfluss die Energiehöhe an der Drosselstrecke (h_{Eu}) tiefer liegen muss als im Zulauf (h_{Eo}). Δ *s* soll mindestens 3 bis 5 cm sein. Die Wehroberkante ist waagerecht und mindestens 0,05 m über dem Scheitel der Drossel anzuordnen.

Beispiel:

Ein Überlauf hat ein Einzugsgebiet mit A_{red} = 16,5 ha; Q_T = 20 l/s; Q_{max} = 1 650 l/s und t_f = 13 min. Für das Gewässer gilt r_{krit} = 15 l/(s · ha). Der Zulaufkanal hat d_o = 1,20 m; I_s = 2 ‰; k_b = 1,5 mm; Q_v = 1 700 l/s und v_v = 1,50 m/s (Tafel 3).

Bei Q_{max} stellt sich strömender Abfluss ein mit h_o = 1,06 m; v_o = 1,56 m/s. Bei Q_T ist h_o = 0,09 m, v_o = 0,54 m/s und h_{Eo} = 0,09 + = 0,10 m.

Schwellenhöhe s_o ≥ 0,5 · 1,20 = 0,60 m. Gewählt: s_o = 0,75 m (möglich, weil v_o bei Q_t ≥ 0,5 m/s).

$$Q_{r,krit} = 15 \cdot \left(1 - \frac{13}{200}\right) \cdot 16{,}5$$

$$Q_{krit} = 231 + 20 = 251 \text{ l/s}$$

Drossel: gewählt d_u = 0,4 m; I_s = 2 ‰. Mit k_b = 0,25 mm ist Q_v = 114 l/s und v_v = 0,91 m/s. Bei Q_T ist h_u = 0,11 m, v_u = 0,69 m/s.

$$h_{Eu} = 0{,}11 + \frac{0{,}69^2}{2 \cdot g} = 0{,}13 \text{ m}$$

$\Delta s \geq h_{Eu} - h_{Eo}$ = 0,13 – 0,10 = 0,03 m, gewählt 0,05 m.
$s_u = s_o + \Delta s$ (s.o.) = 0,75 + 0,05 = 0,80 m.
Bei Q_{krit} ist v_u = 2,0 m/s und I_{Eu} = 9 ‰.
Die Drosselstreckenlänge beträgt:

$$L_D = -\frac{s_u - d_u - (\zeta_o + 1) \cdot \frac{v_u^2}{2 \cdot g}}{I_e - I_{Su}} \qquad \text{[m]} \qquad (1.15)$$

Mit:

$$\frac{v_u}{\sqrt{g \cdot d_u}} = \frac{2{,}0}{\sqrt{g \cdot 0{,}4}} = 1{,}0 \qquad \text{[-]} \qquad (1.16)$$

kann *m* mit 1 angesetzt werden. Bei scharfkantigem Drosselmund (ζ = 0,45) ist:

$$l_D = \frac{0{,}8 - 1 \cdot 0{,}4 - \frac{1 + 0{,}45}{19{,}62} \cdot 2{,}0^2}{0{,}009 - 0{,}002} = 14{,}90 \text{ m}$$

Die Bedingungen 200 mm ≤ d_u ≤ 500 mm, I_{Su} ≤ 3,0 ‰ und l_D > 20 d_u werden erfüllt.
Überfallwehr:

$$l_{RÜ} = \frac{4 \cdot Q_{max}}{1\,000 \cdot d_o} = \frac{4 \cdot 1\,650}{1\,000 \cdot 1{,}2} = 5{,}50 \text{ m (1. Näherung)} \qquad \text{[m]} \qquad (1.17)$$

$$Q_{RÜ} = Q_{max} - Q_{krit} = 1\,650 - 251 = 1\,399 \text{ l/s} \qquad \text{[l/s]} \qquad (1.18)$$

$$h_{RÜ} = \left(\frac{3 \cdot Q_{RÜ}}{2 \cdot c \cdot 1\,000 \cdot l_{RÜ} \cdot \mu \cdot \sqrt{2 \cdot g}}\right)^{2/3} \qquad \text{[m]} \qquad (1.19)$$

$$h_{RÜ} = \left(\frac{3 \cdot 1399}{2 \cdot 1\,000 \cdot 5{,}5 \cdot 0{,}6 \cdot \sqrt{2 \cdot g}}\right)^{2/3} = 0{,}27 \text{ m}$$

Nicht immer werden die zuerst gewählte Kronenhöhe und die Drosselabmessungen zum Ziele führen. Die Bemessung muss dann mit anderen Werten wiederholt werden. Hinweise für die Wahl passender Größen geben: [549, 1581].

1.5.2 Mischwasserbehandlungsanlagen (RÜB, SK)

1.5.2.1 Bauwerkstypen

Als Bauwerke zur Zwischenspeicherung von Mischwasser und Überlauf ins Gewässer nach vollständiger Füllung kommen Regenüberlaufbecken (RÜB) und Stauraumkanäle (SK) infrage. Je nach Lage des Überlaufs und Beschickung bzw. Durchströmung des Bauwerks nach Füllung werden Regenüberlaufbecken in Fangbecken (FB) und Durchlaufbecken (DB), Stauraumkanäle in SKO (obenliegender Überlauf) und SKU (untenliegender Überlauf) unterschieden. Ein weiteres Unterscheidungsmerkmal ergibt sich aus der Anordnung und der daraus resultierenden Betriebsweise zur Entleerung der Bauwerke als Bauwerk im Hauptschluss (HS) oder Nebenschluss (NS).

Regenüberlaufbecken

Je nach den örtlichen Verhältnissen werden Regenüberlaufbecken (RÜB) als Fangbecken oder Durchlaufbecken entweder im Nebenschluss oder im Hauptschluss angeordnet. Schematische Darstellung der Funktionsweise von Regenüberlaufbecken in Bild 1.12 bis Bild 1.15. Konstruktiv und hydraulisch ist es günstiger, die getrennt gezeichneten Elemente zu einem Bauwerk zusammenzufassen. Wenn Speicherkammer und Kanalnetz nicht über die gesamte Entleerungsdauer hydraulisch gekoppelt sind, spricht man von einem unechten Nebenschluss. Fangbecken sollen den stark verschmutzten Spülstoß bei kurzen Regen oder Regenbeginn speichern. Bei längeren Regen springt nach der Vollfüllung ein Beckenüberlauf (BÜ) an, der oberstrom des Beckens liegt, und führt den weiteren Zufluss dem Gewässer zu.

Durchlaufbecken besitzen zusätzlich einen Klärüberlauf (KÜ), der nach der Beckenfüllung zunächst mechanisch geklärtes Mischwasser dem Gewässer zuleitet. Erst bei weiteren starken Zuflüssen größer Q_{krit} springt der oberhalb des Beckens liegende Überlauf BÜ an. Verbundbecken (VB) werden vorgesehen, wenn sowohl Spülstöße aus nahe gelegenen Teilen des Einzugsgebietes als auch Abflüsse mit gleich bleibender Verschmutzung auftreten. Sie stellen eine Kombination von Fang- und Durchlaufbecken dar und bestehen aus einem Fang- und einem Klärteil. Solche Becken sind in der Praxis selten, effektiver sind meistens zweikammerige Durchlaufbecken, da hierbei die Oberflächenbeschickung geringer ist.

Becken im Hauptschluss werden auch bei Trockenwetter durchflossen. Im Nebenschluss wird dagegen der Mischwasserabfluss (Drosselabfluss Q_{Dr}) in Richtung Kläranlage am Becken vorbeigeführt. Dazu ist ein Trennbauwerk (TB) erforderlich. Je nach Gefälleverhältnissen werden die Becken im freien Gefälle oder durch Pumpen zur Kläranlage entleert.

Bild 1.12 zeigt in schematischer Darstellung die Anordnung eines Fangbeckens im Hauptschluss. Die Abflussbegrenzung in Richtung Kläranlage erfolgt mit dem Drosselorgan DBw. Nach Füllung des Speichervolumens SpKa tritt am dem Speichervolumen vorgeschalteten Beckenüberlauf der Überlauf ins Gewässer auf. Der ins Gewässer überlaufende Mischwasseranteil wird hydraulisch bedingt am Becken vorbeigeführt, sodass der Beckeninhalt nach Regenende „gesichert“ in Richtung Kläranlage entleert wird („Fangwirkung“). Dies geschieht in funktional gleicher Weise bei Stauraumkanälen mit obenliegender Entlastung (Bild 1.18).
Bild 1.15 zeigt die schematische Darstellung eines Durchlaufbeckens – hier mit Anordnung im Nebenschluss und Beschickung über das Trennbauwerk TB, an dem auch die Abflussbegrenzung in Richtung Kläranlage erfolgt.

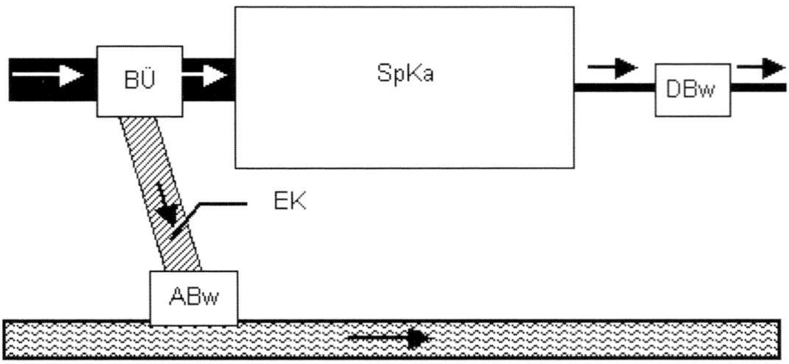

Bild 1.12: Schematische Darstellung eines Fangbeckens im Hauptschluss (BÜ: Beckenüberlauf; SpKa: Speicherkammer; DBw: Drosselbauwerk; EK: Entlastungskanal; ABw: Auslaufbauwerk) [569]

Um die Sohle im RÜB möglichst hoch anzuordnen und damit die Bau- und evtl. Pumpkosten zu senken, ist es i. d. R. zweckmäßig, den Zulaufkanal bei RW auch über den Rohrscheitel einzustauen, wenn es die Höhenlage der nahe gelegenen Keller sowie des übrigen Geländes ermöglicht und die Einstaudauer akzeptiert werden kann. Wenn allerdings durch den Beckenrückstau zusätzliche Kanalablagerungen entstehen, Becken tiefer anordnen, sodass Rückstau noch vertretbar ist. Wenn es aus örtlichen Verhältnissen nicht möglich ist, den BÜ mit dem Becken zu kombinieren, so ist bei allen Beckenformen der Kanal zwischen BÜ und Becken mindestens für den rechnerischen Zulauf zum BÜ auszulegen, damit vor Beckenfüllung kein Abschlag erfolgt.

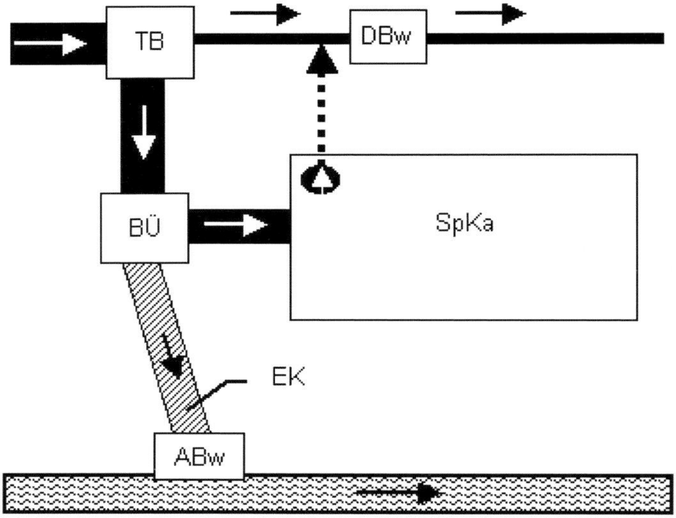

Bild 1.13: **Schematische Darstellung eines Fangbeckens im Nebenschluss (TB: Trennbauwerk; alle weiteren Abkürzungen s. Bild 1.12) [569]**

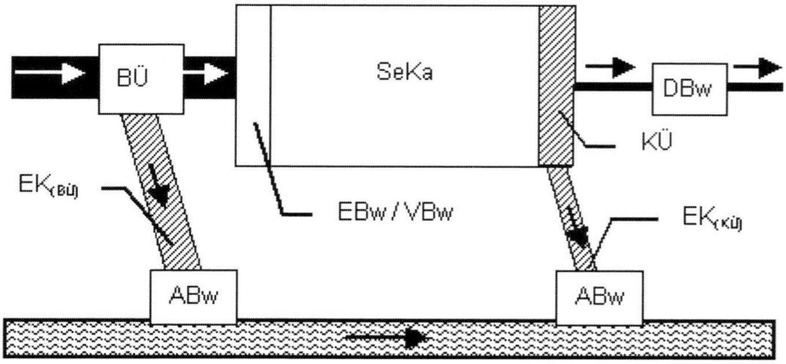

Bild 1.14: **Schematische Darstellung eines Durchlaufbeckens im Hauptschluss (SeKa: Sedimentationskammer; EBw/VBw: Einleitungs- und Verteilungsbauwerk; alle weiteren Abkürzungen s. Bild 1.12) [569]**

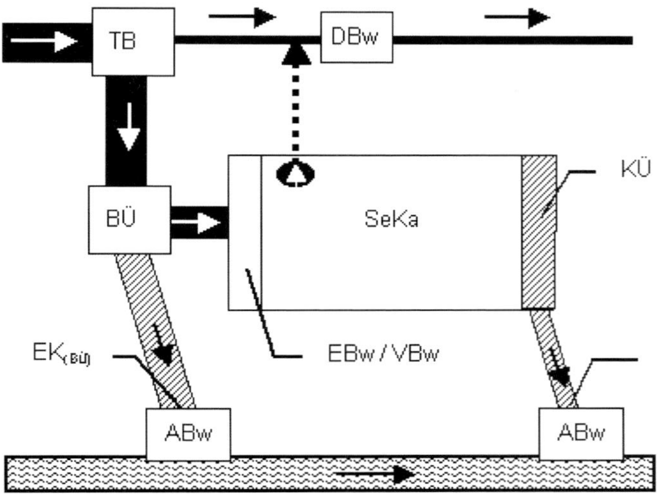

Bild 1.15: Schematische Darstellung eines Durchlaufbeckens im Nebenschluss (Abkürzungen s. Bild 1.12) [569]

Wenn es nicht möglich ist, den BÜ und das TB in einem Bauwerk zusammenzufassen, so darf die Verbindung zwischen BÜ und Becken nicht als Drossel wirken. Um den Überfall am BÜ nicht durch Kanäle mit unterschiedlichen Energiehöhen zu beeinflussen, sollten Zulaufrohre stets vor dem BÜ zusammengefasst werden. Die Anordnung von Tauchwänden (auch schwimmende) kann sinnvoll sein. Sie wirken zwar bei maximalen Abflüssen wenig (kurze Zeit), jedoch haben sie bei mittleren und kleinen Abflüssen (längere Zeit) ihre Berechtigung. Die Gestaltung der Regenbeckensohle ist von der Art der Beckenreinigung abhängig. Auf glatte Oberflächen, vor allem im Sohlbereich, achten. Becken sind auftriebssicher zu konstruieren und eine automatische Entleerung ist vorzusehen. Wenn eine geschlossene Bauweise gewählt wird, so ist bereits bei der Planung festzulegen, ob die Decke befahrbar sein soll. Die lichte Beckenhöhe muss mindestens so groß sein, dass überall eine Begehung möglich ist. Die Decke dabei möglichst nicht einstauen. Den Beckeneinlauf hydraulisch günstig gestalten, sodass abgelagerter Schlamm nicht aufgewirbelt wird. Becken sind für den Fall einer Verstopfung des Ablaufes unbedingt mit einem zweiten, bei gefülltem Becken bedienbaren Ablauf zu versehen.

Durch besondere Beckenformen, geeignete konstruktive Gestaltung und Beeinflussung der hydraulischen Durchströmung sowie durch Einbauten kann die Absetzwirkung positiv beeinflusst werden. Dazu zählen u. a. Zyklonbecken,

hydrodynamische Abscheider, Wirbelabscheider und Lamellenabscheider [872, 2319].
Bild 1.16 zeigt ein Planungsbeispiel für ein Durchlaufbecken im Nebenschluss.

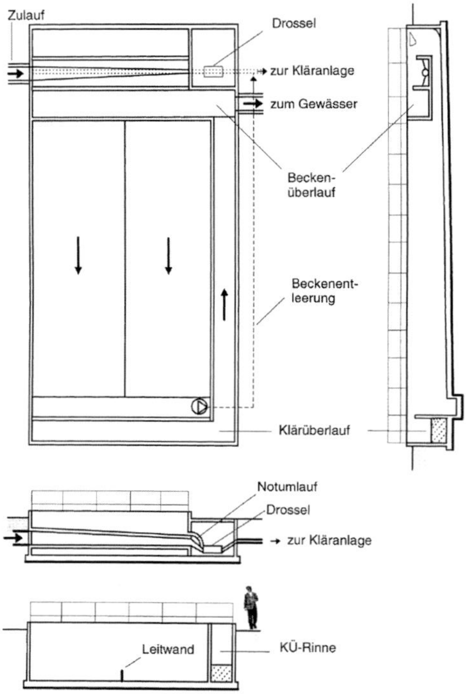

Bild 1.16: Planungsbeispiel eines Regenüberlaufbeckens als Durchlaufbecken im Nebenschluss

Stauraumkanäle

Durchlaufbecken und Stauraumkanäle mit untenliegender Entlastung (SKU, s. Bild 1.17) kombinieren die Funktion der Zwischenspeicherung mit einer klärtechnischen Wirkung durch Sedimentation absetzbarer Feststoffe im Speicherraum. Der Speicherraum SeKa wird zunächst vom zufließenden Mischwasser gefüllt und nach Füllung weiter durchströmt. Durch geeignete Anordnung des Klärüberlaufes in Verbindung mit entsprechender Gestaltung des Einlaufes wird eine Durchströmung des gesamten Beckenvolumens angestrebt, um möglichst günstige Strömungsbedingungen für die Sedimentation zu erzielen. Zur Vermeidung des Austrages bereits sedimentierter Stoffe bei stark erhöhten Zuflüssen zum Bauwerk wird der Klärüberlauf oftmals mit begrenzter Abflusskapazität, z. B. ausgelegt auf den kritischen Mischwasserzufluss (Q_{krit}), ausgeführt und ein zweiter Überlauf als Beckenüberlauf vorgeschaltet.

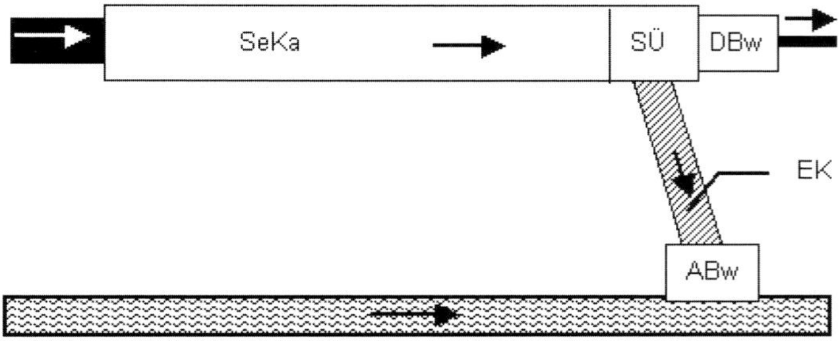

Bild 1.17: Schematische Darstellung eines Stauraumkanals mit unten liegender Entlastung im Hauptschluss (Abkürzungen s. Bild 1.12) [569]

SK mit oben liegender Entlastung (SKO, s. Bild 1.18) erfüllen als Fangbecken die Ansprüche an eine gute Reinigungsleistung. Während sie im Hauptschluss durch das ständig durchfließende Abwasser bei entsprechender Gestaltung ein gutes bis zufriedenstellendes Betriebsverhalten zeigen, findet bei Anordnung im Nebenschluss unabhängig von der Konzeption keine Selbstreinigung statt.

Die rechnerische Durchflussgeschwindigkeit beim Trockenwetterabfluss sollte > 0,80 m/s, die minimale Füllhöhe > 5 cm und die Schleppspannung mind. 2 – 3 N/m^2 (Beton) oder 1 – 1,5 N/m^2 (glattes Rohr) betragen. Ansonsten ist eine Trockenwetterrinne oder eine Spülmöglichkeit anzuordnen. Zu- und Ablauf eines SK müssen hydraulisch günstig, d. h. stetig ausgebildet werden. Mindestens ein Einstiegsschacht sollte eine Wartungsöffnung von 1 – 2 m^2 haben. Stauraumkanäle mit unten liegender Entlastung (SKU, s. Bild 1.17) wirken wie Durchlaufbecken im Hauptschluss ohne Beckenüberlauf. Sie erhalten allerdings wegen der schlechten Absetzwirkung einen Volumenzuschlag von 50 % (vereinfachtes Aufteilungsverfahren); siehe auch [1773]. Mietzel äußert auf Basis seiner Untersuchungen und Vergleichsberechnungen Zweifel an der Richtigkeit des Volumenzuschlags für Stauraumkanäle, da die wesentliche Wirkung beim Stoffrückhalt in der Mischwasserbehandlung auf der Zwischenspeicherung und nicht auf der Sedimentation liegt [1606]. Auch Frehmann konnte zeigen, dass Stauraumkanäle einen sehr weitgehenden Stoffrückhalt aufweisen können. Durch Bilanzierung ermittelte er einen CSB-Wirkungsgrad von 86 %, von dem

48 % auf die Speicherung und nur 9 % auf die Reinigung entfällt. Weitere 29 % entfallen auf das Trennbauwerk und den Drosselabfluss [861].

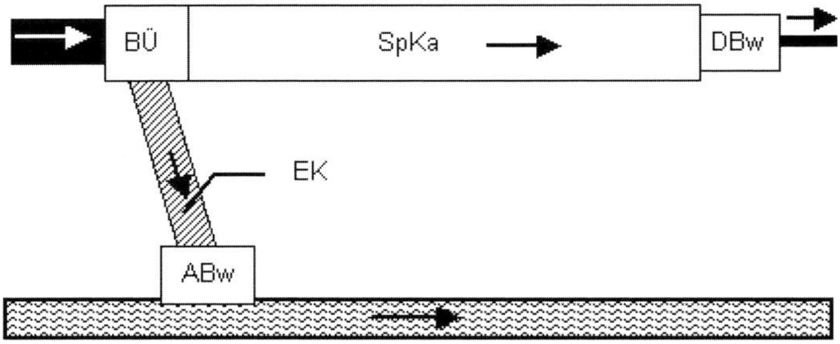

Bild 1.18: Schematische Darstellung eines Stauraumkanals mit oben liegender Entlastung im Hauptschluss (Abkürzungen s. Bild 1.12) [569]

Zum weitergehenden Reduzierung von Mischwasserüberläufen können den Regenentlastungsbauwerken Retentionsbodenfilter nachgeschaltet werden. Ihre Anwendung zur Behandlung von Mischwasserabflüssen ist ebenfalls in DWA-A 178 geregelt [505].

1.5.2.2 Drosseleinrichtungen

Die Auswahl richtet sich nach Art der Entlastung (RÜ oder RÜB), Standort (nahe der Kläranlage oder weitab), Beckengröße, Größe der Abflüsse, Stromanschluss, Gefälle im anschließenden Kanalnetz. Nur in einfachen Fällen wird man bei einem RÜ heute noch eine Drosselstrecke wählen, sonst wie bei einem RÜB (kleines Becken weitab von der Kläranlage, genügend Gefälle für selbsttätige Entleerung) eine zuverlässige mechanische Drosselung (Wirbelventil, Wirbeldrossel, Hydroslide, schwimmergesteuerte Unterwasserklappe o. a.). Drosselung unter 30 l/s ist problematisch [71]. Elektrische Drosselung (E-Schieber mit einer Abflussmessung) lässt kleinere Werte zu und ermöglicht eine einfache Veränderung des Drosselabflusses, beispielsweise für eine Abflusssteuerung. Wasserwirtschaftlich bedeutsame Becken sollten grundsätzlich mit einer elektrischen Drosselung ausgerüstet werden. Wird die Abflussmessung gedükert, kann auch der Trockenwetterabfluss messtechnisch erfasst werden, günstig für spätere Kalibrierung eines Schmutzfrachtmodells. Fest stehende Schieber und fest stehende Blenden sind als alleinige Drosseleinrichtung nicht geeignet. Es ist ein Notumlauf seitlich ca. 50 cm über dem Zulauf zur Drossel vorzusehen, der auch bei gefülltem Becken und bei richtiger Höhenlage zur Schwimmschlammweiterleitung benutzt werden kann. Wegen Verstopfungsgefahr sollte der Durchmesser der Ablaufleitung > 300 mm sein. Die Drossel muss den Trockenwetterabfluss ohne Rückstau im Zulaufkanal abführen (Gefälleerhöhung bzw. -sprung). Für neuere Entwicklungen sind die Drosselschächte großzügig auszulegen. Auf leichte Anpassungsmöglichkeit an verschiedene Drosselabflüsse achten. Zur Bauabnahme müssen alle Drosseln auf Einhaltung der Drosselleistung überprüft werden. Die Einrichtungen werden regelmäßige überwacht und gereinigt, alle fünf Jahre ist eine Kalibrierung der Drossel sinnvoll. Wenn ein Pumpwerk erforderlich ist, können Pumpen als Drosselorgan eingesetzt werden. Die Genauigkeit hängt dabei von der Pumpenkennlinie ab. Kleine Abflüsse lassen sich über intermittierende Arbeitsweise erreichen.

1.5.2.3 Reinigungs- und Spüleinrichtungen

Spüleinrichtung unbedingt im Zusammenhang mit der Bauwerkskonstruktion planen. Erforderliche Reinigungen unmittelbar nach der Beckenentleerung durchführen, wenn der Schmutz noch feucht ist. Bei nicht selbsttätig reinigenden Becken ist Automatik erforderlich. Ein Wasseranschluss erleichtert zusätzlich manuelle Wartungsarbeiten. Weitgehend selbstreinigende Schlangenrinnen- oder Höckerbecken sind wirtschaftlich nur dort einsetzbar, wo die Beckensohle wegen der zu erwartenden Auftriebskräfte schwerer gemacht werden muss. Dies wird bei Becken im Hauptschluss mit tief liegender Pumpstation für Nutzinhalte bis 500 m^3 bei genügendem Trockenwetteranfall sowie günstigen Höhenverhältnissen angewendet. 1 – 2 cm Höhenverlust in Krümmungen sind zu berücksichtigen. Räumer haben sich in der Praxis kaum durchgesetzt, weil sie wegen der unausbleiblichen Unebenheiten der Beckensohle den Bodenschlamm nur bei gleichzeitigem Betrieb einer automatischen Spüleinrichtung rückstandslos räumen.
Spülkippe ist wirtschaftlich in Rechteckbecken einsetzbar. Das ideale Sohlgefälle in Spülrichtung beträgt ca. 3 – 4 %, das Quergefälle vermindert die Wirkung. Die Spülwirkung ist gut bei Kipphöhen von 3 – 4 m. Der Betrieb ist auch mit Abwasser möglich, wenn die Beschickungspumpe nicht zu nahe an der Sohle angeordnet wird. Spüllänge bei einseitiger Spülung bis 40 m. Bauseitige Ausrundung im Wand-Sohlen-Bereich mit r = 2,0 m herstellen. Der Sumpf am Beckenende muss die gesamte Spülwassermenge gut aufnehmen können. Im Gegensatz zu Spülkippen wird bei Schwallspülern (mit Spülklappen oder mit Unterdruck-Vorratsbehältern) zwar ein großes Spülwasservolumen, jedoch wenig Höhe gebraucht. Beide Arten benötigen ebenfalls eine in Längsrichtung geneigte ebene, seitlich begrenzte Spülbahn. Spülkippe und Schwallspüler unmittelbar vor einer kleinen Kläranlage oder vor ablagerungsgefährdeten Kanalstrecken sind problematisch.

Überlauf-Spülrinne [44] ist wirtschaftlich und anpassungsfähig bei Becken mit quergeneigter ebener Sohle, deren Abmessungen in weiten Bereichen variabel sein können. Seitliche Überfallrinnen werden gegen Entleerungsende des Beckens automatisch gefüllt und spülen mit ihrem gleichmäßigen Überlauf die Ablagerungen auf der Sohle zu einer Mittelrinne. Es kann wie bei der Spülkippe Kreislaufwasser, Bachwasser, Schmutzwasser oder auch jede andere Wasserquelle benutzt werden. Voraussetzung für dieses Spülverfahren ist ein Fernhalten von Grobstoffen. Dies wird durch Vorschalten eines Grobabscheiders (Regenbeckenzyklon) erreicht, dessen Zulauf tangential und Ablauf mittig angeordnet werden [1092].
Strahlreiniger nach dem Injektorprinzip erzeugen durch Ansaugen von Luft in Verbindung mit einer Injektorpumpe eine hohe Turbulenz im Becken. Dadurch werden die Inhaltsstoffe des Beckens in Schwebe gehalten und ein gleichmäßiges Schlamm-Wasser-Gemisch während der Entleerungsphase zur Kläranlage geleitet. Bei einem Nachfolgeregen kann allerdings eine erhöhte Fracht über den Kläranlagenüberlauf in den Vorfluter gelangen. Bei entsprechender Schaltung sollte dieser Nachteil jedoch nicht überbewertet werden. Strahlumwälzaggregate werden in der Regel mit relativ hoher elektrischer Leistung betrieben. In flachen Stauraumkanälen werden vereinzelt Impulsstrahlreiniger eingesetzt. Sowohl bei Rund- als auch bei Rechteckbecken haben sich kleine starre Rührwerke mit i. d. R. kleinen Anschlussleistungen bewährt. Sie müssen aber ausgeschaltet werden, sobald die Rührwerksflügel aus dem Wasser auftauchen (Unwucht). Rührwerke und Strahlreiniger in schwenkbarer Form erreichen auch bei schwierigen Verhältnissen i. A. bessere Reinigungsergebnisse.

1.5.2.4 Klärüberlauf

Der Klärüberlauf KÜ sollte über die gesamte Beckenbreite angeordnet werden, um eine gleichmäßige Abnahme aus dem Becken zu gewährleisten. Je nach hydraulischen Verhältnissen kann er als freier Überfall (ungedrosselt) oder als Klärschlitz (gedrosselt) ausgeführt werden. Der ungedrosselte KÜ kommt dann in Betracht, wenn trotz maximalem Überfall am vorgeschalteten Beckenüberlauf die Klärbedingungen für Durchlaufbecken nicht wesentlich überschritten werden. Der gedrosselte KÜ kann z. B. als schräg aufsteigende Schlitze, Rohre oder als selbstregulierender Schlitz ausgebildet werden. Durch hydraulischen Aufstau muss das nicht ansetzbare Volumen oberhalb der Schlitzunterkante durch Tieferlegung des gesamten Beckens ausgeglichen werden, was zu zusätzlichen Kosten führt. Vor dem ungedrosselten KÜ muss eine Tauchwand angeordnet werden. Der Abstand der Tauchwand von der Überfallschwelle sollte $2h_{ü}$ bzw. (0,3 m und die Eintauchtiefe zwischen 1 $h_{ü}$ und 2 $h_{ü}$ betragen [549]. Bei höheren Geschwindigkeiten sind die Druckverluste nachzuweisen.

1.5.2.5 Beckenentleerung

Bei der Beckenentleerung und -reinigung ist darauf zu achten, dass die Reinigungsleistung der zugehörigen Kläranlage nicht unzulässig absinkt. Bei Becken mit Pumpenentleerung entstehen in der Regel längere Entleerungszeiten als bei Becken im Freigefälle. Die Dauer ist etwa so zu wählen, wie die Beckenbemessung sie vorgibt. Die Druckleitung der Entleerungspumpe soll vor dem Trennbauwerk in den Kanal einmünden. Mindest-Pumpendurchgang 150 mm, in Ausnahmefällen 100 mm möglich. Ein Notablauf mit Handschieber ist vorzusehen, die Ablaufleitung muss für größeres Q ausgelegt werden (Reserve, Steuerung), jedoch nicht so groß, dass Ablagerungen entstehen [2358].

1.5.2.6 Abdeckungen und Einstiege

Geschlossene Regenbecken sind mit genügend Reinigungs- und Wartungsöffnungen zu versehen, die gleichzeitig als Be- und Entlüftung dienen können. Diese sollten außerhalb von Verkehrsflächen liegen und ein Beobachten des Zu- und Ablaufs auch ohne Einsteigen zulassen. Die Be- und Entlüftung muss bei der Konstruktion von Regenbecken besonders berücksichtigt werden. Zum einen müssen Leichtgase entweichen können (Quer- und Diagonalströmung), zum anderen sollen Luftstaus bei der Beschickung der Becken verhindert werden. Zwangsbelüftungen sind nur in Ausnahmefällen erforderlich. Oberhalb betriebswichtiger Punkte haben sich in der Praxis große Gitterroste bewährt, die gegen Überfahren gesichert werden sollten. Roste ggf. klappbar anordnen und gegen das Öffnen durch Unbefugte sichern. An häufig begangenen Öffnungen Mindesteinstiege von 0,7 · 1,0 m bzw. D > 0,80 m anordnen. Muss bei geschlossenen Becken mit einem Anfall von sperrigem Gut gerechnet werden, dann sind ca. 1,0 · 2,0 m große Öffnungen anzuordnen. Statt Steigbügeln oder Steigeisengängen sind bevorzugt ortsfeste Steigleitern (klappbar, aufschwimm- oder hochziehbar) bzw. Treppenabgänge mit geringem Reinigungsaufwand (Beton besser als Gitterroste) vorzusehen.

1.5.2.7 Grobstoffrückhalt

Bei Mischwassereinleitungen ist das europäische Normblatt EN 752 [636, 679] zu berücksichtigen. Es fordert unter anderem die Rückhaltung von aufschwimmenden Feststoffen und anderem unansehnlichem Material. In der Regel reichen hierfür Tauchwände aus. An Streichwehren sind sie für die Rückhaltung von Grobstoffen nur bedingt geeignet. Ihr Wirkungsgrad sinkt mit steigendem Volumenstrom. Wirksamer sind Tauchwände vor senkrecht angeströmten Wehren. Beim Klärüberlauf kann auf eine gesonderte Tauchwand verzichtet werden, wenn er in Form schräg aufsteigender Schlitze, Rohre oder als selbstregulierender Klärüberlauf ausgebildet wird. An Mischwasserentlastungen werden in zunehmendem Maße Feinstrechen mit Stababständen < 8 mm oder auch Trommeldrehfilter mit einer Lochweite < 5 mm eingesetzt. Diese werden auf oder an der Entlastungsschwelle zum Gewässer angeordnet und sollten maschinell mit oder ohne Fremdenergie gereinigt werden. Die Durchströmung von Rechen kann horizontal oder vertikal erfolgen. An Mischwasserentlastungen können auch Grobsiebe mit Spalt-, Loch- oder Maschenweiten > 1 mm eingesetzt werden. Auch sie sind wegen der Verstopfungsgefahr maschinell zu reinigen. Für die Anordnung von Tauchwänden hat Weiß [2318] Regeln aufgestellt:

- Die Kammer vor der Tauchwand sollte ausreichend geräumig sein, um den Schwimmstoffen Zeit zum Auftauchen zu geben.
- Die Tauchwand sollte nicht in das Profil des ankommenden Kanals ragen oder über diesem angeordnet sein – Schwimmstoffe könnten sonst erst hinter der Tauchwand auftauchen. Auch das Abkröpfen der Tauchwand hilft oft wenig.
- Um im Zulaufkanal keinen zusätzlichen Aufstau zu erzeugen, benötigt die Tauchwand einen ausreichenden Abstand zur Wehrschwelle und eine ausreichende Tauchtiefe. Die Mindestmaße nach [549] werden empfohlen.
- Um eine bodennahe Saugwirkung auf Kanalsedimente zu vermeiden, ist auch eine ausreichende Höhe der Tauchwandunterkante über dem Beckenboden notwendig; die dadurch gebildete Öffnung sollte ebenso breit wie der Abstand zur Schwelle sein.
- Eine Nachrüstung von Tauchwänden in sehr engen Bauwerken „um jeden Preis“ ist kontraproduktiv. Auch Sonderbauformen lösen hier das Problem der großen Strömungsgeschwindigkeiten und geringen Aufenthaltszeit des Wassers nicht.
- Spezielle Tauchwandformen sind kein Garant für eine besonders gute Wirkung. Grobstoffe, die nicht aufschwimmen, etwa Toilettenpapier, können von einer Tauchwand ohnehin nicht zurückgehalten werden.

1.5.2.8 Messeinrichtungen

Alle wichtigen Becken sollten mit Füllstandsmessungen ausgerüstet sein, die sowohl den Beckenfüllstand wie auch die Überfallhöhe bei einer Entlastung über eine Wehrschwelle ausreichend genau erfassen. Die Daten sollen nach Möglichkeit auf ein zentrales Prozessleitsystem, beispielsweise auf der Kläranlage, übertragen werden und dort täglich analysiert werden (z. B. Drifts, Beckenfüllung bei Trockenwetter, Entleerungsfunktion). Bei fehlendem Stromanschluss oder weniger wichtigen Becken können auch Datenlogger eingesetzt werden. Störungsmeldungen sollten automatisch übertragen werden, z. B. über

Telekommunikationsleitungen. Füllstände sind jährlich auszuwerten und die Einstaudauer und -häufigkeit sowie die Entlastungsdauer und -häufigkeit zu ermitteln. Bei günstigen hydraulischen Verhältnissen am Klär- bzw. Beckenüberlauf kann über die Überfallhöhe auch das Entlastungsvolumen abgeschätzt werden, ggf. kann die Genauigkeit durch Anordnung einer gestuften Überfallschwelle erhöht werden. Möglichst einfache, wartungsarme, robuste und betriebssichere Geräte sind auszuwählen [347, 348, 2331, 2361].

1.5.2.9 Betrieb

Für jedes Regenbecken ist zum Zeitpunkt der Inbetriebnahme eine Betriebsanweisung bereitzustellen [521, 523, 555]. Über spezielle Betriebserfahrungen berichten [2328] und [287]. Einen Einblick in Wirtschaftlichkeit und Effektivität der Kanalnetzsteuerung vermittelt [2329] und [1539] nach DWA-M 180 [506]. Regelmäßige, automatische Schwallspülungen in der Mischwasserkanalisation reduzieren die Gewässerbelastung [471, 2360].

1.5.2.10 Bauwerksbezogene Nachweise für RÜB und SK

Speichervolumen

Das am Standort des Regenüberlaufbeckens oder Stauraumkanals erforderliche Speichervolumen ($V_{RÜB}$) errechnet sich aus dem entsprechend Kapitel 10.4.3 des DWA-A 102 [604] ermittelten flächenspezifischen Speichervolumens (V_S) und der undurchlässigen Fläche (A_u) des Direkteinzugsgebiets, ggfs. unter Abzug anrechenbarer Speichervolumina:

$$V_{RÜB} = V_S \cdot A_u \qquad [m^3] \qquad (1.20)$$

Klärbedingung bei Durchlaufbecken

Bei Durchlaufbecken sind die Klärbedingungen gemäß DWA-A 166 (Kap. 7.1.2 und 7.3.2) [569] für die kritische Regenspende von 15 l/(s · ha) einzuhalten und die sonstigen Vorgaben zur baulichen Gestaltung zu beachten.

Entleerungsdauer

Die rechnerische Entleerungsdauer von Regenüberlaufbecken als Quotient aus spezifischem Speichervolumen V_S und zugehöriger Regenabflussspende q_r sollte 10 bis 15 Stunden nicht überschreiten. Neben einer möglichst schnellen Verfügbarkeit des Speichervolumens für nachfolgende Regenereignisse wird damit betrieblichen Belangen (Sauerstoffzehrung des Abwassers, Geruchsbildung) Rechnung getragen.

Mindestmischverhältnis

Für jedes Regenüberlaufbecken ist zu überprüfen, ob im langjährigen Mittel das Mindestmischverhältnis m entsprechend Kapitel 1.5.1.2 eingehalten wird. Im Bemessungsgang nach Kapitel 1.3.4.4 errechnet sich das mittlere Mischverhältnis m aus der Rechengröße Regenentlastungsabfluss ($Q_{R,e}$), dem Regenwasserzufluss aus Trenngebieten ($Q_{R,Tr}$) und dem mittleren Trockenwetterabfluss am Bauwerk ($Q_{T,aM}$) wie folgt:

$$m = \frac{Q_{R,e} + Q_{R,Tr}}{Q_{T,aM}} \quad [-] \quad (1.21)$$

Für die Anwendung von Schmutzfrachtmodellen im Nachweisverfahren beschreibt DWA-A 102 die Methodik zur Berechnung des mittleren Mischverhältnisses [604]. Eine Unterschreitung des zulässigen Mindestmischverhältnisses kann vermieden werden, wenn zum Beispiel stark verschmutztes Abwasser aus Gewerbe und Industrie an Entlastungsbauwerken vorbeigeleitet, eine Reduzierung des Abwasseranfalls angestrebt oder die Vorreinigung von stark verschmutztem Abwasser durchgeführt wird. Ist eine deutliche Unterschreitung nicht zu vermeiden, sind vor Einleitung des Überlaufwassers ins Gewässer geeignete klärtechnische Maßnahmen zu prüfen. In diesen Fällen ist die Durchführung der Schmutzfrachtberechnung zwingend.

Ergänzende Nachweise für SKU

Das erforderliche Speichervolumen (V_{SKU}) von Stauraumkanälen mit unten liegender Entlastung wird im vereinfachten Bemessungsverfahren wegen der schlechteren Absetzwirkung gegenüber Durchlaufbecken um 50 % erhöht. Entsprechend errechnet sich V_{SKU} zu

$$V_{SKU} = 1{,}5 \cdot V_S \cdot A_u \quad [m^3] \quad (1.22)$$

Die rechnerische Entleerungsdauer von Stauraumkanälen sollte 15 Stunden nicht überschreiten. Das Mindestmischverhältnis ist wie für Regenüberlaufbecken festzulegen. Bei SKU sind am Stauraumüberlauf die Bedingungen nach DWA-A 166 (Kapitel 8.1.6) [569] und die sonstigen Vorgaben zur baulichen Gestaltung einzuhalten. Für die in DWA-A 166 [569] aufgeführten Sonderformen wie Stauraumkanäle mit zwischenliegender Entlastung (SKZ) und Stauraumkanäle als Kaskade (SKK) gelten diese Ausführungen entsprechend.

1.6 Regenrückhalteräume

Regenrückhalteräume (RRR) verhindern bei Starkregen allzu große Abflussspitzen in der Kanalisation oder bei Einleitung in Gewässer. Das wird dadurch

erreicht, dass ein Teil des Regenwasserabflusses zunächst in den Rückhalteräumen gespeichert und erst später langsam abgegeben wird. Die Abflussspitze wird also nur durch Verlängerung der Abflusszeit gebrochen. Eine Entlastung in ein Gewässer, wie beispielsweise bei Regenüberläufen oder Regenüberlaufbecken im Mischsystem, ist nicht vorgesehen. Regenrückhalteräume können als Becken in offener, geschlossener, technischer oder naturnaher Bauweise als Rückhaltekanäle, Rückhaltegräben oder -teiche auch in Kombination mit Versickerungsanlagen gestaltet werden.
Für die Anwendung von Regenrückhalteräumen innerhalb der Kanalisation sind meist Wirtschaftlichkeitserwägungen maßgebend. Die Kosten für Bau und Betrieb des Beckens müssen geringer sein als die Ersparnisse bei den unterhalb folgenden Entwässerungseinrichtungen, die kleiner bemessen werden können oder nicht erweitert zu werden brauchen. Bei Rückhalteräumen vor Einleitung in ein Gewässer sind gewässerökologische Kriterien (hydraulischer Stress) maßgebend.
Regenrückhalteräume werden eingesetzt

- beim Anschluss von Neubaugebieten an vorhandene, ausgelastete Entwässerungssysteme,
- bei Sanierungen überlasteter Kanalnetze,
- beim Schutz der Kläranlage vor Überlastungen,
- beim Schutz des Gewässers vor hydraulischen Stoßbelastungen.

Zur Ermittlung des erforderlichen Rückhaltevolumens von Regenrückhalteräumen stehen zwei Verfahren zur Verfügung [571]:

- Das einfache Verfahren mittels statistischer Niederschlagsdaten ist für kleine ($A_{E,k}$ < 200 ha bzw. $A_{E,b} \approx 60 - 80$ ha) und einfach strukturierte Entwässerungssysteme (Drosselabfluss > 2 l/(s · ha), ohne Vorentlastung) anwendbar.
- Die Niederschlagabfluss-Langzeitsimulation zum Nachweis der Leistungsfähigkeit von Rückhalteräumen steht für alle Anwendungsfälle zur Verfügung (Nachweisverfahren).

Aufwand und wirtschaftlicher Nutzen entscheiden über die Wahl des Bemessungsverfahrens. Das einfache Verfahren überschätzt in der Regel das tatsächlich erforderliche Volumen. Für kleinere Gebiete kann seine Anwendung aufgrund des geringen Aufwandes sinnvoll sein. In der Regel wird heute aber aufgrund der hohen Verfügbarkeit von Niederschlagsdaten und der ausreichend vorhandenen Rechnerkapazitäten das Nachweisverfahren verwendet, da die realen Gegebenheiten besser abbildet und somit das Risiko einer Fehlbemessung deutlich verringert.

Der zulässige Drosselabfluss, die gewählte bzw. vorgegebene Überschreitungshäufigkeit und die Größe der angeschlossenen, abflusswirksamen Fläche bestimmen das erforderliche Volumen. Um die Ausführung gesamtwasserwirtschaftlich zu optimieren, sind systematische Variantenuntersuchungen notwendig.

Bei Anwendung des einfachen Verfahrens werden örtliche Regenspenden r l/(s · ha) in Abhängigkeit von Häufigkeit und Dauer zugrunde gelegt. Diese können der „Koordinierten Starkniederschlags-Regionalisierungs-Auswertungen" für Deutschland entnommen werden [1378]. Vereinfachend kann hierbei angenommen werden, dass die Überschreitungshäufigkeit des RRR mit der Häufigkeit der Regenspende übereinstimmt, was nicht immer der Fall ist. Zur Bestimmung des Volumens eines Regenrückhalteraumes wird die maximale Differenz zwischen dem im vorgegebenen Zeitraum gefallenen und dem Rückhalteraum zugeflossenen Niederschlag und den in diesem Zeitraum abgeflossenen Wassermengen ermittelt.

Vorgaben für Überschreitungshäufigkeiten (n) und Drosselabflussspenden (q_R) sollten nicht pauschal getroffen werden, sondern unter Abwägung der Zielgrößen Entwässerungskomfort, Schutzbedürfnis des Gewässers sowie Schadenspotenzial durch Überflutung und Wirtschaftlichkeit für den Einzelfall festgelegt werden. Für RRRe im Kanalnetz sind zudem DIN EN 752 [631] und Arbeitsblatt DWA-A 118 [508] zu beachten.

Beispiel: Ein 40 ha großes Gebiet mit 50 % befestigtem Flächenanteil mit ψ_m = 0,85 (A_u = 17 ha) wird im Trennsystem entwässert. Das Gebiet soll an ein vorhandenes Regenwassernetz angeschlossen werden, das höchstens 340 l/s aufnehmen kann (q_R = 340/17= 20 l/(s · ha)). Das Becken soll für n = 0,5/a bemessen werden. Unter Verwendung der örtlichen Regenspenden (r) nach KOSTRA erhält man in der nachstehenden Tabellenrechnung das maximale Volumen von 2 159 m^3 (Tabelle 1.3).

Tabelle 1.3: Beispielhafte Tabellenrechnung zur Auslegung von Regenrückhalteräumen

Dauerstufe	r	q_R	Differenz $r - q_R$	Zulauf-volumen	Ablauf-volumen	Differenz V_s	RRR-Volumen
Min	l/(s · ha)	l/(s · ha)	l/(s · ha)	m^3/ha	m^3/ha	m^3/ha	m^3
15	141,11	20	121,11	127	18	109	1 853
20	115,83	20	95,83	139	24	115	1 955
30	88,33	20	68,33	159	36	123	2 091
45	**67,04**	**20**	**47,04**	**181**	**54**	**127**	**2 159**
60	55,28	20	35,28	199	72	127	2 159
90	40,93	20	20,93	221	108	113	1 921

120	33,06	20	13,06	238	144	94	1 598
180	24,44	20	4,44	264	216	48	816
240	19,72	20	-0,28	284	288	-4	-68
360	14,54	20	-5,46	314	432	-118	-2 006
540	10,77	20	-9,23	349	648	-299	-5 083
720	8,68	20	-11,32	375	864	-489	-8 313

Die Verfahrensbeschreibung nach DWA-A 117 [571] sieht noch vor, dass das Volumen im Hinblick auf eine Unterbemessung mit einem Zuschlagsfaktor $1{,}1 < f_Z \leq 1{,}2$ erhöht werden kann. Zudem kann der Dämpfungsprozess, der sich aus Abflusskonzentrations- und Transportvorgängen auf die Zuflussganglinie zum RRB ergibt, durch einen Abminderungsfaktor f_A nach einer Tabelle berücksichtigt werden.

Beim Nachweisverfahren wird anhand einer statistischen Auswertung einer Niederschlag-Abfluss-Simulation die Überschreitungshäufigkeit eines gewählten Rückhaltevolumens für einen vorgegebenen Drosselabfluss berechnet. DWA-A 117 [571] enthält Hinweise zum Umgang mit bei der Auswertung möglicherweise auftretenden Ausreißern und Inhomogenitäten. Entspricht die berechnete Überschreitungshäufigkeit nicht der Zielgröße, wird das Rückhaltevolumen in einem iterativen Prozess optimiert.

Die konstruktive Gestaltung und Ausrüstung sind ausführlich in DWA-A 166 [569] und DWA-M 176 [570] behandelt, daher werden hier nur kurze Hinweise gegeben:

Bei Rückhalteräumen im Kanalnetz sind die Gefälleverhältnisse zu beachten; der aus der Speicherung resultierende Aufstau darf nicht zu Missständen führen. Sorgfältig konstruierte Becken, die nach Regenende zügig und selbstreinigend entleeren, weisen kaum Schlammablagerungen auf. Bei knappem Gefälle muss Aufstau toleriert werden, wenn die Wasserspiegeldifferenz zwischen Trockenwetter- und größtem Regenwetterabfluss kein ausreichendes Volumen ergibt. Ggf. sind am Beckenablauf Pumpen einzusetzen. Bei hohem Gefälle sind bezüglich Platzbedarf und Selbstreinigung kleine Sohlflächen vorteilhaft. Hier ist am Absturz in das zunächst leere Becken eine Energieumwandlung vorzusehen.

Grundsätzlich bestehen zwei Möglichkeiten für die Anordnung von Regenrückhalteräumen im Kanalnetz: im Hauptschluss oder im Nebenschluss. Becken im Nebenschluss sind oft vorteilhafter, weil Sand und grobe Fremdkörper mittels Trennbauwerk im Kanalnetz weitergeführt werden und nicht ins Becken gelangen.

Für Regen jenseits der gewählten Wiederkehrzeit ist ein Notüberlauf anzuordnen, für den gemäß DIN EN 752 [631] der Nachweis zu führen ist, dass die austretenden Wassermengen schadlos bewirtschaftet werden können.
Örtliche Verhältnisse sind maßgebend für die Ausführung in offener oder geschlossener Bauweise. Bei Mischwassernetzen kann die offene Ausführung nur in Außengebieten zur Ausführung kommen; die Becken sind einzugrünen. In Trennsystemen können die Becken als Teich oder Graben naturnah ausgestaltet werden. Die Beckengestaltung muss in jeder Ausbildungsform den Ansprüchen an die Wartung genügen und die Störanfälligkeit auf ein Mindestmaß reduzieren.

1.7 Regenklärbecken

Regenklärbecken (RKB) werden als zentrale Sedimentationsanlagen zur Niederschlagswasserbehandlung in Trennsystemen eingesetzt. Man unterscheidet „normal verschmutzte Gebiete ohne Fehlanschlüsse“ (i. d. R. keine Behandlung erforderlich), „normal verschmutzte Gebiete mit Fehlanschlüssen“ (Schmutzwasseranschluss in Regenwasserkanal beseitigen, sonst wie Mischverfahren zu behandeln) und „Gebiete mit starker Verschmutzung“ (Regenwasserbehandlung erforderlich). Hierzu kann gesammeltes Straßenoberflächenwasser gehören, wenn es aus Bereichen starker Verschmutzung stammt oder erhöhte Anforderungen aufgrund von Nutzungsbedürfnissen bestehen. Die RKB besitzen i. d. R. einen BÜ, einen KÜ und einen Schlammabzug.
Man unterscheidet Regenklärbecken mit Dauerstau (RKBmD) und Regenklärbecken ohne Dauerstau (RKBoD). Bei RKBmD besteht Gefahr der Remobilisierung abgesetzter Stoffe mit Beeinträchtigung der Gewässer, daher werden RKBoD heute favorisiert [569].Wegen der Gefahr der Remobilisierung abgesetzter Stoffe ist regelmäßige Wartung (Entleerung Absetzraum) bei RKBmD unbedingt zu gewährleisten. Bei RKBoD ist der Beckeninhalt nach Regenende zu behandeln, z. B. im RBF.
Der Bemessungszufluss (Q_{Bem}) bestimmt sich aus der Summe des kritischen Regenabflusses (Q_{rkrit}) und des ständigen oder zeitweiligen Fremdwasserzuflusses (Q_F). Das Beckenvolumen bestimmt sich in Abhängigkeit der Beckentiefe (h_B) und der Oberflächenbeschickung (q_A) zu:

$$V = 3{,}6 \cdot (r_{krit} \cdot A_u + Q_F) \cdot h_B / q_A \quad [m^3] \qquad (1.23)$$

und liegt bei 5 – 20 m^3/ha A_u.

Das Speichervolumen trägt maßgeblich zum erreichbaren Stoffrückhalt bei. Für eine wirtschaftliche Dimensionierung ist die Auslegung auf eine kritische Regenspende mittels Durchflussbegrenzung sinnvoll. Die Oberflächenbeschi-

ckung q_A soll 10 m/h, besser 5 m/h nicht überschreiten [1988], um ausreichenden Rückhalt feinpartikulärer Feststoffe (AFS 63) zu erzielen. Bei bestehenden Becken, die hierzu nicht genug Volumen aufweisen, kann alternativ die Nachrüstung von Schrägklärelementen den Rückhalt verbessern. Die nutzbare Beckentiefe h_B soll ca. 2,0 m betragen. Details zur Bemessung liefert das im Gelbdruck vorliegende DWA-A 102 [604], konstruktive Hinweise enthält DWA-A 166 [569]. Siehe auch: [78, 79, 2147, 2190].
Die Kosten für Regenklärbecken liegen zwischen 1 000 €/m^3 bei Becken mit einem Volumen von 1 000 m^3 und etwa 2 500 €/m^3 bei einem Becken mit einem Nutzvolumen von 100 m^3.

1.8 Retentionsbodenfilter

Retentionsbodenfilter (RBF) stellen sehr wirksame Anlagen zur Behandlung von niederschlagsbedingten Abflüssen im Misch- und Trennsystem dar. Sie haben die Aufgabe Abflussspitzen abzuflachen und einen weitergehenden Stoffrückhalt durch eine Kombination aus Filtration, Sorption und biologischer Reinigung zu gewährleisten [505, 1450, 1610, 2020].
Sie bestehen aus einer Vorstufe zur Sedimentation und dem eigentlichen Retentionsbodenfilterbecken. Betriebsergebnisse großtechnischer Anlagen zeigen, dass mit Hilfe von Retentionsbodenfiltern bei den organischen Stoffen Eliminationsleistungen von 75 bis 95 % erzielt werden. Auch die Entfernung des Ammoniums liegt mit 60 bis 90 % vergleichsweise hoch. Der Parameter Phosphor kann mit einem mittleren Eliminationsgrad von etwa 60 % zurückgehalten werden. Der Keimrückhalt ist sehr stark von den Betriebsbedingungen abhängig und liegt im Mittel bei etwa ein bis zwei log-Stufen. Daneben werden auch Schwermetalle im Bodenfilter zurückgehalten.
In Bild 1.19 sind die Komponenten eines Retentionsbodenfilters mit einem Regenüberlaufbecken im Mischsystem als Vorstufe prinzipiell dargestellt. Wichtig ist, dass dem Retentionsbodenfilter immer eine Vorstufe zur Vorreinigung vorgeschaltet wird, um eine Kolmation, d. h. eine Verminderung der hydraulischen Durchlässigkeit durch Feststoffablagerungen im Porenraum des Filters zu vermeiden.
Der Filteraufbau eines RBF besteht von unten nach oben aus einer Dichtung (Kunststoffdichtung, Bentonitdichtung oder mineralische Abdichtung), einer Dränschicht mit eingesetzten Dränrohren, dem Filtersubstrat sowie der im Filtersubstrat wurzelnden Vegetation. Als Filtersubstrat ist der Einsatz von Sanden mit einem Körnungsband im Bereich des Mittelsandes zu bevorzugen. Zur Steigerung der biologischen Aktivität sollten nach Möglichkeit kantengerundete Sande eingesetzt werden. Die feinpartikuläre organische Substanz im Sand sollte weniger als 0,5 % betragen. Zur Vermeidung eines kritischen Absinkens

der Säurekapazität durch die Nitrifikation im Filtersubstrat sollte dies über einen ausreichenden Karbonatvorrat verfügen. Da die meisten Sande nur geringe Karbonatanteile besitzen, ist zu empfehlen, dem Filtersubstrat 10 bis 15 Massenprozent Karbonat zuzumischen. Werden besondere Anforderungen an den Stoffrückhalt, beispielsweise im Hinblick auf die gewünschte Phosphorelimination, gestellt, so können dem Filtersubstrat zusätzlich auch reaktive Eisenverbindungen zugegeben werden, die eine Ausfällung bzw. eine Sorption der gelösten Phosphate bewirken. Als Vegetation für Retentionsbodenfilter hat sich Schilf bestens bewährt und ist anderen Pflanzen in jedem Falle vorzuziehen. Schilf schützt nicht nur die Filteroberfläche vor kritischer Sedimentablagerung und einer möglichen Kolmation, sondern bietet durch die sich langsam entwickelnde Streuschicht aus abgestorbenen Schilfpflanzen auch einen Raumfilter zum weitergehenden Stoffrückhalt und ein Adsorbens für den Rückhalt von Ammonium und Schwermetallen.

Die Bemessung von Retentionsbodenfiltern orientiert sich zum einen an dem erforderlichen Volumen zur Verminderung der Entlastungsspitzen aus der Einleitung von Niederschlagswasser. Hier sind zur Ermittlung des Retentionsvolumens die Immissionsanforderungen des Gewässers maßgebend. Zum anderen ist für einen ordnungsgemäßen Betrieb eine Begrenzung der aufgebrachten Feststofffracht erforderlich. In der Vergangenheit erfolgte die Bemessung der erforderlichen Filteroberfläche anhand der Hilfsgröße „Beschickungshöhe“. Auf Basis der in den letzten Jahren gewonnenen Erfahrungen wurde ein neuer Bemessungsansatz erarbeitet, der die aufgebrachte Gesamtfracht an AFS63, das gewünschte Behandlungsziel, sowie die zulässige Einstaudauer und -häufigkeit berücksichtigt [1610].

In einem iterativen Verfahren wird zunächst die Drosselabflussspende entsprechend dem Behandlungsziel gewählt. Mit einer geschätzten Bodenfilteroberfläche und einem gewählten Retentionsraum wird eine Schmutzfrachtberechnung (Langzeitsimulation) über mindestens zehn Jahre durchgeführt. Anhand der resultierenden Jahresmittelwerte werden die Erreichung des Behandlungsziels und die Einhaltung der zulässigen Filterbelastung geprüft. Wenn die Prüfung nicht erfolgreich ist, werden die Kenngrößen des Bodenfilters neu gewählt und die Berechnung wiederholt. Dieser Bemessungsansatz findet auch Eingang in das derzeit in Erarbeitung befindliche Arbeitsblatt DWA-A 178.

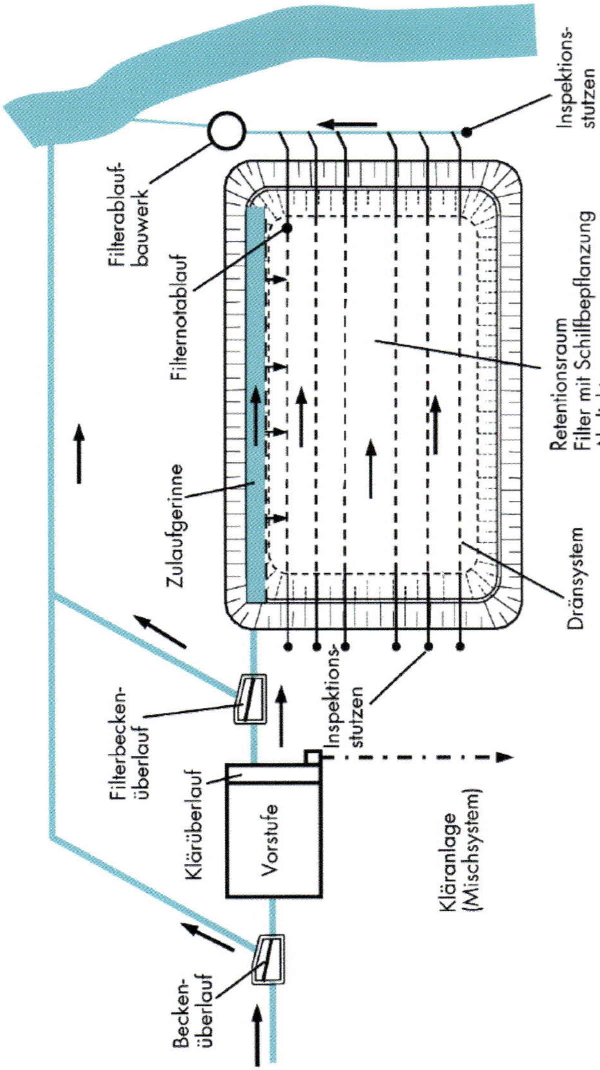

Bild 1.19: Komponenten eines Retentionsbodenfilters mit Regenüberlaufbecken als Vorstufe [1610]

Im Mischsystem sollte für die Zielgrößen AFS63, CSB, BSB, Schwermetalle und P eine Drosselabflussspende von 0,03 l/(s · m²) angesetzt werden, für die Zielgröße NH_4-N eine Drosselabflussspende von 0,02 l/(s · m²) und für die Zielgröße Keime eine Drosselabflussspende von 0,01 l/(s · m²). Im Trennsystem kann für die Zielgrößen AFS63, CSB, BSB, Schwermetalle und P eine etwas höhere Drosselabflussspende von 0,05 l/(s · m²) angesetzt werden. Retentionsbodenfilter sollten im Mittel öfter als zehnmal pro Jahr beschickt werden, damit die Pflanzen nicht verhungern und sich keine grabenden Tiere und ungewünschte Pflanzenarten etablieren können. Weiterhin ist die mittlere jährliche Einstaudauer auf 48 Stunden zu begrenzen.
Hinweise zur konstruktiven Gestaltung und zum Betrieb von Retentionsbodenfilter sind [360, 505, 1610] zu entnehmen.
Die Kosten für Retentionsbodenfilter liegen nach Erfahrungen des Erftverbandes bei etwa 600 €/m² für eine Filterfläche von 1 000 m² und bei etwa 300 €/m² bei einer Filterfläche von 5 000 m² [1959]. Vergleichbare Kosten sind auch im Handbuch Retentionsbodenfilter NRW zu finden [1610].

1.9 Hochwasserschutz für Abwasseranlagen

Für geplante und vorhandene Abwasseranlagen (Kanalnetze, Sonderbauwerke, Kläranlagen) ist festzulegen, bis zu welchem Hochwasserstand jede einzelne Anlage in Betrieb bleiben muss. Rechtliche Grundlagen für eine derartige Betrachtung finden sich in § 60 (1) WHG und § 5 Abschnitt 2 WHG [612].
Inwieweit Vorsorge- bzw. Schutzmaßnahmen erforderlich werden, wird im Rahmen einer Schwachstellen- und Risikobewertung beantwortet [568], welche im Bedarfsfall zu einem Hochwasserschutzkonzept führt.
Bei der Festlegung von Schutzzielen sind vorrangig sowohl die „Betriebssicherheit“ als auch die „Entsorgungssicherheit“ zu berücksichtigen. Zudem sind der „Schutz des Entwässerungskomforts“ sowie der „Schutz von Sachwerten“ in die Bewertung einzubeziehen. Einer sorgfältigen Abstimmung der Schutzziele (HQx, HWx), angepasst auf die örtliche Situation, kommt eine herausragende Bedeutung zu. So sind z. B. Abwasseranlagen in Überschwemmungsgebieten vor einem HQ100 zu schützen.
Die Festlegung von Maßnahmen erfolgt unter Wahrung der Verhältnismäßigkeit sowie unter Abwägung von Aufwand und Restrisiko.
Für Einleitungen aus der Misch- und Regenwasserkanalisation ist anzustreben, dass Hochwasser nicht zu einem Einstau führt. Wenn das nicht zu erreichen ist, dann stellt der im ATV-Arbeitsblatt 128 genannte 10-jährliche Standard eine sinnvolle Untergrenze dar. Die Auswirkungen höherer Wasserstände auf die Kläranlage sind zu untersuchen. Damit die Wasserspiegel im Entlastungskanal niedrig bleiben, sind breite und flache Profile sinnvoll. Der Entlastungskanal ist

nicht nur für den Berechnungsregen auszulegen, sondern für den größtmöglichen Abfluss im überstauten Netz. Bei größeren Fließgewässern braucht die Ableitung des größtmöglichen Abflusses zum Gewässer nicht in jedem Fall bei dessen höchstem Wasserstand gewährleistet werden, da die Wahrscheinlichkeit von gleichzeitigem Hochwasser und Starkregen äußerst gering ist [196, 1953]. Für die Festlegung der maßgeblichen Ereigniskombination empfiehlt sich eine Langzeitbetrachtung aus gemessenen oder simulierten Abflussreihen von Kanalisation und Gewässer. Hinweise zur Auswahl von relevanten Regenereignissen finden sich im Merkblatt ATV-DVWK M 165 [494]. Eine mögliche Vorgehensweise zur im Regelfall notwendigen Extrapolation der im untersuchten Zeitraum aufgetretenen Ereignisse auf den maßgeblichen Bemessungsfall ist in [1953] dargelegt.
Wesentliche Grundsätze zu Planung, Bau und Betrieb von Abwasseranlagen unter dem Blickwinkel Hochwasservorsorge und -schutz enthält DWA-M 103 [568] sowie ATV-DVWK A 157 [489].

1.10 Regenwasserbewirtschaftung vor Ort

In den letzten Jahrzehnten sind besonders viele Flächen bebaut und versiegelt worden. Das führte zu erhöhten Regenwasserabflüssen und verringerter Grundwasserneubildung. Die Fließgewässer nehmen doppelt Schaden: durch häufigere und größere Hochwasserführungen und zurückgehenden Niedrigwasserabfluss. Der Aufwand für die Regenwasserbehandlung wächst. Deshalb wird für die Zukunft gefordert: Abfluss möglichst vermeiden, zumindest vermindern. Damit muss man „vor Ort“ beginnen, auf dem Baugrundstück, in der Siedlung oder im Gewerbegebiet, indem einmal die Versiegelungsanteile gering gehalten werden und zum anderen als Ersatz für den verloren gegangenen natürlichen Weg des Wassers das Regenwasser vor Ort bewirtschaftet und von der schnellen und gründlichen Ableitung allen Regenwassers über die Kanalisation weitgehend Abstand genommen wird. Einige Landeswassergesetze machen die ortsnahe Bewirtschaftung für Neubaugebiete zum Regelfall.
Die Regenwasserbewirtschaftung vor Ort setzt voraus, dass Niederschlagswasser und Schmutzwasser schon auf dem Grundstück nicht vermischt werden. Sie unterscheidet auch je nach Herkunftsfläche zwischen behandlungsbedürftigem (in der Regel in die Kanalisation zu leitendem) und nicht behandlungsbedürftigem Regenwasser. Die gar nicht so neuen Lösungsansätze beruhen auf den Elementen Speicherung und Versickerung. Bild 1.20 zeigt schematisch Anwendungsmöglichkeiten in Abhängigkeit vom Durchlässigkeitsbeiwert k_f als wesentlichem Parameter der Bodenbeschaffenheit. Die unmittelbare Versickerung über eine reinigende Bodenpassage ins Grundwasser ist nur bei gut durchlässigen Böden und ausreichendem Flurabstand anwendbar. Sonst muss

den Geländeverhältnissen entsprechend in Mulden, Teichen, Rigolen usw. zwischengespeichert werden. Anschließend wird der gedrosselte Abfluss versickert oder, wenn das schlecht möglich ist, teilweise oder ganz in ein Oberflächengewässer eingeleitet.
Ausführliche Darstellung und Bemessung in: [233, 500, 563, 893, 1511].

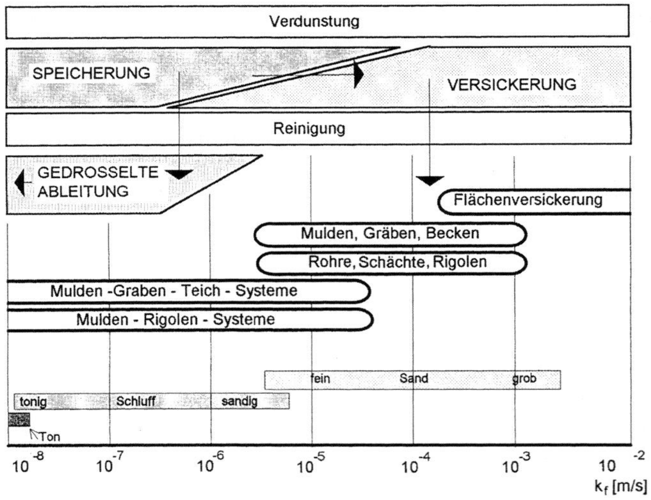

Bild 1.20: Methoden der Regenwasserbewirtschaftung vor Ort in Abhängigkeit vom Durchlässigkeitsbeiwert k_f des Bodens

Die Baukosten sind stark von den örtlichen Gegebenheiten abhängig, insbesondere von den Boden- und den Freiflächenverhältnissen. Einfache Anlagen zur Flächen- oder Muldenversickerung lassen sich für weniger als 5 €/m^2 pro angeschlossener befestigter Fläche einrichten. Bei ungünstigen Verhältnissen ist mit Kosten von bis zu 30 €/m^3 zu rechnen. Bei kaum durchlässigen Böden können vernetzte, kombinierte Anlagen ein Vielfaches kosten, wenn ein großes Speichervolumen erforderlich wird, das aus Platzgründen auch noch unterirdisch angeordnet werden muss. Die örtlichen Verhältnisse, aber auch die Art der Kostenrechnung sind maßgebend dafür, ob die Bewirtschaftung vor Ort neben ihrer ökologischen Überlegenheit auch ökonomische Vorteile bietet [996, 1509].

2. Berechnung des Leitungsnetzes

2.1 Schmutzwasserabfluss

Wenn ein Leitungsnetz beim Trennverfahren nur Schmutzwasser, also kein Regenwasser, aufzunehmen hat, ist die Berechnung des Abflusses einfach. Man nimmt z. B. an, dass der Schmutzwasserabfluss 200 l/(E · d) ist und dass der größte Stundenabfluss der vierzehnte Teil des 24-stündigen Abflusses ist (Bild 5.1). Dann ist der Schmutzwasserabfluss für 1 000 Einwohner = 1 000 · 200 : (14 · 60 · 60) = 4,0 l/s. Wenn es sich um ein Baugebiet handelt, das z. B. von 100 Einwohnern auf 1 ha bewohnt wird, entspricht das 0,4 l/(s · ha) (Spalte 4, Tabelle 2.1). Gewerbegebiete werden mit einem Abfluss von 1 l/(s · ha) berücksichtigt.
Für Fremdwasser (z. B. Regen- und Grundwasser) wird für überschlägige Betrachtungen dazu ein Zuschlag von 100 % gemacht.

2.2 Regenwasserabfluss

Wenn das Schmutzwasser mit dem Regenwasser zusammen nach dem Mischverfahren in einem gemeinsamen Leitungsnetz abgeführt wird, hat der Schmutzwasserabfluss auf die Abmessung der Leitung fast keinen Einfluss mehr. Er hat nur noch wegen der Berechnung der Teilfüllung und Fließgeschwindigkeit bei Trockenwetter Bedeutung.
Zur Berechnung des Regenwasserabflusses hat man die Wahl unter folgenden Verfahren [2381].

2.2.1 Schätzung aus der Fläche oder aus der Länge

Aus Bild 2.1 kann man den Höchstwasserabfluss, der bei Regen abgeführt werden soll, in l/(s · ha) ohne Weiteres aus der Fläche oder aus der Länge ablesen. Die Linien sind aus sehr vielen der Praxis entnommenen Werten zusammengestellt. Sie eignen sich besonders für Entwürfe einfacher Art, für vorläufige Schätzungen und zum Nachprüfen von Entwürfen. Die Ungenauigkeit der geschätzten Werte gegenüber den ausführlichen Berechnungsverfahren ist geringer, als man glauben sollte. Im Gegensatz dazu beschreibt das DWA-Arbeitsblatt A 118 in detaillierter Form die Bemessung und den Nachweis von Entwässerungssystemen [508].

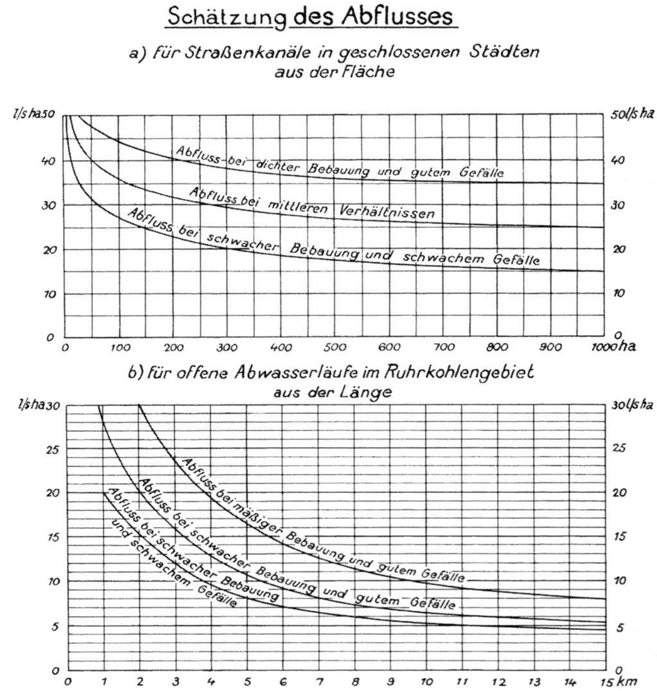

Bild 2.1: Höchstwasserabfluss in Abhängigkeit von Fläche und Länge

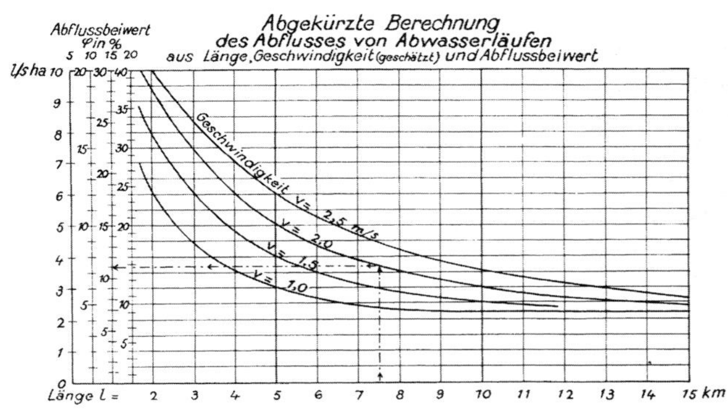

Bild 2.2: Vereinfachte Ermittlung des Höchstwasserabflusses

2.2.2 Abgekürzte Berechnung aus Länge, Geschwindigkeit und Abflussbeiwert

In Bild 2.2 ist noch eine sehr bequeme abgekürzte Berechnung angegeben. Dabei braucht man nur den örtlichen Verhältnissen entsprechend den Abflussbeiwert (Kapitel 2.2.3) und die Wassergeschwindigkeit (Kapitel 2.3) anzunehmen. Man kann dann aus der Lauflänge den Höchstwasserabfluss in l/(s · ha) ablesen.
Beispiel 1: Ist l = 7,5 km, v = 2,0 m/s und Ψ = 15 %, so ist die Abflussspende = 11 l/(s · ha) (Bild 2.2).

2.2.3 Abwasseranfall in Abhängigkeit von der Bebauung

Man entschließt sich für einen bestimmten „Berechnungsregen", den Regen von bestimmter Dauer und Stärke, den das Entwässerungsnetz ohne Überlastung abführen soll, z. B. 15 min Dauer und eine Regenspende von 130 l/(s · ha) bei geschlossenen Leitungen. Die 130 l/ (s · ha) entsprechen einer Regenintensität von 0,78 mm in 1 min oder 11,7 mm in 15 min. Durch diesen Entschluss beschränkt man die Abmessung der geschlossenen Leitungen auf ein wirtschaftlich noch tragbares Maß, und man findet sich mit Rückstau und Überschwemmungen bei sehr starken Regengüssen ab (Kellerräume müssen dann Rückstaudoppelverschlüsse oder Pumpen haben).
In der Schweiz wird mit Regen gerechnet, die nur alle 5 bis 20 Jahre einmal erreicht werden. Aber auch in Deutschland steigt der Anspruch an die Leistungsfähigkeit der Kanalisation. Je nach Wertigkeit der städtischen Bereiche werden Überstauhäufigkeiten von 0,5 bis 0,1 je Jahr empfohlen [1778, 1781]. Darunter wird ein Ansteigen des Wasserstandes in den Schächten der Kanalisation bis zur Oberkante des Geländes verstanden. Bei weiterem Anstieg beginnt die Überflutung. Tief liegende Bereiche wie Keller sind weit eher betroffen. Nach der europäischen Norm EN 752, Teil 2, sollte in Wohngebieten grundsätzlich ein 2-jährlicher Regen angesetzt werden [631]. Der Nachweis der Überflutungshäufigkeit kann mit vorgegebenen Modellregen, mit Hilfe einer Langzeitsimulation von Starkregenereignissen oder durch Auswertung von Feuerwehreinsätzen bei Starkregen erfolgen. Letzteres lässt die europäische Norm ausdrücklich zu [75, 717, 1084, 1782, 2015, 2018, 2019].

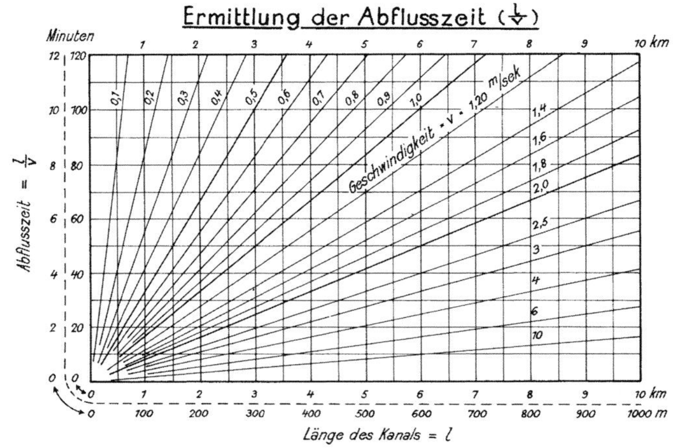

Bild 2.3: **Ermittlung der Abflusszeit in Abhängigkeit der Kanallänge**

Es ist:

- Regenintensität (mm/min) $i = h : D$ = Regenhöhe : Regendauer
- Regenspende (l/(s · ha)) $r = 166{,}7 \cdot h : D$.
- Regenhäufigkeit n = Anzahl der Regenfälle bestimmter Dauer im Jahr, die eine bestimmte Intensität überschreiten.

Bild 2.3 zeigt noch die Beziehungen zwischen der Fließgeschwindigkeit, der Abflusszeit und der Lauflänge.
Wie viel von dem Regenfall wirklich abfließt, richtet sich nach der Beschaffenheit der Erdoberfläche. Auf der beregneten Fläche geht nämlich ein Teil des Regenwassers durch Versickern und Verdunsten verloren oder es wird in Vertiefungen zurückgehalten und am Abfließen gehindert. Der Abflussbeiwert Ψ, der den Anteil des abfließenden Wassers an dem Regenwasser ausdrückt, richtet sich hauptsächlich nach der Bebauung. Ψ ist aber auch von der Geländeneigung, der Neigung von Straßen und Dächern, der Regendauer und der Regenhäufigkeit abhängig. Man rechnet vereinfachend mit konstanten Abflussbeiwerten:

Ψ = 0,7 bis 0,9 für sehr dichte Bebauung,
0,5 bis 0,7 für geschlossene Bebauung,
0,3 bis 0,5 für offene Bebauung,
0,2 bis 0,3 für gartenreiche Außenviertel,
0,1 bis 0,2 für unbebautes Gelände (Sportplätze),
0,0 bis 0,1 für Parkanlagen.

Wenn die Überdeckung der Gesamtabflussfläche A durch Dächer, Straßen und Gärten (Teilflächen A_1, A_2, ...) bekannt ist, kann aus den Abflussbeiwerten der Teilflächen (Ψ_1, Ψ_2,...) der mittlere Abflussbeiwert Ψ für die Fläche A berechnet werden.

$$\psi = \frac{A_1 \cdot \psi_1 + A_2 \cdot \psi_2 + \ldots}{A_1 + A_2 + \ldots} \qquad [-] \qquad (2.1)$$

Dabei sind etwa folgende Abflussbeiwerte einzusetzen:

Metall- u. Schieferdächer	0,95
Asphalt- u. Betonstraßen	0,85 – 0,90
Flachdächer	0,50 – 0,70
Kieswege	0,15 – 0,30
Park- u. Gartenflächen	0 – 0,1

Die richtige Annahme des Abflussbeiwertes ist das Wichtigste der ganzen Berechnung. Das sieht man aus den großen Unterschieden in den angegebenen Zahlen. Eine kleine Änderung im Abflussbeiwert macht für das Endergebnis vielleicht mehr aus als alle sonstigen Feinheiten der Berechnung. Bei bestehenden Netzen ist es sinnvoll, über eine Messkampagne und anschließender Kalibrierung eines Niederschlags-Abfluss-Modells die Abflusswirksamkeit der befestigten Fläche detailliert zu ermitteln.
Im Allgemeinen muss man heute die Abflussbeiwerte höher annehmen, als es vor Jahrzehnten üblich war, weil die Wege und Plätze immer besser und dichter befestigt werden [937, 1384]. Eine Luftbildauswertung kann nützlich sein [232, 1455].
Die obengenannten Werte gelten für ziemlich flaches Baugelände. Für starkes Flächengefälle können größere Abflussbeiwerte nötig werden. Das DWA-Arbeitsblatt A 118 gibt eine Rechenanleitung [508]. Außerdem beziehen sich die Abflussbeiwerte auf den Sommer. Im Winter können bei einem auf Frost folgenden Regen viel größere Werte entstehen. Mit diesen braucht man aber nicht zu rechnen, weil die starken Regen, auf die es hier ankommt, Sommerregen sind [383]. Das gilt wenigstens für Gebiete bis etwa 800 km^2. Erst bei noch größeren Gebieten können Winterregen mitsprechen.
Alle diese Angaben beziehen sich auf den sogenannten „Spitzenabflussbeiwert" (Ψ_s), das Verhältnis der größten Niederschlagsabflussspende zur zugehörigen maximalen Regenspende. Dieser kommt allein für die Berechnung städtischer Entwässerungsnetze in Frage. Für Pumpwerke, die keine Entlastung haben und mit Staubecken verbunden sind, muss man aber wegen des Stromverbrauchs manchmal noch den mittleren Abflussbeiwert (Ψ_m) kennen. Dieser ist definiert als Quotient aus Abflussvolumen und Niederschlagsvolumen über einen festen Zeitraum [2016]. Er ist bei dichter Bebauung ebenso groß wie

der Spitzenabflussbeiwert. Im Emschergebiet rechnet man z. B. für die unten genannten fünf Bauklassen:

Bauklasse	I	II	III	IV	V
Abflussbeiwert Ψ_m	0,8	0,65	0,52	0,46	0,35

Das Beispiel einer Einteilung der Bebauung zeigt Tabelle 2.1. Darin ist zunächst der zu der Bebauungsart gehörige Trockenwetterabfluss eingetragen. Er ist berechnet mit 200 l/(E · d) und mit der Stundenmenge von $^1/_{14}$ der Tagesmenge (Bild 5.1). Für die Straßenleitungen wurde ein Berechnungsregen von 130 l/(s · ha) angenommen. Diese einfache Rechnung mit der festen Regenspende genügt nur für kleine Gebiete mit 1 – 2 km Lauflänge.

Tabelle 2.1: Abwasseranfall in Abhängigkeit von der Bebauung

1	2	3	4	5	6	7	8
Klasse	Bebauungsart			Trockenwetterabfluss		Regenwasserabfluss	
		Einwohner auf 1 ha	Schmutzwasserabfluss l/(s · ha)	dazu Bachwasser l/(s · ha)	Abflussbeiwert Ψ	Straßenleitungen l/(s · ha)	offene Läufe l/(s · ha)
I	sehr dicht	350	1,40		0,8	104	160
II	dicht	250	1,00	0,05	0,6	78	120
III	geschlossen	150	0,60	bis	0,4	52	80
IV	weitläufig	100	0,40	0,15	0,25	32,5	50
V	unbebaut	0	0	(MW)	0,05	6,5	10

Für die Berechnung des Regenabflusses größerer Gebiete hat Karl Imhoff 1922 mit der 3. Auflage dieses Buches den Zeitbeiwert eingeführt. Man ging dabei von der Erfahrung aus, dass die Regenstärke mit der Zeit in ganz bestimmtem Maße abnimmt. Dazu hat Reinhold für verschiedene Orte in Deutschland Regenspenden für eine Regendauer von D = 15 min angegeben, die jährlich einmal überschritten werden, und die in Bild 2.4 gezeigten Kurven für die Abnahme der Regenintensität mit der Zeit, die er auch mathematisch formulierte [1865]:

$$r = r_{15(1)} \cdot \frac{38}{D+9} \cdot \left(\frac{I}{\sqrt[4]{n}} - 0{,}369\right) \qquad [-] \qquad (2.2)$$

Für jeden Punkt des Leitungsnetzes bringt den stärksten Abfluss gerade der Regen, dessen Regendauer gleich der Fließzeit ist, also gleich der Zeit, die das Wasser braucht, um vom oberen Rand des Gebietes bis zu dem betrachteten Punkt zu fließen. Wäre die Regendauer länger als die Fließzeit, dann wäre der Regen nach Bild 2.4 auch schwächer. Wäre der Regen aber kürzer und stärker, dann wäre das Wasser des unteren Gebietes bereits abgelaufen, bevor das Wasser des oberen Gebietes ankommt. Danach hat man aus der Linie c für jeden Punkt des Entwässerungsnetzes den Zeitbeiwert und damit die maßgebende Regenspende abgelesen in Abhängigkeit von der Fließzeit des Wassers in der Leitung oder man hat die angegebene Formel benutzt.

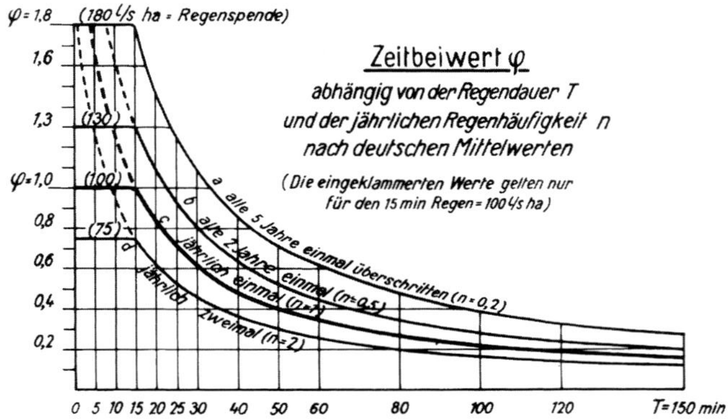

Bild 2.4: Zeitbeiwert in Abhängigkeit von Regendauer und der jährlichen Regenhäufigkeit

Beispiel 2: Ein Entwässerungsnetz wird für einen 15-min-Regen von 130 l/(s · ha) berechnet. Wie groß ist der Zeitbeiwert und der Regenabfluss an einer Stelle des Hauptsammlers, die in der Leitung gemessen l = 3 000 m vom oberen Rande des Entwässerungsgebiets entfernt ist? – Fließgeschwindigkeit geschätzt v = 1 m/s. Fließzeit $l : v$ = 50 min. Regendauer D gleich Fließzeit = 50 min Zeitbeiwert ϕ = 0,4 (nach Linie c). Regenabfluss = 0,4 · 130 = 52 l/(s · ha).

2.2.4 Listenrechnung

Die nachfolgend beschriebene Listenrechnung nach Kehr (Tabelle 2.2) wird bis heute als Zeitbeiwertverfahren betitelt [1300]. Grundlage bildeten Landschaftswerte der Basisregenspende $r_{15,1}$ (Regenspenden der Dauer D = 15 min und der Häufigkeit n = 1 [1/a]) und die Zeitbeiwertfunktion nach Reinhold [1865]. Heute stehen mit „Starkniederschlagshöhen für Deutschland – KOSTRA (KOSTRA = KOordininierte STarkregen-Regionalisierungs-Auswertung)“ [613] flächendeckend für Deutschland statistische Regenwerte für die Dauer von D = 5 min bis 72 h und Wiederkehrzeiten von T_n = 1 a bis 100 a zur Verfügung. Die Version KOSTRA-DWD 2010 [1378], die auf der Auswertung der Daten von 1951 bis 2010 basiert, hat den Vorläufer [613] ersetzt und wird nur noch als

Software vertrieben. Die in KOSTRA angegebenen Werte sind Punktwerte. Statistische Gebietsniederschlagswerte können daraus gewonnen werden, wenn ein Abminderungsverfahren angewandt wird [2273]. Die in KOSTRA angegebenen funktionalen Zusammenhänge zwischen Regenhöhe h_N, Wiederkehrzeit T_n und Regendauer D haben die Zeitbeiwertfunktion ersetzt. Die Bezeichnung Zeitbeiwertverfahren bleibt dennoch gerechtfertigt, weil nach wie vor eine sich in Abhängigkeit der Zeit ändernde Regenspende r verwendet wird.

Für die Ausfüllung der Listenrechnung und somit die Bemessung des Kanalnetzes werden folgende Parameter besonders benötigt:

Regenspende r
Spitzenabflussbeiwert Ψ_s

Außerdem sollten aus betrieblichen Gründen unabhängig vom berechneten Abfluss folgende Mindestdurchmesser nicht unterschritten werden:

Schmutzwasserkanal DN 250
Regen-, Mischwasserkanal DN 300

Im DWA-Arbeitsblatt A 118 [508] wird für die Berechnung der Regenspende die KOSTRA-Auswertung des Deutschen Wetterdienstes empfohlen. Ebenfalls werden je nach Wertigkeit der städtischen Bereiche (Wohngebiet, Industriegebiet) Überstauhäufigkeiten angeraten, nach denen das Kanalnetz zu bemessen ist.
Um die maßgebliche Regenspende zu ermitteln, wird folgendes Vorgehen empfohlen:

1. Man nimmt für die Dauer des Berechnungsregens eine untere Grenze (Mindestregendauer D_{min}) von 5 bis 15 Minuten in Abhängigkeit der mittleren Geländeneigung und des Befestigungsgrades an [508, 2272].
   Kurze Regen von nur wenigen Minuten Dauer kommen nämlich nicht zur vollen Geltung, da zu Beginn eines Regens viel Wasser von der trockenen Oberfläche und von den noch leeren Leitungsstrecken aufgenommen wird oder sich vor den Regeneinläufen auf den Straßen und Höfen anstaut und nicht vollständig oder nicht schnell genug abfließen kann.

Tabelle 2.2: Ausführliche Listenrechnung nach Kehr

1	2	3	4	5	6	7	8	9	10	11	12	13
Lfd. Nr. des Geb.	Name der Straße	Strecke		Kanallänge		Einzugsgebiet		Einwohnerzahl des			Schmutzwasserabflussspende q_s	Regenspende r
		von Schacht oben	bis Schacht unten	einzel L	zus. ΣL	Teilgeb. F_{EZ}	zus. ΣF_{EZ}	Teilgebietes		Einzugsgebietes		
Nr.		Nr.	Nr.	m	m	ha	ha	E/ha	E	E	l/(s · ha)	l/(s · ha)

14	15	16	17	18	19	20	21	22	23	24	25	26
Abflussbeiwert ψ	Regenwasserabflussspende $q_r = \psi \cdot r_x$	Abfluss										
		Zufluss von Gebiet	Schmutzwasser		gewerbliches Abwasser			Regenwasser			$Q = Q_s + Q_g + Q_r$	weiter gegeb. nach Gebiet
			$F_{EZ} \cdot q_s$	Q_s	jetzt	später gesch.	Q_g	$F_{EZ} \cdot q_r$	Q_r	gesch. Fließzeit t_f(1)		
	l/(s · ha)	Nr.	l/s	l/s	l/s	l/s	l/s	l/s	l/s	s	l/s	Nr.

27	28	29	30	31	32	33	34	35	36	37	38
				bei Regenwasser					bei Trockenwetter		Bemerkungen
Sohlgefälle J_s	Kanalquerschnitt Form Größe	Abflussleistung		Spiegelgefälle J (2)	Fließgeschw. v (3)	Fließzeit			$Q_s + Q_g$		(1) = Regendauer (2) $J = J_s$ wenn Teilfüllung (3) $v = v_0$ setzen, wenn $0{,}5 \cdot Q_0 < Q < Q_0$
		Q_0	v_0			einzel $t_f = \frac{l}{v}$	gesamt Σt_f	gesamt Σt_f	Fließgeschw. v	Füllhöhe h	
01:00	cm	l/s	m/s	01:00	m/s	s	s	min	m/s	m	

2. Zur Regenabflussbestimmung wird zunächst für jede Berechnungsstrecke aus der Kanallänge und einer angenommenen Fließgeschwindigkeit die Fließzeit (t_f) ermittelt (siehe Bild 2.3). Zur Vermeidung von Ablagerungen in den Kanälen sollten Fließgeschwindigkeiten unterhalb von 0,5 m/s vermieden werden. Die Geschwindigkeit ist im Flachland bei geschlossenen Leitungen etwa 1 m/s, im Hügelland höher. Die maßgebende Gesamtfließzeit ergibt sich für den Berechnungspunkt aus der Summe der Fließzeiten von und in der Berechnungsstrecke.

Der größte Regenabfluss wird unter der Annahme ermittelt, dass die Fließzeit im Kanalnetz gleich der maßgebenden Regendauer D gesetzt wird.

- Für Fließzeiten, die kürzer als D_{min} sind, ist die Regenspende für die Dauer D_{min} einzusetzen.
  $t_f \leq D_{\text{min}} \Rightarrow r = r_{\text{Dmin,n}}$
- Erst bei $t_f > D_{\text{min}}$ wird die Regenspende entsprechend der Fließzeit angepasst.

Bei großen Verschiedenheiten der einzelnen Flächenteile im Gefälle und im Abflussbeiwert kann man die Regel „Regendauer gleich Fließzeit" nicht immer auf die ganze Fläche anwenden, sondern muss manchmal durch einen Versuch herausfinden, wie die größte Belastung für einen Punkt entsteht. Das gilt besonders auch bei sehr ungleichmäßiger Form des Gebiets. In einem Gebiet nach Bild 2.5 erhält man z. B. die größte Belastung, wenn man die Leitung l_2 mit ihrem schmalen Gebiet weglässt und nur die Strecke l_1 mit der dazugehörigen Teilfläche einsetzt. Die Gesamtfläche, mit der man rechnet, ist dann zwar etwas kleiner aber der Abfluss wird größer.
Die Regenspende $r_{\text{D,n}}$ wird aus KOSTRA-DWD 2010 [1378] gewonnen. In KOSTRA ist immer die Regenhöhe h_N [mm] in Abhängigkeit der Regendauer D [min] und der Wiederkehrzeit T_n [a] angegeben [2121]. Die Regenspende $r_{\text{D,n}}$ kann daraus wie folgt berechnet werden:

$$r_{\text{D,n}} = \frac{166{,}6}{D} \cdot h_N \ (\text{D;T}_n) \qquad [\text{l/(s} \cdot \text{ha)}] \qquad (2.3)$$

Die Häufigkeit n berechnet sich mit

$$n = \frac{l}{T_n} \qquad [1/\text{a}] \qquad (2.4)$$

aus der Wiederkehrzeit T_n.

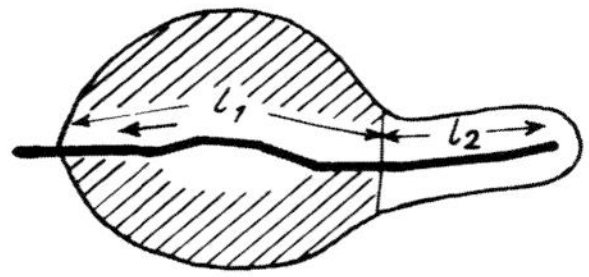

Bild 2.5: Beispielgebiet

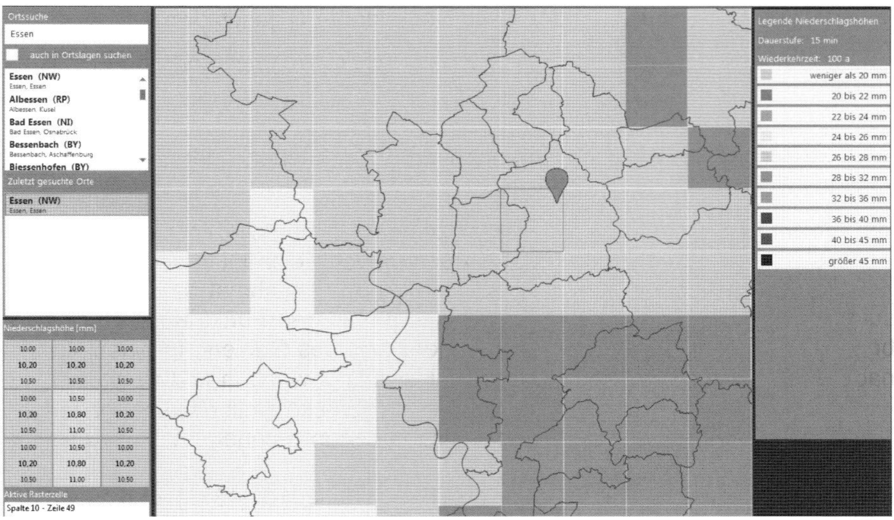

Bild 2.6: KOSTRA-Ausschnitt Essen [1378]

Mit KOSTRA-DWD 2010 [1378] können für das ausgewählte Rasterfeld Tabellen mit beliebigen Kombinationen von Wiederkehrzeit und Dauer erzeugt werden. Für das in Bild 2.6 auswählte Rasterfeld für Essen (Spalte 62, Teile 35) ist die in Bild 2.7 dargestellte Tabelle für verschiedene Dauerstufen von $D = 5$ min bis $D = 2$ h und für Wiederkehrzeiten von $T_n = 1$ a bis $T_n = 10$ a (Häufigkeiten von $n = 1$ bis $n = 0{,}1$) ein Beispiel.

Niederschlagshöhen und -spenden nach KOSTRA-DWD 2010

Rasterfeld : Spalte 10, Zeile 49
Ortsname : Essen (NW)
Bemerkung :
Zeitspanne : Januar - Dezember

Dauerstufe	Wiederkehrintervall T [a]							
	1		2		5		10	
	hN	rN	hN	rN	hN	rN	hN	rN
5 min	5,9	197,2	7,3	244,8	9,2	307,8	10,7	355,5
10 min	8,9	148,8	10,9	182,2	13,6	226,4	15,6	259,8
15 min	10,7	119,4	13,2	146,6	16,4	182,5	18,9	209,7
20 min	12,0	99,8	14,8	123,2	18,5	154,2	21,3	177,7
30 min	13,5	75,1	16,9	94,1	21,5	119,3	24,9	138,4
45 min	14,8	54,7	19,0	70,2	24,5	90,7	28,7	106,2
60 min	15,5	43,1	20,3	56,4	26,7	74,1	31,5	87,5
90 min	17,0	31,4	22,1	41,0	28,9	53,6	34,1	63,1
2 h	18,1	25,1	23,5	32,6	30,6	42,5	36,0	50,0

Legende

T Wiederkehrintervall, Jährlichkeit in [a]: mittlere Zeitspanne, in der ein Ereignis einen Wert einmal erreicht oder überschreitet
D Dauerstufe in [min, h]: definierte Niederschlagsdauer einschließlich Unterbrechungen
hN Niederschlagshöhe in [mm]
rN Niederschlagsspende in [l/(s·ha)]

Für die Berechnung wurden folgende Klassenwerte verwendet:

Wiederkehrintervall	Klassenwerte	Dauerstufe			
		15 min	60 min	12 h	72 h
1 a	Faktor [-]	0,50	0,50	0,50	0,50
	hN [mm]	10,75	15,50	27,00	52,50
100 a	Faktor [-]	0,50	0,50	0,50	0,50
	hN [mm]	27,00	47,50	75,00	130,00

Wenn die angegebenen Werte für Planungszwecke herangezogen werden, sollte für rN(D;T) bzw. hN(D;T) in Abhängigkeit vom Wiederkehrintervall

- bei 1 a ≤ T ≤ 5 a ein Toleranzbetrag von ±10 %,
- bei 5 a < T ≤ 50 a ein Toleranzbetrag von ±15 %,
- bei 50 a < T ≤ 100 a ein Toleranzbetrag von ±20 %

Berücksichtigung finden.

Bild 2.7: Beispieltabelle, erzeugt mit KOSTRA-DWD 2010 [1378]

Bei Fließzeiten zwischen 5 und 30 Minuten kann die Berechnung der Regenspende r näherungsweise aus Multiplikation von $r_{15,n}$ und dem Zeitabminderungsfaktor φ_n erfolgen. Der Zeitabminderungsfaktor entspricht dem zeitabhängigen Teil der Zeitbeiwertfunktion und berechnet sich in Abhängigkeit der Regendauer D wie folgt:

$$\varphi_n = \frac{24}{D+9} \qquad [-] \qquad (2.5)$$

Für diese vereinfachte Bestimmung der Regenspende r ist die Regenspende $r_{15,n}$ aus KOSTRA-DWD 2010 [1378] zu entnehmen. Für ausgewählte Orte in Deutschland und ausgewählte Häufigkeiten sind Regenspenden der Dauer D = 15 min auch in DIN 1986-100 angegeben [677].

2.2.5 Berechnung mit Hilfe der EDV

Die besprochenen Fließzeitverfahren eignen sich auch für eine elektronische Kanalnetzberechnung. Rechenprogramme liegen vor. Ihr Einsatz ist bei größeren Untersuchungen eine wertvolle Hilfe.
Es wurden auch instationäre Verfahren entwickelt, die nicht mehr von Hand nachgerechnet werden können. Moderne EDV-Anwendungen zur Berechnung des Abflusstransports basieren im Wesentlichen auf hydrologischen oder hydrodynamischen Transportmodellen. Die heute gängigsten hydrologischen Modelle stellen den Transportvorgang als lineare Speicherkaskade nach einem von Kalinin und Miljukov entwickelten Verfahren [1270] dar und werden meist bei der Schmutzfrachtmodellierung oder bei der Kontinuumssimulation zur Speicherbewirtschaftung eingesetzt. Prinzipiell lassen sich für einfache Berechnungsfälle mit Hilfe von hydrologischen Modellen auch Wasserspiegellagen berechnen, die Anwendung hydrologischer Modellansätze stößt aber an ihre Grenzen bei Druckabfluss oder bei Abflussumkehr. Eine sachgerechte Bestimmung von Wasserspiegellagen und Überstauereignissen in komplexen Netzen ist nur unter Verwendung hydrodynamischer Modelle möglich. Hierbei werden die *Saint-Venant*'schen Differenzialgleichungen entweder explizit oder implizit gelöst. Anwendungsbereiche und Anforderungen an die Modellanwendung beschreiben das DWA-Arbeitsblatt A 18 [508] und das ATV-DVWK-Merkblatt M 165 [494]. Die Prüfung von Kanalnetzberechnungen erfordert Erfahrung und stellt eine anspruchsvolle Aufgabe dar [77, 483, 484, 713, 883, 981, 1336, 1439, 1469].

2.3 Bestimmung der Querschnitte

Für die Berechnung der Abwasserkanäle empfiehlt die DWA, die Formel von Darcy mit dem komplizierten, aber physikalisch begründeten Widerstandsbeiwert nach Prandtl-Colebrook für volllaufende Rohre anzuwenden [511]. Die Formel von Darcy lautet für volllaufende Kreisrohre:

$$I_E = \lambda \cdot \frac{l}{d} \cdot \frac{v^2}{2 \cdot g} \qquad [-] \qquad (2.6)$$

I_E = Energieliniengefälle
λ = Widerstandsbeiwert
l = Rohrleitungslänge
d = Durchmesser [m]
v = Fließgeschwindigkeit [m/s]
g = Erdbeschleunigung = 9,81 [m/s^2]

Bei gleichförmigem Abfluss ist das Energieliniengefälle gleich dem Wasserspiegelgefälle und gleich dem Sohlengefälle.
Die maßgebende Formel für den Widerstandsbeiwert haben Prandtl-Colebrook angegeben:

$$\frac{1}{\sqrt{\lambda}} = -2 \cdot \log\left(\frac{2{,}51}{Re \cdot \sqrt{\lambda}} + \frac{k_b}{d} \cdot \frac{1}{3{,}71}\right) \qquad [-] \qquad (2.7)$$

λ = Widerstandsbeiwert
Re = Reynold'sche Zahl = $v \cdot d/\upsilon$
v = Fließgeschwindigkeit [m/s]
d = Durchmesser [m]
υ = kinematische Zähigkeit [m^2/s]
k_b = betriebliche Rauheit [m]

Für die Berechnung von Abwasserkanälen wird $\upsilon = 1{,}31 \cdot 10^{-6}$ m^2/s gesetzt, entsprechend der Zähigkeit von reinem Wasser bei 10 °C.
Der k_b-Wert hat neben der Rauheit des Rohres auch den Einfluss der Rohrstöße, der Richtungsänderungen, der Seitenzuläufe und Schächte und gewisser Ablagerungen zu berücksichtigen.
Er wird angenommen:

k_b = 0,25 [mm]	Drosselstrecken, Druckrohrleitungen, Düker, jeweils ohne Schächte.
k_b = 0,50 [mm]	Transportkanäle mit hydraulisch günstig geformten Schächten gem. [489, 507, 511].
k_b = 0,75 [mm]	Sammelkanäle mit hydraulisch günstig geformten Schächten gem. [489, 507, 511].
k_b = 1,5 [mm]	Sammelkanäle, Ortbetonkanäle ohne besonderen Nachweis der Wandrauheit.

Entsprechende Tabellenwerke wurden veröffentlicht [1779, 2237].
Die Tafeln 1, 2 und 3 im Anhang geben eine übersichtliche Darstellung der Zusammenhänge für die häufig vorkommenden betrieblichen Rauheiten k_b = 0,75 [mm] und 1,5 [mm].
Tafel 4 wurde für Eikanäle aufgezeichnet. Bei nicht kreisförmigen Rohren tritt anstelle des Rohrdurchmessers in den Formeln (2.6) und (2.7) der vierfache hydraulische Radius, der sich aus der Fläche des Querschnitts geteilt durch seinen benetzten Umfang ergibt. Das Eiprofil hat, verglichen mit dem Kreisrohr gleichen Gefälles und ähnlichem Abfluss bei voller Füllung, für geringere Durchflüsse den Vorteil, dass die Abflussgeschwindigkeiten um etwa 10 % höher liegen und deshalb weniger Ablagerungen entstehen [1546].

Für offene Gerinne wird die Formel von Manning-Strickler bevorzugt:

$$v = k_{St} \cdot r_{hy}^{2/3} \cdot I_E^{1/2} \qquad [m/s] \qquad (2.8)$$

v = Geschwindigkeit [m/s]
k_{St} = Rauheitswert [m$^{1/3}$/s]
r_{hy} = hydraulischer Radius [m]
I_E = Energieliniengefälle [-]

Der Rauheitswert k_{St} = 80 entspricht k_b = 1,5 mm nach Prandtl-Colebrook.
Beispiel 4: Ein Kreisrohr von 1 m Durchmesser führt beim Gefälle 1 : 140 oder 7,15 ‰ wie viel Wasser und mit welcher Geschwindigkeit? – Tafel 2 ablesen: Q = 2 m^3/s und v = 2,5 m/s oder nach Tafel 1 : Q = 2,2 m^3/s und v = 2,8 m/s. Bei einer Gefälle-Leitung ist das Energieliniengefälle gemeint. Es stimmt bei gleichförmigem Abfluss mit dem Wasserspiegelgefälle und dem Sohlengefälle überein. Bei einem Druckrohr ist nicht das Gefälle der Leitung, sondern das Druckgefälle, also das Verhältnis von Förderhöhe zur Rohrlänge, zu nehmen. Beim Eintreten des Wassers aus der Ruhe in die Leitung ist zur Druckhöhe noch die Geschwindigkeitshöhe zu rechnen mit $h = v^2 : (2 \cdot 9{,}81)$.
Beispiel 5: Welche Breite (d) ist beim üblichen Eiquerschnitt (h = 1,5 d) nötig, wenn er beim Gefälle I = 1 : 500 den Durchfluss Q = 1,2 m^3/s bei voller Füllung haben soll? – In Tafel 4 liegt der Schnittpunkt der Waagerechten 1,2 und der Senkrechten 1 : 500 dicht unter der Kurve des Querschnitts 0,90/1,35. Die Breite ist also 0,90 m.
Die Tafeln 5 bis 7 bringen die Teilfüllungskurven für 3 verschiedene Querschnitte. Aus den Füllungskurven kann man sowohl für den Durchfluss (Q) wie für die Geschwindigkeit (v) das Verhältnis zu dem entsprechenden Durchfluss oder zu der Geschwindigkeit bei voller Füllung entnehmen.
Beispiel 6: Dasselbe wie Beispiel 5. Der Querschnitt soll aber nur bis zum Kämpfer (0,7 der Höhe) gefüllt sein. – Aus der Teilfüllungskurve (Tafel 6) ist zu sehen, dass der Durchfluss (Q) bei 0,7 Füllung 0,75 vom Durchfluss bei voller Füllung beträgt. Man nimmt also (Tafel 4) nicht Q = 1,28 m^3/s, sondern Q = 1,28 : 0,75 = 1,7 m^3/s. Der nötige Querschnitt ist dann 1,00 · 1,50 m. – Als Geschwindigkeit liest man in Tafel 4 ab v = 1,5 m/s. Aus der Füllungskurve für v (Tafel 6) sieht man aber, dass die Geschwindigkeit bei 0,7 Füllung 1,07-mal so groß ist wie bei voller Füllung. Die wirkliche Geschwindigkeit ist also 1,07 · 1,5 = 1,60 m/s.
Beispiel 7: Wie groß ist beim Eiquerschnitt 0,90/1,35 die Füllhöhe und die Geschwindigkeit, wenn 0,2 m^3/s beim Gefälle 1 : 500 durchfließen? Der Querschnitt führt bei voller Füllung (Tafel 4) 1,28 m^3/s bei 1,4 m/s Geschwindigkeit. Das Verhältnis 0,2 : 1,28 ist 0,16. Nach der Füllungskurve (Tafel 6) ist die Füll-

höhe bei Q_T/Q_V = 0,16 gleich 0,3 der Höhe, also 0,3 · 1,35 = 0,40 m und die Geschwindigkeit (Tafel 6) bei 0,3 Füllhöhe gleich 0,77 der vollen Füllung oder 0,77 · 1,4 = 1,08 m/s.
Ferner sind in diesen Tafeln für jeden einzelnen Querschnitt Beiwerte angegeben, die die Beziehung zu einem Kreis von gleicher Breite (*d*) ausdrücken. Man kann damit jeden Querschnitt aus den Kreistafeln (1, 2, 3) berechnen. Der Rauheitswert ist dabei jedoch stets so groß wie oben auf jeder der Tafeln angegeben.
Beispiel 8: Ein Maulquerschnitt soll bei 1 : 500 einen Abfluss von Q = 2 m^3/s führen. Wie groß sind die Breite (*d*) und die Geschwindigkeit (*v*)? – Nach Tafel 7 ist Q = 0,678 Q_1 (Kreis). Der Durchfluss des Maulquerschnitts ist also 0,678-mal so groß wie der eines Kreises von gleicher Breite *d*. Man sucht also in Tafel 3 das *d* für Q = 2 : 0,678 = 2,95 m^3/s und findet *d* = 1,50 m. Ferner liest man hier ab: *v* = 1,7 m/s. Da aber (Tafel 7) *v* = 0,896 v_1 (Kreis) ist, so ist *v* = 0,896 · 1,7 = 1,52 m/s.
Zur Begründung dieser schon in der ersten Auflage von 1907 dieses Buches entwickelten einfachen Rechnungsart sind nur wenige Worte nötig: Vergleicht man die Formel von Manning-Strickler für einen beliebigen Querschnitt und einen Kreisquerschnitt, so wird man feststellen, dass bei gleicher Rauheit und gleichem Gefälle die Geschwindigkeiten von dem Verhältnis abhängen, in dem die mit dem Exponenten 2/3 versehenen hydraulischen Radien stehen. Formuliert man nun den hydraulischen Radius eines speziellen z. B. Maulquerschnitts in Abhängigkeit vom Durchmesser und bezieht man ihn auf den Kreisquerschnitt von gleichem Durchmesser, dann ergibt sich ein konstantes Verhältnis

$$v_{\mathrm{Maul}} = (0{,}212/0{,}25)^{2/3} \cdot v_{\mathrm{Kreis}} = 0{,}896 \cdot v_{\mathrm{Kreis}}$$

Wenn man den Beiwert 0,896 kennt, kann man also aus den Kreistafeln 1 bis 3 ohne weiteres genaue Werte auch für den Maulquerschnitt ablesen, nachdem man mit dem Beiwert entweder vervielfacht oder geteilt hat.
Tafel 10 ermöglicht eine Umrechnung des Abflussvermögens nach Prandtl-Colebrook auf verschiedene Rauheiten.
Beispiel 9: Ein Kreisrohr von 1 m Durchmesser leistet bei *k* = 1,0 mm und *I* = 1 : 1 000 Q = 780 l/s. Wie groß wird sein Abfluss, wenn mit *k* = 0,4 m gerechnet werden darf?
Δ *k/k* = (0,4 – 1,0) : 1,0 = - 0,60 = - 60 %. *D/k* = 1 m/mm. Diese Werte ergeben in Tafel 10 ein $\Delta Q/Q$ von + 10 %. Der Abfluss für *k* = 0,4 mm beträgt (1 + 0,10) · 780 = 860 l/s.
Wenn man Querschnitte berechnen will, die hier nicht angeführt sind, genügt es meist, sie auf ein offenes oder gedecktes Rechteck von gleicher Fläche zurückzuführen. Will man einen neuen Querschnitt berechnen, so berechnet man die Beiwerte für *v* und für *Q*, indem man *I* = 1 und *d* = 1 setzt, dann berechnet man

einige Punkte der Füllungskurven. Es wird auch auf die nicht genormten Querschnittsformen im DWA-Arbeitsblatt A 110 verwiesen [511].
Für die hydraulische Bemessung bzw. die Nachrechung von Kläranlagen oder Anlagen zur Niederschlagswasserbehandlung stehen Spiegellinienberechnungsprogramme zur Verfügung, die eine detaillierte Berechnung auch komplexer Systeme ermöglichen.

2.4 Tafeln zur Berechnung von Leitungsquerschnitten

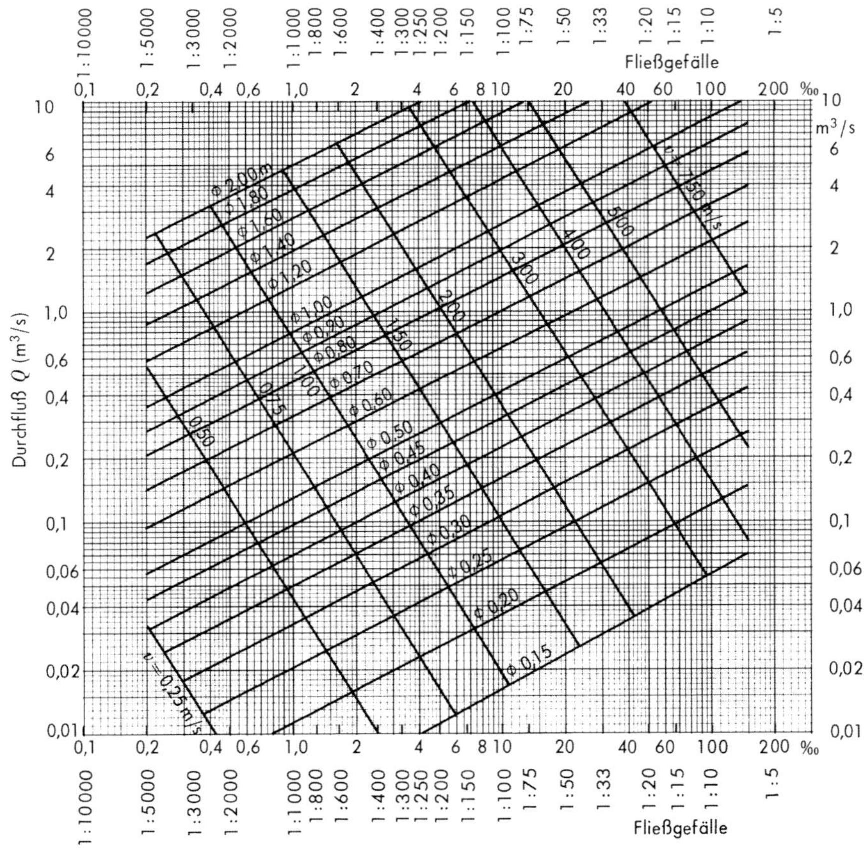

Tafel 1: **Abfluss in Kreiskanälen mit hydraulisch günstig geformten Schächten nach Prandtl-Colebrook, k_b = 0,75 mm, $\upsilon = 1{,}31 \cdot 10^{-6}$ m²/s**

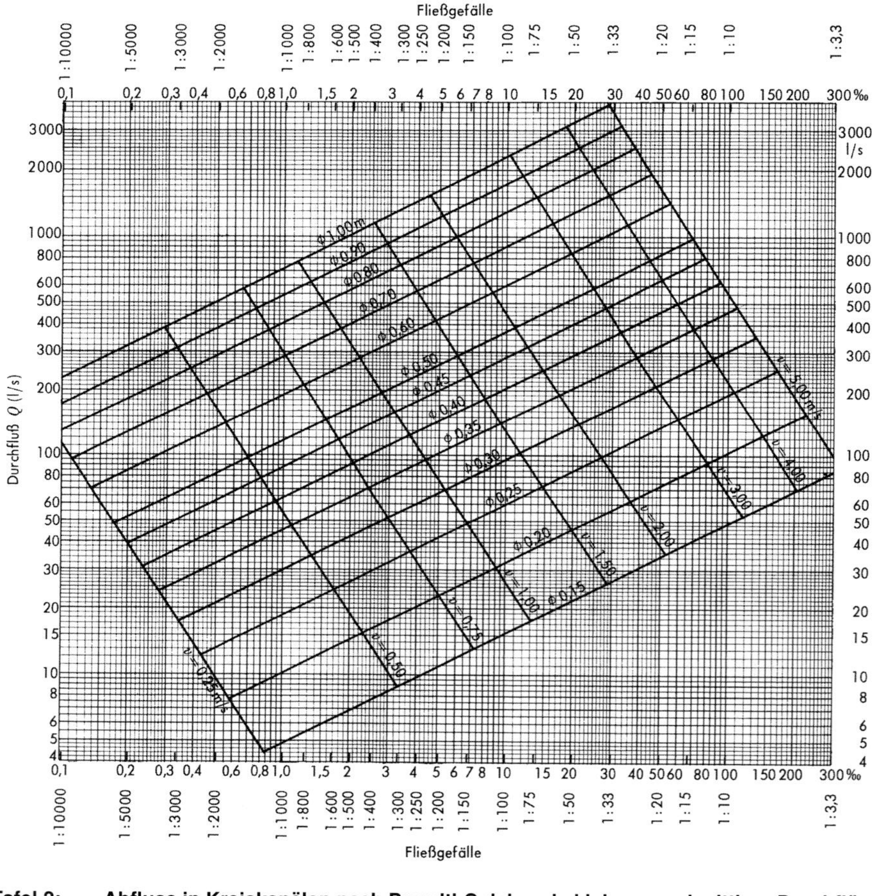

Tafel 2: **Abfluss in Kreiskanälen nach Prandtl-Colebrook, kleinere und mittlere Durchflüsse, k_b = 1,5 mm, $\upsilon = 1{,}31 \cdot 10^{-6}$ m²/s**

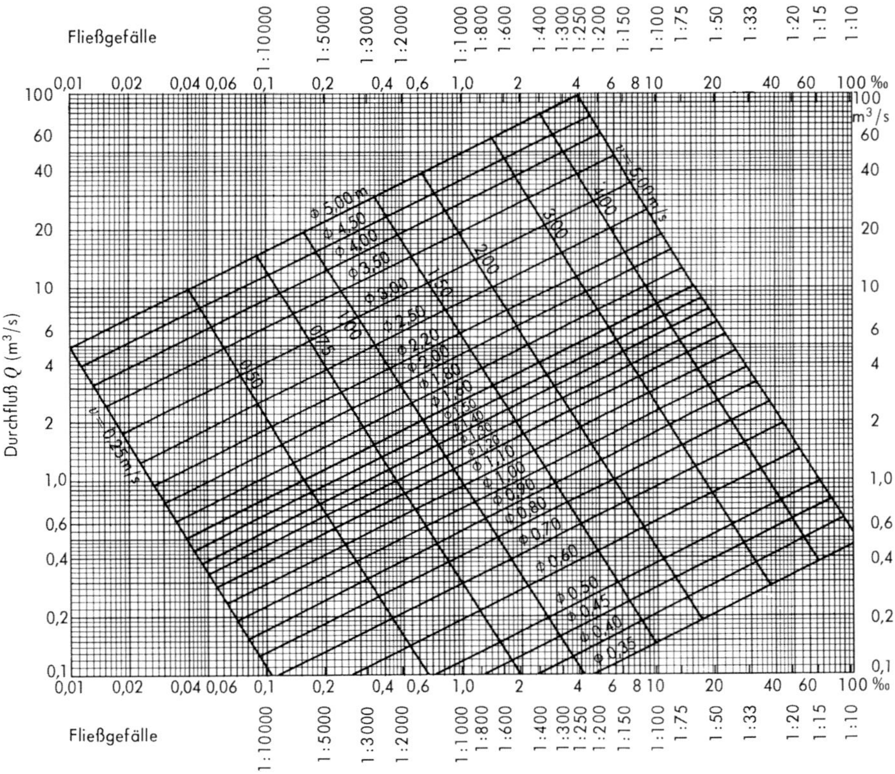

Tafel 3: Abfluss in Kreiskanälen nach Prandtl-Colebrook, mittlere und große Durchflüsse, k_b = 1,5 mm, $\upsilon = 1{,}31 \cdot 10^{-6}$ m²/s

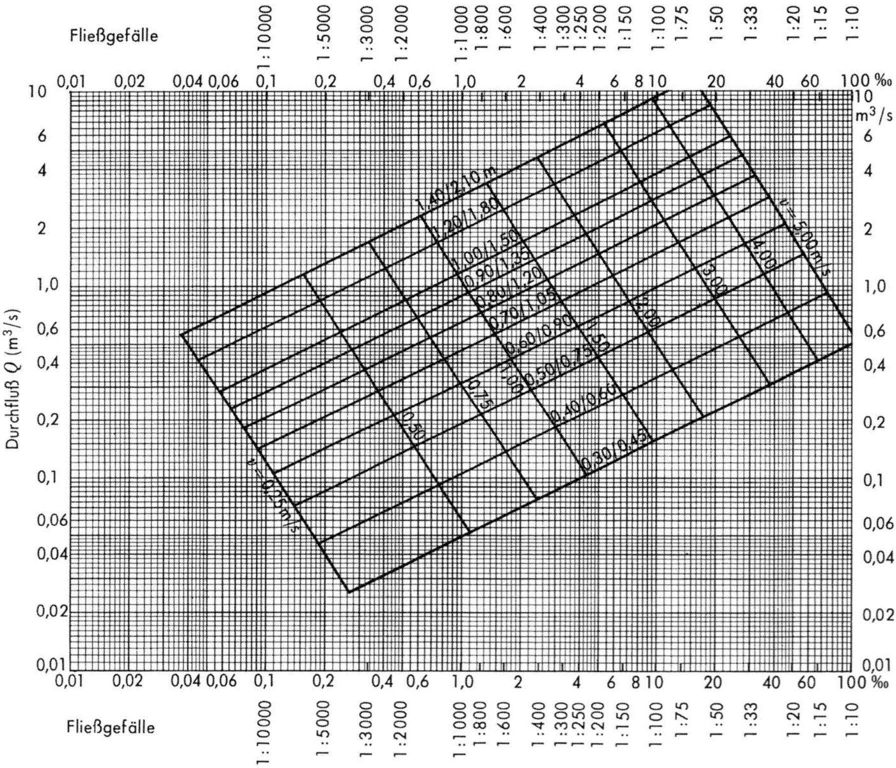

Tafel 4: Abfluss in Eikanälen nach Prandtl-Colebrook, k_b = 1,5 mm, $\upsilon = 1,31 \cdot 10^{-6}$ m²/s

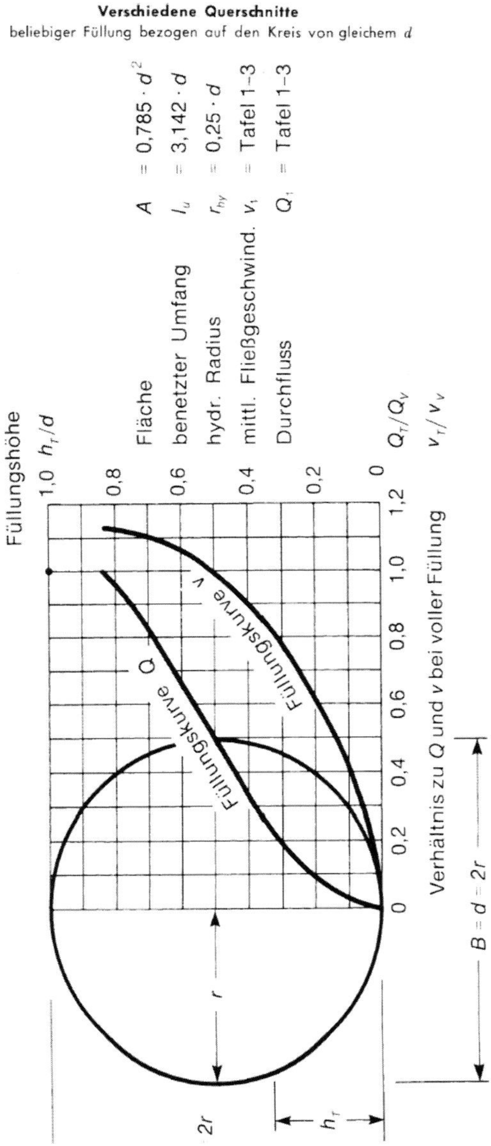

Tafel 5: **Kreisquerschnitt $B : d = 2 : 2$**

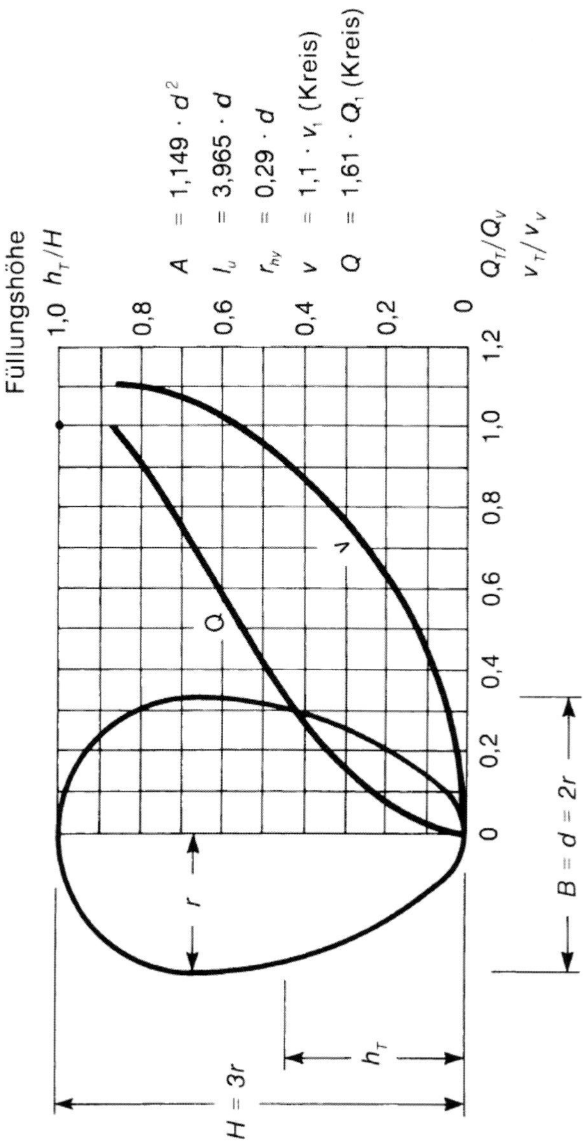

Tafel 6: Normaler Eiquerschnitt $B : H = 2 : 3$

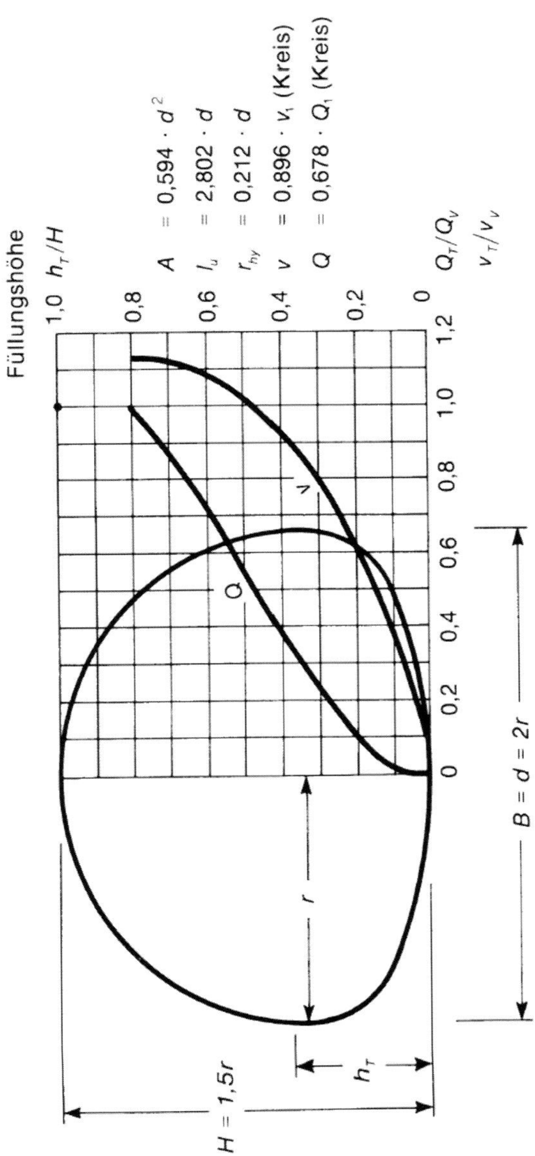

Tafel 7: **Normaler Maulquerschnitt $B : H = 2 : 1,5$**

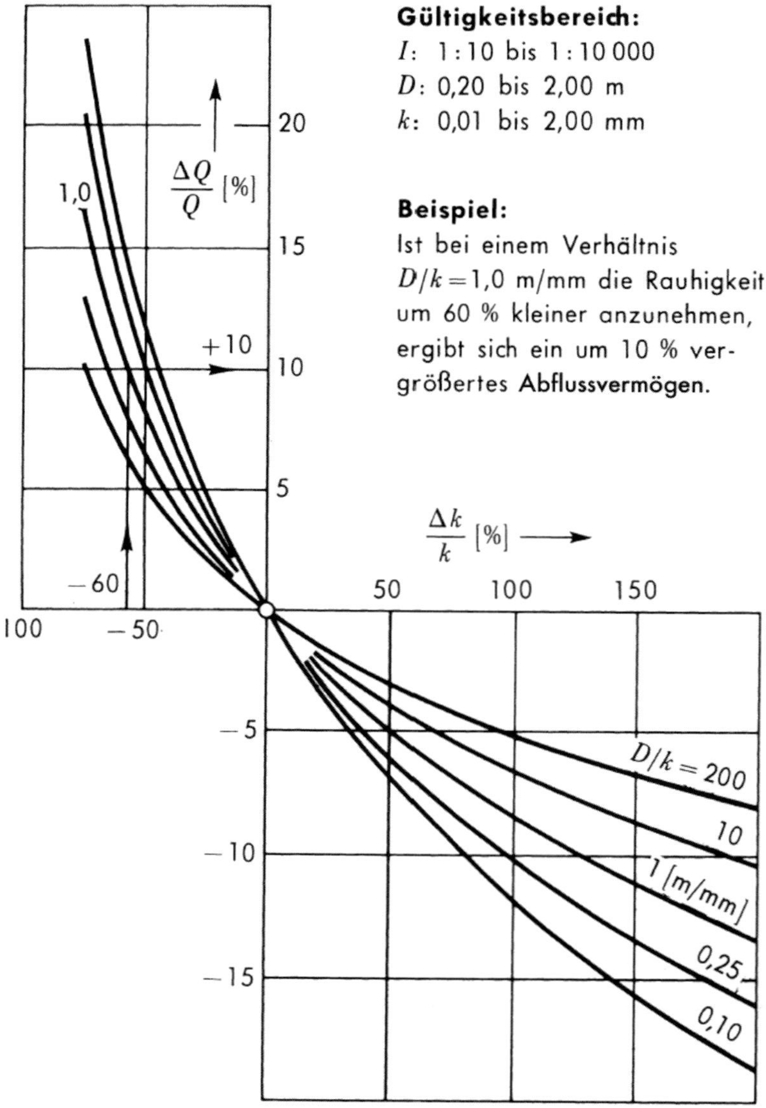

Tafel 8: **Einfluss von Rauheitsänderungen auf das Abflussergebnis der Formel von Prandtl-Colebrook nach Kirschmer**

3. Tragverhalten von Abwasserkanälen

3.1 Einleitung

Abwasserleitungen und Kanäle müssen so geplant, gebaut, unterhalten und betrieben werden, dass der bauliche Zustand über die Nutzungsdauer aufrechterhalten wird [658]. Statische Nachweise werden z. B. nach den Arbeitsbzw. Merkblättern der DWA geführt [481, 488, 574]. Eine besondere Kompetenz des Planers und des bauüberwachenden Ingenieurs liegt dann darin, das Verhalten des Tragsystems aus Kanalrohr und umgebenden Boden und die damit verbundenen mathematisch-physikalischen Modellvorstellungen zu verstehen. Die folgenden Betrachtungen beziehen sich allein auf dieses Tragverhalten und die Analyse der Standsicherheit von Rohren, Rohrleitungen und des Rohr-Bodensystems. Weitere wesentliche Anforderung an unterirdische Kanäle sind die Betriebssicherheit und die Dichtheit, auf die hier nicht eingegangen werden soll.

3.2 Kanalrohre und -rohrleitungen

Geometrisch sind die im Kanalbau verwendeten Rohrarten im Allgemeinen als Kreiszylinderschalen zu verstehen, welche einen Sonderfall der allgemeinen Rotationsschalen bilden, die wiederum einen Sonderfall der Flächentragwerke darstellen. Die Belastungen, Beanspruchungen und Eigenschaften von Kanalrohren lassen sich für den vorliegenden Anwendungsfall vereinfacht im Querschnitt am Kreisringmodell bzw. in Längsrichtung als Rohrkrümmung betrachten.

3.2.1 Kreisringmodell

Den Betrachtungen am Kreisringmodell liegt die Annahme eines zur Rohrachse senkrechten ebenen Spannungszustandes zugrunde. Dies entspricht gerade der für erdverlegte Leitungen nach [488] üblichen Annahme gleichmäßiger Bettungs- und Verformungseigenschaften in Längsrichtung. Unter der Voraussetzung gleichmäßiger Belastung und Auflagerung in Längsrichtung treten die maßgeblichen Schnittkräfte nur in Rohrquerrichtung auf. Längsspannungen, wie sie z. B. aufgrund von Querdehnungsbehinderungen in Längsrichtung (ebener Verzerrungszustand) oder ungleichmäßigen Lasten entstehen können, werden i. d. R. nicht berücksichtigt [1080].

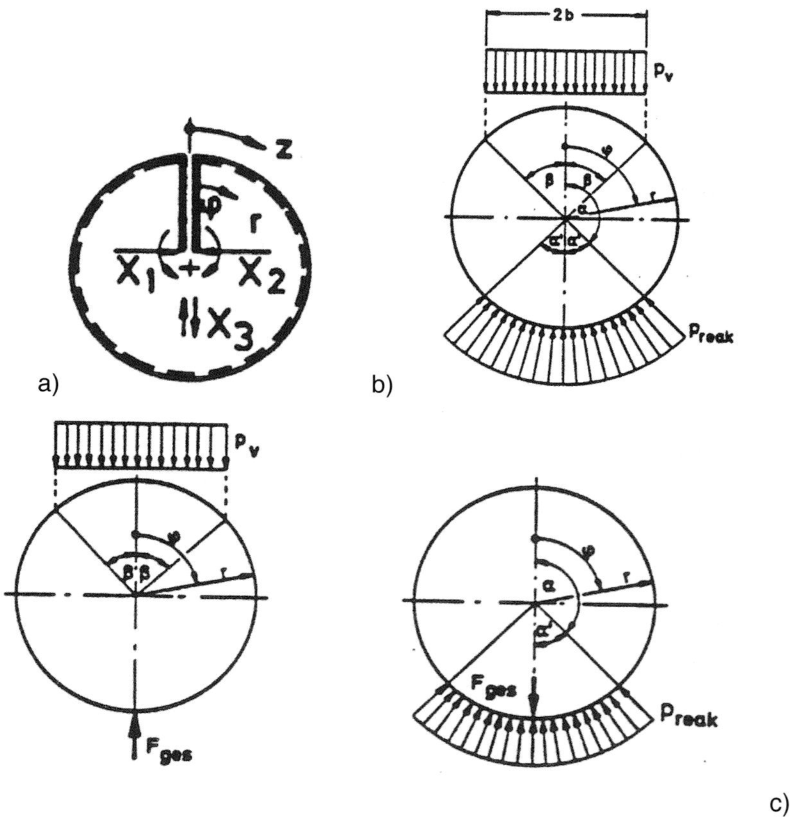

Bild 3.1: **Kreisringmodell, Beispiel „Auflast und Auflagergegendruck" [1080]**
a) statisch bestimmtes Hauptsystem nach dem Kraftgrößenverfahren
b) allgemeiner Lastfall
c) Aufteilung nach dem Superpositionsprinzip

Die Schnittkräfte in Rohrquerrichtung können dann am dreifach statisch unbestimmten Kreisring z. B. nach dem Kraftgrößenverfahren der Statik ermittelt werden (vgl. Bild 3.1). In [1080] liegt ein umfassendes Tabellenwerk zur Berechnung typischer Lastfälle der Bemessungspraxis vor, das in Grundzügen auch Eingang in die Normung nach [488] gefunden hat. Die Schnittgrößenbeziehungen werden dort für jeden einzelnen Lastfall in allgemeiner Form beschrieben durch:

$$M(\varphi)F = m(\varphi) \cdot F \cdot R \text{ bzw. } N(\varphi) = n(\varphi) \cdot F \text{ für Punktlasten } F \tag{3.1}$$

und

$$M(\varphi) = m(\varphi) \cdot q \cdot R^2 \text{ bzw. } N(\varphi) = n(\varphi) \cdot p \cdot \text{R für Flächenlasten } q \tag{3.2}$$

mit dem Rohrradius R, den winkelabhängigen Momenten $M(\varphi)$ und Normalkräften $N(\varphi)$ sowie den winkelabhängigen, mittels Kraftgrößenverfahren ermittelten Schnittkraftbeiwerten $m(\varphi)$ und $n(\varphi)$. Ergebnisse für beliebige Lastfallkombinationen lassen sich dann durch Superposition aus der Summe der Einzelschnittgrößen ermitteln.

3.2.2 Längsbiegung

Beanspruchungen eines Rohrstrangs auf Längsbiegung lassen sich grundsätzlich als Momentenbelastung eines Kreisprofil-Balkens beschreiben. Ein durch Muffenverbindungen gebildeter Rohrstrang kann planmäßig abgewinkelt werden, so dass hier Beanspruchungen aus Längsbiegung i. d. R. vernachlässigbar sind. Entsprechend werden Längsbiegebeanspruchungen in der Bemessungspraxis auch nur bei außergewöhnlichen Zwängungen während des Einbaus oder z. B. in den Nachweisen für den Transporttrommelradius gerollter Kunststoffrohre berücksichtigt. Da sich Abweichungen von der Planung, bedingt durch unvorhergesehene Setzungsdifferenzen, Bergsenkungen oder fehlerhaften Einbau, aber nie gänzlich ausschließen lassen, wird vom Planer ein grundsätzliches Verständnis für die über die reine Balkenbiegung hinausgehenden Versagensmechanismen bei Längsbiegung kreisrunder Rohre verlangt. Dünnwandige Rohre versagen unter Biegung durch Beulen [181, 2065], wie auch in Versuchen bestätigt wurde [333, 2115]. Eine theoretische Einführung und Literaturübersicht gibt Axelrad in [179]. Im Zustand der Vorbeulverformung tritt zusätzlich eine nicht zu vernachlässigende Verformung des Rohrquerschnittes (Ovalisierung) in Verbindung mit der elastischen Verkrümmung auf. Diese nichtlineare Biegung von Rohren – das sog. Brazier-Problem – wurde in der Vergangenheit meist ohne Bezug zur Beulstabilität der Rohrwand betrachtet [2379]. In Bild 3.2 ist die Überlagerung beider Versagensformen für das kurze gebogene Rohr dargestellt. Das geometrisch-statische System des längsgebogenen Rohres wird dabei durch die Wanddicke d, den Rohrradius R, den Biegeradius ρ, den Innendruck p sowie den Elastizitätsmodul E und die Biegesteifigkeit B bestimmt.

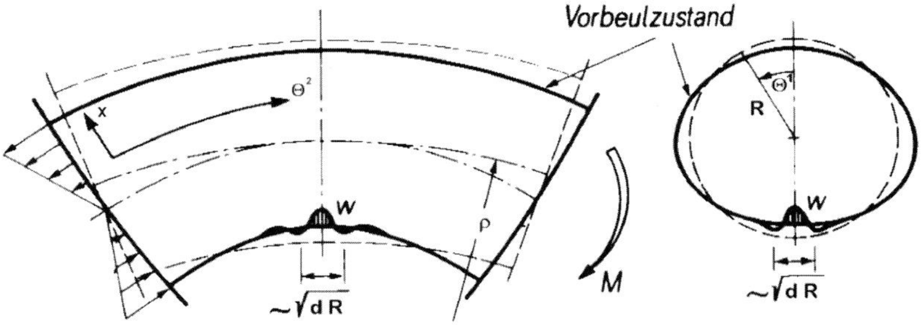

Bild 3.2: Zylinderschale unter kritischer Biegebelastung nach [181]

Die Beziehungen bei nichtlinearer Biegung des langen Rohres im Vorbeulzustand lassen sich unter der Annahme eines gleichförmigen Innen- bzw. Außendrucks analytisch ermitteln. Für die Bemessung erdverlegter Rohre bietet es sich an, näherungsweise eine Erdlastverteilung anzusetzen, die dem vertikalen Erddruck des ungestörten Bodens entspricht ($\gamma_B \cdot h$). Vorverformungen aus Querbiegung werden meist vernachlässigt und linear-elastisches Werkstoffverhalten für den gesamten Spannungsraum angenommen. Erweiterungen auf elliptische Querschnitte werden z. B. in [768], der Einfluss elastisch-idealplastischen Werkstoffverhaltens in [2108] beschrieben. Weitere Hinweise zur Ermittlung der Traglasten von Rohren unter verschiedenen Randbedingungen, Vorkrümmungen und Imperfektionen finden sich in [180].

3.2.3 Werkstoffverhalten

Einen Überblick über die im Kanalbau eingesetzten Rohrwerkstoffe gibt Bild 3.3. Zahlreiche weitere Werkstoffe werden zur Leitungsinstandhaltung eingesetzt, so z. B. Mörtel, Kunstharze und kunststoffmodifizierte Mörtel. Holzwerkstoffe finden sich wiederum als Druckübertragungsmittel beim Rohrvortrieb.
Im Versagensbereich bzw. nach Überschreiten der zulässigen Grenzlasten und Sicherheiten zeigen Rohrwerkstoffe i. d. R. ein nichtlineares Verhalten, wie z. B. Plastizitäts- und Brucherscheinungen. Aber auch unter Gebrauchslasten sind einige Rohrwerkstoffe durch nichtlineares Verbundverhalten bzw. zeitabhängiges Spannungsverformungsverhalten geprägt. Mit Blick auf ihre besondere Bedeutung für den Kanalbau ist das spezielle Verhalten von Stahlbeton und Kunststoff hervorzuheben. Stahlbetonrohre sind durch ein planmäßiges Rissverhalten zur Aktivierung der mittragenden Wirkung des Bewehrungsstahls charakterisiert. Aufgrund der besonderen Anforderungen an die Dichtheit von unterirdischen Leitungen sind entsprechende Vorgaben zur Bewertung von

Risshäufigkeiten und Rissbreiten notwendig. Das visko-elastische Werkstoffverhalten von Kunststoffrohren ist mit Blick auf die zeitabhängige Verformungsentwicklung des Rohr-Boden-Systems schon in der Bemessung zu berücksichtigen.

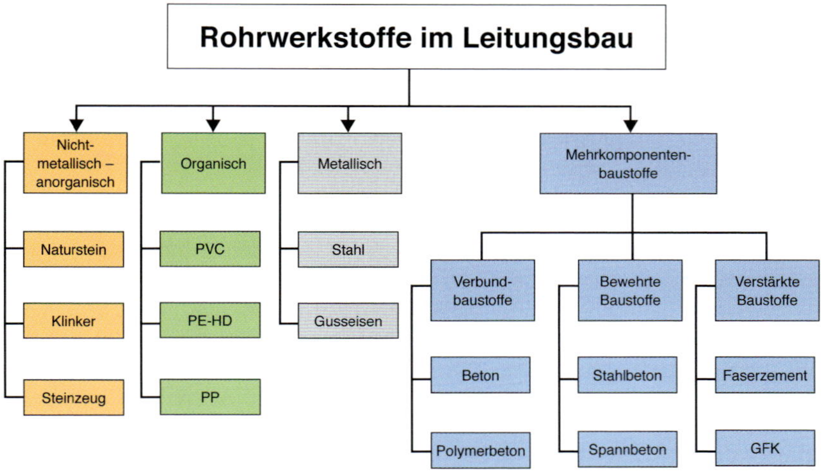

Bild 3.3: Rohrwerkstoffe im Leitungsbau

3.3 Rohr-Boden-Systeme

Die Standsicherheit unterirdischer Kanäle wird maßgeblich durch das Zusammenwirken von Rohrleitung und Boden als statisches Rohr-Boden-System geprägt. Im unterirdischen Leitungsbau und der Leitungsinstandhaltung sind insbesondere halbempirische bautechnische Beschreibungsansätze verbreitet. Diese Ansätze gründen i. d. R. auf Baustellenerfahrungen, bautechnischen Versuchen und vergleichenden analytischen und numerischen Parameterstudien. Sie erleichtern mit anschaulichen Modellansätzen das bautechnische Verständnis und gestatten für Standardfälle durch einfache mathematische Berechnungsansätze eine ausreichend zuverlässige Abschätzung der auftretenden Belastungen, Beanspruchungen, Verformungen und Sicherheiten.
In Anlehnung an [481, 488, 574] lassen sich die folgenden grundsätzlichen Betrachtungsfälle unterscheiden:

- Neubau bzw. Erneuerung in offener Bauweise,

- Neubau in geschlossener Bauweise,
- Instandsetzung bzw. Sanierung in geschlossener Bauweise.

Die jeweiligen analytischen und halbempirischen Beschreibungsansätze werden in den folgenden Abschnitten zusammenfassend dargestellt.

3.3.1 Neubau bzw. Erneuerung in offener Bauweise

Die Beschreibung der bautechnischen und statischen Verhältnisse von in offener Bauweise verlegten Rohrleitungen stellt ein komplexes technisches Fachgebiet dar, das Gegenstand umfassender Studien sowie Forschungs- und Normungsarbeiten ist; einen Überblick geben [384, 1080, 1638] und der Normenüberblick in [635].
In Anlehnung an die im Kapitel 3.2 dargestellte Entkopplung der Problemstellung für Rohrleitungen in eine Längs- und Querschnittsbetrachtung wird im unterirdischen Leitungsbau die Beschreibung des Rohr-Boden-Systems meist auf eine Querschnittsbetrachtung gemäß Bild 3.4 beschränkt. Dies setzt wiederum gleichmäßige Bauteil-, Belastungs- und Bettungsbedingungen in Längsrichtung voraus. Beanspruchungen in Längsrichtung werden entsprechend auch nicht als Standardfall in den allgemeinen Bemessungsverfahren berücksichtigt [635].
Ziel der mathematisch-physikalischen Beschreibung ist es, die verschiedenen Einflüsse auf das statische Tragsystem, wie Rohrdurchmesser, Überdeckungshöhe, Aushubverfahren sowie Einbettungs- und Verfüllbedingungen, in anschaulicher und zuverlässiger Weise zu berücksichtigen. Auch wenn Unterschiede zwischen den zahlreichen international verbreiteten Berechnungsverfahren bestehen, so lassen sich die Wechselwirkungen zwischen Rohr, Einbettung, Grabenverfüllung und umgebendem Boden grundsätzlich auf fünf Modellvorstellungen zurückführen:

- Silotheorie der Grabenverfüllung,
- vertikale Lastaufteilung über dem Rohrscheitel,
- Auflagerspannungen unter der Rohrsohle,
- horizontale Erdlasten und
- Bettungsreaktion unter horizontalen Verformungen.

Diese Modellvorstellungen sind in Bild 3.4 schematisch veranschaulicht und werden nachfolgend näher erläutert.

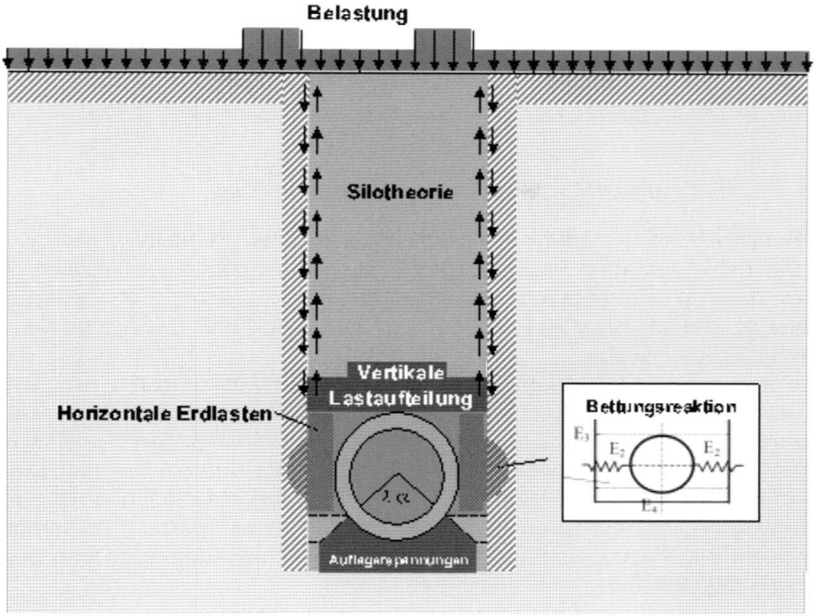

Bild 3.4: Rohr-Boden-System in offener Bauweise, Modellvorstellungen

Silotheorie der Grabenverfüllung

Die Silotheorie zur Erdlastberechnung in Rohrscheitelhöhe geht unter anderem zurück auf die Untersuchungen von Janssen [1228], die in Deutschland nach [1080] durch Marquardt [1545] eingeführt wurden. Nach dieser Modellvorstellung bilden sich im Boden durch unterschiedliche Setzungen und Verformungen senkrechte Gleit- bzw. Scherflächen an den Grabenwänden aus. Die in diesen Scherflächen auftretenden Reibungskräfte erhöhen oder vermindern die Erdauflast. Der Theorie von Marston [1547] liegen die wesentlichen Annahmen zugrunde, dass die Scherkräfte in den gedachten Gleitflächen in ihrer Größe durch den Reibungswinkel des Bodens bestimmt und der anstehende, gewachsene Boden einschließlich des Rohrauflagers gegenüber dem Verfüllboden bzw. gegenüber der Überschüttung als setzungsunempfindlich vorausgesetzt werden kann. Der Art des Grabenverbaus kommt dabei eine besondere Bedeutung zu, da dessen Entfernung während oder nach der Grabenverfüllung die aktivierbaren Reibungskräfte an den Grabenwänden maßgeblich beeinflusst [751]. Auch müssen beide Grabenwände dauernd bestehen bleiben und dürfen nicht durch den späteren Aushub einer benachbarten Baugrube entfernt werden.

Die nach der Silotheorie zunächst über die gesamte Grabenbreite gleichmäßig verteilt angenommene Last in Rohrscheitelhöhe wird im Sinne einer maximalen vertikalen Belastung des Rohres bei starren Rohrleitungen unmittelbar dem Rohrkörper zugeteilt. Marston führt hierzu den Konzentrationsfaktor C_d in der nach ihm benannten Gleichung ein:

$$W_d = C_d \cdot w \cdot B_d^2 \qquad \text{[kN/m]} \qquad (3.3)$$

mit der vertikalen Erdauflast W_d [kN/m], der Bodenwichte w [kN/m^3] und der Grabenbreite B_d [m]. Der Konzentrationfaktor C_d ergibt sich aus der Gleichgewichtsbeziehung an der Grabenwand mit der Überdeckungshöhe H [m], dem Seitendruckbeiwert K [-] und dem Reibungsbeiwert an der Grabenwand µ' [-] zu:

$$C_d = \frac{1 - e^{-2 \cdot K \cdot \mu' \cdot \left(\frac{H}{B_d}\right)}}{2 \cdot K \cdot \mu} \qquad \text{[-]} \qquad (3.4)$$

Auf gleicher Grundlage werden auch die Beiwerte zur Abminderung der vertikalen Erdlasten in dem Berechnungsansatz nach [488] ermittelt.

Vertikale Lastaufteilung über dem Rohrscheitel

Bei mittragender Wirkung des seitlichen Bodens neben dem Rohr kann nach Marston eine weitere Verfeinerung der Lastaufteilung dadurch realisiert werden, dass der Bodenkörper über dem Rohr als Vertikallast wiederum nach der Silotheorie abgemindert (bei flexiblen Rohren) oder bis maximal zur Last nach Gleichung (3.1) erhöht wird. Die gesonderte Lastberechnung erfolgt dann bis zu der sogenannte „Ebene gleicher Setzungen".

Demgegenüber begründet Leonhardt in einem alternativen Ansatz [1473] die Lastaufteilung für starre und stark verformbare Rohre mit Hilfe des Modells eines „Schubsteifen Balkens", das zwischenzeitlich auch internationale Anerkennung gefunden hat. Danach wird in diesem Modell der oberhalb der Rohrscheitelebene liegende Überschüttungskörper als „Schubsteifer Balken" aufgefasst, der auf einem Winklerschen Halbraum „elastisch gebettet" ist und keine Biegemomente überträgt. Dabei wird dem Bereich des Rohres das Bettungsmodul C_R und den daneben liegenden Bodenkörpern das Bettungsmodul C_B zugeordnet. Die Schubdeformationen werden als volumenkonstant angesetzt. Im Ergebnis können die Spannungsumlagerungen im Boden und die daraus resultierenden Lastkonzentrationen quantitativ erfasst werden. Dieses Konzept hat weitgehend Eingang in die deutsche Bemessungspraxis gefunden [488, 1475].

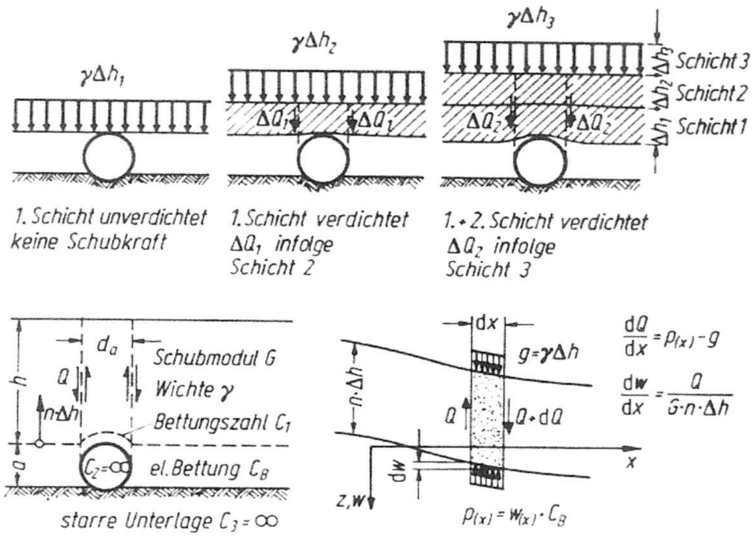

Bild 3.5: Schubsteifer Balken auf elastischer Bettung [1474]

Auflagerspannungen unter der Rohrsohle

Die Auflagerspannungen unter der Rohrsohle werden i. d. R. aus den vertikalen Gleichgewichtsbeziehungen unter Ansatz eines definierten Auflagerwinkels (Bild 3.4) für das Kreisringmodell ermittelt.

Horizontale Erdlasten

Auf ein starres Rohr wirken horizontale Erdlasten, die näherungsweise in Höhe des Erdruhedruckes angesetzt werden können. Sie ergänzen sich mit dem entsprechenden Anteil aus vertikaler Erdlast zu gleichmäßig über den Rohrumfang verteilten Außendruckspannungen. Bei großen Rohrdurchmessern ist der Anstieg des horizontalen Erddrucks mit der Grabentiefe als Dreiecks- bzw. Trapezlast zu berücksichtigen.

Bettungsreaktionen unter horizontalen Verformungen

Die Untersuchung des stützenden Einflusses des Bodens bei größeren Verformungen biegeweicher Rohre wurde in den USA von Spangler systematisch untersucht [2112] und in Deutschland von Leonhardt [1474] durch Ansatz einer Bettungssteifigkeit zur Modellierung der verformungsabhängigen Versteifung des Rohres im Boden weitergeführt. Eine vertikale Durchbiegung ergibt demnach auch eine horizontale Durchmesservergrößerung, durch die das Rohr im Boden einen parabelförmigen, horizontalen Bettungsreaktionsdruck aktiviert. Auch dieser Ansatz hat Eingang in das Bemessungskonzept nach [488] gefunden.

3.3.2 Neubau in geschlossener Bauweise

Eine umfassende Übersicht über Verfahren zum Neubau in geschlossener Bauweise enthält [2133]. [542] behandelt „den unterirdischen Einbau von vorgefertigten Rohren unterschiedlicher Querschnittsgeometrie, bei dem durch Verdrängen, Rammen, Bohren, Pressen oder sonstigen Abbau ein Hohlraum im Boden geschaffen wird, in den die Rohre eingezogen, eingeschoben oder eingepresst werden, oder bei dem bestehende Kanäle oder Rohrleitungen überfahren bzw. ausgewechselt werden.“ Die Ermittlung der Beanspruchungen und die Bemessung der Rohrleitung erfolgt in der Regel getrennt nach

- Querschnittsbeanspruchungen am Kreisringmodell und
- Längskraftbeanspruchungen am Rohrstrang in axialer Richtung.

Kreisringbeanspruchung
Die Beanspruchungen im Querschnitt der unterirdischen Rohrleitung können in der Regel aufbauend auf der ebenen Kreisringbetrachtung (vgl. Kapitel 3.2.1) nach unterschiedlichen Modellansätzen ermittelt werden, die eng mit den Berechnungsverfahren des Tunnelbaus bzw. der Statik der offenen Bauweise verbunden sind [706, 778]. Die Berechnungsverfahren gruppieren sich in Verfahren nach der Kontinuumstheorie, Bettungszahltheorie und Silotheorie (Bild 3.6).
Erdmann und Duddeck empfehlen dem entwerfenden Ingenieur in das Kontinuumsmodell für tiefere und das teilgebettete Balkenmodell nach Bettungszahltheorie für flachliegende Tunnel bzw. Rohrquerschnitte [778]. Die Silotheorie hat insbesondere Eingang in die Berechnung von Vortriebsrohren mit Ringraumstützung gefunden [574].

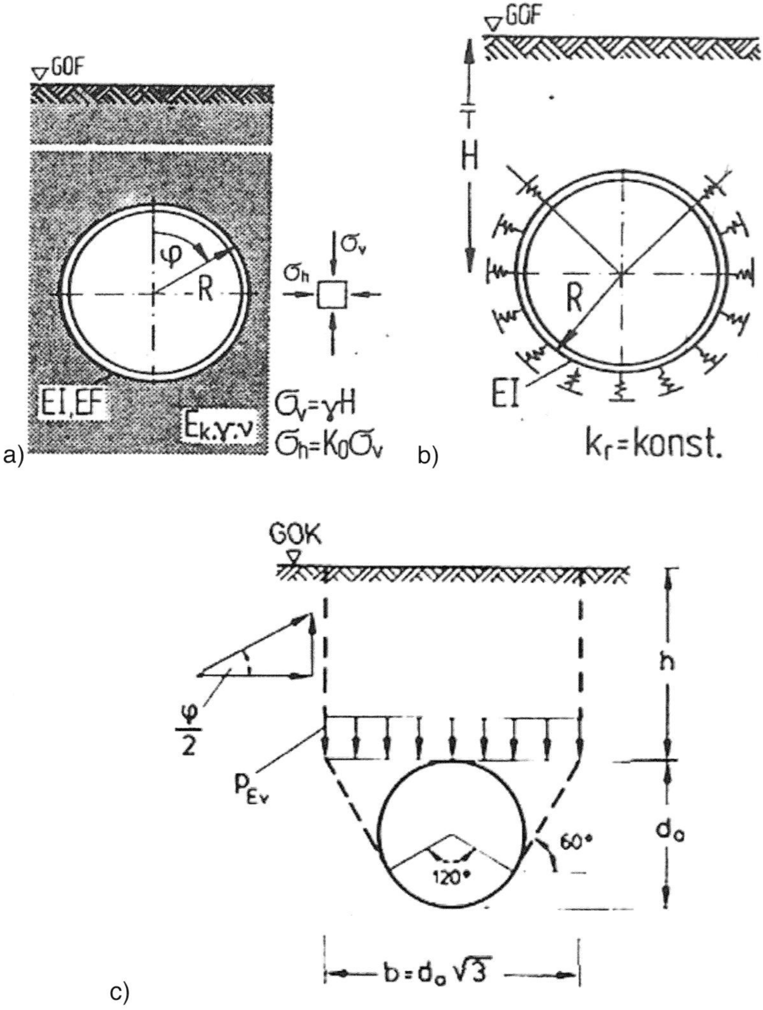

Bild 3.6: **Ebene Berechnungsmodelle der geschlossenen Bauweise**
a) Kreisring in Verbund mit Kontinuum [778]
b) Kreisring als teilgebetteter Balken nach Bettungszahltheorie [778]
c) Betrachtetes Bodenprisma nach Silotheorie [2133]

Längs- und Querkraftbeanspruchung

In geschlossener Bauweise werden die vorgefertigten Rohre in einen Hohlraum im Boden eingezogen, eingeschoben oder eingepresst. Dabei werden die Rohre in einer geraden oder gekrümmten Trasse mit gerader, geneigter oder gekrümmter Gradiente eingebaut und entsprechend dem verwendeten Werkstoff und der jeweiligen Verbindungsart miteinander starr oder beweglich verbunden [584].
Die Tragfähigkeit der Rohrleitung gegenüber Beanspruchungen in Längsrichtung wird unter Einbeziehung der Vortriebskräfte nachgewiesen. Die statische Berechnung der im Lockergestein im Vortriebsverfahren einzubauenden Rohre erfolgt nach Arbeitsblatt ATV-A 161 [574]. Dieses Berechnungsverfahren dient vielfach auch zur Grundlage für den Nachweis von Rohrleitungen, die mit anderen Verfahren der geschlossenen Bauweise eingebaut werden.
Die zulässige Vorpresskraft muss in Abhängigkeit von der räumlichen Verwinklung der Rohrverbindungen angegeben werden. Für Rohre, die im Festgestein vorgetrieben werden, sind im Einzelfall unter Berücksichtigung der Eigenschaften des Gebirges und der Vortriebstechnik ingenieurmäßige Überlegungen und Berechnungen erforderlich. Für die Baugruben müssen gesonderte Standsicherheits- und Gebrauchstauglichkeitsnachweise geführt werden. Widerlager zur Aufnahme und Übertragung der Vortriebskräfte müssen entsprechend bemessen werden [542, 2097].

3.3.3 Instandsetzung in geschlossener Bauweise

Modelle zur Beschreibung der Rohr-Boden-Systeme für die Instandsetzung von unterirdischen Kanälen und Leitungen beschränken sich in der Regel auf den Fall der vollständigen Sanierung bzw. Erneuerung, da der Einsatz von Reparaturverfahren grundsätzlich nur einer vorübergehenden Stabilisierung und Abdichtung lokaler Schäden ohne Nachweis der Standsicherheit dient [320]. Nachfolgend wird ein maßgeblich von Falter [817] entwickelter und in ATV-A 143-2 [482] eingeführter Beschreibungsansatz für Altrohr-Liner-Boden-Systeme im Sanierungsfall zusammengefasst. Das Verhalten des Systems aus Altrohr und umgebenden Boden wird entsprechend in drei statisch relevante Lastfälle bzw. (Altrohr-)Zustände unterschieden (Bild 3.7):

Zustand I:

Der Kanal ist im Wesentlichen rissefrei und allein voll tragfähig. Eine Sanierung ist z. B. zur Herstellung der Wasserdichtheit erforderlich. Lediglich der äußere Wasserdruck ist vom Liner unter Berücksichtigung örtlicher Vorverformungen aufzunehmen. Grundsätzlich ist allerdings auch mit einer Rissbildung des Altrohres nach der Sanierung zu rechnen.

Zustand II:

Der Kanal hat einen oder mehrere durchgehende Längsrisse und ist nicht mehr allein tragfähig. Aufgrund einer ausreichenden Bettungswirkung des Bodens in der Leitungszone ist er jedoch weiterhin als „Altrohr-Boden-System" standsicher (z. B. bestätigt durch Langzeitbeobachtungen). Wie im Zustand I ist im Allgemeinen die Herstellung der Wasserdichtheit erforderlich, so dass der Liner gegen äußeren Wasserdruck bemessen werden muss. Neben der Standsicherheit unter örtlichen Vorverformungen muss hier allerdings auch die Standsicherheit unter Gelenkring-Vorverformungen des Altrohr-Boden-Systems nachgewiesen werden.

Zustand III:

Das „Altrohr-Boden-System" ist langfristig allein nicht mehr tragfähig. Eine Sanierung ist zur Wiederherstellung der Trag- und Dichtfunktion erforderlich.

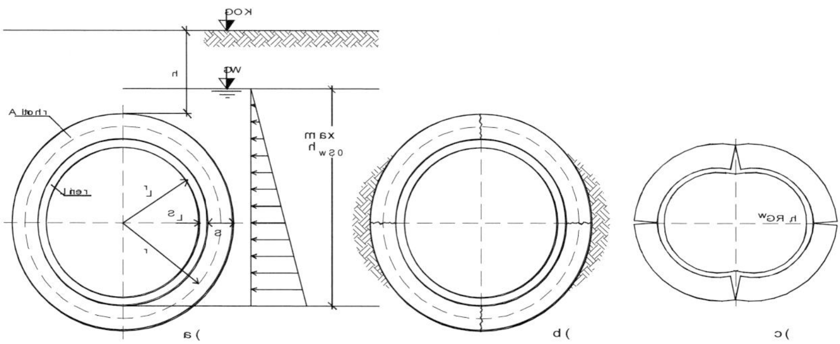

Bild 3.7: Lastfälle des Inliners [818]
a) undichtes Altrohr, allein tragfähig (Zustand I)
b) Altrohr-Boden-System tragfähig (Zustand II)
c) Altrohr-Boden-System nicht allein tragfähig (Zustand III)

Aussagen über eine mittragende Wirkung des alten Kanals bzw. Rohr-Bodensystems im Zustand III lassen sich z. B. mit dem MAC-Verfahren gewinnen, bei dem unter Einsatz von Horizontalpressen im Kanalquerschnitt das Last-Verformungsverhalten zerstörungsfrei bestimmt wird [2194]. Weiterführende Betrachtungen für den Zustand III, insbesondere mit Blick auf das geometrisch nichtlineare Verformungsverhalten des Liners in Verbindung mit dem äußeren Viergelenkring wurden von Zimmermann [2391] beschrieben sowie unter Berücksichtigung eines nichtlinearen Steifigkeitsverhaltens des Bodens nach Doll [693]. Für Sonderfälle, wie z. B. fehlende Rohrabschnitte oder breite Muffenspalte, wird auf eine Berechnung nach der Schalentheorie verwiesen [481].

3.4 Belastungen

Unterirdische Leitungsbauwerke sind vielfältigen weiteren Belastungen aus Verkehrs- und Umwelteinflüssen ausgesetzt. Mit Blick auf die Berechnung und den Standsicherheitsnachweis sind geeignete Belastungsbilder zu definieren und die Möglichkeiten einer mathematisch-physikalischen Modellierung der damit verbundenen Versagensmechanismen zu erkennen. Stellvertretend seien hier Verkehrslasten und Außenwasserdruck genannt.

3.4.1 Verkehrslasten

Die Bodenspannungen infolge Straßenverkehrslasten werden in Abhängigkeit von der Überdeckungshöhe und vom Rohrdurchmesser in Anlehnung an die Spannungsverteilung nach Boussinesq [324] berechnet. Hornung gibt einen Überblick über geeignete Lastannahmen [1079].

3.4.2 Außenwasserdruck

Betrachtungen zum Versagen von Rohrleitungen unter Außenwasserdruck, d. h. insbesondere Grundwasser, werden in Deutschland meist in Anlehnung an das DWA-Arbeitsblatt A 127 [488] am elastisch gebetteten Kreisring bzw. für Inliner nach DWA-M 127 [481] geführt.

Zweiter Teil: Abwasserbehandlung

4. Allgemeines über die Abwasserbehandlung

4.1 Überblick über die Aufgabe

Jedes städtische Abwasser wird schließlich von einem öffentlichen Gewässer aufgenommen. Dabei können Schäden entstehen, z. B. Gestank, Trinkwassergeschmack, Fischsterben. Die menschliche Gesundheit kann bedroht werden durch Verseuchung von Trinkwasser, von Badeplätzen oder Nahrungsmitteln. Cholera, Typhus, Ruhr und infektiöse Gelbsucht finden auf diese Weise Verbreitung. Die Brauchbarkeit von Flusswasser für die Landwirtschaft und die Industrie kann gefährdet werden. Die Aufgabe der Abwasserbehandlung ist, solche Schäden vom Gewässer abzuwenden.

Man löst die Aufgabe nicht nur damit, dass man das Abwasser, wie es ist, irgendwo übernimmt und in irgendeinem Grade von seinem Schmutz befreit. Es gibt vielmehr neben der Abwasserreinigung noch eine große Anzahl von technischen Hilfen, die in gleichem Sinne wirken wie die Reinigung, z. B. Hilfen im Gewässer oder die gegenseitige Abstimmung von Wasserversorgung und Abwasserableitung [13, 188, 245, 270, 455, 705, 707, 736, 737, 814, 924, 957, 965, 1118, 1170, 1192, 1597, 1849, 2143, 2309].

Eine Abwasseranlage ist nur ein Teilstück in der großen zusammenhängenden Wasserwirtschaft. Das muss von allen Stellen beachtet werden, die sich mit der Abwasserfrage von ganzen Flussgebieten zu befassen haben. Ganz besonders gilt dies für die Abwasserverbände, die ja gerade dann gegründet werden sollen, wenn man von ihnen weitschauende zusammenfassende Bauwerke erwartet, deren Leistung über die Summenwirkung dessen hinausgeht, was die einzelnen Mitglieder durch Einzelreinigungsanlagen bestenfalls erreichen können [41, 431, 432, 609, 815, 1129, 1130, 1171, 1185, 1203, 1337, 1391, 1444, 1445, 1850, 1852].

Jedem, der eine Abwasserfrage zu bearbeiten hat, ist nur dringend zu raten, die Möglichkeiten im Kapitel 6.5 durchzudenken und zu prüfen, ob nicht die eine oder die andere zu den örtlichen Verhältnissen passt. Der Ingenieur ist nicht nur ein ausgebildeter Planer von Einzelheiten, sondern vor allem ein Wirtschaftler und Wissenschaftler, der aus jeder Aufgabe frei die Lösung suchen muss. Frei auch vom Interesse an überspitzten Besichtigungsanlagen, Patenten und hohen Bausummen.

Bei der Auswahl unter den Reinigungsverfahren werden die Überlegungen nach Kapitel 4.3 bis Kapitel 4.6 und nach Kapitel 6 zuerst anzustellen sein, bevor man an die Planung geht. Man muss wissen, was die einzelnen Verfahren leisten, was sie kosten und man muss ermitteln, welche Ansprüche das Gewässer stellt und ob die Abwasserverwertung mitspricht.

4.2 Vorgänge der Abwasserreinigung

Die Schmutzstoffe sind im Abwasser als „ungelöste, absetzbare Stoffe“ oder als „gelöste, nicht absetzbare Stoffe“ enthalten. In der „mechanischen Stufe“ werden die „ungelösten Stoffe“ durch Absieben in Rechenanlagen, Sedimentieren in Absetzbecken oder Aufschwimmen in Flotationsanlagen abgetrennt. Durch Zugabe von Fällungs- bzw. Flockungsmitteln werden z. B. Kolloide in größere, absetzbare Flocken oder gelöste Salze in schwer lösliche Verbindungen überführt. Diese Produkte können ebenfalls mechanisch durch Sedimentation oder Flotation abgetrennt werden. In der „biologischen Reinigungsstufe“ werden mit Hilfe von biologischen Methoden gelöste organische Stoffe, z. T. auch anorganische Salze (N, P), erfasst und aus dem Abwasser entfernt [1645]. „Organische Stoffe“ sind Kohlenstoffverbindungen, die als Kohlenhydrate, Eiweißstoffe und Fette bekannt sind. Es sind energiereiche Verbindungen, die von heterotrophen Lebewesen (z. B. Mikroorganismen, Tier, Mensch) als Energiequelle und Lieferanten für körpereigene Baustoffe genutzt werden. Für die Vorgänge bei der aeroben biologischen Abwasserreinigung sind daher zwei Stoffwechselwege von Bedeutung (Bild 4.1). Im „Energie-Stoffwechsel“ werden die energiereichen, organischen Stoffe unter Sauerstoffverbrauch zu energiearmen, anorganischen Stoffen (z. B. H_2O, CO_2, Nitrat, Sulfat, Phosphat) umgesetzt, man spricht dann von „Veratmung“ oder „Oxidation“.
Die dabei freigesetzte Energie wird von den Organismen gespeichert und zur Aufrechterhaltung der Lebensprozesse (z. B. Bewegung, Wachstum) eingesetzt, gleichzeitig entsteht Wärme. Für die Abwasserbehandlung ist dabei der Abbau der organischen Stoffe zu anorganischen Endprodukten das Reinigungsziel. Im „Bau-Stoffwechsel“ wandeln die Organismen die organischen Substrate ohne Sauerstoffverbrauch, aber unter Verwendung von Energie aus dem Energiestoffwechsel, in körpereigene organische Stoffe um, d. h. sie bilden neue, lebende Biomasse (Wachstum). Für die Abwasserbehandlung bedeutet dieser Schritt die Umwandlung von gelösten organischen Stoffen in ungelöste, mechanisch abtrennbare Stoffe (belebter Schlamm, Biofilme).

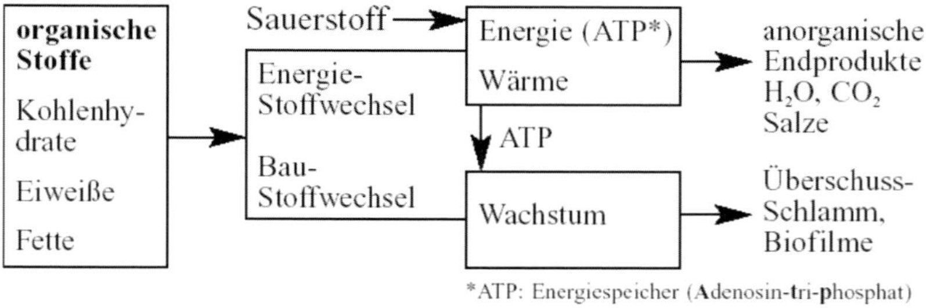

Bild 4.1: Schema des aeroben Abbaus organischer Stoffe

Um den Verlauf der biologischen Abwasserreinigung verstehen und gegebenenfalls steuern zu können, ist die Kenntnis der beteiligten Organismen und der Stoffwechselprozesse erforderlich. Die für den Reinigungsverlauf entscheidenden Organismen sind die Bakterien. Sie bilden die aktive Biozönose in den Flocken des belebten Schlammes und den Biofilmen. Auch bei der Abwasser-Landbehandlung sind die Bodenmikroorganismen für den Reinigungsprozess verantwortlich. Die Bakterien zeichnen sich gegenüber allen anderen Organismen durch die Fähigkeit zur schnellen Vermehrung durch Teilung, einer schnellen Reaktion auf wechselnde Substratangebote und Substratkonzentrationen, Verwertung von extremen Substraten und eine hohe Toleranz gegenüber Temperatur, pH-Wert u. ä. aus. Die in der Biozönose enthaltenen weiteren Organismen, wie z. B. Pilze, Protozoen, Rädertierchen, Würmer u. ä., spielen für den Reinigungsprozess meist eine untergeordnete Rolle. Bei dem Kontakt zwischen Abwasser-Schmutzstoffen und den Bakterienaggregaten (belebter Schlamm, Biofilme, Bodenbakterien) erfolgt zunächst eine Adsorption der Partikel. Diese werden durch Exoenzyme gelöst und gemeinsam mit den echt gelösten Stoffen aktiv in die Zelle eingeschleust. In der Zelle erfolgt dann der aerobe Abbau der Schmutzstoffe. Würde die Energiedifferenz zwischen dem organischen Ausgangssubstrat und dem anorganischen Endprodukt in einem Schritt frei, würde der Organismus „verbrennen". Der Abbau erfolgt daher schrittweise, wobei die Schritte durch eine Abfolge verschiedener Enzyme gesteuert werden. Da für jedes Substrat eine angepasste Enzymkette notwendig ist, ist für den Abbau des Substratgemisches „Abwasser" ein umfangreicher Enzympool erforderlich. Dieser wird durch die Vielzahl der unterschiedlichen Bakterienarten im belebten Schlamm bzw. Biofilm gewährleistet. Für den Abbau von „schwer abbaubaren Substraten" ist daher meist eine gewisse Zeit erforderlich, bis die speziellen Enzyme in der Biozönose bereitgestellt werden können (Adaption). Neben ihrer ausgezeichneten Anpassungsfähigkeit an wechselnde Substratangebote ist auch eine schnelle Reaktion auf wechselnde Substrat-

Mengenangebote (Belastungsschwankungen) erforderlich, d. h. die Stoffwechsel-Geschwindigkeit muss veränderbar sein. Diese Forderung wird von der Bakterienbiozönose dadurch erfüllt, dass die Stoffwechselgeschwindigkeit von der Substratkonzentration des umgebenen Mediums abhängig ist. Steigt bei Belastungsschwankungen die Konzentration an, reagieren die Bakterien sofort mit einer Steigerung der Umsatzgeschwindigkeit und bauen die Belastungsspitze ab. Zusammenfassend kann man sagen, dass bei der aeroben biologischen Abwasserreinigung die organischen Schmutzstoffe durch die variable Anpassungsfähigkeit der Bakterienbiozönose an qualitative und quantitative Schwankungen der Abwasserbeschaffenheit durch Selbststeuerung der Stoffwechselprozesse mit hohem Wirkungsgrad abgebaut werden können.
Neben den organischen Schmutzstoffen im Abwasser, die den O_2-Haushalt der Gewässer schädigen, sind auch anorganische Salze enthalten, die als unerwünschte Düngestoffe vom Gewässer ferngehalten werden müssen, d. h. Stickstoff- und Phosphorsalze. Stickstoff gelangt hauptsächlich über die Einleitung von Harnstoff (Urin) und Eiweißverbindungen in das Abwasser. Durch biologische Umsetzungsprozesse im Kanalnetz liegt er im Zulauf der Kläranlagen weitergehend als Ammonium bzw. als organischer Stickstoff vor. In einer gesteuerten mikrobiologischen Reaktionskette kann der im Abwasser gebundene Stickstoff in gasförmigen Stickstoff (N_2) umgesetzt werden, der in die Atmosphäre entweicht. Dabei erfolgt im aeroben Milieu die Oxidation des Ammoniums über Nitrit zum Nitrat (Nitrifikation). Anschließend verläuft im anoxischen Milieu (O_2 liegt nur im Nitrat gebunden vor) die biologische Reduktion des Nitrates zum Stickstoffgas. Phosphor, der aus menschlichen Ausscheidungen, Nahrungs- und Reinigungsmitteln stammt, kann sowohl chemisch als auch biologisch eliminiert werden. Bei dem chemischen Verfahren werden die gelösten Phosphorsalze durch Fällungsmittel in unlösliche Salze überführt und durch Sedimentation abgetrennt. In der Praxis fungieren als Fällungsmittel meist Eisen- und Aluminiumsalze und die Abtrennung erfolgt gemeinsam mit dem Primär- oder Überschussschlamm. Daneben hat sich auch eine biologische Methode zur Phosphor-Elimination etabliert, die jedoch einen präzise gesteuerten Verfahrensablauf erfordert. Im Prinzip werden geeignete Bakterienarten durch einen gesteuerten Wechsel der Milieubedingungen (anaerob-aerob) veranlasst, über den eigenen Bedarf hinaus gelösten Phosphor aufzunehmen und als ungelöste Polyphosphatgranula in der Zelle zu speichern. Als Überschuss-Schlamm transportieren diese Bakterien dann den gespeicherten Phosphor aus dem System.
Für die Umsetzung der bei der aeroben Abwasserreinigung anfallenden Feststoffe (Primärschlamm, Überschussschlamm, Tropfkörperrasen) und zur Reinigung hochkonzentrierter Abwässer (z. B. Lebensmittelindustrie) werden anaerobe biologische Prozesse eingesetzt. Diese werden durch das Fehlen von

elementarem Sauerstoff bestimmt. Bei der aeroben Abwasserreinigung werden die organischen Stoffe von den aeroben Bakterien in einem Stoffwechselschritt bis zu anorganischen Endprodukten (CO_2, H_2O) „veratmet“. Wenn die Organismen jedoch unter anaeroben Bedingungen leben, können sie energiereiche organische Substanz nicht veratmen (oxidieren), sondern nur vergären (reduzieren).
Organische Stoffe, wie z. B. Kohlenhydrate, Eiweiße oder Fette, werden dann nur bis zu organischen Zwischenprodukten wie Säuren oder Alkoholen abgebaut. Diese „Endprodukte“ sind verglichen mit denen des aeroben Abbaus noch energiereich, da sie nicht weitgehend abgebaut werden konnten. Um eine weitergehende Entfernung der organischen Schmutzstoffe durch anaerobe Verfahren zu erreichen, muss man daher ihren vollständigen Umsatz schrittweise bis zu Biogas (CH_4, CO_2) anstreben, das aus dem Abwasser bzw. Schlamm entweicht und damit einen „Reinigungsschritt“ bewirkt. Für einen vollständigen Abbau organischer Substanz in anorganische Endprodukte und Methan ist daher das Ineinandergreifen mehrerer Abbauschritte und damit auch die Zusammenarbeit unterschiedlicher Bakteriengruppen notwendig. Nach der Theorie des zweistufigen anaeroben Abbaus organischer Stoffe ist z. B. die Ausfaulung des Rohschlammes auf die Zusammenarbeit zweier Bakteriengruppen zurückzuführen (Bild 4.2). Fakultativ anaerobe Bakterien übernehmen zunächst die Spaltung der hochmolekularen Stoffe in niederkettige Fettsäuren (z. B. Essigsäure, Buttersäure) und Alkohole. Diese Stoffwechselprodukte der ersten Abbaustufe würden ein saures Milieu erzeugen, wenn nicht in dem zweiten Abbauschritt die obligat anaeroben Methanbakterien die Säuren in hauptsächlich CH_4 und CO_2 umsetzten. Sofern die „Arbeitsgeschwindigkeit“ beider Bakteriengruppen annähernd gleich ist, gewährleistet die Stoffwechselaktivität der methanbildenden Stufe, dass die Säuren abgebaut werden und dadurch ein leicht alkalisches Milieu des Gesamtprozesses durch die Bildung von Ammoniumverbindungen aus dem Eiweißabbau entsteht.

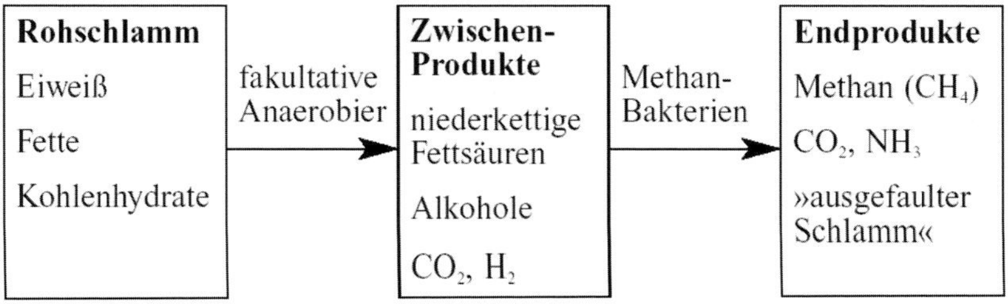

Bild 4.2: Schema des zweistufigen anaeroben Abbaus

In der Realität läuft der Prozess komplizierter ab. Bei der Säurebildung arbeiten mehrere Bakterienarten zusammen und die Methanbakterien sind eine differenziertere Gruppe als in der Vergangenheit angenommen. Nach heutigem Kenntnisstand erfolgt ein vierstufiger Abbau von polymeren organischen Stoffen bis zum Methan (Bild 4.3).

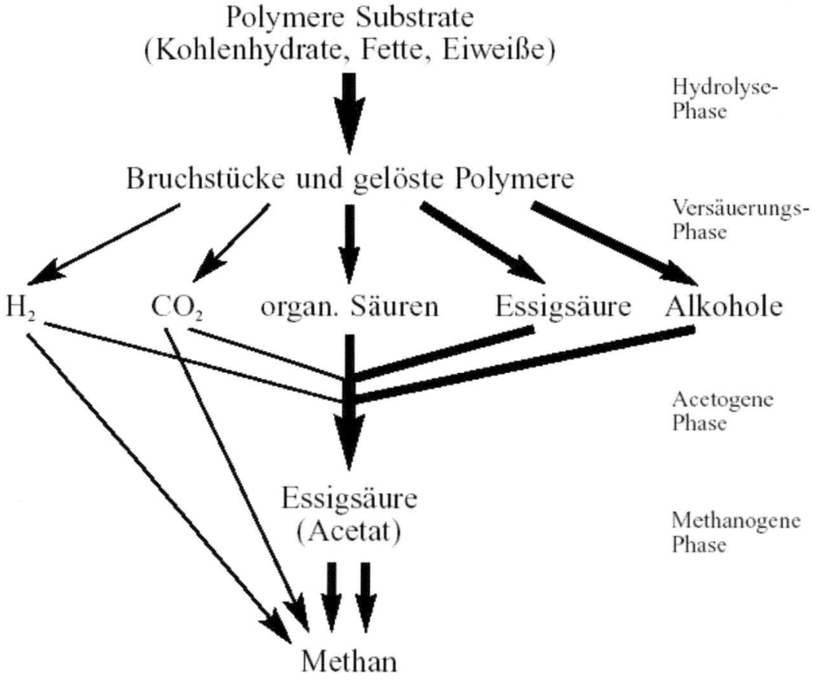

Bild 4.3: Schema des mehrstufigen anaeroben Abbaus

1. In der Hydrolyse-Phase müssen die hochmolekularen, oft ungelösten Stoffe durch Enzyme in gelöste Bruchstücke überführt werden.
2. In der Versäuerungs-Phase werden von verschiedenen fakultativ und obligat anaeroben Bakterienarten kurzkettige organische Säuren (z. B. Buttersäure, Propionsäure, Essigsäure), Alkohole, H_2 und CO_2 gebildet. Von diesen Zwischenprodukten können die Methanbakterien jedoch nur Essigsäure, H_2 und CO_2 direkt zu Methan umsetzen.

3. Somit müssen in der Acetogenen-Phase die im 2. Abbauschritt gebildeten organischen Säuren und Alkohole zu Essigsäure umgebaut werden.
4. In der Methanogenen-Phase wird vornehmlich aus Essigsäure und aus H_2 CO_2 und Methan gebildet.

Das notwendige Zusammenwirken von verschiedenen Bakteriengruppen in vier aufeinander folgenden Abbauschritten bedingt eine größere Störanfälligkeit als bei den aeroben Abbauprozessen. Die ersten beiden Abbauschritte bis zur Versäuerung der Ausgangssubstrate erfolgt meist ohne Probleme, da verschiedene Bakterienarten zu diesen Umsetzungsprozessen befähigt sind, die meist schon im Rohschlamm enthalten sind. Bei den acetogenen und methanogenen Bakterien der dritten und vierten Stufe handelt es sich dagegen um Spezialisten, auf deren Bedürfnisse (Temperatur, pH-Wert, Spurenelemente) das Milieu optimiert werden muss. Da sie nur unzureichend im Rohschlamm enthalten sind, ist eine Animpfung und Einarbeitungszeit bei der Inbetriebnahme eines Faulprozesses erforderlich. Um ein „Umkippen" des Faulprozesses zu verhindern, ist eine ständige Kontrolle des Prozessverlaufes, z. B. durch Messung der Gaszusammensetzung, pH-Wert, Säuregehalt, notwendig.

4.3 Die Verfahren der Abwasserreinigung und ihre Leistung

Nach Tabelle 5.2 besteht der Schmutzgehalt des Abwassers aus mineralischen und organischen Stoffen, die teils als ungelöste Stoffe (Sinkstoffe, Schwebestoffe oder Schwimmstoffe) im Wasser fortbewegt werden, teils mehr oder weniger in ihm gelöst sind. Dazu kommen kleinste Lebewesen, namentlich Bakterien, die in den organischen Stoffen ihre Nahrung finden. Die Bakterien können Gestank entwickeln und auch Seuchen übertragen.
Um die verschiedenartigen Schmutzstoffe aus dem Abwasser herauszubringen, gibt es eine Anzahl von Vorrichtungen.

1. für grobe Schwebestoffe:
   Siebe und Rechen (Kapitel 5.3),
2. für grobe Sinkstoffe:
   Sandfänge (Kapitel 5.4.2),
3. für Fett, Öl und ähnliche Schwimmstoffe:
   Fettfänge (Kapitel 5.3),
   Flotationsbecken (Kapitel 5.3),
   Absetzbecken mit Abstreifvorrichtungen (Kapitel 5.4.4),
4. für feine Schwebestoffe:
   Absetzbecken (Kapitel 5.4.4),

Flotationsbecken (Kapitel 5.3),
chemische Fällungsbecken (Kapitel 5.5),
Mikrosiebe (Kapitel 5.7.2),
Sandfilter (Kapitel 5.7.2),

5. für gelöste, halbgelöste und sehr feine organische Stoffe die »biologischen« Anlagen, nämlich:
weiträumige Landbewässerung (Kapitel 5.6.1),
Rieselfelder mit landwirtschaftlichem Betrieb (Kapitel 5.6.2),
Bodenfilter ohne landwirtschaftlichen Betrieb (Kapitel 5.6.3),
Tropfkörper (Kapitel 5.6.5),
Tauchkörper (Kapitel 5.6.6),
Abwasserteiche (Kapitel 5.6.9),
Belebungsanlagen (Kapitel 5.6.8),
Abwasserfaulräume (Kapitel 5.10.8.1),
6. gegen Seuchengefahr und Geruch:
Chlor und andere chemisch/physikalische Mittel (Kapitel 5.7.5),
in beschränktem Maße die biologischen Anlagen (Kapitel 5.6),
7. für die Beseitigung der Nährstoffe die Verfahren der weitergehenden Abwasserreinigung (Kapitel 5.7).

Die genannten Reinigungsvorrichtungen lassen sich in die folgenden Gruppen der Reinigungsverfahren einteilen:

1. mechanische Verfahren:
a) Siebverfahren: Die Stoffe werden infolge ihrer körperlichen Größe an Sieben oder Rechen abgefangen. So wirken vorwiegend auch die Sandfilter.
b) Schwimmverfahren: Die Stoffe scheiden sich durch ihre Schwimmfähigkeit an der Wasserfläche ab, z. B. in Fettfängen oder in Flotationsbecken.
c) Absetzverfahren: Die Stoffe sinken durch ihr Gewicht auf den Boden von Absetzbecken.
2. chemische Verfahren: Chemische Zusätze verstärken als Fällmittel die Absetzfähigkeit von Stoffen oder sie töten Keime (Chlor).
3. biologische Verfahren: Die Lebensvorgänge der Natur werden in die Abwasserreinigung eingespannt:
a) natürlich auf Landboden oder in Teichen und Seen,
b) künstlich in Tropfkörpern, Tauchkörpern oder Belebungsanlagen oder Abwasserfaulräumen.

Die einzelnen Reinigungsanlagen kann man nach ihrer Leistung miteinander vergleichen, wenn man in Prozent angibt, wie viel der Schmutzgehalt im Abfluss gegenüber dem Rohwasser abnimmt. Als Maßstab des Schmutzgehalts kann z. B. der biochemische Sauerstoffbedarf (BSB) (Kapitel 5.1.2.5) dienen oder der Gehalt an Schwebestoffen oder an Bakterien. Dies ist in der Tabelle 4.1 aufgeführt:

Tabelle 4.1: Leistung der Reinigungsverfahren

Reinigungsverfahren	Abnahme in %		
	biochem. Sauerstoffbedarf	Schwebstoffe	Bakterien
1. feine Siebe	5 – 10	5 – 20	10 – 20
2. Chlorung von Rohwasser oder abgesetztem Abwasser	15 – 30	–	90 – 95
3. Absetzbecken	25 – 40	40 – 70	25 – 75
4. Flockungsbecken	40 – 50	50 – 70	
5. chemische Fällungsbecken	50 – 75	70 – 90	40 – 80
6. Tropfkörper	70 – 98	70 – 92	70 – 95
7. Belebungsverfahren	70 – 98	85 – 95	70 – 98
8. Bodenfilter	90 – 98	85 – 98	95 – 98
9. UV-Bestrahlung von biologisch gereinigten Abwasser	–	–	98 – 99

Wenn man bei irgendeinem Verfahren den Reinigungsgrad einschätzt, muss man stets neben der theoretisch möglichen Wirkung auch die im praktischen Betrieb unvermeidlichen Schwächen mitrechnen. Geringere Leistungen haben z. B. zu klein bemessene Anlagen, bei denen ein Teil des Abwassers umgeleitet werden muss, oder Anlagen mit unzureichender Schlammbehandlung, bei denen der Schlamm in den Abfluss gelangt. Ebenso ist auf „Schlammwasser" zu achten, das bei der Eindickung von Schlamm, seiner thermischen Konditionierung, der Schlammentwässerung oder von Schlammteichen anfällt (Kapitel 5.10.13).

In Deutschland darf für das Einleiten von Abwasser nur dann eine Erlaubnis erteilt werden, wenn die Schadstofffracht des Abwassers so gering gehalten wird, wie dies bei Einhaltung der jeweils in Betracht kommenden Verfahren nach dem Stand der Technik möglich ist. Die Bundesregierung legt durch Rechtsverordnung mit Zustimmung des Bundesrates Anforderungen fest, die dem Stand der Technik entsprechen. Diese Anforderungen können auch für den Ort des Anfalls des Abwassers oder vor seiner Vermischung festgelegt werden [473].

Tabelle 4.2: Anforderungen an kommunales Abwasser für die Einleitungsstelle [610]

Proben nach Größenklassen der Abwasserbehandlungsanlagen	Chemischer Sauerstoffbedarf (CSB) mg/l	Biochemischer Sauerstoffbedarf in fünf Tagen (BSB_5) mg/l	Ammonium-Stickstoff (NH_4-N) mg/l	Stickstoff gesamt, als Summe von Ammonium-, Nitrit- und Nitrat-Stickstoff (N_{ges}) mg/l	Phosphor gesamt (P_{ges}) mg/l
	Qualifizierte Stichprobe oder 2-Stunden-Mischprobe				
Größenklasse 1 kleiner als 60 kg/d BSB_5 (roh)	150	40	–	–	–
Größenklasse 2 60 bis 300 kg/d BSB_5 (roh)	110	25	–	–	–
Größenklasse 3 größer als 300 bis 600 kg/d BSB_5 (roh)	90	20	10	–	–
Größenklasse 4 größer als 600 bis 6 000 kg/d BSB_5 (roh)	90	20	10	18	2
Größenklasse 5 größer als 6 000 kg/d BSB_5 (roh)	75	15	10	13	1

Die Anforderungen gelten für Ammoniumstickstoff und Stickstoff, gesamt, bei einer Abwassertemperatur von 12 °C und größer im Ablauf des biologischen Reaktors der Abwasserbehandlungsanlage. An die Stelle von 12 °C kann auch die zeitliche Begrenzung vom 1. Mai bis 31. Oktober treten. In der wasserrechtlichen Zulassung kann für Stickstoff, gesamt, eine höhere Konzentration bis zu 25 mg/l zugelassen werden, wenn die Verminderung der Gesamtstickstoff-Fracht mindestens 70 vom Hundert beträgt. Die Verminderung bezieht sich auf das Verhältnis der Stickstoff-Fracht im Zulauf zu derjenigen im Ablauf in einem repräsentativen Zeitraum, der 24 Stunden nicht überschreiten soll. Für die Fracht im Zulauf ist die Summe aus organischem und anorganischem Stickstoff zugrunde zu legen.

Die einschlägige Abwasserverordnung, Anhang 1 (Tabelle 4.2), gilt für die Einleitung von häuslichem Abwasser [610]. Sämtliche Parameter werden aus der homogenisierten Probe bestimmt. Beim BSB_5 wird die Nitrifikation gehemmt (Kapitel 5.1.2.5). Ist bei Teichanlagen, die für eine Aufenthaltszeit von 24 Stunden und mehr bemessen sind, eine Probe durch Algen deutlich gefärbt, so sind der CSB und der BSB_5 von der algenfreien Probe zu bestimmen. In diesem Fall verringern sich die Anforderungen beim CSB um 15 mg/l und beim BSB_5 um 5 mg/l.

Die genannten Werte sind von kommunalen Kläranlagen einzuhalten. Sie gelten auch als eingehalten, wenn die Ergebnisse der letzten fünf im Rahmen der staatlichen Gewässeraufsicht durchgeführten Überprüfungen in vier Fällen diesen Wert nicht überschreiten und kein Ergebnis diesen Wert um mehr als 100 % übersteigt. Werden die behördlichen Vorgaben eingehalten, können die entstandenen Aufwendungen unter bestimmten Voraussetzungen mit der Abwasserabgabe verrechnet werden [472]. Bei Nichteinhaltung der wasserrechtlichen Erlaubnis ist § 324 des Strafgesetzbuches zu bedenken.

4.4 Natürliche oder künstliche Verfahren?

Man unterscheidet zwischen zwei Reinigungsverfahren, von denen das eine mehr der Natur angepasst, das andere mehr technisch durchgebildet, also künstlich ist. In Tabelle 4.3 sind die einander entsprechenden natürlichen und künstlichen Verfahren nebeneinandergestellt und nach dem Reinigungsgrad in vier Gruppen geordnet.

Tabelle 4.3: Gegenüberstellung der Reinigungsverfahren

natürliche Verfahren	künstliche Verfahren
1. Erdbecken als Abwasserfaulräume (Kapitel 5.15), Erdbecken als Auflandungsteiche (Kapitel 5.11.1),	1. Absetzbecken mit Räumer und daneben gelagertem Faulraum (Kapitel 5.4.4),
2. Rieselwiesen (Kapitel 5.6.2),	2. chemische Fällungsbecken (Kapitel 5.5),
3. Bodenfilter (Kapitel 5.6.3), Rieselfelder (Kapitel 5.6.2),	3. biologische Tropfkörper (Kapitel 5.6.5),
4. Abwasserteiche (Kapitel 5.6.9), Schönungsteiche (Kapitel 5.7.1).	4. Belebungsbecken (Kapitel 5.6.8).

Allgemein brauchen künstliche Verfahren viel kleinere Flächen als natürliche. Unter den biologischen Verfahren brauchen z. B. Tropfkörper und Belebungsbecken nur den hundertsten Teil der Fläche ihrer natürlichen Vorbilder, der Rieselfelder und der Abwasserteiche.

Die natürlichen Verfahren nach 1. bis 4. sind gewöhnlich nicht geruchlos. Sie müssen deshalb weiter von dem Wohngebiet entfernt sein und brauchen eine längere Abwasserzuleitung. Sie arbeiten aber im praktischen Betrieb zuverlässiger als die künstlichen, weil sie weniger von der guten Bedienung abhängen. Für Entwicklungsländer sind sie daher vorzuziehen. Außerdem eignen sie sich als zusätzliche Stufe nach dem Tropfkörper- oder Belebungsverfahren. Die künstlichen Verfahren passen besser für große Städte und für eng bewohnte Industriegebiete. Weil sie geruchlos gemacht werden können, braucht man keine zu langen Abwasserzuleitungen.

4.5 Abwasser als Wertstoff

Abwasser setzt sich aus mehreren Hundert verschiedenen Inhaltsstoffen zusammen. Der Betrieb von Abwasserbehandlungsanlagen zielt vor allem auf die Elimination von „schädlichen“ Inhaltsstoffen zum Schutz des Gewässers. Abwasserinhaltsstoffe können aber auch Wertstoffe sein.
Wertstoffe sind Stoffe, die nach ihrer Nutzung bzw. nach ihrem Gebrauch einen ökonomischen oder ökologischen Wert für eine direkte Wiederverwendung haben oder als Sekundärrohstoff für weitere Aufbereitungsprozesse eingesetzt werden können [1964]. Die Frage wann ein Stoff ein Wertstoff ist, kann in Anlehnung an § 5 Abs. 1 KrWG [397] beantwortet werden. Hiernach endet die Abfalleigenschaft eines Stoffes oder Gegenstandes, wenn dieser ein Verwertungsverfahren durchlaufen hat und so beschaffen ist, dass „er üblicherweise für bestimmte Zwecke verwendet wird, ein Markt für ihn oder eine Nachfrage nach ihm besteht, er alle für seine jeweilige Zweckbestimmung geltenden technischen Anforderungen sowie alle Rechtsvorschriften und anwendbaren Normen für Erzeugnisse erfüllt sowie seine Verwendung insgesamt nicht zu schädlichen Auswirkungen auf Mensch oder Umwelt führt.“
Auf Basis der Inhaltsstoffe von Abwasser stehen die folgenden Bereiche im Fokus der Rückgewinnung: Wasser, Wärme sowie die Nutzung organischer und anorganischer Inhaltsstoffe. Die Grundvoraussetzung einer Wertstoffrückgewinnung ist dabei gemäß der aufgeführten Definition die Erzeugung eines nachfragegerechten Produktes; bei den vielen Verfahrensansätzen und -möglichkeiten ist dies zur Zeit eine der Haupthemmnisse einer Wertstoffrückgewinnung.

4.5.1 Wasser

Abwasser besteht zu über 99 % aus Wasser, somit liegt hierin auch die mengenmäßig größte Ressource. Wasserkreislaufführung und -wiederverwendung ist in der Industrie gängige Praxis. Behandeltes kommunales Abwasser wird in Deutschland derzeit eher selten als Wasserressource nachgefragt. Prognostizierte Wasserknappheit auch in einzelnen Regionen Deutschlands als Folge des Klimawandels kann eine landwirtschaftliche Nutzung von entsprechend behandeltem Abwasser zukünftig geboten werden lassen, vgl. Kapitel 5.8.3. Das Produkt „Wasser“ muss hier den Anforderungen der Nutzung entsprechen (*Fit for Purpose*).

4.5.2 Wärme/Kälte

Einhergehend mit der Warmwassererzeugung und -nutzung in den Haushalten besitzt Abwasser ein nutzbares Wärmepotenzial, wobei das höchste Temperaturniveau im Grauwasser erzielt wird. Im Bereich des Grauwassers kann die Wärme direkt über Wärmetauscher genutzt werden. Angesichts des relativ niedrigen Temperaturniveaus des Schmutzwassers resp. des Abwassers wird der Einsatz einer Wärmepumpe notwendig werden [544]. Im Einzelfall ist zu prüfen, ob die Wärmenutzung aus Abwasser in Kombination mit einer elektrisch betriebenen Wärmepumpe oder die direkte Wärmeerzeugung mittels Primärenergieträger oder Solarthermie nachhaltiger ist, insbesondere unter Berücksichtigung des Einsatzes der Primärenergie zur Stromerzeugung.

4.5.3 Organische Substanz

Die Nutzung des Wertstoffs „organische Substanz" ist, neben einem industriellen Einsatz als Rohstoff beispielsweise zur Erzeugung von Kunststoffen, vor allem verknüpft mit der Fragestellung der Energie und der Nutzbarmachung als Strom und Wärme. Der Verbleib der organischen Substanz während der Abwasserbehandlung, kann über eine CSB-Bilanz ermittelt werden. Stöchiometrisch entsprechen 1 g CSB 0,35 NL Methan bzw. 3,5 Wh. Bei einer konventionellen kommunalen Abwasserbehandlungsanlage werden rd. 50 – 60 % des Zulauf-CSB über den Klärschlamm abgeschieden, womit Klärschlamm als Speicher von chemisch-gebundener Energie als Wertstoff zur Verfügung steht. Dieses Energiepotenzial kann dabei konventionell über eine anaerobe biologische Umwandlung der organischen Substanz zu Faulgas und Nutzung des Faulgases z. B. mittels Blockheizkraftwerk als elektrische und thermische Energie sowie über eine physikalische Umwandlung der organischen Substanz durch Verbrennung und Nutzung der Wärme, z. B. zur Erzeugung von Dampf und Nutzung mittels Kondensationsturbine, genutzt werden [1964].
Eine Reihe alternativer Verfahren zur Nutzung der organischen Inhaltsstoffe befinden sich in unterschiedlichen Entwicklungsstadien. Zu nennen sind Verfahren zur energetischen und/oder stofflichen Nutzung, z. B. (siehe auch [723]):

- direkte Erzeugung von elektrischer Energie aus Abwasser mittels biologischer Brennstoffzelle und simultaner Abbau der organischen Substanz,
- physikalische Umwandlung von Klärschlamm durch Vergasung, Niedertemperaturkonvertierung oder Pyrolyse: Erzeugung eines Gases, Öls und Reststoffs (Pyrolysekohle) zur weiteren Verwertung,
- hydrothermale Carbonisierung von Klärschlamm zur Erzeugung einer Kohle mit einer Nutzung zur Verbrennung (energetische Nutzung) oder zur Bodenverbesserung (stoffliche Nutzung), oder

- Nutzung von Klärschlamm als Ausgangssubstrat für die Erzeugung von organischen Säuren als Rohstoff für die Industrie, beispielsweise zur Erzeugung von Kunststoffen [1803], oder auch als Kohlenstoffquelle für die Abwasserbehandlung (Denitrifikation, erhöhte biologische Phosphorelimination).

4.5.4 Anorganische Substanz

Stickstoff

Stickstoff ist ein Nährstoff und wird als solcher als Dünger in der Landwirtschaft eingesetzt. Da die Atmosphäre/Luft zu fast 80 % aus Stickstoff besteht, ist dieser quasi unbegrenzt verfügbar. Das Potenzial für die Rückgewinnung von Stickstoff aus Abwasser kann als relativ gering eingestuft werden. Abhängig von der Ernährung werden in Bezug auf den eingesetzten Stickstoff für die Düngemittelproduktion lediglich 14 % bei einer pflanzlichen Ernährung bzw. 4 % bei einer Ernährung mit Fleisch an Stickstoff mit der Nahrung aufgenommen [877]. Unter Berücksichtigung, dass davon während der Abwasserbehandlung lediglich 35 % des Stickstoffs im Zulauf zur Kläranlage über den Überschuss- und Primärschlamm abgezogen werden [1236], resultiert ein geringes Rückgewinnungspotenzial.
Für eine Rückgewinnung stehen verschiedene Verfahren, insbesondere die Ammoniakstrippung mit anschließender Ausfällung als Ammoniumsulfat oder Ammoniumnitrat [1236] zur Verfügung, wobei zu beachten ist, dass der Hauptfokus der Verfahren in der Elimination von Stickstoff im Rahmen der Prozesswasserbehandlung liegt. Eine Rückgewinnung als Nährstoff aus Abwasser scheint nur sinnvoll, wenn dies unter Einbeziehung der Transport- und Lagerkosten energetisch günstiger ist als die Erzeugung mittels Haber-Bosch-Verfahren. Der Gesamtenergieverbrauch, vor allem von thermischer Energie, liegt hierbei bei rd. 10 kWh/(kg N) [1964].

Phosphor und Metalle

Die Abwasserbehandlung bedingt, dass ca. 90 % der P-Zulauffracht über den Klärschlamm abgezogen werden (siehe Bild 4.4), weshalb vor allem Klärschlamm und auch Klärschlammasche im Fokus einer Phosphorrückgewinnung stehen.
Krüger und Adam untersuchten 24 von 26 deutschen Monoklärschlamm-Verbrennungsanlagen bezüglich ihrer Aschenzusammensetzung [1416] (siehe Tabelle 4.4). Die Hauptelemente korrelieren mit den Abwassereinträgen: Sand, Calcium und Magnesium (u. a. Wasserhärte), Eisen und Aluminium (u. a. Fällmittel) sowie Phosphor (Haushalte) [449].

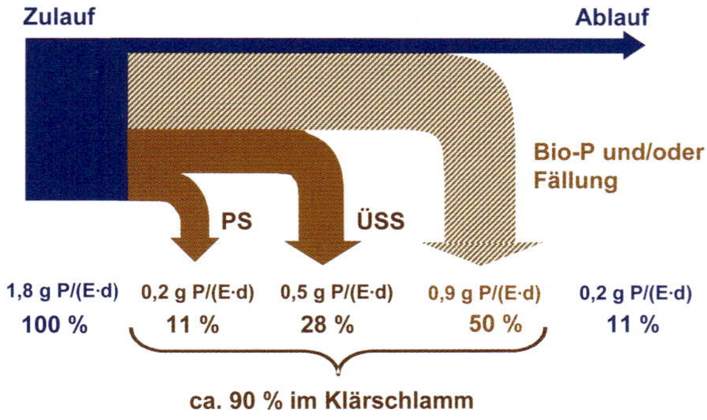

Bild 4.4: Phosphorbilanz für eine konventionelle Abwasserbehandlungsanlage mit biologischer Phosphorelimination und/oder Fällung (PS: Primärschlamm, ÜSS: Überschussschlamm) [443]

Tabelle 4.4: Hauptelementgehalte von Klärschlammaschen [1416]

Element	Min	Max	Mittelwert	Median	Anzahl
	alle Werte in Gewichts-%				
Ca	6,1	37,8	13,8	10,5	252
Si	2,4	23,7	12,1	12,1	252
Fe	1,8	20,3	9,9	9,5	252
P	1,5	13,1	7,3	7,9	252
Al	0,7	20,2	5,2	4,8	252
S	0,3	6,9	1,5	1,0	252
Mg	0,3	3,9	1,4	1,3	252
K	< 0,006	1,7	0,9	0,9	227

Phosphor ist ein begrenzter, lebensnotwendiger Rohstoff, welcher durch kein anderes Element ersetzt werden kann. Hauptanwendungsgebiet bildet die Düngemittelindustrie bzw. die Landwirtschaft. Phosphor wird während der Abwasserbehandlung durch biologische sowie chemisch-physikalische Verfahren (Fällung) in den Klärschlamm eingebunden. Aus diesem Grund gibt es Bestrebungen, den im Abwasser/Klärschlamm/Klärschlammasche enthaltenen Phosphor zu recyceln, was ggf. eine Trennung der Nährstoffe von den organischen und anorganischen Schadstoffen erforderlich macht. Technologien zur Rückgewinnung von Phosphor stehen für verschiedene Einsatzorte auf der Abwasserbehandlungsanlage zur Verfügung – von der Abwasserbehandlung über die Klärschlammbehandlung bis hin zur Klärschlammasche. Bild 4.5 zeigt die verschiedenen Möglichkeiten einer Phosphorrückgewinnung während der Klärschlammbehandlung. Die Verfahrensbeschreibungen sind der Literatur zu entnehmen, z. B. [720, 721, 746, 1632, 1795].

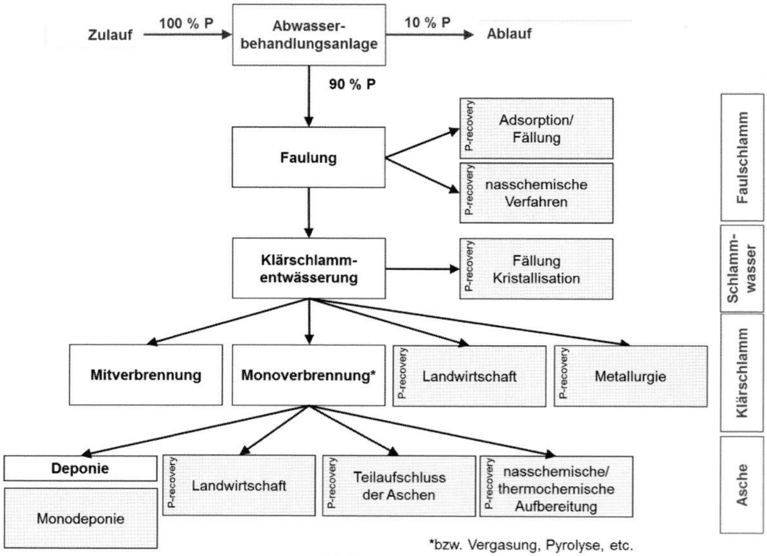

Bild 4.5: Möglichkeiten einer Phosphorrückgewinnung aus Klärschlamm [1795, 1964]

Aufgrund der relativ hohen Konzentrationen in den Aschen existieren für die bei der Phosphorelimination eingesetzten Fällmittel Aluminium und Eisen ebenfalls verschiedene Verfahrensansätze für eine Rückgewinnung, wobei die entwickelten Technologien (nasschemische Verfahren, Bio-Leaching etc.) oft auch für weitere Metalle einsetzbar sind. Für die seltenen Erden finden sich rd. 116 mg/kg in der Klärschlammasche. Damit sind die Gehalte im Vergleich zu den derzeit abgebauten Erzen („economic cut-off 1 %") zu niedrig, um eine wirtschaftliche Rückgewinnung zu erlauben [1415]. In ähnlicher Weise gilt dies auch für die übrigen kritischen Metalle. Allerdings kann sich dies durch die Nutzung von Synergien z. B. bei einer Phosphorrückgewinnung verändern.

4.6 Kosten der Abwasserreinigung

Einen ersten Überblick über die Kosten der Abwasserreinigung in Deutschland gibt das Gutachten, das Kehr und Teichmann 1961 erstellt haben [1303]. Die Untersuchung wurde später auf 130 biologische Kläranlagen erweitert, sodass

auch Kosten für verschiedene Anlagen-Gruppen vorliegen [2009]. Die Kosten sind seither bedeutend gestiegen [220, 368, 943, 1082, 1262, 1653, 1856, 2030].
In der folgenden Tabelle 4.5 sind Zahlen angegeben, die für eine grobe Kostenschätzung geeignet sind. Sie beziehen sich auf moderne Kläranlagen nach dem Stand der Technik. Die Baukosten steigen bei kleineren Kläranlagen stark an, wenn wie bei den größeren Anlagen Stahlbetonbauten errichtet werden. Steht genügend Gelände zur Verfügung, dann sind Abwasserteiche eine günstige Alternative. Man kann dann Baukosten von 1 000 €/EW annehmen.

Tabelle 4.5: Kosten der Abwasserreinigung 2017 (alle Angaben brutto, Abwasseranfall 250 l/(E · d)

Größe	Baukosten		Jahreskosten €/(EW · a)			Gesamt-kosten
EW	€/EW	€/(m³/d)	Betrieb	Kapital	Gesamt	€/m³
1 000	1 500	6 000	115	115	230	2,55
5 000	900	3 700	70	70	140	2,55
10 000	800	3 300	60	61	121	1,36
25 000	500	2 100	40	42	82	0,90
50 000	450	1 900	35	37	72	0,80
100 000	350	1 400	25	28	53	0,60
500 000	250	1 000	15	18	33	0,40

Zu den Baukosten zählen die gesamten für die Finanzierung erforderlichen Kosten, auch die des Grunderwerbs. Als Mittelwerte der Grundstücksgröße wurden gefunden bei:

- 1 000 bis 10 000 Einwohnern 1,5 m^2/E,
- 10 000 bis 50 000 Einwohnern 1,0 m^2/E,
- 50 000 bis 100 000 Einwohnern 0,8 m^2/E.

Wenn man örtlich auf Schlammteiche verzichtet, kommt man mit kleineren Flächen aus. In den Jahreskosten ist auch der Kapitaldienst enthalten. Die Nutzungsdauer der Kläranlage kann mit rd. 30 Jahren angesetzt werden [2298]. Die Einwohnerzahl bewährt sich als einfachster Maßstab für die im Abwasser enthaltene Schmutzmenge. Gewerbliches Abwasser wird in Einwohnergleichwerten (Tabelle 5.46) zugerechnet. Die Kosten der Schlammräume, der Schlammbehandlung und der biologischen Verfahren richten sich nach der Schmutzmenge, also nach der Einwohnerzahl. Die Kosten der Absetzbecken, der Pumpen und der Leitungen richten sich aber nach dem Abwasserdurchfluss. Wenn also der Abwasseranfall stark von der Mittelzahl 250 l/(E · d) abweicht, sind weder die Einwohnerwerte (Spalten 2, 5) noch die auf den Abwasserdurchfluss bezogenen Werte (Spalten 3, 7) allein brauchbar. Dann rechnet man am besten beide aus und schätzt als Kosten eine zwischen den beiden Ergebnissen liegende Zahl.

Anlagen für Mischverfahren sind ohne Regenbecken ebenso teuer wie für Trennverfahren.

Für den Betrieb einer biologischen Kläranlage mit mechanischer Reinigung, biologischer Reinigung, Schlammstabilisierung, Schlammverwertung/-entsorgung und Eigenenergieerzeugung benötigt man für 20 000 angeschlossene Einwohner zwischen 1,6 und 4,6 Personen, im Mittel 3,0 Personen. Genauere Angaben auch für Teilprozesse ATV-M 271 [480]. Die Betriebskosten verteilen sich etwa wie folgt: 30 % Personalkosten, 20 % Reststoffbeseitigung, 15 % Energie, 15 % Instandhaltung, 15 % Abwasserabgabe und 5 % Sonstiges [1248].

Kosten für die Elimination der wichtigsten Verschmutzungsparameter: [802, 945]. Kosten der Abwasserreinigung: [1082, 1960]. Kosten der Abwasserableitung: [964, 1082]. Kosten der Schlammentsorgung: [1846]. Kosten der Niederschlagswasserbehandlung: [1082, 2362]. Kostenrelevanz unterschiedlicher Anforderungen: [285]. Kosten der Abwasserreinigung im internationalen Bereich: [833]. Verkehrswertermittlung unter Berücksichtigung des Alterungsverhaltens von Kanälen: [1774]. Ökonomische Gesamtbetrachtung der Abwasserbeseitigung: [1950]. Verursachungsgerechte Verteilung von Abwasserentsorgungskosten: [305].

Wenn man die Kostenstrukturen vorhandener Anlagen sehr sorgfältig erfasst [515], kann man durch Benchmarking Spitzenleistungen erkennen, um sie auf die eigene Organisation zu übertragen [118, 240, 536, 1490, 1491]. Zu unterscheiden ist hierbei das Prozessbenchmarking, bei dem die einzelnen Prozesse der Abwasserbehandlung im Vordergrund stehen, und das Unternehmensbenchmarking, mit dem die Kosteneffizienz der Hauptgruppen der Abwasserentsorgung (Ableitung, Sonderbauwerke, Behandlung, Entsorgung) sowie die unterstützenden Prozesse im Unternehmen betrachtet werden [714, 1626, 1627]. Darüber hinaus können weitere Kennzahlen gebildet und für die Unternehmenssteuerung genutzt werden [725, 726].

4.7 Emissionen

4.7.1 Gerüche

Es liegt in der Natur der Sache, das Abwasser und die Abwasserbehandlung anfallenden Reststoffe Geruchsstoffe enthalten und demzufolge auch emittieren können. Geruchsstoffe sind stets flüchtig und weitgehend fett- und wasser-

löslich. Dennoch geben die Geruchsemissionen von gut geplanten und betriebenen Abwasseranlagen gewöhnlich zu keinen Beanstandungen Anlass, falls keine ungünstigen Verhältnisse vorliegen [12, 321, 492, 704, 850 bis 853, 855, 1377, 1495, 1555].
Im Abwasserbereich zählt Schwefelwasserstoff H_2S zu den häufigsten Geruchsstoffen. Aus diesem Grund und weil Schwefelwasserstoff relativ leicht zu messen ist, wird häufig über Schwefelwasserstoff – Entstehung, Messung und Vermeidung – gesprochen und darüber gelegentlich vergessen, dass selbst dann, wenn kein Schwefelwasserstoff vorhanden ist, andere Geruchsstoffe maßgeblich sein können. Hierauf wird weiter unten auch noch eingegangen.
Ob die aus Abwasseranlagen emittierten Gerüche zu beanstanden sind, richtet sich danach, ob die hervorgerufene Belästigung erheblich i. S. § 3 Bundesimmissionsschutzgesetz [396] sind. Die Beurteilung der Erheblichkeit von Belästigungen durch Gerüche bereitet besondere Schwierigkeiten. Sie ist daher bisher auch nicht bundeseinheitlich geregelt, sondern findet sich im Text der sogenannten Geruchs-Immissionsrichtlinie GIRL [1615], die in vielen Bundesländern verbindlich eingeführt ist. Dementsprechend findet sich bisher in der TA Luft [393] auch noch keine Vorschrift hinsichtlich der Geruchsimmissionen. Wie aus dem aktuellen Referentenentwurf zur Neufassung der TA Luft hervorgeht, ist jedoch beabsichtigt, die GIRL nunmehr in die TA Luft mit aufzunehmen, was bereits bei der letzten Novellierung der TA Luft im Jahr 2002 beabsichtigt gewesen war. Es kann davon ausgegangen werden, dass die Regelungen der GIRL weitgehend unverändert in der Neufassung der TA Luft enthalten sein werden. Allerdings wird die Neufassung der TA Luft nicht mehr in der Legislaturperiode 2017 verabschiedet werden.
Grundlage der GIRL ist das Geruchsstundenkonzept. Es besagt, dass eine Zeitstunde bereits dann in vollem Umfang als mit Geruch belastet Stunde berücksichtigt wird, wenn während sechs Minuten innerhalb einer Stunde Geruchsimmissionen "deutlich wahrnehmbar" und "mit hinreichender Sicherheit und zweifelsfrei ihrer Herkunft nach aus Anlagen oder Anlagengruppen erkennbar" sind, also ihrer Art nach einer Quelle zugeordnet werden können. Dies ist notwendig zu wissen, um die Grenzwerte der GIRL richtig bewerten zu können. So dürfen Geruchsimmissionen in Wohn- und Mischgebieten maximal in 10 % der Jahresstunden und in Gewerbe- und Industriegebieten sowie Dorfgebieten maximal in 15 % der Jahresstunden auftreten. Die Gesamtdauer der Geruchseinwirkung ist in der Regel natürlich deutlich kürzer, wie aus dem Geruchsstundenkonzept hervorgeht.

Zwar behandelt dieses Kapitel nur die Emissionen aus der Abwasserbehandlung, aber da die Qualität des zufließenden Abwassers vom Einzugsgebiet stark abhängig ist, sei hier auch kurz auf den Bereich der Kanalisation eingegangen.

Im Bereich der Abwasseranlagen sind Flüssigkeiten die originäre Quelle von Gerüchen. Ist beispielsweise ein Klärschlamm völlig wasserfrei, so ist er auch geruchslos. Um also eine weitestgehend emissionsfreie Abwasserbehandlung zu realisieren, sind folgende einfache Regeln für das vorgelagerte Kanalnetz bedingt beachten:

- Einleitung von Geruchsstoffen verhindern. Hierzu zählt selbstverständlich auch die Einleitung von Sulfid, da ansonsten Schwefelwasserstoffemissionen zu befürchten sind. Häusliche Abwässer sind hier in aller Regel sehr unproblematisch, industrielle Abwässer jedoch können je nach Branche erhebliche Mengen an Geruchsstoffen mitführen.
- Bildung von Geruchsstoffen verhindern. Dies umfasst eine breite Palette an möglichen Maßnahmen, die von den grundlegenden Aspekten beim Entwurf eines Kanalnetzes bis hin zu betrieblichen Belangen wie der Zugabe von Sauerstoffdonatoren reichen. Oberste Maxime muss es sein, im Abwasser immer einen ausreichenden Sauerstoffgehalt sicherzustellen. Dies ist sowohl zur Verhinderung der Sulfidbildung als auch zur Verhinderung der Bildung anderer Geruchsstoffe entscheidend [865].
  Am schwierigsten ist diese Forderung in Druckrohrleitungen einzuhalten. Möglichkeiten, bauliche und betriebliche Maßnahmen werden in [858] beschrieben.
- Kann die Einleitung von Geruchsstoffen oder die Bildung von Geruchsstoffen im Kanal nicht verhindert werden, so sind vorzugsweise bereits im Kanal entsprechende Gegenmaßnahmen einzuleiten. Hierzu zählen das Ausfällen von Sulfiden und die Oxidation von Geruchsstoffen. Auch hierzu sei auf [858] verwiesen.

Neben dem bereits erwähnten Sauerstoffgehalt spielt auch der pH-Wert eine entscheidende Rolle. Zwei wichtige Geruchsstoffe, nämlich Schwefelwasserstoff und Ammoniak, zeigen eine ausgeprägte Abhängigkeit vom pH-Wert, wie Bild 4.6 zeigt.
Sulfid dissoziiert in Wasser in Abhängigkeit vom pH-Wert. Wie Bild 4.6 zeigt, besteht Sulfid bei einem pH-Wert von 7 etwa zur Hälfte aus Schwefelwasserstoff, welcher als gelöstes Gas vorliegt und somit ausgasen kann. Je niedriger der pH-Wert, desto mehr Schwefelwasserstoff liegt vor. Beim Dissoziationsgleichgewicht des Ammoniak/Ammonium-Komplexes verhält es sich genau umgekehrt; hier ist Ammoniak das in Wasser gelöste, flüchtige Gas, dessen Anteil mit steigendem pH-Wert steigt. Dieser gegenläufige Effekt erlangt besondere Bedeutung bei der Auslegung von chemischen Wäschern zur Abluftbehandlung; dazu weiter unten.

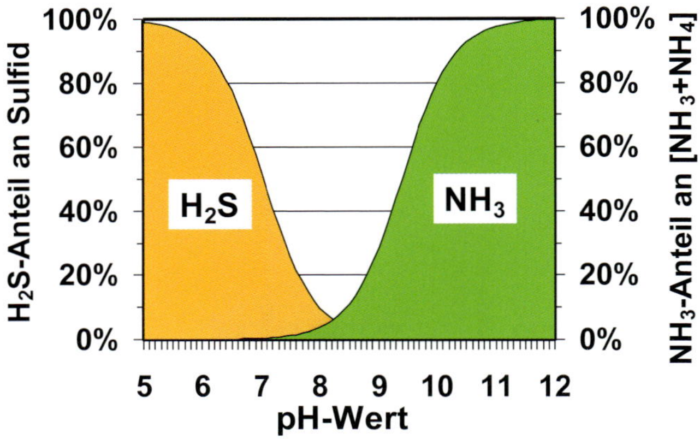

Bild 4.6: Einfluss des pH-Wertes auf Schwefelwasserstoff und Ammoniak, aus [856]

Wie die obigen Ausführungen zur Rechtslage bereits gezeigt haben, ist es auch im Bereich von Gerüchen unabdingbar, Messungen durchzuführen. Die Besonderheit und Herausforderung liegt hierbei darin, dass als Sensor die menschliche Nase herangezogen werden muss. Testpersonen beurteilen unterschiedliche Mischungen zwischen Abluft und geruchsneutraler Luft daraufhin, ob noch ein Geruch wahrnehmbar ist oder nicht. Diejenige Verdünnung, bei der 50 % der Beurteilungen Geruch indizieren, ist die Geruchsschwelle. Die Verdünnungszahl, die nötig ist, um die Geruchsschwelle zu erreichen, heißt Geruchsstoffkonzentration cod und hat per Konvention die Einheit "Geruchseinheit pro Kubikmeter GEE/m^3". Die Konzentration an der Geruchsschwelle mit der Größe 1 GEE/m^3 ist auch die Zählschwelle für eine Belastung im Sinne der GIRL. Nur durch diese Konvention, mit deren Hilfe eine an sich dimensionslose Maßzahl in ein Konzentrationsmaß konvertiert wird, ist es möglich, Emissions- und Immissionsgrenzwerte (z. B. TA Luft, GIRL) zu formulieren und weitergehende Berechnungen, insbesondere meteorologische Ausbreitungsrechnungen, durchzuführen. Durch die europaweite Normierung der Geruchsstoffkonzentrationsmessung im Jahre 2003 durch die DIN EN 13725 [651] hat sich eine stetige Verbesserung der Meßqualität ergeben. Derzeit wird die DIN EN 13725 überarbeitet und auf den neuesten Stand gebracht. Mit einer Neuherausgabe ist 2019 zu rechnen.

Bei der Untersuchung auf Einhaltung der Grenzwerte nach GIRL sind grundsätzlich zwei Fälle denkbar:

- Gilt es, eine vorhandene Belastung in einem belasteten Gebiet durch eine bestehende Anlage zu prüfen, so wird vorrangig die Methode der Rasterbegehung nach VDI-Richtlinie 3940, Blatt 1 [2268] unter Beachtung der ergänzenden Hinweise der GIRL angewendet. Hierbei werden mit Hilfe von geprüften Testpersonen die Geruchsimmissionen an festgelegten Immissionsorten in der Umgebung der Anlage an mindestens 52 Tagen aufgezeichnet. Die Mindestdauer beträgt sechs Monate. Alle Jahreszeiten sollen möglichst gleichmäßig erfasst werden, weswegen entweder über ein ganzes Jahr begangen wird oder die Begehung geeignet (im Frühjahr oder im Frühherbst) begonnen werden muss. Es muss eine Gleichverteilung aller Begehungszeitpunkte über alle Tages- und Wochenzeiten erfolgen. Zur Erfassung der Daten stehen mittlerweile komfortable Programme auf Smartphone zur Verfügung, anhand derer sich auch Begehungsort und -zeit automatisch aufzeichnen lassen. Rasterbegehungen haben den Vorteil, dass sie eine realitätsnahe Erfassung auch bei komplexen Quellkonfigurationen und meteorologischen Verhältnissen erlauben. Nachteilig ist der große Zeitaufwand sowie die nicht immer gegebene Repräsentativität bezüglich der meteorologischen Parameter (Vergleich der langjährigen Windrichtungsverteilung mit der Windrichtungsverteilung während des Begehungszeitraumes), was ggfs. durch entsprechende Vergleichsuntersuchungen kompensiert werden muss. Prinzipiell kann auch eine Ausbreitungsrechnung unter Verwendung meteorologischer Daten erfolgen, wenn die genauen Emissionsdaten sämtlicher in Betracht kommender Emissionsquellen ermittelt werden oder bekannt sind. Dies ist jedoch bei der Feststellung der vorhandenen Belastung eher unüblich.

- Muss eine zu erwartende Zusatzbelastung (Neubau oder Ausbau einer vorhandenen Anlage) beurteilt werden, so ist prinzipiell zunächst die vorhandene Belastung, beispielsweise durch eine Rasterbegehung, festzustellen. Danach ist die zu erwartende Zusatzbelastung als Prognose unter Nutzung der relevanten Emissionsdaten und einer zutreffenden meteorologischen Wetterstatistik im Wege einer Ausbreitungsrechnung zu ermitteln. Die Summe aus vorhandener Belastung und zu erwartender Zusatzbelastung muss die Emissionswerte der GIRL einhalten. Unter bestimmten Randbedingungen kann auf die Feststellung der vorhandenen Belastung verzichtet werden. Liegt die prognostizierte zu erwartende Zusatzbelastung unterhalb der sogenannten "Irrelevanzgrenze", so ist die Anlage genehmigungsfähig und eine Vorbelastungsermittlung ist entbehrlich.

Im deutschen Rechtssystem gilt generell das Verursacherprinzip. Bezogen auf Geruch bedeutet dies, dass eine Umweltbelastung in Form von üblen Gerüchen eindeutig einer Quelle zugeordnet werden können muss, ehe Sanktionen greifen können. Hierfür gibt es in der Tat keine verbindliche Richtlinie, sondern in aller Regel ist die Beurteilung des Experten maßgeblich. In besonders schwierigen Fällen ist es aber auch – gegebenenfalls ergänzend – möglich, die am Immissionsort beanstandete Luft mit den Lüften der verschiedenen infrage kommenden Emissionsquellen zu vergleichen, indem hochkomplexe chemisch-analytische Messverfahren eingesetzt werden.

Kläranlagen zeichnen sich durch eine Vielzahl Quellen unterschiedlicher Emissionscharakteristik aus. Um diese Quellen im Hinblick auf ihre Geruchsimmissionen quantifizieren zu können, ist eine der jeweiligen Quellkonstellation angepasste Probenahme unabdingbar. Dies ist Gegenstand der VDI-Richtlinie 3880 [2269], siehe auch [1876].

Hiernach werden folgende Quellkonstellationen unterschieden:

- aktive Quellen,
- aktive Punktquellen,
- aktive Flächenquellen, Luftdurchströmung in Emissionsrichtung > 30 m/h,
- passive Quellen,
- passive Flächenquellen Luftdurchströmung in Emissionsrichtung < 30 m/h,
- Volumenquellen.

Wie vorstehend angegeben, richtet sich bei Flächenquellen die Einstufung in aktive und passive Flächenquellen ausschließlich nach der in Emissionsrichtung erfolgenden Luftdurchströmung durch das betrachtete Bauteil. Biofilter sind beispielsweise in aller Regel aktive Flächenquellen, da sie normalerweise mit deutlich höheren Belastungen als 30 $m^3/(m^2 \cdot h)$ bemessen sind. Demgegenüber sind ein belüfteter Sandfang oder ein druckbelüftetes Belebungsbecken, obwohl sie luftdurchströmt sind, in aller Regel passive Flächenquellen, da hier die Durchströmung deutlich geringer als 30 $m^3/(m^2 \cdot h)$ ist. Bereiche wie Absatzbecken, Schlammlager und andere sind relevante und große passive Flächenquellen. Die getroffene Unterscheidung ist nur maßgeblich für die zu verwendende Probenahmeeinrichtung; zu Details siehe VDI-Richtlinie 3880 [2269]. Anzumerken ist, dass diese Richtlinie in der Überarbeitung befindlich ist. Hinzu kommt allerdings, dass, wie erwähnt, die europäische Richtlinie DIN EN 13725 [651] ebenfalls derzeit überarbeitet wird mit der klaren Zielstellung, auch den gesamten Bereich der Probenahme zu umfassen. Es ist daher davon auszugehen, dass zukünftig sämtliche Hinweise und Vorschriften zur Messung wie auch zur Probenahme ausschließlich im europäischen Rahmen standardisiert sein werden. Die VDI-Richtlinie 3880 [2269] wird dann zurückzuziehen sein.

Kommt es zu Klagen über Geruchsemissionen aus einer Kläranlage, so ist es in einem ersten Schritt immer sinnvoll, die Anlage von einem erfahrenen Experten begehen zu lassen. Wichtig sind auch alle Hinweise, die das Betriebspersonal geben kann. Sollte es sich dann als erforderlich erweisen, die einzelnen,

und insbesondere die sehr relevanten Quellen auf der Anlage festzustellen, so ist ein geeignetes Messprogramm erforderlich. Hierbei sind derzeit die Vorgaben der VDI-Richtlinie 3880 [2269] zu beachten.
Da, wie bereits erwähnt, Flüssigkeiten die originären Quellen von Gerüchen sind, sei an dieser Stelle auf die VDI-Richtlinie 3885, Blatt 1 [2270] verwiesen. Diese Richtlinie erläutert, wie die Gesamtmenge an in einer Flüssigkeit enthaltenen Geruchsstoffen, angegeben in GEE/m³, ermittelt werden kann. Dieses sogenannte "Geruchsstoffemissionspotenzial GEP" hat formal dieselbe Größe wie die Geruchsstoffkonzentration einer Abluft, bezieht sich jedoch nicht auf Luft, sondern auf Flüssigkeiten. Mithilfe des GEP, welches eine dem BSB_5 vergleichbare Wirkgröße und insoweit streng genommen auch nicht bilanzierbar ist, können die geruchsrelevanten Flüssigkeitsströme innerhalb einer Anlage identifiziert werden. Während normales kommunales Abwasser ein GEP von 1 000 bis 20 000 GEE/m³ aufweist, können beispielsweise im Zentrat einer Rohschlammentwässerung Werte bis über 10 000 000 GEE/m³ gemessen werden. Selbst wenn also das Zentrat nur 1 % bis 2 % des gesamten Abwasserflusses ausmacht, wird sofort deutlich, welcher Flüssigkeitsstrom der kritischere ist. Dieses Messverfahren ist insbesondere bei Maßnahmen in der Kanalisation von großer Bedeutung, siehe [859].
Messtechnisch lassen sich also auf einer Kläranlage drei verschiedene Messergebnisse gewinnen:

- Emissionen aus aktiver Quelle und Volumenquelle:
  Gemessen werden die Emissionskonzentration in GEE/m³ und der emittierte Volumenstrom (näheres zu Volumenquellen siehe VDI-Richtlinie 3880 [2269]) in m³/h; das Produkt ist der gesamte Emissionsmassenstrom dieser Quelle.
- Emissionen aus passiven Flächenquellen:
  Gemessen wird die flächenspezifische Emission in GEE/(m² · h) und die gesamte emittierende Fläche; das Produkt ist der gesamte Emissionsmassenstrom dieser Quelle.
- GEP:
  Die Messung des GEP lässt sich nicht direkt zur Bestimmung von Geruchsimmissionen heranziehen, sondern dient der Identifikation relevanter Flüssigkeitsströme. Anders ist dies in Sonderfällen wie in [857] beschrieben.

In allen hier aufgeführten Fällen ist also eine sensorische Geruchsmessung erforderlich. In Sonderfällen kann zusätzlich auch chemisch-analytisch gemessen werden, wie bereits erwähnt.
Nicht in jedem Fall wird ein Messprogramm notwendig sein. Bei weniger kritischen Fällen und ausreichender Expertise lässt bereits eine Begehung die kritischen Stellen einer Anlage offenbar werden.

Bei der Frage, welche Gegenmaßnahmen möglich sind, kann grundsätzlich unterschieden werden zwischen der Ursachenbekämpfung und Maßnahmen zur Symptombekämpfung.
Da die Maßnahmen zur Symptombekämpfung zahlreicher sind, seien diese zunächst angesprochen. Sie lassen sich einteilen in Maßnahmen zur

- Immissionsminderung und zur
- Emissionsminderung.

Zu den Maßnahmen zur Immissionsminderung zählen:

- Minderung am Immissionsort: im Gegensatz beispielsweise zu Fluglärm, der sich durch Schallschutzfenster am Immissionsort bekämpfen lässt, existiert für das Phänomen Gerüche hier keine Lösung.
- Modifikation der Transmissionsbedingungen: Mauern oder Wälle helfen gar nichts, Bäume unter physikalischen Aspekten nur sehr wenig (Absorption); Bäume sind jedoch aus psychologischen Gründen eine außerordentlich empfehlenswerte Maßnahme nach dem Motto: was man nicht sieht, das riecht man auch nicht.

Die mit großem Abstand wichtigste Modifikation der Transmissionsbedingungen besteht darin, einen ausreichenden Abstand zwischen der Anlage und einem möglicherweise belasteten Gebiet zu halten, also eine richtige Wahl des Standortes und einen Kampf darum, den Abstand nicht weiter verringern zu lassen, beispielsweise durch Neubaugebiete.
Die Emissionsbedingungen lassen sich durch die klassische Maßnahme der Errichtung von Abluftkaminen verbessern. Zwar wird hierbei die Emissionsfracht selbst nicht verringert, jedoch wird durch die Veränderung der Emissionsbedingungen die Immissionsbelastung zum Teil deutlich reduziert.
Zu den Maßnahmen zur Emissionsminderung zählen:

- Kapseln des emittierenden Bauteils: diese Maßnahme ist an vielen Stellen verbreitet. Die Bandbreite reicht von einer kleinräumigen Abdeckung, zum Beispiel eines Rechengutcontainers, über eine engräumige Abdeckung, beispielsweise eines belüfteten Sandfangs, bis hin zur Einhausung ganzer Anlagenteile [1976].
  In solchen Fällen sind verschiedene Randbedingungen zu beachten, und meist wird die Abluft aus der Kapselung abzusaugen und in aller Regel auch zu behandeln sein.

- Sogenannte „einfache Maßnahmen zur Vermeidung oder Verminderung des Geruchsstoffemissions-Vorgangs“:
  - Verringerung der Turbulenz:
    - durch Vermeiden von Abstürzen (z. B. Befüll-Leitung des Schlammteiches nicht 2 m über der – schützenden – Schlammdecke enden lassen, sondern unter den Schlammspiegel führen),
    - durch Einstau der Überfallrinnen insbesondere bei der Vorklärung durch Einbau von Leitblechen statt freiem Absturz,
    - durch Verringerung der eingeblasenen Luftmenge (bei druckbelüfteten Bauteilen wie belüftetem Sandfang und druckbelüfteter Belebung; nur, soweit deren Funktion dadurch nicht beeinträchtigt wird).
  - Verkleinerung der emittierenden Oberflächen:
    - durch Sauberkeit – einige m^3 Frischschlamm auf der Betriebsstraße im Sommer einige Stunden ausgebreitet können drastische Beschwerden zur Folge haben,
    - durch häufigeres Abfahren von Reststoffen statt Anhäufung voller Container auf dem Anlagengelände,
    - durch Grobentschlammung statt Vorklärung,
    - durch tiefere Becken.
  - Verfahrensänderung:
    - durch Eintrag von kritischen Stoffen direkt in den Faulbehälter,
    - durch Verzicht auf bestimmte Betriebsabläufe an kritischen Tagen (Wind zur Bebauung), soweit möglich,
    - durch Einsatz der Reinsauerstoffbegasung – dies wird in den seltens ten Fällen aus Gründen der Geruchsminimierung erfolgen, ist jedoch eine durchaus effiziente Maßnahme.

Nur solche Maßnahmen zur Emissionsminderung, die der Vermeidung oder Verminderung der Geruchsstoff-Entstehung dienen, stellen eine echte Ursachenbekämpfung dar. Allerdings ist die Abgrenzung zu den vorstehend genannten einfachen Maßnahmen oft nicht ganz scharf, sodass manche Stichpunkte doppelt erscheinen mögen. Zudem ist das gesamte Minderungspotenzial nicht so umfassend, wie die denkbare Maßnahmenpalette zunächst erscheinen lässt, weshalb die Maßnahmen zur Symptombekämpfung einen so breiten Raum einnehmen. Im Übrigen gibt es keine in jedem Fall wirksamen Patentrezepte; es gibt jedoch viele generelle Hinweise, die in fast jedem Fall mehr oder minder einschlägig sind wie zum Beispiel:

- Maßnahmen im Kanal, auf die bereits weiter oben eingegangen wurde, bis hin zu Chemikalienzugabe, wobei die Indirekteinleiterproblematik nicht übersehen werden darf [2169, 2173, 2174, 2240],
- Frischhalten des Abwassers,
- beschleunigtes Behandeln aller kritischen Stoffe (Reststoffe),
- optimierte Verfahrenstechnik (Rechengut- und Sandfanggutwäsche, Containergrößen richtig wählen, Vorklärung in Grobentschlammung umwidmen, Umstellen auf emissionsarme Verfahren wie Reinsauerstoffbegasung, Umstellung auf bessere Belüfter, Belüftungsleistung besser anpassen an die Notwendigkeiten, Prozessführung optimieren, Fäkalschlammannahme umorganisieren, Schlammkonditionierungsverfahren optimieren, Fällmittel wechseln, Zugabeorte für Prozesswässer optimieren, Zeitabläufe umordnen etc.),
- Störfallwahrscheinlichkeit senken, denn Störfälle haben oft auch verstärkte Geruchsemissionen zur Folge. Entsprechende vorbeugende Instandhaltung einerseits sowie Minimierung der Ausfallzeiten durch entsprechende Maßnahmen andererseits sind notwendig.

Wenn, wie weiter oben bereits erwähnt, Anlagenteile gekapselt werden, so sind vor allen Dingen drei Aspekte zu beachten:

- Ex-Schutz, und zwar sowohl gegen elektrischen als auch mechanischen Funkenflug,
- Korrosionserscheinungen: wegen der zumeist feuchten Atmosphäre innerhalb der Kapselung kann es, insbesondere bei Anwesenheit von H_2S, zu massiven Korrosionsschäden kommen [1752, 1808],
- Art und Umfang einer in den meisten Fällen wahrscheinlich notwendigen Abluftabsaugung und -behandlung.

Zur Abluftbehandlung stehen drei verschiedenen Verfahrensprinzipien mit jeweils verschiedenen Verfahrensausprägungen zur Verfügung:

- chemisch:
    - chemischer Wäscher ein-, zwei-, drei- oder vierstufig, ausgeführt als Kreuzstrom, Venturi, Verrieselungswäscher [2264]. In den jeweiligen Wäscherstufen ist ein pH-Wert entsprechend dem zu entnehmenden Abluftinhaltsstoff einzustellen, siehe Bild 4.6,
    - Verbrennung (katalytisch oder) thermisch,
    - Ozonisierung (Ionisation) im Haupt- oder Teilstrom,
- physikalisch:

  - Aktivkohlefilter,
  - thermische Behandlung [2266],
- biologisch:
  - Einblasen in ein Belebungsbecken als einfachste Maßnahme bei vorhandenem Belebungsbecken, siehe [325],
  - Biowäscher in verschiedenen Bauformen und unterschiedlicher Anordnung des biologischen Reaktionsraumes: Hauptstrom oder separater Behälter, in Deutschland unüblich, aber im Ausland zu finden, siehe [1680, 2265, 2267],
- Biofilter als verbreitetste Maßnahme – auch gefördert durch die GIRL – mit verschiedenen Füllmaterialien. Biofilter sind immer mit einer Luftvorbefeuchtung zu versehen, die ggfs. auch als chemischer Wäscher betrieben werden kann (siehe zum erforderlichen pH-Wert ebenfalls Bild 4.6).

In Deutschland sind Biofilter das am häufigsten eingesetzte Verfahren. Sie eignen sich auch für kleine Abluftvolumenströme. Aber es wird weiter zu prüfen sein, ob nicht auch andere – biologische oder sonstige – Verfahren Biofiltern bezüglich der Bewertung nach GIRL gleichgestellt werden müssten.
In Tabelle 4.6 werden Bemessungsgrößen von drei biologischen Desodorierungsverfahren verglichen [1195]. Man erkennt, dass die feinblasige Belebung aufgrund der geringen Filtergeschwindigkeit und sehr großen Kontaktmöglichkeit der Luft mit dem belebten Schlamm besonders geeignet ist. Die vergleichsweise hohe Energie muss aus Gründen der Sauerstoffversorgung ohnehin aufgewandt werden. Allerdings ist dieses Verfahren an bestimmte Voraussetzungen gebunden, die nicht immer gegeben sind.

Tabelle 4.6: Vergleich von drei biologischen Desodorierungsverfahren

	Kompostfilter	**Belebungsbecken (feinblasig)**	**Waschung mit belebtem Schlamm**
Abmessungen	0,8 m tief	3 m Einblastiefe	6 m Rohrkaskade
Filtergeschwindigkeit [m/h]	50	3	Luft 2 400 Schlamm 100
Volumenverhältnis [m^3 Abluft/($m^3 \cdot h$)]	62,5	1	24
Energiebedarf [Wh/m^3 Abluft]	2	(20)	2

In Zukunft sollten vermehrt auch mehrstufige Verfahren, insbesondere die Kombination Chemischer Wäscher/Biofilter, in Betracht gezogen werden, wie auch in [847] herausgearbeitet. Dies gilt insbesondere dann, wenn es durch ein geschicktes Gesamtabsaugkonzept gelingt, statt einer großen Menge mittelstark verunreinigter Abluft charakteristische Abluftströme zu erzeugen, nämlich kleine, hochkonzentrierte Abluftströme, die dann effektiv und dennoch vergleichsweise kostengünstig gereinigt werden können, und große Mengen an Abluft, die u. U. gar nicht oder nur mit geringen Anforderungen zu reinigen sind oder über Kamin abgegeben werden können [860].

Abschließend noch einige Kommentare zu verbreitet existierenden Problemen bzw. Missverständnisse im Zusammenhang mit Geruchsemissionen.

Insbesondere bei der Prognose neuer Anlagen, die zur Beurteilung der Genehmigungsfähigkeit erforderlich ist, werden die nur schwach emittierenden großen Flächenquellen oft rechnerisch überbewertet. Dies liegt daran, dass in die Ausbreitungsrechnung ausschließlich die Emissionsfracht eingeht, unabhängig von der Emissionskonzentration. Für die Frage der Zulässigkeit einer Immission ist jedoch die Immissionskonzentration entscheidend. Je nachdem, ob dieselbe Emissionsfracht aus einer großen Emissionskonzentration und einem geringen Volumenstrom oder umgekehrt gebildet wird, kann theoretisch sogar der Fall auftreten, dass im Immissionsbereich höhere Immissionskonzentrationen berechnet werden als an der Quelle emittiert werden. Dieses Problem ist den zuständigen Arbeitsgruppen zwar bewusst, bisher aber noch ungelöst. Für die planerische Praxis bei Kläranlagen bedeutet dies, dass – bei gleicher Emissionsfracht – die Quellen mit hohen Emissionskonzentrationen und geringem Luftvolumenstrom deutlich relevanter sind als Quellen mit geringen Emissionskonzentrationen und hohem Luftvolumenstrom bzw. großer Oberfläche wie zum Beispiel Belebungsbecken, Nachklärbecken, Schlammläger etc.

Aber auch bei bestehenden Anlagen folgt aus diesem Umstand, dass bei der Erforschung der eigentlichen Quellen innerhalb einer Anlage gerade den „kleinen Stinkern“ größte Aufmerksamkeit zu schenken ist.

Abschließend sei eine dringende Empfehlung an Betreiber gegeben, die mit Beschwerden aus der Bevölkerung konfrontiert werden. Es wäre das absolut Falsche, diese Beschwerden nicht ernst zu nehmen. Je vertrauensvoller und kooperativer Betreiber mit den Bürgern gemeinsam das Problem angehen, desto geringer die Probleme – und letztlich auch die Kosten.

4.7.2 Geräusche

Moderne Kläranlagen haben einen beachtlichen Mechanisierungsgrad erreicht. Von den verschiedenen Maschinen, aber auch vom herabstürzenden Wasser, gehen erhebliche Geräusche aus. Die von Porada angegebene Tabelle 4.7 gibt eine Übersicht [1833]. Weitere detailliertere Angaben zu den Lärmemissionen (Schallleistungspegel) hat der TÜV veröffentlicht [1255].

Tabelle 4.7: Schalldruckpegel von mechanischen Schallquellen [1833]

Schallquelle	Schalldruckpegel in dB(A) in 1 m Entfernung
Elektromotoren	75 – 90
Untersetzungsgetriebe	75 – 85
Kompressoren	85 – 95
Gasmotoren	95 – 100
Gebläse	100 – 105
Förderbänder	95 – 100
Pumpen	80 – 85
Belüfter	80 – 90

Die physikalische Messgröße für Geräusche ist der Schallpegel L. Er ist das logarithmische Verhältnis aus der Schallintensität I des betrachteten Schalls und der Schallintensität I_0 an der Hörschwelle des menschlichen Ohres. Diese logarithmische Größe erhielt die Bezeichnung Bell, nach dem Erfinder des Telefons, Graham Bell. Aus praktischen Gründen wird das Zehntelmaß dieser Einheit benutzt, nämlich Dezibel (dB). Da die Intensität des Schalls proportional zum Quadrat des Schalldrucks p ist, gelten folgende Beziehungen:

$$L = 10 \cdot \lg \left(\frac{I}{I_D}\right) = 10 \cdot \lg \left(\frac{p^2}{p_0^2}\right) = 20 \cdot \left(\frac{p}{p_0}\right) \qquad [\mathrm{dB}] \qquad (4.1)$$

p_0 ist der Schalldruck an der Hörschwelle eines Tones mit einer Frequenz von 1 000 Hz.

Beim Umgang mit Schallpegelwerten hat man ihre logarithmische Abhängigkeit zu beachten. Eine Verdoppelung der Schallintensität durch zwei gleich laute Schallquellen führt zu einer Erhöhung des Schallpegelwertes um 3 dB. Erst zehn gleich laute Schallquellen erhöhen den Schallpegel um 10 dB. Aus medizinisch-physiologischen Untersuchungen ist bekannt, dass eine Zunahme des Schallpegels um 10 dB wie eine Verdoppelung des Geräuscheindrucks empfunden wird. Es ist weiter zu beachten, dass das menschliche Ohr nicht bei allen Frequenzen gleich empfindlich ist. Das standardisierte Bewertungsfilter »A« berücksichtigt diesen Zusammenhang. Es erniedrigt den Schallpegel in den niedrigen und in den hohen Frequenzen. Man bezeichnet die entsprechend dem menschlichen Gehör korrigierten Schallpegel mit dB (A).

Zur Beschreibung der Lärmemission verwendet man Schall-Leistungspegel, die sich aus den gemessenen Schalldruckpegeln errechnen lassen. Dabei werden auch Schallemittenten größerer Abmessungen, wie z. B. Belebungsbecken, durch eine punktförmige Schallquelle ersetzt. In der Druckschrift „Lärmschutz an Klärwerken“ [1608] werden Emissionsangaben gemacht. In einer Studie wurden die Abhängigkeiten zwischen Klärwerkstechnologie und Schallemissio-

nen untersucht [864]. Für Ausbreitungsrechnungen sind die DIN EN 12354 [647] sowie die DIN ISO 9613-2 [642] heranzuziehen. Die zulässigen Lärmpegel in der Nachbarschaft ergeben sich als sogenannte Immissionsrichtwerte aus der Technischen Anleitung zum Schutz gegen Lärm, 6. Allgemeine Verwaltungsvorschrift zum Bundesimmissionsschutzgesetz vom 26.08.1998 (TA Lärm) [392].
Für Vorentwürfe kann man die Lärmemission aller Anlagenteile durch einen Wert ausdrücken, der als Schall-Leistungspegel etwa im Schwerpunkt der Anlage vorhanden ist. Dieser Wert nimmt mit der Anlagengröße zu (Tabelle 4.8). Bei Anwendung lärmemissionstechnisch günstiger Verfahren und Einrichtungen können die in Tabelle 4.8 zusammengestellten Schall-Leistungspegel angenommen werden [1945].

Tabelle 4.8: Schall-Leistungspegel in Abhängigkeit von der Kläranlagengröße

EW	Schall dB(A)
10 000	95
100 000	100
1 000 000	105

Mit der gleichfalls von Sälzer angegebenen Beziehung (Bild 4.7) kann man für die benachbarte Bebauung die Lärmimmission abschätzen [1945]. Diese Methode ergibt jedoch nur verlässliche Werte für Immissionsorte mit deutlichem Abstand von der Anlagengrenze.
Nimmt man als Beispiel ein Klärwerk für 100 000 Einwohnerwerte mit 100 dB(A) Schall-Leistungspegel und einer Fläche von $100\,000 \cdot 0{,}8 = 80\,000\ m^2$, dann beträgt die Pegeldifferenz in 300 m Entfernung 57 dB(A) und der Schalldruckpegel hat 43 dB(A) erreicht. Nach der TA Lärm werden für allgemeine Wohngebiete als Immissionsrichtwerte tags 55 dB(A) und nachts 40 dB(A) angegeben.
Ist der erreichte Wert im Vergleich zum zulässigen Immissionsrichtwert noch zu hoch, so sind Minderungsmaßnahmen zu ergreifen. Diese sind umso wirksamer, je unmittelbarer sie an der Schallquelle ansetzen. Lässt sich dort keine Verbesserung erzielen, so muss die Schallausbreitung beeinflusst werden. Nach Brendel setzen einfache Wände und dichte, immergrüne Hecken den Schallpegel um bis zu 7 dB(A) herab [336]. Schalldämmende Mauern und Wälle, die bei Kläranlagen allerdings weniger in Frage kommen, erreichen bis zu 15 dB(A). Dies kann auch durch eine geschickte Anordnung der Gebäude erreicht werden. Schallisolierende Einhausung ist mit etwa 20 dB(A) einzustufen. Während es beim Immissions- oder Nachbarschutz um die Vermeidung erheblicher Belästigungen oder Nachteile geht, befasst sich der Arbeitsschutz mit

den Problemen der Gehörschädigung. Obwohl die Forschung über die Lärmwirkung auf den Menschen noch nicht abgeschlossen ist, gilt als gesichert, dass eine dauernde Lärmbelastung ab 85 dB(A) als gehörgefährdend anzusehen ist. Das Maß für die Wirkung des Lärms ist der Beurteilungspegel, der sich grundsätzlich auf eine arbeitstäglich achtstündige Expositionszeit bezieht [2271].

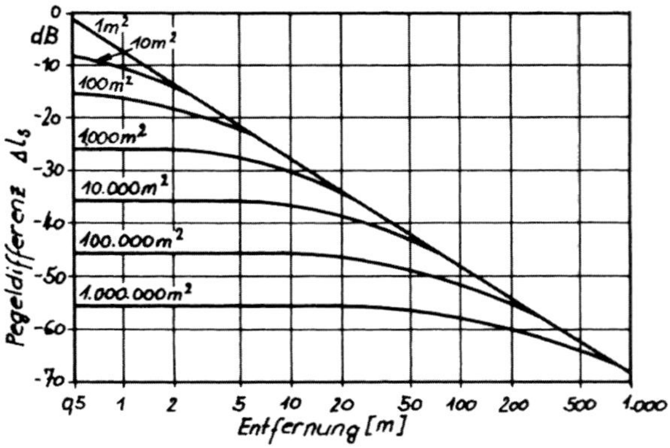

Bild 4.7: Unterschied zwischen Schall-Leistungspegel und Schalldruckpegel in Abhängigkeit von Größe und Entfernung der abstrahlenden Fläche [1945]

Bild 4.8 zeigt den Zusammenhang zwischen Beurteilungspegel, vorhandenem Schalldruckpegel und Expositionszeit und macht Angaben zum Gehörschutz sowie zur Kennzeichnungspflicht.

Wo die Einhaltung eines Lärmpegels von maximal 90 dB(A) mit angemessenen Mitteln nicht möglich ist, sollten durch Maßnahmen der Automatisierung, der Fernüberwachung und -bedienung die notwendigen Arbeiten weitgehend reduziert werden. Es empfiehlt sich ferner, bei lärmintensiven Anlagen (z. B. Gasmotoren-/Verdichterstationen, Entwässerung, Verbrennung) eine schallgekapselte Warte als zentrale Bedienstelle einzurichten.

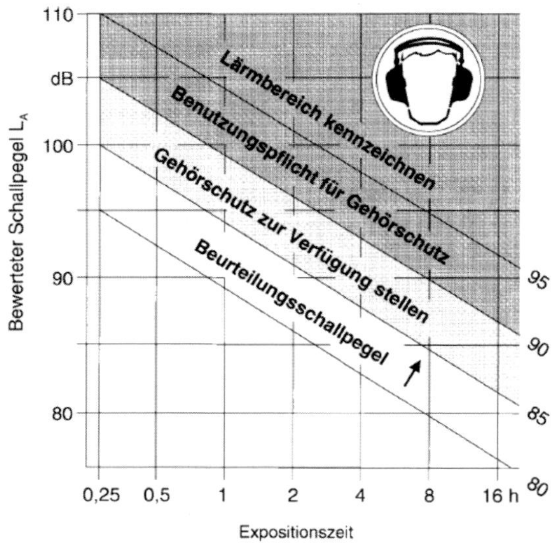

Bild 4.8: Abhängigkeit des Beurteilungspegels von Schallpegel und Expositionszeit [2271]

4.7.3 Aerosole

An dritter Stelle sind in diesem Kapitel die Aerosole zu nennen [1934]. Sie entstehen in Form von Abwassernebel bei starker Oberflächenturbulenz und werden vom Wind verweht. Nach dem Stand des Wissens ist das Gesundheitsrisiko in der Umgebung von Abwasseranlagen durch Aerosole grundsätzlich gering [607, 608, 1430, 1537]. Es empfiehlt sich aber, hochturbulente Oberflächenbelüfter bei Arbeiten in der Nähe des Belüftungsbeckens abzuschalten. Die Anordnung von Spritzschutzeinrichtungen ist sinnvoll. Durch hochgezogene Umgrenzungswände kann der Austrag der Aerosole begrenzt werden.

5. Berechnung und Planung der Abwasserbehandlung

5.1 Beschaffenheit des Abwassers

Kommunales Abwasser setzt sich in der Regel aus häuslichem, gewerblichem und industriellem Schmutzwasser sowie ggf. aus Fremdwasser und abfließendem Niederschlag zusammen. Die nachfolgend dargestellte Abwasserbeschaffenheit bezieht sich primär auf häusliches Schmutzwasser ohne signifikanten Einfluss gewerblich/industrieller Schmutzwässer und abfließenden Niederschlag.
Die auf einen Einwohner entfallende Abwassermenge (Schmutzwasser und Fremdwasser) beläuft sich in Deutschland im Mittel auf 266 l/d). Sie ist – bedingt durch Fremdwasseranteile – höher als der durchschnittliche Frischwasserbezug von etwa 120 l/d. Für die Umrechnung von einwohnerspezifischen Tagesfrachten auf durchschnittliche Konzentrationen wird im nachfolgenden eine Abwassermenge von 200 l/(E · d) angesetzt. Das kommunale Abwasser fließt den Kläranlagen nicht in konstanten Mengen zu, sondern es zeigt in der Regel eine ausgeprägte Tagesganglinie (Bild 5.1), deren Amplitude meist mit zunehmendem Anschlussgrad abnimmt. Zur Durchflussmessung im Zu- und Ablauf von Kläranlagen kommen heute bevorzugt induktive Messeinrichtungen zur Anwendung. Bei älteren Anlagen sind zum Teil auch noch Venturieinschnürungen und Wehre zur Mengenmessung im Einsatz.
Wenn der spezifische Abwasseranfall größer oder kleiner als 200 l/(E · d) ist, wird das Abwasser entsprechend dünner oder dicker, d. h. die Inhaltsstoffe liegen dann in niedrigeren oder höheren Konzentrationen vor, da die vom Einwohner ausgehende Schmutzmenge nur wenig mit dem Wasserverbrauch zunimmt.

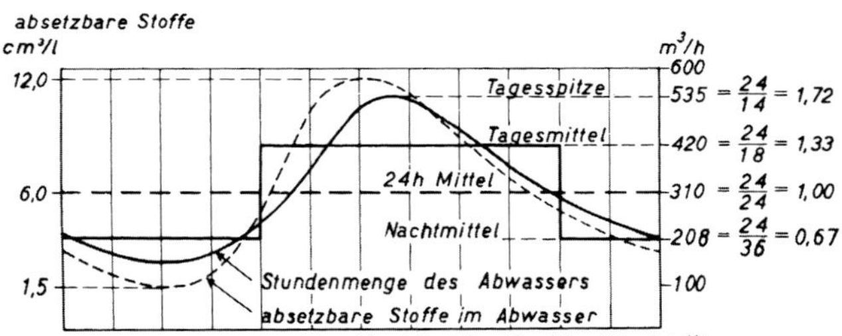

Bild 5.1: **Schwankungen des Abwasseranfalls und der enthaltenen absetzbaren Stoffe einer Stadt von 50 000 Einwohnern im Laufe von 24 h**

In Nordamerika und in der Schweiz fallen 450 bis 600 l/(E · d) an. Deutsche Großstädte erreichen mit der anteiligen Industrie 200 bis 350 l/(E · d). Genaue Ermittlungen sind im Einzelfall notwendig. Als Faustregel für Kläranlagenplanungen werden oft 4 l/s für 1 000 Einwohner angesetzt.

5.1.1 Dispersität

Verhalten und Wirkungen der Inhaltsstoffe des kommunalen Abwassers hängen stark von ihrem Verteilungsgrad ab, der auch für die Abwasserbehandlung von großer Bedeutung ist. Die Teilchengrößen der Inhaltsstoffe reichen von 10^2 cm (Grobteile) bis etwa 10^{-8} cm (z. B. gelöstes Chloridion).
Im Abwasser sind Gase, Flüssigkeiten und feste Stoffe enthalten. Die Feststoffe können einheitlich aufgebaut sein, wie z. B. Quarzsand oder kompliziert, wie z. B. Bakterien.
Eine Übersicht zur Dispersität der Abwasserinhaltsstoffe gibt Tabelle 5.1 Hier ist auch angegeben, mit welchen physikalischen Verfahren man eine Abtrennung erreichen kann.
Die Kolloide, deren Durchmesser etwa zwischen 1 und 1 000 nm beträgt, stellen einen wesentlichen Bestandteil der Abwasserinhaltsstoffe dar. Rund ein Drittel der organischen Inhaltsstoffe des kommunalen Abwassers sind kolloidal gelöst [1372].
Die Tabelle beinhaltet auch die Stoffgruppe „Mikroplastik", die Partikeldurchmesser von etwa 50 bis 5 000 μm umfasst. Stofflich handelt es sich hierbei vor allem um Kunststoffe, wie Polyethylen, Polypropylen und Polyvinylchlorid. Die Partikelanzahl im Rohabwasser dürfte größenordnungsmäßig bei etwa 1 000 pro Liter liegen.

5.1.2 Summarische Parameter

Kommunales Abwasser ist ein Vielstoffgemisch mit einer großen Zahl anorganischer und organischer Verbindungen in gelöster und ungelöster Form. Eine Vollanalyse kommt aus Kostengründen, aber auch, weil eine Reihe von Bestimmungsverfahren fehlt, praktisch nicht in Betracht. Deshalb werden Abwasserproben in erster Linie auf Summen- und Gruppenparameter sowie auf ausgewählte Einzelsubstanzen hin analysiert.

5.1.2.1 Gesamttrockenrückstand, Gesamtglührückstand, abfiltrierbare Stoffe, absetzbare Stoffe

Unter dem Summenparameter Gesamttrockenrückstand versteht man die volumenbezogene, nach einem festgelegten Trocknungsverfahren (60 Minuten

bei 105 °C) zurückbleibende Masse an gelösten und ungelösten Wasserinhaltsstoffen, soweit sie unter den Bedingungen des Verfahrens nicht flüchtig sind. Der Gesamttrockenrückstand eines kommunalen Abwassers beträgt im Mittel knapp 1 g/l (Tabelle 5.1).
Er wird bestimmt nach [621]. Sämtliche im Beuth-Verlag erschienenen und hier zitierten DIN-Normen sind auch in den Deutschen Einheitsverfahren (DEV) publiziert [2307]. Ein vergleichbares Normenwerk zur Wasseruntersuchung stellen die „Standard Methods for the Examination of Water and Wastewater" der American Public Health Association dar [733].

Tabelle 5.1: Dispersität der Abwasserinhaltsstoffe (nach: [1372])

maßgeblicher Durchmesser			**Art der Partikel Beispiele**		**Abtrennung**
			passiert noch	wird zurückgehalten von	
		100	Dosen; Holzstücke; Korken; Ratten	-	Grobrechen
		10	Streichhölzer; Toilettenpapier; Würmer	Grobrechen	Feinrechen
		1	Grobsand; Tomatenkerne; Wurmeiner	Feinrechen	1 mm Sieb
	100	10^{-1}	Feinsand; Schutt; Stärke; Textilfasern; Amöben	1 mm Sieb	0,1 mm Sieb
	10	10^{-2}	größere Bakterien; Protozoen; Tonteilchen	0,1 mm Sieb	Papierfilter
	1	10^{-3}	kleine Bakterien; große Viren; Feinstpigmente	Papierfilter	Membranfilter
100	10-1	10^{-4}	kleine Viren; gröbere Kolloide	Membranfilter	Ultrafilter
10		10^{-5}	mittlere Kolloide	Ultrafilter	Nanofilter
1		10^{-6}	feinste Kolloide	Ultrafilter	Nanofilter Umkehrosmose-Folien
0,1		10^{-7}	echte gelöste Moleküle wie Zucker; Ionen wie Na^+ und Cl^-	Ultrafilter	Umkehrosmose-Folien

Als Gesamtglührückstand bezeichnet man die Masse an Wasserinhaltsstoffen, die nach einem festgelegten Trocknungs- und Glühverfahren (60 Minuten bei 550 °C) aus der eingesetzten Abwasserprobe zurückbleibt [614]. Diese Masse beschreibt die Gesamtheit der anorganischen Bestandteile (Salze) des kom-

munalen Abwassers. Dabei bleibt allerdings unberücksichtigt, dass es auch einige anorganische Verbindungen gibt, die beim Glühen bei 550 °C (teilweise) flüchtig werden.
Die Differenz zwischen Gesamttrockenrückstand und Gesamtglührückstand ist der Glühverlust und steht für die organischen Inhaltsstoffe des Abwassers.
Eine weitere summarische Differenzierung der Inhaltsstoffe des kommunalen Abwassers kann durch Filtration erfolgen mit dem Ziel, zwischen „gelösten“ und partikulären Stoffen zu unterscheiden. Das Ergebnis, die abfiltrierbaren Stoffe [614], wird allerdings stark durch den Porendurchmesser des verwendeten Filters bestimmt. Je kleiner dieser ist, umso geringer ist der Anteil der „gelösten“ Stoffe. Üblicherweise kommen für die Filtration Papierfilter oder Glasfaserfilter mit einem Porendurchmesser von 0,3 bis 1 μm zum Einsatz. Die Trocknungszeit beträgt ca. zwei Stunden bei 105 °C.
Für die typische Zusammensetzung eines kommunalen Abwassers gelten grob die in Tabelle 5.2 genannten Werte. Danach besteht die Belastung des Abwassers je zur Hälfte aus anorganischen (mineralischen) und organischen Stoffen, wobei zwei Drittel in „gelöster“ Form auftreten und überwiegend mineralischer Natur sind.

Tabelle 5.2: Mittlere spezifische Belastung von kommunalem Abwasser (die Konzentrationen beziehen sich auf einen Abwasseranfall von 200 l/(E · d))

	typische spezifische Belastung Rohabwasser g/(E · d)	typische Konzentration Rohabwasser mg/l
Gesamt-Inhaltsstoffe min.	100	500
Gesamt-Inhaltsstoffe org.	90	450
absetzbare Stoffe min.	20	100
absetzbare Stoffe org.	30	150
Schwebestoff min.	5	25
Schwebstoffe org.	10	50
BSB_5	60	300
CSB	120	600
TOC	40	200
TKN	11	55
P	1,8	9
ungelöste Stoffe TS	70	350

Die absetzbaren Stoffe machen etwa ein Viertel der gesamten Inhaltsstoffe aus. Man bestimmt den Volumenanteil der absetzbaren Stoffesie gewöhnlich in Standgläsern von 40 cm Höhe und 1 l Inhalt nach zwei Stunden Absetzzeit [616]. Die Gläser können trichterförmig und unten in ml geteilt sein (Bild 5.2).

Nach 50 und 100 Minuten vor dem Ablesen wird das Glas hin und hergedreht, damit die anhaftenden Stoffe abrollen. Aus 1 l kommunalen Abwassers werden etwa 3 bis 9 ml Schlamm abgesetzt. Die Leistung von Absetzbecken gilt als ausreichend, wenn der Abfluss im Standglas in zwei Stunden nicht mehr als 0,2 ml absetzt.
Da die Schwankungsbreite aller Werte in Tabelle 5.2 relativ groß ist, sollte im Hinblick auf eine Bemessung von Kläranlagen die Belastungssituation in jedem Einzelfall ermittelt werden.

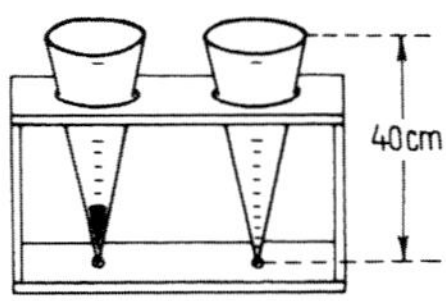

Bild 5.2: Absetzgläser nach Imhoff

5.1.2.2 Elektrische Leitfähigkeit, pH-Wert, Säurekapazität, Temperatur, Redoxspannung, Trübung, Sauerstoff, Fäulnisfähigkeit

Über die elektrische Leitfähigkeit werden summarisch diejenigen Verbindungen erfasst, die in wässriger Lösung in Ionen zerfallen. Hierbei handelt es sich im Wesentlichen um anorganische Stoffe. Als Faustregel kann gelten, dass eine elektrische Leitfähigkeit von a μS/cm durch etwa a mg/l Salz verursacht wird. Kommunales Abwasser weist in der Regel elektrische Leitfähigkeiten zwischen 500 und 1 000 μS/cm auf, was einer Salzkonzentration von ca. 500 bis 1 000 mg/l entspricht.
Die Messung der elektrischen Leitfähigkeit, die den Reziprokwert des elektrischen Widerstands darstellt, erfolgt mittels Elektroden und wird auf eine Wassertemperatur von 25 °C bezogen [626].
Den Säuregehalt eines Wassers beschreibt der pH-Wert. Dieser ist der negative dekadische Logarithmus der in mol/l angegebenen Wasserstoffionenkonzentration. Der Neutralwert liegt bei pH 7. Saure Wässer haben pH-Werte < 7, alkalische > 7. Der pH-Wert eines kommunalen Abwassers bewegt sich meist im schwach alkalischen Bereich, oft zwischen pH 7,5 und 8,0.
Die Messung des pH-Wertes erfolgt elektrometrisch mit Glaselektroden [670]. Kommunales Abwasser zeigt puffernde Eigenschaften gegenüber Säuren und Basen, wobei aus der Sicht der Abwasserreinigung die Säurekapazität (in der Regel bestimmt bis pH = 4,3) besonders wichtig ist [671], weil ggf. insbesondere durch Nitrifikation und durch Phosphatfällung Wasserstoffionen freigesetzt werden. Die Säurekapazität bis pH = 4,3 des kommunalen Abwassers resultiert einerseits aus dem Trinkwasser mit Vorbelastungen im Bereich 1 bis 6 mmol/l,

andererseits auch aus der Ableitung von Ammoniumcarbonat, welches aus Harnstoff entsteht und die Säurekapazität um etwa 3,5 mmol/l erhöht [1372].
Die Temperatur des Abwassers ist für die Abwassertechnik von erheblicher Bedeutung, weil ein Einfluss auf die physikalischen und biochemischen Vorgänge der Abwasserreinigung gegeben ist.
Die Redoxspannung einer Abwasserprobe dient als Hinweis für Zustände und Vorgänge, bei denen oxidierende und reduzierende Stoffe wirksam werden. Sie wird angegeben als Spannung zwischen einem inerten Elektronenleiter und der Standardwasserstoffelektrode. Aus praktischen Gründen wird die Messung mit Platin- oder Goldelektroden, z. B. gegen eine Silber/Silberchlorid-Bezugselektrode, durchgeführt und die gemessene Spannung auf die Standardwasserstoffelektrode umgerechnet [619]. Im Abwasser liegen in der Regel mehrere Redoxpaare vor, die sich aber nicht im Redox-Gleichgewicht befinden müssen. Es kann demnach aus dem Messwert nicht auf die Konzentration einzelner Redoxpaare oder von Einzelkomponenten geschlossen werden. Die Redoxspannung ist in nicht vorhersehbarem Maß temperaturabhängig und kann sich auch mit dem pH-Wert ändern.
Ein traditionelles Beschaffenheitsmerkmal einer Abwasserprobe stellt die Trübung dar. Ihre Ermittlung ist heute gemäß EN ISO 7027 genormt [644]. Als halbquantitatives Verfahren wird sie mit dem Durchsichtigkeitszylinder bestimmt. Das quantitative Verfahren arbeitet mit einem optischen Trübungsmessgerät. Bei Abwässern wird vorzugsweise die Schwächung der durchgehenden Strahlung bestimmt (bei wenig trüben Wässern die Streuung der Strahlung) und das Ergebnis auf die Referenzsubstanz Formazin bezogen.
Der Sauerstoffgehalt des Abwassers, also der Gehalt an gelöstem Sauerstoff, wird heute auf elektrochemischem Wege gemessen [672]. Membranbedeckte Elektroden liefern über mehrere Tage ohne Nacheichung zuverlässige Messwerte und erlauben daher auch kontinuierliche Sauerstoffbestimmungen.
Der Gehalt des Wassers an gelöstem Sauerstoff kann gewöhnlich den Sättigungswert nicht übersteigen. Dieser ist von der Temperatur und in geringem Maße auch vom Luftdruck abhängig (Tabelle 5.3).

Tabelle 5.3: Abhängigkeit der Sauerstoffsättigungskonzentration von der Wassertemperatur

		Wassertemperatur °C						
		0	5	10	15	20	25	30
salzfreies Wasser	mg/l	14,6	12,8	11,3	10,1	9,1	8,3	7,6
Meerwasser	mg/l	11,3	10,0	9,0	8,1	7,4	6,7	6,1

Er beträgt z. B. in salzfreiem Wasser bei 0 °C 14,6 mg/l und bei 25 °C 8,3 mg/l. Im Meerwasser ist die Sauerstoffsättigungskonzentration mit 11,3 mg/l bei 0 °C und 6,7 mg/l bei 25 °C deutlich kleiner (Tabelle 5.3). Je geringer die Sauerstoffsättigung ist, umso rascher nimmt das Wasser neuen Sauerstoff aus der Luft auf.

5.1.2.3 Chemischer Sauerstoffbedarf (CSB)

Für die Erfassung der Gesamtheit der organischen Belastung eines Abwassers haben sich die konventionellen Parameter Chemischer Sauerstoffbedarf (CSB) und gesamter organisch gebundener Kohlenstoff (TOC) bewährt. Aus verfahrenstechnischer Sicht ist der CSB zu bevorzugen, weil er eine geschlossene Sauerstoffbilanz bei der Abwasserreinigung ermöglicht.
Unter dem Chemischen Sauerstoffbedarf (CSB) eines Wassers versteht man die volumenbezogene Masse an Sauerstoff, die der Masse an Kaliumdichromat äquivalent ist, die unter den Arbeitsbedingungen des genormten Verfahrens mit den im Wasser enthaltenen oxidierbaren Stoffen reagiert [617].

$$1 \text{ mol } K_2Cr_2O_7 \triangleq 1{,}5 \text{ mol } O_2$$

Zur Bestimmung des CSB wird die Analysenprobe mit Kaliumdichromat als Oxidationsmittel und Silbersulfat als Katalysator in stark schwefelsaurer Lösung zwei Stunden bei 148 °C unter Rückfluss gekocht. Die bei der Oxidation nicht verbrauchten Dichromat-Ionen werden mit Eisen(II)-Ionen maßanalytisch bestimmt.
Ist der Gehalt an Chlorid-Ionen in der Analysenprobe weniger als 1 g/l, werden diese durch Quecksilber(II)-Ionen maskiert, wodurch eine Oxidation des Chlorids zu Chlor verhindert wird. Bei einem Gehalt an Chlorid-Ionen über 1 g/l werden diese in schwefelsaurer Lösung als HCl ausgetrieben.
Die Bestimmungsgrenze des Verfahrens liegt bei 15 mg/l, was für Abwässer in aller Regel ausreichend ist. Für niedrigere Gehalte an organischen Stoffen kann das Verfahren DIN 38409, Teil 44, mit einer Bestimmungsgrenze von 5 mg/l angewendet werden [624].
Die CSB-Bestimmungsverfahren oxidieren fast alle organischen Verbindungen praktisch vollständig. Ausgenommen sind Verbindungen mit bestimmten Strukturelementen (z. B. Pyridinring, quarternäre Stickstoffverbindungen). Flüchtige hydrophobe Verbindungen können sich durch Verdampfen der Oxidation entziehen. Neben den organischen werden allerdings auch einige anorganische Verbindungen unter den Reaktionsbedingungen oxidiert, wie z. B. Bromid-Ionen, Jodid-Ionen, Sulfit-Ionen, Nitrit-Ionen. Diese spielen jedoch in kommunalen Abwässern in aller Regel quantitativ keine Rolle.
Früher wurde zur Bestimmung der chemischen Oxidierbarkeit organischer Wasserinhaltsstoffe nahezu ausschließlich die sogenannte Permanganatmethode angewendet. Dieses Verfahren beruht ebenso wie die Dichromatmethode

auf einem Redoxvorgang, wobei im sauren Bereich eine Reduktion des Permanganations von der Mangan-VII-Oxidationsstufe zur Mangan-II-Oxidationsstufe erfolgt. Aus der Menge des verbrauchten Kaliumpermangants, die ebenfalls auf maßanalytischem Weg bestimmt wird, kann die Oxidierbarkeit der organischen Verbindungen entweder direkt als Kaliumpermanganatverbrauch oder umgerechnet in mg/l Sauerstoff angegeben werden. Mit dem Permanganat-Index [630] lassen sich die organischen Inhaltsstoffe meistens nur zu 30 bis 40 % oxidieren, während mit Dichromat in der Regel weit über 90 % der gelösten organischen Verbindungen erfasst werden. Der Permanganatindex wird im Abwasserbereich heute nur noch gemessen, um eine Größenordnung für den CSB zu erhalten. Sein Vorteil ist die rasche Bestimmbarkeit; ansonsten besitzt er im Abwasserbereich in Deutschland keine praktische Bedeutung mehr.
Als Faustregel für den CSB von kommunalem Abwasser können 600 mg/l (für 200 l/(E · d)) angesetzt werden. Die organischen Stoffgruppen, die diesen CSB-Wert verursachen, sind im Wesentlichen die Fette, die Kohlenhydrate und die Proteine.

Fette

Die Fette gehören ihrer chemischen Struktur nach zu den Estern, die aus dem dreiwertigen Alkohol Glycerin und höheren Carbonsäuren gebildet werden. Durch hydrolytische Spaltung mittels Laugen kann die Esterbindung gelöst werden. Bei der Verwendung von Alkalilaugen entstehen nicht die freien Fettsäuren, sondern deren Alkalisalze, die man als natürliche Seifen bezeichnet. Beim längeren Stehen im Licht und an der Luft werden Fette relativ leicht biologisch zersetzt, d. h. entsprechend der Verseifung werden freie Carbonsäuren abgespalten.
Die Zahl der bekannten Fette liegt weit über 1 000. Man teilt sie meist nach ihrer pflanzlichen oder tierischen Herkunft ein. Die Dichte beträgt in der Regel zwischen 0,90 und 0,95 g/cm^3. Im Wasser sind sie fast ausnahmslos praktisch unlöslich. Unter aeroben und anaeroben Bedingungen werden Fette leicht abgebaut.
Die Gesamtbelastung des häuslichen Abwassers mit Fetten beläuft sich auf rund 100 mg/l [1372].
Für die Summe der Fettsäuren (C_{12} bis C_{18}) im Zulauf kommunaler Kläranlagen werden häufig Werte zwischen 1 und 10 mg/l ermittelt. In ähnlicher Größenordnung liegt die Belastung mit wasserdampfflüchtigen organischen Säuren (C_2 bis C_7, insbesondere Essigsäure), die sehr leicht abbaubar sind und eine wichtige, fördernde Rolle für die vermehrte biologische Phosphorelimination spielen.

Kohlenhydrate

Die Kohlenhydrate werden fast ausschließlich durch die Summenformel $C_nH_{2n}O_n = C_n\,(H_2O)_n$ beschrieben. Sie sind in jeder lebenden Zelle vorhanden, kommen aber vornehmlich im Pflanzenreich vor, weil sie im Tierkörper nach Aufnahme verbrannt und teilweise zu Fett und Eiweißbausteinen umstrukturiert werden. Kohlenhydrate werden im Assimilationsprozess aus Kohlenstoffdioxid und Wasser synthetisiert.

$$n\,CO_2 + n\,H_2O + \text{Licht} \cdot C_nH_{2n}O_n + n\,O_2$$

Sie dienen als Energielieferant, Reservestoff und Stützsubstanz (Cellulose). Man teilt sie entsprechend ihrer Molekülgröße in drei Gruppen ein:

- Monosaccharide (z. B. Traubenzucker, Fruchtzucker),
- Oligosaccharide (Verbindung aus zwei bis sechs Monosacchariden, z. B. Lactose, Saccharose),
- Polysaccharide (hochmolekulare Verbindungen, z. B. Cellulose, Stärke, Glykogen).

Mono- und Oligosaccharide besitzen eine gute Wasserlöslichkeit, die Polysaccharide sind demgegenüber gar nicht oder nur kolloidal löslich. Alle Kohlenhydrate sind biologisch abbaubar, Cellulose jedoch nur unter anaeroben Bedingungen.

Als mittlere Belastung des häuslichen Abwassers mit Kohlenhydraten kann man 95 mg/l ansetzen, wobei 83 % in ungelöster Form vorliegen. Der Celluloseanteil in Form von Hygienepapier macht rund 25 mg/l aus [1372].

Proteine

Proteine sind hochmolekulare Verbindungen, die aus α-Aminosäuren aufgebaut sind. Durch Verknüpfung der α-Carboxylgruppe einer Aminosäure mit der α-Aminogruppe einer zweiten entsteht die sogenannte Peptidbindung. Es gibt weit über 100 Aminosäuren, von denen nur etwa 20 am Proteinaufbau beteiligt sind. Die Pflanzen vermögen alle zum Eiweißaufbau nötigen Aminosäuren zu synthetisieren. Menschen und Tiere hingegen müssen acht Aminosäuren, die als essenziell bezeichnet werden, mit der Nahrung zuführen. Aminosäuren sind kristalline schwerflüchtige Substanzen, die gewöhnlich im Wasser gut löslich sind und hier überwiegend als Zwitterionen vorliegen.

Die Proteine, deren Molmasse zwischen 10 000 und 10 000 000 g/mol streut, zählen, wie die Fette und die Kohlenhydrate, zu den gut abbaubaren Substanzen. Die Proteinbelastung des kommunalen Abwassers wird mit 115 mg/l angegeben, wobei 65 % auf den Fäzes zurückgehen [1372].

Die Stoffgruppen der Fette, Kohlenhydrate und Proteine verursachen einen CSB von annähernd 500 mg/l und sind damit für rund 80 % des CSB im kommunalen Abwasser verantwortlich [1331].
Neben diesen drei Stoffgruppen natürlichen Ursprungs gilt es, noch auf die quantitativ bedeutendste synthetische Stoffgruppe im kommunalen Abwasser, nämlich die Tenside, hinzuweisen.

Tenside

Tenside sind die Hauptwirkstoffe in den in Haushalt, Gewerbe und Industrie eingesetzten Wasch- und Reinigungsmitteln, deren charakteristische Eigenschaft die grenzflächenaktive Wirkung darstellt. Daneben werden sie in der Industrie z. B. auch als Netzmittel, Emulgator, Dispergiermittel und Flotationsmittel benutzt. Bei den Tensiden handelt es sich nicht um reine, definierte Stoffe, sondern um Gemische isomerer, homologer und chemisch ähnlicher Substanzen mit großer Variationsbreite. Die Einzelstoffe weisen aber alle die beiden folgenden strukturellen Merkmale auf: eine hydrophobe Gruppe, verantwortlich für die grenzflächenaktive Eigenschaft, und eine hydrophile Gruppe, die den Grad der Wasserlöslichkeit bestimmt.
Hinsichtlich ihres chemischen Aufbaus werden die Tenside in vier Hauptgruppen, nämlich anionische, kationische, amphotere und nichtionische Tenside, eingeteilt. Der Tensidverbrauch in Deutschland betrug im Jahr 2008 rund 553 000 Tonnen. Dabei entfielen auf die anionischen Tenside 290 000 t, auf die nichtionischen 230 000 t, auf die kationischen 23 000 t und auf die amphoteren 10 000 t [2287]. Etwa 46 % des gesamten Tensidverbrauchs machen die Wasch- und Reinigungsmittel aus, die abwasserrelevant sind. Die mengenmäßig bedeutendsten Stoffgruppen stellen die Linearen Alkylbenlzolsulfonate, die Fettalkoholethersulfate und die Fettalkoholethoxylate dar.
Die Tensidkonzentration im kommunalen Abwasser beläuft sich in der Summe auf rund 40 mg/l, wobei ein Teil davon an den Feststoffen sorbiert vorliegt.
Als summarisches Analysenverfahren für anionische Tenside steht die Bestimmung des Methylenblau-Index (MBAS) [628], für die nichtionischen die Bestimmung der bismutaktiven Substanzen (BiAS) [667] und für die kationischen die Bestimmung der disulfinblauaktiven Substanzen (DSBAS zur Verfügung) [1335]. Diese traditionellen summarischen Bestimmungsverfahren werden heute ergänzt durch Einzelstoffanalytik, wie z. B. für die linearen Alkylbenzolsulfonate (LAS).
Abgesehen davon, dass Tenside schon in Konzentrationen um 0,3 mg/l im Gewässer zur Schaumbildung führen, wirken insbesondere die anionischen und nichtionischen Tenside auf Fische stark toxisch. So beträgt der LC_{50}-Wert für Goldorfen beim Alkylbenzolsulfonat etwa 5 mg/l und beim Nonylpheno-

lethoxylat etwa 7 mg/l [1372]. Aus Gewässerschutzgründen ist daher ein Tensidabbau in der kommunalen Kläranlage zwingend.
Anforderungen an die Abbaubarkeit von anionischen und nichtionischen Tensiden gibt der Gesetzgeber vor, und zwar fordert dieser eine primäre Bioabbaubarkeit von mindestens 80 %.

5.1.2.4 Gesamter organisch gebundener Kohlenstoff (TOC)

Unter dem TOC versteht man die Summe des organisch gebundenen Kohlenstoffs in gelösten und ungelösten organischen Verbindungen.
Die Bestimmung des TOC erfolgt nach DIN EN 1484 [634]. Grundlage des Verfahrens ist die Oxidation des Kohlenstoffs der gelösten und ungelösten organischen Verbindungen zu Kohlenstoffdioxid. Diese Oxidation kann sowohl thermisch durch Verbrennung als auch nasschemisch durch geeignete Oxidationsmittel und/oder durch Bestrahlung mit ultraviolettem Licht (bei feststofffreien Proben) durchgeführt werden. Das bei der Oxidation entstehende Kohlenstoffdioxid wird entweder als solches (z. B. mittels Infrarot-Spektrometrie) oder nach Reduktion zu Methan (z. B. mittels Flammenionisationsdetektion) bestimmt.
Neben dem organisch gebundenen Kohlenstoff enthält kommunales Abwasser auch anorganisch gebundenen Kohlenstoff in Form von gelöstem Kohlenstoffdioxid und/oder Ionen der Kohlensäure. Dieser anorganisch gebundene Kohlenstoff (TIC) muss entweder vor der TOC-Bestimmung durch Austreiben des CO_2 aus der angesäuerten Wasserprobe entfernt werden oder man ermittelt den TOC aus der Differenz aus dem Gehalt an Gesamtkohlenstoff (TC) und dem anorganisch gebundenen Kohlenstoff (TIC). Letzteres Verfahren bietet sich vor allem dann an, wenn das Abwasser signifikante Mengen an leichtflüchtigen Verbindungen, wie z. B. Benzol, Toluol oder Chloroform, enthält.
Die Bestimmungsgrenze für den TOC liegt bei etwa 0,1 mg/l, womit das Verfahren empfindlicher ist als die CSB-Bestimmung. Die typische Belastung des kommunalen Abwassers beträgt rund 200 mg/l TOC.
Wegen der Verwendung besonders toxischer Chemikalien wie Kaliumdichromat und Quecksilber-Chlorid gibt es Bestrebungen, den organischen Summenparameter CSB durch den TOC zu ersetzen. Im Ergebnis vieler Paralleluntersuchungen hat sich gezeigt, dass das Verhältnis CSB/TOC bei kommunalem Abwasser im Mittel etwa 3 beträgt.

5.1.2.5 Biochemischer Sauerstoffbedarf (BSB)

Der biochemische Sauerstoffbedarf (BSB, engl. BOD) ist ein summarischer Wirkungsparameter. Man versteht darunter die Menge an Sauerstoff, die von Mikroorganismen innerhalb einer definierten Zeitspanne, in der Regel fünf Tage

(BSB_5), verbraucht wird, um in der Wasserprobe enthaltene organische Verbindungen oxidativ abzubauen.
Die Einheit mg/l für den BSB_5 entspricht zwar der einer Massenkonzentration, sie kann wegen des Zeitbezugs aber nicht als eine solche interpretiert werden. Der BSB_5 dient als Maß für die Menge der im Abwasser enthaltenen aerob biologisch abbaubaren organischen Stoffe.
Der Sauerstoffverbrauch einer Abwasserprobe, in der sich nur wenige Bakterien befinden, wird durch verschiedene aufeinander folgende Prozesse geprägt. Nach der eventuellen Adaptation der Mikroorganismen an das Substrat folgt die logarithmische Wachstumsphase, d. h. die Geschwindigkeit des Bakterienwachstums wird durch eine Exponentialfunktion beschrieben. In dieser frühen Phase kommt es vor allem zum Abbau gelöster Abwasserinhaltsstoffe, daran schließt sich der Abbau ursprünglich partikulärer Stoffe, die durch Exo-Enzyme in eine lösliche Form überführt wurden, an. Ein weiterer sauerstoffzehrender Prozess ist die endogene Atmung, d. h. der Abbau von bereits in die Zellen aufgenommenen Stoffen. Nach etwa zwei Tagen gewinnt dann ggf. auch der Sauerstoffverbrauch von Protozoen, z. B. Ciliaten, die sich von den Bakterien ernähren, an Bedeutung. Die Sauerstoffzehrung durch Nitrifikation setzt, bedingt durch die längere Generationszeit dieser autotrophen Bakterien, erst nach etwa fünf Tagen ein [1019].
Da man bei der BSB_5-Bestimmung nur den Sauerstoffverbrauch infolge des Abbaus von Kohlenstoffverbindungen erhalten möchte und nicht den durch Ammoniumoxidation entstehenden Sauerstoffverbrauch, muss die Nitrifikation unterdrückt werden. Dies geschieht durch Zugabe des für Nitrifikanten toxisch wirkenden Stoffs Allylthioharnstoff (ATH), wenn zu erwarten ist, dass die Abwasserprobe bereits nitrifizierende Bakterien enthält.
Werden diese Bedingungen eingehalten, dann folgt der BSB der ersten Stufe einer Reaktion 1. Ordnung. Es gilt das Gesetz, dass in jedem gleichen Zeitabschnitt ein fester Bruchteil des noch übrigen BSB abgebaut wird oder die Formel

$$y = L \cdot (1 - 10^{-k \cdot t}) \qquad [t] \qquad (5.1)$$

Es bedeutet:

y = Sauerstoffbedarf in der Zeit t
L = voller Sauerstoffbedarf der ersten Stufe
k = ein von der Temperatur und anderen Einflüssen abhängiger Beiwert

Die Hälfte des Sauerstoffbedarfs ist eingetreten nach der Halbwertszeit $t = 0{,}301 \cdot k^{-1}$. Die Tabelle 5.4 wurde für den folgenden Temperatureinfluss berechnet:

$$k_T = k_{20} \cdot 1{,}047^{(T - 20\,°C)} \qquad [t] \qquad (5.2)$$

Dabei erhöht sich die Abbaukonstante je 1 °C Temperaturerhöhung um jeweils 4,7 %.

Tabelle 5.4: Modellhafte Annahme für den BSB-Abbau in Abhängigkeit von der Temperatur nach Fair

Temperatur [°C]	5	10	15	20	25	30
Täglicher Bruchteil des Abbaus [%]	10,9	13,5	16,7	20,6	25,2	30,5
k [l/Tag]	0,050	0,063	0,079	0,100	0,126	0,158
L [%] bezogen auf *L* bei 20 °C	70	80	90	100	110	120

Tabelle 5.5: Abbau erster Stufe im lufthaltigen Wasser bei verschiedenen Temperaturen, bezogen auf den fünftägigen Sauerstoffbedarf (BSB_5) bei 20 °C nach Fair [810]

Tage	5°	10°	15°	20°	25°	30°
1	0,11	0,16	0,22	0,30	0,40	0,54
2	0,21	0,30	0,40	0,54	0,71	0,91
3	0,31	0,41	0,56	0,73	0,93	1,17
4	0,38	0,52	0,68	0,88	1,11	1,35
5	0,45	0,60	0,79	1,00	1,23	1,47
6	0,51	0,68	0,88	1,10	1,31	1,56
7	0,57	0,75	0,95	1,17	1,40	1,62
8	0,62	0,80	1,01	1,23	1,45	1,66
9	0,66	0,85	1,06	1,28	1,49	1,69
10	0,70	0,90	1,10	1,32	1,52	1,71
12	0,77	0,97	1,17	1,37	1,56	1,73
14	0,82	1,02	1,21	1,40	1,58	1,74
16	0,85	1,06	1,24	1,43	1,59	1,75
18	0,90	1,08	1,27	1,44	1,60	1,76
20	0,92	1,10	1,28	1,45	1,61	-
25	0,97	1,14	1,30	1,46	-	-
voller Sauerstoffbedarf erster Stufe	1,02 = 0,7·1,46	1,17 = 0,8·1,46	1,32 = 0,9·1,46	1,46 = 1/0,684	1,61 = 1,1·1,46	1,76 = 1,2·1,46

Danach ist in Tabelle 5.5 der Sauerstoffbedarf der ersten Stufe bezogen auf den BSB_5 in seiner zeitlichen Abfolge übersichtlich zusammengestellt.

Durch eine von 20 °C abweichende Temperatur ändert sich der BSB_5 als Analysenwert für die organische Substanz im Wasser. Dieser ist daher definitionsgemäß immer bei 20 °C zu bestimmen. Bei abweichender Temperatur wirkt sich die organische Substanz jedoch unterschiedlich auf den Sauerstoffhaushalt aus. Dies kommt in den Zehrungswerten für verschiedene Temperaturen zum Ausdruck.

Die Bestimmung des BSB_5 erfolgt gemäß DIN EN 1899, Teil 1, nach dem Verdünnungsprinzip [638]. Die Abwasserproben werden mit sauerstoffreichem praktisch zehrungsfreiem Verdünnungswasser soweit versetzt, dass nach Ablauf der Zehrungszeit noch mindestens 2 mg/l Sauerstoff vorhanden sind. Die Bestimmung wird ausgeführt durch Ermittlung des Sauerstoffgehaltes unmittelbar nach Ansetzen der Verdünnung und nach der festgesetzten Zehrungsdauer von fünf Tagen. Die Differenz der beiden Werte ergibt unter Berücksichtigung der Eigenzehrung des Verdünnungswassers den biochemischen Sauerstoffbedarf nach fünf Tagen (BSB_5).

Voraussetzung für die Bestimmung ist ein ausreichendes Angebot an Nährstoffen (N und P) sowie an Spurenelementen, eine konstante Temperatur von 20 °C und die Unterdrückung des Algenwachstums durch Lichtausschluss.

Toxische Stoffe, die den Abbau hemmen, können selbst bei sehr gut abbaubaren Substraten zu Minderbefunden führen. Einen Hinweis auf die Existenz hemmender Stoffe in der Abwasserprobe erhält man beim Ansetzen verschiedener Verdünnungsstufen. Mit der Verdünnung ansteigende BSB_5-Befunde lassen auf abbauhemmende Einflüsse schließen.

Das BSB_5-Bestimmungsverfahren ist auf alle Wässer anwendbar, die einen BSB_5 von mindestens 3 mg/l aufweisen.

Das Verfahren wurde ursprünglich im Zusammenhang mit der Untersuchung von Kommunalabwasser entwickelt. Es kann auch auf andere Wässer, deren Charakteristik im Wesentlichen derjenigen von Kommunalabwasser entspricht, übertragen werden. In solchen Fällen kann u. U. ein spezielles Impfmaterial, z. B. aus einer entsprechenden Kläranlage, erforderlich sein.

Neben dem biochemischen Sauerstoffbedarf kann ein Wasser einen Bedarf an Sauerstoff haben, der sich allein aus der chemischen Oxidation von Inhaltsstoffen ergibt (spontane Sauerstoffzehrung). Die Einflüsse solcher autoxidativer Substanzen, die ohne die Lebenstätigkeit der Mikroorganismen allein durch den gelösten Sauerstoff oxidiert werden, lassen sich durch einstündige Vorbelüftung ausschalten.

Als typische Belastung eines kommunalen Abwassers können 300 mg/l BSB_5 angesehen werden.

Für die quasi-kontinuierliche Bestimmung von abbaubaren Stoffen gibt es Kurzzeit-BSB-Messgeräte. Diese zeigen bei kommunalen Abwässern in der Regel eine gute Korrelation zum BSB_5 und werden beispielsweise zur zeitnahen Detektion von toxischen, den biologischen Abbau hemmenden Einflüssen verwendet.

5.1.2.6 Adsorbierbare organische Halogenverbindungen (AOX)

Unter organischen Halogenverbindungen versteht man alle Substanzen, bei denen mindestens ein Halogenatom (Halogene: Fluor, Chlor, Brom, Iod) direkt mit einem Kohlenstoffatom verbunden ist.
Die Summe aller organischen Halogenverbindungen, die aus wässriger Lösung unter festgelegten Bedingungen an Aktivkohle adsorbiert und deren Halogenatome nach anschließender Mineralisation durch Verbrennung mikrocoulometrisch mit der Silberelektrode analytisch erfasst werden, nennt man die adsorbierbaren organischen Halogenverbindungen, abgekürzt AOX. Hierbei steht X für Halogen, wobei allerdings Fluor nicht miterfasst wird.
Die nummerische Angabe des Analysenergebnisses wird so gerechnet, als ob das mikrocoulometrisch gemessene Halogen in jedem Fall Chlor darstellen würde und es wird auch nur die Konzentration des so ermittelten Chlors als Resultat angegeben. Da ungelöste Halogenverbindungen ebenfalls mit Aktivkohle im Analysengang zurückgehalten werden, zählen sie definitionsgemäß auch zum AOX, es sei denn, es würde im Einzelfall eine vorangehende Filtration eigens vereinbart.
Es existieren einige organische Halogenverbindungen, die unter den Bedingungen der Analyse nur zu einem sehr geringen Teil erfasst werden, z. B. die sehr polare Trichloressigsäure. Auch einige leichtflüchtige Halogenkohlenwasserstoffe, wie z. B. Chloroform, werden nur unvollständig an Aktivkohle adsorbiert.
Durch das AOX-Bestimmungsverfahren (DIN EN ISO 9562) werden auch Stoffe miterfasst, die chemisch gesehen nicht zu den adsorbierbaren organischen Halogenverbindungen gehören, so z. B. die ungelösten anorganischen Halogenverbindungen sowie elementares Iod. Der Summenparameter AOX stellt also einen konventionellen Parameter dar (ähnlich wie CSB und TOC), mit dem sich in den meisten Fällen jedoch zweckmäßig operieren lässt, der aber in Ausnahmefällen mit dem originär angesprochenen physikalisch-chemischen Sachverhalt in Widerspruch stehen kann.
Der AOX wurde als Analysenverfahren eingeführt, weil halogenorganische Verbindungen, von denen ein erheblicher Teil der in der Umwelt vorhandenen Menge anthropogenen Ursprungs ist, ökologisch von großer Bedeutung sind.
Allerdings spielen auch die halogenorganischen Verbindungen natürlichen Ursprungs in unseren Gewässern quantitativ eine gewisse Rolle [1691]. Die Umweltrelevanz der meisten synthetischen halogenorganischen Verbindungen, unter denen die chlororganischen dominieren, ist in ihrer häufig schlechten biologischen Abbaubarkeit, ihrer Bioakkumulation sowie ihrer Toxizität begründet. Halogenorganische Verbindungen kommen z. B. als Pestizide, Desinfektions-, Konservierungs- und Lösemittel, als Weichmacher, Stabilisatoren, Medikamente, Kunststoffe, Reinigungs-, Extraktions-, Feuerlösch- und Kältemittel

zum Einsatz. Hinsichtlich ihrer physikalischen und chemischen, aber auch hinsichtlich ihrer öko- und humantoxischen Eigenschaften verhalten sich die organischen Halogenverbindungen sehr unterschiedlich.

Der größte Teil der in der Umwelt vorkommenden organischen Halogenverbindungen ist überhaupt noch nicht identifiziert, weil es dafür (noch) keine einzelsubstanzspezifischen Bestimmungsmethoden gibt. Deshalb greift man auf den genormten Summenparameter AOX zurück, der zu den sogenannten gefährlichen Stoffen zählt, weil zahlreiche damit erfassbare Einzelstoffe öko- und humantoxikologische Wirkungen aufweisen. Andererseits gibt es auch natürliche und synthetische organische Halogenverbindungen, wie z. B. das Schilddrüsenhormon Thyroxin und der Kunststoff PVC, die nicht zu den gefährlichen Stoffen zu rechnen sind. Daraus folgt, dass es für AOX, wie für alle Summenparameter, grundsätzlich keine Korrelation zwischen Konzentration und Toxizität (Wirkkonzentration) geben kann.

Die untere Bestimmungsgrenze des AOX-Verfahrens liegt bei 10 μg/l, wenn der DOC (gelöster organischer Kohlenstoff) der Wasserprobe 10 mg/l beträgt. Bei niedrigerer Konzentration an gelösten Kohlenstoffverbindungen kann ein größeres Probenvolumen eingesetzt werden, z. B. bei einem DOC von 1 mg/l, maximal 1 Liter, was zu einer Bestimmungsgrenze von 1 μg/l AOX führt. Ist dagegen die Konzentration an DOC deutlich höher als 10 mg/l (wie in den meisten Abwässern), so muss die Originalprobe vorher so verdünnt werden, dass der DOC in der dann zu analysierenden Probe 10 mg/l beträgt. Neben der Anwendung eines größeren Probenvolumens kann die Bestimmungsgrenze auch durch mehrfache sequenzielle Adsorption weiter gesenkt werden, jedoch nicht beliebig.

Die typische Belastung eines kommunalen Abwassers mit AOX beträgt etwa 100 μg/l [1329]. Zwischen 5 und 25 μg/l davon gehen, abhängig vom angewandten Aufbereitungsverfahren, auf die Desinfektion des Trinkwassers zurück; der Urin liefert einen Anteil von ca. 10 μg/l [1372]. Die restliche Belastung stammt vornehmlich aus Toilettenpapier, Fäkalien, Spül-, Putz- und Waschwässern sowie aus Desinfektions- und Lösemitteln. Die AOX-Konzentrationen im Zulauf kommunaler Kläranlagen können manchmal als Folge gewerblicher/industrieller Emissionen erhöht sein. Potenzielle AOX-Emittenten sind z. B. Metall be- und -verarbeitende Betriebe, Druckereien und Krankenhäuser.

Im biologisch gereinigten Abwasser ist die AOX-Belastung etwa halb so hoch wie im Zulauf. Für die Abnahme ist in erster Linie die Sorption am Klärschlamm verantwortlich. Der biologische Abbau und das Strippen leichtflüchtiger halogenorganischer Verbindungen spielen eine untergeordnete Rolle.

5.1.2.7 Stickstoff

Neben dem molekularen Stickstoff N_2 kommt dieses Element in den verschiedensten Bindungsformen im Abwasser vor, und zwar im Wesentlichen als Ammonium-, Nitrat- und Nitrit-Stickstoff sowie in einer Vielzahl von organischen Verbindungen, wie z. B. im Harnstoff und im Eiweiß. Die stickstoffhaltigen Verbindungen zählen zu den Hauptbestandteilen des kommunalen Abwassers und stellen für die Bemessung von Kläranlagen eine zentrale Größe dar.
Sie werden summarisch nach dem Verfahren, z. B. DIN EN 12260 (Gesamter gebundener Stickstoff TN_b), bestimmt [652]. Es beruht darauf, dass die Wasserprobe bei Temperaturen über 700 °C unter reduzierenden oder oxidierenden Bedingungen zersetzt wird. Durch geeignete Verfahren, z. B. Infrarotspektrometrie, Chemolumineszenz-Messung, kann dann das Reduktionsprodukt NH_3 bzw. das Oxidationsprodukt NO_x quantitativ bestimmt werden. Als typischer Wert für die Belastung des kommunalen Abwassers mit reduzierten Stickstoffverbindungen können etwa 55 mg/l KN (Summe aus NH_4-N und org. geb. N) angesetzt werden. Die organischen Stickstoffverbindungen haben daran meist einen erheblichen Anteil. Dieser wird als Differenz aus der Summe der reduzierten Stickstoffverbindungen (KN) und dem Ammonium-Stickstoff ermittelt. Die Summe der reduzierten Stickstoffverbindungen wird nach EN 25663 als Kjeldahl-Stickstoff bestimmt [627]. Hierbei wird nur negativ dreiwertiger Stickstoff erfasst, wobei dies bei Stickstoff aus heterocyclischen N-Verbindungen nicht vollständig gelingt.
Der Anteil des organisch gebundenen Stickstoffs am gesamten reduzierten Stickstoff variiert, gemessen im Kläranlagenzulauf, stark, weil im Kanalisationsnetz, u. a. bedingt durch die Fließzeit, mehr oder weniger organisch gebundener Stickstoff, z. B. aus Harnstoff, in Ammonium-Stickstoff umgewandelt wird.
Für die Belastung des kommunalen Abwassers mit Stickstoffverbindungen sind in erster Linie die menschlichen Ausscheidungen sowie die Vorbelastung des Trinkwassers mit Nitrat verantwortlich. Darüber hinaus finden vor allem anorganische Stickstoffverbindungen in Gewerbe und Industrie Verwendung.
Der Mengenanteil aus Spül-, Putz- und Waschwasser des Haushalts ist bisher nicht zuverlässig quantifiziert. Mit dem Harn werden täglich 700 mg Ammonium und 100 mg Nitrat je Einwohner (E) ausgeschieden. Mit dem Fäzes (Trockensubstanz (TS): 35 g/(E · d) kommen täglich 60 mg/E Ammonium zur Ableitung. Die mengenmäßig herausragende Stickstoffverbindung im häuslichen Schmutzwasser stellt der Harnstoff mit gut 20 g/(E · d) dar [1372].
Auf dem Weg zur Kläranlage spaltet das Enzym Urease den Harnstoff zumindest teilweise in Ammoniak und Kohlenstoffdioxid:

$$(NH_2)_2CO + H_2O \xrightarrow{\text{Urease}} 2\,NH_3 + CO_2$$

Hierdurch erhöht sich der Gehalt an Ammonium im kommunalen Schmutzwasser meist ganz wesentlich. Das Ammonium-Ion steht in einem von pH-Wert und Temperatur beeinflussten Gleichgewicht mit dem freien Ammoniak. Bei pH ≤ 8 liegt fast ausschließlich das Ammonium-Ion vor. Erst bei höheren pH-Werten und steigenden Wassertemperaturen verschiebt sich das Gleichgewicht zum freien, fischgiftigen Ammoniak.
Bei einem Nitratgehalt des Trinkwassers von im Mittel beispielsweise 14 mg/l (= 3 mg/l NO3-N) beträgt die Belastung im Zulauf zur Kläranlage oft weniger als 5 mg/l, weil infolge von Mangel an gelöstem Sauerstoff im Kanalnetz in der Regel eine weitgehende Nitratreduktion zu elementarem Stickstoff stattfindet, sodass die oxidierten Stickstoffverbindungen im Kläranlagenzulauf meist eine vernachlässigbare Größe darstellen.
Für die Analytik der anorganischen Stickstoffverbindungen stehen z. B. die genormten Verfahren EN ISO 11732 (NH_4-N) [655], DIN EN 26777 (NO_2-N) [625], DIN 38405, Teil 9 (NO_3-N) [668] und DIN ISO 15923 (NH_4-N, NO_3-N, NO_2-N) [675] zur Verfügung.

5.1.2.8 Phosphor

Der Phosphor ist der die Eutrophierung in den Binnengewässern limitierende Nährstoff und daher für die Abwassertechnik von herausragender Bedeutung.
Phosphor tritt im kommunalen Schmutzwasser in anorganisch und organisch gebundener Form auf (Phosphorsäuren, saure Phosphorsäureester, ATP, ADP, AMP, Kohlenhydratphosphate, Lecithine, Nucleinsäuren). Bei den anorganischen Verbindungen handelt es sich im Wesentlichen um ortho- und Polyphosphate. Beispielhaft wären hier die in Getränken verwendete Phosphorsäure, das in Wasch- und Reinigungsmitteln sowie im Harn vorkommende Natriumpyrophosphat ($Na_4P_2O_7$) und das Calciumphosphat ($Ca_3(PO_4)_2$) aus Lebensmitteln im Fäzes sowie der im Putzwasser auftretende Apatit ($Ca_5(PO_4)_3OH$) zu nennen. Die natürlichen Phosphorverbindungen sind weder Schadstoffe noch Hemmstoffe für die biologischen Prozesse, sie wirken ausschließlich als Nährstoffe.
Hiervon zu unterscheiden sind die synthetischen neutralen Phosphorsäureester, die beispielsweise als Pflanzenschutzmittel eingesetzt werden und als stark toxisch anzusehen sind. Zu dieser Gruppe gehören auch die phosphororganischen Flammschutzmittel, wie z. B. das Tris(chlorisopropyl)phosphat (TCPP).
Durch den Ersatz der komplexierend wirkenden Phosphorverbindungen in Waschmitteln ist der daraus resultierende P-Anteil im Abwasser heute vernachlässigbar geworden, so dass die P-Belastung aus dem häuslichen Bereich durch die menschlichen Ausscheidungen bestimmt wird. Die typische Phosphor-Konzentration im kommunalen Abwasser beträgt rund 9 mg/l.

Die Analytik des Gesamt-Phosphors wird nach dem Normverfahren DIN EN ISO 11885 [665] und 17294 [678] vorgenommen.
Für die Steuerung des Kläranlagenbetriebs sowie für die Selbstüberwachung der Anlagen kommen heute sogenannte Betriebsmethoden, z. B. auch für die Analytik von CSB, TOC und die wichtigsten Nährstoffparameter zum Einsatz, die vor allem von Nicht-Fachpersonal angewendet werden [403]. Hierbei handelt es sich größtenteils um photometrische Bestimmungsverfahren, die bei entsprechenden Qualitätssicherungsmaßnahmen und regelmäßiger Betreuung durch chemisches Fachpersonal [595] den genormten Analysenverfahren vergleichbare Ergebnisse liefern. Bei größeren Kläranlagen sind darüber hinaus verbreitet online-Messgeräte, insbesondere für Ammonium, Nitrat und Phosphat, in Betrieb.

5.1.2.9 Mikroverunreinigungen

Neben den bereits behandelten Stoffen und Stoffgruppen enthält kommunales Abwasser noch eine Vielzahl anorganischer und vor allem organischer Stoffe, die dort in sehr niedrigen Konzentrationen von < 1 mg/l auftreten. Besondere Bedeutung besitzen diejenigen organischen Substanzen, die wegen ihrer Toxizität, Persistenz oder Bioakkumulation als gefährlich gelten.
Im Fokus stehen im Zusammenhang mit kommunalem Abwasser heute vor allem gefährliche Stoffe, deren Eintrag in die aquatische Umwelt im Wesentlichen über Kläranlageneinleitungen und Mischwasserentlastungen erfolgt. Damit ist beispielsweise die große Gruppe der Pharmaka und der Personal Care-Produkte angesprochen.
In der Medizin ist die Anwendung von Pharmaka zu therapeutischen Zwecken unverzichtbar. Die Substanzen werden nach der Anwendung teilweise unverändert oder metabolisiert ausgeschieden und gelangen somit in die kommunalen Abwässer. Auch eine unsachgemäße Entsorgung kann die Abwasserbelastung erhöhen.
Von den rund 2 300 verschiedenen Humanwirkstoffen wurden im Jahr 2012 in Deutschland rund 8 120 Tonnen verbraucht [915]. Mehr als zwei Drittel dieser Menge entfallen auf 16 Wirkstoffe, zu denen der Wirkstoff Metformin, ein Antidiabetikum, sowie die bekannten Schmerzmittel und Entzündungshemmer wie Ibuprofen, Metamizol, Acetylsalicylsäure und Paracetamol sowie Metoprolol als Wirkstoff gegen Bluthochdruck zählen. Wie weitere Erkenntnisse zeigen sind auch mögliche Metabolite dieser Substanzen nicht zu vernachlässigen (z. B. Guanylharnstoff als Abbauprodukt des Metformins).
Zu den meistverbrauchten Substanzen im Medizinbereich gehören auch Diagnostika wie die iodierten Röntgenkontrastmittel (z. B. Iomeprol, Iopamidol, Amidotrizoesäure). In 2001 wurden beispielsweise in Deutschland 83 Tonnen Iomeprol verkauft [1213]. Die ökotoxikologische Wirkung wird zurzeit als gering

eingeschätzt. In der Kläranlage werden die Diagnostika eher schlecht abgebaut, so dass sich im Ablauf immer noch Konzentrationen von mehreren μg/l finden können. Für Iomeprol wird bei Eliminationsraten zwischen 40 – 50 % von Ablaufkonzentrationen zwischen 1 und 10 μg/l berichtet [1062].
Untersuchungen von Stumpf et al. [2161] sowie von Ternes [2189] auf 50 verschiedene Wirkstoffe und Metabolite ergaben für die Belastung von Rohabwasser vielfach Werte im μg/l-Bereich. Die Eliminierung (Abbau und/oder Sorption) in der kommunalen Kläranlage schwankt zwar in weiten Bereichen von < 1 % bis > 99 % [1595], ist jedoch überwiegend gering.
So wurden beispielsweise für Metoprolol sowohl in den Kläranlagenzuläufen wie auch in den Abläufen Konzentrationen von über 1 μg/l nachgewiesen [1062].
Ergebnisse diverser Projekte zum Vorkommen unterschiedlicher Wirkstoffe sowie deren Metabolite im gereinigten Abwasser ergeben, dass unter anderem die nicht ordnungsgemäße Entsorgung von Arzneimitteln für viele Substanzen zu Konzentrationen im Kläranlagenzulauf von über 1 μg/l, teilweise sogar über 10 μg/l führt [249].
Für den Lebensraum Wasser wird heute insbesondere den endokrin wirksamen Substanzen, das sind Verbindungen, die einen Einfluss auf das hormonelle System besitzen, Bedeutung beigemessen [130]. Neben den natürlichen Hormonen (z. B. 17 β-Estradiol E2) und den Hormonpräparaten (z. B. 17 α-Ethinylestradiol) gibt es auch eine Reihe von Industriechemikalien, wie z. B. Nonylphenol,
Bisphenol-A und Organozinnverbindungen, die endokrine Wirkungen zeigen und die nicht zuletzt über das kommunale Abwasser in die Gewässer gelangen.
Als typische Konzentrationen im Rohabwasser können für das synthetische 17 α-Ethinylestradiol etwa < 0,01 μg/l, für Nonylphenol etwa 10 μg/l, für Bisphenol-A etwa 1 μg/l und für Tributylzinn < 0,1 μg/l angesehen werden [130, 290, 291, 2321]. Bei entsprechenden gewerblich/industriellen Einträgen sind auch erheblich höhere Konzentrationen möglich [807].
Viele relevante endokrin wirksame Substanzen werden in kommunalen Kläranlagen mit teilweise hohem Wirkungsgrad eliminiert. Dabei spielt die Sorption oft eine wesentliche Rolle [2116].
Für Nonylphenol werden abhängig von dem gewählten Verfahren Eliminationsleistungen zwischen 11 und 50 % angegeben [1062].
Von den Substanzen, die aus Kosmetika oder Körperpflegemitteln stammen, stehen vor allem Duftstoffe, insbesondere diejenigen, die den natürlichen Moschusduftstoff imitieren, im Blickpunkt. Hierzu gehören die Nitromoschus- und vor allem die polycyclischen Moschusverbindungen. Sie treten im kommunalen Abwasser bis in den μg/l-Bereich auf und werden in den Kläranlagen praktisch

nicht abgebaut und auch nur teilweise im Klärschlamm zurückgehalten [781, 1884].
Das Vorkommen von Benzotriazolen im Abwasser, die meist als Korrosions- und Frostschutzmittel eingesetzt werden, ist mit mittleren Zulaufkonzentrationen für 1H-Benzotriazol zwischen 17 μg/l und 44 μg/l relativ hoch. In den konventionellen Kläranlagen betragen die Entfernungsraten beim 1H-Benzotriazol 29 % bis 58 % [2363].
Der Einsatz von Desinfektionsmitteln ist in privaten Haushalten weit verbreitet. Hierzu gehört auch die Verbindung Triclosan. Sie ist in Kläranlagenzuläufen in Größenordnungen zwischen 1 und 38 μg/l nachzuweisen und kann zu mehr als 90 % bei der Abwasserreinigung zurückgehalten werden [1062].

5.1.3 Biologische Parameter

5.1.3.1 Aerobe Abbaubarkeit

Die Frage der aeroben Abbaubarkeit eines Abwassers bzw. von Abwasserinhaltsstoffen spielt für die biologische Behandlung die entscheidende Rolle. Geprüft wird die Abbaubarkeit durch eine in der Regel heterogen zusammengesetzte mikrobielle Mischpopulation. Da der biochemische Abbau eine Funktion der Zeit und der Stoffkonzentration ist, müssen diese Parameter in die Untersuchungen mit einbezogen werden. Bei Routinearbeiten wird zumeist auf die Variation der Testkonzentration verzichtet und man orientiert sich bei den festzulegenden Konzentrationen an Praktikabilitätskriterien.
Es wird zwischen drei Testkonzeptionen unterschieden:

Diskontinuierliche Testverfahren (die-away-Tests)

Die Abnahme einer vorgegebenen Konzentration eines Substrates wird über die Zeit (meist 28 Tage) verfolgt. Man unterscheidet nach der jeweiligen Stoffbelastung zwei Typen: zum einen mit niedriger Mikroorganismenkonzentration (geringe Animpfung, hohe anfängliche Substratbelastung), wodurch z. B. die Einleitung eines Abwassers in einen Fluss simuliert wird, und zum anderen mit hoher Mikroorganismenkonzentration (Animpfung mit belebtem Schlamm, relativ niedrige anfängliche Substratbelastung), was für die Situation in Kläranlagen typisch ist. Die Bestimmung der aeroben biologischen Abbaubarkeit organischer Stoffe kann erfolgen nach DIN EN ISO 9888 [643], DIN EN ISO 7827 [673] und DIN EN ISO 10707 [637].

Halbkontinuierliche Testverfahren (fill-and-draw-Methode)

Bei der fill-and-draw-Methode beschickt man einen Belebtschlammbatch-Ansatz in regelmäßigen Zeitintervallen (z. B. 36 Stunden) mit einer durch die Testsubstanz aufgestockten Nährlösung, lässt nach der entsprechenden Inkubationsdauer den Schlamm absitzen und tauscht den Überstand gegen eine neue Portion der aufgestockten Nährlösung aus. In dem entnommenen Überstand wird die verbliebene Konzentration der Testsubstanz bestimmt. Die Testbedingungen der fill-and-draw- Methode können zu besseren Abbauleistungen, als sie z. B. in Kläranlagen oder in der aquatischen Umwelt zu beobachten sind, führen. Als genormtes Verfahren steht DIN EN ISO 9887 [629] zur Verfügung.

Kontinuierliche Testverfahren (Kläranlagen-Labormodelle)

Kontinuierlich betriebene Laborversuchsanlagen zur Beurteilung der Abbaubarkeit entsprechen dem Funktionsprinzip der biologischen Stufe von Kläranlagen. Mit ihnen lassen sich also Kläranlagen-Simulationstests durchführen.
Nach Animpfung, z. B. mit dem Ablauf einer kommunalen Kläranlage, wird die Modellkläranlage kontinuierlich mit einer Nährlösung beschickt, welche die Testsubstanz enthält. Innerhalb von wenigen Tagen bis Wochen werden in der Modellkläranlage Fließgleichgewichtsbedingungen erreicht, die für die nachfolgende Auswertephase von mindestens drei Wochen (z. B. im OECD-confirmatory-Test) Voraussetzung sind. Ein Belebtschlamm-Simulationstest ist im Verfahren EN ISO 11733 [654] genormt.
Im Zusammenhang mit der Abbaubarkeit von Stoffen ist auch darauf hinzuweisen, dass in sehr niedrigen Konzentrationen ($\lesssim$ 10 μg/l) selbst bei gut abbaubaren Verbindungen kein messbarer biochemischer Abbau mehr stattfindet.
Manche organischen Stoffe, die sich als alleiniges Substrat als nicht oder nur schwer abbaubar erwiesen haben, werden in Gegenwart einer durch die Bakterien leicht verwertbaren Substanz (Co-Substrat) schnell abgebaut. Dieser als Co-Metabolismus bezeichnete Effekt ist auch für die biologische Behandlung kommunaler Abwässer von Bedeutung.

5.1.3.2 Anaerobe Abbaubarkeit

Wie bei der aeroben Abbaubarkeit so wird auch bei den anaeroben Testverfahren zwischen diskontinuierlichen (Batch), semikontinuierlichen und kontinuierlichen Untersuchungen unterschieden [128]. Anaerobe Batchversuche sind weit verbreitet, um die Abbaubarkeit von Einzelstoffen und Abwässern (vor allem industrieller Herkunft) zu prüfen und um die Aktivität sowie die potenzielle Hemmung anaerober Biomasse durch Inhibitoren festzustellen. Die Methode zur Prüfung der anaeroben Abbaubarkeit von Einzelstoffen liegt als Norm vor (DIN EN ISO 11734 [639]). Sie basiert auf der Inkubation der Prüfsubstanz mit

Faulschlamm bei 35 °C. Die wichtigste Messgröße ist die Biogasproduktion. Die Hemmung anaerober Mikroorganismen wird nach ISO 13641-1,2 [649, 650] über verschiedene Testsubstanzkonzentrationen ermittelt.
Für die Beurteilung von Abwässern existieren keine standardisierten Vorschriften, da die Versuchsdurchführung an die spezifischen Anforderungen des Abwassers sowie an die in der Praxis üblichen Bedingungen der anaeroben Abwasserreinigung angepasst werden muss. Die Inkubationszeit beträgt üblicherweise 28 Tage; als Messgröße für die Beurteilung des Abbaus wird stets die gebildete Methanmenge benutzt.
Diskontinuierliche Tests haben allerdings nur eine begrenzte Aussagekraft, da der anaerobe Abbau mehrstufig durch verschiedene Bakteriengruppen mit unterschiedlicher Reaktionskinetik erfolgt. Für eine bessere Übertragbarkeit der Untersuchungsergebnisse in die Praxis sollten daher bevorzugt kontinuierliche oder semikontinuierliche Testverfahren zum Einsatz kommen.

5.1.3.3 Hemm- und Toxizitätstests

Zur Bewertung der Ökotoxizität wurden biologische Testverfahren entwickelt, welche eine hemmende Wirkung von Stoffen und Stoffgemischen auf Lebensvorgänge quantifizieren sollen.
Bei den Reaktionen von Organismen auf fragliche Substanzen wird zwischen akuter und chronischer Wirkung unterschieden. Relativ leicht zu ermitteln sind hierbei akute Toxizitäten, also die Konzentrationen, die bei den einzelnen Testorganismen innerhalb kurzer Zeit zum Tode führen. Schwieriger dagegen ist die Ermittlung chronischer Toxizitäten, die erst bei längerer Einwirkungsdauer eine Schädigung späterer Generationen bewirken.
Die Ergebnisse solcher Untersuchungen gelten aber immer nur unter den jeweiligen Testbedingungen für die untersuchten Organismen. Eine Testdurchführung mit allen im Gewässer vorkommenden Arten ist aufgrund der Vielfalt unmöglich. Deshalb ist es vernünftig, diese Testverfahren nur mit einigen typischen Vertretern einer Gewässerbiozönose durchzuführen. Hierzu gehören in der Regel Bakterien (Destruenten), Algen (als wichtigste Primärproduzenten), Kleinkrebse (als Vertreter der Invertebratenfauna und Konsument niederer Ordnung) sowie Fische bzw. Fischeier (als Endglieder der aquatischen Nahrungskette).
Es ist nicht zulässig, die Ergebnisse von Biotests mit einer Art schematisch auf eine andere Art zu übertragen. Auch können Wechselwirkungen der Testsubstanz mit anderen im Gewässer vorhandenen Stoffen zu Fehleinschätzungen führen (additive Schadstoffwirkung, Synergismen).

Pseudomonas-Sauerstoffverbrauchshemmtest

Bei diesem Test wird die Hemmung des Sauerstoffverbrauchs von *Pseudomonas putida* nach 30 Minuten Belüftung des Testansatzes mit der Sauerstoffsonde ermittelt.

Hemmung des Sauerstoffverbrauchs von belebtem Schlamm (DIN EN ISO 8192)

Bei diesem Test wird die Hemmwirkung des Testguts auf den Sauerstoffverbrauch der Mikroorganismen im belebtem Schlamm bestimmt [657].

Nitrifikationshemmtest (DIN EN ISO 9509)

Nitrifizierende Bakterien unterscheiden sich von den Kohlenstoffverbindungen abbauenden Bakterien u. a. in ihrer Empfindlichkeit gegenüber zahlreichen Stoffen und in der Länge ihrer Generationszeiten [656].
So vermag eine Reihe von Stoffen das Wachstum der Nitrifikanten bereits in Konzentrationen von unter 1 mg/l zu hemmen. Kommt es zu einer massiven Schädigung der Nitrifikanten durch eine kurzzeitige toxische Einleitung, so kann es wegen der vergleichsweise langen Generationszeiten der Nitrifikanten einige Wochen dauern, bis der ursprüngliche Stoffumsatz wieder erreicht ist. Für den Kläranlagenbetreiber bedeutet ein solches Ereignis in der Regel, dass der wasserrechtliche Überwachungswert für Ammonium und für den anorganisch gebundenen Stickstoff über eine längere Zeitspanne nicht eingehalten werden kann.
Mit dem Nitrifikationshemmtest können Abwasserproben auf ihre toxische Wirkung gegenüber den nitrifizierenden Bakterien geprüft werden. Dabei kommt vorzugsweise nitrifizierender Belebtschlamm aus einer kommunalen Kläranlage zum Einsatz (alternativ: nitrifizierender Belebtschlamm aus einer mit synthetischem Abwasser betriebenen Versuchsanlage). Die Hemmwirkung wird nach einer Testdauer von vier Stunden bestimmt.

Leuchtbakterientest (DIN EN ISO 11348, 1 – 3)

Leuchtbakterien sind marine Bakterien, die einen Teil ihrer Stoffwechselaktivität für eine enzymatisch gesteuerte Leuchtreaktion aufwenden. Da diese Bakterien im Labor leicht zu handhaben sind und innerhalb sehr kurzer Zeit empfindlich reagieren, hat dieser Test eine weite Verbreitung gefunden. Das Verfahren beruht auf der Messung der Veränderung der Lichtemission dieser Bakterien mit Hilfe eines Luminometers anhand von Verdünnungsreihen. Die Inkubationszeiten betragen 5, 15 und 30 Minuten. Es wird die Verdünnungsstufe G_L bestimmt, die innerhalb einer Verdünnungsreihe erstmals Hemmungen der Lichtemission um < 20 % bewirkt [661 bis 663].

Algentest (DIN 38412, Teil 33)

Aus dem Vergleich der Zellvermehrung der Grünalge *Scenedesmus subspicatus* unter vorgegebenen Versuchsbedingungen (u. a. 72-stündige Exposition) mit und ohne Einwirkung des Testguts wird die Hemmwirkung über die Messung der Chlorophyllkonzentrationen bestimmt. Als Ergebnis gilt der kleinste Wert G_A einer Verdünnungsreihe, bei dem eine Hemmung der Biomasseproduktion von < 20 % gemessen wird [623].

Daphnientest (DIN 38412, Teil 30)

Daphnien (Wasserflöhe), etwa 2 – 3 mm große Kleinkrebse, sind in unseren Gewässern weit verbreitet und lassen sich unter Laborbedingungen leicht züchten. Zur Testdurchführung werden zehn Tiere im Alter von 2 bis 26 Stunden in verschieden konzentrierten Testwässern (Verdünnungsreihe) für 24 Stunden exponiert. Danach wird die Zahl der schwimmunfähigen Tiere erfasst. Als Ergebnis gilt der kleinste Wert für die Verdünnungsstufe G_D des Testansatzes, bei dem mindestens neun Daphnien ihre Schwimmfähigkeit behalten haben [622].

Fischeitest (DIN EN ISO 15088)

Aus Gründen des Tierschutzes ist die Durchführung des akuten Fisch-Toxizitätstests (ISO 7346-1) nicht mehr statthaft. Als Ersatz wurde der Test zur Bestimmung der akuten Toxizität von Abwasser auf Zebrafisch-Eier ausgearbeitet, mit dem gleiche oder ähnliche Ergebnisse erhalten werden [664].
Zur Durchführung werden mindesten zehn befruchtete Eier je Verdünnungsstufe eingesetzt. Die Expositionszeit beträgt 48 Stunden. Danach werden die als tot betrachteten Eier ermittelt.

5.1.3.4 Hygiene

Bakteriologische Untersuchungen in Wässern zielen primär darauf ab, die Kontamination mit eventuellen Krankheitserregern zu ermitteln. Als Indikator für fäkale Verunreinigungen hat sich der Parameter *Escherichia coli* (E. coli) bewährt. Die *E. coli*-Bakterien sind normale Bewohner des unteren Dünn- und Dickdarmes des Menschen, aber auch zahlreicher Warmblüter und Vögel. Ihr Nachweis in Wässern (DIN EN ISO 9308-2 [674]) ist daher ein Indiz für fäkale Kontaminationen, die ggf. auch andre Krankheitserreger beinhalten können.
Die Keimzahlen liegen im abgesetzten Stuhl bei der Mehrzahl der Proben im Bereich von 10^8 bis 10^9 pro Gramm, d. h. ein *E. coli* repräsentiert etwa ein hundertmillionstel Gramm Stuhl. Damit steht ein hochempfindlicher Indikator für Fäkalverunreinigungen zur Verfügung.
Neben den *E. coli* sind im kommunalen Abwasser auch die intestinalen Enterokokken (Fäkalstreptokokken) von Bedeutung, weil diese beiden hygienischen

Kenngrößen in der EU-Badegewässerrichtlinie mit Grenzwerten belegt sind. Was die menschlichen Ausscheidungen betrifft, so ist das Verhältnis von *E. coli* zu intestinale Enterokokken in der Regel größer als 3 zu 1. Die Bestimmung der intestinalen Enterokokken erfolgt nach DIN EN ISO 7899-2 [645].
Im Rohabwasser liegt die Belastung mit *E. coli* in der Größenordnung von 106 pro 100 ml [1059]. Bei der biologischen Abwasserreinigung vermindert sich diese um etwa zwei Zehnerpotenzen (Ablauf Nachklärung).

5.1.4 Beziehungen wichtiger Parameter untereinander

Anhand der Relation der organischen Summenparameter CSB, TOC und BSB_5 zueinander werden zusätzliche Informationen über die Art der organischen Inhaltsstoffe im Rohabwasser, wie z. B. deren Abbaubarkeit in der biologischen Behandlungsstufe einer Kläranlage, erhalten. Das Verhältnis von CSB zu BSB_5 liegt im Rohabwasser meist zwischen 2 zu 1 und 2,5 zu 1.
Bei der biologischen Abwasserreinigung vergrößert sich dieses Verhältnis (Bild 5.3). Bei Anlagen mit sehr langen Aufenthaltszeiten und entsprechend hohem Wirkungsgrad nähert sich der BSB_5 allmählich dem Wert Null, während sich der CSB im Durchschnitt auf einen Konzentrationswert von etwa 20 bis 30 mg/l einpendelt. Diese 20 bis 30 mg/l CSB gehen auf nicht bzw. sehr schwer abbaubare Stoffe im Zulauf zurück, aber auch auf den Abbau schlecht zugänglicher Metabolite sowie auf persistente Stoffwechselprodukte der Mikroorganismen. Sehr gut arbeitende biologische Kläranlagen weisen im Ablauf ein CSB- zu BSB_5-Verhältnis von 10 zu 1 und größer auf.

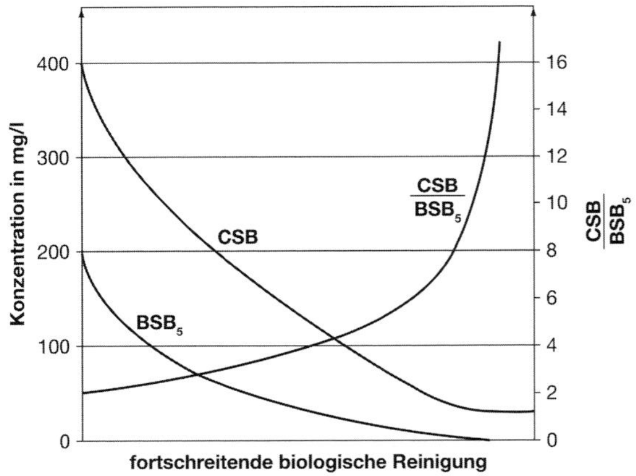

Bild 5.3: Veränderung von CSB- und BSB_5-Konzentration bei der biologischen Abwasserreinigung (schematisch)

Für den Quotienten CSB zu TOC reichen die theoretischen Werte von 5,3 für Methan bis 0,67 für Oxalsäure. Im Rohabwasser findet man in der Regel ein Verhältnis CSB zu TOC von etwa 3, das aber vergleichsweise großen Schwankungen unterliegt und durch gewerblich/industrielle Abwässer beeinflusst werden kann.
Die Nährstoffe Stickstoff und Phosphor sind für den biologischen Abbau der Abwasserinhaltsstoffe unverzichtbar, und zwar werden für 100 mg „abgebauter BSB_5" 5 mg Stickstoff und 1 mg Phosphor benötigt.
Im Rohabwasser, besser: im Zulauf zur biologischen Stufe, muss der Nährstoffanteil daher mindestens betragen:

$$BSB_5 : N : P = 100 : 5 : 1$$

In der Regel liegen die Verhältnisse für Rohabwässer bei:

$$BSB_5 : N : P = 100 : 19 : 3$$

In Deutschland werden für den Kläranlagenzulauf durchschnittlich:

$$CSB : N : P = 100 : 9 : 1{,}5$$

ermittelt [590].
Der typische Wert für das Verhältnis TS_{ges} zu BSB_5 liegt etwa bei 1,1. Für Kläranlagen im Ruhreinzugsgebiet mit überwiegend häuslichem Abwasser wurde ein Mittelwert von 1,5 ermittelt [2014], weil mehr Feststoff gemessen wird und die Niederschlagswasserbehandlung weit fortgeschritten ist.
Für die Bemessung von Kläranlagen spielt im Hinblick auf den Denitrifikationsvolumenanteil das Verhältnis von TN_b zu BSB_5 eine wichtige Rolle. Bei einem Quotienten über etwa 0,25 im Zulauf zur biologischen Stufe kann die Dosierung einer zusätzlichen Kohlenstoffquelle erforderlich werden, um eine ausreichende Denitrifikation sicherzustellen. Für das Rohabwasser beträgt der Quotient rund 0,19, wenn man von den typischen Konzentrationen für den BSB_5 und den TN_b ausgeht.
Die unterschiedlichen Angaben in Literatur und Regelwerken für die Relation der verschiedenen Parameter zueinander machen deutlich, dass es sich hierbei jeweils nur um Orientierungswerte handeln kann, die im Hinblick auf die Bemessung einer kommunalen biologischen Kläranlage in jedem Einzelfall entsprechende Abwasseruntersuchungen erfordern.

5.1.5 Einwohnerspezifische Frachten

Wenn die Belastungsdaten für den Aus- oder Neubau einer Kläranlage durch Abwasseruntersuchungen nicht bestimmt werden können oder der Aufwand

hierfür, z. B. bei kleinen Anlagen, zu groß erscheint, kann die Planung näherungsweise auch auf der Basis der angeschlossenen Einwohner und der eventuellen Belastung aus Gewerbe und Industrie erfolgen. Grundlage dafür bilden die einwohnerspezifischen Tagesfrachten. In Tabelle 5.2 sind diese Frachten für die wichtigsten Planungs-Parameter ausgewiesen. Dabei wurden die Werte aus der letzten Auflage des Taschenbuches unverändert übernommen und durch Angaben für CSB, TKN und TOC ergänzt.
Diese auf den Einwohner bezogenen Schmutzfrachten gelten primär für deutsche Verhältnisse. Sie werden durch die Lebensgewohnheiten und den Wohlstand der Bevölkerung beeinflusst.
In Nordamerika wird mit höheren einwohnerspezifischen Frachten gerechnet. Dort gilt die angeführte Zahl von 60 g/(E · d) für den BSB_5 nur beim Trennverfahren. Wenn das Leitungsnetz aber auch das Regenwasser mit den Straßenabschwemmungen aufzunehmen hat, sind 75 g/(E · d) anzusetzen. Ebenso ist es in Schweden und der Schweiz.
Was die Nährstoffe Stickstoff und Phosphor betrifft, so gehen gemäß Tabelle 5.6 97 % bzw. 90 % der einwohnerspezifischen Frachten auf die menschlichen Ausscheidungen zurück. Dabei sind 87 % des Stickstoffs und 50 % des Phosphors im Urin enthalten.

Tabelle 5.6: Abgeschätzte Verteilung der einwohnerspezifischen Belastung nach Herkunftsbereichen (nach: [841, 1452])

Parameter	einwohnerspez. Fracht g/(E · d)	Herkunft %		
		Grauwasser	Urin	Fäzes
CSB	120	41	12	47
TKN	11	3	87	10
P	1,8	10	50	40

Eine strikte Trennung von Urin, Fäzes und Grauwasser würde wegen der dann unterschiedlichen Abwasserzusammensetzung in den Teilströmen Auswirkungen auf die Art der Abwasserbehandlung haben. Bei alleiniger Separation des Urins würde das verbleibende Abwasser so nährstoffarm sein, dass eine ausschließlich auf den Kohlenstoffabbau ausgelegte biologische Behandlung ausreichen würde, die Mindestanforderungen hinsichtlich der Nährstoffgehalte im Kläranlagenablauf einzuhalten. Für die Behandlung von Urin- und Fäzesfraktion kämen neben dem aeroben biologischen Abbau auch physikalisch/chemische Verfahren, wie z. B. die Stickstoffentfernung durch Ammoniakstrippen oder die Fällung als Struvit ($MgNH_4PO_4$), und das Ausfaulen des Fäzes in Betracht [841, 1452].

5.1.6 Beschaffenheit von abfließendem Niederschlag

Bei den in Deutschland überwiegend vorhandenen Mischkanalisationsnetzen trägt der verschmutzte Niederschlag wesentlich zur Menge und Beschaffenheit des kommunalen Abwassers bei.
Die Verschmutzung des Niederschlagswassers resultiert aus atmosphärischen und Bodenoberflächenverunreinigungen. Die von den beiden Quellen ausgehenden Belastungen unterliegen aufgrund der geographischen Lage und der Struktur der Einzugsgebiete starken Schwankungen.
Die Belastung des fallenden Niederschlags wird durch Kontakt mit dem Boden und anderen Flächen (z. B. Dächer und versiegelte Flächen) meist weiter erhöht. Während der abfließende Niederschlag von landwirtschaftlichen Flächen hauptsächlich gelöste und ungelöste organische Stoffe sowie Nitrat und Phosphat enthält, weist derjenige im großstädtischen Bereich mit Industrieansiedlungen vor allem organische Stoffe aus den einzelnen Industriesparten, darunter auch toxische Substanzen, auf.
Die Ermittlung der typischen Belastung von abfließendem Niederschlag ist schwierig, da die Konzentrationen über die Dauer der Regenereignisse stark variieren. Zu Beginn ist die Belastung des abfließenden Niederschlags in der Regel um ein Vielfaches höher als am Ende. Außerdem spielt auch das zeitliche Verteilungsmuster der Regenereignisse eine Rolle. Je länger die vorangegangene Trockenwetterperiode ausfällt, umso stärker ist gewöhnlich die Kontamination des abfließenden Niederschlags.

Tabelle 5.7: Konzentrationen ausgewählter chemischer Parameter im Niederschlagswasserabfluss aus Trennkanalisationen sowie in Mischwasserkanälen, Spannweiten und Mediane

Parameter		Mischwasserkanäle Europa		Regenwasserkanäle Europa	
		Spannweite	Median	Spannweite	Median
abfiltrierbare Stoffe	mg/l	54 – 986	264	29 – 1535	153
BSB_5	mg/l	12 – 311	81	2,5 – 162	11,9
CSB	mg/l	60 – 857	274	20 – 351	77,1
NH_4-N	mg/l	1,4 – 24	5,99	0,20 – 21,9	0,92
NO_3-N	mg/l	0,1 – 8,45	3,50	0,20 – 12,8	1,40
Phosphor	mg/l	0,9 – 8,3	1,96	0,08 – 11,6	0,51
Kupfer	mg/l	0,079 – 0,491	0,125	0,0057 – 1,143	0,065
Nickel	mg/l	0,023 – 0,125	0,074	0,004 – 0,426	0,029
Zink	mg/l	0,370 – 1,50	0,721	0,024 – 3,56	0,430
Cadmium	mg/l	0,0019 – 0,0030	0,0023	0,00046 – 0,030	0,0024
Blei	mg/l	0,025 – 1,31	0,055	0,007 – 2,41	0,095

Es ist daher nicht verwunderlich, dass die im Niederschlagswasserabfluss aus Trennkanalisationen gemessenen Konzentrationen häufig Spannweiten von zwei oder mehr Zehnerpotenzen umfassen und im Maximum das Niveau der durchschnittlichen Belastung des kommunalen Abwassers erreichen (Tabelle 5.7). Insbesondere bei den Schwermetallen können vergleichsweise hohe Konzentrationen auftreten. Die Mittelwerte bzw. die Mediane bleiben allerdings deutlich unter den Kennwerten für das Rohabwasser. Im Mischwasserkanal werden ähnlich große Konzentrationsspannweiten bei insgesamt höherem Niveau gemessen [349].

5.1.7 Anforderungen an gewerblich/industrielle Indirekteinleitungen

Die Einhaltung der Anforderungen an die Einleitung kommunaler Kläranlagen in Gewässer gemäß Anhang 1 zur Abwasserverordnung oder ggf. verschärfter Anforderungen setzt voraus, dass die Abwässer aus Gewerbe und Industrie, die ins öffentliche Kanalnetz eingeleitet werden, die Reinigungsleistung der kommunalen biologischen Kläranlage nicht negativ beeinflussen. Immerhin macht dieser Abwasseranteil in Deutschland jährlich rund ein Drittel der Schmutzwassermenge häuslichen Ursprungs aus.

Im Vergleich zur Direkteinleitung ist die Indirekteinleitung aus der Sicht der Gewässer grundsätzlich weniger kritisch, da wegen der Vermischung mit häuslichem Abwasser die Inhaltsstoffe des gewerblichen und industriellen Abwassers an der Einleitungsstelle der kommunalen Kläranlage in geringeren Konzentrationen vorliegen als bei der Direkteinleitung. Außerdem tritt bei zahlreichen Stoffen in der kommunalen Kläranlage eine Frachtverminderung durch biologischen Abbau, durch Sedimentation und Sorption am belebten Schlamm sowie ggf. auch durch Strippen ein. Dies bedeutet, dass die Indirekteinleitung grundsätzlich einer Direkteinleitung vorzuziehen ist, weil hierbei nicht nur die ins Gewässer eingeleiteten Schadstoffkonzentrationen, sondern vielfach auch die Frachten geringer sind.

Allerdings ist die Indirekteinleitung von gewerblich/industriellen Abwässern nur dann zu vertreten, wenn sich daraus keine negativen Auswirkungen auf Bestand und Betrieb der Abwasseranlagen ergeben. Hierzu zählen insbesondere auch die Sicherstellung der Einhaltung der wasserrechtlichen Vorgaben für die Kläranlageneinleitung ins Gewässer und die Vermeidung von Schwierigkeiten bei der Schlammbehandlung und -entsorgung, sowie ggf. auch der Schlammverwertung. Daher dürfen Stoffe, die geeignet sind, die Funktionsfähigkeit der öffentlichen Abwasseranlage bzw. die Reinigungsleistung der öffentlichen Abwasserbehandlungsanlage zu beeinträchtigen, giftige, übelriechende oder explosive Dämpfe und Gase zu bilden sowie Bau- und Werkstoffe anzugreifen, grundsätzlich nicht über die öffentliche Abwasseranlage beseitigt werden. Die

Besorgnis negativer Effekte gilt in der Regel als ausgeräumt, wenn der Indirekteinleiter für eine Reihe von Parametern bestimmte Konzentrationen an der Einleitungsstelle in den öffentlichen Kanal nicht überschreitet.
Im DWA-Merkblatt M 115-2 [565] sind 39 Parameter benannt, und für 29 davon Richtwerte angegeben, mit der Empfehlung, diese als Grenzwerte in die Ortssatzungen der Kommunen zu übernehmen, sofern die lokalen Verhältnisse keine anderen, strengere oder weniger strenge Anforderungen notwendig machen oder ermöglichen (Tabelle 5.8).
Was die Anforderungen für die sogenannten gefährlichen Stoffe, wie z. B. Schwermetalle betrifft, so gelten stets die Werte der branchenspezifischen Anhänge zur Abwasserverordnung bzw. die Werte der wasserrechtlichen Genehmigung/Erlaubnis. Die Richtwerte nach M 115-2 [565] sind für die gefährlichen Stoffe demzufolge nur für Indirekteinleitungen anzuwenden, die nicht in einem Anhang zur Abwasserverordnung geregelt sind.
Grundsätzlich ist bei der Festlegung von Anforderungen an Indirekteinleitungen darauf zu achten, dass diese niemals strenger sind als die Vorbelastung des rein häuslichen Abwassers. Wie Tabelle 5.8 verdeutlicht, ist dies bei den Richtwerten des M 115-2 [565] auch nirgendwo der Fall. Zu den typischen Werten für die Belastung des häuslichen Schmutzwassers ist anzumerken, dass hier überwiegend nur die zu erwartende Größenordnung angegeben ist, d. h. im Einzelfall können die Konzentrationen von den genannten Werten durchaus beträchtlich abweichen. Bei den gelisteten Spurenstoffen ist die Belastung des häuslichen Schmutzwassers häufig mehrere Zehnerpotenzen niedriger als die Emissionsanforderungen. Bei diesen Stoffen lässt sich durch Analyse des Kläranlagenzulaufs gut feststellen, ob es im Einzugsgebiet entsprechende Indirekteinleitungen gibt.

Tabelle 5.8: Gegenüberstellung der Richtwerte nach DWA M 115-2 [565] und der typischen Belastung von häuslichem Abwasser

Parameter		Konzentrationen	
		Richtwert M 115	häusliches Abwasser
Temperatur	°C	35	10 – 20
pH-Wert		6,5-10	8
absetzbare Stoffe	ml/l	–	10
schwerflüchtige lipophile Stoffe	mg/l	300	40
Kohlenwasserstoffindex	mg/l	20 – 100	10
AOX	mg/l	1	0,1
LHKW	mg/l	0,5	0,1
Phenolindex	mg/l	100	1
organische halogenfreie Lösemittel als TOC	g/l	10	0,2
Antimon	mg/l	0,5	0,001

Arsen	mg/l	0,5	0,001
Barium	mg/l	–	0,05
Blei	mg/l	1	0,01
Cadmium	mg/l	0,5	0,001
Chrom	mg/l	1	0,02
Chrom VI	mg/l	0,2	< 0,01
Cobalt	mg/l	2	0,001
Kupfer	mg/l	1	0,05
Mangan	mg/l	–	0,1
Nickel	mg/l	1	0,01
Quecksilber	mg/l	0,1	< 0,001
Selen	mg/l	–	< 0,0005
Silber	mg/l	–	0,001
Thallium	mg/l	–	< 0,0001
Vanadium	mg/l	–	0,005
Zinn	mg/l	5	0,001
Zink	mg/l	5	0,25
Aluminium	mg/l	–	2
Eisen	mg/l	–	2
NH_4-N + NH_3-N	mg/l	100 – 200	≤ 50
NO_2-N	mg/l	10	< 1
Cyanid, leicht freisetzbar	mg/l	1	0,001
Sulfat	mg/l	600 – 3 000	100
Sulfid, leicht freisetzbar	mg/l	2	0,1
Fluorid, gelöst	mg/l	50	0,1
Phosphor gesamt	mg/l	50	10
spontane Sauerstoffzehrung	mg/l	100	< 1
aerobe biologische Abbaubarkeit		–	CSB/BSB_5-Verhältnis 2 – 3
Nitrifikationshemmung	%	≤ 20	< 20

5.2 Siebe, Rechen

In Abhängigkeit von der Durchlassweite unterscheidet Schüssler [2044]:

- Siebrechen 6 – 1 mm,
- Feinrechen 20 – 8 mm,
- Grobrechen 100 – 20 mm.

Siebrechen werden als selbständige Klärwerke bei sehr starker Verdünnung an großen Strömen oder am Meer noch manchmal ausgeführt. In der Regel wird verlangt, dass die Schmutzstoffe bis herab zur Größe von 3 mm zurückgehalten werden. Die Wirkung ist gering. Siebe leisten nur etwa ein Fünftel der Leistung von Absetzanlagen.

Bei Abwässern von Lebensmittelbetrieben und bei manchen kommunalen Kläranlagen verkleinert man die Vorklärung oder lässt sie ganz weg. Dann ist der Einsatz von Siebrechen oder Siebtrommeln mit Durchgangsweiten von 1 bis 6 mm zu bedenken. Der Anfall an Siebgut beträgt etwa 35 l/(E · a). Wegen des hohen Anteils fäkaler Stoffe ist die Siebgutentnahme mit einer Waschung und Entwässerung verbunden. Dadurch sinkt der Anfall auf etwa 12 l/(E · a) [264, 2045, 2046].

Als Vorreinigung für Absetzanlagen sind Grobrechen von 40 bis 50 mm Durchgang zu empfehlen. Der weite Stababstand hat den Vorteil, dass Kotstoffe und Papier durchgehen, also mit in den Schlamm der Absetzbecken kommen, und dass nur verhältnismäßig harmlose Sperrstoffe zurückgehalten werden und zu beseitigen sind. Die Rechenstäbe werden bei Handräumung schräg in das Wasser gestellt mit einer Neigung von wenigstens 1 (Höhe) zu 3 (Länge). Die Wasserrinne wird unter dem Rechen nur wenig erweitert, damit eine Wassergeschwindigkeit von 0,6 m/s erhalten bleibt, die nötig ist, um Sandablagerungen zu verhindern. Für Anschwellungen ist ein Sicherheitsumlauf angebracht, der ebenfalls einen Grobrechen von etwa 100 mm Stabweite hat (Bild 5.4). Als Menge des Rechenguts kann man bei Grobrechen 2 bis 5 l je Einwohner im Jahr rechnen.

Seitdem die Absetzbecken in der Regel mit Räummaschinen ausgerüstet sind, hat sich das Bedürfnis nach feineren Stabrechen von 8 bis 20 mm Durchgang zum Schutze der empfindlichen Maschinen und der Pumpen ausgebildet. Diese Rechen brauchen Abstreifmaschinen. Die Stäbe können dann ziemlich steil stehen. Die Abstreifmaschinen können so eingerichtet werden, dass sie mit Unterbrechungen laufen. Sie springen an, wenn am Rechen ein bestimmter Rückstau entstanden ist, und sie schalten sich wieder aus, sobald der Rechen rein ist. Der Räumvorgang soll nach etwa einer Minute abgeschlossen sein, damit die Räumleistung bei Regen, wenn viel Rechengut anfällt, ausreicht. Der Nachteil dieser Feinrechen ist, dass das Rechengut auf 5 bis 15 l je Einwohner im Jahr, also auf das Dreifache vermehrt wird, und dass es mehr Kotstoffe und andere stinkende Massen enthält. Durch Einsatz einer Rechengutpresse kann man die angegebene Menge halbieren und die Abfuhr erleichtern [689]. Dies ist wirtschaftlich. Rechen- und Siebgut werden gewöhnlich zusammen mit Hausmüll geordnet deponiert oder verbrannt [1002]. Man kann Rechengut auch allein oder zusammen mit Sandfanggut kompostieren [251].

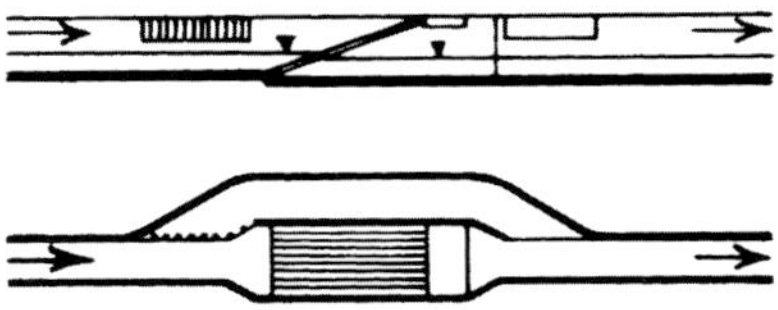

Bild 5.4: **Grobrechen**

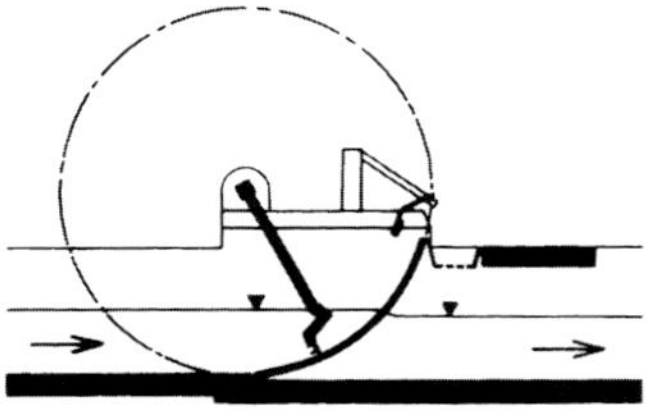

Bild 5.5: **Bogenrechen**

Bild 5.6: **Kammrechen**

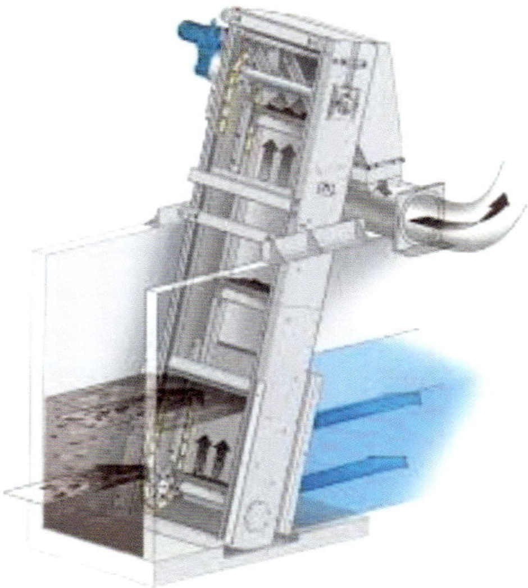

Bild 5.7: Harkenumlaufrechen (Werksfoto Fa. Huber)

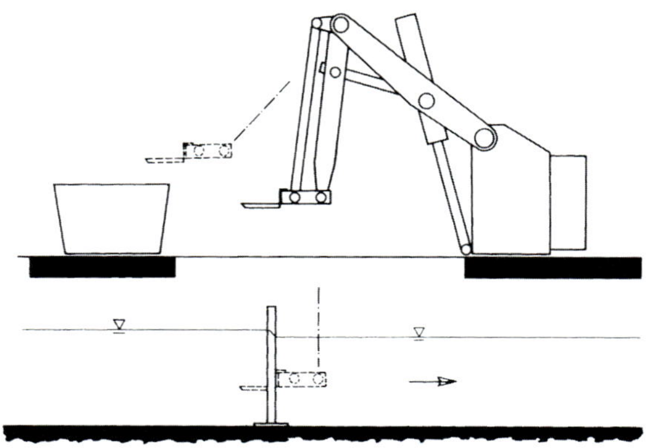

Bild 5.8: Gegenstromrechen

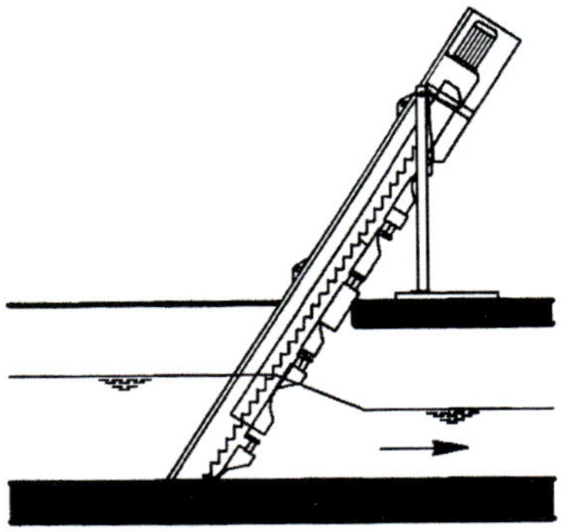

Bild 5.9: **Filterstufenrechen**

Bild 5.10: **Filterbandrechen (Werksfoto Fa. FSM)**

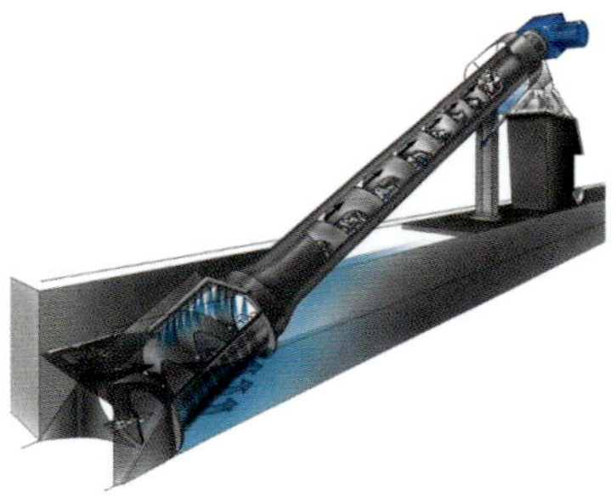

Bild 5.11: **Siebrechen (Werksfoto Fa. Huber)**

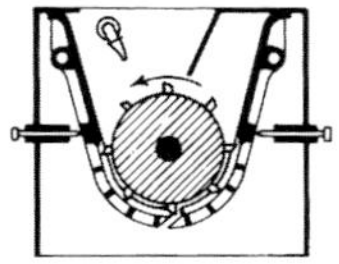

Bild 5.12: Schneidewalze

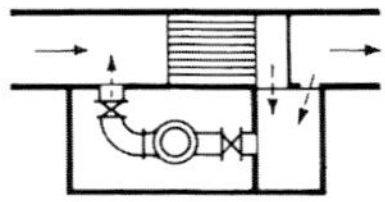

Bild 5.13: Zerkleinerungspumpe

Für kleine Anlagen kommt der maschinelle Bogenrechen zum Einsatz (Bild 5.5), der das Rechengut knapp über dem Gelände abwirft. Für größere Verhältnisse eignet sich der Kammrechen mit Seil- oder Kettenzug (Bild 5.6). Bei dieser Rechenart kann der Behälter für Rechengut so hoch angebracht werden, dass er direkt auf das Transportfahrzeug entlädt. Eine andere Rechenart wird ölhydraulisch angetrieben. Sie räumt gegen den Abwasserstrom und baut verhältnismäßig niedrig (Bild 5.8). Dies führt zu Einsparungen beim Rechengebäude. Eine Weiterentwicklung stellt der Harkenumlaufrechen dar, der durch seine umlaufende Harke quasi-kontinuierlich räumen kann und damit eine sehr hohe Leistung aufweist (Bild 5.7).
Beim Filterstufenrechen (Bild 5.9) wird das Rechengut durch einen Exzenterantrieb treppenförmig nach oben gefördert. Aufgrund des hohen Rechengutanfalls bei Filterstufenrechen und Siebrechen (Bild 5.11) sollte zusätzlich eine Rechengutwaschung und -pressung eingerichtet werden. Bei der Nachrüstung von Filterstufenrechen in bestehende Gerinne ist zu beachten, dass es durch den höheren Aufstau zu einer Abnahme der Fließgeschwindigkeit im Zulaufgerinne und damit zu Sandablagerungen kommen kann, die vor allem bei einsetzendem Mischwasserzufluss zu Störungen führen können. Bei starkem Frost ist eine Heizung zu empfehlen. Die Fließgeschwindigkeit zwischen den Rechenstäben soll 1,0 m/s nicht überschreiten, damit nicht zu viel Rechengut vom Wasser durchgespült wird. Filterstufenrechen weisen auf ihrer Bauart eine gewisse Empfindlichkeit bei erhöhtem Sand- und Kiesanfall im unteren Bereich des Rechens auf.
Eine Weiterentwicklung bei den Feinrechen stellt der Filterbandrechen dar, bei der das Rechengut auf einem perforierten Filterband zurückgehalten wird (Bild 5.10). Das Filterband bewegt sich als Endlosfilterband kontinuierlich, die Reinigung erfolgt mittels Bürsten am oberen Umlenkpunkt. Der Rechen ist relativ robust auch gegen erhöhten Sand- und Kiesanfall.

Die besondere Behandlung des Rechenguts kann man sparen, wenn man es zerkleinert und dann dem Abwasser zusetzt, also der allgemeinen Schlammbehandlung zuführt. Hierfür gibt es raschlaufende Schneidewalzen, deren Messer in die Lücken von gekrümmten Rechen eingreifen. Das Rechengut wird oben eingeworfen und fällt zerkleinert ins Abwasser zurück (Bild 5.12). In kleinen Anlagen sammelt man das Gut eines Tages in einem Behälter und zerkleinert es dann auf einmal. Einfacher ist es, das Rechengut gar nicht erst aus dem Abwasser herauszunehmen, sondern das ganze Abwasser durch die Zerkleinerungsmaschinen laufen zu lassen. Diese arbeiten wie Kreiselpumpen, deren Schaufeln mit nachstellbaren Messern versehen sind (Bild 5.13). Eine Neuentwicklung stellen sogenannte Doppelwellenzerkleinerer dar, bei zwei gegenläufige Schneidräder das Rechengut oder anderes grobes Material entweder im Zulauf der Kläranlage oder einer Pumpstation zerkleinern.
Die Zerkleinerungspumpe kann mit einem Stabrechen verbunden werden. Der Rechenreiniger und die Pumpe arbeiten mit Unterbrechungen. Beide werden elektrisch eingeschaltet, wenn ein bestimmter Aufstau vor dem Rechen erreicht ist. Das Rechengut wird dann in das Abwasser vor der Zerkleinerungspumpe geworfen und durchläuft die Pumpe mit einem Teil des Abwassers. Sandfänge sollen vor den Zerkleinerungsmaschinen liegen [1132, 2047].
Wenn, wie in Industrieländern, viel Putzwolle und andere Textilien mit dem Abwasser ankommen, versagen Rechengutzerkleinerer. Es ist dann richtiger, diese Stoffe als Rechengut zu entfernen.

5.3 Schwimmverfahren

Von den Schmutzstoffen des Abwassers können manche dadurch abgeschieden werden, dass man sie aufschwimmen lässt und dann abstreift. Das gilt besonders für Fett und Öl, deren Wichte geringer ist als die des Wassers.
Als Fettfang oder Ölfang wirkt jeder Behälter, der die Fließgeschwindigkeit abbremst und eine ruhige Wasserfläche darbietet. Die Wirkung tritt in jedem Absetzbecken ein. Absetzbecken sollen deshalb mit Abstreifern für Schwimmstoffe versehen sein. Während die schweren Stoffe sich am Boden als Schlamm absetzen, steigen die leichten Stoffe auf und bilden eine Schwimmschicht. Dabei steigen die großen Fett-Teilchen schnell und die kleinen langsam zur Oberfläche. Die Gesetze hierfür sind ähnlich denen des Absetzvorgangs bei körnigem Schlamm, nur in entgegengesetzter Richtung. Die Wirkung hängt ab von der Oberfläche im Verhältnis zum Durchfluss. Die Durchflusszeit wirkt daneben auf das Zusammenballen der Teilchen. Die notwendige Oberfläche eines Fettfangs ist:

$$\text{Oberfläche (m}^2\text{)} = \frac{\text{Durchfluss (m}^3\text{/h)}}{\text{kleinste Steiggeschwindigkeit (m/h)}} \quad [\text{m}^2] \qquad (5.3)$$

Dabei ist unter der kleinsten Steiggeschwindigkeit die Geschwindigkeit der kleinsten Fett-Teilchen verstanden, die gerade noch ausgeschieden werden müssen, wenn man eine bestimmte Wirkung erreichen will. Sie kann in einem Standglas ermittelt werden, indem man die Zeit beobachtet, die notwendig ist, um einen bestimmten Teil des gesamten Fettgehalts in die Schwimmschicht zu bringen. Dann ist

$$\text{kleinste Steiggeschwindigkeit (m/h)} = \frac{\text{Glashöhe (m)}}{\text{Zeit (h)}} \quad [\text{m/h}] \qquad (5.4)$$

Zunker hat in einem Versuch gefunden, dass von Leinöl, das in Wasser aufgewirbelt war, bei 15 · 95 % in einem Fettfang ausgeschieden wurden, wenn die kleinste Steiggeschwindigkeit 4 mm/s = 14,4 m/h betrug. Die für den Durchfluss von 1 l/s = 3,6 m^3/h notwendige Oberfläche war 3,6 : 14,4 = 0,25 m^2 [2396].
Das Aufschwimmen kann auch auf solche Stoffe ausgedehnt werden, die schwerer sind als Wasser, wenn man Druckluft in das Wasser einbläst. Die Luftblasen nehmen dann die Stoffe mit zur Wasserfläche und halten sie dort im Schaum fest. Die Flotation ist als „Schwimmaufbereitung" bei Erzen und Kohle sehr verbreitet. Sie wird aber auch zur Vorreinigung spezieller Abwässer und manchmal zur Eindickung von belebtem Überschussschlamm angewandt [151, 317, 334, 846, 998, 1050, 1320, 1656, 1864, 1895, 1907].

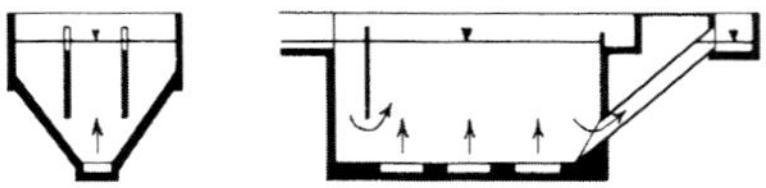

Bild 5.14: Belüfteter Fettfang

Schädlich sind Stoffe, die dem Schäumen entgegenwirken, z. B. Metallsalze und Säuren. Bei Ölabscheidern setzen Detergentien die Wirkung herab, weil kleinere Tröpfchen entstehen, die langsamer aufsteigen. Wenn Öl in emulgierter Form anfällt, ist es notwendig, die Emulsion durch Zugabe von Eisensulfat zu brechen. Bei Bohrölemulsionen rechnet man mit 3 – 5 g/l.
Bei stark fetthaltigen Abwässern kann man den Fettfang vor die Kläranlage setzen. Man hat dann den Vorteil, dass die hier zurückgehaltenen Fettstoffe nicht mehr den Betrieb der Absetzbecken belasten und sich ungünstig auf den Schlammindex einer nachgeschalteten Belebungsanlage auswirken [1956]. Der Fettfang kann nach Bild 5.14 ausgeführt werden. Das Becken ist langgestreckt und trogförmig mit möglichst großer Oberfläche und steil zusammengezogener Sohle. Man gibt ihm eine rechnerische Durchflusszeit von 3 min. Das Absetzen von Schlamm wird durch die in der vertieften Sohlenrinne eingeblasene Druckluft verhindert. Senkrechte Trennwände zu beiden Seiten der Luftzuleitung verhindern, dass sich die starke Wirbelbewegung der Mittelrinne auf die zu

beiden Seiten gelegenen Beruhigungsräume ausdehnt. Die Trennwände haben nur schmale Schlitze, die die Fettstoffe mit einem Teil des Wassers in die Beruhigungsräume übertreten lassen. Der mitkommende Schlamm rutscht auf dem schrägen Boden wieder in die belüftete Mittelrinne zurück. Die Abflussleitung führt schräg aufwärts und ist so eng bemessen, dass Sand dauernd oder wenigstens zeitweise mitgespült wird. Das sich an der Oberfläche der Beruhigungsräume ansammelnde Fett und Wasser wird abgelassen und in einen Behälter gepumpt, wo sich das überschüssige Wasser wieder abtrennt. Die Schwimmstoffe mit dem Fett werden in den Faulraum gepumpt. Der Luftbedarf eines solchen Fettfangs ist etwa 0,2 m^3 Luft auf 1 m^3 durchfließendes Abwasser bei 3 min Durchflusszeit. Fett- und Sandfang wurden auch schon kombiniert ausgeführt.

In Amerika hat man gefunden, dass die Wirkung des Fettfangs bei städtischem Abwasser dadurch gesteigert wird, dass man Chlorgas der Druckluft zusetzt. Die Chlorkonzentration ist 1 bis 1,5 mg/l, bezogen auf die durchfließende Abwassermenge [754, 755, 806].

Fettfänge dieser Art haben bei städtischen Klärwerken noch eine wichtige Nebenwirkung als Belüfter. Die Lüftungszeit kann dann bis 30 min ausgedehnt werden. Die Wirkung kann durch Rückführen von abgesetztem Schlamm gesteigert werden.

Die Rückstände aus den städtischen Fettfängen lassen sich meistens nicht verwenden, weil sie zu sehr verschmutzt sind. Wenn mineralisches Öl vorherrscht, werden die Rückstände am besten verbrannt [1785]. Organisches Fett bringt man in die Faulräume, weil es dort die Gasbildung steigert [94].

Gut verwertbar sind die Rückstände aus kleinen Fettabscheidern, die bei Großküchen, Gastwirtschaften und Schlachtereien angebracht werden, bevor dieses Abwasser an das städtische Leitungsnetz abgegeben wird. Dabei ist auf genügende Oberfläche und Durchflusszeit zu achten. Der Bodenschlamm muss regelmäßig entfernt oder abgespült und grobe Stoffe müssen ferngehalten werden [173, 615, 618, 646, 1035]. Groß sind die Fettmengen bei Schlachthöfen und Wollwäschereien.

Benzinabscheider werden zum Schutze des Straßennetzes bei großen Kraftwagenhallen vorgeschrieben. Sie müssen regelmäßig von der Stadtverwaltung entleert werden [1558]. Ölabscheidebecken für Fernstraßen siehe: [42]. Über Betriebserfahrungen mit Straßenabwasserbehandlungsanlagen berichtet Rutz [1942]. Über Straßenabwasserbelastungen und -behandlungstechniken Kasting [1283].

Für den Bereich der Abscheider-Rückstausicherungsanlagen in der Grundstücksentwässerung (Einbau, Betrieb, Wartung und Kontrolle) ist auf DWA-M 167, Teil 1 bis 5, hinzuweisen [528, 530 bis 533].

5.4 Absetzverfahren

Die meisten Schwebestoffe des städtischen Abwassers sind so fein, dass sie nicht von Rechen oder Sieben erfasst werden können. Sie sind aber auch für das Schwimmverfahren nicht geeignet, weil sie schwerer sind als Abwasser. Sie müssen durch Absetzen am Boden von Absetzbecken ausgeschieden werden. Die Becken können dabei entweder waagerecht vom Abwasser durchflossen werden (Bild 5.19) oder in aufsteigender Richtung (Bild 5.20).
Der Absetzvorgang wird für ein bestimmtes Abwasser im Absetzglas (Bild 5.2) verfolgt. Man stellt fest, wie lange es dauert, bis die gewollte Absetzwirkung erreicht ist. Der Vorgang im waagerecht durchflossenen Absetzbecken ist ähnlich, nur steht das Wasser dabei nicht ruhig, sondern es fließt langsam. Man braucht sich dabei nur vorzustellen, dass ein gefülltes Absetzglas mit der Strömung durch das Becken schwimmt. Die Aufgabe ist, eine Beziehung zu finden zwischen der Beobachtung im Glas und dem Vorgang im durchflossenen Becken.
Dabei muss man unterscheiden zwischen körnigem Schlamm, dessen einzelne Schwebestoffe unabhängig voneinander mit ständig gleich bleibender Geschwindigkeit zu Boden sinken, und flockigem Schlamm, dessen Teilchen sich unterwegs zu immer größeren Flocken zusammenballen und infolgedessen ihre Sinkgeschwindigkeit ständig vergrößern [1120]. Körniger Schlamm ist z. B. Sand, Kohlenschlamm oder aufgeschwemmte Zuckerrübenerde. Flockenschlamm ist z. B. ausgefälltes Eisensalz oder belebter Schlamm. Städtischer Schlamm steht zwischen beiden. Nach Knop verhält sich sogar äußerst feiner Kohlenschlamm mehr wie Flockenschlamm [1341].

5.4.1 Körniger Schlamm und Oberfläche

Für rein körnigen Schlamm gelten die von Stokes, Hazen sowie Schulz, Prag, aufgestellten Gesetze: Die Tiefe des Beckens ist ganz gleichgültig. Maßgebend ist nur die Oberfläche in ihrer Beziehung zum Durchfluss. Diese findet man wie beim Fettfang nach der Formel:

$$\text{Oberfläche } (m^2) = \frac{\text{Durchfluss } (m^3/h)}{\text{kleinste Steiggeschwindigkeit } (m/h)} \quad [m^2] \qquad (5.5)$$

Dabei ist unter kleinster Sinkgeschwindigkeit die Geschwindigkeit verstanden, die die letzten, also die kleinsten und leichtesten Schwebestoffe aufgewandt haben, um in der als notwendig erkannten Absetzzeit den Boden zu erreichen.
Die zulässige Belastung des Klärbeckens wird durch den Zufluss ausgedrückt, der in der Zeiteinheit auf die Einheit der Fläche kommt. Das ist die zulässige Flächenbeschickung:

$$\text{Flächenbeschickung} \left(\frac{m^3}{m^2 \cdot h}\right) = \text{kleinste Sinkgeschwindigkeit (m/h)} \qquad [m/h] \qquad (5.6)$$

Die Flächenbeschickung kann man sich auch vorstellen als die Höhe des auf die Oberfläche aufgesetzten Volumenstromes, der stündlich durch das Becken fließt, also in m/h wie die Sinkgeschwindigkeit.

Beispiel: Man hat bei Kohlenwaschwasser, also bei Abwasser mit körnigem Schlamm, in einem 0,4 m hohen Standglas aus der Durchsichtigkeit und der Menge des Bodensatzes festgestellt, dass die erwünschte Klärwirkung 4 h Zeit braucht. Man will also in dem Klärbecken gerade noch die Stoffe ausscheiden, die eine Sinkgeschwindigkeit haben von 0,4 : 4 = 0,1 m/h. Die zulässige Flächenbeschickung ist also ebenfalls 0,1 m/h = 0,1 $m^3/(m^2 \cdot h)$. Bei einem Zufluss von 36 m^3/h muss das Klärbecken eine Oberfläche haben von 36 : 0,1 = 360 m^2.

Bei körnigem Schlamm werden auch die Absetzräume mit senkrecht aufsteigender Wasserbewegung (Bild 5.20 und Bild 5.24) nur nach der Oberfläche berechnet. Ihre aufwärts gerichtete Wassergeschwindigkeit darf nicht größer sein als die errechnete kleinste Sinkgeschwindigkeit, also 0,1 m/h, weil diese Stoffe sonst mitgenommen würden. Die große Tiefe derartiger Bauten wird zwecklos, und damit verliert überhaupt die senkrecht aufwärts gerichtete Wasserbewegung ihren Sinn, weil sie ja nur für tiefe Räume denkbar ist. Am günstigsten bleiben bei gleicher Raumgröße ganz flache Becken mit möglichst großer Oberfläche, also z. B. Sickerbecken (Bild 5.101). Größere Tiefen macht man nicht wegen der Klärwirkung, sondern aus anderen Gründen, z. B. weil man Sohlengefälle zum Abrutschen des Schlamms braucht oder weil man Raum für den Schlammräumer oder für den abgelagerten Schlamm haben will.

Bei körnigen Teilchen verschiedenen Durchmessers kann man nach Fair bei einer Abwassertemperatur von 10 °C die folgenden Sinkgeschwindigkeiten annehmen (Tabelle 5.9).

Tabelle 5.9: Sinkgeschwindigkeiten verschiedener Stoffe

Durchmesser	**1,0**	**0,5**	**0,2**	**0,1**	**0,05**	**0,01**	**0,005**	**mm**
Quarzsand	502	258	82	24	6,1	0,3	0,06	m/h
Kohle	152	76	26	7,6	1,5	0,08	0,015	m/h
Schwebestoffe häuslichen Abwassers weniger als	122	61	18	3	0,76	0,03	0,008	m/h

Dabei ist die Wichte der Quarzsandkörper 2,65 kg/l, der Kohle 1,5 und der Abwasserstoffe etwa 1,2.

Wie groß die Durchflussgeschwindigkeit ist, ist für die Klärwirkung bei waagrechtem Durchfluss gleichgültig, solange eine gewisse Grenzgeschwindigkeit

nicht überschritten wird, nämlich die Geschwindigkeit, bei der die abgesetzten Schlammteile am Boden nicht mehr liegen bleiben, sondern fortrollen. Diese zulässige Grenzgeschwindigkeit liegt aber so hoch, dass sie bei den üblichen Ausmaßen nie erreicht werden kann. Sie ist etwa 50 mm/s = 180 m/h. Das ist auch die Grenzgeschwindigkeit, von der an die Umwälzung im fließenden Wasser beginnt. Bei dem sehr feinflockigen Schlamm einer Belebungsanlage kann 20 mm/s als Grenzgeschwindigkeit gelten.
Ausnahmsweise berechnen muss man die Durchflussgeschwindigkeit bei sehr flachen Becken, z. B. Sickerbecken (Bild 5.101) wenn diese eine geringe Wassertiefe von 0,4 m haben. Dort muss man stets feststellen, ob die zulässige Grenzgeschwindigkeit nicht überschritten wird nach der Formel:

$$\text{Geschwindigkeit (m/h)} = \frac{\text{Durchfluss (m}^3\text{/h)}}{\text{Querschnitt (m}^2\text{)}} \quad [\text{m/h}] \qquad (5.7)$$

Auch die Durchflusszeit hat für den Absetzvorgang keine Bedeutung, denn diese hängt ja von der Raumgröße ab, und da die Oberfläche festliegt, hängt sie von der Tiefe ab. Die Tiefe des Beckens ist aber, wie vorher gesagt, bei körnigen Stoffen ohne Einfluss auf den Absetzvorgang.
Damit sind die Gesetze und Regeln des Absetzvorgangs bei körnigen Stoffen bekannt. Es kommt immer nur auf die Oberfläche des Absetzbeckens an. Wenn man sich entschließt, die Stoffe irgendeiner Sinkgeschwindigkeit noch im Becken zurückzuhalten, ist für eine bestimmte Abwassermenge die Oberfläche des Beckens festgelegt. Die zulässige Flächenbeschickung in $m^3/(m^2 \cdot h)$ ist nämlich gleich der Sinkgeschwindigkeit in m/h.
Leider gelten diese einfachen Regeln aber nur für körnigen Schlamm. Von flockigem Schlamm wird später gesprochen.

5.4.2 Sandfang

Der Sandfang gehört in diesen Abschnitt, denn der Sand besteht unzweifelhaft nur aus körnigen Stoffen. Der Sandfang hat den Zweck, Sand und andere mineralische Stoffe festzuhalten, die den Betrieb des Klärwerks stören können. Er ist wenigstens dann immer nötig, wenn die Anlage auch Regenwasser aufzunehmen hat, also beim Mischverfahren. Auch beim Trennverfahren wird häufig ein Sandfang eingerichtet.
Bei den üblichen Fließgeschwindigkeiten rollt der Sand am Boden der zum Klärwerk führenden Leitung. Aus diesem Grund ist es manchmal möglich, die Größe des Sandfangs dadurch zu beschränken, dass man im Wasserquerschnitt des Zuflusses den unteren Teil abtrennt und nur diesen sandführenden Teil des Zuflusses durch den Sandfang führt.

Den Sand will man rein haben, d. h. möglichst ohne organische Stoffe, damit er nicht stinkt. Zu diesem Zweck macht man von der Eigenschaft des fließenden Wassers Gebrauch, bei einer bestimmten Fließgeschwindigkeit die organischen, meist leichteren und mehr flockigen Stoffe, die schon im Absinken den Boden erreicht haben, dort fortzurollen, während körnige, also meist mineralische Stoffe, fest zusammengeschwemmt werden. Nach diesem Gedanken werden die Sandfänge meist als Spülrinnen gebaut mit einer Fließgeschwindigkeit von etwa 0,3 m/s. Für den Querschnitt (Breite · Tiefe) gilt die Formel:

$$\text{Querschnitt (m}^2\text{)} = \frac{\text{Durchfluss (m}^3\text{/s)}}{\text{Geschwindigkeit 0,3 m/s}} \qquad [\text{m}^2] \qquad (5.8)$$

Entscheidend für die Funktion des Sandfanges ist wie bei den Absetzbecken die Flächenbeschickung (s. Tabelle 5.9).
Die noch von Hand zu räumende Essener Bauart ist in Bild 5.15 dargestellt. Die Sohle ist mit einer Sickerung versehen, die während des Wasserdurchflusses verschlossen gehalten wird. Wenn der Durchfluss abgestellt ist, wird die Sickerung geöffnet und der Sand wird trocken ausgeworfen.
Die Länge des Sandfangs macht man so groß, dass der Sand von mehreren Tagen in einer Kammer Platz hat. Je länger die Sandfänge sind, desto sicherer sind sie. Der Spülsandfang ist so nach Querschnitt und Länge zu berechnen.

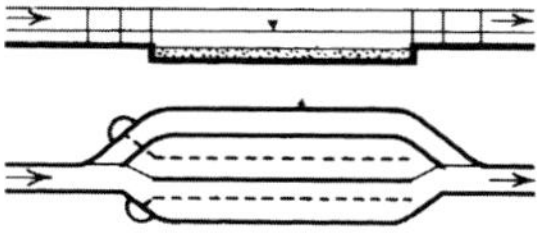

Bild 5.15: Spülsandfang mit Sohlensickerung

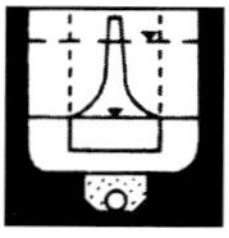

Bild 5.16: Staublech am Ende des Spülsandfangs

Auch bei wechselndem Durchfluss soll die Durchflussgeschwindigkeit gleich bleiben, besonders bei Regen, weil gerade dann der meiste Sand ankommt. Wenn der Wasserdurchfluss nur wenig wechselt, kommt man mit einer Sandkammer aus, denn mit steigendem Durchfluss steigt auch der Wasserspiegel und der Querschnitt wird größer. Nötig ist es meist, dass man die Wände schräg macht, sodass sich der Querschnitt nach oben erweitert. Damit die Sei-

tenwände im unteren Teil nicht zu schräg werden, kann man im Stapelraum herausnehmbare Stauwände anbringen [31]. Die gleiche Wirkung hat ein in den Abfluss eingesetztes Staublech mit entsprechend geformtem Ausschnitt nach Bild 5.16. Das Staublech sorgt dafür, dass die Wasserhöhe im Sandfang im richtigen Verhältnis zur zufließenden Wassermenge ansteigt, sodass die Fließgeschwindigkeit immer gleich bleibt. Berechnung siehe Kropf [1413]. Bei diesen Anordnungen hat man gewöhnlich nur eine zweite Kammer als Ersatz während der Ausräumzeit. Man hat aber auch schon viele Kammern nebeneinander gebaut, die je nach dem Wasserzufluss nacheinander selbsttätig ein- und wieder ausgeschaltet werden.
Damit die Kammern des flachen Sandfangs ohne Unterbrechung betrieben werden können, werden oft endlose Bänder am Boden entlang bewegt, ähnlich den Absetzbecken nach Bild 5.22 oder 5.24 [423]. Der Sand kann auch unter Wasser mit Greifern, mit Saugpumpen oder mit Druckluft ausgeräumt werden. Die waagerechte Sohle darf aber nicht durch Trichter unterbrochen werden, weil sich sonst Schlamm absetzt und den Sand verschmutzt. Als Sandanfall kann man 2 – 5 l/E im Jahr erwarten. Die kleine Zahl gilt für enge, die große für weitläufige Bebauung. Vergleiche auch Londong [1512].
Das Anpassen des Sandfangquerschnitts an wechselnde Durchflüsse kann man dann vermeiden, wenn man den Querschnitt so groß macht, dass die Fließgeschwindigkeit auch bei größtem Zufluss nicht größer wird als 0,3 m/s. Dann ist die wirkliche Geschwindigkeit fast immer geringer und man erhält ein Gemisch von Schlamm und Sand. Zu diesem vergrößerten Querschnitt kann man dauernd so viel Druckluft einblasen, dass die Schlammstoffe auch bei geringem Zufluss und damit kleinen Fließgeschwindigkeiten nicht liegen bleiben [1015, 1278, 1765, 2129, 2193, 2300]. Solche Absetzanlagen werden als belüftete Sandfänge bezeichnet.
Der Lufteintrag richtet sich nach der durchflossenen Fläche und sollte zwischen 0,5 und 1,5 $Nm^3/(m^3 \cdot h)$ liegen. Bei heute üblichen Sandwäschern zur Aufbereitung des entnommenen Sandes empfiehlt sich eine Reduzierung des spezifischen Lufteintrags auf 0,2 bis 0,5 $Nm^3/(m^3 \cdot h)$. Bei einem dem Sandfang und einer Vorklärung folgenden anaeroben Mischbecken zur erhöhten biologischen Phosphorelimination sollte die spezifische Luftzufuhr immer unter 0,5 $Nm^3/(m^3 \cdot h)$ liegen. Boes schlägt vor, in der ersten Hälfte des Sandfangs doppelt so stark zu belüften wie in der zweiten Hälfte. Auf diese Weise wird die erwünschte Drehbewegung des Abwassers schneller angefacht und die Feinsandabscheidung im letzten Teil begünstigt [289]. Die horizontale Fließgeschwindigkeit sollte bei maximalem Zufluss einen Wert von $v = 0{,}2$ m/s nicht überschreiten, das Querschnittverhältnis von Breite/Tiefe/Höhe bei Trockenwetterzufluss bei 1 und bei maximalem Zufluss bei 0,8 liegen. Die Sandfanglänge

empfiehlt sich in einem Bereich zwischen 10 · b_{SF} und 14 · b_{SF} festzulegen [322]. Die Sohlneigung soll 35 bis 45° betragen [1269, 1514].

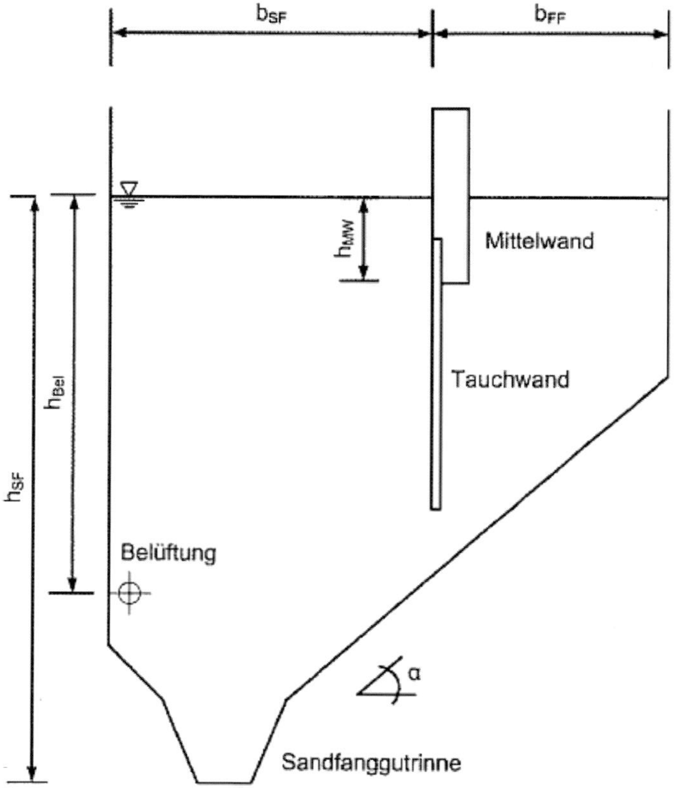

Bild 5.17: Querschnittsform für belüftete Sandfänge mit Fettfangkammer (nach: [2129]

In einigen Fällen werden neben dem belüfteten Sandfang Räume für Schwimmstoffe, beispielsweise Fette, angelegt. Stein hat dazu den in Bild 5.17 gezeigten Querschnitt angegeben [2129]. Der DWA-Fachausschuss KA-5 schlägt dazu die Bemessungstabelle vor [730], die den seit Jahren in diesem Buch genannten Werten entspricht (Tabelle 5.10).

Tabelle 5.10: Bemessungswerte für belüftete Sandfänge

Parameter	vorgeschlagener Wertebereich
horizontale Fließgeschwindigkeit v_z	≤ 0,20 m/s
Breite/Tiefe-Verhältnis b_{SF}/h_{SF}	0,8 – 1,0
Querschnittsfläche A (ohne Fettfang)	1 m^2 – 15 m^2
Durchflusszeit t_R	≥ 300 s (s. Text)
Beckenlänge l_{SF}	> 10 · b_{SF}, < 50 m
Einblastiefe h_{Bel}	h_{SF} – 0,3 m
spezifischer Lufteintrag, bezogen auf das Beckenvolumen (ohne Fettfangkammer)	0,2 – 0,5 $m^3/(m^3 \cdot h)$
Eintauchtiefe der Mittelwand (ohne Einbauten) hMW	ca. 0,2 · h_{SF}
Sohlquerneigung der Fettfangkammer α	35° – 45°
Breite der Fettfangkammer bFF	0,50 bis 1,00 b_{SF}
Flächenbeschickung der Fettfangkammer qA,FF = Qt/AFF bei Trockenwetterzufluss	≤ 25 m/h
Sandfanggut-Rinne Tiefe	ca. 0,15 h_{SF}
Sandfanggut-Rinne Breite oben	0,15 bis 0,25 b_{SF}

Man kann auch den Sand kurz vor dem Ausräumen mit Druckluft durchblasen und reinigen oder das ganze Gemisch von Schlamm und Sand außerhalb in einer besonderen Sandwäsche reinigen [131].

Beim Langsandfang muss noch geprüft werden, ob seine Oberfläche groß genug ist, um den Sand einer bestimmten Korngröße zurückzuhalten. In der Regel kann man für Quarzsand Durchmesser 0,2 mm annehmen. Da im Sandfang die Grenzgeschwindigkeit überschritten wird und der turbulente Fließvorgang auch abgesetzte Teile wieder hochspült, hat man zur Berechnung der erforderlichen Oberfläche kleinere Sinkgeschwindigkeiten einzusetzen als nach Tabelle 5.9.

So fand Kalbskopf durch Versuche, dass etwa die Sinkgeschwindigkeit der Körnung 0,1 mm als Oberflächenbeschickung anzunehmen ist, damit Quarzsand von 0,2 mm vollständig zurückgehalten wird. Nach seinen Angaben werden verschiedene Korngrößen in Abhängigkeit von der rechnerischen Oberflächenbeschickung zu folgenden Prozentsätzen zurückgehalten (Tabelle 5.11) [1266].

Inzwischen wurden Verfahren zur Prüfung von Sandfängen unter einer wesentlichen höheren Sandbeschickung als im üblichen Betrieb von Kläranlagen entwickelt [322, 323, 1067].

Tabelle 5.11: Ausscheidungsgrad in Abhängigkeit von Korngröße und Oberflächenbeschickung

Durchmesser	Ausscheidungsgrad			
	100 %	90 %	85 %	
0,16 mm	12	16	20	m/h
0,20 mm	17	28	36	m/h
0,25 mm	27	45	58	m/h

Beispiel: Der Sandfang für 50 000 Einwohner ist 20 m lang und 1,20 m breit. Der Durchfluss in den Tagesstunden beträgt 556 m^3/h. Bis zu welcher Größe werden Sandkörner zurückgehalten? – Die Oberfläche ist $20 \cdot 1{,}20 = 24\ m^2$. Die Flächenbeschickung, die zugleich der Sinkgeschwindigkeit entspricht, ist 556 : 24 = 23 m/h. Es werden Sandkörner von 0,2 mm Korngröße weitgehend zurückgehalten. Bei Regenwetter ist der Durchfluss 5-mal so groß. Eine zweite Kammer wird freigegeben. Die Flächenbeschickung ist $(556 \cdot 5) : (24 \cdot 2) =$ 58 m/h. Dann werden Körner von 0,25 mm noch zu 85 % abgeschieden.
Beispiel: Belüfteter Sandfang für Q_t = 250 l/s und Q_r = 500 l/s. Gewählt: eine Kammer mit 2,40 m Breite, 3 m Tiefe, 28 m Länge, einseitig angeordnete grobblasige Belüftung, 2,10 m Einblastiefe. Nasser Querschnitt mit 30° Sohlneigung und Sandsammelrinne im Bereich der Belüftung 5,5 m^2. Mittlere Fließgeschwindigkeit 0,5 m^3/s: 5,5 m^2 = 0,09 m/s < 0,10 m/s. Aufenthaltszeit bei Regen $(5{,}5\ m^2 \cdot 28\ m) : 0{,}5\ m^3/s = 308\ s > 5$ Minuten. Luftbedarf $(0{,}07 + 0{,}76 \ln 2{,}10)^{-1{,}33} = 1{,}8\ m^3/(m^3 \cdot h)$. Entspricht $1{,}8 \cdot 5{,}5 \cdot 28 = 277\ m^3/h$. Gewählt: Zwei Gebläse mit je 200 m^3/h. Davon eines regelbar. Der Sand wird täglich von einer fahrbaren Räummaschine aus der Sammelrinne unter Wasser abgepumpt.
Der Tiefsandfang mit senkrechtem Wasserdurchfluss [1498] hat den Vorteil, dass man den Sand von einem Tiefpunkt aus mit Druckluft ausblasen kann [1210]. Der senkrechte Wasserdurchfluss widerspricht aber – ebenso wie die Entwicklung des Absetzraumes nach der Tiefe – dem Absetzvorgang der körnigen Stoffe (Kapitel 5.4.1). In tiefen Sandfängen wird deshalb wegen der zu geringen Oberflächen gewöhnlich nur der gröbste Sand zurückgehalten. Eine Verbesserung ist der Geigersche Sandfang mit einem flachen Trichter von großer Oberfläche und mit kreisförmiger Spülbewegung des Wassers. Die kreisförmige Spülbewegung kann auch durch ein Rührwerk erreicht werden. Bei beiden Bauarten wird der Sand vor dem Ausheben eine kurze Zeit mit Druckluft reingespült.
Bei einigen Kläranlagen verzichtet man auf den Sandfang. Der Sand wird im Vorklärbecken mit abgesetzt und anschließend in einem Zyklon vom Schlamm getrennt [2284].
Nach den Vorgaben der Deponieverordnung (Kapitel 5.10.20), darf Sandfanggut mit einem Glühverlust > 5 % in Deutschland nicht auf Deponien abgelagert

werden, daher wird dem Sandfang häufig eine Sandwaschanlage nachgeschaltet. Unter günstigen Bedingungen können mit einer Sandwäsche Glühverluste von < 3 % erreicht werden, womit auch eine Verwertung als Baustoff ermöglicht wird. Gewaschener Sand hat einen Anteil an organischen Stoffen von < 5 %. Er kann als Drainageschicht in kontrollierte Deponien eingebaut oder zu kompostierenden Stoffen als Auflockerer beigegeben werden [69].

5.4.3 Flockenschlamm und Durchflusszeit

Alle bisherigen Ausführungen über den Absetzvorgang haben sich nur mit körnigen Stoffen befasst, die unabhängig voneinander mit gleich bleibender Geschwindigkeit absinken. Bei organisch verschmutztem Abwasser kann man aber diese einfachen Regeln nur beschränkt anwenden, weil seine Schwebestoffe meist mehr flockig sind als körnig. In chemischen Fällungsbecken und in den Nachbecken von Belebungsanlagen ist es sogar ganz ausgesprochener Flockenschlamm. Dieser verhält sich aber beim Absetzen ganz anders als körniger Schlamm. Die Tiefe des Beckens ist hier durchaus nicht einerlei, denn die Flocken ballen sich während des Absinkens zusammen, werden größer und sinken so umso schneller ab, je tiefer sie kommen. Mit der Oberfläche und der Flächenbeschickung kann man sich nicht mehr begnügen. Vielmehr muss man mit der Oberfläche und der Tiefe, also mit dem Raum rechnen in seinem Verhältnis zur durchfließenden Abwassermenge, und das ist nichts anderes als die Durchflusszeit [808, 840, 1120].

Beim Flockenschlamm bekommt auch die senkrecht aufwärts gerichtete Wasserbewegung (Bild 5.20 und Bild 5.24) Bedeutung, weil das Abwasser sich dann durch ein absinkendes Flockenfilter bewegt, worin viele feinste Flocken festgehalten werden, die sich allein nicht absetzen würden. Dabei kann der Wasserzufluss sogar innerhalb des bereits abgesunkenen Schlammes liegen. Das Wasser wird also beim Aufsteigen durch seinen eigenen Schlamm gefiltert [1835]. Wichtig ist, dass das schwebende Flockenfilter zusammengehalten und nicht zerrissen wird. Zu diesem Zweck kann es nützlich sein, den Wasserzufluss mit Pausen zu unterbrechen.

Für ausgesprochenen Flockenschlamm, z. B. aus Belebungsanlagen oder von chemischer Fällung, rechnet man mit Steiggeschwindigkeiten des Wassers von 0,5 bis 3 m/h je nach der Größe der Flocken. In Amerika werden statt der Becken nach Bild 5.21 oder Bild 5.25 meist kreisrunde Flachbecken mit Wasserzulauf von der Mitte nach Bild 5.23 vorgezogen. Man nimmt bei diesen aber größere Tiefe (z. B. 5 m) und kleineren Durchmesser und legt den Zulauf tief, sodass die Wasserbewegung doch teils aufwärts gerichtet ist [207, 424, 1820].

Bei besonders dichtem Flockenschlamm, also in den Nachklärbecken von Belebungsanlagen, kann der Absetzvorgang durch Gewichtsströmungen (Dich-

teströmungen) völlig verschoben werden. Hierüber berichten von runden Becken Anderson [34] und von rechteckigen Gould [918, 920]. Das mit dem Schlamm beladene Zuflusswasser ist dichter und schwerer als der übrige Inhalt des Beckens. Es sinkt rasch zu Boden, drängt sich dort vorwärts und zwingt das geklärte Wasser, rückwärts zu fließen.
Solche Gewichtsströmungen treten auch dann auf, wenn das Abwasser aus anderen Gründen sein Raumgewicht verändert, z. B. durch die Temperatur oder den Salzgehalt. Das Wasser fließt dann nicht mehr gleichmäßig durch das Becken, sondern es entstehen Wirbel und Kreisläufe trotz bester Ausbildung des Abwassereinlaufs. Gewichtsströmungen werden vermieden, wenn man die Becken möglichst flach und lang macht. Schmidt-Bregas empfiehlt ein Verhältnis von Beckentiefe zu Beckenlänge größer als 1 : 20 [2005].
Bei tiefen Becken versucht man, sich mit der Bauart den Strömungen anzupassen. So lässt Gould in Absetzbecken nach Bild 5.26 oder Bild 5.28 den Bandkratzer in der Richtung des Abwassers laufen und legt den Schlammablass an das Ende des Beckens, weil doch nicht zu verhindern ist, dass das schwere, schlammhaltige Wasser am Boden diesen Weg nimmt [918, 920].

5.4.4 Absetzbecken

Städtische Absetzbecken haben mit Schwebestoffen zu tun, die teils körnig, teils flockig sind. Man kann sie berechnen [1636, 1637, 1871] entweder

- aus der notwendigen Durchflusszeit (z. B. 2 h) wie bei flockigem Schlamm. Dann wirkt aber die Ausdehnung der Fläche bei gleicher Durchflusszeit günstig, oder
- aus der zulässigen Flächenbeschickung (z. B. 1 m/h = 1 $m^3/(m^2 \cdot h)$) wie beim körnigen Schlamm. Dann muss man aber beachten, dass tiefe Becken bei gleicher Fläche mehr leisten. Üblich ist die Berechnung aus der Durchflusszeit. Unter Durchflusszeit ist die rechnerische, mittlere Durchflusszeit verstanden nach der Formel

$$\text{Durchflusszeit (h)} = \frac{\text{Absetzraum } (m^3)}{\text{Durchfluss } (m^3/h)} \quad [h] \qquad (5.9)$$

Die wirkliche Durchflusszeit ist stets kürzer. Sie wird mit dem Färbeversuch (Tracer) bestimmt [32] oder mit radioaktiven Elementen. Bei Nachklärbecken von Belebungsanlagen sind zusätzliche Überlegungen anzustellen, die in Kapitel 5.8.1.13 behandelt werden.
Aus Versuchen in Absetzgläsern zeigt Bild 5.18 nach Sierp, wie sich das städtische Abwasser während der Absetzzeit verändert, und zwar a) nach den in 2 h absetzbaren Schwebestoffen, b) nach den Gesamtschwebestoffen, c) nach dem BSB_5 und d) nach dem KMnO4-Verbrauch. Diese Kurven geben einen

ungefähren Anhalt darüber, welche Leistung man bei verschiedenen Absetzzeiten im Absetzbecken zu erwarten hat.

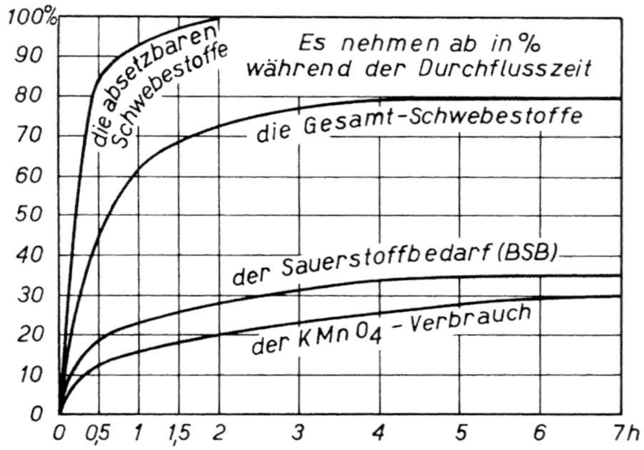

Bild 5.18: Wirkung der Absetzzeit auf städtisches Abwasser nach Sierp

Zur Berechnung der „kleinsten Sinkgeschwindigkeit", wie bei rein körnigem Schlamm, lässt sich das Absetzglas nicht sicher benützen, weil die Flocken ihre Sinkgeschwindigkeit während des Sinkens vergrößern. Auch lässt sich die Absetzzeit in einem 0,4 m tiefen Glase nicht auf die „Durchflusszeit" in einem z. B. 2 m tiefen Becken übertragen.

Man müsste schon das Versuchsglas bei teilweise flockigem Schlamm genau so tief machen wie das geplante Absetzbecken. Dann darf man die Absetzzeit im Glase gleichsetzen der Durchflusszeit im waagerecht durchflossenen Becken, und man kann den Beckenraum danach berechnen.

Die zusätzliche Wirkung der aufsteigenden Wasserbewegung lässt sich nur im Beckenversuch feststellen. Gewöhnlich ist bei städtischem Abwasser nicht viel Wirkung zu erwarten, wohl aber bei ausgesprochenem Flockenschlamm von Belebungsanlagen oder bei chemischer Fällung. Van der Zee hat beim Versuch im 1,2 m hohen Absetzglas ermittelt, dass die aufsteigende Wasserbewegung bei städtischem Abwasser, dessen Schlammstoffe durch belebten Flockenschlamm aus den Nachbecken vermehrt waren, die Wirkung dann noch verbesserte, wenn die Flächenbelastung (also die Steiggeschwindigkeit des Wassers) nicht größer war als 2,2 m/h [1812, 1816].

Ein brauchbarer Mittelwert für die Durchflusszeit in Absetzbecken ist bei städtischem Abwasser 1,5 h für Beckentiefen, die nicht zu weit von 2 m entfernt sind. Die 1,5 h beziehen sich auf die mittlere Wasserführung der 12 Tagesstunden

nach Bild 5.1. Für das 24-h-Mittel, mit dem man z. B. in Nordamerika stets rechnet, entspricht das einer Durchflusszeit von etwa 2 h, denn das 24-h-Mittel ist nach Bild 5.1 entsprechend kleiner.
In den Fällen, wo sich die Ansicht vertreten lässt, dass in den Schwebestoffen des städtischen Abwassers nicht die flockigen, sondern die körnigen Stoffe vorherrschen, dass man also besser mit der zulässigen Flächenbeschickung rechnet, statt mit der Durchflusszeit, ergeben sich für 2 m Beckentiefe die entsprechenden Mittelwerte als:

1,5 h Durchflusszeit = 2 m : 1,5 h = 1,33 m/h Flächenbeschickung,

2 h Durchflusszeit = 2 m : 2 h = 1 m/h Flächenbeschickung.

Die nach diesen Mittelwerten bemessenen Größen der Absetzbecken, also mit einer Durchflusszeit von etwa 1,5 h oder mit einer Flächenbeschickung von 1,33 m/h für die mittlere Wasserführung der 12 Tagesstunden, sind in der Regel auch die wirtschaftlich richtigen Größen.
Andererseits kann es erwünscht sein, den organischen Kohlenstoffgehalt des Abwassers für eine anschließende Denitrifikation hoch zu halten. Man verkürzt in solchen Fällen die Vorklärzeit auf etwa 30 Minuten. Zur Steigerung der energetischen Effizienz der gesamten Kläranlage ist die Optimierung der Vorklärbeckenvolumens zur Erhöhung der Gasausbeute bei gleichzeitiger Sicherstellung einer ausreichenden Stickstoffelimination in der anschließenden biologischen Reinigungsstufe eine wichtige Aufgabe. Neuere Messungen lassen in Abhängigkeit der mittleren Aufenthaltszeit die in Tabelle 5.12 zusammengestellten Abscheidegrade erwarten (Zwischenwerte können linear interpoliert werden) [1767], mit denen eine solche energetische Optimierung planerisch behandelt werden kann. Besser als die Verwendung ist in jedem Fall die Messung der tatsächlichen Vorklärleistung der betreffenden Anlage. Hierbei sind gemäß den Vorgaben im Arbeitsblatt ATV-DVWK-A 198 [491] Messungen der maßgeblichen Parameter im Zu- und Ablauf der Vorklärung durchzuführen. Es wird in diesem Fall empfohlen, in einer mindestens einwöchigen Messkampagne, vorzugsweise bei Trockenwetter, die Parameter C_{CSB}, X_{TS}, C_{KN} und C_P aus einer durchflussproportionalen 24-h-Mischprobe im Zu- und Ablauf der Vorklärung zu analysieren. Sofern im Mischwasserfall bemessungsrelevante Veränderungen der Frachten im Zulauf zur biologischen Stufe zu erwarten sind, sollte dies bei der Gestaltung des Messprogramms entsprechend berücksichtigt werden. Es ist darauf zu achten, dass während der Messkampagne keine zusätzlichen Prozessströme, wie z. B. Schlammwasser aus der Entwässerung, der Vorklärung zugeführt werden.

Tabelle 5.12: Abscheidegrad der Vorklärung in Abhängigkeit der mittleren Aufenthaltszeit [597]

Parameter	Einheit	Durchflusszeit bezogen auf den mittleren Trockenwetterzufluss $Q_{T,aM}$		
		0,75 bis 1 h	**1,5 bis 2 h**	**> 2,5 h**
C_{CSB}	%	30	35	40
X_{CSB}	%	45	55	60
X_{TS}	%	50	60	65
C_{KN}	%	10	10	10
C_P	%	10	10	10

Am Einlauf erhält jedes Absetzbecken eine Tauchwand, die den Wasserstoß aus der Zuführungsrinne aufnimmt und den Zufluss auf die Beckenbreite verteilt. Die Tauchwand hält auch Schwimmstoffe und Öl fest. Damit der Wasserstoß sich nicht zu sehr in die Tiefe fortsetzt, macht man in die Tauchwand Löcher oder Schlitze, die das Wasser aufgeteilt durchtreten lassen. Auch kann man die Zulaufrichtung nach oben (Clifford) oder nach rückwärts (Steuer) oder seitlich (Geiger oder Stengel) ablenken [901]. Die Belüftung der Einlaufzone kann nützlich sein.Eine gute Verteilung auf mehrere Rechteckbecken lässt sich durch einen quer angeordneten Zulauf erreichen, in dem geringe Fließgeschwindigkeiten herrschen. Damit kein Schlamm liegen bleibt, muss der Zulauf geräumt oder belüftet werden.

Der Auslauf fließt über einen waagerechten Überfall, der den Abfluss auf die ganze Beckenbreite verteilt. Vor dem Überfall befindet sich eine flache Wand, die 25 cm eintaucht und Schwimmstoffe festhält. Wenn der Überfall im Verhältnis zum Durchfluss sehr lang ist, also namentlich bei Kreisbecken, die den Abfluss am äußeren Kranz haben (Bild 5.22), ist es schwer, die Überfallkante gleichmäßig arbeiten zu lassen. Man macht dann zweckmäßig in etwa 0,3 m Abstand Einkerbungen, die das Wasser in einzelnen Strahlen durchtreten lassen. Dann wird die Gleichmäßigkeit des Abflusses auch weniger durch die kleinen Spiegelbewegungen gestört, die bei großen Becken vom Wind ausgelöst werden. Die Überfallkante darf nicht zu kurz sein. Bei feinem, flockigem Schlamm soll nach amerikanischen Erfahrungen auf 1 m Kantenlänge nur ein Durchfluss von 8 bis 10 m^3/h kommen. Diese Zahl lässt sich bei großen Becken meist nur dann einhalten, wenn man mehr als eine Abflussrinne einbaut.

Mit dem Überfall hält man den Wasserspiegel im Becken ständig in gleicher Höhe. Bei zweistöckigen Absetzbecken (Bild 5.28 oder Bild 5.29) ist das zu empfehlen, weil mit schwankendem Spiegel Strömungen durch die Schlitze zum Faulraum entständen. Aber auch bei Räumern hat der feste Wasserspiegel den Vorteil, dass der so wichtige Abstreifer für Schwimmstoffe sicher arbeiten kann.

Wenn der obere Teil des Beckens auch als Rückhaltebecken wirken soll, macht man zwei Überfälle in verschiedenen Höhen oder Schlitze [1433, 1436] oder schwimmende Abläufe mit Anschlägen in zwei Endstellungen. Der Wasserspiegel kann z. B. zwischen den Höhen des Trockenwetter- und des Regenabflusses schwanken.
Bei faulfähigem Schlamm ist die Hauptsache, dass er niemals so lange im Becken liegen bleibt, bis er durch Faulgase wieder aufgetrieben wird und in den Abfluss kommt. Je nach der Art, wie der Schlamm aus den Becken herausgebracht wird, unterscheidet man folgende Beckenarten.

5.4.5 Beckenarten

Absetzbecken mit Leerausräumung (Bild 5.19)

Bei dieser historischen Bauart blieb der Schlamm unter Wasser liegen, bis er anfing, durch Gasbildung aufzutreiben. Nach 4 bis 14 Tagen wurde das ganze Becken entleert und gereinigt. Dabei halfen Arbeiter mit Spülwasser und Gummischiebern auf der flachen Sohle nach. Bei der Berechnung war in den durchflossenen Becken der Schlamm abzuziehen. Außerdem war mindestens ein Becken als leer stehend abzuziehen.

Trichterbecken (Dortmundbrunnen nach Kniebühler)

Die Sohle ist in Trichter aufgelöst, an deren Spitzen täglich Schlamm abgelassen wird, ohne den Betrieb zu unterbrechen. Die ganzen Becken können nach Abzug des Schlammraums als benutzbar berechnet werden. Die Trichterbecken werden gewöhnlich mit aufsteigender Wasserbewegung betrieben (Bild 5.20). Dann ist die Oberflächenbeschickung 1 – 3 m/h.

Becken mit Schlammräumern

Die Räumer führen geeignet gestellte Schlammschilder so an der Beckensohle entlang, dass der Schlamm unter Wasser fortgeschoben wird [25]. Die Schilder sind entweder an drehbaren Armen (Bild 5.22, Bild 5.23, Bild 5.24), an einem endlosen Band (Bild 5.25 und Bild 5.27) oder an einem Räumerwagen (Bild 5.26) angebracht. Die Geschwindigkeit der Maschine ist unter Wasser 10 bis 60 mm/s. Sie ist umso kleiner, je leichter der Schlamm ist. Die Räumerfahrbahnen sind besonders sorgfältig auszubilden, da sie durch Abrieb und Taumittel stark beansprucht werden [1791]. Bei den kreisenden Räumern kann das Abwasser entweder quer durch das Becken fließen oder von der Mitte aus zum äußeren Kranz (Bild 5.22 und Bild 5.23). Bild 5.24 zeigt noch ein Becken mit aufsteigender Wasserbewegung, also ähnlich dem Trichterbecken (Bild 5.20).

Es werden auch kleinere Rundbecken gebaut, bei denen das Abwasser am Beckenumfang zufließt und in der Mitte überfällt [1284]. Die Becken haben oft in der Sohle einen Sammelbehälter für den Schlamm eines Tages wie Bild 5.29. Dadurch wird der Schlamm wasserärmer. Die Sammelbehälter wirken also wie Eindicker. Das überfließende frische Abwasser bildet einen Geruchverschluss. Damit der Schlamm in den Trichtern bis zum Ablassrohr abrutscht, soll die Neigung der Wände 1,5 : 1 betragen.
Räumerwagen nach Mieder (Bild 5.26), die mit großen Unterbrechungen laufen, sind nur für Schlamm geeignet, der nicht leicht auftreibt. Für leichten Schlamm, besonders in Belebungsanlagen, sind dauernd laufende Räumer vorzuziehen, auch in den Vorreinigungsbecken, die den Überschuss des belebten Schlammes aufzunehmen haben (S. 236). Der Schräglauf der Längsräummaschinen bei Rechteckbecken kann durch Zahnstangen oder den Einsatz von Giromagnet-Motoren verhindert werden [1081].

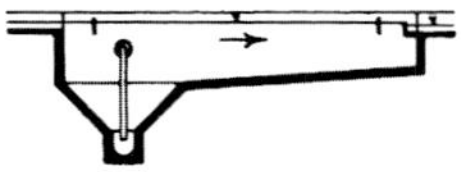

Bild 5.19: Horizontal durchströmtes Rundbecken mit manueller Räumung

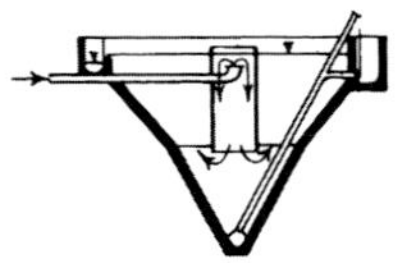

Bild 5.20: Vertikal durchströmtes Rundbecken („Dortmundbrunnen“)

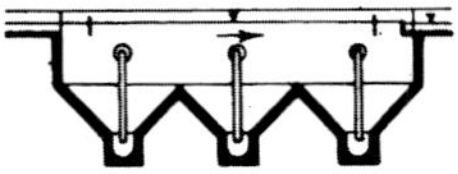

Bild 5.21: Horizontal durchströmtes Rinnenabsetzbecken

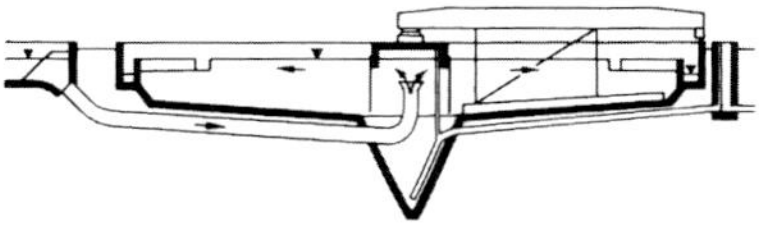

Bild 5.22: Horizontal durchströmtes Rundbecken mit Schildräumer

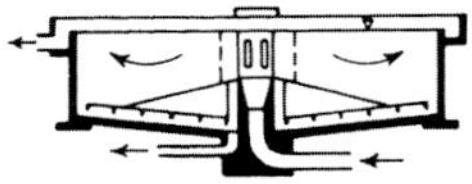

Bild 5.23: **Horizontal durchströmtes Rundbecken mit Schildräumer**

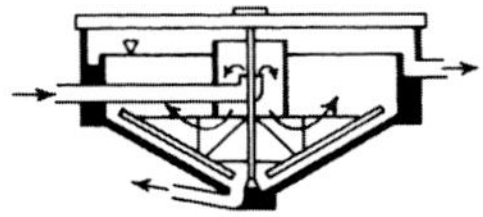

Bild 5.24: **Vertikal durchströmtes Rundbecken mit Schildräumer**

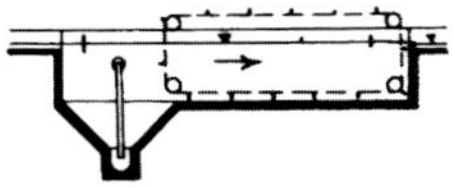

Bild 5.25: **Horizontal durchströmtes Rechteckbecken mit Bandräumer**

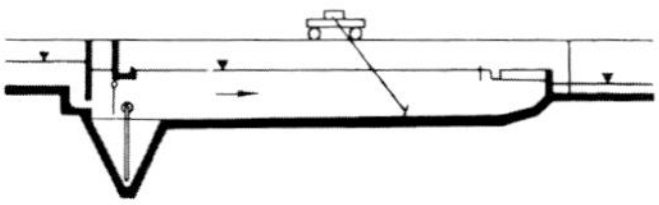

Bild 5.26: **Horizontal durchströmtes Längsbecken mit Schildräumer**

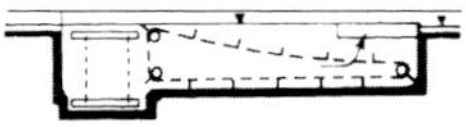

Bild 5.27: **Horizontal durchströmtes Rechteckbecken mit Flockungskammer und Bandräumer**

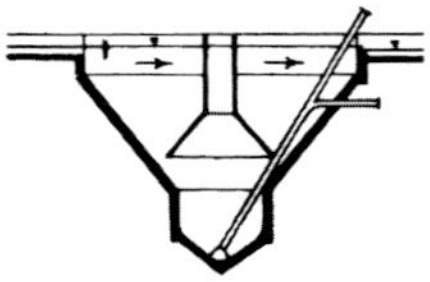

Bild 5.28: **Zweistöckiges Absetzbecken mit waagerechter Wasserbewegung**

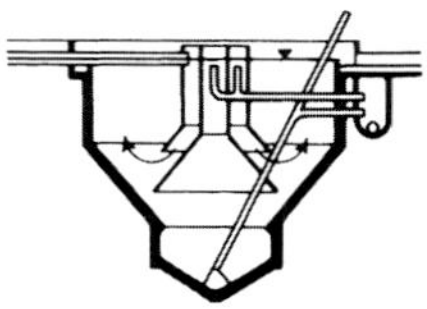

Bild 5.29: Zweistöckiges Absetzbecken mit senkrechter Wasserbewegung und Ablassrohren für Schwimmschlamm

Bei der Berechnung der Becken muss vom Beckeninhalt ein Teil abgezogen werden, der von der Schlammschicht eingenommen wird und der von der bewegten Maschine in seiner Absetzwirkung gestört wird. Die Störungen der Einlauf- und Auslaufzone werden oft dadurch berücksichtigt, dass man bei der Beckenlänge zwei Beckentiefen abzieht.
Nach Untersuchungen von Groche [933] sind für Absetzräume unter 1 000 m^3 Inhalt Rechteck- oder Trichterbecken vorzuziehen. Bei 1 000 – 2 000 m^3 Inhalt sind Rund- und Rechteckbecken gleichwertig. Der Fließweg sollte mindestens 8-mal so groß sein wie die mittlere Wassertiefe. In großen Anlagen sind beide Beckentypen ausgeführt. Rundbecken bieten hinsichtlich der Abwasserzu- und -abführung und der Schlammentnahme Vorteile. Ein Nachteil ist der größere Platzbedarf.

Becken mit bewegten Schlammrohren oder Tauchpumpen

Die beschriebenen Räummaschinen können auch so ausgebildet werden, dass sie an Stelle der Schilder oder außer den Schildern Schlammrohre oder Tauchpumpen tragen und dass die Saugöffnungen an der Beckensohle entlang geführt werden.

Zweistöckige Absetzbecken

Unter dem eigentlichen Absetzraum ist der Schlammraum angebracht. Der Schlamm rutscht selbsttätig und ständig aus dem oberen Raum in den unteren. Der untere Raum ist aber nach oben so abgetrennt, dass aufsteigende Gasblasen und Schlammstücke nicht wieder in das Absetzbecken zurücktreten können. Diese Anordnung ist die einfachste und sicherste zur Abscheidung von faulfähigem Schlamm, weil sich der Schlamm niemals in dem eigentlichen Absetzbecken ansammeln kann und Maschinen nicht nötig sind. Der ganze Absetzraum wird als wirksam berechnet.
Wenn der Schlammraum des unteren Stockwerks klein ist (Bild 5.28), also auf nur wenige Tage berechnet ist, sind diese zweistöckigen Becken den mit Räumern versehenen Becken gleichwertig. Bild 5.29 zeigt das gleiche Becken mit aufsteigender Wasserbewegung.

In der Regel wird der Schlammraum auf zwei bis drei Monate bemessen, also als Faulraum ausgebildet. Diese zweistöckigen Absetz- und Faulbecken nennt man Emscherbrunnen (Kapitel 5.10.8.2), wenn die Strömung von Abwasser durch den Schlammfaulraum möglichst vermieden wird. Man nennt sie Travisbecken, wenn ein großer Teil des Abwassers (z. B. 1/5) durch den Faulraum fließt. Wirkliche Travisbecken werden nicht mehr gebaut, weil das aus dem Faulraum verdrängte faulige Abwasser den Abfluss verschlechtert.

Sickerbecken

Sickerbecken sind ganz flach gebaut, wie Schlammtrockenplätze (Kapitel 5.10.12). Jedes Becken wird abwechselnd als Absetzbecken für Abwasser und dann wieder als Trockenplatz für den inzwischen abgelagerten Schlamm benutzt. Beschreibung und Berechnungsbeispiel Kapitel 5.15.

Auflandungsteiche

Auflandungsteiche sind Absetzbecken einfachster Art, in denen der Schlamm dauernd liegen bleiben kann. Beschreibung Kapitel 5.11.1.

Abwasserteiche und Stauseen

Abwasserteiche wirken nicht nur als natürliche biologische Reinigungsanlagen (Kapitel 5.6.9). Wenn ihnen ungereinigtes Abwasser zugeführt wird, sind sie auch sehr vollkommene Absetzbecken mit reichlichen Ausmaßen.

Auf Schwimmschlamm muss in allen Absetzanlagen geachtet werden. Die Schwimmstoffe sammeln sich auf der Wasserfläche. Daraus kann leicht Gestank entstehen. Der Schwimmstoffanfall wird besonders groß, wenn am Rechen Zerkleinerungsanlagen stehen. Er wird gering, wenn ein Fettfang vorgeschaltet ist. Jedenfalls sollen die Absetzbecken Schwimmstoffabstreicher haben. Diese lassen sich leicht mit den Schlammräumern nach Bild 5.22 bis Bild 5.26 verbinden. In Trichterbecken lassen sich besondere Ablässe für Schwimmstoffe anbringen, z. B. nach Bild 5.29.

Die Schwimmstoffe werden in einen besonderen Behälter abgelassen, dort von dem überflüssigen Wasser getrennt und dann am besten in den Faulraum gepumpt. Dort vermehren sie die Gasausbeute. Mineralöl wird verbrannt.

Der Schwimmschlamm der Absetzbecken darf nicht verwechselt werden mit dem Schwimmschlamm in Faulräumen (Kapitel 5.10.8). Die technische Leistung der Absetzbecken muss nach den absetzbaren Schwebestoffen bemessen werden. Wenn man unter absetzbar die Stoffe versteht, die sich im 0,4 m hohen Absetzglas in 2 h absetzen, leisten die üblichen Becken bei 1,5 h Durchflusszeit 80 bis 98 %, meistens 90 bis 95 % der absetzbaren Stoffe. Wie viel das als Anteil der gesamten Schwebestoffe ausmacht, hängt ganz vom Abwasser ab. Die Leistung ist in der gleichen Zeit umso besser, je frischer und je dicker das Abwasser ist. Für mittleres deutsches Abwasser kann man annehmen, dass von 325 mg/l Gesamtschwebestoffen 250 mg/l absetzbar sind, das sind 77 %. Gemessen am Sauerstoffbedarf machen die absetzbaren Schwebestoffe 100 mg/l aus von 300 mg/l des Rohwassers, also 33 %. Bei sehr dünnem Abwasser ist die Leistung der Absetzbecken aber bedeutend geringer. Sie kann herabgehen bis auf 40 % Abnahme der Gesamtschwebestoffe oder 25 % Abnahme des Sauerstoffbedarfs. Über den Einfluss der Absetzzeit siehe Bild 5.18.

5.4.6 Flockung

Bei allen Bauarten von Absetzbecken kann die Leistung dadurch gesteigert werden, dass man die Ausflockung (Flocculation) der Schwebestoffe unterstützt [837, 1814]. Bei den chemischen Verfahren wird hiervon Gebrauch gemacht, indem man das mit dem Fällmittel gemischte Abwasser zuerst in einem Flockungsbecken langsam bewegt, damit sich große Flocken bilden können, und dann erst in das Absetzbecken führt.
Aber auch ohne chemische Fällmittel können Flockungsbecken als Vorstufe für Absetzbecken nützlich sein, wenn in industriereichen Städten ein zur Flockung neigendes Abwasser vorliegt.
Auf dem Wege vom Flockungsbecken zum Absetzbecken dürfen die Flocken nicht zerschlagen werden. Die Wassergeschwindigkeit darf nirgendwo größer sein als etwa 0,3 bis 0,4 m/s. Sand wird von der geringen Wirbelbewegung nicht erfasst. Er muss deshalb vollständig ferngehalten oder zeitweise aus den Flockungsbecken ausgeräumt werden.
Im Sinne des Ausflockens wirkt auch jede Art der Belüftung, die manchmal im Einlaufbereich des Absetzbeckens erfolgt. Die Flockung kann dadurch verstärkt werden, dass man den Überschussschlamm der Belebungsanlage dem Abwasser zusetzt.

5.5 Chemische Fällung

Fällmittel scheiden die nicht absetzbaren Schwebestoffe und einen Teil der Kolloide als Flocken aus und bringen sie so zum Absetzen. Die besten Fällmittel für städtisches Abwasser sind: Eisensulfat und Eisenchlorid, beide in der dreiwertigen Form.
Eisen-III-Sulfat kann fertig bezogen werden. Billiger kann es sein, Eisen-II-Sulfat zu beziehen und daraus das Eisen-III-Sulfat durch Chlorung herzustellen.
Eisen-III-Chlorid wird am besten fertig bezogen, entweder flüssig in Behälterwagen mit 52 % Gehalt oder kristallinisch mit 60 % oder wasserfrei mit 98 % Gehalt [1435]. Eisen-II-Chloridlösung ist ein vorzügliches Mittel zur Bindung von

Schwefelwasserstoff in fauligem Abwasser. Für 1 kg Schwefelwasserstoff sind 3,2 kg reines Eisenchlorid notwendig. Auch das Fällmittel Eisen-III-Chlorid wird hergestellt, indem man das Eisen-II-Chlorid nachchlort. Als Verbrauch an Fällmitteln rechnet man in Nordamerika bei dünnem Abwasser wenigstens 35 g/m^3 Eisen-III-Chlorid oder 53 g/m^3 Eisen-II-Sulfat und 8 g/m^3 Chlor. Bei dickem Abwasser ist der Verbrauch um die Hälfte höher. In Halle ist man mit 20 g/m^3 Eisen-III-Chlorid ausgekommen [1665]. Bei landwirtschaftlicher Klärschlammverwertung müssen die Fällungschemikalien gewissen Reinheitsansprüchen genügen. Grenzwerte hinsichtlich der Verunreinigung durch Schwermetalle sind zu beachten [989].

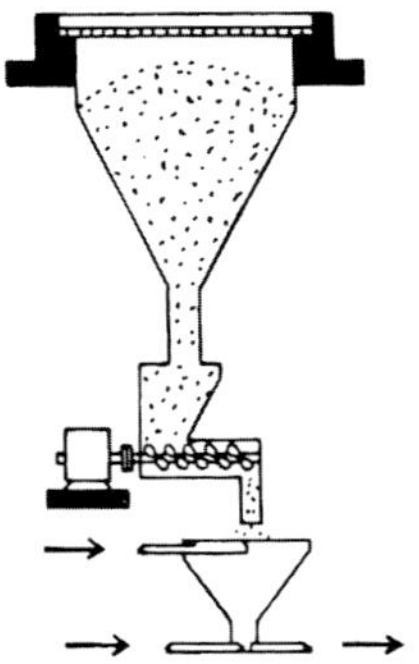

Bild 5.30: Zusatzgerät für Fällmittel

Die Zusatzgeräte arbeiten entweder mit den trockenen Salzen (Bild 5.30) oder sie regeln das Verdünnungswasser oder die fertige Lösung. Von wasserfreiem Eisenchlorid nimmt man z. B. eine 10 %-Lösung in Wasser. Die Zugabe muss dem wechselnden Durchfluss und der Abwasserbeschaffenheit angepasst sein, damit der Ausflockungspunkt stets genau getroffen wird.

Die Ausflockung erfordert je nach den Verhältnissen einen bestimmten pH-Wert, der manchmal durch leichte Ansäuerung, meist durch geringe Kalkzugabe gehalten wird. Da der pH-Wert im Abwasser häufig wechselt, muss dieser laufend bestimmt und durch entsprechende Zugabe von Chemikalien selbsttätig berichtigt werden. Steuerelektroden haben sich dafür bewährt.

Das Fällmittel wird rasch mit dem Abwasser gemischt. Dann lässt man dem Abwasser bei leichter Wirbelbewegung 10 bis 20 min Zeit, möglichst große Flocken zu bilden. Zum Bewegen des Gemischs dienen Rührwerke oder auch eingeblasene Druckluft. Das ausgeflockte Wasser wird dann durch Absetzbecken mit 1 bis 4 h Durchflusszeit geführt. Der feine chemische Schlamm ist ein ausgesprochener Flockenschlamm. Für ihn sind besonders geeignet Trichter-

becken oder kreisförmige Becken mit Wasserzuleitung von der Mitte und dauernd umlaufenden Räumern.
Zur Verstärkung der Flockenbildung kann man Polymere zusetzen. Diese sind wasserlösliche Verbindungen mit Molmassen von etwa 10^4 bis zu 10^7 g/mol. Sie bewirken ein schnelleres Flockenwachstum und verbessern die Reinigungsleistung [64].
Der Schlammanfall wird durch Fällmittel stets bedeutend vergrößert, weil mehr Schmutzstoffe abgesetzt werden, weil die Umsatzprodukte des Fällmittels hinzukommen und vor allem, weil der Wassergehalt viel größer wird. Der Anfall steigt auf etwa das Zweifache des Schlamms, der bei reinem Absetzen erhalten würde.
Die großen Schlammvolumina werden heute nicht mehr gefürchtet, weil der Schlamm in geheizten Faulräumen ausgefault und danach eingedickt werden kann. Die Faulräume müssen allerdings um 75 % vergrößert werden als beim reinen Absetzverfahren [988]. In Halle hat man gefunden, dass der mit Eisensalz gefällte Schlamm schneller fault und mehr Gas bildet, weil mehr feine organische Stoffe darin enthalten sind [1666]. Der mit chemischen Fällmitteln behandelte Schlamm eignet sich gut zur Entwässerung in Maschinen.
In der Wirkung halten die chemischen Fällverfahren etwa die Mitte zwischen den Absetzverfahren und den vollbiologischen Verfahren. In Verbindung mit Sandfiltern und Nachchlorung kann man aber auch faulunfähige Abflüsse erzielen und nahe an die Wirkung einer biologischen Anlage herankommen. Sehr wirkungsvoll, namentlich bei Industrieabwasser, ist die Verbindung von Eisensalzen mit dem Belebungsverfahren (Kapitel 5.6.8.1) [242, 1258, 1799].
Die chemischen Fällverfahren sind besonders in gewerbereichen Städten geeignet, wenn die biologischen Verfahren wegen ihrer Empfindlichkeit gefährdet sind. Die gelösten Hydroxide des Eisens und der giftigen Buntmetalle können durch eine geeignete Einstellung des pH-Wertes aus dem Abwasser ausgefällt und abgesetzt werden. Dazu sind etwa folgende pH-Werte notwendig (Tabelle 5.13).

Tabelle 5.13: Ausfällung von Metall-Hydroxiden in Abhängigkeit vom pH-Wert

Metall	Eisen III	Chrom III	Kupfer	Zink	Nickel
pH-Wert	4	6	7,5	8,8	8,9

Eine pH-Wert-Veränderung kann Rücklösung verursachen. Bei größeren organischen Beimengungen bilden sich Schutzkolloide, sodass nur 50 bis 70 % der Metalle ausfällen.
Fällungsverfahren können auch eingesetzt werden, um die nachgeschaltete biologische Stufe zu entlasten, bis eine Erweiterung möglich ist.

Die chemische Fällung ist bei ganzjährigem Betrieb wenigstens ebenso teuer wie eine vollbiologische Anlage, obwohl sie schlechter wirkt. Günstiger liegen die Kosten, wenn man den größten Teil des Jahres mit Absetzbecken auskommen kann und die teuren Fällmittel nur in einigen Sommermonaten zuzusetzen braucht, also bei „Zeitbetrieb“. Mit chemischen Fällmitteln kann man auch vorhandene Absetzanlagen ohne große Baukosten in ihrer Wirkung steigern und man kann gewerbliches Abwasser für die nachfolgende biologische Behandlung geeignet machen. Geeignet sind die Verfahren auch zur Reinigung von Schlammwasser aus Faulräumen (Kapitel 5.10.16), zur Entfernung der Phosphate (Kapitel 5.5) und zur weitergehenden Abwasserreinigung (Kapitel 5.7).

5.6 Biologische Verfahren

Wenn die Reinigung des Abwassers mit mechanischen Mitteln (Absieben, Absetzen) nicht ausreicht, lässt man meist Kleinlebewesen mitarbeiten, die auch in der Natur die Reinigung besorgen (Kapitel 7). Man spricht dann von „biologischen“ Reinigungsverfahren [1115, 1161].

Eine Sonderstellung nimmt das „Faulverfahren“ ein, das nur mit anaeroben Bakterien, also ohne Zutritt von Luft arbeitet (Kapitel 5.6.11). Alle übrigen biologischen Verfahren arbeiten nur mit Lüftung. Dabei entstehen durch Lebensvorgänge im Wasser flockige Gebilde. Diese sitzen entweder als Häute an den Körnern des Rieselbodens, der Tropfkörper oder der Einbauten fest oder aber sie schwimmen frei im Wasser wie beim Belebungsverfahren. Die Häute und Flocken halten die feinsten Schmutzstoffe – auch die gelösten – aus dem Abwasser fest, sodass sie dann von Lebewesen, besonders Bakterien, abgebaut werden können. Dabei muss das Wasser lufthaltig sein. Der von den Bakterien verbrauchte, im Wasser gelöste Sauerstoff muss immer wieder ersetzt werden. In geringerem Maße geschieht das in Teichen durch grüne Algen im Sonnenlicht. Entscheidend ist aber die Sauerstoffaufnahme aus der Luft, und zwar aus der Berührungsfläche zwischen Wasser und Luft. Bei künstlichen Verfahren macht man die Berührungsfläche möglichst groß, indem man die Luft ins Wasser bläst oder hineinschlägt, wie beim Belebungsverfahren, oder das Wasser durch die Luft rieseln lässt, wie bei Tropfkörpern und Rieselfeldern. In beiden Fällen wird die Sauerstoffaufnahme von den belebten Flocken und Häuten dadurch unterstützt, dass sie die Berührungsfläche vergrößern und die Berührungszeit verlängern.

1 m^3 Luft wiegt bei 0 °C, bei 1 bar Druck und trocken, also ohne Wasserdampf, 1 294 g. Davon sind 209,4 l Sauerstoff im Gewicht von 300 g. Bei den folgenden Rechnungen wird für mittlere Wetterverhältnisse angenommen, dass 1 m^3 freie Luft 1 250 g und der darin enthaltene Sauerstoff 280 g wiegt.

Den Lüftungsräumen der Klärwerke wird die Luft stets im Überschuss zugeführt. In Belebungsanlagen werden von dem Sauerstoffgehalt der Druckluft nur 7 – 15 % verbraucht) und in Tropfkörpern bei natürlicher Lüftung 5 %, bei künstlicher Lüftung noch weniger.
Die Abmessungen eines biologischen Klärwerks müssen so groß sein, dass die festen oder schwebenden Flocken in den Lüftungsräumen Platz finden. Zu einer bestimmten Belastung gehört also ein Mindestmaß an Raum.
Diese Raumbelastung hat man früher allgemein aus dem Abwasserdurchfluss berechnet. Dabei kann aber schon zweifelhaft sein, ob die Durchflussspitze des Tages oder ein 12-h-Mittel oder das 24-h-Mittel angenommen werden soll. Noch unsicherer wird die Rechnung dadurch, dass der Abwasseranfall und damit die Dicke des Abwassers oft stark von den Mittelzahlen abweichen.
Übersichtlicher wird es, wenn man nicht mehr mit dem Abwasserdurchfluss, sondern unmittelbar mit der Schmutzbelastung rechnet. Der Maßstab dafür ist der Sauerstoffbedarf des Abwassers.
Wenn die BSB-Zahlen fehlen oder nicht zuverlässig sind, kann man an deren Stelle mit der Einwohnerzahl rechnen [1114, 1148]. Dabei wird angenommen, dass mit dem in Absetzbecken vorgereinigten Abwasser eines Einwohners ein Sauerstoffbedarf von BSB_5 = 40 g täglich zugeführt wird (Tabelle 5.2). Die in Einwohnern ausgedrückten Mittelzahlen erhält man dann aus den für den BSB angegebenen Mittelzahlen, indem man sie durch 40 teilt.
Die Zahl BSB_5 = 40 g täglich setzt voraus, dass alle Einwohner mit Spülaborten angeschlossen sind. Einwohner ohne Abortanschluss sind nur mit einem Drittel zu rechnen. Gewerbliches Abwasser ist mit seinen Einwohnergleichwerten (Tabelle 5.46) zuzuzählen. Brauchbare Mittelzahlen für die Raumbelastung biologischer Anlagen sind in der Tabelle 5.14 zusammengestellt.

Tabelle 5.14: Raumbelastung biologischer Anlagen

	Zugeführter BSB auf 1 m^3 Raum des Körpers oder Lüftungsbeckens g/(m^3 · d)	**Einwohner 1 m^3 Raum des Körpers oder Lüftungsbeckens E/m^3**
Tropfkörper (Vollreinigung)		
mit Nitrifikation	200	5
ohne Nitrifikation	400	10
Belebungsbecken (Vollreinigung)		
mit Nitrifikation	500	12
ohne Nitrifikation	1 000	25

Man sieht aus diesen Belastungszahlen, dass die Lüftungsräume beim Belebungsverfahren höher belastet werden, also kleiner sind als bei den Tropfkör-

pern. Dazu hat das Belebungsverfahren den Vorteil, dass die Räume nicht mit Steinbrocken gefüllt zu werden brauchen.
Der Begriff „Vollreinigung“ bezieht sich auf die weitgehende Oxidation der Kohlenstoffverbindungen. Unter „Nitrifikation„ wird die mikrobielle Oxidation von Ammonium zu Nitrat verstanden. Im Einzelfall muss dann noch geprüft werden, ob besondere Gründe vorliegen, mit der Raumbelastung von den Mittelzahlen aus nach oben oder unten abzuweichen. Herabgehen wird man mit der Raumbelastung, wenn:

1. ein besonders hoher Reinheitsgrad gewünscht wird,
2. der Abfluss beim Belebungsverfahren einen niedrigen Gehalt an Gesamtstickstoff bzw. Gesamtphosphor haben soll,
3. das Abwasser außergewöhnlich dünn ist (und deshalb die Reinigungszeit in dem nur nach der Schmutzmenge berechneten Raum zu gering wäre),
4. bei Regenwetter große Mischwassermengen mitgereinigt werden sollen,
5. die Vorbecken fehlen oder nicht ausreichen,
6. das Abwasser besonders kalt ist,
7. eine geringere Leistung durch die Bauart oder die Betriebsweise begründet ist,
8. es sich um eine kleine Anlage mit wenig zuverlässigem Betrieb handelt.

In den umgekehrten Fällen sind größere Raumbelastungen zulässig, also besonders bei Teilreinigung.
Die hier angegebene Bemessung der biologischen Anlagen nach der Raumbelastung ist das Entscheidende für den Ingenieur, der eine Anlage zu planen und zu bauen hat.
Der Wirkungsgrad der Anlage zeigt sich im Unterschied zwischen Zufluss und Abfluss. Zahlen für die Abnahme der Verschmutzung sind für die einzelnen Verfahren in Tabelle 4.1 angegeben. Entscheidend ist dabei die Abnahme des Sauerstoffbedarfs. Sie liegt meist über 90 % und diesen Grad der Reinigung bezeichnet man als volle biologische Reinigung. Ein Teil dieser Leistung, etwa ein Drittel, fällt gewöhnlich auf die Vorbecken, in denen die absetzbaren Schwebestoffe vorweg abgesetzt und als Schlamm weiter behandelt werden.
Außerdem wird aber bei den meisten biologischen Verfahren noch weiterer faulfähiger Schlamm erzeugt, der in Nachbecken abgefangen und ebenfalls besonders behandelt wird. Diese Schlammausscheidung ist in der „Leistung“ der Anlage mit enthalten, obwohl die Schlammstoffe nicht abgebaut werden und infolgedessen auch kein Sauerstoff dafür verbraucht wird.

Von den mit dem BSB ausgedrückten organischen Stoffen, die dem biologischen Teil der Kläranlage zufließen, werden wirklich abgebaut, d. h. zu Kohlensäure, Nitraten usw. oxidiert, nur etwa

55 % bei Belebungsbecken,
55 % bei hoch belasteten Tropfkörpern,
80 % bei schwach belasteten Tropfkörpern und schwach belasteten Belebungsbecken sowie nahezu
100 % bei Bodenfiltern.

Diese Zahlen sind aber keine Wertmesser der biologischen Verfahren. Die Aufgabe der Abwasserreinigung ist ja nicht, die Schmutzstoffe abzubauen und sie in veränderter Form im Abfluss zu lassen, sondern sie aus dem Wasser herauszubringen und damit Schäden abzuwenden; Kohlensäure kann z. B. schädlich sein, indem sie Werkstoffe angreift. Nitrate sind als Sauerstoffträger und als Zerstörer von Schwefelwasserstoff nützlich, wenn sie mit dem Rücklaufwasser aus Tropfkörpern oder Belebungsanlagen in das Rohwasser gebracht werden. Sie werden auch bei dünner Verregnung von Pflanzen ausgenutzt. Im Rieselwasser aber haben sie wenig Wert, wenn das Wasser zu rasch durchfiltert [356]. Sie entfalten ihre Fähigkeit als Sauerstoffüberträger erst, wenn kein gelöster Sauerstoff mehr vorhanden ist. Zur Verhütung von Fischsterben sind sie daher wertlos. Für die Zersetzung des Bodenschlammes kann jedoch der chemisch gebundene Sauerstoff der Nitrate ausgenutzt werden [743]. Im Gewässer können Nitrate auch schädlich sein, weil sie als Pflanzendünger zu übermäßigem Algenwachstum beitragen und nachträglich wieder Faulvorgänge auslösen.
Bei den biologischen Anlagen wird man deshalb anstreben, die Stickstoffelimination zu erhöhen. Über weitergehende Abwasserreinigung vgl. Kapitel 5.7.

5.6.1 Weiträumige Landbewässerung

Die Verrieselung des Abwassers auf Landflächen ist die natürlichste Abwasserreinigung und zugleich ein guter Schutz des Gewässers vor Abwasserschmutz. Das Land kann Abwasser besonders gut in trockener Sommerzeit aufnehmen, also gerade dann, wenn das Gewässer wenig Wasser führt und die Verschmutzung durch Abwasser am lästigsten ist. Es ist auch erwünscht, dem Boden die durch die menschlichen Nahrungsmittel entzogenen Stoffe wieder zuzuführen. Leider scheitert die Verrieselung von Abwasser meist an den Kosten, dem Flächenbedarf oder an nachteiligen Abwasserinhaltsstoffen.
In besonderen Verhältnissen hatte man sich erst in den Jahren nach 1933 in Deutschland wieder die Aufgabe gestellt, nichts von den im Abwasser enthaltenen landwirtschaftlichen Werten verloren gehen zu lassen. Brauchbar für die

Landwirtschaft sind Stickstoff, Phosphate, Kali, ferner die Humusstoffe und vor allem der Wasserwert selbst.
Für die Dungstoffe des Abwassers gelten nach Erfahrungen des Ruhrverbandes folgende Werte in g/(E · d) (Tabelle 5.15).

Tabelle 5.15: Dungstoffe des häuslichen Abwassers

alle Werte in g/(E · d)	Phosphor (P)	Stickstoff (N)	Kalium (K)	org. Kohlenstoff (TOC)
rohes Abwasser	1,8	11	5,0	40
biologisch gereinigtes Abwasser*	1,1	7,6	4,7	6
Faulschlamm	0,7	1,7	0,3	6,8

*ohne weitergehende Stickstoff- und Phosphorelimination

Vollständig verwerten kann man die Stoffe durch „weiträumige Landbewässerung", denn nach landwirtschaftlichen Regeln sind große Flächen nötig, wenn der im Abwasser enthaltene Stickstoff nutzbringend untergebracht werden soll.
Die Planung einer Bewässerungsanlage ist vor allem eine landwirtschaftliche Aufgabe. Sie wird behandelt in: [1392, 2037, 2130]. Der Stand der Technik ist beschrieben in: [309, 1010, 1075, 1383, 1669, 1672, 1693, 1917, 1963, 2051, 2052, 2131, 2277].
Die Felder können nur ein beschränktes Maß von Abwasser ertragen, besonders wenn die Regenhöhe größer ist als 600 mm jährlich. Die Aufnahmefähigkeit wird größer, wenn mehr Grünland eingerichtet, also die Viehhaltung vergrößert wird. Man rechnet im Durchschnitt auf das gesamte für die Bewässerung zu erschließende Gelände 150 mm Abwasser jährlich, das sind 1 500 m^3/ha je Jahr = 4,1 m^3/ha je Tag. Bei einem städtischen Abwasseranfall von 150 l/(E · d) kommen dann 4,1 · 1 000 : 150 = rd. 30 Einwohner auf 1 ha.
Als Vorklärung werden in den Richtlinien „Absetzbecken von ausreichender Klärdauer" vorgeschrieben. Dabei ist wohl an 1,5 – 2 h zu denken (Tabelle 5.12).
Für den Schlamm legt man Faulräume an. Den ausgefaulten, geruchlosen Schlamm bringt man fest oder flüssig auf die Felder oder setzt ihn nachträglich dem gepumpten Abwasser zu. Gewöhnlich werden beim Pumpwerk betonierte Sammelbecken empfohlen, die etwa ein Drittel des Tagesanfalls fassen, damit das in 24 h zufließende Abwasser während der täglichen Arbeitsstunden weggepumpt werden kann. Ein Fassungsraum von 30 h wird empfohlen, wenn auch das Sonntagswasser gespeichert werden soll. Sammelbecken verteuern die Anlage bedeutend [2048]. Sie müssen mit Umwälzeinrichtungen versehen werden, damit nicht Schlamm liegen bleibt und das Abwasser faulig macht.

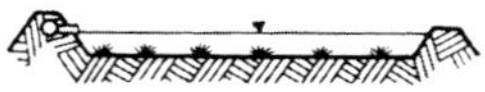

Bild 5.31: Staurieselung

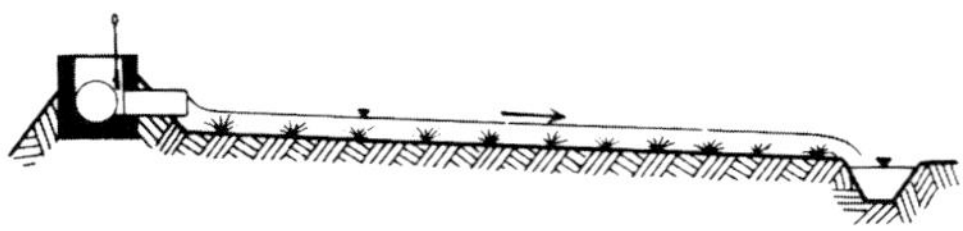

Bild 5.32: Hangrieselung

Bild 5.33: Furchenrieselung

Die landwirtschaftlichen Betriebe des Bewässerungsgebiets werden zu einem Bodenverband zusammengeschlossen. Der Verband verpflichtet sich dann, das städtische Abwasser dauernd abzunehmen, damit die Stadt ihre Kläranlage ganz oder teilweise sparen und einen entsprechenden Zuschuss an den Verwertungsverband zahlen kann.
Infolge dieser Verpflichtung des Verbandes müssen auf 1 – 2 % des Verwertungsgeländes Bodenfilter als Stauflächen (Bild 5.31) eingerichtet werden mit der Aufgabe, das Abwasser dann aufzunehmen und zu reinigen, wenn die Bauern es nicht brauchen können. Da das ganze Gelände 1 ha auf 30 Einwohner ausmacht, ist die Belastung der Bodenfilter 100 · 30 : 2 bis 100 · 30 : 1 oder 1 500 bis 3 000 E/ha. Die Größe der Fläche entspricht also einer vollwertigen biologischen Bodenfilteranlage (Kapitel 5.6.3) und die Bau- und Betriebskosten dieser Stauflächen sind entsprechend hoch.
Als Gelände ist auch schwerer Boden geeignet, weil nur sehr wenig Wasser auf die Flächeneinheit kommt. Deshalb ist auch keine Dränung nötig außerhalb der Bodenfilter.
Auf dem Gelände wird das Abwasser entweder verrieselt oder verregnet.
Beim Verrieseln wird die Hangrieselung angewandt (Bild 5.32) und bei schlechtem Gefälle Furchenrieselung (Bild 5.33). Man braucht dabei viele Gräben. Diese erschweren die Bestellung des Landes und man hat auch große Wasserverluste. Dennoch ist das Verrieseln bei kleinen Anlagen besser als Verregnen und es wird im Winter bei allen Anlagen angewandt.

Gegen die Übertragung von Krankheitserregern und Wurmeiern auf Menschen und Tiere schreiben die Richtlinien vor, dass vor Siedlungen, Hauptverkehrsstraßen, Bahnanlagen, Obst- und Gemüsegärten Schutzstreifen anzulegen sind. Futterflächen und Grünland dürfen eine Woche vor der Ernte oder Beweidung nicht mehr bewässert werden. Speisekartoffeln dürfen nach der Blüte nicht mehr gedüngt werden. Zu Gemüse ist das Abwasser nur als Vorratsdüngung zu geben, also nur zu den Zeiten, wo die Flächen keine Pflanzen tragen. Näheres darüber in: [464, 640, 963, 1043, 1226, 1466, 1483, 1584, 1713, 1999].
Besonders zu beachten ist die Gefahr der Verbreitung von Spulwürmern [225, 450, 928, 1026, 1866, 2038]. Es ist erwiesen, dass die Wurmeier sich mit dem Schlamm in Absetzbecken absetzen. Schon aus diesem Grunde ist es unbedingt nötig, das Abwasser vor der landwirtschaftlichen Verwertung in Absetzbecken zu reinigen und den Schlamm gut auszufaulen. Durch eine Ausfaulzeit von drei Monaten werden die Wurmeier vernichtet [1485].
Technisch besser und sparsamer als die Verrieselung ist die Verregnung. Dabei kann man das Wasser je nach den zeitlichen Bedürfnissen der Pflanzen in kleine Gaben von 10 bis 20 mm aufteilen. Nachteilig ist der Geruch. Das Abwasser kommt aus den Speicherbecken und den langen Druckrohren gewöhnlich faulend an. Beim Verspritzen durch die Luft werden die Geruchsgase verstärkt freigemacht. Auch die Übertragung von Krankheitskeimen und Wurmeiern ist leichter möglich, weil das Abwasser von oben auf die Pflanzen kommt und weil es erwiesen ist, dass Krankheitskeime durch den Wassernebel auf große Entfernungen durch die Luft getragen werden [1869]. Es wird deshalb empfohlen, das Abwasser zur Verregnung biologisch vorzureinigen [1113, 1279, 1848, 2066]. Das liegt wahrscheinlich auch im wirtschaftlichen Interesse der Landwirtschaft, wenigstens in den Fällen, wo die Stadt ohnehin schon zur biologischen Reinigung des Abwassers verpflichtet wäre. Der Verwertungsverband hat dann überhaupt keine Verpflichtung mehr, Abwasser zu irgendeiner Zeit zu reinigen. Er übernimmt von der Stadt nur biologisch gereinigtes Wasser, und zwar nur in der Menge und zu den Zeiten, wo die Bauern es brauchen. Dann fallen die Bodenfilter und ein großer Teil der Pumpkosten weg und die Speicherbecken können für das reine Wasser als Erdteiche gebaut werden. Diese Ersparnis ist größer als der von der Stadt zu erwartende Zuschuss wegen einer ersparten Kläranlage. Der Verlust an Dungwert durch die biologische Reinigung des Abwassers beträgt nach Pallasch nur 20 %. Auch Brouwer hat bei Verregnung von Abwasser nur 20 % Ertragssteigerung gefunden gegenüber Reinwasser. Dem Verlust von 20 % steht aber eine Verdoppelung des Schlammdüngers aus der biologischen Kläranlage gegenüber. Wird die Verregnung auf den Wasserbedarf der Pflanzen eingestellt, kann eine Beeinträchtigung der Grundwasserbeschaffenheit ausgeschlossen werden [1496].

In Amerika sind äußerst scharfe Ansprüche an die Vorreinigung des Abwassers bei jeder Art von landwirtschaftlicher Verwertung selbstverständlich. Die Verregnung von Abwasser ist überhaupt unbekannt [1794, 1928 bis 1933, 2256, 2349, 2350]. Auch in Russland ist das Verregnen von rohem oder nur mechanisch geklärtem Abwasser verboten [934, 1021].
Die weiträumige Landbewässerung ist grundsätzlich eine Anlage zur Abwasserverwertung (Kapitel 5.8.3). Sie könnte aber auch als vollwertige Abwasserreinigungsanlage angesehen werden, wenn die Bauern die Verpflichtung einhalten würden, das ganze Abwasser das ganze Jahr hindurch auf ihrem Gelände oder auf den zur Entlastung vorgeschriebenen Stauflächen unterzubringen. Das trifft nach der Erfahrung nicht zu [868, 2277]. Bei Frost und in gewissen Zeiten der Bestellung und der Ernte sind Unterbrechungen nicht zu vermeiden. Die Entlastungsflächen fehlen meist. Sie können überhaupt nur auf Sandboden angelegt werden und auch dann ist ihr Betrieb nicht einfach. Die weiträumige Landbewässerung ist keine sichere Abwasserreinigungsanlage. Wenn das Gewässer das ganze Jahr hindurch geschützt werden soll, muss die Stadt für ihr Abwasser ein für das Gewässer ausreichendes Klärwerk betriebsbereit halten. Noch richtiger ist es, wie schon gesagt, wenn dieses Klärwerk dauernd betrieben und nur gereinigtes Abwasser zum Bewässern abgegeben wird.
Durch die Bewässerung wird der größte Teil des Abwassers von den Pflanzen aufgenommen oder durch Verdunstung verbraucht und nur ein geringer Teil findet seinen Weg durch das Grundwasser zum Gewässer zurück. Bei der Verrieselung gehen 60 % und bei Verregnung 100 % verloren.
Donta berichtet über die Verregnung von Molkerei und Zuckerabwasser. Nachteilige Auswirkungen auf das Grundwasser waren nicht gegeben [698].

5.6.2 Rieselfelder (hoch belastete)

Im Gegensatz zu der Landbewässerung, die auf die Verwertung des Abwassers abgestellt ist, haben Rieselfelder nur den einen Zweck, das Abwasser zu reinigen. Daneben werden auch bedeutende landwirtschaftliche Werte erzeugt. Der landwirtschaftliche Betrieb hat sich aber dem Reinigungsbetrieb unterzuordnen.
Die Felder werden stets von der Stadtverwaltung auf möglichst durchlässigem Boden angelegt und man bemüht sich, mit möglichst kleinen Flächen auszukommen. Dann muss man den Boden in großer Tiefe als mechanisch und biologisch wirkenden Reinigungskörper ausnutzen und zu diesem Zweck Dränrohre in etwa 10 m Abstand und wenigstens 1 m Tiefe einbauen. Die Dränung führt das gereinigte Abwasser ab und hält den Grundwasserstand tief. Mit der Belastung kann man dann bei Ackerland bis 200 E/ha oder 30 $m^3/(ha \cdot d)$ und bei

Graswirtschaft, unter der Voraussetzung, dass das Abwasser in Absetzbecken vorgereinigt wird und der Boden sandig ist, auf 500 bis 1 000 E/ha oder 75 bis 150 $m^3/(ha \cdot d)$ gehen. (Die Berliner Rieselfelder hatten im Mittel eine Belastung von 394 E/ha oder 64 $m^3/(ha \cdot d)$ und die höchst belasteten Teile 1 056 E/ha oder 204 $m^3/(ha \cdot d)$.) So große Belastungen lassen sich nur noch mit Staufeldern durchführen, die abwechselnd überstaut werden und auslüften (Bild 5.31). Bjarsch beschreibt die Geschichte der Berliner Rieselfelder [273].

Erschwert wird der landwirtschaftliche Betrieb der Rieselfelder bei Regenwetter, weil die Felder dann das Abwasser nicht brauchen und zum Überfluss noch mehr Wasser als gewöhnlich reinigen müssen. Die beste Lösung ist (ebenso wie bei der weiträumigen Landbewässerung) die Verbindung des Rieselfeldes mit einem Klärwerk, das dann eingreift, wenn die Rieselfelder im landwirtschaftlichen Interesse geschont werden müssen. Das Klärwerk muss wenigstens aus guten Absetzbecken bestehen. Zu den Absetzbecken gehören möglichst auch Regenbecken. Wenn das Gewässer auch vorübergehend nicht belastet werden darf, wird man das mit dem Rieselfeld verbundene Klärwerk nach einem biologischen Verfahren einrichten müssen.

Eine besonders einfache Abart der Rieselfelder sind die Rieselwiesen, die ganz ohne Dränung ausgeführt werden und offene Zu- und Ableitungsgräben haben [4]. Diese können das Abwasser von etwa 500 bis 1 500 E/ha aufnehmen. Das entspricht bei mittlerem städtischem Abwasser 75 bis 225 $m^3/(ha \cdot d)$. Die gesundheitlichen Forderungen sind bei den Rieselfeldern dieselben wie bei der weiträumigen Landbewässerung.

Nach Jahrzehnten lässt die Fruchtbarkeit der Rieselfelder gewöhnlich nach. Als Ursache hat Rohde in den Rieselböden von Berlin und Paris festgestellt, dass sich zu viel Spurenelemente angesammelt haben, namentlich Kupfer und Zink [1587, 1899, 1900, 2348]. Die Migration der Schwermetalle aus der Bodenzone ins Grundwasser kann durch die Kontrolle des pH-Wertes vermieden werden [1717].

Rieselfelder können nach Bau einer Kläranlage zur weitergehenden Reinigung des Ablaufs eingesetzt werden [780].

5.6.3 Bodenfilter

Die Technik der Bodenfilter ist vor mehr als 75 Jahren in Nordamerika entwickelt worden und hat sich seither nicht mehr wesentlich geändert. Entstanden sind die Filter aus dem Gedanken, auf Rieselfeldern die Landwirtschaft ganz wegzulassen, damit man die Fläche möglichst einschränken kann.

Sandboden ist Bedingung. Der Sand muss stoßweise vom Wasser durchflossen werden und muss dann wieder lange genug zum Lüften leer stehen. Zu diesem Zweck teilt man die Fläche in möglichst viele einzelne Staubeete. Sie sollen nicht größer sein als 0,4 ha. Jedes Staubeet wird durchaus waagerecht eingeebnet. Der Sand wird dabei freigelegt und mit dem Mutterboden werden die Erddämme gebaut. Die Zuleitungsrohre werden in die Erddämme gelegt. Auf den Staubeeten dienen offene Holzrinnen zur Verteilung des Wassers (Bild 5.34). In 1 m Tiefe und 10 m Abstand werden Dränrohre gelegt. Ihr Durchmesser ist 10 cm, soweit nicht die Wasserberechnung größere Maße ergibt.

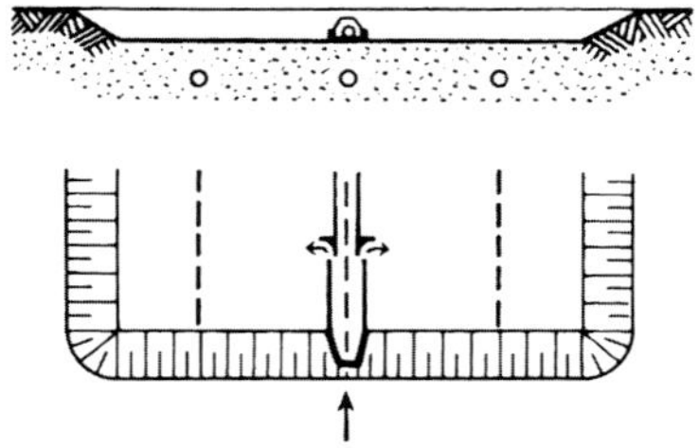

Bild 5.34: Bodenfilter

Zur Vorreinigung werden Absetzbecken grundsätzlich gefordert. Hinter diesen ist ein Speicherbecken nötig, dessen Größe dem Stauvolumen eines Staubeets entspricht, damit man jedes Staubeet möglichst schnell überstauen und so das Wasser auf die ganze Fläche verteilen kann. Das Speicherbecken kann mit selbsttätigen Hebern ablaufen.

Über die Beschaffenheit des Bodens und die davon abhängige Leistung sind sehr zuverlässige Regeln entwickelt worden. 100 g des getrockneten Bodens werden in Stufen bis zur Korngröße 0,1 mm abgesiebt. Was übrig bleibt, wird durch Schlämmen nach der Absetzzeit weiter in Größen eingeteilt und dann wird die Siebkurve für alle Korngrößen aufgetragen, und zwar waagerecht logarithmisch die Korngrößen in mm und senkrecht die Gewichtsprozente. In dieser sind zwei Punkte entscheidend, nämlich die Korngrößen, unterhalb denen 10 % und 60 % der Körner (nach Gewicht) liegen.

Die wirksame Korngröße ist die obere Grenze der feinsten 10 %. Davon allein hängt die Durchlässigkeit ab, einerlei wie groß die Körner der übrigen 90 % sind. Die bewährten Größen liegen zwischen 0,2 und 0,5 mm. Ist die wirksame Größe kleiner als 0,2, dann geht zu wenig Wasser durch. Ist sie größer als 0,5, lässt sich das Wasser nicht mehr gleichmäßig verteilen. Man müsste dann eine feinere Deckschicht aufbringen.

Außerdem muss man noch den Gleichmäßigkeitsgrad kennen. Diese Zahl erhält man, wenn man die Korngröße der 60 % teilt durch die der 10 %. Ist die Korngröße z. B. bei 60 % 2,1 mm und bei 10 % 0,3 mm, dann ist der Gleichmäßigkeitsgrad 2,1 : 0,3 = 7. Häufige Zahlen sind 5 bis 10. Erwünscht ist kleiner als 5.

Der Porenraum des trockenen Sandbodens ist gewöhnlich 25 bis 40 % und die Luftaufnahmefähigkeit des nassen Bodens 20 bis 25 %.
Die Durchlässigkeit des Bodens für Wasser ist als Flächenbeschickung ausgedrückt (Tabelle 5.16).

Tabelle 5.16: Wirksame Korngröße und Flächenbeschickung

Wirksame Korngröße	Flächenbeschickung
0,2 mm	0,8 – 2,1 $m^3/(m^2 \cdot h)$ = m/h
0,3 mm	2,1 – 4,2 $m^3/(m^2 \cdot h)$ = m/h
0,4 mm	4,2 – 8,4 $m^3/(m^2 \cdot h)$ = m/h
0,5 mm	8,4 – 12,5 $m^3/(m^2 \cdot h)$ = m/h

Diese hohe Belastung dauert aber nur kurze Zeit während des Wasserdurchtritts. Sie gilt auch nur so lange, wie die Oberfläche noch nicht verschlammt ist.
Im Betrieb füllt man jedes Staubeet mit einer Wasserhöhe von 5 bis 10 cm, also 500 bis 1 000 m^3/ha schnell in etwa 5 bis 15 min, und zwar meist täglich einmal. Soweit der Wasserzufluss es zu lässt, werden Ruhetage eingeschaltet, bei dünnem Abwasser überstaut man mehrmals am Tage. Das Wasser füllt für kurze Zeit die ganze Fläche aus, sinkt ab, verdrängt die alte Luft und fließt durch die Dränrohre gereinigt ab. Neue Luft dringt nach. Wenn das Versickern des Wassers mehr als 4 h braucht, ist die Oberfläche verschlammt. Das Staubeet wird ausgeschaltet und lüftet, bis die Schlamm-Matte völlig trocken abgehoben werden kann. Dann wird die Oberfläche mit leichten Harken eingeebnet und das Beet ist fertig. Keinesfalls darf die schlammige Schicht umgepflügt werden. Unkraut wird ausgerissen.
Trotz aller Vorsicht schreitet die Verschlammung der Bodenfilter langsam vorwärts. Nach einigen Jahren muss die oberste Sandschicht einmal erneuert werden und nach Jahrzehnten geht die Leistung des ganzen Geländes zurück. Dann kann eine andere biologische Anlage (Tropfkörper oder Belebungsbecken) gebaut werden und die alten Staubeete können als Trockenplätze für den Schlamm dienen.
Im Winter kann der Betrieb auch in ziemlich kaltem Klima durchgehalten werden. Das Wasser wird dann auf wenige Beete zusammengezogen, damit weniger Wärme verloren geht. Die Stauhöhe wird auf 20 bis 30 cm erhöht, sodass sich eine Eisdecke bilden kann, unter der das Wasser verteilt wird. Auf der ganzen Sandfläche werden Lüftungshügel geschaufelt, die über die Eisdecke emporragen. Im Frühjahr werden die Winterbeete ausgetrocknet, abgeschlammt und wieder eingeebnet.
Die zulässige Belastung der Bodenfilter liegt je nach der wirksamen Korngröße bei abgesetztem Abwasser zwischen 2 000 und 5 000 E/ha. Das entspricht bei einem Abwasseranfall von 150 l/(E · d) 300 bis 750 m^3/ha am Tag.

Die Leistung der Bodenfilter ist sehr gut. Die Abnahme des Sauerstoffbedarfs liegt gewöhnlich über 90 % und die der Bakterien über 95 % (Tabelle 4.1). Ein besonderer Vorzug ist, dass der Abfluss durchaus klar ist. Wegen seiner Einfachheit eignet sich das Verfahren auch für kleine Anlagen (Beispiel 5.14). Auch für gewerbliches Abwasser mit organischer Verschmutzung ist es gut geeignet, z. B. für Brauereien, Brennereien, Papierfabriken, Wollwäschereien – immer vorausgesetzt, dass sandiger Boden da ist.
Die unterirdische Verrieselung mit versenkten Zuführungsleitungen wird bei den Kleinkläranlagen (Kapitel 5.12) besprochen. Retentionsbodenfilter werden für die weitergehende Niederschlagswasserbehandlung eingesetzt (Kapitel 1.8). Bewachsene Bodenfilter für die Abwasserreinigung werden als Pflanzenkläranlagen bezeichnet.

5.6.4 Flächenbedarf

In Tabelle 5.17 ist der Flächenbedarf der besprochenen Verfahren aufgeführt [1202]. Zusätzlich sind die Abwasserteiche und Pflanzenkläranlagen aufgenommen.

Tabelle 5.17: Flächenbedarf naturnaher Abwasserreinigungsverfahren

Weiträumige Landbewässerung	330 m^2/EW
Abwasserverregnung	100 m^2/EW
Rieselfelder drainiert	50 m^2/EW
Staufelder, drainiert	10 m^2/EW
Rieselwiesen, geneigt	10 m^2/EW
Bodenfilter drainiert	5 m^2/EW
Abwasserteiche	15 m^2/EW
Pflanzenanlagen	5 m^2/EW
Abwasserteiche belüftet	2 m^2/EW

5.6.5 Tropfkörper

Tropfkörper sind aus den Bodenfiltern entstanden. Man hatte erkannt, dass die Bodenfilter biologisch arbeiten und auf Lüftung angewiesen sind. Um ihren großen Flächenbedarf einzuschränken, musste man sie tiefer machen, besser lüften und deshalb gröberes Korn nehmen, als man es in gewachsenem Sandboden hat [995, 1134 bis 1136, 1138, 1140, 1142, 1145 bis 1147, 1158, 1164, 1482, 1689, 1810, 1814, 1902, 2042].
Ursprünglich hat man die biologischen Körper als Füllkörper betrieben. Man setzte mehrere Körper in wasserdichte Becken nebeneinander, füllte jeden einoder zweimal täglich mit Abwasser, ließ das Abwasser 2 h im Körper stehen und öffnete dann den Bodenschieber, um das nun biologisch gereinigte Ab-

wasser abzulassen. Jeder Körper stand dann zur Lüftung leer, bis er wieder an die Reihe kam.
Füllkörper werden heute nicht mehr gebaut, weil ihre Leistung gering ist und weil sie bald verschlammen. Sie wurden durch die Tropfkörper verdrängt, die ohne Aufstau vom Wasser durchrieselt werden und ständig zur Lüftung offen stehen.
Als Baustoff werden wetterfeste Steine, Schlackenstücke, Lavatuff, gebrannte Formstücke oder Kunststoffe verwendet. Man hat auch schon Koks oder Steinkohle und bei kleinen Anlagen über Kreuz gelegte Holzlatten genommen. Steinschlag ist das Übliche. Lavatuff hat den Vorteil geringen Gewichts. Wichtig ist der sandfreie Einbau. Die Füllstoffe müssen deshalb gründlich gewaschen werden [187, 653].
Die Brocken überziehen sich nach einigen Wochen der Reifung mit schleimigen Bakterienhäuten, in denen die Abwasserreinigung vor sich geht. Wirksam ist also die bewachsene Oberfläche (Benetzungsfläche) der Brocken. Die wirksame Bakterienhaut oder der biologische Rasen auf den Steinbrocken ist nicht dicker als 2 – 3 mm. Tiefer kann der Sauerstoff der Luft nicht eindringen. In tieferen Schichten beginnen Faulvorgänge [2040]. Die Reinigung ist auf Adsorption und biologischen Abbau zurückzuführen. Dieser wird durch Kleinlebewesen wirksam erhalten, die auf ständige Lüftung angewiesen sind. Brocken mit rauer Oberfläche arbeiten sich rascher ein. Bei schwach belasteten Körpern haben sie auch im Dauerbetrieb Vorteile [465]. Bei normal und hoch belasteten Körpern geben sie keine größere Leistung, weil bei diesen der Bewuchs, wie später gezeigt wird, auch abspülbar sein muss.
Das Durchtropfen dauert je nach der Belastung 20 bis 60 min. Die Zeit kann nach alter englischer Vorschrift dadurch bestimmt werden, dass man eine starke Salzlösung in den Zulauf gießt. Als Durchtropfzeit gilt die Zeit, die verstrichen ist, wenn die Hälfte des Salzes durch den Abfluss gelaufen ist [363].
Beim Durchtropfen spült das Abwasser stets einen Teil der lebenden oder abgestorbenen und verbrauchten Stoffe von den Brocken ab und trägt sie als flockigen Schlamm im Abfluss mit sich. Gesunde Tropfkörper halten sich so dauernd arbeitsfähig. Dabei muss man aber zwischen den alten schwach belasteten und den normal bzw. hoch belasteten Tropfkörpern unterscheiden.
Bei den schwach belasteten Tropfkörpern für Vollreinigung mit Nitrifikation ist die Spülwirkung sehr gering. Der verbrauchte Bewuchs bleibt zum großen Teil auf den Steinen haften und wird immer wieder von neuen Häuten überlagert oder er wird aus den oberen Schichten abgerissen und bleibt in tieferen Schichten des Körpers hängen. So sammelt sich organischer Schlamm an, der im Körper abgebaut werden muss und mit an dem Sauerstoff der Körperluft zehrt. Man kann die Körper auch schlammhaltige Tropfkörper nennen. Nur wenige Hautfetzen werden dauernd ausgespült und gewöhnlich nur wenige Male im

Jahr entlädt sich der Körper von dem lange zurückgehaltenen Schlamm. Dieser Schlamm ist dann weitgehend abgebaut, erdig und oft mehr körnig als flockig. Er ist in seiner Menge vermindert, ziemlich wasserarm und wenig faulfähig. In England und Amerika wird er als Humus bezeichnet.
Der normal belastete Tropfkörper ohne Nitrifikation lässt im Gegensatz dazu nur dünne Bakterienhäute auf den Steinen aufkommen. Alles Verbrauchte wird durchgespült und die Hautflocken, die einmal in Bewegung geraten sind, werden von dem Wasser gleich bis in die Abflussrinne am Boden mitgenommen. Der ausgespülte Schlamm ist sehr wasserreich und faulfähig und der Anfall ist größer als der aus einem schwach belasteten Körper.
Daraus wird verständlich, weshalb der normal bzw. hoch belastete Körper viel mehr Abwasser reinigen kann. Der Körper ist nämlich von der unnötigen Aufgabe befreit, die aus den gelösten Stoffen gebildeten festen Stoffe gleich auch im Körper selbst abzubauen. Er kann sie vielmehr dauernd ausspülen und er kann die Abbauarbeit anderen Teilen der Anlage, z. B. den Schlammfaulräumen, überlassen.
Das Kennzeichen des normal bzw. hoch belasteten Körpers ist also, dass er schlammfrei ist infolge der Spülwirkung. Man nennt ihn deshalb auch Spültropfkörper. Dabei ist nicht nur an das mechanische Spülen zu denken, sondern an die biologischen Vorgänge, die einen bestimmten Grad der zeitlichen Erneuerung in und auf der Brockenhaut verlangen.
Wie viel bewachsene Oberfläche oder „Benetzungsfläche“ in einem m^3 Körper zur Abwasserreinigung zur Verfügung steht, hängt von der Korngröße ab. In Deutschland und Amerika nimmt man durchweg ein Korn von etwa 4 bis 8 cm, in England 2 bis 5 cm. In der Wirkung muss das feinere Korn überlegen sein, weil es in 1 m^3 Körper die größere Benetzungsfläche hat. Der halben Korngröße entspricht die doppelte Fläche. Steinschlag von 4 bis 8 cm hat z. B. eine Benetzungsfläche von 95 m^2 in einem m^3, Steinschlag von 2,5 bis 4 cm aber hat 190 m^2. 1 m^3 Körper von 3 cm Korn müsste doppelt so viel Abwasser reinigen können wie ein Körper von 6 cm Korn. Dafür ist aber der einzelne Hohlraum zwischen den Brocken bei 3 cm Korn nur noch ein Achtel des Hohlraumes von 6 cm Korn. Man muss also von irgendeiner Grenze an befürchten, dass die Hohlräume auf die Dauer nicht mehr ausreichen für den Bewuchs und für den Durchtritt von Wasser und Luft. Bei praktischen Versuchen hat man im Dauerbetrieb mit feinerem Korn nur geringe Zunahmen der Leistung bis höchstens 50 % erreicht. Deshalb empfiehlt es sich, bei dem bewährten Korn von 4 bis 8 cm zu bleiben. Dies entspricht einer spezifischen theoretischen Oberfläche von etwa 90 m^2/m^3 und bei einem Hohlraumanteil von etwa 50 % können davon rd. 2/3 als biologisch aktiv angenommen werden.
Für niedrige Körper können 3 bis 6 cm richtig sein. Diese Korngröße wird zweckmäßig in der ganzen Tiefe beibehalten, abgesehen vielleicht von einer

gröberen Stützschicht am Boden mit einer Körnung von 8 bis 15 cm, die gestattet, die Bodenlöcher oder Schlitze weiter zu machen. Auch hat man schon grobes Korn in der obersten Schicht genommen, damit trotz des Wachsens von Pilzen noch Durchgänge für das Wasser frei bleiben. Kunststoff-Füllungen bieten bei einem großen Hohlraumanteil spezifische Oberflächen bis zu 220 m^2/m^3. Spezifische theoretische Oberflächen über 150 m^2/m^3 und BSB_5-Raumbelastungen über 0,6 kg/($m^3 \cdot d$) sind zur weiteren Leistungsverbesserung nicht nutzbar. Bei spezifischen theoretischen Oberflächen von mehr als 150 m^2/m^3 können Verstopfungen auftreten.
Die Tropfkörperhöhe steht wegen der Lüftung in einer Beziehung zur Korngröße. In England sind die Körper in der Regel 1,8 m hoch bei etwa 4 cm mittlerem Korn, in Amerika 2 bis 3 m hoch bei 6 cm Korn. Die Körperhöhe hängt aber auch von dem Schmutzgehalt des Abwassers ab. Je dicker das Abwasser ist, umso höher soll der Körper sein, damit der Reinigungsweg und die Reinigungszeit länger werden. Außerdem erhöht sich mit der Körperhöhe auch die Abbauleistung. Für deutsche Verhältnisse wird eine Höhe von etwa 4 m empfohlen.
In Cedar Rapids wurden 6,4 m hohe Tropfkörper mit Kunststoff-Füllung erstellt. Die Raumbelastung beträgt 2 500 g BSB/($m^3 \cdot d$) bei 65 % BSB-Abbau [898]. Kunststoffkörper eignen sich besonders für die Teilreinigung hoch konzentrierter Abwässer [428]. Bei einer BSB_5-Raumbelastung von 6 kg/($m^3 \cdot d$) kann man 50 % BSB_5-Abbau annehmen, bei 1 kg/($m^3 \cdot d$) 80 %. Zwischenwerte sind geradlinig einzuschalten. Derartig hoch belastete Tropfkörper müssen abgedeckt werden. Ihre Abluft ist zu desodorieren (Kapitel 4.7.1). Neuere Erfahrungen schildert Gschößl [950].
Zweistufige Körper, also zwei Tropfkörper hintereinander, entsprechen einem Körper, dessen Höhe der Summe der beiden Stufenhöhen gleichkommt. Die Aufteilung in Stufen kann wegen der Lüftung vorteilhaft sein, weil niedrige Körper sich leichter lüften lassen als hohe und weil die zweimalige Versprengung mehr Luft aufnimmt. Dagegen ist ein hoher Körper in den Bau- und Betriebskosten entschieden billiger als zwei niedrige.
Wenn jede Stufe ihr eigenes Nachbecken hat, wird die zweite Stufe sehr entlastet und kann kleiner bemessen werden und feineres Korn haben. Auch kann es vorteilhaft sein, die beiden Stufen in regelmäßigen Zeitabständen auszuwechseln [1751, 1939]. Das Auswechseln hat aber nur bei Körpern Sinn, die infolge zu geringer Flächenbelastung verschlammen, also bei schwach belasteten Tropfkörpern, nicht bei hoch belasteten.
Die Körpersohle muss so gebaut sein, dass das durchgetropfte Wasser glatt abfließt und nirgendwo Schlamm absetzt. Außerdem muss die Luft frei von unten durch den Körper streichen können. Meist macht man einen doppelten Boden. Der obere Boden trägt die Brocken. Er ist geschlitzt oder gelocht. Der

untere Boden führt das Wasser ab und ist deshalb mit Rinnen versehen. Dazwischen liegt der Luftraum. Durch die Wasserrinnen soll man durchsehen und möglichst durchspülen oder durchfegen können. Bei vielen alten Bauarten ist der hohle Boden zu eng oder er ist schon mit Sand und Schlamm zugesetzt oder es fehlt seine Verbindung mit der Außenluft. Die Lüftung des Tropfkörpers ist dann nur noch durch Luftaustausch von oben her möglich und es ist verständlich, dass solche Körper nur bei sehr geringer Körperhöhe genügend Luft bekommen.
Die Sohlenzugänge für die Luft müssen so berechnet werden, dass der als notwendig angesehene senkrechte Luftzug auch durch sie durchtreten kann. Wenn z. B. ein normal belasteter Tropfkörper einen senkrechten Luftzug von 0,3 m/min = 5 mm/s haben soll und in den Sohlenzugängen eine Luftgeschwindigkeit von 1 m/s als richtig betrachtet wird, müssen die Zugänge eine Durchtrittsfläche von 5 : 1 000 = 0,5 % der Körperoberfläche haben. Besser ist 1 %.
Die Seitenwände werden dicht gemacht. Man schützt den Körper so gegen kalte Winde, man fördert den natürlichen Kaminzug, der für die Lüftung erwünscht ist, und verhindert auch das Austreten von Psychodamücken. Als Bauweisen haben sich umschnürte Betonfertigteile bewährt und korrosionsgeschütztes Wellblech, das durch Spannringe gehalten wird.
Auf der Oberfläche befinden sich die Geräte, mit denen das Abwasser verteilt wird. Feste Streudüsen (Bild 5.35) passen sich am besten dem Gelände an. Sie brauchen mit den notwendigen Verteilungsbehältern 1 bis 2 m Gefälle. Die Verteilungsbehälter werden doppelt angeordnet, sodass sich der eine füllt, während der andere leer läuft. Sie sammeln eine bestimmte Wassermenge an und geben sie dann durch einen Heber an die Streudüsen ab. Die dabei entstehenden Druckschwankungen sorgen dafür, dass jede Düse die ihr zugeteilte Fläche gleichmäßig besprengt. Mit den Pausen passen sich die Behälter selbsttätig dem Wechsel des Zuflusses an. Streudüsen eignen sich für schwach belastete Körper.
Besser ist die Wasserverteilung bei Drehsprengern. Sie brauchen nur etwa 0,5 m Gefälle. Ihr einziger Nachteil ist, dass die Grundfläche des Körpers kreisförmig sein muss, dass also viel Fläche unbenutzt bleibt. Drehsprenger sind unentbehrlich bei normal und hoch belasteten Körpern (Bild 5.36). Sie werden entweder durch den Rückstoß des aus Löchern der Dreharme fließenden Wassers bewegt oder durch elektrische Energie. Die Zahl der Umdrehungen liegt zwischen 0,3 und 5 je Minute. Je größer die Oberflächenbeschickung, desto größer soll auch die Anzahl der Arme und die Drehgeschwindigkeit sein. Fahrsprenger, die auf Wagen hin- und herfahren, leisten wenig, weil die Lüftungspausen zu lang sind. Kipprinnen und Kipptröge eignen sich für kleine Anlagen.

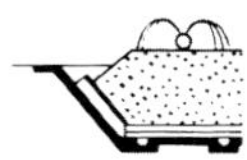

Bild 5.35: Tropfkörper mit Streudüsen

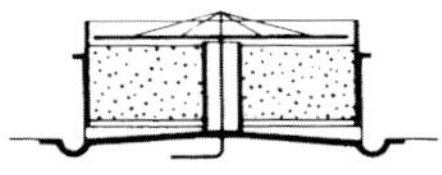

Bild 5.36: Tropfkörper mit Drehsprenger

Die natürliche Lüftung geht bei niedrigen Körpern (bis etwa 1 m Tiefe) von der Oberfläche aus. Bei tiefen Körpern genügt der Luftaustausch von oben nicht mehr. Dann ist ein Durchzug der Luft nötig. Dieser geht in senkrechter Richtung aufwärts oder abwärts durch den Körper, je nachdem, ob die Körperluft leichter oder schwerer ist als die Außenluft. Entscheidend ist dabei die Temperatur. Daneben können auch die Feuchtigkeit und der Kohlensäuregehalt mitsprechen. Die Temperatur der Körperluft stellt sich fast genau auf die des Abwassers ein. Die Körperluft ist im Winter wärmer, also leichter, und im Sommer kälter als die Außenluft. Die Luftströmung geht also im Winter aufwärts, im Sommer abwärts. Daneben beobachtet man besonders im Sommerhalbjahr zweimal täglich einen Wechsel. Die Luft geht nachts aufwärts, tags abwärts durch den Körper und zweimal täglich wechselt die Richtung. Halvorson hat festgestellt, dass bei einem Temperaturunterschied von 6 °C ein Luftdurchzug von 0,3 $m^3/(m^2 \cdot min)$ entsteht [995]. Wenn also die Luft um 6 °C wärmer ist als das Abwasser, entsteht eine Strömung abwärts von 0,3 m/min = 0,5 mm/s = 18 m/h (Bild 5.37). Bei 2 °C Temperaturunterschied hört der Luftzug ganz auf und jenseits dieses Punktes beginnt die aufwärts gerichtete Strömung, die dann vorherrscht, wenn die Luft kälter ist als das Abwasser. Diese Verschiebung des Nullpunkts um 2 °C hängt vermutlich damit zusammen, dass die Luft im Körper ihr Raumgewicht verändert. Jedenfalls kann man nach den Versuchen von Halvorson sagen, dass 6 – 2 = 4 °C Temperaturunterschied einen Luftzug von 0,3 m/min machen. Das entspricht einer Luftsäule von 0,3 · 60 = 18 m/h. Der in dieser Luftmenge enthaltene Sauerstoff deckt überreichlich den Sauerstoffbedarf des durchtropfenden Abwassers. Das erklärt auch die Tatsache, dass man bis jetzt in richtig gebauten Tropfkörpern trotz höchster Belastung mit natürlicher Lüftung ausgekommen ist.

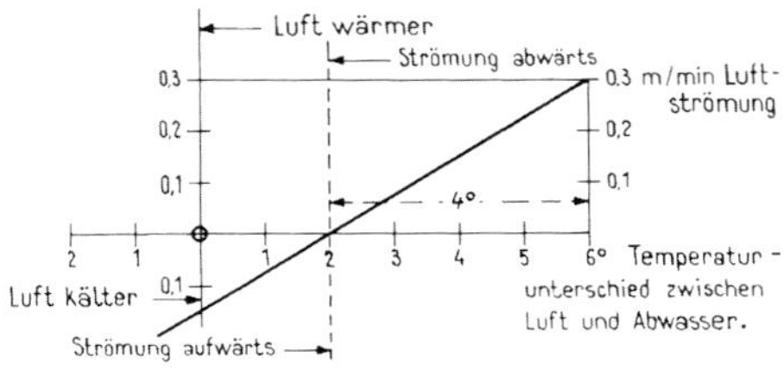

Bild 5.37: Luftströmung im Tropfkörper

In seltenen Fällen wird aber auch künstliche Lüftung eingerichtet. Wenn die Luft an der Sohle eingeblasen oder angesaugt wird, erhält der Wasserablauf einen Wasserverschluss, der geschlossen gehalten wird, solange die künstliche Lüftung arbeitet, den man aber öffnet, wenn der natürliche Luftzug wiederhergestellt werden soll. Körper, die aus besonderen Gründen, z. B. als Schutz gegen Kälte und Fliegen, überdeckt werden, brauchen stets künstliche Lüftung. Die Luft wird dann in der Regel von oben eingeblasen. Als Luftmenge empfiehlt Halvorson die schon erwähnten 0,3 $m^3/(m^2 \cdot min)$ = 18 m/h. Mit der Leistung des Körpers hat die künstliche Lüftung nichts zu tun. Es wäre falsch, die künstlich belüfteten Körper als „Hochleistungskörper“ zu bezeichnen.
Zur Vorreinigung des Abwassers vor Tropfkörpern sind stets gute Absetzbecken mit nicht weniger als 1,5 bis 2,0 h Durchflusszeit bei Trockenwetter zu empfehlen. Bei Regenwetterzufluss sollte die Aufenthaltszeit nicht unter 0,5 h absinken. Zur Vermeidung von Verstopfungen bei den Verteilsystemen ist eine weitgehende Entfernung von Störstoffen durch Feinrechen bzw. Feinsiebe notwendig. Vorbecken mit großer Wasserfläche und Tauchwänden sind auch schon zum Schutz gegen Zuflüsse von Mineralöl nötig, denn gerade Tropfkörper können von Mineralöl schwer geschädigt werden. Bei dickem Abwasser oder bei vorherrschendem gewerblichem Abwasser kann es zweckmäßig sein, besser vorzureinigen, z. B. chemisch (Kapitel 5.5) oder durch Teilreinigung mit belebtem Schlamm (Kapitel 5.6.8). Die bessere Vorreinigung wirkt wie Verdünnung und die Körper können dann entsprechend höher belastet werden.
Der aus den Tropfkörpern ausgespülte Schlamm braucht in manchen Fällen nicht zurückgehalten zu werden. In einem rasch fließenden Gewässer ist er harmlos. Er vermehrt sogar das Plankton und unterstützt so die Selbstreinigung. Wenn der Schlamm sich aber am Boden des Gewässers ablagert, beginnt er bald zu faulen. Er muss deshalb in der Regel in Nachbecken zurückgehalten werden [2135]. Das gilt besonders von normal bzw. hoch belasteten Tropfkörpern. Auch Rieselwiesen (Kapitel 5.6.2) sind schon zur Nachklärung benutzt worden. Die Nachbecken haben bei maximalem Zufluss Durchflusszeiten von mindestens 2,5 h bei einer Flächenbeschickung von 0,8 m/h. Dabei ist das Rücklaufwasser mitzurechnen, wenn es mit durch den Beckenraum fließt. Sie

sollen für häufige oder besser ständige Ausräumung eingerichtet sein. Der Schlamm aus den Nachbecken ist ähnlich dem belebten Schlamm, aber viel stärker abgebaut. Sein Wassergehalt ist bei schwach belasteten Körpern nur 92 %, bei normal belasteten 96 %. Er wird am besten in den Faulräumen mitbehandelt. Dadurch steigt der Anfall des ausgefaulten Schlammes um etwa 50 %. Auch der Gasanfall der Faulräume steigt. Die Faulräume und die Entwässerungseinrichtungen müssen entsprechend größer gemacht werden. Zahlen enthält die Schlammliste (Tabelle 5.36).

Bei der Berechnung der Tropfkörper müssen die Raumbelastung und die Flächenbelastung nebeneinander betrachtet werden.

Die zulässige Raumbelastung für den Abbau des organischen Kohlenstoffs beträgt bei kleineren Anlagen (50 – 1 000 E) wegen ausgeprägter Zufluss- und Belastungsspitzen 200 g $BSB_5/(m^3 \cdot d)$. Bei größeren Anlagen dürfen 400 g $BSB_5/(m^3 \cdot d)$ angesetzt werden (vgl. Bild 5.40). Die Nitrifikation, das heißt die mikrobielle Oxidation der Stickstoffverbindungen, beginnt erst, wenn der organische Kohlenstoff weitgehend abgebaut ist. Der für die Nitrifikation erforderliche zusätzliche, meist untere Volumenanteil des Tropfkörpers wird nach der Stickstoffraumbelastung berechnet. Hier sind für die Anlagen > 1 000 E 100 g $TKN/(m^3 \cdot d)$ zulässig. Soll ausnahmsweise auch auf kleineren Anlagen nitrifiziert werden: 50 g $TKN/(m^3 \cdot d)$. Die Zahlen beziehen sich auf das Abwasser wie es dem Körper zufließt. Hinsichtlich der gezielten Denitrifikation wird auf das ATV-DVWK-Arbeitsblatt 281 verwiesen [106].

Wenn die BSB- und TKN-Zahlen des Abwassers bei Entwürfen nicht vorliegen, kann man die zugeführte Schmutzmenge durch die Einwohnerzahl ausdrücken. Nach Tabelle 5.2 kommen auf den Einwohner aus abgesetztem Wasser täglich 40 g BSB_5 und 10 g TKN. Es können also Tropfkörper > 1 000 E für den Abbau des organischen Kohlenstoffs belastet werden mit dem Abwasser von 400 : 40 = 10 E/m^3. Soll nitrifiziert werden, ist für 10 Einwohner ein zusätzliches Tropfkörpervolumen von 10 E · 10 g TKN/(E · d) : 100 g TKN/(m3 · d) = 1 m^3 erforderlich und die zusätzliche Raumbelastung für Tropfkörper mit Nitrifikation beträgt 5 E/m^3.

Bei Tropfkörpern mit Kunststoff-Füllmaterial sind für den Abbau der Kohlenstoffverbindungen BSB_5-Raumbelastungen von mehr als 400 $g/(m^3 \cdot d)$ und für die Nitrifikation TKN-Raumbelastungen von mehr als 100 $g/(m^3 \cdot d)$ möglich. Diese sollten durch Versuche oder Referenzen belegt sein. Kunststoffgefüllte Tropfkörper eignen sich insbesondere für die biologische Teilreinigung bei mehrstufigen Anlagen.

Der Begriff der Flächenbeschickung in $m^3/(m^2 \cdot h)$ = m/h ist von dem Absetzbecken bekannt. Er gibt an, wie viel Abwasser in der Zeiteinheit auf die Oberfläche oder Bodenfläche kommt. Man kann ihn sich vorstellen als eine auf die Fläche aufgestellte Wassersäule. Mit dieser Flächenbeschickung, und zwar in

24 h, wird oft im Ausland die Belastung der Tropfkörper ausgedrückt. Dies hat bei Tropfkörpern mit Nitrifikation nicht viel Sinn, denn die Leistungsfähigkeit hängt nur vom Raum ab, der die wirksamen Bakterienhäute enthält.
Bei Tropfkörpern ohne Nitrifikation hat die Flächenbeschickung Bedeutung bekommen, weil sie der Ausdruck für die hier wichtige Spülkraft ist. Damit die Spülwirkung eintritt, darf die Flächenbeschickung nicht unter ein bestimmtes Maß heruntergehen. Sie soll nach Halvorson wenigstens 0,8 $m^3/(m^2 \cdot h)$ = 0,8 m/h betragen [995]. Die Zahl ist etwa 10-mal so groß wie bei alten, schwach belasteten Körpern, denn bei diesen trifft man meist weniger als 0,1 m/h. Nach oben ist die Flächenbeschickung nicht begrenzt. Schulz hat 4,8 m/h mit Erfolg ausgeführt [2042].
Die Größe der Spülkraft (S) hängt aber nicht nur von der durchschnittlichen Flächenbeschickung ($q_{A,TK}$) mit Abwasser ab, sondern auch von der Ausführung des Drehsprengers. Je mehr Arme der Sprenger erhält und je schneller er sich dreht, umso kleiner wird die hydraulisch wirksame Spülkraft. Üblich für Drehsprenger sind 2, 4 oder 6 Arme (a) und 50 bis 400 Umdrehungen je Stunde (n). Auf diese Weise kann man die wirksame Spülkraft den Verhältnissen anpassen. Es gilt die Beziehung:

$$S = \frac{q_{a,TK}}{a \cdot n} \qquad \text{[mm/Arm]} \qquad (5.10)$$

S = Spülkraft (mm/Beregnung)
$q_{a,TK}$ = Flächenbeschickung (mm/h)
a = Zahl der Drehsprengerarme
n = Umdrehungen je Stunde

Werte für S von 4 bis 8 mm haben sich bewährt.

Die Flächenbeschickung soll möglichst gleichmäßig sein, da sich die Abwasserströme im Tropfkörper nicht weiter verteilen, sondern vereinigen. Man kann die Flächenbeschickung durch die Füllzeit eines Kuchenblechs überprüfen, das entlang eines Tropfkörper-Halbmessers bewegt wird. Bei ungleichmäßiger Schüttung sind die Bohrungen der Drehsprengerarme zu verändern.
Die wegen der Spülung notwendige Flächenbeschickung wird bei dem dünnen amerikanischen Abwasser mit den üblichen Körperbauarten fast immer erreicht. Für das dickere europäische Abwasser sind aber meist künstliche Hilfen notwendig, und zwar entweder große Körperhöhe oder Rückpumpen. Beim Rückpumpen des Tropfkörperabflusses wird man in der Regel einen Teil des Abflusses aus dem Nachbecken in das zum Tropfkörper führende Pumpwerk zurücklaufen lassen (Bild 5.38) [1146].
Das Rücklaufverhältnis ist der Quotient aus dem zurückgeführten Wasserfluss und dem Zufluss. Wenn man also zum einfachen Zufluss des Körpers durch

Rücklauf noch einmal den gleichen Volumenstrom zusetzt, hat man ein Rücklaufverhältnis RV = 1. Das führt zu doppelter Verdünnung (1 + 1). Setzt man nur die halbe Wassermenge zu, ist das Rücklaufverhältnis 0,5 und die Verdünnung (1 + RV) = 1,5. Diese Bezeichnung ist auch deswegen richtig, weil die 1,5-fache Flächenbeschickung und die 1,5-fache Spülwirkung entstehen, genauso, wie wenn man die Höhe des Körpers veranderthalbfacht hätte. Ein Körper, dessen Inhalt durch die Raumbelastung festliegt, kann bei RV = 1, entsprechend doppelter Verdünnung, die doppelte Fläche haben und braucht nur halb so hoch zu sein. So hat man es durch das Mittel des Rückpumpens in der Hand, irgendeine geringe Körperhöhe für jede Wasserbeschaffenheit anwendbar zu machen. Für den Grad des Rückpumpens kann als Anhalt dienen, dass der BSB_5 des Mischwassers nicht höher sein soll als 100 – 150 mg/l.

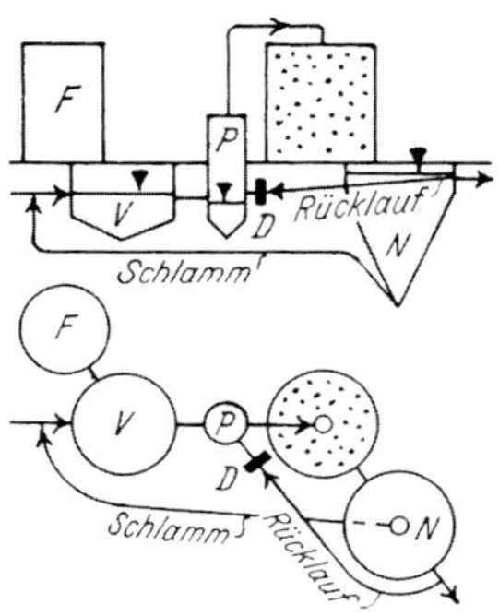

Bild 5.38: Spültropfkörper mit Rücklauf durch Nachbecken

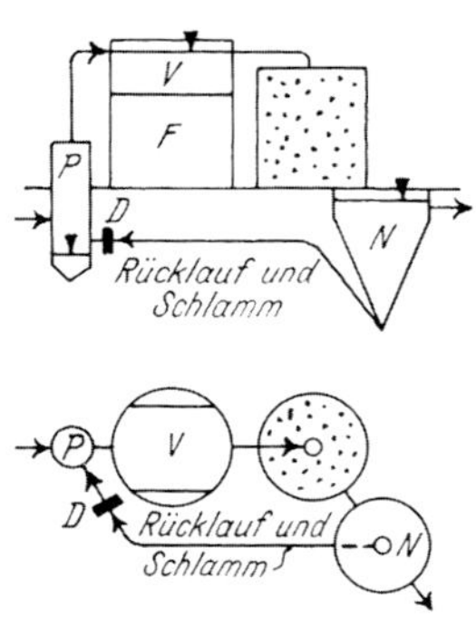

Bild 5.39: Spültropfkörper mit Rücklauf durch Vorbecken
Es sind: V = Vorbecken, F = Faulraum, P = Pumpwerk, N = Nachbecken, D = Drosselklappe oder Rückstauverschluss mit Schwimmer

Das Rückpumpen ersetzt aber nicht nur die Körperhöhe, die man sonst braucht, um die nötige Flächenbeschickung und den nötigen Reinheitsgrad zu erreichen, sondern es hat darüber hinaus noch weitere Vorteile. Der rückgepumpte Abfluss bringt Nitrate, Sauerstoff, Lebewesen und Fermente in das Abwasser, frischt es auf, erhöht in der Regel den pH-Wert, bindet den Geruch und unterstützt die Reinigungsarbeit [1142]. Durch das Rückpumpen werden außerdem auch die tieferen Schichten des Körpers mehr zur Reinigungsarbeit herangezogen.
Noch mehr wird die Wirkung des Rückpumpens gesteigert, wenn man auch die Vorbecken größer macht und mit in den Kreislauf einbezieht (Bild 5.39). Damit wird das Rohwasser aufgefrischt, schon in den Vorbecken beginnt ein Teil der biologischen Reinigung, und die Gesamtleistung wird weiter verbessert. Jedenfalls lässt sich durch Rückpumpen und entsprechende Abmessungen der Anlage die höchste Reinheit des Abflusses erreichen.
In Bild 5.38 und Bild 5.39 sind die zwei grundsätzlichen Anordnungen des Rückpumpens bei Spültropfkörpern dargestellt. Das Vorbecken ist in dem einen Falle zweistöckig mit dem Faulraum verbunden, im andern Falle sind zwei einstöckige Bauwerke dargestellt. In beiden Fällen wird das Rücklaufverhältnis dadurch hergestellt, dass die Pumpe *P* mit einer größeren Leistung eingestellt wird als die zufließende Wassermenge. Die vom Nachbecken zurückführende Leitung ist mit einer Drosselklappe *D* oder einem Rückstauverschluss mit dem Pumpenschacht verbunden und wird dort von einem Schwimmer gesteuert. Damit ergänzt sich die Abwassermenge selbsttätig aus dem Rücklauf so weit, dass die Pumpenleistung immer gleich bleibt. Wenn also 2 l/s Abwasser zufließen und die Pumpe 4 l/s fördert, werden weitere 2 l/s aus dem Nachbecken zufließen und man hat doppelte Verdünnung (1 + 1). Nachts wird man eine kleinere Pumpe anstellen. Wenn bei Regen der doppelte Zufluss erfolgt, geht dieser ohne weiteres auch über den Tropfkörper, denn der Rücklauf stellt sich solange ab.
Im Falle von Bild 5.39 kann die von der Spitze des Nachbeckens abgehende Schlammleitung zugleich auch das Rücklaufwasser aufnehmen, denn beide kommen so durch den Pumpenschacht in das Vorbecken. Das Nachbecken kann in diesem Falle kleiner bemessen werden, denn das Rücklaufwasser nimmt nur den kurzen Weg vom Beckeneinlauf zu dem gleich darunter liegenden Schlammrohr und man braucht es bei der Berechnung der Durchflusszeit überhaupt nicht mitzurechnen. Das Vorbecken aber wird größer, weil mehr Wasser durchfließt.
Wenn man den Rücklauf allein auf den Tropfkörper beschränkt, spart man die Vergrößerung der Becken, man hat bei Brockenfüllung aber auch eine geringere Wirkung, weil mehr Schlamm mit abgebaut werden muss. Bei kunststoffge-

füllten Körpern sind die Hohlräume ausreichend groß. Der Schlamm läuft mit dem Wasser durch und ergibt sogar einen erwünschten Belebungseffekt.
Beim Betrieb der Tropfkörper ist die Frage der Ruhepausen wichtig. Bei schwach belasteten Körpern sind häufige kurze Ruhepausen üblich, weil die Wassermengen gewöhnlich nicht ausreichen, die Streudüsen oder Drehsprenger dauernd richtig arbeiten zu lassen. Beide Einrichtungen brauchen einen gewissen Mindestdurchlauf. Mit den Pausen passt man sich auch besser dem wechselnden Zufluss an. Halvorson hat erkannt, dass regelmäßige Ruhepausen (z. B. von 10 bis 30 min) schädlich sind, weil sie die Bakterienarbeit unterbrechen [1140]. Sie geben auch den Psychodamücken Gelegenheit, aus der Oberfläche des Körpers auszutreten. Hoch belastete Tropfkörper haben so viel Zufluss, dass Ruhepausen für Drehsprenger technisch nicht mehr nötig sind. Sie werden grundsätzlich pausenlos betrieben und auch so berechnet.
Das Zuschlammen der Tropfkörper muss im Betrieb unbedingt verhindert werden. Es äußert sich dadurch, dass der BSB_5 des abgesetzten Abflusses plötzlich zunimmt und dass sich Pfützen an der Oberfläche bilden. Die Pfützen entstehen unter anderem durch Pilze, die hauptsächlich in der obersten Schicht wachsen. Das bedeutet noch nicht, dass der ganze Körper verschlammt ist. Das Gegenmittel ist eine kurze Chlorgabe zum Zufluss oder starkes Rückpumpen aus dem Abfluss oder eine mehrtägige Ruhepause oder die Beschickung des Körpers mit Flusswasser. Die Organismen, die die Verschlammung verursachen, sterben dann ab und werden ausgespült.
Eine gezielte mechanische Wirkung lässt sich durch Abstreuen mit 400 g Natronsalpeter je m^2 Oberfläche und leichtes Besprühen erreichen. Aus den gelösten Nitraten spalten die Bakterien der anaeroben Schlammschichten den Sauerstoff zur Atmung ab. Dabei entstehen Stickstoffbläschen, die den Schlamm auflockern. Einige Stunden nach der Behandlung kann der Tropfkörper wieder beschickt werden. Der verbrauchte Schlamm wird erst nach einigen Tagen abgestoßen [2375]. In ähnlicher Weise wirkt auch die in England entwickelte „wandernde Hochbelastung“ von Tropfkörpern. Dabei drehen sich die Drehsprenger so langsam, dass die Pausen zwischen den einzelnen Wasserstößen vier bis acht Minuten lang sind. Die für die Spülkraft hohe Querschnittsbelastung wird dann wenigstens mit Unterbrechungen erreicht [1037, 2123]. Gegen Verschlammung hat man Tropfkörper auch schon mit Rückspüleinrichtungen versehen, die wie bei Sandfiltern mit Wasser und Druckluft arbeiten.
Tropfkörper, bei denen die nötige Flächenbeschickung vorhanden ist, bilden keine Pfützen und verschlammen nicht, wenn sie richtig gebaut sind, also nicht zu feinkörnig sind, und wenn die Sohle genügend Luft hat. Man hat schon alte verschlammte Körper einfach dadurch in Ordnung gebracht, dass man die Oberflächenbeschickung durch Rückpumpen vergrößerte.

Tropfkörper, die im Betrieb dazu neigen, regelmäßig zu verschlammen, können durch örtliche Erhöhung der Spülkraft freigehalten werden. Hierzu ist der Drehsprenger anzuhalten (beispielsweise mit einem Seil) und solange an einer Stelle zu belassen, bis der Ablauf wieder nahezu feststofffrei ist (absetzbare Stoffe kleiner 2 ml/l). Anschließend ist der Drehsprenger ein kleines Stück zu versetzen und wiederum so zu verfahren, bis der Ablauf wieder nahezu feststofffrei ist. Bei Anlagen mit mehreren Tropfkörpern ist sicherzustellen, dass pro Tag nur jeweils ein Tropfkörper gespült wird, um eine Beeinträchtigung der Reinigungsleistung zu verhindern. Die Nitrifikation wird durch den Spülvorgang kurzfristig beeinträchtigt, erholt sich allerdings üblicherweise innerhalb weniger Stunden. Wichtig ist, dass ein solches Spülprogramm alle vier Wochen durchgeführt wird, um eine Verschlammung dauerhaft zu vermeiden. Bei sehr niedrigen Temperaturen im Winter kann ein solches Spülprogramm auch auf die Sommermonate beschränkt bleiben.

Den Geruch der Tropfkörper hält man dadurch gering, dass man das Abwasser in den Vorbecken möglichst frisch hält. Leicht angefaultes Abwasser wird vorbelüftet oder mit Chlor behandelt oder durch Rückpumpen aufgefrischt. Die völlige Umhüllung und Lüftung des Körpers hilft bei stinkendem Abwasser nur dann, wenn die abgelassene Luft künstlich geruchfrei gemacht wird. Die lästige Abwassermücke *Psychoda* bekämpft man dadurch, dass man bisweilen Chlorlösungen durch den Körper schickt. Die Brutzeit dauert bei 20 °C etwa 14 Tage. Normal und hoch belastete Tropfkörper haben keine Mückenplage, auch wenn sie nicht überdeckt sind, sondern nur geschlossene Seitenwände haben. Aus dem Boden und aus der ständig gespülten Oberfläche treten nur wenige Mücken aus. Außerdem leben die Larven im Schlamm von schlammhaltigen Körpern. In den dünnen Häuten der Spültropfkörper finden sie zu wenig Nahrung und sie sind hier auch nicht nötig, weil kein Schlamm abzubauen ist. Da die Überdachung auch bei künstlicher Lüftung nicht nötig ist, wird man sie in der Regel vermeiden, denn sie stört die natürliche Lüftung. Geschlossene Körper sind nach Rohde auch um 20 % teurer [1906]. Nur in kalten Gegenden hat die Überdachung einen Sinn, um den Körper warm zu halten und auf diese Weise den Abbau zu fördern.

Den gelegentlich bei Nitrifikationstropfkörpern auftretenden Schneckenbefall haben Einfeld et al. durch pH-Wert-Anhebung und die Bildung von Ammoniak aus kläranlageninternen Quellen bekämpft [749].

Bei Regenwetter können die Tropfkörper vorübergehend nur den 1,5-fachen Zufluss reinigen, wenn dabei der Reinigungsgrad annähernd gleich bleiben soll. Bei Spültropfkörpern, die mit Rückpumpen laufen, kann man bei Regen mehr Mischwasser durchlaufen lassen, indem man in dieser Zeit die Rückpumpenmenge weglässt. Größere Mischwasserzuflüsse hält man zweckmäßig im Regenbecken zurück und verteilt sie auf längere Zeit. In England wird gefordert, dass die Körper das Dreifache des Trockenwetterabflusses reinigen sollen. Dann müssen sie um 50 bis 75 % größer gemacht werden, als die Berechnung nach dem BSB oder der Einwohnerzahl ergibt. Die Körper werden dann bei Trockenwetter entsprechend geringer belastet. Die Verteilungsgeräte müssen auf den starken Wasserwechsel eingerichtet sein. Man baut z. B. bei Drehsprengern besondere Arme ein, die erst Wasser bekommen, wenn ein bestimmter Zufluss überschritten wird.

Im Winter lässt sich der Betrieb der Körper auch bei starkem Frost durchhalten. Der Temperaturverlust des Wassers ist höchstens 4 °C. Besonders frostsicher sind hoch belastete Körper, weil ihnen durch die viel größere Wassermenge auch mehr Wärme zugeführt wird. Dichte Seitenwände, die ein Stück über die Oberfläche hinausragen, sind gegen Wind zweckmäßig. Die Bodenöffnungen werden bei strengem Frost bis auf die für die Lüftung nötigen Querschnitte zugemacht. Der Abbau geht im Winter zurück. Pöpel, F. gibt an, dass er bei 10 °C Abwassertemperatur nur 62 % des Abbaus von 20 °C beträgt [1814]. Die Eigenwärme der Tropfkörper ist auch bei völliger Umhüllung der Körper gering. Sie erhöht nach den Messungen von Pönninger in Beuthen die Wassertemperatur nur um 1 – 2 °C [1811].

Der Reinigungsgrad einer Tropfkörperanlage mit Vor- und Nachbecken entspricht einer Abnahme des BSB_5 von 65 bis 95 % (Bild 5.40), im Mittel vielleicht 80 %. In jedem Falle lässt sich der Reinigungsgrad durch Rückpumpen oder durch mehrere Stufen beliebig steigern. In Entwürfen kann die Abbauleistung nach Pöpel, F. berechnet werden [1814]. Rincke hat Untersuchungsergebnisse von 25 Betriebs- und Versuchstropfkörpern des Ruhrverbandes nach prozentualer Abbauleistung und Ablauf-BSB ausgewertet [1886]. Bild 5.40 enthält die gewonnenen Bereiche. Dabei ist die prozentuale Abbauleistung weitgehend unabhängig von der Konzentration des zugeleiteten Abwassers. Der untere Teil des Bildes gilt nur für die bei häuslichem Abwasser üblichen Konzentrationen und Lastschwankungen.

Auswertungen des Ruhrverbandes hinsichtlich der zweistündigen Maximalwerte von BSB_5 und CSB zeigen, dass bis zu Raumbelastungen von 400 g $BSB_5/(m^3 \cdot d)$ die Anforderungen bezüglich BSB und CSB eingehalten werden [1191]. Darauf gründet sich die Bemessungsempfehlung. Hinsichtlich der Prozessstabilität vgl. Damiecki [459].

Besonders eignet sich der Tropfkörper auch zu jedem Grad der biologischen Teilreinigung. Er kann ohne Schaden fast jeden Belastungsgrad vertragen. Die Reinigung bleibt nie ganz aus und schon die starke Entgasung und Belüftung des Abwassers ist immer ein wesentlicher Erfolg.

Die Frage, ob Tropfkörper mit bzw. ohne Nitrifikation vorzuziehen sind, ist abhängig von den behördlichen Auflagen. Tropfkörper mit Nitrifikation haben sich in Jahrzehnten bewährt. Sie sind einfach und betriebssicher. Sie oxidieren

Ammonium mikrobiell zu Nitrat [953, 954, 1755, 2370]. Sie reinigen nicht nur das Abwasser, sondern sie verarbeiten auch einen großen Teil des Schlamms. Die Tropfkörper ohne Nitrifikation sind kleiner, im Bau billiger und mückenfrei. Sie haben auch Nachteile. Der Reinigungsgrad ist weniger gut, wenn nicht rückgepumpt wird. Wenn Rückpumpen nötig ist, sind sie im Betrieb teurer. Bei ihnen werden die Nachbecken stärker mit Schlamm belastet, sie werden größer und der Schlamm ist auch wasserreicher und faulfähiger. Dadurch entstehen Mehrkosten in den Faulräumen und in der Schlammbehandlung. Die Ersparnisse an Baukosten sind also beim Tropfkörper ohne Nitrifikation nicht so hoch, wie man sie nach der Mehrleistung auf den ersten Blick erwartet [456].

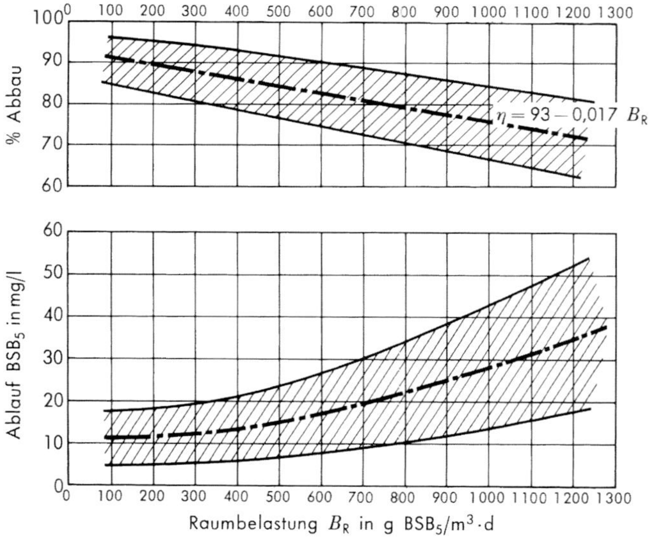

Bild 5.40: Einfluss der BSB-Raumbelastung eines Tropfkörpers auf den Abbau und die Ablaufkonzentration nach Rincke [1886]

Jedenfalls muss man sich für die eine oder für die andere Art der Tropfkörper entscheiden. Zwischenlösungen können versagen. Bei einem auf schwache Belastung eingerichteten Tropfkörper wird die höhere Belastung mit Abwasser leicht eine „Überlastung", wenn sie nicht groß genug ist, um auch die nötige Spülkraft des Wassers zu erzeugen. Das Versagen ist namentlich dann zu befürchten, wenn das Korn zu fein ist und die Bodenlüftung schlecht ist, wie man es bei fast allen Bauarten früherer Zeit findet.

5.6.6 Tauchkörper, getauchte Festbetten

Tauchkörper sind biologische Körper, die unter Wasser arbeiten. Sie sind schon aus Steinen, Koks, Holzlatten, beweglichen Kork- oder Holzstücken, gewellten Aluminiumplatten, Asbestzementplatten und Kunststoffkörpern gebaut worden [185, 186, 1174, 1199, 2125]. Druckluft wird von unten eingeblasen durch fest stehende Luftrohre oder schwingende Pendelrohre (Bild 5.41). Wichtig ist dabei, dass eine gute Vorklärung vorhanden ist und dass die an dem Baustoff wachsenden Lebewesen rechtzeitig immer wieder durch die Luftblasen und die Wasserbewegung entfernt und ausgetragen werden. Das Becken muss so eingerichtet werden, dass sich dort kein Schlamm ablagern kann. Auch Tauchwalzen sind schon ausgeführt worden, die zur Hälfte in das Wasser eintauchen und sich langsam drehen. Hartmann hat solche mit Erfolg aus Kunststoffscheiben gebaut. Er nennt sie „Tauchtropfkörper" [1016]. Der lichte Abstand zwischen den Scheiben ist 20 mm. Die Belastung beträgt 4 – 10 g BSB_5 je 1 m^2 bewachsene Scheibenfläche und Tag [1016, 1017, 1174, 1385]. Bei mehreren Stufen soll die erste nicht höher als mit 50 g $BSB_5/(m^2 \cdot d)$ belastet werden.

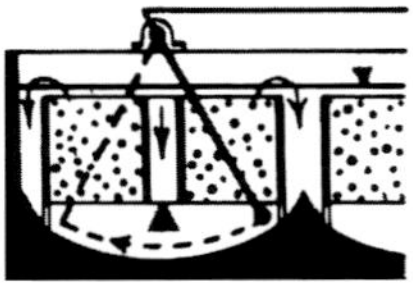

Bild 5.41: Tauchkörper

Getauchte Festbetten aus Kunststoffkörpern werden gelegentlich eingesetzt [89, 132, 290, 1984 bis 1986]. Die spezifischen Oberflächen des Materials liegen theoretisch zwischen 100 und 400 m^2/m^3. Entscheidend ist jedoch die im Betrieb aktive biologische Oberfläche. Diese kann derzeit nicht eindeutig bestimmt werden. Es wird empfohlen, wenn nicht zurückgespült wird, spezifische Oberflächen zwischen 150 und 200 m^2/m^3 zu wählen. Bezogen auf die theoretische Oberfläche des Füllmaterials ist bei Abwasserreinigung ohne Nitrifikation eine Flächenbelastung von $B_{A;\,BSB} < 10\ g/(m^2 \cdot d)$ einzuhalten. Bei Abwasserreinigung mit Nitrifikation ergibt sich die notwendige Oberfläche aus der Summe der Oberflächen für den Abbau der Kohlenstoffverbindungen ($B_{A,\,BSB} \leq 10\ g/(m^2 \cdot d)$ und die Nitrifikation ($B_{A,\,TKN} \leq 2{,}0\ g/(m^2 \cdot d)$. Entlang des Fließweges, der sich über mehrere Einheiten erstrecken sollte, finden bei entsprechenden Belastungsverhältnissen der Abbau der Kohlenstoffverbindungen und dann Nitrifikation statt. Denitrifikation wird erreicht durch Unterbrechung der Belüftung oder durch Rezirkulation in den Zulaufbereich.

Bei dem Reinigungsziel Nitrifikation ist für die Bemessung der theoretischen Oberfläche eine drei- oder vierstufige Kaskadenanlage zweckmäßig. Dabei gelten für Scheibentauchkörper:

3-stufige Kaskaden: $B_{A,BSB} \leq 8$ g/(m^2 · d) und $B_{A,TKN} \leq 1{,}6$ g/(m^2 · d)
4-stufige Kaskaden: $B_{A,BSB} \leq 10$ g/(m^2 · d) und $B_{A,TKN} \leq 2$ g/(m^2 · d)

Bei kleinen Kläranlagen wird wegen ausgeprägter Zufluss- bzw. Belastungsspitzen empfohlen, zwischen den Anschlussgrößen 1 000 und 50 EW die BSB_5-Flächenbelastung auf 4 g/(m^2 · d) und die TKN-Flächenbelastung auf 1,2 g/(m^2 · d) linear abzumindern. Für Rotationstauchkörper gelten:

3-stufige Kaskaden: $B_{A,BSB} \leq 5{,}6$ g/(m^2 · d) und $B_{A,TKN} \leq 1{,}1$ g/(m^2 · d)
4-stufige Kaskaden: $B_{A,BSB} \leq 7$ g/(m^2 · d) und $B_{A,TKN} \leq 1{,}4$ g/(m^2 · d)

Bei kleinen Kläranlagen wird wegen ausgeprägter Zufluss- bzw. Belastungsspitzen empfohlen, zwischen den Anschlussgrößen 1 000 und 50 EW die BSB_5-Flächenbelastung auf 3 g/(m^2 · d) und die TKN-Flächenbelastung auf 0,85 g/(m^2 · d) linear abzumindern.
Die erforderliche Sauerstoffzufuhr kann unter Verwendung von $OV_{C,BSB} = 1{,}3$ kg O_2/kg BSB_5 berechnet werden. Bezogen auf die horizontale Grundfläche der Festbettkörper wird empfohlen, eine Luftbeaufschlagung zwischen 5 und 20 Nm^3/(m^2 · h) anzusetzen. Festbettanlagen neigen zur Schaumentwicklung. Zwischen der Oberkante der Feststoffeinbauten und dem Wasserspiegel sollten 20 cm freigehalten werden.
Zur Entfettung von Abwasser, z. B. von Wollwäschereien, sind die Tauchkörper geeignet, weil sie das Fett als Schaum an die Oberfläche treiben, wo es abgenommen werden kann (Kapitel 5.11.2.13). Auch für phenolhaltiges Abwasser und Abwasser aus der Nahrungsmittelindustrie sowie für Abwässer mit nicht so gutem Abbauverhalten sind sie verwendet worden.
Getauchte Festbetten sind für biologische Kleinkläranlagen geeignet, da sie geruchloser arbeiten als Tropfkörper und einfacher zu betreiben sind als Belebungsanlagen. Kompaktsysteme werden angeboten. Das getauchte Festbett kann aber auch als Zwischenstufe zur Nitrifikation in Kombination mit einer Teichanlage Verwendung finden [735].
Der in den Tauchkörpern entstehende Schlamm wird in Nachbecken ausgeschieden und in den Zulauf zu den Vorbecken gebracht, wie es auch bei den Tropfkörpern und den Belebungsanlagen geschieht. Der Anfall des biologischen Schlammes kann bei voller Reinigung mit 30 g TS/(E · d) angenommen werden. Nach Mischung mit dem Schlamm der Vorbecken ergeben sich eingedickt 1,75 l/(E · d).

5.6.7 Biofilter

Biofilme entstehen, wenn sich Mikroorganismen an Grenzflächen anlagern. In der Regel sind die obersten Schichten am stärksten an der Umsetzung von Stoffen aus der Wasserphase beteiligt. Tiefere Schichten tragen sekundär zum Stoffumsatz bei. Die Dicke des Biofilms hängt von der Strömungsgeschwindigkeit und von der Art des Abwassers ab.
Diese Aussage gilt für Tropfkörper, Tauchkörper und Biofilter. Beim Biofilter sind die Zusammenhänge aber besonders wichtig, weil diese Festbettreaktoren in ihren körnigen Füllstoffen biochemische Stoffumsätze mit dem gezielten Rückhalt von Feststoffen verbinden. Am meisten verbreitet sind überstaute Biofilter, die abwärts oder aufwärts durchströmt werden. Sie ähneln den Sandfiltern und müssen ebenfalls gespült werden, um die zurückgehaltenen Feststoffe auszutragen. Ein Nachklärbecken ist nicht erforderlich. Das Spülwasser muss aber entschlammt werden. Da Biofilter stärker als Sandfilter biologisch belastet sind, wird zur Sauerstoffversorgung Luft eingeblasen. Üblich sind beim Rückspülen Geschwindigkeiten für Luft von 60 – 100 $Nm^3/(m^2 \cdot h)$ bzw. für Wasser von 5 – 12 m^3/m^2. Die Dauer der Rückspülung liegt bei etwa ½ Stunde. Es sind deshalb mehrere Einheiten erforderlich, deren Flächen wegen der aufzubringenden Spülkräfte und der dazu erforderlichen maschinellen Einrichtungen auf 20 – 100 m^2 beschränkt werden. Die Filterhöhe liegt üblicherweise zwischen 2 und 4 m. Die eingesetzten Trägermaterialien haben Korndurchmesser von 2 bis 8 mm. Es werden spezifische Oberflächen erreicht, die etwa 10-mal so groß sind wie bei Tropfkörpern (Kapitel 5.6.5) oder bei getauchten Festbetten.
Wegen der kurzen hydraulischen Aufenthaltszeit können nur schnell abbaubare Kohlenstoffverbindungen für die Denitrifikation genutzt werden (Kapitel 5.7.4). Diese werden bei kommunalem Abwasser meist zudosiert.
Das zuvor genannte ATV-Handbuch gibt Bemessungshinweise und bringt Beispiele von ausgeführten Anlagen [2184]. Weitere Beispiele bei Gassen [884, 885].
Das ATV-Handbuch nennt folgende Raumumsatzleistungen:

BSB_5	= 4 bis 7 $kg/(m^3 \cdot d)$
CSB	= 7 bis 10 $kg/(m^3 \cdot d)$
Nitrifikation	
NH_4-N	= 0,1 bis 1,5 $kg/(m^3 \cdot d)$
Denitrifikation	
NO_2-N, NO_3-N	= 0,8 bis 4,0 $kg/(m^3 \cdot d)$

Biofilter brauchen eine sehr gute Vorklärung. Diese wird gelegentlich mit einer chemischen Fällung verbunden. Die Anlagen sind sehr kompakt und werden oft gekapselt ausgeführt. Sie kommen im Vergleich zu Belebungsanlagen mit einem Drittel der Fläche aus. Ihr biologisches System ist insgesamt stabiler. Spitzenbelastungen werden aber wegen der geringen Aufenthaltszeit weniger ausgeglichen. Auch der Energiebedarf wird höher eingeschätzt. Bei Neuanlagen und ausreichender Grundstücksgröße sind Belebungsanlagen vorteilhafter.

5.6.8 Verfahren mit belebtem Schlamm

5.6.8.1 Belebungsverfahren

Lüftungsversuche haben immer wieder gezeigt, dass man Abwasser nicht durch Lüften allein reinigen kann, sondern dass es nötig ist, das Wasser auch zu beleben. So ist das „Belebungsverfahren“ entstanden. Die englischen Erfinder nannten das Verfahren „activated sludge process“, deutsch übersetzt „Belebtschlammverfahren“ oder sprachlich besser „Schlammbelebungsverfahren“. Die Bezeichnung ist daraus entstanden, dass man zuerst glaubte, der vom Abwasser mitgeführte Schlamm werde dabei „aktiviert“, also „belebt“. Heute weiß man, dass nicht der Schlamm, sondern das Abwasser belebt wird, und zwar mit sich neu bildenden Flocken. Diese Flocken nennt man, wenn sie abgesetzt sind, „belebter Schlamm“. Man kann also kurz und sachlich richtig sagen „Belebungsverfahren“, wenn man von der „Reinigung des Abwassers mit belebtem Schlamm“ oder „mit belebten Flocken“ spricht. Über die Geschichte des Belebungsverfahrens: [49, 438, 758, 766, 1177, 1253, 1955].
Unter diesem Verfahren versteht man die Reinigung des Abwassers mit belebten Flocken. Das Verfahren ist gewissermaßen eine künstlich verstärkte Selbstreinigung. Die Vorgänge sind genau die gleichen wie die im natürlichen Fluss oder See. Nur sind die Lebewesen, die die Reinigung besorgen, in den Lüftungsbecken in ungeheurer Anzahl auf kleinem Raum zusammengedrängt. Ihre Oberfläche beträgt 2 000 bis 10 000 m^2 je m^3 Belüftungsraum [831]. Durch künstliche Zufuhr von Luft wird dafür gesorgt, dass die Lebewesen trotz ihrer Anhäufung noch genügend Sauerstoff vorfinden. Das Wasser in den Becken wird auch künstlich bewegt, damit die flockige Masse sich nicht zu Boden setzen kann, wo sie infolge Sauerstoffmangels absterben müsste.
Die biologische Reinigung des Abwassers verläuft in zwei Abschnitten. Zur Gewinnung von Energie wird zuerst ein Teil der organischen Schmutzstoffe oxidiert und gleichzeitig neue Zellsubstanz gebildet. In einer zweiten Phase ballen sich die Bakterien zu gut absetzbaren Flocken zusammen. Nach [2188] ist die biologische Flockung erst möglich, wenn das Bakterienwachstum abklingt und natürliche Polymere ausgeschieden werden. Diese besitzen eine ausreichende Länge, um zwischen den Bakterien Brücken zu bilden. Die zweite Phase erfordert den Hauptteil der Belüftungszeit.

Die Flocken des belebten Schlammes bestehen also aus einem schleimigen Grundstoff, in dem Bakterien und Protozonen leben. Kohlenstoff, Stickstoff und Phosphor sind etwa im Verhältnis 5 : 1 : 0,15 eingebaut. Eine gute Darstellung der biologischen Vorgänge geben [1018, 1552].
Die Dynamik einer Belebungsstufe kann mathematisch wie folgt formuliert werden [1428]:
Die Ausbeute Y an entstehender Bakterienmasse (bzw. Bakterienkonzentration) B ist gekoppelt mit der Substrat(S)-Abnahme.

$$\text{Ausbeute } Y = \frac{dB}{dS} = \frac{\text{Bakterienmassenzunahme}}{\text{Substratmassenabnahme}} \qquad [\text{kg/kg}] \qquad (5.11)$$

Das exponentielle Wachstum der Bakterien (Bild 5.42 a, b) kann ausgedrückt werden als

$$\frac{dB}{dt} = \mu \cdot B \text{ oder } B = B_0 \cdot e^{\mu \cdot t} \qquad [\text{kg/d}] \qquad (5.12)$$

wobei μ die Wachstumsgeschwindigkeit und B_0 die Bakterienmasse (pro Volumen) zum Zeitpunkt t = 0 ist. (Für die Verdoppelung der Schlamm-Menge B = 2 B_0 wird die Verdoppelungszeit t = 6,9 h, wenn man für $\mu = 0{,}1 \cdot h^{-1}$ annimmt und in Gleichung (2) einsetzt: ln (2 B/B_0) = $\mu \cdot t$; 0,69 = 0,1 · t).
In einem großen Bereich ist die Wachstumsgeschwindigkeit praktisch konstant (Bild 5.42 b). Für diese Vermehrungsgeschwindigkeit der Bakterien als Funktion der Nährstoffkonzentration fand Monod [1631] die empirische Gleichung

$$\mu = \mu_{max} \cdot \frac{S}{K_S + S} \qquad [1/\text{d}] \qquad (5.13)$$

wobei S das begrenzende Substrat für die Organismenvermehrung ist. μ_{max} ist die maximale Vermehrungsgeschwindigkeit und K_S eine Konstante (Halbwertskonstante von S, Monod-Konstante, vgl. Bild 5.42 c).

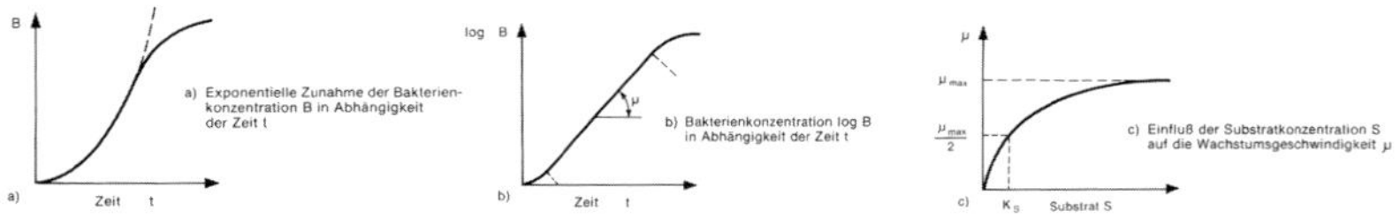

Bild 5.42: Dynamik des Belebungsverfahrens

Die Erfahrung zeigt, dass dieses Gesetz auch für Mischbiozönosen wie belebter Schlamm angewendet werden kann. Die Geschwindigkeit der Entfernung des Substrates ergibt sich aus der Kombination der beiden Gleichungen:

$$-\frac{dS}{dt} = \frac{\mu}{y} \cdot B \text{ oder } -\frac{dS}{dt} = \frac{\mu}{y} \cdot B_0 \cdot e^{-\mu \cdot t} \qquad [\text{kg/d}] \qquad (5.14)$$

Man kann also festhalten:

- Die Reinigungsgeschwindigkeit ist proportional zur Bakterien bzw. Belebtschlamm-Konzentration.
- Die Wachstumsgeschwindigkeit der Bakterien nimmt mit der Substratkonzentration zu. Deswegen lässt sich in hoch belasteten Systemen eine biologische Teilreinigung leicht erreichen [1644].

Im Vergleich zu Tropfkörpern haben Belebungsanlagen meist einen höheren Reinigungsgrad, sie sind unbedingt frei von Geruch und Fliegen und sie arbeiten im Winter fast mit der gleichen Leistung wie im Sommer [345]. Die größte Abbauleistung wird bei 30 °C erreicht [1107]. Die Wachstumsgeschwindigkeit der Nitrifikanten, die bei der weitergehenden Abwasserreinigung zur Ammoniumoxidation benötigt wird, ist geringer und deutlich temperaturabhängiger als die der heterotrophen Bakterien, die den Abbau der organischen Kohlenstoffverbindungen bewirken. Durth hat in ihrer Dissertation gezeigt, dass der Temperatureinfluss erst bei niedrigen Temperaturen ansteigt und die Temperaturempfindlichkeit mit zunehmender Belastung größer wird [708]. Nachteilig ist an den Belebungsanlagen, dass ihre Bedienung weniger einfach ist, dass sie mehr Schlamm und besonders wässerigen Schlamm erzeugen und dass deshalb die Faulräume und die Trocknungsanlagen größer werden.
Eine Belebungsanlage hat in der Regel eine gute Vorreinigung. Die Absetzanlage wird gewöhnlich mit Schlammfaulräumen verbunden sein, schon deshalb, weil man auch den Überschuss des belebten Schlammes in diesen Faulräumen verarbeiten muss (Bild 5.54). Der biologische Teil des Klärwerks hat also nur die nicht absetzbaren und die gelösten Schmutzstoffe des Abwassers zu verarbeiten. Es gibt aber Ausnahmen, wo man die Vorklärbecken beschränkt oder ganz fortlässt, vgl. Kapitel 5.14 und Veits [2259].
Das in der Vorreinigung behandelte Abwasser wird mit den belebten Flocken oder dem „belebten Schlamm" gemischt, der, wie später gezeigt wird, als Rücklaufschlamm aus den Nachbecken zurückgepumpt wird. Dieses Gemisch wird dann in die eigentlichen Lüftungsbecken (Belebungsbecken) geleitet.
Die Lüftungsbecken müssen den für die Lebensvorgänge nötigen Luftsauerstoff in das Wasser hineinbringen. Sie müssen auch dem Gemisch von Abwasser und Schlamm eine Durchflusszeit geben, die für die Abbaureaktionen ausreicht. Außerdem verlangt man, dass der Schlamm wasserarm und absetzfähig bleibt.
Von den Bauarten der Lüftungsbecken sind die wichtigsten:

Druckluftbecken

Bei diesen wird die Luft durch gleichmäßig an der Sohle verteilte Filterdome, Filterkerzen, Filterplatten oder flexible Membranen eingeblasen. Die Luft kann aber auch an der Längsseite eines lang gestreckten Beckens eingeblasen werden. Dann wälzt sich der Inhalt um. Ein Beispiel dafür ist das Hurd-Becken oder Manchester-Becken (Bild 5.43). Ein zweites Beispiel ist das von Fischerström eingeführte Inka-Becken (Bild 5.44). Bei diesem tritt die Luft aus gelochten Rohren oder Kästen, die nur 0,8 m unter dem Wasserspiegel liegen [892].

Umlaufbecken

Umlaufbecken wurden ursprünglich von Haworth in Sheffield als lang gestreckte, schlangenförmig hin- und herführende Wasserrinnen ausgeführt (Bild 5.45). Das Schlamm-Wassergemisch wurde von Schlagrädern angetrieben. Weiterentwicklungen sind der „Oxidationsgraben" und das „Carrousel". Beim Oxidationsgraben dienen horizontal über dem Wasserspiegel gelagerte Stabwalzen oder Mammutrotoren als Belüftung und Antrieb für den Wasserkörper (Bild 5.98). Beim Carrousel werden Belüftung und Umwälzung durch einen oder mehrere vertikal angeordnete Belüftungskreisel bewirkt (Bild 5.100). In anderen Fällen wird der Umlauf durch Unterwasserpropeller besorgt. Die Luft wird getrennt an der Sohle eingeblasen [849, 1052, 1280].

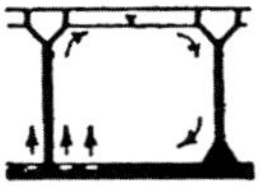

Bild 5.43: Umwälzbecken Hurd

Bild 5.44: Umwälzbecken Inka

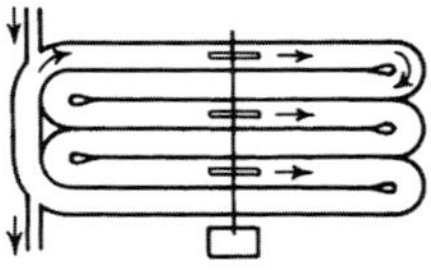

Bild 5.45: Haworth-Rinnen

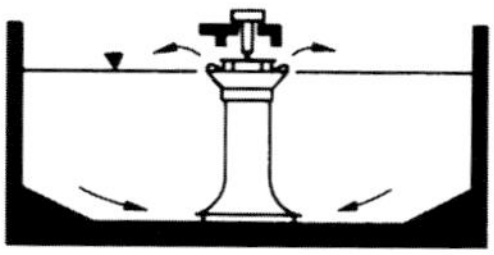

Bild 5.46: Bolton- oder Simplex-Kreisel

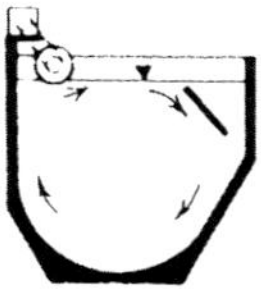

Bild 5.47: Kessener-Becken

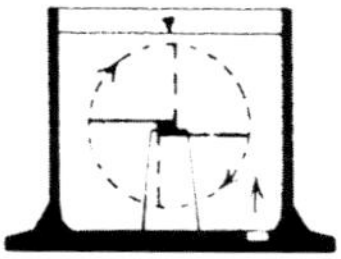

Bild 5.48: Rührwerkbecken mit Zusatzluft

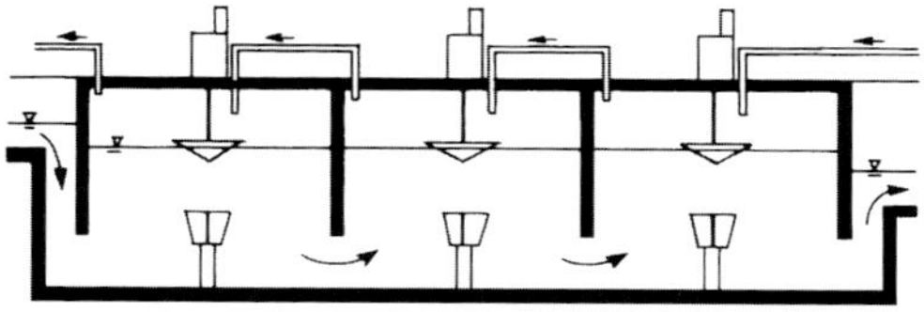

Bild 5.49: Sauerstoffbegasungsanlage

Becken mit Wurfkreiseln

Beim Bolton- oder Simplex-Verfahren werden Becken verwandt, in deren Mitte ein Rohr mit einem Wurfkreisel steht (Bild 5.46). Der Kreisel hebt das Schlammgemisch von der Sohle und wirft es fein verteilt über die Wasserfläche. Die Durchflusszeit konnte bei verstärkter Wurfleistung der Kreisel auf 2 h verringert werden. Die Umwälzzeit betrug 5 min [1578, 1579]. Ohne Standrohr arbeiten BSK-Turbine; Simcar-Kreisel und Vortair-Kreisel [2120].

Kessener-Becken

Eine auf der Wasserfläche an einer Längsseite angebrachte rasch laufende Bürstenwalze besorgt die Lüftung und zugleich die Umwälzung des Schlammgemischs (Bild 5.47). Eine Verbesserung ist die Pasveer-Haube [183]. Eine Weiterentwicklung der Bürstenwalze sind Stabwalze und Mammutrotor. Beim Mammutrotor Ø 1 m kann man maximal eine Sauerstoffeintragsleistung von 7 kg O_2 je Meter Walzenlänge und Stunde annehmen. Das betriebliche Optimum liegt bei geringeren Leistungswerten.

Rührwerksbecken mit Zusatzluft

Langbecken haben ein Rührwerk in der Längsachse (Bild 5.48). Außerdem wird Druckluft an einer Längsseite eingeblasen [867, 1123]. Diese Bauart kommt dann in Frage, wenn die ohnehin nötige Druckluft nicht ausreicht, um die genügende Umwälzung und Wirbelung zu erreichen. Das Rührwerk bewegt sich entgegen den aufsteigenden Luftblasen.

Sauerstoffbegasung

Sauerstoffbegasung hatte bereits Pirnie 1946 vorgeschlagen [1726]. Die Sauerstofferzeugung war aber zu teuer. Erst nachdem Sauerstoffgas durch neuere Verfahren billiger hergestellt wird, wurden Versuche zur großtechnischen Anwendung aufgenommen [152, 1029].
Um den eingesetzten Sauerstoff weitgehend auszunutzen, werden die Belebungsbecken abgedeckt und als mehrstufige Kaskade ausgeführt (Bild 5.49). Die inzwischen vorliegenden Erfahrungen wurden von Bischofsberger et al. zusammengetragen [153]. Es ergibt sich ein kompakterer Schlamm. Die Anlagen können daher doppelt so hoch belastet werden. Es ergeben sich Vorteile bei hohen Abwasserkonzentrationen, beengten Platzverhältnissen und geruchsintensiven Abwässern. Durch CO_2-Anreicherung kann Betonkorrosion auftreten.
Für ein bestimmtes Abwasser kann man die nötige Größe der Lüftungsbecken, also ihre zulässige Raumbelastung, aus der Abwassermenge berechnen, wenn man durch Großversuche die für die gewählte Beckenbauart und den verlangten Reinheitsgrad geltende Lüftungszeit ermittelt hat. Die Lüftungszeit bezieht man dabei manchmal auf das Schlammgemisch, also auf Abwasser zuzüglich Rücklaufschlamm. Es ist aber richtiger, wenn man die Lüftungszeit auf das Abwasser allein bezieht, weil das im Rücklaufschlamm enthaltene Wasser schon einmal die Lüftungsbecken durchflossen hat und gereinigt worden ist. Über die Auswertung von Laborversuchen berichten Hunken [1098] und Braun [328].

Seit der Erfindung des Verfahrens durch Ardern und Lockett im Jahre 1914 hat man gelernt, mit immer kürzeren Lüftungszeiten auszukommen [49, 50]. In den großen englischen und amerikanischen Belebungsanlagen der zwanziger und dreißiger Jahre wurden 8 – 12 h angewandt (Tabelle 5.22). Als erste hoch belastete Belebungsanlage mit Vollreinigung hat Essen-Rellinghausen zu gelten. Sie wurde 1925 mit nur 3,5 h Lüftungszeit in Betrieb genommen. Halbtechnische Versuche waren vorausgegangen [1119, 1208]. Danach entwickelte besonders Gould wesentliche Betriebsverbesserungen an den überlasteten Kläranlagen New Yorks. Von der Emde hat durch planmäßige Versuche in den fünfziger Jahren die Leistungsgrenzen des Verfahrens weiter herausgearbeitet [756].

Wegen der steigenden Belastung der Kläranlagen und des abnehmenden Verdünnungsverhältnisses in den Vorflutern sind trotz der zahlreichen Verbesserungen des Belebungsverfahrens wieder längere Lüftungszeiten notwendig. Diese gleichen Belastungsstöße besser aus. Der Ablauf erreicht einen höheren Reinheitsgrad und unterliegt geringeren Schwankungen [1822].

Statt der Lüftungszeit oder der Raumbelastung durch Abwasser kann man, wie bei allen biologisch arbeitenden Räumen, von den täglich zugeführten organischen Stoffen ausgehen, also vom BSB des Abwassers oder von der Einwohnerzahl mit Einwohnergleichwerten (Tabelle 5.46). Als Mittelzahlen der BSB_5-Raumbelastung können für 1 m^3 Lüftungsbecken gelten:

- Oxidation der Stickstoffverbindungen (Nitrifikation): 500 g/m^3,
- Oxidation der Kohlenstoffverbindungen (ohne Nitrifikation): 1 000 g/m^3.

Zum Umrechnen auf die Einwohnerzahl gilt für deutsches abgesetztes Abwasser, dass 40 g BSB_5 täglich einem Einwohner entsprechen (Tabelle 5.2). Die zulässige Belastung der Lüftungsbecken ist dann für Vollreinigung

- mit Nitrifikation $500 : 40 = 12$ E/m^3,
- ohne Nitrifikation $1\,000 : 40 = 25$ E/m^3.

Dabei ist wieder zu prüfen, ob man von den Mittelzahlen nach oben oder unten abgehen will [922].

Für die Verhältnisse in der Bundesrepublik Deutschland wird unter Berücksichtigung der Anforderungen empfohlen, für Kläranlagen bis zu einer Größe von 30 000 Einwohnern mit Raumbelastungen ≤ 250 g $BSB_5/(m^3 \cdot d)$ zu bemessen, da diese Anlagen bei Abwassertemperaturen von ≥ 12 °C und geeigneter Steuerung sicher nitrifizieren und denitrifizieren. Entwicklungsländer haben den hohen Baukosten- und Energieaufwand zu berücksichtigen und sollten prüfen, ob Raumbelastungen von 1 000 bzw. 500 g $BSB_5/(m^3 \cdot d)$ ausreichen. Wie eine Belebungsanlage nach dem DWA-A 131 (2016) [597] zu bemessen ist, wird in einem gesonderten Beitrag (Kapitel 5.8.1) ausgeführt.

Die Mittelzahlen der Raumbelastung durch BSB oder durch Einwohner kann man wieder mit der Raumbelastung durch Abwasser, also auch mit der Durchflusszeit, vergleichen. Mittleres deutsches Abwasser mit einer Tagesmenge von 200 l/(E · d) (Bild 5.1) hat im 18 h-Mittel einen Volumenstrom von 200 : 18 = 11,1 l/(E · h). Ein für Vollreinigung ohne Nitrifikation mit 25 E/m^3 bemessenes Lüftungsbecken fasst 1 000 : 25 = 40 l/E. Die Durchflusszeit für das 18 h-Mittel ist dann 40 : 11,1 = 3,6 h.

Neben der Lüftungszeit und der BSB-Raumbelastung ist für den Entwurf und den Betrieb von Belebungsbecken die Schlammbelastung wichtig. Man versteht darunter das Verhältnis der täglichen BSB-Raumbelastung zu der im Lüftungsbecken arbeitenden Schlamm-Menge, also (g BSB_5/Tag) : (g Trockenrückstand des belebten Schlammes). Vollreinigung ohne Nitrifikation lässt sich erreichen, wenn die Schlammbelastung kleiner ist als täglich 0,30 g BSB/g Trockenrückstand. Wird die Schlammbelastung größer, erhält man nur noch Teilreinigung.

Bild 5.50 verdeutlicht die Zusammenhänge. Es enthält zahlreiche Betriebsergebnisse verschiedener Belebungsanlagen. Die Wirkung des Nachklärbeckens ist mit enthalten. Bei größeren Schlammbelastungen sinkt nicht nur der Abbau, sondern Belastungsschwankungen des Zulaufs werden auch weniger aufgefangen. Die Ergebnisse der gleichen Anlage streuen dann stärker (Bild 5.51 und Böhnke [300]. In sorgfältig betriebenen Versuchsanlagen, die häufig nur geringen Belastungsschwankungen ausgesetzt sind, nimmt der BSB-Abbau mit steigender Schlammbelastung weniger schnell ab. Die Bild 5.50 zugeordnete Skala 'Überschussschlamm in g TS/g BSB_5-Abbau' gilt für gute Vorklärbecken und häusliches Abwasser. Das Schlammalter wurde zur besseren Übersicht mit eingetragen.

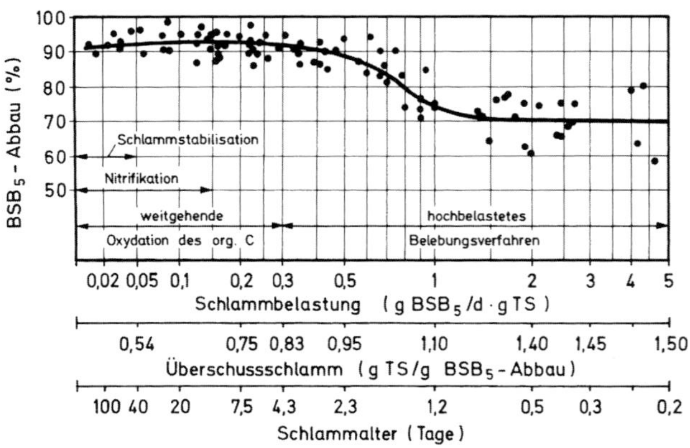

Bild 5.50: BSB_5-Abbau in Abhängigkeit von der Schlammbelastung und Zuordnung von Überschuss-Schlammanfall und Schlammalter nach Betriebsergebnissen

Zur Verbesserung der biologischen Leistungsfähigkeit bei Mischwasserzuflüssen werden von Seggelke et al. bezüglich der Rücklaufschlammförderung besondere Regelstrategien vorgeschlagen [2063].
Eine dynamische Modellierung der verschiedenen in einer Belebungsanlage ablaufenden Vorgänge wird von Henze et al. vorgeschlagen [955, 1009, 1047]. Weitere Ausführungen siehe Kapitel 5.8.3.
Die Luftzufuhr (Belüftung) muss so reichlich sein, dass in allen Teilen des Lüftungsbeckens ein Sauerstoffgehalt von 1 bis 3 mg/l vorhanden ist. Höhere Werte sind zwecklos und kostspielig. Am Einlauf des Beckens wird am meisten Luft gebraucht und am Ende weniger.

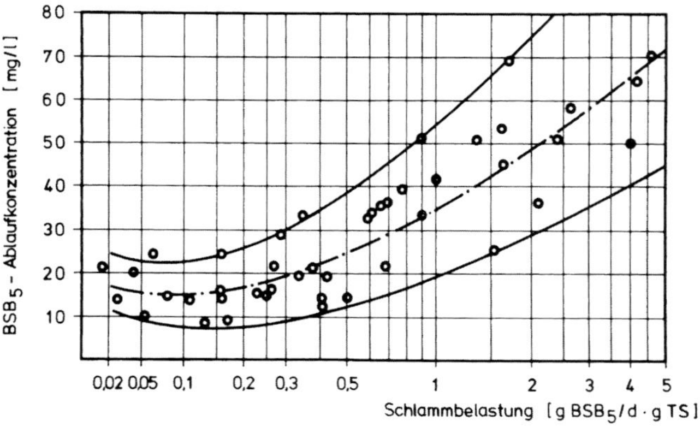

Bild 5.51: Einfluss der Schlammbelastung von Belebungsbecken auf die Ablaufkonzentration der Nachklärung

Man führt deshalb im ersten Teil des Beckens mehr Luft zu als im letzten oder man benutzt bei gleichmäßiger Luftzufuhr die „verteilte Abwasserzuführung" (z. B. Kaskadendenitrifikation). Im Übrigen passt man sich dem wechselnden Luftbedarf des Abwassers an [1805]. Die Luftzufuhr kann selbsttätig nach dem Sauerstoffgehalt des Wassers geregelt werden [144, 262, 599, 1825, 1826, 2293, 2294].
Die nötige Luftmenge berechnet man aus dem Sauerstoffbedarf des Zuflusses zum Lüftungsbecken. Je höher das Schlammalter oder je geringer die Schlammbelastung, umso mehr BSB wird nicht nur dem Abwasser entzogen, sondern auch im Belüftungsbecken abgebaut, was sonst erst die getrennte Schlammfaulung bewirkt. Setzt man in der Tabelle 5.5 anstelle der Abbauzeit das Schlammalter ein, dann ergibt sich ein Anhalt für das Verhältnis zwischen

BSB des Zuflusses und Sauerstoffbedarf des Lüftungsbeckens. Man kann folgende Verhältniswerte von Sauerstoffzufuhrleistung (Oxygenation Capacity) und BSB_5-Belastung (load) zugrunde legen (Tabelle 5.18):

Tabelle 5.18: Reinigungsleistung und OC-load

Art der Belebung	Sauerstoffzufuhr Belastungsverhältnis (*OC*-load)
Belebung mit Schlammstabilisierung	2,5 g O_2/g BSB_5
Vollreinigung mit Nitrifikation	2,5 g O_2/g BSB_5
Vollreinigung ohne Nitrifikation	2,0 g O_2/g BSB_5
Teilreinigung	1,5 g O_2/g BSB_5

Multipliziert man diese Werte mit dem 24-Stunden-Mittel des täglich zufließenden BSB_5, dann erhält man für durchschnittliche Belastungsschwankungen bereits den stündlichen Spitzenbedarf an Sauerstoffzufuhrleistung [1936].
Die Sauerstoffzufuhr (*SOTR*) einer Belüftung wird durch Versuche für 10 °C oder 20 °C Wassertemperatur und den Sauerstoffgehalt Null bestimmt. Das Wasser wird vorher durch Stickstoffgas oder Chemikalien sauerstoffarm gemacht. Einfacher ist die Bestimmung der Sauerstoffzufuhrleistung unter Betriebsbedingungen [518, 1287, 1289]. Alternativ kann die Sauerstoffzufuhr auch mit der Abluftmethode bestimmt werden [1858].
Für die Berechnung der Druckluftmenge bei Vollreinigung mit Nitrifikation müssen für 1 kg BSB_5-Belastung 2,5 kg Sauerstoff eingetragen werden. Von dem Sauerstoffgehalt der zugeführten Luft werden je nach der Belüftungsart und Einblastiefe nur 5 bis 20 % ausgenützt. Da 1 m^3 Luft 300 g Sauerstoff enthält, müssen bei 15 % Ausnützung für 1 kg BSB_5 $(2\,500 \cdot 100) : (300 \cdot 15) = 55\ m^3$ Luft geblasen werden. Nach Tabelle 5.2 sind auf den Einwohner nach Abzug der absetzbaren Stoffe 40 g BSB_5 zu rechnen. Das erfordert eine Luftmenge von $(40 \cdot 2{,}5 \cdot 100) : (300 \cdot 15) = 2{,}2\ m^3/(E \cdot d)$. Zu den Einwohnern sind für gewerbliches Abwasser die Einwohnergleichwerte (Tabelle 5.46) zu rechnen. Für verschiedene Belüftungsarten und Vollreinigung mit Nitrifikation sind folgende Mittelwerte brauchbar (Tabelle 5.19):

Tabelle 5.19: Belüftungsart, Sauerstoffausnutzung und Luftbedarf

Belüftungsart	Ausnützung des Luft-Sauerstoffs	Luftbedarf je kg BSB_5	Luftbedarf je Einw. und Tag
feinblasig	15 %	55 m^3	2,2 m^3
mittelblasig (1,5 – 3 mm Durchmesser)	9 %	92 m^3	3,7 m^3
grobblasig	7,5 %	111 m^3	4,4 m^3

Die angegebenen Luftmengen beziehen sich auf eine Einblastiefe von 4,2 m. Bei kleinerer Einblastiefe vergrößert sich der Luftbedarf im Verhältnis zur abnehmenden Tiefe. Der Energieverbrauch bleibt in etwa gleich. Die Mindestleistung soll etwa $^1/_5$ der Spitzenwerte betragen, damit man die Luftmenge den Belastungsschwankungen anpassen kann (Bild 5.1). Berechnungsverfahren siehe: [607, 759, 1628, 2290].

Belüftungselemente aus Keramik werden wegen der Gefahr des Eindringens von Verunreinigungen beim Abstellen der Luftzufuhr nur noch in geringem Umfang eingesetzt. In ausschließlich belüfteten Nitrifikationsbecken können sie bei geeigneten geometrischen Randbedingungen wirtschaftliche Vorteile gegenüber Membranbelüftern haben [2390].

Werden flexible Membranen mit Luft beaufschlagt, dehnen sich die Öffnungen der Löcher oder Schlitze aus. Nach Abstellen der Gebläse schließen sich die Öffnungen, sodass kein belebter Schlamm eindringen kann. Damit ist ein intermittierender Betrieb gewährleistet. Wagner et al. weisen auf die Gefahr von Belagsbildungen bei der Verwendung von EPDM-Membranen hin und empfehlen, Membranen aus Silikon zu verwenden [2296]. Jardin berichtet über eine Anlage, auf der nach weniger als drei Betriebsjahren die EPDM-Belüfter so stark belegt waren, dass kaum noch Sauerstoff eingetragen werden konnte. Nach Austausch gegen Silikonbelüfter konnte der Sauerstoffeintrag wieder auf den Neuzustand zurückgeführt und der Energiebedarf der Belüftung um 60 % reduziert werden [1235]. Jagemann et al. vergleichen das Betriebsverhalten unterschiedlicher Belüfter [1225].

Bei grobblasiger und mittelblasiger Belüftung kann die Sauerstoffaufnahme dadurch verbessert werden, dass man die Blasen durch Wirbelmaschinen zerschlägt. Alle Druckluftverfahren erreichen bessere Ausnutzungsgrade, wenn das Abwasser horizontal mit etwa 0,5 m/s über das Belüftungsgitter hinwegstreicht [1763]. Eine praktische Anwendungsform ist das Gegenstrom-Rundbecken.

Über Druckverluste in Luftleitungen siehe: [607, 1467]. Als Faustregel kann gelten, dass die Luftgeschwindigkeit in Rohrleitungen 10 bis 20 m/s beträgt. Die Strömungsgeschwindigkeit in den Haupt-Rohrleitungen sollte einen Wert von 20 m/s nicht übersteigen. Zur Minimierung der Rohrleitungsverluste und zur Vermeidung von Geräuschentwicklungen ist insbesondere in den Luftverteilleitungen für die Belüfterfelder eine Strömungsgeschwindigkeit von unter 10 m/s anzustreben [607].

Durch die Weiterentwicklung der Membranbelüftungstechnik und der Drucklufterzeuger weisen Membranbelüftungssysteme heute einen deutlich (ca. 30 – 40 %) höheren Sauerstoffertrag im Vergleich zu Oberflächenbelüftungssystemen auf [2295]. Ein Vergleich der Gesamtkosten zeigt, dass bei kleineren Anlagen und eher flachen Becken (< 3 bis 4 m) Oberflächenbelüfter und bei großen Anlagen und tiefen Becken (> 5 bis 6 m) Druckbelüftungsanlagen von Vorteil sind [2297]. Für den Entwurf von Belüftungsbecken sind folgende Richtzahlen von Wert (Tabelle 5.20 und Tabelle 5.21):

Tabelle 5.20: Richtzahlen für feinblasige Belüftung

Beckenbreite zu -tiefe	1 : 1 bei Umwälzbecken
Einblastiefe	3 – 7 m
Luftmenge	1 – 3 $m^3/(m^3$ Beckeninhalt · h) (1 m^3 Luft wird bezogen auf 0 °C und 1 bar)
Sauerstoffeintrag	30 – 200 g $O_2/(m^3 \cdot h)$
Belüfter-Beaufschlagung (Rohre)	2 – 15 m^3 Luft/(m · h)
Belüfter-Beaufschlagung (Teller)	35 – 150 m^3 Luft/(m^2 Filterfläche · h)
Belüfter-Beaufschlagung (große Platten)	5 – 60 m^3 Luft/(m^2 Filterfläche · h)
Kerzenabstand	30 – 50 cm
Energiebedarf	5 – 6 Wh/(m^3 Luft · m Einblastiefe)
Leistungsdichte	2 – 5 W/m^3

Becken mit größerer Einblastiefe sind energiewirtschaftlich günstiger. Es ist aber zu beachten, dass in der Nachklärung Stickstoff entgasen kann und Flotationserscheinungen auftreten [171, 2178]. Detergentien haben auf den Sauerstoffeintrag starken Einfluss. Bei Eisengehalten größer als 5 mg/l besteht erhöhte Verstopfungsgefahr. Auch andere Einflüsse tragen zu Verstopfungen bei. Bei erhöhtem Salzgehalt steigt die Eintragsleistung, der Energiebedarf zur Belüftung sinkt [1949].
Leistungsaufnahme und Sauerstoffzufuhr steigen mit dem Quadrat des Kreiseldurchmessers und der 3. Potenz der Umfangsgeschwindigkeit. Regelung des Sauerstoffeintrags meist durch verändern des Wasserspiegels oder verschiedene Drehzahl (Bereich 50 – 100 % *SOTR*). Gelegentlich Heben und Senken (Bereich 50 – 100 % *SOTR*). Sieht man mehrere Möglichkeiten vor, dann kann zwischen 25 – 100 % *SOTR* geregelt werden.

Tabelle 5.21: Richtzahlen für Oberflächen-Belüfter

Beckentiefe zu -breite etwa	1 : 3 bis 1 : 8
Tiefe	2,5 – 4 m
Leistungsdichte	20 – 100 W/m^3 Beckeninhalt
Kreiseldurchmesser	0,50 – 3,50 m
Motorleistung	1 – 130 kW
Umfangsgeschwindigkeit der Kreisel v_u	3 – 5 m/s

In Reinwasserversuchen werden bei beiden Systemen hohe Sauerstoffertragswerte erzielt, die durch Detergentien und andere Einflüsse unter Betriebsbedingungen zurückgehen können. Es empfiehlt sich, unter günstigen Bedingungen mit den *SAE*-Werten von 1,8 bis 2,0 kg O_2/kWh bei Oberflächenbelüftern und 3,7 bis 4,2 kg O_2/kWh (getrennte Belüftung und Durchmischung) bzw. 4,2 bis 4,5 kg O_2/kWh (flächendeckende Belüftung) bei feinblasigen Druckbelüftungssystemen jeweils unter Reinwasserbedingungen zu rechnen [607]. Bei mittleren Verhältnissen liegen die *SAE*-Werte bei 1,6 bis 1,8 kg O_2/kWh für Oberflächenbelüfter und 3,2 bis 3,3 kg O_2/kWh (getrennte Belüftung und Durchmischung) bzw. 3,3 bis 3,4 kg O_2/kWh (flächendeckende Belüftung) bei feinblasigen Druckbelüftungssystemen [607]. Der für die Bemessung wichtige α-Wert ergibt sich in Abhängigkeit des Reinigungsziels, der Verfahrenstechnik und der zu betrachtenden Lastfälle gemäß Tabelle 5.30.

Damit keine Schlammablagerungen entstehen, wird bei einem Schlammindex von mehr als 130 ml/g als Mindestgeschwindigkeit ein Wert von 10 cm/s empfohlen, bei einem ISV von weniger als 80 ml/g eine Mindestgeschwindigkeit von 25 cm/s [607].

Den Kreiseln ist jeweils ein quadratischer Anteil des Beckengrundrisses zuzuordnen. Zwischen zwei Kreiseln sollen Wände und Sohle eben ausgebildet werden. Die hydraulischen Grenzflächen können sich dann besser der Leistung der gegenläufigen Kreisel anpassen. Bei normalen Detergentiengehalten von 2 mg MBAS/l und einem Verhältnis von Beckentiefe zu -breite von 1 : 4 führen in Abhängigkeit von der Größe des Beckeninhaltes bereits die folgenden Leistungsdichten zu einer ausreichenden Umwälzung [1345]:

Beckeninhalt	Leistungsdichte
500 m^3	20 W/m^3
1 000 m^3	15 W/m^3
2 000 m^3	10 W/m^3

Bei gegenläufiger Drehrichtung benachbarter Kreisel wird eine besonders gute Durchmischung des Beckens erreicht. Die Leistungsaufnahme ist aber stärkeren Schwankungen unterworfen als bei gleichlaufender Drehrichtung. Unter den Kreiseln können an der Beckensohle Erosionsschäden entstehen [1187]. Kurzschluss-Strömungen in Belebungsbecken können durch eine numerische Simulation vorausgesagt und durch Änderung des Entwurfs vermindert werden [1053]. Braun und Gujer benutzen dazu die Veränderung der Ammonium- und Sauerstoffkonzentration [327].

Von den Oberflächenbelüftern gehen starke Geräusche aus, die nur in gewissem Umfang durch Schallschutzmaßnahmen begrenzt werden können. Auf einen ausreichenden Abstand zur Wohnbebauung ist Wert zu legen (Kapitel 4.7).

Für die Haltbarkeit der Filterplatten und Filterrohre ist es wichtig, dass die Luft völlig entstaubt wird und dass sich in den Kästen, in denen die Platten sitzen, und in den Leitungen kein Rost bilden kann [35]. Herausschwenkbare Filterröhren haben den Vorzug, dass man sie reinigen oder auswechseln kann, ohne den Betrieb des Beckens zu unterbrechen. Bei Filterplatten und Filterrohren darf die Luftzufuhr niemals abgestellt werden, sonst dringt Abwasser nach und verstopft die Filter.

Eine bessere Ausnützung der Luft durch verteilte Abwasserzuführung (load distribution) zum Lüftungsbecken hat Gould 1939 in der Kläranlage New York-Tallmans Island bekannt gemacht [742, 916, 917, 1157, 1575, 1905, 2024, 2073, 2073, 2212, 2214]. Gould nennt diese Anordnung „Step Aeration“. Nach Kessener ist das Verfahren schon vorher in holländischen Anlagen angewandt worden. In Deutschland wird dieses Verfahren häufig als sogenannte Kaskadendenitrifikation auf Anlagen mit dem Verfahrensziel einer weitergehenden Stickstoffelimination eingesetzt [1543, 1980, 2322].

Bei dieser verbesserten Betriebsweise wird nur der belebte Schlamm in ganzer Menge gleich am Anfang in das Lüftungsbecken gebracht, das Abwasser aber wird auf mehrere Stellen des Lüftungsbeckens verteilt. Diese Anordnung ist in Bild 5.52 dargestellt. Der aus dem Nachbecken N mit der Pumpe P gehobene Rücklaufschlamm R wird in den Anfang des Lüftungsbeckens gehoben. Das Lüftungsbecken ist beispielsweise in vier Abteilungen A, B, C, D geteilt, die hintereinander von dem Schlamm durchflossen werden. Von dem Abwasser wird je ein Viertel jeder einzelnen Abteilung zugeführt.

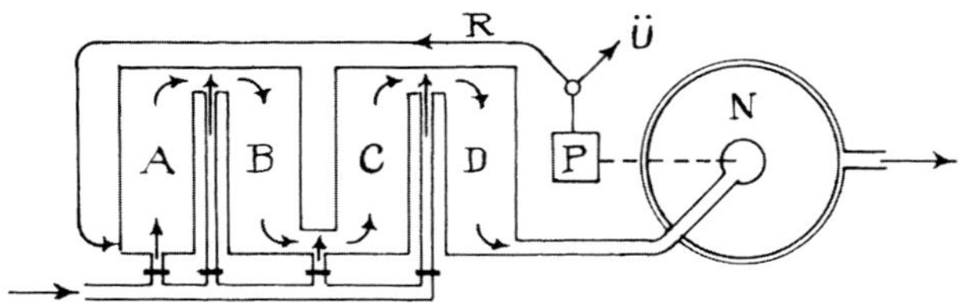

Bild 5.52: Verteilte Abwasserzuführung beim Belebungsverfahren A, B, C, D = vier Lüftungsbecken hintereinander mit vier Abwasserzuleitungen, N = Nachbecken, P = Schlammpumpe, R = Rücklaufschlamm, Ü = Überschuss-Schlamm

Bei dieser Betriebsweise wird die starke Überlastung des belebten Schlamms am Einlauf des Lüftungsbeckens vermieden, weil der Schlamm hier zunächst nur mit einem Teil des Abwassers gemischt wird. Nur ein Viertel des Abwassers nimmt in diesem Beispiel die ganze dem Becken zugemessene Lüftungszeit in Anspruch. Die übrigen Teile des Abwassers verweilen entsprechend kürzere Zeit im Becken. Dadurch steht dem Schlamm mehr Lüftungszeit zur

Verfügung. Es steigt auch das „Schlammalter“ und es ist ein größerer Vorrat an Schlamm vorhanden.

Die „verteilte Abwasserzuführung„ ist besonders stark ausgeprägt bei dem Betriebsverfahren, das Ullrich in Austin, Texas, als „Biosorption“ bezeichnet [2231]. Hierbei werden etwa vier Fünftel des Lüftungsraumes zum Wiederbelüften des Rücklaufschlamms benützt und erst im letzten Fünftel wird das rohe Abwasser den Lüftungsbecken zugeführt [1172, 2231].

Die in langen Druckluftbecken vorhandene Pfropfenströmung wird durch verteilte Abwasserzuführung stärker gemischt. In Umlaufbecken und Becken mit Oberflächenbelüftern herrscht nahezu vollständige Durchmischung. Dieser Fließzustand bewirkt einen weitgehenden Konzentrationsausgleich [1577].

Betriebsweisen von Belebungsanlagen vergleiche v. d. Emde [767]. Die Reinigungsleistung bei Mischwasserzufluss behandeln: [362, 2056, 2062, 2345].

In den Nachklärbecken wird der dem Abwasser zugesetzte belebte Schlamm durch Absetzen wieder abgeschieden, eingedickt und abgezogen. Hier darf der Schlamm nicht lange liegen bleiben, weil sich sonst durch Reduktion Stickstoffbläschen bilden, die den Schlamm aufschwimmen lassen [951, 1954]. Die Höchstzeit der Lagerung ist bei mittlerer Temperatur 6 h. Deshalb soll man den Schlamm möglichst dauernd abfließen lassen oder abpumpen, einerlei wie dünn er ist. Da es sich um einen ausgesprochenen Flockenschlamm handelt (Kapitel 5.4.3), sind besonders Trichterbecken geeignet, die aufsteigende Wasserbewegung haben (Bild 5.20 und Bild 5.24). Es werden auch Becken entsprechend Bild 5.23 erfolgreich eingesetzt, bei denen das Wasser durch horizontal unter dem Wasserspiegel liegende von der Beckenwand radial auskragende gelochte Rohre abfließt [170, 1233]. Sie haben den Vorteil, dass sie einen flächigen Klarwasserabzug ermöglichen, weniger Windbeeinflussungen aufweisen und einen unbehinderten Schwimmschlammabzug ermöglichen. Hinweise zur Auslegung und zum Betrieb getauchter Ablaufrohre s. Jardin [1233]. Die Überfallkanten- bzw. Ablaufbeschickung ist kein kritischer Parameter, sollte aber dennoch auf einen Wert von 20 $m^3/(m \cdot h)$ bzw. $2 \cdot 10$ $m^3/(m \cdot h)$ bei beidseitig angeströmten Rinnen begrenzt werden. Bei Überfallkantenbeschickungen größer als 10 $m^3/(m \cdot h)$ ist die Wehrform B nach DIN 19558 [648] zu verwenden.

In großen Anlagen der USA werden auch flache Absetzbecken nach Bild 5.25 und Bild 5.27 mit Erfolg betrieben. Wegen der einfacheren Räumerkonstruktion werden bei größeren Anlagen in Deutschland bevorzugt Becken nach Bild 5.22, aber auch nach Bild 5.26 eingesetzt. Die Schlammräumsysteme müssen leistungsfähig genug sein [148 bis 150, 597, 1872]. Die Räumgeschwindigkeit beträgt 2 bis 4 cm/s und die Schildhöhe 30 bis 60 cm. Bei Rundbecken von mehr als 30 m Durchmesser können zur Steigerung der Räumleistung die Räumschilde über den gesamten Beckendurchmesser erstreckt werden. Die

Möglichkeit des Schwimmschlammrückhaltes und -abzuges ist immer vorzusehen. Bei erhöhtem Schwimmschlamm- oder Schlammanfall haben sich Zwangsräumsysteme mit Paddelwerken oder Räumschnecken bewährt [1240].
Die Wassertiefe soll bei Längsbecken mindestens 3 m betragen und bei Rundbecken 2,50 m nicht unterschreiten. Größere Tiefen bis 4 m geben bei Regen mehr Sicherheit und helfen bei der Aufkonzentration des Rücklaufschlammes.
Bei den Nachklärbecken sitzt die Rücklaufschlammpumpe, die den Schlamm möglichst sofort nach dem Absetzen erfasst und herauspumpt. Der größte Teil dieses Schlammes fließt als Rücklaufschlamm wieder in das Lüftungsbecken zurück. Die im Rücklaufschlamm enthaltenen belebten Flocken sind es, die die eigentliche Reinigungsarbeit besorgen.
Die Menge des belebten Schlammes im Lüftungsbecken wird in der Regel in Raumteilen ausgedrückt. Man lässt eine Wasserprobe im Absetzglas absetzen. Die Flocken sinken 0,4 m in 10 min ab. (Das entspricht einer Sinkgeschwindigkeit von 2,4 m/h.) Als Schlammgehalt bezeichnet man die Menge, die nach halbstündigem Stehen abgelesen wird.
Genauer ist die Gewichtsbestimmung des abgesetzten Schlammes. Dieser enthält z. B. 99,3 % Wasser oder 0,7 % Feststoffe. Nimmt man 20 % Schlammgehalt des Belebungsbeckens an, entsprechend 200 ml/l nach halbstündiger Absetzzeit, ergeben sich $0{,}7 \cdot 20 : 100 = 0{,}14$ % an Gewicht oder 1 400 mg/l Trockenrückstand.
Da man beim Pumpen den Schlamm in den Nachbecken nicht zur Ruhe kommen lässt, sondern möglichst sofort wieder herausbringt, enthält der gepumpte Schlamm viel überflüssiges Wasser und die gepumpte Schlamm-Menge beträgt vielleicht 50 % der durchfließenden Abwassermenge. Bei dickem Abwasser geht man mit der Menge des Rücklaufschlammes viel höher. Man braucht sich dabei gar nicht zu scheuen, große Mengen Wasser mitzupumpen, denn Hubhöhe und Kosten sind meist sehr gering. Auch die Lüftungsbecken braucht man nicht größer zu machen, denn der gepumpte Rücklaufschlamm besteht ja zu 99 % aus völlig gereinigtem Wasser. Durch das Pumpen wird das Abwasser zwar schneller durch das Lüftungsbecken getrieben, aber dafür im Kreislauf immer wieder zurückgebracht. Die Lüftungszeit bleibt also für das Abwasser im Durchschnitt die gleiche, einerlei wie viel man davon mit dem Rücklaufschlamm immer wieder zurückpumpt und mehrmals durch das Becken hindurchschickt.
Früher betrug das Rücklaufverhältnis meist 20 – 30 % des Abwasserdurchflusses. Heute beträgt es 50 – 100 %. Bild 5.53 zeigt unter vereinfachenden Annahmen die Abhängigkeit des Schlammgehaltes vom Feststoffgehalt des Rücklaufschlammes und vom Rücklaufverhältnis [1178]. Der Feststoffgehalt des Rücklaufschlammes ist mit 0,75 oder 1 % anzunehmen.

Um eine zu starke Verlagerung des belebten Schlammes aus dem Belebungs- in das Nachklärbecken bei einsetzendem Mischwasserzufluss zu vermeiden, wird häufig die Rücklaufschlammförderung proportional zum Zufluss gesteuert.

Tabelle 5.22: Belastungskennzeichen von Belebungsanlagen

	Lüftungszeit h	Schlamm im Lüftungsbecken g/m³ (p.p.m.)	Belastung des Lüftungsbeckens BSB (BOD) g/(m³ · d) (Lb/1 000 cuft) täglich	E/m³	Belastung des Schlamms mit BSB (g/d auf g)	Luftverbrauch aus BSB (BOD) m³/kg (cuft/Lb)		Schlammalter Tage
1. Volle biologische Reinigung:								
London-Mogden	8,5	2 400	531 (33,2)	13	0,22	44,5 (712)	97,7	7,0
London-Maple Lodge	13,2	4 600	383 (23,9)	10	0,08	51,0 (813)	90,2	30,0
Chicago S.W.	5,9	1 930	336 (21,0)	8	0,17	54,7 (876)	91,5	–
Chicago No. Side	5,3	2 400	353 (22,1)	9	0,14	40,2 (645)	93,8	–
Cleveland Easterly	6,2	1 248	278 (17,4)	7	0,22	100 (1.600)	92,7	–
Decatur, Ill.	3,8	2 342	572 (35,8)	14	0,24	65 (1043)	92,2	–
Milwaukee West	8,4	3 000	750 (47,0)	19	0,25	45,2 (725)	94,6	–
Peoria, Ill.	5,7	1 640	552 (34,5)	14	0,33	46,5 (745)	90,5	–
New York-Wards Isl.	4,6	1 770	1 080 (67,5)	27	0,61	23,5 (377)	94	–
New York-Tallm. Isl.	3,6	1 500	840 (52,5)	21	0,56	29,2 (468)	87	–
New York-Bowery Bay	2,5	1 680	1 110 (69)	28	0,66	30,6 (490)	90	–
Austin, Texas	2,5	6 000	2 080 (130)	52	0,35	41,0 (656)	91,8	3,5
Detmold	1,0	8 000	6 000 (337)	150	0,75	–	90	2,0
2. Teilreinigung:								
New York-Jamaika	2	650	1 600 (100)	40	2,46	22 (353)	75	0,37
Los Angeles	3,0	300	1 290 (80)	32	4,30	33,6 (540)	80	0,25
Wuppertal	1,7	2 500	2 500 (156)	63	1,00	30 (480)	75	1,1

Hierbei kann es aber zu einer für das Nachklärbecken kritischen Überlagerung von Zufluss- und Rücklauf-Schlammstromspitze kommen, besser ist eine nachlaufende Erhöhung des Rücklauf-Schlammstromes, beispielsweise mit einem Zeitversatz von 30 – 60 min. Auch eine Regelung des Rücklaufschlammstromes auf Basis der Schlammspiegelhöhe im Nachklärbecken ist möglich, setzt aber zuverlässig arbeitende Schlammspiegelmessgeräte voraus.

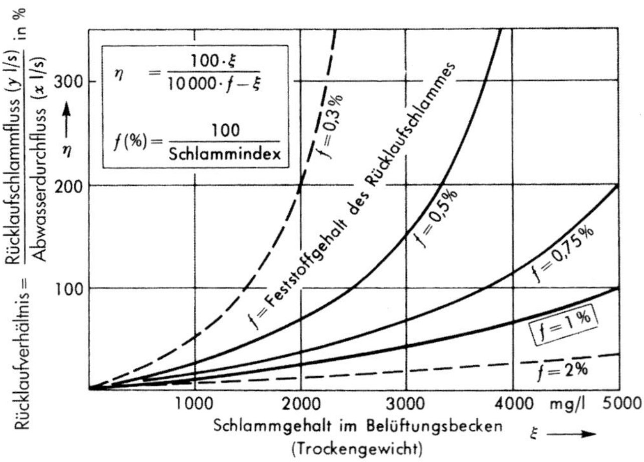

Bild 5.53: Abhängigkeit des Schlammgehaltes im Belüftungsbecken vom Feststoffgehalt des Rücklaufschlammes und vom Rücklaufverhältnis

Während der Rücklaufschlamm ständig durch die Anlage kreist, vermehrt er sich durch die Nahrungsaufnahme und das Wachstum der Lebewesen. Von den Stoffen, die ständig mit dem Abwasser neu zugeführt werden, verzehren sich biologisch nur etwa 10 %. Das übrige bildet immer neuen Schlamm. Die Schlammmenge, die z. B. morgens nach halbstündigem Stehen mit 16 % gemessen wurde, beträgt abends vielleicht schon 22 %. Dieser tägliche Zuwachs muss regelmäßig als Überschussschlamm beseitigt werden. Es fallen 5 l/(E · d) an (Tabelle 5.36). Bei dem mittleren Abwasser mit 200 l/(E · d) macht der gepumpte Überschussschlamm 5 : 200 = 2,5 % der täglichen Wassermenge aus.
Während man also 50 % des Abwasserdurchflusses als Rücklaufschlamm umpumpt, muss man 2,5 % des Abwasserdurchflusses als Überschussschlamm beseitigen. Das Verhältnis des Überschussschlammes zum Rücklaufschlamm ist dann etwa 1 : 20. Der Reinigungserfolg einer Belebungsanlage kann gesteigert werden, wenn man die Menge des belebten Schlammes mit der Tagesbelastung der biologischen Stufe ansteigen lässt (Bild 5.1). Der

Überschussschlamm wird dann nur nachts während der schwach belasteten Zeit in doppelter Menge beseitigt. Das erfordert eine zuverlässige Steuerung, damit morgens noch genug Schlamm für die Reinigungsarbeit des nächsten Tages zur Verfügung steht [600].

Das Schlammalter ergibt sich aus dem Verhältnis der im Lüftungsbecken arbeitenden Schlamm-Menge zu der täglich weggepumpten Schlamm-Masse. Den Schlammvorrat des Nachbeckens rechnet man nicht mit; dort soll allerdings möglichst wenig Schlamm sein. Den Unterschied im Wassergehalt kann man in der Rechnung beachten.

Die Menge des Überschussschlamms ist 0,75 bis 1,0 kg Trockenrückstand auf 1 kg des abgebauten BSB [1579]. Sie nimmt mit dem Schlammalter ab [1489]. Bei Überlüftungsanlagen rechnet man mit 0,6 kg Feststoffen auf 1 kg abgebauten BSB. Mit den genannten Werten lässt sich aus der Schlammbelastung das Schlammalter ermitteln. Man braucht nur den Umkehrwert der Schlammbelastung zu bilden (g TS · Tag) : (g BSB_5) und für g BSB_5 die entsprechende Schlammerzeugung einzusetzen (Bild 5.50).

Die bisher besprochenen Werte zur Kennzeichnung und Bemessung des Belebungsverfahrens wurden in der Tabelle 5.23 zusammengestellt. Die Zahlen gelten grundsätzlich nur für vorwiegend häusliches Abwasser. Bei gewerblichem Abwasser sind erhebliche Abweichungen möglich. Die erste Zahlenspalte bezieht sich auf die biologische Reinigung mit weitgehender Oxidation der Kohlenstoffverbindungen. In der zweiten Spalte wird zusätzlich eine mikrobielle Oxidation der Stickstoffverbindungen erreicht. Die Zahlen der dritten Spalte geben einen Anhalt für Anlagen, in denen außerdem der Schlamm aerob stabilisiert werden soll. Nicht aufgeführt ist der weite Bereich des hoch belasteten Belebungsverfahrens, mit dem sich jeder Grad der Teilreinigung bis zur Vollreinigung erreichen lässt (Bild 5.50 und Bild 5.51).

Für die Anforderungen an die Abwasserreinigung in Deutschland (Tabelle 4.2) wird empfohlen, bis etwa 15 000 E Stabilisierungsanlagen zu bauen. Bei den inzwischen stark gestiegenen Strompreisen kann eine Anlage mit getrennter Faulung ab etwa 10 000 bis 20 000 E wirtschaftliche Vorteile im Vergleich zur Verfahrenstechnik der simultan-aeroben Schlammstabilisierung haben [583].

Ein Bemessungsverfahren für Nitrifikation und Denitrifikation, das dem DWA-A 131 (2016) [597] entspricht, folgt in Kapitel 5.8.1.

Kroiss behandelt die wirklichkeitsnahe Bemessung [1402, 1404] und zeigt Einsparpotenziale auf [1395].

Tabelle 5.23: Bemessungstabelle für das Belebungsverfahren

Art des Verfahrens	biologische Reinigung		
	nur Kohlenstoff-elimination	mit Nitrifikation	mit Schlamm-stabilisierung*)
erreichbarer Mittelwert			
(mg BSB_5/l) des Ablaufes	20	15	15
Raumbelastung (g $BSB_5/(m^3 \cdot d)$)	1 000	500	250
Einwohnerwerte je m^3	25	12	4
Schlammgehalt (g TS/m^3)	3 300	3 300	5 000
Schlammbelastung (g $BSB_5/(g\ TS \cdot d)$	0,3	0,15	0,05
Belüftungszeit (h)	3,6	7,2	14,4
Überschussschlamm (g TS/g BSB_5)	0,8	0,7	0,8
Schlammalter (d)	4	10	25
OC-load (g O_2/g BSB_5)	2,0	2,5	2,5

*) ohne Vorklärung

Der Überschussschlamm kann für sich allein nicht befriedigend behandelt werden. Wenn man versucht, ihn auf Land zu trocknen, stinkt er unerträglich. Er lässt sich aber in Faulräumen ausfaulen, und zwar dann, wenn man ihn mit dem Schlamm der Vorreinigung gemeinsam behandelt. Hinderlich ist dabei nur, dass die Menge des Überschussschlamms von 5,7 l/(E · d) mit 99,3 % Wasser bedeutend größer ist als die Menge des frischen Schlamms aus den Vorbecken (1,8 l/(E · d) mit 97,5 % Wasser). Es kommt vor allem darauf an, den Wassergehalt und damit die Schlammmenge zu vermindern, ehe man den Schlamm in den Faulraum bringt. Zu diesem Zweck können Eindickbehälter dienen, die den Schlamm absetzen (Kapitel 5.10.4).

Einfacher ist es, den Überschussschlamm schon vor den Vorbecken mit dem Abwasser zu mischen, sodass er sich dann gemeinsam mit dem Abwasserschlamm in den Vorbecken ausscheidet [1119, 1121]. Diese Anordnung ist in Bild 5.54 dargestellt. Sie hat sich in den meisten Belebungsanlagen in der Vergangenheit gut bewährt und kann auch heute noch bei guten Absetzeigenschaften des belebten Schlammes eingesetzt werden. Energetisch und verfahrenstechnisch sinnvoller ist es in den meisten Fällen allerdings, den Überschussschlamm maschinell einzudicken.

Der aus den Vorbecken gewonnene gemischte Schlamm ist bedeutend wasserärmer und an Menge geringer, als der Überschussschlamm vorher gewesen ist, obwohl doch der Abwasserschlamm hinzugekommen ist. Als gemischter Schlamm werden nämlich nach Tabelle 5.36 nur noch 2 l/(E · d) gepumpt mit einem Wassergehalt von 96 %. Wenn der Überschussschlamm gleichmäßig dem Abwasser zugesetzt wird, verbessert man auch die Absetzwirkung [1813]. Damit diese günstige Wirkung im Vorbecken eintritt, muss der Überschussschlamm dem Vorbecken dauernd und gleichmäßig zugeführt werden. Dieser gemischte Schlamm kann dann ohne weiteres in Faulräumen ausgefault werden. Der Gasanfall des Faulraums wird durch das Hinzukommen des belebten Überschussschlamms erhöht.

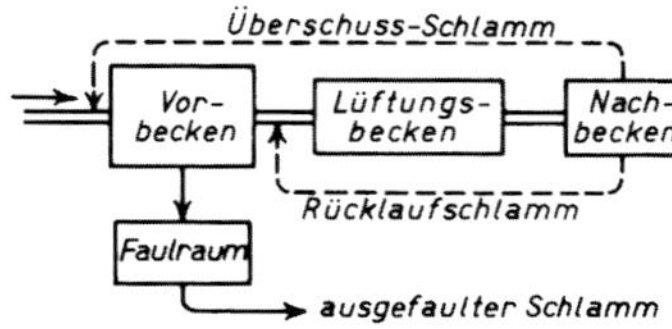

Bild 5.54: Führung des Schlammes beim Belebungsverfahren

Allerdings bleibt der Nachteil, dass auch der ausgefaulte Schlamm durch das Hinzukommen des belebten Schlamms viel wasserhaltiger ist, als er ohne ihn gewesen wäre.
Künstlich entwässern lässt sich der belebte Schlamm in Zentrifugen, Siebtrommeln oder Band- oder Scheibenfiltern (Kapitel 5.10.4). Der Schlammkuchen kann heiß nachgetrocknet und als Düngemittel abgegeben werden. Wirtschaftlicher ist es, namentlich bei kleinen Anlagen, den Schlamm gemischt mit dem Vorbeckenschlamm entweder frisch oder besser stabilisiert den Entwässerungsmaschinen zuzuführen. Die Menge des nassen Schlamms ist dann viel geringer, weil der Wassergehalt niedriger ist. Entsprechend ist auch die Entwässerungsleistung größer. Über das Entwässern von frischem Schlamm siehe: [2210, 2224].
Die Maschinenanlage umfasst außer den Schlammpumpen die Gebläse zur Erzeugung der Druckluft oder die Motoren für die Oberflächenbelüfter. Der Leistungsbedarf ist bei voller biologischer Reinigung mit Nitrifikation auf 1 000 Einwohner etwa 2,0 kW.
Die Wirkung einer Belebungsanlage kann man oft dadurch steigern, dass man zu dem belebten Schlamm noch mineralischen, toten Schlamm zusetzt. So ist bekannt, dass schon Lehmschlamm, der bei Regen mitgeführt wird, die Absetzfähigkeit des belebten Schlamms verbessert. Sogar das Zupumpen von Vorbeckenschlamm kann diese Wirkung haben [961, 962]. Es ist auch gelungen, eine Belebungsanlage dadurch zu verbessern, dass dem Lüftungsbecken Faulschlamm und Faulwasser zugeführt wurde, die zusammen mit belebtem Schlamm so lange belüftet wurden, bis das Gemisch sich in einen guten belebten Schlamm mit hohem Nitratgehalt verwandelt hatte. In diesem Falle handelt

es sich allerdings um vorwiegend gewerbliches Abwasser, dessen Stickstoffgehalt nicht für die Bedürfnisse der Bakterien ausreichte. Der Faulschlamm brachte den fehlenden Stickstoff.
Von anderen toten Stoffen wird am häufigsten Eisen verwendet, meist als Eisensulfat oder Eisenchlorid. Der mit Eisen angereicherte Schlamm setzt sich leichter ab, Phosphate werden ausgefällt.
Nach dem Niersverfahren werden Gusseisenspäne in einem Lüftungsraum umgewälzt, der von dem Abwasser durchflossen wird. Hierdurch bildet sich gelöstes Eisenhydroxid, das dann seine verbessernde Wirkung auf das Belebungsverfahren ausübt [1258].
Bei der Behandlung gewerblicher Abwässer hat sich in verschiedenen Fällen die Zugabe von Aktivkohle bewährt [844].
Biologische Zusatzstoffe sind in der Regel nicht erforderlich [716, 1952].
Durch den Einsatz von getauchten Festbettkörpern können Nitrifikation und Schlammindex verbessert werden [90, 1476, 1979].
Auch die Zugabe von Kunststoffkörpern als Aufwuchsmaterial für die Bakterien kann zur Verbesserung der Reinigungsleistung bzw. zur Verringerung des erforderlichen Beckenvolumens beitragen. Hierbei werden beispielsweise Schaumstoffwürfel oder frei schwebende Kunststoffzöpfe in das Belebungsbecken in einem Füllgrad von etwa 10 – 30 % eingebracht. Dadurch kann die Stabilität der Nitrifikation erhöht werden, teilweise wurden bislang nicht nitrifizierende Belebungsanlagen dadurch auch ertüchtigt. Ein Problem beim Betrieb dieser Anlagen kann eine massenhafte Vermehrung der Ciliaten sein, wodurch insbesondere die Populationsdichte der Nitrifikanten deutlich reduziert wird mit der Folge erhöhter Ammoniumablaufkonzentrationen. Eine Übersicht zu diesen sogenannten Hybridanlagen findet sich bei: [1720].
In Norwegen wurde das Schwebebettverfahren (MBBR) entwickelt, bei dem kleine Kunststoffkörper mit einer Kantenlänge von etwa 1 cm als Aufwuchskörper in Belebungsbecken eingebracht werden [1720, 1940]. Auch hier beträgt der Füllgrad zwischen 20 und 30 %, maximal sind 67 % möglich. Der Biofilm auf den Füllkörpern übernimmt den größten Teil der Reinigungsleistung. Wie bei Biofilmanlagen typisch, besteht eine starke Abhängigkeit zwischen O_2-Konzentration im Becken und der Denitrifikationsgeschwindigkeit, verursacht durch die Diffusionslimitierung des Sauerstoffs beim Eindringen in den Biofilm [1941]. Auch über eine bessere Absetzbarkeit des aus diesen Reaktoren abschließenden belebten Schlammes wurde berichtet [2365].
Eine Weiterentwicklung des Belebungsverfahrens stellt auch der Einsatz von Lamellenseparatoren im Belebungsbecken dar. Hierbei werden schräggeneigte Lamellenabscheider in das Belebungsbecken eingebracht, die einen Rückhalt des belebten Schlammes ermöglichen, wodurch der Feststoffgehalt im Belebungsbecken erhöht werden kann, ohne dass gleichzeitig die Nachklärung

zusätzlich belastet wird. Eine solche Verfahrenstechnik eignet sich beispielsweise um bestehende, lediglich Kohlenstoff-eliminierende Belebungsanlagen mit dem Ziel einer weitergehenden Stickstoffelimination zu erweitern. Mit diesem Verfahren kann der Feststoffgehalt im Belebungsbecken um etwa 50 % erhöht werden, der Schlammindex verändert sich nicht negativ. Wichtig ist eine konstante Schlammbeschickung des Nachklärbeckens, die durch einen Bypass erreicht werden kann, mit dem der feststoffarme Überlauf aus den Lamellenseparatoren mit dem direkten Ablauf aus dem Belebungsbecken (hoher TS_{BB}) gemischt wird [1244]. Diese Technik eignet sich insbesondere zur Erweiterung bestehender Umlaufbecken mit einer ausreichenden Beckentiefe von mindestens 3 bis 4 m.

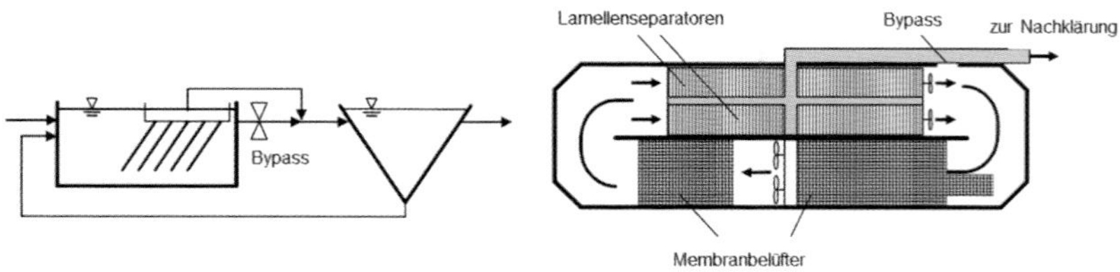

Bild 5.55: Lamellenseparator beim Belebungsverfahren [1244]

Eine besondere, diskontinuierliche Betriebsweise herrscht bei den Belebungsanlagen mit Aufstaubetrieb. Im amerikanischen Sprachraum werden sie als „Sequencing Batch Reactor“ (SBR) bezeichnet. Zur biologischen Abwasserreinigung wird wie beim kontinuierlich arbeitenden Belebungsverfahren belebter Schlamm eingesetzt. Der biologische Reinigungsprozess und die Abtrennung des belebten Schlammes vom gereinigten Abwasser finden in demselben Becken statt. Das gereinigte Abwasser wird bei unterbrochenem Zufluss chargenweise abgezogen. Durch Einleitung des zu behandelnden Abwassers hebt sich der Wasserspiegel wieder (Aufstau). Zum Ausgleich sind gegebenenfalls Vorspeicher erforderlich. Das Verfahren eignet sich für konzentrierte Abwässer, die in geringer Mengenschwankung anfallen [1247, 2326]. Es ist bei sehr stark unterschiedlichen Zuflüssen, also beim Mischsystem mit einem hohen Fremd- und Regenwasseranteil, weniger geeignet. Die Bemessung wird ausführlich im DWA-Merkblatt M 210 behandelt [545]. Vergleiche auch: [994, 1293, 2136, 2179, 2181, 2353]. Zur Bemessung, zur Konstruktion und zum Betrieb der Absetzeinrichtungen beim SBR-Verfahren siehe DWA-Arbeitsbericht „Absetzvorgänge und Klarwasserabzug im SBR“ [732].

Eine geringere Leistung, also wirkliche biologische Teilreinigung, die z. B. die Mitte hält zwischen der Leistung eines Absetzbeckens und einer vollen biologischen Anlage, lässt sich beim Belebungsverfahren durchführen, wenn man einen der folgenden Wege geht:

1. Wiederbelüften des Schlammes in besonderen Becken. Hier wird der aus dem Nachbecken entnommene Schlamm durch besondere Lüftung wieder aktiviert. Man kann z. B. die Lüftungszeit im Belebungsbecken auf 1 h einschränken. Dann führt man den Rücklaufschlamm mit 12-stündigem Durchfluss durch Wiederbelüftungsbecken und setzt ihn dann erst dem Zufluss zum Belebungsbecken wieder zu [1023, 1376]. Erfolgreich wird dieses Verfahren auf der Kläranlage in Prag eingesetzt [1707].
2. Sehr starkes Herabsetzen des Schlammalters und des Schlammgehalts im Lüftungsbecken nach Gould. Diese Art des hoch belasteten Belebungsverfahrens ist zum ersten Mal in der Kläranlage New York-Jamaika angewandt worden. Ihre Belastungskennzeichen sind in der Tabelle 5.22 angegeben. Die Vorbecken sind ganz weggelassen. Die Lüftungszeit ist nur noch 2 h. Die Reinigungswirkung betrug 75 %. Das Schlammalter war in Jamaika nur 0,37 Tage, also ein Zehntel des üblichen. Der Schlamm war stark faulfähig, aber auffallend wasserarm und absetzfähig. Er enthielt 6,4 % Feststoffe, davon 74,1 % organische [919, 921, 1022, 1156, 2072, 2074, 2214].
3. Verkleinern der Lüftungsbecken auf etwa ein Drittel des üblichen bei starker Luftzufuhr und hohem Schlammgehalt im Lüftungsbecken. In Wuppertal erreichte man so bei 75 % Abnahme des BSB einen ähnlich leicht absetzbaren und wasserarmen belebten Schlamm wie beim hoch belasteten Verfahren nach Gould [1098, 1261, 1622, 1623, 1659, 1819, 2382].

Bewährt haben sich die Verfahren nach Ziffer 2. und 3. der hoch belasteten Belebung. Sie unterscheiden sich von dem klassischen (schwach belasteten) Belebungsverfahren durch das niedrige Schlammalter oder die hohe Schlammbelastung. Das Leben in diesem belebten Schlamm besteht fast nur aus Bakterien ohne Protozoen. Dieser Schlamm ist dichter, wasserärmer und er setzt sich rascher ab. Er neigt auch nicht dazu, bei Überlastung fädige Bakterien zu bilden, die den Schlamm aufblähen und aufschwimmen lassen.
Wenn man eine Belebungsanlage neu in Betrieb setzt, bildet sich der belebte Schlamm von selbst in etwa sieben Tagen. Während der Einarbeitung bildet sich meist Schaum auf der Oberfläche. Wenn Schaum auch später noch auftritt, ist es ein Zeichen dafür, dass zu wenig Rücklaufschlamm im Lüftungsbecken ist oder dass eine Störung durch Waschmittel vorliegt. Wenn die Anlage einmal in Betrieb ist, muss sie dauernd in Betrieb gehalten werden. Der belebte Schlamm muss auch nachts belüftet und bewegt werden.

Entarten kann der belebte Schlamm durch Sauerstoffmangel, also dadurch, dass die zugeführten organischen Schmutzstoffe mehr Sauerstoff verbrauchen, als wieder zugeführt wird. Ähnlich wirkt auch die Vergiftung durch gewerbliches Abwasser (z. B. Kupfersalze, Säuren, Phenol, Mineralöl). Die Entartung des Schlamms äußert sich dadurch, dass er sich infolge übermäßiger Bildung von fädigen Bakterien aufbläht. Die Arten können unter dem Mikroskop bestimmt werden [66, 1468, 2158]. Nach einiger Übung kann auch der Klärfacharbeiter das Gütebild des belebten Schlammes ansprechen [229]. Der Blähschlamm nimmt im Wasser einen größeren Raum ein, setzt sich schlechter ab und schwimmt schließlich in großen Massen aus den Nachbecken ab und verdirbt so den gereinigten Abfluss.

Der Betriebsleiter muss die Veränderung des Schlamms an seinem Aussehen rechtzeitig erkennen. Das Verhalten des Schlamms im Absetzglas (Bild 5.2) gibt sofort Auskunft. Der Chemiker drückt das Maß der Aufblähung durch den Wassergehalt des ½ h abgesetzten Schlamms aus. Guter Schlamm hat 98,5 % Wassergehalt. Bei Blähschlamm kann der Wassergehalt bis 99,75 % steigen.

Nach Mohlman kann man die Dichte des Schlamms auch durch den Schlammindex [ml/g] ausdrücken. Das ist die Raumgröße in ml einer ½ h abgesetzten Schlammmenge, deren Trockenrückstand 1 g ist oder auch bezogen auf die dem Lüftungsbecken entnommene Wasserprobe:

$$ISV = \frac{\text{Schlammvolumen } \left(\frac{ml}{l}\right)}{\text{Trockensubstanzgehalt } \left(\frac{g}{l}\right)} \qquad [ml/g] \qquad (5.15)$$

Ein Schlamm mit 98,5 % Wasser, also 1,5 % Feststoffen, hat z. B. den Index 100 : 1,5 = 67 ml/g. Der Mohlman-Index von Blähschlamm ist > 150 ml/g. Man erkennt Blähschlamm außerdem an der Anwesenheit fädiger Bakterien bei klarem Überstandswasser.

Nach halbstündigem Absetzversuch im Trichterglas (Bild 5.2) soll das Schlammvolumen kleiner als 250 ml/l sein, weil sich sonst die Schlammflocken beim Absetzen behindern und ein falscher Schlammgehalt gemessen wird. Notfalls ist durch Verdünnung mit dem Ablauf des Nachbeckens der Schlammgehalt entsprechend zu vermindern [2144, 2145].

Die Mittel gegen Blähschlamm sind [24, 88, 762, 1532, 1553, 1909, 1915, 2286, 2305]:

1. Abkürzen der Vorklärzeit.
2. Vorschalten einer hoch belasteten Kontaktstufe (Selektor). Matsché empfiehlt, bei Belüftung mit einer Raumbelastung von 10 kg $BSB_5/(m^3 \cdot d)$ zu bemessen, unbelüftet mit 2,5 [738, 1915]. Über Betriebserfahrungen berichten: [458, 1754, 1798, 1915].

3. Bevorzugung der Pfropfenströmung oder des kaskadenartigen Durchflusses der Belebungsbecken.
4. Steigerung des Phosphorgehaltes im belebten Schlamm durch Zugabe von Eisensalzen oder Kalk oder durch Vorschalten einer anoxischen Phase (Kapitel 5.7.3).
5. Zugabe fehlender Nährstoffe, z. B. Hyperphosphat.
6. Zugabe keimtötender Chemikalien, wie Chlor [281, 775] oder Wasserstoffperoxid.
7. Anlagen mit weitergehender Nährstoffelimination neigen besonders im Winter durch Massenwachstum von *Microthrix parvicella* zur Blähschlammbildung [991]. Zur Bekämpfung ist eine vorübergehende Simultanfällung mit Aluminiumchlorid oder Polyaluminiumhydroxidchlorid wirksam, weil langkettige Fettsäuren dann vermindert nutzbar sind [1463]. Durch Messung der Lipaseaktivität kann die Wirksamkeit der aluminiumhaltigen Produkte geprüft werden [1277]. Wichtig ist, dass die Zugabe aluminiumhaltiger Fällmittel nur vorübergehend erfolgt, da ansonsten ihre Wirksamkeit im Lauf der Zeit, vermutlich wegen Adaptionsprozessen, nachlässt [1240].

Gegen gewerbliche Abwasserstöße und gegen Überlastung schützt man sich in Belebungsanlagen durch besondere Wiederbelüftungsbecken, in denen überarbeiteter Schlamm durch vielstündige Luftzufuhr wieder arbeitsfähig gemacht wird, oder die zweistufige Anordnung.
Zur Betriebsüberwachung einer großen Belebungsanlage gehören die folgenden Feststellungen:

1. Durchfluss des Abwassers, des Rücklaufschlamms und des Überschussschlamms,
2. Absetzproben aus dem Lüftungsbecken vom Beckenende,
3. Schwebestoffbestimmung des Wassers im Lüftungsbecken, des Rücklaufschlamms und des Abflusses,
4. Sauerstoffgehalt des Lüftungsbeckens,
5. Sauerstoffbedarf des Abflusses,
6. Schlammhöhe im Nachbecken,
7. BSB-, CSB-, Stickstoff- und Phosphor-Bestimmungen von Zu- und Ablauf.

5.6.8.2 Membranbelebungsverfahren

Beim Membranbelebungsverfahren wird das Nachklärbecken des konventionellen Belebungsverfahrens durch eine Filtrationsstufe ersetzt. Die Absetzeigenschaften des belebten Schlammes haben keinen Einfluss mehr. Die Porenweiten der eingesetzten Membranen liegen in der Größenordnung von 0,1 µm, sodass nicht nur die Feststoffe, sondern auch Bakterien und Keime zurückgehalten werden. Wenn die mit Unterdruck betriebenen Membranen dicht sind, wird im Ablauf (Permeat) Badewasserqualität erreicht. Membrananlagen werden dann eingesetzt, wenn eine besonders weitgehende Reinigung des Abwassers erforderlich ist [136, 275, 337, 445, 769, 770, 834, 836, 854, 958, 959, 1219, 1465, 1725, 1873, 1874, 2137, 2313].

Der Schlammgehalt der Belebungsstufe kann betrieblich auf bis auf ca. 12 g/l eingestellt werden. Man benötigt daher weniger als die Hälfte des sonst erforderlichen Reaktionsraumes. Damit die Membranen möglichst wenig verstopfen, ist es wichtig, eine weitgehende biologische Reinigung zu betreiben, eine Pfropfenströmung anzustreben und die Membranen im Ablaufbereich anzuordnen. Die Schlammbelastung liegt unter 0,05 kg BSB_5/(kg TS · d).

Die Membranen werden als Hohlfaser-Kapillarmembranen, Plattenmembranen oder in Form von Rohrmodulen in Paketen zusammengefasst und in die Belebungsstufe eingehängt. Dies kann am Ende des Beckens vorgenommen werden oder in einer getrennten Kammer. Der aufkonzentrierte belebte Schlamm muss zurückgeführt und der Überschussschlamm entnommen werden (Bild 5.56).

Für den sicheren und störungsfreien Betrieb einer Membranbiologie ist eine sehr weitgehende Störstoffentfernung entscheidend. Die Ausführung der Rechenanlage kann ein- oder zweistufig erfolgen. Ein Feinsieb mit Öffnungsweiten von < 2 mm, ggf. auch 0,5 bis 1 mm ist meist erforderlich. Dadurch kann sich der Rechengutanfall deutlich erhöhen.

Für die Berechnung der erforderlichen Membranoberfläche interessiert der maximale Zufluss bei Regenwetter und, wegen der Zunahme der kinematischen Zähigkeit des Wassers mit abnehmender Temperatur, die niedrigste Abwassertemperatur. Um bei Temperaturen von 5 °C den gleichen Permeatfluss erzielen zu können wie bei 15 °C, müssen knapp 30 % mehr Membranfläche bereitgestellt werden. Ein möglichst gleichmäßiger Zufluss, wie z. B. beim Trennsystem, ist günstig. Für die Beaufschlagung werden bei Hohlfasermodulen im Durchschnitt 13 l/(m^2 · h) angegeben und im Maximum 24 l/(m^2 · h). Dem entsprechen spezifische Flächen von 1,1 bis 1,5 m^2/E. Da anhaltend hohe hydraulische Belastungen zu einer bleibenden Verringerung der Permeabilität führen, sind die Membranen mit einer möglichst gleichmäßigen Auslastung zu betreiben. Betriebsweisen, bei denen nur ein Teil der Membranen mit dem maximalen Fluss beaufschlagt wird, sind zu vermeiden. Bei sehr geringen hydraulischen Belastungen sollten einzelne Einheiten im Wechsel abschaltbar sein. Die kontinuierliche Membranfiltration wird durch eine starke mittelblasige Belüftung gewährleistet, die unter den eingetauchten Membranpaketen eine

Querströmung zum Filtrationsvorgang erzeugt. Auf diese Weise wird die entstehende Deckschicht in Grenzen gehalten.

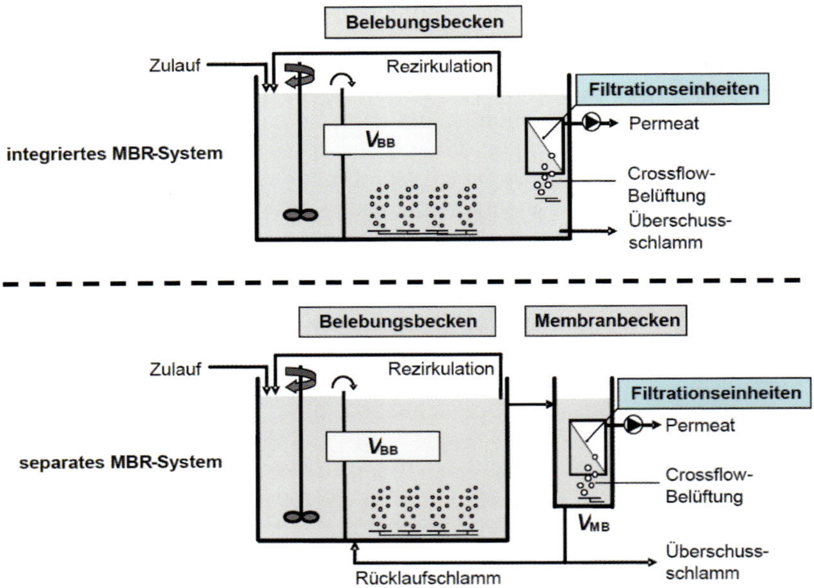

Bild 5.56: Einbaumöglichkeiten von getauchten Filtrationseinheiten [573]

Die Entfernung der Deckschicht kann gegebenenfalls durch eine Rückspülung der Membran mit Permeat und periodische Chemikalienzugabe unterstützt werden. Die Reinigung der Membranen erfolgt regelmäßig während des Betriebes (in-situ) und in größeren Zeitabständen (halbjährlich oder jährlich) in einem Tauchbad außerhalb des Filtrationsbeckens (ex-situ). Als Reinigungschemikalien werden Natronlauge, Natriumhypochlorit, Wasserstoffperoxid, verschiedene Säuren, Tenside und Enzyme eingesetzt. Die betriebliche Überwachung der Permeabilität der Membranen kann dazu genutzt werden, den richtigen Zeitpunkt für die Reinigung zu identifizieren. Die Permeabilität sollte nach Möglichkeit immer beim gleichen Permeatflux bestimmt werden.
Über die Lebensdauer der Membranen liegen noch keine ausreichenden Erfahrungen vor. Bisher ging man von etwa fünf bis acht Jahren aus. Auf der Kläran-

lage Nordkanal des Erftverbands sind die dort eingesetzten Hohlfasermodule aber auch bereits seit zwölf Jahren in Betrieb [771].
Die Einsatzmöglichkeiten von Keramikmembranen beschreibt Brinkmeyer [341].
Der Gesamtenergiebedarf für den biologischen Prozess, einschließlich der Filtration, hat sich durch die Verbesserung der Membrantechnik auf 0,7 bis 1,0 kWh/m^3 verbessert [2314]. In Einzelfällen wird nach umfassender Optimierung der Membrananlage auch Energiebedarfe im Bereich konventioneller Belebungsanlagen berichtet, so z. B. bei der Kläranlage Nordkanal des Erftverbands mit 0,6 kWh/m^3 [771].
Die Bemessung der erforderlichen Schlammmasse erfolgt grundsätzlich nach den Vorgaben des DWA-A 131 [597]. Als Feststoffkonzentration für die Bemessung ist ein Wert von 10 bis 12 g/l empfehlenswert, der α-Wert für die Auslegung der Belüftung ist entsprechend Tabelle 5.30 zu wählen, sollte aber nicht höher als 0,5 angesetzt werden [444].
Der aerob stabilisierte Überschussschlamm kann noch weiter ausgefault, aber auch direkt unter Zugabe von Flockungshilfsmitteln in einer Zentrifuge entwässert werden [703]. Das Membranbelebungsverfahren ist auch für die Reinigung von Industrieabwasser und Prozesswasser geeignet [129].
Auch Membrananlagen sind aufgrund ihres meist hohen Schlammalters anfällig für die Entwicklung von fadenförmigen Bakterien (z. B. *Microthrix parvicella*). Allerdings hat dies keine Auswirkungen auf die Permeat- bzw. Ablaufqualität der Anlage, da diese Organismen wie auch die entstehenden Schäume an der Membran zurückgehalten werden.
Auch bei kleinen Kläranlagen kann die Membrantechnik angewendet werden. Der Flux im Jahresmittel sollte dabei deutlich unter 10 l/(m^2 · h) liegen, empfehlenswert ist ein Bereich zwischen 5 und 6 l/(m^2 · h).
Die spezifischen Kosten von Membrananlagen liegen in Abhängigkeit des Bemessungszuflusses zwischen 4 000 und 8 000 €/(m^3/h), zwischen 1 000 und 2 000 m^3/h liegen sie vergleichsweise konstant bei etwa 4 000 €/(m^3/h) [573].
Die Kläranlage Monheim ist für rd. 10 000 EW bemessen, Q_t = 45 l/s, Q_M = 80 l/s [1874]. Es sind zwei Kompaktanlagen mit Feinsiebung von 1 mm freiem Durchgang vorgeschaltet. Dann folgen zwei belüftete Sand- und Fettfänge. Siebe und Sandfänge sind für jeweils 75 % des maximalen Zuflusses konzipiert. Ein Notumlauf der Siebe ist ausgeschlossen, um Verzopfungen der Membranen zu verhindern. Es wurden zwei Belebungsstraßen mit gemeinsamer aerober Schlammstabilisierung vorgesehen, wobei die Denitrifikation (2 · 340 m^3, Wassertiefe 6 m, Umwälzung durch ein Rührwerk) vorgeschaltet ist. Die Nitrifikation (2 · 340 m^3, Wassertiefe 6 m) wird feinblasig belüftet. 12 300 m^2 Hohlfasermodule (Fabrikat Zenon) sind in vier Kammern von jeweils 75 m^3 Inhalt mit 2,5 m Wassertiefe untergebracht. Der mittlere Fluss beträgt 13 l/(m^2 · h), der maximale 23,4, der Schlammgehalt 10 – 12 g/l, das Schlammalter 30 bis 40

Tage. Die chemische in situ-Reinigung ist möglich. Die Gesamtkosten der Anlage betrugen bei Fertigstellung im Mai 2003 7,5 Mio €. Davon entfielen 39 % auf die Bautechnik und 57 % auf die Maschinen- und Elektrotechnik.

5.6.8.3 Zweistufige biologische Verfahren

Bei großen Anlagen kann das zweistufige Belebungsverfahren nach Bild 5.57 zweckmäßig sein [345, 1126, 1167, 1260, 1340, 1488, 1624, 1804]. Jede Stufe muss ihr eigenes Nachbecken haben und der Rücklaufschlamm kreist in der Regel nur innerhalb seiner Stufe. Das Vorbecken wird manchmal weggelassen. Der Abwasserschlamm geht dann mit durch das erste Lüftungsbecken und setzt sich im ersten Nachbecken ab. Der belebte Schlamm der ersten Stufe wird stark überlastet. Er wird aber dadurch immer wieder aufgefrischt, dass der gesunde Überschussschlamm der zweiten Stufe (U_2) nun nicht mehr beseitigt, sondern in das Lüftungsbecken der ersten Stufe gepumpt und dort ausgenützt wird. Nur aus dem Nachbecken der ersten Stufe wird dann der Überschussschlamm (U_1) beseitigt. Er ist dichter als der übliche »belebte Schlamm«. Seine Menge ist geringer und er setzt sich leichter ab. Die Nachbecken der ersten Stufe und die Schlammfaulräume können kleiner bemessen werden. Auch die Lüftungsbecken werden kleiner, weil die Reinigungskraft des belebten Überschussschlamms mit ausgenützt wird. Etwa ein Viertel des Lüftungsraums kommt gewöhnlich in die erste Stufe. Wenn das Vorbecken fehlt, muss man seine eindickende Wirkung auf den Überschussschlamm dadurch ersetzen, dass man besondere Eindickbehälter baut (Kapitel 5.10.4). Außerdem bleibt als Nachteil des Verfahrens, dass man die Nachbecken doppelt bauen muss.

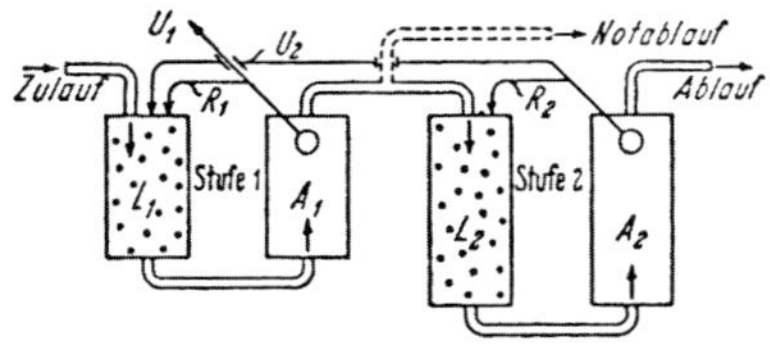

Bild 5.57: Zweistufiges Belebungsverfahren: L_1 und L_2 = Lüftungsbecken, A_1 und A_2 = Absetzbecken, R_1 und R_2 = Rücklaufschlamm, U_1 und U_2 = Überschuss

Es ist das Verdienst von Böhnke, die Möglichkeiten des Adsorptions-Belebungsverfahrens (AB-Verfahren) planmäßig erforscht und angewendet zu haben [299]. Dabei wird auf eine strikte Trennung der unterschiedlichen Biozönosen der ersten und der zweiten Stufe Wert gelegt. Die Schlammbelastung der A-Stufe beträgt vorzugsweise 3 bis 5 kg BSB_5/(kg TS · d). Entsprechend Bild 5.50 werden etwa 70 % BSB_5 eliminiert und das Schlammalter liegt unter einem halben Tag. Der Anteil des BSB_5, der in dieser Zeit aerob abgebaut wird, ist nach Fair bei 20 °C etwa 0,15 · BSB_5 [810] (Tabelle 5.5). Für die Elimination von 1 kg BSB_5 brauchen also nur 0,15 kg O_2 eingetragen zu werden. Die erste Stufe kommt daher mit 0,35 kWh/kg BSB_5-Reduktion aus. Für die zweite Belebungsstufe sind noch genügend leicht abbaubare Bestandteile vorhanden, sodass diese stabil betrieben werden kann. Sie wird – je nach Reinigungsziel – für eine Schlammbelastung von 0,15 bis 0,30 kg BSB_5/(kg TS · d) bemessen. Aus den von Böhnke zusammengestellten Ergebnissen geht hervor, dass die zweite Stufe bei Bemessung auf B_{TS} = 0,30 eine Ablaufqualität erwarten lässt wie einstufige Anlagen bei B_{TS} = 0,15. Dies hängt damit zusammen, dass der Schlammzuwachs in der zweiten biologischen Stufe wesentlich geringer ist und unter diesen Verhältnissen der Schlammbelastung ein höheres Schlammalter zuzuordnen ist [302, 899, 990].

Nach der österreichischen Patentschrift AT 396 684 von 1993 werden die Schlamm- und Abwasserströme im zweistufigen Belebungsverfahren in unterschiedlicher Weise geschaltet. Das „Hybridverfahren" wurde bereits mehrfach angewandt [900, 1554].

Am Beispiel der geplanten Erweiterung der Kläranlage Wien behandelt Dornhofer die Optimierung der Stickstoffentfernung in zweistufigen Belebungsanlagen auf Grund von Versuchsergebnissen [700]. Mögliche Verfahrensvarianten sind die Umleitung von Rohabwasser um die erste in die zweite Stufe, Rückleitung von nitrifiziertem Ablauf in die erste Stufe und Rückführung von Überschussschlamm aus der zweiten in die erste Stufe. Über Betriebsergebnisse berichten Wandl [2304] und Winkler [2119].

Außer der zweistufigen Belebung werden Tropfkörper und Belebung oder Belebung und Tropfkörper hintereinander angewandt. Die Anordnung Tropfkörper-Belebung hat den Vorteil, dass kein Zwischenklärbecken erforderlich ist. Bemisst man den Tropfkörper mit 800 g $BSB_5/(m^3 \cdot d)$, dann genügt eine halbstündige Lüftungszeit im Belebungsbecken, um einen besonders guten Ablauf zu erzielen. Der Tropfkörper nach einer Belebung soll mit < 200 g $BSB_5/(m^3 \cdot d)$ bemessen werden, weil die erste biologische Stufe bereits die leicht abzubauenden Stoffe herausnimmt. Dahlem stellt vergleichende Untersuchungen der Abbauvorgänge in ein- und mehrstufigen Tropfkörpern und Belebungsanlagen an [457]. Wilderer et al. stellen die Vorteile der zweistufigen Prozessführung heraus [2352], vgl. auch: [91, 267, 301, 1386, 1643].

5.6.9 Abwasserteiche, Stauseen, Feuchtgebiete

In ländlichen Gebieten eignen sich Teiche für die Lösung der Abwasserfrage. Ihre Form wird dem vorhandenen Gelände angepasst. Die Böschungen erhalten eine Neigung von wenigstens 1 : 1,5. Sie werden im Wasserspiegelbereich mit Rasengittersteinen befestigt. Eine Dichtung der Teichsohle ist nur bei Kies-

und Sandböden oder bei schutzbedürftigem Grundwasser erforderlich. Dichtsysteme in Deichen vergl. [497]. Deiche an Fließgewässern behandelt DWA-M 507 [556].

Nach dem DWA-A 201 [501] unterscheidet man Absetzteiche, die der mechanischen Reinigung des Abwassers dienen. Die biologische Behandlung erfolgt bis etwa 1 000 EW in nachgeschalteten Abwasserteichen oder in solchen, die belüftet werden (bis 5 000 E). Sonderformen sind Fischteiche und Stauseen.

Schaltet man den Abwasserteichen keinen Emscherbrunnen vor, dann hat diese Aufgabe der Absetzteich zu übernehmen. Er wird mit $\geq 0{,}5\ m^3/E$ bemessen und wenigstens 1,5 m tief gemacht. Verteilung des Einlaufs und Tauchwand am Auslauf. Zur Behandlung des Regenwassers kann ein Aufstau von 20 bis 30 cm eingeplant werden [371, 372]. Absetzteiche sind nicht geruchlos. Das Volumen wird auf zwei parallel geschaltete Absetzteiche verteilt, die wechselweise beschickt werden. Für die Schlammräumung sind Wege anzuordnen, die von den Fahrzeugen befahren werden können.

Unbelüftete Abwasserteiche erhalten eine Fläche von $\geq 10\ m^2/E$ und mindestens 20 Tage Aufenthaltszeit. Soll teilweise nitrifiziert werden, sind $\geq 15\ m^2/E$ anzusetzen. Der Inhalt wird auf zwei bis drei Einheiten aufgeteilt. Die Übergänge zwischen den Teichen können belüftungswirksam als Überfälle oder als bepflanzte Schotterbetten ausgebildet werden. Da Sumpfpflanzen eine gute Reinigungswirkung erzielen, kann man im Auslaufbereich entsprechende Bepflanzungen vornehmen [1382]. Die Nitrifikation kann durch Zwischenschaltung eines Tropfkörpers oder Tauchkörpers verbessert werden. Denitrifikation tritt ein, wenn man das nitrathaltige Abwasser in den Zulauf des Absetzteiches pumpt [2110]. Über Abwasserteiche liegen umfangreiche Erfahrungen vor: [371, 1542, 1740, 1748, 1772, 1991, 1992, 2043, 2283].

Reicht die zur Verfügung stehende Fläche nicht aus, kann man zum belüfteten Abwasserteich übergehen. Die BSB_5-Raumbelastung kann dann mit ≤ 25 g $BSB_5/(m^3 \cdot d)$ gewählt werden, die Aufenthaltszeit fünf Tage, die Tiefe 1,5 bis 3,5 m. An Sauerstoffzufuhr werden $\geq 1{,}5$ kg O_2/kg BSB_5 benötigt. Für die Umwälzung des Wasserkörpers durch Umpumpen genügen 1 bis 3 W/m^3. Der belüftete Abwasserteich ist eine Belebungsanlage ohne Schlammkreislauf. Ausgetragene Schlammflocken werden im Nachklärteich, der mit ≥ 1 Tag zu bemessen ist, abgesetzt. Eine Entschlammung der Abwasserteiche ist erst nach vielen Jahren notwendig [1993, 2279]. Der auf den Einwohner bezogene Schlammanfall kann mit 0,1 $l/(E \cdot d)$ angenommen werden. Eine nachgeschaltete Bodenfiltration verbessert den Ablauf bedeutend [1285, 1286].

Gute Erfahrungen sind mit Abwasserteichen in Amerika gemacht worden, besonders in den Staaten Kalifornien und Texas [907]. Sie haben sich besonders bewährt für faulfähiges Abwasser von Konservenfabriken, Zuckerfabriken, Brennereien, Strohpappefabriken, aber auch für kleine Gemeinden und Militärlager. Ihre Einfachheit und Betriebssicherheit wird hervorgehoben gegenüber manchen in maschinentechnischer Hinsicht überspitzten Kläranlagen. Die Vorreinigung des Abwassers in Absetzbecken ist nötig. Als Durchflusszeit rechnet man 20 bis 30 Tage. An Oberfläche wird 1 ha auf 1 000 bis 1 700 Einwohnergleichwerte angegeben und als Raumbelastung 9 bis 18 g BSB_5/d auf 1 m^3 Wasserraum bei 1,2 m Wassertiefe. Wenn ausnahmsweise Geruch entsteht, kann er durch Zugabe von Natriumnitrat (Salpeter) vermieden werden. Die Menge des Zusatzes wird so bemessen, dass 20 % des BSB damit gedeckt werden. Teiche, die flacher sind als 1,2 m, müssen zeitweise entkrautet werden. Gegen Moskitos werden kleine Fische (*Gambusia affinis*) eingesetzt. Die bakteriologische Wirkung der Teiche ist besser als bei künstlichen biologischen Verfahren [342, 890, 913, 1086, 1736, 1753, 1786, 2087]. Die Wasserhyazinthe kann in tropischen Ländern den Reinigungsvorgang unterstützen [46, 1729, 1731, 2175]. Ein modifiziertes Teichverfahren wird in Israel zur Herstellung von Bewässerungswasser eingesetzt [2086].

Abwasser-Fischteiche sind Abwasserteiche, die auf die Fischzucht eingestellt werden. Geeignete Besatzfische sind Karpfen, die auch bei geringem Sauerstoffgehalt gedeihen. Das Abwasser muss gut entschlammt sein. Als Verdünnungswasser muss etwa die zehnfache Menge reines Flusswasser zugesetzt werden. Flusswasser und Abwasser werden getrennt zugeleitet und erst im Teich gemischt, damit sich keine Abwasserpilze bilden. Der übliche Flächenbedarf ist 1 ha auf 1 000 Einwohner oder 10 m^2/E. Nach der Sauerstoffberechnung in Beispiel 3 in Kapitel 7.4.1 ist diese Fläche trotz der Verdünnung mit reinem Wasser nur knapp bemessen. Die Teichtiefe ist etwa 0,5 m. Der gesamte Fassungsraum entspricht einer durchfließenden Mischwassermenge von etwa zwei Tagen. Die Teiche werden im Herbst abgefischt und liegen in den Wintermonaten trocken. Man rechnet mit einem Ertrag von 500 kg Fischfleisch auf 1 ha in einer Saison [235, 816, 1317, 1974].

Da Abwasser-Fischteiche nicht das ganze Jahr hindurch arbeiten können, sind sie nicht als vollwertige biologische Abwasserreinigungsanlage anzusehen. Sie müssen mit einer für das örtliche Gewässer ausreichenden Kläranlage verbunden sein, die jederzeit dann eingreift, wenn die Fischteiche ganz oder teilweise aussetzen.

Bei der Besprechung der Hilfen, die man einem Gewässer geben kann, damit es das ihm zugeführte Abwasser leichter verarbeitet, wird später erwähnt (Kapitel 6.5), dass unter gewissen Voraussetzungen jeder Wasserstau, also jeder Teich oder See, die Selbstreinigung verstärkt, weil das Wasser in großer Fläche der Luft ausgesetzt wird und weil auf der Fluss-Strecke die für die Reinigung zur Verfügung gestellte Zeit (die Fließzeit) verlängert wird. Daraus folgt, dass man Stauseen auch als selbständige biologische Abwasserreinigungsanlagen bauen kann. Sie haben sich in sehr großen und in kleinsten Verhältnissen gut bewährt. Sie können dann besonders erwünscht und wirtschaftlich sein, wenn man damit noch Forderungen der Wasserwirtschaft, des Städtebaus und der Volkserholung befriedigen kann [526, 1179]. Das Wasser kann in sehr hohem Grad gereinigt werden, sodass es reinem Flusswasser gleichwertig ist (vgl. Schönungsteiche in Kapitel 5.7.1). Es bleibt aber durch den Gehalt an Sauerstoff und Kohlensäure die Angriffslust auf Werkstoffe wie bei jeder biologischen Reinigung. Auch können die neu gebildeten Pflanzennährstoffe übermäßig Algen wachsen lassen [1133, 1332, 1350, 1371, 1530, 1732, 1768, 1901, 2041, 2230, 2275].

Gegenüber einer frei fließenden Selbstreinigungsstrecke hat das gestaute Wasser den Vorteil, dass man die gleiche Wirkung auf viel kürzerer Strecke erreicht und dass die lästigen grauen Abwasserpilze hier nicht wachsen. Allerdings können die Pilze als abgerissene Flocken aus dem Oberlauf zugeführt werden und sich als faulender Schlamm ablagern.

Voraussetzung für den Betrieb eines Stausees ist, dass sein Wasser zu keiner Zeit in Fäulnis übergeht, dass er also immer einen Sauerstoffüberschuss hat. Ein Stausee soll mit Fischen besetzt sein. Man hat so die beste Sicherheit gegen Stechmücken. Kleine Fische, z. B. Elritzen und Stichlinge, eignen sich besonders für diesen Zweck. Auch junge Enten fressen die Mückenbrut. Wegen der Fische soll der Sauerstoffgehalt des Wassers nicht unter 3 mg/l sinken. In kurzen Gefahrzeiten genügt es, wenn der Sauerstoffgehalt wenigstens an der Oberfläche oder in einem Teil des Sees ausreicht, wo die Fische ihre Ruheplätze finden. Die Flusswehre sollen für Fische durchgängig sein [576].

Die meist flachen Stauseen sind bei sehr hoher Wasserqualität (geringe Trübung) aufgrund der Sonneneinstrahlung bis auf den Gewässergrund anfällig für die Ausbildung massenhafter Makrophytenbestände, z. B. *Elodea nuttallii*, die die Freizeitnutzung der Seen erheblich beeinträchtigen. Wirksame Gegenmaßnahmen bestehen bislang nicht, auch das Abmähen der Pflanzen hilft nur bedingt, die Freizeitnutzung umfassend zu gewährleisten [2335].

Für die Reinigung von Abwasser sind natürliche oder künstlich hergestellte Feuchtgebiete geeignet [226, 343, 437, 1487, 1618, 2089, 2377]. Voraussetzung ist eine gute Entschlammung durch Mehrkammergruben, Absetzteiche oder Emscherbrunnen [2366]. Außerdem ist das Abwasser in geeigneter Weise auf die gesamte durchsickerte Feuchtfläche zu verteilen. Ein Beispiel sind die Pflanzenkläranlagen [316, 1827]. Nach DWA-A 262, 2006 [578], ist eine Fläche von etwa 5 m^2/E erforderlich. Die bepflanzten Bodenfilter müssen nach unten und an den Seiten abgedichtet sein. Sie sollen aus sandig-kiesigem Material mit Durchlässigkeitsbeiwerten von $k_f = 10^{-4}$ bis 10^{-3} m/s bestehen. Die wirksame Korngröße soll ≥ 0,2 mm bis ≤ 0,4 mm sein. Die Schichtdicke der Bodenfilter beträgt bei horizontaler und vertikaler Durchströmung ≥ 50 cm. Bei vertikal durchströmten bepflanzten Bodenfiltern muss die Filteroberfläche schwallweise beschickt werden (vergl. Kapitel 5.6.3). Regelmäßige Ruhepausen sind zweckmäßig. Ein dauerhafter Einstau des Filters ist zu vermeiden. Bei horizontal durchströmten bepflanzten Bodenfiltern haben sich Fließwege von 3 – 6 m als zweckmäßig erwiesen. Ein oberflächiger Abfluss muss wirksam verhindert werden. Die Oberfläche soll möglichst eben sein. Der Wasserspiegel soll sowohl abgesenkt als auch 10 cm über die Beetoberfläche angehoben werden können, um unerwünschten Pflanzen entgegen zu wirken. Verbreitet ist eine Bepflanzung mit Schilf, Segge, Schwertlilie oder Rohrkolben. Die Pflanzenwurzeln sollen die Wasserwegigkeit fördern. Lützner behandelt Kostenaspekte [1524], ebenso Wagner [2299]. Geller berichtet über horizontal durchflossene Pflanzenkläranlagen [894] und über Qualitätsanforderungen beim Einbau des Sickerkörpers [895]. Schmager schreiben über Bemessung, Betrieb und Leistungsfähigkeit [1998]. Die Kolmation von Pflanzenbeeten untersuchen Engelmann et al. [772] und Teschner et al. [2191].

5.6.10 Nitratverfahren

Nitrate gehören zu den Endstoffen des biologischen Abbaus von organischen stickstoffhaltigen Bestandteilen des Abwassers. Sie sind oft in gereinigtem Abwasser enthalten und können dort mehr oder weniger wertvoll sein. Wenn der nitrathaltige Abfluss der Kläranlage in den Zufluss zurückgepumpt wird, zerstört er den darin enthaltenen Schwefelwasserstoff und macht die Kläranlage geruchlos.

Nitrate können aber auch zur Abwasserreinigung verwendet werden, indem man einfach Natronsalpeter als Sauerstoffträger dem Abwasser zusetzt.

Der Natronsalpeter verhindert die stinkende Fäulnis, aber nicht wie Chlor durch Abtöten der Bakterien, sondern dadurch, dass er Sauerstoff abgibt und so einen geruchlosen Zersetzungsvorgang erzwingt. Das Nitratverfahren ist also in seiner Wirkung dasselbe wie ein mit Lüftung arbeitendes biologisches Reinigungsverfahren, nur wird der Sauerstoff nicht aus der Luft genommen, sondern aus dem im Salpeter enthaltenen Sauerstoffvorrat. Die chemischen und biologischen Vorgänge hat Buswell klargestellt [413], siehe auch Schulze [2039].

Das Nitratverfahren eignet sich besonders dazu, die biologische Abwasserreinigung in Teichen zu unterstützen und geruchlos zu halten. Man kann damit aber auch in verschmutzten Flüssen das Umschlagen in die stinkende Fäulnis verhindern. Um 1 kg Sauerstoffbedarf zu befriedigen, sind 1,8 kg Natronsalpeter ($NaNO_3$) nötig.

5.6.11 Anaerobe Abwasserreinigung

Bei jeder Art von Absetzbecken stellt sich die Faulung nach einigen Wochen von selbst ein, sobald man es unterlässt, den abgesetzten Schlamm häufig herauszunehmen. Im Schlamm beginnen dann die Faulvorgänge. Sie teilen sich dem darüber fließenden Abwasser mit und nach einigen Monaten der Reifung wirkt das Becken als ein »Abwasserfaulraum« (septic tank). Für das Abwasser ist das Faulverfahren als ein biologisches Reinigungsverfahren anzusehen, denn auch nicht absetzbare organische Schmutzstoffe werden dabei abgebaut, und zwar durch anaerobe Bakterien ohne Zutritt von Luft [1570]. Im Gegensatz zu den übrigen biologischen Reinigungsverfahren, die alle mit Lüftung arbeiten, hat das Faulverfahren den Nachteil, dass der Abfluss Schwefelwasserstoff enthält und deshalb stinkt und einen hohen unmittelbaren Sauerstoffbedarf hat.

Für städtisches Abwasser ist das Faulverfahren in Deutschland verlassen worden. Es kommt nur noch bei Kleinkläranlagen in Frage, wo seine Nachteile weniger hervortreten gegenüber dem Vorteil, dass Abwasserfaulräume leicht zu bauen und vor allem einfach zu bedienen sind. Auch in Behelfsanlagen kann das Verfahren nützlich sein, wenn es in sehr reichlich bemessenen Erdbecken angewandt wird.

Zur Verbesserung des Ablaufs wird in einigen Fällen ein Tropfkörper und Oxidationsteich nachgeschaltet. Zum Schutz der luftliebenden Tropfkörperbakterien muss dann genügend sauerstoffhaltiges Verdünnungswasser aus dem Oxidationsteich auf den Tropfkörper gepumpt werden [68, 1000].

Bei städtischen Kläranlagen hat man Abwasserfaulräume früher auf 12 bis 24 h Durchflusszeit berechnet. Bei Kleinkläranlagen nimmt man zwei bis zehn Tage (Kapitel 5.12) und bei behelfsmäßigen Erdbecken möglichst ebensoviel (Kapitel 5.15). Nach Viehl [2276] wird die volle biologische Reinigung bei städtischem Abwasser in drei Wochen erreicht.

Einzelheiten über den Bau und Betrieb sind aus dem Abschnitt über Schlammfaulung (Kapitel 5.10.7) zu entnehmen. Die Regeln über gleichmäßige und hohe Temperatur, Impfen und Mischen sind zu beachten. Wenn man aber nicht Schlamm, sondern Abwasser nach dem Faulverfahren zu behandeln hat, kommt es darauf an, das Abwasser möglichst dick zu machen, damit die Faulräume, die nach der Faulzeit berechnet werden müssen, nicht zu groß und zu teuer werden. Damit das Abwasser sofort mit dem Impfschlamm in Berührung kommt, kann man es an der Sohle einführen. Der mit dem Abfluss abgehende Schlamm wird zweckmäßig aufgefangen und wieder in den Faulraum zurückgebracht.

Man kann das Verfahren dann als ein anaerobes Belebungsverfahren betrachten. Die bakteriellen Vorgänge sind aber komplizierter als beim aeroben Prozess [1642] und es dauert Monate, bis eine Einarbeitung erreicht ist [175]. Ei-

nen Überblick über Reaktortypen und Möglichkeiten der Schlammabscheidung geben [1943, 1944, 2076].
Die Nachklärung kann in den Faulraum integriert werden, wie beim Up-Flow-Reaktor (Bild 5.58), der an den Emscherbrunnen erinnert [1477] und der zum EGSB-Reaktor (expanded granular sludge blanket) weiterentwickelt wurde [178]. Es kommt aber auch eine getrennte Nachklärung in Frage, die auch als Lamellenabscheider ausgeführt wird (Bild 5.59). Damit sich der Schlamm absetzt, wird eine Vakuumentgasung zwischengeschaltet [1418]. Das Nachbecken muss abgedeckt werden.

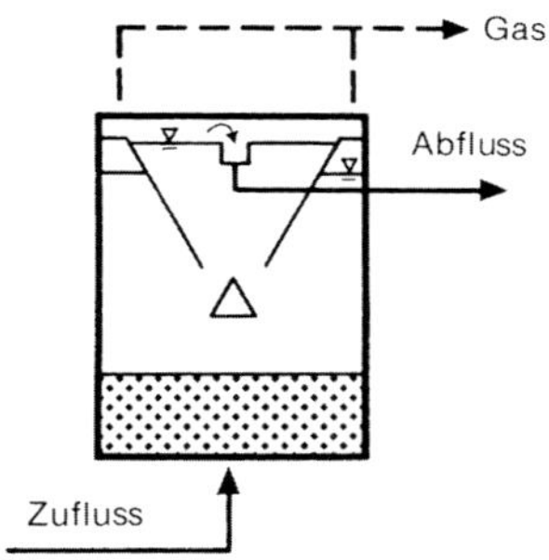

Bild 5.58: Up-Flow-Reaktor

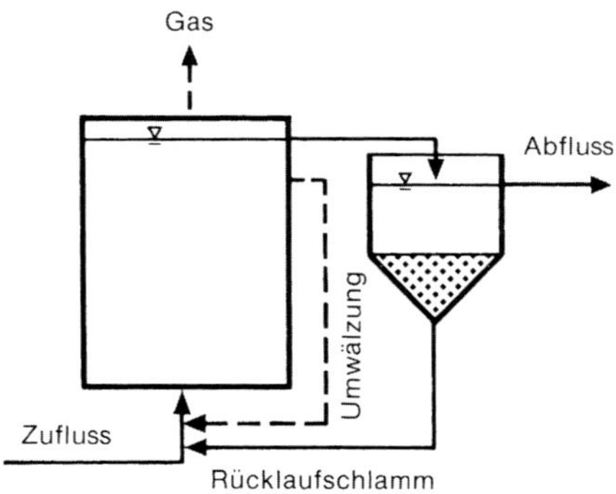

Bild 5.59: Anaerob-Reaktor mit Nachklärung

Mit diesen Verbesserungen ist das Faulverfahren für viele Arten von Industrieabwasser brauchbar [169, 174, 214, 231, 763, 887 bis 889, 992, 1033, 1259, 1397, 1398, 1792, 2079, 2126, 2168, 2337].

Beispiele sind Brennereien, Molkereien, Schlachthöfe, Strohpappenfabriken, Papierfabriken. Wenn der Feststoffgehalt größer ist als 3 %, lohnt sich manchmal das Eindampfen. Lignin und Mineralöle sind dem Faulverfahren nicht zugänglich. Der Stickstoffgehalt des Abwassers soll wenigstens 1/20 des Kohlenstoffgehalts ausmachen, sonst muss Stickstoff zugesetzt werden. Wenn das Abwasser zu flüssig ist, kann es zweckmäßig sein, Sägemehl oder Stroh zuzusetzen. Die Faulraumbelastung ist temperaturabhängig. Sie kann 1 bis 10 kg CSB/($m^3 \cdot d$) betragen. In der Regel werden vor der Bemessung Versuche durchgeführt. Der Abfluss des Faulraums kann noch biologisch nachgereinigt werden, etwa in Tropfkörpern [416] oder durch das Belebungsverfahren [282]. Die Abluft der Faulanlage wird in der aeroben Belebungsstufe desodoriert.
Wirbelschichttechnik und Festbettreaktoren kommen nicht so häufig zum Einsatz [1032, 2077]. Mit der Behandlung häuslichen Abwassers befassen sich: [1, 1570]. Einen Überblick über die Entwicklung des Verfahrens gibt van Lier [2249]. Beim Einsatz des Faulverfahrens zur Abwasserbehandlung ist zu beachten, dass im Ablauf noch erhebliche Methanmengen enthalten sein können, die im weiteren Verlauf der aeroben Nachbehandlung bzw. im Gewässer ausgestrippt werden. Da die CH_4-Emissionen mit 21 CO_2-Äquivalenten gleichzusetzen sind, ist der Klimaeffekt zu berücksichtigen.

5.7 Weitergehende Abwasserreinigung

5.7.1 Überblick

In Industrieländern erhalten Kläranlagen nach der ersten mechanischen Stufe in der Regel als zweite Stufe Belebungsbecken oder Tropfkörper. Auf diese Weise wird die Verschmutzung bedeutend verringert. Es können jedoch Fälle auftreten, in denen die Ansprüche des Gewässers eine weitergehende Reinigung des Abwassers erfordern (Kapitel 6.3). Dabei kann es darauf ankommen, den Gehalt an sauerstoffzehrenden Stoffen, an Phosphor, an Stickstoff, an Keimen oder an Mikroverunreinigungen weiter abzusenken. Nach der Abwasserverordnung vom 17.06.2004 [398] ist in Deutschland ab 10 000 EW eine Stickstoff- und Phosphor-Entfernung erforderlich. Für die praktische Anwendung kommen folgende Verfahren in Frage (Tabelle 5.24):

Tabelle 5.24: Verfahren zur weitergehenden Abwasserreinigung

weitergehende Elimination	Verfahren
der sauerstoffzehrenden Stoffe	Schönungsteiche
	Mikrosiebe
	Filtration
von Phosphor	Vorfällung
	Simultanfällung
	Nachfällung
	Flockungsfiltration
	Algenteiche
von Stickstoff	Nitrifikation und
	Denitrifikation
von Keimen	UV-Bestrahlung
	Ozonierung,
	Membranbelebung
von Mikroverunreinigungen	Aktivkohlebehandlung
	Ozonierung
	Advanced Oxidation-Verfahren

In vielfältiger Hinsicht wirken die Landbehandlung und die chemisch-physikalischen Verfahrenskombinationen.
Chemisch-physikalische Verfahrenskombinationen sind unter erheblichem apparativem Aufwand bei ständiger Wartung durch akademisch vorgebildetes Personal in der Lage, Abwasser bis zur Trinkwasserqualität zu reinigen [453, 454, 1442, 1688]. Umfassende Darstellungen bringen: [203, 258, 303, 690, 1330, 1400, 1970, 2184].
Weitergehende Abwasserreinigung ist keine Alternative für mangelnde Leistungsfähigkeit der 1. und 2. Reinigungsstufe. Es wird der Rat gegeben, zuerst die konventionellen Teile der Kläranlage und das Kanalnetz entsprechend den allgemein anerkannten Regeln der Technik auszubauen, da mit weitergehender Abwasserreinigung die Kosten progressiv ansteigen [1777, 2346].
Die zu erwartenden Ablaufwerte der verschiedenen Verfahren der weitergehenden Abwasserreinigung für Kommunalabwasser haben Hegemann et al. angegeben [1031]. Die Tabelle 5.25 ist dieser Veröffentlichung entnommen.
Die aufgeführten Werte gelten für nicht abgesetzte homogenisierte 2-Stunden-Mischproben oder qualifizierte Stichproben bei folgender Beschaffenheit der homogenisierten Mischprobe aus dem Rohabwasser ohne interne Rückbelastung durch Prozessabwässer: $BSB_5 = 200 \div 400$ mg/l, CSB = $400 \div 800$ mg/l, $N_{ges} = 40 \div 70$ mg/l, $P_{ges} = 6 \div 13$ mg/l, Abwassertemperatur ≥ 12 °C.
Die 85 %-Werte der Hauptreinigungsstufen entsprechen im Wesentlichen den Überwachungswerten. Ausgenommen hiervon sind die Werte für NH_4-N und

abfiltrierbare Stoffe. Der TOC im Kläranlagenablauf entspricht etwa einem Drittel des CSB-Wertes.

5.7.2 Weitergehende Kohlenstoffelimination

Schönungsteiche (Bild 5.60) halten die noch absetzbaren Stoffe zurück. Sie wirken als Mischbecken und biologische Räume. Bei etwa einem Tag Aufenthaltszeit und 1 bis 2 m Wassertiefe erreicht man ein Optimum, da Algen nur begrenzt wachsen. Es ist vorteilhaft, das Volumen auf mehrere hintereinander liegende Teiche aufzuteilen und das Wasser durch Überfälle zu belüften. Der Schlammanfall ist gering und erfordert eine Räumung erst nach mehreren Jahren. Durch Schönungsteiche wird die organische Restverschmutzung des Ablaufs einer nach den Vorgaben des DWA-A 131 ausgelegten Kläranlage [597] nur noch in geringem Umfang vermindert. Bei sehr hohen Aufenthaltszeiten kann es sogar zu einer Rücklösung von Nährstoffen (N und P) aus dem Sediment kommen. Dieses Phänomen tritt vor allem bei höheren Temperaturen im Sommer auf. Anlagen mit einer eher durchschnittlichen und vor allem bei höherer hydraulischer Belastung zunehmenden Belastung mit abfiltrierbaren Stoffen im Ablauf der Nachklärbecken profitieren allerdings von der zusätzlichen Reinigungswirkung der Schönungsteiche. Auf diesen Anlagen nimmt der BSB_5 um etwa 30 % ab, der CSB um etwa 20 % [1196, 1201, 1205, 2356]. Bei Aufteilung in mehrere Teiche und bei längeren Aufenthaltszeiten werden Keime vermehrt reduziert und Ammonium oxidiert [1388].

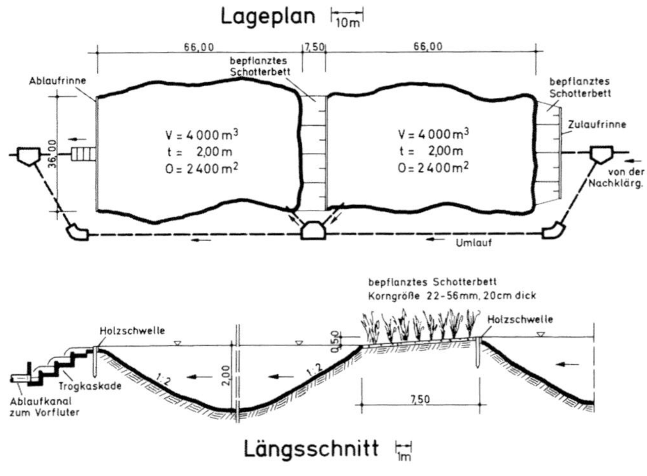

Bild 5.60: Schönungsteiche für 20 000 Einwohner

Mikrosiebe bestehen meist aus Metallgewebe mit Öffnungsweiten unter 40 µm, das auf horizontal gelagerten rotierenden Trommeln aufgespannt ist. Das zu reinigende Wasser fließt mit einem Höhenverlust von 5 bis 15 cm von innen nach außen. Während der Filtration baut sich eine Schmutzdecke auf, die durch Reinigungsdüsen fortlaufend abgespritzt wird. Das verschmutzte Spülwasser macht rd. 4 % der behandelten Wassermenge aus.

Tabelle 5.25: Leistungstabelle kommunale Abwasserreinigung

Hauptreinigungsstufe	**mittlere und [85-Perzentil] Ablaufwerte in mg/l**					
	BSB_5	**CSB [2)]**	**NH_4-N**	**N_{anorg}**	**P_{ges}**	**abf. Stoffe**
biologische Grundreinigung und Phosphorelimination[1)]	12 [15] 10 [15]	60 [75] 55 [65]			 0,8 [1,0]	10 [15] 10 [15]
biologische Grundreinigung mit Nitrifikation und Phosphorelimination[1)]	8 [10] 7 [10]	45 [55] 40 [50]	2 [5] 2 [5]		 0,8 [1,0]	10 [15] 10 [15]
biologische Grundreinigung mit Nitrifikation, Denitrifikation und Phosphorelimination[1)]	8 [10] 7 [10]	45 [55] 40 [50]	2 [5] 2 [5]	12 [18] 12 [18]	 0,8 [1,0]	10 [15] 10 [15]
zusätzliche Restreinigungsstufe	**Veränderung der Ablaufwerte um x mg/l (V: geringfügige Verbesserung möglich)**					
Schönungsteich < 2 Tage Aufenthalt[3)]	V	V	-	-	-	-2
Mikrosieb oder Tuchfilter	-1	-4	-	-	-0,1	-4
Raumfilter	-2	-8	-	-	-0,2	-7
Flockungsfiltration nach P-Elimination	-3	-10	-	-	-0,6	-7
Filtration mit Restnitrifikation[2)]	-2	-8	-1,5	-	-0,2	-6
Filtration mit Restdenitrifikation[2)]	-2	-6	-	-5	-0,1	-4

[1)] Bei alleiniger Bio-P-Elimination ist keine wesentliche Verbesserung für BSB_5 und CSB zu erwarten.
[2)] Bei hohen Anteilen biologisch schwer abbaubarer Stoffe sind höhere Werte möglich.
[3)] Bei Aufenthaltszeit > 2 Tage ist mit Algenwachstum zu rechnen.

Es wird in den Zulauf der Nachklärung zurückgeführt. Eine hydraulische Belastung des Gewebes von 15 $m^3/(m^2 \cdot h)$ kann als Richtgröße angenommen werden. Die Entnahme der suspendierten Stoffe beträgt im Mittel 50 %. Die BSB_5-Reduktion hängt vom Sauerstoffbedarf der suspendierten Stoffe und damit von der Schlammbelastung der vorgeschalteten biologischen Stufe ab. Weitere Einzelheiten und Literaturhinweise siehe: [156]. Umfassende Untersuchungen machte Roth [1920]. Grabbe vergleicht Mikrosiebung und Tuchfiltration [923].

Filter werden vorwiegend aus Sand mit 1 bis 3 mm Korngröße aufgebaut. Die Betthöhe liegt zwischen 0,5 – 2 m. Die Wasserströmung kann abwärts oder aufwärts gerichtet sein. Sie beträgt 5 bis 10 m/h. Um auch tiefere Filterbereiche

für die Speicherung der suspendierten Stoffe zu nutzen, wurden Mehrschichtfilter entwickelt. In diesem Falle wird neben Sand Anthrazit eingesetzt. Das grobkörnige Material wird zuerst durchströmt, anschließend das feinkörnige. Abwasserfilter werden meist in offener Weise gebaut mit einer maximalen Überstauhöhe von 1 – 2 m.
Mit den Feststoffen bleiben in den Poren des Filtermaterials auch Mikroorganismen zurück. Um die Filterkörner bildet sich ein schleimartiger Bewuchs aus Bakterien. Filter müssen deshalb täglich durch Rückspülen sehr wirksam gereinigt werden. Die Spülwassermenge beträgt 3 – 6 % der filtrierten Wassermenge, die Spülgeschwindigkeit rd. 100 m/h. Außerdem kommt Druckluft mit Geschwindigkeiten bis 100 m/h zum Einsatz. Beim Spülvorgang expandiert das Filterbett um rd. 20 %. Aufgrund seiner Eigenschaften im Fließbett muss sich das Filtermaterial selbsttätig in der gewünschten Folge wieder einschichten. Gewöhnlich ist eine Speicherung des Spülwassers vor und nach dem Spülvorgang erforderlich. Um den Durchsatz zu halten und den beträchtlichen Aufwand für die Rückspülung zu begrenzen, wird die Filterfläche auf mehrere Einheiten aufgeteilt. Es gibt auch Ausführungsformen, bei denen ständig ein Teil des Filterbettes gereinigt wird. Filter vermindern den BSB_5 des Ablaufs der Nachbecken um rd. 50 %. Die Leistung liegt höher als bei Mikrosieben [1217]. Weitere Einzelheiten und Literaturhinweise: [83, 157, 158, 198, 598, 699, 830, 910, 1257, 1381, 1405, 1951, 1994, 2036].
Bei geeigneten Gelände- und Untergrundverhältnissen erhält auch in Industrieländern die Landbehandlung des zuvor biologisch gereinigten Abwassers eine neue Bedeutung. Die in Kapitel 5.6.1 beschriebenen Möglichkeiten können sinngemäß angewendet werden.
Ein hervorragendes Beispiel ist die seit Jahrzehnten von den Ruhrwasserwerken praktizierte künstliche Grundwasseranreicherung [1367, 2010]. Dabei wird Flusswasser mit einer Geschwindigkeit von 1,5 m/d durch eine Schicht von 50 cm Mittel- bis Grobsand in die Kiesschotter des Tales versickert und nach einem Filterweg von rd. 50 m wieder gesammelt. Tabelle 5.26 zeigt die Wirkung der Untergrundpassage in Essen aufgrund der Mittelwerte des Jahres 1975:

Tabelle 5.26: Wirkung der Untergrundpassage

Parameter (mg/l)	Ruhrwasser	Filtrat
BSB_5	5,8	–
CSB	16	3,4
NH_4	0,87	0,01
NO_3	16	17
PO_4	1,56	0,81

Eine Abnahme der Leistungsfähigkeit ist über Jahrzehnte nicht eingetreten. Nach einer Laufzeit von ein bis drei Monaten müssen die Versickerungsbecken regelmäßig entschlammt werden.
Grau hat Labor- und Feldversuche durchgeführt und ausgewertet [927]. Israelische Erfahrungen beschreibt Idelovitch [1111].

5.7.3 Weitergehende Phosphorelimination

Phosphor wird durch biologische Verfahren nur zu 30 % zurückgehalten. Bringt man den Faulschlamm und das Trübwasser aufs Land, kann die Wirkung gesteigert werden. Zum Ausfällen der Phosphate wird Eisenchlorid, Aluminiumsulfat und Kalk verwendet [1462, 1977]. Pöpel entwickelte Beziehungen, die eine Berechnung der Phosphatfällung auf Grund der wichtigsten Betriebsgrößen gestattet [1821]. Einen guten Überblick geben [117, 133, 159, 1030, 2078, 2227].
Die Fällung kann »simultan« in Belebungsbecken und Nachklärung erfolgen oder in einer dritten nachgeschalteten Stufe. Bei der Simultanfällung wird dem Ablauf der Vorklärung wassermengenabhängig das Fällungsmittel zugegeben. Eine Konzentration von 10 mg Fe/l in Form von $FeCl_3$ hat sich in der Schweiz bewährt. In Deutschland rechnet man 2,7 g Fe je 1 g P. Eine pH-Korrektur ist nicht erforderlich. Die im Belüftungsbecken gebildeten Eisenphosphatflocken setzen sich im Nachbecken mit ab. Sie werden im Kreislauf dem Belüftungsbecken wieder zugegeben. Phosphat wird zu 90 % zurückgehalten. Eine verstärkte Phosphorabgabe durch das Trübwasser der Faulräume wurde nicht beobachtet [1230 bis 1232]. Der Schlammanfall nahm volumenmäßig nicht zu [2203, 2204]. Die Kosten betragen etwa 0,10 €/m^3. Die Schlammtrockensubstanz steigt um etwa 15 %. Die Absetzeigenschaften des Schlammes werden verbessert. Bei großen Anlagen ist die Fällmittelzugabe in Abhängigkeit von der Phosphorkonzentration wirtschaftlich [696]. Das ATV-DVWK-M 206 [107] empfiehlt, das Fällmittel in den Ablauf des Belebungsbeckens zu geben und den Phosphatgehalt im Zulauf der Nachklärung zu messen.
Die Nachfällung erreicht eine höhere Wirkung. Sie erfordert aber auch erheblich mehr Aufwand [297, 298, 1072, 1250, 2336].
Die Kombination von Simultanfällung und Flockungsfiltration untersuchte Firk [832]. Die meisten Erfahrungen mit der Flockungsfiltration liegen in der Schweiz vor [1257]. Hibbeln und Mitarbeiter kommen in ihrer Ökobilanz zu dem Ergebnis, dass die Entnahme von 1 kg Phosphor durch nachgeschaltete Flockungsfiltration die Freisetzung von 46 kg CO_2 bewirkt [1058]. Man hat daher abzuwägen, welcher Aufwand im Gewässerschutz noch sinnvoll ist.
Belebter Schlamm, der eine Zeit lang ohne elementaren Sauerstoff gerührt worden ist, nimmt in der anschließenden aeroben Phase eine erhöhte Phos-

phormenge auf (luxury uptake). Wenn es gelingt, den Schlamm aerob zu halten, kann Phosphor auf biologischem Weg zusätzlich beseitigt werden [201, 202, 204, 205, 205, 1734, 2070, 2071, 2206, 2343].
Die biologische Phosphorelimination gelingt besonders bei konzentriertem häuslichem Abwasser, das in großen Kanalnetzen warm anfällt und auf dem Fließweg bis zur Kläranlage schon eine Versäuerung erfährt. Das Vorhandensein organischer Säuren ist die wichtigste Voraussetzung für das Wachstum der Bakterien, die nach anaerobem Stress in der folgenden aeroben Phase Phosphor speichern. Die anaerobe Reaktionszeit kann mit 0,5 bis 1 h angesetzt werden. Das Belebtschlamm-/Abwassergemisch wird dann nur umgerührt, um Ablagerungen zu vermeiden. Die Rührleistung soll etwa 2 bis 5 W/m^3 betragen. Zwar kommt es bei der anaeroben Schlammstabilisierung zu einer Rücklösung des biologisch gespeicherten Phosphats, simultan ablaufende chemisch-physikalische Refixierungsvorgänge unter Beteiligung von Zeolithen (aus Waschmitteln) verhindern aber eine für den Prozess kritische Rückbelastung. Der Schlamm-Mehranfall bei der erhöhten biologischen Phosphorelimination beträgt etwa 3 g TS/g Bio-P [11, 268, 306, 1039, 1231, 1275, 1429, 1790, 1802, 1967 bis 1969, 2080, 2081, 2177, 2180, 2374]. Eine kombinierte biologische und chemische Phosphorelimination ist möglich [765, 2244].
Jedes Ernten und Beseitigen der Wasserpflanzen ist eine ergänzende Arbeit zur vollen Reinigung des Abwassers. Seidel empfiehlt den planmäßigen Anbau der Flechtbinse. Auch Fischzucht und Fischfang wirken im erwünschten Sinne.

5.7.4 Weitergehende Stickstoffelimination

Mit biologischen Anlagen ohne Nitrifikation werden 30 – 50 % des Stickstoffgehaltes entfernt. Eine weitergehende Stickstoffbeseitigung gelingt, wenn bei geringer Schlammbelastung zuerst möglichst viel Nitrate gebildet werden [2354] und das Wasser anschließend mit Abwasser gemischt und sauerstoffarm gehalten wird. Fakultativ anaerobe Bakterien spalten dann Sauerstoff aus den Nitraten ab, sodass Stickstoff als Gas entweicht [200, 206, 340, 764, 1093, 1294, 1646, 1764, 1801, 1823, 1824, 2383]. Bei schwach gepufferten Abwässern wird die Nitrifikation durch Vorfällung mit Kalk und zweiwertigen Eisensalzen erleichtert [941]. In schwach belasteten Belebungsanlagen mit Wasserkreislauf kann in verschiedenen Bereichen einer Stufe simultan (Bild 5.57a) nitrifiziert und denitrifiziert werden [761, 779, 1312, 1369]. Es ist auch möglich, die Belüftung im Aussetzerbetrieb zu fahren und auf diese Weise gezielt intermittierend zu nitrifizieren und zu denitrifizieren (Bild 5.61b). Eine andere Betriebsweise benutzt bei zwei parallel angeordneten Belebungsbecken jeweils eines zur Nitrifikation und das andere zur Denitrifikation [190].

Von der Reaktionsgeschwindigkeit her (Bild 5.42) ist die vorgeschaltete Denitrifikation günstig (Bild 5.61c). Das bedingt aber, dass man aus dem Nitrifikationsbecken das Mehrfache des Zulaufs zurückpumpt, um genug Nitrat für die Denitrifikation zu erhalten [1070]. Fischer beschreibt, wie man die ohnehin erforderlichen Rührer an der Beckensohle auch als Rücklaufpumpen für den nitrathaltigen Beckenablauf einsetzen kann [839].
Der hydraulische Aufwand wird geringer, wenn man in hintereinander geschalteten Kaskaden nitrifiziert und denitrifiziert und die Abwässer verteilt zuleitet (Bild 5.57d) [903, 1980]. Eine besonders weitgehende Stickstoffelimination erreicht man durch nachgeschaltete Denitrifikation. Hierzu muss Kohlenstoff zudosiert werden. Aus Kostengründen kommt häufig Methanol (CH_3OH) zum Einsatz. Man rechnet 3 bis 3,5 kg Methanol je kg Nitrat-Stickstoff. Das Methanol wird z. B. in den Zulauf der Sandschnellfilter der letzten Behandlungsstufe eingemischt [747]. Auch industrielle organische Reststoffe, z. B. Abwässer aus der Wein- bzw. Bierverarbeitung, oder Melasse eignen sich als externe Kohlenstoffquelle, sofern keine die biologische Abwasserreinigung störenden Stoffe im Produkt enthalten sind [1234]. Baumann et al. behandeln die zweckmäßige Kohlenstoffdosierung [216]. Pöpel wägt ab, ob mit oder ohne externe Substrate gearbeitet werden soll [1830]. Kroiss gibt Anleitung zur Aufstellung einer Stickstoff-Massenbilanz [1402].
Die Wechselwirkungen zwischen Stickstoff- und Phosphorelimination wurden untersucht durch: [269, 1290, 1705]. Wichern vergleicht Bemessung und Nachrechnung von Belebungsanlagen verschiedener Verfahrensweisen [2340].
Für Regeleingriffe in den Prozess von Anlagen mit Nitrifikation und Denitrifikation sowie Phosphorelimination bieten sich in erster Linie die Parameter Ammonium, Nitrat und Phosphat an. Für bestimmte Aufgaben sind auch indirekte Parameter wie das Redox-Potenzial, die kontinuierliche Sauerstoff-Verbrauchsmessung sowie der Schreiber O_2-Minimator verwendbar [63, 215, 217, 1103, 1104, 1291, 1357, 1515, 2165]
Grünebaum weist darauf hin, dass der Gesamtschlammanfall bei weitergehender Abwasserreinigung (einschließlich Flockungsfiltration) um 20 % zunehmen kann. Gleichzeitig sinkt der organische Anteil auf etwa 52 % [942].
Die Bemessung von Belebungsanlagen zur weitergehenden Stickstoffelimination erfolgt unter Verwendung des DWA-Arbeitsblattes A 131 [597] (Kapitel 5.8.1).

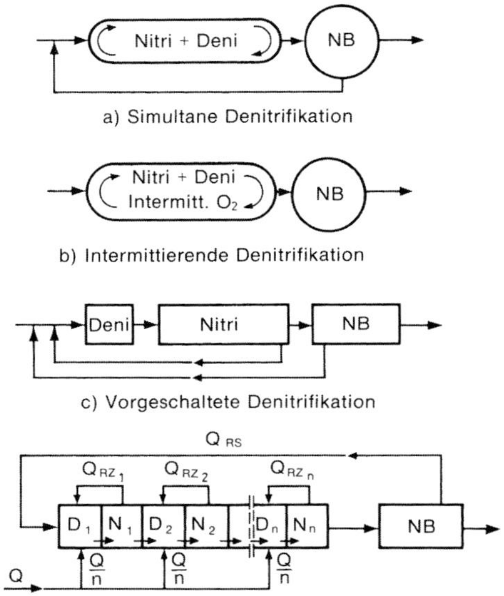

a) Simultane Denitrifikation

b) Intermittierende Denitrifikation

c) Vorgeschaltete Denitrifikation

d) Kaskaden-Denitrifikation

Bild 5.61: Betriebsweisen von Belebungsanlagen zur Stickstoffentfernung

5.7.5 Chlor, Entkeimung

Es gibt kein Mittel, das in der Abwasserreinigung zu so vielen Zwecken mit Erfolg angewandt wurde wie das Chlor. Man kann damit rohes oder gereinigtes Abwasser entkeimen, die Klärwirkung verbessern, die Entölung verbessern, Geruch von Abwasser und Schlamm bekämpfen, Pilze, Schlamm und Mückenlarven von Tropfkörpern beseitigen, belebten Schlamm eindicken und Flusswasser, Badeplätze und Wasserwerke gegen Seuchengefahr sichern [948].

Die Wirkung des Chlors beruht hauptsächlich auf Oxidation und auf Abtötung von pflanzlichem und tierischem Leben. Man bezieht es entweder flüssig in Stahlflaschen oder Behälterwagen oder als Chlorkalk oder unterchlorige Säure. Die nötigen Zugaben sind: Zur Entseuchung von Abwasser 10 bis 30 g/m^3, zur Bindung von Geruch 4 g/m^3 (als Vorchlorung), zur Entseuchung von biologisch gereinigtem Abwasser 2 g/m^3, von Flusswasser 1 g/m^3 und bei reinem Wasser 0,1 bis 0,5 g/m^3. Die Entseuchung gilt als gesichert, wenn nach 15 min Zeit noch ein geringer Chlorüberschuss vorhanden ist. Zur Zerstörung einer Pilzschicht auf Tropfkörpern nimmt man bis zu 50 g/m^3, aber nur für kurze Zeit. Im Notfall können die Geräte in wenigen Tagen auf einem Klärwerk aufgestellt werden.

Wenn es sich nur um die Bindung von Schwefelwasserstoff im Abwasser oder in Faulraumabflüssen handelt (zum Schutz gegen Geruch oder gegen die Anfressung von Beton), wird statt Chlor auch Eisen-II-Chlorid zugesetzt, wobei der Schwefel an Eisen als Schwefeleisen gebunden wird.
Chlor bildet mit den organischen Abwasserinhaltsstoffen chlorierte Verbindungen, die als hygienisch bedenklich gelten. Der Wert der Chlorung wird daher in neuerer Zeit zurückhaltender beurteilt [212, 1854]. Die Chlorung kann aber zeitweise als Notmaßnahme eingesetzt werden.
Als umweltfreundliches Entkeimungsverfahren kommen die Ozonierung oder die ultraviolette (UV) Bestrahlung in Frage. Bei beiden Verfahren wird die Bildung von chlororganischen Verbindungen vermieden. Aus gewässerbiologischen Gründen und zum Schutz der Trinkwassergewinnung aus Oberflächenwasser sind diese Verfahren der Chlorung vorzuziehen [1832, 1994, 1995]. Großtechnisch hat sich bislang die UV-Bestrahlung durchgesetzt, da bei der Ozonierung mit deutlich höheren Kosten von 0,05 bis 0,2 €/m^3 zu rechnen ist. In den USA, wo früher der Ablauf sehr vieler Kläranlagen gechlort wurde, hat man herausgefunden, dass in gefilterten biologischen Abläufen die Chlorung und die UV-Bestrahlung in ihrer Wirkung gleichwertig sind [1728]. Auch in den USA wird deshalb in neueren Anlagen die UV-Bestrahlung eingerichtet [1540].
Es kommen in der Regel UV-Strahlen der Wellenlänge 254 nm zum Einsatz. Diese lassen sich mit Quecksilberdampf-Niederdrucklampen erzeugen. Egberts et al. beschreiben verschiedene UV-Bestrahlungsanordnungen [744]. Keime, die in Feststoff-Flocken eingebettet sind, können mit der UV-Bestrahlung nicht erreicht werden. Deswegen wird vorher eine Sandfiltration meist empfohlen. Bei niedrigen Gehalten an abfiltrierbaren Stoffen im Ablauf der Nachklärung (< 10 – 15 mg/l) kann eine ausreichende Hygienisierung auch ohne vorherige Filtration erfolgen, allerdings sind in diesem Fall höhere UV-Dosen notwendig [2308]. Der Energieaufwand beträgt weniger als 50 Wh/m^3. Die Beläge auf den Quarzschutzrohren müssen entfernt werden. Die Kosten der UV-Entkeimung betragen etwa 0,025 bis 0,05 €/m^3 [567, 2208]. Die Entkeimung von Kläranlagenabläufen wird vorwiegend zum Schutz von Badegewässern eingesetzt. In Deutschland wurden zur Verbesserung der hygienischen Situation in der Isar mehrere Kläranlagen mit UV-Desinfektionsanlagen ausgerüstet [1996]. Bei der Beurteilung der Wirksamkeit im Hinblick auf die hygienische Gewässerbeschaffenheit sind auch die Einträge aus Mischwasserentlastungen und sonstigen diffusen Quellen, beispielsweise der Landwirtschaft, zu beachten. Es kann auch Wiederverkeimung eintreten [1580].
Auch die Ultrafiltration kann in Betracht gezogen werden. Sie erreicht einen weitestgehenden Rückhalt von Bakterien und Feststoffen. Das zu behandelnde Abwasser strömt infolge von Überdruck oder Unterdruck durch eine Membrane. Für die Abwasserdesinfektion, das heißt die Erreichung von Badewasserquali-

tät, ist eine Porenweite von 0,2 μm ausreichend. Die Membranfiltration kann in das Belebungsverfahren integriert werden und wird in Kapitel 5.6.8.2 weiter beschrieben.
Nach Untersuchungen von Primavesi werden Viren und pathogene Keime durch Flockung und Chlorung der Trinkwasseraufbereitung aus dem Oberflächenwasser beseitigt. Besonders gut wirkt die Untergrundversickerung [1840].

5.7.6 Elimination von Mikroverunreinigungen

Mikroverunreinigungen (Mikroschadstoffe, Spurenstoffe) sind gelöste Wasser- bzw. Abwasserinhaltsstoffe, die in Konzentrationen < 1 mg/l – oftmals auch im unteren Mikro- oder im Nanogramm-Bereich – vorkommen (s. Kapitel 5.1.2.9). Üblicherweise werden hierunter organische, synthetische Stoffe gefasst. Es handelt sich um verschiedene Stoffgruppen wie Human- und Veterinärpharmaka, Körperpflegemittel und Kosmetika, Haushalts- und Industriechemikalien, Additive von Lebensmitteln und Baustoffen, Pflanzenbehandlungs- und Schädlingsbekämpfungsmittel. Auch sind deren Transformationsprodukte und Rückstände nach Gebrauch oder vielfältigen Umsetzungsprozessen in technischen Prozessen oder in der Umwelt unter diesem Begriff subsumiert. Der Eintragspfad in die Gewässer ist überwiegend stoffspezifisch: So gelangen Humanpharmaka und Kosmetika bzw. deren Transformationsprodukte, Haushaltschemikalien und Additive von Baustoffen zumeist über den Pfad des kommunalen Abwassers in den Wasserkreislauf – Pflanzenbehandlungs- und Schädlingsbekämpfungsmittel sowie Veterinärpharmaka hingegen vorwiegend über diffuse Quellen. Mikroverunreinigungen werden durch Wasser, Luft, Menschen, Tiere und Güter weltweit verbreitet. Sie sind ubiquitär, ihr Nachweis in den verschiedenen Kompartimenten eher eine Frage der Bestimmungsgrenzen der chemischen Analytik als des tatsächlichen Vorkommens [1393]. So finden sich Rückstände weltweit sowohl im Wasserkreislauf als auch in der Luft, im Boden, in Biota, in Nahrungsmitteln, in Kleidung und in vielen Roh- und Endprodukten des täglichen Lebens.
Die Stoffe, die als Mikroverunreinigungen im Wasserkreislauf detektiert werden, sind vielfach unverzichtbar für die menschliche Gesundheit, die Ansprüche einer modernen Zivilgesellschaft an Versorgung und Lebensqualität sowie viele technische Prozesse und Produkte. Aufgrund ihrer potenziell oder latent negativen Wirkungen sind sie allerdings generell hinsichtlich ihrer Exposition auf Menschen und Umwelt zu minimieren.
Im Sinne einer nachhaltigen und effizienten Lösung sollten Strategien zur Minimierung von Mikroverunreinigungen im Wasserkreislauf an der Quelle ansetzen – also bei der Produktion bzw. dem bestimmungsgemäßen Gebrauch. Hier gibt es zahlreiche Ansätze, die z. B. zur Bewusstseinsbildung beim Umgang mit

Arzneimitteln beitragen sollen [1306, 1493, 1494]. Dies ist ein Bestandteil der Strategien zum Umgang mit Mikroverunreinigungen, wie sie aktuell entwickelt werden [694, 835, 876, 914, 1063, 1214, 1252, 1531, 1894, 2291].
Stoffflussanalysen zur Bestimmung von Eintragspfaden und Belastungen sowie zur Abschätzung der Wirksamkeit von Handlungsoptionen erscheinen als ein sinnvoller Weg zur Identifikation von effizienten Maßnahmen. Dies können relativ überschaubare Bilanzierungsmodelle für bestimmte Bezugsabflüsse sein [250], vorzugsweise werden GIS-gestützte Modelle genutzt, die die Emission und das Umweltverhalten beschreiben [1322]. Die hierüber abgeleiteten PEC-Werte (Predicted Environmental Concentration: erwartete lokale Umweltkonzentration) sind auch von dem gewählten Bezugsabfluss abhängig (z. B. MQ, MNQ, Q183) [1361]. Letztlich ist immer eine geschlossene Stoffbilanzierung für das Einzugsgebiet anzustreben, aus der auch Quellen und Senken (Aufkommen und Verbleib) sowie die Exposition von Umwelt und Menschen gegenüber Mikroverunreinigungen und ihren Umsetzungsprodukten deutlich werden.
Die human- und ökotoxische Wirkung von Mikroverunreinigungen sind die entscheidenden Kriterien zur Bewertung der Belastungen. Allerdings darf nicht außer Acht gelassen werden, dass daneben auch grundsätzliche Vorgaben und Ansprüche von Bedeutung sind. Hierzu gehören Vorsorge-, Besorgnis- und Nachhaltigkeitsaspekte, allgemeine Ansprüche an die Reinheit des Wassers sowie ästhetisches Empfinden der Trinkwasserkonsumenten und Wassernutzer.
Humantoxikologisch sind die Anforderungen an das Trinkwasser über Leitwerte (LW), Gesundheitliche Orientierungswerte (GOW) und Zielwerte für viele bewertete aber auch nicht bewertete Mikroverunreinigungen vorgegeben [2232]. Die GOW sind abhängig von der Bewertung der Einzelstoffe über Biotests und der jeweiligen Datendichte. So sind GOW als Vorsorgewerte für lebenslangen Konsum zwischen 0,01 und 3 μg/l üblich. Für (noch) nicht bewertete Stoffe gilt ein GOW von 0,1 μg/l [1110], bei einem möglichen gentoxischen Potenzial 0,01 μg/l. Hinzu kommen Maßnahmenwerte (MW) und vorsorgliche Maßnahmenwerte (VMW), die insbesondere den wasserwirtschaftlichen Vollzug unterstützen sollen. Ziel ist die Verfügbarkeit normativer Werte in einem gefährdungsbasierten Risikomanagement für anthropogene Spurenstoffe zur Sicherung der Trinkwasserversorgung [938]. Nicht außer Acht gelassen werden darf, dass Anforderungen an Trinkwasser in der Regel im Sinne des Multibarrierenprinzips direkt auf die Konzentrationen im Rohwasser – also vielfach im Oberflächengewässer – übertragen werden, obwohl die Trinkwasseraufbereitung eine weitere gezielte Elimination sicherstellt.
Ökotoxikologisch bedingte Anforderungen ergeben sich in erster Linie aus Vorgaben im Bewirtschaftungsplan zur Umsetzung der Europäischen Wasserrahmenrichtlinie (EG-WRRL) im zweiten Bewirtschaftungszyklus 2016 bis 2021. Hierbei gelten Umweltqualitätsnormen (UQN) von Flussgebietsspezifischen

Schadstoffen als unterstützende Größen zur Bestimmung des „ökologischen Zustands" eines Gewässers [1853]. Inwieweit Überschreitungen der UQN ursächlich für die Nichterreichung des „guten ökologischen Zustands", gemessen an den biologischen Qualitätskomponenten, sind, gilt aber weiterhin als unklar – unabhängig von nachweisbaren Veränderungen einzelner Organismengruppen unter Einfluss von Mikroverunreinigungen in entsprechenden Konzentrationen.

Die kommunale Abwasserbehandlung nimmt in der Diskussion um Mikroverunreinigungen eine wichtige Rolle ein. Sie wird dabei sowohl als Mitverursacher als auch als mögliche Teillösung des Problems in einer breiteren Handlungsstrategie angesehen. Die Notwendigkeit und Sinnhaftigkeit der weitergehenden Elimination von Mikroverunreinigungen aus kommunalem Abwasser als sogenannte „Vierte Reinigungsstufe" müssen an ihrem Beitrag zur Verbesserung der stofflichen Gewässersituation gemessen werden. Dabei ist das direkte Umfeld der Einleitung als auch das unterliegende gesamte Gewässersystem in Betracht zu ziehen. In diesem Zusammenhang sollte auch diskutiert werden, inwieweit ein Betrieb einer „Vierten Reinigungsstufe" auf Zeiten mit kritischen Gewässerzuständen beschränkt bleiben könnte. Diese ergeben sich z. B. aus einem geringen Abfluss im Gewässer und bei niedrigem Mischungsverhältnis an der Einleitungsstelle oder aus temporären Gewässernutzungen (z. B. Baden, Freizeit und Erholung).

Mikroverunreinigungen im Abwasser liegen in einem komplexen Stoffsystem vor und werden wie sämtliche Abwasserinhaltsstoffe aufgrund ihrer stoffspezifischen Eigenschaften, der vorliegenden Konzentrationen und den Bedingungen bei der konventionellen Behandlung aus dem Abwasser eliminiert bzw. in andere Stoffe umgesetzt [582]. Einflussgrößen sind vor allem: Temperatur, pH-Wert, Milieubedingungen (anaerob, anoxisch, aerob), vorhandene Biomasse für den biologischen Abbau („Spezialisten"), Konzentration übriger Stoffe als Hintergrundmatrix. Bevorzugter Schritt der Umsetzung ist der biologische Abbau in der Belebungsstufe bzw. bei den sonstigen biologischen Verfahren. Nicht zu unterschätzen ist für viele gelöste Stoffe die Adsorption an suspendierte Stoffe, die zu einer Entfernung mit dem Primärschlamm in der mechanischen Stufe oder auch mit dem belebten Schlamm in der Nachklärung bzw. den Stufen zur weitergehenden Suspensaentfernung führt. Bei der konventionellen Verfahrenstechnik der kommunalen Abwasserbehandlung sind folgende Stoffeigenschaften für eine Elimination in der Kläranlage günstig:

- weitgehende biologische Abbaubarkeit,
- gute Adsorption an Suspensa,
- geringe Polarität,
- hydrophobe Eigenschaften.

Generell wirken sich folgende verfahrenstechnische Bedingungen positiv auf die Elimination von Spurenstoffen aus:

- hohes Schlammalter in der biologischen Stufe mit „spezialisierter“ Belebtschlammbiozönose für den biologischen Abbau und hohe Temperatur,
- Konzentrationsgradient in der biologischen Stufe durch Kaskadierung und geringe Kreislauf- und Rücklaufschlammführung zur Unterstützung des biologischen Abbaus,
- weitgehende Suspensaentfernung zur Entfernung adsorptiv gebundener Stoffe,
- chemische Oxidation oder Adsorption in einem der biologischen Kläranlage nachgeschalteten Verfahrensschritt.

Grundsätzlich sind neben Ozon auch andere Oxidationsmittel wie Wasserstoffperoxid oder die Kombination mit der UV-Bestrahlung einsetzbar. Sie sind allerdings in der Praxis kommunaler Kläranlagen noch nicht anwendungsreif. Von Vorteil ist, dass mit den Oxidationsverfahren auch eine zumindest teilweise Desinfektion erreicht werden kann. Diese sollte aber wegen der hohen Zehrung im Abwasser nicht überbewertet werden [947]. Nachteilig ist, dass mit der Oxidation Transformationsprodukte entstehen können, die vielfach unbekannt sind und deren Bedeutung für die Gewässer und die Gewässernutzungen (insbesondere die Trinkwassergewinnung) derzeit nur unzureichend bewertbar ist. Aus diesem Grund wird die Nachschaltung einer biologischen Stufe (z. B. Biofilter oder Schönungsteiche) empfohlen [582].

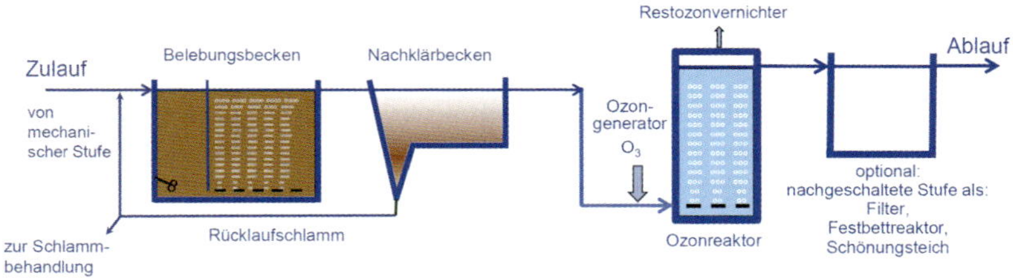

Bild 5.62: Verfahrensschema einer nachgeschalteten Ozonung [946]

Adsorption an Aktivkohle

Der Einsatz von Aktivkohle kann als nachgeschaltete Kornfiltration oder als Pulverkohlezugabe (PAK) mit nachfolgender Flüssig/Fest-Trennung erfolgen [52, 1358]. In beiden Fällen ist es angezeigt, vorab bereits eine möglichst weitgehende Entfernung organischer Inhaltsstoffe sicherzustellen, um eine frühe Belegung der Aktivkohle (konkurrierende Adsorption) zu vermeiden. Auch sollte die Suspensaentnahme in den vorgeschalteten Stufen möglichst weitgehend sein. Das Verfahren bietet sich also ebenfalls als nachgeschaltete Stufe nach der mechanisch-biologischen Behandlung bzw. nach einer Oxidationsstufe an [446]. Neuere Verfahrensvarianten des Pulveraktivkohleeinsatzes sehen eine Dosierung in den Ablauf der Nachklärung mit zusätzlicher Sedimentations- und Filtrationsstufe vor („Baden-Württemberg-Verfahren“ [259, 1598]. Ziel ist die Verbesserung der Beladung der Aktivkohle durch Anordnung der Dosierung nach dem biologischen Prozess und Mehrfachbeladung durch Einsatz in gestaffelten Konzentrationsbereichen [1694]. Bild 5.63 zeigt die möglichen Verfahren. Beim „Baden-Württemberg-Verfahren“ wird ein zusätzlicher Schlammkreislauf zur biologischen Stufe eingerichtet, um die Mehrfachbeladung zu erhöhen. Die Aktivkohle wird dadurch bis auf etwa 4 g/l (gemessen als Trockenrückstand) im Flockungsbecken aufkonzentriert. Alternativ ist auch der Betrieb ohne Sedimentationsbecken möglich. Dabei ist auf eine effiziente Abscheidung der Pulveraktivkohle in der Flockungsfiltration zu achten. In ähnlicher Weise kann auch der Filter als Aktivkohlefilter mit granulierter Aktivkohle (GAK) betrieben werden, so dass die PAK-Dosierung vollständig entfällt [1686].

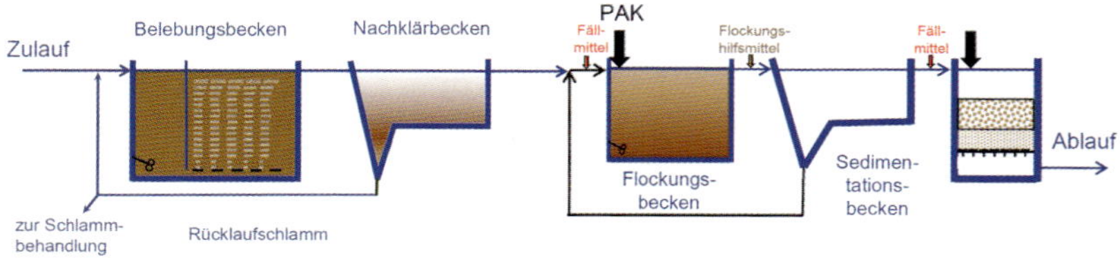

Bild 5.63: Verfahrensschema einer nachgeschalteten Aktivkohlebehandlung [946]

Eine ähnliche Zielsetzung der Mehrfachbeladung hat das Verfahren der „Dynamischen Rezirkulation“, welches noch stärker in den Bestand vorhandener kommunaler Kläranlagen integriert ist und keiner nachgeschalteter Verfahrensstufen bedarf [804] (Bild 5.64). Hiermit sind sowohl eine Ozon- als auch eine Pulveraktivkohle-Dosierung möglich – ggf. auch in Kombination. Kennzeichnend ist die Zugabe in einen Rezirkulationsstrom vom Ablauf der Nachklärung in das Belebungsbecken. Dieser Strom wird so gesteuert, dass die Nachklärung konstant mit dem Mischwasserzufluss beschickt wird. Durch die Dosierung in den Rezirkulationsstrom werden Ozon bzw. PAK gezielt für die nach der biologischen Reinigung noch verbliebenen Restkonzentrationen eingesetzt. Die Entnahme der PAK erfolgt mit dem Überschussschlamm. Durch die Rückführung in das Belebungsbecken mit einer höheren Konzentration als im Ablauf bzw. Rezirkulationsstrom kommt es zu einer zusätzlichen Beladung der PAK. Das Restozon wird ggf. im aeroben Teil des Belebungsbeckens gezehrt. Hier werden auch mögliche Transformationsprodukte simultan umgesetzt. Großtechnische Betriebserfahrungen zeigen, dass die Absetzwirkung der Nachklärung durch die konstante Beschickung (bei PAK-Dosierung zusätzlich durch die Beschwerung des Belebtschlamms) verbessert wird. Der Wirkungsgrad ist (ähnlich wie bei der vorgeschalteten Denitrifikation) durch die Rückführung des Abwassers begrenzt [1311].

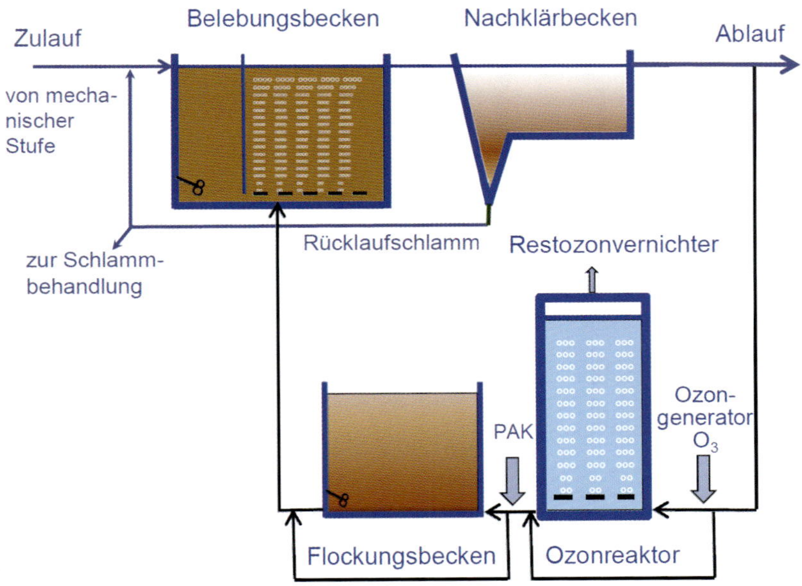

Bild 5.64: Verfahrensschema der „Dynamischen Rezirkulation" [946]

Eine alleinige UV-Bestrahlung oder Membranfiltration (außer Umkehrosmose) bewirkt als nachgeschaltete Stufe keine signifikante Elimination der Spurenstoffe. Beim Membranverfahren wirken sich allerdings die weitestgehende Suspensaentnahme hinsichtlich der adsorptiv gebundenen Stoffe und beim Membranbelebungsverfahren das üblicherweise hohe Schlammalter hinsichtlich der biologisch abbaubaren Stoffe positiv aus.

Planung und Auslegung der Verfahrensstufen

Weitergehende Verfahren bedürfen einer sorgfältigen und gezielten Planung und eines anspruchsvollen Betriebs. Generell empfiehlt es sich, für die Planung gezielte Untersuchungen vorzuschalten. Diese sollten Bestimmungen der

Mikroverunreinigungen im Abwasser und im Gewässer beinhalten. Die Besonderheiten bei der Probenahme (Probenvolumen, Probengefäße, Schwankungen der Konzentrationen im Wochen- und Jahresgang etc.) sind zu beachten. Hieraus lassen sich auch Reinigungsziele ableiten. Für die Substanzauswahl der Untersuchungen finden sich Hinweise bei den Kompetenzzentren Mikroschadstoffe in Nordrhein-Westfalen [53], Baden-Württemberg [1366] und der Schweiz [2285]. Voruntersuchungen umfassen üblicherweise die Bestimmung von Ozonzehrung bzw. Adsorption bei verschiedenen Materialien (als Dosierversuche bei PAK, als Säulenversuche bei GAK) für das jeweilige Abwasser vor Ort. Bei der Ozonung sind auch Fragen der Bromatbildung, der Ozonzehrung durch unvollständige Nitrifikation in der biologischen Stufe und des Restozons für die nachgeschaltete Stufe bzw. das Gewässer mit zu untersuchen.
Generell ist bei den Verfahren Wert auf eine möglichst weitgehende Reinigung in der vorgeschalteten, konventionellen biologischen Stufe zu legen – sowohl hinsichtlich der gelösten Stoffe durch Optimierung der biologischen Prozesse als auch der suspendierten Stoffe durch eine gute Flüssig/Fest-Trennung in der Nachklärung. Durch die geringere Hintergrundbelastung kann die Ozonzehrung minimiert bzw. die Adsorptionskapazität für die Mikroverunreinigungen erhöht werden.
Für die Implementierung weitergehender Verfahren ist zu prüfen, inwieweit vorhandene Einrichtungen für die neue Verfahrenstechnik genutzt oder sinnvoll eingebunden werden können. So sind vielfach Becken umrüstbar für Flockung oder Sedimentation. Vorhandene Schönungsteiche sind im Hinblick auf eine Nachbehandlung nach der Ozonung vorteilhaft. Filteranlagen können auch für die nachgeschaltete Suspensaelimination oder die Abscheidung von PAK, zur Umrüstung mit GAK oder (bei biologisch aktiven Filtern) als der Ozonung nachgeschaltete Stufe im Hinblick auf Transformationsprodukte genutzt werden. Beim Einsatz von Ozon ist auf die Ozonbeständigkeit der Materialien (v. a. bei Dichtungen) zu achten.
Zur hydraulischen Einpassung der zusätzlichen Verfahrensstufen ist vielfach eine Hebung des Abwassers erforderlich. Hier ist zu untersuchen, ob durch eine tiefere Gründung der Becken die Energiekosten minimiert und damit die Gesamtkosten optimiert werden können.
Eine Teilstrombehandlung zur Erfassung des Trockenwetterzuflusses ist üblicherweise ausreichend. Für das Gesamtjahr lässt sich bilanzieren, dass damit ein Großteil der Jahresabwassermenge über die Anlage geführt wird. Die zu behandelnde Abwassermenge sollte in Abhängigkeit der Gewässersituation durch Bilanzierungsrechnungen bei verschiedenen Szenarien für den Kläranlagenabfluss sowie den Abfluss und die zu erwartenden Konzentrationen im Gewässer festgelegt werden.

Die Eliminationsleistung ist direkt abhängig von der Dosiermenge. Sie ist aber stark stoffspezifisch, so dass Wirkungsgrade von über 90 % z. B. für hormonell wirkende Arzneimittel bereits bei niedrigen Dosierraten erreicht werden; andere Stoffe wie insbesondere einige Röntgenkontrastmittel werden auch bei hohen Dosierraten nur zu weniger als 50 % eliminiert [947].
Übliche Dosiermengen sind in Abhängigkeit des erforderlichen Wirkungsgrads [51]:

- Basisdosierung: $z_{spez.}$ = 0,3 bis 0,5 mg O_3/mg DOC bzw. c_{PAK} = 5 mg PAK/l
- Mittlere Dosierung: $z_{spez.}$ = 0,6 bis 0,8 mg O_3/mg DOC bzw. c_{PAK} = 10 mg PAK/l
- Hochdosierung: $z_{spez.}$ = 0,8 bis 1,2 mg O_3/mg DOC bzw. c_{PAK} = 15 mg PAK/l

Für den Einsatz granulierter Aktivkohle sind die Verweilzeit bzw. Filtergeschwindigkeit und die aktuelle Beladung der vorhandenen Aktivkohle entscheidend für den Wirkungsgrad. Je nach Inhaltsstoffen adsorbierbarer Substanzen im Zulauf sind Filterstandzeiten als durchsetzbare Bettvolumina (Summe Abwasservolumen [m^3] / Filterbettvolumen [m^3]) je nach Filtergeschwindigkeit von über 10 000 möglich. Danach ist ein Austausch bzw. eine Reaktivierung der Aktivkohle erforderlich. Die Filtergeschwindigkeit liegt nach bisherigen Erfahrungen bei bis zu 8 m/h [1686]. Bei einem hohen Rest-CSB-Gehalt im Zulauf der GAK-Filter (zumeist infolge von industriell-gewerblichem Einfluss) sind sowohl für Filterlaufzeit als auch Filtergeschwindigkeit niedrigere Werte anzusetzen. Auf einen möglichst suspensaarmen Zulauf zum GAK-Filter ist zu achten, um das Aktivkohlematerial nicht mit Feststoffen zu beladen. Es empfiehlt sich eine Überwachung des Durchbruchverhaltens relevanter Parameter zur Initiierung eines Austauschs der Aktivkohle.
Ozonreaktoren und Kontaktbecken für die PAK-Zugabe werden auf eine Aufenthaltszeit von 15 bis 30 Minuten bei Bemessungszufluss ausgelegt. Kurzschlussströmungen sind zu vermeiden. Dazu bietet sich an, die Reaktoren bzw. Becken als Kaskaden auszuführen. Bei Ozonreaktoren ist zur Verbesserung der Löslichkeit eine große Wassertiefe anzustreben. Üblich sind etwa 5 m Gaseintragstiefe mit einem Ozoneintrag im Gegenstrom. Bei höheren Dosierungen ist auf eine ausreichende Nachreaktionszeit zu achten [1813]. Ozon wird über Keramik-Diffusoren oder Injektoren dosiert, PAK über eine Mischstrecke im Zulauf zum Kontaktbecken. Sedimentationsbecken für PAK werden mit einer Oberflächenbeschickung von 2 m/h ausgelegt [53].
Generell sind Fragen des Arbeitsschutzes von besonderer Bedeutung: beim Einsatz von PAK wegen der Gefahr von Staubexplosionen, bei Ozon wegen dessen Brennbarkeit und Toxizität.

Die Kosten der weitergehenden Verfahren hängen stark von den jeweiligen Bedingungen ab. Für die Investitionen werden derzeit relativ hohe finanzielle Zuschüsse durch einige Bundesländer gezahlt. Die Betriebskosten hängen i. W. von der Dosiermenge und damit dem vorgegebenen Reinigungsziel ab. Hinzu kommen Energiekosten, die insbesondere bei einer notwendigen Hebung des Abwassers als Pumpkosten einen wesentlichen Anteil ausmachen. In einigen Fällen bewegen sich die Pumpkosten bei bis zu 20 % der Jahreskosten. Bei Einsatz von Ozon kommen die Energiekosten zur Herstellung des Ozons aus Luftsauerstoff oder technischem Sauerstoff hinzu. Beim Einsatz von Aktivkohle wird der Energieaufwand zur Herstellung und Regeneration der Kohle üblicherweise nicht bei der Abwasserbehandlung mitbilanziert. Der Personalaufwand ist aufgrund des automatisierten Betriebs zumeist überschaubar und in einer ähnliche Größenordnung wie andere Verfahrensstufen mit einem hohen Anteil Maschinen- und EMSR-Technik (z. B. Blockheizkraftwerk, Schlammentwässerung). Bei der Bevorratung und Dosierung der Einsatzmittel (Ozon bzw. Sauerstoff, PAK, Flockungsmittel etc.) sollte besonders auf betriebserprobte, störungsarme Aggregate geachtet werden.
Übliche Kostenangaben bewegen sind von knapp unter 0,10 €/m^3 bis über 0,20 €/m^3, jeweils bezogen auf die Jahresabwassermenge. Von großem Einfluss sind die Kläranlagengröße, die Dosiermengen sowie die Notwendigkeit zur Hebung des Abwassers. Bei Kostenvergleichen ist besonders auf die Bezugsgröße zu achten (Jahresabwassermenge, Jahresschmutzwassermenge, behandelte Abwassermenge, Trinkwassermaßstab, jeweils in €/m^3; Anschlussgröße, mittlere Zulaufbelastung, 85-Perzentil der Zulaufbelastung, Einwohnerzahl, jeweils in €/E). Einsparungen bei der Abwasserabgabe und Investitionsförderungen als verlorene Zuschüsse wirken kostenmindernd.

5.8 Bemessung und Auslegung von Belebungsanlagen

5.8.1 Bemessung von Belebungsanlagen nach dem DWA-Arbeitsblatt A 131

5.8.1.1 Grundsätzliches

Mit dem seit 2016 gültigen DWA-Arbeitsblatt A 131 [597] ist nun erstmals eine ausschließliche Bemessung auf Basis des Parameters CSB eingeführt. Dies ermöglicht eine durchgehende Bilanzierung der organischen Schmutzfrachten im Zulauf, dem Sauerstoffbedarf und dem Überschussschlammanfall. Außerdem bietet die Bemessung auf CSB-Basis die Möglichkeit, einen direkten Übergang zur dynamischen Simulation, beispielsweise zur Optimierung der

Beckenkonfiguration oder der Belüftung, herzustellen. Die Ermittlung der Grunddaten für die Bemessung erfolgt wie bisher auf Basis des DWA-Arbeitsblattes A 198 [491].

5.8.1.2 Ablauf der Bemessung

Die Bemessung von Belebungsanlagen ist ein iterativer Prozess und folgt grundsätzlich dem in Bild 5.65 dargestellten Schema.

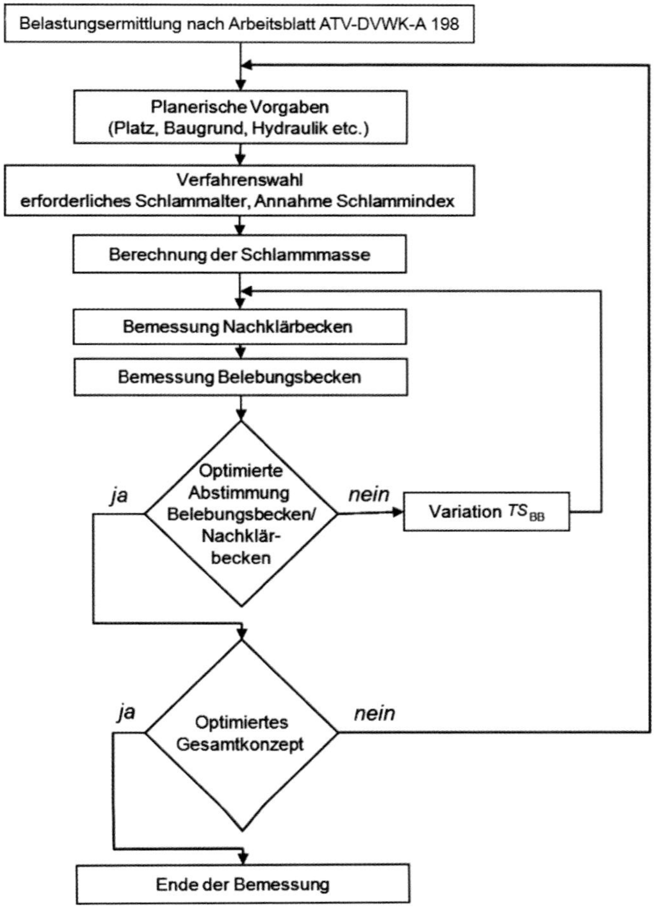

Bild 5.65: Ablauf der Planung und Bemessung [597]

Dieses Schema macht deutlich, dass die Festlegung der Bemessungsgrundlagen und sonstiger planerischer Randbedingungen mindestens ebenso wichtig ist wie die eigentliche Bemessung. Entsprechend ist auf die sorgfältige Ermittlung dieser Kenngrößen besonderer Wert zu legen. Weiterhin illustriert diese Darstellung, dass die Bemessung der Nachklärung und der Belebung nicht unabhängig voneinander erfolgen kann, sondern diese beiden Prozesse miteinander verknüpft sind. In der Regel erfolgt im ersten Schritt die Bemessung der Nachklärung, bevor dann das Belebungsbeckenvolumen ermittelt wird. Gegebenenfalls ist im Rahmen einer Optimierung dieser Bemessungsgang zu wiederholen.

5.8.1.3 Belastungsgrundlagen

Für die Bemessung von Belebungsanlagen werden in der Regel folgende Informationen benötigt:

- Jahresgang der Abwassertemperatur mit niedrigster und höchster Temperatur im Ablauf des biologischen Reaktors, hergeleitet aus der Jahresganglinie des 2-Wochen-Mittels, mindestens über zwei Jahre.
- Maßgebende Frachten als 2- bzw. 4-Wochen-Mittel der Parameter: Gesamt-CSB und filtrierter CSB, abfiltrierbare Stoffe, Stickstoff sowie Phosphor, 4-Wochen-Mittel für Anlagen mit simultan-aerober Schlammstabilisierung, ansonsten 2-Wochen-Mittel. Ist der Aufwand für die Ermittlung der Frachten wesentlich höher als der daraus resultierende Nutzen, kann alternativ die Bemessung auch auf Basis der 85-Perzentil-Werte durchgeführt werden. Hierzu ist es erforderlich, dass mindestens 40 gleichmäßige, über bis zu drei Jahre verteilte Tagesfrachten ermittelt werden. Voraussetzung hierfür ist allerdings, dass kein ausgeprägter Jahresgang vorliegt.
- Werden die Anlagen auf Einhaltung einer bestimmten Ablaufkonzentration bemessen, müssen zusätzlich auch die maßgebenden Konzentrationswerte von Stickstoff und Phosphor ermittelt werden. Hierzu ist der maßgebende Abfluss festzulegen ($Q_{d,konz}$), der sich in der Regel als langjähriges Mittel des Trockenwetterabflusses in der Periode ergibt, für die die maßgebenden Frachten abgeleitet wurden.
- Für die Bemessung der Sauerstoffzufuhr ist der Stoßfaktor der Stickstofffracht als Verhältnis der höchsten täglichen 2-h-Fracht zum Tagesdurchschnitt des KN zu ermitteln.
- Maßgebende Konzentration des Stickstoffs (C_N) und der zugehörigen Konzentration der organischen Stoffe (C_{CSB}) zur Ermittlung des zu denitrifizie-

renden Nitrats sowie maßgebende Konzentration des Phosphors (C_P) zur Ermittlung des zu eliminierenden Phosphors.

- Maximales 2-h-Mittel des Zuflusses bei Trockenwetter $Q_{T,2h,max}$ zur Auslegung von anaeroben Mischbecken und der internen Rezirkulation und Bemessungszufluss Q_M zur Auslegung der Nachklärung.
- Für die Auslegung der Nachklärung ist zusätzlich der Schlammindex entweder als 2-Wochen-Mittel oder ersatzweise als 85-Perzentil-Wert festzulegen.

Bei der Erweiterung bestehender Anlagen sollten nach Möglichkeit die vorhandenen Messwerte aus der Eigenüberwachung in die Auslegung einbezogen werden. Da der Zeitpunkt der Erweiterung oftmals frühzeitig bekannt ist, sollte die Eigenüberwachung auf die Bedürfnisse der späteren Bemessung ausgelegt sein. Hierzu sind die maßgebenden Parameter entweder im Zulauf der Anlage oder im Zulauf zum biologischen Reaktor mit Hilfe eines durchflussproportionalen Probenehmers zu erfassen. Die Probenahme sollte in Form von durchflussproportionalen 24-h-Mischproben erfolgen. Werden im biologischen Reaktor auch Teilströme, beispielsweise das Schlammwasser aus der Schlammentwässerung, behandelt, sind diese gesondert zu erfassen.

Ist zur Auslegung der Anlage ein Probenahmeprogramm erforderlich, so kann zur Verringerung des Aufwandes bei Anlagen ohne ausgeprägten Jahresgang die Beprobung und Ableitung der maßgebenden Frachten und Konzentrationen auf acht bis zehn Wochen im Winter und sechs bis acht Wochen im Sommer reduziert werden. In dieser Zeit sollte eine intensive Beprobung an fünf Tagen pro Woche mit Ableitung der entsprechenden Mittelwerte stattfinden. Entscheidend für die Güte der aus den Messwerten abgeleiteten Bemessungsdaten ist nicht nur die Qualität der Analyse, sondern vor allem die Zuverlässigkeit der Durchflussmengenmessung. Eine regelmäßige Kalibrierung der Messung bzw. Überprüfung vor Durchführung eines Messprogrammes ist daher unbedingt erforderlich.

Liegen keine Messwerte aus der Eigenüberwachung vor und ist die Durchführung eines Probenahmeprogrammes aus bestimmten Gründen nicht möglich, so können die Auslegungsfrachten im Ausnahmefall auch auf Basis der in Tabelle 5.27 angegebenen Werte abgeschätzt werden. Zur Abschätzung der Vorklärleistung wurden die Tabellenwerte der A 131 (Tabelle 2) verwendet [597].

Tabelle 5.27: Einwohnerspezifische Frachten in g/(E · d), die an 85 % der Tage unterschritten werden, ohne Berücksichtigung des Schlammwassers, nach Auswertungen des Ruhrverbands

Parameter	Rohabwasser	nach der Vorklärung mit Durchflusszeit bei $Q_{T,aM}$		
		0,75 – 1 h	1,5 – 2 h	> 2,5 h
BSB_5	60	-	-	-
CSB_{ges}	140	98	91	84
CSB_{part}	105	58	47	42
CSB_{fil}	35	35	35	35
TS	90	45	36	32
TKN	13	11,7	11,7	11,7
P	2	1,8	1,8	1,8

5.8.1.4 CSB-Fraktionierung

Der CSB im Zufluss lässt sich nach Bild 5.66 in eine gelöste und eine partikuläre Fraktion unterteilen:

$$C_{CSB,ZB} = S_{CSB,ZB} + X_{CSB,ZB} \quad [mg/l] \quad (5.16)$$

Jede der beiden Fraktionen besteht aus einer abbaubaren und einer inerten Fraktion:

$$C_{CSB,ZB} = S_{CSB,abb,ZB} + S_{CSB,inert,ZB} + X_{CSB,abb,ZB} + X_{CSB,inert,ZB} \quad [mg/l] \quad (5.17)$$

Die gelöste inerte Fraktion kann näherungsweise mit der gelösten CSB-Konzentration im Ablauf der Nachklärung gleichgesetzt werden:

$$S_{CSB,inert,ZB} = S_{CSB,inert,AN} = S_{CSB,AN} = f_S \cdot C_{CSB,ZB} \quad [mg/l] \quad (5.18)$$

Der Anteil f_S des inerten, gelösten CSB am gesamten CSB liegt zwischen 0,05 und 0,1. Wenn keine Messwerte vorliegen, wird für kommunales Abwasser empfohlen, mit f_S = 0,05 zu rechnen. Der inerte Teil des partikulären CSB kann ebenfalls als Anteil des gesamten partikulären CSB geschätzt werden:

$$X_{CSB,inert,ZB} = f_A \cdot X_{CSB,ZB} = f_A \cdot (C_{CSB,ZB} - S_{CSB,ZB}) \quad [mg/l] \quad (5.19)$$

Je nach Art des Abwassers bzw. der Aufenthaltszeit in der Vorklärung kann f_A zwischen 0,2 und 0,35 liegen. Es wird empfohlen, für kommunales Abwasser mit f_A = 0,3 zu rechnen.

$$C_{CSB,abb,ZB} = C_{CSB,ZB} - S_{CSB,inert,AN} - X_{CSB,inert,ZB} \quad [mg/l] \quad (5.20)$$

Der abbaubare CSB enthält einen für die Denitrifikation und erhöhte biologische Phosphorelimination wichtigen leicht abbaubaren Anteil, der wie folgt ermittelt wird:

$$C_{CSB,la,ZB} = f_{CSB} \cdot C_{CSB,abb,ZB} \qquad [mg/l] \qquad (5.21)$$

f_{CSB} kann bei durchschnittlich zusammengesetztem Abwasser mit 0,15 bis 0,25 angenommen werden. Die abfiltrierbaren Stoffe des Zulaufs ($X_{TS,ZB}$) bestehen aus der organischen ($X_{orgTS,ZB}$) und der anorganischen Fraktion ($X_{anorgTS,ZB}$), letztere geht nicht in $C_{CSB,ZB}$ ein (siehe Bild 5.66).

$$X_{anorgTS,ZB} = f_B \cdot X_{TS,ZB} \qquad [mg/l] \qquad (5.22)$$

Der Wert von f_B kann mit 0,2 bis 0,3 (70 % bis 80 % Glühverlust) angesetzt werden. Der Faktor f_B entspricht damit dem analytisch leicht zu bestimmenden Glührückstand der partikulären Substanz. Wenn keine Messwerte vorliegen, wird empfohlen, für Rohabwasser mit f_B = 0,3 und für vorgeklärtes Abwasser mit f_B = 0,2 zu rechnen. Der partikuläre CSB (CSB der abfiltrierbaren Stoffe) wird in der Regel nicht analytisch bestimmt, sondern ergibt sich aus der Differenz zwischen Gesamt-CSB ($C_{CSB,ZB}$) und gelöstem CSB ($S_{CSB,ZB}$).

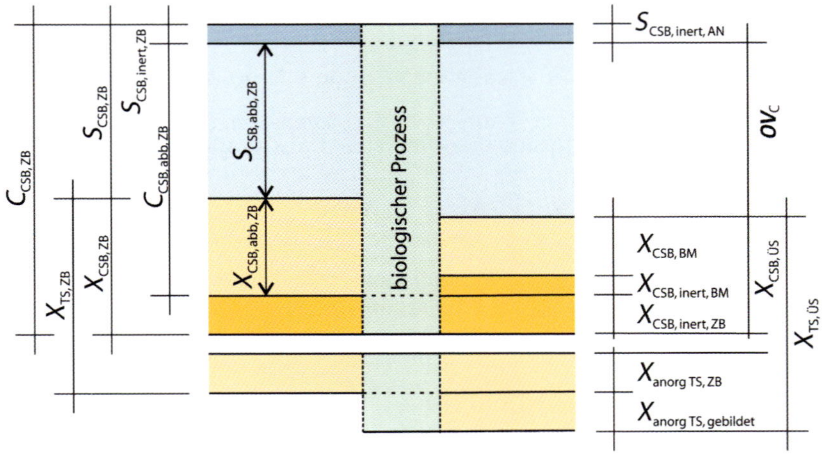

Bild 5.66: Veränderung des CSB und der abfiltrierbaren Stoffe bei der biologischen Behandlung [474, 597]

Als Ergebnis der biologischen Behandlung ergibt sich der CSB im Ablauf aus der Nachklärung (der sich aus dem gelösten inerten CSB, dem nicht abgebau-

ten gelösten abbaubaren CSB und dem CSB der abfiltrierbaren Stoffe zusammensetzt) und der als CSB gemessene Überschussschlamm ($X_{CSB,ÜS}$).
Die Differenz stellt den für die Atmungsvorgänge verbrauchten Sauerstoff (OV_C) dar.

$$C_{CSB,ZB} = S_{CSB,inert,AN} + X_{CSB,ÜS} + OV_C \quad [mg/l] \quad (5.23)$$

5.8.1.5 Bemessung der Belebung

Die maßgebende Bemessungsgröße für Anlagen zur Nitrifikation/Denitrifikation ist das Schlammalter. Das erforderliche Bemessungsschlammalter ergibt sich in Abhängigkeit der Anlagengröße, der Bemessungstemperatur sowie der Zielsetzung der Stickstoffelimination. Zu unterscheiden sind Anlagen ohne Nitrifikation, mit alleiniger Nitrifikation, mit Nitrifikation/Denitrifikation sowie mit simultan-aerober Schlammstabilisierung einschließlich der Stickstoffelimination. Die Anschlussgröße hat insofern Einfluss auf das Schlammalter, da bei kleineren Anlagen mit ausgeprägteren Schwankungen der Zulauffrachten gerechnet werden muss.
Das für die Nitrifikation einzuhaltende (aerobe) Bemessungsschlammalter ($t_{TS,aerob,Bem}$) beträgt:

$$t_{TS,aerob,Bem} = PF \cdot 3{,}4 \cdot 1{,}103^{(15-T)} \quad [d] \quad (5.24)$$

Mit dem Prozessfaktor (PF) werden insbesondere folgende Einflüsse quantitativ berücksichtigt:

- Schwankungen der maximalen Wachstumsrate durch bestimmte Abwasserinhaltsstoffe, kurzfristige Temperaturschwankungen oder/und pH-Verschiebungen,
- die Höhe des Überwachungswerts für den Parameter Ammoniumstickstoff,
- die Auswirkung von Schwankungen der Stickstofffrachten des Zulaufs auf die Schwankung der Ablaufkonzentration.

Die Schwankung der Stickstofffracht im Zulauf zur Belebung wird durch den Stoßfaktor f_N als die höchste tägliche 2-h-KN-Fracht ($B_{2h,KN,ZB,max}$) bezogen auf die mittlere KN-Tagesfracht ($B_{2h,KN,ZB,dM}$) ausgedrückt. Der erforderliche Prozessfaktor ergibt sich dann in Abhängigkeit des Stoßfaktors und des einzuhaltenden Überwachungswertes für den Parameter NH_4-N nach Tabelle 5.28.

Tabelle 5.28: Erforderlicher Prozessfaktor in Abhängigkeit des NH_4-N-Überwachungswerts ($S_{NH4,ÜW}$) im Ablauf und der Schwankungen der KN-Zulauffracht (f_N) (Zwischenwerte können interpoliert werden) [597]

$S_{NH4,ÜW}$ \ f_N	1,4	1,6	1,8	2,0	2,2	2,4
5 mg/l NH_4-N	1,5	1,6	1,9	2,2	2,5	2,8
10 mg/l NH_4-N	1,5	1,5	1,5	1,6	1,9	2,1

Für Anlagen, die auf Nitrifikation und Denitrifikation bemessen werden, ist zur Ermittlung des erforderlichen Schlammalters ($t_{TS,Bem}$) die Temperatur einzusetzen, bei der die Stickstoffelimination gefordert wird. In Deutschland gilt $T_{Bem} = T_{ÜW} = 12$ °C:

$$t_{TS,Bem} = PF \cdot 3{,}4 \cdot 1{,}103^{(15-T)} \cdot \frac{1}{1 - \frac{V_D}{V_{BB}}} \quad [d] \qquad (5.25)$$

Es ist sicherzustellen, dass auch im Winter durchgehend nitrifiziert werden kann, entsprechend muss auch der Nachweis eines ausreichenden Schlammalters bei niedrigen Temperaturen geführt werden. Praktisch bedeutet dies in der Regel, dass in den Wintermonaten ein Teil des DN-Volumens belüftet und als N-Zone genutzt wird.
Das Bemessungsschlammalter von Anlagen, die für aerobe Schlammstabilisierung und Nitrifikation zu bemessen sind, muss $t_{TS,Bem} \geq 20$ d betragen. Wird auch gezielte Denitrifikation verlangt, muss das Schlammalter $t_{TS,Bem} \geq 25$ d betragen. Betrieblich ist zu berücksichtigen, dass eine weitgehende Stabilisierung des Schlamms nur gewährleistet ist, wenn das aerobe Schlammalter mindestens 20 Tage beträgt. Anlagen mit Nitrifikation und Denitrifikation, die einen hohen Denitrifikationsanteil aufweisen bzw. mit dem Ziel einer energetischen Optimierung dauerhaft mit einem hohen nicht-belüfteten Volumenanteil betrieben werden, weisen demzufolge oftmals nur eine geringe Mineralisierung des Schlamms auf, was betrieblich zu Geruchsbeeinträchtigungen bzw. einer nur unzureichenden Entwässerungsleistung führen kann.

5.8.1.6 Ermittlung des Volumenanteils für Denitrifikation

Die Ermittlung des Volumenanteils basiert auf einer iterativen Berechnung. Hierbei wird das Volumen für die Denitrifikation solange variiert, bis der für die Denitrifikation benötigte „Sauerstoffbedarf" (2,86 g O_2/g NO_3-N) durch das zur Verfügung stehende Substratangebot gedeckt wird. Der Umfang der Denitrifikation kann hierbei zielgerichtet durch das DN-Verfahren (vorgeschaltete DN, intermittierende DN oder simultane DN), das DN-Volumen oder die Zugabe externer, leicht abbaubarer Substrate beeinflusst werden.

Die Iteration folgt dem in Bild 5.67 skizzierten Schema:

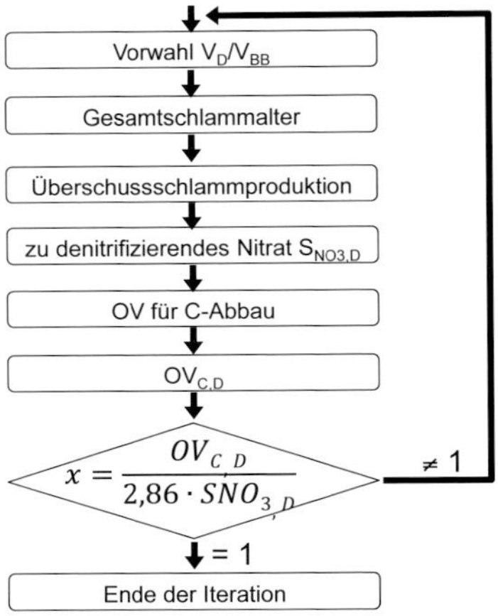

Bild 5.67: Ablauf der Iteration zur Bestimmung des Denitrifikationsvolumens

Die Überschussschlammproduktion in kg/d ergibt sich nach folgender Beziehung:

$$ÜS_{dC} = Q_{d,Konz} \cdot \left(\frac{X_{CSB,inert,\,ZB}}{1{,}33} + \frac{X_{CSB,BM} + X_{CSB,inert,\,BM}}{0{,}92 \cdot 1{,}42} + f_B \cdot X_{TS,ZB}\right) / 1\,000 \quad [kg/d] \qquad (5.26)$$

mit:

$$X_{CSB,BM} = (C_{CSB,abb,ZB} \cdot Y + C_{CSB,dos} \cdot Y_{dos}) \cdot \frac{1}{1 + b \cdot t_{TS} \cdot 1{,}072^{(T-15)}} \quad [mg/l] \qquad (5.27)$$

$$X_{CSB,inert,BM} = 0{,}2 \cdot X_{CSB,BM} \cdot b \cdot t_{TS} \cdot 1{,}072^{(T-15)} \quad [mg/l] \qquad (5.28)$$

Der Volumenanteil für die Denitrifikation errechnet sich schließlich unter Berücksichtigung der im Tagesmittel zu denitrifizierenden Nitratkonzentration $S_{NO3,D}$:

$$S_{NO3,D} = C_{N,ZB} - S_{orgN,AN} - S_{NH4,AN} - S_{NO3,AN} - X_{orgN,BM} - X_{orgN,inert} \quad [mg/l] \qquad (5.29)$$

In die Zulaufkonzentration $C_{N,ZB}$ sind sowohl die Rückläufe aus der Schlammbehandlung wie auch die aufgrund eines möglicherweise erhöhten Fremdwas-

serzuflusses im Kläranlagenzulauf enthaltenen Nitratkonzentrationen einzurechnen. Der Ammoniumgehalt im Ablauf kann im Allgemeinen zu $S_{NH4,AN}$ = 0 mg/l, die Ablaufkonzentration an organischem Stickstoff zu $S_{orgN,AN}$ = 2 mg/l angesetzt werden. Der Anteil des in der Faulung als NH_4-N freigesetzten Stickstoffs hängt von der abgebauten organischen Trockensubstanz ab und kann näherungsweise mit dem Faktor f_r = 0,5 des in die Biomasse ($X_{CSB,BM}$) eingebauten Stickstoffs ($X_{orgN,BM}$) abgeschätzt werden. Eine genauere Ermittlung der N-Rückbelastung kann unter Verwendung der in [120] vorgeschlagenen Methode erfolgen.
Die in die Biomasse eingebaute Stickstofffracht wird als $X_{orgN,BM} = 0{,}07 \cdot X_{CSB,BM}$ berücksichtigt. An die inerten partikulären Fraktionen ist ebenfalls Stickstoff gebunden, der mit $X_{orgN,inert} = 0{,}03 \cdot (X_{CSB,inert,BM} + X_{CSB,inert,ZB})$ abgeschätzt werden kann.
Die anzusetzende Nitratablaufkonzentration $S_{NO3,AN}$ ist in Abhängigkeit des Überwachungswertes festzusetzen. Wenn die behördliche Überwachung des Ablaufs mit Hilfe von Stichproben, wie in Deutschland üblich, erfolgt, ist eine höhere Prozess-Stabilität der Stickstoffelimination erforderlich, daher ist die Ablaufkonzentration deutlich niedriger als der Überwachungswert zu wählen. Zweckmäßig ist $S_{NO3,AN}$ = 0,6 bis 0,8 $\cdot S_{anorgN,ÜW}$, wobei der kleinere Wert für Anlagen mit hohen Schwankungen der Zulauffracht gilt.
Der gesamte Sauerstoffverbrauch in der Denitrifikationszone ergibt sich für die verschiedenen Verfahren wie folgt:

- vorgeschaltete Denitrifikation:

$$OV_{C,D} = 0{,}75 \cdot \left[OV_{C,la,vorg} + (OV_C - OV_{C,la,vorg}) \cdot \left(\frac{V_D}{V_{BB}}\right)^{0{,}68} \right] \quad \text{[mg/l]} \qquad (5.30)$$

- intermittierende Denitrifikation mit Dosierung von externem Substrat während der Denitrifikationszeit:

$$OV_{C,D} = 0{,}75 \cdot \left[OV_{C,la,int} + (OV_C - OV_{C,la,int}) \cdot \left(\frac{V_D}{V_{BB}}\right) \right] \quad \text{[mg/l]} \qquad (5.31)$$

- simultane Denitrifikation ohne vorgeschaltete Anaerobbecken:

$$OV_{C,D} = 0{,}75 \cdot OV_C \cdot \left(\frac{V_D}{V_{BB}}\right) \quad \text{[mg/l]} \qquad (5.32)$$

- Verfahrenskombination vorgeschaltete Denitrifikation mit anschließender simultaner/intermittierender Denitrifikation: Werden mindestens $0{,}15 \cdot V_{BB}$ als vorgeschaltete Denitrifikation ausgeführt, kann das Gesamtsystem ausreichend genau über den Bemessungsansatz für vorgeschaltete Denitrifikation abgebildet werden:

$$OV_{C,D,vg} = 0{,}75 \cdot \left[OV_{C,la,vorg} + (OV_C - OV_{C,la,vorg}) \cdot \left(\frac{V_{D,vg}}{V_{BB}}\right)^{0{,}68}\right] \quad [mg/l] \quad (5.33)$$

mit:

$$OV_C = C_{CSB,abb,ZB} + C_{CSB,dos} - X_{CSB,BM} - X_{CSB,inert,BM} \quad [mg/l] \quad (5.34)$$

und:

$$OV_{C,la,vorg} = C_{CSB,la,ZB} \cdot (1 - Y) + C_{CSB,dos} \cdot (1 - Y_{CSB,dos}) \quad [mg/l] \quad (5.35)$$

$$OV_{C,la,int} = C_{CSB,dos} \cdot (1 - Y_{CSB,dos}) \quad [mg/l] \quad (5.36)$$

Der Nachweis einer ausreichenden Reduzierung der Nitratkonzentration wird über den Vergleich von Sauerstoffzehrung ($OV_{C,D}$) zu Sauerstoffangebot aus Nitrat = 2,86 · $S_{NO3,D}$ geführt. Die Iteration über eine Veränderung der V_D/V_{BB} wird so lange geführt, bis x den Wert 1 annimmt:

$$x = \frac{OV_{C,D}}{2{,}86 \cdot S_{NO3,D}} = 1 \quad [-] \quad (5.37)$$

5.8.1.7 Phosphorelimination

Die Phosphorelimination bei Belebungsanlagen erfolgt in der Regel als Simultanfällung mit oder ohne zusätzliche erhöhte biologische Phosphorelimination. In Einzelfällen kommt auch die Vor- oder Nachfällung zum Einsatz. Weitere Hinweise zur Auswahl des für die Phosphorelimination geeigneten Verfahrens und Fällmittels siehe DWA-Arbeitsblatt A 202 [551].

Bei einer erhöhten biologischen Phosphorelimination mit dem Hauptstromverfahren sind die anaeroben Mischbecken auf eine Kontaktzeit von 0,5 bis 0,75 h bezogen auf den maximalen Trockenwetterzufluss und den Rücklaufschlammstrom zu bemessen ($Q_{T,2h,max} + Q_{RS}$). Das Ausmaß der erhöhten biologischen Phosphorelimination ist in starkem Maße von den Zulaufverhältnissen abhängig. Günstig sind:

- hohe Konzentrationen an leicht abbaubarem Kohlenstoff,
- geringe Sauerstoffkonzentration,
- geringe Nitratkonzentrationen im Zulauf und im Rücklaufschlamm.

Die zu fällende Phosphatkonzentration $X_{P,Fäll}$ ergibt sich schließlich auf Basis der Phosphorbilanz:

$$X_{P,Fäll} = C_{P,ZB} - C_{P,AN} - X_{P,BM} - X_{P,BioP} \qquad [mg/l] \qquad (5.38)$$

$C_{P,ZB}$ ist die Konzentration des Gesamtphosphors im Zulauf zur Belebungsanlage. Die Ablaufkonzentration $C_{P,AN}$ ist in Abhängigkeit des vorgeschriebenen Überwachungswertes zu wählen, beispielsweise mit $C_{P,AN} = 0{,}6$ bis $0{,}7 \cdot C_{P,ÜW}$. Zur Abschätzung der Phosphorkonzentration, die für das Biomassenwachstum benötigt wird $X_{P,BM}$, kann $0{,}005 \cdot C_{CSB,ZB}$ angesetzt werden.
Bei üblichem kommunalem Abwasser kann für die biologische Phosphorelimination ($X_{P,BioP}$) angesetzt werden:

- $X_{P,BioP} = 0{,}005$ bis $0{,}007 \cdot C_{CSB,ZB}$ mit vorgeschaltetem anaerobem Becken.
- Wenn bei tiefen Temperaturen $S_{NO3,AN} \geq 15$ mg/l steigt, kann angenommen werden: $X_{P,BioP} = 0{,}0025$ bis $0{,}005 \cdot C_{CSB,ZB}$ mit vorgeschaltetem anaerobem Becken.
- In Anlagen mit vorgeschalteter Denitrifikation oder Kaskadendenitrifikation, aber ohne anaerobes Becken kann eine biologische Phosphorelimination von $X_{P,BioP} = 0{,}002 \cdot C_{CSB,ZB}$ angenommen werden.
- Wenn bei vorgeschalteter Denitrifikation bei tiefen Temperaturen die interne Rezirkulation in das anaerobe Becken geleitet wird, kann mit $X_{P,BioP} = 0{,}002 \cdot C_{CSB,ZB}$ gerechnet werden.

Der mittlere Fällmittelbedarf errechnet sich unter Verwendung von 1,5 mol Me^{3+}/mol $X_{P,Fäll}$, sodass sich die Bedarfswerte in Abhängigkeit des Fällmittels wie folgt ergeben:

- Fällung mit Eisen: 2,7 kg Fe/kg $X_{P,Fäll}$
- Fällung mit Aluminium: 1,3 kg Al/kg P $X_{P,Fäll}$

Die Schlammproduktion aus der Phosphorelimination ergibt sich aus der Summe der Feststoffanfälle der erhöhten biologischen Phosphorelimination und der Simultanfällung. Für die biologische Phosphorelimination beträgt der Feststoffmehranfall etwa 3 g TS/g in erhöhtem Umfang eliminiertem Phosphor [1231]. Bei der Simultanfällung ergibt sich in Abhängigkeit des eingesetzten Fällmittels ein Feststoffmehranfall in Höhe von 2,5 kg TS/kg Fe und 4 kg TS/kg Al. Insgesamt ergibt sich der Überschussschlammanfall aus der Phosphorelimination damit zu:

$$ÜS_{d,P} = Q_d\,(3 \cdot X_{P,BioP} + 6{,}8 \cdot X_{P,Fäll,Fe} - 5{,}3 \cdot X_{P,Fäll,Al})/1\,000 \,[kg/d] \qquad (5.39)$$

5.8.1.8 Volumen des Belebungsbeckens

Das Volumen des Belebungsbeckens ergibt sich aus der erforderlichen Feststoffmasse und dem Feststoffgehalt im Belebungsbecken, der aus der Nachklärbeckenbemessung bekannt ist, zu:

$$V_{BB} = \frac{t_{TS} \cdot \ddot{U}S_d}{TS_{BB}} \qquad [m^3] \qquad (5.40)$$

mit:

$$\ddot{U}S_d = \ddot{U}S_{d,P} + \ddot{U}S_{d,C} \qquad [kg/d] \qquad (5.41)$$

5.8.1.9 Erforderliches Rückführverhältnis

Das bei der vorgeschalteten Denitrifikation erforderliche Rückführverhältnis (RF) ergibt sich unter der Annahme, dass die Nitratstickstoffkonzentration des Zulaufs vernachlässigt werden kann ($S_{NO3,ZB}$ = 0 mg/l) für vorgeschaltete Denitrifikation wie folgt:

$$RF = \frac{S_{NO3,D}}{S_{NO3,AN}} \qquad [-] \qquad (5.42)$$

Das Rückführverhältnis ergibt sich aus der Summe der Rücklaufschlammrückführung bezogen auf den Trockenwetterzufluss und der internen Rezirkulation aus dem Ablauf der Nitrifikation, ebenfalls bezogen auf den Trockenwetterzufluss. Verfahrensbedingt ist der Wirkungsgrad der Denitrifikation η_D für die vorgeschaltete Denitrifikation begrenzt und beträgt in Abhängigkeit des Rückführverhältnisses:

$$\eta_D \leq 1 - \frac{1}{1 + RF} \qquad [-] \qquad (5.43)$$

5.8.1.10 Sauerstoffbedarf

Der Sauerstoffverbrauch setzt sich zusammen aus dem Verbrauch für die Kohlenstoffelimination (einschließlich der endogenen Atmung) und gegebenenfalls dem Bedarf für die Nitrifikation sowie der Einsparung an Sauerstoff aus der Denitrifikation.
Der Sauerstoffverbrauch für die Kohlenstoffelimination ergibt sich unmittelbar aus der CSB-Bilanz:

$$OV_{d,C} = Q_{d,Konz} \cdot OV_C/1\,000 \qquad [kg\ O_2/d] \qquad (5.44)$$

Für die Nitrifikation wird der Sauerstoffverbrauch mit 4,3 kg O_2 pro kg oxidierten Stickstoff unter Berücksichtigung des Stoffwechsels der Nitrifikanten angenommen [2184].

$$OV_{d,N} = Q_{d,Konz} \cdot 4{,}3 \cdot (S_{NO3,D} - S_{NO3,ZB} + S_{NO3,AN})/1\,000 \quad [kg\ O_2/d] \quad (5.45)$$

Bei der Denitrifikation wird für den Kohlenstoffabbau mit 2,86 kg O_2 pro kg denitrifizierten Stickstoff gerechnet:

$$OV_{d,D} = Q_{d,Konz} \cdot 2{,}86 \cdot S_{NO3,D}/1\,000 \qquad [kg\ O_2/d] \qquad (5.46)$$

Für die Auslegung der Belüftung sind mindestens vier Lastfälle zu betrachten, für die der stündliche Sauerstoffverbrauch zu berechnen ist. Für jeden Lastfall muss die gesamte Berechnung erneut durchgeführt werden.

- Lastfall 1: Durchschnittlicher Sauerstoffverbrauch im Ist-Zustand, $OV_{h,aM}$ Dieser Lastfall dient der Ermittlung des Jahresenergieverbrauchs der Belüftung und ist damit der maßgebliche Lastfall zur Ermittlung der Jahreskosten bzw. des Projektkostenbarwerts im Rahmen eines Variantenvergleichs bzw. bei einer weitgehend funktionalen Ausschreibung zum Vergleich der Angebote. Für diesen Lastfall ist der Sauerstoffbedarf unter Verwendung der im Jahresmittel zu erwartenden Schmutzfrachten sowie der Jahresmitteltemperatur für den Ist-Zustand unmittelbar nach der Inbetriebnahme zu ermitteln.

$$OV_{h,aM} = \frac{(OV_{d,C,aM} - OV_{d,D,aM}) + OV_{d,N,aM}}{24} \qquad [kg\ O_2/h] \qquad (5.47)$$

- Lastfall 2: Maximaler Sauerstoffverbrauch im Ist-Zustand, $OV_{h,max}$ Dieser Lastfall dient der Dimensionierung der Belüftungs- und Durchmischungseinrichtungen und ergibt sich meist entweder als Sauerstoffverbrauch in Phasen der höchsten Abwassertemperatur oder in den Wintermonaten bei niedrigster Abwassertemperatur unmittelbar nach der Inbetriebnahme. Sofern saisonale Schwankungen vorliegen, sind diese gesondert mit der in dieser Zeit maßgebenden Temperatur zu berücksichtigen.

$$OV_{h,max} = \frac{f_C \cdot (OV_{d,C,max} - OV_{d,D,max}) + f_N \cdot OV_{d,N,max}}{24} \qquad [kg\ O_2/h] \qquad (5.48)$$

- Lastfall 3: Minimaler Sauerstoffverbrauch im Ist-Zustand, $OV_{h,min}$ Dieser Lastfall dient ebenfalls der Dimensionierung der Belüftungs- und Durchmischungseinrichtungen und ist entscheidend für die notwendige Abstufung der Drucklufterzeuger sowie den Nachweis der Mindestbeaufschlagung der Belüfterelemente unmittelbar nach der Inbetriebnahme. Darüber hinaus dient dieser Lastfall zur Ermittlung des notwendigen Arbeitsbereichs von Oberflächenbelüftern und der gegebenenfalls notwendigen Kombination mit zusätzlichen Rührwerken. Der minimale Sauerstoffbedarf auf Anlagen ohne einen signifikanten auch in den Nachtstunden zufließenden Frachtanteil ergibt sich vereinfacht über den Ansatz der endogenen Atmung als Anteil am gesamten Sauerstoffverbrauch für die Kohlenstoffelimination:

$$OV_{h,min} = \frac{OV_{d,C,aM}}{\left(\frac{3{,}92}{t_{TS} \cdot 1{,}072^{(T-15)} + 1{,}66}\right) \cdot 24} \quad [\text{kg } O_2/\text{h}] \quad (5.49)$$

- Lastfall 4: Sauerstoffverbrauchswerte für den Prognose- und gegebenenfalls Revisions-Zustand
  Zusätzlich sind die oben genannten Kennwerte des Sauerstoffbedarfs auch für den Prognose-Zustand bzw. für planerisch berücksichtigte Revisionszustände zu ermitteln.

Der Stoßfaktor f_C stellt das Verhältnis des Sauerstoffverbrauchs für die Kohlenstoffelimination in der Spitzenstunde zum durchschnittlichen Sauerstoffverbrauch dar. Dieses ist wegen der ausgleichenden Wirkung durch die Hydrolyse der Feststoffe nicht das Verhältnis der entsprechenden CSB-Frachten. Die Werte für den Stoßfaktor können direkt der Tabelle 5.29 entnommen werden. Der Stoßfaktor f_N ist messtechnisch zu ermitteln. Allenfalls hilfsweise können auch die Werte der Tabelle 5.29 angesetzt werden.

Tabelle 5.29: Stoßfaktoren für den Sauerstoffverbrauch (zur Abdeckung der 2-h-Spitzen gegenüber 24-h-Mittel, wenn keine Messungen vorliegen)

	Schlammalter in d					
	4	6	8	10	15	25
f_C	1,3	1,25	1,2	1,2	1,15	1,1
$f_{N\text{ für }Bd,\,CSB,ZB}$ < 2 400 kg/d	-	-	-	2,4	2,0	1,5
$f_{N\text{ für }Bd,\,CSB,ZB}$ > 12 000 kg/d	-	-	2,0	1,8	1,5	-

5.8.1.11 Auslegung von Druckbelüftungssystemen

Die Auslegung von Druckluftbelüftungssystemen geht von dem für die einzelnen Lastfälle ermittelten Sauerstoffbedarf aus. Hieraus wird die notwendige Sauerstoffzufuhr *SOTR* als maßgebliche Dimensionierungsgröße für die Bemessung der Belüftung ermittelt [607].

$$SOTR = \frac{f_d \cdot C_{S,20}}{\alpha \cdot (f_d \cdot C_{S,T} - C_x) \cdot 1{,}072^{(T-20)}} \cdot OV_h \qquad [\text{kg/h } O_2] \qquad (5.50)$$

Ab einer Höhe von 600 m. ü. NN und bei Salzgehalten $S_{TDS,\alpha}$ < 2 g TDS/l wird empfohlen, zusätzlich auch noch den Einfluss der Höhenlage auf die Sauerstoffsättigungskonzentration zu berücksichtigen:

$$SOTR = \frac{f_d \cdot C_{S,20}}{\alpha \cdot (f_d \cdot C_{S,T} \cdot \frac{p_{atm}}{1.013} - C_x) \cdot 1{,}072^{(T-20)}} \cdot OV_h \qquad [\text{kg/h } O_2] \qquad (5.51)$$

Bei Salzgehalten $S_{TDS,\alpha}$ > 2 g TDS/l sollten die Einflüsse des Salzes im Abwasser auf den Sauerstoffsättigungswert (β_{St} und β_α) und auf den Belüftungskoeffizienten ($f_{S,St}$ und $f_{S,\alpha}$) berücksichtigt werden [1949]:

$$SOTR = \frac{f_d \cdot \beta_{St} \cdot C_{S,20} \cdot f_{S,St}}{\alpha \cdot f_{S,\alpha} \cdot (f_d \cdot \beta_\alpha \cdot C_{S,T} \cdot \frac{p_{atm}}{1.013} - C_x) \cdot 1{,}072^{(T-20)}} \cdot OV_h \qquad [\text{kg/h } O_2] \qquad (5.52)$$

Die Salzkorrekturterme β_{ST} und β_α finden generell ab Salzgehalten > 2 g TDS/l Anwendung, $f_{S,\alpha}$ und $f_{S,St}$ dürfen hingegen nur zur Anwendung gelangen, wenn sämtliche der folgenden Anforderungen erfüllt sind:

- Der förderliche Effekt von Salzen auf den Belüftungskoeffizienten kommt lediglich zum Tragen, wenn keine weiteren oberflächenaktiven Substanzen wie beispielsweise Tenside in signifikanten Konzentrationen im Ablauf und im belebten Schlamm gelöst vorliegen.
- Die aufgeführten Gleichungen für $f_{S,\alpha}$ und $f_{S,St}$ sind aus Untersuchungen mit Meerwasser (hauptsächlich NaCl) abgeleitet und können deswegen nur zur Anwendung gelangen, wenn die erhöhten Salzkonzentrationen im Anlagenzulauf im Wesentlichen auf den Einfluss von Meersalz zurückzuführen sind. Bei anderen Salzen kann der Salzkorrekturterm in Abhängigkeit der Salzkonzentration einen anderen funktionalen Verlauf als durch die Gleichungen beschrieben annehmen. Einige Salze weisen auch gar keinen Effekt auf den Belüftungskoeffizienten auf.
- Die Salzkorrekturterme $f_{S,\alpha}$ und $f_{S,St}$ gelten lediglich für kommunale Abwässer. Da der Ablauf von Industrieabwasserbehandlungsanlagen häufig erhebliche Konzentrationen an oberflächenaktiven Substanzen aufweist und sich die dort vorkommenden Salze häufig deutlich von Meersalz unterscheiden, können die Salzkorrekturterme hier nicht zur Anwendung gelangen.

Die Sauerstoffzufuhr ist jeweils getrennt für alle Lastfälle zu errechnen und auszuweisen. Analog zu dem lastfallabhängigen Sauerstoffverbrauch ist auch der α-Wert in Abhängigkeit des jeweiligen Lastfalls anzusetzen: für den maximalen Lastfall der kleinste α-Wert (α_{min}), für den mittleren und den minimalen Lastfall die entsprechend höheren α-Werte (α_{mittel} und α_{max}). Die Empfehlungen in Form von Richtwerten für die minimalen, mittleren und maximalen α-Werte für die jeweiligen Lastfälle und die unterschiedlichen Verfahrensvarianten sind in Tabelle 5.30 zusammengestellt. Die Anwendung der in dieser Tabelle angegebenen α-Werte entbindet nicht von der Pflicht, den jeweiligen Einzelfall zu prüfen. So gelten die tabellierten α-Werte beispielsweise nicht für stark industriell geprägtes Abwasser.

Tabelle 5.30: Richtwerte der α-Werte für den maximalen, den mittleren und den minimalen Lastfall entsprechend der einzelnen Reinigungsziele bzw. Verfahrensvarianten [607]

	Lastfall 2 (maximaler O_2-Bedarf im Ist-Zustand) α_{min}	**Lastfall 1** (durchschnittlicher O_2-Bedarf im Ist-Zustand) α_{mittel}	**Lastfall 3** (minimaler O_2-Bedarf im Ist-Zustand) α_{max}
kontinuierlich betriebene Stickstoffelimination	0,60	0,75	0,85
SBR-Verfahren zur Stickstoffelimination	0,50	0,65	0,80
MBR-Verfahren (TS ~ 12 g/L, t_{TS} = 25 d	0,50	0,60	0,70
simultane aerobe Stabilisierung	0,70	0,80	0,90
Kohlenstoffelimination	0,35	0,50	0,60

Die Errechnung der notwendigen Luftmenge ergibt sich dann über die spezifische Sauerstoffzufuhr *SSOTR* (g $O_2/(m_N^3 \cdot m)$) oder die spezifische Sauerstoffausnutzung *SSOTE* (%/m) gemäß den Kennwerten des jeweiligen Belüfterherstellers. Bei 300 g O_2/m^3 kann *SSOTE* aus *SSOTR*/3 einfach abgeschätzt werden.
Der Luftbedarf errechnet sich schließlich unter Verwendung der spezifischen Standard-Sauerstoffausnutzung zu:

$$Q_{L,N} = \frac{1\,000 \cdot SOTR}{3 \cdot SSOTE \cdot h_D} \qquad [m_N^3/h] \qquad (5.53)$$

Die spezifische Standard-Sauerstoffzufuhr *SSOTR* ergibt sich bei 300 g O_2/m^3 zu:

$$SSOTR = SSOTE \cdot 3 \qquad [g\ O_2/(m_N^3 \cdot m)] \qquad (5.54)$$

Tabelle 5.31: Richtwerte für Druckluftbelüftungssysteme (alle Werte für Reinwasserbedingungen bis zu einer Einblastiefe von 6 m) [607]

System	günstig		mittel	
	SSOTE (%/m)	SAE (kg/kWh)	SSOTE (%/m)	SAE (kg/kWh)
flächendeckend	8,0 – 8,7	4,2 – 4,5	6,0 – 7,0	3,3 – 3,4
Umwälzung und Belüftung	6,7 – 8,0	3,7 – 4,2	5,0 – 7,0	3,2 – 3,3

Die dargestellten Richtwerte beruhen auf Messwerten, wobei die mittleren Messwerte für eine typische Luftbeaufschlagung als „günstig" bezeichnet werden. Die Bezeichnung „mittel" beschreibt 75 % der Werte unter „günstigen Bedingungen".
Die spezifische Standard-Sauerstoffausnutzung wird in der Regel von den Herstellern der Belüfterelemente angegeben und garantiert, kann aber auch für die Zwecke von Verfahrensvergleichen der Tabelle 5.31 entnommen werden. Hier sind die in zahlreichen Untersuchungen ermittelten Kennwerte für die spezifische Standard-Sauerstoffausnutzung und den Sauerstoffertrag jeweils für günstige und mittlere Bedingungen angegeben.

5.8.1.12 Säurekapazität

Die Säurekapazität (Pufferungsvermögen gegenüber Säure) im Zulauf zur Kläranlage wird in erster Linie durch die Säurekapazität des Trinkwassers bestimmt und zusätzlich durch die Säurekapazität, die aus dem Ammoniumgehalt resultiert.

Tabelle 5.32: pH-Werte im Belebungsbecken in Abhängigkeit von der Sauerstoffausnutzung und der Säurekapazität im Belebungsbecken [597]

$S_{KS,AB}$ [mmol/l]	pH-Werte im Belebungsbecken bei einer mittleren Sauerstoffausnutzung von				
	6 %	9 %	12 %	18 %	24 %
1,0	6,6	6,4	6,3	6,1	6,0
1,5	6,8	6,6	6,5	6,3	6,2
2,0	6,9	6,7	6,6	6,4	6,3
2,5	7,0	6,8	6,7	6,5	6,4
3,0	7,1	6,9	6,8	6,6	6,5

Bei der Nitrifikation wird Säure gebildet und die Säurekapazität des Abwassers vermindert. Bei der Denitrifikation wird die Hälfte der bei der Nitrifikation gebildeten Säure abgebaut. Da jedoch die Nitrifikation Vorbedingung für die Denitrifikation ist, wird insgesamt auch durch denitrifiziertem Stickstoff die Säurekapazität des Abwassers verringert. Auch bei der Zugabe von Metallsalzen bei der Simultanfällung wird Säure frei und damit die Säurekapazität reduziert. Das bei der Simultanfällung entfernte Phosphat erhöht allerdings geringfügig die Alkalität des Abwassers. Die Abnahme der Säurekapazität ergibt sich zu (alle Säurekapazitätswerte in mmol/l und alle anderen Konzentrationen in mg/l):

$$S_{KS,AB} = S_{KS,ZB} - [0{,}07 \cdot (S_{NH4,ZB} - S_{NH4,AN} + S_{NO3,AN} - S_{NO3,ZB}) + 0{,}06 \cdot S_{Fe3} + 0{,}04 \cdot S_{Fe2} + 0{,}11 \cdot S_{Al3} - 0{,}03 \cdot X_{P,Fäll}] \quad [\text{mmol/l}] \qquad (5.55)$$

Die verbleibende Säurekapazität im Ablauf der Belebungsanlage sollte nicht kleiner als 1,5 mmol/l sein.
Der CO_2-Gehalt ist wiederum direkt abhängig von der Effektivität des Belüftungssystems. Aus Tabelle 5.32 sind die entsprechenden pH-Werte zu entnehmen.

5.8.1.13 Bemessung der Nachklärung

Grundlage der Nachklärbeckenbemessung sind der maximale Zufluss bei Regen Q_M, der Schlammindex *ISV* und der Schlammtrockensubstanzgehalt im Zulauf zur Nachklärung TS_{AB}. Für die Festlegung des Schlammindex sind vorzugsweise die Betriebsdaten der Eigenüberwachung zu verwenden. Wenn nur die Erweiterung der Nachklärung ohne verfahrenstechnische Änderung am Belebungsbecken zu planen ist, kann der Schlammindex für die Bemessung aus den Betriebsaufzeichnungen für die kritische Jahreszeit oder ersatzweise als an 85 % der Tage unterschrittener Wert zugrunde gelegt werden. Erfolgt durch die Erweiterung der Belebungsanlage eine wesentliche Veränderung der Verfahrenstechnik, beispielsweise die Einfügung von Selektoren, so ist der mögliche Einfluss auf den Schlammindex zu berücksichtigen. Hilfsweise kann auf die Richtwerte in Tabelle 5.33 zurückgegriffen werden.

Tabelle 5.33: Richtwerte für den Schlammindex [597]

Reinigungsziel	*ISV* (l/kg) Gewerblicher Einfluss	
	günstig	ungünstig
ohne Nitrifikation	100 – 150	120 – 180
Nitrifikation (und Denitrifikation)	100 – 150	120 – 180
Schlammstabilisierung	75 – 120	100 – 150

Die zulässige Eindickzeit liegt bei Belebungsanlagen bei 2 h. Mit Hilfe dieser beiden Prozessgrößen errechnet sich dann der erreichbare Trockensubstanzgehalt im Bodenschlamm TS_{BS} zu:

$$TS_{BS} = \frac{1\,000}{ISV} \cdot \sqrt[3]{t_E} \qquad [kg/m^3] \qquad (5.56)$$

Der Trockensubstanzgehalt im Rücklaufschlamm ergibt sich in Abhängigkeit des Räumsystems zu:

- Schildräumer: $TS_{RS} \approx 0{,}7$ bis $0{,}8 \cdot TS_{BS}$
- Saugräumer: $TS_{RS} \approx 0{,}5$ bis $0{,}7 \cdot TS_{BS}$

Der Trockensubstanzgehalt im Belebungsbecken ergibt sich nun unter Verwendung einer Feststoffbilanz zu:

$$TS_{BB} = \frac{RV \cdot TS_{RS}}{1 + RV} \qquad [kg/m^3] \qquad (5.57)$$

Für die Bemessung von Nachklär- und Belebungsbecken ist der Rücklaufschlammstrom zu maximal $RV = 0{,}75$ anzunehmen. Betrieblich sollten die Rücklaufschlammpumpen allerdings auf $RV = 1$ ausgelegt werden. Bei vertikal durchströmten Nachklärbecken ist auch eine Bemessung auf $RV = 1$ möglich. Die Auslegung der Rücklaufschlammpumpen sollte dann eine Förderung von $RV = 1{,}5$ zulassen.
Zur Sicherstellung eines Gehalts an abfiltrierbaren Stoffen im Ablauf der Nachklärung von $X_{TS,AN} \leq 20$ mg/l ist bei vorwiegend horizontal durchströmten Nachklärbecken eine Schlammvolumenbeschickung von $q_{sv} \leq 500$ l/(m² · d) und bei vorwiegend vertikal durchströmten Nachklärbecken eine Schlammvolumenbeschickung von $q_{sv} \leq 650$ l/(m² · d) einzuhalten. Die resultierende Oberflächenbeschickung der Nachklärbecken ergibt sich dann mit:

$$q_A = \frac{q_{SV}}{TS_{AB} \cdot ISV} \qquad [m/h] \qquad (5.58)$$

Die erforderliche Oberfläche der Nachklärung ergibt sich dann wie folgt:

$$A_{NB} = \frac{Q_M}{q_A} \qquad [m^2] \qquad (5.59)$$

Zur Ermittlung der Tiefe werden idealisiert drei verschiedene Funktionszonen innerhalb der Nachklärung unterschieden und deren Tiefe in Abhängigkeit der verfahrenstechnischen Randbedingungen ermittelt. Die oberste Zone der Nachklärung wird als Klarwasserzone bezeichnet und mit einer Mindesttiefe von $h_1 = 0{,}5$ m ausgeführt. Bei eingehängten Rinnen (beidseitig oder einseitig von außen angeströmt) reicht die Klarwasserzone vom Wasserspiegel bis 20 cm unterhalb der Rinnenunterkante. Einseitig angeströmte eingehängte Rinnen sollten bei Neuplanungen vermieden werden. Um den Eintritt von Schwimmschlamm in die Abzugsrohre zu vermeiden, muss der Wasserspiegel bei getauchten Rohren mindestens 20 cm über den Eintrittsöffnungen liegen. Die Klarwasserzone ist im Wesentlichen eine Sicherheitszone, um die unvermeidbaren Einflüsse aus Wind oder ungleichmäßiger Beschickung auszugleichen. Unterhalb der Klarwasserzone wird die Übergangs- und Pufferzone abgegrenzt, in der im Wesentlichen eine Abtrennung des Schlammwassergemisches und die Flockung erfolgen. Die Tiefe bemisst sich wie folgt:

$$h_{23} = q_A \cdot (1 + RV) \cdot \left[\frac{500}{(1\,000 - VSV)} + \frac{VSV}{1\,100}\right] \qquad [\mathrm{m}] \qquad (5.60)$$

Die unterste Beckenzone ist die Eindick- und Räumzone, in der eine Konzentrierung und Eindickung des abgesetzten Schlammes erfolgt. Ihre Tiefe ermittelt sich zu:

$$h_4 = \frac{TS_{AB} \cdot q_A \cdot (1 + RV) \cdot t_E}{TS_{BS}} \qquad [\mathrm{m}] \qquad (5.61)$$

Aus der Bemessung der Belebung (Kapitel 5.8.1.5) sind die Feststoffgehalte im Ablauf des Belebungsbeckens TS_{AB} und an der Beckensohle der Nachklärung TS_{BS} sowie der Schlammindex *ISV*, das Rücklaufverhältnis *RV* und die Eindickzeit t_E bekannt. Nach Ermittlung der maßgeblichen Schlammvolumen- und Oberflächenbeschickung kann dann die Gesamtwassertiefe als Summe der Einzeltiefen ermittelt werden. Diese Tiefe ist bei vorwiegend horizontal durchströmten Becken mit geneigter Beckensohle auf zwei Drittel des Fließweges einzuhalten. Sie sollte dort mindestens 3 m betragen und bei runden Nachklärbecken sollte die Randwassertiefe 2,5 m nicht unterschreiten. Für vertikal durchströmte Trichterbecken sind unter Verwendung der ermittelten Oberfläche und der Zonentiefen die entsprechenden Volumina für die einzelnen Funktionszonen zu bestimmen und mit ihrer Hilfe die Geometrie des Beckens, insbesondere die Gesamttiefe und die Trichterneigung, zu berechnen.

Einen entscheidenden Einfluss auf das Absetzverhalten der Nachklärbecken hat das Einlaufbauwerk, das der Verteilung des belebten Schlammes auf das Nachklärbecken dient. Bei der konstruktiven Auslegung des Einlaufbauwerks ist eine Minimierung der Gesamtenergie als Summe der kinetischen Energie (aus der Eintrittsgeschwindigkeit des belebten Schlammes ins Nachklärbecken) und der potenziellen Energie (aus der Höhe des Einlaufs) anzustreben [731].

Dieser Zustand ist dadurch gekennzeichnet, dass die densimetrische Froudezahl F_D den Wert 1 annimmt:

$$F_D = \frac{u}{\sqrt{\frac{\rho_0 - \rho}{\rho} \cdot g \cdot h}} \qquad [-] \qquad (5.62)$$

mit:

u = horizontale Strömungsgeschwindigkeit im Eintrittsquerschnitt bei maximalem Zufluss einschließlich Rücklaufschlamm und h die Öffnungshöhe des Eintrittsquerschnitts (Schlitzhöhe) [m/s]

ρ_0 = Dichte des belebten Schlamms (z. B. 1 001 kg/m³), die sich aus den Dichten des Fluids und der Trockenmasse (z. B. 1 450 kg/m³) ergibt [kg/m³]
ρ = Dichte des Umgebungsfluids [kg/m³]
g = Erdbeschleunigung [9,81 m/s²]
h = Höhe des Einlaufschlitzes [m]

Für die Bemessung wird empfohlen, die densimetrische Froudezahl tendenziell geringfügig kleiner als 1 anzusetzen. In der Praxis haben sich Einlaufgestaltungen mit 30 cm bis 60 cm Schlitzhöhe und Eintrittsgeschwindigkeiten < 7 cm/s bewährt.
Um die mit dem belebten Schlamm eingeleitete potenzielle Energie zu minimieren und die Flockenfilterwirkung des Schlammbetts möglichst gut auszunutzen, sollte sich die Oberkante des Nachklärbeckeneinlaufs idealerweise in Höhe des Schlammspiegels befinden. Daraus ergibt sich praktisch die Empfehlung, die Einlaufhöhe bei Rundbecken 1,0 m bis 1,5 m über der Trichteroberkante bzw. bei Rechteckbecken entsprechend der Höhe der Eindickzone h_4 festzulegen.
Weiterhin sollte für eine gute Flockenbildung in der Einlaufkammer der G-Wert (Maß für die turbulente Scherbeanspruchung) zwischen 40 und 80 1/s betragen.
Mittelbauwerke in Rundbecken und Vorkammern von Rechteckbecken sollten auf eine Durchflusszeit von mindestens einer Minute bei $(1 + RV) \cdot Q_M$ bemessen werden.

$$G = \sqrt{\frac{P_E}{\mu \cdot V_E}} \qquad [1/s] \qquad (5.63)$$

mit:
μ = dynamische Viskosität des belebten Schlamms (ca. 0,0013 Ns/m² bei 10 °C) [Ns/m²]
P_E = in das Einlaufbauwerk eingetragene Leistung

$$P_E = 0{,}5 \cdot \rho_0 \cdot v_E^2 \cdot Q_M \cdot (1 + RV) \qquad [Nm/s] \qquad (5.64)$$

v_E = Eintrittsgeschwindigkeit v_E in das Einlaufbauwerk (im Querschnitt Zulaufdüker) [m/s]

$$v_E = \frac{Q_M \cdot (1 + RV)}{A_{ZD}} \qquad [m/s] \qquad (5.65)$$

A_{ZD} = Querschnitt des Zulaufdükers [m²]

Da sich die Schlammgehalte im Einlauf und im Nachklärbecken aber in Abhängigkeit der betrieblichen Randbedingungen der Nachklärung ändern, kann zu weiteren Verbesserung der Einlaufsituation auch ein in der Höhe veränderlicher Einlauf angeordnet werden [54].

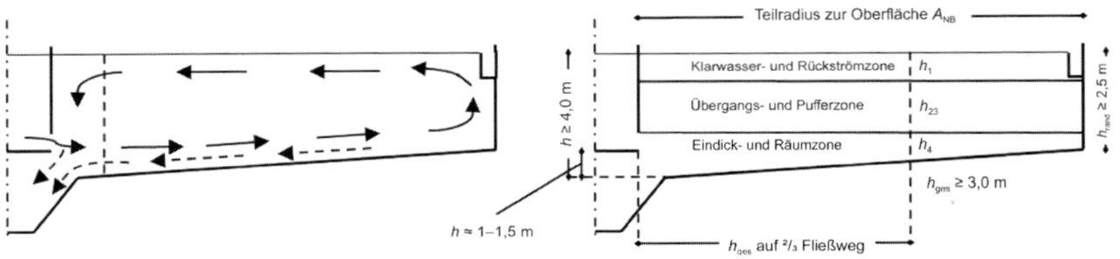

Bild 5.68: Hauptströmungsrichtungen und funktionale Beckenzonen von horizontal durchströmten runden Nachklärbecken [597]

Bauformen von Nachklärbecken vergleiche [1390, 1756], Betriebserfahrungen beschreiben: [863, 944, 980, 1983].

Die Schlammvolumenbelastung der Nachklärung kann gesenkt werden, wenn man Lamellenpakete in das Belebungsbecken einsetzt und dafür sorgt, dass ein Teil des Schlamms dort verbleibt und nicht in die Nachklärung ausgetragen wird [380, 718, 1244, 1359, 2033]. Dadurch kann der Feststoffgehalt im Belebungsbecken um bis zu 100 % angehoben werden, ohne dass es zu einer erhöhten Belastung der Nachklärung kommt. Hierbei ist wichtig, dass der belebte Schlamm im Zulauf der Nachklärung immer einen Mindestfeststoffgehalt von etwa 1 kg/m^3 aufweist, um eine ausreichende Flockung zu gewährleisten. Dies kann in einfacher Weise über eine Bypass-Regelung erreicht werden, bei der der direkte Ablauf der im Belebungsbecken eingebauten Lamellenklärer mit Ablauf aus dem Belebungsbecken vermischt wird. Die Regelung erfolgt auf einen Ziel-Feststoffgehalt und die Steuergröße ist das Mischungsverhältnis aus diesen beiden Schlammströmen [1244].

Spatzierer schlägt vor, bei Regenwasserzufluss den Schlammspiegel der Nachklärung zu beobachten und bei seinem Anstieg die Belüftung im Belebungsbecken zeitweise abzustellen. Dies verursacht keine höhere Ablaufverschmutzung und vermeidet Schlammabtrieb [2113]. Diese im Ausland unter dem Namen ATS (Aeration Tank Settling) bekannte Betriebsweise wird auf mehreren dänischen Kläranlagen zur Entlastung der Nachklärung bei Mischwasserzufluss erfolgreich eingesetzt [1699]. Eine andere Betriebsweise sieht die direkte Zuleitung von Mischwasser unter Umgehung des biologischen Reaktors in die Nachklärung vor. Durch die adsorptive Wirkung des belebten Schlammes wird eine weitergehendere Reinigung des Mischwassers im Vergleich zu einer Behandlung in einem Regenbecken erreicht, ohne die beim Belebungsverfahren übliche Schlammverfrachtung vom Belebungsbecken in die Nachklärung zu verstärken. Damit kann der Mischwasserzufluss der Kläranlage deutlich erhöht und die Entlastungstätigkeit der Regenbecken im Netz wesentlich verringert werden. Nach Untersuchungen auf der Kläranlage Wulkaprodersdorf (A) konnten bei einer Bypassführung von 30 % des gesamten Abwasserzuflusses im Mittel 92 % der CSB-, 88 % der NH4-N- und 98 % der AFS-

Fracht aus dem Bypass entfernt werden [1701, 1702, 2166]. Betriebsempfehlungen bei Problemen mit Nachklärbecken von Belebungsanlagen vgl. [729, 1756].

5.8.2 Automatisierung des Belebungsverfahrens

Die Automatisierung von Teilprozessen der Abwasserreinigung hat die Aufgabe, vorrangig eine hohe Betriebsstabilität zur sicheren Einhaltung der Überwachungswerte zu erreichen und nachrangig, eine Minimierung des Betriebsmitteleinsatzes anzustreben. Das Anlagen- und Prozessverhalten der Belebung wird dabei zeitlich oder räumlich zielgerichtet beeinflusst. In der Praxis sind dabei einfache Steuerungen („an/aus") genauso praxisbewährt und in prozesstechnischen Anwendungen verbreitet wie Regler mit einem rein proportionalen (P), einem proportionalen und integralen (PI) oder einem proportionalen, integralen und differenzierenden Verhalten (PID). Die jeweils richtige Automatisierungsstruktur orientiert sich an der lokalen Aufgabenstellung, ist entsprechend zu planen und im Automatisierungssystem zu implementieren.
Eine umfassende Übersicht von Automatisierungslösungen beim Belebungsverfahren ist dem DWA-A 268 [600] zu entnehmen. Hier finden sich auch Hinweise zum Zusammenwirken von Verfahrensgeber, Elektroplaner und Ausrüster, deren erfolgreiche Zusammenarbeit zur sachgerechten Erarbeitung und Umsetzung von angepassten Automatisierungslösungen unabdingbar erscheint. Bei der Kohlenstoffelimination wie bei den Prozessen der Nitrifikation stellt eine angepasste Sauerstoffzufuhr die wesentliche Automatisierungsaufgabe dar. Zielsetzung ist hier, einen betrieblich notwendigen Sauerstoffüberschuss in der belüfteten Zone sicherzustellen, ohne aus energetischen wie betrieblichen Gründen zuviel Sauerstoff in das Gesamtsystem einzubringen. Zu hohe Sauerstoffkonzentrationen im aeroben Bereich können in den anoxischen (Denitrifikation) wie anaeroben Bereichen (biologische Phosphatelimination) zu einer Minderung der dortigen Umsatzprozesse führen und sind zu daher zu minimieren. Während beim Betrieb von Oberflächenbelüftern zur O_2-Versorgung des belebten Schlammes die Automatisierungsmöglichkeiten oft auf die Ab-/Zuschaltung von Einzelmaschinen oder die Anpassung der Motordrehzahl begrenzt sind, stehen bei der Druckluftbelüftung unterschiedliche Automatisierungsstrategien zur Verfügung. Hier sind die verfahrenstechnische wie die klärtechnische Konzeption (System der Denitrifikation, Anzahl der Verdichter, Anzahl von parallelen Becken, Anzahl von Einzelkaskaden innerhalb einer Beckenstraße etc.) und die dazugehörige Automatisierungsstruktur sehr eng miteinander verknüpft und bei der Planung gleichwertig zu betrachten. Während bei kleineren Kläranlagen eine Einzelkreisregelung vorhanden ist (d. h. eine Gebläseeinheit wird einer Beckeneinheit zugeordnet), sind bei größeren Anlagen Mehrkreisregelungen

üblich. Dabei werden mehrere Becken oder Beckenteile einem zentralen Gebläsepool zugeordnet. Die Regelung der Luftverteilung erfolgt bedarfsgerecht nach den Messergebnissen von im Becken installierten O_2-Messsonden mittels lokalen Drosselregelungen (wie Blendenregulierschiebern), die Lufterzeugung wird dann oft auf Basis eines vorgegebenen Differenzdruckes geregelt. Hierbei sind die Konstantdruckregelung als auch die energetisch weniger aufwändige Gleitdruckregelung standardisierte Automatisierungskonzepte (s. Bild 5.69).
Bei der Luftverteilregelung kann auf eine Einbindung des Differenzdruckes dagegen verzichtet werden. Zur Konzeption der Automatisierung sind immer alle relevanten verfahrenstechnische Aspekte (minimale wie maximale Belüfterbeaufschlagung, Sonderbelastungen der Anlage etc.) zu beachten. Eine weitere Optimierung ist bei allen genannten Systemen auch über eine Anpassung der O_2-Sollwerte in Abhängigkeit des NH_4-N im Ablauf der Biologie möglich.
Bei Anlagen mit einer intermittierenden Stickstoffelimination steht weniger die sachgerechte Luftverteilung, sondern die angepasste, belüftete Zykluszeit wie die Einhaltung der O_2-Sollkonzentration im Reaktor im Vordergrund. Während bei kleineren, aeroben Stabilisationsanlagen vorgewählte, fixe Zykluszeiten oft ausreichend sind, bietet sich bei größeren Anlagen auch eine variable Zykluszeit, beispielsweise geführt über eine NH_4-N-Messung in der biologischen Stufe an. Bestimmte Basiswerte (minimale / maximale Belüftungszeit etc.) müssen auch hier übergeordnet eingehalten werden. Hinweise sind auch dem DWA-M 229 [605, 607] zu entnehmen.
Auch bei der Denitrifikation sind die Automatisierungskonzepte immer von der gewählten Verfahrenstechnik abhängig. Bei der vorgeschalteten DN ist die Regelung der Nitratrückführung über die kontinuierliche Messung der NO_3-N-Konzentration im Ablauf des DN-Reaktors sinnvoll wie dies in Bild 5.70 dargestellt ist.
Im Vordergrund steht hier die Optimierung der Prozessbedingungen (ausreichendes Nitratangebot bei möglichst geringer Verschleppung von O_2 aus der belüfteten Zone sowie eine optimierte Kontaktzeit), die energetische Einsparung ist in vielen Fällen aber begrenzt. Voraussetzung für eine erfolgreiche Automatisierung ist auch hier ein entsprechender Arbeitsbereich der Rückführungspumpen. Bei intermittierenden wie simultanen DN-Anlagen ist die richtige Festlegung der unbelüfteten Zykluszeiten bzw. Beckenzonen von entscheidender Bedeutung. Auch hier kann eine kontinuierliche Messung der oxidierten Stickstoffverbindungen als Störgrößenaufschaltung zur Anpassung der vorgewählten Belüftungszeit bzw. der Aggregate eine gute Lösung bieten.

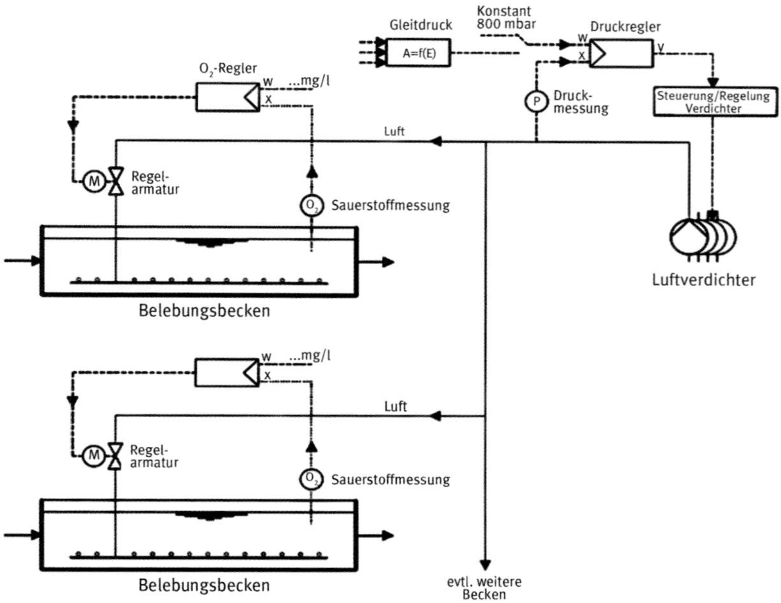

Bild 5.69: Konstantdruckregelung/Gleitdruckregelung [600]

Die Dosierung von Kohlenstoffverbindungen in die anoxische Zone zur Verbesserung der Denitrifikation ist zunehmend üblich. Eine Automatisierung ist hier fast zwingend notwendig, um eine temporäre Überdosierung zu verhindern. Führungsgröße ist auch hier eine kontinuierliche Messung der oxidierten Stickstoffverbindungen im Ablauf der DN-Zone (bzw. während der DN-Zeit).

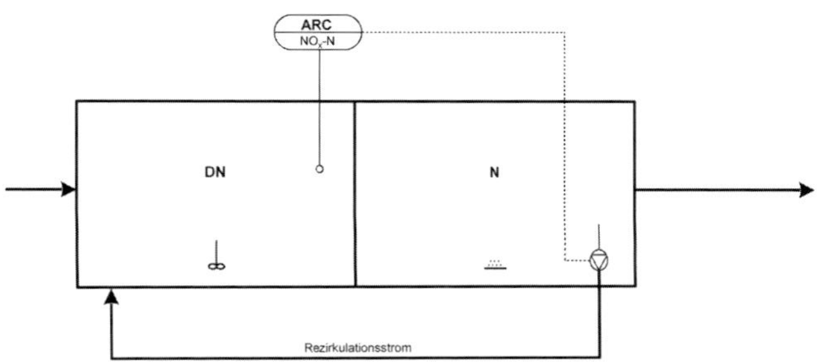

Bild 5.70: Vorgeschaltete Denitrifikation; Messgröße: NOx-N-Konzentration; Stellgröße: Rezirkulationsstrom [600]

Bei der vorgeschalteten DN müssen die Automatisierung einer C-Dosierung und der Nitratrückführung mit einander verknüpft werden, da sich die Teilprozesse gegenseitig beeinflussen. Bei einer nachgeschalteten DN kann die kontinuierliche Berechnung der DN-Geschwindigkeit eine zusätzliche Überwachungsgröße darstellen, wenn die Dosierung mittels einer Nitratmessung im Ablauf des DN-Reaktors geführt wird.

Die Automatisierungslösungen zur chemischen Phosphatelimination sind im ATV-DVWK-M 206 [107] dargestellt. Die Dosierung mit einem Festwert für die Fällmittelzugabe ist bei kleineren Stabilisationsanlagen oft ausreichend, mit steigender Größe der Anlage wird auf einfache Steuerungen (Tages- oder Wochenganglinie, in Abhängigkeit des Zuflusses) der Dosierung zurückgegriffen. Bei größeren Anlagen oder zur Erzielung sehr niedriger P_{ges}-Ablaufwerte ist eine Automatisierung der Fällmittelzugabe mittels eines kontinuierlichen Phosphatmessgerätes sinnvoll. Große Bedeutung hat eine angepasste Regelstrecke, um einerseits die Sicherstellung der Fällungsreaktion zwischen Dosierstelle und Messstelle zu erreichen und andererseits die Totzeit nicht zu lange werden zu lassen.

Das Schlammmanagement bei Belebungsanlagen umfasst Automatisierungslösungen zur Rücklaufschlammführung wie dem Abzug des Überschussschlammes. Durch die Rücklaufschlammführung kann unter stationären Verhältnissen der Trockensubstanzgehalt in der Belebung nicht beeinflusst werden. Mit sich veränderndem Rücklaufverhältnis RV ändert sich lediglich der TS-Gehalt im Rücklaufschlamm, die rückgeführte TS-Fracht bleibt somit unverändert. Die Automatisierung hat gegenüber einer konstanten Förderung einzig das Ziel, Pumpenenergie einzusparen. Üblich ist daher die Steuerung des Rücklaufschlammstromes über ein fest vorgewähltes Rücklaufverhältnis RV (bezogen auf den Zulauf zur Anlage). Vorteilhaft – besonders bei einsetzendem Mischwasserzufluss – ist eine Anpassung des gewählten RV über die Schlammspiegelhöhe in der Nachklärung. Bei steigendem Schlammspiegel ist das RV zu erhöhen, so dass der Trockensubstanzgehalt im Rücklaufschlamm geringer wird und dem ggf. schlechteren Absetz- bzw. Eindickverhalten des belebten Schlammes Rechnung trägt.

Der Überschussschlammabzug wird üblicherweise gemäß den Anforderungen des Betriebes der nachfolgenden Schlammbehandlung automatisiert. Hier sind einfache Zeit-/Pausenschaltungen mit regelmäßiger Anpassung durch das Betriebspersonal üblich. Eine Regelung über die Erfassung des Ist-Schlammalters muss sorgsam konfiguriert sein, um das reale Schlammalter richtig zu erfassen und einen temporär übermäßigen Schlammabzug zu verhindern.

Die hier dargestellten Automatisierungsaufgaben können nahezu beliebig erweitert werden (Automatisierung der Rückführung von Prozesswasser aus der anaeroben Schlammbehandlung, Betrieb von Wechselkaskaden etc.). Mit zunehmender Komplexität der Automatisierungsaufgabe steigen die Ansprüche an das verfahrenstechnische und regelungstechnische Verständnis von Planer, Ausrüster und Betreiber, umso sorgfältiger hat die Projektierung zu erfolgen. Hilfestellung kann hier eine mathematische Simulation der Prozesse in der Belebung bei der zusätzlichen Implementierung von ausgewählten Automatisierungsstrategien bieten.

5.8.3 Einsatz der dynamischen Simulation für Planung und Betrieb kommunaler Belebungsanlagen

Zum besseren Verständnis der in der Kläranlage ablaufenden Prozesse werden zunehmend auch mathematische Modelle eingesetzt. Hierbei ist zu unterscheiden zwischen biokinetischen Modellen, die die biologischen Ab- und Umbauprozesse bei der biologischen Abwasserreinigung beschreiben, und den Strömungsmodellen, mit deren Hilfe die Durchströmung von biologischen Reaktoren, aber insbesondere der Nachklärung, beschrieben werden können [1100, 1946].

Beschränkte sich deren Anwendung zunächst auf den akademischen Bereich, so hat mit einer weiteren Angleichung der Modellgrundlagen bei den stationären Bemessungswerkzeugen (A 131) und einer weiteren Verfeinerung der biokinetischen Grundlagen eine zunehmende Verbreitung der Anwendung in der Bemessungspraxis eingesetzt. Grundsätzlich wird zwar empfohlen, weiterhin mit einem stationären Bemessungsansatz die Grundauslegung einer Kläranlage vorzunehmen, beispielsweise unter Verwendung der A 131 [597], allerdings kann die weitere Verfeinerung der Konfiguration, insbesondere die Anordnung von Belüftung und Durchmischung, dann unter Zuhilfenahme von mathematischen Modellen vorgenommen werden. Zur Erleichterung der Anwendbarkeit der mathematischen Modellbildung hat die Hochschulgruppe 'Simulation' eine Anpassung des international weitverbreiteten Simulationsmodells ASM No. 3 [955, 956, 1047] vorgenommen [29]. Hiermit ist es nicht nur möglich, die grundsätzliche Bemessung nach der A 131 weiterzuführen, sondern es stehen inzwischen auch einfache Modelle für Reaktoren sowie für die Zulauf-Fraktionierung zur Verfügung [22].

Nach den Empfehlungen in der A 131 lassen sich mit den dynamischen Modellen insbesondere folgende Konkretisierungen der Kläranlagenplanung vornehmen [597]:

- Quantifizierung der Auswirkungen der Beckengestaltung und Beckenkaskadierungen, Zulaufaufteilungen etc.,

- Abschätzung von Ablaufkonzentrationen (Mittelwerte und Spitzen), auch bei weitergehenden Anforderungen, in verschiedenen Lastsituationen einschließlich Mischwassersituationen,
- Quantifizierung der Auswirkung spezieller Zulaufbedingungen (z. B. Regenereignisse, signifikanter Industrieeinfluss),
- Quantifizierung vermischter Technologien (z. B. vorgeschaltete Denitrifikation kombiniert mit intermittierenden/alternierenden Betriebsweisen, sessile Biomasse),
- Berücksichtigung weiterer Prozessstufen innerhalb der Kläranlage, ganzheitliche Betrachtungsweise, Auswirkungen von Maßnahmen zur Prozesswasserbehandlung bzw. Bewirtschaftung,
- Szenarienvergleich und Auswertung auf gleicher Basis,
- Charakterisierung kritischer Betriebssituationen, Entwicklung von Gegenmaßnahmen,
- Berücksichtigung und Quantifizierung der Wirkung weitergehender Automatisierungsfunktionen und Betriebsführungskonzepte,
- Auslegung der Maschinentechnik, z. B. Belüftungsaggregate oder Verteilung der Belüftereinheiten,
- Integration des nutzbaren Altbestands,
- Verifizierung der Datenbasis durch eine Simulation des Ist-Zustands.

Das Modellfamilie des Activated Sludge Models (ASM) der IWA ist auch heute noch das meist eingesetzte und best erprobte mathematische Modell für die dynamische Simulation des Belebungsverfahrens. Es beschreibt ausschließlich Umwandlungsprozesse, die in aerober und anoxischer Umgebung auf verschiedene Fraktionen der organischen Stoffe und des Stickstoffes in kommunalem Abwasser einwirken. Das Modell beinhaltet keine Beschreibung von Transportprozessen. Es ist konsequent auf Erhaltungssätzen aufgebaut. Zur Beschreibung der organischen Inhaltsstoffe wird der CSB benutzt, da nur mit dieser Messgröße eine Bilanzierung möglich ist. Das ASM 1 charakterisiert das Abwasser und den belebten Schlamm mit Hilfe von sieben gelösten und sechs partikulären Stoffen bzw. Stofffraktionen [1047]:

Organische Stoffe

- S_I [mg CSB/l] gelöste, inerte organische Substanz,
- S_S [mg CSB/l] leicht abbaubares organisches Substrat,
- X_I [mg CSB/l] partikuläre, inerte organische Substanz,
- X_S [mg CSB/l] langsam abbaubares organisches Substrat,

- X_P [mg CSB/l] partikuläre, inerte Zerfallsprodukte.

Biomasse

- X_{BH} [mg CSB/l] aktive heterotrophe Biomasse,
- X_{BA} [mg CSB/l] aktive autotrophe Biomasse.

Stickstoff-Fraktionen

- S_{NO} [mg N/l] Nitrat- und Nitrit-Stickstoff,
- S_{NH} [mg N/l] Ammonium- bzw. Ammoniak-Stickstoff,
- S_{ND} [mg N/l] gelöster organischer Stickstoff,
- X_{ND} [mg N/l] partikulärer organischer Stickstoff.

Sauerstoff

- S_o [mg O_2/l] gelöster Sauerstoff.

Alkalinität

- S_{alk} [mol HCO^{-3}/l] Bicarbonationen.

Auf diese Stoffe wirken insgesamt acht Umwandlungsprozesse ein, die das Wachstum und den Sauerstoffbedarf der heterotrophen Mikroorganismen, die Denitrifikation, den Zerfall von Mikroorganismen, den Abbau von kolloidalen und partikulären organischen Stoffen sowie die Nitrifikation beschreiben. Dazu sind insgesamt fünf stöchiometrische Parameter erforderlich, für die heute zuverlässige Werte verfügbar sind [952, 1047, 1048, 1276].
Umfangreiche kinetische Ausdrücke beschreiben die Prozessgeschwindigkeiten in Abhängigkeit der lokalen Umweltbedingungen (Zustandsgrößen). Die dazu erforderlichen 14 kinetischen Parameter sind z. T. temperaturabhängig, für einige bestehen Schätzwerte, andere müssen innerhalb von Erfahrungsgrenzen abwasserspezifisch erhoben werden.
Weiterentwicklungen des ASM 1 sind das 1995 publizierte ASM 2 und das im Jahr 2000 veröffentlichte ASM 3 [1049]. Die neueren Modelle berücksichtigen Vorgänge der Speicherung von Stoffen in den Mikroorganismen und die erhöhte biologische Phosphorelimination. Mit der Publikation eines dynamischen Modells für die anaerobe Schlammbehandlung (ADM 1) [210] ist ein weiterer wichtiger Baustein der Kläranlagensimulation vorhanden.
Die Simulation erfolgt üblicherweise in folgenden Arbeitsschritten [1451]:

- Definition der Problemstellung und Ziele der Simulation,
- Datenerhebung und Modellauswahl,

- Datenüberprüfung und Durchführung weiterer Messkampagnen,
- Überprüfung der Modelleignung, evtl. weitere Messungen,
- Kalibrierung und Validierung des Modells,
- Simulationsstudie mit Untersuchung unterschiedlicher Szenarien,
- Überprüfung, ob die Zielvorgaben erfüllt wurden.

Wichtige Vorarbeiten in der Phase des Modellabgleiches sind die beeinflussenden Randbedingungen durch den Betrieb der Anlage korrekt abzubilden und eine Zuflussfraktionierung in die Modellgrößen vorzunehmen [86, 315, 1897, 1898].
Je genauer das System Kläranlage und die dort ablaufenden Prozesse beschrieben werden, desto mehr Annahmen müssen getroffen werden. Das Ergebnis der Berechnungen wird daher nur so gut sein können wie die zugrunde gelegten Annahmen und die Güte der Messungen.
Im Bereich der Strömungsmodellierung werden inzwischen auch 2-D- bzw. 3-D-Modelle zur Abbildung des Strömungsverhaltens im Belebungsbecken oder im Nachklärbecken vermehrt eingesetzt. Mit diesen Modellen ist es möglich, die Durchströmung der jeweiligen Becken aufgrund der physikalischen Gesetzmäßigkeiten nachzubilden und dabei Optimierungen in Bezug auf folgende Bauwerksbestandteile vorzunehmen:

- Konstruktion der Einlaufgestaltung im Nachklärbecken [54, 1766, 2122],
- Anordnung von Belüftung und Durchmischung im Belebungsbecken zur Optimierung des Sauerstoffeintrags und der Homogenisierung des belebten Schlamms [608, 931, 1946],
- Optimierung der Strömungsverhältnisse zur Vermeidung von Kurzschlussströmungen [608].

Weitere Entwicklungen von Simulationswerkzeugen gehen in Richtung integrierte Modellierung, angefangen von einer gemeinsamen Betrachtung von Entwässerungssystemen, Kläranlage und Gewässer bis hin zur Einbeziehung von ökonomisch-soziologischen Entscheidungsprozessen. Anwendungen in der Praxis sind noch selten [776, 1007, 2061, 2064].

5.9 Abwasserwiederverwendung

5.9.1 Bedeutung von Wasserwiederverwendung

Die weltweiten Wasservorräte sind knapp und der weiterhin wachsende Wasserbedarf vor allem zur Lebensmittelerzeugung stellt eine zunehmende Heraus-

forderung dar [2236]. Betroffen ist überwiegend die Bevölkerung in Entwicklungs- und Schwellenländern, in ariden oder semi-ariden Regionen sowie in dicht besiedelten Regionen und insbesondere in den schnell wachsenden Megacities [2238].
Wasserwiederverwendung erschließt neue Wasserressourcen, vermindert den Frischwasserbedarf und parallel dazu die Einleitung von (gereinigtem) Abwasser in Gewässer [448]. In Regionen, in denen die Wasserversorgung aufgrund langer Transportwege oder hohem Aufbereitungsaufwand energieintensiv und kostspielig sein kann, kann die Wiederverwendung von adäquat gereinigtem Wasser eine Alternative mit geringerem Energieverbrauch und niedrigeren Kosten im Vergleich zur Frischwassernutzung darstellen [448]. Zudem werden wertvolle Wasserressourcen wie z. B. hochwertiges Grundwasser durch die alternative Verwendung von gereinigtem Wasser geschützt [448].
Wasserwiederverwendung wird zukünftig umso mehr ein wesentlicher Bestandteil eines nachhaltigen Wasserressourcenmanagements sein und zwar nicht nur zur landwirtschaftlichen Bewässerung in den ariden und semiariden Regionen der Welt, sondern durchaus auch in Zentraleuropa, beispielsweise auch im Nordosten Deutschlands im Bundesland Brandenburg, wo sich Prognosen der Klimaforscher zufolge die Niederschläge zunehmend in die Wintermonate verschieben [2146].

5.9.2 Möglichkeiten der Wasserwiederverwendung

Die Notwendigkeit der praktischen Umsetzung von Wasserwiederverwendung kann auf naturräumliche, soziale, politische und ökonomische Faktoren zurückgeführt werden [1254]. Entsprechend sind die Haupttreiber für Wasserwiederverwendung sehr vielfältig, wie z. B. eine ungenügende lokale oder regionale Verfügbarkeit von Wasser; die Notwendigkeit einer zuverlässigen Wasserquelle; räumliche Nähe zwischen landwirtschaftlichen Flächen mit Bewässerungsbedarf und anfallendem Abwasser; steigender Wasserbedarf aufgrund zunehmender Urbanisierung; wachsender Wasserverbrauch von Haushalten, Gewerbe und Industrie; Sicherstellen einer gewissen Wasserqualität oder Wassermenge in Gewässern und Feuchtgebieten oder Einsparen von Kosten bei der Wasseraufbereitung [1254, 1749].
Genauso vielfältig wie die Treiber für Wasserwiederverwendung sind die möglichen Anwendungsgebiete. In Anlehnung an Asano [60] lassen sich verschiedene Kategorien der Wiederverwendung von recyceltem Wasser aus kommunalen Abwasser anführen (Tabelle 5.34).

Tabelle 5.34: Möglichkeiten der Wasserwiederverwendung [60]

landwirtschaftliche Bewässerung	Bewässerung von Kulturpflanzen
	Bewässerung von Blumenfeldern
innerstädtische Anwendungen	Toilettenspülung
	landschaftsbauliche Bewässerung von Parks, Golfplätzen, Grünstreifen, Grünanlagen, Sportplätzen und Friedhöfen
	Feuerlöschwasser
	Klimatisierung
industrielle Wasserwiederverwendung	Kühlwasser
	Dampfkesselspeisung
	Prozesswasser
Freizeitnutzung	Seen und Teiche
	Erhöhung der Wasserführung von Gewässern
	Angeln
	künstliche Beschneiung
Grundwasseranreicherung	Grundwasser Wiederauffüllung
	Vorbeugung/Bekämpfung von Brackwasserinfiltration
	Vorbeugung/Bekämpfung von Bodensetzung
direkte Wiederverwendung als Trinkwasser	Beimischung in oberirdischen Speichern
	Beimischung im Grundwasserleiter
	direkte Einspeisung ins Trinkwassernetz („pipe to pipe reuse“)

5.9.3 Anforderungen an die Wasserqualität

Die Art der Nutzung definiert die Qualitätsanforderungen. Notwendig ist eine ausreichende Qualität für die beabsichtigte Nutzung. Trinkwasser, Toilettenspülwasser, Waschwasser, Kühlwasser, Feuerlöschwasser, Bewässerungswasser etc. haben unterschiedliche Qualitätsanforderungen. Adäquat gereinigtes und aufbereitetes Bewässerungswasser heißt zum Beispiel, die Aspekte des Gesundheitsschutzes der Anwender und Verbraucher, den Pflanzenschutz sowie den Schutz des Bodens und möglicherweise des Grundwassers zu beachten. Auch Qualitätsanforderungen, die aus den Anforderungen der Wasserspeicherung zum Ausgleich der Diskrepanz zwischen ganzjährigem Anfall des wieder verwendbaren Wassers und dem saisonalen landwirtschaftlichen Bedarf kommen, können von Bedeutung sein.

Notwendig ist aber auch, dass hochwertige Wasserqualitäten für solche Anwendungen aufgespart werden, die eine solche hochwertige Wasserqualität auch benötigen. Dabei ist *hochwertig* ein relativer Begriff, der für konkrete Anwendungen zu definieren ist. Es ist eine Aufgabe des integrierten Wasserressourcenmanagements Bedarf und Ressource bezüglich Menge und Qualität in Einklang zu bringen. Gereinigtes Abwasser ist vor diesem Hintergrund als eine wertvolle Ressource anzusehen.

5.9.4 Vorschriften und Standards

Die Wasserwiederverwendung zur Bewässerung hat global gesehen einen enormen Stellenwert [272, 2243]. Die landwirtschaftliche Bewässerung verbraucht 70 % der weltweit extrahierten Wasserressourcen [820]. Folglich befassen sich die meisten Veröffentlichungen bezüglich Vorschriften und Standards mit den Anforderungen an landwirtschaftliches Bewässerungswasser.
In vielen Ländern sind Wasserqualitätsziele für die landwirtschaftliche Bewässerung in nationalen Normen definiert [966, 1028, 1749]. Wo das nicht der Fall ist, können die international Richtlinien der WHO [2338, 2339], der FAO [182, 1789] oder andere etablierte Regelwerke herangezogen werden (z. B. [280, 966, 2124, 2243]).
Die FAO-Richtlinien von 1985 enthalten Empfehlungen hinsichtlich physikalischer und chemischer Wasserqualitätsziele, um nachteilige Effekte auf Boden, Pflanzen und Bewässerungsinfrastruktur zu vermeiden [182]. Eine weitere Veröffentlichung der FAO befasst sich explizit mit der Wiederverwendung von behandeltem Abwasser für die landwirtschaftliche Bewässerung [1789]. Sie übernimmt die Grenzwerte in [182] und gibt weitere für in die im Boden enthaltenen Schwermetalle nach der Applikation von Klärschlamm an.
WHO-Vorgaben [2339] enthalten Angaben zur erforderlichen log10-Reduktion von Indikatororganismen um ein definiertes Gesundheitsziel ("health based target", HBT) zu erreichen. Dieses Gesundheitsziel kann durch eine Kombination von Maßnahmen erreicht werden. Vielfach finden noch die Grenzwerte der vorherigen WHO-Veröffentlichung Anwendung [2338].
Obwohl bezüglich der Wiederverwendung in EU-Ländern verschiedene Studien durchgeführt und Empfehlungen für die Formulierung von Richtlinien veröffentlicht wurden (z. B. [28, 1640, 1749]), existiert momentan keine EU-weite Richtlinie bezüglich Wasserwiederverwendung. Einige Richtlinien stehen aber in Zusammenhang mit Wasserwiederverwendung [1069] wie z. B. die EU-Badegewässerrichtlinie (2006/7/EG) [795], die Richtlinie zur Verwendung von Klärschlamm in der Landwirtschaft (86/278/EWG) [789] oder die Richtlinie zum Schutz des Grundwassers (2006/118/EG) [794]. Ein ISO-Standard zum Thema Wasserwiederverwendung befindet sich seit einigen Jahren in Bearbeitung (ISO 2009) [1218]. Das Forschungsprojekt Aquarec formulierte Empfehlungen zu Grenzwerten für die Wasserwiederverwendung und schließt neben der landwirtschaftlichen Bewässerung weitere Anwendungsfälle wie Kühlwasser und Grundwasseranreicherung ein [47].

Obwohl auf Ebene der Europäischen Union keine Richtlinien oder Vorschriften existieren, haben verschiedene EU-Länder eigene Standards oder Anordnungen herausgegeben [966]. Oft dienten existierende Standards als Grundlage. Zum Beispiel orientieren sich die Regelungen in Frankreich, auf den Balearen und Sizilien an den WHO-Richtlinien von 1989, während Zypern und Israel die kalifornischen Standards adaptierten [191].
In Deutschland existieren keine Regularien die sich explizit mit Wasserwiederverwendung befassen. Beispielsweise existiert eine Norm zu hygienischen Belangen von Bewässerungswasser [641] und eine Norm zur physikalischen und chemischen Beschaffenheit von Bewässerungswasser [659]. Diese Normen haben keinen rechtsverbindlichen Charakter, sondern beabsichtigen die Vermeidung von gesundheitlichen Schäden von Menschen und Tieren auf Grund von Bewässerungsmaßnahmen. Es sind keine Informationen darüber enthalten, wie die maximal zulässigen Werte eingehalten werden können.
Weiterhin existieren Leitfäden mit Planungsgrundlagen, Betriebshinweisen und Qualitätsanforderungen für die Wiederverwendung von Grauwasser in Gebäuden [821]. Ein Überblick über weitere in Deutschland relevante Vorschriften enthält: [2069].

5.9.5 Typische Verfahrensketten

Entsprechend der sehr verschiedenen Nutzungsarten sind die Anforderungen an die Wasserqualität sehr unterschiedlich und folglich auch die Anforderungen an die Aufbereitungstechnik. Ein ausführlicher Überblick über mögliche Aufbereitungsstufen für die Wasserwiederverwendung bietet: [534].
Prinzipiell unterscheiden sich Abwasserbehandlungsanlagen mit dem Ziel der Bereitstellung von Wasser zur anschließenden Wiederverwendung nicht von konventionellen Kläranlagen. Der Hauptunterschied besteht in den Qualitätsanforderungen an das Wasser z. B. für die landwirtschaftliche Bewässerung oder für die Toilettenspülung an Stelle der Einleitung in ein Gewässer.
Das Forschungsprojekt Aquarec führte eine weltweite Recherche von Anlagen die Aufbereitung von kommunalem Abwasser und anschließender Wiederverwendung des Wassers durch. Dabei wurden auch die angewendeten Technologien und Aufbereitungsschritte identifiziert, die am häufigsten Anwendung finden. Daraus wurde eine Zusammenstellung von typischen Kombinationen von Verfahrensschritten abgeleitet [48, 272]:

- Konventionelles Belebungsverfahren ohne Desinfektion (ggf. mit Nährstoffelimination):
  Das auf diese Weise behandelte Wasser kann für die Bewässerung von z. B. Nicht-Nahrungspflanzen verwendet werden oder für einige industrielle Anwendungen wie z. B. Kühlung.

- Konventionelles Belebungsverfahren und Desinfektion (z. B. Chlorung, UV-Licht):
  Chlorung wird weltweit am häufigsten für die Desinfektion eingesetzt (in 85 % der untersuchten Projekte mit Desinfektionsschritt). Zum Einstellen der erforderlichen Wasserqualität vor der Desinfektion kommen häufig weitere Schritte wie Koagulation/Flockung, Sedimentation oder Filtration zum Einsatz. Das Wasser ist anschließend in Abhängigkeit von den gewählten Verfahren eingeschränkt oder uneingeschränkt für die landwirtschaftliche Bewässerung geeignet oder als Prozesswasser für die Industrie.
- Abwasserteiche:
  In Abhängigkeit von z. B. der Bauform, Anzahl und Anordnung der Teiche kann das Abwasser mit oder ohne Einschränkungen für die landwirtschaftliche Bewässerung verwendet werden. In einigen Fällen wird der Ablauf gechlort. Nachteile von Abwasserteichen sind der große Flächenbedarf und die Emission von Treibhausgasen (v. a. CH_4 und ggf. NH_3).
- Pflanzenkläranlagen:
  Konventionell behandeltes Abwasser (nach P- und N-Elimination) passiert eine Pflanzenkläranlage. In den meisten Fällen wird der Ablauf für Umweltschutzzwecke verwendet aber auch für die landwirtschaftliche Bewässerung.
- Konventionelle Abwasserbehandlung (inklusive N- und P-Elimination) und Infiltration des Wassers in den Boden:
  Nach der Entnahme kann das Wasser ohne Einschränkungen für die landwirtschaftliche Bewässerung verwendet werden.
- Konventionelle Abwasserbehandlung (inklusive N- und P-Elimination) und Mikrofiltration oder Ultrafiltration und Umkehrosmose und UV-Desinfektion:
  Eventuell wird diese Verfahrenskette durch weitere Schritte ergänzt (z. B. weitergehende Oxidation, Adsorption an Aktivkohle). Das auf diese Weise behandelte Wasser hat eine sehr hohe Qualität und kann für viele Anwendungen eingesetzt werden (z. B. Reinstwasser in der Industrie, uneingeschränkte Nutzung in Haushalten).
- Membranbelebung:
  für die kleinskalige Behandlung (eines Teils) des Abwassers zur Wiederverwendung in unmittelbarer Nähe (z. B. für die Toilettenspülung).

Das Vorkommen dieser Verfahrenskombinationen ist regional sehr unterschiedlich. Zum Beispiel ist die kleinskalige Aufbereitung mit Membranbelebungsreaktoren häufig in Bürogebäuden in Japan aber auch in einigen europäischen Städten anzutreffen [48]. Sekundäre Behandlung von Abwasser ohne Desinfektion oder weitere Behandlungsschritte und anschließende (eingeschränkte) Verwendung in der Landwirtschaft findet vor allem in Lateinamerika (über 80 %

der dort dokumentierten Anlagen) und im Mittelmeerraum/Nahen Osten (über 50 % der dortigen Anlagen) statt [272].

5.10 Behandlung des Schlammes

5.10.1 Überblick

Das Abwasser hat durch die besprochenen mechanischen und biologischen Verfahren in einer Behandlungszeit von etwa zehn Stunden seine Fäulnisfähigkeit verloren. Es kann jetzt schadlos in ein öffentliches Gewässer eingeleitet werden. Auf der Kläranlage bleibt noch ein wasserreicher Schlamm zurück, dessen Volumen etwa 1 % des behandelten Abwasserdurchflusses ausmacht. Dieser Schlamm enthält pathogene Keime. Er geht nach kurzer Zeit in stinkende Fäulnis über. Seine hygienische und wirtschaftliche Entsorgung ist die weitere Aufgabe.
Tabelle 5.35 gibt einen Überblick über die Verfahrensschritte auf dem Weg der Schlammentsorgung. Sie nennt auch die in der Praxis angewandten Möglichkeiten. Endziel ist die Unterbringung des Schlammes im Landbau und gegebenenfalls in Deponien oder im Meer. Die vorgeschalteten Verfahrensschritte, die in ihrer Reihenfolge geändert werden können und nicht vollzählig angewandt werden müssen, sind Mittel, um das Endziel zu erreichen. Die Kunst des Planers besteht darin, die verschiedenen Möglichkeiten so zu kombinieren, dass preiswerte Verfahrensketten entstehen, die eine hohe Verfügbarkeit haben und ökologisch akzeptiert werden können. Fällt die Schlammbehandlung aus, dann sind auch die Speichermöglichkeiten bald erschöpft und der Reinigungserfolg der Kläranlage wird aufgehoben, weil der Schlamm in den Ablauf gegeben werden muss.

Tabelle 5.35: Verfahrensschritte auf dem Weg der Schlammentsorgung und Durchführungsmöglichkeiten

Verfahrensschritte	Möglichkeit
Eindickung	Schwerkraft · Flotation · Zentrifuge
Desintegration	Ultraschall · thermische/chemische Hydrolyse · Ozon
Stabilisierung	Faulung · Überlüftung · Kompostierung · Verbrennung
Konditionierung	org. Flockungshilfsmittel · Chemikalien · Erhitzen
Entwässerung	Schlammteich · Maschine · Trocknung
Transport	Lkw · Rohrleitung · Schiff
Unterbringung	Landbau · Deponie · Meer

Man erleichtert die Behandlung, wenn zunächst durch Eindickung möglichst viel Wasser abgetrennt wird. Danach werden in der Regel die enthaltenen organischen Stoffe durch Ausfaulen oder langes Belüften nass stabilisiert. Konditionierung und Entwässerung schließen sich an [1424, 1425]. In wenigen Fällen wird auch Rohschlamm durch Maschinen entwässert und kompostiert oder verbrannt.
Bild 5.71 gibt einen Überblick, wie das Schlammvolumen durch Eindickung und Entwässerung abnimmt [1180]. Wenn keine Verwertung in der Landwirtschaft gelingt, müssen die Rückstände schadlos abgelagert oder verbrannt werden.

5.10.2 Schlammbeschaffenheit

Aussehen, Farbe und Geruch geben meist schon Aufschluss über den Zustand des Rohschlamms, der sich aus Primärschlamm und biologischem Überschussschlamm zusammensetzt. Frischer städtischer Schlamm ist grau oder gelblich, mit leicht erkennbaren Stücken von Kot, Papier und Gemüseresten durchsetzt. Er stinkt und ist nur schwer entwässerbar. Sein Schlammwasser ist trüb und stinkt. Ausgefaulter Schlamm ist schwarz (von Schwefeleisen) und riecht teerartig. Auf einem Sandplatz ist er in einer Schicht von 0,2 m in einer Woche stichfest. Auf der Oberfläche eines weißen Emailgefäßes zieht er sofort nach dem Ausgießen weiße Wasserlinien, weil sich sein klares Schlammwasser sehr schnell von den körnig gewordenen schwarzen Schlammteilen trennt. Aerob stabilisierter (überlüfteter) Schlamm hat eine bräunliche Farbe und riecht erdig. Er trocknet, in dünner Schicht aufgebracht, bei Sommerwetter auf Beeten ohne Geruchsbelästigung in zwei Wochen.
Der Wassergehalt des Schlamms ist technisch seine wichtigste Eigenschaft. Er wird aus dem Gewichtsverlust bestimmt, den der Schlamm bei völligem Eintrocknen im Wasserbad und Trockenschrank erleidet. Wenn der Gewichtsverlust z. B. 90 % beträgt, ist der Wassergehalt 90 % und der Trockensubstanzgehalt 10 %.
Beispiel: Durch Entwässern wird der Wassergehalt eines Schlamms von 90 % auf 80 % vermindert. Der Gehalt an Trockenstoffen steigt also von 10 auf 20 %. Das ursprüngliche Schlammvolumen betrug 50 m^3. Der Gehalt an Trockenstoffen ist $50 \cdot 10 : 100 = 5$ t. Das Volumen des entwässerten Schlamms ist $5 \cdot 100 : 20 = 25\ m^3$, also nur noch die Hälfte (Nicht beachtet ist beim Gewicht des Schlamms die geringe Änderung, die sich daraus ergibt, dass das Raumgewicht des Wassers = 1, aber das der trockenen Feststoffe = 1,2).

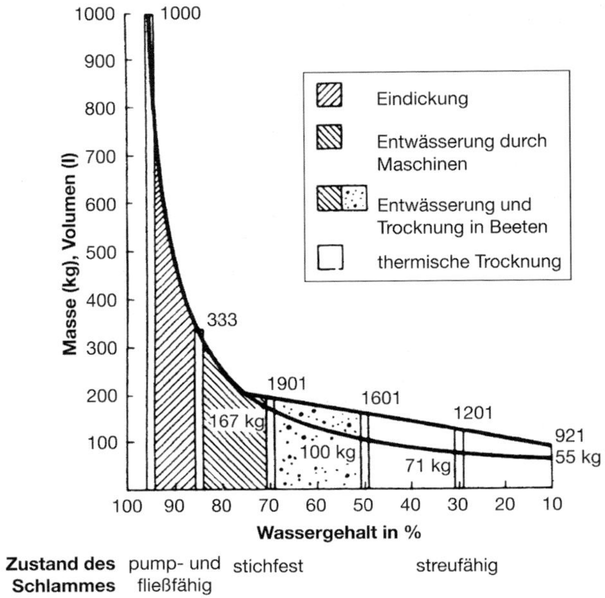

Bild 5.71: Gewicht- und Volumenminderung von ausgefaultem Schlamm durch Abnahme des Wassergehaltes

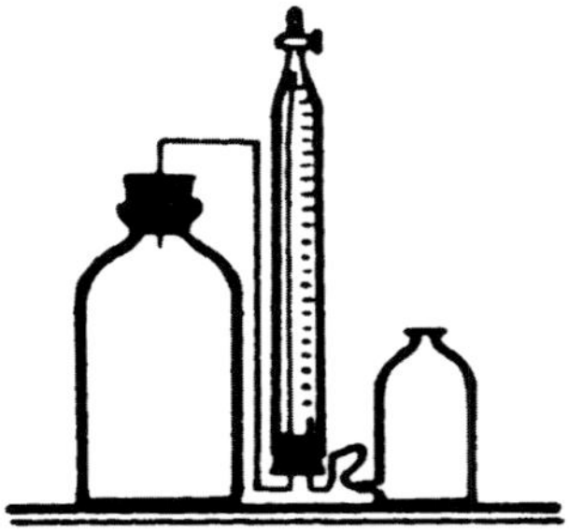

Bild 5.72: Bestimmung der Faulfähigkeit von Schlamm

Durch Ausglühen (Kapitel 5.1.2.1) wird bestimmt, wie viel von dem Rückstand organisch und wie viel mineralisch ist. Beim Rohschlamm ist etwa 55 – 70 % organisch und entsprechend 30 – 45 % mineralisch [1372]. Im ausgefaulten Schlamm sind etwa zwei Drittel des organischen durch Vergasen, Verflüssigen oder Mineralisieren abgegangen. Das Verhältnis ist dann etwa 45 % organisch zu 55 % mineralisch. Bei getrennter Ableitung des Regenwassers erhält man weniger mineralische Bestandteile. Regenbecken (Kapitel 1.5.2) erhöhen den mineralischen Anteil.

Zur Bestimmung der Faulfähigkeit und des zu erwartenden Faulgasanfalls wird frischer Schlamm im Verhältnis 2 : 1 mit ausgefaultem Schlamm gemischt und bei einer festen Temperatur aufgestellt. In Bild 5.72 ist links die Gärflasche, in der Mitte das Gasmessgefäß und rechts die Druckausgleichsflasche. Der Impfschlamm soll aus einem Faulraum stammen, der die gleiche Temperatur gehabt hat. Nach Buswell [416] kann schon ein Unterschied von 5 °C das Ergebnis verschieben. Wenn viel Impfschlamm verwendet worden ist, ermittelt man das vom Impfschlamm ausgehende Gasvolumen in einer Vergleichsflasche und zieht es ab. Als Bakteriennahrung sollen für 1 g des zugesetzten Stoffes 3,5 mg Stickstoff vorhanden sein [411, 412, 416]. Bei stickstoffarmem Schlamm, z. B. bei reinem Zellstoff, muss Stickstoff zugesetzt werden. Der Flascheninhalt soll wenigstens 100 mg N/l enthalten. Bei stark schwimmenden Stoffen wird die Flasche oft gerüttelt oder umgekehrt. Die Faulfähigkeit des Schlamms bemisst man nach dem entwickelten Gasvolumen im Vergleich zu den Angaben von Bild 5.77, wobei längere Faulzeiten benötigt werden. Biologischer Schlamm von Tropfkörpern oder Belebungsanlagen liefert aber nur halb so viel Gas.

Der in einer Betriebsanlage selbstverständliche Durchflussbetrieb kann in der Flasche dadurch nachgeahmt werden, dass alle zehn Tage ein Teil der Stoffe herausgenommen und durch die doppelte Menge frischer Stoffe ersetzt wird. Damit nicht durch Überlasten die saure Gärung auftritt, werden täglich die flüchtigen Säuren bestimmt. Wenn ihr Gehalt, berechnet als Essigsäure, höher steigt als 2 000 mg/l, wird die Belastung herabgesetzt. Wenn nur gelöste Stoffe vorhanden sind, kann man Asbest zusetzen, damit die Bakterien einen Halt haben [411, 1151].

Für die Ermittlung des Faulverhaltens von Schlämmen steht ein genormtes Verfahren, die Methode DIN 38414, Teil 8 zur Verfügung [620].

Durch nasse Verbrennung unbehandelter Proben kann der organische und mineralische Kohlenstoff des Abwasserschlammes festgestellt werden. In Faulräumen werden organische Stoffe bis zu einem Kohlenstoffgehalt von etwa 53 % anaerob zersetzt. Bälz hat darüber zahlreiche Versuche angestellt. Er bezeichnet diesen Endwert als Kohlenstoffgleichgewicht [195]. Stickstoff muss im Gewichtsverhältnis zu Kohlenstoff von wenigstens 1 : 17 vorhanden sein. Das erzeugte Gasvolumen kann direkt auf den organischen Kohlenstoffgehalt des Substrates zurückgeführt werden [2172]. Beim anaeroben Abbau von 1 g Kohlenstoff entstehen 1,86 l Faulgas [2088].

Beim Faulgas wird in der Regel der Heizwert und der Methangehalt bestimmt, daneben manchmal auch die Gehalte an Kohlenstoffdioxid, Wasserstoff, Stickstoff, Dihydrogensulfid (Schwefelwasserstoff).

Die Entwässerbarkeit kann auf einem Papierfilter oder besser auf einer Sandschicht bestimmt werden, indem man feststellt, in welcher Zeit der Schlamm stichfest wird. Aus dem Verhalten des Schlamms auf Filterpapier lassen sich Schlüsse darauf ziehen, ob der Schlamm frisch, ausgefault, gewaschen oder mit Fällungsmitteln versetz in Maschinen entwässert werden kann.
Üblich ist heute die Bestimmung der Entwässerbarkeit über die kapillare Fließzeit (Capillary Suction Time = CST). Auf ein genormtes Filterpapier wird eine Schlammprobe in einer Messhülse gegeben. Durch die kapillare Saugwirkung der Zellstoff-Fasern erfolgt eine ringförmige Ausbreitung des Filtrates. Mit Hilfe von elektronischen Kontakten wird die Fließzeit des Wassers im Filterpapier von der Mess-Stelle A zur Mess-Stelle B gemessen. Dieser reproduzierbare Wert ist ein Maß für das Entwässerungsverhalten des Schlamms, welches vom Feststoffgehalt sowie Art und Teilchengröße der suspendierten Stoffe abhängig ist. Je besser entwässerbar der Schlamm ist, umso kürzer ist die kapillare Fließzeit.
Für die landwirtschaftliche Verwertung sind vor allem die Gehalte an Stickstoff, Phosphor (pflanzenverfügbar) und Humus von Bedeutung. Kalium ist im Klärschlamm nur in unbedeutenden Mengen zu erwarten.

5.10.3 Schlammanfall

Der Schlamm setzt sich aus den mineralischen und organischen Schmutzstoffen zusammen, die im Klärwerk aus dem Abwasser ausgeschieden werden. Seine Menge wird am besten aus der Einwohnerzahl berechnet. Der Schlammanfall ist umso größer, je weiter das Reinigungsverfahren geht. Von einer Absetzanlage kann man z. B. höchstens die absetzbaren Stoffe erwarten. Eine biologische Anlage wird außerdem noch nicht absetzbare und gelöste Stoffe zurückhalten und dem Schlamm zuführen. Von den organischen Stoffen wird aber ein Teil durch Vergasen und Verflüssigen abgehen. Der unter verschiedenen Verhältnissen zu erwartende Schlammanfall ist in Tabelle 5.34 zusammengestellt [1200, 1243, 1829].
Alle diese Schlammvolumina hängen entscheidend vom Wassergehalt ab, können also stark abweichen, wenn der Wassergehalt des Schlamms anders ist. Außerdem sind bei Städten mit stark schlammhaltigem gewerblichem Abwasser entsprechende Zuschläge zu machen. Einen Anhalt dafür geben die „Einwohnergleichwerte“ (Tabelle 5.46), soweit es sich um organische Verschmutzung handelt. Die Zahlen der Schlammliste (Tabelle 5.36) gelten als Durchschnittswerte für das Misch- und das Trennsystem. Beim Mischsystem kommt es während Trockenperioden in den reichlich bemessenen Kanälen zu Schlammablagerungen. Diese werden beim Regenereignis ausgespült und, wenn Regenbecken vorhanden sind, zurückgehalten und der Kläranlage zuge-

führt. Für diese Fälle kann angenommen werden, dass das Wochenmittel von den angegebenen Zahlen um ± 25 % abweicht. Faulräume, Eindicker und Schlammentwässerungsmaschinen sollte man daher mit + 25 % bemessen, während bei Untersuchungen über die Faulgasverwertung - 25 % zu bedenken sind.

Nach Untersuchungen von Durth [709, 710] können die Zahlen des Abschnitts C der Schlammliste auch für Anlagen mit weitergehender Abwasserreinigung als Anhaltswerte dienen.

Weitere Angaben zum Schlammanfall vergleiche: [122, 577, 904].

Physikalische, chemische und/oder biologische Prozesse können zu einer Desintegration insbesondere des biologischen Überschussschlammes führen. Die Flockenstruktur wird zerstört und die im Schlamm enthaltenen Mikroorganismen aufgeschlossen. Ziel ist das Freisetzen von Zellinhaltsstoffen, um die Schlammfaulung zu beschleunigen, den Schlamm weitergehend zu stabilisieren und den zu entsorgenden Schlammanfall zu verringern. Für die Denitrifikation können auch Wasserstoffdonatoren zur Verfügung gestellt werden [93, 121, 1652]. Es werden sehr unterschiedliche Verfahren eingesetzt. Hier seien nur Rührwerkskugelmühlen, Ultraschall, Ozon und Wasserstoffperoxid genannt. Die positive Auswirkung ist bei kurzen Faulzeiten (7 – 15 d) am größten. Die Kläranlage wird durch Ammonium und CSB stärker rückbelastet. Das Entwässerungsverhalten des Klärschlammes kann nachteilig beeinflusst werden. Bei einer Kläranlage von 17 000 E ergaben sich keine Kostenvorteile, wohl bei der Nachrechnung einer Modellkläranlage von 250 000 E [715, 2002, 2367].

Tabelle 5.36: Liste des Schlammanfalls (Mittelwerte)

	a Feststoff-anfall in g/(E · d)	**b Fest-stoff-gehalt in %**	**c Glüh-verlust in %**	**d Schlamm-anfall in l/(E · d)** $\frac{a}{b} \cdot \frac{100}{1.000}$
A. Absetzanlage mit Faulraum:				
1. roher, unter Wasser abgepumpter Schlamm aus Trichterbecken	45	2,5	70	1,80
2. wie vor, eingedickt	45	5,0	70	0,90
3. ausgefaulter Schlamm, eingedickt	30	10,0	45	0,30
4. ausgefaulter Schlamm, entwässert	30	30,0	45	0,10
B. Tropfkörper mit Faulraum:				
5.Schlamm d. Nachklärbecken	25	4,0	70	0,63

6. roher, gemischter Schlamm aus Vor- u. Nachklärbecken, eingedickt	70	4,7	67	1,50
7. ausgefaulter, gemischter Schlamm, nass	45	3,0	50	1,50
8. ausgefaulter Schlamm, entwässert	45	28,0	50	0,16
C. Belebungsanlage mit Faulraum oder aerober Schlammstabilisation:				
9. Primärschlamm aus der Vorklärung ($t_{a,VK}$ = 0,75 – 1 h), eingedickt	40	5,0	70	0,80
10. roher, gepumpter Überschussschlamm	40	0,7	65	5,70
11. roher, gemischter Schlamm aus Vorbecken und Überschussschlamm, eingedickt	80	4,0	67	2,00
12. ausgefaulter, gemischter Schlamm, nass	50	2,5	50	2,00
13. ausgefaulter, gemischter Schlamm, entwässert	50	22,0	50	0,23
14. aerob stabilisierter gemischter Schlamm, eingedickt	55	2,5	65	2,20
15. wie vor, entwässert	55	20,0	65	0,28
D. Chemische Fällung und Flockung				
16. Vorfällung, roher Schlamm der Vorklärbecken, eingedickt	65	4,0	65	1,60
17. Schlamm der Vorfällung, ausgefault und eingedickt	45	5,0	45	0,90
18. Simultanfällung (beim Belebungsverfahren), roher Schlamm aus Vor- und Nachklärbecken, eingedickt	90	4,0	65	2,25
19. Gemischter Schlamm der Simultanfällung ausgefault und eingedickt	60	3,0	50	2,00
20. Nachfällung, roher Schlamm der Tertiärstufe, eingedickt	15	1,5	40	1,00

5.10.4 Eindickung

In den Sammeltrichtern der Absetzbecken kann Schlamm bereits voreindicken. Beim Ablassen lässt sich eine Verdünnung durch Abwasser jedoch nicht vermeiden. Die Sammeltrichter liegen außerdem tief und man hat sie baulich an

die Absetzbecken anzupassen. Dies führt in vielen Fällen zu einer Trennung der Bauwerke. Die hoch liegenden Eindicker werden dann durch Pumpen beschickt.
Nach der Betriebsweise unterscheidet man ständig durchflossene und mit Unterbrechung beschickte Eindicker. Der Vorgang kann außerdem mit einer Waschung des Schlammes und einem langsamen Rühren verbunden sein. Flotationseindicker, bei denen Pressluft zugegeben wird, um die Schlammstoffe an der Oberfläche anzureichern, werden gelegentlich für die Eindickung von Überschussschlamm benutzt [2301].
Bild 5.73 zeigt einen kontinuierlich betriebenen Eindicker mit senkrechten Rührstäben. Der einzudickende Schlamm wird in der oberen Zone der Beckenmitte zugegeben. Die hydraulische Beschickung soll bei der Zugabe von Dünnschlamm nicht größer als 0,75 $m^3/(m^2 \cdot h)$ sein. Außerdem ist die Flächenbelastung mit Feststoffen zu beachten. Man rechnet mit 50 kg $TS/(m^2 \cdot d)$. Für die Tiefe des Raumes wird die Aufenthaltszeit maßgebend. Torpey berechnet letztere aus dem Verhältnis des im Eindicker gespeicherten Schlammvolumens zum Schlammabfluss. Rohschlamm der Vorbecken dickt ohne Überschussschlamm bei einem Tag Aufenthaltszeit auf 8 % Feststoffgehalt ein. Wegen der besseren Haltbarkeit des Schlammes kann man den Eindicker im Winter mit zwei Tagen Aufenthaltszeit betreiben. Infolge der größeren Schlammauflast ist der erreichte Feststoffgehalt dann höher [1267]. Der Torpey-Eindicker hatte eine mittlere Tiefe von 3,85 m [2213]. Das abgetrennte Schlammwasser fällt am Beckenrand über.

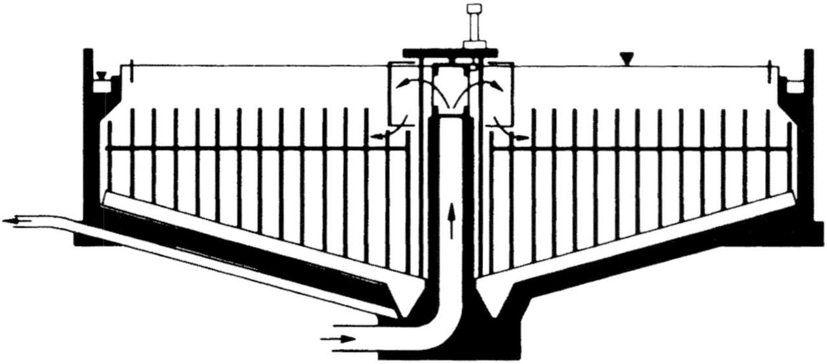

Bild 5.73: Kontinuierlich betriebener Eindicker mit Rührstäben

Zur Entfernung des Schlammes dienen kräftige Jalousieräumer mit Überlastsicherung. Die mit dem Räumer verbundenen Rührstäbe verbessern nach den Beobachtungen von Hörler sehr deutlich die Eindickung [1078].

Bei der Nacheindickung von ausgefaultem Schlamm kann Verdünnungswasser zugegeben werden. Das Verfahren der Schlammwaschung wurde ursprünglich von Genter für Vakuumfiltration entwickelt. Es wirkt sich aber auch auf die Eindickung günstig aus [2219]. Die Eindickung von Faulschlamm wird durch Belüftung und Abkühlung gefördert [1525].
Damit der Absetzvorgang nicht durch Zersetzung des belebten Schlammes gestört wird, kann man chloren oder Kalk zugeben. Der Chlorverbrauch ist 0,2 bis 0,5 g/(E · d). Die Kalkmenge 500 g $Ca(OH)_2/m^3$ Schlamm. So kann es gelingen, den Wassergehalt des reinen Überschussschlammes auf 97 % zu senken und den des Mischschlammes auf 93 %. Die gemeinsame Eindickung von Primär- und Überschussschlamm versagt häufig bei großen Anlagen, weil es nicht gelingt, die Schlämme in frischem Zustand zu behandeln. Die im Eindicker ablaufenden Faulvorgänge machen es unmöglich, Schlammwasser abzutrennen.
Der Zugabe von Kalk sind Grenzen gesetzt, wenn der eingedickte Schlamm mit Hilfe organischer Flockungsmittel in Zentrifugen oder Bandfiltern entwässert werden soll. Es ist dann besser, die Schlämme der Vor- und Nachbecken getrennt einzudicken und getrennt zu entwässern.
Für die Eindickung von Überschussschlamm können auch Maschinen eingesetzt werden. Am häufigsten werden Zentrifugen und Siebbänder genutzt, daneben kann auch mit Hilfe von Schneckenpressen oder Scheibeneindickern eingedickt werden. Mit Ausnahme der Zentrifuge erfordern alle Maschinen den Einsatz von Flockungshilfsmitteln (Totalflockung), auch bei zentrifugischer Eindickung empfiehlt sich zumindest eine Teilflockung, um Schwimmschlammschichten zu vermeiden. Der Flockungshilfsmittelbedarf liegt bei einer Totalflockung im Mittel bei etwa 5 kg FHM/to TR, bei Teilflockung unter 1 kg FHM/to TR. Die genauen Bedarfswerte und das geeignete Flockungshilfsmittel sollten im Versuch ermittelt werden. Durch die maschinelle Überschussschlammeindickung kann eine Volumenreduzierung um den Faktor 10 erreicht werden, der Feststoffgehalt im eingedickten Überschussschlamm liegt bei 5 – 7 %. Mit welchem Verfahren die wirtschaftlichste maschinelle Eindickung erreicht werden kann, ist vom Einzelfall abhängig. Zentrifugen sind in der Anschaffung und im Stromverbrauch teurer als Siebtrommeln, haben aber einen geringeren Flockungshilfsmittelverbrauch. Ein beispielhaftes Vorgehen zur Auswertung von Betriebsversuchen und zu einem Wirtschaftlichkeitsvergleich zeigt Denkert [467]. Weitere Einzelheiten zur maschinellen Eindickung im DWA-Merkblatt M 381 [479].
Neben den kontinuierlich betriebenen Eindickern sind Standeindicker bekannt. Diese erhalten eine Größe, die dem täglichen Rohschlammanfall entspricht. Da Rohschlamm, Faulschlamm und Trübwasser im Wechsel behandelt werden, baut man meist drei Standeindicker. Sie müssen einen Überlauf besitzen. Au-

ßerdem sind Stufenablässe oder schwimmende Abzugsvorrichtungen für das Trübwasser angebracht.
Verschiedene Bauarten von Eindickern vergleiche Imhoff [1180]. Über Eindickung von Klärschlamm unter Einfluss der Temperatur siehe [420].
Eine Eindickung wird auch erreicht, wenn man das Schlammwasser durch Siebe abzieht [1757]. Auch Siebtrommeln oder Scheibeneindicker werden heute eingesetzt.

5.10.5 Klärschlammdesintegration

5.10.5.1 Einführung

Die Klärschlammdesintegration wird als die Zerkleinerung von Klärschlämmen durch die Einwirkung äußerer Kräfte (physikalisch, chemisch, biologisch) definiert [475]. Sie führt von der Auflösung der Flockenstruktur über die Zerkleinerung partikulärer Bestandteile bis zum Aufschluss der im Schlamm enthaltenen Mikroorganismen. Ein Teilschritt der Klärschlammdesintegration ist die Hydrolyse, also die Spaltung (bio)chemischer Verbindungen durch die Reaktion mit Wasser, wodurch diese Verbindungen in Lösung gebracht werden. Dieser Begriff wird in einigen Bereichen synonym zur Desintegration benutzt.
Im Folgenden wird ein kurzer Überblick über Wirkung, Einsatzbereiche und Verfahren der Desintegration gegeben. Für eine weitergehende Beschäftigung mit dem Themenbereich empfiehlt sich das DWA Merkblatt M 302 "Klärschlammdesintegration" [475].

5.10.5.2 Einsatzbereiche

Die häufigste Anwendung findet die Desintegration bei der Verbesserung nachfolgender biologischer Abbauvorgänge durch die Steigerung der Bioverfügbarkeit der organischen Kohlenstoffverbindungen. Diese Wirkung ist besonders bei Belebt- bzw. Überschussschlämmen aufgrund des hohen Anteils an Mikroorganismen zu beobachten, während die Bioverfügbarkeit von Primärschlämmen kaum beeinflusst wird. Bei der aeroben und anaeroben Stabilisierung von Klärschlämmen wird durch die Desintegration die Geschwindigkeit des Abbaus der organischen Substanz erhöht. Durch die Installation einer Desintegration vor bestehenden Faulbehältern erhöht sich die produzierte Gasmenge und die zu entsorgende Schlammmenge verringert sich. Beim Neubau eines Faulbehälters kann, bei gegenüber der konventionellen Bemessung reduziertem Behältervolumen, ein identischer Abbaugrad erreicht werden.
Die Desintegration verändert die Partikelstruktur der Klärschlämme und führt häufig zu einer Reduktion der im Schlamm enthaltenen stark wasserbindenden

Biopolymeren (EPS – extrazelluläre polymere Substanzen). Insbesondere Letzteres beeinflusst die Entwässerungseigenschaften des Schlamms positiv. Um den veränderten Schlammeigenschaften Rechnung zu tragen, ist eine Anpassung des eingesetzten polymeren Flockungsmittels vorzusehen. Da die verbesserte Entwässerbarkeit auch noch nach einer anaeroben Stabilisierung des Schlammes gegeben ist, kann sie durch einmalige Desintegration des Schlammes vor der Faulung gemeinsam mit der Verbesserung des Abbauverhaltens erreicht werden.

Fadenförmige bakterielle Strukturen können durch die Desintegration zerstört und weitere schwimmschlamm- oder schaumbildende Eigenschaften (exopolymere Substanzen, hydrophobe Oberflächen von Mikroorganismen, Tenside) so beeinflusst werden, dass sich das Absetzverhalten des Schlamms verbessern bzw. die Schaumneigung vermindern lässt. Dies wirkt der Bildung von Blähschlamm, Schwimmschlamm und Schaum in der Belebung bzw. im Faulbehälter entgegen. Die Desintegration sollte mit geringem Energieeintrag erfolgen, um die Bildung sehr kleiner Partikel zu vermeiden, sie sich nicht mehr absetzen.

Bei der Denitrifikation von Abwässern mit ungünstigem C : N-Verhältnis kann durch die Desintegration des belebten Schlamms und die Zugabe des Desintegrats in das Denitrifikationsbecken die Denitrifikation verbessert werden.

Für die Rückgewinnung aus flüssigen oder entwässerten Klärschlämmen müssen Nährstoffe zunächst freigesetzt und in der flüssigen Phase angereichert werden. Neben biologischen Rücklösungsprozessen kann dies durch eine Desintegration erreicht werden.

Die Anzahl pathogener Mikroorganismen im Schlamm wird durch die Desintegration reduziert. Bei den thermischen Desintegrationsverfahren kann eine weitgehende Desinfektion des behandelten Schlammes erreicht werden, insbesondere bei den Verfahren mit einer Arbeitstemperatur von über 100 °C. Bei gemeinsamer Faulung bzw. Entsorgung ist auch der Primärschlamm zu desintegrieren.

Der Einsatz der Desintegration erfolgt in Abhängigkeit von der Anwendung in demjenigen Schlammstrom, dessen Eigenschaften verändert werden sollen. Dabei ist generell zu bedenken, dass die Desintegration eine Veränderung der Feststoffe zum Ziel hat, so dass eine möglichst starke Wasserabtrennung vor der Desintegration sinnvoll ist. Dadurch werden sowohl die Größe der einzusetzenden Anlagen als auch der benötigte Energieeintrag deutlich reduziert, was entscheidenden Einfluss auf die Wirtschaftlichkeit der Anwendung hat.

5.10.5.3 Verfahren der Desintegration

Die Desintegration kann durch physikalische, chemische und biologische Verfahren oder Kombination davon erreicht werden. Bei den physikalischen Ver-

fahren wird die zur Zerkleinerung notwendige Energie in Form von mechanischer, thermischer oder elektrischer Energie zugeführt.
Mechanische Verfahren sind beispielsweise die Hydrokavitation, die Hochdruckhomogenisation und die Ultraschalldesintegration, wobei letztere die breiteste Anwendung gefunden hat. Die folgende Abbildung zeigt zwei Ausführungsvarianten. Über Sonotroden werden hochfrequente (> 20 kHz) Schallwellen in den Schlamm übertragen. Es entstehen Kavitationsblasen, bei deren Implosion lokal hohe Kräfte freigesetzt werden. Dadurch kann in Abhängigkeit vom Energieeintrag neben der Flockenzerstörung auch ein Aufschluss von Mikroorganismen erreicht werden. Die Anlagen sind vergleichsweise kompakt und lassen sich einfach in die Schlammbehandlung integrieren. Einzelne Module, die sich auch für kleine Kläranlagen eignen, können modular verknüpft werden.

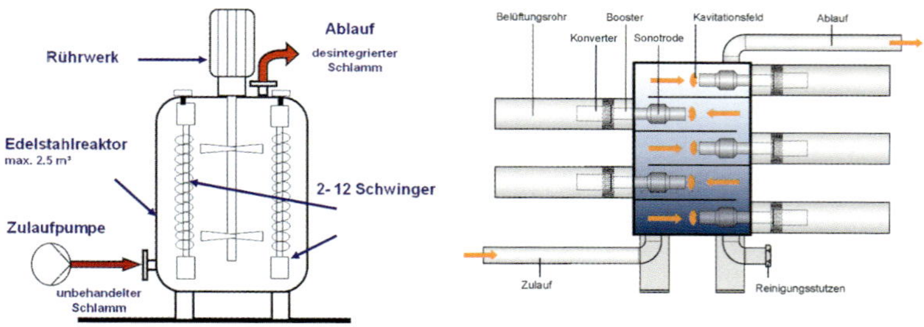

Bild 5.74: Beispielhafter Aufbau zweier Ultraschall-Desintegrationsanlagen (Bildquellen: Eder 2010, Nickel 2010, in: [475])

Bei der thermischen Desintegration (auch als Thermo-Druck-Hydrolyse bezeichnet) wird der Schlamm über Wärmetauscher oder Dampfzugabe erwärmt. Um eine hohe Desintegrationswirkung zu erhalten, sind Behandlungstemperaturen von 140 bis 170 °C bei Verweilzeiten von 20 bis 60 Minuten üblich. Um den Wärmebedarf zu reduzieren, wird der Schlamm vor der Behandlung auf 6 bis 25 % Trockenmasse eingedickt bzw. vorentwässert. Die starke Viskositätsabnahme durch die Desintegration, ggf. verbunden mit einer Verdünnung durch den Dampfeintrag, sorgen dafür, dass der Schlamm trotz hoher Feststoffgehalte von größer als 10 % gut pump- und umwälzbar ist. Durch die Rückführung von Dampf und/oder die Nutzung des nach der Behandlung heißen Schlamms zur Aufheizung des zulaufenden Schlamms kann der Wärmebedarf weiter reduziert werden.
Neben einer starken Desintegrationswirkung verbunden mit einer deutlichen Steigerung der Abbaubarkeit des Schlammes werden auch die wasserbinden-

den Strukturen im Schlamm erheblich vermindert und damit das Entwässerungsverhalten verbessert. Zudem kann die Schaumbildung im Faulbehälter reduziert werden. Die mit der thermischen Behandlung verbundene Bildung biologisch schwer abbaubarer organischer Substanzen hält sich in für die meisten Kläranlagen akzeptablen Grenzen, da sich die CSB-Ablaufkonzentration in der Regel nur um ca. 5 mg/l erhöht. Die bei noch höheren Temperaturen arbeitenden Verfahren der thermischen Konditionierung und der hydrothermalen Carbonisierung führen zu noch besseren Resultaten bei der Entwässerung, verbunden allerdings mit großen Anteilen biologisch schwer abbaubarer Verbindungen.

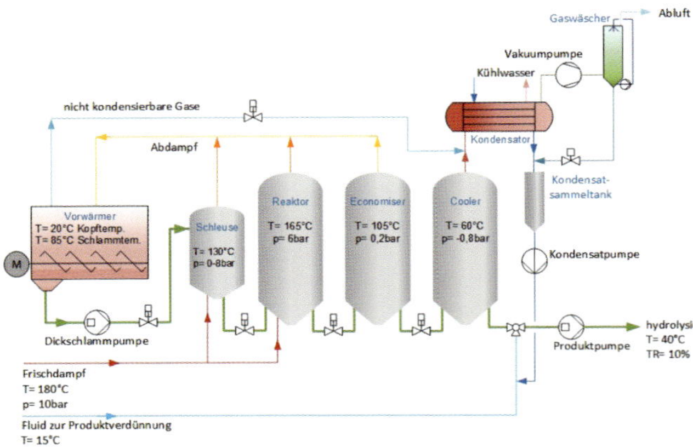

Bild 5.75: Beispielhaftes Fließschema einer thermischen Desintegrationsanlage (Bildquelle: Haarslev, 2016)

Die thermisch-chemische Desintegration arbeitet bei deutlich geringeren Temperaturen von 60 bis 70 °C. Um eine ausreichende Desintegrationswirkung zu erzielen, wird gleichzeitig Natronlauge (1,5 bis 2 l/m³) zugegeben. Die Behandlungsdauer liegt bei ein bis zwei Stunden. Üblicherweise wird nur der Überschussschlamm vor der Faulung desintegriert. Durch die Mischung mit dem Primärschlamm wird der Schlamm vor der Zugabe in den Faulbehälter auf rund 40 °C abgekühlt, so dass für eine Faulung im mesophilen Temperaturbereich keine weitere Aufheizung stattfinden muss. Der Wärmebedarf mit thermisch-chemischer Desintegration liegt damit nur unwesentlich über dem der konventionellen Faulung. Erreicht werden eine Erhöhung des Abbaugrades, der Faulgasausbeute und des Feststoffgehaltes des entwässerten Schlammes sowie eine Reduktion der Schaumbildung. Damit sind die erzielten Wirkungen denen der thermischen Desintegration sehr ähnlich, der Umfang der erreichten Verbesserungen ist aber in der Regel etwas geringer. Vorteilhaft sind der geringere apparative und betriebliche Aufwand sowie der geringe zusätzliche Energiebedarf.

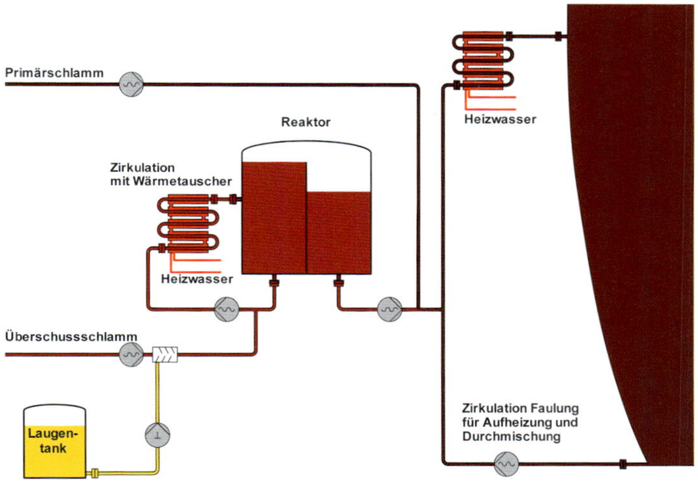

Bild 5.76: Fließschema einer Thermisch-Chemischen Desintegration (Bildquelle: Pondus, 2016)

Wird Klärschlamm einem elektrischen Feld ausgesetzt, können die Oberflächenladungen von Partikeln und Mikroorganismen verändert und damit die Schlammeigenschaften verändert werden. Anbieter entsprechender Verfahren sprechen von einer elektrokinetischen Desintegration. Bei hohen elektrischen Feldstärken kann auch die Zellwand von Mikroorganismen permeabilisiert und damit eine Inaktivierung bzw. Zerstörung der Zellen erreicht werden.

Bei der chemischen Desintegration werden dem Schlamm Säuren, Laugen oder Oxidationsmittel zugesetzt. Bei der Zugabe von Säuren oder Laugen (chemische Hydrolyse) kommt es zu einer Spaltung und Lösung organischer Verbindungen. Dabei wird auch die Zellwandstruktur aufgelöst. Beim Einsatz von Oxidationsmitteln (chemische Oxidation) wie Ozon und Wasserstoffperoxid werden die Zellwände durch Reaktion mit OH-Radikalen zerstört. Durch eine Erhöhung der Temperatur kann die Wirkung verstärkt und beschleunigt werden.

Bei Verfahren mit biologischem Wirkprinzip werden in der Regel Enzyme zum Klärschlamm dosiert.

Eine generelle Empfehlung für die Auswahl eines Verfahrens kann nicht gegeben werden. Diese muss vielmehr nach betriebstechnischen und ökonomischen Kriterien sowie unter Beachtung der Randbedingungen auf der jeweiligen Kläranlage erfolgen.

5.10.5.4 Bestimmung der Desintegrationswirkung

Zur Beurteilung der Desintegrationswirkung sind verschiedene Messverfahren geeignet, wobei die Auswahl des Verfahrens maßgeblich vom Einsatzziel bestimmt wird. Allgemein kann der Umfang der Desintegration über die Veränderung der Partikelgröße bestimmt werden. Dabei sollte neben einem charakteristischen Wert wie dem Mittel- oder Medianwert auch die Breite der Verteilung betrachtet werden. Die Messgröße eignet sich besonders gut zur Beurteilung des Grades der Zerstörung der Flockenstruktur des Klärschlamms. Alternativ kann auch eine Messung der Viskosität erfolgen. Beide Messgrößen nehmen bereits bei relativ geringen Energieeinträgen aufgrund der Zerstörung der fragilen Flockenstruktur deutlich ab.
Die weitere Zerkleinerung der Schlammpartikel sowie der Zellaufschluss erfordern deutlich höhere Energieeinträge. Da sie mit der Freisetzung organischer Bestandteile verknüpft sind, ist eine Quantifizierung durch eine Bestimmung gelöster Bestandteile sinnvoll. Hier bietet sich insbesondere der Parameter Kohlenstoff (z. B. über CSB) an. Durch Festlegung eines Maximalwertes als Bezugsgröße, vorzugsweise ermittelt über einen Laugenvollaufschluss, kann ein Aufschlussgrad bestimmt werden. Er eignet sich zur Bewertung des erreichten Umfangs der Desintegration und erlaubt eine Abschätzung der zu erwartenden Veränderungen der Beschaffenheit des Schlammes sowie seines Verhaltens in nachfolgenden Prozessen wie der anaeroben Stabilisierung.

5.10.5.5 Wirtschaftlichkeit und Umsetzung

Mit der Installation einer Desintegration soll die Abwasser- bzw. Schlammbehandlung verbessert werden. Ziele sind Kosteneinsparungen sowie die Reduzierung bzw. Vermeidung betrieblicher Probleme.
Zur Klärung, ob der Einsatz der Desintegration sinnvoll bzw. potenziell wirtschaftlich ist, sollte zunächst eine Analyse der vorhandenen Rahmenbedingungen stattfinden. Sie erlaubt eine qualitative Einordnung des Verbesserungspotenzials. Beispielsweise erscheint bei einer langen Aufenthaltszeit des Schlammes im Faulbehälter, einer hohen zufuhrspezifischen Gasausbeute und einem hohen Feststoffgehalt im entwässerten Faulschlamm eine Verbesserung der anaeroben Stabilisierung wie der Entwässerung durch Desintegration kaum erreichbar. Dagegen ist bei einem überlasteten Faulbehälter, geringer Gasausbeute und schlechtem Entwässerungsverhalten ein hohes Verbesserungspotenzial vorhanden und detailliertere Betrachtungen erscheinen sinnvoll.

Die Entscheidungsfindung zum Einsatz der Desintegration erfordert in der Regel eine Wirtschaftlichkeitsberechnung. Die durch die Desintegration erreichbaren Verbesserungen sind allerdings von zahlreichen kläranlagenspezifischen Faktoren abhängig. Daher führt die Quantifizierung der Verbesserungen anhand von Literaturwerten (z. B. in [475]) in der Regel nicht zu einem belastbaren Resultat. Vielmehr sind Versuche durchzuführen, die zunächst als orientierende Laborversuche angelegt werden können. Bei weiterem Planungsfortschritt sollten vor der Entscheidung für die Umsetzung zumindest umfangreiche Versuche im Labormaßstab oder idealerweise ein Versuchsbetrieb im großtechnischen Maßstab vorgenommen werden. Bei der Durchführung der Versuche ist darauf zu achten, dass alle für die Bewertung der Wirtschaftlichkeit wichtigen Parameter erfasst werden.
Für eine wirtschaftliche Bewertung der Desintegration sind zahlreiche Faktoren zu berücksichtigen, da die Veränderung der Schlammstruktur vielfältige Auswirkungen sowohl auf die Schlammbehandlung als auch auf die Abwasserreinigung hat. Im Folgenden sollen am Beispiel der Desintegration vor der Faulung die wichtigsten zu beachtenden Parameter benannt werden.
Bei den Einsparungen sind neben der angestrebten Erhöhung der Energieausbeute in Form von Faulgas und der Verringerung der Schlammmasse durch gesteigerten Abbau der organischen Bestandteile die Veränderungen des Polymerbedarfs und des erreichten Feststoffgehaltes bei der Entwässerung zu berücksichtigen. Letzteres stellt häufig das aus monetärer Sicht größte Einsparpotenzial dar. Daneben können auch betriebliche Optimierungen in Form von reduzierten Personalkosten z. B. zur Behebung von Störungen einfließen.
Bei den durch die Desintegration verursachten Kosten sind zunächst die Kapitalkosten zu betrachten, wobei auch alle mit der Einbindung der Anlage verbundenen Kosten zu berücksichtigen sind. Werden durch den Einsatz der Desintegration anderweitig Investitionen vermieden, so sind diese gegenzurechnen. Bei den Betriebskosten sind neben den Personal- und Wartungskosten vor allem die Energiekosten zu beachten. Außer den Energiekosten für die Desintegrationsanlage dürfen dabei die Kosten zur Behandlung der erhöhten Rückbelastung aus der Schlammentwässerung, verursacht durch den erhöhten Abbaugrad, nicht unberücksichtigt bleiben.
Auf Basis einer solch differenzierten Analyse kann die Wirtschaftlichkeit des Einsatzes der Desintegration nachgewiesen werden und eine Umsetzung in Angriff genommen werden.

5.10.6 Überlüftung (simultan-aerobe Stabilisierung)

Belastet man den Schlamm einer Belebungsanlage mit $\leq$ 0,05 g BSB_5 je g Trockensubstanz und Tag, dann wird der Schlammzuwachs so gering, dass

sich ein Schlammalter von ≥ 20 Tagen einstellt. Während dieser langen Belüftungszeit werden die organischen Schlammanteile weitgehend aerob stabilisiert. Dies gilt auch für Schlamm, der sich in Vorbecken absetzen würde.
Die Belüftung des Schlammes zusammen mit Abwasser ist vor allem bei kleineren Anlagen (< 10 000 bis 20 000 E) wirtschaftlich, wenn man außerdem nitrifizieren und denitrifizieren will. In Abhängigkeit der örtlichen Randbedingungen, insbesondere der Strom- und Entsorgungskosten, können simultan-aerobe Stabilisierungsanlagen auch bei noch kleineren Ausbaugrößen u. U. wirtschaftliche Vorteile gegenüber Faulanlagen haben. Bei einer Schlammbelastung von 0,04 g BSB_5/(g TS · d) und einem Trockensubstanzgehalt von 5 g TS/l benötigt man je Einwohner 60 : (0,04 · 5) = 300 l Belüftungsraum. Nitrifikation und Denitrifikation lässt sich bei einer Schlammbelastung von 0,07 g BSB_5/(g TS · d) erreichen, wobei ein Trockensubstanzgehalt von 3 g TS/l angenommen werden soll 40 : (0,07 · 3) = 190 l/E, sodass 300 – 190 = 110 l/E wegen der Schlammstabilisierung notwendig sind. Das ist mehr Raum als beim geheizten Faulbehälter, der mit 30 – 40 l/E auskommt und einer Vorklärung, für die 20 l/E anzusetzen sind.
Bei größeren Anlagen wird der Schlamm manchmal getrennt belüftet. Dazu sind 15 bis 20 Tage erforderlich. Bei 2 l Schlamm/(E · d) als Richtzahl also 2 · 20 = 40 l/E Belüftungsraum. Der Trockensubstanzgehalt beträgt bei dieser Rechnung wegen der Verflüssigung etwa 3 %, die Raumbelastung mit organischen Trockenstoffen 1,33 kg oTS/(m^3 · d).
Von den organischen Stoffen wird ein Drittel mineralisiert, zwei Drittel bleiben übrig. Ihr Sauerstoffbedarf schwankt mit der Temperatur. Man kann maximal 0,12 kg O_2/(kg org. TS d) annehmen oder 1,6 kg O_2/(m^3 · d). Deshalb sind etwa 50 W/m^3 an Belüftungsleistung zu installieren. Der Energiebedarf ist höchstens 18 kWh/m^3 Schlamm und im Mittel vielleicht 12 kWh/m^3. Man bevorzugt daher meist die Ausfaulung.
Über die getrennte Überlüftung von Schlamm liegen nur wenig Erfahrungen vor [748, 1307, 1641, 1661, 2372]. Man weiß vom Belebungsverfahren, dass die Empfindlichkeit gegen Metallsalze geringer ist als beim Faulverfahren. Das Schlammwasser ist nur mäßig verschmutzt. Wurmeier werden nicht abgetötet; aber Bakterien reduziert [1548]. Park et al. vergleichen die Wirkung der Faulung und der Überlüftung [1750].
Überlüftungsbecken für getrennte Schlammstabilisierung werden wie Belebungsbecken ausgebildet. Bei veränderlichem Schlammspiegel sind schwimmende Kreisel von Vorteil. In kalten Zeiten können Oberflächenbelüfter wegen der Eisbildung nicht betrieben werden. Druckluftbelüftung wärmt, ist aber verstopfungsanfällig.
Versuche mit der aerob-thermophilen Schlammstabilisation hat Loll durchgeführt [1503]. Man kommt bei diesem Verfahren, das bei Temperaturen von über

45 °C arbeitet, mit fünf bis sieben Tagen Belüftungszeit aus. Es ist mit starker Schaumbildung zu rechnen [1506]. Bei ausreichender Vorentwässerung tritt biogene Selbsterhitzung ein [213, 329]. Über Erfahrungen berichten Leonhard et al. [1471], Pöpel et al. [1828] und Glasenapp et al. [905].
Über die Möglichkeit der zweistufigen aeroben-anaeroben Schlammbehandlung berichten Matsch [1556] und Baier [192]. Dichtl weist anhand der organischen Säuren im Ablauf des Faulraums nach, dass die Kombination von einem Tag aerober Stabilisierung und 15 Tagen Faulung dem Optimum nahe kommt [680].
Parravicini und Mitarbeiter beschreiben die zweistufige anaerob-aerobe Behandlung des Schlammes, durch die es gelingt, die organischen Inhaltsstoffe um weitere 16 % abzubauen, sodass der Schlamm nach österreichischem Recht deponiert werden kann [1758 bis 1760]. Außerdem konnte der Stickstoffgehalt im Schlammwasser durch intermittierende Belüftung um 45 % gesenkt werden.
Die ausreichende Stabilisierung kann durch drei Bestimmungen untersucht werden [1935]:

1. den Sauerstoffverbrauch, der weniger als 0,1 kg O_2/(kg org. TS · d) betragen soll,
2. die Stinkprobe mit Bleiazetatpapier – in sechs Wochen keine Färbung und
3. den durch Äther ausgewaschenen Fettgehalt, der unter 65 mg/g TS liegen soll.

Loll benutzt das BSB_5/CSB-Verhältnis [1504]. Ein kommunaler Klärschlamm kann als stabilisiert angesehen werden, wenn das BSB_5/CSB-Verhältnis $\leq$ 0,15 ist. Die ATV-Arbeitsgruppe 3.1.1 hat Stabilisierungskennwerte zusammengestellt [92].

5.10.7 Schlammfaulung

Wenn man organische Stoffe bis zur Bildung von Methan vergären will, hat nach heutiger Kenntnis ein vierstufiger Abbau zu erfolgen (Kapitel 4.2). Die ersten beiden Abbauschritte bis zur Versäuerung der Ausgangssubstrate verlaufen meist ohne Probleme, da die entsprechenden Bakterien schon im Rohschlamm enthalten sind. Bei den acetogenen und methanogenen Bakterien der dritten und vierten Abbaustufe handelt es sich dagegen um Spezialisten, die durch »Animpfung« angereichert werden müssen. Geschieht dies nicht, erstreckt sich die Einarbeitungszeit bei einer mittleren Temperatur von 15 °C bei frischem Abwasser und frischem Schlamm im großen Faulraum auf etwa sechs Monate. Bei anderen Temperaturen verschiebt sich die Zeit im Verhältnis der

Temperaturkurve (Bild 5.77). Wenn das Abwasser schon ausgefaulten Schlamm mitbringt, z. B. von Grubenüberläufen oder aus gestauten Strecken des Straßennetzes oder langen Druckleitungen, hat der Faulraum überhaupt keine Einarbeitung nötig.

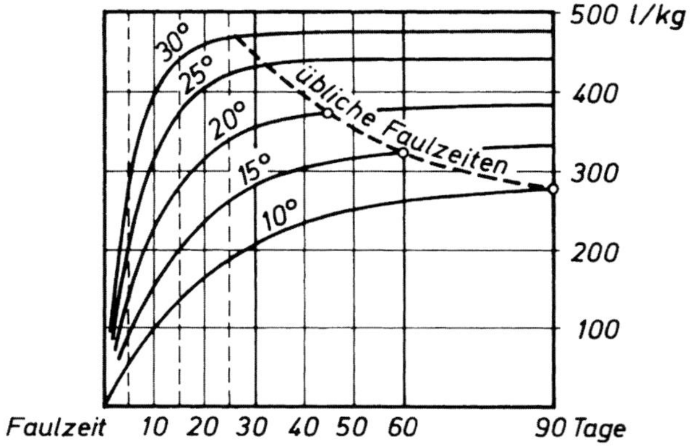

Bild 5.77: Gasentwicklung aus 1 kg wasserfreien organischen Stoffen des in den Faulraum eingeführten frischen Schlammes im reifen Faulraum bei verschiedenen Temperaturen nach Fair und Moore [811] mit deutschen Gaszahlen

Künstlich kann man den Faulraum dadurch rasch einarbeiten, dass man zunächst mit Abwasser füllt, auf die geplante Faultemperatur aufheizt und dann Impfschlamm aus einem gut arbeitenden Faulraum gleicher Temperaturstufe einbringt. Wählt man die tägliche Rohschlammzugabe zu 1/8 bis 1/10 des schon im Faulraum vorhandenen Schlammvolumens, dann behält die Methangärung stets die Oberhand [38]. Aktivkohle kann die Reifung beschleunigen. Auch faulendes Laub ist nach Reichle und Sander als Impfstoff zu gebrauchen [1860]. Ohne Impfschlamm kann man dann auskommen, wenn man mit sorgfältigem Kalken den pH-Wert in der Nähe von 7,0 hält [426]. In einem gut arbeitenden Faulraum liegen die organischen Säuren, ausgedrückt als Essigsäure, zwischen 100 und 1 000 mg/l. Der Essigsäuregehalt ist auch ein Maß für die Stabilisierung des Schlammes [1505].
Die Wirkung der alkalischen Gärung ist außerordentlich kräftig. Im eingearbeiteten Raum wird der Schlamm bei genügender Wärme in ein bis zwei Wochen so völlig zersetzt, dass von seinen ursprünglichen organischen Bestandteilen fast nichts mehr zu erkennen ist (ausgenommen z. B. Haare, die unverändert bleiben). Auch die meisten Unkrautsamen werden vernichtet, aber z. B. Tomatenkerne bleiben keimfähig. Krankheitskeime und Wurmeier sterben ab, nicht aber Tuberkelbakterien. Besonders wichtig ist die Abnahme des Schlammvolumens.

Zum kleinen Teil ist diese auf die Vergasung und Verflüssigung von organischen Stoffen zurückzuführen. Aus der Schlammliste (Tabelle 5.36) sieht man durch Vergleich der Werte A 2a und A 3a, dass die Feststoffe von 45 auf 30 g/(E · d) abgenommen haben. Der größere Teil der Abnahme bezieht sich aber auf den Wassergehalt, der von 95 auf 90 % fällt, sodass das Volumen des ausgefaulten Schlamms einer Absetzanlage nur noch 0,30 l/(E · d) beträgt gegenüber 0,90 l des rohen Schlamms (A 3d gegenüber A 2d der Schlammliste), also nur ein Drittel. Im einzelnen Fall ist der Wassergehalt des ausgefaulten Schlamms sehr verschieden. Er ist meist umso höher, je größer der Gehalt an organischen Stoffen ist. Deshalb erhöht z. B. die Zugabe von belebtem Schlamm den Wassergehalt und damit die Menge des ausgefaulten Schlamms bedeutend.

Trotz des geringen Wassergehalts ist der ausgefaulte Schlamm flüssig und leicht pumpbar im Gegensatz zum rohen Schlamm, der zäh und sperrig ist, wenn er nicht stark mit Wasser verdünnt wird. Ausgefaulter Schlamm trocknet wesentlich schneller als Rohschlamm und stinkt dabei nicht. Er ist schwarz von Schwefeleisen.

Den Einfluss der Temperatur auf die Gärung zeigt Bild 5.77, wo die aus 1 kg in den Faulraum eingeführten organischen Stoffe des rohen Schlamms bei verschiedenen Temperaturen entwickelten Gasmengen in l/kg aufgetragen sind. Die Zersetzung geht bei höheren Temperaturen rascher, aber auch die Endmenge des Gases ist bei höherer Temperatur größer (s. Tabelle 5.37).

Tabelle 5.37: Gasentwicklung in Abhängigkeit der Temperatur

10	15	20	25	30	°C
275	325	380	440	480	l/kg

Bei allen Angaben über Temperaturen ist zu beachten, dass die einmal eingestellte Temperatur gehalten werden muss. Schon bei geringen Schwankungen geht die Gasentwicklung sofort zurück. Der Gasanfall lässt sich aus Bild 5.77 berechnen, wenn man außer der Trockenmasse der organischen Schlammstoffe und der Temperatur auch die Faulzeit angeben kann. Das ist dann leicht möglich, wenn kein Schlammwasser abgetrennt wird, wenn also das aus dem Faulraum abfließende Schlammvolumen ebenso groß ist wie das zufließende.

Beispiel: Ein Faulraum erster Stufe für 50 000 E ist 500 m^3 groß. Zugeführt werden täglich 0,90 · 50 000 : 1 000 = 45 m^3 roher Schlamm. Schlammwasser wird nicht abgetrennt. Die Faulzeit ist 500 : 45 = 11,1 Tage. Geheizt wird auf 30 °C. Der Gasanfall ist nach Bild 5.78 etwa 400 l auf 1 kg organische Feststoffe.

Die Feststoffe sind 45 g/(E · d). Davon sind organisch 70 % oder 0,7 · 45 = 31,5 g/(E · d). Der Gasanfall ist 400 · 31,5 : 1 000 = 12,6 l/(E · d) oder 12,6 · 50 000 : 1 000 = 630 m^3/d.

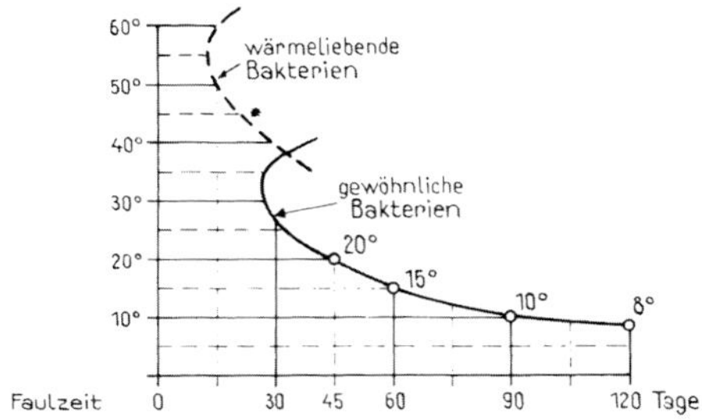

Bild 5.78: Erforderliche Faulzeiten, um aus 1 kg organischer Feststoffe 478 l Gas zu erzeugen (nach Fair und Moore [811])

Wenn in dem Faulraum das Schlammwasser abgetrennt wird, ist die Rechnung weniger sicher, denn der Wassergehalt des Schlamms und damit auch das Schlammvolumen nehmen während des Wanderns durch den Faulraum ab.
In den Faulräumen der zweistöckigen Emscherbrunnen (Kapitel 5.10.8.2) sieht man nur den abfließenden, aber nicht den zufließenden Schlamm und nicht das Schlammwasser, das im Austausch gegen Schlamm wieder ins Absetzbecken zurückgeht.
Aus den Linien von Bild 5.77 kann man auch für die verschiedenen Temperaturen bei mehrstufigen Faulräumen bequem ablesen, wie viel Gas in jeder einzelnen Stufe entwickelt wird.
Der Abbau der organischen Stoffe geht im Faulraum etwa gleichlaufend mit der Gasentwicklung nach Bild 5.77. Im Ganzen geht er langsamer als der Abbau im lufthaltigen Wasser. Er beträgt z. B. bei 20 °C nur täglich 8,4 % gegenüber 20,6 % beim BSB.
In Bild 5.77 und Bild 5.78 sind die in städtischen Faulräumen bei verschiedenen Temperaturen üblichen Faulzeiten eingetragen (s. Tabelle 5.38).

Tabelle 5.38: Faulzeit in Abhängigkeit der Temperatur

8	10	15	20	25	30	°C
120	90	60	45	30	27	d

Über 25 °C nimmt der Gasanfall nicht mehr viel zu. Damit ist aber nicht gesagt, dass die Heizung auf höhere Temperatur, z. B. bis 37 °C, keinen Vorteil hat, denn in diesem Bereich steigt die Verflüssigung der organischen Stoffe, die aus

anderen Gründen erwünscht ist. Über 37 °C finden die bis dahin arbeitenden Bakterien ihre Lebensbedingungen nicht mehr. Sie werden durch „wärmeliebende“ (thermophile) Bakterien ersetzt. Diese müssen sich durch besondere Einarbeitung erst bilden. Sie finden ihre besten Bedingungen zwischen 50 und 60 °C [809].
Die Methanfaulung kann durch verschiedene Metallsalze empfindlich gestört werden, die besonders von Galvanisieranstalten abgehen.
Wenn genügend Schwefel vorhanden ist, fallen die giftigen Metalle als unlösliche Sulfide aus. Nur Chrom bleibt eine Ausnahme. Die Zugabe von schwefelhaltigen Verbindungen kann Erfolg bringen [1550].
Für einseitig zusammengesetzte Substrate aus der Feldwirtschaft kann es nützlich sein, Spurenelemente wie Eisen, Nickel und Cobalt zuzugeben, um die Faulgasausbeute zu erhöhen [1065].

5.10.8 Bauarten der Schlammfaulräume

Je nach der Art, wie die für die Ausfaulung des Schlamms bestimmten Faulräume mit dem Absetzvorgang im Abwasser in Verbindung gebracht werden, unterscheidet man grundsätzlich die folgenden Bauarten.

5.10.8.1 Abwasserfaulraum

Der Abwasserfaulraum (septic tank) ist beim Faulverfahren (Kapitel 5.6.11) besprochen. Er wird von dem gesamten Abwasser durchflossen, ist also gleichzeitig Absetz- und Faulbecken für das Abwasser und Faulbecken für den Schlamm (etwa nach Bild 5.19).

5.10.8.2 Zweistöckige Faulraum (Emscherbrunnen)

Der (nicht durchflossene) zweistöckige Faulraum wird auch als Emscherbrunnen, Emscherbecken oder Imhoff-Tank bezeichnet [1809]. Hierbei ist der Schlammfaulraum in einem zweistöckigen Bauwerk unterhalb des Absetzbeckens angebracht nach Bild 5.79. Der Schlammfaulraum wird durch das darüber fließende Abwasser warm gehalten. Der Wasserspiegel des Absetzbeckens wird durch einen Überfall festgehalten (Kapitel 5.4.4). Die Sohle des Absetzbeckens, die dieses von den darunter liegenden Faulräumen trennt, wird durch dünne, schräge Wände aus Stahlbeton gebildet, die in der Tiefe etwa 0,25 m weite Schlitze freilassen, um den abrutschenden Schlamm in den Schlammraum durchzulassen. Die schrägen Wände müssen durch Abstreifer sauber gehalten werden. Die Neigung der Flächen ist mindestens 1,2 bis 1,5 (Höhe) zu 1 (Breite). Wenn zwei Schrägwände aneinanderstoßen, muss eine stärkere Neigung (2 : 1) genommen werden, damit das Gefälle in der Schnittlinie ausreicht. Die Schlammschlitze sind von unten überdeckt, damit aufschwimmende Schlammstücke nicht zurückkommen können. Das Absetzbecken hält sich von selbst dauernd schlammfrei, und der Abfluss bleibt frisch. Das Schlammwasser trennt sich von dem faulenden Schlamm und tritt dauernd und selbsttätig durch die Schlitze im Austausch gegen den neu absinkenden Schlamm und durch diesen filternd in das obere Absetzbecken zurück [189]. Der ausgefaulte Schlamm ist deshalb besonders wasserarm. Diese Verbindung durch die Schlitze hat aber auch die Folge, dass man einen zweistöckigen Faulraum nicht heizen kann. Die dem unteren Stockwerk zugeführte Wärme wird vom Wasser des oberen Stockwerks wieder weggeführt.

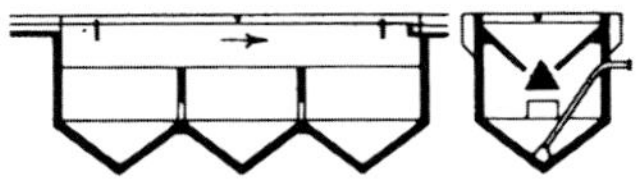

Bild 5.79: Zweistöckiger Absetz- und Faulraum (Emscherbrunnen)

Damit die Schlammkammern gleichmäßig mit Schlamm belastet werden, kann man die Strömungsrichtung im Absetzbecken alle paar Wochen umkehren oder man macht den ersten Raum größer [1683] oder man pumpt gelegentlich Schlamm aus dem ersten in den letzten Brunnen.
Die Querwände in dem unteren Stockwerk, die aus statischen Gründen gegen Erddruck und Wasserdruck notwendig sind, teilen den langgestreckten Faulraum in einzelne Schlammkammern ab. Die Querwände haben auch den Zweck, die Strömung von Abwasser durch den Faulraum zu verhindern, damit der Abfluss des Absetzbeckens frisch bleibt. Löcher in den Querwänden, die zum Ausgleichen der Schlammmengen dienen sollen, dürfen nur unterhalb des Schlammspiegels angebracht werden, damit kein Wasser durchströmen kann.
Längswände, die die Absetzbecken aufteilen, müssen sich auch durch die Faulräume hindurch bis zum Boden fortsetzen, sodass zu jedem Absetzbecken ein abgetrennter Faulraum gehört. Andernfalls lässt es sich nicht vermeiden, dass bei ungleicher Verteilung des Zu- und Abflusses der einzelnen Becken Querströmungen durch den Faulraum eintreten, die Faulraumwasser in den Abfluss drängen.
Jede Schlammkammer soll ein Schlammrohr mit einem eigenen Schieber haben. Das Rohr mündet offen, sodass man den Schlamm beim Ausfließen sehen kann. Die Schlammrohre sollen 20 cm weit sein. Am unteren Rohrende wird zweckmäßig eine Wasserspülung oder Druckluftleitung angebracht. Auch soll das Rohr von oben her mit Druckwasser durchspült werden können. Das nötige Druckgefälle zum Durchfließen des Schlammes durch die Rohre ist 1 : 8, für offene Rinnen 1 : 40, bei sehr dickem Schlamm mehr.

Man hat auch schon Drucklufttheber in die einzelnen Schlammtrichter eingesetzt. Diese heben auch sandigen Schlamm mit Sicherheit über den Wasserspiegel, sodass der Schlamm dann mit Gefälle auf den Trockenplatz fließt.
Auf die Schwimmdecke im Faulraum ist beim zweistöckigen Emscherbrunnen ganz besonders zu achten. Sie ist nicht zu verwechseln mit dem Schwimmschlamm des Absetzbeckens, der in Kapitel 5.4.4 besprochen ist. Die Schwimmdecke entsteht dadurch, dass Schlammteile aus dem Faulraum durch Gase aufschwimmen, dann aber nicht so weit auseinander fallen, dass die Gasblasen wieder frei werden und die Schlammstücke wieder absinken. Besonders bleiben Fasern, Kerne und ähnliche Stoffe an der Oberfläche. Wenig Schwimmdecke entsteht in einem reichlich bemessenen Faulraum, der durch warmes Abwasser warm gehalten wird und auch dann, wenn das Industriewasser Kochsalz, Eisensalze, Kalk oder Kohlenstaub enthält, die dem Schlamm die Klebrigkeit nehmen und ihn beschweren. Viel Schwimmdecke kann entstehen bei frischem, rein häuslichem Wasser und bei gewissem gewerblichem Abwasser mit hohem Gehalt an Fett (Wollfett) und Haaren oder Faserstoffen. Sie entsteht besonders dann, wenn der Raum überlastet ist oder durch niedrige Temperatur in der Gärung behindert ist und wenn der Raum zu viel Oberfläche hat. Die zu starke Schwimmdecke muss unbedingt zerstört und zum Absinken gebracht oder abgelassen werden. Das ist bei jedem Faulraum, auch bei dem selbständigen, nötig, weil die Schwimmdecke nutzbaren Raum wegnimmt. Beim Emscherbrunnen kommt aber erschwerend hinzu, dass sie sich abwärts bis an die Verbindungsschlitze zum Absetzraum ausdehnen kann und dann von unten in den Absetzraum eindringt und dort als Schwimmschlamm auftritt und den Abfluss verdirbt.
Das Zerstören der Schwimmdecke ist möglich mit einem Wasserstrahl oder durch Aufpumpen von Bodenschlamm oder Faulraumwasser oder mit einem Rührwerk oder anderen mechanischen Vorrichtungen ähnlich wie beim selbständigen Faulraum. Zum Ablassen von Schwimmschlamm müssen Öffnungen vorhanden sein.
Beim Betrieb ist das Wichtigste, die Schlammschlitze zwischen Absetzraum und Faulraum freizuhalten. Es ist schon gesagt worden, dass der Schwimmschlamm nicht von oben bis herab zu den Schlitzen kommen darf. Ebenso wenig darf der Bodenschlamm von unten bis an die Schlitze heranreichen, sondern muss rechtzeitig abgelassen werden, auch wenn er in der Einarbeitungszeit noch nicht reif sein sollte. Wenn sich über den Schlitzen auf dem Wasserspiegel eine Blasenreihe zeigt, ist das ein Zeichen dafür, dass der Schlamm die Schlitze erreicht hat und dass Schlamm abgelassen werden muss.
Die genaue Höhe des Schlammspiegels misst man dadurch, dass man den Saugschlauch einer Handpumpe in den Faulraum einhängt und während des

Pumpens langsam absenkt, bis der schwarze Schlamm kommt. Ebenso lässt sich auch die Dicke der Schwimmdecke messen.
Andererseits darf natürlich auch nicht zu viel Schlamm vom Boden abgelassen werden, weil dann nicht mehr genug reifer Schlamm zurückbleibt, um die alkalische Gärung gegenüber den frisch ankommenden Massen aufrecht zu erhalten. Der Faulraum müsste sich dann wieder neu einarbeiten.
Das „Schäumen" des zweistöckigen, wie überhaupt jedes nicht durchströmten Faulraums entsteht dann, wenn sich im Faulwasser seifige Stoffe übermäßig ansammeln [2250]. Die aufsteigenden Gasblasen bilden dann einen schlammhaltigen Schaum, der über die Kanten der Luftschächte überfließen kann. Mit der bereits erwähnten Schwimmdecke hat das nichts zu tun. Das Schäumen entsteht gewöhnlich nur in der Einarbeitungszeit. Man kann es sofort abstellen, wenn man frisches Spülwasser oder Abwasser in den schäumenden Schacht einführt und so das seifige Faulwasser verdünnt. Auch das Ablassen von Schlamm wirkt in diesem Sinne, weil dann der Schlammspiegel absinkt und frisches Abwasser aus dem Absetzraum nachzieht. Das Schäumen kann aber auch durch fadenförmige Organismen des belebten Schlammes (*Microthrix parvicella*) hervorgerufen werden. Hier hilft eine andere Schlammbelastung der Belebungsanlage, wenn diese vom Reinigungsziel her möglich ist, das Erhitzen des Überschussschlammes auf 70 °C für fünf Minuten oder der Einsatz von Faulschlamm-Mischern gemäß Bild 5.80 in getrennten Faulräumen [2325].
Damit die Bautiefe der Emscherbrunnen geringer wird, werden die Trennwände zwischen dem Absetzraum und dem Faulraum auch waagerecht gelegt. Der frische Schlamm wird dann auf dem Boden des Absetzraums mit kreisenden Räumern zu den Schlammschlitzen geschoben. Diese Bauweise wurde zuerst 1929 von Skinner in Rochester, N. Y., entwickelt. Sie wird im Ausland als „Clarigester" bezeichnet.
In Polen hat man durch Belüften des Emscherbrunnen-Faulraumes eine aerobe Stabilisierung des Schlammes und biologische Reinigung des Abwassers erreicht [1538].

5.10.8.3 Schlammfaulbehälter

Der selbständige Schlammfaulbehälter: Die zweistöckigen Absetz- und Schlammfaulbecken haben den Nachteil, dass sie von dem Wasserspiegel aus eine große Tiefe nötig haben. Man kann das vermeiden, wenn man den Faulraum nicht unter den Absetzraum, sondern daneben setzt und den frischen Schlamm hinüberpumpt. Die Baukosten werden dann oft geringer. Der Hauptvorteil ist, dass man den Faulraum dann heizen kann.
Dabei stellen sich aber verschiedene Nachteile ein: Die Leistung des Absetzraums ist nun nicht mehr selbsttätig, sondern hängt von dem Belieben des Wärters und der Zuverlässigkeit von Pumpen, Motoren und beweglichen Teilen

aller Art ab. Das Abtrennen des Schlammwassers vom ausgefaulten Schlamm wird notwendig. Täglich muss frischer Schlamm eingepumpt und die entsprechende Menge Faulraumwasser abgelassen werden, um Raum zu schaffen. Dazu kommt, dass die Temperatur im getrennten Schlammraum niedriger ist als im Faulraum des Emscherbrunnens, der von dem Abwasser überflossen und gewärmt wird. Diesen Nachteilen muss man durch geeignete Bauarten oder durch entsprechende Vergrößerungen der Räume oder durch Heizung und Betriebsmaßnahmen begegnen.

In einfachen Verhältnissen baut man den selbständigen Faulraum offen als Erdbecken zwischen Dämmen oder innerhalb einer Ringmauer. Der Boden wird mit verschließbaren Sickerleitungen versehen. Die Becken macht man möglichst tief, etwa 3 bis 5 m, und legt den Schlammspiegel so hoch, dass man noch gutes Gefälle auf die daneben liegenden Trockenplätze hat. Wichtig ist, dass man nicht den frischen Schlamm in die Faulräume pumpt, sondern ein Gemisch von frischem und altem Schlamm, etwa 2 : 1, damit der frische Schlamm gehindert wird, in saure Gärung überzugehen. Dieses 1909 für Erdfaulräume eingeführte und in Birmingham bewährte Verfahren des Vorimpfens und Mischens des gepumpten Schlamms wurde später auch für geheizte Faulräume angewandt [1297].

Damit der ganze Raum vom Schlamm durchwandert wird, benützt man mehrere Zuleitungsstellen im Wechsel. Am Ablaufschacht werden getrennte Ableitungen angelegt für das Schlammwasser und für den ausgefaulten Schlamm. Die Schwimmdecke darf nicht gestört werden. Sie bildet einen guten Geruchsverschluss. Die Becken müssen nach Jahren ganz ausgeräumt werden, weil sich am Boden Sand und fester Schlamm ansammelt. Fester Schlamm kann auch dadurch zum Fließen gebracht werden, dass man das darüber stehende Wasser ablässt und dann nachspült.

Wenn der Erdfaulraum als Behelfsanlage gebaut wird, kann später ein geschlossener geheizter Behälter mit Gasgewinnungals erste Stufe davor gebaut werden und der Erdfaulraum kann als zweite Stufe bestehen bleiben [409, 1162, 1163, 1529, 2182]. Böhm empfiehlt, den Schlamm auch in Erdfaulräumen regelmäßig umzuwälzen [936].

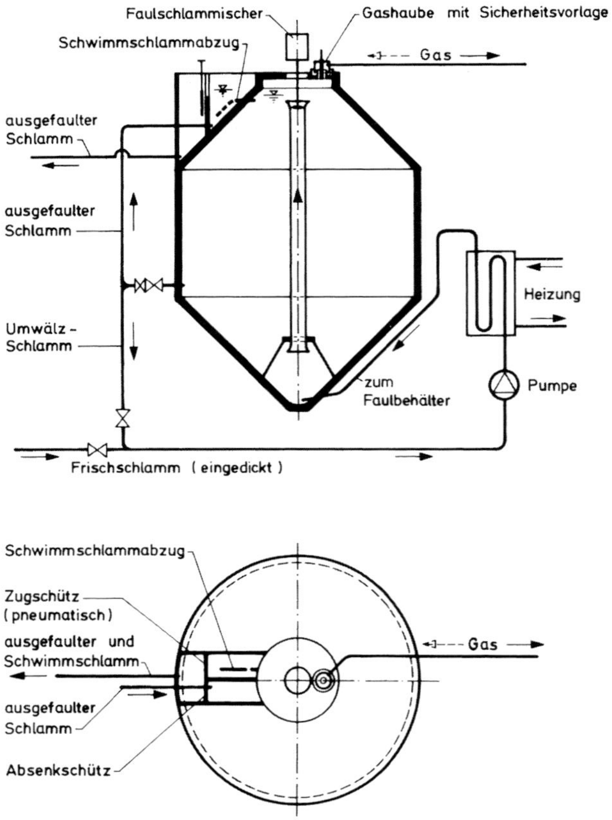

Bild 5.80: Schlammfaulraum mit Heizsystem, Umwälzeinrichtung und den wichtigsten Installationen

Vollkommener ist die geschlossene Bauweise aus Stahlbeton [355, 408, 891, 960, 1194, 1696, 1896, 2114]. Bild 5.80 zeigt die klassische kontinentaleuropäische Form des Faulbehälters mit Sohlkegel zur Vermeidung von Schlammablagerungen und Einschränkung der Schwimmdecke im oberen Bereich. Der

Schlamm wird unten eingepumpt und an der Decke herausgelassen. Oben befindet sich auch ein Überlauf für das Schlammwasser, das zu den Absetzbecken zurückgeleitet wird.

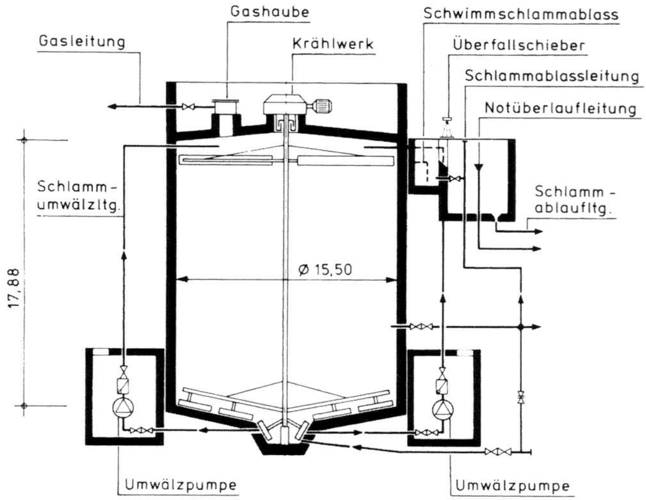

Bild 5.81: Schnitt durch einen Faulraum mit 3 000 m³ Inhalt

Man findet aber auch zylindrische Bauformen entsprechend Bild 5.81. Die flache Sohle wird geräumt. Derartige Ausrüstungen haben sich seit Jahrzehnten bewährt. Die Antriebsenergie ist gering. Die Umwälzung des Schlammes besorgen außen liegende Pumpen. Der Schlamm wird an der Sohle abgezogen und im Bereich des Schlammspiegels zurückgegeben. Auch der Faulschlamm wird an der Sohle abgezogen. Bemisst man die Faulschlamm-Ablassleitungen für eine Fließgeschwindigkeit von 1 bis 1,5 m/s, wird der vom Krählwerk geräumte Sand auch regelmäßig herausgefördert, und der Faulraum bleibt sandfrei.

Ab 4 000 m^3 Inhalt kann es wirtschaftlich sein, die Bauformen von Bild 5.80 oder Bild 5.81 zu verlassen und auf die stetig gekrümmte Eiform überzugehen [310, 1221, 1788]. Derartige Behälter wurden bereits bis zu einem Inhalt von 15 000 m^3 ausgeführt. Bei der Aufteilung des Volumens ist es richtig, wenige Einheiten zu wählen. Faulbehälter können auch aus Stahl oder Betonfertigteilen zusammengesetzt werden.

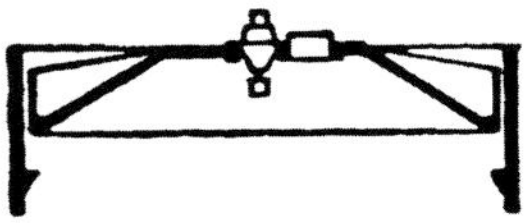

Bild 5.82: Schwimmende Gasdecke mit Schwimmdeckenzerstörer

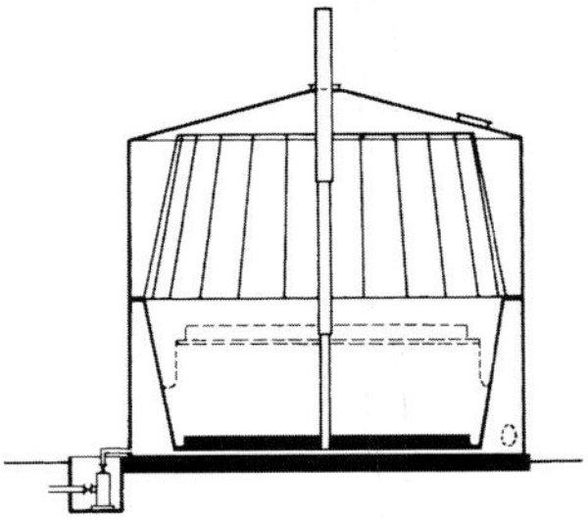

Bild 5.83: Trockengasbehälter

Für die Decke gibt es folgende Bauarten:

- Die schwimmende Gasdecke. Sie gibt Sicherheit gegen das Eindringen von Luft. Die Decke kann auch als schwimmender Gasbehälter ausgebildet werden.
- Die feste, hoch liegende Gasdecke (Bild 5.80 oder Bild 5.81) darf aus Sicherheitsgründen nur in Verbindung mit einem unter Druck stehenden Gasbehälter ausgeführt werden, der Gas zurückdrückt sobald der Schlammspiegel beim Ablassen von Wasser oder Schlamm fällt. Dieser Gasbehälter kann mit einer Wassertasse versehen sein oder als Trockenbehälter ausgebildet werden (Bild 5.83). Kiestöpfe dienen als Flammen-Durchschlagsicherung. Weitere Sicherheitsregeln in DWA-M 376, 2006 [513].

Schwimmenden Schlamm darf man in dem gedeckten und geheizten Faulraum nicht zu dick werden lassen, denn er liegt fest, wird von der Heizung nicht mehr erreicht und nimmt nutzbaren Faulraum weg. Man muss die Schwimmdecke also dauernd oder wenigstens täglich einmal aufbrechen. Hierfür gibt es folgende Möglichkeiten:

- Spritzvorrichtung für Leitungswasser. Besser ist gepumptes Faulraumwasser, weil es die Bakterien der alkalischen Gärung in den frischen Schlamm bringt und weil es bei geheizten Faulräumen Wärmeverluste vermeidet.
- Verspritzen des frischen Schlamms. Die Bildung der Schwimmdecke wird durch das tägliche Nässen bekämpft. Der frische Schlamm wird in kleinsten Teilen mit dem in Gärung befindlichen alten Schlamm in Berührung gebracht.
- Ein Flügelrad, das in den Schlamm eintaucht.
- Umpumpen des im Faulraum befindlichen Schlamms mit einer außen oder innen stehenden Pumpe. Eine gute Umwälzung ergeben Schraubenschauf-

ler. Wichtig ist dabei, dass der Schlamm oder das Faulwasser auf oder in die Schwimmdecke gepumpt wird und diese mechanisch zerstört. Beim Einpumpen des frischen, kalten Schlamms kann dieser gleich auf die Temperatur des Faulraums geheizt werden und mit altem Schlamm gemischt (geimpft) werden. Wenn der frische Schlamm schon gemischt mit Faulschlamm in den Faulraum gepumpt wird, können andere Arten der Bekämpfung von Schwimmdecke entbehrt werden.

- Einblasen von Faulgas in einer Menge von 1 – 1,5 m^3/min und Lanze [873, 932, 1165, 1635, 1904]. Die Lanzen tauchen etwa 3 m senkrecht in den Schlammspiegel ein.

Trotz der Schwimmdeckenbrecher sammeln sich im Faulraum mit der Zeit Schwimmstoffe an, namentlich dann, wenn noch feste Stoffe mit vergast werden. Deswegen muss ein Ablassrohr für Schwimmschlamm angebracht werden, dessen Einlass dicht unter dem Schlammspiegel liegt. Dort ist eine Wasserspülung zweckmäßig. Außerdem ist eine Öffnung in der Gasdecke nötig, von der aus man Schwimmstoffe auswerfen kann.

5.10.9 Rohstoffe des Faulgases

Außer dem städtischen Abwasserschlamm eignen sich viele andere feste und flüssige Abfälle als Rohstoffe des Faulgases [239, 406, 407, 411, 1150 bis 1152, 1154, 1314, 1815, 1867, 1868].
Die Co-Vergärung von Klärschlamm und Bioabfällen ist besonders dann von Vorteil, wenn vorhandene Reservekapazitäten ausgenutzt werden können [111, 177, 543, 773, 1507, 2000, 2001].
Tabelle 5.39 bringt eine Reihe solcher Stoffe mit den Gaszahlen, die meist aus dem Aufsatz 1955 von Reinhold [1868] entnommen sind. Die letzte Spalte (Halbwertzeit) gibt nach Reinhold die Zahl der Tage an, die beim Flaschenversuch nötig waren, bis die Hälfte der vergasungsfähigen Stoffe vergast war. Die Halbwertzeit gibt einen Anhalt für die nötige Größe des Faulraums. Weitere Angaben im DWA-M 380 [543].
Im Allgemeinen kann man sagen, dass lockere und gut zerkleinerte Stoffe mehr Gas geben als feste, harte und grobe, und dass grüne und frische Stoffe besser sind als alte, verholzte und verrottete.
Die Raumgröße des Faulraums kann bei festen Abfallstoffen kleiner sein als bei Abwasserschlamm, weil weniger Raum durch unnötiges Wasser weggenommen wird. Die Belastung mit wasserfreien Trockenstoffen kann 2 bis 3 kg/m^3 täglich sein [407]. Demgegenüber ist als Raumbelastung durch organische Stoffe des Abwasserschlamms nur mit 1,5 kg/m^3 angegeben.

Tabelle 5.39: Rohstoffe des Faulgases

Art des Stoffes	Gasanfall bei 30 °C in l/kg des gesamten Trockenrückstands	Gasanfall bei 30 °C in l/kg des organischen Trockenrückstands	Methangehalt %	Halbwertzeit Tage
A. Kommunale Betriebe				
Abwasserschlamm	431	607	78	8
Müll ohne Asche	281	305	66	10
davon Papier	227	259	63	8
davon Gemüseabfälle	608	643	62	6
Schlachthofabfälle				
Rinderdarminhalt	461	524	74	13
Eingeweideteile	87	89	42	2
Rinderblut	158	159	51	2
B. Industriebetriebe				
Molkereiabwasser	975	1 025	75	4
Molke (67,3 g/l Trockenrückst.)	670	–	50	–
Presshefeabwasser	486	796	85	–
Papierabwasser	250	–	60	–
Rübenschnitzel	400	423	75	4
Apfeltresterabfälle	313	322	75	4
Traubentrester (verrottet)	137	200	79	27
Brauereiabfälle (Hopfen)	426	445	76	2
Orangenrückstände	482	500	72	5
Bananenblätter (trocken)	413	450	78	18
C. Landwirtschaft				
Stallmist mit Stroh	286	342	75	19
Pferdekot	391	430	76	16
Rinderkot	237	315	80	20
Schweinekot	257	415	81	13
Weizenstroh	348	367	78	12
Kartoffelkraut	526	606	75	3
Maiskraut	485	514	83	5
Zuckerrübenblätter	456	501	85	2
Gras	490	557	84	4
Dreschmaschinenspreu (Weizen)	338	386	73	10
Ginster	434	446	76	7
Schilf	285	314	79	18

Auf 1 m^3 Faulraum kann der Gasanfall täglich 0,5 bis 1 m^3 betragen.
Bei Stoffen, die nur wenig Stickstoff enthalten, wie Maiskraut oder Stroh, ist es nötig, als Bakteriennahrung Stickstoff zuzusetzen.

5.10.10 Gasgewinnung, Heizung und Gasverwertung

Die Faulgase bestehen bei zweistöckigen Faulräumen aus 70 bis 80 % Methan und 20 bis 30 % Kohlensäure, bei selbständigen Faulräumen aus etwa 65 bis 70 % Methan und 30 bis 35 % Kohlensäure. Infolge des Unterschieds im Methangehalt hat 1 m^3 Faulgas 8 kWh bei zweistöckigen und etwa 6,4 kWh Heizwert bei einstufigen Faulräumen. Der Unterschied im Methangehalt entsteht dadurch, dass der zweistöckige Faulraum mit dem fließenden Abwasser Verbindung hat und dass deshalb ein Teil der leicht löslichen Kohlensäure vom Abwasser aufgenommen und weggeführt wird.
Der Gasanfall aus 1 kg des organischen Trockenrückstandes des in den Faulraum gebrachten frischen Abwasserschlamms ist bei den üblichen Raumgrößen und Temperaturen sicher 450 l/kg (Bild 5.77). Wenn man als organische Feststoffe 30 g/(E · d) annimmt, ist der Gasanfall 450 · 30 : 1 000 = 13,5 l/(E · d). 13,5 l/(E · d). Die Zahl gilt für den Faulraum einer Absetzanlage ohne biologische Nachreinigung.
Der Schlamm aus Tropfkörpern oder Belebungsbecken liefert aus 1 kg des organischen Trockenrückstandes nur etwa halb soviel Gas als der Vorklärbeckenschlamm, weil er biologisch schon einmal zersetzt ist [2183]. Bei einer Belebungsanlage, deren Überschussschlamm mit ausgefault wird, kann man annehmen, dass sich der Gasanfall um die Hälfte auf 20 l/(E · d) erhöht. Beide Zahlen können durch gewerblichen Schlamm und durch den Schlamm von Regenwasserbecken vergrößert werden. In vielen Betriebsanlagen werden die Zahlen infolge von Verlusten aller Art nicht erreicht.
Zur Sicherheit müssen Faulräume, deren feste Gasdecke über dem Schlammspiegel liegt, mit einem Gasbehälter verbunden sein, der sein Gas unter Druck zurückgibt, sobald der Schlammspiegel absinkt, z. B. durch Schwimmschlammabzug oder Betätigung des Grundablass. Beide Handlungen dürfen nur bei ausreichend gefülltem Gasspeicher durchgeführt werden. (Bild 5.83). Dabei darf das Gas nicht aus dem Faulraum herausgesaugt werden, sondern die Gasdecken sollen unter dem von dem Gasbehälter abhängigen inneren Druck stehen. Die Größe des Gasbehälters hängt von der Art der weiteren Gasnutzung ab. Derzeit wird das Faulgas herkömmlicherweise in Gasmotoren, Mikrogasturbinen und/oder in der Heizungsanlage genutzt. Sind keine weiteren Aspekte zu berücksichtigen, wie z. B. Stromkosten, Eigenerzeugung vs. Einspeisevergütung, muss der Gasspeicher die Schwankungen des Tages ausgleichen und soll zu diesem Zweck etwa ein Drittel der täglichen Gasmenge

fassen. Durch den Einsatz von Kunststoffgasbehältern konnten die Kosten für die Gasspeicherung erheblich gesenkt werden, sodass die Gasbehälter auf den individuellen Speicherbedarf ausgelegt und damit in der Regel größer ausgeführt werden. Der Gasbehälter und die verbindenden Rohrleitungen müssen gegen Anfressen durch schwefelig Säure bzw. Schwefelsäure geschützt werden. Dazu bieten sich Kunststoffe oder hochlegierte Stähle an. Bei der Verarbeitung der Stähle ist insbesondere die Schweißnaht ein Schwachpunkt, der nur durch äußerst sorgfältige Verarbeitung seine Korrosionsbeständigkeit behält.

Bei der Verwendung des Faulgases ist äußerste Vorsicht geboten. weil das Gas zünd- und explosionsfähig ist, wenn es im Verhältnis 1 : 5 bis 1 : 15 mit Luft gemischt ist [405]. Leitungen, die zu Heiz- oder Kraftanlagen führen, müssen gegen das Rückschlagen der Flamme gesichert sein, z. B. durch eine Flammenrückschlag- (Deflagrationssicherung) oder im System durch eine Detonationssicherung. Der gelegentlich auftretende Schwefelwasserstoff ist sehr giftig. In sehr geringen Mengen (0,001 %) ist er riechbar, in größeren Mengen ist er weniger riechbar, aber er wirkt schon bei 0,1 % tödlich. Schwefelwasserstoff muss vor der Verwendung gewöhnlich entfernt werden, weil er Eisen anfrisst. Dazu dienen Raseneisenerzfilter [867]. Wenn aus dem Faulgas die Kohlensäure ausgewaschen wird, bleibt auch der Schwefelwasserstoff im Waschwasser, und er wird mit diesem entfernt. Bei Simultanfällung mit Eisensalzen kann der H_2S-Gehalt des Faulgases auf unter 100 ppm verringert werden [1629, 1883]. Auch bei Überschussschlämmen der biologischen P-Elimination kann durch Zugabe von Eisensalzen der H_2S-Gehalt des Faulgases gering gehalten werden [985].

Bei der Verbrennung von siloxanhaltigem Faulgas entsteht Quarz, der zu Ablagerungen im Brennraum der Gasmotoren/Mikrogasturbinen führt und starken Verschleiß auslöst. Die Gasreinigung mittels Aktivkohleadsorption ergibt eine sehr gute Reinigungsleistung [1918, 1919].

Zur Verwertung des Faulgases gibt es viele Möglichkeiten. Dass es auf der Kläranlage selbst zum Heizen von Faulräumen und Gebäuden und in Gasmotoren oder Mikrogasturbinen verwendet wird, ist selbstverständlich. Die Abgabe an das städtische Gasnetz lohnt sich, wenn in nicht zu großer Entfernung eine Hauptgasleitung erreichbar ist, in der das Schlammgas mit überwiegenden Volumenströmen des Erdgases so gemischt werden kann, dass keine zu großen Schwankungen in der Zusammensetzung des Gases auftreten. Man kann das Klärgas aber auch so aufbereiten, dass es Erdgasqualität erhält [1101, 1423].

Dies ist bei größeren Biogasanlagen Voraussetzung für die Einspeisung. Gemäß dem deutschen Regelwerk werden an das partikelfreie Gas folgende Qualitätsanforderungen gestellt (Tabelle 5.40).

Tabelle 5.40: Qualitätsanforderungen für die Einspeisung von Klärgas

Parameter	Wert	Einheit
Brennwert $H_{S,n}$	13,1	kWh/Nm^3
Sauerstoff (trocken) O_2	< 3	Vol.-%
Kohlendioxid CO_2	< 6	Vol.-%
Schwefelwasserstoff H_2S	< 5	mg/Nm^3
Schwefel S	< 30	mg/Nm^3
Mercaptanschwefel RSH	≤ 6	mg/m^3
Nebel, Staub, Flüssigkeit	technisch frei	

Die Aufbereitungsschritte bestehen aus Trocknung, Entschwefelung, CO_2-Abtrennung und Odorierung [2067]. Gasnetzzugangsverordnung und Gasentgeltverordnung begünstigen die Einspeisung von Biogas in Erdgasnetze.
Bei der Nutzung des Faulgases fällt Wärme an, die zuerst im Faulbehälter genutzt werden sollte. Das Heizwasser strömt durch geschlossene Rohrleitungen. Als besondere Form hat sich der Doppelrohrwärmetauscher bewährt. Die Temperatur des Heizwassers soll 70 °C nicht wesentlich überschreiten, weil sonst die Gefahr besteht, dass die Heizflächen von innen mit Schlamm verkrusten. Beträgt die Temperatur des Vorlaufs 70 °C, des Rücklaufs 50 °C und des Faulschlamms 37 °C, dann werden etwa:

$$\frac{0{,}07\ \text{kWh}}{\text{m}^2 \cdot \text{h}} \cdot \left(\frac{60+40}{2} - 35\right) = 1{,}05\ \text{kWh/(m}^2 \cdot \text{h)}$$

übertragen. Will man 155 kWh/h zuleiten, dann sind 155 : 1,05 = 148 m^2 Heizfläche erforderlich.
Der Schlamm wird mit einer Geschwindigkeit von 1,5 m/s durch die Rohrleitungen gepumpt, die außen im Gegenstrom von Heizwasser (oder Niederdruckdampf) durchströmt werden. Um Verstopfungen zu vermeiden, müssen die Schlammrohre Durchmesser von wenigstens 125 mm, besser 150 mm, erhalten. Dadurch, dass der Schlamm bewegt wird, steigen die zulässige Heiztemperatur und der Wärmeübergangswert. Man rechnet etwa mit 1,05 kWh/(m^2 · h · °C). Bei Heizwasser betrage die Temperatur des Vorlaufs 70 °C, des Rücklaufs 50 °C und des Schlamms 35 °C. Dann können:

$$1{,}05 \cdot \left(\frac{70+50}{2} - 35\right) = 26{,}2\ \text{kWh/(m}^2 \cdot \text{h)}$$

übertragen werden.
Bei Dampf ermöglicht die Kondensation an der Rohrwand eine einheitliche Temperatur von 100 °C. Deshalb steigt die Heizleistung auf 1,05 · (100 – 35) = 68,3 kWh/(m^2 · h). Außen liegende Wärmeaustauscher sind so zu bauen, dass

die Schlammrohre leicht gereinigt werden können [227, 412, 415, 929, 930, 1989, 1990].
Wegen des Grades der Heizung hat man die Wahl zwischen folgenden Möglichkeiten:

1. Winterheizung auf etwa 33 °C, wobei die natürlichen Bedingungen des Sommerhalbjahres auch im Winter durchgehalten werden.
2. Starke Heizung auf etwa 37 °C bis 42 °C. Die Raumgröße kann man dann gegenüber 1 bedeutend herabsetzen (Bild 5.77).
3. Überheizung auf etwa 55 °C, also die Temperatur der wärmeliebenden Bakterien. Die Raumgröße kann dann noch weiter eingeschränkt werden.

In Großversuchen [838] hat die Überheizung nicht befriedigt. Der Schlamm stank und entwässerte schlecht. Garber et al. stellten bessere Entwässerungseigenschaften und weniger Keime fest [880, 881]. Die Keimreduktion war in Vancouver ausschlaggebend für die Wahl des Verfahrens [1414]. Auch beim Ruhrverband wurde die thermophile Temperaturstufe mit Erfolg angewandt [1186]. In Dänemark werden mehrere Faulräume mit Erfolg thermophil betrieben [1698]. Wichtige Gründe sind die kürzere Faulzeit und die bessere hygienische Beschaffenheit des Faulschlamms bei anschließender landwirtschaftlicher Verwertung. Auch bei überlasteten mesophilen Faulbehältern kann die Umstellung auf thermophilen Betrieb sinnvoll sein, wenn dadurch ein Neubau vermieden werden kann. Auch die Neigung zum Schäumen kann beim thermophilen Betrieb vermindert werden [1707].
Wenn man das Faulgas zur Krafterzeugung in Gasmotoren benutzt, braucht man etwa 0,47 m^3 Faulgas für 1 kWh. Der elektrische Wirkungsgrad beträgt dabei etwa 33 %. Die 20 l/(E · d) Gas, die in Faulräumen einer Belebungsanlage erzeugt werden, leisten bei 1 000 E (1 000 · 0,020) : 0,47 = 42,6 kWh/d = 1,77 kW. Da eine Belebungsanlage mit Nitrifikation im Durchschnitt für 1 000 Einwohner 2,5 kW benötigt, reicht das eigene Faulgas als Kraftquelle nicht aus. Ein Gasbehälter ist für den Mengenausgleich notwendig. Man verwendet häufig neben dem Faulgas weitere Brennstoffe (Propan- oder Erdgas), um im Notfall oder bei der Nuzung des Gasmotors als Notstromaggregat den sicheren Betrieb gewährleisten zu können. Die Abwärme wird wie zuvor beschrieben zu Heizzwecken genutzt. Bei modernen Gasmotoren werden ca. 45 bis 53 % des Energieinhaltes des Faulgases als Abwärme verwertet, so dass sich zusammen mit dem elektrischen Wirkungsgrad von ca. 35 bis 42 % ein Gesamtwirkungsgrad von ca. 88 % oder eine Energieausnutzung von 5,7 kWh/m^3 Faulgas ergibt.

Es laufen Versuche, durch Einsatz von Brennstoffzellen den elektrischen Wirkungsgrad auf 52 % zu steigern [1327].
Die Mikrogasturbine ist eine kleine, schnelllaufende Gasturbine mit niedrigen Brennkammerdrücken und Temperaturen. Generator, Verdichter und Turbine sind in der Regel auf einer Welle befestigt. Schmierstoffe und Kühlwasser werden nicht benötigt. Es können elektrische Wirkungsgrade von 26 bis maximal 31 % erreicht werden. Durch ihren einfachen Aufbau eignet sich die Turbine zum Einsatz mit regenerativen oder auch Faulgasen. Das Gas muss getrocknet werden, partikelfrei sein und darf keine Siloxane enthalten. Das Gas-Luftgemisch wird auf etwa 4 bar vorverdichtet.
Aufgrund der stark gestiegenen Stromkosten lohnen sich Blockheizkraftwerke inzwischen bereits bei Anlagen mit mehr als 10 000 EW und einer Anschlussleistung von 50 kW, sofern eine Faulung vorhanden ist, was bei derart kleinen Anlagen bislang eher die Ausnahmen war [583, 745, 977, 1071, 1697, 1908]. Thierbach et al., beschreiben die Energienutzung des Faulgases und der Schlammverbrennung einer großen Anlage [2195]. Um beim Strombezug günstige Tarife zu erhalten, ist es zweckmäßig, Leistungsspitzen durch Lastabwurf abzuflachen [1719].
Zum Heizen der Faulräume auf 35 °C reicht das eigene Gas stets aus, wenn nur kein unnötiges Wasser mit dem frischen Schlamm in den Faulraum gebracht wird. Das gilt auch dann, wenn alles Gas in einer Kraftanlage verwertet wird, denn dann kann die Wärme des Kühlwassers und der Abgase mit gleichem Erfolg zum Heizen verwendet werden wie das Gas in einem Heizkessel.
Der größte Teil der Wärme wird zum Aufheizen des frischen Schlamms verbraucht. Ein geringerer Teil dient zum Ersatz der Strahlungsverluste. Für diese kann man bei den üblichen Bauarten der Faulräume im Mittel 1,2 Wh annehmen auf 1 m^2 Fläche in der Stunde bei 1 °C Temperaturunterschied. Für Rechnungen mögen die folgenden Zahlen einen Anhalt geben [367]:

Blech	11,6 $Wh/(m^2 \cdot h \cdot °C)$,
Beton 30 cm	2,3 $Wh/(m^2 \cdot h \cdot °C)$,
Beton 50 cm	1,7 $Wh/(m^2 \cdot h \cdot °C)$,
Beton in wassergefüllter Erde	1,5 $Wh/(m^2 \cdot h \cdot °C)$,
Ziegelmauerwerk 38 cm	1,3 $Wh/(m^2 \cdot h \cdot °C)$,
geschützte Betondecke	0,9 $Wh/(m^2 \cdot h \cdot °C)$,
Beton in trockener Erde	0,5 $Wh/(m^2 \cdot h \cdot °C)$.

Nach Rohde [1903] kann man für einstufige Behälter bei Heizung auf 35 °C und guter Isolierung den Wärmeverlust mit 400 $Wh/(m^3 \cdot d)$ annehmen.
Beispiel: Der tägliche Rohschlammanfall beträgt 100 m^3. Der auf 35 °C zu heizende Faulraum wird mit 2 000 m^3 Inhalt bemessen. Wie groß muss die Heizleistung sein? – Für die Erwärmung des frischen Schlamms von +10 °C auf

+35 °C braucht man 100 m^3/d · 25 °C · 1,163 kWh/(m^3 · °C) = 2 900 kWh/d. Die Wärmeverluste betragen 400 Wh/(m^3 · d) · 2 000 m^3 = 800 kWh/d. Die erforderliche Heizleistung des Kessels ist wenigstens 3 700 kWh/d = 155 kWh/h. Bei Dampfheizung werden 155 : 0,7 = 222 kg Dampf/h nötig. Der Doppelmantel-Heizzylinder erhält 155 : 1,05 = 148 m^2 Heizfläche, der außen liegende mit heißem Wasser geheizte Wärmeaustauscher 155 : 26,2 = 5,9 m^2 Heizfläche und der mit Dampf geheizte Austauscher 155 : 68,3 = 2,3 m^2 Heizfläche.

5.10.11 Methan als Treibstoff

Für Treibstoffe gelten die Heizwerte:

Methan	10 kWh/m^3,
Erdgas	9,5 kWh/m^3,
Faulgas mit 65 % Methan	6,5 kWh/m^3,
Stadtgas	4,7 kWh/m^3,
Benzin	8,5 kWh/l,
Treiböl	11 kWh/kg.

Andere Heizwerte sind: Steinkohle 9,3, Koks 8,1 kWh/kg. Nach dem Heizwert ersetzt 1 m^3 Methan 10 : 8,5 = 1,2 l Benzin. Ryssel hat aber bei Fahrversuchen in Stuttgart festgestellt, dass nach der Motorleistung zu setzen ist: 1 m^3 Methan = 1,35 l Benzin.

Inzwischen gewinnt auch die Nutzung von Methan als Treibstoff für Fahrzeuge wieder an Bedeutung. Nach einer europäischen Studie bietet die direkte Verwendung von Methan als Treibstoff für Kraftfahrzeuge den höchsten Effekt bei der Erreichung der europäischen Klimaziele [741, 2209]. Schweden hat als einziges europäisches Land bisher verbindliche Richtwerte für die Gasqualität bei der Nutzung in Kraftfahrzeugen festgelegt. Die Anforderungen sind höher als bei der Einspeisung in das örtliche Gasnetz. Die Kosten für die notwendige Gasaufbereitung liegen nach schwedischen Erfahrungen bei etwa 1 bis 1,5 €cent/kWh bei einem Gasanfall von 200 bis 300 m^3/h.

5.10.12 Schlammtrockenbeete

Wenn man nassen ausgefaulten Schlamm zur Entwässerung auf einen Sandplatz fließen lässt, haben die im Schlamm enthaltenen Gase eine große Bedeutung. Der Schlamm steht an der Sohle des Faulraums, wo das Schlammrohr ansetzt, unter hohem Wasserdruck, und seine Gase sind gepresst. Wenn der Schlamm aus dem Rohr herausfließt, verliert er den Wasserdruck, die Gasblasen blähen sich auf, und Gase, die im Schlammwasser gelöst waren, werden

außerdem frei. Der ausfließende Schlamm ist deshalb schaumig, und sein Raumgewicht ist geringer als das von Wasser.
Wenn der Schlamm in diesem Zustand auf den Trockenplatz kommt, schwimmt er auf seinem eigenen Wasser auf. Man kann dies leicht in einem Standglas beobachten [1173, 1264].
Der ausgefaulte gashaltige Schlamm gibt deshalb sein Wasser nach unten ab, im Gegensatz zu entgastem Schlamm, der das Wasser oben abscheidet. Wenn der Schlamm auf den Trockenplatz gehoben werden muss, sollte man keine Saugpumpen anwenden, die dem Schlamm seinen Gasgehalt entziehen. Tiefstehende Luftkessel oder Druckluftheber sind vorzuziehen. Auch kann man beim Trockenplatz hoch gestellte Nachfaulräume anbringen. In einstufigen Faulräumen, die mit Umwälzvorrichtungen versehen sind, lässt man den Schlamm im unteren Teil des Faulraumes zur Ruhe kommen, damit er sich dort eindicken und neue Gase bilden kann, bevor er abfließt.
Die Trennung des Schlamms von der Hauptmasse seines Wassers durch Aufschwimmen ist schon am ersten Tag erledigt. Dann folgt in weiteren ein bis zwei Wochen die Nachtrocknung durch Verdunstung. An dem Aussehen der Trocknungsrisse kann man oft erkennen, wie der flüssige Schlamm beschaffen war. Wenige und schmale Trocknungsrisse entstehen bei gut ausgefaultem wasserarmem Schlamm, der bei dem Aufschwimmen auf seinem eigenen Wasser sein Gefüge nicht viel zu verändern brauchte und nur sein Wasser durch Luft ersetzte. Sehr zahlreiche Risse von mäßiger Breite zeigt ausgefaulter Schlamm, der infolge seines Gehalts an belebtem Schlamm oder an chemischen Fallmitteln sehr wasserreich war und einen großen Teil seines Wassers nur durch Verdunstung loswerden konnte. Wenige und sehr breite Risse deuten auf schlecht ausgefaulten klebrigen Schlamm, der nur durch Verdunsten in langer Zeit getrocknet ist. Nicht ausgefaulten Schlamm erkennt man auf dem Schlammplatz – außer am Geruch – auch daran, dass sich große gelbe Schlammfliegen (*Eristalis tenax*) darauf setzen, die man auf ausgefaultem Schlamm niemals findet.
Die Sandplätze werden 0,25 m hoch aus Schlacke oder Steinschlag so aufgebaut, dass von drei Schichten die gröbste unten, die feinste oben liegt (Bild 5.84). Auf die oberste Schicht kommt eine wenigstens 10 cm starke Lage Sand oder Koksgrus. In Amerika verwendet man Sand von 0,3 bis 0,5 mm wirksamer Korngröße und einem Gleichmäßigkeitsgrad unter 5 (Kapitel 5.6.3). Der Sand wird allmählich mit dem trockenen Schlamm abgehoben. Bevor er verbraucht ist, muss er immer wieder erneuert werden, damit die darunter liegenden groben Schichten nicht zuschlammen. Sand aus dem Sandfang ist manchmal geeignet. Wenn man mit Sand sparen muss, können Betonstreifen oder flach gelegte Ziegelsteine mit schmalen Sickerstreifen abwechseln. Die Plätze sind 5 – 20 m breit, beliebig lang, haben in der Mitte ein Sickerrohr und Fahrbahnen

für das Räumfahrzeug. In großen Anlagen werden fahrbare Räumbrücken verwendet [421, 1175, 1309, 2215].

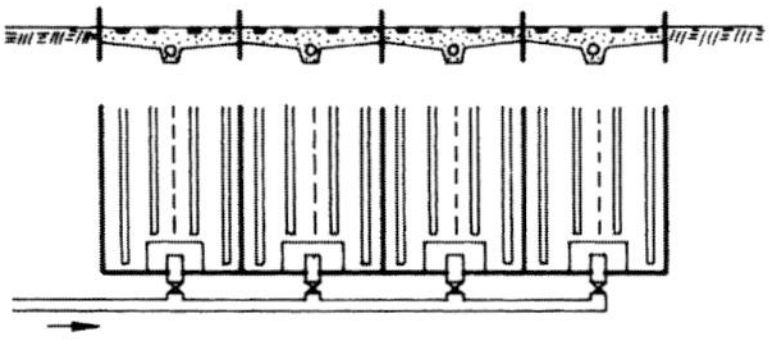

Bild 5.84: Schlammtrockenbeete

Die einzelnen Plätze werden mit Betondielen eingefasst. Die zweckmäßigste Höhe des flüssigen ausgefaulten Schlamms ist 0,20 m. Die Platzgröße kann man so berechnen, dass jeder Platz jährlich 7-mal gefüllt wird. Das entspricht einer jährlichen Höhe des nassen Schlamms von 1,40 m. In einer Absetzanlage ist der Anfall des nassen ausgefaulten Schlamms 0,30 l/(E · d) (Tabelle 5.36). Die Platzgröße ist (0,30 · 365) : (1,40 · 1 000) = 0,078 m^2 auf den Einwohner oder 13 Einwohner auf 1 m^2. Das ist die Mindestgröße für eine nur mechanische Kläranlage mit gut ausgefaultem Schlamm. Wenn gewerblicher Schlamm hinzukommt oder wenn es sich um eine biologische Anlage handelt oder wenn Regenbecken betrieben werden oder wenn es nicht gelingt, den Schlamm gashaltig auf das Trockenbeet zu bringen, müssen Zuschläge gemacht werden. Die Plätze müssen auch dann größer gemacht werden, wenn sich das siebenmalige Füllen nicht einhalten lässt, z. B. wegen der Länge des Winters, wegen feuchten Klimas oder bei sehr kleinen Anlagen, die selten bedient werden. Bei biologischen Anlagen vergrößert sich die Menge des ausgefaulten Schlammes. Man rechnet bei Tropfkörperanlagen mit etwa 6 E/m^2 Trockenbeet und bei Belebungsanlagen mit 4 E/m^2.

In Nordamerika werden die Trockenplätze manchmal abgedeckt. Diese Plätze können kleiner gemacht werden, weil man sie jährlich 14-mal füllen kann statt 7-mal. Bei schlechtem Schlamm kann man die Trocknungszeit dadurch verkürzen, dass man ein Fällmittel zusetzt, z. B. schwefelsaure Tonerde.

Getrockneter Schlamm ist lufthaltig. Sein Wassergehalt ist etwa 55 %. Seine Menge ist bei Absetzanlagen 0,10 l/(E · d), bei Tropfkörperanlagen 0,15 l/(E · d) und bei Belebungsanlagen 0,17 l/(E · d). Da Schlammtrockenbeete verhältnismäßig viel Personaleinsatz erfordern, werden sie in industrialisierten Ländern nicht mehr eingesetzt. Die Weiterentwicklung der Schlammtrockenbeete zur solaren Schlammtrocknung wird in Kapitel beschrieben.

5.10.13 Schlammteiche, Pflanzenbeete

Schlammteiche sind Erdbecken, in denen der ausgefaulte Schlamm entwässert. Die Teiche werden meist mit Schächten für den Abzug des Oberflächenwassers versehen. Sie werden doppelt angelegt, damit stets eine Abteilung zum Entwässern dient, während die andere betrieben wird. Die Fläche der Schlammteiche ist etwa zweimal so groß wie die von entsprechenden Trockenbeeten. Man braucht etwa 0,3 bis 0,5 m^2/E und eine Tiefe von wenigstens 3 m. Die Kosten sind dann am geringsten, wenn die Teiche nicht zu weit von der Kläranlage entfernt sind und wenn der Schlamm endgültig in ihnen liegen bleiben kann. Sie werden nach den Regeln für Sedimentationsbecken angelegt [110]. Oft müssen solche Teiche nach einer Reihe von Jahren ausgeräumt werden, um Platz für neuen Schlamm zu schaffen. In Schlammteichen werden rd. 20 % Feststoffgehalt erreicht. Sie können durch Umwälzung geruchlos gehalten werden. Feldmann stellt ihre ökologische Bedeutung heraus [825]. Auch in Amerika werden die Schlammteiche angewandt [365, 1461, 1769, 1770].
Bei zu kleinen Schlammteichen kann man organische Flockungshilfsmittel zusetzen.125 g Wirksubstanz je m^3 Schlamm steigert die Entwässerungsleistung auf das Vierfache. Man kann sie auch als Zwischenlager benutzen und sie gelegentlich mit fahrbaren Entwässerungsmaschinen entleeren [1588, 2023]. Schlammteiche bewirken eine Abnahme der Keime und Viren.
Eine besondere Betriebsform der Schlammteiche sind die Pflanzenbeete. Sie werden als Erdbecken mit Foliendichtung und Drainage hergestellt. Die mit Schilf (*Phragmites australis*) bepflanzten Becken haben eine nutzbare Höhe von 1 bis 1,7 m. Man rechnet 0,5 m^2 aktive Fläche je Einwohnerwert. Die Beschickung erfolgt in Gaben von einigen Zentimetern Höhe. Eine gute Stabilisierung des Schlammes ist Voraussetzung. Zu empfehlen ist ein Zeitraum der Beladung von 3 bis 10 Jahren und ein Jahr Ruhepause vor der Räumung. Mit diesem Verfahren ist ein TS-Gehalt von 25 bis 40 % erreichbar. Statt der Bepflanzung mit Schilf kann auf den leicht ausgetrockneten Schlamm in zeitlichen Abständen Gras ausgesät werden. Bei der erneuten Beschickung wird auf den Bewuchs keine Rücksicht genommen und nach Austrocknung weiterer Grassamen aufgebracht [1088, 1700, 1710, 2111].

5.10.14 Konditionierung des Schlammes

Schlämme aus Vor- und Nachklärbecken haben ein starkes Wasserbindevermögen. Ohne eine Konditionierung können diese Schlämme weder im frischen noch stabilisierten Zustand befriedigend entwässert werden. Eine Klärschlammkonditionierung kann durch chemische und/oder physikalische, sowie thermische Verfahren erfolgen. In der Regel werden kationische polymere Flockungsmittel (pFM) auf Polyacrylamidbasis mit funktionellen Ladungsgruppen verwendet. Um ausreichend scherstabile Flocken bilden zu können, weisen pFM hohe Molekulargewichte auf und können linear, als auch vernetzt strukturiert sein. Dieses hohe Molekulargewicht erfordert eine sorgfältige Aufbereitung der Produkte. Für die Aufbereitung in 2-Kammer-Pendelanlagen wird eine Reifezeit von 45 min nach Befüllen und ein Verbrauch der aufbereiteten Lösung binnen vier Stunden empfohlen [581]. Polymere Flockungsmittel wirken entweder durch ihre elektrische Ladung oder durch Brückenbildung zwischen den Schlammteilchen [2226]. Die erforderlichen Dosiermengen sind abhängig von den Schlammeigenschaften und liegen zwischen 6 – 15 kgWS/MgTM [566]. Wichtig ist die Produktauswahl, sowie eine Anpassung der Lösungskonzentration und Einmischenergie an die Maschinentechnik, unnötig hohe mechanische Beanspruchungen sind zu vermeiden [540, 566]. Nach dem Stand des Wissens ist eine Umweltrelevanz durch den Einsatz von Polyacrylamid zur Schlammentwässerung bei anschließender landwirtschaftlicher Verwertung der Schlämme nicht gegeben [593, 727].

Bei der Entwässerung mit Kammerfilterpessen kann eine Konditionierung mit Eisensalzen und Kalk oder mit Eisensalzen und polymeren Flockungsmitteln erfolgen. Als Eisensalze sind Eisenchlorid und Eisensulfat üblich. Üblich sind Dosiermengen von 15 – 25 kg/m³ CaO und 5 – 10 kg/m³ 40%ige Fe-II-Chloridlösung [566] bei mehrstündigen Reaktionszeiten. Durch Zusatz von Asche (1 bis 2,5 kg Asche je kg Schlamm-Trockensubstanz) lässt sich das Gefüge des Mischschlammes mechanisch auflockern. Dadurch werden Entwässerungsmaschine und Ofen stark belastet. In manchen Fällen wird bei Filtern zuerst eine Stützschicht aus Asche angeschwemmt (Precoat).

Die Anwendung von Wärme oder Kälte, der Zusatz von Asche und die Waschung des Schlammes mit Wasser kommen seltener zum Einsatz.

Bei der Wärmebehandlung mit Temperaturen über 180 °C z. B. [354, 1975, 1978] konnte sich nicht durchsetzen, da es zu sehr hohen Belastung des Schlammwassers mit CSB (> 20 g/l) kam. Hingegen werden Verfahren zur thermischen Hydrolyse bei 150 °C, 30 min und 8 bar Druck (z. B. Cambi®-Verfahren) oder einer thermische chemischen Hydrolyse bei 70 °C, 120 min und Zugabe von Natronlauge (z. B. Pondus®-Verfahren) auf den Teilstrom des Überschussschlammes vor der anaeroben Stabilisierung angewendet, um die Faulgasbildung und das Entwässerungsergebnis zu verbessern [475, 1374].

Auf die Möglichkeit der mäßigen Wärmebehandlung unter Zusatz von Chemikalien sei hingewiesen. Leitet man die bei der Verbrennung anfallenden Rauchgase durch den zu entwässernden Schlamm, ergeben sich Ersparnisse bei den Zusätzen. Je nach Schlammeigenschaften kann eine niederthermische Konditionierung (40-60°C) zu einer Verbesserung der Entwässerungsleistung führen [469]. Mit steigender Temperatur nimmt die Viskosität des Schlammes ab, wodurch der freie Wasseranteil besser abgegeben werden kann [1639]. Es wird empfohlen, die Entwässerungsvorlage so zu bewirtschaften, so dass restliches Faulgas austritt, aber ein Auskühlen des Schlammes vor der maschinellen Entwässerung vermieden wird [1374]. Die Obergrenze der Schlammtemperatur wird durch die Wirksamkeit der polymeren Flockungsmittel (ca. 70 °C) bestimmt. Die Zweckmäßigkeit von Filterhilfsmitteln und die benötigte Menge kann in Laborversuchen erprobt werden. Die Ermittlung des erforderlichen Polymerbedarfes und Entwässerungskennwerte sind im DWA Merkblatt M 383 [540] zusammen getragen.

5.10.15 Maschinelle Entwässerung des Schlammes

Bei der Schlammentwässerung erfolgt eine physikalische Fest-Flüssig-Trennung. Während der Entwässerung werden Schlammpartikel durch einwirkende Kräfte aneinander gepresst und das Wasser als Zentrat oder Filtrat abgegeben. Dafür stehen zwei grundsätzlich unterschiedliche Methoden, die Zentrifugation und Filtration, zur Verfügung.
In einem Dekanter (Vollmantelschneckenzentrifugen) erfolgt die Trennung beider Phasen durch Sedimentation unter Einwirkung einer durch Rotation erzeugten Schwerkraft. Die Schwerkrafttrennung im Zentrifugalfeld beruht auf der unterschiedlichen Dichte der festen und flüssigen Phase. Die Zentrifuge (Dekanter) (Bild 5.85) besteht aus einer konisch geformten Trommel und einer innen liegenden Schnecke. Der Nass-Schlamm wird axial eingeführt. Unter dem Einfluss der Zentrifugalkraft setzen sich die Feststoffe an der Trommelinnenwand ab. Hier werden sie von der um die Differenzdrehzahl schneller laufenden Schnecke erfasst, aus der Flüssigkeitszone herausgeschoben und an der Seite des kleineren Trommeldurchmessers (Konus) ausgetragen. Das Schlammwasser fließt zum großen Durchmesser der Trommel und tritt dort über eine Wehrscheibe aus.

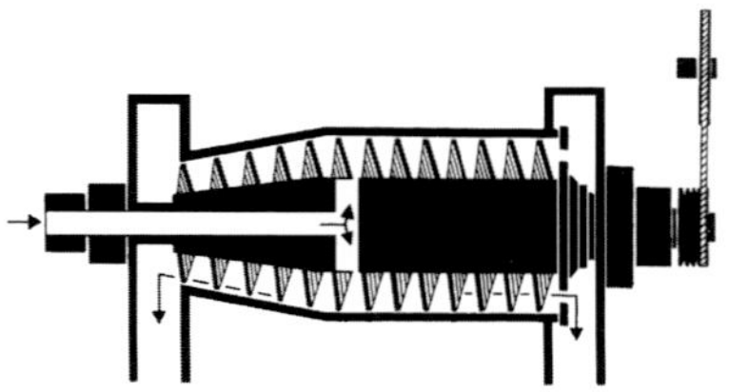

Bild 5.85: Dekanter (Vollmantelschneckenzentrifugen)

Die Überschussschlammeindickung mit Zentrifugen ist ohne polymere Flockungsmittel möglich, bei der Entwässerung ist stets eine Konditionierung er-

forderlich. Die Leistung der Zentrifugen ist abhängig von dem Trommeldurchmesser und der Trommeldrehzahl. Im Dauerbetrieb sollten Schleuderziffern über 2 800 g erreicht und Trommeldurchmesser > 300 mm eingesetzt werden [566]. Zentrifugen unterliegen einem starken Verschleiß, wenn kein guter Sandfang vorhanden ist. Zentrifugen in der praktischen Anwendung [468].
Bei der Filtration wird Schlammwasser durch ein Filtermedium und einen sich darauf bildenden Filterkuchen gepresst. Die Trennschärfe und Leistung ist abhängig vom Filtermedium (Material, Porenweite, Zustand). Als Maschinen werden Bandfilterpressen, Kammer-/Membranpressen, Schneckenpressen und Schlauchfilterpressen eingesetzt. Eine Konditionierung ist bei Filterpressen (Bild 5.86) stets erforderlich. Filterpressen werden in Kammerfilterpressen und Membranfilterpressen unterschieden. Filterpressen bestehen aus Platten, die mit Filtertüchern bespannt sind und zu einem Plattenpaket zusammengefügt werden. Jede Platte hat auf beiden Seiten eine Vertiefung, die gemeinsam mit der Vertiefung der Nachbarplatte eine Kammer bildet. Die Kammern werden über eine zentrale Bohrung mit Schlamm gefüllt. Sie arbeiten chargenweise und erreichen Abscheidegrade von fast 100 %. Bei Membranfilterpressen wird der Schlamm durch Membrane mit bis 15 bar nachgepresst. Die Filtertücher müssen regelmäßig durch Abspritzen gereinigt werden [566].

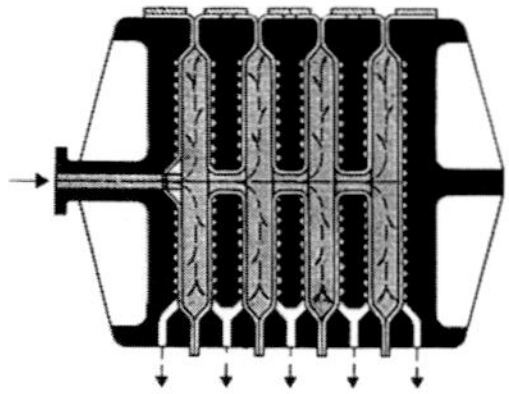

Bild 5.86: Filterpresse

Die Siebbandpressen (Bild 5.87) sind kontinuierlich arbeitende Maschinen, die den Schlamm zwischen zwei Filterbändern unter steigendem Druck und wechselnden Scherbeanspruchungen entwässern. In der Vorentwässerungszone liegt der Schlamm auf einem Filterband, durch das Wasser unter Schwerkraft abfließt. Der so vorentwässerte Schlamm wird in der Keilzone zwischen zwei Bänder geführt. In der Press- und Scherzone werden die Filterbänder um eine Reihe von Druckwalzen mit kleiner werdenden Durchmesser geführt und am Ende ausgeworfen. Das Siebband wird beim Rücklauf durch Spritzwasser gesäubert [566].

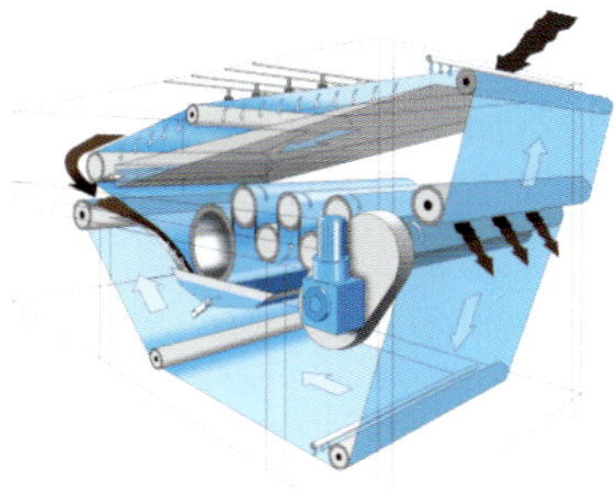

Bild 5.87: Siebbandpresse (Bildquelle: Fa. Huber)

Schneckenpressen sind kontinuierlich arbeitende Maschinen, die oftmals bei Anlagen mit kleinen Durchsätzen eingesetzt werden. In einem zylindrischen Siebkorb dreht sich eine Schneckenwelle. Je nach Hersteller besteht der Siebkorb aus Lochblech, einem Spaltsieb oder beweglichen Stahlringen. Zunächst passiert der Schlamm eine Eindickzone. In der anschließenden Filterzone bildet sich an der Innenfläche des Korbes ein Filterkuchen aus. Mit der Schneckenwendel wird der Schlamm in der Presszone gegen einen pneumatisch angepressten Konus, der Schlammaustragsöffnung gepresst. Das Filtrat wird außen am Filterkorb abgeführt, der mit einer Spritzdüsenleiste gereinigt wird [566]. Der erreichte Abscheidegrad ist oft geringer als bei anderen Filterpressen.
Die Schlauchfilterpresse (Bucher-Presse) wurde zur Entsaftung von Obst und Gemüse entwickelt. Sie besteht aus einem rotierenden Druckzylinder, dessen Inhalt durch einen Kolben verändert wird und aus innenliegenden Entwässerungsschläuchen. Der mit polymeren Flockungsmitteln konditionierte Schlamm wird in Portionen hineingegeben, der Druck stufenweise bis auf 10 bar gesteigert [1360].

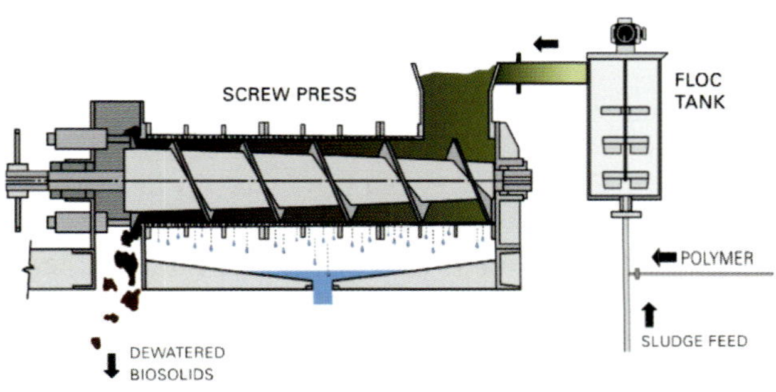

Bild 5.88: Schneckenpresse (Bildquelle: Fa. FKC)

Voraussetzung für ein optimales Entwässerungsergebnis ist eine möglichst gleichmäßige Schlammbeschaffenheit und kontinuierlicher Feststoffeintrag in die Entwässerungsmaschine. Abscheidegrade über 95 %, besser 98 % sollten angestrebt werden [540]. Es wird empfohlen die Maschinen im Dauerbetrieb mit einer Auslastung von ca. 60 – 70 % der Nennlast der Maschinenhersteller zu betreiben [469, 566]. Das Entwässerungsergebnis wird durch die Klärschlammeigenschaften bestimmt. Nur der physikalisch ungebundene freie Wasseranteil ist mechanisch abtrennbar. Die Voraussage der Entwässerbarkeit kann aus der Bestimmung des freien Wasseranteils [1373] oder durch andere Prognoseparameter [540] abgeleitet werden. Werden die Entwässerungsergebnisse der oben benannten Maschinen für kommunale Klärschlämme gegenüber gestellt, kann mit Zentrifugen, Schlauch- und Kammerfilterpressen das gesamte freie Wasser abgetrennt werden. Mit Siebbandpressen und Schneckenpressen werden oftmals um 2 %-Punkte geringere Austragsfeststoffgehalte (TR), aufgrund des geringeren Energieeintrages erreicht. Das Massenverhältnis von Primär- zu Überschussschlamm und die Art der P-Elimination haben einen signifikanten Einfluss auf die Entwässerbarkeit. Mit steigendem Anteil des Überschussschlamms nimmt die Entwässerbarkeit ab. Durch eine biologische Phosphorelimination vermindert sich die Entwässerbarkeit um 3 – 4 %-Punkte TR im Austrag und der Polymerbedarf steigt an [540, 805, 1375].

5.10.16 Schlammwasserbehandlung

Als Schlammwasser wird das im Schlamm enthaltene Wasser definiert. Hiervon kann mit den üblichen Verfahren der Fest-Flüssig-Trennung nur ein Teil abgetrennt werden. Der Umfang der Schlamm-Wasser-Trennung ist im Wesentlichen vom Wasserabgabevermögen, der ggf. erfolgten Konditionierung und dem eingesetzten Trennverfahren abhängig.
Der Volumenstrom des Schlammwassers kann für den Fall, dass der Feststoffgehalt des Schlammwassers deutlich geringer ist als der Feststoffgehalt des Dickschlammes, was meist erfüllt ist, abgeschätzt werden zu:

$$Q_{SW} = Q_{DüS} \cdot \left(1 - \frac{TR_{DüS}}{TR_{DS}}\right) \qquad [m^3/h] \qquad (5.66)$$

mit:
TR_{DS} = Feststoffgehalt des Dickschlammes [g/l]
$TR_{DüS}$ = Feststoffgehalt des Dünnschlammes [g/l]
$Q_{DüS}$ = Dünnschlammanfall vor der Fest-Flüssig-Trennung [m³/h]
Q_{SW} = Schlammwasseranfall [m³/h]

Der Schlammwasservolumenstrom liegt unter durchschnittlichen Verhältnissen etwa bei 1 % des Zulaufs.

Der Umfang der Stofffreisetzung kann vereinfacht über den erwarteten Abbau der organischen Substanz bei der Stoffumwandlung abgeschätzt werden. Zur Berechnung der tatsächlichen Rückbelastung muss weiterhin berücksichtigt werden, dass nur ein Teil dieser freigesetzten Fracht, und zwar nach Maßgabe der Aufkonzentrierung bei der Fest-Flüssig-Trennung, rückbelastungswirksam ist. Die tatsächliche Rückbelastung ergibt sich dann zu:

$$B_{d,x,Rück} = (\eta_{oTR,PS} \cdot B_{d,PS} \cdot GV_{PS} \cdot i_{x,PS} + \eta_{oTR,ÜSS} \cdot B_{d,ÜSS} \cdot GV_{PS} \cdot i_{x,ÜSS} \cdot \left(1 - \frac{TR_{DüS}}{TR_{DS}}\right) \quad [m^3/h] \qquad (5.67)$$

mit:

$\eta_{oTR,PS}$ = Abbaugrad des organischen Trockenrückstandes des Primärschlammes [-]

$\eta_{oTR,ÜSS}$ = Abbaugrad des organischen Trockenrückstandes des Überschusschlammes [-]

$i_{X,PS}$ = Nährstoffgehalt des Primärschlammes bezogen auf den Nährstoff x [mg/g]

$i_{X,ÜSS}$ = Nährstoffgehalt des Überschussschlammes bezogen auf den Nährstoff x [mg/g]

GV_{PS} = Glühverlust des Primärschlammes [-]

$GV_{ÜSS}$ = Glühverlust des Überschussschlammes [-]

$B_{d,x,Rück}$ = Rückbelastung des Nährstoffes x [kg/d oder g/(E · d)]

$B_{d,PS}$ = Primärschlammfracht [kg/d oder g/(E · d) TR]

$B_{d,ÜSS}$ = Überschussschlammfracht [kg/d oder g/(E · d) TR]

Beim Parameter Stickstoff werden mit dem Schlammwasser etwa 15 % der Stickstoffzulauffracht zurückgeführt. Auf Anlagen, auf denen auch Schlamm anderer Kläranlagen behandelt wird, kann die Rückbelastung auch deutlich höher ausfallen.

Zusätzlich muss bei der weitergehenden Phosphorelimination noch der Anteil des freigesetzten chemisch-physikalischen bzw. vermehrt biologisch gebundenen Phosphors bestimmt werden. Aufgrund der komplexen Wechselwirkungen mit anderen Schlamminhaltsstoffen und der Abhängigkeit von den Verfahrensrandbedingungen ist eine genaue Abschätzung des Umfangs der Phosphorfreisetzung nur unter Berücksichtigung betrieblicher und verfahrenstechnischer Einflussgrößen möglich. Detaillierte Angaben hierzu sind bei Jardin [1231] und bei Wild [2351] zu finden.

In Tabelle 5.41und Tabelle 5.42 sind typische Kennwerte zum Abbau von Primär- und Überschussschlamm, wie sie zur Ermittlung der Rückbelastung benötigt werden, zusammengestellt.

Tabelle 5.41: Durchschnittliche Beschaffenheit von Primärschlamm

Parameter	Einheit	Bereich		typischer Wert
		von	bis	
GV_{PS}	[%]	65	75	70
CSB/oTR	[g CSB/g oTR]	1,5	1,7	1,6
$i_{N,PS}$	[mg N/g oTR]	25	50	35
$i_{P,PS}$	[mg P/g oTR]	7	13	10
$\eta_{oTR,PS}$	[%]	45	65	55

Tabelle 5.42: Durchschnittliche Beschaffenheit von Überschussschlamm

Parameter	Einheit	Bereich		typischer Wert
		von	bis	
$GV_{ÜSS}$	[%]	55	70	[1)]
CSB/oTR	[g CSB/g oTR]	1,3	1,5	1,4
$i_{N,ÜSS}$	[mg N/g oTR]	90	120	100
$i_{P,ÜSS}$	[mg P/g oTR]	25	80	[2)]
$\eta_{oTR,üss}$	[%]	30	40	35

[1)] in Abhängigkeit von t_{TS} und $t_{a,VK}$
[2)] in Abhängigkeit vom Umfang der P-Elimination

Es hat sich im praktischen Betrieb gezeigt, dass in vielen Fällen alleine durch eine gezielte Bewirtschaftung die anfallenden Schlammwässer ohne Gefahr einer kritischen Erhöhung der Ablaufkonzentration in den Hauptstrom der Abwasserreinigung zurückgeführt werden können. In der Regel reicht hierzu ein Tagesausgleichsbecken und eine über den Tag vergleichmäßigte Rückführung des Schlammwassers. Eine Beschränkung der Rückführung auf die belastungsarmen Nachtstunden ist nur dann sinnvoll, wenn genügend Kohlenstoff für die Denitrifikation in der Nacht zur Verfügung steht. Eine weitergehende Optimierung des Rückführungsregimes kann über eine dynamische Simulation erreicht werden.

Aus verfahrenstechnischen und/oder wirtschaftlichen Gründen kann es darüber hinaus sinnvoll sein, eine separate Behandlung der Schlammwässer im Teilstrom zu betrachten. Vor allem bei Kläranlagen, bei denen es aufgrund eines ungünstigen Nährstoffverhältnisses im Zulauf oder eines zu geringen Volumenanteils für die Denitrifikation regelmäßig zu einer Einschränkung der Eliminationsleistung beim Parameter Stickstoff kommt, bietet sich die Möglichkeit einer separaten Behandlung der stickstoffreichen Schlammwässer an. Hinweise zur Abschätzung, ob eine separate Schlammwasserbehandlung notwendig ist, liefert der Arbeitsbericht der DWA [120].

Das Schlammwasser aus der Schlammentwässerung eignet sich auch deshalb in besonderem Maße für eine separate Behandlung, weil das Schlammwasser mit 500 bis 2 000 mg/l N_{ges} gute Randbedingungen für eine effiziente Stickstoffelimination bietet.
Da etwa 90 % des Gesamtstickstoffs im Schlammwasser in Form von Ammonium vorliegen, hat sich neben den biologischen Verfahren auch die chemisch-physikalische Ammoniumelimination in Form einer Luft- bzw. Dampfstrippung großtechnisch bewährt. Bei den biologischen Verfahren sind in den letzten Jahren neben Anlagen zur klassischen biologischen Nitrifikation/Denitrifikation auch Schlammwasserbehandlungsanlagen zur sogenannten Deammonifikation gebaut worden.

Ammoniakstrippung

Unter „Strippen“ wird das Austreiben flüchtiger Bestandteile aus Flüssigkeiten durch Kontakt mit einer Gasphase verstanden. Diese Gasphase kann bei der Strippung von Ammonium aus dem Schlammwasser entweder Luft oder Wasserdampf sein. Grundlage des Strippverfahrens ist das Gleichgewicht zwischen Ammonium-Ionen (NH_4^+) und dem gut wasserlöslichen, molekularen Ammoniak (NH3) gemäß der Dissoziationsgleichung:

$$NH_3 + H_2O \cdot NH_4^+ + OH^-$$

Die Lage des Gleichgewichts wird durch den pH-Wert und die Temperatur bestimmt. Hohe Temperaturen und hohe pH-Werte verschieben das Gleichgewicht zum leichtflüchtigen und damit strippfähigen Ammoniak. Bild 5.89 verdeutlicht das Dissoziationsgleichgewicht in Abhängigkeit des pH-Wertes und der Temperatur.
Es ist zu erkennen, dass hohe Temperaturen und hohe pH-Werte das Gleichgewicht auf die Seite vom Ammoniak verschieben. Für pH = 8 beispielsweise liegen bei Raumtemperatur weniger als 10 % des Stickstoffes in Form von NH_3 vor, für pH = 10 sind es bereits fast 80 %.
Verfahren, die auf dieser Grundlage Ammonium aus Prozesswässern entfernen, gliedern sich in drei Teilschritte:

1. Vorbehandlung,
2. Strippvorgang,
3. Strippgasregenierung (Abluftbehandlung).

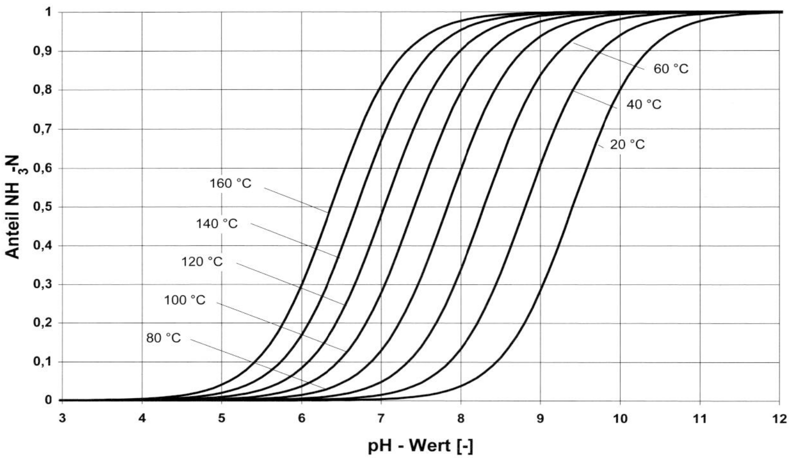

Bild 5.89: Dissoziationsgleichgewicht NH_4/NH_3

Die wesentlichen Ziele der Vorbehandlung sind die Entfernung von Feststoffen und organischen Verbindungen, um Ablagerungen in den nachgeschalteten Wärmetauschern und Strippkolonnen zu minimieren sowie die Entcarbonisierung, um Ausfällungen in den Wärmetauschern und Strippkolonnen zu vermeiden. Weiterhin soll bei der Vorbehandlung der pH-Wert auf > 9,5 angehoben werden, um das Dissoziationsgleichgewicht in Richtung NH_3 zu verschieben, meist durch die Zugabe von Kalkmilch oder Natronlauge.

Nach der Vorbehandlung folgt im 2. Teilschritt, das eigentliche Ausstrippen des Ammoniaks aus dem Prozesswasser. Der Strippvorgang erfolgt üblicherweise in Füllkörperkolonnen durch Verrieselung des Prozesswassers über die Füllelemente bei gleichzeitiger Begasung im Gegenstrom. Dabei kann die Strippung entweder mit Luft oder Dampf erfolgen. Dementsprechend wird von „Luftstrippung“ oder „Dampfstrippung“ gesprochen. Typische Prozesstemperaturen für eine Luftstrippung sind 60 – 70 °C.

Erfolgt die Strippung mittels Dampf, so steigt zwar der Dampfbedarf bei erhöhter Temperatur durch den sich erhöhenden Systemdruck, der zur Strippung notwendige pH-Wert und damit der Chemikalienbedarf sinken jedoch. Durch Variation von Druck und Temperatur besteht weiteres Optimierungspotenzial.

Das ammoniakbeladene Strippgas (Luft oder Dampf) verlässt diesen Teilschritt, um im nachgeschalteten letzten dritten Verfahrensschritt, der Strippgasregenierung, selbst von Ammoniak befreit zu werden. Zur Ausschleusung des Ammoniaks aus dem Abluftstrom haben sich großtechnisch die „Saure Wäsche“ und die „Rektifikation zu Ammoniakwasser“ bewährt.

Grundsätzlich besteht auch die Möglichkeit das Schlammwasser mittels einer chemischen Fällung vom Ammonium zu befreien. Hierbei wird durch die Zugabe von Magnesium und Phosphor Struvit ($MgNH_4PO_4 \cdot 6\ H_2O$) gebildet, das mittels Fest-Flüssig-Trennung abgeschieden und grundsätzlich auch als Düngemittel verwendet werden kann. Bislang hat sich dieses Verfahren zur weitgehenden Verminderung der Stickstoffrückbelastung aufgrund der hohen Kosten nicht durchsetzen können, allerdings wird es zur Rückgewinnung von Phosphor auf Anlagen mit vorwiegend biologischer Phosphorelimination vereinzelt eingesetzt.

Biologische Schlammwasserbehandlung

Die Nitrifikation/Denitrifikation im Teilstrom erfordert aufgrund des ungünstigen C/N-Verhältnisses im Schlammwasser den Einsatz einer zusätzlichen Kohlenstoffquelle. Hierzu eignen sich neben externen Substraten auch interne C-Quellen, wie beispielsweise Rohabwasser, Primärschlamm oder das Filtrat aus einer Schlammdesintegration. Beim Einsatz von externen C-Quellen ist mit etwa 4 bis 4,5 kg CSB/kg N_{eli} zu rechnen. Die technische Umsetzung der Nitrifikation/Denitrifikation kann ähnlich wie beim Hauptstromverfahren als vorgeschaltete oder intermittierende Denitrifikation realisiert werden, wobei heute vermehrt SBR-Anlagen zur Schlammwasserbehandlung errichtet werden.
Zur Einsparung der Betriebskosten bietet sich die Verkürzung des ersten Abbauschrittes der Nitrifikation bis zu Stufe des Nitrits an (Nitritation). Das hierbei gebildete Nitrit kann dann in einem zweiten Schritt, der Denitritation, zu molekularem Stickstoff reduziert werden. Mit diesem Verfahren der Nitritation/Denitritation lassen sich etwa 25 % des Sauerstoffbedarfs und etwa 40 % des Kohlenstoffbedarfs im Vergleich zur Nitrifikation/Denitrifikation einsparen [3]. Eine möglicherweise unvollständige Stickstoffelimination mit der Konsequenz erhöhter Nitritgehalte im Schlammwasser ist im Allgemeinen unproblematisch, da Nitrit in der biologischen Hauptstufe in der Regel vollständig eliminiert wird.
Verfahrenstechnisch kann die vollständige Oxidation des Ammoniums durch eine Hemmung der Nitritoxidation (Nitratationshemmung) [45] oder durch ein Auswaschen der Nitritoxidierer realisiert werden, die bei höheren Temperaturen eine geringere Wachstumsgeschwindigkeit als die Ammoniumoxidierer aufweisen [1351]. Zur Hemmung der Nitritoxidation ist eine erhöhte Ammoniakkonzentration bzw. eine Limitierung der Sauerstoffversorgung erforderlich. Technisch kann ersteres durch die Anhebung des pH-Wertes, beispielsweise durch Zugabe von Lauge, und damit einhergehend durch eine Verschiebung des Dissoziationsgleichgewichtes von Ammonium und Ammoniak erreicht werden. Zur Auswaschung der Nitritoxidierer können beispielsweise Durchlaufreaktoren ohne Schlammrückführung zum Einsatz kommen (Chemostat), bei denen die

hydraulische Aufenthaltszeit so niedrig eingestellt ist, dass die Vermehrung der Nitritoxidierer gerade unterdrückt wird, die der Ammoniumoxidierer aber noch stattfindet, wie dies beispielsweise beim niederländischen Sharon-Verfahren der Fall ist [1647]. Hierbei wird eine hydraulische Aufenthaltszeit von etwa 10 bis 12 Stunden eingestellt, die bei Reaktionstemperaturen von über 30 °C ausreichend ist, um ein Wachstum der Nitritoxidierer wirkungsvoll zu unterdrücken. Auch der Einsatz von SBR-Systemen, bei denen die Auswaschung der Nitritoxidierer über den Überschussschlammabzug kontrolliert wird, hat sich technisch durchaus bewährt [874]. Schließlich können auch Festbettreaktoren zur Nitritation genutzt werden, allerdings erfordert die verfahrenstechnische Beherrschung der Nitratationshemmung in diesen Anlagen einen nicht zu unterschätzenden Mess-, Steuer- und Regelaufwand.

Ein vollständiger Verzicht auf die Zugabe von Kohlenstoff zur Denitrifikation ist schließlich bei dem Verfahren der sogenannten Deammonifikation möglich. Die Deammonifikation beschreibt die Kombination zweier Prozessschritte, bei der im ersten Schritt unter aeroben Verhältnissen die bekannte Oxidationsreaktion von Ammonium abläuft. Anders als bei einer klassischen Nitrifikation im Hauptstrom der Abwasserreinigung erfolgt die Oxidation allerdings nur bis zum Nitrit und nicht vollständig zum Nitrat. Nitrit dient dann den Organismen, die die sogenannte anaerobe Ammoniumoxidation katalysieren, in Abwesenheit von Sauerstoff als Elektronenakzeptor für die Oxidation von Ammonium zu molekularem Stickstoff Organismen, die diese Umwandlung bewirken, gehören zur Ordnung der Planktomyceten (z. B. *Candidatus Brocadia anammoxidans*) und weisen eine sehr geringe Wachstumsgeschwindigkeit mit Verdoppelungszeiten von mehr als 20 Tagen auf. Bild 5.90 zeigt den möglichen Abbauweg der Anammox-Reaktion unter Nutzung von Nitrit und Ammonium als Ausgangsprodukte für die Umwandlung in molekularen Stickstoff. Darüber hinaus oxidieren diese Organismen offensichtlich einen Teil des Nitrits zu Nitrat, um auf diese Weise Reduktionsäquivalente für die autotrophe Nutzung von CO_2 als Kohlenstoffquelle zu gewinnen [2034]. Der auf diesem Wege gebildete Nitratanteil liegt in der Regel bei etwa 10 % [2246].

Zur technischen Umsetzung der Deammonifikation sind aufgrund der geringen Wachstumsgeschwindigkeit der Planktomyceten neben Festbettsystemen auch Anlagen mit suspendierter Biomasse und entsprechend langem Schlammalter von > 25 d geeignet. Mehrjährige großtechnische Erfahrungen liegen inzwischen mit dem Moving-Bed-Verfahren [1246], dem DEMON-Verfahren im SBR [2327], dem PNAA-Verfahren [2094] und dem SBR-Verfahren mit festen Zeitvorgaben [1247] vor. Der Volumenbedarf kann überschläglich unter Ansatz einer Raumabbauleistung von 0,5 kg $N/(m^3 \cdot d)$ abgeschätzt werden.

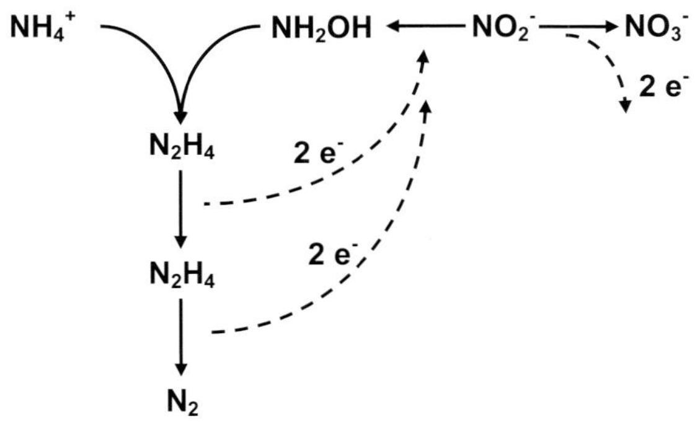

Bild 5.90: Möglicher Abbauweg der Anammox-Reaktion [2245]

Das Abwasserabgabengesetz bietet die Möglichkeit, die Investitionskosten für eine separate Schlammwasserbehandlung mit der für drei Jahre geschuldeten Abwasserabgabe zu verrechnen. Hierzu ist der Nachweis erforderlich, dass im Gesamtablauf der Kläranlage eine 20 %-ige Verminderung der Stickstofffracht erreicht wird. In einigen Bundesländern reicht es auch, diesen Nachweis für den Teilstrom des Schlammwassers zu führen.
Hinweise zu Planung, Bau und Betrieb separater biologischer Schlammwasserbehandlungsanlagen gibt das DWA-Merkblatt M 349.

Tabelle 5.43: Zusammenstellung der Betriebskosten verschiedener Verfahren zur getrennten Schlammwasserbehandlung

Kostenanteil	Kostenart	Einheit	SBR mit Nitrifikation und 90 %-iger Denitrifikation	Sharon mit Nitritation und 90 %-iger Denitrifikation	Deammonifikation	Luftstrippung
Personal		h/Woche	20	20	20	30
Energie	Strombedarf	kWh/m^3	3 – 5	2 - 4	0,5 – 0,8	1,5 – 1,8
Hilfsstoffe	Methanol	kg/kg N	2,5 – 3	1,6 – 2,0	-	-
	Natronlauge (50 %)	kg/kg N	-	-		3,5 – 4,5
	Schwefelsäure (78 %)	kg/kg N	-	-	-	3,7 – 3,9
Reststoffentsorgung	Überschussschlamm	kg/kg N	0,5	0,3	0,1	-
	Ammoniumsulfat (38 %)	kg/kg N	-	-	-	11 – 13

Das Abwasserabgabengesetz bietet die Möglichkeit, die Investitionskosten für eine separate Schlammwasserbehandlung mit der für drei Jahre geschuldeten

Abwasserabgabe zu verrechnen. Hierzu ist der Nachweis erforderlich, dass im Gesamtablauf der Kläranlage eine 20 %-ige Verminderung der Stickstofffracht erreicht wird. In einigen Bundesländern reicht es auch, diesen Nachweis für den Teilstrom des Schlammwassers zu führen.
Hinweise zu Planung, Bau und Betrieb separater biologischer Schlammwasserbehandlungsanlagen gibt das DWA-Merkblatt M 349.

Tabelle 5.43: Zusammenstellung der Betriebskosten verschiedener Verfahren zur getrennten Schlammwasserbehandlung

Kostenanteil	Kostenart	Einheit	SBR mit Nitrifikation und 90 %-iger Denitrifikation	Sharon mit Nitritation und 90 %-iger Denitrifikation	Deammonifikation	Luftstrippung
Personal		h/Woche	20	20	20	30
Energie	Strombedarf	kWh/m^3	3 – 5	2 - 4	0,5 – 0,8	1,5 – 1,8
Hilfsstoffe	Methanol	kg/kg N	2,5 – 3	1,6 – 2,0	-	-
	Natronlauge (50 %)	kg/kg N	-	-		3,5 – 4,5
	Schwefelsäure (78 %)	kg/kg N	-	-	-	3,7 – 3,9
Reststoffentsorgung	Überschussschlamm	kg/kg N	0,5	0,3	0,1	-
	Ammoniumsulfat (38 %)	kg/kg N	-	-	-	11 – 13

5.10.17 Schlammtrocknung

Saugfilter und Pressen sind nur bei ausgefaultem, geruchlosem Schlamm als alleinige Entwässerungsvorrichtung ausreichend. Faulfähiger Schlamm muss noch nachgetrocknet werden, damit sein Gehalt an Trockenstoffen mehr als 85 % beträgt. Er kann sonst nicht ohne Belästigung gelagert werden [366]. Dazu eignen sich umlaufende Trockentrommeln, die von dem Schlamm im Gegenstrom zu heißer Luft durchwandert werden. Die Temperatur der eintretenden Luft ist 600 °C, die der austretenden 300 °C. Dem zugeführten stichfesten Schlamm wird so viel Trockengut zugemischt, dass sein Wassergehalt höchstens 50 % ist. Der nachgetrocknete Schlamm soll weniger als 10 % Wasser haben. Dann kann er gemahlen und als Streudünger verkauft oder verbrannt werden [1137, 1634].
Außer dem Trommeltrockner kommen auch Scheibentrockner und Dünnschichttrockner zur Anwendung [95, 318, 332, 1024, 1074, 1589, 1590, 1630, 2324, 2342].
Für die solare Klärschlammtrocknung sind die früheren Schlammtrockenbeete weiterentwickelt worden. In transparenten Leichtbauhallen lässt sich allein mit

solarer Energie eine Verdunstungsleistung von 500 – 1 000 l Wasser je m^2 und Jahr erreichen. Der meist in entwässerter Form eingebrachte Schlamm wird regelmäßig gewendet. Der Schubwender ermöglicht einen Längstransport und damit Durchlaufbetrieb. Bei einem einfacheren Schlammwender, auch als „elektrisches Schwein" bezeichnet, wird der eingebrachte Schlamm auf der gesamten Hallenfläche getrocknet und dann ausgeräumt. Danach erfolgt eine erneute Beschickung. Die Be- und Entlüftung wird zielgerecht gesteuert. Da die Trocknungsleistung über den Jahresverlauf schwankt, ist zur Erzielung eines gleichmäßigen Endproduktes Pufferraum erforderlich. Bei einer mittleren Verdunstungsleistung von 700 ÷ 750 $l/(m^2 \cdot a)$ kann ganzjährig ein Endprodukt von 65 ÷ 70 % TS erzeugt werden [417, 1282]. Nach den Berechnungen von Bux et al. ist die solare Schlammtrocknung eine wirtschaftlich und ökologisch sinnvolle Ergänzung der bekannten Schlammbehandlungsverfahren [418]. In kleineren Kläranlagen unter 10 000 E wird gelegentlich auch flüssiger Schlamm solar getrocknet. Der Hallenboden ist dann als drainiertes Trockenbeet herzurichten. Weitere Ergebnisse bringen Riedel et al. [1881] und Bux et al. [419].
Die Schlammtrocknung lässt alle Beseitigungswege offen. Getrockneter Schlamm kann über längere Transportwege als Dünger in die Landwirtschaft abgegeben werden. Er kann aber auch deponiert werden. Die Trocknung kann als Vorstufe zur Verbrennung wirtschaftlich sein [2053].

5.10.18 Schlammverbrennung

Bei stichfestem städtischem Schlamm reicht gewöhnlich der Heizwert der organischen Stoffe aus, den Wassergehalt zu verdampfen. Bei guter Wärmeausnützung kann der Schlamm ohne wesentliche Zugabe von Brennstoffen verbrannt werden. Durch die Ausfaulung verliert der Schlamm etwa die Hälfte seines Heizwerts und gibt sie an die Faulgase ab. Dabei wird aber auch der Wassergehalt geringer, und die Faulgase stehen als Zusatzbrennstoff zur Verfügung, soweit sie nicht im Faulraum verheizt worden sind. Deshalb ist ausgefaulter Schlamm ebenso gut wie frischer zum Verbrennen geeignet. Wenn der frische Schlamm getrocknet und verbrannt wird, spart man die Kosten der Faulräume. Eine Verbrennungsanlage braucht Vorratsräume für Schlamm, damit die Anlage unabhängig von den Schwankungen der Schlammzufuhr arbeiten kann und damit Betriebsstörungen nicht gleich die ganze Kläranlage treffen. Faulräume oder belüftete Becken sind die natürlichen Vorratsräume für diesen Zweck. Nur sehr große Anlagen (> 1 Mio. E) haben Rohschlamm erfolgreich entwässert und verbrannt. Er kann vor der Entwässerung mittelthermisch konditioniert werden [1321].
Für die Verbrennung kommen Drehrohrofen, Wirbelschichtofen und Etagenofen in Frage. Der Drehrohrofen erlaubt die Veraschung von grobstückigem Material.

Sein Abgas muss gereinigt werden. Im Wirbelschichtofen (Bild 5.91) wird vorgewärmte Verbrennungsluft über einen Düsenboden zugeführt. Das Quarzsandbett befindet sich in einem schwebenden Zustand. Zusatzfeuerung sorgt für die erforderliche Zündtemperatur. Der zu veraschende Klärschlamm wird von oben eingeworfen. Infolge der gleichmäßig hohen Verbrennungstemperatur enthalten die Abgase keine belästigende Gerüche. Die mitgeführte Asche ist durch einen Zyklon und Elektrofilter zurückzuhalten. Eine zweistufige Rauchgaswäsche ist vorzusehen. Grobkörnige Stoffe eignen sich nicht für eine Verbrennung im Wirbelschichtofen. Die Verdampfungsleistung kann mit 300 l Wasser/m^2 Düsenboden und Stunde angenommen werden.

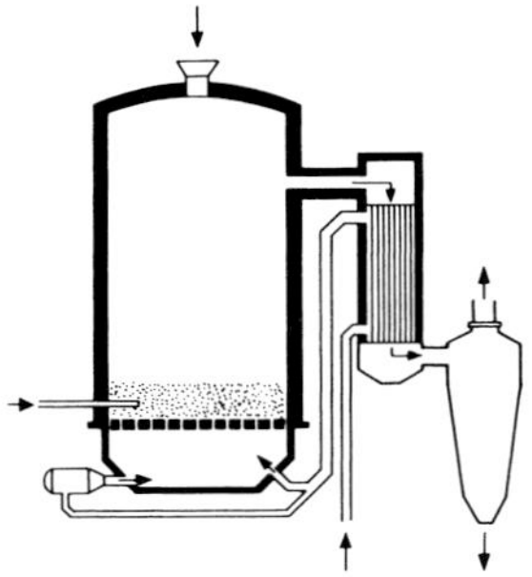

Bild 5.91: Wirbelschichtofen mit Luftvorwärmer und Staubabscheider

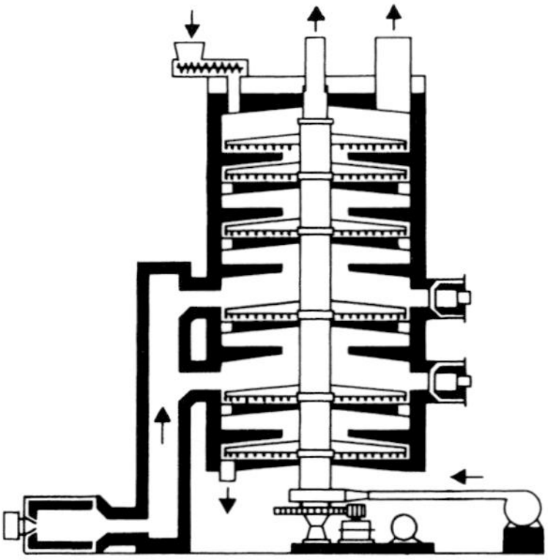

Bild 5.92: Etagenofen

Über Erfahrungen berichteten: [161, 224, 682, 803, 2091].

Die meisten Erfahrungen liegen mit dem Etagenofen vor (Bild 5.92), der von Nichols schon vor Jahrzehnten in Nordamerika eingeführt wurde. Der Schlamm wird über die verschiedenen Stockwerke durch Arme von oben nach unten bewegt. Mehrere Etagen dienen der Vortrocknung, zwei der Verbrennung und zwei der Abkühlung der Asche. Die Gase bewegen sich im Gegenstrom. Geruchsbelästigungen können durch Nachverbrennung der Gase vermieden werden. Eine Staubentfernung durch Rauchgaswäsche oder Elektrofilter ist notwendig. Ein Ofen von 4 m Durchmesser und 5 m Höhe kann täglich 50 t stichfesten Schlamm verbrennen. Er verbraucht im Durchschnitt 2,31 l Heizöl auf 1 t Schlamm. Die Menge der Asche entspricht dem mineralischen Trockenrückstand des Schlamms, sie ist z. B. 15 % des stichfesten Schlamms. Aus der Asche kann das Eisensalz des Entwässerungsverfahrens zurückgewonnen werden [1744, 2255].

Einen Leistungsvergleich zwischen Etagenofen und Wirbelschichtofen bringt Thomas [2205].

Wegen der strengen Anforderungen an die Abluftbeschaffenheit werden heute in der Regel Wirbelschichtöfen gewählt [172, 1441, 1521].

Das Verfahrensschema der vom Ruhrverband und der Mark-E, einem regionalen Energieversorger, in Kooperation betriebene Klärschlammmonoverbrennungsanlage Werdohl-Elverlingsen ist in Bild 5.93 dargestellt. Die Anlage besteht in ihrer technischen Konzeption aus einer einstraßigen stationären Wirbelschichtfeuerung mit Dampferzeugung und nachgeschalteter 5-stufiger Rauchgasreinigung. Der Klärschlamm wird als mechanisch entwässertes und stabilisiertes Material angeliefert. In der Anlage selbst werden bis zu 25 Tonnen Klärschlamm pro Stunde mit Steinkohle (bis zu 2,6 t/h) verbrannt werden. Der bei der Verbrennung entstehende Dampf wird in das bestehende Kraftwerksdampfnetz eingespeist.

Die Verbrennung der Steinkohle-/Klärschlamm-Mischung erfolgt in einem Ofen mit stationärer Wirbelschicht. Die für die Verbrennung und zum Fluidisieren des Wirbelbettes erforderliche Wirbelluft wird im Luftvorwärmer auf ca. 470 °C vorgewärmt und gelangt über einen Düsenboden in den Wirbelschichtofen. Auf dem Weg zum Austritt der Nachbrennzone erreicht das Rauchgas eine Temperatur von mindestens 850 °C bei einer Aufenthaltszeit von mindestens zwei Sekunden.

Zur Nutzung der im Rauchgas enthaltenen thermischen Energie wird das Rauchgas durch einen Abhitzekessel und einen Luftvorwärmer geleitet. Das Rauchgas wird in der Abhitzenutzung auf ca. 200 °C abgekühlt. Im Abhitzekessel wird überhitzter Dampf mit 11 bar und 250 °C erzeugt. Ein Teil des Dampfes wird für anlageneigene Verbraucher eingesetzt. Die Hauptmenge wird ins Niederdruck- Dampfnetz des Kraftwerkes eingespeist.

Das aus dem Kessel austretende Rauchgas wird zunächst im Elektrofilter entstaubt. Die abgeschiedene Asche wird über eine Förderschnecke und einen Gefäßförderer ebenfalls zum Aschesilo transportiert. Die Asche wird entweder trocken oder in einer Mischschnecke mit Wasser befeuchtet und per Schiene entsorgt.
Nach dem Elektrofilter gelangt das Rauchgas in den Sprühtrockner. Hier wird das aus der Wäsche kommende neutralisierte Waschwasser eingesprüht und verdampft. Die im Waschwasser mitgeführte Salzfracht wird zum größten Teil vom Rauchgas aufgenommen und im nachfolgenden Gewebefilter als trockenes Produkt abgeschieden. Die restliche Salzmenge wird direkt aus dem Sprühtrockner ausgetragen und in einem Sprühtrocknerproduktsilo zwischengelagert. Vor Eintritt in das Gewebefilter wird das Rauchgas mit einem Adsorptionsmittel (Herdofenkoks-/Inertstoffgemisch) intensiv im Rauchgaskanal vermischt. Der Herdofenkoks adsorbiert das im Rauchgas vorhandene Quecksilber, Cadmium, Thallium und Arsen sowie eventuell im Rauchgas vorhandene weitere anorganische und organische Schadstoffe. Das beladene Adsorbens und die aus dem Sprühtrockner mitgeführte Salzfracht werden am Gewebefilter abgeschieden und in ein Rezirkulationssilo gefördert.

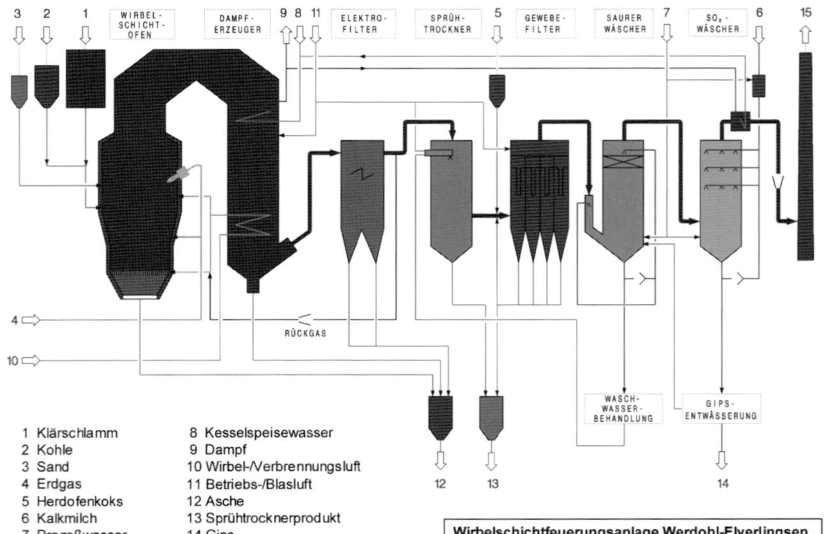

Bild 5.93: Verfahrensfließbild der Wirbelschichtfeuerungsanlage Werdohl-Elverlingsen

Nach dem Gewebefilter gelangt das Rauchgas in den sauren Wäscher und wird hiermit im Kreislauf geführtem Waschwasser auf die Kühltemperatur von 75 °C gequencht und von HCl, HF, restlichen Schwermetallsalzen sowie Reststäuben gereinigt.

Im Schwefeldioxidwäscher wird durch einen Waschkreislauf SO_2 abgeschieden und mit Kalkhydrat zu Gips umgesetzt. Der gewonnene Gips wird im Gipssilo bis zum Abtransport zwischengelagert. Das gereinigte Rauchgas wird nach Austritt aus dem SO_2-Wäscher mittels eines dampfbeheizten Wärmetauschers auf 105 °C aufgeheizt und mit Hilfe des Rauchgasgebläses über den Kamin in die Atmosphäre abgegeben.

Über Erfahrungen berichten: [70, 702, 1004, 1005, 1861, 2341].

Mono-Klärschlammverbrennungsanlagen sind insbesondere bei großen Durchsätzen ab etwa 6 000 t TR/a wirtschaftlich [557]. Allerdings sind inzwischen eine Reihe neuer Verfahrensansätze entwickelt worden, die im Bereich bis etwa 6 000 t TR/a eingesetzt werden können. Hierzu gehören im Wesentlichen die thermischen Verfahren der Pyrolyse und Vergasung sowie das technologische Downscaling der bekannten Wirbelschichtverbrennung (z. B. Pyrofluid®-Verfahren) oder der Rostfeuerung (z. B. Emter®, Sludge2Energy®).

Die Vergasung mit einem sogenannten Wirbelschichtvergaser arbeitet bei hohen Temperaturen (850 – 900 °C). Es entsteht ein Gasgemisch bestehend aus CH_4 (4 %), CO (14 %), CO_2 (14 %), H_2 (11 %), N_2 (54 %) und längerkettige Kohlenwasserstoffe, die ca. 10 % des Heizwertes ausmachen und in einer zweiten Stufe durch partielle Oxidation in Methan, H_2 und CO zerlegt werden, das in einem Schwachgasmotor genutzt wird. Eine großtechnische Anlage befindet sich auf der Kläranlage Mannheim in Betrieb [1604].

Durch Schmelzvergasung (Mephrec®-Verfahren) kann zusätzlich der Phosphor direkt zurückgewonnen werden. Der Klärschlamm muss hierbei zunächst brikettiert werden. Zusammen mit den Briketts werden Koks und andere Zuschlagsstoffe eingesetzt. Bezogen auf den mineralischen Anteil der Briketts müssen etwa 15 % Koks zugegeben werden. Im Reaktor werden zunächst die organischen Anteile der Briketts vergast und anschließend die mineralischen Anteile bei Temperaturen bis 2 200 °C aufgeschmolzen. Als Reststoffe fallen die Schlacke mit dem verwertbaren Phosphor, schwerflüchtige Metalle in einer Schmelze unter der Schlacke sowie die leicht flüchtigen Schwermetalle (z. B. Quecksilber und Cadmium) im zu behandelnden Rauchgas an [1972]. Derzeit wird auf der Kläranlage Nürnberg eine Anlage nach diesem Verfahren im großtechnischen Maßstab erprobt [987].

Beim Pyreg®-Verfahren wird getrockneter Klärschlamm thermisch mineralisiert. Der Klärschlamm muss auf > 80 % TR getrocknet werden und einen Energiegehalt von mindestens 10 MJ/kg aufweisen. Zurück bleibt ein desinfizierter, mineral- und kohlenstoffhaltiger trockener Reststoff, der zur Bodenverbesse-

rung und Düngung im Sinne einer Phosphorrückgewinnung eingesetzt werden kann, sofern die Schadstoffgehalte dies zulassen. Der getrocknete Klärschlamm wird bei Temperaturen bis 650 °C verschwelt statt verbrannt. In einer zweiten Stufe werden die im Reaktor entstehenden Schwelgase in einer Brennkammer mittels eines sogenannten FLOX-Brenners zur Vermeidung hoher NOx Emissionen bei ca. 1 250 °C vollständig verbrannt. Das Abgas wird zur Wärmenutzung durch den Außenmantel des Reaktors und zur weiteren Auskopplung von Prozesswärme durch einen zusätzlichen Wärmetauscher geleitet. Eine großtechnische Anlage mit dem Pyreg-Verfahren wird auf der Kläranlage Linz-Unkel betrieben [897].
Eine Übersicht über Neuentwicklungen bei den thermischen Verfahren zur Klärschlammentsorgung gibt: [722].
Daneben besteht auch weiterhin die Möglichkeit einer Mitverbrennung des Klärschlamms in Abfallverbrennungsanlagen und in Kohlekraftwerken, wenngleich die Novelle der Klärschlammverordnung diese Möglichkeiten in Zukunft wohl stärker einschränken wird. Erfahrungsberichte hierzu bei [1003, 2323].
Entwässerter Klärschlamm kann in den heißen Abluftstrom von Zementwerken zugegeben werden. Er verbrennt dabei und trägt zu einer Minderung des NOx-Ausstoßes bei [1265].
Auf die Rückstände aus thermischen Abfallbehandlungsanlagen geht der Arbeitsbericht des ATV-Fachausschusses 3.15 ein [160]. Die Asche kann in der Baustoffindustrie verwertet werden [2082].
Kostenstrukturen und Schnittstellen von Anlagen zur thermischen Klärschlammverwertung vergl. [123].
Über nasse Verbrennung von Schlamm bei 150 °C und 21 bar berichten: [2]. Über das Zimmerman-Verfahren siehe [435, 1102, 2028, 2185]. VerTech-Nassoxidation [462]. Supercritical wateroxidation [908, 2140].

5.10.19 Landwirtschaftliche Klärschlammverwertung

Als wichtiger Weg der Schlammentsorgung hat sich die nasse Abfuhr des ausgefaulten Schlamms erwiesen. Gute Erfahrungen mit der landwirtschaftlichen Verwertung liegen besonders vor beim Niersverband in Viersen und von der Anlage Maple Lodge bei London. Dabei wurde der nasse Schlamm entweder von fahrenden Wagen aus mit Pralltellern verteilt wie in Maple Lodge oder es wurden Rohrleitungen mit Güllewerfern eingesetzt, wie beim Niersverband [1175, 1273, 1492, 1596, 2218]. Die stoffliche Nutzung von Klärschlämmen in verschiedenen EU-Ländern behandeln Dichtl et al. [681].
Beim Niersverband kamen Sattelschlepper mit 19 m^3 Nutzinhalt zum Einsatz. Der Schlamm wurde mit 3 bar über max. 700 m Schnellkupplungsleitung und eine „Kanone“ pneumatisch verteilt. Auf Ackerland können 400 m^3/ha im Ab-

stand von zwei bis drei Jahren aufgebracht werden. Auf Grünland 200 m^3/ha jährlich. Eine Entkeimung des Nass-Schlammes ist von Vorteil. Sie wird durch Erwärmen auf 70 °C über eine Zeit von 30 Minuten erreicht [61, 1422, 2393]. Strauch nennt sieben Verfahren, die geeignet sind, Klärschlamm zu entkeimen [2152]:

- Die Pasteurisierung bei z. B. 70 °C über 25 Minuten.
- Die aerobe thermophile Schlammstabilisierung bei 50 °C über 23 Stunden oder 55 °C über 10 Stunden.
- Die Schlammbehandlung mit $Ca(OH)_2$. Der anfängliche pH-Wert soll wenigstens 12,6 betragen, die Reaktionszeit wenigstens drei Monate.
- Die Behandlung des entwässerten Schlammes mit CaO führt zur Erwärmung auf 55 bis 70 °C. Erforderliche Reaktionszeit wenigstens zwei Stunden.
- Bei der Kompostierung in Mieten soll der Anfangswassergehalt 40 bis 60 % betragen und über drei Wochen eine Rottetemperatur von 55 °C eingehalten werden.
- Bei der Kompostierung in Reaktoren soll der anfängliche Wassergehalt 70 % nicht übersteigen. Die Mischung soll bei 55 °C wenigstens zehn Tage Reaktionszeit erhalten, bei 65 °C 48 Stunden.
- Bei der Entwässerung des Schlammes in Schlammteichen mit und ohne Schilfbepflanzung gilt für die Entkeimung als ausreichend die Entwässerungszeit von einem Jahr und eine anschließende Lagerung von einem weiteren Jahr. Eine Entkeimung bewirkt auch Gamma-Bestrahlung [886]. Kosten der Hygieneanforderungen bei Schmelz [2003].

Über den Dungwert des Nass-Schlammes vgl. [1609]. Bezüglich der Schwermetalle in häuslichem Abwasser und Klärschlamm berichten [147].
In Deutschland hat der Gesetzgeber mit der neuen Klärschlammverordnung im Jahr 2017 einen weitgehenden Ausstieg aus der landwirtschaftlichen Klärschlammverwertung beschlossen [400]. Gleichzeitig soll in Zukunft Phosphor aus dem Klärschlamm zurückgewonnen werden. Die wesentlichen Eckpunkte der neuen Klärschlammverordnung sind:

- Ausstieg aus der bodenbezogenen Klärschlammverwertung und verpflichtende Einführung der Phosphorrückgewinnung:
    - Kläranlagen bis 50 000 EW sind von der Regelung ausgenommen,
    - 15 Jahre nach Inkrafttreten der Verordnung (Art. 1) für Kläranlagen mit einer Ausbaugröße ab 50 000 EW,
    - 12 Jahre nach Inkrafttreten der Verordnung (Art. 1) für Kläranlagen mit einer Ausbaugröße ab 100 000 EW.

- Pflicht zur Phosphorrückgewinnung aus Klärschlämmen mit einem Phosphorgehalt von 20 Gramm oder mehr je Kilogramm Trockenmasse. Hierzu ist ein Verfahren einzusetzen, welches den Phosphorgehalt des Klärschlamms um mindestens 50 Prozent und auf weniger als 20 Gramm je Kilogramm Trockenmasse reduziert. Klärschlämme mit einem Phosphorgehalt von weniger als 20 Gramm je Kilogramm Trockenmasse können einer anderweitigen, in der Regel thermischen Abfallentsorgung, zugeführt werden. Die Phosphorrückgewinnung kann über chemische Fällungsverfahren bereits aus dem Abwasserstrom, aus dem phosphorreichen Klärschlamm oder durch Aufbereitungsverfahren aus der Asche erfolgen. Bis zum 31.12.2023 ist an die zuständige Behörde ein Bericht zu den geplanten und eingeleiteten Maßnahmen der Phosphorrückgewinnung zu übermitteln.
- Eine Lagerung der Aschen aus der Klärschlammverbrennung zum Zwecke einer späteren Phosphorrückgewinnung ist ohne zeitliche Befristung möglich.
- Ausdehnung des Anwendungsbereichs der Verordnung auf eine Verwertung von Klärschlämmen, Klärschlammgemischen und Klärschlammkomposten bei Maßnahmen des Landschaftsbaus.
- Verschärfung schadstoffseitiger Anforderungen sowohl bezüglich der Klärschlammbeschaffenheit als auch bezüglich der Böden.
- Die Verbotsregelungen für die Verwertung von Klärschlämmen, Klärschlammgemischen und Klärschlammkomposten auf Böden, die unter dem Aspekt der Seuchen- und Photohygiene als sensibel einzustufen sind, werden erweitert.

Für Kläranlagen < 50 000 Einwohnerwerte, für die auch zukünftig eine landwirtschaftliche Klärschlammverwertung grundsätzlich möglich ist, gelten strenge Anforderungen an die Qualitätssicherung. Die zulässigen Schadstoffgehalte ergeben sich aus den Vorgaben der Düngemittelverordnung [389] und der Klärschlammverordnung. Tabelle 5.44 fast wesentliche Anforderungen an den zulässigen Schadstoffgehalt zusammen.

Weit verbreitet sind die verschiedenen Arten des Kompostierens. Im Gegensatz zum Müll muss bei Schlamm nicht Wasser zugesetzt werden, sondern ein trockener Stoff, der im Kompostbeet den Weg für die durchstreichende Luft freihält. Am besten lässt sich Schlamm zusammen mit Müll kompostieren. Die Feuchtigkeit, die der Müll zum Kompostieren braucht, bringt der Schlamm mit. Dagegen sorgt der trockene Müll für die nötigen Lufträume. Im Gemisch ist ein Wassergehalt von 40 – 50 % anzustreben. Das setzt bei einwohnergleichen Mengen eine Vorentwässerung des Klärschlammes auf 70 % Wassergehalt voraus. Der Müll stellt auch in dem Gemisch das zum Kompostieren günstige Kohlenstoff-Stickstoff-Verhältnis von etwa 15 : 1 her, indem er den im Schlamm fehlenden Kohlenstoff mitbringt [244, 330, 701, 1420, 1817, 1818, 1957, 2148 bis 2151].

Tabelle 5.44: Grenzwerte für Böden bei der Klärschlammaufbringung [389, 400], alle Werte in mg/kg Trockenmasse

Parameter	Grenzwert [mg/kg TM]
Arsen	40
Blei	150
Cadmium	1,5
$Chrom^{VI}$	2
Kupfer	60
Nickel	80
Quecksilber	1,0
Thallium	1,0
Zink	4 000
Perfluorierte Tenside (PFT)	0,1
Summe der Dioxine und dl-PCB	30 ng
Summe organischer Halogenverbindungen als adsorbierte organisch gebundene Halogene (AOX)	400
Benzo(a)pyren (B(a)P)	1,0
Polychlorierte Biphenyle (PCB), jeweils für die Kongenere Nummer 28, 52, 101, 138, 153, 180	0,1

5.10.20 Beseitigung des Schlammes

Alle Ausführungen über die Behandlung und Verwertung des Schlamms können nicht darüber hinwegtäuschen, dass man bei der Abwasserreinigung den Schlamm unbedingt und endgültig loswerden muss. Ein Klärwerk, bei dem das nicht gelingt, ist nichts wert. Sogar wenn der Schlamm verbrannt oder vergast wird, bleibt die Asche, die beseitigt werden muss.
Die neue Deponieverordnung ersetzt die Abfallablagerungsverordnung, die Deponieverwertungsverordnung, die TA Siedlungsabfall und die TA Abfall. Sie gilt u. a. für:

1. die Errichtung, den Betrieb, die Stilllegung und die Neuanlage von Deponien,

2. die Behandlung von Abfällen zum Zwecke der Ablagerung auf Deponien und
3. die Ablagerung von Abfällen auf Deponien.

Bei der Deponie-Klasse II muss der Glühverlust der Masse ≤ 5 % sein. Außerdem ist eine Liste von Feststoff- und Eluatkriterien einzuhalten. Damit kommt nur die kontrollierte Ablagerung von Klärschlammasche und gewaschenem Sandfanggut infrage. Die Einleitung von Klärschlamm ins Meer ist im Bereich der EU seit Jahren verboten. Die erlaubte mechanisch-biologische Vorbehandlung der Abfälle vor ihrer Deponierung ist mit Unsicherheiten behaftet und hat nach Dohmann nur eine geringe Bedeutung [691]. Bei der landwirtschaftlichen Klärschlammverwertung sind in Deutschland drastische Einschränkungen zu erwarten (Kapitel 5.10.19).

Den Klärwerksbetreibern bleibt daher hauptsächlich der Weg der Klärschlammverbrennung. Bode gibt einen Überblick wie der Ruhrverband vorgegangen ist [286] und von Felde berichtet über die langjährigen Erfahrungen mit dem Klärschlammentsorgungskonzept des Ruhrverbands [823].

Bei den Altdeponien bleibt die Nachsorge, die in der Abdeckung und Sickerwasserbehandlung besteht [750, 1057]. Nach Haarstrick et al. [974] kann die Auslaugungszeit des Deponiekörpers verkürzt werden, wenn sein Wassergehalt erhöht wird. Wird entstehendes Methangas nicht aufgefangen und verwertet, kann es bakteriell oxidiert werden. Eine aufgelegte Humusschicht ist ein geeignetes Substrat [826, 1096]. Die Niederdruckbelüftung von Altdeponien führt zu einer beschleunigten in-situ Stabilisierung. Die Verschmutzung des Sickerwassers nimmt ab und die Nachsorgezeit wird verkürzt [1887].

Entscheidend ist die Verfügbarkeit der vorhandenen Einrichtungen. Diese wird am höchsten bei Faulräumen mit mehr als 95 % der Zeit. Ein zugeordneter Schlammteich kann unter Hinnahme von Geruchsentwicklungen den sehr seltenen Ausfall des Faulbehälters überbrücken.

Die komplizierten Anlagen der maschinellen Schlammbehandlung bereiten dem Betriebsleiter dagegen wesentlich größere Sorge, insbesondere wenn der Schlamm zur Stabilisierung verbrannt werden muss. Verbrennungsöfen sind komplizierte Sonderanfertigungen, deren Ersatzteile erst nach Wochen oder Monaten eingebaut sind. Man benötigt deshalb unbedingt zwei Behandlungsstraßen. Im Interesse der Abwasserreinigung müssen Schlammbehandlungsschritte gewählt werden, die dem Betrieb Sicherheit geben, wie Schlammfaulung, Entwässerung und Zwischenlagermöglichkeit.

5.11 Gewerbliches Abwasser

5.11.1 Allgemeine Gesichtspunkte

Allgemeine Abhandlungen über Industrieabwasser und seine Behandlung finden sich beispielsweise in: [18 bis 20, 441, 1421, 1586, 1937, 2099].

Industriebetriebe, die an das städtische Entwässerungsnetz angeschlossen werden können, sollten ihr Abwasser in der Regel ohne Vorreinigung abgeben, weil häufig wirtschaftliche Vorteile durch die Vermischung mit häuslichem Abwasser entstehen; außerdem können ggf. auch Nährstoffdefizite und -überschüsse ausgeglichen werden. Andererseits können viele gewerbliche Abwässer – vorwiegend aus der Lebensmittelindustrie – durch eine anaerobe Vorbehandlung besonders wirtschaftlich behandelt werden, wobei hier die Kohlenstoffelimination im Vordergrund steht und der verbleibende Stickstoff in einer weiteren Stufe oder in der kommunalen Anlage behandelt werden muss. Indirekteinleiter müssen die Anforderungen in den Ortssatzungen und die allgemeinen Anforderungen des Merkblattes M 115 der DWA [496, 564, 565] einhalten, bevor sie in das kommunale Netz einleiten. Dies gilt sowohl für allgemeine Parameter wie den pH-Wert und die Temperatur als auch insbesondere für gefährliche Stoffe, die in der Bundesrepublik Deutschland nach dem Stand der Technik zu vermeiden oder zu eliminieren sind (§ 7a WHG). Zurückgehalten werden müssen auch Stoffe, deren Einleitung in das Netz, den Leitungen oder dem städtischen Klärwerk schaden oder auch gefährlich für das Betriebspersonal sein können [496, 564, 565, 1370, 2105].

Darüber hinaus können auch Stoffe aus dem gewerblichen Abwasser zurückgehalten und wiedergewonnen werden, z. B. Kohlenschlamm, Teer, Mineralöle, Papierstoff, Zellstoff, Wollfett, Phenol, Benzin, Eisensalze. Gifte, wie Kupfersalze, Arsen, Zyan, Chrom, die die biologische Reinigung oder die Zersetzung des Schlammes stören, müssen vorher eliminiert werden. Die Wirkung einzelner Stoffe auf die Abbauleistung biologischer Anlagen oder deren Wirkung im Gewässer kann durch verschiedene Testverfahren ermittelt werden. Verwiesen wird auch auf den Algen-, Bakterien-, Daphnien- und Fischtest sowie respirometrische Messungen und Nitrifikationshemmtests mit ausgewählten Biozönosen.

Für Kläranlagenzuläufe gelten folgende Grenzkonzentrationen, die keinesfalls überschritten werden dürfen, wenn das Reinigungsverfahren befriedigend arbeiten soll (Tabelle 5.45). In der Summe können bis 10 mg/l Nichteisenmetalle ertragen werden [208]. Von diesen werden durch Sedimentation und durch Adsorption an den Belebtschlamm im Mittel 75 % eliminiert [1938].

Tabelle 5.45: Grenzkonzentrationen verschiedener Stoffe (mg/l)

Stoff	Tropfkörper oder Belebung	% Rückhalt in der Anlage	im Faulschlamm
Kupfer	1	20	100
Cyanide	1 – 2	60	2
Chrom (VI)	3	40	100
Nickel	3	10	100
Zink	5	50	1 000

Werden unzulässige Konzentrationen zugeleitet, gibt die Analyse des Faulschlammes einen ersten Anhalt. Bei der Ermittlung des Verursachers leistet die Sielhautmethode gute Dienste [967 bis 970, 1315, 1878, 1879]. Man entnimmt Proben im Kanalnetz und kann aus den Analysenergebnissen den Einleiter eingrenzen.

Der Indirekteinleiterüberwachung kommt große Bedeutung zu [15, 135, 197, 496, 564, 565, 1027].

In den Bedingungen für die Aufnahme gewerblichen Abwassers in das Entwässerungsnetz werden i. d. R. die Werte aus dem DWA-Merkblatt M 115 gefordert, wobei die Temperatur nicht höher sein darf als 35 °C und die pH-Werte zwischen 6,5 und 10 sowie die absetzbaren Stoffe – sofern eine Abscheidung erforderlich ist – zwischen 1 und 10 ml/l liegen sollen. Die Summe aus Ammonium- und Ammoniakstickstoff soll bei Anlagen < 5 000 EW kleiner als 100 mg/l und bei Anlagen > 5 000 EW kleiner als 200 mg/l sein. Die Konzentrationen für Nitritstickstoff sind auf < 10 mg/l, für Phosphor (P) auf < 50 mg/l und für Sulfat auf < 600 mg/l festgelegt; letzterer Wert kann bei Anwendung von HS-Zement auf 3 000 mg/l erhöht werden.

Darüber hinaus sind in dem DWA-Merkblatt M 115 sehr viele Konzentrationen für spezielle organische und anorganische Stoffe angegeben, die es einzuhalten gilt, damit weder die Personen im Betrieb (Kanalnetz) noch die Bauwerke oder die biologische Behandlungsstufe geschädigt werden. Wenn die Werte bei Indirekteinleitung mit dem Rohabwasser nicht eingehalten werden, muss eine entsprechende Vorbehandlung erstellt werden.

Für Direkteinleiter gelten die Grenzwerte der Mindestanforderungen für die Einleitung von gereinigtem Abwasser in Gewässer, diese sind in den Anhängen der Abwasserverordnung festgelegt und dürfen auch bei leistungsstarken Gewässern nicht überschritten werden; für gefährliche Stoffe ist der Stand der Technik vorgeschrieben, der auch im Teilstrom oder an der Stelle des Abwasseranfalls im Betrieb gefordert werden kann. Es wurden 57 Verwaltungsvorschriften erlassen [398].

Die moderne Entwicklung geht insgesamt dahin, schon bei der Produktion Verfahrensabläufe einzurichten, die möglichst wenig Schadstoff in die Umwelt

entlassen. Man nennt dieses Vorgehen prozess- oder auch produktintegrierten Umweltschutz. Beispiele bringen [104, 109, 2105].
Die Richtlinie des Rates 96/61/EG [791] über die integrierte Vermeidung und Verminderung der Umweltverschmutzung (IVU-Richtlinie) legt für überwiegend industrielle Tätigkeiten medienübergreifende Regelungen für die Genehmigungsverfahren fest [2261]. Durch den Einsatz der sog. „besten verfügbaren Techniken" sollen Emissionen in Luft, Wasser und Boden so weit wie möglich vermieden oder aber vermindert werden. Seit Januar 2012 ist die Industrieemissionsrichtlinie [800] in Kraft. Die IED ersetzt die bisher gültige IVU-Richtlinie. Sie ist das zentrale Regelwerk für die Genehmigung und den Betrieb von (besonders umweltrelevanten) Industrieanlagen in Europa. Die besten verfügbaren Techniken (BVT) sind in BVT-Merkblättern bzw. Englisch BREFs (Best Available Technique Reference Documents) zusammengestellt und veröffentlicht. Durch die IED wird die Bedeutung der BVT verstärkt, indem aus den Merkblättern sog. „BVT-Schlussfolgerungen" entwickelt und verabschiedet werden. Diese BVT-Schlussfolgerungen beschreiben den europäischen Stand der Technik und werden als eigenständige Rechtsdokumente veröffentlicht. In den BVT-Schlussfolgerungen werden Spannbreiten von Emissionswerten (sog. „BVT-assoziierte Emissionswerte"/„BAT associated emission levels") aus den eingereichten BVT der EU-Mitgliedsstaaten abgeleitet und festgelegt. Die BVT-assoziierten Emissionswerte sind für alle Anlagen in Europa einheitlich gültige Emissionsgrenzwerte/Genehmigungswerte, welche vier Jahre nach Veröffentlichung durch die Europäische Kommission in allen Anlagen (Bestand und Neuanlagen) umgesetzt sein müssen.
Basierend auf den in den BVT-Schlussfolgerungen festgelegten BVT-assoziierten Emissionswerten sind Grenzwerte im nationalen Umweltrecht der EU-Mitgliedsstaaten ggf. entsprechend anzupassen.
Der Grundgedanke des industriellen Wasser- und Abwassermanagements wurde bereits in den BREFs niedergeschrieben. Dabei steht die Vermeidung und der Ressourcenschutz an oberster Stelle und die Wertung bzw. Einstufung erfolgte über Benchmarks und die Feststellung des Standes der Technik. Neben dem Ressourcenschutz soll damit auch der Eintrag von gefährlichen Stoffen in die Gewässer vermieden werden.
In Industriebetrieben werden heute i. d. R. für die Entwässerung qualifizierte Trennverfahren eingesetzt. Neben der getrennten Ableitung von Niederschlagswässern werden die Produktions- und Kühlwässer separat gefasst; in einigen Fällen werden weitere Abwasserströme – z. B. mit hoher Belastung oder mit Wertstoffen – separat erfasst. Bei der Lagerung wassergefährdender Stoffe sind besondere Schutzmaßnahmen erforderlich [2026]. Verschmutzungen durch Leckagen oder Löschwasser sollen zurückgehalten werden [1961].

Die Wiederverwendung des Abwassers im Kreislauf löst oft gleichzeitig die Fragen des Abwassers und der Wasserversorgung.
Das Reinigungsverfahren richtet sich vor allem danach, ob die Schmutzstoffe organischer oder anorganischer Herkunft sind und ob eine mechanische Abscheidung partikulärer Stoffe durch Sedimentation oder Flotation evtl. in Verbindung mit dem Einsatz von Flockungsmitteln möglich ist. Zu den anorganischen Stoffen gehören die Salze, z. B. aus Kaliwerken und Bergwerken. Sie sind biologisch nicht zugänglich, können aber die biologischen Prozesse stören und dem Gewässer schaden, wenn sie gewisse Grenzwerte überschreiten. Durch die auf kommunalen Kläranlagen üblichen Reinigungsverfahren können sie nicht beseitigt werden. Säuren und Laugen müssen zur Einhaltung der pH-Werte neutralisiert werden. Während organische Säuren auch biologisch abgebaut werden können, ist dies bei Mineralsäuren nicht möglich. Für beide gilt jedoch, dass Schäden durch Säureangriffe im Kanalnetz vermieden werden müssen. Laugen können auch anteilig durch das gebildete CO_2 aus dem biologischen Abbau neutralisiert werden. Eine weitere Gruppe biologisch abbaubarer industrieller Inhaltsstoffe sind Phenole (Karbolsäure und höhere saure Teeröle) aus Kokereien, Schwelereien und Gaswerken. Ein Phenolgehalt von 1 mg/l erhöht den Sauerstoffbedarf (BSB_5) eines Wassers um 1,7 mg/l. Als Entphenolungsverfahren werden eingesetzt: das Benzol-Lauge-Verfahren und das Phenosolvanverfahren. Beim Benzol-Lauge-Verfahren werden die Phenole mit Benzol extrahiert und danach an Natronlauge gebunden. Die Phenolatlauge kann durch Destillation zu verkaufsfähigen Endprodukten aufgearbeitet werden. Der Wirkungsgrad des Verfahrens liegt bei 93 %. Beim Phenosolvanverfahren wird Diisopropyläther als Lösungsmittel verwandt. Nach der Extraktion wird das Lösungsmittel durch Destillation von den Phenolen getrennt und erneut eingesetzt. Der Wirkungsgrad liegt bei 99 %. Der Restgehalt an Phenol kann unter 10 mg/l gesenkt werden [265, 2153, 2384 bis 2386]. Strebel et al. empfehlen Vernichten des phenolhaltigen Gaswassers durch Eindampfen und Verbrennen [683, 2153]. Auch ist es möglich, das Phenol durch Ozon zu zerstören [1695].
Im Gewässer wird Phenol in einer Fließzeit von drei bis vier Tagen abgebaut. Der Abbau geht schneller, wenn das Flusswasser schon organisch verschmutzt ist und damit genügende Nahrung für die Lebewesen des Wassers enthält. Der Abbau lässt unter 10 °C nach und hört unter 4 °C ganz auf. Für Fische ist ein Phenolgehalt von 5 mg/l tödlich. Aber auch ein sehr geringer Gehalt schadet im Fischgewässer dadurch, dass das Fischfleisch einen üblen Geschmack annimmt. Nach Ebeling tritt dieser Schaden nicht ein, wenn der Phenolgehalt geringer ist als 0,02 mg/l [734]. Nach Beer fehlen im Flusswasser alle Organismen außer Bakterien, wenn mehr als 10 mg/l wasserdampfflüchtige Phenole darin enthalten sind [236].

In biologischen Kläranlagen wird das Phenol abgebaut, wenn durch Vermischung mit häuslichem Abwasser ausreichend Nährstoffe vorhanden sind. Die tägliche Raumbelastung mit Phenol kann betragen: bei Tropfkörpern mit Rücklauf 0,7 kg/(m^3 · d) und bei Belebungsverfahren 1,0 kg/(m^3 · d) [339, 452, 1877, 2186]. Für phenolhaltiges Kokereiwasser hat Noack beim Belebungsverfahren festgestellt, dass eine Raumbelastung von 3 bis 4 kg BSB_5/(m^3 · d) möglich ist und dabei 25 g Kaliumphosphat pro m^3 Abwasser zugesetzt werden müssen. Dazu wurde der pH-Wert durch 450 g/m^3 Natronlauge neutralisiert und das Abwasser wurde auf 20 – 25 °C abgekühlt [1703].
Die größten Schwierigkeiten macht phenolhaltiges Abwasser in städtischen Wasserwerken, wenn diese mit Flusswasser in Verbindung stehen, worin Phenol auch in kleinsten Mengen enthalten ist. Sobald das Wasserwerk zur Entkeimung Chlor verwendet, bildet dieses mit Phenol eine Verbindung, die das Trinkwasser durch einen ekelhaften Geschmack und Geruch verdirbt [1582]. Die Rückgewinnung des Phenols hilft hiergegen nicht, weil erhebliche Reste im Abwasser verbleiben; eine biologische Reinigung ist erforderlich. Zusätzlich hat sich bei Wasserwerken der Einsatz von Aktivkohle bewährt. Diese kann z. B. als Pulver dem Flusswasser zugesetzt werden, bevor es auf die Filter des Wasserwerks kommt, oder sie kann in körniger Form zum Aufbau von Filtern genommen werden [1124, 1125, 2368, 2369]. Auch Überchlorung mit nachfolgender Entchlorung kann manchmal ausreichen. Auch Ozon ist verwendet worden. Die in Witten, Essen und Mülheim angewandten Verfahren werden in: [1034, 1379, 1857] behandelt.
Den biologischen Verfahren sehr gut zugänglich ist das Abwasser aus Lebensmittel- und Getränkebetrieben wie Molkereien, Brennereien, Brauereien, Presshefe- und Stärkefabriken, Schlachthöfen, Zuckerfabriken [1912, 1913]. Ebenfalls biologisch abgebaut werden kann das Abwasser von Betrieben, in denen pflanzliche oder tierische Stoffe verarbeitet werden, wie Bleichereien, Färbereien, Papierfabriken, Flachsröstereien, Wollwäschereien, Gerbereien. Diese Abwässer können – ggf. nach Vorbehandlung – in die städtische Kläranlage aufgenommen werden. Gewerbliche Abwässer sind zum Teil einseitig zusammengesetzt und es können auch Nährstoffe fehlen. Dies kann durch Mischung mit häuslichem Abwasser oder durch Zugabe von Nährstoffen (Stickstoff, Phosphate) erfolgen. Nach Helmers braucht man an Stickstoff 3 – 4 % und an Phosphor 0,5 – 0,7 % des abgebauten BSB_5 als Nährsalzgehalt (Sew. a. Ind. W. 1952, 496). Kilgore, H. D. et al. geben an für Stickstoff 4,7 bis 7,4 % und für Phosphor 0,36 bis 1,25 % des abgebauten BSB [1041]. Im Mittel kann man ein Verhältnis zwischen abgebautem BSB_5 : N : P von 100 : 5 : 1 annehmen. Nach Versuchen von Gaudry et al. kann man Nährsalze sparen, wenn bei der Reinigung nach dem Belebungsverfahren der Schlamm getrennt wiederbelüftet wird. Die Nährsalze werden dann dem Wiederbelüftungsbecken zugege-

ben, wo die vom Schlamm gespeicherten Kohlehydrate unter Aufnahme von Stickstoff in Protein umgewandelt werden [1365].
Abwasser und Schlamm aus der Nahrungsmittelindustrie neigen zu saurer Gärung, z. B. bei Brennereien, Stärkefabriken, Molkereien. Früher hat man dieses Verhalten zur Vorreinigung in großen Gärräumen mit anschließender Neutralisation durch Kalkung ausgenützt, bevor man mit aeroben Verfahren nachbehandelt hat. Teilweise wurde die saure Gärung auch durch Chlorung bekämpft. Heute sind die anaeroben Verfahren zur Vorbehandlung von organisch verschmutzten Industrieabwässern soweit entwickelt, dass häufig – auch aus energetischen Gründen und aus Gründen der reduzierten Schlammmengen – eine technische anaerobe Vorbehandlung eingesetzt wird. Dies gilt insbesondere für Abwässer aus Brauereien, Papierfabriken, Sauerkrautfabriken und auch Molkereien.
Für die Berechnung industrieller Kläranlagen oder kommunaler Anlagen mit Industrieeinfluss müssen die wesentlichen Belastungswerte aus der industriellen Anlage bekannt sein. Dazu gehören die maßgebenden Mengen, Konzentrationen und Frachten, letztere bezogen auf die organische Verschmutzung als CSB bzw. BSB_5-Fracht, die Belastungen aus Stickstoffverbindungen und aus Phosphorverbindungen. Ebenso wichtig ist es, die allgemeinen Parameter des industriellen Abwassers, wie z. B. den pH-Wert, die Temperatur und die absetzbaren Stoffe sowie auch die abfiltrierbaren Stoffe zu kennen. Der maßgebende Belastungsfall muss auf Grund statistischer Auswertungen, der jahreszeitlichen Schwankungen und auch eventueller Kampagnenbetriebsweisen ermittelt werden, wobei die zukünftige Entwicklung des Industriebetriebes nach Möglichkeit für einen Zeitraum von mehr als zehn Jahren abgeschätzt werden muss.
Eine einfache Möglichkeit des Vergleiches der Belastung aus einem Industriebetrieb mit der aus einer Siedlung ist die Berechnung der Einwohnergleichwerte. Diese Werte sind sehr mit Vorsicht zu betrachten und für die verschiedenen Belastungswerte separat auszuweisen, da die Vergleichswerte für Menge, BSB_5, CSB, Stickstoff und Phosphor selten so übereinstimmen, dass für alle Parameter die gleiche Zahl an Einwohnergleichwerten ermittelt werden kann.
Für einen ersten Anhaltswert sind in der Literatur verschiedene Listen für die Belastung von industriellem Abwasser aus verschiedenen Bereichen i. d. R. auf Basis von BSB_5 angegeben. Einige Beispiele für Einwohnergleichwerte gewerblichen Abwassers bezogen auf BSB_5 = 60 g/(E · d) sind in Tabelle 5.46 zusammengestellt.Diese Belastung aus Einwohnergleichwerten zeigt z. B. dass eine Stärkefabrik, die täglich 1 t Mais verarbeitet, gemessen am Sauerstoffbedarf des Abwassers, eine Kläranlage ebenso stark belastet wie 500 – 900 städtische Einwohner. Für den einzelnen Betrieb ist die Zahl umso kleiner, je sorgfältiger die Abgänge zurückgehalten und nutzbar gemacht werden.

In Tabelle 5.47 sind die Konzentrationen auf Basis des BSB_5 für verschiedene Konzentrate aus industrieller Produktion zusammengestellt. Hieraus wird deutlich, wie wichtig es ist Konzentrate nicht in Kläranlagen einzuleiten sondern möglichst zu verwerten oder separat zu behandeln. Vergleicht man z. B. die Belastung aus Molke mit der eines Einwohners nach dem Absetzbecken mit 40 g BSB_5/d, so würde sich allein aus der Einleitung von 1 m^3 Molke mit einem BSB_5 von 45 g/l eine organische Belastung der Anlage von 1 125 EGW ergeben.

Wie bereits aus dem oben betrachteten Beispiel hervorgeht, sind die „Einwohnergleichwerte“ nach Tabelle 5.46 nur dann richtig und mit den „Einwohnern“ bei städtischem Abwasser vergleichbar, wenn es auf den biochemischen Sauerstoffbedarf des Abwassers ankommt, also in biologischen Klärwerken oder in einem Fischgewässer. Für alle anderen Parameter, wie absetzbare und abfiltrierbare Stoffe, Stickstoff und Phosphor können sich völlig andere Vergleichswerte für die Belastung ergeben.

Für die Ermittlung der aus industriellen Abwässern gebildeten Schlammengen sind u. a. die Schwebstoffgehalte bzw. die abfiltrierbaren Stoffe relevant. Eine Übersicht spezifischer Gesamtschwebstofffrachten ist in: [1176] zu finden.

Von besonderer Bedeutung für die Behandlung von Industrieabwässern ist ihre Zusammensetzung in Bezug auf das Verhältnis von Nährsalzen zu organischen Inhaltsstoffen. In diesem Zusammenhang sind in der folgenden Tabelle einige typische Konzentrationen von industriellen Abwässern zusammengestellt und auch die Bedarfswerte für Stickstoff und Phosphor für diese Abwässer für einen aeroben und anaeroben Abbau mit angegeben. Wichtig ist in diesem Zusammenhang, dass es nur Anhaltswerte sind, diese können niemals eine genaue mengenproportionale Probenahme und Analytik ersetzen!

Neben den bereits genannten Parametern zur Beurteilung industrieller Abwässer sind weitere zu berücksichtigen, wie z. B. Gifte, Säuren, Salze, die im Gewässer Schaden oder in einem gemeinsamen Klärwerk zusätzliche Kosten verursachen können. Von Wagner wurde der allgemeine Begriff des Schmutzbeiwertes gebildet [2288]. Soweit es sich um organisch verschmutztes Abwasser handelt, entsprechen die Schmutzbeiwerte den vorher besprochenen Einwohnergleichwerten [1585]. Noack beschreibt, wie man in vorhandenen Kanalnetzen die Abwasserbelastung aus Gewerbe und Industrie nach Menge und Beschaffenheit in Form eines Abwasserkatasters ermittelt [1704].

Bucksteeg und Thiele ermitteln bei giftigen Stoffen die Hemmung des Abbaus und setzen den verminderten Abbau einer organischen Verschmutzung gleich [375]. Knop benutzt die für ein Überleben von Fischen erforderliche Verdünnung als Maßstab [1344].

Tabelle 5.46: Einwohnergleichwerte verschiedener Abwässer

Art des Abwassers		Einwohnergleichwerte
Molkerei ohne Käserei	auf 1 000 l Milch	15 – 50
Molkerei mit Käserei	auf 1 000 l Milch	30 – 170
Schlachthof	auf 1 Rind 2,5 Schweine	30 – 90
Kuhstall	auf 1 Kuh	5 – 10
Schweinestall	auf 1 Schwein	3
Geflügelfarm	auf 1 Henne	0,12 – 0,25
Futtersilo	auf 1 t Silofüllung	4 – 11 EG/Tag
	oder insgesamt	200 – 650
Kartoffeldämpfanlage	auf 1 t Kartoffeln	25 – 50
Fischzucht	auf 100 kg Forellen	5
Zuckerfabrik	auf 1 t Rüben	15 – 30
Malzfabrik	auf 1 t Getreide	10 – 100
Brauerei	auf 1 000 l Bier	120 – 150
Brennerei	auf 1 000 l Getreide	2 000 – 3 500
Hefefabrik	auf 1 t Hefe	2 500 – 5 000
Stärkefabrik	auf 1 t Mais oder Weizen	500 – 900
Winzerei	auf 1 000 l Wein	100 – 140
Winzerei	auf 1 ha Rebfläche	10 – 30
Konservenfabrik	auf 1 t Gemüse	300 – 500
Sauerkrautherstellung	auf 1 t Sauerkraut	70 – 150
Gerberei	auf 1 t Häute	1 000 – 3 500
Wollwäscherei	auf 1 t Wolle	2 000 – 4 500
Bleicherei	auf 1 t Ware	1 000 – 3 500
Färberei mit Schwefelfarben	auf 1 t Ware	2 000 – 3 000
Flachsrösterei	auf 1 t Flachsstroh	700 – 1 000
Sulfit-Zellstoffwerk	auf 1 t Zellstoff	3 500 – 5 500
Holzschleiferei	auf 1 t Holzschliff	45 – 70
Papierfabrik	auf 1 t Papier	200 – 900
Zellwollfabrik	auf 1 t Zellwolle	300 – 450
Wäscherei	auf 1 t Wäsche	350 – 900
ausgelaufenes Mineralöl	auf 1 t Öl	11 000
Mülldeponie	auf 1 ha Fläche	45

Tabelle 5.47: BSB_5-Werte verschiedener Konzentrate [1911]

	BSB_5 g/l
Apfelsaft	60
Bier	80
Blut (Blutmenge rd. 7 % des Lebendgewichtes)	160-210
Butterwaschwasser	17
Coca Cola	44,6
Doppelkorn	387,5
Hefe (frisch)	170
Jauche	7-18
Kondensat von Kartoffeldämpfanlagen	4-9
Konzentrat Orangensaft	242
Molke	45
Phenol	1,7
Schönungstrub Apfelsaft	150
Schönungstrub Birnensaft	177
Sickersaft von Rübenblattsilos	80
Vollmilch	114
Wein (trocken)	84

Tabelle 5.48: Typische Zusammensetzungen industrieller Abwässer [1910]

Branche	KN mg/l	P mg/l	BSB_5 mg/l	N/C -	P/C -
Schlachthof	250	40	1 500	0,17	0,03
Kartoffelveredelung	124	60	2 286	0,05	0,02
Brauerei	70	20	1 100	0,06	0,02
Fruchtsaftherstellung	35	15	1 000 – 2 000	0,02	0,01
Molkerei	30 – 150	20 – 100	500 – 2 000	0,05 – 0,08	0,04 – 0,05
Weizenstärke	1 180	210	30 000	0,039	0,007
Hefefabrik	500 – 1 200	10 – 50	3 500 – 18 000	0,12	0,004
häusliches Abwasser	55	10	200	0,27	0,05
Bedarf:					
aerob				0,05	0,01
anaerob				0,006	0,001

Neben den bereits genannten Parametern zur Beurteilung industrieller Abwässer sind weitere zu berücksichtigen, wie z. B. Gifte, Säuren, Salze, die im Gewässer Schaden oder in einem gemeinsamen Klärwerk zusätzliche Kosten verursachen können. Von Wagner wurde der allgemeine Begriff des Schmutzbeiwertes gebildet [2288]. Soweit es sich um organisch verschmutztes Abwasser handelt, entsprechen die Schmutzbeiwerte den vorher besprochenen Einwohnergleichwerten [1585]. Noack beschreibt, wie man in vorhandenen Kanalnetzen die Abwasserbelastung aus Gewerbe und Industrie nach Menge und Beschaffenheit in Form eines Abwasserkatasters ermittelt [1704].
Bucksteeg und Thiele ermitteln bei giftigen Stoffen die Hemmung des Abbaus und setzen den verminderten Abbau einer organischen Verschmutzung gleich [375]. Knop benutzt die für ein Überleben von Fischen erforderliche Verdünnung als Maßstab [1344].
Einige Abwasserinhaltsstoffe, vor allem Ammoniak und Nitrit, aber auch toxische Stoffe, hemmen speziell die empfindlichen Nitrifikanten und verschlechtern damit die Stickstoffeliminationsleistung einer Kläranlage, diese Effekte müssen bei der Auslegung der Anlagen berücksichtigt werden. Wenn ein Verdacht auf diesen Einfluss besteht, sollten entsprechende Nitrifikationshemmtests durchgeführt werden [656, 912].
Bei bestimmten Abwässern (z. B. aus der Verarbeitung von Melasse, Hefeindustrie, oder aus Zell- oder Papierfabriken) ist keine weitgehende CSB-Elimination zu erwarten, hier sollte die Abbaubarkeit des CSB ermittelt werden durch einen Test (Zahn-Wellens-Test) zur Bestimmung des refraktären CSB [643]. Eine Einleitung dieser Abwässer kann auch zu erhöhten CSB-Werten im Ablauf der kommunalen Anlage führen. Letzteres muss bei der Einleitungsgenehmigung und auch bei der Berechnung der Abwasserabgabe berücksichtigt werden.
Es gibt organische Stoffe, die nicht durch den CSB erfasst werden, dazu gehört z. B. Betain, was ebenfalls in Rübenmelasse vorhanden ist und im Abwasser der Hefeindustrie vorkommt. Die tatsächliche organische Belastung würde in diesem Fall nicht durch die CSB-Analytik erfasst werden können, für die Auslegung einer Anlage müsste dies entsprechend berücksichtigt werden [2216].
Das AbwAG wurde zuletzt im Jahr 2013 geändert. Die Abgabepflicht begann am 01.01.1981 mit 12 DM/SE. Sie stieg bis zum 01.01.1997 auf 70 DM/SE und blieb danach konstant. Seit dem 1. Januar 2002 werden 35,79 € je Schadeinheit erhoben. Der Abgabesatz ermäßigt sich für die Schadeinheiten, die nicht vermieden werden, obwohl die Mindestanforderungen eingehalten werden. Für eine verursachergerechte Gebühren- und Zuschlagsberechnung hat die DWA einen Themenband veröffentlicht [558].

Tabelle 5.49: Stoffgruppen und Schadeinheiten des Abwasserabgabengesetzes

Schadstoffgruppe	1 Schadeinheit (SE) entspricht	
oxidierbare Stoffe	50	kg CSB
Phosphor	3	kg P
Stickstoff	25	kg N
org. geb. Halogene	2	kg AOX
Quecksilber	20	g Hg
Cadmium	100	g Cd
Chrom	500	g Cr
Nickel	500	g Ni
Blei	500	g Pb
Kupfer	1 000	g Cu
Fischei-Test	6 000	$m^3 : G_{Ei}$

5.11.2 Verschiedene Abwässer und Anforderungen für Indirekteinleiter und Direkteinleiter

5.11.2.1 Indirekteinleiter

Für Indirekteinleiter gelten die Anforderungen der Entwässerungssatzung der Kommune, wobei diese i. d. R. den Anforderungen des Merkblattes M 115 der DWA [496, 564, 565] entsprechen.
Die wesentlichen Anforderungen aus diesem Merkblatt sind in Tabelle 5.50 zusammengestellt.

Tabelle 5.50: Allgemeine Anforderungen an Indirekteinleiter nach DWA M 115 [496, 564, 565]

Temperatur	≤ 35 °C
pH-Wert	6,5 – 10
absetzbare Stoffe (soweit Abscheidung erforderlich)	1 – 10 ml/l (nach 0,5 h)
NH_4-N + NH_3-N < 5 000 EW	100 mg/l
NH_4-N + NH_3-N > 5 000 EW	200 mg/l
NO_2-N	10 mg/l
P	50 mg/l
SO_4	600 mg/l
mit HS-Zement	3 000 mg/l
CSB bzw. BSB_5	i. d. R. keine Begrenzung für Indirekteinleiter

5.11.2.2 Direkteinleiter

Für Direkteinleiter gelten grundsätzlich die Mindestanforderungen der Anhänge der Verwaltungsverordnung; diese müssen die Werte der BREFs bzw. der hieraus abgeleiteten BVT-Schlussfolgerungen (Schlussdokumente) für die entsprechenden Branchen einhalten. Die aktuellen BREFs und BVT-Schlussfolgerungen sind auf der Homepage des European Integrated Pollution Prevention and Control Bureau (EIPPCB) zu finden: http://eippcb.jrc.ec.europa.eu/reference. Bild 5.94 zeigt die grundsätzliche Struktur der BREFs.

1) allgemeine Informationen
2) angewandte Verfahren und Techniken
3) aktuelle Verbrauchs- und Emissionsspiegel
4) für BVT zu berücksichtigende Techniken (BVT-Kandidaten)
5) beste verfügbare Techniken (BVT)
6) Zukunftstechniken

Bild 5.94: Struktur Best Available Technique Reference Document (BREF) (http://eippcb.jrc.ec.europa.eu/reference)

Die Erarbeitung der BREFs bzw. Festlegung der besten verfügbaren Techniken für die verschiedenen Industriesektoren findet gemäß IED im Rahmen des sog. Sevilla-Prozesses statt. Hierunter ist ein Informationsaustausch auf europäischer Ebene über die besten verfügbaren Techniken (BVT) verstehen, in dessen Verlauf Techniken deren zugehörige Daten gesammelt und durch das EIPPCB ausgewertet werden. Welche Techniken als BVT einzustufen sind, wird bzw. wurde im Rahmen des Sevilla-Prozesses gemäß den Bestimmungen der IED bzw. der vorher geltenden Richtlinie über die integrierte Vermeidung und Verminderung der Umweltverschmutzung festgelegt [791]. Die sog. BVT-Schlussfolgerungen werden aus den in Kapitel 5 der BREFs festgelegten besten verfügbaren Techniken (BVT) abgeleitet. Anhand der BVT werden zulässige Emissionsbandbreiten für z. B. Abwasserbelastung, Verschmutzung von Abluft etc. festgelegt, die sog. Best Available Technique Associated Emission Levels (BAT-AELs). Diese BAT-AELs werden dann in gesonderten Rechtsdokumenten den BVT-Schlussfolgerungen (BAT conclusions) veröffentlicht. Die sind BAT-AELs dann zum einen jeweils als Grenzwerte in nationales Recht umzusetzen; in Deutschland z. B. die Abwasserverordnung oder die TA Luft. Zum anderen dienen die BVT-Schlussfolgerungen als Referenzdokument für die Festlegung von Genehmigungsauflagen für Industrieanlagen, die unter die IED fallen. Abweichungen von den BAT-AELs sind nur in spezifischen und begründeten Fällen möglich, z. B. wenn Kosten unverhältnismäßig zum mit BVT erreichten Umweltnutzen sind oder aufgrund der technischen Merkmale der betroffenen Anlage. Innerhalb von vier Jahren nach Veröffentlichung der entsprechenden BVT-Schlussfolgerungen müssen die dort festgesetzten BAT-AELs in den IED-Anlagen eingehalten werden. Die folgende Abbildung stellt den Prozess von der Erarbeitung bzw. Überarbeitung von BREFs bis zur Umsetzung in nationales Recht schematisch dar.

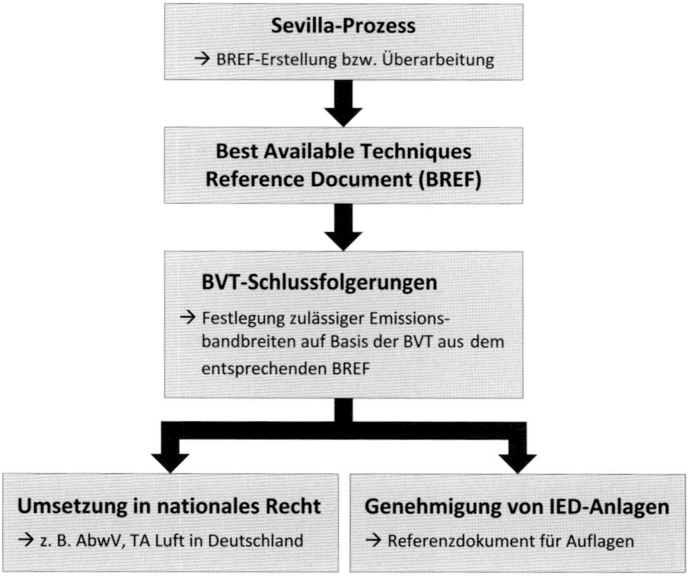

Bild 5.95: Ablauf BREF-Erarbeitung bis zur Umsetzung

Die Anforderungen gemäß der in 2015 veröffentlichten BVT-Schlussfolgerungen sind unter http://eippcb.jrc.ec.europa.eu/reference zu finden.

Im Folgenden werden beispielhaft für einige Industrieabwässer die Möglichkeiten und Erfahrungen mit der Abwasserreinigung vorgestellt.

5.11.2.3 Molkereien

Das Abwasser besteht im Wesentlichen aus Produktverlusten und Spülwässern. In Abhängigkeit von der Produktion (Milchprodukte, Joghurt, Käse, Milchpulver, Butter, usw.) ergeben sich unterschiedliche Konzentrationen und spezifische Frachten. Es sind Fett, Eiweiß und Kohlenhydrate im Abwasser und aus den Spülprozessen auch Nitrat (wenn Salpetersäure verwendet wird) und Phosphorsäure. Durch Vermeidung von Produktverlusten kann die Abwasserbelastung stark reduziert werden [165, 554].
Absetzbecken versagen, wenn die saure Gärung nicht durch starkes Kalken oder Chloren bekämpft wird. Von Absetz- oder Faulbecken ist in der Regel kein Erfolg zu erwarten. Jedoch sind Misch- und Ausgleichsbecken für die anschließende biologische Abwasserreinigung von Vorteil. Mit einfachen belüfteten Becken lassen sich sehr hohe Wirkungsgrade von bis zu 80 % erreichen [1913].
Das Verregnen wurde früher angewendet, wenn Flächen vorhanden und eine Reinigung bei Frost nicht erforderlich war. [1459, 1574]. Dabei besteht aber die Gefahr der Übertragung von Tuberkulose [972] und von Tierseuchen [464].
Technisch bewährt haben sich Tropfkörper mit reichlichem Rückpumpen des Abflusses [279, 752, 1142, 1838] und das Belebungsverfahren [688, 1073, 1083, 1573, 2217]. Als Temperatur im Lüftungsbecken ist 30 °C erwünscht. Belebungsanlagen für Molkereiabwasser neigen zu Blähschlammbildung, die ausreichende Versorgung mit Nährsalzen ist zu prüfen. Eine weitere Möglichkeit der Reduzierung von Blähschlamm ist durch den Einsatz von Selektoren beim Belebungsverfahren, damit kann der „Low Food/Mass“ Einfluss auf die Biomasse häufig bekämpft werden [1798]. Neben den klassischen Belebungsverfahren haben sich für Molkereiabwässer auch SBR-Anlagen bewährt [554] und über den erfolgreichen Einsatz einer anaeroben Vorbehandlung von Molkereiabwasser in Altentreptow wurde ebenfalls berichtet [1464].

5.11.2.4 Schlachthöfe

Das Abwasser von Schlachthöfen hat hohe Stickstoff- und Fettgehalte. Eine entsprechende Vorbehandlung ist vor einer weitergehenden Abwasserbehandlung erforderlich. Zielführend sind Siebe, Fettfänge und ggf. auch Flotationsanlagen. Grobe Stoffe müssen zurückgehalten werden, Blut und Fett müssen verwertet werden. In Fettfängen werden von jedem geschlachteten Rind 1,24 kg und jedem Schwein 0,36 kg Fett gewonnen [1649]. In Amerika rechnet man als Fettmenge 0,1 % des Lebendgewichtes des Schlachtviehs. Das Abwasser lässt sich wie städtisches Abwasser reinigen. Wegen der hohen Konzentrationen muss man bei biologischen Tropfkörpern, die vorzugsweise mit Kunststoff-Füllungen zu versehen sind, mehrmals recyceln und beim Bele-

bungsverfahren die Menge des Rücklaufschlammes hoch bemessen [62, 2220, 2312].
Auch das Ausfaulen des Abwassers ist möglich [2126, 2127, 2221].
Bei kleineren Schlachthöfen wird das Abwasser nach Vorbehandlung i. d. R. indirekt eingeleitet. Für größere Schlachthöfe existieren auch eigene Kläranlagen mit Direkteinleitung, wobei hier vorwiegend Belebungsanlagen eingesetzt werden. Eine anaerobe Vorbehandlung der Abwässer ist die Ausnahme; allerdings werden Magen- und Darm- und Panseninhalte und auch die Flotate aus Flotationsanlagen sowie Fette aus Fettabscheidern in Faulbehältern cofermentiert oder auch in landwirtschaftlichen Biogasanlagen mit behandelt [62, 541, 1020, 1914].

5.11.2.5 Landwirtschaftliche Betriebe

Die Landwirtschaft geht immer mehr dazu über, größere Einheiten zu bilden und sich zu spezialisieren. Die Tiere werden in großer Zahl in zentralen Ställen untergebracht. Ihr Weidegang ist eingeschränkt. Grünfutter wird in Silos eingelagert und zugefüttert.
Durch diese Betriebsweise fallen Kot, Harn und Sickersaft in großen Mengen an. Genauere Angaben bei [274, 1443, 1605]. Die konzentrierten Abgänge der Landwirtschaft müssen daher – ggf. nach Mitbehandlung in Biogasanlagen oder separaten Anlagen zur Faulung – nach den Regeln der guten landwirtschaftlichen Praxis zunächst zwischengespeichert und bedarfsgerecht auf landwirtschaftliche Flächen aufgebracht werden.

5.11.2.6 Gemüse-, Obst- und Konservenfabriken

Einige Beispiele für Abwässer aus der Obstverarbeitung sind in Tabelle 5.51 aufgeführt. Bei Verwirklichung von wassersparenden Maßnahmen kann von einem Wasserverbrauch von 3 – 9 m3 je Tonne Produkt ausgegangen werden bei BSB5-Frachten von 3 – 30 kg/t. Reststoffe sollten möglichst trocken gewonnen werden, eine Verwertung als Viehfutter oder zur Biogasgewinnung sollte geprüft werden, eine Kompostierung ist möglich. Früher wurden auch Abwasserteiche eingesetzt, in denen die Selbstreinigung des Wassers durch Zugabe von Natronsalpeter unterstützt wird [21, 753, 1947, 2006, 2187]. Konzentrierte Abwässer können anaerob vorbehandelt und danach aerob nachbehandelt werden. Bei hohen Feststoffgehalten hat sich die anaerobe Belebung bewährt, für die Nachbehandlung können Belebungsverfahren auch in Kombination mit kunststoffgefüllten Tropfkörpern eingesetzt werden. Über die Anwendung des schwach belasteten Belebungsverfahrens unter Zugabe von Nährstoffen berichten Esvelt und Hart [782]. Stalzer hat festgestellt, dass bei einer

Raumbelastung von 150 g BSB5/m3/d ein sehr leichter Schlamm entsteht, der durch Eisensulfatzugabe beschwert werden kann [503, 561].

Tabelle 5.51: Zusammensetzungen von Abwässern aus der Obst- und Gemüseverarbeitung [313]

Art der Verarbeitung	abs. Stoffe mg/l	CSB mg/l	BSB_5 mg/l	N_{ges} mg/l	P_{ges} mg/l
Gemüse, Konserven, Säfte	700	5 000	3 000	150	30
Blanchierwässer und Laken		15 000 – 80 000			
Kartoffelverarbeitung	700	10 000	3 000	150	
Kartoffelschälen	1 100	6 000	2 500	200	30
Frucht- und Gemüsesäfte[1)] Äpfel	16,5-33[2)]	5 100 – 5 500	2 500	26,5 – 27	21 – 23
Sauerkirschen	9[2)]	4 000	2 300	15	
Schwarze Johannisbeere	21-24[2)]	4 600 – 4 900	2 100 – 2 600	13,5	9 – 12,5
Karotten	24[2)]	8 600	2 700		

1) gerundete Mittelwerte

2) abs. Stoffe nach zwei Stunden (ml/l)

5.11.2.7 Zuckerfabriken

Die Verarbeitung der Zuckerrüben erfolgt ab Mitte September bis Mitte Dezember. Die Rüben werden gewaschen, zerkleinert und erhitzt und der Saft wird extrahiert. Die verbleibenden Rübenschnitzel werden entwässert, zum Teil getrocknet und als Futtermittel verkauft. Das Prozesswasser wird in die Extraktion zurückgeführt. Der extrahierte Rohsaft wird durch eine Kalk-Kohlendioxid-Behandlung in mehreren Stufen gereinigt und der daraus erzeugte Dünnsaft in mehreren Stufen zu Dicksaft eingedampft. Aus diesem wird der Zucker durch Kristallisieren und Abtrennen in Zentrifugen gewonnen. Der verbleibende Rest (Muttersirup) aus der letzten Kristallisation wird Melasse genannt und kann z. B. in der Hefeindustrie weiterverwendet werden.

Durch konsequente Wassereinsparung und Kreislaufwirtschaft konnte der Frischwassereinsatz und Abwasseranfall auf < 1 m^3 je Tonne Rüben reduziert werden, wobei der größte Teil des Wasserbedarfes aus der Rübe selbst erzeugt wird. Das Abwasser der Zuckerfabriken ist hoch konzentriert, die ebenfalls anfallenden Schwemm- und Waschwässer werden mit Kalkmilch auf einen pH-Wert um 11 alkalisiert, damit wird ein besseres Absetzen der Rübenerde

erreicht, die Korrosion von Rohrleitungen vermieden und die Entstehung von Gerüchen unterdrückt. Im Schwemm- und Wasserkreislauf ist die Zugabe von Entschäumern notwendig, die biologisch abbaubar sein müssen.
Als Betriebswasser im Zuckergewinnungsprozess fallen je Tonne Rüben etwa 0,5 m^3 Überschusskondensat an, das der zentralen Abwasserreinigungsanlage zugeführt wird. Die Mehrheit der Zuckerfabriken verfügt heute über eine anaerobe Vorbehandlungsstufe und eine aerobe Nachbehandlung mit Denitrifikationsstufe. Früher wurde in deutschen Zuckerfabriken häufig eine Abwasserlandbehandlung nach Speicherung während der Kampagne angewendet. Für die Auslegung der anaeroben Reaktoren, die häufig nach dem Prinzip des Kontaktschlammverfahrens konzipiert werden, erfolgt für eine CSB-Raumbelastung von ca. 3 – 10 kg/(m^3 · d) bei Temperaturen um 37 °C und Konzentrationen der organischen Trockenmasse im Reaktor von 3 – 10 kg oTS/m^3. Es entstehen Kalkablagerungen, die gelegentlich entfernt werden müssen. Als Alternative zum Kontaktschlammverfahren kommt ein anaerobes Fließbettverfahren zum Einsatz [1256]. Für die Stickstoffelimination wird die vorgeschaltete Denitrifikation bevorzugt [166, 1396]. Aerobe Selektoren können zur Blähschlammvermeidung eingesetzt werden [1798, 1836]. Früher wurden häufig große Teiche eingesetzt, die das Abwasser über lange Zeit aufspeichern und langsam abgeben, man kann auch hier mit dem Belebungsverfahren nachreinigen [1363, 1722, 1723].

5.11.2.8 Brauereien

Der Abwasseranfall liegt zwischen 0,25 und 0,6 m^3/hl Bierherstellung [19, 845]. Die BSB_5-Werte schwanken zwischen 1 000 und 4 000 mg/l, die CSB-Fracht wird mit 1 000 g/hl Bierherstellung angegeben. Nach heutigen Erkenntnissen lassen sich die spezifischen Wasserbedarfswerte nach Auswertung von 225 Betrieben auf Werte von 0,4 m^3/hl(Median) und 0,33 m^3/hl (Best Practice) reduzieren [697]. Damit liegt der spezifische Abwasseranfall nach Abzug des Produktes und der Verdampfung bei ca. 0,2 bis 0,25 m^3/hl Produkt. Die Abwasserkonzentrationen liegen für den BSB_5 bei 1 100 bis 1 500 mg/l und für den CSB bei 1 500 bis 3 000 mg/l. Daraus errechnen sich spezifische Frachten von ca. 0,35 – 0,4 kg BSB_5/hl und 0,7 – 0,8 kg CSB/hl. Stickstoffwerte liegen bei ca. 30 – 100 mg/l und Phosphorkonzentrationen bei ca. 10 – 30 mg/l. Zu allen Werten ist zu sagen, dass die Konzentrationen im zeitlichen Verlauf sehr stark schwanken können und je nach dem Stand der internen Maßnahmen im Betrieb auch sehr stark von diesen Werten abweichen können. Belüftete Misch- und Ausgleichsbecken erreichen ohne Biomassenrückhalt Abbauraten bis zu 35 % im Tagesausgleich und bis zu 50 % im Wochenausgleich. Das Abwasser lässt sich gut zusammen mit städtischem Abwasser reinigen [154, 1911]. Stickstoff soll 10 % des BSB betragen, um Blähschlamm zu vermeiden.

In Brauereikläranlagen werden als Vorreinigung Trommelsiebe mit 1 – 1,5 mm Lochdurchmesser eingesetzt. Danach kann eine anaerobe Behandlung mit einem Schlammbettverfahren (UASB oder IC – internal circulation) mit getrennter Vorversäuerung und Methanstufe folgen. Bei Direkteinleitung ist eine aerobe Nachbehandlung erforderlich.
Im Jahr 2012 ereignete sich ein Unfall mit Legionellen, die vermutlich aus einer Rückkühlanlage verbreitet wurden, welche mit Kühlwasser aus einem Gewässer beschickt wurde, in das eine kommunale Kläranlage mit erheblichem Brauereiabwasseranteil einleitet. In der brauereieigenen Vorbehandlung wurden ebenfalls Legionellen nachgewiesen [2027]. Weitere Hinweise zum Vorkommen von Legionellen in verschiedenen Branchen sind im Bericht der Expertenkommission Legionellen NRW dokumentiert [1612].

5.11.2.9 Brennereien und Presshefefabrik

Ausgangsprodukte sind Wein, Melasse, Obst, Korn, Kartoffeln. Nach beendeter alkoholischer Gärung wird aus der Maische der Alkohol durch Destillation abgetrennt [65, 116]. Die im Brenngerät zurückbleibende Flüssigkeit wird als Schlempe bezeichnet. Der Schlempenanfall beträgt etwa 0,5 ÷ 1 m^3/hl Alkohol. Innerbetriebliche Maßnahmen zur Senkung der Abwasser-Schmutzfracht haben Vorrang [164]. Wenn als Rohstoffe Getreide oder Kartoffeln verwendet werden, müssen die Rückstände abgefangen und als Futtermittel verwertet werden [1323]. Melasse enthält solche Rückstände nicht [319].
Die Schlempen weisen sehr hohe BSB_5- und CSB-Werte auf bei niedrigen pH-Werten. Sie sollen nach Möglichkeit landwirtschaftlich verwertet werden. Dabei sind Bioabfallverordnung und Düngemittelrecht zu beachten. Die Schlempe kann auch anaerob vorbehandelt und aerob nachbehandelt werden [176] oder nach Neutralisation in kommunale Faulbehälter eingebracht werden. Nach Weller entstehen bei der Herstellung von 1 l Weinbrand etwa 20 l Schlempe.
Zur Herstellung der Backhefe wird das Nebenprodukt der Zuckergewinnung, die Melasse, als Hauptrohstoff eingesetzt. Aus 1 t Melasse erhält man bei alkoholfreier Produktion maximal 1 t Hefe mit 27 % TS. Hier wird die Gärung zugunsten einer nahezu vollständigen oxidativen Assimilation verschoben. BSB_5 des Gesamtabwassers ca. 11 ÷ 17 g/l, BSB_5 : N : P ca. 100 : 10 : 0,2, BSB_5 : CSB ca. 1 : 0,7, spezifische Schmutzfracht ca. 200 kg CSB/t Melasse. Die meisten deutschen Hefefabriken sind Indirekteinleiter. Dabei ist die Entwässerungssatzung hinsichtlich Belastungsspitzen, Temperatur, pH-Wert und Schwefelsäure-Korrosion zu beachten. Bei ausreichender Mischung mit häuslichem Abwasser liegen gute Erfahrungen vor. Vollständig reduziert wird das Abwasser durch Eindampfen. Die Rückstände werden dann verbrannt [1223, 2248]. Erfahrungen mit anaerober Vorbehandlung liegen ebenfalls vor [2216].

5.11.2.10 Andere Gärungsindustrie

Bei Werken, in denen Penicillin und Streptomycin hergestellt werden, sind Abwasserfaulräume einsetzbar. Die Abnahme des Sauerstoffbedarfs ist 80 %. Volle Reinigung erzielt man mit nachträglicher Lüftung und Sandfiltern [1056, 1061, 1338, 1339].
Winzereien müssen den bei der Weinherstellung anfallenden Trub zurückhalten. Dieser kann abgelagert oder kompostiert oder direkt in Faulräume eingebracht werden. Die vorgereinigten Abwässer werden dann am besten zusammen mit häuslichem Abwasser behandelt. Eine chemische Flockung führt nur zu Teilreinigung [168, 559, 1334, 1551]. Auch hier liegen heute entsprechende Erfahrungen mit anaeroben Behandlungsstufen vor [559].
Sauerkrautfabriken: Die Verarbeitung erfolgt in den Monaten September bis Februar. Die Sauerkrautbereitung beruht auf der Vergärung des Fruchtzuckers im Weißkohl durch Milchsäurebakterien. Das Abwasser besteht aus den flüssigen Produktresten der Frischgär- und Blanchierlaken sowie den Aufgussverlusten und dem Reinigungswasser. Die Laken sind hoch konzentriert mit einem BSB_5 von 10 – 55 g/l und einem CSB von 15 – 85 g/l. Sie können sehr wirksam anaerob vorbehandelt werden. Die Nachreinigung erfolgt durch das aerobe Belebungsverfahren [263, 588, 909].

5.11.2.11 Stärkefabriken

Stärkefabriken [115] verwenden für die Stärkeproduktion in Deutschland als Rohstoffe Mais, Weizen und Kartoffeln. Die Abwässer sind vorwiegend mit leicht abbaubaren organischen Inhaltstoffen belastet.
Wenn bei der Maisstärkegewinnung das Prozesswasser im Kreislauf geführt wird, fällt im Wesentlichen nur noch das Brüdenkondensat bei der Quellwassereindampfung in einer Menge von 0,4 – 0,7 m^3/t Reinmais an [103]: pH-Wert 2,3 – 4,5, CSB homogenisiert 1 500 – 2 500 mg/l, BSB_5 homogenisiert 1 000 – 1 700 mg/l. Der ausgeschleuste Prozesswasserstrom bei Weizenstärkegewinnung beträgt etwa 1,9 m^3/t Weizen: pH-Wert 4,0, CSB = 35 000 mg/l, BSB_5 = 25 000 mg/l. Bei Kartoffelstärkeproduktion werden 0,6 bis 1,3 m^3/t Kartoffeln als Prozesswasser ausgeschleust: pH-Wert 5 – 7, CSB 3 000 – 25 000 mg/l, CSB-Fracht 4 – 15 kg/t Kartoffeln.
Das Abwasser aus der Stärkeherstellung ist für die Verregnung in der Landwirtschaft besonders geeignet, wobei heute aufgrund der Flächenverfügbarkeit und der Nähe zu Siedlungsflächen diese Technik durch kleinräumige Verfahren zunehmend ersetzt wird. Für die Vorbehandlung hoch konzentrierter Abwässer ist das Anaerobverfahren geeignet. Pufferkapazitäten für schwankenden Abwasser- und Belastungsanfall sind vorzuhalten. Eine Anlage wurde mit CSB-Raumbelastungen zwischen 15 und 20 kg/($m^3 \cdot d$) bei Zulaufkonzentrationen

von 10 – 12 g CSB/l erfolgreich betrieben. Abbaugrade des löslichen CSB von 85 % wurden erreicht. In verschiedenen Anlagen wurden starke Struvit-(Magnesium – Ammonium – Phosphat) Ausfällungen beobachtet. Als Gegenmaßnahme wird eine pH-Wert-Absenkung auf 6,8 im Methanreaktor empfohlen. Eine aerobe Nachbehandlung, insbesondere zusammen mit häuslichem Abwasser, ist gut möglich [115]. Neuere Erkenntnisse über die anaerobe Behandlung von Stärkefabrikabwässern sind in: [1916] enthalten.

5.11.2.12 Gerbereien

Bei der Herstellung von Chromleder aus Rinderhäuten fällt eine Abwassermenge von 20 – 30 m^3/t Rohhautgewicht an: pH-Wert = 9,5 – 11,5, BSB_5 = 2 400 – 3 600 mg/l, CSB = 4 000 – 9 000 mg/l. Im Zulauf der Kläranlage werden die Grobstoffe abgetrennt. Durch Misch- und Ausgleichsbecken werden Abwasseranfall, pH-Wert und die Schmutzfracht vergleichmäßigt. Dann wird eine Fällung von Chrom und organischen Inhaltsstoffen herbeigeführt. Danach kommt überwiegend das schwach belastete Belebungsverfahren zum Einsatz mit einem Schlammalter von über 25 Tagen. Eine Mischung mit häuslichem Abwasser erleichtert den Vorgang. Die erheblichen Stickstoffmengen müssen nitrifiziert und anschließend denitrifiziert werden. Bei der Direkteinleitung sind u. a. 250 mg/l CSB, 25 mg/l BSB_5 und 10 mg/l NH_4-N einzuhalten. Der Schlamm kann nach Trocknung verbrannt oder bei hoher Temperatur ausgefault werden [114, 167, 1434, 1576, 2163, 2164].
Das Verfahren der Oxidativ-Enthaarung führt zu einer wesentlich geringeren Abwasserbelastung. In einer Verdünnung von 1 : 20 können die Restbrühen biologisch gereinigt werden [1484].
Aus einer bayrischen Lederfabrik liegen Erfahrungen zu einer aeroben Membrananlage nach dem Prinzip der Rohrmembran vor [20].
Auch die anaerobe Behandlung von Gerbereiabwasser ist möglich [896].

5.11.2.13 Wollwäschereien

Das Abwasser setzt in Absetzbecken den groben Schmutz ab, der an der Schafwolle gehaftet hat. Dann hat das Ausscheiden des Fettes zu folgen. Dazu eignen sich schnell laufende Zentrifugen. In der Anlage Kettwig des Ruhrverbands hat man zu diesem Zweck belüftete Tauchkörper benützt und das schaumige Fett oben abgeschöpft. In Bradford wird das Wollfett mit Schwefelsäure ausgeschieden [1064, 2376]. Faber verwendet Calciumchlorid zur Ausscheidung des Wollfetts [806]. McCarthy unterstützt diese Ausscheidung, indem er vorher Kohlensäure zusetzt [1564, 1567 bis 1569]. Auch Abwasserfaulräume sind brauchbar [1259, 2104, 2118].

5.11.2.14 Textilindustrie und Färbereien

Ausführliches in: [98, 241, 410, 587, 1305, 1549, 1922].
Färbereien sind starke Verschmutzer, namentlich wenn sie mit Schwefelfarben arbeiten. Im Vergleich zum häuslichen Abwasser sind CSB-, BSB_5- und AOX-Werte erhöht. Stickstoffverbindungen und Phosphat können niedriger sein. Durch Optimierung der Spültechnik kann Wasser gespart werden [1923]. Wenn keine Teilstrombehandlung stattfindet, sind folgende Behandlungsschritte sinnvoll: Feinsieb, Misch- und Ausgleichsbecken für etwa eintägige Aufenthaltszeit, damit zwecks Zerstörung von Farbstoffen auch anaerob gerührt werden kann. Textilabwasser wird dann am häufigsten zusammen mit Kommunalabwasser nach dem Belebungsverfahren gereinigt. Der Ablauf-CSB dieser Anlagen bleibt erhöht. Konzentrierte Teilmengen (CSB über 3 000 mg/l) können kommunalen Faulbehältern zugeführt werden. Bei Landbehandlung sind große Flächen nötig [1304, 1565, 1566]. Belüftete Teiche mit 48 h Aufenthaltszeit haben sich bewährt.
Chemisch-physikalische Verfahren sind geeignet, besonders zur Entfärbung des Abwassers [875].

5.11.2.15 Flachsröstereien

Früher wurden auch in Deutschland in Flachsröstereien Flachsfasern gewonnen. Für die Behandlung des Abwassers kamen Tropfkörper, verbunden mit Kalken oder Landbehandlung in Frage. In England hat man vorgeschlagen, die zum Einweichen des Flachsstrohs dienenden Wasserbecken mit Lüftung zu versehen und so in ihnen eine Art von Belebungsverfahren anzuwenden. Meyer gibt an, dass man bei biologischer Reinigung 4 kg N je Tonne Flachs zusetzen müsse [1603].

5.11.2.16 Zellstoff-Fabriken

Der stärkste Verschmutzer der deutschen Flüsse war das Abwasser der Sulfitzellstoffwerke [97, 451, 760, 828, 993, 1401, 1948].
Auf 1 t Zellstoff entstehen ca. 10 m^3 Abfall-Lauge. Diese hat 88 % Wassergehalt und 12 % oder 1,2 t Trockenrückstand. Von der verarbeiteten Holzmasse (1 + 1,2 = 2,2 t) kommt so mehr als die Hälfte in das Abwasser. 90 % des Trockenrückstandes sind organisch. Eine weitgehende Maßnahmeist die Eindampfung und Verbrennung der Laugen [1522]. Auch die Nassoxidation wird vorgeschlagen. Anfallende Brüdenkondensate aus der Eindampfung können anaerob vorbehandelt und aerob nachgereinigt werden [763, 979, 1534, 1851].
Die verbliebene Lignin-Sulfonsäure kann bei pH-Werten von 12 chemisch gefällt und im Schlamm zurückgehalten werden. Die biologische Nachbehandlung

des Ablaufs zusammen mit häuslichem Abwasser ist möglich [1326]. Bei den Sulfatzellstoffwerken ist das Eindampfen und Verbrennen der Kochlaugen stets wirtschaftlich.

5.11.2.17 Strohpappenfabriken

In Strohpappenfabriken wurde früher kostengünstig Karton hergestellt, heute werden die Qualitätsansprüche nicht mehr gedeckt. Das Abwasser hatte ca. 50 % ungelösten BSB, durch Absetzen ließen sich nur 60 % der Schwebestoffe entfernen. 50 % des BSB entstammen gelösten Stoffen. Biologische Reinigung ist nur möglich, wenn Stickstoff zugesetzt wird [277]. Bewährt haben sich Abwasserfaulräume [278]. Auch beim Niersverband hat man mit Abwasserfaulräumen Erfolg gehabt [1259]. Buswell et al. beschreiben die Kläranlage einer Faserplattenfabrik. Sie besteht aus einem zweistufigen Faulraum und Ausgleichsbecken am Abfluss. Bei einer Temperatur von 37,5 °C wird der BSB des Abwassers in 24 h um 85 bis 90 % herabgesetzt [414, 2280]. Heute können mit Hilfe von Membranverfahren Kreisläufe bei Faserplattenherstellung weitgehend geschlossen.

5.11.2.18 Papierfabriken

Abwässer von Papierfabriken enthalten hohe Faserstoffanteile und hohe organische Belastungen sowie Reste aus den Chemikalien zur Papierherstellung. Heute haben eine Vielzahl von Papierfabriken eine anaerobe Vorbehandlungsstufe und bei Direkteinleitern auch eine aerobe Nachbehandlung, teilweise auch Biofilmverfahren und Filteranlagen. Für die Rückgewinnung der Fasern werden Flotationsanlagen in den Prozess integriert; Absetzbecken werden ebenfalls eingesetzt. Je nach der zu erzielenden Papierqualität werden Kreisläufe gefahren und teilweise auch geschlossen. Der im Abwasser enthaltene Kaolinstaub kann durch Ausfällen mit Eisensulfat und Kalk und Belüftung ausgeschieden werden [155]. Auch das Verregnen auf Landflächen wurde früher durchgeführt [1352, 2075].
Die anaerobe Behandlung von konzentriertem Abwasser aus den Kreisläufen der Altpapierverarbeitung wurde bereits 1987 untersucht [288, 978, 1561].

5.11.2.19 Abfalldeponien

Abfalldeponien erzeugen konzentriertes Sickerwasser, dessen Menge und Beschaffenheit stark schwankt und dessen organische Belastung mit dem Alter der Deponie sinkt. Es können starke Gerüche entstehen, wenn es ohne Vorbehandlung in eine städtische Kanalisation eingeleitet wird. Die Jahresabwassermenge kann man aus der Deponiefläche errechnen mit ca. 20 % der jährlichen

Niederschlagshöhe. Durch Abdeckung der Deponiebereiche und Ableitung des unverschmutzten Oberflächenwassers ist die Sickerwassermenge möglichst gering zu halten [1882]. Nach englischen Untersuchungen sind folgende Schmutzkonzentrationen brauchbar: CSB = 10 000 mg/l, BSB_5 = 5 000 mg/l, NH4-N = 100 mg/l. Vergleiche auch: [100, 102, 1419]. Das Rückpumpen des Sickerwassers und seine Verregnung auf die Deponie verringert Menge und Verschmutzung [439, 1891]. Diese Art der Behandlung reicht aber bei den klimatischen Verhältnissen in Europa nicht aus. Eine Reinigung in belüfteten Teichen oder nach dem Belebungsverfahren mit Schlammbelastungen von $\leq 0{,}15$ kg BSB_5/(kg TS · d) ist möglich. Dabei muss Phosphor zugegeben werden. Bei CSB und BSB lassen sich Abbaugrade von über 90 % erreichen [101, 102, 1008, 1076, 1288, 1292, 1310, 1845, 1889, 1890, 1892, 1893, 2311]. Auch die Nachbehandlung des biologisch gereinigten Sickerwassers mit Aktivkohle oder die Eindampfung der Konzentrate ist möglich [1472]. Über die Behandlung mit Membranverfahren berichtet Baumgarten [221]. Über die Anwendung der Umkehrosmose Mayr [1563]. Neben dem Deponiealter haben auch die gesetzlichen Anforderungen an die Ablagerungen einen Einfluss auf die Zusammensetzung der Sickerwässer; insbesondere nimmt mit dem Alter und auch wegen der Reduzierung des organischen Anteils der Ablagerung die organische Belastung der Sickerwässer ab. Dadurch entstehen Probleme bei der klassischen Abwasserbehandlung mit Nitrifikation und Denitrifikation wegen Kohlenstoffmangel. Großtechnisch sind seit ca. 1990 einige Anlagen nach dem Prinzip der Deammonifikation, vorwiegend mit Biofilmverfahren im einstufigen Bereich, entstanden [1040, 1066, 1246, 1247].

5.11.2.20 Chemische Industrie

Die Beschreibung von Abwässern aus der chemischen Industrie ist kaum möglich, da einerseits unterschiedlichste Produkte hergestellt werden und andererseits die Produktion häufig wechselt. Zunächst sind unverschmutzte Abwässer getrennt abzuleiten. Der integrierte Umweltschutz hat große Bedeutung. Wassersparende Prozesse sind hilfreich [2394]. Prozessabwässer sind vorzubehandeln, wenn sie konzentriert anfallen, wenn Rohstoffe zurückgewonnen werden können oder wenn sie giftig sind. Es kommen physikalisch-chemische Verfahren zur Anwendung:

1. Abwasserverbrennung,
2. Abwassereindampfung,
3. Adsorptive Abwasserreinigung,
4. Umkehrosmose und Ultrafiltration,

5. Extraktion,
6. Nassoxidation,
7. Fällung und
8. Ozonisierung.

Die Restverschmutzung wird häufig biologisch behandelt. Ausgleichsräume, pH-Wert-Regulierung und Nährstoffzugabe können erforderlich sein. Wenn Lösungsmittel entweichen oder Geruchsbelästigungen entstehen, sind überdeckte Anlagen von Vorteil [99, 237, 379, 1095, 1533, 1541, 1602, 2222]. Anforderungen gemäß Anhang 22 der Abwasserverordnung beschreibt Kaltenmeier [1271]. Seit einigen Jahren wird die Abwasserreinigung häufig in sogenannten Chemieparks zusammengefasst. Dies bietet Vorteile sowohl bei der Behandlung als auch aus ökonomischen Gründen. Die Abwasserreinigung in Chemieparks und die aktuellen Anforderungen durch die BVT (Best Verfügbare Technik) beschreibt Müller [1651].

5.11.2.21 Kohlebergwerke

Kohleschlamm muss zurückgehalten und verwertet werden. Absetzbecken werden in der Regel für körnigen Schlamm aus der Oberflächenbeschickung berechnet. Alle Beckenarten sind geeignet, auch Auflandungsteiche und Sickerbecken [1478, 1655, 1658, 1660].

5.11.2.22 Hüttenwerke

In Hütten- und Stahlwerken fallen im Wesentlichen Gaswaschwässer (z. B. Gichtgas) und an verschiedenen Stellen Kühlwässer an. Die Kühlwässer werden heute i. d. R. im Kreislauf gefahren, wobei dann eine Elimination der Fette und Öle und des Sintermaterials sowie eine Kühlung erforderlich sind [460]. Besonders schädlich ist das Abwasser der Gichtgaswäsche mit seinem Gehalt an Phenol und Cyan. Durch Wasserkreisläufe (kann Reinwasser gespart werden und Abwasserschäden können vermieden werden [335, 1657, 1806, 1807]. Man spricht dann von „trockenen Hüttenwerken“ [2142]. Beträchtliche Wassermengeneinsparungen lassen sich auch nachträglich erreichen [1625].

5.11.2.23 Kokereien, Gaswerke, Schwelwerke

Das Wichtigste ist der Phenolgehalt. Daneben ist auch auf Cyanwasserstoff zu achten [265]. Schlamm und Teer werden in Absetzanlagen zurückgehalten [1657, 1658, 1843, 2344]. Über Landbehandlung von Gaswerkabwasser siehe Krüger [1417].

5.11.2.24 Beizereien

In Drahtziehereien, Walzwerken, Metallwerken fallen verbrauchte Beizen in großen Mengen an [2234, 2235]. In städtischen Klärwerken verhindern Eisenbeizen die Schlammfaulung, wenn der Säureverbrauch größer ist als zwei Tonnen täglich auf 15 000 städtische Einwohner. Es ist erforderlich die verbrauchten sauren Eisenbeizen zu verarbeiten (Eisensulfat oder Eisenchlorid) und nur Spülwässer abzuleitern. Dabei kann der Anfall und die Schmutzfracht durch mehrstufige Spültechnik im Gegenstrom erheblich verringert werden [1438, 1621]. Die Eisensalze sind als Fällmittel für städtisches Abwasser und für Schlamm geeignet. Eisensulfat kann durch Abrösten zu Schwefelsäure weiterverarbeitet oder mit Kalk neutralisiert werden [1025].
Kupfersalze hemmen die biologischen Prozesse in biologischen Kläranlagen Der Betrieb von Schlammfaulräumen ist nicht möglich, wenn der Kupfergehalt des Schlammes über 1 % liegt. Die Salze können leicht zurückgewonnen werden [2098].
Über das Abstumpfen von Säuren siehe: [1038, 1068]. Das lästige Abwasser wird vermieden, wenn man die Metallteile nicht chemisch beizt, sondern mechanisch entzundert.

5.11.2.25 Metallwerke, Galvanisieren, Plattieren

Das Abwasser ist neben seinem Gehalt an Metallsalzen und Säuren durch das giftige Cyan belastet [2234]. Bei Beschichtungsprozessen mit Bädern werden heute i. d. R. mehrstufige Bäder im Gegenstrom eingesetzt und das Spülwasser wird recycelt. Die Einsatzstoffe werden durch Ionentauscher aufkonzentriert und zurückgewonnen, dadurch kann der Aufwand für die Nachschärfung der Bäder und der Stoffeinsatz deutlich reduziert werden. Beim Fertigungsprozess ist bereits eine Trennung in cyanidische, chromhaltige und sonstige Abwässer vorzunehmen. Die cyanhaltigen Abwässer werden durch Zugabe von Natronlauge auf einen pH-Wert von 10,5 angehoben. Anschließend gelingt durch Zugabe von Natriumhypochlorit oder von Chlorgas die Oxidation des giftigen Cyanids zu Cyanat. Abwässer, die sechswertiges Chrom enthalten, werden durch Zugabe von Schwefelsäure auf pH 2,5 eingestellt. Natriumbisulfit oder Schwefeldioxyd reduziert das sechswertige Chrom in seine dreiwertige Form. Zur weiteren Behandlung werden die entgifteten Abwässer gemischt und auf pH 8,5 eingestellt. Die enthaltenen Metallionen fallen dann als Hydroxidschlamm aus [377, 925, 1012, 1013, 1380, 2392]. Geringe Cyanmengen von 4 mg/l lassen sich im Tropfkörper abbauen [296]. Auswirkungen auf die kommunale Abwasserbehandlung beschrieben Bode und Klopp [284].
Durch Ionenaustauscher kann das Abwasser vollständig gereinigt werden, sodass seine Wiederverwendung möglich wird. Das lohnt sich bei Großbetrie-

ben. Die Eluate der Ionenaustauscher müssen aufbereitet werden [361, 1014, 1544]. Eine umfassende Darstellung bringt Hartinger [1011]. Kleinere Betriebe können Ionenaustauscherkassetten einsetzen, die zentral regeneriert werden.
Nach der Abwasserverordnung [398], Anhang 40, soll der Ablauf der Werkskläranlage folgenden Bedingungen genügen (Tabelle 5.52):

Tabelle 5.52: Anforderungen gemäß Anhang 40 der Abwasserverordnung [398] (Auszug)

Stickstoff	100 mg/l	Chrom VI	0,1 mg/l
		Eisen	3 mg/l
Giftigkeit gegenüber		Kupfer	0,5 mg/l
Fischeiern G_{Ei}	6	Nickel	0,5 mg/l
Cadmium	0,2 mg/l	Zink	2 mg/l
Blei	0,5 mg/l	Silber	0,1 mg/l
Chrom	0,5 mg/l	Cyanid	0,2 mg/l

Die Behandlung der Schlämme kann in zentralen Entgiftungsanlagen erfolgen. Je 100 m^3 Spülwasser fällt etwa 1 m^3 Dünnschlamm mit 1 % Feststoffen an [194, 271].

5.11.2.26 Radioaktives Abwasser

Im Zusammenhang mit Atomkraftwerken, Forschungseinrichtungen usw. können radioaktive Abwässer anfallen. Für die Behandlung dieser Abwässer kommen in Frage: Chemische Fällung, Ionenaustausch, Adsorption, Verdampfen, Aufspeichern in Betonbehältern und in Salzbergwerken [10, 390, 391, 684, 906, 1389, 2141]. Die Auswirkungen auf das Gewässersediment untersucht Mundschenk [1677, 1678]. Überwachung durch ein Warnstellennetz beschreibt Dersch [470].

5.11.2.27 Synthetische Waschmittel (Detergentien)

Die in der Textilindustrie und in den Haushaltungen aufgekommenen Waschmittel erschweren den Betrieb der Klärwerke. Das Schäumen in biologischen Klärwerken kann bekämpft werden, besonders durch Bespritzen mit Wasser [739, 842, 1108].
In Faulräumen können Detergentien Konzentrationen von über 1 % erreichen. Dann beginnt eine Hemmung der Methanfaulung. Durch Zugabe von langkettigen, aliphatischen Aminen kann man die Giftwirkung binden [2167, 2378].
Das Schäumen durch Waschmittel im Gewässer und in den angeschlossenen Wasserversorgungen muss vermieden werden. Die üblichen Klärwerke haben

gegenüber den harten Detergentien nur wenig Wirkung [1572]. Insofern war es notwendig nur solche Waschmittel zuzulassen, die in den Klärwerken und im Gewässer biologisch leicht abgebaut werden können, wie es bei den Seifen der Fall ist [96, 193, 1535, 1870, 2159].
Die in der Bundesrepublik seit 1964 vorgeschriebenen weichen Detergentien werden in biologischen Anlagen zu 80 % abgebaut [1109, 1440].
Mittlerweile sind in der die EU-Detergentienverordnung (EG 648/2004) die Mindestanforderungen hinsichtlich der biologischen Abbaubarkeit sowie des Phosphatgehalts von Detergentien festgeschrieben [793].

5.11.2.28 Mineralöl

Mineralöl muss an allen erreichbaren Stellen bei Indirekteinleitern zurückgehalten werden. Neben Ölabscheidern werden bei schärferen Anforderungen auch Koaleszensabscheider eingesetzt. Absetzbecken von Klärwerken müssen bei Mineralölen im Abwasser mit Abscheidern betrieben werden [1885, 2254].
Auslaufendes Öl lässt sich in Häfen durch Pressluftsperren eindämmen. Zu diesem Zweck werden Düsenschläuche auf dem Hafengrund verlegt und so viel Luft geblasen, dass an der Oberfläche eine Wasserwalze von 0,3 m/s entsteht [1408]. In Fließgewässern kann durch Auslegen von Tauchwänden und ein von Grabbe entwickeltes Ölabschöpfgerät Öl beseitigt werden [1354]. Restmengen lassen sich durch verschiedene Mittel binden [326, 519, 1328], Ölbeseitigung auf Verkehrsflächen behandelt das DWA-M 715 [522].
Das Abwasser von Ölraffinerien kann man mit dem Belebungsverfahren voll reinigen, wenn man mit Eisensalzen vorreinigt und dann Phosphate zusetzt [30, 276, 757, 1090]. Fries beschreibt die Behandlung von Abwässern aus Zweitraffinerien [866].

5.11.2.29 Kühlwasser

Moderne Wärmekraftwerke benötigen bei Frischwasserkühlung je 100 Megawatt Leistung etwa 4 m^3/s Kühlwasser. Die Kühlwassertemperatur nimmt dabei um 6 °C zu. Zum Schutze der Fische und Fischnährtiere ist die Einleitungstemperatur auf 28 bis 30 °C zu begrenzen. Kontrolle durch selbstschreibende Instrumente. Temperatur im Fluss höchstens 26 bis 28 °C, eine Vorausberechnung ist möglich [843]. Eine durchschnittliche Abkühlungsrate ist 1 $kWh/(m^2 \cdot °C \cdot d)$. Sie gilt für stauregulierte Flüsse und für Seen. In schnell fließenden Gewässern werden höhere Werte erreicht.
Die Aufheizung kann nur begrenzt und nach einem speziellen Wärmelastplan für das Gewässer zugelassen werden. Zur Vermeidung von Produktionsstillegungen müssen evtl. technische Kühlsysteme eingesetzt werden. Eine örtliche Überhitzung kann durch einen Kühlwasserdiffusor vermieden werden [2004].

Kühltürme werden zur Ablaufkühlung oder im geschlossenen Kreislauf eingeschaltet. Die Wasserverluste betragen 0,5 – 0,8 m^3/s je 1 000 MW elektrischer Leistung [1409]. ATV-M 706, Blatt 2, verdeutlicht, dass eine Behandlung der Abwässer aus Kühlsystemen nur selten erforderlich ist [16].

Durch Erwärmung sinkt das Lösungsvermögen für Sauerstoff. Die Abbauvorgänge werden andererseits beschleunigt. Deshalb kann Sauerstoffmangel auftreten. Der Fluss ist dann künstlich zu belüften .Die Wirkung auf die Wasserversorgung diskutiert Haberer [976].

Bei der Abluftbehandlung der Wärmekraftwerke (Entschwefelung und Entstickung) sind unzulässige Gewässerbelastungen zu vermeiden [1409, 1410].

5.12 Kleinkläranlagen, dezentrale Abwasserbehandlung

Die Planung von Abwasseranlagen soll auch im ländlich strukturiertem Raum auf der Grundlage eines nach technischen und organisatorischen Gesichtspunkten aufgestellten Abwasserentsorgungskonzeptes erfolgen, das den wasserwirtschaftlichen Randbedingungen der örtlichen Gegebenheiten ebenso Rechnung trägt wie den von den betroffenen Bürgern erfragten besonderen Belangen [728]. In der Variantenuntersuchung sind zentrale Entwässerungslösungen dezentralen gegenüberzustellen. Auch Mischlösungen sind möglich, bei denen nur Teile des Gemeinde- oder Verbandsgebietes dezentral entsorgt werden. Bei der Varientenuntersuchung sind die Hinweise der DWA Arbeitsblätter A 100 und A 272 zu beachten [516, 579]. Vor dem Hintergrund sich ändernder Randbedingungen insbesondere im ländlichen Raum müssen Systemwechsel innerhalb des Betrachtungszeitrums mit untersucht werden; zum Beispiel auch Änderung eines zentralen Systems in ein dezentrales mit abflussloser Sammlung der Abwässer über den „rollenden Kanal“, Änderung eines Mischsystems in Trennsystem oder Neuartige Sanitärsysteme (Kapitel 5.13).

Bei der Wahl der Entwässerung sind neben der üblichen Schwemmkanalisation auch die Druck- und Unterdruckentwässerung zu berücksichtigen (DIN EN 1091 [632], DIN EN 1671 [633], DWA-A 116 [498, 520]).

Wenn die Abwasserfrage auf Hausbasis gelöst werden muss, sind Kotstoffe (Fäces), Urin, Küchenwasser und Waschwasser der Hausbewohner ohne Schädigung von Gewässer und Boden gesetzeskonform zu verwerten oder zu entsorgen.

Über den Anfall und die Beschaffenheit von Abwässern direkt an der Quelle liegen in Verhältnis zu gemischten Abwässern im Zufluss von Kläranlagen nur wenige Erfahrungswerte vor. In Tabelle 5.1 sind Daten aus einer umfangreichen Literaturauswertung und aktuellen Messungen zusammengestellt [2100, 2101].

Tabelle 5.53: Durchschnittliche Zusammensetzung der Teilströme des häuslichen Abwassers [535, 2101]

Parameter	Einheit	Urin	Fäzes	Grauwasser	Gesamt
Abfluss	l/(E · d)	1,37	0,14	68	[b]
TS/TR	g/(E · d)	57[c]	38	11	106
BSB_5	g/(E · d)	5	20[a]	28	53[a]
N	g/(E · d)	10,4	1,5	1	12,9
P	g/(E · d)	1,0	0,5	0,4	1,9

[a] ohne Toilettenpapier

[b] Abflüsse variieren, abhängig vom Spülwasserverbrauch

[c] Salze

In den einfachsten Verhältnissen legt man einen Trockenabort an und leitet das biologisch gereinigte Grauwasser (Küchenwasser und Waschwasser) in ein oberirdisches Gewässer oder versickert es. Zur Grauwasserbehandlung haben sich Teiche und bepflanzte oder unbepflanzte Bodenfilter bewährt [596, 602].
Werden Trockentoiletten eingesetzt, ist mit einer jährlichen Menge der Kotstoffe (Fäces) von 50 l/E und 500 l/E Urin zu rechnen [248, 1738].
Die Sammelgrube einer Trockentoilette muss aus Gründen des Gewässer- und Gesundheitsschutzes, etwa zum Schutz benachbarter Trinkbrunnen, dicht sein. Wenn der Inhalt nur zweimal im Jahr ausgeleert werden soll, muss die Grube mindestens 300 l/E fassen.
Bei Verwendung von Spültoiletten. steigt der Abwasseranfall stark an. Wenn keine biologische Reinigung vor Ort erfolgen soll, sind dichte abflusslose Gruben vorzusehen. Da das gesamte Abwasser abgefahren werden muss, sind diese in der Regel unwirtschaftlich.
Dann können Kleinkläranlagen verwendet werden. Diese können für jeweils ein Haus, aber auch mehrere nahe beieinander stehende Hauser entsorgen. Sie dienen der aeroben biologischen Behandlung häuslichen Schmutzwassers.
Der Aufwand für den ordnungsgemäßen Bau und Betrieb von biologischen Kleinkläranlagen ist hoch, wenn sie die gesetzlich vorgegeben Reinigungsanforderungen tatsächlich erfüllen sollen [728].
Die Kosten von Kleinkläranlagen müssen realistisch als Lebenszykluskosten berechnet werden. Neben den Herstell- und Einbaukosten fallen erhebliche Betriebskosten insbesondere durch Wartung und Instandhaltung an [1501]. Ihre größte Schwäche ist, dass sie häufig nicht fachkundig bedient und gewartet werden, wenn der Betrieb in der Verantwortung des Nutzers liegt. Nur durch regelmäßige evtl. auch Ereignis gesteuerte Wartung und Instandhaltung lassen sich Kleinkläranlagen ordnungsgemäß betreiben. Der Betrieb von Kleinkläranlagen sollte daher zentral z. B. durch Abwasserzweckverbände erfolgen.

Bei Kleinkläranlagen steht eine große Auswahl unterschiedlicher Reinigungsverfahren für die Anwendung zur Verfügung. Art und Menge des behandelten Abwassers haben Einfluss auf die Wahl des Reinigungsverfahrens und die Auswahl der Kleinkläranlage.
Das DWA Merkblatt M 221 [606] enthält Bemessungsregeln für Kleinkläranlagen mit Abwasserbelüftung gemäß DIN EN 12566 „Kleinkläranlagen für bis zu 50 EW" und gilt für einstufige Tropfkörperanlagen, Rotationstauchkörperanlagen, Anlagen mit getauchtem Festbett, Anlagen mit frei beweglichen Aufwuchsträgern, Belebungsanlagen im Aufstaubetrieb (SBR), Kombinationsanlagen und Teichkläranlagen. Das Merkblatt DWA-M 221 bietet hierzu eine Hilfestellung. Es wird zurzeit zu einem Arbeitsblatt überarbeitet.
Die naturnahe Abwasserbehandlung in bepflanzten oder unbepflanzten Filtern stellt häufig eine kostengünstige Alternative zu konventionellen Kläranlagen dar. Neben der einfachen konstruktiven Gestaltung und unkomplizierten Betriebsweise ist auch die geringe Biomasse- bzw. Sekundärschlammbildung vorteilhaft. Das DWA Arbeitsblatt A 262 [596] enthält Bemessungsvorgaben für bepflanzte und unbepflanzte Filter.
Internationale Erfahrungen und Forschungsergebnisse werden beispielsweise berichtet bei: [257, 824, 1364, 1743, 1747, 2068].
Regenwasser muss von den Anlagen unbedingt ferngehalten werden. Wenn das nicht geschieht, spült ein starker Regen den angesammelten Schlamm in den Abfluss.
In Deutschland muss der Ablauf der Kleinkläranlagen die Anforderungen der Abwasserverordnung für die Größenklasse 1 einhalten (Überwachungswerte 150 mg/l CSB und 40 mg/l BSB_5) (Kapitel 4.3).
Bei biologischen Kleinkläranlagen werden als Vorreinigungsverfahren vorwiegend Absetzgruben (Abwasserfaulräume S. 250) eingesetzt. Sie werden gewöhnlich nach Bild 5.96 in zwei oder drei Kammern ausgeführt, damit der Schlamm hauptsächlich in der ersten Kammer zurückbleibt und den Abfluss weniger belastet.

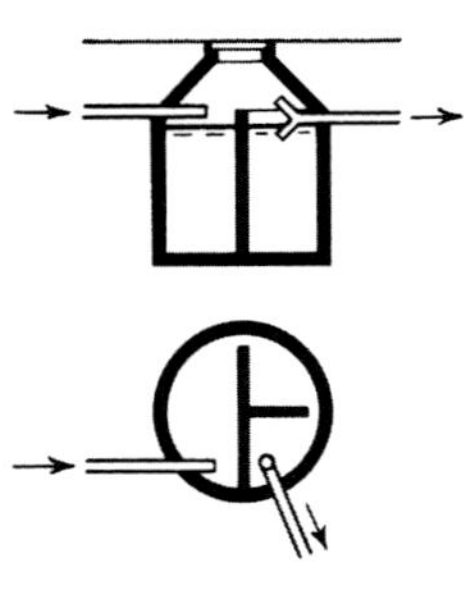

Bild 5.96: Absetzgrube

Die Zwischenwände erhalten Löcher oder Schlitze unterhalb des Wasserspiegels. Das Nutzvolumen muss so bemessen werden, dass eine Mindestwassertiefe von 1,20 m nicht unterschritten und eine Oberflächenbeschickung von ≤ 0,8 $m^3/(m^2 \cdot h)$, bezogen auf $Q_{h,max}$ in der Klarwasserschicht eingehalten wird [606]. Die Größe ist bei ausschließlicher Primärschlammspeicherung vor biologischen Anlagen mit suspendierter Biomasse gewöhnlich 300 l/E. Wird zudem der Überschussschlamm bei Anlagen mit suspendierter Biomasse gespeichert, muss ein Zuschlag von 125 l/E gemacht werden. Bei Einsatz von Anlagen mit Biofilm und Überschussschlammspeicherung in der Mehrkammergrube reicht ein Zuschlag von 50 l/E aus [606]. Die Mindestgröße ist 2 000 l. Dabei ist vorausgesetzt, dass die Grube einmal im Jahr entschlammt wird.

Absetzgruben von 1 500 l/E Größe können als „Ausfaulgruben" zu den „biologischen" Kläranlagen gerechnet werden. Ihre Mindestgröße ist dann 6 000 l. Hiermit können allerdings die in der EU geltenden Mindestanforderungen nicht eingehalten werden. Über Betriebsergebnisse berichten: [1737, 1741, 1742, 2055].

Die Wirksamkeit von Kleinkläranlagen hängt wesentlich von einer regelmäßigen Schlammräumung ab. Der abzufahrende Schlamm wird bevorzugt in kommunalen Kläranlagen mit einer Auslegungsgröße von mehr als 10 000 EW mitbehandelt. Er kann beheizten Faulräumen zugeben werden [512, 1324]. DWA-A 280 [512] nennt die Voraussetzungen für die Mitbehandlung von Fäkalschlamm in nicht ausgelasteten Kläranlagen mit einer Ausbaugröße von weniger als 10 000 E.

Ausreichend groß bemessene Mehrkammergruben können durch vorgefertigte Bausätze zu einer vollbiologischen Kleinkläranlage nachgerüstet werden [1502].

Abwasserteiche erhalten eine Fläche von 10 m^2/E, Mindestgröße 100 m^2, Wassertiefe etwa 1,2 m. Der Teich muss zum Schutz des Grundwassers dicht sein. Weitere Hinweise DWA-A 201 [502] und Kapitel 5.6.9.

Bepflanzte oder unbepflanzte Filter, früher auch als Pflanzenbeete, Pflanzenkläranlagen oder bepflanzte Bodenfilter bezeichnet, benötigen 4 m^2/E, Mindestfläche 16 m^2. Weitere Einzelheiten DWA-A 262 [596] und Kapitel 5.6.3.

Tropfkörper werden für eine BSB_5-Raumbelastung ≤ 0,15 kg $BSB_5/(m^3 \cdot d)$ ausgelegt, Die Höhe der Tropfkörperfüllung sollte mindestens 1,50 m betragen.

Scheibentauchkörperanlagen und getauchte Festbetten mit nicht kaskadierten Reaktoren können für eine Flächenbelastung von 4 g $BSB_5/(m^2 \cdot d)$, sonstige Rotationstauchkörpern mit maximal 3 $g/(m^2 \cdot d)$ bemessen werden. Für die Bemessung der theoretischen Oberfläche bei Anlagen mit frei beweglichen Aufwuchskörpern muss eine Flächenbelastung ≤ 1 g $BSB_5/(m^2 \cdot d)$ für $EW = 4$ E und 2 g $BSB_5/(m^2 \cdot d)$ für $EW = 50$ E angesetzt werden. Zwischenwerte können linear interpoliert werden. Vergleiche DWA-A 221 [596] und Kapitel 5.6.5 bzw. Kapitel 5.6.6.

Belebungsanlagen mit Aufstaubetrieb werden für Kleinkläranlagen mit suspendierter Biomasse bevorzugt. Sie werden für ein Schlammalter von mindestens 25 Tagen bemessen, vergleiche Kapitel 5.6.8.1.
Über den Einsatz des Membranbelebungsverfahrens in Kleinkläranalgen berichten: [1006, 1060]. Anwendungsbeispiele bringen: [1089, 1600].
Die Versickerung von Schmutzwasser kann in Deutschland nur für aerob biologisch gereinigtes Abwasser genehmigt werden. Es werden Versickerungsgräben, Versickerungsgruben und Versickerungsmulden unterschieden. Bedingungen für die Anwendung von Versickerungsanlagen [666] sind durchlässiger Boden (im gesättigten Zustand $k_f = 5 \cdot 10^{-6}$ bis $5 \cdot 10^{-3}$ m/s) und keine ständigen bzw. langfristigen Staunässen unter der Sohle der Versickerungsanlage bis zu 1 m Tiefe. Das Abwasser wird dabei durch Sickerrohre nahe der Erdoberfläche auf eine große Fläche verteilt. Die Versickerungsfläche muss mindestens 1 m^2/E betragen. In DIN EN 12566-5 [660] sind Hinweise zu Filtrationsanlagen für biologisch gereinigtes Abwasser aus Kleinkläranlagen zu finden.
Das Betriebsverhalten verschiedener Kleinkläranlagen vergleichen: [199, 2035]. Nach welcher Zeit der Betriebsunterbrechung Anlagen neu eingearbeitet werden müssen beschreiben: [1298]. Bücher über Kleinkläranlagen sind: [308, 911, 1036].
Die Inhalte von Chemie-Toiletten können nur in größere Kläranlagen eingeleitet werden, da sonst eine Hemmung der biologischen Abbauvorgänge eintritt [1706, 1771]. Das ATV-M 270 [17] empfiehlt eine mindestens 20-fache Verdünnung. Chemie-Toiletten-Inhalte weisen gegenüber Fäkalschlämmen eine 10-fach höhere Konzentration auf. Die Kläranlage muss nach DWA-A 280 [512] dafür aufnahmefähig sein.
Für die Bemessung von Kläranlagen für Autobahnraststätten und Parklätze mit WC (sog. PWC-Anlagen) wurden eigene Grundsätze entwickelt, weil die Stoßbelastungen besonders groß sind. Abwässer von bewirtschafteten und unbewirtschafteten Rastanlagen unterscheiden sich deutlich voneinander [575, 1516]. Für die Abwasserbeseitigung aus Erholungs- und Fremdenverkehrseinrichtungen: [1601].

5.13 Neuartige Sanitärsysteme

Die konventionellen Sanitärsysteme haben in Deutschland, sofern sie professionell unterhalten und betrieben werden, unter derzeitigen, normalen Bedingungen ein hohes Maß an Kundenfreundlichkeit erreicht und sind ein nicht wegzudenkendes Element der modernen Siedlungshygiene. Um diesen Standard zu erreichen, wurden in den vergangenen Jahrzehnten hohe und langfristige Investitionen getätigt.

Die deutsche Siedlungswasserwirtschaft befindet sich nach deren Aufbau in einer Phase, in denen der Unterhalt und Sanierung der gebauten Infrastruktur beträchtliche Neuinvestitionen erfordern. Die Unsicherheit, ob diese Investitionen in einer sich rasch wandelnden Welt nachhaltig sind, ist einer der wesentlichen Antriebsfaktoren für die Entwicklung von Neuartigen Sanitärsystemen, kurz NASS [1517]. Diese versprechen eine höhere Flexibilität, um sich an ändernde Gegebenheiten wie demographischer Wandel, erhöhte Ansprüche an den Gewässerschutz, Klimawandel anzupassen, die Möglichkeiten Ressourcen zu schonen bzw. zurückzugewinnen (z. B. Energie, Stickstoff, Phosphor oder Wasser) oder die Chance, eine im globalen Markt absetzbare Technologie vertreiben zu können.

Grundgedanke der ressourcen-orientierten Sanitärsysteme ist die getrennte Erfassung und gezielte Behandlung von Teilströmen aus zu Wohnzwecken genutzten Anlagen oder ähnlichen Herkunftsbereichen. Teilströme sind Regenwasser, Grauwasser, Fäzes und Urin. Werden Fäzes mit Wasser weggespült, entsteht Braunwasser. Fäzes und Urin zusammen mit Spülwasser nennt man Schwarzwasser.

Der Urin mit einem Anfall von ca. 500 l/(E · a) enthält 87 % des Stickstoffs, 50 % des Phosphors, 54 % des Kaliums und 12 % des CSB, der vom Einwohner ausgeht.

Durch die Anwendung neuartiger Sanitärsysteme werden Substrate produziert, die als Düngemittel eingesetzt werden könnten. Das Potenzial zur Substituierung von mineralischen Düngemitteln liegt je nach Makroelement in Deutschland zwischen 17 – 25 % [535].

Nach dem Unterscheidungsmerkmal abgeleitete Stoffströme hat die DWA sechs Systemgruppen definiert [535]. Für alle Systeme wird eine unvermischte Ableitung oder Bewirtschaftung des Regenwassers vorausgesetzt.

Bei System 1 findet keine Stoffstromtrennung bei der Ableitung statt. Das konventionelle Ableitungssystem ist dem System 1 zuzuordnen.

Die Systeme 2 bis 4, das Schwarzwassersystem und die Urintrennung in 2- und 3-Stoffsystemen, haben Spültoiletten mit Teilstromtrennung vor der Ableitung. Getrennt wird Grauwasser und/oder Gelbwasser.

Beim Schwarzwassersystem (System 2) werden Fäkalien mit Spülwasser (Schwarzwasser) gemeinsam erfasst und abgeleitet. Die Behandlung erfolgt mit den Zielen Abbau von Kohlenstoffverbindungen, Nährstoffgewinnung und Stabilisierung. Phasentrennung, Hygienisierung und evtl. Reduktion von Mikroschadstoffen. Als Produkte entstehen behandeltes Abwasser, organisch-mineralische Pflanzennährstoffe und ggf. Biogas. Die bei der Behandlung und der Biogasproduktion verbleibende flüssige Phase muss einer weiteren Behandlung unterzogen werden. Bioabfälle können dem Stoffstrom zur gemeinsamen Behandlung zugegeben werden.

Beim 2-Stoffstromsystem mit Urintrennung (System 3) wird Braunwasser aus den Fäzes der Trenntoilette und dem Spülwasser gemeinsam mit dem Grauwasser abgeleitet und gereinigt bzw. zur wieder oder Weiterverwendung aufbereitet. Urin/Gelbwasser aus der Trenn-Toilette und/oder dem Urinal wird getrennt abgeführt und zu Mineraldünger als Flüssigdünger oder Festdünger aufbereitet.
Beim 3-Stoffstromsystem mit Urintrennung (System 4) werden Braunwasser, Grauwasser und Urin/Gelbwasser separat abgeführt und behandelt.
Die Systeme 5 und 6, das Fäkaliensystem und die Urintrennung, haben Trockentoiletten mit Teilstromtrennung ohne Rest-Abwasser. Getrennt wird Grauwasser und/oder Gelbwasser. Beim Fäkaliensystem mit Trockentoiletten (System 5) werden die Fäkalien ohne Wasserspülung durch einen Schacht abgeworfen oder gesammelt und mit einem Fahrzeug transportiert. Grauwasser wird, wie bei den anderen Systemen mit Grauwassertrennung, abgeleitet und behandelt.
Bei Trockentoiletten wird aufgrund der bisher bekannten Betriebserfahrungen eine Urintrennung empfohlen. Dann ergibt sich System 6, das 3-Stoffstromsystem mit Urintrennung und Trockentoiletten.
Bei Benutzung einer „Sortiertoilette“, auch No-Mix-Toilette genannt, oder von (wasserlosen) Urinalen fällt der Urin getrennt vom restlichen Abwasser an.
Zur Erfassung von Grauwasser und Regenwasser werden die konventionellen Erfassungstechniken genutzt. Die Ableitung von Schwarz- und Braunwasser entspricht im Wesentlichen der konventionellen Ableitung von Toilettenabwasser.
Da bei einer separaten Erfassung von Urin meist eine Nährstoffrückgewinnung bzw. eine Einsparung von Spülwasser angestrebt wird, ist das erfasste Substrat aus Trenntoiletten und/oder aus Urinalen in der Regel nur gering verdünnt bis unverdünnt. Entwässerungstechnisch kann Gelbwasser als „fäzesfreies Schmutzwasser“ angesehen werden. Bei der Dimensionierung der Gelbwasser-Anschlussleitungen, der Gelbwasser-Fallleitungen und der -Sammelleitungen sollten wegen der Gefahr von Ablagerungen aus Ausfällungen ausreichend große Querschnitte gewählt werden.
Ziele einer Behandlung der erfassten Teilabwasserströme sind u. a. die Einhaltung von gesetzlichen Mindesteinleitgrenzwerten, die Kreislaufführung von Nährstoffen, die Produktion lagerfähiger Nährstoffe mit dem Ziel der Düngung, die Produktion von Energie in Form von Biogas, die Zerstörung problematischer Spurenstoffe im aufkonzentrierten Teilabwasserstrom und die Verwendung des aufbereiteten Abwassers für verschiedene Nutzungen, z. B. Bewässerung.
Für die Erreichung der Ziele steht grundsätzlich eine Vielzahl bei der konventionellen Abwasserbehandlung erprobter Verfahren zur Verfügung.

Gelbwasser unterscheidet sich in der Regel von frischem Urin, da in den meisten realen Sammelsystemen der Harnstoff innerhalb von Stunden oder wenigen Tagen vollständig hydrolysiert ist. Der durch die Harnstoffhydrolyse erhöhte pH-Wert führt zu einer Übersättigung einer ganzen Reihe von Mineralien. In der Praxis kann dies zu Inkrustationen der Leitungen und im Lagertank führen.
Für einige Gelbwasser-Aufbereitungsverfahren existieren technische Praxiserfahrungen. Dazu gehören Lagerung, Eindampfung, Struvitfällung, Elektrodialyse, Ozonierung, Ammoniak-Strippung und Nitrifikation [2228]. Für andere Verfahren, insbesondere die biologischen Prozesse wie Anammox, Denitrifikation und Bio-P existieren Erfahrungen mit ähnlichen Medien wie Gülle und Faulwasser.
Da gesammeltes Gelbwasser pathogene Keime enthalten kann, ist je nach Nutzung die Hygienisierung von Gelbwasser notwendig.
Um eine optimale Behandlung zu gewährleisten, ist es oft wichtig, die Teilströme Braun- und Schwarzwasser in deren feststoffreiche Phase und feststoffarme Phase zu trennen. Die feststoffreiche Phase besteht hauptsächlich aus Fäkalien und Toilettenpapier mit einem noch teilweise hohen Anteil an Wasser. Der Großteil der partikulär gebundenen Nährstoffe sowie des im Schwarz- und Braunwasser vorhandenen Kohlenstoffs sind in der feststoffreichen Phase enthalten. Die feststoffarme Phase besteht aus Wasser, fein suspendierten, kollodial und echt gelösten Stoffen. und gelösten Stickstoff- und Phosphorverbindungen.
Grau- und Regenwasser kann mit bewährten Verfahren aus der Abwasserreinigung aufbereitet und als Betriebswasser genutzt werden.
Die gegenüber dem konventionellen System derzeit überwiegend höher eingeschätzten Investitionen für NASS stellen einen Grund dafür dar, dass deren betriebswirtschaftliche Kosten heute als das am stärksten hemmende Kriterium bei der Umsetzung von NASS eingeschätzt werden. NASS wird jedoch grundsätzlich die Möglichkeit zugeschrieben, bei größeren Planungsunsicherheiten Systeme zu wählen, die kleinere Risiken von Fehlinvestitionen (sunk costs) besitzen [579]. Die sunk costs der heute noch bestehenden Systeme wirken hemmend bei der Einführung von NASS. Daraus ergibt sich die Notwendigkeit, einen Technikwechsel mit einer vieljährigen Vorlaufphase einzuleiten. Zur Erleichterung des Systemwechsels sind ggf. neue Anreizmechanismen erforderlich.
Das Kriterium internationales Marktpotenzial wird für die Zukunft im Bereich der ökonomischen Kriterien neben den betriebswirtschaftlichen Einnahmen als der am stärksten fördernde Faktor unter den ökonomischen Kriterien eingestuft.
Prinzipiell ist eine Akzeptanz der beteiligten Akteure eine der wesentlichen Voraussetzungen, um NASS zu ermöglichen, da ohne ein Einvernehmen und

eine positive Grundhaltung der Akteure zu Neuartigen Systemen eine Realisierung kaum vorstellbar erscheint.
Erste großtechnische Projekte unter Anwendung von NASS finden sich u. a. in den Niederlanden, Schweden und Deutschland [1453, 1454, 1518, 1739].

5.14 Kleine Klärwerke

Bei kleinen Klärwerken kann man sich entweder an die für Kleinkläranlagen (Kapitel 5.12) gegebenen Regeln halten oder man kann unter den für große Klärwerke üblichen Bauarten die aussuchen, die im Betrieb besonders einfach sind [14, 307, 373, 1837, 2262, 2380]. Dabei wird man die Raumgrößen durchweg zur Sicherheit 1,5-mal so groß bemessen wie bei großen Anlagen. Als Absetzbecken eignen sich neben dem Abwasserfaulraum (Kapitel 5.10.8.1) auch Emscherbrunnen (Kapitel 5.10.8.2). Diese müssen aber so gebaut sein, dass ihr Betrieb besonders einfach ist. Ein Beispiel ist in Bild 5.97 dargestellt.

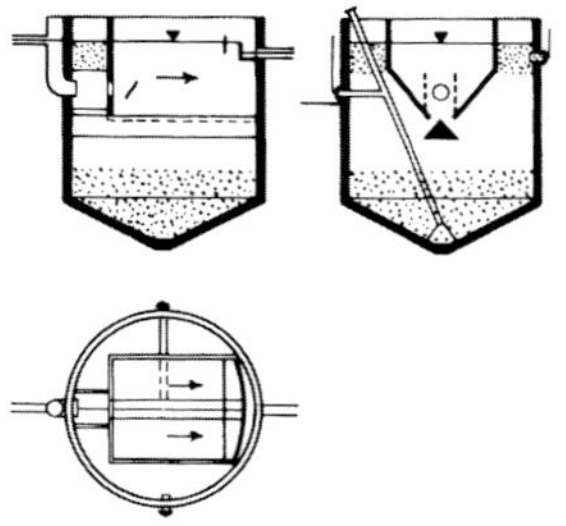

Bild 5.97: Emscherbrunnen für kleine Anlagen

Hier geht der Zufluss zuerst durch einen im Faulraum befindlichen Abtrennraum für Schwimmstoffe. Kleine Emscherbrunnen werden auch mit dem Nachbecken eines Tropfkörpers zusammengebaut [294].
Beispiele für ein Barackenlager mit 220 E und Spülaborten. Abwasserzufluss = 150 l/(E · d) = 150 · 220 : 1 000 = 33 m^3/d. Spitzenlast bei Tag = 33 : 10 = 3,3 m^3/h = 1 l/s. Regenwasser wird abgetrennt.
Beispiel 1: Faulgrube mit Absetzwirkung. Raumgröße = 300 l/E = 300 · 220 : 1 000 = 66 m^3.
Beispiel 2: Faulgrube mit biologischer Wirkung. Raumgröße = 1 500 l/E = 330 m^3.
Beispiel 3: Zweistöckige Absetzgrube (Emscherbrunnen nach Bild 5.97). Absetzraum 30 l/E = 30 · 220 : 1 000 = 6,6 m^3. Durchflusszeit = 6,6 : 3,3 = 2,0 h. Schlammfaulraum 60 l/E = 60 · 220 : 1 000 = 13,2 m^3.

Beispiel 4: Tropfkörper. Als Vorbecken die zweistöckige Absetzgrube nach Bild 5.96. Raumbelastung des Tropfkörpers (schwach belastet) 5 E/m^3. Raumgröße 220 : 5 = 44 m^3, Tiefe 1,7 m Fläche = 44 : 1,7 = 26,0 m^2, Durchmesser = 5,8 m, Betonboden mit Gefälle 1 : 20. Darauf Lüftungsboden aus Backsteinen, Ringmauer einen halben Stein stark mit Stahlbändern. Unten rund herum Löcher 6/12 cm für Luft und Wasser. Drehsprenger. Davor Kippgefäß 100 l. Kippt bei Spitzenlast alle 100 : 1 = 100 s = 1,7 min.
Beispiel 5: Bodenfilter. Als Vorbecken die zweistöckige Absetzgrube nach Bild 5.96. Sandboden vorausgesetzt und tiefer Grundwasserstand, Flächenbelastung 2000 E/ha = 5 m^2/E. Fläche = 220 : 2000 = 0,11 ha = 1100 m^2. Abwasserlast = 33 : 0,11 = 300 m^3/(ha · d) = 300 · 365 : 10000 = 11 m/Jahr. 4 Filterbeete je 1100 : 4 = 275 m^2 (je 10 · 27,5 m). Jedes Beet alle 2 Tage mit 33 : 2 = 16,5 m^3 überstauen. Stauhöhe = 16500 l auf 275 m^2 = 60 l/m^2 = 6 cm. Speicherbecken fasst eine Überstauung eines Beckens = 16,5 m^3, Tiefe 0,3 m, Fläche = 16,5 : 0,3 = 55 m^2 (10 · 5,5 m). Abfluss durch Sickerrohre 10 cm, 1 m tief. Bedienung: mittags und abends das Speicherbecken auf einen Filter ablassen.
Beispiel 6: Unterirdische Verrieselung. Sandboden vorausgesetzt und tiefer Grundwasserstand. Als Vorreinigung eine Faulgrube nach Beispiel 1. Speicherbecken 33 : 2 = 16,5 m^3, Tiefe = 0,3 m, Fläche = 16,5 : 0,3 = 55 m^2 (10 · 5,5 m). Flächenbelastung des Sickergeländes (Ackerland) 500 E/ha. Fläche = 10000 : 500 = 20 m^2/E = 20 · 220 = 4400 m^2 = 0,44 ha. Fläche 100 m lang, 44 m breit in zwei Betriebshälften von je 100 · 22 m. Zwei Zuleitungsrohre 30 cm, Gefälle 1 : 300, Leistung 50 l/s bei 0,7 m/s Geschwindigkeit. Ein Rohr entleert Speicherbecken in 16,5 · 1000 : 50 = 330 s = 5,5 min. Sickerrohre quer, waagerecht, Ø 10 cm, 22 m lang, 0,5 m tief, mit Kies umfüllt, Stöße mit Teerpappe überdeckt. Nötige Rohrlänge 10 m/E = 220 · 10 = 2200 m in 2 m Abstand (2 · 50 · 22 = 2200 m). Die Enden der Rohrstränge münden in zwei Lüftungsleitungen von Ø 20 cm mit je 5 Luftschächten von 20 cm. Der Inhalt der Sickerleitungen ist 8 l/m, der Inhalt aller Leitungen einer Betriebshälfte ist 1100 · 8 : 1000 = 8,8 m^3, dazu ein Zuleitungsrohr 100 m zu 71 l = 7,1 m^3, zusammen 8,8 + 7,1 = 15,9 m^3. Die Leitungen nehmen also gerade ein volles Speicherbecken auf (16,5 m^3).
Bedienung: Jeden Mittag und Abend das Speicherbecken in eine Betriebshälfte auslaufen lassen oder, wenn ein selbsttätiger Heber angebracht ist, jede Woche einmal die Betriebshälfte durch Schieberstellung auswechseln.
Beispiel 7: Abwasserteiche. Absetzteich: Inhalt 0,5 m^3/E. 220 E = 110 m^3, Tiefe 1,50 m, Fläche 110 : 1,50 ≈ 75 m^2, Breite 5 m, Länge 15 m. Unbelüftete Abwasserteiche: Fläche 10 m^2/E · 220 E = 2200 m^2. Gewählt zwei hintereinander liegende Teiche mit je 1100 m^2 und 1 m Tiefe.

Beispiel 8: Schlängelgraben. Als Vorreinigung eine zweistöckige Absetzgrube nach Bild 5.96. Flacher Graben nach Gelände 600 m lang, Wasserbreite 20 cm, Wassertiefe 5 cm. Dahinter Erdbecken 20 m^2 zum Auffangen der ausgewaschenen Pilzflocken.
Beispiel 9: Oxidationsgraben für 600 E. Raumbedarf 600 · 0,3 = 180 m^3, Grabentiefe bis Wasserspiegel = 1 m. Böschung befestigt 1 : 1,5, Sohlenbreite 0,65 m. Wasserquerschnitt 2,15 m^2, Grabenlänge 180 : 2,15 = 85 m. Länge der Stabwalze 1,5 m (Bild 5.98). Außer Rechen keine Vorreinigung. Das Abwasser wird durch die Stabwalze belüftet und mit einer Geschwindigkeit von 0,3 m/s im Kreislauf bewegt. Der belebte Schlamm wird in einem trichterförmigen Nachbecken (Bild 5.20) abgeschieden und durch eine Schneckenpumpe zurückgefördert. Der Überschussschlamm wird eingedickt und landwirtschaftlich verwertet.
Als in den fünfziger Jahren auch für kleine Abwasserabflüsse zunehmend die biologische Abwasserreinigung gefordert wurde, setzten sich wegen ihrer Geruchlosigkeit und sicheren Reinigungswirkung Belebungsanlagen ohne Vorklärung und mit langer Belüftungszeit immer mehr durch. Das Verfahren wurde in den USA „extended aeration" genannt [1834]. In Holland wurde es von Pasveer in Form des Oxidationsgrabens eingeführt [1313, 1681, 1682, 1761, 1762, 2278].

Bild 5.98: Querschnitt durch einen Oxidationsgraben

Aus Bild 5.50 kann man ablesen, dass mit abnehmender Schlammbelastung die organischen Bestandteile des belebten Schlammes mikrobiell weiter abgebaut werden, so dass auch die anfallende Überschussschlamm-Menge abnimmt und das Schlammalter ansteigt. Betriebsergebnisse zeigen, dass für eine gleichzeitig mit der Reinigung des Abwassers einhergehende, simultane Stabilisierung des Schlammes eine Schlammbelastung von ≤ 0,05 g BSB_5/(g TS · d) entsprechend einem Schlammalter von ≥ 20 Tagen ausreicht. Der Schlamm kann dann ohne Beschwerden in Schlammteichen oder Trockenbeeten weiter behandelt werden. Da in der Belebungsstufe Nitrate gebildet worden sind, werden bei Sauerstoffmangel in der Nachklärung Stickstoffbläschen frei. Der Schlamm flotiert unter solchen Bedingungen und gelangt in den Ablauf. Er muss deshalb frisch abgezogen und getrennt gespeichert werden. Man kann aber auch im Aussetzerbetrieb diskontinuierlich belüften und auf diese Weise simultan nitrifizieren und denitrifizieren. In diesem Fall ist es wichtig, den Überschussschlamm in einem Schlammteich nachfaulen zu lassen, um besser zu stabilisieren. Eine optimale N-Elimination kann erreicht werden, wenn Mindestbelüftungszeiten von 70 % für Nitrifikation und Stabilisierung eingehalten wer-

den [211]. Zur Sicherstellung einer ausreichenden Stabilisierung des Schlammes ist ein aerobes Schlammalter von mindestens 20 Tagen einzuhalten.
Es ist hervorzuheben, dass sich Belebungsanlagen mit simultaner Schlammstabilisierung durch ihre Pufferfähigkeit gegenüber Konzentrationsstößen auszeichnen. Bei ausreichend bemessener Nachklärung können in gewissem Umfang auch Durchfluss-Stöße aufgefangen werden. Da Abwasser auch im Winter selten unter 10 °C abkühlt, kann man das simultane Verfahren, ähnlich wie den Emscherbrunnenfaulraum, als „angewärmt" betrachten.
Für die Bemessung der Kläranlagen von 1 000 bis 5 000 EW nach dem Belebungsverfahren mit gemeinsamer Schlammstabilisation hat der DWA-Fachausschuss KA-10 die in Tabelle 5.54 zusammengestellten detaillierten Bemessungswerte empfohlen [514].

Tabelle 5.54: Bemessungswerte für kleine Kläranlagen

Schmutzwasseranfall	≥ 150 l/(E · d)
Spitzenzufluss	8 bis 11 h/d
Frachten gemäß Tabelle 5.2	
Schlammalter für Nitrifikation Schlammalter für Nitrifikation und Denitrifikation	≥ 20 d ≥ 25 d
Schlammbelastung für Nitrifikation Schlammbelastung für Nitrifikation und Denitrifikation	≤ 0,05 kg BSB_5/(kg TS · d) ≤ 0,04 kg BSB_5/(kg TS · d)
Schlammproduktion	1 kg TS/kg BSB_5
bei Schlammindex 125 ml/g und RV = 0,75:	
Schlammgehalt im Belebungsbecken	3,0 g TS/l
Sauerstofflast	2,5 – 3 kg O_2/kg BSB_5
Sauerstoffertrag bei Oberflächenbelüftern	1,2 – 1,5 kg O_2/kWh

Danach sind unter Annahme von 60 g BSB_5/(E · d), einer Schlammbelastung von 0,05 g BSB_5/(g TS · d) und einem Schlammgehalt von 3,0 g TS/l 500 l Belüftungsraum je Einwohner (ohne Fällung) bzw. 545 l Belüftungsraum je Einwohner (mit Fällung) erforderlich. Mit dieser Zahl hat Pasveer bereits seine ersten Oxidationsgräben bemessen.
Für Anschlusswerte zwischen 50 und 500 Einwohnerwerten gilt [552]. Es empfiehlt für den oberen Geltungsbereich folgende Raum- bzw. Flächenbelastungen:

- Belebung ≤ 200 g $BSB_5/(m^3 \cdot d)$,
- Tropfkörper ≤ 200 g $BSB_5/(m^3 \cdot d)$,
- Tauchkörper ≤ 6 g $BSB_5/(m^3 \cdot d)$.

Sehr übersichtlich sind die heute in Deutschland von Firmen ganz oder in Fertigteilen lieferbaren Kläranlagen in folgenden Veröffentlichungen zusammengestellt [238, 266, 369, 552, 1188, 1268, 1862, 1958]. Besonders zu nennen sind:

1. Die Schreiber-Kläranlage: Sie besteht aus Emscherrinne als Grobentschlammung, aus Feinreinigung und Faulraum mit Aufstauraum, aus Tropfkörper und Nachklärung [105].
2. Die Oxigest-Kläranlage: Lüftungsbecken und Nachbecken sind in einem Bauwerk vereinigt. Der Schlamm wird bei langer Lüftungszeit mineralisiert (extended aeration).
3. Der Tauchtropfkörper nach Pöpel und Hartmann (Kapitel 5.6.6).
4. Der Oxidationsgraben nach Pasveer.

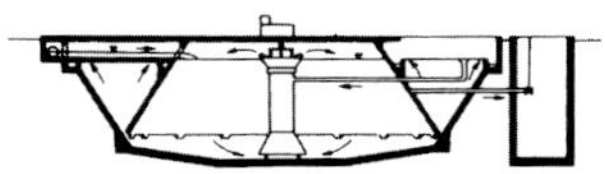

Bild 5.99: Essener Becken

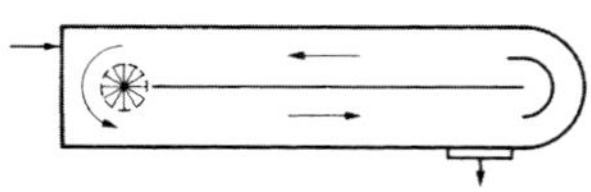

Bild 5.100: Carrousel Becken

5. Das Essener Becken (Bild 5.99): Eine vorgefertigte Kleinkläranlage des Lippeverbands mit dem Simplex-Kreisel mit Schlammmineralisation bei 16 h Lüftungszeit und 5 h Nachreinigung. Das Nachbecken liegt ringförmig um den Lüftungsraum.
6. Das Gegenstrom-Rundbecken: Von Schreiber, bei dem die Belebungsstufe ringförmig um das Nachbecken liegt.
7. Das Carrousel Becken (Bild 5.100): Dem Umlaufbecken ähnlich. Belüftung und Umwälzung werden hier durch einen oder mehrere vertikal angeordnete Belüftungskreisel bewirkt [1280, 1369].

Neben den Bauformen 2., 4., 5., 6. und 7. gibt es inzwischen weitere Typen, die mit Überlüftung, d. h. mit aerober Schlammstabilisierung, arbeiten. Fertiganlagen aus Stahl werden für 50 bis 1 200 E geliefert.

5.15 Behelfsanlagen

An den Kosten der städtischen Kläranlagen darf die Durchführung einer geordneten Stadtentwässerung mit Spülaborten niemals scheitern. Es gibt für alle Reinigungsstufen brauchbare, billige Behelfslösungen, die zwar manchmal nicht geruchlos sind, aber in ihrer Reinigungswirkung durchaus den endgültigen Bauwerken nahe kommen [1131, 1143, 1433, 2138]. Solche billigen Lösungen sind in Übergangszeiten brauchbar. Es ist dringend zu raten, die hier folgenden einfachen Bauweisen bei Notunterkünften, Barackenlagern, aber auch bei kleinen Dörfern in Aussicht zu nehmen, wenn in der Geldbeschaffung oder in den Baustoffen Hemmungen vorliegen. Die Behelfsanlagen können an der Aufgabe mithelfen, die Kleinkläranlagen (Kapitel 5.12) entbehrlich zu machen.

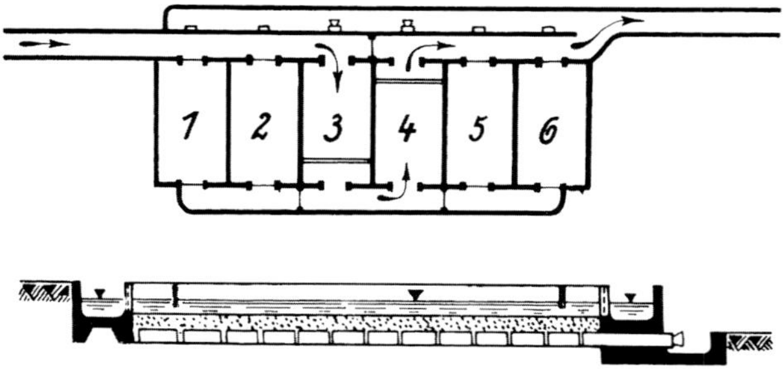

Bild 5.101: Sickerbecken

1. Sickerbecken (Bild 5.101): Diese sind wie Schlammtrockenbeete (Kapitel 5.10.12) eingerichtet, doch werden sie von dem Abwasser durchflossen [1122]. Die Sickerung ist verschließbar, sie wird während des Absetzbetriebs verschlossen gehalten und erst geöffnet, wenn das Becken abgestellt ist und der Schlamm trocknen soll. Jedes Becken wirkt also abwechselnd als Absetzbecken und dann wieder als Schlammtrockenplatz. Zweckmäßig werden immer zwei Becken hintereinander betrieben, damit das erste Becken möglichst weit zugeschlammt werden kann, während das zweite noch die gute Klärung besorgt. Damit Zeit bleibt zum Trocknen und Ausräumen des Schlamms, sind wenigstens dreimal so viel Becken anzulegen, als die Berechnung aus der Wassermenge ergibt: In Bild 5.101 sind z. B. die Becken 3 und 4 in Betrieb, während die übrigen vier Becken leer stehen. Für Kohlenschlamm werden solche Becken 2 bis 4 m tief gemacht. Für städtischen Schlamm sind sie nur bei sehr geringen Tiefen von 0,2 bis 0,4 m

möglich, weil der Schlamm sonst nicht trocknet. Aus Sickerbecken wird der Schlamm stichfest gewonnen. Sie eignen sich wegen ihrer geringen Baukosten und ihrer Einfachheit als vorläufige Klärwerke für die Zeit, wo die Entwässerung einer Stadt noch in der Entwicklung begriffen ist. Später können sie als Schlammtrockenplätze einer endgültigen Kläranlage weiter benutzt werden.

2. Erdbecken nach Beispiel 2 mit etwa zehn Stunden Aufenthaltszeit. Das Abwasser bleibt knapp sauerstoffhaltig. Schlammstoffe sammeln sich am Boden und verkleinern den Absetzraum. Nach etwa zehn Monaten wird auf ein zweites Becken umgestellt.
3. Auflandungsteiche mit größerer Aufenthaltszeit können als Behelfsanlagen dann in Frage kommen, wenn der städtische Schlamm durch gewerbliche Zuflüsse so verändert ist, dass er nur wenig fault.
4. Erdbecken als Abwasserfaulräume. Nach Kapitel 5.10.8.1 sind durchflossene Faulräume als städtische Klärwerke verlassen worden, weil ihr Abfluss Schwefelwasserstoff enthält und stinkt. Bei Behelfsanlagen sind die Anforderungen an die Geruchlosigkeit geringer. Außerdem tritt dieser Nachteil umso mehr zurück, je länger die Durchflusszeit ist, je weiter also der biologische Abbau durch Fäulnisbakterien fortgeschritten ist. Bei Erdbecken, die man auf unbeschränktem Gelände zwischen Dämmen oder in vorhandenen Senkungen herstellen kann, ist es möglich, mit geringem Aufwand große Faulräume mit vieltägigen Durchflusszeiten einzurichten. Den von der Wasserfläche ausströmenden Geruch kann man dadurch mildern, dass man Vorbecken mit etwa eintägiger Durchflusszeit einrichtet, in denen durch Schwimmbalken der aufschwimmende Schlamm festgehalten wird, sodass er nach kurzer Zeit eine geruchlose und den Geruch des Wassers festhaltende Schwimmdecke bildet. Bei vieltägiger, z. B. sechstägiger Faulzeit, wird der Abfluss gut entschlammt und schließlich werden die organischen Stoffe so weit abgebaut, dass sich ein Gleichgewicht zwischen dem weiteren Bedarf und der Zuführung des Sauerstoffs aus der Wasserfläche oder aus Verdünnungswasser einstellt [1436, 1437, 2128]. Man verbessert den Abfluss, wenn man den faulenden Bodenschlamm jährlich vor dem Sommer ausräumt.
5. Abwasserteiche (Kapitel 5.6.9) sollen – zum Unterschied von den eben besprochenen Faulräumen – von Anfang an ihr Sauerstoffgleichgewicht aufrechterhalten und Fäulnis und Geruch unbedingt vermeiden. Sie eignen sich als Behelfsanlagen zur biologischen Reinigung von Abwasser, wenn die nötigen Geländeflächen dafür vorhanden sind. Damit die Teiche nicht unnötig durch Schlammfäulnis belastet werden, ist es nötig, dass man das zugeführte Abwasser vorreinigt. Dies kann in Erdbecken nach Nr. 2 der hier be-

sprochenen Behelfsvorschläge geschehen. Bei genügender Abmessung können solche Teiche der Fischzucht nutzbar gemacht werden. Immer mehr breiten sich in Deutschland und Amerika die belüfteten Abwasserteiche aus, namentlich für gewerbliches Abwasser und für kleine Gemeinden.

6. Rieselfelder (Kapitel 5.6.2) können bei kleinen Gemeinden manchmal mit geringsten Kosten als Behelfsanlagen eingerichtet werden. Dabei werden zweckmäßig die landwirtschaftlichen Interessen in den Vordergrund gestellt. Besonders ist dabei an Rieselwiesen zu denken.
7. Bodenfilter (Kapitel 5.6.3) einfachster Art erhält man in sandigem Boden dann, wenn man in zweistufigen Sickerbecken in der zweiten Stufe die Sickerrohre so groß macht, dass sie den Wasserabfluss aufnehmen können. Das in der ersten Stufe entschlammte Wasser wird dann in der zweiten Stufe oberflächlich gefiltert. Für Sickerbecken dieser Art hat Schmidt vorgeschlagen, sie gewissermaßen über das Gelände wandern zu lassen, indem man verschlammte und undurchlässig gewordene Flächen aufgibt und wieder neue Becken auf reinem Boden anlegt. Man erreicht so eine einfache landwirtschaftliche Verwertung der Abwasserstoffe [2008].
8. Schlängelgräben können in kleinen Verhältnissen bei schwerem Boden geeignet sein. Ein Abwasserfluss von z. B. 2 l/s wird in Gräben von 20 cm Sohlenbreite bei 5 cm Wassertiefe auf einer Weglänge von 600 m in 1 h biologisch gereinigt. Die Windungen liegen in 3 m Abstand, sodass der Landstreifen dazwischen mit Gemüse bepflanzt werden kann. Auf dem Landstreifen wird auch der entstehende Schlamm verwertet. An Fläche kommt dabei 1 ha auf 6 000 Einwohner. Das Verfahren ersetzt Bodenfilter, wenn der Boden nicht durchlässig ist.

5.16 Einzelheiten der Klärwerksplanung

Das Wichtigste ist die langfristig richtige Standortwahl für die Kläranlage. Dabei wird man möglichst viele Entwässerungsgebiete anschließen, da sich bei größeren Anlagen die Belastungsstöße ausgleichen und sich geringere Kosten ergeben. Aufwendungen für die Überleitung sind gegenzurechnen. Dabei kann man Investitionskosten unmittelbar miteinander vergleichen. Bei der Kapitalisierung der Betriebskosten ist deren Kostendynamik zu beachten [43]. Die Leitlinien zur Durchführung von Kostenvergleichsrechnungen liefern wichtige Grundlagen, um Wirtschaftlichkeitsvergleiche durchzuführen [560]. Bei Vergleich von mehreren Anlagen kann man Ablaufbeschaffenheit, Einfluss auf das Gewässer und Erweiterungskosten zusammenfassen und zu einer Bewertung gelangen [1193]).

Der Grad der Abwasserreinigung ist auf die Leistungsfähigkeit des Gewässers und seine Nutzungen auszurichten (Kapitel 4.3 und 6.3). Gegebenenfalls ist eine weitergehende Abwasserreinigung erforderlich (Kapitel 5.7) oder es ist eine andere Einleitungsstelle zu wählen.

In Kapitel 4.6 werden Flächengrößen genannt, die für Voruntersuchungen brauchbar sind. Das Grundstück muss hinsichtlich Größe, Untergrund, Erschließung (Zufahrt, Wasser, Strom) geeignet sein. Einwirkungen auf die Nachbarschaft sind zu überdenken (Kapitel 4.7). Häufig liegt die Kläranlage in der Flussniederung, da die Kanalisation tief endet. Das Gelände muss dann hochwasserfrei eingedeicht werden. Der schadlose Hochwasserabfluss ist nachzuweisen [568].

Es kommt weiter darauf an, bei den gegebenen Abwasser-, Nachbarschafts- und Grundstücksverhältnissen die optimale Verfahrenskette für die Abwasser- und Schlammbehandlung zu finden. Verschiedene Lösungen sind überschläglich zu bemessen, die Bauwerke maßstabgerecht aufzuzeichnen, auszuschneiden und in der mit Höhenschichtlinien versehenen Geländeaufnahme zu Entwurfsvarianten zusammenzufügen. Auf einen einfachen Ablauf der Stoffströme ist zu achten. Die Höhenlage der Bauwerke ist nach Gründungsverhältnissen, Aushub, Pumpkosten und Wasserhaltung zu optimieren. Für charakteristische Fließzustände (Q_{min}, $Q_{T,aM}$, Q_{max}) sind hydraulische Längsschnitte aufzustellen [84].

Tiefbauten: Es handelt sich hauptsächlich um Wasser- und Schlammbehälter in verschiedenen Formen. Behelfsanlagen (Kapitel 5.15) werden als Erdbecken mit Lehmdichtung oder mit dünner Betonschale hergestellt. Für feste Anlagen ist Stahlbeton der gegebene Baustoff [1274, 1847]. Auch Stahl ist möglich, insbesondere bei kleinen Kompaktanlagen.

Eine wichtige Entscheidung ist, ob die Behälter flach oder tief gegründet werden. Dass flache Behälter billiger sein müssen, ist nicht immer richtig. Die Klärwerke liegen meist in Flussniederungen, deren Grundwasser mit dem Hochwasser stark ansteigen kann. Flache Becken müssen dann verankert oder durch dicke, teure Betonsohlen gegen Aufschwimmen gesichert werden, wenn man die Sohle nicht mit ausreichenden Durchtrittsöffnungen für Grundwasser versehen kann. Der Baustoffverbrauch ist bei tiefen Anlagen meist geringer. Die Grundwasserabsenkung während des Bauens braucht man bei tiefen Anlagen nicht zu scheuen, denn sie macht nur einen geringen Teil der Baukosten aus. Bei flach gegründeten Becken muss oftmals vor den Becken gepumpt werden, die über den Lebenszyklus der Anlage entstehenden Pumpkosten müssen in einer Kostenvergleichsrechnung (s. o.) berücksichtigt werden, um die wirtschaftlichste Lösung zu finden.

Die Wassertiefe beibelüfteten Becken ist wichtig. Bei einer Wassertiefe von 5 bis 7 m wird meist das wirtschaftliche Optimum in Bezug auf eine Druckluftbelüftung erreicht.
Tiefe Behälter werden dann am billigsten, wenn man sie im Grundriss rund machen und über das Gelände erheben kann. Das trifft meist bei Schlammfaulräumen zu, in die der Schlamm gepumpt wird, weil diese mit ihrem Wasserspiegel nicht an bestimmte Höhenlagen gebunden sind. Schlammbehälter können im Betrieb versanden. Sie müssen nach Jahren einmal ausgeräumt werden. Vorsorglich sollen Leerläufe mit weiten Rohren angebracht werden. Auf eine sehr gute Sandabscheidung beim Sandfang ist zu achten.
Alle Bauwerke sollen mehrteilig sein, damit man nicht bei einer Störung gleich die ganze Anlage auszuschalten braucht.
Eine Wasserversorgung ist erforderlich. Spülleitungen werden am besten mit abnehmbaren Schläuchen angeschlossen. Dann ist man gegen Rücksaugen von Abwasser und gegen Verluste von Reinwasser gesichert.

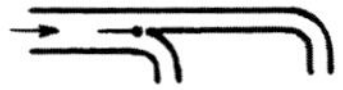

Bild 5.102: Zungenverteiler

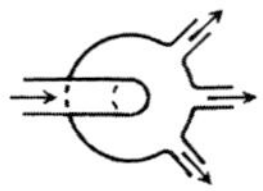

Bild 5.103: Kreisverteiler

Hochbauten können bei kleinen Anlagen beschränkt werden. Als Betriebs- und Untersuchungsraum genügt ein Zimmer im Wärterhaus oder im Pumpwerk. Anders ist es bei größeren Anlagen. Hier braucht man Räume für Umkleiden, Aufenthalt, sanitäre Zwecke, Betriebsüberwachung, Werkstatt, Geräte, Maschinen, Stromumformung, Schalteinrichtungen, Gasmessung, Heizung und Abwasseruntersuchungen.
Leitungen für Abwasser sollen im Klärwerk möglichst offene Rinnen sein. Man berechnet sie als offenes Rechteck so, dass die Geschwindigkeit des entsandeten Abwassers wenigstens 0,4 m/s ist, damit kein Schlamm liegenbleibt. Vor dem Sandfang soll die Geschwindigkeit wenigstens 0,6 m/s betragen. An den Aufteilungsstellen der Rinnen, die das Abwasser den einzelnen Becken zuführen, bringt man verstellbare Zungen (Bild 5.102) an, die den Abwasserstrom auch bei wechselndem Wasserspiegel gleichmäßig in Streifen teilen. Dasselbe erreicht man mit kreisförmigen Verteilungsbecken nach Bild 5.103, die an den Ausläufen mit einstellbaren Überfällen ausgestattet werden können. Wenn die Anlagen sehr groß sind und das Abwasser in sehr viele Teile geteilt werden

muss, kommt man am besten zurecht, wenn man große Rinnenquerschnitte mit geringen Wassergeschwindigkeiten nimmt und die Schlammablagerung durch Einblasen von Druckluft in allen Zuführungsrinnen verhindert. Man kann so die Anforderungen der richtigen Wasseraufteilung mit der Vorbelüftung verbinden. Die gleichmäßige Verteilung auch der Schlammstoffe auf die verschiedenen Einheiten der Absetzbecken ist besonders dann nötig, wenn mit jedem Absetzbecken gleich der Eindickraum für Schlamm verbunden ist.

Vom Schlamm hält man die Sperrstoffe durch Rechen fern oder zertrümmert sie. Unter dieser Voraussetzung ist fast jeder Schlamm pumpbar. Wenn der Schlamm aber auf sehr große Entfernungen gedrückt werden soll, ist es besser, ihn vorher auszufaulen. Durch eine zentrale Schlammbehandlung ist oft ein Betriebsvorteil erreichbar [1215].

Schlammpumpen wählt man wie Abwasserpumpen als Kreiselpumpen mit weiten Durchgängen und ohne Schaufeln, z. B. als Kanalradpumpen. Sie sind gegen Sperrstoffe unempfindlich, wenn sie großen Durchmesser haben. Die Pumpzeit muss deshalb kurz sein. Ansaugen muss bei Schlamm wegen des Gasgehalts stets vermieden werden [1800, 1973].

Leitungen für flüssigen Schlamm berechnet man wie für Abwasser, nimmt aber die Reibungshöhe doppelt so hoch wie bei Wasser [37, 39, 40, 1593, 1639]. Das gilt für die üblichen Geschwindigkeiten von 0,5 bis 1 m/s. Bei kleineren Geschwindigkeiten sind die Reibungshöhen viel größer [1841, 1842]. Größere Druckhöhen brauchen auch die kurzen Ablassrohre aus Schlammbehältern, namentlich aus solchen mit trichterförmiger Sohle, in denen der Schlamm durch Ansammlung von Sand zum Festliegen kommen kann. Dort ist es auch zweckmäßig, die Möglichkeit des Spülens oder Durchstoßens zu haben, wie in Bild . Wenn es sich nicht um Faulräume mit Gasgewinnung handelt, ist auch Druckluft zum Auflockern geeignet. Der Schlamm muss in den Leitungen eine gute Geschwindigkeit (1 m/s) haben, damit sich kein Sand ausscheidet. Die Leitungen müssen Entlüftungen haben, weil der Schlamm Gas bildet.

In Entwicklungsländern ist Handarbeit bei der Bedienung von Grobrechen, Sandfängen und Trockenplätzen für ausgefaulten Schlamm durchaus unbedenklich. Der Zug der Zeit geht aber dahin, alles mit Maschinen auszustatten. Umwälzend haben in der Abwassertechnik gewirkt: Die Wasserverteiler bei Tropfkörpern, die unter Wasser laufenden Ausräummaschinen in flachen Absetzbecken, die Druckluft- und Rührvorrichtungen in Belebungsbecken, die Heizung der Faulräume mit Faulgas und die künstliche Schlammentwässerung. Dazu kommt die Verwendung des Faulgases zur Stromerzeugung in der Kläranlage [695]. Diese Entwicklung schreitet vorläufig weiter fort. Der Abwasseringenieur muss auch hierüber unterrichtet sein.

Seit einiger Zeit ist man mehr und mehr bestrebt, das Wasser, den Schlamm und das Gas nach Durchfluss, Beschaffenheit und Temperatur an verschiedenen Stellen zu messen, zu untersuchen, selbsttätig aufzuzeichnen und so den Betrieb wie in einem großen Industriewerk von einer Stelle aus zu leiten [76, 553, 1087, 1399, 1499, 1981, 2092, 2395]. Dies kann wirtschaftliche Vorteile für Betreiber mehrerer Anlagen haben [1859]. Dies setzt allerdings voraus, dass der Betrieb der klärtechnischen Einrichtungen weitgehend automatisiert und mit ausreichender Messtechnik ausgestattet ist. Auch im Zuge des regelmäßigen Controllings der Kostenstrukturen und des Energieverbrauchs ist es sinnvoll, alle wesentlichen Verbraucher messtechnisch zu erfassen. Einen umfassenden Überblick über die heutigen Möglichkeiten der Prozessüberwachung, -steuerung und des Controllings geben Olsson und Ingildsen [1211].

In der Bundesrepublik Deutschland wird von Kläranlagen eine hohe Betriebssicherheit verlangt. Das bedingt zwei unabhängige Stromanschlüsse oder die Einsatzmöglichkeit eines Notstromaggregates, möglichst zwei- oder mehrstraßige Auslegung, regelmäßige Wartung aller Anlagenteile und Vorhaltung der wichtigsten Ersatzteile [222, 829].

Der Entwurf einer Kläranlage ist in verschiedenen Schritten aufzubauen. Man unterscheidet Vorermittlungen, Vorentwurf, Genehmigungsentwurf und Bauentwurf [84, 141]. Vorermittlungen erstrecken sich auf einschlägige Vorschriften, Kanalnetz, Bevölkerungs- und Industrieentwicklung, Abwasseranfall und Beschaffenheit, Einzel- oder Gruppenkläranlage, Standortfrage, Vorfluter, Emissionen, Grad der Abwasserreinigung, Art der Schlammbeseitigung.

Der Vorentwurf beschäftigt sich mit verschiedenen Varianten der Abwasser- und Schlammbehandlung. Für den Lösungsvorschlag werden die Bauwerksgrößen überschläglich bemessen. Darstellung im Lageplan und Höhenplan. Überschlag der Kosten. Bei gewerblichem Abwasser sind gegebenenfalls Versuche über die Behandlungsfähigkeit durchzuführen.

Der Genehmigungsentwurf umfasst Übersichtsplan, Grundstücksplan, Lageplan, Höhenplan, landschaftspflegerischen Begleitplan und Erläuterungsbericht. Der Erläuterungsbericht geht ein auf den Träger der Maßnahme, Veranlassung, frühere Entwürfe, Gesamtsituation, Begründung des Lösungsvorschlags, Entwurfsgrundlagen, Anfall und Beschaffenheit des Abwassers, Beschreibung der Bauwerke und Einrichtungen, abwassertechnische Berechnung, Beschaffenheit des Ablaufs, Auswirkung auf den Vorfluter, hydraulische Berechnung.

Im Rahmen des Genehmigungsverfahrens ist bei Kläranlagen ≥ 50 000 EW in Deutschland eine Umweltverträglichkeitsprüfung (UVP) durchzuführen. Dabei sind die Auswirkungen der Emissionen (Geräusch, Geruch, Abwassereinleitung) und die ökologischen Belange zu betrachten [85, 85, 292, 293, 402, 822]).

Der Bauentwurf bringt alle Bauwerke im Detail, meist Maßstab 1 : 50. Verbindliche Festlegung aller Maße, der Maschinen, Rohrleitungen, Kabelführungen. Statische Berechnung, Schal- und Bewehrungspläne mit Aussparungen. Baugrund, Grundwasserverhältnisse, Gründung der Bauwerke, Auftriebssicherheit.

Beschreibung der Bauleistung, Bauzeitenplan, Absteckungsplan. Der Bauentwurf ist so vielseitig, dass in der Regel verschiedene Sonderfachleute zusammenwirken, beispielsweise bei Planung und Bau der Elektrotechnik [527]. Es soll so geplant und gebaut werden, dass der spätere Unterhaltungsaufwand nicht zu groß wird [1662, 1663].

5.17 Kläranlagenbetrieb

Kläranlagen sind sehr teure Einrichtungen (Kapitel 4.6). Man sollte sie daher nur fachkundigem Personal anvertrauen [562]. Für 10 000 Einwohnerwerte ist wenigstens ein Klärfacharbeiter erforderlich ([143]). Der erste Klärfacharbeiter sollte die entscheidende letzte Bauphase seiner Kläranlage und die Installation der Maschinen und der elektrotechnischen Einrichtungen miterleben. Dies vermittelt wichtige Einblicke für den späteren Betrieb.

Planunterlagen, einschlägige gesetzliche Vorschriften, Einleitungserlaubnis und Unfallverhütungsvorschriften müssen zur Verfügung stehen. Arbeitsmittel sind bereitzuhalten, damit der Gesundheitsschutz gewährleistet ist [388]. Das Muster einer Dienst- und Betriebsanweisung für das Personal von Abwasseranlagen hat die DWA mit dem Arbeitsblatt A 199 [510, 521, 523, 555] vorgelegt, vergleiche auch Kalte [1272]. Mit dieser Unterlage kann die spezielle Dienst- und Betriebsanweisung aufgestellt werden. Hygienische Vorsichtsmaßnahmen und die Arbeitssicherheit sind zu beachten [1406].

Vor Inbetriebnahme der neuen Kläranlage ist es zweckmäßig, die Bauwerke der Abwasser- und Schlammbehandlung mit Fluss- oder Grundwasser zu füllen und alle Maschinen einer gründlichen Funktionsprüfung zu unterziehen. Erst dann wird Abwasser eingeleitet und die biologische Stufe und der Faulraum eingearbeitet. Insbesondere die Einarbeitungsphase ist durch chemische Untersuchungen abzusichern. Spezielle betriebliche Hinweise sind in den Abschnitten über Rechen (Kapitel 5.2), Sandfang (Kapitel 5.4.2), Absetzbecken (Kapitel 5.4.4), Belebungsverfahren (Kapitel 5.6.8), Schlammfaulung (Kapitel 5.10.7) und Schlammentwässerung (Kapitel 5.10.15) enthalten.

Die zahlreichen Messeinrichtungen sind gemäß Betriebsanleitung zu reinigen und zu kalibrieren, damit zuverlässige Betriebswerte zur Verfügung stehen. Ergänzende Untersuchungen über Schlammgehalt, Schlammindex, mikroskopisches Bild des Belebtschlammes sind erforderlich. Die Vorgaben der Selbstüberwachungsverordnungen der Länder sind einzuhalten [163, 1403]. Betriebstagebücher sind zu führen [595, 603, 1407]. Maschinen, Getriebe, Pumpen und Räumerbrücken sind zu warten. Auf sparsamen Energieeinsatz ist zu achten [1650, 2292]. Eine Energieanalyse kann zur Verfahrensoptimierung vorgenommen werden [331, 2013, 2197]. Der Korrosionsschutz darf nicht vernachlässigt werden [112, 246, 538].

Der von der DWA im Rahmen der Kläranlagennachbarschaften entwickelte Leistungsvergleich ist geeignet, das Betriebspersonal fortzubilden und zu motivieren [162, 223, 590, 2389].
Sind Bauwerke für Instandhaltungsarbeiten zu entleeren, ist besondere Aufmerksamkeit geboten. Die Auswirkungen auf die Ablaufqualität sind als erstes zu bedenken und ggf. mit der Wasserbehörde zu besprechen. Alsdann sind die Auftriebsverhältnisse zu untersuchen und – bei Auftriebsgefahr – geeignete Gegenmaßnahmen zu treffen.
Der Winterbetrieb stellt besondere Anforderungen. Frostempfindliche Rohrleitungen sind zu schützen oder außer Betrieb zu nehmen, Rechen und Sandfanggut vor dem Anfrieren zu beseitigen, die Laufflächen der Räumerfahrbahnen eisfrei zu halten. Die Oberflächenbelüfter können durch Eisansätze Unwuchten bilden. Diese sind mit heißem Wasser aufzulösen.
Betriebsstörungen auf Kläranlagen sind durch vorbeugende Wartung, durch Ersatzteillagerung und Störmelder zu begegnen [87, 142, 283, 2011]. Soeder et al. weisen auf radioaktive Stoffe hin [711]. Auf größeren Anlagen werden Prozessleitsysteme [404] und nachrichtentechnische Netzwerke eingerichtet [55, 404, 524, 829].
Online-Sensoren ermöglichen die Messung zahlreicher Parameter. Vanrolleghem et al. [2253] sowie Siegrist et al. [2093] geben eine Übersicht und Thomann et al. eine Anleitung zur Kontrolle der Sensoren [2202].
Die kontinuierliche Messung des Feststoffgehaltes im Belebungsbecken und im Kläranlagenablauf [2176] des Sauerstoff-, des Ammonium- und des Phosphorgehaltes sind Grundlagen für die Automatisierung der Prozesse [537, 1982]. Schmitz et al. geben einen Überblick über verschiedene Regelmöglichkeiten [2025]. Husmann [1105], Bruns [364] und Cecil [427] beschreiben konkret durchgeführte Maßnahmen, die zu einer Erhöhung der Reinigungsleistung und zu einer Optimierung des Energieverbrauchs geführt haben. DWA-M 268 [599] und Scheer et al. geben Ratschläge für den Betrieb unterbelasteter Kläranlagen [1971].

5.18 Energetische Effizienz

Mit den energiepolitischen Beschlüssen des Bundestages im Jahr 2011 wurde in der Bundesrepublik die Energiewende mit dem Ziel eingeleitet, den Ausstieg aus der Kernenergie bis zum Jahr 2022 zu ermöglichen. Die Energiewende basiert auf den beiden Säulen einer stärkeren Nutzung erneuerbarer Energien zur Stromerzeugung und einer effizienteren Nutzung der eingesetzten Energie [401].
Auch wenn die Siedlungswasserwirtschaft nur mit einem Anteil von ca. 1,1 % an der Stromerzeugung aus regenerativen Energie beteiligt ist [547] und der

Stromverbrauch zur Abwasserreinigung mit ca. 35 kWh/(E · a) im Vergleich zum durchschnittlichen Stromverbrauch pro Einwohner von ca. 1 500 – 2 000 kWh/(E · a) untergeordnet erscheint, ist der energieeffiziente Betrieb von Abwasseranlagen (Kläranlagen, Pumpwerke) vor dem Hintergrund hoher Energiekosten nicht nur ökologisch sinnvoll, sondern angesichts gestiegener Energiekosten auch wirtschaftlich geboten. Das Wasserhaushaltsgesetz verpflichtet zu einer Abwasserbehandlung nach dem Stand der Technik [612], wobei Energieeffizienz gemäß Anhang 1 ein Kriterium zur Bestimmung des Standes der Technik ist.

Energieeffizienz ist als Verhältnis zwischen einer erzielten Leistung bzw. Ertrag an Dienstleistungen, Gütern oder Energie (z. B. Reinigungsleistung einer Kläranlage) und der eingesetzten Energie definiert [669]. Energieeffizienz umfasst damit die tatsächlich für den Betrieb genutzte Energie im Verhältnis zur erreichten Reinigungsleistung, aber auch die Effizienz einer Energieumwandlung, z. B. in einem Blockheizkraftwerk.

Kläranlagen haben neben einem unter monetären Gesichtspunkten oft im Vordergrund stehenden Stromverbrauch auch einen Bedarf an Kälte und Wärme. Gleichzeitig existieren auf jeder Kläranlagen Wärmequellen, die zur Reduzierung fossiler Energieträger beitragen können (Einsatz von Wärmetauscher, Rekuperatoren, Faulgas etc.). Eine nachhaltige Energieproduktion und -nutzung bedingt neben der Senkung des Verbrauchs die effiziente Verwertung der dabei entstehenden Wärme [724]. Auf Kläranlagen ohne Faulung ergeben sich insbesondere bei anstehender Heizungserneuerung Ansatzpunkte in diesem Bereich (solarthermische Unterstützung der Heizung, Einsatz von Wärmepumpen, Nutzung der Abwärme der Gebläse).

Energieanalysen nach dem Energiehandbuch aus Nordrhein-Westfalen [1679] werden zur Energie- und Verfahrensoptimierung seit Beginn der 2000-er Jahre mit guten Erfahrungen durchgeführt [2013, 2197 bis 2200].

Mit der Einführung des Arbeitsblattes DWA-A 216 [589] wurden Energiecheck und Energieanalyse als Instrumente der Energieoptimierung von Abwasseranlagen eingeführt und Anforderungen an den Einsatz dieser Methoden formuliert. Wesentliche Neuerung darin ist die Ergänzung des Vergleichs spezifischer Werte des Energieeinsatzes mit Kennwerten (Energiecheck) durch die Ermittlung anlagenbezogener Idealwerte für einzelne Anlagenteile, die kläranlagenspezifische Randbedingungen berücksichtigen und so eine zielgerichtete, quantifizierbare Ableitung von Maßnahmen ermöglichen. Dabei empfiehlt sich die Einbindung in einen kontinuierlichen Verbesserungsprozess, wie er z. B. als PDCA-Zyklus (eng. Plan-Do-Check-Act) in der DIN EN ISO 50001 [669] beschrieben wird.

Praktische Hinweise zur Bewertung der Energiesituation und Senkung des Stromverbrauchs im laufenden Betrieb geben Baumann et al. [218]. Eine umfassende und systematische Aufarbeitung des Themas erfolgt in den aktualisierten Energiehandbüchern aus Nordrhein-Westfalen und der Schweiz [1619, 2263]. Die Erfahrungen durchgeführter energetischer Optimierungen sind in länderspezifischen Auswertungen festgehalten (u. a. [547, 977, 1001, 1054, 1616, 1617]).

Bedingt durch die Anforderungen der Energiewende ist bei einer anzustrebenden Optimierung nicht mehr nur die reine Energieeinsparung, sondern die Energieeffizienzsteigerung durch Optimierung von Energiebereitstellung, -umwandlung, -speicherung und -verbrauch bis hin zur intelligenten Interaktion mit dem bestehenden Verteilnetz zu betrachten [862]. Auch die Verknüpfung mit Klimaschutz ist zu beachten (u. a. [304, 2201]).

Als typische Aufteilung des Stromverbrauchs auf Verfahrensstufen ergibt sich ca. 60 % für Belüftung und Umwälzung des Belebungsbeckens, 15 % für Schlammrückführung und Nachklärung, 15 % für die Schlammbehandlung, 5 % für die mechanische Reinigung und 5 % für sonstige Verbraucher. Entsprechend identifiziert eine Auswertung aller vom Land Nordrhein-Westfalen geförderten Energieanalysen hohe Potenziale der untersuchten Maßnahmen in der biologischen Stufe (Belüftung, Umwälzung, Rezirkulation, Rücklaufschlammförderung) gefolgt von der Schlammfaulung inkl. Gasverwertung [1362].

Kennzahlen dienen zur Beurteilung von Sachverhalten und verdichten die Vielzahl der Anlagen- und Prozessdaten zu einer aussagekräftigen Schlüsselinformation [603]. Sie verknüpfen technische Sachverhalte mit dem Ziel, die Zusammenhänge zwischen Ursache und Wirkung eindeutig, reproduzierbar und vergleichbar abzubilden (z. B. eingesetztes Fällmittel pro kg gefälltes Phosphor).

Neben den im DWA-A 216 [589] festgelegten energetischen Kennwerten des Energiechecks (u. a. spezifischer Gesamtstromverbrauch, spezifischer Stromverbrauch der Belüftung oder spezifische Faulgasproduktion pro angeschlossenem Einwohnergleichwert) sind im Regelwerk weitere technische Kennzahlen definiert, die gerade im zeitlichen Verlauf die energetische Effizienz veranschaulichen (z. B. spezifische Energieeffizienz der Belüftung, spezifischer Leistungsbedarf der Drucklufterzeuger, Druckverhältnis zur Beurteilung des Luftverteilsystems vgl. DWA-M 229-2 [608]). Im Zeitreihenvergleich (Trenddarstellung) werden die Kennzahlen in ihrer zeitlichen Entwicklung dargestellt.

Bei Investitionsentscheidungen im energetischen Bereich sind neben den Anschaffungskosten auch die Kosten der Nutzung (Instandhaltungskosten, Energie- und Verbrauchskosten etc.) zu betrachten. So werden z. B. die Lebenszykluskosten einer Pumpe überwiegend durch den Energieverbrauch geprägt, so dass der isolierte Vergleich der Erstinvestition eine unwirtschaftliche Entscheidung zur Folge haben kann.

Neben den in der betrieblichen Praxis umsetzbaren Maßnahmen zur Energieoptimierung (z. B. Einrichtung einer Gleitdruckregelung) kann auch eine grundlegende verfahrenstechnische Umgestaltung einer bestehenden Kläranlage nicht nur positiv für die Energieeffizienz sondern, insbesondere bei anstehenden Reinvestitionen (z. B. Austausch der Belüfter), angesichts der hohen Strompreise wirtschaftlich sein [1543]. Grundsätzlich ist über die größtmögliche Verlagerung organischer Verschmutzung aus der Belebungsanlage in die Faulung bei gleichzeitig stabiler Denitrifikationsleistung die energetische Situation beeinflussbar. Beispiele von Kläranlagen ohne rechnerischen Strombezug im Jahresmittel zeigen neben einem geringen, spezifischen Gesamtstromverbrauch knapp unter 20 kWh/(E · a) eine starke Abhängigkeit vom Verhältnis des Stickstoff zur organischen Verschmutzung und der erreichten CSB-Entnahme in der Vorklärung (vgl. [1711, 1712]).

Dritter Teil: Gewässerschutz

6. Die Einleitung des Abwassers in die Gewässer

6.1 Kreislauf des Wassers

Jede technische Verwendung von Wasser muss von dem Gedanken des Kreislaufs ausgehen. Die Städte sind in den ständigen Kreislauf des Wassers durch ihre Wasserversorgung und ihre Abwasserabführung eingeschaltet. Man kann nicht die Abwasserfrage lösen, ohne zugleich auch an die Wasserversorgung zu denken. Der Kreislauf Wasser – Abwasser ist in der städtischen Wasserwirtschaft fast überall in irgendeinem Grad vorhanden. Jede Stadt, die Flusswasser zur Wasserversorgung verwendet, kann nicht verhindern, dass in ihrem Trinkwasser gewisse Teilmengen aus dem Abwasser einer oberhalb liegenden Stadt enthalten sind. In früheren Jahren vermied man nur, davon zu sprechen. Es ist falsch zu glauben, man könne reines unberührtes Wasser irgendwoher beziehen und das Abwasser irgendwohin leiten, wo es nie mehr mit Menschen in Berührung kommt. Im Gegenteil: jedes Quell- oder Grundwasser ist schon einmal Oberflächenwasser gewesen und in irgendeinem Grad auch schon verschmutzt und jedes Abwasser kommt wieder in einen Wasserlauf, dessen Wasser wieder von Menschen benutzt wird, auch zum Trinken. Der Kreislauf als solcher ist nicht zu vermeiden. Man muss nur sorgen, dass er nicht zu kurz ist.

Diesen Gedankengang hat Karl Imhoff bereits in den 1930er Jahren entwickelt [1127, 1128]. Die Aufsätze wurden geschrieben, als der trockene Sommer 1929 beim Trinkwasserfluss Ruhr gezeigt hatte, dass große Teile des Flusswassers damals den Kreislauf für kurze Zeit dreimal durchgemacht hatten, ohne dass der geringste Schaden eintrat. Der zweite Kreislauf bezog sich damals auf 25 %, der dritte auf 10 % des Wassers. Gegen die Aufsätze wurde von einigen deutschen Fachleuten scharf Stellung genommen. Eine Erwiderung folgte [344]. Von dem Wasserkreislauf wird seither in steigendem Maß Gebrauch gemacht. Der an der Ruhr nachgewiesene Fall des dreimaligen Kreislaufs ist inzwischen durch den Verdrigisfluss in Kansas (USA) weit überholt worden, wo man im trockenen Sommer 1948 einen siebzehnmaligen Kreislauf berechnet hat [2257, 2258]. In einer fünfmonatigen Notzeit hat man in Chanute (Kansas) bei achtmaligem Kreislauf eine sehr schlechte Beschaffenheit des Trinkwassers festgestellt [1599].

An der Ruhr wurde die Wasserknappheit des Jahres 1929 im Sommer 1959 noch übertroffen. Die Verwendung des rückgepumpten Wassers im Kreislauf erstreckte sich über vier Monate. Als Menge des rückgepumpten Rheinwassers wurden 109 Mio. m^3 angegeben. Dieser Notstand entstand hauptsächlich dadurch, dass gerade in diesem Sommer die Sorpe-Talsperre mit 70 Mio. m^3 Inhalt zur Ausbesserung eines Kriegsschadens hatte leerstehen müssen [1207, 1355]. Die Beschaffenheit des Trinkwassers war in der Zeit des Rückpumpens schlecht. Das galt besonders für die Stadt Essen, weil hier Ruhrwasser und rückgepumptes Rheinwasser aufeinandertrafen. Die Chloride erreichten 490 mg/l, Nitrate 35 mg/l und Detergentien 1,7 mg/l. Im Dezember 1959 litten 5 bis 10 % der Essener Bevölkerung an abakterieller Gastroenteritis. Obwohl das Trinkwasser bakteriologisch einwandfrei gewesen ist, wird ein Zusammenhang mit seiner schlechten chemischen Beschaffenheit vermutet [2223]. Eine Wiederholung der kritischen Verhältnisse ist nach Reparatur der Sorpe- und Neubau der Bigge-Talsperre ausgeschlossen. Aus den Erfahrungen an der Ruhr wurde die Folgerung gezogen, dass bei den derzeit angewandten Reinigungsverfahren ein Wasser-Abwasser-Kreislauf bis zu 50 % ohne Nachteile für die Trinkwasserbeschaffenheit hingenommen werden kann [1356]. Das Verhältnis von gereinigtem Abwasser zu unberührtem Verdünnungswasser sollte in Flüssen, die der Trinkwasserversorgung dienen, auch in der Trockenperiode daher 1 : 1 nicht übersteigen.
Verwiesen wird noch auf: [56 bis 59, 127, 314, 430, 440, 442, 447, 1149, 1460, 1675, 1676, 1721, 1793, 1831, 2085, 2090, 2251].
Beim Kreislauf geht fast stets ein Teil des Wassers verloren:

- bei Kühlwasser sehr wenig,
- bei städtischer Entwässerung 20 %,
- bei ländlicher Wasserversorgung ohne Ortsentwässerung 70 %,
- bei Verrieselung von Abwasser 40 %,
- bei Verregnung (Kapitel 5.6.2) von Abwasser 100 %.

Sehr erleichtert wird die Abwasserbehandlung, wenn es möglich ist, das Versorgungswasser aus einem nur wenig mit Abwasser belasteten Flussgebiet zu entnehmen und das Abwasser in einen anderen Fluss zu leiten, dessen Wasser nur zu untergeordneten Zwecken benutzt wird oder der so wasserreich ist, dass ein geringerer Reinigungsgrad ausreicht.
Wenn das gleiche Flussgebiet für beide Zwecke – die Gewinnung und die Ableitung des Wassers – dienen muss, wird der Grad der Reinigung unmittelbar aus dem Bedürfnis der Wassergewinnung bestimmt. Dieser Fall liegt gewöhnlich bei den „Industrieflüssen“ vor. Meist ist bei diesen die Summe der entnommenen Wassermengen, namentlich der Kraftwerke, größer als die Niedrigwas-

serführung des Flusses. Dann ist der Wasserbedarf ohne die mehrmalige Verwendung im Kreislauf gar nicht zu decken. Der einzelne Wasserentnehmer ist dann verpflichtet, das Abwasser nach genügender Reinigung dem Flussgebiet wieder zurückzugeben. Hiergegen ist auch bei städtischen Wasserversorgungen nach der in unzähligen Fällen gemachten Erfahrung dann nichts einzuwenden, wenn in den Weg des Wassers die entsprechenden künstlichen und natürlichen Reinigungsverfahren eingeschaltet sind, besonders auch die gründliche Filterung durch gewachsenen Boden. In dicht bewohnten und industriereichen Ländern ist die Reinhaltung der Gewässer durch gute Abwasserreinigung die beste Grundlage dafür, dass die Bevölkerung und besonders die Industrie sicher und billig mit Wasser versorgt werden.

Beim Kreislauf bleiben Salze und gewisse Endstoffe des Abbaus im Wasser und reichern sich an, je öfter der Kreislauf wiederholt wird. Dadurch können Nachteile entstehen, z. B. die Angriffslust auf Werkstoffe durch Kohlensäure und Sauerstoff oder die übermäßige Algenbildung infolge der Anreicherung mit Pflanzennährstoffen. Besonders gefährlich ist in Viehzuchtgebieten und in Siedlungen ohne geregelte Wasserverhältnisse der Rücklauf von menschlichem und tierischem Harn in Trinkbrunnen. Nach Hettche erzeugt das Urochrom (der Farbstoff des Harns) den endemischen Kropf und Morbus Basedow [1055]. Die Gefahr ist erkennbar am Nitratgehalt des Brunnenwassers [376].

Von der Wasserversorgung aus gesehen ist die Frage des Wasserkreislaufs oft unter dem Stichwort „Künstliches Grundwasser“ behandelt worden. Verwiesen wird auf: [975, 1117, 1295, 1368, 2010, 2057, 2368, 2369]. Über die technischen Möglichkeiten, Trinkwasser aus Oberflächenwasser zu machen, siehe: [685, 1097].

Die Aufsätze von Haase [975] geben eine vorzügliche Übersicht über die mit dem Wasserkreislauf zusammenhängenden Korrosionsfragen. Danach nützt Belüften bei echtem Grundwasser, weil damit neben Eisen und Mangan auch Kohlensäure und Schwefelwasserstoff ausgeschieden werden und weil das Anreichern mit Sauerstoff das Entstehen einer Schutzschicht fördert. Bei künstlichem Grundwasser sind es die organischen Stoffe, die die Korrosion verursachen, namentlich die Stoffe aus gewerblichem Abwasser, z. B. von Zellstoff-Fabriken. Die organischen Stoffe vermindern den Sauerstoffgehalt und im Boden bilden sie Kohlensäure, die auch angreift. Chloren vermehrt die Angriffslust. Im Flusswasser bedeutet jede Verschmutzung ein Mehr an Kohlensäure, Nitraten, Chloriden, Ammoniak oder Phenol. Alle greifen Werkstoffe an.

6.2 Gesetzliche Anforderungen

Die Anforderungen an die Reinigung häuslichen Abwassers nach dem Stand der Technik werden in Kapitel 4.3 genannt. Bei der Reinigung gewerblicher

Abwässer ist die Abwasserverordnung mit den Anhängen für die verschiedenen Sparten maßgebend. Hinsichtlich der Beschaffenheit der Gewässer schafft die Europäische Wasserrahmenrichtlinie (EG-WRRL) [792] einen Ordnungsrahmen. Gesondert aufgegriffen werden die dort angesprochenen prioritären Stoffe [801] und die Badegewässerrichtlinie [796].

6.2.1 Die Europäische Wasserrahmenrichtlinie

Die Richtlinie 2000/60/EG des Europäischen Parlamentes und des Rates vom 23.10.2000 (EG-WRRL) [792] stellt mit ihrer am 22.12.2000 erfolgten Veröffentlichung im Amtsblatt der Europäischen Gemeinschaften den neuen Ordnungsrahmen für Maßnahmen der Gemeinschaft im Bereich der Wasserpolitik dar. Bezogen auf ihre fachlichen Inhalte ist sie jedoch nicht nur alleiniger Ordnungsrahmen, sondern steht vielmehr für einen Paradigmenwechsel im Bereich der Wasserwirtschaft. Sie hat ein neu ausgerichtetes und deutlich weiter gefasstes Bewusstsein für die Gewässer geschaffen. Während sich bisher deren Bewertung – nicht zuletzt aufgrund des auf ihnen lastenden starken Nutzungsdrucks – primär an der Qualität des Wassers orientierte, wird jetzt in einer integralen Form dem Zustand des Gewässers einschließlich seiner Rolle im Naturhaushalt die entscheidende Bedeutung zugewiesen. Diesen Zustand prägt maßgeblich die gewässertypgerechte Zusammensetzung von Kleinlebewesen, Fischen und Wasserpflanzen im Sinne einer nachhaltigen Umweltentwicklung.
Daher stellt die EG-WRRL mit ihren ganzheitlich, integrativ und ökologisch ausgerichteten Denk- und Bearbeitungsansätzen eine grundsätzlich neue Basis für die zukünftigen Aktivitäten im gesamten Bereich der Wasserwirtschaft dar. Dabei gilt es, zwei generell gegensätzliche Aspekte so weit wie möglich miteinander in Einklang zu bringen. Dies ist auf der einen Seite der Erhalt oder die Wiederherstellung eines Gewässerzustandes, der die Funktion als Lebensraum für Flora und Fauna sowie als wesentliches und prägendes Element von Natur und Umwelt erfüllen kann. Auf der anderen Seite stehen dem die anthropogenen Nutzungsansprüche an das Gewässer als Ressource beispielsweise für die Trinkwasserversorgung oder Energiegewinnung und als Vorfluter entgegen. Somit ist die EG-WRRL auch für die Abwasserentsorger von Belang, da sie dem Gewässer ihr Produkt „gereinigtes bzw. behandeltes Abwasser oder Niederschlagswasser" übergeben. Derartige Nutzungen sind ausdrücklich in die EG-WRRL miteingeschlossen. Allerdings sind die gewässerbezogenen menschlichen Tätigkeiten hinsichtlich ihrer Umweltauswirkungen zu überprüfen und die Wassernutzung hinsichtlich ihrer Wirtschaftlichkeit zu analysieren.
Kernziele der EG-WRRL sind der Schutz und die nachhaltige Bewirtschaftung der aquatischen Ökosysteme sowie der wasserabhängigen Landökosysteme. Hierzu spannt sie in Artikel 1 einen Ordnungsrahmen zum Schutz aller Gewäs-

ser (Oberflächen-, Übergangs-, Küsten- und Grundwässer) auf, um unter anderem

- eine weitere Verschlechterung der aquatischen Flora und Fauna zu vermeiden sowie deren Zustand zu schützen und zu verbessern,
- Einleitungen, Emissionen und Verluste von prioritären bzw. prioritär gefährlichen Stoffen zu reduzieren bzw. zu vermeiden,
- die Verschmutzung des Grundwassers zu verhindern und zu reduzieren.

Um diesen Vorgaben nachzukommen, sind in der Richtlinie mehrere Leitgedanken und Anforderungen verankert, die im Folgenden kurz beleuchtet werden:

1. Denken in flussgebietsbezogenen Einheiten:
   Dieser Ansatz soll den Rahmen des wasserwirtschaftlichen Handelns auf die ökologischen Funktionsräume von Flora und Fauna ausrichten. Ein potenzieller Gewässereingriff soll daher nicht allein anhand seiner Wirkung am direkten Ort der Maßnahme bewertet werden, sondern dessen Wirkmechanismen im gesamten Fließverlauf des Gewässers berücksichtigen. Zur Erfüllung dieses Anspruchs sind für Deutschland zehn Flussgebiete definiert (Donau, Rhein, Maas, Ems, Weser, Elbe, Eider, Oder, Schlei/Trave, Warnow/Peene), die jedoch aus arbeitstechnischen Gründen in mehrere Bearbeitungsräume untergliedert sind.
2. Übergreifende, integrale Betrachtung der Systeme Grundwasser und Oberflächengewässer (Fließgewässer, stehende Gewässer, Übergangs- und Küstengewässer):
   Vorhandene gegenseitige Beeinflussungen dieser Teilsysteme und zwischen ihnen bestehende Wirkungsketten machen diesen Betrachtungsansatz zwingend notwendig. Ziel ist es, jeweilige positive und negative Wirkungen in zwei Teilsystemen gegeneinander abzuwägen. Ausdrücklich eingeschlossen in diese Betrachtungen sind die in der EG-WRRL besonders erwähnten grundwasserabhängigen Landökosysteme.
3. Erreichung eines „guten Zustands“ für Oberflächengewässer und für das Grundwasser:
   Bei den Oberflächengewässern setzt sich der „gute Zustand“ aus einer ökologischen und einer chemischen, beim Grundwasser aus einer chemischen und einer mengenmäßigen Komponente zusammen. Der „gute ökologische Zustand“ stützt sich vor allem auf eine Beurteilung der biologischen Indikationsgrößen Makrozoobenthos, Phytobenthos, Makrophyten, Phytoplankton und Fische. Er stellt eine gewässertypspezifische, leitbildorientierte Größe dar [1481]. Ebenfalls werden verschiedene weitere Faktoren unterstützend

zur Bewertung des „guten ökologischen Zustandes" herangezogen, da sie von grundlegender Bedeutung für die Zusammensetzung der vorgenannten biologischen Indikationsgrößen sind. Hierzu zählen Kennwerte der Hydromorphologie im Hinblick auf die Habitatqualität für die aquatischen Biozönosen, allgemeine chemische und physikalisch-chemische Komponenten (Temperaturverhältnisse, Sauerstoffgehalt, Salzgehalt, Versauerungszustand und Nährstoffverhältnisse) sowie sonstige flussgebietsspezifische Schadstoffe (Metalle, Pflanzenschutzmittel etc.). Dem „guten mengenmäßigen Zustand" des Grundwassers liegt der Vorsorgegedanke einer langfristig gesicherten Verfügbarkeit dieser Wasserressource für Trinkwasserzwecke zugrunde. Er wird über langjährige Beobachtungen des Grundwasserstandes und dessen trendmäßige Entwicklung beschrieben. Der für beide Bereiche zu erreichende „gute chemische Zustand" stützt sich bei den Oberflächengewässern auf eine Analyse und entsprechende Grenzwertbetrachtungen der sogenannten prioritär und prioritär gefährlichen Stoffe. Derartige Grenzwerte, die sogenannten Umweltqualitätsnormen, haben das Europäische Parlament und der Rat der Europäischen Union erstmalig im Jahr 2008 festgelegt [799] und im Jahr 2013 angepasst [801]. Für das Grundwasser erstreckt sich der „gute chemische Zustand" auf die Einhaltung von Qualitätsnormen für Nitrat und Pestizidwirkstoffen sowie die Betrachtung von Schwellenwerten für verschiedene Schadstoffe, die in der Tochterrichtlinie Grundwasser aufgeführt sind [797].

4. Anwendung eines kombinierten Ansatzes von Emissionsgrenzwerten und Immissionsauswirkungen:
   Die Festlegung von Emissionsgrenzwerten kommt grundsätzlich der Erfüllung eines generell im Umweltbereich geltenden Besorgnisgrundsatzes nach. Deren Einhaltung ist eine gesetzliche Pflicht und in Deutschland u. a. mit der Umsetzung der Anforderungen der Abwasserverordnung bzw. der EU-Kommunalabwasserrichtlinie seit vielen Jahren geübte Praxis. Dieser Emissionsansatz ist vor allem für den wasserrechtlichen Vollzug von Bedeutung, da die Erreichbarkeit gesetzter Gewässerqualitätsansprüche über die Festlegung von Einleitungsanforderungen wesentlich besser handhabbar ist. Sind trotz der Erfüllung vorgegebener Emissionsstandards weiterhin nachteilige Auswirkungen für ein Gewässer oder einen Gewässerabschnitt erkennbar, ist diesen mit weitergehenden Immissionsanforderungen zu begegnen. Somit stützt sich die Einhaltung des gegebenen Umweltqualitätsziels grundsätzlich auf den Immissionsansatz, der die möglichen Auswirkungen einer Gewässerinanspruchnahme durch den Menschen beschreibt.
5. Berücksichtigung des Grundsatzes kostendeckender Preise für Wasserdienstleistungen:
   Jede Nutzung einer Wasserdienstleistung soll mit der Erbringung eines ent-

sprechenden monetären Gegenwertes verbunden sein, um den Nutzer für einen möglichst sorgsamen Umgang mit der Ressource Wasser zu sensibilisieren. Dabei sollen auch Umwelt- und Ressourcenkosten Berücksichtigung finden, welche die möglichen „Schäden" einer Nutzung bzw. eine dadurch ggf. entgangene anderweitige Nutzung monetär beschreiben sollen. Zudem beinhaltet dieser Kostendeckungsgrundsatz eine generelle verursachergerechte Zuweisung von Kosten, die sich in Deutschland bislang nur auf die Bereiche Trinkwasserver- und Abwasserentsorgung mit dem Gebührenzahler als Kostenträger erstreckt. Diese deutsche Sichtweise, den Begriff Wasserdienstleistung im Sinne der EG-WRRL auf diese beiden Bereiche zu beschränken, hat der Europäische Gerichtshof im Jahr 2014 in einem Klageverfahren der Europäischen Kommission gegen Deutschland wegen Verletzung der EG-WRRL bei der Umlage von Kosten für Wasserdienstleistungen als rechtmäßig anerkannt [788].

6. Überprüfung von Kosten und Wirksamkeit:
   Zur Erreichung der Ziele der EG-WRRL sollen möglichst kosteneffiziente Maßnahmen herangezogen werden. Deren Ermittlung beinhaltet nicht nur einen reinen kostenmäßigen Vergleich mehrerer möglicher Maßnahmenvarianten, sondern auch eine Bewertung ihres jeweiligen Nutzens und ihrer jeweiligen Effizienz. Dabei kommt der Festlegung des Bezugsraums für diesen Effizienzvergleich besondere Bedeutung zu [940]. Für die Abwasserentsorgung ist dabei von Bedeutung, dass zur Behebung eines bestehenden Gewässerdefizits neben potenziellen Maßnahmen im Bereich der Siedlungsentwässerung auch solche in anderen Bereichen (Landwirtschaft, Gewässerstruktur etc.) betrachtet werden und anschließend eine kosteneffizienzmäßige Wichtung erfolgt.
7. Überwachung und Analyse des Zustandes von Oberflächengewässern, Grundwasser und Schutzgebieten:
   Diese Aufgabe ist zum einen Voraussetzung für die Identifizierung von Defiziten und die Entwicklung möglicher Maßnahmen zu deren Behebung, zum anderen aber auch elementare Grundlage für eine Dokumentation der Erreichung der Ziele der EG-WRRL. Die andersartig gelagerten Betrachtungs- und Bewertungsgrößen eines gewässertypspezifischen ökologischen Gewässerzustands erforderten eine Entwicklung entsprechender Bewertungsmethoden, die für die Qualitätskomponente des Makrozoobenthos als weitgehend abgeschlossen und in Deutschland mit dem Bewertungssystem „PERLODES" als eingeführt betrachtet werden kann [www.fliessgewaesserbewertung.de]. Für die übrigen Qualitätskomponenten ist ein vergleichbar anerkannter Standard noch nicht gegeben. Zwar existieren mit „fiBS" für die Fischfauna [www.fliessgewaesserbewertung.de] sowie „PHYLIB" für Makrophyten und Phytobenthos [228] entsprechende Bewer-

tungsverfahren, allerdings sind diese als bislang noch nicht vollkommen ausgereift anzusehen. Für das Phytoplankton sind mit „PhytoFluss" und „PhytoSee" ebenfalls zwei eigenständige Bewertungsverfahren verfügbar [2239]. Gemäß den Vorgaben der EG-WRRL haben diese Bewertungsverfahren eine fünfstufige Klassifizierung des ökologischen Gewässerzustands in „sehr gut", „gut", „mäßig", „unbefriedigend" und „schlecht" zu ermöglichen. Hinsichtlich des chemischen Gewässerzustands ist lediglich eine Einteilung in „gut" und „nicht gut" vorgesehen (vgl. hierzu auch Kapitel 6.2.2).

8. Erstellung eines Bewirtschaftungsplans für eine Flussgebietseinheit: Der Bewirtschaftungsplan ist das Kernelement der EG-WRRL. Wichtigste inhaltliche Aspekte sind die Überprüfung der Auswirkungen menschlicher Tätigkeiten auf den Zustand von Oberflächengewässern und Grundwasser und – unter Berücksichtigung der Ergebnisse des Monitoringprogramms – die Festlegung der Umweltziele sowie die Darstellung von Maßnahmen, die zur Erreichung dieser Umweltziele notwendig sind. Der erste Bewirtschaftungsplan war bis Ende 2009 aufzustellen und ab dann für sechs Jahre verwaltungsrechtlich verbindlich.
9. Beteiligung der Öffentlichkeit bei der Umsetzung, insbesondere bei der Erstellung des Bewirtschaftungsplans:
   Die aktive Beteiligung aller Interessengruppierungen an der Umsetzung der Richtlinie ist ausdrücklicher Anspruch der EG-WRRL. Dies soll die Diskussion über Zielvorgaben und Entscheidungen für Maßnahmen auf eine breite und möglichst einvernehmliche Basis stellen. Diese Form der Öffentlichkeitsbeteiligung entspricht jedoch nicht den Vorgaben des Verwaltungsverfahrensrechts, womit letztlich auch kein Klagerecht gegen die Inhalte des Bewirtschaftungsplans besteht [1251]. Aufgrund des relativ hohen Abstraktheitsgrades von Bewirtschaftungsplan und Maßnahmenprogramm hat es sich allerdings gezeigt, dass sich die allgemeine Öffentlichkeit mit ihrem in der Regel ausgeprägten Detailbezug kaum für eine Beteiligung an der Inhaltsdiskussion des Bewirtschaftungsplans gewinnen lässt. Diese hat vornehmlich die organisierte Öffentlichkeit über Interessensverbände, Nutzergruppierungen und fachkundige Kreise von potenziellen Maßnahmenbetroffenen geprägt. Diese nachvollziehbare Zurückhaltung der Bevölkerung an diesem Partizipationsprozess hat jedoch zur Folge, dass die Intention und Zielsetzung der EG-WRRL bislang in der Allgemeinheit kaum verankert sind.

Aus diesen Leitgedanken lassen sich zwei wesentliche Aspekte herauskristallisieren. Zum einen sind alle wasserwirtschaftlichen Entscheidungen zukünftig einer flusseinzugsgebietsbezogenen Betrachtung zu unterziehen. Dies bringt die Notwendigkeit einer verstärkten Kommunikation aller wasserwirtschaftlichen

Akteure mit sich, bietet aber auch die Chance des besseren Verständnisses für die jeweiligen unterschiedlichen Problemstellungen. Zum anderen ist aber auch die Betrachtungsebene für diese wasserwirtschaftlichen Entscheidungen eine andere. Denn die bisherigen Elemente des technisch orientierten Variantenvergleichs (einschließlich der Betrachtung von Kosten und Umweltverträglichkeit) sind um Gesichtspunkte wie kostenmäßige Bewertung von Ressourcennutzung (z. B. Freizeit) oder Ressourcenverbrauch (z. B. Wasserentnahme für Trink- oder Brauchwasserzwecke) und eine Auswirkungsanalyse auf die biologischen Qualitätskomponenten zu erweitern.

Die Ziele der EG-WRRL orientieren sich an einem möglichst naturbelassenen und in seiner Funktionsfähigkeit weitgehend intaktem Gewässer. Allerdings spricht der derzeitige Zustand der europäischen Gewässer teilweise eine deutlich andere Sprache. Hier haben die in den meisten europäischen Mitgliedsstaaten relativ hohe Besiedlungsdichte und die prosperierende wirtschaftliche Entwicklung der letzten Jahrhunderte deutliche Spuren hinterlassen. Große Teile der Fließgewässer und ihrer Auenbereiche weisen demzufolge menschlich verursachte, unnatürliche Veränderungen auf und auch die Grundwasserressourcen sind oftmals beeinträchtigt. Dies trifft insbesondere auf urbanisierte Regionen und landwirtschaftlich intensiv genutzte Flächenareale zu.

Zur Berücksichtigung der Auswirkungen, welche die bereits zuvor angesprochenen anthropogen Gewässernutzung mit sich bringen kann, ist in der EG-WRRL die Option der Ausweisung von künstlich oder erheblich veränderten Oberflächenwasserkörpern enthalten. Damit wird der Tatsache Rechnung getragen, dass die Aufrechterhaltung der jeweiligen Nutzung mit Einschränkungen der hydromorphologischen Merkmale des Gewässers verbunden ist [785]. Die Effekte, die sich aufgrund der nutzungsbedingten Anpassung der Gewässermorphologie für einzelne biologische Qualitätskomponenten einstellen, sind inzwischen quantifiziert worden und haben zur Festlegung eines jeweiligen guten ökologischen Potenzials geführt [1448]. Auf Basis der Aussagen in den zum 22.12.2015 veröffentlichten Bewirtschaftungsplänen sind in Deutschland 35 % der Gewässer als erheblich veränderte Wasserkörper und 15 % als künstliche Wasserkörper ausgewiesen [1620].

Mit Blick auf die vorgenannten Gegebenheiten ist es für die Gewässer der Bundesrepublik Deutschland nachvollziehbar, dass die zunächst zu leistende Bestandsaufnahme Defizite vor allem im Bereich der Hydromorphologie sowie aufgrund von diffusen Belastungsquellen aufzeigte. Diese im Jahr 2004 erfolgte Erhebung, die aufgrund damals noch fehlender biologischer Bewertungsverfahren auf Informationen zum saprobiellen Zustand, zur hydromorphologischen Beschaffenheit und zu verfügbaren Konzentrationswerten verschiedener physikalisch-chemischer Kenngrößen basierte, konstatiert lediglich bei weniger als

5 % der Gewässer die Erwartung, dass die Ziele der EG-WRRL bis zum Jahr 2015 erreicht werden [1447].
Eine weitgehend auf den Vorgaben der EG-WRRL beruhende Zustandsbewertung erfolgte erstmalig mit der Veröffentlichung der ersten Bewirtschaftungspläne zum 22.12.2009. Hierfür bildeten die Ergebnisse der in den Jahren 2006 bis 2008 durchgeführten ersten Monitoringphase die Grundlage. Danach erreichten in Deutschland rund 10 % der Gewässer den „sehr guten" oder den „guten ökologischen Zustand" [394]. Die zum 22.12.2015 vorgelegten zweiten Bewirtschaftungspläne haben diese Zustandsbewertung aktualisiert. Allerdings hat die zwischenzeitige Umsetzung von Maßnahmen aus den ersten Maßnahmenprogrammen nur partiell eine Zustandsverbesserung zur Folge gehabt. Vielmehr hat sich der Anteil an Gewässern, die sich im Jahr 2015 in einem „sehr guten" oder „guten ökologischen Zustand" befinden, auf etwas mehr als 8 % verringert [1620, 2233]. Dieser Rückgang liegt aber weniger darin begründet, dass sich zwischenzeitig die Beschaffenheit der Gewässer real verschlechtert hat, sondern ist eher darauf zurückzuführen, dass teilweise eine Veränderung der Bewertungsmethodik stattgefunden hat.
Da eine derartige nur eingeschränkte Verbesserung des Zustands vieler europäischer Gewässer, insbesondere in dicht besiedelten sowie landwirtschaftlich genutzten Regionen, bereits aus den Inhalten der ersten Bewirtschaftungspläne ablesbar war, hat die Europäische Kommission im November 2012 ein neues Strategiepapier zur zukünftigen Ausrichtung der europäischen Wasserpolitik, den so genannten „Blueprint to Safeguard Europe's Waters", veröffentlicht [784]. Darin macht sie zum einen auf die Notwendigkeit aufmerksam, die Ziele der Wasserpolitik verstärkt in andere relevante Politikbereiche wie Landwirtschaft, Fischerei, erneuerbare Energien und Verkehr einzubeziehen. Zum anderen zeigt sie Möglichkeiten auf, wie die derzeitige Wasserpolitik der EU durch eine umfassende Nutzung der Inhalte bestehender Vorschriften besser umgesetzt werden kann. Zudem legt die Europäische Kommission dar, dass Lücken im derzeitigen Rechtsrahmen insbesondere mit Blick auf eine effizientere Bewirtschaftung der Wasserressourcen zu schließen sind.
Neben der ökologischen Komponente des zu erreichenden Zustandsziels weist die EG-WRRL ebenfalls eine ökonomische Komponente auf (vgl. obige Ziffer 6). So sollen möglichst die kosteneffizientesten Maßnahmen oder Maßnahmenkombinationen Eingang in das Maßnahmenprogramm finden. Dies erfordert ein zielorientiertes Handeln unter Berücksichtigung aller Systemzusammenhänge, die einen isolierten Blick auf Einzelmaßnahmen, örtlich begrenzte Betrachtungsräume oder auch einzelne wasserwirtschaftliche Sektoren ausschließt [2334]. Vielmehr ist das Gewässer als Ökosystem mit räumlich vernetzten Strukturen und Funktionen zu verstehen und für die Zwecke der Zielerreichung der EG-WRRL sind daher auch die Ausbreitungsmechanismen von Flora und

Fauna zu nutzen (vgl. Kapitel 6.4). Diese Herangehensweise ist grundlegende Voraussetzung für einen kosteneffizienten Einsatz vorhandener finanzieller Mittel.

Angesichts der vielfältigen Eingriffe, die der Mensch in den vergangenen Jahrhunderten an den Gewässern vorgenommen hat, war es absehbar, dass es nicht gelingen wird, die dadurch bedingten und mittlerweile erkannten negativen Auswirkungen bis zum Jahr 2015 vollständig zu beseitigen. Daher haben die ersten Bewirtschaftungspläne und Maßnahmenprogramme in hohem Maß von der Möglichkeit der Fristverlängerung Gebrauch gemacht. Trotz aller Anstrengungen, die darin formulierten und in den Maßnahmenprogrammen konkretisierten Handlungsschwerpunkte auch anzugehen, ist bis heute teilweise ein nur schleppender Fortschritt in der praktischen Maßnahmendurchführung erkennbar. Dies kam bereits in den Berichten über den Umsetzungsstand der EG-WRRL, welche die Mitgliedsstaaten jeweils nach der Hälfte eines Bewirtschaftungszyklus der Europäischen Kommission zu übermitteln haben, klar zum Ausdruck [395]. Daher findet diese Inanspruchnahme der Fristverlängerung auch in den seit Ende 2015 vorliegenden zweiten Bewirtschaftungsplänen vielfach Anwendung.

Als Gründe für diese verzögerte Maßnahmenumsetzung werden für Deutschland vor allem Probleme bei der Bereitstellung von Flächen, sowie die fehlende Verfügbarkeit personeller und finanzieller Ressourcen, aber auch Schwierigkeiten bei der Herstellung von Akzeptanz für derartige Maßnahmen genannt [395]. Da derzeit aber kaum erkennbar ist, dass sich in naher Zukunft an diesen grundlegenden Randbedingungen etwas ändern wird, ist es selbst für das Jahr 2027 vermutlich immer noch zweifelhaft, ob flächendeckend der gute Zustand erreicht sein wird.

Vor diesem Hintergrund ist es sicherlich bedeutsam, ob und in welcher Form die EG-WRRL auch über dieses Jahr 2027 hinaus fortbestehen wird. Hierzu ist in der Richtlinie selbst der Passus verankert, dass die Europäische Kommission aufgerufen ist, die EG-WRRL spätestens 19 Jahre nach ihrem Inkrafttreten – also im Jahr 2019 – zu überprüfen und gegebenenfalls erforderliche Änderungen vorzuschlagen. Bereits im Juni 2014 hatten es hierzu eine Initiative von Water UK, dem Verband der britischen Wasserver- und -entsorger, gegeben [2310]. In diesem Positionspapier fordert er unter anderem, dass die EG-WRRL allgemein mehr Flexibilität und Ausnahmen zulassen soll, menschliche Einflussfaktoren stärker Berücksichtigung finden sollen und ein Gleichgewicht zwischen den Umweltkosten und den Kosten für die Wasserverbraucher anzustreben sei. Die aufkommende Diskussion um diesen Prozess der Richtlinienüberprüfung wird mit Sicherheit auch noch andere Aspekte und Sichtweisen hierzu zur Sprache bringen.

Im Rückblick auf mittlerweile über 16 Jahre Bestand der EG-WRRL ist festzuhalten, dass deren Verabschiedung die Wasserwirtschaft unverkennbar ökologisiert und in einen Kontext zu den übrigen Umweltdisziplinen gestellt hat. Dadurch wird das zukünftige wasserwirtschaftliche Handeln auf längere Zeithorizonte („intergenerationelle Gerechtigkeit") und auf das Prinzip der Nachhaltigkeit als dauerhaft umweltgerechte Entwicklung ausgerichtet. Vor diesem Hintergrund ist es aber unabdingbar, nicht nur natur- und gewässerschutzorientierte Aspekte zu betrachten, sondern die Gewässernutzungen ebenfalls mit zu berücksichtigen. Für die Abwasserentsorgung haben die Inhalte der EG-WRRL zur Konsequenz, dass erheblich weiter über den eigenen Sektor hinaus als bisher gedacht, bewertet und umgesetzt werden muss [2333]. So ist eine Einleitung aus einer Kläranlage oder Niederschlagswasserbehandlungsanlage nicht isoliert zu betrachten, sondern im Zusammenhang mit den übrigen Stoffeintragspfaden und sonstigen zustandsprägenden Faktoren des Gewässers (z. B. Gewässerstruktur) innerhalb natürlicher Einzugsgebiete. Dieser Betrachtungsansatz gilt in gleicher Weise auch für die übrigen Wasserwirtschafts- und Umweltbereiche, dessen prinzipielle Anwendung am Beispiel der Fragestellung der Durchgängigkeit von stark anthropogen überformten Fließgewässern wie der Ruhr nachvollzogen werden kann [2332].

Der EU ist es im Zusammenhang mit der EG-WRRL wichtig, dass der Prozess einer integrativen, flussgebietsbezogenen und damit teilweise auch länder- und staatenübergreifenden Betrachtung von Gewässersystemen tatsächlich gelebt wird, um eine für alle Beteiligten nutzbringende und nachhaltige Sicherung des Naturproduktes Wasser zu erzielen [209]. Daher müssen die unterschiedlichen mit dem Wasser verbundenen Fachdisziplinen in viel stärkerem Maß als früher in einen offenen, kommunikativen und konstruktiven Dialog eintreten, sowohl auf planerischer, wie auf betrieblicher und behördlicher Seite. Dabei gilt es, die durchaus bestehenden breiten Interpretationsspielräume der EG-WRRL zu nutzen und vor allem zu versuchen, einen Konsens über das herbeizuführen, was getan und finanziert werden muss. Dass dies eine nicht unbedingt leichte Aufgabe ist, verdeutlicht ein Beitrag über die Frage der Akzeptanz für die Umsetzung hydromorphologischer Maßnahmen, einem wesentlichen Schlüsselfaktor auf dem Weg zu einem ökologisch guten Gewässerzustand [869]. Die richtige Vermittlung der Notwendigkeit und die Gewinnung von Akzeptanz für die Maßnahmen, die für die Erreichung der Ziele der EG-WRRL angedacht sind, sowohl speziell bei den unmittelbar Betroffenen als auch generell in der Gesellschaft, ist aber die wichtigste Grundvoraussetzung für ihren Erfolg. Nur wenn dies gelingt, kann die Europäische Wasserrahmenrichtlinie ihren Zweck auch erfüllen.

6.2.2 Oberflächengewässerverordnung

Gemäß Artikel 24 der EG-WRRL haben die Mitgliedstaaten die notwendigen Rechts- und Verwaltungsvorschriften zu erlassen, um den Vorgaben der Richtlinie auf nationaler Ebene nachzukommen. Dies ist in Deutschland hinsichtlich der generellen Regelung der EG-WRRL mit entsprechenden Anpassungen im Wasserhaushaltsgesetz (WHG) erfolgt. Eine letztmalige Novellierung hat mit Datum vom 11. April 2016 zur Einführung von Grundsätzen für die Kosten von Wasserdienstleistungen und Wassernutzungen stattgefunden [612].
Alle mehr fachlichen Aspekte sind seit dem 20.07.2011 in der damals neu geschaffenen Oberflächengewässerverordnung (OGewV) gebündelt. Sie ersetzt die bis dahin gültigen einzelnen länderspezifischen Verordnungen zur Einstufung sowie Überwachung der Gewässer. Mit der OGewV liegen damit bundeseinheitliche Regelungen zur praktischen Umsetzung der WRRL in Deutschland mit Blick auf den Schutz der Oberflächengewässer und die wirtschaftliche Analyse der Nutzungen ihres Wassers vor. Aufgrund verschiedener europarechtlicher Änderungen war auf nationaler Seite die OGewV anzupassen, die seit dem 20.06.2016 in einer novellierten Fassung vorliegt [611].
Wichtiger Bestandteil der OGewV sind die Vorgaben zur Einstufung des ökologischen Zustands bzw. des ökologischen Potenzials und des chemischen Zustands. Hinsichtlich der ökologischen Seite richtet sich die Einstufung nach den in Kapitel 6.2.1 genannten biologischen Qualitätskomponenten, wobei die jeweils schlechteste Bewertung einer der biologischen Qualitätskomponenten maßgebend ist. Bei dieser Bewertung sind die hydromorphologischen sowie die allgemeinen physikalisch-chemischen Gewässereigenschaften zur Einstufung unterstützend heranzuziehen. Ebenfalls zu berücksichtigen sind aber auch die sogenannten flussgebietsspezifischen Schadstoffe, die jeder Mitgliedsstaat in Abhängigkeit von den für ein Gewässereinzugsgebiet relevanten Schadstoffeinträgen selbst festlegen kann. Für die deutschen Flussgebiete hat der Gesetzgeber in Anlage 6 der OGewV hierzu aktuell 67 Stoffe mit entsprechenden einzuhaltenden Umweltqualitätsnormen (UQN) festgelegt. Diese Schadstoffe erlangen dann Relevanz für die Einstufung in eine ökologische Zustandsklasse, wenn der jeweilige UQN-Grenzwert nicht eingehalten ist. In diesem Fall ist der ökologische Zustand oder das ökologische Potenzial höchstens unabhängig vom Ergebnis der biologischen Qualitätskomponenten als mäßig einzustufen.
Der chemische Zustand ist Resultat der Betrachtung der prioritären und prioritär gefährlichen Stoffe. Diese basiert auf Artikel 16 der EG-WRRL und hat zum Ziel, die Einleitung, Emission und den Verlust derartiger Stoffe schrittweise zu verringern. Damit soll erreicht werden, dass ihre Konzentration in der Meeresumwelt nahe Null liegen, sofern es anthropogen synthetische Stoffe sind, bzw. in der Nähe der Hintergrundwerte, sofern diese Stoffe natürlichen Ursprungs sein können. Für die prioritär gefährlichen Stoffe gilt sogar die Vorgabe, derartige

Einleitungen, Emissionen und den Verluste innerhalb von 20 Jahren nach Inkrafttreten der EG-WRRL vollständig zu beenden. Die Festlegung dieser Stoffe und ihrer jeweiligen Umweltqualitätsnorm sowie der Umgang mit ihnen sind in einer separaten, im Jahr 2013 novellierten Richtlinie geregelt [801]. Aktuell umfasst diese Richtlinie eine Liste von 45 Stoffen, von denen 21 als prioritär gefährlich eingestuft sind. Deren Novellierung hat neben der Aufnahme von zwölf weiteren Stoffen vor allem auch eine Fortschreibung und Verschärfung der Umweltqualitätsnorm bei sieben Stoffen sowie für 11 Stoffe die zusätzliche Einhaltung von Umweltqualitätsnormen in Biota von Fischen zur Folge gehabt. In die OGewV haben diese Regelungen als Anlage 8 Eingang gefunden (Tabelle 6.1).

Vor allem diese zusätzliche Betrachtung von UQN in Biota führt in Deutschland dazu, dass aufgrund der flächendeckenden Überschreitung des zugehörigen Grenzwertes für das ubiquitär vorkommende Quecksilber der chemische Gewässerzustand zu 100 % als nicht gut einzustufen ist. Zwar gestattet die Richtlinie zu den prioritären Stoffen eine gesonderte Betrachtung und Darstellung von acht ubiquitär verbreiteten Stoffen, doch ändert dies nichts an der Tatsache, dass insgesamt das Ziel eines guten chemischen Zustands verfehlt wird.

Für die Abwasserentsorger sind eine Vielzahl der aktuell 45 prioritären und prioritär gefährlichen Stoffe von untergeordneter Bedeutung, da sie zumeist überwiegend diffus in die Umwelt und somit auch in den natürlichen Wasserkreislauf eingetragen werden. Allerdings sind hierunter auch Stoffe, die Eingang in den anthropogenen Wasserpfad finden und über Kläranlagen bzw. Regenwassereinleitungen oder Abschwemmungen in die Gewässer gelangen. Dies betrifft u. a. bromierte Diphenylether (PBDE) und die Perfluoroktansulfonsäure und ihre Derivate (PFOS).

Eine intensivierte Überwachungsmethodik und vor allem stetig verbesserte Analysenmethoden ermöglichen mittlerweile den Nachweis von in der Umwelt vorkommenden Stoffen in sehr niedrigen Konzentrationen. Hierunter ist auch eine Vielzahl von Stoffen (Human- und Veterinärpharmaka, Personal-Care-Produkte, Duftstoffe, Haushaltschemikalien oder Desinfektionsmittel etc.) anzutreffen, die als Bestandteile des Lebensstandards der westlichen Welt gelten und in der Fachwelt als Mikroschadstoffe bezeichnet werden. Hierzu enthält die OGewV derzeit keine Regelungen. Allerdings greift die Richtlinie zu den prioritären Stoffen diesen Aspekt bereits auf, in dem sie die Erstellung einer Beobachtungsliste von höchstens zehn Stoffen vorschreibt, für welche die Mitgliedstaaten Überwachungsdaten zu erheben haben. Diese Daten sollen nachfolgend dann Grundlage für die Bewertung sein, ob einer dieser speziell beobachteten Stoffe Aufnahme in die Liste der prioritären und prioritär gefährlichen Stoffe finden soll oder nicht. Eine erste derartige Bobachtungsliste hat die Europäische Kommission im März 2015 veröffentlicht [787]. Sie enthält u. a. aus der Gruppe der Arzneimittel die Stoffe Diclofenac und Makrolid-Antibiotika. In Abhängigkeit von der Diskussion um die weitere Behandlung dieser sich derzeit auf der Beobachtungsliste befindlichen Stoffe wird schließlich auf EU-Ebene zu entscheiden sein, inwieweit diese Stoffe dann in die Liste der prioritären Stoffe aufgenommen werden. Dies dürfte dann auch von besonderer Relevanz für die Abwasserentsorger sein, da Arzneimittel überwiegend über das Abwasser in den Wasserkreislauf gelangen. In der Schweiz ist beispielsweise seit November 2015 eine Vorgabe zur Entfernung von organischen Spurenstoffen in der dortigen nationalen Gewässerschutzverordnung aufgenommen worden [2054].

Tabelle 6.1: Umweltqualitätsnormen zur Beurteilung des chemischen Zustands (Anlage 8 der OGewV) [611]

Nr.	Stoffname	JD-UQN[1] in µg/l oberirdische Gewässer ohne Übergangsgewässer	JD-UQN[1] in µg/l Übergangsgewässer und Küstengewässer nach § 3 Nummer 2 des Wasserhaushaltsgesetzes	ZHK-UQN[1] in µg/l oberirdische Gewässer ohne Übergangsgewässer	ZHK-UQN[1] in µg/l Übergangsgewässer und Küstengewässer nach § 3 Nummer 2 des Wasserhaushaltsgesetzes	Biota-UQN[2] in µg/kg Nassgewicht Oberflächengewässer
1	Alachlor	0,3	0,3	0,7	0,7	
2	Anthracen	0,1	0,1	0,1	0,1	
3	Atrazin	0,6	0,6	2	2	
4	Benzol	10	8	50	50	
5	Bromierte Diphenylether[3]			0,14	0,014	0,0085
6	Cadmium und Cadmiumverbindungen (je nach Wasserhärteklasse)[4]	=: 0,08 (Klasse 1) 0,08 (Klasse 2) 0,09 (Klasse 3) 0,15 (Klasse 4) 0,25 (Klasse 5)	0,2	=: 0,45 (Klasse 1) 0,45 (Klasse 2) 0,6 (Klasse 3) 0,9 (Klasse 4) 1,5 (Klasse 5)	=: 0,45 (Klasse 1) 0,45 (Klasse 2) 0,6 (Klasse 3) 0,9 (Klasse 4) 1,5 (Klasse 5)	
6a	Tetrachlorkohlenstoff	12	12	nicht anwendbar	nicht anwendbar	
7	C10-13 Chloralkane	0,4	0,4	1,4	1,4	
8	Chlorfenvinphos	0,1	0,1	0,3	0,3	
9	Chlorpyrifos (Chlorpyrifos-Ethyl)	0,03	0,03	0,1	0,1	
9a	Cyclodien Pestizide[3]:	L = 0,01	L = 0,005	nicht anwendbar	nicht anwendbar	
	Aldrin					

	Dieldrin					
	Endrin					
	Isodrin					
9b	DDT insgesamt[3]	0,025	0,025	nicht anwendbar	nicht anwendbar	
	4,4-DDT[3]	0,01	0,01	nicht anwendbar	nicht anwendbar	
10	1,2-Dichlorethan	10	10	nicht anwendbar	nicht anwendbar	
11	Dichlormethan	20	20	nicht anwendbar	nicht anwendbar	
12	Bis(2-ethyl-hexyl) phthalat (DEHP)[3]	1,3	1,3	nicht anwendbar	nicht anwendbar	
13	Diuron	0,2	0,2	1,8	1,8	
14	Endosulfan	0,005	0,0005	0,01	0,004	
15	Fluoranthen	0,0063	0,0063	0,12	0,12	30
16	Hexachlorbenzol[3]			0,05	0,05	10
17	Hexachlorbutadien			0,6	0,6	55
18	Hexachlorcyclohexan	0,02	0,002	0,04	0,02	
19	Lsoproturon	0,3	0,3	1	1	
20	Blei und Bleiverbindungen	1,2[5]	1,3[5]	14	14	
21	Quecksilber und Quecksilberverbindungen			0,07	0,07	20
22	Naphthalin	2	2	130	130	
23	Nickel und Nickel- verbindungen	4[5]	8,6[5]	34	34	
24	Nonylphenol (4-Nonylphenol)	0,3	0,3	2	2	
25	Octylphenol ((4-(1,1',3,3'-Tetramethyl-butyl)-phenol)	0,1	0,01	nicht anwendbar	nicht anwendbar	
26	Pentachlorbenzol[3]	0,007	0,0007	nicht anwendbar	nicht anwendbar	
27	Pentachlorphenol	0,4	0,4	1	1	
28	Polycyclische aromatische Kohlenwasser-	nicht anwendbar	nicht anwendbar	nicht anwendbar	nicht anwendbar	

	stoffe (PAK)[6]:					
	Benzo[a]pyren[3]	0,00017	0,00017	0,27	0,027	5
	Benzo[b]fluoranthen[3]	[6]	[6]	0,017	0,017	[6]
	Benzo[k]fluoranthen[3]			0,017	0,017	[6]
	Benzo[g,h,i]-perylen[3]	[6]	[6]	0,0082	0,00082	[6]
	Indeno[1,2,3-cd]-pyren[3]			nicht anwendbar	nicht anwendbar	[6]
29	Simazin	1	1	4	4	
29a	Tetrachlorethylen	10	10	nicht anwendbar	nicht anwendbar	
29b	Trichlorethylen	10	10	nicht anwendbar	nicht anwendbar	
30	Tributylzinn-Verbindungen (Tributylzinn-Kation)[3]	0,0002	0,0002	0,0015	0,0015	
31	Trichlorbenzole	0,4	0,4	nicht anwendbar	nicht anwendbar	
32	Trichlormethan	2,5	2,5	nicht anwendbar	nicht anwendbar	
33	Trifluralin	0,03	0,03	nicht anwendbar	nicht anwendbar	
34	Dicofol	0,0013	0,000032	nicht anwendbar	nicht anwendbar	33
35	Perfluoroktansulfansäure und ihre Derivate (PFOS)	0,00065	0,00013	36	7,2	9,1
36	Quinoxyfen	0,15	0,015	2,7	0,54	
37	Dioxine und dioxinähnliche Verbindungen			nicht anwendbar	nicht anwendbar	Summe PCDD +PCDF +PCDL 0,0065 μg/kg TEQ7
38	Aclinofen	0,12	0,012	0,12	0,012	
39	Bifenox	0,012	0,0012	0,04	0,004	
40	Cybutryn	0,0025	0,0025	0,016	0,016	
41	Cypermethrin	0,00008	0,000008	0,0006	0,00006	
42	Dichlorvos	0,0006	0,00006	0,0007	0,00007	
43	Hexabromcyc-	0,0016	0,0008	0,5	0,05	167

	Iododecan (HBCDD)					
44	Heptachlor und Hepta-chlorepoxid	0,0000002	0,00000001	0,0003	0,00003	0,0067
45	Terbutryn	0,065	0,0065	0,34	0,034	
46	Nitrat	50×10^3				

[1] Mit Ausnahme von Cadmium, Blei, Quecksilber und Nickel (Metalle) sind die Umweltqualitätsnormen als Gesamtkonzentrationen in der gesamten Wasserprobe ausgedrückt. Bei Metallen bezieht sich die Umweltqualitätsnorm auf die gelöste Konzentration, d. h. die gelöste Phase einer Wasserprobe, die durch Filtration durch ein 0,45-µm-Filter oder eine gleichwertige Vorbehandlung gewonnen wird.

[2] Sofern nicht anders vermerkt, bezieht sich die Biota-UQN auf Fische. Für Stoffe mit den Nummern 15 (Fluoranthen) und 28 (PAK) bezieht sich die Biota-UQN auf Krebstiere und Weichtiere. Für den Stoff mit der Nummer 37 (Dioxine und dioxinähnliche Verbindungen) bezieht sich die Biota-UQN auf Fische, Krebstiere und Weichtiere. Sind für einen Stoff Biota-UQN und JD-UQN für die Gesamtwasserphase vorgesehen, darf die JD-UQN der Einstufung nur zugrunde gelegt werden, wenn die Erhebung von Biotadaten nicht möglich ist.

[3] Der Gesamtgehalt kann auch aus Messungen des am Schwebstoff adsorbierten Anteils ermittelt werden. Der Gesamtgehalt bezieht sich in diesem Fall bei Entnahme mittels Durchlaufzentrifuge auf die Gesamtprobe; bei Entnahme mittels Absetzbecken oder Sammelkästen auf die Fraktion kleiner 2 mm. Hierbei ist über den Sammelzeitraum ein repräsentativer Schwebstoffgehalt zu ermitteln.

[4] Bei Cadmium und Cadmiumverbindungen hängt die Umweltqualitätsnorm von der Wasserhärte ab, die in fünf Klassenkategorien abgebildet wird (Klasse 1: < 40 mg $CaCO_3$/l, Klasse 2: 40 bis < 50 mg $CaCO_3$/l, Klasse 3: 50 bis < 100 mg $CaCO_3$/l, Klasse 4: 100 bis < 200 mg $CaCO_3$/l und Klasse 5: ≥ 200 mg $CaCO_3$/ l). Zur Beurteilung der Jahresdurchschnittskonzentration an Cadmium und Cadmiumverbindungen wird die Umweltqualitätsnorm der Härteklasse verwendet, die sich aus dem fünfzigsten Perzentil der parallel zu den Cadmiumkonzentrationen ermittelten $CaCO_3$-Konzentrationen ergibt.

[5] Diese UQN bezieht sich auf bioverfügbare Konzentrationen.

[6] Bei der Gruppe der polycyclischen aromatischen Kohlenwasserstoffe (Nummer 28) beziehen sich die Biota-UQN und die entsprechende JD-UQN in Wasser auf die Konzentration von Benzo[a]pyren, auf dessen Toxizität diese beruhen. Benzo[a]pyren kann als Marker für die anderen PAK betrachtet werden; daher ist nur Benzo[a]pyren zum Vergleich der Biota-UQN und der entsprechenden JD-UQN in Wasser zu überwachen.

[7] PCDD: polychlorierte Dibenzoparadioxine; PCDF: polychlorierte Dibenzofurane; PCB-DL: dioxinähnliche polychlorierte Biphenyle; TEQ: Toxizitätsäquivalente nach den Toxizitätsäquivalenzfaktoren der Weltgesundheitsorganisation von 2005.

6.2.3 Badegewässerrichtlinie

Sofern das Gewässer als Badegewässer genutzt wird, sind zusätzliche hygienische Anforderungen einzuhalten, die in der am 24.03.2006 novellierten Badegewässerrichtlinie geregelt sind [796]. Im Vergleich zur bisherigen Richtlinie wurden neue mikrobiologische Parameter und ihre Grenzwerte festgelegt, die teilweise die bislang gültigen Grenzwerte verschärfen. Die Parameter *Escherichia coli* und intestinale Enterokokken haben sich dabei als die zurzeit am besten geeigneten „Anzeiger" für akute fäkale Verunreinigungen herausgestellt. *E. coli* und int. Enterokokken werden ständig mit den menschlichen und tierischen Fäkalien ausgeschieden und gelangen so in großer Zahl in das Abwasser oder die natürliche Umwelt.
Da ein Infektionsrisiko beim Baden nie gänzlich ausgeschlossen werden kann, wurde im Zuge der Novellierung der EU-BadeGewRL [796] ein sogenanntes akzeptables Infektionsrisiko festgelegt. Damit wird eine theoretische Erkrankungswahrscheinlichkeit von 3 % bis 5 % der Badenden in Kauf genommen [786].
Die Richtlinie sieht eine Einteilung der Badegewässer in vier Klassen vor: mangelhaft, ausreichend, gut und ausgezeichnet. Für Binnengewässer müssen zur Sicherstellung einer ausreichenden Qualität nun weniger als 330 cfu/100 ml intestinale Enterokokken und weniger als 900 cfu/100 ml *E. coli* eingehalten werden (90-Perzentil-Werte, cfu = colony forming unit). Eine ausgezeichnete Gewässerqualität ergibt sich bei weniger als 200 cfu/100 ml intestinale Enterokokken und weniger als 500 cfu/100 ml *E. coli* (95-Perzentil-Werte). Für Küsten- und Übergangsgewässer gelten noch geringere Grenzwerte. Bis 2008 mussten alle Mitgliedsstaaten ihre Badegewässer ausweisen. Das Land NRW hat Einzelheiten in seiner Badegewässerordnung festgelegt [1613].
In einem umfangreichen Forschungsvorhaben wurden die hygienischen, technischen, rechtlichen und organisatorischen Voraussetzungen untersucht, unter denen an Fließgewässern in Europa gebadet werden darf. Beispielhaft erfolgte dies für die Ruhr, in der das seit über 40 Jahren geltende Badeverbot am Baldeneysee im Jahre 2017 erstmals wieder aufgehoben und das Baden ermöglicht wurde. Ein entsprechender im Projekt erarbeiteter Leitfaden bietet hierzu den entsprechenden Rahmen [2029].

6.2.4 TMDL-Konzept der USA

Ähnlich wie in Europa wird auch in den USA das Konzept verfolgt, über flussgebietsbezogene Betrachtungen, eine langfristige Verbesserung des Gewässerzustands zu erreichen. Basis für dieses Konzept ist der sogenannte Clean Water Act, der eine Reihe von untergeordneten Regelwerken enthält, mit denen

die Gewässerschutzziele definiert werden [2242]. Alle Bundesstaaten sind demnach gefordert, eine Liste mit geschädigten Gewässern („impaired waters“) zu erstellen, die die in den einzelnen Bundesstaaten geltenden Gewässerqualitätsziele nicht erreichen. Diese Gewässer werden anschließend hinsichtlich ihrer Beeinträchtigungen priorisiert und es werden Maximalfrachten für einzelne Schmutzstoffe („Total Maximum Daily Loads“) definiert, bei denen sichergestellt ist, dass die Qualitätsziele dennoch erreicht werden.
Die Gewässerqualitätsstandards der einzelnen Bundesstaaten umfassen vier Komponenten:

1. die Gewässernutzung (z. B. als Badegewässer oder für die Zwecke der Trinkwasserversorgung),
2. konkrete numerische Qualitätsziele für Einzelstoffe,
3. eine Strategie zur Vermeidung, dass die derzeitigen Nutzungen eingeschränkte werden und
4. allgemeine Strategien zu Implementierung.

Zur numerischen Festlegung der zulässigen Maximalfrachten dienen im Wesentlichen die für jeden Bundesstaat individuell festgelegten Gewässerqualitätsziele. Zur Ableitung konkreter Anforderungen, beispielsweise an Abwassereinleiter, werden die Stoffeinträge zunächst nach diffusen und punktförmigen Einträgen unterschieden. Anschließend erfolgt in einem Abstimmungsprozess, meist unter Anwendung von Gewässergütemodellen, eine Zuordnung („Allocation“) erlaubter Einleitungsfrachten, die in der Summe und unter Berücksichtigung von Unsicherheiten („Margin of Safety“) der zuvor festgelegten Maximalfracht für das betrachtete Gewässer entsprechen:

$$\text{TMDL} = \Sigma\,\text{WLA} + \Sigma\,\text{LA} + \text{MOS} \qquad [\text{kg/d}] \qquad (6.1)$$

TMDL = Total Maximum Daily Load – maximale Tagesfracht
WLA = Waste Load Allocation – punktförmige Stoffeinträge
LA = Load Allocation – diffuse Stoffeinträge
MOS = Margin of Safety – Sicherheitszuschlag

Kritisch in diesem Prozess ist vor allem die Zuordnung der zulässigen Einleitungsfrachten zu einzelnen Einleitern, da damit unter Umständen weitergehende Anforderungen bei der kommunalen Abwasserbehandlung, der industriellen Abwassereinleitung oder auch bei der landwirtschaftlichen Praxis verbunden sein können und nicht in jedem Fall der Zuordnung eine umfassende Kosten-Wirksamkeits-Analyse zugrunde liegt. Im Ergebnis der Umsetzung des TMDL-Konzepts ist festzustellen, dass inzwischen bei nicht wenigen Kläranlagen in

den USA zukünftig Ablaufanforderungen von teilweise unter 3 mg/l N_{ges} bzw. unter 0,05 mg/l P_{ges} einzuhalten sind.
In einigen US-Bundesstaaten existiert inzwischen auch ein mit dem Handel der CO_2-Emissionszertifikaten vergleichbarer Markt beim Eintrag von Nährstoffen. So kann beispielsweise im Bundesstaat Virginia die Nährstofffracht bei den punktförmigen Einträgen zwischen den Einleitern innerhalb festgesetzter Grenzen gehandelt werden (Chesapeake Bay Watershed Nutrient Credit Exchange Program) [2241].
Die Umsetzung des TMDL-Konzepts berücksichtigt auch eine vorgeschriebene Beteiligung der Öffentlichkeit, die bereits bei der Identifizierung der Stoffeintragsquellen einbezogen werden soll.

6.3 Ansprüche des Gewässers

Wieweit man das Abwasser zu reinigen hat, hängt von den Ansprüchen des öffentlichen Gewässers ab, welchem man den Abfluss des Klärwerks zuführt. Früher hat man dabei angegeben, welches „Verdünnungsverhältnis" der Trockenwetterabfluss des Klärwerks, und zwar sein 24-h-Mittel, im mittleren Niedrigwasser des Flusses vorfindet. In England waren in verschiedenen Flussgebieten Grenzzahlen vorgeschrieben für den Schmutzgehalt des gereinigten Wassers. Die Grenzzahlen wurden bei dem dortigen Abwasser gewöhnlich durch die folgenden Reinigungsverfahren erreicht:

- Verdünnung über 1 : 500 — Rechen und Sandfang,
- Verdünnung 1 : 500 bis 1 : 300 — Absetzbecken,
- Verdünnung 1 : 300 bis 1 : 150 — Absetzbecken mit Fällungsmitteln,
- Verdünnung unter 1 : 150 — volle biologische Reinigung.

Dabei ließ man im Abfluss von Absetzbecken 150 mg/l Schwebestoffe zu, in dem von Fällungsbecken 60 mg/l und bei voller biologischer Reinigung 30 mg/l Schwebestoffe und 20 mg/l BSB [1673, 1924]. Die hohen Verdünnungsforderungen in England sind dadurch entstanden, dass gewöhnlich zahlreiche Abwassereinläufe hintereinander liegen und dass die Forderung sich auf jeden einzelnen dieser Einläufe bezieht. Neuerdings sind die Forderungen strenger.
Vor Erlass der Anforderungen (Kapitel 4.3) galt in Deutschland als Grenze, von der an biologische Reinigung verlangt wurde, oft eine Verdünnung von 1 : 20. Diese ließ sich auch aus der Sauerstoffrechnung begründen (Kapitel 7.4.2, Beispiel 6), vorausgesetzt, dass am Gewässer nur die eine Abwassereinleitung vorhanden war.

Das Verdünnungsverhältnis sagt nichts über den Schmutzgehalt des Abwassers und nichts über die Belastung aus, die das Gewässer schon aus anderen Schmutzquellen aufzunehmen hat.
Wenn man genauer sein will, muss man sich einen Überblick über die gesamten Sauerstoffverhältnisse des Gewässers verschaffen. In einem späteren Abschnitt werden fünf verschiedene Verfahren besprochen, mit denen man berechnen kann, wie sich der Sauerstoffhaushalt des Gewässers ändern wird, wenn eine bestimmte Abwasserbelastung hinzukommt. Mit solchen Rechnungen kann man den notwendigen Reinigungsgrad des Klärwerks bestimmen, soweit es sich darum handelt, die Selbstreinigung im Gewässer bei ausreichendem Sauerstoffgehalt zu sichern, also das Fischleben im Gewässer zu erhalten und grobe Schäden mit Sicherheit zu vermeiden.
Bei Flüssen mit zahlreichen Einleitungen und Wasserentnahmen gibt die Sauerstoffrechnung nur Anhaltswerte, weil sie von vereinfachenden Annahmen ausgeht und die Wirkung der Wasserpflanzen nicht vollständig erfasst. In solchen Fällen sind Mess-Stationen nützlich. Am Ohio-Fluss werden z. B. die Sauerstoffgehalte fortlaufend gemessen, fernübertragen und elektronisch ausgewertet. Die Häufigkeitslinien geben dann einen sehr genauen Einblick [1724]. Ein Netz von Messstationen besteht auch an der Ruhr. Die Auswertungen werden in den Ruhrwassergüteberichten seit 1973 veröffentlicht.
In besonderen Fällen reicht aber auch die Sauerstoffbetrachtung nicht aus, z. B. wenn es sich um einen Fluss handelt, dessen Wasser zur städtischen Wasserversorgung verwendet wird. Verschiedene Verbände der Trinkwasserversorgung haben in einem Memorandum Forderungen zum Schutz von Fließgewässern und Talsperren zur Sicherung der Trinkwasserversorgung aufgestellt und dabei Werte für Einzelstoffe und Summenparameter benannt [712]. Der Europäische Rat hat Richtlinien erlassen, die die Beschaffenheit von Oberflächengewässern in Bezug auf den chemischen Zustand regeln [801]. Noch umfassender ist die Betrachtung der Gewässer als Ökosysteme, wie sie Kummert und Stumm vornehmen [1427]. Da häufig über die maßgebenden Einzelsubstanzen kein ausreichendes Datenmaterial vorliegt, werden vereinfachte Güteeinteilungen hilfsweise herangezogen.
Aus der Zusammensetzung der Biozönose sowie aus dem Vorkommen und der Häufigkeit wasserlebender Organismen, deren ökologische Ansprüche bekannt sind, lassen sich Rückschlüsse auf den Zustand des Gewässers ziehen.
In Tabelle 6.2 sind die Kenngrößen zusammengestellt, die nach der geltenden Oberflächengewässerverordnung [611] einen guten Zustand in Bezug auf die physikalisch-chemische Beschaffenheit repräsentieren. Diese Kenngrößen dienen der unterstützenden Bewertung des ökologischen Zustands.
Eine andere Güteeinteilung wurde in England entwickelt [1690]. Tabelle 6.3 enthält die entsprechenden Angaben. Unter Berücksichtigung der statistischen

Zusammenhänge werden die Grenzwerte auf eine bestimmte Häufigkeit bezogen und Mittelwerte angegeben [1190]. In England wird auch die ökologische Klassifizierung angewandt [1557].

Tabelle 6.2: Allgemeinen physikalisch-chemische Qualitätskomponenten als Orientierungswerte für den guten Zustand

Parameter	O_2	BSB_5 [1]	TOC	Cl^- [2]	SO_4^{2-} [4]	pH-Wert	Fe	o-PO_4-P	Gesamt-P	NH_4-N	NH_3-N	NO_2-N
Einheit	mg/l	mg/l	mg/l	mg/l	mg/l	-	mg/l	mg/l	mg/l	mg/l	µg/l	µg/l
Statistische Kenngröße	MIN/a[3]	MW/a[4]	MW/a[4]	MW/a[4]	MW/a[4]	MIN/a-MAX/a[5,3]	MW/a[4]	MW/a[4]	MW/a[4]	MW/a[4]	MW/a[4]	MW/a[4]
Gewässertyp 2.1, 3.1, 2.2, 3.2, 4, 11[6]	> 8	< 3	-	≤ 200	-	7,0 - 8,5	-	≤ 0,05	≤ 0,10	≤ 0,1	≤ 2	≤ 30
5, 5.1	> 8	< 3	< 7	≤ 200	≤ 75	6,5 - 8,5	≤ 0,7	≤ 0,07	≤ 0,10	≤ 0,1	≤ 1	≤ 30
6, 6 K, 7	> 7	< 3	< 7	≤ 200	≤ 220	7,0 - 8,5	≤ 0,7	≤ 0,07	≤ 0,10	≤ 0,1	≤ 2	≤ 50
19[7]	> 7	< 3	< 7	≤ 200	≤ 220	7,0 - 8,5	≤ 0,7	≤ 0,10	≤ 0,15	≤ 0,1	≤ 2	≤ 50
9	> 7	< 3	< 7	≤ 200	≤ 75	7,0 - 8,5	≤ 0,7	≤ 0,07	≤ 0,10	≤ 0,1	≤ 1	≤ 30
9.1, 9.1 K	> 7	< 3	< 7	≤ 200	≤ 220	7,0 - 8,5	≤ 0,7	≤ 0,07	≤ 0,10	≤ 0,1	≤ 2	≤ 50
9.2, 10	> 7	< 3	< 7	≤ 200	≤ 220	7,0 - 8,5	≤ 0,7	≤ 0,07	≤ 0,10	≤ 0,1	≤ 2	≤ 50
11[7,8], 12[7,8]	> 8	< 3	< 7	≤ 200	≤ 5	5,5 - 8,0	≤ 0,7	≤ 0,10	≤ 0,15	≤ 0,1	≤ 1	≤ 30
11[7,9], 12[7,9]	> 8	< 3	< 7	≤ 200	≤ 220	7,0 - 8,5	≤ 0,7	≤ 0,10	≤ 0,15	≤ 0,1	≤ 2	≤ 50
14[10], 16[10]	> 7	< 4	< 7	≤ 200	≤ 140	6,5 - 8,5	≤ 1,8	≤ 0,07	≤ 0,10	≤ 0,1	≤ 1	≤ 30
14[11], 16[11], 18	> 7	< 4	< 7	≤ 200	≤ 200	7,0 - 8,5	≤ 1,8	≤ 0,07	≤ 0,10	≤ 0,2	≤ 2	≤ 50
19[12]	> 7	< 4	< 7	≤ 200	≤ 200	7,0 - 8,5	≤ 1,8	≤ 0,10	≤ 0,15	≤ 0,2	≤ 2	≤ 50
11[8,12], 12[8,12]	> 6	< 4	< 10	≤ 200	≤ 75	5,5 - 8,0	≤ 1,8	≤ 0,10	≤ 0,15	≤ 0,1	≤ 1	≤ 30
11[9,12], 12[9,12]	> 6	< 4	< 10	≤ 200	≤ 140	7,0 - 8,5	≤ 1,8	≤ 0,10	≤ 0,15	≤ 0,2	≤ 2	≤ 50
15, 15 g, 17, 20	> 7	< 4	< 7	≤ 200	≤ 200	7,0 - 8,5	≤ 1,8	≤ 0,07	≤ 0,10	≤ 0,2	≤ 2	≤ 50
22	> 4	< 6	< 15	-	-	6,5 - 8,5	-	≤ 0,20	≤ 0,30	≤ 0,3	-	-
23	> 4[13]	< 6	< 15	-	-	7,0 - 8,5	-	≤ 0,07	≤ 0,10	≤ 0,2	≤ 2	≤ 50
Subtyp 21 N	> 4[13]	< 6	< 7	≤ 200	-	7,0 - 8,5	-	≤ 0,07	≤ 0,10	≤ 0,2	≤ 2	≤ 50

[1] BSB_5 ungehemmt

[2] Die Werte für Sulfat und Chlorid gelten ausschließlich dort, wo höhere Sulfat- und Chloridgehalte anthropogen, z. B. durch Einleitungen, bedingt sind.

[3] Minimalwert als arithmetisches Mittel aus den Jahresminimalwerten von maximal drei aufeinander folgenden Kalenderjahren

[4] Mittelwert als arithmetisches Mittel aus den Jahresmittelwerten von maximal drei aufeinander folgenden Kalenderjahren

[5] Maximalwert als arithmetisches Mittel aus den Jahresmaximalwerten von maximal drei aufeinander folgenden Kalenderjahren

[6] im Alpenvorland

[7] im Mittelgebirge

[8] basenarm

[9] basenreich

[10] silikatisch

[11] karbonatisch

[12] im Norddeutschen Tiefland

[13] Der Hintergrundwert für Sauerstoff bezieht sich bei Typ 23 und Subtyp 21 Nord auf das 10-Perzentil.

Tabelle 6.3: Güteeinteilung für Fließgewässer in England

Güte-klasse	Grenzwerte (bezogen auf 95 % der Fälle)	Bemerkungen	Verwendung des Flusswassers
1 A	relativer Sauerstoffgehalt > 80 % BSB_5*) < 3 mg/l Ammonium (NH_4) < 0,4 mg/l nicht giftig für Fische**)	mittlerer BSB_5 möglichst < 1,5 mg/l keine sichtbaren Verschmutzungen	Wasser hoher Qualität, geeignet als Trinkwasser und für alle anderen Nutzungen einschl. Erholung und Fischerei
1 B	relativer Sauerstoffgehalt > 60 % BSB_0*) < 5 mg/l Ammonium (NH_4) < 0,9 mg/l nicht giftig für Fische**)	mittlerer BSB_5 möglichst < 2 mg/l mittlere Ammoniumkonzentration möglichst 0,5 mg/l keine sichtbaren Verschmutzungen	Wasser etwas geringerer Güte als 1 A, jedoch grundsätzlich für die gleichen Nutzungen geeignet
2	relativer Sauerstoffgehalt > 40 % BSB_5*) < 9 mg/l nicht giftig für Fische**)	mittlerer BSB_5 möglichst < 5 mg/l keine sichtbaren Verschmutzungen außer leichter Färbung durch Humus und geringer Schaumbildung unterhalb von Wehren	geeignet als Trinkwasser nach Aufbereitung mit physikalisch-chemischen Verfahren. Angeln möglich, mittlerer Erholungswert.
3	relativer Sauerstoffgehalt > 20 % nicht anaerob BSB_5*) < 17 mg/l		Fische nicht oder nur sporadisch vorhanden, nutzbar für geringwertige industrielle Zwecke und weitere Verwendung nach Aufbereitung
4	Sauerstoffgehalt schlechter als Klasse 3 und zeitweise anaerob		stark verschmutzte Gewässer, die Belästigungen hervorrufen

*) unter Zugabe von Allylthioharnstoff zur Hemmung der Nitrifikation.

**) nach den Grenzwerten nach EIFAC [1094].

In einer letzten, dritten Reinigungsstufe kann es noch nötig werden, auch die Düngesalze (Nitrate, Phosphate) aus dem gereinigten Wasser herauszubringen und vom Gewässer fernzuhalten [140, 252, 254, 381, 1166, 1169, 1446, 1513, 1875, 2347]. Mögliche Folgen hoher Phosphatgehalte im Boden siehe auch: [1966].

Bei Wassergeschwindigkeiten unter 0,3 m/s und ausreichendem Licht setzt verstärktes Algenwachstum ein, wenn mehr als 0,01 mg/l Phosphor und mehr als 0,3 mg/l Stickstoff im Wasser vorhanden sind. Infolge der pflanzlichen Stoffwechselvorgänge entstehen Schwankungen des Sauerstoffgehaltes mit Höchstwerten am Tag und Tiefstwerten in der Nacht. Die Schwankungen sind umso größer, je mehr Algen Lebenstätigkeit entwickeln. Wenn Wasserpflanzen und Plankton absterben, wird zusätzlich Sauerstoff verbraucht [997, 1184, 1497, 1715, 2031]. Besonders nachteilig wirken die pflanzlichen Stoffe im Bodenschlamm, weil hier im nächsten Jahr durch Faulung Phosphordünger für neue Algen frei wird. Dolgner et al. [692] beschreiben, wie durch Ausbringen von Aluminiumsulfat auf die Eisflächen drei Seen vom polytrophen in einen schwach eutrophen bis mesotrophen Gewässerzustand überführt werden konnten.

Stumm gibt an, dass 1 g Phosphor beim beschriebenen Algenkreislauf einen vollen Sauerstoffbedarf von 160 g hervorruft. Das entspricht einem vollen Sauerstoffbedarf des Rohabwassers von $1{,}8 \cdot 160 = 288$ g/(E · d) und des biologisch gereinigten Abwassers von $1{,}1 \cdot 160 = 176$ g/(E · d) [2160].

Die vorhandenen Sauerstoffmengen können durch diese Vorgänge vollständig aufgezehrt werden. Tiefe Seen mit geringem Zufluss sind besonders gefährdet [184]. Algen stören außerdem die Wasseraufbereitung durch Verstopfen der Filter. Auch eine geschmackliche Beeinträchtigung des Trinkwassers kann von ihnen ausgehen.

Kennt man die mittlere Phosphorkonzentration $[\bar{P}]_i$ im Zulauf eines Sees und die Aufenthaltszeit des Wassers T_w, dann kann man mit Hilfe statistischer Beziehungen Voraussagen machen über die mittlere Phosphorkonzentration, die mittlere Chlorophyll-a-Konzentration und die Trophiestufe des Gewässers [425, 2107, 2281]. Bild 6.1 enthält in konzentrierter Form die Ergebnisse.

Soll z. B. ein See mit einer mittleren Phosphorkonzentration von 8 µg/l noch oligotroph bleiben, darf die Gesamt-Phosphor-Konzentration im Zulauf bei einer Aufenthaltszeit des Wassers von einem Jahr 15 µg/l nicht überschreiten. Die Sanierungsmaßnahmen sind entsprechend auszurichten. Einen Grenzfall bilden staugeregulierte Flüsse [1716]. Vorsperren haben sich bewährt, um die Phosphorbelastung der nachgeschalteten Talsperre zu senken [477].

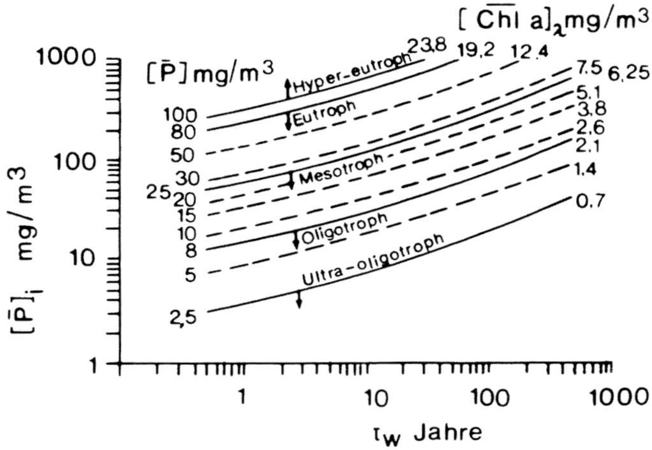

Bild 6.1: Beziehungen zwischen Phosphoreintrag $[\bar{P}]_i$, Aufenthaltszeit τ_w und Phosphorgehalt $[\bar{P}]$ bzw. Chlorophyll-a-Gehalt eines stehenden Gewässers nach Vollenweider [2281, 2282]

Düngesalze werden nicht nur von häuslichen Abwässern zu geführt. Auch die Landwirtschaft hat einen erheblichen Anteil [338, 592, 1708, 1709]. Bucksteeg hat am Beispiel der Ruhr nachgewiesen, dass bei 90 % Rückhalt der häuslichen Phosphormengen ein Algenwachstum nicht verhindert werden könnte [378], Nusch und Koppe beweisen, dass aber wenigstens die so lästige Massenentwicklung von Algen begrenzt werden kann [1714]. Die Cyanobakterienentwicklung in der Ostsee beschreibt Wasmund [2306]. Die P-Konzentration ist auch hier die wichtigste Einflussgröße.

In schwierigen Fällen muss das biologisch gereinigte Abwasser ganz vom Gewässer ferngehalten werden. Das gelingt durch weiträumige Verregnung (Kapitel 5.6.2) oder bei Seen durch den Bau einer Ringkanalisation [374, 686, 882, 999]. Laughton und Mitarbeiter beschreiben, wie Pappelgehölze den Ablauf einer Belebungsanlage aufnehmen, sodass es nicht zur Einleitung in den leistungsschwachen Vorfluter kommt [1456]. Geneigte Waldflächen sind aber auch in der Lage, biologisch gereinigtes Abwasser weitergehend zu behandeln [1220]. Von landwirtschaftlicher Nutzung freigehaltene Gewässerrandstreifen vermindern die Erosion der kultivierten Flächen und den Nährstoffeintrag [1412, 1523, 2106].

Wie der Gehalt des Kläranlagenablaufs an Phosphor, Stickstoff und Kohlenstoff durch eine weitergehende Abwasserreinigung niedrig gehalten wird, beschreibt Kapitel 5.7.

Alle diese Ansprüche des Gewässers an Klärwerke der Städte und der Industrie beziehen sich hauptsächlich auf den Schutz vor faulfähigen organischen Stoffen und vor Krankheitskeimen. Dazu kommen aber noch die vom Abwasser zugeführten Gifte und Säuren, die Mineralöle, die radioaktiven Stoffe und die Waschmittel (Kapitel 5.11).

6.4 Beeinträchtigungen

Gewässerbegradigungen, technischer Ausbau des Gewässerprofils sowie große künstliche Staubereiche gelten als ökologisch bedenklich, da hierdurch die aquatische Artenvielfalt sowie die Funktionsfähigkeit des Ökosystems eingeschränkt bzw. verändert wird. Diese hydromorphologischen Beeinträchtigungen gefährden den „guten ökologischen Zustand“, dessen Erreichen die EG-Wasserrahmenrichtlinie als Ziel vorgibt. Der Gewinn an Agrarland, an Wasserkraft und die Vorteile für die Schifffahrt können in einem Abwägungsprozess zu einer Ausweisung als „erheblich veränderte Wasserkörper“ führen. In diesem Fall sind hydromorphologische Veränderungen Bestandteil des hierfür definierten Zielzustands des „guten ökologischen Potenzials“. So führen Gewässerbegradigungen z. B. zu einer Erhöhung der Schleppkraft, zu stärkerer Erosion, zu Eintiefungen und damit zu Absenkungen des Grundwasserspiegels. Da große Stauhaltungen das Transportgleichgewicht unterbrechen und das zugeführte Sediment speichern, ist unterhalb mit Eintiefungen zu rechnen, wenn nicht zurückgehaltene Sedimente künstlich unterhalb der Querbauwerke wieder zugegeben werden („Sedimentmanagement durch Geschiebezugabe“). Beispiele sind der Nil unterhalb des Assuan-Staudammes, und der Rhein. Hierbei ist jedoch ein möglicher Schadstoffgehalt der Sedimente zu berücksichtigen [1212]. Nachdem die Kläranlagen in Deutschland auf P- und N-Elimination ausgebaut sind, verursacht v. a. die Landwirtschaft durch Abschwemmung von Phosphor und Stickstoff eine gewässerbelastende Eutrophierung. Eine bedarfsgerechte Düngung und Gewässerrandstreifen zum Rückhalt von Nährstoffen, aber auch zur Reduzierung des Eintrags von Pestiziden sind anzustreben.

Eine kritische Bewertung des DWA-Regelwerkes hat gezeigt, dass die Einleitung behandelter und unbehandelter Abflüsse aus Misch- und Trennsystemen in Gewässer zentraler Bestandteil der Siedlungsentwässerungsplanung ist [126, 2022]. Eine ggf. notwendige weitergehende Behandlung kann unter den örtlichen Bedingungen aus Sicht des Gewässerschutzes mit ihren gesetzlichen Vorgaben zum kombinierten Ansatz aus Emissions- und Immissionsbetrachtung (WHG) dabei zu einer wichtigen, ergänzenden Aufgabe werden [312]. Bei Einleitungen aus der Siedlungsentwässerung unterscheidet man zwischen deren stofflichen und hydraulischen Wirkungen im Gewässer. Besonders betroffen von negativen Effekten solcher Einleitungen sind kleine abflussschwache Fließgewässer, da hier der Einleitungsabfluss einen relevanten Anteil des Gesamtabflusses darstellt, bzw. sogar die Eigenwasserführung des Gewässers übersteigen kann. Dies führt zu ungünstigen Verdünnungsverhältnissen im Gewässer und hydraulisch können hierdurch gewässeruntypische Stresssituationen bis hin zur Katastrophendrift auftreten. Stofflich ist zu beachten, dass der Sauerstoffgehalt im Gewässer keine ökologisch kritischen Defizite aufweisen darf und dass Ammoniak sowie Nitrit schon in geringen Konzentrationen akut toxisch wirken. Vor allem Fische und Makroinvertebraten sind auf eine ausreichende Sauerstoffversorgung angewiesen, niedrige Konzentrationen können sich daher limitierend auf die Gewässerbesiedlung auswirken. Als mittlerer Minimalwert sollten – in Abhängigkeit vom Gewässertyp – Konzentrationen von 4 mg/l bis 8 mg/l O_2 als Orientierungswert im Gewässer nicht unterschritten werden, um den guten ökologischen Zustand bzw. das gute ökologische Potenzial nicht zu gefährden [611]. Im vereinfachten Nachweis nach DWA-A 102 Teil B [604] darf unabhängig vom Gewässertyp in Folge von Einleitungen der Siedlungsentwässerung der Sauerstoffgehalt im Gewässer auch kurzfristig nicht unter 5 mg/l O_2 absinken. Für Ammoniak als Jahresmittelwert gibt die OGewV [611] einen Orientierungswert von 0,001 mg/l bzw. von 0,002 mg/l NH_3-N in Abhängigkeit vom Gewässertyp für den guten ökologischen Zustand bzw. das gute ökologische Potenzial an. Dieser Wert kann aber kurzfristig, z. B. infolge von Niederschlagswassereinleitungen, auch deutlich überschritten werden, ohne dass dies zu einer nachhaltigen Schädigung im Gewässer führt [311, 878]. Dieser Tatsache wird im vereinfachten Verfahren nach DWA-A 102 [604] durch Definition eines entsprechend höheren im Gewässer tolerierbaren Schwellenwertes Rechnung getragen. Die hydraulische Wirkung hängt vom Einleitungsabfluss, vom Gewässerabfluss und von der Gewässermorphologie ab. Die ökologische Wirkung wird zusätzlich von der Häufigkeit und Dauer kritischer Belastungen, der Stabilität von Refugien und durch das Wiederbesiedelungspotenzial bestimmt. Im Idealfall wird die Abflussspende des besiedelten Gebietes durch Regenrückhaltebecken auf Werte vermindert, die vor der Versiegelung gegeben waren [604].

Auch wenn akute stoffliche und hydraulische Effekte der einzelnen Einleitungsereignisse der Siedlungsentwässerung auf die Gewässerzönose nicht zu vermeiden sind, so sollten diese so gering sein, dass sie zeitnah durch Wiederbesiedlung wieder ausgeglichen werden können. Damit ist es Ziel der immissionsorientierten Planung zu verhindern, dass einleitungsbedingte Effekte dauerhaft und nachhaltig Bestand haben und dadurch der gute ökologische Zustand bzw. das gute ökologische Potenzial gefährdet werden.

Umfangreiche Untersuchungen des Ruhrverbandes mit der Anwendung des vereinfachten Nachweisverfahrens nach dem DWA-A 102 Teil B [604] und gleichzeitiger detaillierter gewässerökologischer Untersuchungen zeigen, dass insbesondere in Mittelgebirgsgewässern in vielen Fällen trotz teilweise deutlicher Überschreitung des zulässigen Einleitungsabflusses keine nachhaltigen Beeinträchtigungen der Gewässerbiologie durch Niederschlagswassereinleitungen gefunden werden [1242]. Hieraus ist die Empfehlung abzuleiten, bei Überschreitung der Grenzwerte für die hydraulische Belastung des Gewässers nach Maßgabe des vereinfachten Nachweis DWA-A 102 Teil B [604] zusätzliche detaillierte gewässerökologische Untersuchungen durchzuführen, um mögliche Einflüsse von Niederschlagswassereinleitungen auf die Gewässerökologie zu bestimmen und ggf. Maßnahmen hieraus abzuleiten [1229]. Als Indikatorgruppe für die Bewertung von Effekten von Misch- und Niederschlagswassereinleitungen hat sich das Makrozoobenthos als am besten geeignet bewährt, da diese Gruppe in der Lage ist, stoffliche wie auch hydraulische Effekte akut und in ihrer chronischen Wirkung über die Zeit zu indizieren. Zudem ist das Makrozoobenthos weniger mobil als die Fischfauna, die in der Lage ist, ungünstigen Lebensbedingungen durch Abwanderung auszuweichen, um bei Verbesserung der Lebensbedingungen wieder in den Bereich zurückzukehren [1242]. Eine solche Vorgehensweise für einen biologischen Immissionsnachweis ist eine der möglichen Optionen der detaillierten Nachweisführung DWA-A 102 Teil B [604].

Schöler beschreibt die Fortentwicklung der Software für die Anwendung des vereinfachten Nachweisverfahrens in [2032]. Welche Maßnahmen zu welchen Kosten, siehe: [2302]. Die Wirkung von Mischwassereinleitungen auf ein kleines Fließgewässer beschreiben Fenz et al. [827]. Jardin bilanziert die Emissionen aus der Niederschlagswasserbehandlung in [1237].

Grundsätzlich ist für die Planung von Entwässerungssystemen zu beachten, dass der Abbau der saprobiellen Belastung einer Abwassereinleitung in Gewässern erleichtert wird, wenn das einzuleitende Abwasser möglichst zeitnah nach seiner Entstehung dem Gewässer zugeführt wird. Fauliges Abwasser mit langen Standzeiten in den Behandlungsanlagen ist aufgrund reduzierter Sauerstoffkonzentrationen und erhöhter Ammonium- bzw. Ammoniak- und Nitrit-Konzentrationen z. B. toxisch für Fische. Es zehrt an der Einleitungsstelle zudem deutlich mehr Sauerstoff auf als frisches. Bei günstigen Verdünnungsverhältnissen in einem sauerstoffreichen Gewässer sind aber auch die Effekte einer Einleitung von abgestandenem Abwasser gering, wenn eine schnelle Durchmischung gewährleistet ist und sich nicht eine Einleitungsfahne mit ökologisch kritischen Konzentrationen über längere Fließstrecke hinzieht.

Bei verschiedenen Abwasserarten, namentlich gewerblichen Ursprungs, ist es in der Regel falsch, sie getrennt in das Gewässer zu leiten. Man soll sie zuerst mischen und gegenseitig aufeinander einwirken lassen, bevor man sie einleitet. Wichtig ist die örtliche Verteilung der Einleitungsstellen. Namentlich in langsam fließenden und stehenden Gewässern kann die Umgebung des Mündungsrohres durch Sauerstoffmangel beeinträchtigt werden. Daher empfiehlt es sich, sauerstoffarmes gereinigtes Abwasser möglichst frühzeitig mit anderem, sauerstoffreichen Wasser zu mischen. Man kann das Abwasser z. B. in kleinen Mengen an vielen Stellen einleiten oder zur Verbesserung noch reines oder gereinigtes Wasser zurückpumpen und schon in dem Mündungsrohr mit dem Abwasser mischen [1667]. Wird das Einleitungen aufnehmende Gewässer als Badegewässer genutzt oder ist eine besonders empfindliche Wasserentnahmestelle im Gewässer vorhanden, sollte das Abwasser zweckmäßig bis unterhalb dieser Stelle weitergeführt werden.

Noch wichtiger als die örtliche ist die zeitliche Verteilung der Abwasserzuflüsse auf die wechselnde Wasserführung des Flusses. Rückhaltebecken, die Abwasser über die Zeit eines besonderen Reinheitsanspruchs hinweg festhalten und erst nach dieser Zeit gleichmäßig ablassen, können die Abwasserfrage sehr vereinfachen. Wenn eine Abwassereinleitung eine unterhalb liegende Wasserentnahmestelle schonen will, ist es auch manchmal möglich, Einleitung und Entnahme nach Verabredung auf verschiedene Tageszeiten zu legen. Die Ableitung von besonders schwierigen gewerblichen Abwässern kann sogar manchmal auf die Zeiten der Hochwasserführung beschränkt werden.

Das aus dem Fluss genommene Betriebswasser der Industrie wird mit Vorteil in Speicherteichen aufgesammelt. Man ist dann in der Lage, das Flusswasser nur zu den Zeiten zu entnehmen, wo es rein genug ist, die Entnahme aber zu unterbrechen, wenn das Flusswasser schmutzig ist. Die Rückhaltebecken für Abwasser und die Speicherteiche für Reinwasser können dann zeitlich so zusammenarbeiten, so dass das Abwasser nicht das Betriebswasser verderben kann [2315].

Auch mit dem Grad der Abwasserreinigung kann man sich den zeitlich wechselnden Ansprüchen des Gewässers anpassen.

Bei Abwassereinleitungen ins Meer beschränkt sich die Abwasserreinigung bis heute vielerorts, wenn überhaupt, auf mechanische Verfahren, d. h. der Einleitung werden nur Rechen und Sandfänge vorgeschaltet und der Erfolg der Reinigungsleistung mit dem Rückgang der Trübung im Einleitungsbereich gleichgesetzt. Nach den Vorgaben der EG-Wasserrahmenrichtlinie für Wasserkörper der Küstenregion sowie der Meeresstrategie-Rahmenrichtlinie der EU [798] sind aber auch im marinen Bereich definierte chemische Grenzwerte einzuhalten und der Maßnahmenbedarf orientiert sich am Zustand der benthischen und planktischen Lebensgemeinschaften sowie der Fische. Damit kommt es heute nicht mehr alleinig darauf an, die Einleitung nach Meeresströmung, Tiefenlage und Hydraulik so zu entwerfen, dass eine ausreichende Einmischung der Abwässer erreicht wird [879, 1051, 1519, 1633, 1746, 1888]. Besonders unter ungünstigen örtlichen Bedingungen mit geringem Wasseraustausch wird damit auch im Küstenbereich der Bau mehrstufig arbeitender Kläranlagen notwendig.

6.5 Hilfen im Gewässer

Jedes Gewässer hat für das ihm an einer Stelle zugeführte Abwasser eine ganz bestimmte Selbstreinigungskraft, die sich sogar berechnen lässt (Kapitel 7.4). Solange die Menge und der Schmutzgehalt des Abwassers unterhalb einer zulässigen Grenze bleiben, wird das Gewässer ohne Schaden damit fertig und es hat sogar meist noch einen Vorteil davon, weil ihm Fischnahrung zugeführt wird. Wenn es gelingt, mit technischen Hilfen diese Grenze zu verschieben und die Selbstreinigungskraft zu heben, erreicht man damit dasselbe wie mit Abwasserreinigung [1671].
Ein Beispiel einer solchen Hilfe ist der Stausee, der auf seiner Fluss-Strecke die Wasserfläche vergrößert, die Laufzeit verlängert und die Schmutzstoffe als Schlamm absetzt und zurückhält (Kapitel 5.6.9). Ein Stauteich oder Stausee ist nichts anderes als eine natürliche biologische Reinigungsanlage. Er kann entsprechende künstliche Reinigungsanlagen ersparen. Belastung durch Schlamm kann er allerdings nur in beschränktem Maß ertragen. Deshalb sind auch bei Stauseen Absetzanlagen für das Abwasser nicht zu entbehren.
Stauseen sind nur bis zu einem bestimmten Verschmutzungsgrad des Flusses sinnvoll, solange nämlich das Sauerstoffgleichgewicht aufrechterhalten werden kann [1179, 1209, 2373]. Wenn die Verschmutzung im Verhältnis zur Wasserführung und der Fläche des Sees zu groß ist, können die ganzen Lebensvorgänge im See „umschlagen“. Es wird dann mehr Sauerstoff verbraucht, als wieder ersetzt werden kann, das Wasser verliert seinen Sauerstoff, fängt an zu faulen, alles auf Sauerstoff angewiesene Leben stirbt ab und der See schadet mehr, als er nützt. DWA-Merkblatt M 606 „Grundlagen und Maßnahmen der Seetherapie“ [478].
Bei stark verschmutzten Flüssen wendet man deshalb manchmal eine zweite technische Hilfe an, den Ausbau. Das ist genau das Gegenteil des Stausees. Hier wird die Wasserfläche verkleinert, die Laufzeit verkürzt und die Schmutzstoffe werden durch glatte Wände und entsprechende Fließgeschwindigkeiten am Absetzen gehindert. Solche ausgebauten offenen Wasserläufe führen ganz ungereinigtes Abwasser beliebig weit ohne jede Belästigung. Das Wasser nimmt ständig Sauerstoff auf und baut seine Schmutzstoffe allmählich ab. Durch solche ausgebauten Flussstrecken kann man stark verschmutztes Wasser oft bis zu einem leistungsfähigeren Gewässer führen und damit bestehende Schäden beseitigen. Der Ausbau von versumpften Wasserläufen ist auch ein Mittel gegen Malariamücken [422]. Malz et al. haben durch Untersuchungen bewiesen, dass der Keimgehalt der Luft in der Nähe offener Abwasserkanäle nicht zunimmt [1536].
Eine dritte Hilfe ist die künstliche Anreicherung der Niedrigwasserführung, also die Verdünnung des Gemisches von Abwasser und Flusswasser mit reinem Wasser. Auch diese Hilfe wirkt genau wie die Reinigung des Abwassers. Er-

trägliche Verhältnisse im Gewässer setzen ein gewisses Verhältnis von reinem Wasser zum Schmutz voraus. Es ist für die Selbstreinigungskräfte einerlei, ob man die Schmutzmenge durch Abwasserreinigung vermindert oder ob man die Verdünnung durch reines Wasser in gleichem Maße vergrößert, vorausgesetzt, dass grobe Stoffe entfernt werden und die hygienischen Belange berücksichtigt sind.

Die Verdünnung mit reinem Wasser wirkt mit zwei Mitteln: Sie bringt eine bestimmte Menge gelösten Sauerstoff mit, der dann als Zuschuss zur Verarbeitung der Schmutzstoffe bereitsteht, und sie vergrößert den Wasserkörper, in dem sich die Selbstreinigungskräfte betätigen sollen. Das Verdünnungswasser kann man entweder aus einem fremden Flussgebiet von oben zuleiten, von unten zurückpumpen [1149, 1342, 1411, 2007, 2388] oder man kann es im eigenen Flussgebiet durch Speicherbecken (Talsperren) aus der Hochwasserführung gewinnen [1189, 1353, 1844]. Solche Staubecken können dadurch, dass sie Verdünnungswasser abgeben, Reinigungsanlagen ersparen. Ebenso können aber auch künstliche oder natürliche Reinigungsanlagen im Flusstal wieder Stauraum bei den Speicherbecken ersparen, weil sie mit dem Abwasserschmutz fertig werden, ohne Verdünnungswasser in Anspruch zu nehmen und weil sie sogar infolge der Reinheit des Flusswassers seine Wiederverwendung im Kreislauf (Kapitel 5.8.3) möglich machen.

Eine vierte Hilfe ist die Spülung. Der natürliche Fluss reinigt sein Bett durch das regelmäßig wiederkehrende Hochwasser [1206]. Wenn das Hochwasser ausufert oder in besonderen Rinnen abgeleitet wird, fehlt diese Spülung. Der Fluss hat dann im Laufe eines Jahres viel größere Schlammmengen durch Selbstreinigung zu verarbeiten als ein regelmäßig gespülter Fluss.

Die künstliche Spülung kann bei verschlammten Flussstrecken sehr wirkungsvoll sein. Es kommt darauf an, den faulfähigen Bodenschlamm kurz vor der heißen Jahreszeit wegzuspülen, damit er in der Zeit der Gefahr nicht mehr am Sauerstoffvorrat mitzehren kann. Durch Öffnen von Wehren verstärkt man das Gefälle und wenn möglich auch die Wasserführung so weit, dass das Wasser genügende Schleppspannung ausübt. Alle beteiligten Wehre müssen dabei nach einem verabredeten Plan bedient werden. Die Spülung kann auch in Wassergewinnungsstrecken aushelfen, wenn es darauf ankommt, die Flusssohle für die Versickerung von Flusswasser ins Grundwasser durchlässig zu halten. Da aufgewirbelter Bodenschlamm Sauerstoff verbraucht, muss man mit der Rechnung in Kapitel 7.4.1 abschätzen, ob Schäden entstehen können.

An die Stelle der Spülung kann als fünfte Hilfe auch die Baggerung von Bodenschlamm treten. Zweckmäßig kommen schwimmende Saugbagger zum Einsatz [67, 1204]. Weitere konkrete Empfehlungen gibt das DWA-Merkblatt M 362-1 „Umgang mit Baggergut“ [476].

Als sechste Hilfe wird auch das künstliche Belüften angewandt (Beispiel Kapitel 7.4.5). Wenn also der Sauerstoffgehalt eines Fischgewässers im Sommer unter die für Fische geltende Grenze von 3 bis 4 mg/l O_2 zu fallen droht, kann man sofort helfen und das Fischsterben vermeiden, wenn man Luft zuführt. Das geschieht mit den Mitteln, die vom Belebungsverfahren bekannt sind, also indem man Wasser an der Oberfläche verspritzt oder sonst wie bewegt oder indem man Luft in das Wasser hineinpresst, zum Beispiel mit gelochten Schläuchen, die auf den Boden gelegt werden. Das Verspritzen von Wasser ist vom Wupperverband in einem Abwasserteich von Lennep angewandt worden, ähnlich auch am Lac de Bret, der zur Wasserversorgung von Lausanne dient [1222].

Über das Einpressen von Druckluft berichten Tyler [1925] und Bartsch [1880, 1925, 1926]. Der Lippeverband hat im trockenen Sommer 1959 eine überlastete Strecke des Flusses durch Einblasen von Druckluft geruchlos gehalten [1343]. Die Lüftung wirkt umso besser, je geringer der Sauerstoffgehalt des Wassers ist, je größer also sein Lufthunger ist. Beim Versprühen von sauerstofflosem Abwasser durch Streudüsen ist gemessen worden, dass das Wasser beim einmaligen Werfen durch die Luft auf 1 m Entfernung 3 mg/l Sauerstoff aufnimmt [36]. Auch an Abstürzen ist schon eine Sauerstoffaufnahme in dieser Höhe gemessen worden. Da das Flusswasser in den Turbinen der Kraftwerke keinen Sauerstoff aufnehmen kann, empfiehlt es sich, in Zeiten des Sauerstoffmangels das Wasser über das Wehr abstürzen zu lassen [1508]. Über das Lüften von Flusswasser in Turbinen siehe: [740, 1319, 2058, 2289, 2303, 2355]. Verschiedene Verfahren beschreiben Thackston et al. [2192] und Hunter et al. [1099]. Über das Lüften von Abwasserteichen und Oxidationsgräben siehe Kapitel 5.6.9.

Für die Belüftung von Baldeneysee und unterer Ruhr haben sich ein schwimmender Kreiselbelüfter, Düsenschläuche, Turbinenbelüftung und Wehrüberfälle bewährt. Bezogen auf 30 Betriebstage im Jahr und 50 % Sauerstoffdefizit im zu belüftenden Wasser stehen die Kosten bei der Turbinen- und Wehrbelüftung mit 1 im Verhältnis zu den Kosten des Kreiselbelüfters mit 3 zu den Kosten bei den Düsenschläuchen mit 6 [26, 1116, 1181, 1182]. Auf der Themse wird ein Belüftungsschiff eingesetzt, das aus Luft Sauerstoff abtrennt und einbläst [1495].

Das Umwälzen des Wasserkörpers von Seen, die Entnahme von Tiefenwasser oder die getrennte Belüftung des Tiefenwassers sind sehr geeignet, den Sauerstoffhaushalt zu verbessern und die Rücklösung von Phosphor, Eisen und Mangan zu verhindern [253, 255, 370, 1839, 2170, 2171].

Die inzwischen sehr umfangreichen Erfahrungen mit der künstlichen Gewässerbelüftung sind zusammengefasst worden im ATV-Merkblatt M 250, Maßnahmen zur Sauerstoffanreicherung von Oberflächengewässern [5, 485]. Eine

Berechnung kann nach Kapitel 7.4.5 vorgenommen werden. Auch Wasserstoffperoxid kann gegen Fischsterben eingesetzt werden [2117].
Eine siebte Hilfe ist das Zusetzen von Nitraten zum Flusswasser. Es wirkt ähnlich wie Lüften, indem es Sauerstoff in das Wasser hineinbringt, aber mit dem Unterschied, dass die Nitrate als Sauerstoffträger erst dann wirksam werden, wenn der letzte Rest von gelöstem Sauerstoff verbraucht ist. Das Nitratverfahren (Kapitel 5.6.10) nützt also bei Flusswasser nicht dem Fischbestand, sondern es vermeidet nur das „Umschlagen" der Lebensvorgänge in Fäulnis und Gestank. Große Erfahrungen liegen über die Anwendung des Nitratverfahrens bei amerikanischen Abwasserteichen vor (Kapitel 5.6.9). Über die Anwendung bei Flusswasser, und zwar beim Androscogginfluss, berichten Lawrance [1458] und Chase [1927]. Agar macht darauf aufmerksam, dass durch Reduktion des Natriumnitrats im alkalischen Abwasser Ammoniak entstehen kann, der schon in einer Menge von 2 mg/l NH_4-N für Fische tödlich ist [434].
Die Menge des zugesetzten Natronsalpeters wird bei den amerikanischen Abwasserteichen so bemessen, dass 20 % des fünftägigen Sauerstoffbedarfs des Abwassers gedeckt werden.
Als achte Hilfe ist das Chloren des Flusswassers zu nennen (Kapitel 5.7.5). Mit Chlor zerstört man den Schwefelwasserstoff, man oxidiert einen Teil der organischen Schmutzstoffe und macht so das Flusswasser für eine gewisse Strecke haltbar und geruchlos. Fischleben ist in der gechlorten Strecke nicht möglich.
Zu erwähnen ist noch die Bekämpfung von übermäßiger Algenbildung (Wasserblüte) durch Kupfersulfat oder Chlor [1263, 1528]. Größere Gaben von Kupfersulfat als 0,5 mg/l können schädlich sein [1106]. Üblich ist 1 mg/l. Über die Beschränkung der Düngesalze wird bei der weitergehenden Abwasserreinigung (Kapitel 5.7 berichtet.
Schließlich kann sich auch das Abkühlen des Wassers günstig auswirken, weil die Zersetzungsvorgänge verlangsamt werden.
Eine neunte sehr wichtige Hilfe ist die ökologische Verbesserung. Hier ist auf ein Projekt hinzuweisen, dass der Deutsche Rat für Landespflege im Jahr 2007 durchgeführt hat [939]. Entsprechend den Vorgaben der EG-WRRL soll für alle natürlichen Oberflächengewässer der gute ökologische und chemische Zustand bis spätestens 2027 erreicht werden. Für die ökologische Verbesserung ist von Bedeutung, dass von einem artenreichen Gewässerabschnitt, der Quellenfunktion für die betrachteten Organismen erfüllt (Strahlursprung), eine Strahlwirkung ausgeht, die über „Trittsteine" einen „Strahlweg" entwickelt.
Trittsteine können kleine Gewässerabschnitte mit guten Habitateigenschaften sein wie z. B. eingebrachtes Totholz, lokale Gewässeraufweitungen oder Wiederansiedlung von typengerechten Wasserpflanzen. Sie erleichtern Gewässerorganismen die Wanderung. Der Strahlweg ist die Gewässerstrecke, die aufgrund der strukturellen Defizite kaum ortsfeste Besiedlung aufweist, durch die

aber die Migration stattfindet. Für die Mindestlänge des Strahlursprungs werden in Abhängigkeit des Gewässertyps 0,5 bis 2,5 km angegeben, für die zu erwartende Länge des Strahlwegs 1,5 bis 20 km. Der Strahlursprung kann sich anstatt im Hauptlauf auch im einmündenden Nebengewässer befinden. Die Wirkung eines renaturierten Gewässerabschnittes als Strahlursprung kann auch dann eintreten, wenn eine Renaturierungsmaßnahme nur einseitig auf einem Ufer vorgenommen werden kann oder sich auf das Gewässerumfeld beschränkt.

Vorhaben zur ökologischen Verbesserung können dadurch optimiert werden, dass die Maßnahme im umzugestaltenden Abschnitt auf die erforderliche Mindestgröße zur Aktivierung des Strahlursprungs beschränkt bleibt. Ergänzend sind dann unterstützende Maßnahmen in angrenzenden Gewässerabschnitten (Strahlweg) umzusetzen.

7. Die Selbstreinigung der Gewässer

7.1 Allgemeines

Verschmutztes Wasser reinigt sich in der Natur von selbst [1559]. Hierfür gibt es zwei Wege: Der eine ist der Weg über die Fäulnis bei Sauerstoffmangel, der andere Weg verlangt unbedingt lufthaltiges, also sauerstoffhaltiges Wasser.
Der Weg der Fäulnis wird bei der künstlichen Abwasserreinigung im „Faulraum" manchmal noch benützt. Im Gewässer ist dieser Weg falsch, weil man dann viel längere Zeit braucht, dabei das natürliche Pflanzen- und Tierleben vernichtet wird und Gestank entsteht. Fäulnis, also ein Abbau ohne Sauerstoff, ist im Gewässer nur erträglich, wenn sich die Fäulnis auf den »Bodenschlamm« beschränkt und sie das darüber fließende lufthaltige Wasser nicht verdirbt.
Der zweite Weg, der des Abbaus im lufthaltigen Wasser, wird bei allen Klärwerken eingehalten, wenn sie geruchlos bleiben sollen. Noch viel mehr nötig ist der Luftgehalt beim Abbau im natürlichen Gewässer. Das Kennzeichen dafür ist das Fischleben.
Nur von dieser Selbstreinigung im lufthaltigen Wasser wird im Folgenden gesprochen. Wenn stets Sauerstoff im Wasser vorhanden ist, besorgt die Natur alles Übrige allein. Sie arbeitet dabei mit kleinsten Pflanzen und Tieren aller Art, hauptsächlich mit Bakterien.
Die Gesamtheit der im natürlichen Wasser schwebenden Lebewesen nennt der Biologe das „Plankton". Von ihm wird die Reinigungsarbeit geleistet. Die vom Plankton ausgehende Sauerstoffaufnahme des Gewässers ist von Knöpp gemessen worden [1347, 1348]. Knöpp hat auch den Weg angegeben, wie man durch den Begriff der „zusätzlichen Zehrung" (z. Z.) die Selbstreinigungskraft und Selbstreinigungsleistung eines Gewässers biologisch bestimmen kann [1349]. Das Plankton entspricht für den Abwasser-Ingenieur dem „belebten Schlamm", der beim künstlichen „Belebungsverfahren" immer wieder in das Lüftungsbecken zurückgepumpt wird. Daraus folgt, dass die Selbstreinigungskraft im reinen, also planktonarmen Flusswasser gering ist und dass erst die durch eine gewisse organische Verschmutzung zugeführte Nahrung es ist, die das Plankton so anwachsen lässt, dass die Selbstreinigungskraft steigt und rascher arbeitet [1168, 1667].
Die gesteigerten Lebensvorgänge brauchen aber auch wieder mehr Sauerstoff. Sie können nur dann ohne Schaden durchgehalten werden, wenn der Sauerstoffgehalt des Wassers nicht unter die für das Fischleben gezogene Grenze von 3 bis 4 mg/l sinkt. In Notzeiten kann man das Flusswasser künstlich belüften (Kapitel 6.5).

Bei den technischen Berechnungen über die Selbstreinigung der Gewässer versucht man, sich über den Sauerstoffhaushalt klarzuwerden. Dabei wird der Sauerstoffverbrauch der Lebensvorgänge (als Ausgaben) aufgerechnet gegenüber der Sauerstoffaufnahme (den Einnahmen). Bei staueregulierten Flüssen entsteht der kritische Lastfall häufig nach einer Massenentwicklung von Algen, wenn diese absterben [1197, 1198].

7.2 Der Sauerstoffverbrauch

Nach übereinstimmenden Beobachtungen an großen amerikanischen Flüssen folgt der Abbau organischer Stoffe im Gewässer den gleichen Gesetzen, die der Chemiker aus der Bestimmung des „Sauerstoffbedarfs" entwickelt hat [2154 bis 2157]. Der Verbrauch von Sauerstoff hängt ab von der Schmutzmenge, von der Abbauzeit und von der Temperatur.
Als Einheit für die Verschmutzung ist hier, wie bei der Berechnung von Klärwerken, der täglich von einem Einwohner ausgehende Sauerstoffbedarf des Abwassers in g zu verwenden. Dieser ist bei 20 °C in fünf Tagen für mittlere deutsche Verhältnisse:

absetzbare Schwebestoffe	20 g $BSB_5/(E \cdot d)$
nicht absetzbar und gelöst	40 g $BSB_5/(E \cdot d)$
zusammen:	60 g $BSB_5/(E \cdot d)$

Der Einfluss der Abbauzeit und der Temperatur ist in Kapitel 5.1.2.5 ausführlich erläutert worden. Der Sauerstoffverbrauch ist bei 20 °C täglich 20,6 % des jeweils im Wasser noch vorhandenen Sauerstoffbedarfs.
Es ist in Kapitel 5.1.2.5 erläutert worden, dass die Bestimmung sich nur auf die erste Abbaustufe erstreckt. Der volle Abbau der ersten Stufe ist nach etwa 20 Tagen beendet. Er verhält sich zum BSB_5 wie 100 : 68,4 oder wie 146 : 100. Die Verhältnisse bei anderen Temperaturen sind aus Tabelle 5.5 zu entnehmen. Nur wenn die Fließzeit länger ist als zehn Tage oder wenn es sich um biologisch gereinigtes Abwasser handelt, das die erste Abbaustufe bereits hinter sich hat, muss man sich auch mit dem Abbau der zweiten Stufe befassen. Dazu entwickeln O'Connor ein mathematisches Modell [1718]. Wolf gibt Gleichungen an [2371].
Bei flachen Gewässern, also kleinen Bachläufen oder flachen Teichen mit weniger als 0,5 m Tiefe, sind die Abbauzeiten kürzer. Die Schmutzstoffe kommen mit Pflanzen und Bakterien häufiger in Berührung und werden dann rascher aufgezehrt. Es wird also in der Zeiteinheit mehr Sauerstoff verbraucht. Zugleich steht aber auch mehr Sauerstoff aus der Flächeneinheit zur Verfügung, weil die in niedriger Wasserschicht ausgebreiteten Wasserpflanzen stärker belichtet

sind und mehr Sauerstoff abgeben und weil der Luftsauerstoff im flachen Wasser durch Diffusion rascher bis zum Boden vordringt. Der tägliche Verbrauch ist nach Fair etwa 37 % bis 50 % statt 20,6 % und die Abbauzeiten sind entsprechend kürzer [1139]. Meinck schlägt vor, die Tiefe des Gewässers durch folgende Beiwerte in die Rechnung einzusetzen [1583]:

- Wassertiefe über 2,0 m Beiwert 1,
- Wassertiefe über 1,0 m Beiwert 0,5,
- Wassertiefe über 0,5 m Beiwert 0,25,
- Wassertiefe über 0,25 m Beiwert 0,125.

Im Abwasserlastplan eines kleinen Gewässers müsste die Linie der höchsten Abwasserlast im entsprechenden Verhältnis herabgesetzt werden, da sich die stark erhöhte Selbstreinigungskraft in einem entsprechend schnelleren Verbrauch des Sauerstoffs auswirkt.

Kürzer sind die Abbauzeiten auch dann, wenn der Fluss an der Stelle der Abwassereinleitung nicht mehr rein und organismenarm ist, sondern wenn er aus dem Oberlauf bereits in erträglichen Grenzen organisch verschmutzt ist und sich Plankton gebildet hat.

Aber auch im günstigsten Falle sind die Abbauzeiten in der Natur viel länger als bei den künstlichen Verfahren. Ein Abbau von 90 % des BSB, der im tiefen Fluss oder See bei 20 °C zehn Tage braucht, ist z. B. beim Belebungsverfahren, wo kleinste belebte Schlammteilchen im Wasser schweben, in 3 bis 10 h beendet und beim Tropfkörper, wo das Abwasser in dünner Schicht über belebte Häute rieselt, schon in 1 h.

Von den Schwebestoffen bleibt ein großer Teil während der Abbauzeit im Wasser schwebend, teils weil die Stoffe so klein sind, dass sie nicht absinken, teils weil die Strömung des Wassers das Ablagern am Boden verhindert. Grenzwerte der Fließgeschwindigkeit sind aus der Abwasserreinigung bekannt. Von Absetzbecken weiß man, dass eine Strömungsgeschwindigkeit von 0,05 m/s das Absetzen der feinen Schwebestoffe am Boden noch nicht hindert. 0,05 m/s ist auch nach Rinnenversuchen Streeter's die Grenzgeschwindigkeit, von der an die gleichmäßige Wasserströmung in eine wirbelige Strömung mit Wasserumwälzung übergeht [2157]. Bei Sandfängen hat man die Beobachtung gemacht, dass eine Strömung von 0,3 m/s nur ziemlich reinen Sand ablagern lässt, aber organische Schwebestoffe weiterspült. Aus diesen Erfahrungen wird man schließen können: Bei Strömungsgeschwindigkeiten unter 0,05 m/s bleiben alle Schwebestoffe nur so lange im Wasser in der Schwebe, bis sie in der Durchflusszeit den Boden erreichen. Im Bereich 0,05 bis 0,3 m/s bleibt ein mehr oder weniger großer Teil der organischen Schwebestoffe und bei über 0,3 m/s bleiben alle organischen Schwebestoffe in der Schwebe. Sie werden im Wasser wie gelöste Stoffe abgebaut und ihr Sauerstoffverbrauch ist sicher nicht größer als der von gelösten Stoffen. Bei der Rechnung kann man also gelöste und schwebende ungelöste organische Stoffe gleichbehandeln.

Schwebestoffe, die durch Absetzen den Boden erreicht haben und die nicht von dort durch die Strömung wieder aufgewirbelt werden, sammeln sich als Bodenschlamm an [1144, 2103]. Von ihm ist nur die oberste dünne Schicht (4 mm nach Fair [812]) dem Sauerstoff des darüber fließenden Wassers zugänglich. Im Übrigen ist der Schlamm vom Sauerstoff abgeschnitten, die luftbedürftigen Bakterien sterben ab. Sie werden durch Fäulnisbakterien ersetzt und diese bauen den Schlamm weiter ab. Der Abbau ist ähnlich wie der im Faulraum. Die Gase enthalten aber viel mehr Stickstoff, nach Fair z. B. 14 % Kohlensäure, 17 % Methan und 69 % Stickstoff [812]. Ein Abbau bis zur technischen Faulgrenze braucht bei 20 °C im eingearbeiteten Faulraum 45 Tage, im nicht eingearbeiteten Faulraum aber sechs Monate, weil dann die Reifungszeit hinzukommt. Im Bodenschlamm eines Flusses fehlt das Impfen mit altem Schlamm, denn jedes Teilchen wird an der Stelle festgehalten, wo es sich abgelagert hat. Die Abbauzeit ist deshalb ähnlich wie im nicht eingearbeiteten Faulraum und meist noch länger. Der Abbau geht auch schon deshalb langsamer, weil der Schlamm gewöhnlich nur 30 % organische Stoffe enthält gegenüber 70 % des frischen städtischen Schlamms.

Wie weit der Schlamm abgebaut ist, kann man aus seinem Sauerstoffbedarf bestimmen. Man setzt also eine Schlammprobe, gemischt mit lufthaltigem Wasser, fünf Tage zur Bestimmung des Sauerstoffbedarfs nach Kapitel 5.1.2.5 an. Der BSB_5 ist dann ein Maß für den Anteil der organischen Stoffe, die noch durch Bakterien abgebaut werden können. Dass an Stelle der Fäulnisbakterien bei der BSB-Bestimmung luftbedürftige Bakterien verwendet werden, hat den Vorteil, dass die Bestimmung schon in fünf Tagen beendet ist, während der gleiche Vorgang bei Fäulnisbakterien viele Monate dauert. Fair, Mohlman, Rudolfs und andere haben so den Abbau des Schlammes über lange Zeit hinaus verfolgt [813]. Mohlman hat z. B. gefunden, dass der BSB_5 eines bei 20 °C faulenden Schlamms sich in mg auf 1 g organischen Trockenrückstand nach folgenden Zahlen verändert hat (Tabelle 7.1) [926].

Tabelle 7.1: **BSB_5-Abbau der organischen Trockensubstanz**

Tage	0	40	80	120	200	400	600	700	Tage
BSB_5-Abbau	380	270	210	170	140	105	97	96	mg/g

Wenn man diese Zahlen in Prozenten des ursprünglichen BSB_5 = 380 mg/g (rd. 0,4 g/g) so aufträgt, dass der abgebaute Sauerstoffbedarf auf der Grundlinie steht, erhält man in Bild 7.1 eine Kurve, die ähnlich der Gaskurve im Faulraum (Bild 5.77) verläuft, nur dass sie wenigstens über die 20-fache Zeit geht. Für andere Temperaturen als 20 °C verlaufen die Kurven etwa ähnlich Bild 5.77.

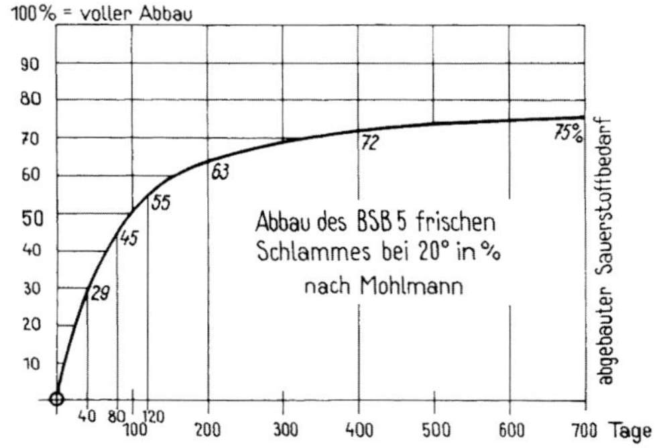

Bild 7.1: **Abbau des frischen Schlammes bei 20 °C**

In der Natur wird der Abbau des Schlamms jedes Jahr durch den Winter unterbrochen. Im Einzelnen hängt das von dem örtlichen Klima ab. Als Beispiel ist in Bild 7.2 die einfache Annahme gemacht, dass in jedem Jahr auf vier Sommermonate mit einer mittleren Temperatur von 20 °C eine Winterpause von acht Monaten folgt. Im ersten Sommer werden 55 %, im zweiten 11 %, im dritten 5 % abgebaut. Das Ergebnis ist, dass in 2,5 Jahren oder vielmehr in drei Sommern ein Abbau von 71 % des ursprünglichen Sauerstoffbedarfs erreicht wird. Der weitere Abbau wird sich dann in kleinen Teilbeträgen über sehr viele Jahre hinziehen.

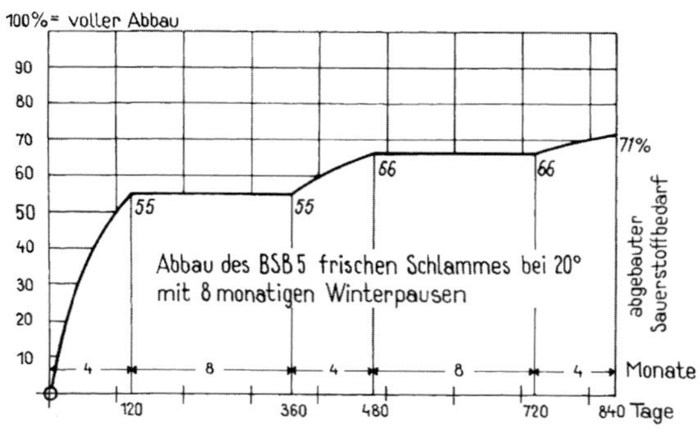

Bild 7.2: **Abbau des frischen Schlammes bei 20 °C mit Winterpausen**

Ein großer Teil, z. B. 30 % der organischen Stoffe (die durch Ausglühen bestimmt sind), wird von den Bakterien überhaupt nicht angegriffen.

Es entsteht nun die Frage, wie sich die Fäulnis des Bodenschlammes auf das darüber fließende Wasser auswirkt. Solange der Schlamm festliegt, ist die Wir-

kung gering. Dass Teile des Gases (z. B. Stickstoff) vom Wasser gelöst werden, ist bedeutungslos. Es bleibt nur der Sauerstoffbedarf der obersten Schicht des Schlammes und der von gewissen Fäulnisstoffen (z. B. von Schwefelwasserstoff) der darunter liegenden Schichten, die in geringen Mengen entweichen mögen.
Fair drückt die sauerstoffzehrende Wirkung des Bodenschlammes aus durch die „Flächenbelastung mit organischen Stoffen" in kg/m² [813]. Für verschiedene Belastungen und entsprechend verschiedene Höhe der Schlammschicht hat er die folgenden Zahlen des Sauerstoffbedarfs gefunden: Wie Tabelle 7.2 zeigt, steigen die Zahlen des Sauerstoffbedarfs bei 20-facher Belastung nur auf etwa das Fünffache, weil die organischen Stoffe des Bodenschlammes umso weniger auf das darüber stehende oder fließende Wasser einwirken können, je tiefer sie liegen. Wenn der Schlamm nicht frisch, sondern ausgefault ist, werden die Zahlen bedeutend niedriger. McDonnell und Hall nennen 3,3 bis 11,2 g $O_2/(m^2 \cdot d)$ als Maximum [1571]. Neben der Temperatur ist auch der Sauerstoffgehalt von Einfluss. In einem gestauten Fluss kann man die Verteilung des Schlammes auf die Lauflänge aus der Absetzkurve (Bild 5.18) berechnen, indem man die Fließzeit mit der Absetzzeit in Beziehung setzt [23, 1227].

Tabelle 7.2: Sauerstoffbedarf des Bodenschlamms

Flächenbelastung mit organischen Stoffen des Bodenschlammes	3,8	1,4	0,5	0,2	kg/m²
Schlammhöhe bei frischem Schlamm von 90 % Wassergehalt und 30 % organischen Stoffen	127	47	17	7	mm
Tägl. Sauerstoffbedarf am 1. Tag	4,7	3,1	1,7	1,1	$g/(m^2 \cdot d)$
Tägl. Sauerstoffbedarf am 100. Tag	2,2	1,2	0,7	0,4	$g/(m^2 \cdot d)$
Tägl. Sauerstoffbedarf am 200. Tag	1,2	0,6	0,3	0,2	$g/(m^2 \cdot d)$
Tägl. Sauerstoffbedarf am 400. Tag	0,4	0,2	0,1	0,07	$g/(m^2 \cdot d)$

Anders ist es, wenn der Bodenschlamm in Bewegung kommt. Dann macht sich plötzlich ein unmittelbarer Sauerstoffbedarf geltend, der aus dem Wasser gedeckt werden muss. Dieser kann z. B. nach Fair 28 % des BSB_5 des Schlamms betragen [812]. Aber außerdem werden die feinen Schlammteile dann vom Wasser weitergetragen und setzen sich zum großen Teil nicht mehr zu Boden. Sie werden in fließendem Wasser in der von der BSB-Bestimmung bekannten raschen Weise weiter abgebaut und zehren auch so am Sauerstoffgehalt des Wassers. Oldaker nennt 6 g BSB_5 je kg Schlamm mit 10 % organischen Stoffen [1727]. Andere Messungen ergaben für aufgewirbelten Bodenschlamm 0,5 bis 3 g $O_2/(kg\ TS \cdot d)$ oder 6 bis 20 g $O_2/(kg\ oTS \cdot d)$ [1216, 1648].
Wenn der Schlamm durch Hochwasser in Bewegung gekommen ist, wird meist kein Schaden eintreten, weil das Hochwasser mehr Wasser, also auch mehr Sauerstoff mitbringt. Durch das Wegspülen des Schlamms wird die Fluss-

Strecke sogar für einige Zeit von dem zusätzlichen Sauerstoffbedarf aus dem Schlamm entlastet.
Gefährlich ist aber das Auftreiben von Bodenschlamm im Sommer, wenn die Wassertemperatur zum ersten Mal etwa 20 °C erreicht. Die Gasentwicklung wird dann so stark, dass sie den in den vorangegangenen Wintermonaten angesammelten stark faulenden Schlamm in Bewegung setzt. Der Schaden für den Sauerstoffhaushalt des Flusses ist dann besonders groß, weil der Fluss dann gewöhnlich auch wenig Wasser, also wenig Sauerstoff, führt. In dem später folgenden Beispiel 2 (Kapitel 7.4.1) wird gezeigt, wie man die Wirkung des Bodenschlamms auf den Sauerstoffverbrauch des fließenden Wassers berechnen kann. Diese Berechnungen hängen von vielen Annahmen ab und sind deshalb unsicher.
In gestauten Fluss-Strecken lässt sich die Ablagerung von Bodenschlamm auch bei bester Abwasserreinigung nicht vermeiden, weil durch Regenauslässe Schlamm zugeführt wird und sich auch durch die Selbstreinigung organischer, faulfähiger Bodenschlamm bildet. Man wird deshalb bei Berechnungen stets auch an den Bodenschlamm denken müssen. Künstlich kann man den Sauerstoffhaushalt einer gestauten Fluss-Strecke dadurch bedeutend entlasten, dass man den im Winter abgelagerten Schlamm noch vor der heißen und wasserarmen Jahreszeit wegspült oder wegbaggert (Kapitel 6.5). In gleichem Sinne wirkt das bei vielen Flüssen regelmäßig zu erwartende Frühjahrshochwasser.

7.3 Die Sauerstoffaufnahme

Das Gewässer hat an einer bestimmten Stelle gelösten Sauerstoff aus drei Quellen: Es trägt Sauerstoff als Vorrat mit sich, es nimmt Sauerstoff an der Wasserfläche aus der Luft auf und es wird ihm Sauerstoff durch grüne Wasserpflanzen unter Einwirkung des Sonnenlichts zugeführt.
Aus der Luft nimmt das Wasser Sauerstoff nur bis zur „Sättigung" auf. Die Sättigung ist von der Temperatur abhängig (Tabelle 5.3). Durch die Wirkung der Wasserpflanzen kann der Sättigungspunkt auch überschritten werden. Man hat bei starker Sonnenbelichtung schon Sauerstoffwerte bis zur 4-fachen Sättigung gefunden. Mit der Wirkung der Wasserpflanzen sollte aber bei technischen Rechnungen gewöhnlich nicht gerechnet werden, weil sie auch ausbleiben kann. In der Nacht und nach dem Absterben verbrauchen die Pflanzen Sauerstoff.
Nach Knöpp wird Sauerstoff aus Wasserpflanzen (Plankton) nur in den Monaten April bis Oktober, besonders im August und September, aufgenommen und nur an der Oberfläche bis zu 2 m Tiefe [1347]. Im Rhein hat diese biologische Sauerstoffaufnahme Ende Juli 1959 1,6 g/m^3 täglich betragen. Das war fast die

Hälfte der im folgenden Beispiel für die physikalische Sauerstoffaufnahme berechneten Zahl 4,1 g/m^3 Tag.
Die pflanzliche Sauerstoffentwicklung hängt auch vom biologischen Zustand des Gewässers ab.
Eine außergewöhnliche Aufnahme von Sauerstoff kann mit dem Schiffsverkehr verbunden sein, weil die Schiffsschrauben, namentlich bei niedrigen Wasserständen, das Wasser aufwühlen und mit Luft mischen. So soll im Rhein in den trockenen Sommern 1959 und 1961 durch die zusätzliche Zufuhr von Luft aus der Bewegung der Schiffsschrauben das Absinken des Sauerstoffgehalts bis zum „totalen Fischsterben" verhindert worden sein.
Rechnerisch bezieht man die Sauerstoffaufnahme oft auf die durchfließende Wassermenge. Die Sauerstoffaufnahme ist umso größer, je höher der Fehlbetrag im Wasser ist, je weiter also der wirkliche Sauerstoffgehalt unter dem zur Temperatur gehörigen Sättigungswert (Tabelle 5.3) liegt. Außerdem ist die Sauerstoffaufnahme von der Art des Gewässers abhängig, besonders von den Strömungsverhältnissen und von der Zugänglichkeit für Wind und Wellen.
Fair hat in Tabelle 7.3 für sechs Gruppen von Gewässern die tägliche Sauerstoffaufnahme in % des Fehlbetrags bei 20 °C berechnet [812]. Die Spalte a) gilt unter der Annahme, dass der ursprüngliche Fehlbetrag in dem Maße abnimmt, wie Sauerstoff aufgenommen wird. Die Spalte b) aber setzt voraus, dass der Fehlbetrag im Laufe des Tages gleichbleibt, dass also die im Flusswasser enthaltenen Stoffe dauernd ebenso viel Sauerstoff verbrauchen, wie neuer Sauerstoff hinzukommt. Der Fehlbetrag ist in der Spalte b) im Tagesdurchschnitt niedriger und die Aufnahme ist im Ganzen höher als in Spalte a). Den Unterschied zeigt die letzte Spalte.

Tabelle 7.3: Sauerstoffaufnahme des Wassers

Gewässergruppe	Tägliche Sauerstoffaufnahme bei 20 °C in % des Fehlbetrags		Verhältnis $\frac{b}{a}$
	a) des Anfangsfehlbetrags, wenn der Fehlbetrag abnimmt	b) des festen, Fehlbetrags, wenn er gleichbleibt	
1. kleiner Teich	10,9 – 20,6	11,5 – 23,0	1,08
2. großer See	20,6 – 29,2	23,0 – 34, 5	1,15
3. langsam fließender Fluss	29,2 – 36,9	34,5 – 46,0	1,22
4. großer Fluss	36,9 – 49,9	46,0 – 69,0	1,31
5. rasch fließendes Gewässer	49,9 – 68,4	69,0 – 115	1,55
6. Stromschnelle	über 68,4	über 115	über 1,55

Tabelle 7.4: Sauerstoffaufnahme der Wasseroberfläche

Sättigungsgrad	100	80	60	40	20	0	%
1. kleiner Teich	0	0,3	0,6	0,9	1,2	1,5	$g/(m^2 \cdot d)$
2. großer See	0	1,0	1,9	2,9	3,8	4,8	$g/(m^2 \cdot d)$
3. langsam fließender Fluss	0	1,3	2,7	4,0	5,4	6,7	$g/(m^2 \cdot d)$
4. großer Fluss	0	1,9	3,8	5,8	7,6	9,6	$g/(m^2 \cdot d)$
5. rasch fließendes Gewässer	0	3,1	6,2	9,3	12,4	15,5	$g/(m^2 \cdot d)$
6. Stromschnelle	0	9,6	19,2	28,6	38,4	48,0	$g/(m^2 \cdot d)$

Beispiel: Ein Fluss führt 28,3 m^3/s Wasser mit einem Sauerstoffgehalt von 2 g/m^3 bei 20 °C. Wie viel Sauerstoff nimmt er in einem Tage auf, wenn der Fehlbetrag sich im Laufe des Tages nicht ändert? – Der Sättigungswert ist nach Tabelle 5.3 9,1 g/m^3. Der Fehlbetrag ist 9,1 – 2 = 7,1 g/m^3. Die Sauerstoffaufnahme ist in Gruppe 4 nach Spalte b 46,0 bis 69,0 Annahme 57,5 % oder 0,575 · 7,1 = 4,1 g/m^3 täglich. Es werden also täglich 28,3 · 4,1 · 24 · 60 · 60 : 1 000 = 10 000 kg Sauerstoff aufgenommen und wieder verbraucht.

Als Rechnungsgrundlage für die Sauerstoffaufnahme kann statt der durchfließenden Wassermenge auch die Wasserfläche dienen.

Man kann etwa die in Tabelle 7.4 aufgelisteten Zahlen für die Sauerstoffaufnahme aus der Wasserfläche bei 20 °C (ohne Mitwirkung der Wasserpflanzen) schätzen. Die genannten Werte gelten für Windstille. Durch starke Wellenbewegung werden sie zeitweise mehr als verzehnfacht.

Owens et al. haben durch zahlreiche Messungen in Gewässern und durch Vergleich mit Werten der Literatur eine Gesetzmäßigkeit für die Sauerstoffaufnahme in Abhängigkeit von der Fließgeschwindigkeit und Wassertiefe entwickelt [1745, 2364]. Bild 7.3 enthält die Ergebnisse [1182]. Die Wissenschaftler weisen darauf hin, dass Detergentien und andere Abwasserinhaltsstoffe die gefundenen Werte bis auf die Hälfte vermindern können. Zu den geschätzten Zahlen der Tabelle 7.4 besteht daher kein großer Unterschied. Haag, I. et al. vergleichen verschiedene Formeln für die natürliche Wiederbelüftung [973].

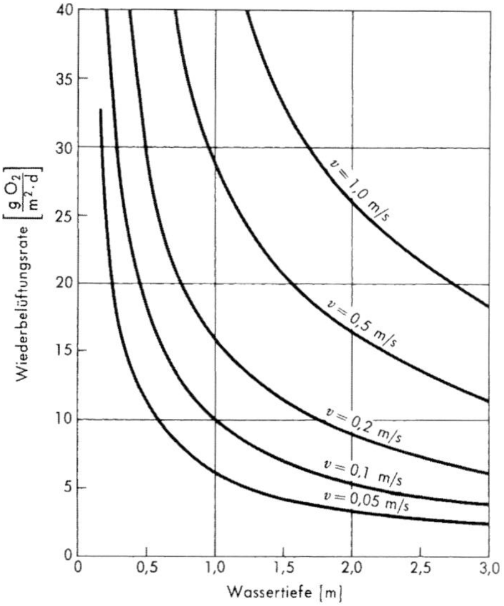

Bild 7.3: Sauerstoffaufnahme aus der Wasseroberfläche in Abhängigkeit von der Fließgeschwindigkeit und der Wasser tiefe bei 20 °C und 100 % Defizit

Zwischen 5 und 30 °C nimmt die Wiederbelüftungsrate in einer geometrischen Reihe um 2,4 % je °C zu (gegenüber 4,7 % beim BSB) [774].

7.4 Die Berechnung des Sauerstoffhaushalts

Der ursprüngliche Sauerstoffgehalt des Gewässers, der Sauerstoffverbrauch durch die Verschmutzung und die Sauerstoffaufnahme durch Wiederbelüftung sind die drei Grundlagen, auf denen sich der Sauerstoffhaushalt eines Gewässers aufbaut. Das Ziel der Berechnung der Selbstreinigung ist gewöhnlich, den zu erwartenden Sauerstoffgehalt an einer bestimmten Stelle im Voraus zu berechnen, um prüfen zu können, ob geplante Reinigungsverfahren ausreichen. Bei größeren Aufgaben wird versucht, die „Sauerstofflinie“ zu finden, die den Sauerstoffgehalt einer Fluss-Strecke in Abhängigkeit von der Abbauzeit darstellt. Man kann dann sehen, an welcher Stelle des Flusses der Sauerstoffgehalt am kleinsten sein wird und kann die „zulässige Belastung“ angeben [1141]. Im Folgenden werden fünf Rechnungsverfahren genannt, um die Grundlagen zu verdeutlichen.

7.4.1 Sauerstoffverbrauch und -aufnahme

Sauerstoffverbrauch und Sauerstoffaufnahme werden in einer begrenzten Strecke des Gewässers nach den folgenden Beispielen 1, 2 und 3 gegenübergestellt.

Beispiel 1: Eine Stadt von 80 000 Einwohnern liegt an einem kleinen, fischreichen Fluss, dessen Wasserspiegelbreite = 17 m, Tiefe = 2 m, Wasserführung = 10 m^3/s ist. Es ist zu prüfen, ob der Fluss die gelösten Abwasserstoffe ohne Beeinträchtigungen verarbeiten kann, ob also Absetzbecken ohne biologische Nachreinigung ausreichen. Der Fluss erreicht nach einem Tag Fließzeit einen großen Strom.

Der 5-tägige biochemische Sauerstoffbedarf aus den gelösten und nicht absetzbaren Stoffen ist 40 g/(E · d). Während des ersten Tages müssen davon 30 % = 12 g/(E · d) oder im ganzen 12 · 80 000 = 960 000 g/d gedeckt werden. Die Fließgeschwindigkeit ist 10 : (2 · 17) = 0,3 m/s. Das Flusswasser bedeckt an einem Tag eine Fläche von 17 · 0,3 · 86 400 = 440 000 m^2. Die Belastung durch die gelösten Stoffe ist also 960 000 : 440 000 = 2,2 g/(m^2 · d). Als Sauerstoffaufnahme kann die eines normalen Flusses nach Gruppe 4 der Tabelle 7.4 angenommen werden. Dort liest man für die Sauerstoffaufnahme 2,2 g/(m^2 · d) den Sättigungswert 77 % ab. Das entspricht nach Tabelle 5.3 bei 20 °C einem Sauerstoffgehalt von 0,77 · 9,1 = 7,0 mg/l im salzfreien Wasser.

Dabei wird vorausgesetzt, dass das Flusswasser selbst keinen Sauerstoffbedarf hat und dass der Sauerstoffgehalt des Flusswassers nicht angegriffen wird. Auch ist angenommen, dass sich kein Bodenschlamm im Flussbett ablagert. Aber auch, wenn man an den 7,0 mg/l noch große Abzüge für den von oben zugeführten Sauerstoffbedarf des Flusswassers und für den Bedarf des Bodenschlamms macht, wird man über der für das Fischleben gezogenen Grenze von 3 bis 4 mg/l bleiben. Absetzbecken reichen also aus, wenn nicht die Vorschriften eine biologische Reinigung verlangen.

Beispiel 2: Ein großer Stausee mit 1 700 000 m^2 Oberfläche und 2 m Tiefe ist in einem stark mit Abwasser belasteten, aber fischreichen Fluss eingebaut. Der Abwasserschlamm wird mit guten Absetzbecken ferngehalten. Von wie viel Einwohnern kann das Abwasser in dem See biologisch gereinigt werden?

Rechnung 2a ohne Bodenschlamm: Der fünftägige Sauerstoffbedarf der gelösten und der nicht absetzbaren Stoffe im Abwasser ist 40 g/(E · d). Die Sauerstoffaufnahme aus der Oberfläche ist nach Tabelle 7.4, wenn der Sauerstoffgehalt z. B. auf 60 % Sättigung sinkt, 1,9 g/(m^2 · d) in der Gruppe 2. Der See reinigt dann das Abwasser von 1 700 000 · 1,9 : 40 = rd. 80 000 Einwohnern, vorausgesetzt, dass er fünf Tage Durchflusszeit hat. Wenn nicht nur der 5-tägige Sauerstoffbedarf abgebaut werden soll, sondern z. B. 90 % des gesamten (20-tägigen) Sauerstoffbedarfs des Abwassers, sind zehn Tage Durchflusszeit bei 20 °C nötig. Ist die Durchflusszeit nur ein Tag, dann ist nur eine Teilreinigung möglich, und zwar ist der Sauerstoffbedarf am ersten Tag 30 % des fünftägigen. Der See kann dann das Abwasser von 80 000 · 100 : 30 = 270 000 Einwohnern teilweise reinigen.

Rechnung 2b mit festliegendem Bodenschlamm: Die Rechnung wird erst vollständig, wenn man auch den Bodenschlamm mitrechnet, der sich trotz der guten Absetzbecken im See ablagern wird, teils aus den Regenauslässen, teils als Ergebnis der Selbstreinigung der gelösten Abwasserstoffe und teils aus den Stoffen, die der Fluss von oben zuführt. Dafür sind allerdings mehrere willkürliche Annahmen nötig. Der Schlamm, der in der Absetzanlage zurückgehalten wird, ist bei 80 000 Einwohnern 80 000 · 0,90 : 1 000 = 72 m^3/d mit 95 % Wasser. Davon ist die organische Trockenmasse 70 % oder 72 · 0,05 · 0,7 = 2,5 t/d. Es wird angenommen, dass sich im See weiterer Schlamm mit gleich viel organischer Trockenmasse ablagert, aber mit 90 % Wasser und mit 30 % organischen Stoffen. Der Anfall des Bodenschlamms ist dann 2,5 · [100 : (100 – 90)] · (100 : 30) = 83 m^3/d. Angenommen wird ferner, dass jährlich im Februar ein reinigendes Hochwasser zu erwarten ist und dass die kritische Zeit im Juli bei einer Wassertemperatur von 20 °C und einer Wasserführung von 20 m^3/s = 20 · 86 400 = 1 730 000 m^3/d eintritt.

Die Seetiefe ist 2 m, der Inhalt 2 · 1 700 000 = 3 400 000 m^3 und die Durchflusszeit 3 400 000 : 1 730 000 = 2 Tage. Im Juli haben sich 5 · 30 · 83 = 12 450 m^3 Bodenschlamm angesammelt mit 5 · 30 · 2,5 = 375 t organischen Stoffen. Dieser Schlamm würde, gleichmäßig verteilt, den Boden 12 450 : 1 700 000 = 0,0073 m hoch bedecken und er würde in dünner Schicht wohl von dem lufthaltigen Wasser aus abgebaut werden können. Er hätte nach 100 Tagen bei 7 mm Tiefe einen täglichen Sauerstoffbedarf von 0,4 g/m^2. Diese gehen von der bei 2a errechneten Sauerstoffaufnahme von 1,9 g/(m^2 · d) ab.

Rechnung 2c mit auftreibendem Bodenschlamm: Ein Teil des Schlamms – angenommen die Hälfte – lagert sich am oberen Ende des Sees, an tiefen Stellen und besonders unterhalb der Abwassereinleitung in dicker Schicht, er wird vom lufthaltigen Wasser abgesperrt und fault und treibt auf, sobald die Temperatur hoch genug ist. Seine organischen Stoffe sind 375 : 2 = 188 t. Sie haben einen Sauerstoffbedarf BSB_5 = 400 mg auf 1 g organische Stoffe und davon 55 % im ersten Sommer, also 188 · (400 : 1 000) · (55 : 100) · 1 000 = 41 360 kg. Davon sind 28 % = (28 : 100) · 41 360 = 11 580 kg unmittelbarer Bedarf. Der Rest fünftägiger Bedarf. Da die Durchflusszeit aber nur zwei Tage ist, kommt davon (Tabelle 5.5) nur 54 % zur Wirkung, also (54 : 100) · 29 780 = 16 080 kg. Der Sauerstoffbedarf des Schlamms ist also 11 580 + 16 080 = 27 660 kg. Es wird angenommen, dass sich dieser Bedarf auf die fünf ersten Sommertage verteilt, also auf 5 · 1 730 000 m^3 = 8 650 000 m^3 Flusswasser. Der Der Bedarf aus dem Schlamm ist 27 660 · 1 000 : 8 650 000 = 3,2 g/m^3.

Der gewöhnliche Bedarf aus dem Abwasser der 80 000 Einwohner ist für die nicht absetzbaren und die gelösten Stoffe 40 g/(E · d) = 80 000 · (40 : 1 000) = 3 200 kg/d oder auf 1 m^3 Flusswasser 3 200 000 : 1 730 000 = 1,85 g/m^3. Der zusätzliche Sauerstoffbedarf aus dem faulenden Schlamm ist bei diesen Annahmen in den ersten Sommertagen 3,2 : 1,85 = 1,7 mal so groß als der Bedarf aus dem in Absetzbecken gereinigten Abwasser. Der Bedarf des Abwassers kann, wie oben angegeben, aus der Wasserfläche gedeckt werden. Der zusätzliche Bedarf des Bodenschlamms wird aber auch den Sauerstoffvorrat des zufließenden Flusswassers angreifen. Wenn dieses z. B. bei 20 °C gesättigt ankommt (Tabelle 5.3), hat es 9,1 g/m^3 Sauerstoff. Wenn davon 3,2 g/m^3 abgehen, bleiben 5,9 g/m^3, die völlig ausreichen. An den gefährdeten Sommertagen wird aber noch mit einer verstärkten Sauerstoffentwicklung aus Wasserpflanzen zu rechnen sein und die Verhältnisse werden günstiger sein als die Rechnung ergibt.

Beispiel 3: Abwasserfischteich (Kapitel 5.6.9). Fläche 1 ha = 10 000 m^2 auf 1 000 Einwohner oder 10 m^2/E. Abwasser 0,2 m^3/(E · d) entschlammt. Verdünnungswasser 10 · 0,2 = 2 m^3/(E · d), rein, sauerstoffgesättigt. Mischwasser 0,2 + 2,0 = 2,2 m^3/(E · d). Tagesmenge 1 000 · 2,2 = 2 200 m^3/(ha · d). Durchflusszeit des Mischwassers zwei Tage. Nutzbare Tiefe 2 · 2 200 : 10 000 = 0,44 m.

Sauerstoffverbrauch: Der Sauerstoffbedarf aus den nicht absetzbaren Schwebestoffen und den gelösten Stoffen ist 40 g/(E · d). Hiervon kommt der Teil zur Wirkung, der in den ersten zwei Tagen abgebaut wird. Das ist 0,54 · 40 = 21,6 g/(E · d), wahrscheinlich ist der Sauerstoffverbrauch wegen der geringen Wassertiefe größer.

Sauerstoffaufnahme: Wenn der Sauerstoffgehalt bis auf 2,7 g/m^3 = 30 % Sättigung sinken darf, ist die Sauerstoffaufnahme aus der Oberfläche 1,05 g/(m^2 · d) oder 1,05 · 10 = 10,5 g/(E · d). Aus dem gesättigten Verdünnungswasser werden zugeführt (Tabelle 5.3) 2,0 · 9,1 = 18,2 g/(E · d). Damit 30 % Sättigung bleiben, dürfen verbraucht werden 0,7 · 18,2 = 12,7 g/(E · d). Die Sauerstoffaufnahme ist 10,5 + 12,7 = 23,2 g/(E · d). Sie reicht also aus. Dazu kommt aber noch in den Sommertagen der Sauerstoffverbrauch aus dem Bodenschlamm, der sich durch die Selbstreinigung bildet. Wenn dieser Schlamm auch in dünner Schicht auf die ganze Fläche verteilt wird und es vielleicht nicht zum Auftreiben von faulendem Schlamm kommt, ist sein Verbrauch doch in der kritischen Zeit höher als in den vorangegangenen kühlen Monaten.

Das Ergebnis ist, dass Fischteiche bei der angegebenen Belastung nur knapp aus der ruhenden Wasserfläche belüftet werden können. Sie sind auf die Sauerstoffbildung durch Wasserpflanzen angewiesen. Da diese nur bei Sonnenlicht möglich ist, sind die Teiche in warmer Zeit nachts gefährdet. Bei Bedarf muss man sie weniger belasten oder mehr Verdünnungswasser zuführen oder künstlich lüften. Dies geschieht am besten durch Aufteilung in mehrere

Teiche mit dazwischen liegenden Wehrüberfällen. Sind drei Teiche möglich mit zwei Wehren von insgesamt 1 m Fallhöhe, dann kann man aus der zur Verfügung stehenden Energie abschätzen:

$$2{,}2\ \frac{m^3}{E \cdot d} \cdot 1\ m = 2{,}2 \cdot \frac{t}{E \cdot d}$$

$$2{,}2\ \frac{m \cdot t}{E \cdot d} \cdot \frac{1\ kWh}{367\ m \cdot t} = 0{,}006 \cdot \frac{kWh}{E \cdot d}$$

Je kWh kann man etwa 1 kg O_2 an Sauerstoffeintrag annehmen, also weitere 6 g $O_2/(E \cdot d)$, die dann auch die Zehrung des Bodenschlammes abdecken. Im Winter sollen die Teiche ausgeräumt werden. Wenn dies nicht geschieht, muss ein weiterer Sauerstoffbedarf aus altem Bodenschlamm hinzugerechnet werden. Tiefe Teiche liefern im Verhältnis zur Wassermenge weniger Sauerstoff aus den Wasserpflanzen, weil die Belichtung schlechter ist.

7.4.2 Schätzungsverfahren nach Fair

Schätzung der zulässigen Belastung und der Sauerstofflinie nach Fair [812, 1139]: Die Anwendung des Verfahrens wird durch die folgenden Beispiele 4 bis 8 erläutert (Tabelle 7.5). Für Gewässer mit wenig Strömung der Gruppen 1 bis 3 kommt aber noch die Wirkung des Bodenschlamms hinzu.

Beispiel 4: Welcher 5-tägige Sauerstoffbedarf (BSB_5 bei 20 °C) ist in einem großen Fluss dicht unter einer Abwassereinleitung (also für das mit Abwasser gemischte Flusswasser) zulässig, wenn der Sauerstoffgehalt in der Selbstreinigungsstrecke bei 25 °C nicht unter 4 mg/l sinken soll? – Die Belastungs-Ziffer z liegt nach der Liste zwischen den Grenzwerten 1,3 und 2,5. Der Sättigungswert ist nach Tabelle 5.3 bei 25 °C 8,3 mg/l. Der zulässige Sauerstoff-Fehlbetrag F ist 8,3 – 4 = 4,3 mg/l. Der zulässige BSB_5 bei 25 °C liegt zwischen 1,3 · 4,3 = 5,6 mg/l und 2,5 · 4,3 = 10,8 mg/l. 5,6 mg/l gilt im Grenzfall a), wenn der Sauerstoffgehalt schon auf dem Tiefpunkt 4 mg/l war und 10,8 mg/l gilt im Grenzfall b), wenn das Flusswasser noch mit Sauerstoff gesättigt war (bei 20 °C errechnen sich 8,7 und 16,3 mg/l).

Beispiel 5: Wenn mittleres deutsches Abwasser in Absetzbecken vorgereinigt ist und einen BSB_5 = 200 mg/l hat, welche Verdünnung ist bei Beispiel 4 im Gewässer nötig, vorausgesetzt, dass das Flusswasser selbst keinen BSB hat? – Die Verdünnung liegt zwischen den zwei Grenzfällen 200 : 5,6 = 36-fach und 200 : 10,8 = 19-fach. Dies gilt für 25 °C. Bei 20 °C findet man 23-fach und 12-fach im Mittel etwa 20-fach, also 1 : 20. Wenn das Flusswasser selbst einen BSB hat, muss dieser erst an dem zulässigen BSB_5 von Beispiel 4 abgezogen werden, bevor man dividiert.

Tabelle 7.5: Schätzungsverfahren der zulässigen Belastung und der Sauerstofflinie eines Gewässers nach Fair

$B = F \cdot z$

- B = zulässiger Sauerstoffbedarf (BSB_5 bei 20 °C) dicht unterhalb einer Abwassereinleitung.
- F = zulässiger Sauerstoff-Fehlbetrag im Gewässer (4,3 mg/l nach Beispiel 4).
- z = Belastungsziffer nach der Liste zwischen den Grenzfällen a) und b).

a) Unterer Grenzfall, wenn der Sauerstoffgehalt des Gewässers dicht unterhalb der Abwassereinleitung schon auf die äußerst zulässige Grenze (G) gesunken ist.

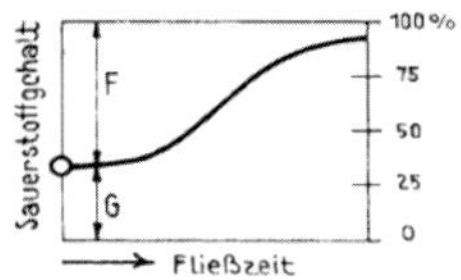

b) Oberer Grenzfall, wenn das Gewässer dicht unterhalb der Abwassereinleitung mit Sauerstoff gesättigt ist, also (Tabelle 5.3) Sauerstoffgehalt = 10,1 mg/l bei 15 °C, 9,1 mg/l bei 20 °C und 8,3 mg/l bei 25 °C.

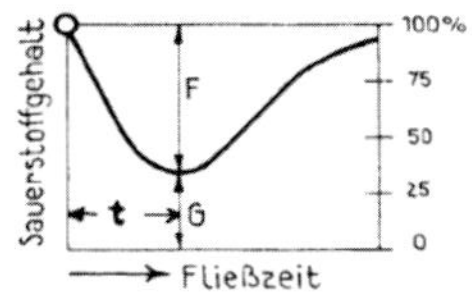

Art des Gewässers	a)				b)				Fließzeit bis zum Tiefpunkt der Sauerstofflinie (Kritische Zeit t)				
		15°	20°	25°		15°	20°	25°		15°	20°	25°	
1. kleiner Teich	z =	0,6	0,5	0,4	z =	2,1	1,6	1,3	T =	5,9	5,0	4,3	Tage
2. großer See		1,1	0,9	0,7		2,7	2,1	1,6		4,5	3,9	3,3	
3. langsam fließender Fluss		1,6	1,2	0,9		3,2	2,5	2,0		3,8	3,2	2,8	
4. großer Fluss		2,2	1,7	1,3		4,0	3,2	2,5		3,0	2,6	2,3	
5. rasch fließendes Gewässer		3,5	2,7	2,1		5,4	4,3	3,3		2,3	2,0	1,8	
6. Stromschnelle		22,0	17,0	13,0		25,0	20,0	15,0		0,6	0,6	0,5	

Beispiel 6: Wenn die zugeleitete Abwassermenge 200 l/(E · d) ist, wie groß ist bei Beispiel 5 die für 1 000 angeschlossene Einwohner nötige Wasserführung des Flusses? – Sie ist (200 · 1 000 · 36) : (60 · 60 · 24) = 83,3 l/s im Grenzfall a) und (200 · 1 000 · 19) : (60 · 60 · 24) = 44 l/s im Grenzfall b). Das gilt für 25 °C. Bei 20 °C findet man 53 und 28 l/s, im Mittel etwa 40 l/s. Die „Abwasserlast" ist dann 1 000 : 40 = 25 Einwohner auf 1 l/s Wasserführung des Flusses.

Beispiel 7: Wie lang ist die Fließzeit in einem großen Fluss bis zum Tiefpunkt der Sauerstofflinie bei 25 °C, wenn das Flusswasser dicht unterhalb der Abwassereinleitung noch mit Sauerstoff gesättigt war? – Aus der Liste liest man t = 2,3 Tage.

Beispiel 8: Der Stausee von Beispiel 2 soll nach dem Schätzungsverfahren von Fair berechnet werden. Der Sauerstoffgehalt soll nicht unter G = 5 mg/l sinken. Die Sauerstoffsättigung bei 20 °C ist 9,1 mg/l (Tabelle 5.3). Der zulässige Sauerstoff-Fehlbetrag ist F = 9,1 – 5 = 4,1 mg/l. Die zulässige Belastung durch das in Absetzbecken vorgereinigte städtische Abwasser liegt zwischen den folgenden Grenzfällen:

a) Unterer Grenzfall. Der Zufluss des Sees hat hinter der Abwassereinleitung schon den größten noch zulässigen Sauerstoff-Fehlbetrag F = 4,1 mg/l. Zulässiger BSB_5 bei 20 °C B = F · z = 4,1 · 0,9 = 3,7 mg/l. Das in Absetzbecken vorgereinigte Abwasser hat einen BSB_5 = 200 mg/l. Die nötige Verdünnung im Seewasser ist 200 : 3,7 = 54-fach. Der Seezufluss muss sein (54 – 1) · 200 : 1 000 = 10,6 m^3/(E · d). Der Seeinhalt ist bei 2 m Tiefe 2 · 1 700 000 = 3 400 000 m^3. Zulässig ist die Belastung durch das Abwasser von 3 400 000 : (1 · 10,6) = 320 000 Einwohnern, wenn die Durchflusszeit ein Tag ist. (Bei fünf Tagen Durchflusszeit sind es 320 000 : 5 = 64 000 Einwohner.)

b) Oberer Grenzfall. Der Zufluss ist mit Sauerstoff gesättigt. Zulässiger BSB_5 bei 20 °C B = F · z = 4,1 · 2,1 = 8,6 mg/l. Die Fließzeit bis zum Tiefpunkt der Sauerstofflinie (kritische Zeit) ist t = 3,9 Tage. Nötige Verdünnung 200 : 8,6 = 23-fach oder 23 · 200 : 1 000 = 4,6 m^3/(E · d). Zulässige Belastung durch 3 400 000 : (3,9 · 4,6) = 190 000 Einwohner, wenn die Durchflusszeit 3,9 Tage ist.

Die Beispiele dieses äußerst einfachen Schätzungsverfahrens 2 beziehen sich nur auf eine einzige Abwassereinleitung. Dennoch kann dieses Verfahren auch auf mehrere Abwassereinleitungen angewendet werden, indem man die für jede Einleitung ermittelte Sauerstofflinie im Längsschnitt des Flusses aufzeichnet und die Bandbreiten der Sauerstoff-Fehlbeträge schichtweise übereinanderlegt.

7.4.3 Berechnung der Sauerstofflinie nach Fair

Die Sauerstofflinie bestimmt Fair aus drei Punkten, dem Anfangspunkt, dem Tiefpunkt und dem Wendepunkt (Bild 7.4) [812, 1139].
Der Anfangspunkt ist der Fehlbetrag des Sauerstoffgehalts im Gewässer hinter der Einleitungsstelle des Abwassers. Der Fehlbetrag F_1 ist in Bild 7.4 von der Waagerechten des zur Temperatur gehörigen Sättigungswerts S (Tabelle 5.3) nach abwärts aufgetragen. Für den Tiefpunkt und den Wendepunkt werden aus Bild 7.4 die dazugehörigen Fließzeiten t_2 und t_3 und die Fehlbeträge F_2 und F_3 ermittelt und ebenfalls aufgetragen.

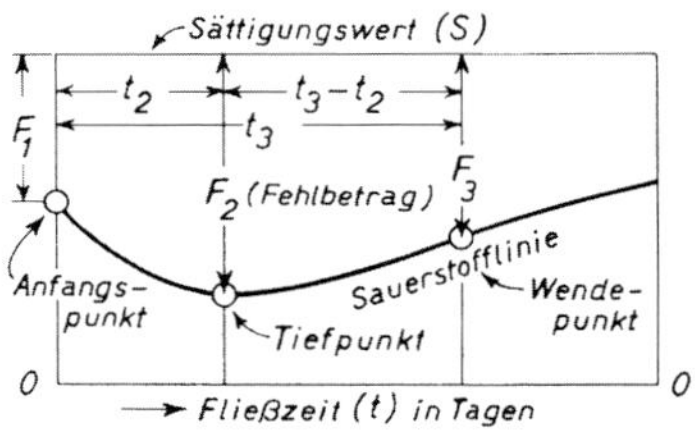

Bild 7.4: Die drei Punkte der Sauerstofflinie [812, 1139]

Er liegt für die sechs Gewässergruppen zwischen folgenden runden Zahlen:

1. kleiner Teich	f = 0,5 – 1,0
2. großer See	1,0 – 1,5
3. langsam fließender Fluss	1,5 – 2,0
4. großer Fluss	2,0 – 3,0
5. rasch fließendes Gewässer	3,0 – 5,0
6. Stromschnelle	5,0 – 25

Die in Bild 7.5 aufgezeichneten Werte gelten nur für die Temperatur 20 °C. Für andere Temperaturen werden t und f mit folgenden Zahlen vervielfacht:

bei	5 °C	10 °C	15 °C	20 °C	25 °C	30 °C
t mit	0,50	0,63	0,80	1,00	1,26	1,58
f mit	1,58	1,35	1,16	1,00	0,86	0,74

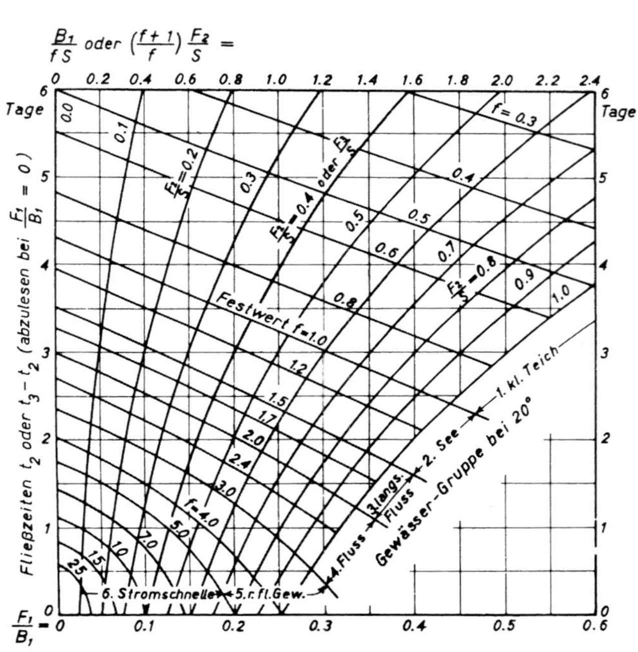

Bild 7.5: **Berechnung der Sauerstofflinie nach Fair [812, 1139]**

Es bedeuten dabei:

B_1 = Sauerstoffbedarf (BSB_{20}) des Gewässers hinter der Einleitungsstelle
f = Selbstreinigungs-Festwert. Er ist das Verhältnis der täglichen Sauerstoffaufnahme zum täglichen Sauerstoffbedarf des Wassers (also zu 20,6 % bei 20 °C).

Bei allen Temperaturangaben über Selbstreinigung wird angenommen, dass zu einer Temperaturerhöhung um je 1° eine Erhöhung der Abbaukonstante um je 4,7 % und eine Abnahme des Selbstreinigungs-Festwertes um je 3 % gehört. Diese Annahme stützt sich auf amerikanische Versuche von ziemlich kurzer Dauer. Viehl hat aber festgestellt, dass sich die Bakterien in längerer Zeit an Temperaturen gewöhnen und dass in der Natur die Unterschiede im Abbau zwischen 5 °C und 30 °C nicht so groß sind [2274]. Das stimmt auch besser mit den Beobachtungen beim Belebungsverfahren überein [295, 1687].

Den Rechnungsgang zeigt das folgende Beispiel: (Für Gewässer mit wenig Strömung nach den Gruppen 1 – 3 kommt aber noch die Wirkung des Bodenschlamms hinzu).

Beispiel 9: Ein Fluss führt 1,02 m^3/s Wasser mit einem BSB_5 = 9,1 mg/l und einem Sauerstoffgehalt von 6,1 mg/l bei 20 °C. Es werden täglich

$$3\,790\ m^3 = 3\,790 : (24 \cdot 60 \cdot 60) = 0{,}044\ m^3/s$$

abgesetztes Abwasser eingeleitet mit einem BSB_5 = 120 mg/l und einem Sauerstoffgehalt von 4,6 mg/l. Wie verläuft die Sauerstofflinie bei 20 °C?

1. Der Selbstreinigungs-Festwert f liegt nach Bild 7.5 zwischen 2,0 und 3,0 bei 20 °C. Annahme f = 2,4.
2. Der Sättigungswert ist nach Tabelle 5.3 für 20 °C S = 9,1 mg/l. Der Fehlbetrag des Flusswassers ist 9,1 – 6,1 = 3,0 mg/l, der des Abwassers 9,1 – 4,6 = 4,5 mg/l. Danach ist der Fehlbetrag des Flusswassers hinter der Einleitungsstelle das Mittel: $F_1 = (1{,}02 \cdot 3{,}0 + 0{,}044 \cdot 4{,}5) : (1{,}02 + 0{,}044) = 3{,}1$ mg/l.
3. Der BSB_5 des Gewässers hinter der Einleitungsstelle ist $BSB_5 = (1{,}02 \cdot 9{,}1 + 0{,}044 \cdot 120) : (1{,}02 + 0{,}044) = 13{,}7$ mg/l. Nach Tabelle 5.5 ist der volle BSB_{20} bei 20 °C $B_1 = 1{,}46 \cdot 13{,}7 = 20{,}0$ mg/l.
4. Die in Bild 7.5 genannten Werte sind demnach: $f = 2{,}4$ $F_1 : B_1 = 3{,}1 : 20 = 0{,}16$ $S = 9{,}1$ mg/l $(f + 1) : f = (2{,}4 + 1) : 2{,}4 = 1{,}42$ $F_1 = 3{,}1$ mg/l $B_1 = 20$ mg/l $B_1 : (f \cdot S) = 20 : (2{,}4 \cdot 9{,}1) = 0{,}91$.
5. Aus Bild 7.5 liest man ab: für $F_1 : B_1 = 0{,}16$ und $f = 2{,}4$ ist $t_2 = 1{,}9$ Tage, für $t_2 = 1{,}9$ Tage und $B_1 : (f \cdot S) = 0{,}91$ ist $F_2 : S = 0{,}58$, also ist $F_2 = 0{,}58 \cdot S = 0{,}58 \cdot 9{,}1 = 5{,}3$ mg/l, für $F_1 : B_1 = 0$ und $f = 2{,}4$ ist $t_3 - t_2 = 2{,}7$ Tage, also ist $t_3 = 2{,}7 + 1{,}9 = 4{,}6$ Tage, für $t_3 - t_2 = 2{,}7$ und $[(f + 1) : f] \cdot (F_2 : S) = 1{,}42 \cdot 0{,}58 = 0{,}82$ ist $F_3 : S = 0{,}44$, also $F_3 = 0{,}44 \cdot 9{,}1 = 4{,}0$ mg/l.
6. Das Ergebnis ist: Der Anfangspunkt der Sauerstofflinie hat bei 20 °C einen Fehlbetrag $F_1 = 3{,}1$ bei einem Sauerstoffgehalt 9,1 – 3,1 = 6,0. Der Tiefpunkt hat einen Fehlbetrag $F_2 = 5{,}3$ mg/l nach $t_2 = 1{,}9$ Tagen Fließzeit und der Wendepunkt hat einen Fehlbetrag $F_3 = 4{,}0$ mg/l nach $t_3 = 4{,}6$ Tagen.

7.4.4 Zulässige Belastung nach Fair

Wenn das Schätzungsverfahren nach 7.4.2 nicht ausreicht, kann nach Bild 7.6 genauer gerechnet werden [812, 1139]. Die Bezeichnungen sind die gleichen wie bei 7.4.3.

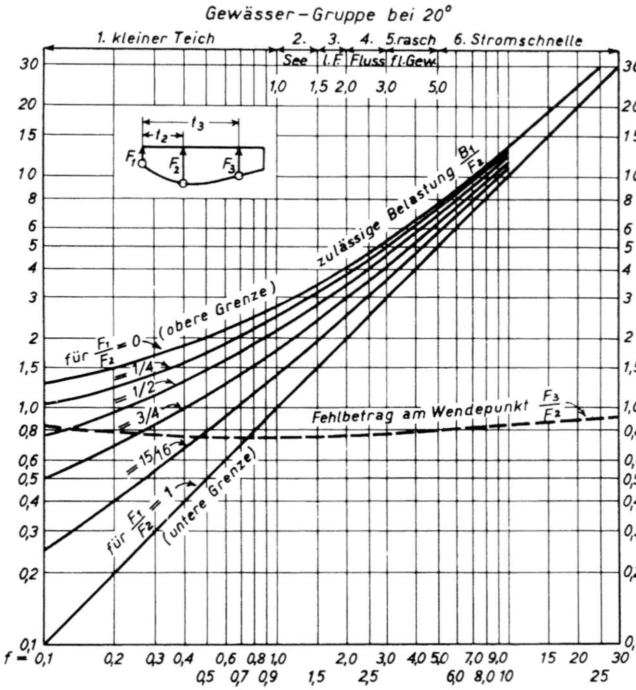

Bild 7.6: **Zulässige Belastung nach Fair [812, 1139]**

Beispiel 10: Ein Fluss mit mittlerer Fließgeschwindigkeit nach Gruppe 4 (Bild 7.5) hat bei 20 °C einen Selbstreinigungs-Festwert $f = 2{,}4$. Der Sauerstoffgehalt soll bei 20 °C nicht unter 4,0 mg/l sinken. Der Sättigungswert ist $S = 9{,}1$ mg/l (Tabelle 5.3). Der zulässige Fehlbetrag am Tiefpunkt ist $F_2 = 9{,}1 - 4{,}0 = 5{,}1$ mg/l.
Welcher Sauerstoffbedarf B_1 des Flusswassers hinter der Einleitungsstelle des Abwassers ist zulässig?

1. Oberer Grenzfall. Flusswasser gesättigt. Anfangsfehlbetrag $F_1 = 0$. In Bild 7.6 liest man ab: für $F_1 : F_2 = 0$ ist bei $f = 2{,}4$ der Wert $B_1 : F_2 = 4{,}5$ also $B_1 = 4{,}5 \cdot 5{,}1 = 23$ mg/l.
2. Unterer Grenzfall. Der Anfangsfehlbetrag F_1 ist schon auf den zulässigen Tiefpunkt gesunken. $F_1 = F_2 = 5{,}1$ mg/l, für $F_1 : F_2 = 5{,}1 : 5{,}1 = 1$ liest man ab bei $f = 2{,}4$ den Wert $B_1 : F_2 = 2{,}4$, also $B_1 = 2{,}4 \cdot 5{,}1 = 12{,}2$ mg/l.

3. In einem dazwischenliegenden Fall ist der Anfangsfehlbetrag F_1 = 2,0 mg/l. In Bild 7.6 ist für $F_1 : F_2$ = 2,0 : 5,1 = 0,39 = 1 : 2,6 bei f = 2,4 der Wert $B_1 : F_2$ = 4,1, also B_1 = 4,1 · 5,1 = 20,9 mg/l. Der Fehlbetrag F_3 am Wendepunkt ist nach Bild 7.6 $F_3 : F_2$ = 0,76 oder F_1 = 0,76 · 5,1 = 3,9 mg/l, und zwar in allen drei Fällen 1 bis 3, einerlei wie hoch der Fehlbetrag am Anfangspunkt gewesen ist. Die Fließzeiten können in den drei Fällen aus Bild 7.5 abgelesen werden. Sie sind für f = 2,4:

	Fall 1	Fall 2	Fall 3
	$F_1 : B_1$ = 0 : 23 = 0	5,1 : 12,2 = 0,42	2,0 : 20,9 = 0,096
Ablesung	t_2 = 2,7	0,0	2,3 Tage
Ablesung	$t_3 - t_2$ = 2,7	2,7	2,7 Tage
Ablesung	t_3 = 5,4	2,7	5,0 Tage

Aus Bild 7.5 und Bild 7.6 lassen sich einige einfache Regeln der Sauerstofflinie ableiten:

1. Die zulässige Belastung durch Sauerstoffbedarf ist im sauerstoffarmen Fluss (unterer Grenzfall) = f-mal dem zulässigen Sauerstoff-Fehlbetrag. f ist der Festwert des Gewässers; er ist beim gewöhnlichen Fluss = 2 bis 3. Er ist umso höher, je besser die natürliche Lüftung ist. Wenn also z. B. ein Fehlbetrag 5 mg/l zulässig ist, darf das verschmutzte Flusswasser gewöhnlich einen Sauerstoffbedarf (BSB_{20}) von 10 bis 15 mg/l haben. Das entspricht einem BSB_5 von 6,8 bis 10,3 mg/l (Tabelle 5.5).
2. Wenn ein Fluss mit Sauerstoff gesättigt ist (oberer Grenzfall), kann er etwa doppelt so viel Belastung ertragen, als wenn sein Sauerstoffgehalt hinter der Abwassereinleitung schon auf den noch zulässigen Mindestgehalt gesunken ist (unterer Grenzfall).
3. Für alle Gewässergruppen ist der Fehlbetrag am Wendepunkt der Sauerstofflinie etwa ¾ des Fehlbetrages am Tiefpunkt.
4. Im sauerstoffgesättigten Fluss (Oberer Grenzfall) ist die Fließzeit bis zum Tiefpunkt im Sommer etwa drei Tage und bis zum Wendepunkt weitere drei Tage. Je höher der Festwert f, also je besser die Lüftung, umso kürzer ist die Zeit. Aus den Beispielen 5 und 6 ergibt sich ferner:
5. Absetzverfahren reichen nach der Sauerstoffrechnung bei der Reinigung städtischen Abwassers gewöhnlich aus, wenn das 24h-Mittel des Abwassers im mittleren Niederwasser des Flusses mehr als 20-fach verdünnt wird oder wenn auf 1 l/s des Niederwassers eine „Abwasserlast“ von nicht mehr als 25 Einwohner kommt. Im Einzelnen hängt das ab vom Sauerstoffgehalt, von den Lüftungsverhältnissen und von der Wassertemperatur. Dabei ist

gewerbliches Abwasser mit Einwohnergleichwerten zuzuzählen. Bei mehreren Abwasserquellen sind alle Einleitungen einer Fluss-Strecke von etwa sechs Tagen Fließzeit mit zu beachten. In Gewässern mit wenig Strömung ist auch auf den Bodenschlamm zu achten.

7.4.5 Berechnung einer künstlichen Belüftung für Fließgewässer

Das Verfahren geht vorzugsweise von einer gemessenen kritischen Sauerstofflinie aus, die durch künstliche Belüftung an einer oder an mehreren Stellen aufgehöht werden soll. Man berechnet die Sauerstofflinie, die sich nach Inbetriebnahme der Belüftungsanlagen für sonst gleichbleibende Verhältnisse ergibt [1182].

Für die Gewässerbelüftung kommen besonders Turbinenbelüftung und Wehrüberfall in Frage. Es werden aber auch schwimmende Kreiselbelüfter und das Luftblasenverfahren angewandt (Kapitel 6.5). Die Sauerstoffzunahme an der Belüftungsstelle wird folgt berechnet, dazu Bild 7.7:

$$\Delta C_0 = \frac{B_L \cdot D}{Q \cdot 3{,}6 \cdot 50} \cdot K \qquad [g/m^3] \qquad (7.1)$$

ΔC_o = Sauerstoffzunahme an der Belüftungsstelle [g/m^3]
B_L = aufgewendete Belüftungsleistung [kW]
(bei Wehren: 9,8 l Wassermenge [m^3/s] · Fallhöhe [m])
D = mittleres Sauerstoffdefizit [%]
Q = Wasserführung [m^3/s]
K = Beiwert [kgO_2/kWh]

Der Beiwert gibt an, wie viel kg Sauerstoff je kWh bei 50 % mittlerem Defizit (zwischen Ober- und Unterwasser der Belüftung) und 20 °C Temperatur eingetragen werden. Wenn keine genauere Untersuchung möglich ist, kann man K nach der folgenden Liste annehmen:

Kaskade	1,5 [kg O_2/kWh]
Sturzwehr	0,6 [kg O_2/kWh]
Wehr	0,4 [kg O_2/kWh]
Turbinenbelüftung	1,0 [kg O_2/kWh]
Oberflächenbelüfter	0,5 [kg O_2/kWh]
Luftblasenverfahren	0,4 [kg O_2/kWh]

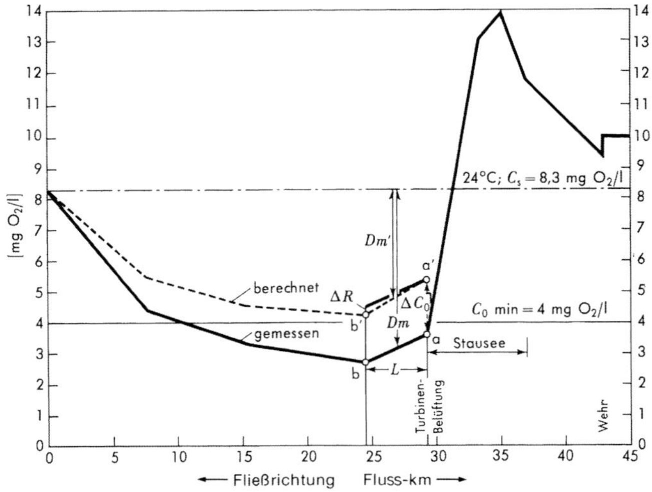

Bild 7.7: **Berechnung der Sauerstofflinie unterhalb einer Belüftungsstelle aufgrund eines gemessenen Sauerstoffprofils**

Der Sauerstoffertrag des Luftblasenverfahrens ist nahezu unabhängig von der Temperatur. Bei den anderen Verfahren sind die K-Werte im Verhältnis der zugehörigen Sauerstoffsättigungswerte umzurechnen: $K_T = K_{20} \cdot C_{ST} : C_{S20}$ [1183].

Die sich nach der Belüftung einstellende Sauerstofflinie kann man schrittweise aus der gemessenen kritischen Sauerstoffkurve berechnen. Zu diesem Zweck wird die gemessene Kurve durch einen Zug aus geraden Abschnitten ersetzt (Bild 7.7).

Nach Wahl von B_L ist ΔC_o aus Gleichung (7.1) bekannt. a' liegt in Bild 7.7 um ΔC_o über a. b' lässt sich mit folgender Grundgleichung berechnen:

$$b' = b + \Delta C_0 - \Delta R \qquad [\text{g/m}^3] \qquad (7.2)$$

Wasserführung, Temperatur, organischer Abbau, Zehrung des Bodenschlammes und Einfluss der Algen sollen bei beiden Linien gleich sein. Ihr unterschiedlicher Verlauf wird dann nur noch durch die Wiederbelüftung bestimmt. Da infolge des geringeren mittleren Defizits D_m' ein Ausfall an natürlicher Wiederbelüftung gegeben ist, nähert sich die aufgehöhte Linie der gemessenen Linie auf der Strecke L um das Maß ΔR. Dieses beträgt:

$$\Delta R = (D_m - D_m') \cdot \frac{b_m \cdot L \cdot w}{C_S \cdot Q \cdot 24 \cdot 3\,600} \qquad [\text{g/m}^3] \qquad (7.3)$$

ΔR = Ausfall an natürlicher Wiederbelüftung [g/m³]

$D_m = C_s - \frac{a+b}{2}$ = mittleres Sauerstoffdefizit der gemessenen Linie [g/m³]

$D'_m = C_s - \frac{a'+b'}{2}$ = mittleres Sauerstoffdefizit der zu berechnenden Linie [g/m³]

b_m = mittlere Breite des Flussabschnittes [m]
L = Länge des Flussabschnittes [m]
W = natürliche Wiederbelüftungsrate bei 100 % Defizit nach Bild 7.3 [g O_2/(m² · d)]
C_s = Sättigungswert [g/m³ O_2]
Q = Wasserführung [m³/s]

Mit diesen Werten ergibt sich die gesuchte Lage des Punktes *b´*:

$$b' = \frac{C_s \cdot Q \cdot 48 \cdot 3\,600 \cdot (b + \Delta C_0) + b_m \cdot L \cdot w \cdot (b - \Delta C_0)}{C_s \cdot Q \cdot 48 \cdot 3\,600 + b_m \cdot L \cdot w} \quad [\text{g/m}^3] \qquad (7.4)$$

Der nächste Knickpunkt der belüfteten Sauerstofflinie wird mit Gleichung 7.4 analog berechnet, wobei $\Delta C_o = b' - b$ zu setzen ist.

Beispiel 11: Durch die gute Abbauwirkung eines Stausees unterschreitet die Sauerstofflinie von Bild 7.7 in Fluss-km 29,3 die zulässige minimale Sauerstoffkonzentration. Im Kraftwerk wird deshalb eine Turbinenbelüftung geplant, die nach den Vorüberlegungen die Sauerstoffkonzentration bei den gegebenen Verhältnissen um 1,8 mg/l aufhöht. Die Sauerstofflinie unterhalb der Belüftungsstelle ist durch Variation des gemessenen kritischen Sauerstoffprofiles zu berechnen. Für das Beispiel gilt:

$C_s = 8{,}3$ g/m³; $Q = 20$ m³/s; $b = 2{,}7$ g/m³;
$\Delta C_o = 1{,}8$ g/m³; $b_m = 95$ m; $L = 4\,800$ m;
$w = 5$ g O_2/(m² · d) aus Bild 7.3.

Mit Gleichung 7.4 errechnet man

$b' = 4{,}25$ g [O_2/m³]

Der nächste Punkt der belüfteten Sauerstofflinie wird mit Gleichung 7.4 für km 15,5 analog bestimmt. Man setzt für ΔC_o den Wert des Profils km 24,5 mit $\Delta C_o = 4{,}25 - 2{,}7 = 1{,}55$ g/m³, für $b = 3{,}3$ g/m³ – den gemessenen Sauerstoffgehalt in km 15,5 – das zugehörige b_m und L ein. Eine zweite Belüftung kann ohne

Schwierigkeiten berücksichtigt werden; ist jedoch beim Beispiel nicht erforderlich.

7.5 Gewässergütemodelle

Die im Gewässer ablaufenden Vorgänge sind weit vielschichtiger, als sie im Abschnitt zur Berechnung des Sauerstoffhaushaltes erfasst worden sind. Es stellte sich deshalb das Bedürfnis heraus, genauer nachzubilden und zu beschreiben. In diesem Zusammenhang spricht man von Gewässergütemodellen, die selbst auch nicht ohne Vereinfachungen auskommen [9, 1664]. Lastzustände werden variiert und das System optimiert. Dabei sollte man nicht übersehen, dass Modelle andere Ergebnisse liefern können als die Natur. Das Sicherste ist ein schrittweises Vorgehen nach einem wohl durchdachten Gesamtplan und die erneute Beobachtung des Gewässers.

7.5.1 Abwasserlastplan

Eines der ersten Gewässergütemodelle ist der Abwasserlastplan [1159, 1160]. Unter dem Begriff der „Abwasserlast" wird die Zahl der an Ortsentwässerungen angeschlossenen Einwohner verstanden, die auf 1 l/s des Niedrigwassers des Flusses kommen. Zu den Einwohnern werden die Einwohnergleichwerte der Industrie (Tabelle 5.46) zugezählt. Bei den Einwohnern der oberhalb liegenden Gebiete werden Abzüge entsprechend der inzwischen eingetretenen Selbstreinigung gemacht. Die Zahlen der Abwasserlast geben ein klares Bild über die Belastung jedes einzelnen Gewässerpunktes. Sie eignen sich zum Aufstellen von „Reinhalteplänen" oder „Reinhalteordnungen" für ganze Flussgebiete.
Ein Beispiel eines Abwasserlastplanes ist in Bild 7.8 gezeigt. Eine Fluss-Strecke von 50 km Länge hat das Abwasser von vier Städten und zwei Industriebetrieben aufzunehmen. Die Städte haben zusammen 108 000 Einwohner (E) und das Abwasser der Industriebetriebe hat 3 900 Einwohnergleichwerte (EGW). Insgesamt ergibt sich eine Belastung von 111 900 Einwohnerwerten (EW). Der Fluss führt bei Niedrigwasser von Null bis 500 l/s Wasser.
In Bild 7.9 ist die Selbstreinigungskurve aufgetragen. Dabei ist angenommen, dass die Fließgeschwindigkeit 0,5 m/s ist. Außerdem musste noch eine Annahme über das Maß der Selbstreinigung gemacht werden, entsprechend den Eigenheiten des Flusses. Nach Streeter ist die Abnahme des Sauerstoffbedarfs des Flusswassers bei großen Flüssen und 20 °C Temperatur rund 20 % in 24 h [2155 bis 2157].

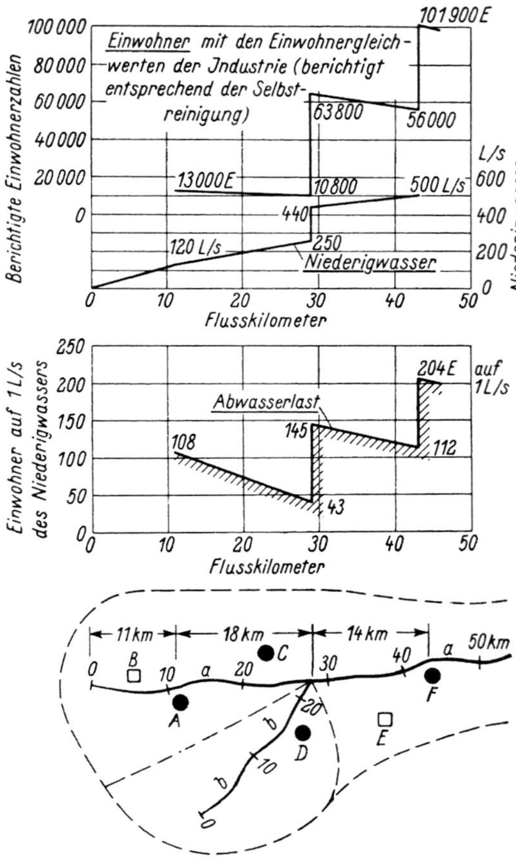

Bild 7.8: **Aufzeichnen der Abwasserlastlinie für einen Fluss a von 50 km Länge mit vier Städten A, C, D, F und zwei Industriebetrieben B, E.**

Für kleine Bäche und flache Gewässer mit geringer Wassertiefe ist sie bedeutend größer. Fair gibt dafür 37 – 50 % in 24 h an (Kapitel 7.2) [812]. Es sind aber auch schon bedeutend höhere Werte festgestellt worden, namentlich an sonnigen Tagen und bei starkem Pflanzenwuchs. In unserem Beispiel wird eine Abnahme des Sauerstoffbedarfs von 30 % täglich angenommen. Danach ist die Selbstreinigungskurve in Bild 7.9 eingezeichnet in Prozenten gegenüber der Streckenlänge und der Fließzeit.

In der Tabelle 7.6 ist die Rechnung durchgeführt, nachdem die Fluss-Strecke in drei Abschnitte geteilt worden ist. In Bild 7.9 ist oben die Linie der Einwohnerzahlen aufgezeichnet mit dem Einfluss der Selbstreinigung, darunter die Linie der Wasserführung bei Niedrigwasser und schließlich die Linie der Abwasserlast als Einwohnerzahl geteilt durch die Wasserführung.

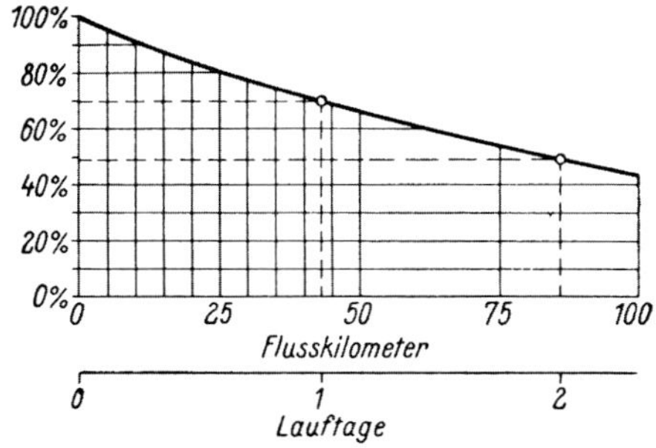

Bild 7.9: Selbstreinigungskurve für eine Fließgeschwindigkeit von 0,5 m/s für eine tägliche Abnahme des Sauerstoffbedarfs von 30 %

In einer früheren Beispielrechnung (Kapitel 7.4.2, Beispiel 6) ist ein Fall behandelt, wo das in Absetzbecken vorgereinigte Abwasser einer deutschen Stadt in einen Fluss eingeleitet wird. Die Rechnung ergab dort, dass die Sauerstofflinie bei 20 °C Wassertemperatur dann nicht unter die für das Fischleben auf 4 mg/l festgesetzte Grenze des Sauerstoffgehaltes herabgeht, wenn die Abwasserlast nicht größer ist als 25 E auf 1 l/s. Die Linie der Abwasserlast in Bild 7.8 liegt aber überall über der Grenzzahl 25 E. In unserem Beispiel ist also überall biologische Reinigung nötig.
In Nordamerika liegt die Grenzzahl tiefer, etwa bei 10 – 15 E auf 1 l/s, weil der vom Einwohner ausgehende Sauerstoffbedarf des Abwassers höher ist und weil man mit höheren Temperaturen des Flusswassers rechnen muss. W. Müller rechnet mit einer Grenzzahl von 8 E [1670].
In Flussstrecken, die mit Bodenschlamm belastet sind, ist die Abwasserlast in Zeiten des Niedrigwassers im Sommer größer, weil dann der faulende Bodenschlamm bei hoher Temperatur in Bewegung kommen und zusätzlich am Sauerstoffgehalt des fließenden Wassers zehren kann. Bei gestauten Fluss-Strecken wird man deshalb über die für das fließende Wasser ermittelte Linie der Abwasserlast noch als zusätzliche Last den Einfluss des Bodenschlammes einzeichnen nach den Ausführungen in Kapitel 7.4.1. Wenn das Flusswasser viel Düngesalz mitführt, sind besondere Überlegungen nötig [466].

Tabelle 7.6: Berechnungsliste der Abwasserlast aus den Einwohnern und der Niedrigwasserführung

Fließgeschwindigkeit m/s (km/Tag)	Niedrigwasser l/s	Nebenfluss, Ort oder Industrie	E + EGW	EW zus.	Abschnitt	Berichtigung der Vorbelastung nach Bild 7.9	a) Vorbelastung b) örtl. Zugang / zus. Belastung im Abschnitt	Abwasserlast E auf 1 l/s Spalte (8 : 2)
1	2	3	4	5	6	7	8	9
0,5 (43)	120	Ort A Werk B	10 000 EW 3 000 EGW	13 000	11,0	-	a) - b) 13 000 zus. 13 000	108
	250	Ort C Bach b mit Ort D	35 000 E 18 000 E	53 000	29,0	83 % von 13 000	a) 10 800 b) 53 000 zus. 63 800	43 145
	500	Ort E Werk F	45 000 E 900 EGW	45 900	43,0	88 % von 63 800	a) 56 000 b) 45 900 zus. 101 900	112 204

Abwasserlastpläne dieser Art sind für die deutschen Flüsse Rhein, Weser, Elbe und Donau von der Bundesanstalt für Gewässerkunde Koblenz aufgestellt worden [27, 1153].
Mit den deutschen Flüssen befassen sich Wagner und Imhoff in [1155]. Für weitere Gewässer: Rhein [1962, 2247], Elbe [1863, 2102], Saale [2060], Main [2162], Weser [1692], Lippe [1346, 1654], Donau [243, 1787, 2109], schweizerische Seen [1426], Bodensee [2207]. Die Wasserbeschaffenheit der Ruhr wird in den jährlich vom Ruhrverband herausgegebenen Ruhrwassergüteberichten beschrieben.

7.5.2 Weitere Gewässergütemodelle

Neben dem Abwasserlastplan wurden in neuerer Zeit weitere Gewässergütemodelle entwickelt, von denen zwölf in der Bundesrepublik Deutschland angewendet werden [145]. Die einzelnen Modellbausteine werden beschrieben. Auf diese Weise ist es möglich, für eine vorhandene Problemstellung das geeignete Modell auszuwählen. Ein allgemein verfügbares Gewässergütemodell wurde von der ATV entwickelt. Es umfasst 17 Bausteine und ist streng modular aufgebaut, was die Anwendung erleichtert [108, 146, 429, 1299, 1432, 1965].
Die Arbeitsgruppe „River Water Quality Modelling" der „International Water Association" (IWA) hat das „River Water Quality Model No. 1" entwickelt und bei den Flüssen Lahn und Glatt angewandt [2083, 2084, 2252].
Die verschiedenen Verfahren zur Berechnung der Gewässergüte werden noch zu wenig angewandt. Mit Flusswasseruntersuchungen allein sollte man sich nicht begnügen, denn sie stellen immer nur einen augenblicklichen Zustand dar. Erst mit den Rechnungsverfahren kann man sich klar darüber werden, an welcher Stelle eines Gewässers und mit welcher Stufe der Abwasserreinigung eine Stadt oder ein Industriebetrieb einleiten darf.
Alle diese Ausführungen und Berechnungen über die Selbstreinigung der Gewässer beziehen sich auf die bisher vorherrschenden Arten der Verschmutzung, nämlich durch faulfähige, organische Stoffe und daneben durch die Überträger von Krankheiten.
Mit dem Vordringen der Industrie leiden die Gewässer unter anderen Verschmutzungen, gegenüber denen die Kräfte der Selbstreinigung leider ziemlich machtlos sind. Beispiele sind die Salze, die radioaktiven Stoffe, die Waschmittel, die Mineralöle, gewisse Gifte und neuerdings die endokrin wirksamen Substanzen und Arzneimittelrückstände [719, 1431, 1594].
Der Gewässerschutz muss sich darauf beschränken, diese Stoffe überhaupt fernzuhalten oder zu erzwingen, dass sie durch solche Stoffe ersetzt werden, die den biologischen Vorgängen im Gewässer und in den Klärwerken zugänglich sind. Angesichts der Vielzahl neuer chemischer Substanzen, die weltweit

jährlich in den Verkehr gebracht werden, ist es nahezu ausgeschlossen, mit einer end-of-the-pipe-Technologie im Wasserwerk oder auf der Kläranlage, eine nachhaltige Verminderung des Stoffeintrags in den Wasserkreislauf zu erreichen. Hier müssen in viel stärkerem Maße bereits bei der Produktion und dem Inverkehrbringen dieser Stoffe Fragen des Verbleibs in der Umwelt und des Verhaltens im Wasserkreislauf umfassend geklärt werden und der Stoffeintrag an der Quelle unterbunden werden [230].

Vierter Teil: Normung

8. Normung, DWA-Regelwerk

8.1 Normung

Die Normung in der Bundesrepublik Deutschland ist eine Aufgabe der Selbstverwaltung der Wirtschaft. Zentralorgan der Normung ist das DIN Deutsches Institut für Normung e. V. Arbeitsergebnisse des DIN sind Deutsche Normen, u. a. DIN-Normen, DIN EN-, DIN EN ISO- und DIN ISO-Normen, die in ihrer Gesamtheit das Deutsche Normenwerk bilden.
Die Normung wird auf nationaler, regionaler (= europäischer) und internationaler (= weltweiter) Ebene durchgeführt. Aufgrund eines Vertrages hat die Regierung der Bundesrepublik Deutschland das DIN als die zuständige Normenorganisation für Deutschland und als die nationale Normenorganisation für das Europäische Komitee für Normung (CEN) und die Internationale Organisation für Normung (ISO) anerkannt.
Unter Normung versteht man die planmäßige, durch die interessierten Kreise (z. B. Anwender, Behörden, Berufsgenossenschaften, Handwerk, Hochschulen, Hersteller, Prüfinstitute) gemeinschaftlich durchgeführte Vereinheitlichung materieller und immaterieller Gegenstände zum Nutzen der Allgemeinheit. Normung fördert die Rationalisierung und Qualitätssicherung. Sie dient neben einer sinnvollen Ordnung auch der Information auf dem jeweiligen Normungsgebiet.
Deutsche Normen im Bereich des Abwasserwesens wurden bereits kurz nach Gründung des DIN im Jahre 1917 in Angriff genommen. Seit 1952 ist der Normenausschuss Wasserwesen (NAW) im DIN für die Normung auf dem Gebiet des Abwasserwesens zuständig.
Im Normenausschuss Wasserwesen (NAW) befasst sich der Fachbereich 5 mit der Abwassertechnik. In zurzeit 20 Ausschüssen werden Normen für Begriffe der Abwassertechnik, die Gebäudeentwässerung, die Grundstücks- und Straßenentwässerung und die Abwasserreinigung erarbeitet. In der Regel handelt es sich um Produktnormen oder Maßnormen. Insbesondere bei fabrikmäßig hergestellten Bauteilen, wie z. B. Schächten, Schachtabdeckungen, Abwasserkanalrohren, Abscheidern oder Kleinkläranlagen werden die Produkte genormt, bei vor Ort erstellten Bauwerken, z. B. Kläranlagen, sind Maßnormen geschaffen worden. Verfahren werden in der Regel nicht genormt, auf sie findet vielmehr z. B. das DWA-Regelwerk Anwendung.

Aus der Erkenntnis, dass nationale Normen u. U. Handelshindernisse darstellen, hat die EU-Kommission in den 80er-Jahren des vergangenen Jahrhunderts das schon länger existierende Comité Européen de Normalisation (CEN) beauftragt, in allen Mitgliedstaaten der EU geltende Europäische Normen (EN) zu erstellen. Für den Bereich der Abwassertechnik ist das „Technical Committee" (TC) 165 zuständig, das auf allen Gebieten der Abwassertechnik – mit Ausnahme von Produktnormen für Sanitärausstattungsgegenstände – arbeitet. Die Erarbeitung und Formulierung der EN erfolgt in sogenannten Working Groups (WG).
CEN TC 165 steht unter deutscher Leitung, das Sekretariat liegt beim DIN. In der nachfolgenden Liste ist die Organisation des TC 165 dargestellt. In Klammern ist angegeben, welches Land die jeweilige Federführung hat und welches Normeninstitut das Sekretariat führt.

Übersicht über die Gremien CEN/TC 165 „Abwassertechnik" (Stand Aug. 2017)

Vorsitzender: Dipl.-Ing. *Werner Kristeller*, Deutschland
Sekretariat: Dipl.-Ing. *Jeannette Bernard*, Deutschland

Arbeitsgruppe	Titel
CEN/TC 165/WG 1	Allgemeine Anforderungen an Rohrleitungssysteme (NL)
CEN/TC 165/WG 2	Steinzeugrohre (UK)
CEN/TC 165/WG 4	Schachtabdeckungen, Aufsätze, Entwässerungsrinnen und andere Zubehörteile für Entwässerungsanlagen außerhalb von Gebäuden (D)
CEN/TC 165/WG 7	Stahlabflussrohre (D)
CEN/TC 165/WG 8	Abscheider (D)
CEN/TC 165/WG 9	Rohre aus Beton (B)
CEN/TC 165/WG 10	Einbau von Entwässerungssystemen als Freispiegelsysteme (D)
CEN/TC 165/WG 11	Abläufe, Abdeckungen und andere Entwässerungsgegenstände für die Verwendung innerhalb von Gebäuden (D)
CEN/TC 165/WG 12	Statische Berechnung von erdverlegten Rohrleitungen (F)
CEN/TC 165/WG 13	Renovierung und Reparatur von Abwasserkanälen und -leitungen (D)
CEN/TC 165/WG 21	Entwässerungssysteme innerhalb von Gebäuden (CH)
CEN/TC 165/WG 22	Entwässerungssysteme außerhalb von Gebäuden (UK)
CEN/TC 165/WG 30	Begriffe der Abwassertechnik (NL)
CEN/TC 165/WG 40	Abwasserbehandlungsanlagen > 50 EW (UK)
CEN/TC 165/WG 41	Kleinkläranlagen (kleiner 50 EW) (F)
CEN/TC 165/WG 50	Verwendung von behandeltem Abwasser (D)

Da die einheitlichen Europäischen Normen die jeweiligen nationalen Normen ersetzen sollen, erfolgt eine sogenannte „Stillhalteverpflichtung" nationaler Normung, wenn die Gremien des entsprechenden TC ein Thema zur Europäischen Normung festgesetzt haben.
Darüber hinaus sind nach Veröffentlichung einer Europäischen Norm die der EN entgegenstehenden nationalen Normen zurückzuziehen. Wo bislang die jeweilige DIN-Norm galt, ist dann die entsprechende DIN EN-Norm gültig. ISO-Normen hingegen müssen nicht als europäische oder nationale Normen übernommen werden. Wird eine ISO-Norm national freiwillig übernommen, wird sie als DIN ISO-Norm bezeichnet. Übernimmt das CEN eine ISO-Norm, wird diese dann allerdings auch national verpflichtend (Bezeichnung als DIN EN ISO).
Da häufig Unterschiede im Umfang zwischen einer Europäischen Norm und der entsprechenden vorherigen nationalen Norm bestehen, dürfen die Länder für die nicht in der Europäischen Norm behandelten Teile eine nationale Restnorm erarbeiten.
Die Verpflichtung zur Zurückziehung nationaler Normen gilt nur für die Normen, die der europäischen Normung entgegenstehen, nicht jedoch für die Regelwerke der technisch-wissenschaftlichen Vereinigungen, in Deutschland z. B. DWA, DVGW u. a. Diese Regelwerke bleiben erhalten und können im vollen Umfang weiterhin angewandt werden.
Für einige Gebiete, insbesondere im Bereich der Kanalisation, haben DWA und DIN eine Kooperationsvereinbarung geschlossen, wonach über das DIN auch DWA-Arbeitsblätter in das Europäische Normenwerk überführt werden sollen. Mit Veröffentlichung der entsprechenden Europäischen Norm müssen diese Arbeitsblätter dann allerdings zurückgezogen werden.
Im Bereich der Kläranlagen (WG 40, WG 41) bestand von Anfang an zwischen allen an der Normung beteiligten Mitgliedern der Arbeitsgruppen Einigkeit, keine Verfahren zu normen. In der Überzeugung, dass der Entwurf einer Kläranlage, die Auswahl der Verfahrenstechnik, die Dimensionierung der Anlagen und schließlich auch der Bau eine intellektuelle Ingenieurleistung im Sinne der früheren „Baukunst" ist, sollten nur die Randbedingungen und Anforderungen für einen Entwurf festgelegt und genormt werden. Dies ist auch deshalb notwendig, weil die Planung und die Ausschreibung in den einzelnen Ländern Europas sich in der Vergangenheit unterschiedlich entwickelt haben (Funktionalausschreibung, Gewerkeausschreibung) und diese Vielfalt, für die gute Gründe bestehen, erhalten bleiben sollte. So enthalten die Normen in der Reihe DIN EN 12255 praktisch keine Vorschriften für die Bemessung, die in Deutschland in den entsprechenden Arbeits- und Merkblättern des DWA-Regelwerks festgelegt sind.
Eine Zusammenstellung aller Normen auf dem Gebiet der Abwassertechnik kann man im Internet auf der Homepage des NAW

(www.din.de/de/mitwirken/normenausschuesse/naw) selber recherchieren. Die Normenblätter können bei der Beuth-Verlag GmbH, 10772 Berlin (www.beuth.de oder Tel.: +49 30 2601 2260) bestellt werden. In einem Baunormen-Katalog (CD-ROM, ISBN 978-3-410-15008-4) können alle existierenden Normentitel recherchiert werden.

8.2 DWA-Regelwerk

Die Deutsche Vereinigung für Wasserwirtschaft, Abwasser und Abfall e. V. (DWA) hat im Regelwerk Arbeitsblätter (A) und Merkblätter (M) zusammengestellt, die die Grundlagen optimaler Lösungsmöglichkeiten vermitteln. Die DWA ist aus einer Vereinigung von ATV und DVWK hervorgegangen. Weitere Einzelheiten und Bezug des Regelwerkes durch DWA, Theodor-Heuss-Allee 17, D-53773 Hennef, Tel.: +49 2242 872-120, Fax: +49 2242 872-100. Ein Teil des Regelwerkes wurde in fremde Sprachen übersetzt.

Entwässerungssysteme

DWA-A 100	Leitlinien der integralen Siedlungsentwässerung (ISiE)
DWA-A 102	Entwurf Grundsätze zur Bewirtschaftung und Behandlung von Regenwetterabflüssen zur Einleitung in Oberflächengewässer – Entwurf (Oktober 2016)
ATV-A 106	Entwurf und Bauplanung von Abwasserbehandlungsanlagen
DWA-A 110	Hydraulische Dimensionierung und Leistungsnachweis von Abwasserleitungen und -kanälen – korrigierter Stand: Oktober 2012
DWA-A 111	Hydraulische Dimensionierung und betrieblicher Leistungsnachweis von Anlagen zur Abfluss- und Wasserstandsbegrenzung in Entwässerungssystemen (Dezember 2010)
DWA-A 112	Hydraulische Dimensionierung und Leistungsnachweis von Sonderbauwerken in Abwasserleitungen und -kanälen (August 2007)
DWA-A 113	Entwurf Hydraulische Dimensionierung und Leistungsnachweis von Abwasserdrucksystemen – Entwurf (August 2016)
DWA-A 116-1	Besondere Entwässerungsverfahren, Teil 1: Unterdruckentwässerungssysteme außerhalb von Gebäuden (März 2005)
DWA-A 116-2	Besondere Entwässerungsverfahren, Teil 2: Druckentwässerungssysteme außerhalb von Gebäuden
DWA-A 116-3	Besondere Entwässerungsverfahren, Teil 3: Druckluftgespülte Abwassertransportleitungen (Mai 2013)
DWA-A 117	Bemessung von Regenrückhalteräumen (Dezember 2013); korrigierter Stand: Februar 2014
DWA-A 118	Hydraulische Bemessung und Nachweis von Entwässerungssystemen

DWA-A 125	Rohrvortrieb und verwandte Verfahren (Dezember 2008); Stand: korrigierte Fassung Juni 2014
ATV-DVWK-A 127	Statische Berechnung von Abwasserkanälen und -leitungen, 3. Auflage; korrigierter Nachdruck 4/2008
ATV-A 128	Richtlinien für die Bemessung und Gestaltung von Regenentlastungsanlagen in Mischwasserkanälen
ATV-DVWK-A 134	Planung und Bau von Abwasserpumpanlagen
ATV-A 136	Niederschlag Aufbereitung und Weitergabe von Niederschlagsregistrierungen Teil I: Prüfung, Korrektur und Ergänzung Teil II: Digitalisierung Teil III: Einheitliche Schnittstelle der Weitergabe der digitalisierten Daten Niederschlagsauswertung – Datenverarbeitung
DWA-A 138	Planung, Bau und Betrieb von Anlagen zur Versickerung von Niederschlagswasser
DWA-A 139	Einbau- und Prüfung von Abwasserleitungen und -kanälen (Dezember 2009)
DWA-A 142	Abwasserleitungen und -kanäle in Wassergewinnungsgebieten (Januar 2016)
DWA-A 143-1	Sanierung von Entwässerungssystemen außerhalb von Gebäuden, Teil 1: Planung und Überwachung von Sanierungsmaßnahmen (Februar 2015)
DWA-A 143-2	Sanierung von Entwässerungssystemen außerhalb von Gebäuden, Teil 2: Statische Berechnung zur Sanierung von Abwasserleitungen und -kanälen mit Lining- und Montageverfahren (Juli 2015)
DWA-A 143-3	Sanierung von Entwässerungssystemen außerhalb von Gebäuden, Teil 3: Vor Ort härtende Schlauchliner (Mai 2014)
DWA-A 143-7	Entwurf Sanierung von Entwässerungssystemen außerhalb von Gebäuden, Teil 7: Reparatur von Abwasserleitungen und -kanälen durch Kurzliner, T-Stücke und Hutprofile (Anschlusspassstücke) - Entwurf (Juli 2016)
DWA-A 143-14	Entwurf Sanierung von Entwässerungssystemen außerhalb von Gebäuden, Teil 14: Sanierungsstrategien – Entwurf (März 2016)
ATV-DVWK-A 157	Bauwerke der Kanalisation
DWA-A 160	Fräs- und Pflugverfahren für den Einbau von Abwasserleitungen und -kanälen (März 2016)
DWA-A 161	Statische Berechnung von Vortriebsrohren (März 2014) – (korrigierte Fassung, Stand: Mai 2017)
DWA-A 166	Bauwerke der zentralen Regenwasserbehandlung und -rückhaltung Konstruktive Gestaltung und Ausrüstung (November 2013)
DWA-A 199-2	Dienst- und Betriebsanweisung für das Personal von Abwasseranlagen, Teil 2: Betriebsanweisung für das Personal von Kanalnetzen und Regenwasserbehandlungsanlagen
DWA-A 199-3	Dienst- und Betriebsanweisung für das Personal von Abwasseranlagen, Teil 3: Betriebsanweisung für das Personal von Abwasserpumpanlagen
DWA-M 103	Hochwasserschutz für Abwasseranlagen (Oktober 2013)
DWA-M 114	Energie aus Abwasser – Wärme- und Lageenergie (Juni 2009)
ATV-DVWK-M 115-3	Indirekteinleitung nicht häuslichen Abwassers, Teil 3: Praxis der Indirekteinleiterüberwachung
DWA-M 119	Risikomanagement in der kommunalen Überflutungsvorsorge für Entwässerungssysteme bei Starkregen (November 2016)
ATV-M 127Teil 1:	Richtlinie für die statische Berechnung von Entwässerungsleitungen für Sickerwasser aus Deponien Ergänzung zum Arbeitsblatt ATV-A 127

DWA-M 137-1	Entwurf Einbauten Dritter in Abwasseranlagen, Teil 1: Elektronische Kommunikationseinrichtungen - Entwurf (Dezember 2016)
ATV-DVWK-M 143-4	Sanierung von Entwässerungssystemen außerhalb von Gebäuden, Teil 4: Montageverfahren für begehbare Abwasserleitungen und -kanäle und Bauwerke
DWA-M 143-4	Entwurf Sanierung von Entwässerungssystemen außerhalb von Gebäuden, Teil 4: Montageverfahren für begehbare Abwasserleitungen und -kanäle und Bauwerke – Entwurf (Juni 2016)
DWA-M 143-5	Sanierung von Entwässerungssystemen außerhalb von Gebäuden, Teil 5: Reparatur von Abwasserleitungen und -kanälen durch Innenmanschetten (Februar 2014)
ATV-DVWK-M 143, Teil 7	Reparatur von Abwasserleitungen und -kanälen durch Kurzliner und Innenmanschetten
ATV-DVWK-M 143-8	Sanierung und Erneuerung von Entwässerungssystemen außerhalb von Gebäuden, Teil 8: Injektionsverfahren zur Abdichtung von Abwasserleitungen und -kanälen
DWA-M 143-8	Entwurf Sanierung von Entwässerungssystemen außerhalb von Gebäuden, Teil 8: Injektionsverfahren zur Reparatur von Abwasserleitungen und -kanälen – Entwurf (August 2016)
ATV-DVWK-M 143-9	Sanierung von Entwässerungssystemen außerhalb von Gebäuden, Teil 9: Renovierung von Abwasserleitungen und -kanälen durch Wickelrohrverfahren
DWA-M 143-10	Sanierung von Entwässerungssystemen außerhalb von Gebäuden, Teil 10: Noppenschlauchverfahren für Abwasserleitungen und -kanäle
ATV-DVWK-M 143-11	Sanierung von Entwässerungssystemen außerhalb von Gebäuden, Teil 11: Renovierung von Abwasserleitungen und -kanälen mit vorgefertigten Rohren ohne Ringraum (Close-Fit-Lining)
DWA-M 143-11	Entwurf Sanierung von Entwässerungssystemen außerhalb von Gebäuden, Teil 11: Renovierung von Abwasserleitungen und -kanälen mit vorgefertigten Rohren ohne Ringraum als Verformungs- und Reduktionsverfahren (Close-Fit-Lining) – Entwurf (Juli 2016)
DWA-M 143-12	Sanierung von Entwässerungssystemen außerhalb von Gebäuden, Teil 12: Renovierung von Abwasserleitungen und -kanälen mit vorgefertigten Rohren mit und ohne Ringraum – Einzelrohrverfahren (August 2008)
DWA-M 143-13	Sanierung von Entwässerungssystemen außerhalb von Gebäuden, Teil 13: Renovierung von Abwasserleitungen und -kanälen mit vorgefertigten Rohren mit und ohne Ringraum Rohrstrangverfahren (November 2011)
DWA-M 143-14	Sanierung von Entwässerungssystemen außerhalb von Gebäuden, Teil 14: Sanierungsstrategien – korrigierter Stand: Juni 2006
DWA-M 143-15	Sanierung von Entwässerungssystemen außerhalb von Gebäuden, Teil 15: Erneuerung von Abwasserleitungen und -kanälen durch Berstverfahren
DWA-M 143-16	Sanierung von Entwässerungssystemen außerhalb von Gebäuden, Teil 16: Reparatur von Abwasserleitungen und -kanälen durch Roboterverfahren
DWA-M 143-17	Sanierung von Entwässerungssystemen außerhalb von Gebäuden, Teil 17: Beschichtung von Abwasserleitungen, -kanälen und Schächten mit zementgebundenen mineralischen Mörteln
DWA-M 143-18	Sanierung von Entwässerungssystemen außerhalb von Gebäuden, Teil 18: Sanierung durch Systemwechsel zur Druck- oder Unterdruckentwässerung (April 2015); korrigierter Stand: August 2015
DWA-M 144-3	Zusätzliche Technische Vertragsbedingungen (ZTV) für die Sanierung von

	Entwässerungssystemen außerhalb von Gebäuden, Teil 3: Renovierung mit Schlauchliningverfahren (vor Ort härtendes Schlauchlining) für Abwasserkanäle; Stand: aktualisierte Fassung Oktober 2016 DWA-M 144-3:2012 E1:2014 E2:2015 E3:2016-06 E4:2016-10)
DWA-M 145-1	Kanalinformationssysteme, Teil 1: Grundlagen und systemtechnische Anforderungen (Dezember 2013)
ATV-DVWK-M 146	Abwasserleitungen und -kanäle in Wassergewinnungsgebieten – Hinweise und Beispiele
DWA-M 149-1	Entwurf Zustandserfassung und -beurteilung von Entwässerungssystemen außerhalb von Gebäuden, Teil 1: Grundlagen – Entwurf (Februar 2017) (Korrigierte Fassung, Stand: Februar 2017)
DWA-M 149-2	Zustandserfassung und -beurteilung von Entwässerungssystemen außerhalb von Gebäuden, Teil 2: Kodiersystem für die optische Inspektion (Dezember 2013)
DWA-M 149-3	Zustandserfassung und -beurteilung von Entwässerungssystemen außerhalb von Gebäuden, Teil 3: Beurteilung nach optischer Inspektion (April 2015); Stand: korrigierte Fassung Oktober 2016
DWA-M 149-4	Zustandserfassung und -beurteilung von Entwässerungssystemen außerhalb von Gebäuden, Teil 4: Detektion von Lagerungsdefekten und Hohlräumen mittels geophysikalischer Verfahren (Juli 2008)
DWA-M 149-5	Zustandserfassung und -beurteilung von Entwässerungssystemen außerhalb von Gebäuden, Teil 5: Optische Inspektion (Dezember 2010)
DWA-M 149-6	Zustandserfassung und -beurteilung von Entwässerungssystemen außerhalb von Gebäuden, Teil 6: Druckprüfungen in Betrieb befindlicher Entwässerungssysteme mit Wasser oder Luft (August 2016)
DWA-M 149-7	Zustandserfassung und -beurteilung von Entwässerungssystemen außerhalb von Gebäuden, Teil 7: Beurteilung der Umweltrelevanz des baulichen/betrieblichen Zustands (Januar 2016)
DWA-M 149-8	Zustandserfassung und -beurteilung von Entwässerungssystemen außerhalb von Gebäuden, Teil 8: Zusätzliche Technische Vertragsbedingungen (ZTV) Optische Inspektion (September 2014)
DWA-M 150	Datenaustauschformat für die Zustandserfassung von Entwässerungssystemen (April 2010); (Korrigierte Fassung: Stand Januar 2013)
DWA-M 151	Messdatenmanagementsysteme (MDMS) in Entwässerungssystemen (August 2014)
DWA-M 152	Umsteigekatalog von ATV-M 143-2 zu DIN EN 13508-2 in Verbindung mit DWA-M 149-2 (November 2009)
DWA-M 153	Handlungsempfehlungen zum Umgang mit Regenwasser (August 2007); korrigierter Stand: August 2012.
ATV-DVWK-M 154	Geruchsemissionen aus Entwässerungssystemen – Vermeidung oder Verminderung
DWA-M 158	Bauwerke der Kanalisation – Beispiele
DWA-M 159	Kriterien zur Materialauswahl für Abwasserleitungen und -kanäle
DWA-M 162	Bäume, unterirdische Leitungen und Kanäle (Februar 2013)
ATV-DVWK-M 165	Anforderungen an Niederschlag-Abfluss-Berechnungen in der Siedlungsentwässerung
DWA-M 167-1	Abscheider- und Rückstausicherungsanlagen in der Grundstücksentwässerung: Einbau, Betrieb, Wartung und Kontrolle, Teil 1: Rechtliche und technische Bestimmungen

DWA-M 167-2	Abscheider- und Rückstausicherungsanlagen in der Grundstücksentwässerung: Einbau, Betrieb, Wartung und Kontrolle, Teil 2: Abscheideranlagen für Leichtflüssigkeiten
DWA-M 167-3	Abscheider- und Rückstausicherungsanlagen in der Grundstücksentwässerung: Einbau, Betrieb, Wartung und Kontrolle, Teil 3: Abscheideranlagen für Fette und Abscheideranlagen für Stärke
DWA-M 167-4	Abscheider- und Rückstausicherungsanlagen in der Grundstücksentwässerung: Einbau, Betrieb, Wartung und Kontrolle, Teil 4: Abscheideranlagen für Amalgam
DWA-M 167-5	Abscheider- und Rückstausicherungsanlagen in der Grundstücksentwässerung: Einbau, Betrieb, Wartung und Kontrolle, Teil 5: Rückstausicherung und Leichtflüssigkeitssperren
DWA-M 168	Korrosion von Abwasseranlagen - Abwasserableitungen (Juni 2010)
DWA-M 174	Betriebsaufwand für die Kanalisation – Hinweise zum Personal-, Fahrzeug- und Gerätebedarf
DWA-M 176	Hinweise zur konstruktiven Gestaltung und Ausrüstung von Bauwerken der zentralen Regenwasserbehandlung (November 2013)
ATV-DVWK-M 177	Bemessung und Gestaltung von Regenentlastungsanlagen in Mischwasserkanälen – Erläuterungen und Beispiele
DWA-M 178	Empfehlungen für Planung, Bau und Betrieb von Retentionsbodenfiltern zur weitergehenden Regenwasserbehandlung im Misch- und Trennsystem
DWA-M 180	Handlungsrahmen zur Planung der Abflusssteuerung in Kanalnetzen
DWA-M 181	Messung von Wasserstand und Durchfluss in Entwässerungssystemen (September 2011)
DWA-M 182	Fremdwasser in Entwässerungssystemen außerhalb von Gebäuden (April 2012)
DWA-M 190	Anforderungen an die Qualifikation von Unternehmen für Herstellung, baulichen Unterhalt, Sanierung und Prüfung von Grundstücksentwässerungsanlagen (April 2014)
DWA-M 197	Ausschreibung von Kanalreinigungsleistungen mit dem Hochdruckspülverfahren (Juli 2014); Stand: korrigierte Fassung November 2016

Kommunale Abwasserbehandlung

DWA-A 131	Bemessung von einstufigen Belebungsanlagen (Juni 2016)
ATV-DVWK-A 198	Vereinheitlichung und Herleitung von Bemessungswerten für Abwasseranlagen
DWA-A 199-1	Dienst- und Betriebsanweisung für das Personal von Abwasseranlagen, Teil 1: Dienstanweisung für das Personal von Abwasseranlagen (November 2011)
DWA-A 199-4	Dienst- und Betriebsanweisung für das Personal von Abwasseranlagen, Teil 4: Betriebsanweisung für das Personal von Kläranlagen (August 2006)
ATV-A 200	Grundsätze für die Abwasserentsorgung in ländlich strukturierten Gebieten
DWA-A 201	Grundsätze für Bemessung, Bau und Betrieb von Abwasserteichanlagen
DWA-A 202	Chemisch-physikalische Verfahren zur Elimination von Phosphor aus

	Abwasser (Mai 2011)
ATV-A 203	Abwasserfiltration durch Raumfilter nach biologischer Reinigung
DWA-A 203	Entwurf Abwasserfiltration durch Raumfilter nach biologischer Reinigung – Entwurf (Juli 2016)
DWA-A 222	Grundsätze für Bemessung, Bau und Betrieb von kleinen Kläranlagen mit aerober biologischer Reinigungsstufe bis 1 000 Einwohnerwerte (Mai 2011)
DWA-A 226	Grundsätze für die Abwasserbehandlung in Belebungsanlagen mit gemeinsamer aerober Schlammstabilisierung ab 1 000 Einwohnerwerte (August 2009)
DWA-A 251	Kondensate aus Brennwertkesseln (November 2011)
DWA-A 262	Grundsätze für Bemessung, Bau und Betrieb von Pflanzenkläranlagen mit bepflanzten Bodenfiltern zur biologischen Reinigung kommunalen Abwassers (März 2006); Stand: korrigierte Fassung Juni 2014
DWA-A 262	Entwurf Grundsätze für Bemessung, Bau und Betrieb von Kläranlagen mit Bodenfiltern zur Reinigung kommunalen Abwassers – Entwurf (April 2016)
DWA-A 268	Automatisierung von einstufigen Belebungsanlagen (August 2016)
DWA-A 272	Grundsätze für die Planung und Implementierung Neuartiger Sanitärsysteme (NASS) (Juni 2014)
DWA-A 280	Behandlung von Schlamm aus Kleinkläranlagen in kommunalen Kläranlagen
ATV-DVWK-A 281	Bemessung von Tropfkörpern und Rotationstauchkörpern
DWA-A 704	Betriebsanalytik für Abwasseranlagen (April 2016)
DWA-M 115-1	Indirekteinleitung nicht häuslichen Abwassers, Teil 1: Rechtsgrundlagen (Februar 2013)
DWA-M 115-2	Indirekteinleitung nicht häuslichen Abwassers, Teil 2: Anforderungen (Februar 2013)
ATV-M 204	Stand und Anwendung der Emissionsminderungstechnik bei Kläranlagen – Gerüche, Aerosole
DWA-M 205	Desinfektion von biologisch gereinigtem Abwasser (März 2013)
ATV-DVWK-M 206	Automatisierung der chemischen Phosphatelimination
DWA-M 207	Informations- und Kommunikationsnetzwerke für die Abwassertechnik
DWA-M 209	Messung der Sauerstoffzufuhr von Belüftungseinrichtungen in Belebungsanlagen in Reinwasser und in belebtem Schlamm (April 2007)
DWA-M 210	Belebungsanlagen mit Aufstaubetrieb (SBR) (Juli 2009)
DWA-M 211	Schutz und Instandsetzung von Betonbauwerken in kommunalen Kläranlagen (April 2008)
DWA-M 212	Technische Ausrüstung von Faulgasanlagen auf Kläranlagen (April 2008)
DWA-M 213-1	Planung und Bau der Elektrotechnik auf Anlagen der Abwassertechnik, Teil 1: Allgemeine Planungs- und Baugrundlagen
DWA-M 217	Explosionsschutz für abwassertechnische Anlagen (Juli 2014)
DWA-M 221	Grundsätze für Bemessung, Bau und Betrieb von Kleinkläranlagen mit aerober biologischer Reinigungsstufe (Februar 2012)
DWA-M 227	Membran-Bioreaktor-Verfahren (MBR-Verfahren) (Oktober 2014)
DWA-M 229-1	Systeme zur Belüftung und Durchmischung von Belebungsanlagen, Teil 1: Planung, Ausschreibung und Ausführung (Mai 2013)
DWA-M 229-2	Entwurf Systeme zur Belüftung und Durchmischung von Belebungsanlagen, Teil 2: Betrieb – Entwurf (Juni 2016)

ATV-M 250	Maßnahmen zur Sauerstoffanreicherung von Oberflächengewässern
DWA-M 253	Leit- und Automatisierungstechnik auf Abwasseranlagen (März 2011)
DWA-M 256-1	Prozessmesstechnik auf Kläranlagen, Teil 1: Allgemeine Anforderungen (Juni 2011)
DWA-M 256-2	Prozessmesstechnik auf Kläranlagen, Teil 2: Messeinrichtungen zur Bestimmung des Sauerstoffgehaltes (Juni 2011)
DWA-M 256-3	Prozessmesstechnik auf Kläranlagen, Teil 3: Messeinrichtungen zur Bestimmung der Leitfähigkeit (November 2013)
DWA-M 256-4	Prozessmesstechnik auf Kläranlagen, Teil 4: Messeinrichtungen zur Bestimmung des pH-Wertes und des Redoxpotentials (November 2013)
DWA-M 256-5	Prozessmesstechnik auf Kläranlagen, Teil 5: Messeinrichtungen zur Bestimmung des Trockensubstanzgehaltes (Juli 2014)
DWA-M 256-6	Prozessmesstechnik auf Kläranlagen, Teil 6: Messeinrichtungen zur Bestimmung des Füll- und Grenzstandes (Juni 2014)
DWA-M 256-7	Prozessmesstechnik auf Kläranlagen, Teil 7: Messeinrichtungen zur Bestimmung der Trübung (Juli 2014)
DWA-M 256-8	Prozessmesstechnik auf Kläranlagen, Teil 8: Messeinrichtungen zur Bestimmung des Schlammspiegels (Juli 2013)
ATV-DVWK-M 260	Erfassen, Darstellen, Auswerten und Dokumentieren der Betriebsdaten von Abwasserbehandlungsanlagen mit Hilfe der Prozessdatenverarbeitung
DWA-M 260	Entwurf Visualisierung und Auswertung von Prozessinformationen auf Abwasseranlagen – Entwurf (September 2016)
DWA-M 261	Überspannungsschutz auf Anlagen zur Abwasserbehandlung
ATV-DVWK-M 263	Empfehlungen zum Korrosionsschutz von Stahlteilen in Abwasserbehandlungsanlagen durch Beschichtungen und Überzüge
DWA-M 264	Gasdurchflussmessungen auf Abwasserbehandlungsanlagen (Mai 2015)
ATV-M 267	Radioaktivität in Abwasser und Klärschlamm
DWA-M 269	Prozessmessgeräte für Stickstoff, Phosphor und Kohlenstoff in Abwasserbehandlungsanlagen (März 2008)
ATV-M 270	Entsorgung von Inhalten mobiler Toiletten mit Sanitärzusätzen (Chemietoiletten)
DWA-M 271	Personalbedarf für den Betrieb kommunaler Kläranlagen (März 2017)
DWA-M 273	Einleiten und Einbringen von Rückständen aus Anlagen der Wasseraufbereitung in Abwasseranlagen (Mai 2009)
ATV-M 274	Einsatz organischer Polymere in der Abwasserreinigung
DWA-M 274	Entwurf Einsatz organischer Polymere in der Abwasserreinigung - Entwurf (Februar 2017)
DWA-M 275	Rohrleitungssysteme für den Bereich der technischen Ausrüstung von Kläranlagen (Februar 2012) – korrigierter Stand: März 2013
DWA-M 277	Entwurf Hinweise zur Auslegung von Anlagen zur Behandlung und Nutzung von Grauwasser und Grauwasserteilströmen – Entwurf (September 2016)
DWA-M 279	Schmutzwasser von unbewirtschafteten Rastanlagen (April 2014)
DWA-M 299	Einsatz von Brennstoffzellen auf Kläranlagen

Abfall/Klärschlamm

DWA-A 216	Energiecheck und Energieanalyse Instrumente zur Energieoptimierung von Abwasseranlagen (Dezember 2015)
DWA-M 302	Entwurf Klärschlammdesintegration – Entwurf (Mai 2015)
DWA-M 303	Wiedernutzbarmachung von kleinen Grundstücken – Abbruch, Rückbau und geordnete Entsorgung (April 2012)
DWA-M 305	Entwurf Gasfackelanlagen als zusätzliche Gasverbrauchseinrichtungen an Biogasanlagen – Entwurf (Dezember 2016)
DWA-M 350	Aufbereitung von synthetischen polymeren Flockungsmitteln zur Klärschlammkonditionierung (August 2014)
DWA-M 356	Abfälle und Abwässer aus der Reinigung von Mitteldestillat- und Ottokraftstofftanks (September 2010)
DWA-M 358	Abfälle und Abwässer aus der Metalloberflächenbehandlung durch Konversionsverfahren (November 2011)
DWA-M 361	Aufbereitung von Biogas (Oktober 2011)
DWA-M 362-1	Umgang mit Baggergut, Teil 1: Handlungsempfehlungen (Januar 2008)
ATV-DVWK-M 362-2	Umgang mit Baggergut, Teil 2: Fallbeispiele
DWA-M 363	Herkunft, Aufbereitung und Verwertung von Biogasen (November 2010)
DWA-M 366	Maschinelle Schlammentwässerung (Februar 2013)
DWA-M 368	Biologische Stabilisierung von Klärschlamm (Juni 2014)
DWA-M 369	Abfälle aus kommunalen Abwasseranlagen – Rechen- und Sandfanggut, Kanal- und Sinkkastengut (September 2015)
DWA-M 370	Abfälle und Abwässer aus der Reinigung und Entschichtung von Fassaden (April 2011)
ATV-DVWK-M 372	Technische Rahmenbedingungen für die Vergärung biogener Abfälle
DWA-M 376	Sicherheitsregeln für Biogasbehälter mit Membrandichtung
DWA-M 377	Biogas Speichersysteme, Sicherstellung der Gebrauchstauglichkeit und Tragfähigkeit von Membranabdeckungen (November 2016)
DWA-M 378	Umgang mit Straßenkehricht (Juli 2008)
ATV-DVWK-M 379	Klärschlammtrocknung
DWA-M 380	Co-Vergärung in kommunalen Klärschlammfaulbehältern, Abfallvergärungsanlagen und landwirtschaftlichen Biogasanlagen (Juni 2009)
DWA-M 381	Eindickung von Klärschlamm
DWA-M 383	Kennwerte der Klärschlammentwässerung (Oktober 2008)
DWA-M 386	Thermische Behandlung von Klärschlämmen - Monoverbrennung (Dezember 2011)
DWA-M 387	Thermische Behandlung von Klärschlämmen Mitverbrennung in Kraftwerken (Mai 2012)
DWA-M 388	Mechanisch-Biologische (Rest-)Abfallbehandlung (MBA) – (April 2014)
DWA-M 389	Trockenvergärung biogener Abfälle und nachwachsender Rohstoffe – September 2015

Recht

DWA-A 400	Grundsätze für die Erarbeitung des DWA-Regelwerkes
DWA-A 400	Entwurf Grundsätze für die Erarbeitung des DWA-Regelwerkes – Entwurf (Oktober 2016)

Gewässer

DVWK-Regel 120/1983	Niedrigwasseranalyse, Teil I: Statistische Untersuchung des Niedrigwasser-Abflusses DK 556.167.2 Niedrigwasser DK 556.047 Analyse
DVWK-Regel 125/1986	Schwebstoffmessungen DK 556.535.6 Schwebstoff DK 556.08 (083) Meßrichtlinie
DVWK-Regel 127/1992	Geschiebemessungen DK 551.51/.54 Fließgewässer DK 556.535.6 Geschiebefracht
DVWK-Merkblatt 206/1985	Voraussetzungen und Einschränkungen bei der Modellierung der Grundwasserströmung DK 556.34 Grundwasserströmung DK 556.3.072 Grundwassermodell
DVWK-Merkblatt 220/1991	Hydraulische Berechnung von Fließgewässern DK 551.51/54 Fließgewässer DK 532.543 Hydraulik
DVWK-Merkblatt 224/1992	Methoden und ökologische Auswirkungen der maschinellen Gewässerunterhaltung DK 627.1.004.58 Gewässerunterhaltung DK 574 Ökologie
DVWK-Merkblatt 226/1993	Landschaftsökologische Gesichtspunkte bei Flußdeichen
DVWK-Merkblatt 243/1997	Erfassung der depositionsbedingten Schadstoffbelastung des Sickerwassers aus Waldstandorten – Einfluss auf die Grundwasserbeschaffenheit
DVWK-Merkblatt 247/1997	Bisam, Biber, Nutria Erkennungsmerkmale und Lebensweisen Gestaltung und Sicherung gefährdeter Ufer, Deiche und Dämme
DVWK-Merkblatt 248/1998	Feuchtgebiete Wasserhaushalt und wasserwirtschaftliche Entwicklungskonzepte
DVWK-Merkblatt 250/1999	Naturnahe Entwicklung von Seen und ihres Umfeldes
DVWK-Merkblatt 252/2000	Gestaltung und Pflege von Wasserläufen in urbanen Gebieten
DWA-M 603	Freizeit und Erholung an Fließgewässern
DWA-M 606	Grundlagen und Maßnahmen der Seentherapie
DWA-M 607	Altgewässer – Ökologie, Sanierung und Neuanlage (Juni 2010)
DWA-M 608-1	Entwurf Bisam, Biber, Nutria, Teil 1: Erkennungsmerkmale und Lebensweisen – Entwurf (Mai 2016)
DWA-M 609-1	Entwicklung urbaner Fließgewässer, Teil 1: Grundlagen, Planung und Umsetzung (Juni 2009)
DWA-M 609-2	Entwurf Entwicklung urbaner Fließgewässer, Teil 2: Maßnahmen und Beispiele – Entwurf (September 2016)
DWA-M 610	Neue Wege der Gewässerunterhaltung - Pflege und Entwicklung von Fließgewässern (Juni 2010)
DWA-M 611	Fluss und Landschaft – Ökologische Entwicklungskonzepte (Februar 2013)
DWA-M 612-1	Gewässerrandstreifen – Teil 1: Grundlagen und Funktionen, Hinweise zur Gestaltung (September 2012)
DWA-M 614	Entwurf Planungsmanagement bei Maßnahmen an Fließgewässern –

	zielorientiert, strukturiert und integriert - Entwurf (September 2016)
DWA-M 618	Erholung und Freizeitnutzung an Seen Voraussetzungen, Planung, Gestaltung (September 2014)
DWA-M 619	Ökologische Baubegleitung bei Gewässerunterhaltung und -ausbau (Juni 2015)
DWA-M 624	Risiken an Badestellen und Freizeitgewässern aus gewässerhygienischer Sicht (Juni 2016)

Boden

DVWK-Regel 122/1984	Ermittlung der Stoffdeposition in Waldökosysteme DK 574.4 Ökosystem DK 634.0.9 Wald
DVWK-Regel 123/1985	textgleich mit ATV-A 136
DWA-A 904	Richtlinien für den ländlichen Wegebau
DWA-A 904-1	Richtlinien für den Ländlichen Wegebau (RLW), Teil 1: Richtlinien für die Anlage und Dimensionierung Ländlicher Wege (August 2016)
DWA-A 912	Entwurf Grundsätze und Maßnahmen einer gewässerschützenden Landbewirtschaftung – Entwurf (September 2016)
DWA-A 920-2	Entwurf Bodenfunktionsansprache, Teil 2: Filter und Puffer für organische Schadstoffe – Entwurf (Oktober 2015)
DVWK-Merkblatt 208/1986	Beweissicherung bei Eingriffen in den Bodenwasserhaushalt von Vegetationsstandorten DK 556.1:631.432.2 Bodenwasserhaushalt DK 581.9 Pflanzengeographie
DVWK-Merkblatt 217/1990	Gewinnung von Bodenwasserproben mit Hilfe der Saugkerzen-Methode DK 628.112.1 Wassergewinnung DK 556.322.2 Bodenwasser
DVWK-Merkblatt 229/1994	Grundsätze zur Ermittlung der Stoffdeposition
DVWK-Merkblatt 234/1995	Gefügestabilität ackerbaulich genutzter Mineralböden Teil 1: Mechanische Belastbarkeit
DVWK-Merkblatt 235/1997	Gefügestabilität ackerbaulich genutzter Mineralböden Teil II: Auflastabhängige Veränderung von bodenphysikalischen Kennwerten
DVWK-Merkblatt 238/1996	Ermittlung der Verdunstung von Land- und Wasserflächen
DVWK-Merkblatt 239/1996	Bodenerosion durch Wasser – Kartieranleitung zur Erfassung aktueller Erosionsformen
ATV-DVWK-M 901	Gefügestabilität ackerbaulich genutzter Mineralböden Teil III: Methoden für eine nachhaltige Bodenbewirtschaftung
ATV-DVWK-M 902	Dränfilter aus Kokosfasern für gütegesicherte Dränrohre
DWA-M 905	Gewinnung von Bodenlösung Beprobungssysteme und Einflussgrößen (Mai 2012)
DWA-M 906	Waldbewirtschaftung und Gewässerschutz (Oktober 2016)
DWA-M 907	Erzeugung von Biomasse für die Biogasgewinnung unter Berücksichtigung des Boden- und Gewässerschutzes (April 2010)
DWA-M 910	Berücksichtigung der Bodenerosion durch Wasser bei der Maßnahmenplanung nach EG-Wasserrahmenrichtlinie (Dezember 2012)
DWA-M 911	Möglichkeiten der Effizienzkontrolle von Maßnahmen zur grundwasserschonenden Bodennutzung am Beispiel des Stickstoffs (August 2013)

DWA-M 920-3	Entwurf Bodenfunktionsansprache, Teil 3: Funktion des Bodens im Nährstoffhaushalt (N, P, K, Ca, Mg, S) landwirtschaftlich genutzter Standorte – Entwurf (Juli 2016)

Industrieabwasser und anlagenbezogener Gewässerschutz

DWA-A 712	Allgemeine Hinweise für die Planung von Abwasseranlagen in Industrie- und Gewerbebetrieben
DWA-A 716-1	Öl- und Chemikalienbindemittel - Anforderungen/Prüfkriterien/Zulassung, Teil 1: Allgemeine Anforderungen (Juli 2011)
DWA-A 716-9	Öl- und Chemikalienbindemittel Anforderungen/Prüfkriterien, Teil 9: Anforderungen an R -Ölbindemittel zur Anwendung auf Verkehrsflächen (road/Straße) (Dezember 2014)
DWA-A 716-10	Entwurf Öl- und Chemikalienbindemittel Anforderungen/Prüfkriterien, Teil 10: Anforderungen an W -Ölbindemittel zur Anwendung auf Gewässern (water/Wasser) - Entwurf (Februar 2017)
DWA-A 779	Technische Regel wassergefährdender Stoffe (TRwS), Allgemeine Technische Regelungen
ATV-DVWK-A 780	Technische Regel wassergefährdender Stoffe (TRwS) Oberirdische Rohrleitungen, Teil 1: Rohrleitungen aus metallischen Werkstoffen
DWA-A 780-1	Entwurf Technische Regel wassergefährdender Stoffe (TRwS) Oberirdische Rohrleitungen, Teil 1: Rohrleitungen aus metallischen Werkstoffen - Entwurf (April 2016)
ATV-DVWK-A 780	Technische Regel wassergefährdender Stoffe (TRwS) Oberirdische Rohrleitungen, Teil 2: Rohrleitungen aus polymeren Werkstoffen
DWA-A 780-2	Entwurf Technische Regel wassergefährdender Stoffe (TRwS) Oberirdische Rohrleitungen, Teil 2: Rohrleitungen aus polymeren Werkstoffen – Entwurf (April 2016)
ATV-DVWK-A 781	Technische Regel wassergefährdender Stoffe (TRwS) Tankstellen für Kraftfahrzeuge
DWA-A 781-2	Technische Regel wassergefährdender Stoffe (TRwS) - Tankstellen für Kraftfahrzeuge, Teil 2: Betankung von Kraftfahrzeugen mit wässriger Harnstofflösung
DWA-A 781-3	Technische Regel wassergefährdender Stoffe (TRwS), Tankstellen für Kraftfahrzeuge, Teil 3: Betankung von Kraftfahrzeugen mit Mischungen aus Ethanol und Ottokraftstoff (Oktober 2008)
DWA-A 781	Entwurf Technische Regel wassergefährdender Stoffe (TRwS) Tankstellen für Kraftfahrzeuge – Entwurf (Juni 2015)
DWA-A 782	Technische Regel wassergefährdender Stoffe (TRwS), Betankung von Schienenfahrzeugen
DWA-A 783	Technische Regel wassergefährdender Stoffe (TRwS), Betankungsstellen für Wasserfahrzeuge
DWA-A 784	Technische Regel wassergefährdender Stoffe (TRwS), Betankung von Luftfahrzeugen (April 2006)
DWA-A 785	Technische Regel wassergefährdender Stoffe (TRwS) - Bestimmung des Rückhaltevermögens bis zum Wirksamwerden geeigneter Sicherheitsvor-

	kehrungen – R1 – (Juli 2009)
DWA-A 786	Technische Regel wassergefährdender Stoffe (TRwS), Ausführung von Dichtflächen
DWA-A 787	Technische Regel wassergefährdender Stoffe (TRwS) – Abwasseranlagen als Auffangvorrichtungen (Juli 2009)
DWA-A 788	Technische Regel wassergefährdender Stoffe (TRwS), Flachbodentanks aus metallischen Werkstoffen zur Lagerung wassergefährdender Flüssigkeiten
DWA-A 789	Technische Regel wassergefährdender Stoffe (TRwS) – Bestehende unterirdische Rohrleitungen (Juli 2010)
DWA-A 789	Entwurf Technische Regel wassergefährdender Stoffe (TRwS) – Bestehende unterirdische Rohrleitungen – Entwurf (April 2016)
DWA-A 790	Technische Regel wassergefährdender Stoffe (TRwS) – Bestehende einwandige unterirdische Behälter aus metallischen Werkstoffen (Dezember 2010)
DWA-A 791-1	Technische Regel wassergefährdender Stoffe (TRwS) – Heizölverbraucheranlagen, Teil 1: Errichtung, betriebliche Anforderungen und Stilllegung von Heizölverbraucheranlagen (Februar 2015)
DWA-A 792	Entwurf Technische Regel wassergefährdender Stoffe (TRwS) JGS-Anlagen – Entwurf (März 2015)
DWA-M 703	Abwasser aus der Herstellung von Druckformen und Druckerzeugnissen
ATV-DVWK-M 706, Blatt 1	Kraftwerke und Energieversorgungsbetriebe Blatt 1: Abwasser, das bei der Wasseraufbereitung entsteht
ATV-M 706 Blatt 2	Kraftwerke und Energieversorgungsbetriebe Blatt 2: Abwasser, das beim Betrieb von Kühlsystemen entsteht
ATV-DVWK-M 706, Teil 3	Kraftwerke und Energieversorgungsbetriebe, Teil 3: Abwasser, das bei der Dampf- und Heißwassererzeugung anfällt
DWA-M 706-4	Kraftwerke und Energieversorgungsbetriebe, Teil 4: Abwasser, das bei der Wäsche von Rauchgasen aus Feuerungsanlagen entsteht (November 2010)
DWA-M 708	Abwasser aus der Milchverarbeitung (Oktober 2011)
ATV-M 709	Abwasser aus gentechnischen Produktionsanlagen und vergleichbaren Laboreinrichtungen
DWA-M 710	Abwasser aus der Verarbeitung tierischer Nebenprodukte (Dezember 2008)
DWA-M 713	Abwasser aus der Zuckerindustrie (Februar 2007)
DWA-M 715	Ölbeseitigung auf Verkehrsflächen (Juni 2007)
DWA-M 715	Entwurf Ölbeseitigung auf Verkehrsflächen – Entwurf (November 2014)
DWA-M 718	Üben mit und Erproben von Feuerlöschmitteln (Pulver, Schaum, flüssige Löschmittel und Löschwasserzusätze) (Mai 2013)
DWA-M 719	Musterausbildungspläne zur Aus- und Fortbildung von Einsatzkräften zur Ölschadenbekämpfung an oberirdischen Gewässern (Juni 2011; korrigierte Fassung Juli 2011)
DWA-M 721	Entwurf Arbeitsschutz und Hygiene an Einsatzstellen mit Ölprodukten – Entwurf (Mai 2016)
DWA-M 731	Abwasser und Abfälle aus der Papierherstellung (August 2011)
DWA-M 732	Abwasser aus Brauereien (September 2010); korrigierter Stand: Oktober 2013
DWA-M 733	Abwasser aus der Herstellung Technischer Textilien (Oktober 2015)

DWA-M 751	Abwasser aus der Gemüseverarbeitung und Sauerkrautbereitung (November 2015)
DWA-M 753	Abwasser aus der Kartoffelverarbeitung
ATV-M 755	Ermittlung des Wirkungsgrades von Kläranlagen
DWA-M 766	Abwasser der Erfrischungsgetränke-, der Fruchtsaftindustrie und der Mineralbrunnen (August 2012)
ATV-M 767	Abwasser aus Schlacht- und Fleischverarbeitungsbetrieben
ATV-DVWK-M 768	Abwasser der Fischverarbeitung
ATV-DVWK-M 769	Abwasser, das bei der Verarbeitung von fotografischem Material anfällt
ATV-M 770	Behandlung und Verwertung von Reststoffen aus Schlacht- und Fleischverarbeitungsbetrieben
DWA-M 771	Abwasser aus der Wäsche, Pflege und Instandhaltung von Straßen-, Schienen- und Luftfahrzeugen (Juli 2011)
ATV-M 772	Abwässer aus Brennereien und der Spirituosenherstellung
DWA-M 773	Abwasser aus der Weinbereitung (Juli 2012)
ATV-DVWK-M 774	Abwasser aus lederherstellenden Betrieben
DWA-M 775	Abwasser aus Krankenhäusern und anderen medizinischen Einrichtungen (Dezember 2010)
ATV-DVWK-M 776	Abwasser der Stärke-Industrie Gewinnung nativer Stärke, Herstellung von Stärkeprodukten durch Hydrolyse und Modifikation
ATV-DVWK-M 778	Abwasser aus Hefefabriken und Melassebrennereien

Wirtschaft

DWA-A 133	Wertermittlung von Abwasseranlagen – Systematische Erfassung, Bewertung und Fortschreibung
DWA-M 801	Führungssysteme und Führungsinstrumente in der Wasserwirtschaft (Dezember 2014)
ATV-DVWK-M 802	Funktionalausschreibung - Voraussetzungen und Vorgehensweise
DWA-M 803	Kostenstrukturen in der Abwassertechnik (November 2006)
DWA-M 804	Sicherstellung der Qualität und Wirtschaftlichkeit von Abwasser- und Abfallentsorgungsanlagen auch bei Wahrnehmung von Aufgaben durch Dritte
DWA-M 805	Technische Leistungsfähigkeit als besonderes Merkmal der Eignung von Bauunternehmen bei der Herstellung und Sanierung von Rohrleitungen und Kanälen (August 2011)
DWA-M 806	Nachträge Handreichungen zu Vergütungsanpassungen bei VOB-Verträgen (August 2013)
ATV-DVWK-M 807	Abgrenzung von Herstellungskosten und Erhaltungsaufwand bei Abwasseranlagen
DWA-M 811	Definition betriebswirtschaftlicher Begriffe in der Wasserwirtschaft (November 2011)
DWA- M 1000	Anforderungen an die Qualifikation und die Organisation von Betreibern von Abwasseranlagen (August 2012)
DWA- M 1001	Anforderungen an die Qualifikation und Organisation von Gewässerunterhaltungspflichtigen (Dezember 2010)
DWA- M 1100	Benchmarking in der Wasserversorgung und Abwasserbeseitigung

DWA	Arbeitsberichte seit 1996
DVWK-Regel 121/1992	Niedrigwasseranalyse, Teil II: Statistische Untersuchung der Unterschreitungsdauer und des Abflußdefizits DK 566.167.2 Niedrigwasserabfluß DK 556.047 Statische Auswertung
DWA-A 530	Beobachteranleitung für nebenamtliche Niederschlagsstationen Nst (A) und Nst (k) (BAN) (November 2011)
DWA-A 908	Eignungsprüfung von Grundwassermessstellen (Dezember 2012)
DWA-A 909	Grundsätze der Grundwasserprobennahme aus Grundwassermessstellen (Dezember 2011)
DVWK-Merkblatt 209/1989	Wahl des Bemessungshochwassers Entscheidungswege zur Festlegung des Schutz- und Sicherheitsgrades DK 627.51 Hochwasserschutz DK .001.2 Bemessung
DVWK-Merkblatt 211/1986	Ermittlung des Interzeptionsverlustes in Waldbeständen bei Regen DK 551.557.52 Interzeption DK 556.123 Regen
DVWK-Merkblatt 216/1990	Betrachtung zur (n - 1)-Bedingung an Wehren DK 627.43 Wehrbau DK .001.2 Bemessung
DVWK-Merkblatt 221/1992	Anwendung von Geotextilien im Wasserbau DK 626/627 Wasserbau DK 627/.8.034.93 Geotextilien
DVWK-Merkblatt 230/1994	Niederschlag – Empfehlung für Betreiber von Niederschlagsstationen BETREN
DVWK-Merkblatt 231/1995	Sicherheitsbericht Talsperren – Leitfaden
DVWK-Merkblatt 237/1996	Deponieabdichtungen in Asphaltbauweise
DVWK-Merkblatt 241/1996	Modernisierung von Wehren
DVWK-Merkblatt 246/1997	Freibordbemessung an Stauanlagen
DVWK-Merkblatt 249/1998	Betrieb von Verschlüssen im Stahlwasserbau
ATV-DVWK-M 502	Berechnungsverfahren für Staudämme Wechselwirkung zwischen Bauwerk und Untergrund
ATV-DVWK-M 503	Grundlagen zur Überprüfung und Ertüchtigung von Sedimentationsbecken
ATV-DVWK-M 504	Verdunstung in Bezug zu Landnutzung, Bewuchs und Boden
DWA-M 504-1	Entwurf Ermittlung der Verdunstung von Land- und Wasserflächen, Teil 1: Grundlagen, experimentelle Bestimmung, Gewässerverdunstung – Entwurf (Juni 2016)
DWA-M 506	Injektionen mit hydraulischen Bindemitteln in Wasserbauwerken aus Massenbeton
DWA-M 507-1	Deiche an Fließgewässern, Teil 1: Planung, Bau und Betrieb (Dezember 2011)
DWA-M 509	Fischaufstiegsanlagen und fischpassierbare Bauwerke Gestaltung, Bemessung, Qualitätssicherung (Mai 2014) – Stand: korrigierte Fassung Februar 2016
DWA-M 511	Entwurf Filtern mit Geokunststoffen – Entwurf (Juli 2016)
DWA-M 512-1	Dichtungssysteme im Wasserbau, Teil 1: Erdbauwerke - Februar 2012
DWA-M 514	Bauwerksüberwachung an Talsperren (Juli 2011)

DWA-M 519	Technisch-biologische Ufersicherungen an großen und schiffbaren Binnengewässern (März 2016)
DWA-M 522	Kleine Talsperren und kleine Hochwasserrückhaltebecken (Mai 2015)
DWA-M 525	Sedimentmanagement in Fließgewässern - Grundlagen, Methoden, Fallbeispiele – (November 2012)
DWA-M 526	Grundlagen morphodynamischer Phänomene in Fließgewässern (August 2015)
DWA-M 542	Entwurf Nachweiskonzept mit Teilsicherheitsbeiwerten für Staudämme und Staumauern – Entwurf (September 2015)
DWA-M 543-1	Entwurf Geodaten in der Fließgewässermodellierung, Teil 1: Grundlagen und Verfahren – Entwurf (Dezember 2015)
DWA-M 543-2	Entwurf Geodaten in der Fließgewässermodellierung, Teil 2: Bedarfsgerechte Datenerfassung und -aufbereitung – Entwurf (Dezember 2015)
DWA-M 543-3	Entwurf Geodaten in der Fließgewässermodellierung, Teil 3: Aspekte der Strömungsmodellierung und Fallbeispiele – Entwurf (Dezember 2015)
DWA-M 544-1	Ausbreitungsprobleme von Einleitungen Prozesse, Methoden und Modelle Teil 1: Anwendungsgrundlagen, Schätzformeln und eindimensionale Modelle (Juli 2016)
DWA-M 544-2	Ausbreitungsprobleme von Einleitungen Prozesse, Methoden und Modelle Teil 2: Mehrdimensionale Modelle (Juli 2016)
DWA-M 550	Dezentrale Maßnahmen zur Hochwasserminderung (November 2015)
DWA-M 551	Audit "Hochwasser - wie gut sind wir vorbereitet" (Dezember 2010)
DWA-M 552	Ermittlung von Hochwasserwahrscheinlichkeiten (August 2012)
DWA-M 553	Hochwasserangepasstes Planen und Bauen
DWA-M 570	Entwurf Begriffe in der Gewässermorphologie und im Flussbau – Entwurf (Juni 2013)
ATV-DVWK-M 604	Messeinrichtungen an Quellen
DWA-M 605	Wirkung, Bemessung und Betrieb von Vorsperren zur Verminderung von Stoffeinträgen in Talsperren (August 2005)
DWA-M 1002	Anforderungen an die Qualifikation und die Organisation von Betreibern von Talsperren und anderen großen Stauanlagen (Juni 2013

Hydrologie/Wasserbewirtschaftung/Wasserbau/ Wasserkraft

DVWK-Regel 121/1992	Niedrigwasseranalyse, Teil II: Statistische Untersuchung der Unterschreitungsdauer und des Abflußdefizits DK 566.167.2 Niedrigwasserabfluß DK 556.047 Statische Auswertung
DWA-A 530	Beobachteranleitung für nebenamtliche Niederschlagsstationen Nst (A) und Nst (k) (BAN) (November 2011)
DWA-A 908	Eignungsprüfung von Grundwassermessstellen (Dezember 2012)
DWA-A 909	Grundsätze der Grundwasserprobennahme aus Grundwassermessstellen (Dezember 2011)
DVWK-Merkblatt 209/1989	Wahl des Bemessungshochwassers Entscheidungswege zur Festlegung

	des Schutz- und Sicherheitsgrades DK 627.51 Hochwasserschutz DK .001.2 Bemessung
DVWK-Merkblatt 211/1986	Ermittlung des Interzeptionsverlustes in Waldbeständen bei Regen DK 551.557.52 Interzeption DK 556.123 Regen
DVWK-Merkblatt 216/1990	Betrachtung zur (n - 1)-Bedingung an Wehren DK 627.43 Wehrbau DK .001.2 Bemessung
DVWK-Merkblatt 221/1992	Anwendung von Geotextilien im Wasserbau DK 626/627 Wasserbau DK 627/.8.034.93 Geotextilien
DVWK-Merkblatt 230/1994	Niederschlag – Empfehlung für Betreiber von Niederschlagsstationen BETREN
DVWK-Merkblatt 231/1995	Sicherheitsbericht Talsperren – Leitfaden
DVWK-Merkblatt 237/1996	Deponieabdichtungen in Asphaltbauweise
DVWK-Merkblatt 241/1996	Modernisierung von Wehren
DVWK-Merkblatt 246/1997	Freibordbemessung an Stauanlagen
DVWK-Merkblatt 249/1998	Betrieb von Verschlüssen im Stahlwasserbau
ATV-DVWK-M 502	Berechnungsverfahren für Staudämme Wechselwirkung zwischen Bauwerk und Untergrund
ATV-DVWK-M 503	Grundlagen zur Überprüfung und Ertüchtigung von Sedimentationsbecken
ATV-DVWK-M 504	Verdunstung in Bezug zu Landnutzung, Bewuchs und Boden
DWA-M 504-1	Entwurf Ermittlung der Verdunstung von Land- und Wasserflächen, Teil 1: Grundlagen, experimentelle Bestimmung, Gewässerverdunstung – Entwurf (Juni 2016)
DWA-M 506	Injektionen mit hydraulischen Bindemitteln in Wasserbauwerken aus Massenbeton
DWA-M 507-1	Deiche an Fließgewässern, Teil 1: Planung, Bau und Betrieb (Dezember 2011)
DWA-M 509	Fischaufstiegsanlagen und fischpassierbare Bauwerke Gestaltung, Bemessung, Qualitätssicherung (Mai 2014) – Stand: korrigierte Fassung Februar 2016
DWA-M 511	Entwurf Filtern mit Geokunststoffen – Entwurf (Juli 2016)
DWA-M 512-1	Dichtungssysteme im Wasserbau, Teil 1: Erdbauwerke - Februar 2012
DWA-M 514	Bauwerksüberwachung an Talsperren (Juli 2011)
DWA-M 519	Technisch-biologische Ufersicherungen an großen und schiffbaren Binnengewässern (März 2016)
DWA-M 522	Kleine Talsperren und kleine Hochwasserrückhaltebecken (Mai 2015)
DWA-M 525	Sedimentmanagement in Fließgewässern - Grundlagen, Methoden, Fallbeispiele – (November 2012)
DWA-M 526	Grundlagen morphodynamischer Phänomene in Fließgewässern (August 2015)
DWA-M 542	Entwurf Nachweiskonzept mit Teilsicherheitsbeiwerten für Staudämme und Staumauern – Entwurf (September 2015)
DWA-M 543-1	Entwurf Geodaten in der Fließgewässermodellierung, Teil 1: Grundlagen und Verfahren – Entwurf (Dezember 2015)
DWA-M 543-2	Entwurf Geodaten in der Fließgewässermodellierung, Teil 2: Bedarfsgerechte Datenerfassung und -aufbereitung – Entwurf (Dezember 2015)
DWA-M 543-3	Entwurf Geodaten in der Fließgewässermodellierung, Teil 3: Aspekte der Strömungsmodellierung und Fallbeispiele – Entwurf (Dezember 2015)

DWA-M 544-1	Ausbreitungsprobleme von Einleitungen Prozesse, Methoden und Modelle Teil 1: Anwendungsgrundlagen, Schätzformeln und eindimensionale Modelle (Juli 2016)
DWA-M 544-2	Ausbreitungsprobleme von Einleitungen Prozesse, Methoden und Modelle Teil 2: Mehrdimensionale Modelle (Juli 2016)
DWA-M 550	Dezentrale Maßnahmen zur Hochwasserminderung (November 2015)
DWA-M 551	Audit "Hochwasser - wie gut sind wir vorbereitet" (Dezember 2010)
DWA-M 552	Ermittlung von Hochwasserwahrscheinlichkeiten (August 2012)
DWA-M 553	Hochwasserangepasstes Planen und Bauen
DWA-M 570	Entwurf Begriffe in der Gewässermorphologie und im Flussbau – Entwurf (Juni 2013)
ATV-DVWK-M 604	Messeinrichtungen an Quellen
DWA-M 605	Wirkung, Bemessung und Betrieb von Vorsperren zur Verminderung von Stoffeinträgen in Talsperren (August 2005)
DWA-M 1002	Anforderungen an die Qualifikation und die Organisation von Betreibern von Talsperren und anderen großen Stauanlagen (Juni 2013

Fünfter Teil: Maße, Verzeichnisse

9. Maße, Verzeichnisse

9.1 Englische und amerikanische Maße

1 inch = 2,54 cm.
1 square inch = 6,45 cm^2.
1 foot = 12 inches = 0,305 m.
1 square foot = 0,0929 m^2 = 9,29 dm^2.
1 cubic foot = 7,48 US gallons = 0,0283 m^3 = 28,3 l, 1 m^3 = 35,4 cu ft.
1 cu ft/s = cfs = 646 000 US/galTag = 449 US gal/min = 1,70 m^3/min.
1 cu ft/lb = 62,41 /kg.
1 yard = 0,914 m.
1 cubic yard = 27 cu ft = 202 US gal = 0,765 m^3 = 7651.
1 mile = 1,61 km.
1 acre = 43 560 sq ft = 0,405 ha = 4 050 m^2.
1 acre foot = 1 230 m^3.
1 US gal = 3,791, 1 l = 0,264 US gal.
1 Imperial gal (engl.) = 1,2 US gal = 4,541.
1 barrel = 117 l.
1 bushel = 36,4 l.
1 Mio. US gal = 3.790 m^3.
1 Mio. US gal/Tag = 694 US gal/min = 1,55 cu ft/s = 5 570 cu ft/h = 2,63 m^3/min = 44 l/s.
1 US gal/min = 1 440 US gal/Tag = 0,00223 cu ft/s = 3,79 l/min.
1 US gal/sq ft = 0,0408 m^3/m^2 = 40,8 l/m^2.
1 US gal/sq ft/min = 2,45 $m^3/m^2/h$ = 2,45 m/h.
1 Mio. US gal/acre = 9 370 m^3/ha = 0,937 m^3/m^2.
1 Mio. US gal/acre foot = 3,08 m^3/m^3.
1 US gal/cu ft = 0,134 m^3/m^3.
1 cu ft/US gal = 7,48 m^3/m^3.
1 US gal/cu yd = 4,95 l/m^3.
1 Imp. gal/cu yd = 5,93 l/m^3.
1 grain = 0,0648 g.
1 ounze = 1/16 pound = 28,35 g.
1 US pound (lb) = 0,454 kg = 454 g, 1 kg = 2,2 US lbs.
1 US gal Wasser wiegt 8,34 pounds (lb).
1 Imp. gal Wasser wiegt 10 lb.
1 cu ft Wasser wiegt 62,4 lb.
1 US ton (short ton) = 2 000 pounds = 907 kg.
1 ton engl. (long ton) = 2 240 lb = 1.016 kg.
1 grain/cuft = 2,29 g/m^3 = 2,29 mg/l.
1 p.p.m. (parts per million) = 1 mg/l = 1 g/m^3.

1 ml = 1 ccm = 1 cm^3.
1 bar = 14,2 p.s.i. (pounds per square inch), 1 p.s.i. = 0,0704 bar.
1 lb/sqft = 4,89 kg/m^2.
1 lb/1 000 sqft = 4,89 g/m^2.
1 lb/cuft = 16 kg/m^3.
1 lb/1 000 cuft = 16 g/m^3.
1 BTU (British Thermal Unit) = 0,293 Wh.
1 lb/acre = 0,112 g/m^2.
1 lb/acre foot = 0,368 g/m^3.
1 lb/sq. in = 705 kg/m^2 = 0,0705 kg/cm^2 = 1 p.s.i.
1 lb/cuyard = 593 g/m^3.
1 lb/Mio. USA gal = 0,12 g/m^3.
1 lb/cuft = 16,02 kg/m^3.
1 BTU/cuft = 10,4 Wh/m^3.
1 hp (horse power) = 0,746 kW.
C (Celslus) = (5 : 9) (F – 32°).
F (Fahrenheit) = 32° + (9 : 5) C.
1 Milligramm = $1 \cdot 10^{-3}$ g
1 Mikrogramm = $1 \cdot 10^{-6}$ g
1 Nanogramm = $1 \cdot 10^{-9}$ g
1 Picogramm = $1 \cdot 10^{-12}$ g

9.2 Sachverzeichnis

A

B

C

D

E

F

G

H

I

K

L

M

N

O

P

R

S

T

10. Literatur

[1] Abdel-Halim, W. S. (2005): Anaerobic Municipal Wastewater Treatment, Dissertation. Veröffentlichungen des ISAH, Band 133, Hannover, ISAH.

[2] Abel, F.; Moran, R. J.; Ruof, C. H. (1954): Oxidation and Stabilization of Sewage Sludges with Oxygen at Elevated Temperatures and Pressures. Sewage and Industrial Wastes, 26, 12, 1450–1452.

[3] Abeling, U.; Seyfried, C. F. (1992): Anaerobic-Aerobic Treatment of High-Strength Ammonium Wastewater - Nitrogen Removal via Nitrite. Water Science and Technology, 26, 5-6, 1007–1015.

[4] Abernathy, A. R.; Zirschky, J.; Borup, M. B. (1985): Overland flow wastewater treatment at Easley, SC. Journal Water Pollution Control Federation, 57, 4, 291–299.

[5] Abwassertechnische Vereinigung (1985): ATV-M 250: Maßnahmen zur Sauerstoffanreicherung von Oberflächengewässern (September 1985).Gesellschaft zur Förderung der Abwassertechnik (GFA), St. Augustin.

[6] Abwassertechnische Vereinigung (1992): ATV-A 128: Richtlinien für die Bemessung und Gestaltung von Regenentlastungsanlagen in Mischwasserkanälen (April 1992).Gesellschaft zur Förderung der Abwassertechnik (GFA), St. Augustin.

[7] Abwassertechnische Vereinigung (1994): ATV-M 108: Maßnahmen gegen gefährdende Stoffe in Abwasseranlagen : Hinweise für eine Betriebsanweisung (Juli 1994).Deutsche Vereinigung für Wasserwirtschaft, Abwasser und Abfall, Hennef.

[8] Abwassertechnische Vereinigung (1995): Hinweise zur Versickerung von Niederschlagsabflüssen. Arbeitsbericht der ATV-Arbeitsgruppe 1.4.1 "Versickerung von Niederschlagswasser". KA Korrespondenz Abwasser, 42, 5, 797–806.

[9] Abwassertechnische Vereinigung (1995): Planung der Kanalisation. ATV-Handbücher, Berlin, Ernst & Sohn.

[10] Abwassertechnische Vereinigung (1995): ATV-M 267: Radioaktivität in Abwasser und Klärschlamm (August 1995).Gesellschaft zur Förderung der Abwassertechnik (GFA), Hennef.

[11] Abwassertechnische Vereinigung (Hrsg.) (1996): Grundlagen der vermehrten biologischen Phosphorelimination. ATV-Schriftenreihe, Band 3, Hennef, Gesellschaft zur Förderung der Abwassertechnik (GFA).

[12] Abwassertechnische Vereinigung (1996): ATV-M 204: Stand und Anwendung der Emissionsminderungstechnik bei Kläranlagen - Gerüche, Aerosole (Oktober 1996).Gesellschaft zur Förderung der Abwassertechnik (GFA), Hennef.

[13] Abwassertechnische Vereinigung (1997): ATV-Handbuch: Biologische und weitergehende Abwasserreinigung, Berlin, Ernst & Sohn.

[14] Abwassertechnische Vereinigung (1997): ATV-A 200: Grundsätze für die Abwasserentsorgung in ländlich strukturierten Gebieten (1997).Gesellschaft zur Förderung der Abwassertechnik (GFA), Hennef.

[15] Abwassertechnische Vereinigung (1997): Indirekteinleitererfassung und -überwachung: Grundlagen und Praxisbeispiele. ATV-Schriftenreihe, Band 5, Hennef, Gesellschaft zur Förderung der Abwassertechnik (GFA).

[16] Abwassertechnische Vereinigung (1997): ATV-M 706-2: Kraftwerke und Energieversorgungsbetriebe. Blatt 2: Abwasser, das beim Betrieb von Kühlsystemen entsteht (April 1997).Gesellschaft zur Förderung der Abwassertechnik (GFA), Hennef.

[17] Abwassertechnische Vereinigung (1997): ATV-M 270: Entsorgung von Inhalten mobiler Toiletten mit Sanitärzusätzen (Chemietoiletten) (Mai 1997).Gesellschaft zur Förderung der Abwassertechnik (GFA), Hennef.

[18] Abwassertechnische Vereinigung (1999): Industrieabwasser: Grundlagen. ATV-Handbuch, Berlin, Ernst & Sohn.

[19] Abwassertechnische Vereinigung (2000): Industrieabwasser: Lebensmittelindustrie. ATV-Handbuch, Berlin, Ernst & Sohn.

[20] Abwassertechnische Vereinigung (2001): Industrieabwasser: Dienstleistungs- und Veredelungsindustrie. ATV-Handbuch, Berlin, Ernst & Sohn.

[21] Agar, C. C. (1950): Forum on Industrial Waste Problems: Cannery, Milk, and Food Products: Effects and Treatment. Sewage and Industrial Wastes, 22, 6, 776–779.

[22] Ahnert, M.; Alex, J.; Dürrenmatt, D. J.; Langergraber, G.; Hobus, I.; Schmuck, S.; Spering, V. (2015): Dynamische Simulation als Bestandteil einer Kläranlagenbemessung nach DWA-A 131: Praxisanwendung des ASM3, A 131 und Fallbeispiele. KA Korrespondenz Abwasser, Abfall, 62, 7, 615–624.

[23] Åkerlindh, G. (1954): Water Pollution's Rule of Three. Water & Sewage Works, 101, 412.

[24] Albertson, O. E. (1987): The Control of Bulking Sludges: From the Early Innovators to Current Practice. Journal Water Pollution Control Federation, 59, 4, 172–182.

[25] Albertson, O. E. (1992): Evaluating Scraper Designs. Water Environment & Technology, 4, 1, 52–58.

[26] Albrecht, D. R.; Imhoff, K. R. (1973): Erfahrungen mit der künstlichen Ruhrbelüftung. gwf Wasser/Abwasser, 114, 3, 131–137.

[27] Albrecht, D. R. (1982): Ist der Abwasserlastplan noch aktuell? KA Korrespondenz Abwasser, 29, 1, 24–26.

[28] Alcalde Sanz, L.; Gawlik, B. M. (2014): Water reuse in Europe: Relevant guidelines, needs for and barriers to innovation. A synoptic overview, Luxembourg, Publications office of the European Union.

[29] Alex, J.; Ahnert, M.; Dürrenmatt, D. J.; Langergraber, G.; Hobus, I.; Schmuck, S.; Spering, V. (2015): Voraussetzungen für eine dynamische Simulation als Bestandteil einer statischen Kläranlagenbemessung nach DWA-A 131. KA Korrespondenz Abwasser, Abfall, 62, 5, 436–446.

[30] Almeida, S. A. S. u. Flores, P. G. (Hrsg.) (1988): Waste Management in Petrochemical Complexes: Proceedings of the IAWPRC seminar held in Porto Alegre, Rio Grande du Sul, Brazil, 26-28 October 1987. Water Science and Technology, Oxford u.a., Pergamon Press.

[31] Amberger, O. (1942): Ein Flachsandfang mit gleichbleibender Durchflussgeschwindigkeit bei großen Wassermengenschwankungen. Gesundheits-Ingenieur, 65, 15/16, 123–126.

[32] Ambrose, H.; Baumann, E. R., JR.; Fowler, E. B. (1957): Three tracer Methods for Determining Detention Times in Primary Clarifiers. Sewer and Industrial Wastes, 29, 1, 24–33.

[33] American Public Works Association (1970): Combined Sewer Regulator Overflow Facilities, Washington.

[34] Anderson, N. E. (1945): Design of final settling tanks for activated sludge. Sewage Works Journal, 17, 1, 50–65.

[35] Anderson, N. E. (1950): Tests and Studies on Air Diffusers for Activated Sludge. Sewage and Industrial Wastes, 22, 4, 461–476.

[36] Anderson, W. C. (1950): Oxygen Absorption by Trickling Filter Spray. Sewage and Industrial Wastes, 22, 1, 118–120.

[37] Annen, G. (1959): Bau einer 3200 m langen Klärschlammleitung. gwf Wasser/Abwasser, 100, 40, 1025-1027.

[38] Annen, G. (1959): Praktische Hinweise zur Elnarbeitung beheizter Faulbehälter. gwf Wasser/Abwasser, 100, 10, 242-244.

[39] Annen, G. (1961): Strömung von Klärschlamm, Dissertation, Karlsruhe.

[40] Annen, G. (1963): Zur Berechnung der Reibungsverluste von Klärschlamm. gwf Wasser/Abwasser, 104, 12, 342-246.

[41] Annen, G. (1984): Das Zusammenwirken von Flußsystemen im Ruhrgebiet. In: DVWK (Hrsg.): DVWK-Schriften, Heft 69, 147–162.

[42] Annen, G. W.; Krauel, A.; Imhoff, K. R. (1967): Ölabscheidebecken für Fernstraßen im Ruhrtal. gwf Wasser/Abwasser, 108, 2, 1–43.

[43] Annen, G. W. (1980): Economical considerations on local or centralized wastewater treatment systems. Progress in Water Technology, 12, 3, 123.

[44] Annen, G. W. (1986): Hinweise für den Betrieb von Regenbecken. KA Korrespondenz Abwasser, 33, 3, 204-207.

[45] Anthonisen, A. C.; Loehr, R. C.; Prakasam, T. B. S.; Srinath, E. G. (1976): Inhibition of Nitrification by Ammonia and Nitrous Acid. Journal Water Pollution Control Federation, 48, 5, 835–852.

[46] Aoyama, I.; Nishizaki, H. (1993): Uptake of Nitrogen and Phosphate, and Water Purification by Water Hyacinth Eichhornia Crassipes (Mart.) Solms. Water Science and Technology, 28, 7, 47–53.

[47] AQUAREC (2006): Guideline for quality standards for water reuse in Europe, EVK1-CT-2002-00130, work package 2, deliverable D 15

[48] AQUAREC (2006): Water treatment options in reuse systems, EVK1-CT-2002-00130, work package 7, deliverable D 17, abgerufen am: 12.04.2014.

[49] Ardern, E.; Lockett, W. T. (1914): Experiments on the oxidation of sewage without the aid of filters: Part I. Journal of the Society of Chemical Industry, 33, 10, 523–539.

[50] Ardern, E.; Lockett, W. T. (1914): The oxidation of sewage without the aid of filters: Part II. Journal of the Society of Chemical Industry, 33, 10, 1122–1124.

[51] Arge „Forschung Spurenstoffe NRW" (2016): Elimination von Arzneimittelrückständen in kommunalen Kläranlagen. Arbeitsgemeinschaft Spurenstoffe NRW, Teilprojekt 6: Schlussbericht Phase 1 (2011) und Schlussbericht Phase 2 (2014). Ministerium für Klimaschutz, Umwelt, Landwirtschaft, Natur- und Verbraucherschutz des Landes Nordrhein-Westfalen

[52] Arge „Forschung Spurenstoffe NRW" – MIKROFlock (2013): Ertüchtigung kommunaler Kläranlagen, insbesondere kommunaler Flockungsfiltrationsanlagen durch den Einsatz von Aktivkohle (MIKROFlock), Teilprojekt 5. Ministerium für Klimaschutz, Umwelt, Landwirtschaft, Natur- und Verbraucherschutz des Landes Nordrhein-Westfalen

[53] ARGE Kompetenzzentrum Mikroschadstoffe.NRW (2016): Anleitung zur Planung und Dimensionierung von Anlagen zur Mikroschadstoffelimination. Kompetenzzentrum Mikoschadstoffe NRW

[54] Armbruster, M. (2004): Untersuchungen der möglichen Leistungssteigerung von Nachklärbecken mit Hilfe numerischer Simulationen - Konzept der Bemessung auf beckeninterne Belastungen, Dresden.

[55] Arnold, J.-U.; Schlegel, S. (1998): Unterstützung des Betriebes und der Organisation von Abwasserbehandlungsanlagen durch Automatisierung. KA Korrespondenz Abwasser, 45, 5, 902–912.

[56] Asano, T. (1985): Artificial recharge of groundwater: Part II groundwater recharge with reclaimed waste-water., Butterworth Publishers, Stoneham, MA, 203–356, Stoneham, MA, Butterworth Publishers.

[57] Asano, T. (1993): Proposed California Regulations for Groundwater Recharge with Reclaimed Municipal Wastewater. Water Science and Technology, 27, 7-8, 157–164.

[58] Asano, T.; Levine, A. D. (1996): Wastewater reclamation, recycling and reuse: past, present, and future. Water Science and Technology, 33, 10-11, 1–14.

[59] Asano, T.; Cotruvo, J. A. (2004): Groundwater recharge with reclaimed municipal wastewater: health and regulatory considerations. Water Research, 38, 8, 1941–1951.

[60] Asano, T. (2007): Water reuse: Issues, technologies, and applications, New York, McGraw-Hill.

[61] ATV / VKS-Arbeitsgruppe 3.2.2 (1988): Entseuchung von Klärschlamm: Dritter Arbeitsbericht der ATV / VKS-Arbeitsgruppe 3.2.2. "Entseuchung von Klärschlamm". KA Korrespondenz Abwasser, 35, 12, 1325–1333.

[62] ATV Abwassertechnische Vereinigung e. V. (1995): ATV-M 770: Behandlung und Verwertung von Reststoffen aus Schlacht- und Fleischverarbeitungsbetrieben (November 1995).Gesellschaft zur Förderung der Abwassertechnik (GFA), Hennef.

[63] ATV Abwassertechnische Vereinigung e. V. (1997): ATV-M 268: Steuern und Regeln der N-Elimination beim Belebungsverfahren (Februar 1997).Gesellschaft zur Förderung der Abwassertechnik (GFA), Hennef.

[64] ATV Abwassertechnische Vereinigung e. V. (1999): ATV-M 274: Einsatz organischer Polymere in der Abwasserreinigung (November 1999).Gesellschaft zur Förderung der Abwassertechnik (GFA), St. Augustin.

[65] ATV Abwassertechnische Vereinigung e.V. (1999): ATV-M 772: Abwässer aus Brennereien und der Spirituosenherstellung (April 1999).Gesellschaft zur Förderung der Abwassertechnik (GFA), Hennef.

[66] ATV Arbeitsgruppe 2.6.1 (1998): Blähschlamm, Schwimmschlamm, biologische Zusatzstoffe - Arbeitsbericht: Blähschlamm, Schwimmschlamm und Schaum in Belebungsanlagen - Ursachen und Bekämpfung. KA Korrespondenz Abwasser, 45, 10, 1959–1968.

[67] ATV/BDE/VKS-Fachausschuss 3.7 (1995): Behandlung von Baggergut und Restschlämmen. Arbeitsbericht des ATV/ BDE/VKS-Fachausschusses 3.7 "Baggergut aus der Gewässerbehandlung und Schlämme aus Bodenwaschverfahren". KA Korrespondenz Abwasser, 42, 9, 1575–1596.

[68] ATV/KfK-Arbeitskreis (1968): Kläranlagen für kleine Gemeinden - 5. Arbeitsbericht: Doppelerdbecken in Kombination mit Tropfkörpern als Kläranlagen für kleine Gemeinden. gwf Wasser/Abwasser, 109, 38, 1062–1064.

[69] ATV/VKS-Arbeitsgruppe 3.11.2 (1996): Abfälle aus Kläranlagen - Rechengut, Sandganggut - Arbeitsbericht: Abfälle aus Abwasseranlagen. KA Korrespondenz Abwasser, 43, 11, 2008–2013.

[70] ATV-ad-hoc-Arbeitsgruppe (1997): Thermische Entsorgung von Klärschlamm - Diskussionspapier: Klärschlammverbrennung: Beseitigung oder Verwertung? KA Korrespondenz Abwasser, 44, 10, 1880–1884.

[71] ATV-AG 1.9.1Auswertung einer Fragebogenaktion der ATV-Arbeitsgruppe 1.9.1 zu Drosseleinrichtungen für Abflüsse < 30 l/s ohne Fremdenergie., 1988, 3, 275.

[72] ATV-Arbeitsgruppe 1.1.6 (1985): Besondere Entwässerungsverfahren: Druckentwässerung - Planungs-, Bau- und Betriebsgrundsätze. KA Korrespondenz Abwasser, 32, 2, 118–122.

[73] ATV-Arbeitsgruppe 1.1.6 (1985): Besondere Entwässerungsverfahren: Entwuf eines Arbeitspapiers: Unterdruckentwässerung - Planungs-, Bau- und Betriebsgrundsätze. KA Korrespondenz Abwasser, 32, 2, 123–127.

[74] ATV-Arbeitsgruppe 1.1.6 (1987): Druckluftgespülte Abwassertransportleitungen - Planungs-, Bau- und Betriebsgrundsätze - Arbeitsbericht der ATV-Arbeitsgruppe 1.1.6 "Besondere Entwässerungsverfahren". KA Korrespondenz Abwasser, 34, 1, 70–76.

[75] ATV-Arbeitsgruppe 1.2.1 (1996): Umfrage-Ergebnisse zum Stand der Kanalberechnungsverfahren und der Bemessungskriterien Arbeitsbericht der ATV-Arbeitsgruppe 1.2.1 "Berechnungsverfahren" im ATV-Fachausschuss 1.2 "Planung von Entwaesserungsanlagen". KA Korrespondenz Abwasser, 43, 5, 864–873.

[76] ATV-Arbeitsgruppe 1.2.5 (1987): Quantitative Durchflußmessung: Arbeitsbericht der ATV-Arbeitsgruppe 1.2.5 "Quantitative und qualitative Abflußmessung". KA Korrespondenz Abwasser, 34, 11, 1205-1214.

[77] ATV-Arbeitsgruppe 1.2.7 (1989): EDV-Prüfprogramm für Kanalnetzberechnungen: Arbeitsbericht "EDV-Kanalnetzberechnung". KA Korrespondenz Abwasser, 36, 12, 1427-1430.

[78] ATV-Arbeitsgruppe 1.4.3 (1994): Arbeitsbericht der ATV-Arbeitsgruppe 1.4.3 "Regenwasserbehandlung" im ATV-Fachausschuß 1.4 "Beurteilung und Behandlung des Regenwetter- abflusses" "Umgang mit Regenwasser, derzeitiger Stand der Regenwasser behandlung im Trennsystem". KA Korrespondenz Abwasser, 41, 2, 304.

[79] ATV-Arbeitsgruppe 1.4.3 (1996): Handlungsempfehlungen zum Umgang mit Regenwasser: 2. Arbeitsbericht der ATV-Arbeitsgruppe 1.4.3 "Regenwasserbehandlung" im Fachausausschuß 1.4 "Beurteilung und Behandlung des Regenwetterabflusses". KA Korrespondenz Abwasser, 43, 8, 1445-1454.

[80] ATV-Arbeitsgruppe 1.6.1 (1998): Neue Strategien für Anschlußkanäle und Grundstücksentwässerungsleitungen.: "Richtlinien für die Grundstücksentwässerung". KA Korrespondenz Abwasser, 45, 9, 1700–1713.

[81] ATV-Arbeitsgruppe 1.7.3 (1997): Regeln für den Kanalbetrieb - Arbeitsbericht: Kanalreinigung mit dem Hochdruckspülverfahren. KA Korrespondenz Abwasser, 44, 4, 727–730.

[82] ATV-Arbeitsgruppe 1.7.4 (1998): Betrieb und Unterhalt von Abwasserpumpanlagen - Arbeitsbericht: Personalbedarf für den Betrieb von Abwasserpumpanlagen. KA Korrespondenz Abwasser, 45, 5, 967–970.

[83] ATV-Arbeitsgruppe 2.1.6 (1997): Bedeutung der Abwasserfiltration aus der Sicht der Gewässer - Arbeitsbericht. KA Korrespondenz Abwasser, 44, 3, 519-523.

[84] ATV-Arbeitsgruppe 2.11.1 (1984): Hydraulische Berechnung von Kläranlagen: Arbeitsbericht der ATV-Arbeitsgruppe 2.11.1. KA Korrespondenz Abwasser, 31, 2, 125–136.

[85] ATV-Arbeitsgruppe 2.11.3 (1993): Umweltverträglichkeitsprüfung (UVP) für Abwasserbehandlungsanlagen. KA Korrespondenz Abwasser, 40, 5, 792-800.

[86] ATV-Arbeitsgruppe 2.11.4 "Simulation von Kläranlagen" (1997): Arbeitsbericht. KA Korrespondenz Abwasser, 44, 11, 2064–2074.

[87] ATV-Arbeitsgruppe 2.12.2 (1990): Betriebsstörungen auf Kläranlagen. KA Korrespondenz Abwasser, 37, 8, 913-920.

[88] ATV-Arbeitsgruppe 2.6.1 (1988): "Blähschlammbehandlung und -bekämpfung" - Arbeitsbericht: Verhinderung und Bekämpfung von Blähschlamm und Schwimmschlamm. KA Korrespondenz Abwasser, 35, 2, 152–164.

[89] ATV-Arbeitsgruppe 2.6.3 (1996): Anlagen mit getauchten Festbetten: Arbeitsbericht der ATV-Arbeitsgruppe 2.6.3 "Tropf- und Tauchkörper". KA Korrespondenz Abwasser, 43, 11, 2013–2023.

[90] ATV-Arbeitsgruppe 2.6.4 (1989): Kombinierte Abwasserreinigungsverfahren: Arbeitsbericht "Einstufige kombinierte Abwasserreinigungsverfahren". KA Korrespondenz Abwasser, 36, 1, 79-84.

[91] ATV-Arbeitsgruppe 2.8.5 (1989): Mehrstufige biologische Kläranlagen: Arbeitsbericht. KA Korrespondenz Abwasser, 36, 2, 181-189.

[92] ATV-Arbeitsgruppe 3.1.1 (1999): Stabilisierungskennwerte, Energie- und Emissionsbilanzen - Arbeitsbericht: Energiebilanzierung und Kläranlagen. KA Korrespondenz Abwasser, 46, 11, 1755-1765.

[93] ATV-Arbeitsgruppe 3.1.6 (2000): Klärschlammdesintegration - Arbeitbericht: Verfahren und Anwendungsgebiete der mechanischen Klärschlammdesintegration. KA Korrespondenz Abwasser, 47, 4, 570–576.

[94] ATV-Arbeitsgruppe 3.11.6 (1998): Entsorgung der Rückstände aus Abscheideranlagen für Fette. Arbeitsbericht der ATV-Arbeitsgruppe 3.11.6 "Rückstände aus Abscheideranlagen für Fette" im ATV-Fachausschuß 3.11 "Infrastrukturabfälle aus Abwasseranlagen und Straßenunterhaltung". KA Korrespondenz Abwasser, 45, 5, 971-988.

[95] ATV-Arbeitsgruppe 3.3.1 (1999): Trocknung kommunaler Klärschlämme in Deutschland. Teil 2: Erfahrungen mit bestehenden Anlagen: Arbeitsbericht der ATV-Arbeitsgruppe 3.3.1 "Klärschlamm-Trocknungsanlagen" im Fachausschuß 3.3 " Energetische Verwertung und thermische Behandlung". KA Korrespondenz Abwasser, 46, 9, 1445-1456.

[96] ATV-Arbeitsgruppe 7.03 (1992): Gefährliche Stoffe in kommunalen Kläranlagen - Arbeitsbericht: Synthetische Tenside. KA Korrespondenz Abwasser, 39, 8, 1168-1176.

[97] ATV-Arbeitsgruppe 7.2.20-2 (1991): Zellstoff-, Papier-, Pappenherstellung, Holzverarbeitung - Arbeitsbericht: Abwasser aus der Zellstoffherstellung. KA Korrespondenz Abwasser, 38, 12, 1683-1687.

[98] ATV-Arbeitsgruppe 7.2.23 (1989): Textilveredelungsindustrie: Arbeitsbericht "Abwässer in der Textilindustrie". KA Korrespondenz Abwasser, 36, 9, 1074-1084.

[99] ATV-Arbeitsgruppe 7.2.25 (1989): Chemische Industrie: Arbeitsbericht "Organisch belastete 'Mischabwässer' aus chemischen Produktionen". KA Korrespondenz Abwasser, 36, 8, 1085-1092.

[100] ATV-Arbeitsgruppe 7.2.26 (1988): Sickerwasser aus Industrie- und Sonderabfalldeponien: Die Zusammensetzung von Deponiesickerwässern. KA Korrespondenz Abwasser, 35, 1, 82-87.

[101] ATV-Arbeitsgruppe 7.2.26 (1993): Abwässer aus Abfalldeponien - Arbeitsbericht: Deponiesickerwasser-Behandlung. KA Korrespondenz Abwasser, 40, 3, 365-396.

[102] ATV-Arbeitsgruppe 7.2.26 (1996): Beschreibung von Sickerwasserbehandlungsanlagen: 1. Ergänzung zum Arbeitsbericht der ATV-Arbeitsgruppe 7.2.26 "Abwasser aus Abfalldeponien" im ATV-Fachausschuß 7.2 "Industrieabwasser mit organischen Inhaltsstoffen". KA Korrespondenz Abwasser, 43, 7, 1303-1313.

[103] ATV-Arbeitsgruppe 7.2.4 (1994): Gewinnung nativer Stärke, Herstellung von Stärkeprodukten durch Hydrolyse und Modifikation, Arbeitsbericht: "Stärke-/Süßwarenindustrie" im Fachausschuß 7.2 "Industrieabwasser mit organischen Inhaltsstoffen". KA Korrespondenz Abwasser, 41, 7, 1147-1174.

[104] ATV-Arbeitsgruppe 7.3.1 (1995): Integrierter Umweltschutz: Arbeitsbericht der ATV-Arbeitsgruppe "Integrierter Umweltschutz" im ATV-Fachausschuß 7.3 "Verfahrenstechnische Grundsatzfragen der industriellen Abwasserbehandlung". KA Korrespondenz Abwasser, 42, 1, 109-113.

[105] ATV-Ausschuss (1967): Schreiberklärwerke für kleine Gemeinden: 3. Arbeitsbericht des ATV-Ausschusses "Kläranlagen für kleine Gemeinden". gwf Wasser/Abwasser, 108, 12, 337–340.

[106] ATV-DVWK (2001): ATV-DVWK-A 281: Bemessung von Tropfkörpern und Rotationstauchkörpern (September 2001).Gesellschaft zur Förderung der Abwassertechnik (GFA), Hennef.

[107] ATV-DVWK (2001): ATV-DVWK-M 206: Automatisierung der chemischen Phosphatelimination (November 2001).Gesellschaft zur Förderung der Abwassertechnik (GFA), Hennef.

[108] ATV-DVWK (2002): Gewässergütesimulation unter Berücksichtigung von Tagesganglinien diffuser Nährstoffeinträge, Hennef, Deutsche Vereinigung für Wasserwirtschaft, Abwasser und Abfall.

[109] ATV-DVWK (2002): Umweltschutz in der Industrie: ATV-DVWK-Arbeitsbericht IG-4.4, Hennef, Gesellschaft zur Förderung der Abwassertechnik (GFA).

[110] ATV-DVWK (2002): ATV-DVWK-M 502: Berechnungsverfahren für Staudämme: Wechselwirkung zwischen Bauwerk und Untergrund (März 2002).Gesellschaft zur Förderung der Abwassertechnik (GFA), Hennef.

[111] ATV-DVWK (2003): ATV-DVWK-M 372: Technische Rahmenbedingungen für die Vergärung biogener Abfälle (Mai 2003).ATV-DVWK, Hennef.

[112] ATV-DVWK (2003): ATV-DVWK-M 263: Empfehlungen zum Korrosionsschutz von Stahlteilen in Abwasserbehandlungsanlagen durch Beschichtung und Überzüge (Juli 2003).ATV-DVWK, Hennef.

[113] ATV-DVWK AG ES 2.6 (2000): Abkopplungsmaßnahmen in Siedlungsgebieten, Teil I: Einführung, Begriffe, Datenerhebung und -aufbereitung. KA Korrespondenz Abwasser, 47, 11, 1700–1705.

[114] ATV-DVWK Deutsche Vereinigung für Wasserwirtschaft, Abwasser und Abfall e.V. (2001): ATV-DVWK-M 774: Abwasser aus lederherstellenden Betrieben (Juni 2001).Gesellschaft zur Förderung der Abwassertechnik (GFA), Hennef.

[115] ATV-DVWK Deutsche Vereinigung für Wasserwirtschaft, Abwasser und Abfall e.V. (2002): ATV-DVWK-M 776: Abwasser der Stärke-Industrie: Gewinnung nativer Stärke, Herstellung von Stärkeprodukten durch Hydrolyse und Modifikation (April 2002).Gesellschaft zur Förderung der Abwassertechnik (GFA), Hennef.

[116] ATV-DVWK Deutsche Vereinigung für Wasserwirtschaft, Abwasser und Abfall e.V. (2003): ATV-DVWK-M 778: Abwasser aus Hefefabriken und Melassebrennereien (November 2003).ATV-DVWK, Hennef.

[117] ATV-DVWK, Deutsche Vereinigung für Wasserwirtschaft, Abwasser und Abfall e.V. (2004): ATV-DVWK-A 202: Chemisch-physikalische Verfahren zur Elimination von Phosphor aus Abwasser (zurückgezogen) (2004).ATV-DVWK, Hennef.

[118] ATV-DVWK-ad-hoc-Arbeitsgruppe WI-00.1 (2003): Benchmarking - Arbeitsbericht: Benchmarking in der deutschen Wasserwirtschaft - Anforderungen, Rolle und Gestaltung. KA Korrespondenz Abwasser, 50, 11, 1468–1472.

[119] ATV-DVWK-AG ES 2.6 (2002): Auswirkungen von Abkopplungsmaßnahmen auf die Kanalnetzhydraulik. KA Korrespondenz Abwasser, 49, 4, 508–513.

[120] ATV-DVWK-Arbeitsgruppe AK-1.3 (2000): Rückbelastung aus der Schlammbehandlung - Menge und Beschaffenheit der Rückläufe. KA Korrespondenz Abwasser, 47, 8, 1181–1187.

[121] ATV-DVWK-Arbeitsgruppe AK-1.6 (2003): Klärschlammdesintegration - Arbeitsbericht: Thermische, chemische und biochemische Desintegrationsverfahren. KA Korrespondenz Abwasser, 50, 6, 796–804.

[122] ATV-DVWK-Arbeitsgruppe AK-2.1 (2004): Stabilisation - Arbeitsbericht: Klärschlammanfall und Bemessungsansätze: Neue erweiterte „Schlammliste". KA Korrespondenz Abwasser, 51, 12, 1385–1389.

[123] ATV-DVWK-Arbeitsgruppe AK-3.3 (2001): Kostenstrukturen und Schnittstellen von Anlagen zur thermischen Klärschlammverwertung: Arbeitsbericht der ATV-DVWK-Arbeitsgruppe AK-3.3 "Kosten der Monoklärschlammverbrennung". KA Korrespondenz Abwasser, 48, 3, 401–410.

[124] ATV-DVWK-Arbeitsgruppe ES-1.3 (2003): Fremdwasser - Arbeitsbericht: Fremdwassersituation in Deutschland. KA Korrespondenz Abwasser, 50, 1, 70–81.

[125] ATV-DVWK-Arbeitsgruppe ES-1.3 (2004): Auswirkungen von Fremdwasser und Hinweise zum Erkennen kritischer Fremdwasserverhältnisse. KA Korrespondenz Abwasser, 51, 6, 664–666.

[126] ATV-DVWK-Arbeitsgruppe ES-4.5 (2003): Leitideen und Grundsätze für den Umgang mit Regenwasser. Arbeitsbericht der ATV-DVWK-Arbeitsgruppe ES-4.5 "Leitideen und Grundsätze für den Umgang mit Regenwasser". KA Korrespondenz Abwasser, Abfall, 50, 7, 932–938.

[127] ATV-DVWK-Arbeitsgruppe GB-5 (2004): Vom Sinn des Wassersparens. Arbeitsbericht der ATV-DVWK-Arbeitsgruppe GB-5.1 "Nachhaltige Siedlungswasserwirtschaft". KA Korrespondenz Abwasser, 51, 12, 1381–1385.

[128] ATV-DVWK-Arbeitsgruppe IG 5.1 (2004): Anaerobe Testverfahren zu Abbaubarkeit, Hemmung und Aktivität: Fünfter Arbeitsbericht der ATV-DVWK-Arbeitsgruppe IG 5.1 "Anaerobe Verfahren zur Behandlung von Industrieabwässern". KA Korrespondenz Abwasser, 51, 9, 997–1002.

[129] ATV-DVWK-Arbeitsgruppe IG 5.5 (2002): Membrantechnik - Arbeitsbericht: Aufbereitung von Industrieabwasser und Prozesswasser mit Membranverfahren und Membranbelebungsverfahren, Teil 2: Aerobe Membranbelebungsverfahren. KA Korrespondenz Abwasser, 49, 11, 1563–1571.

[130] ATV-DVWK-Arbeitsgruppe IG-5.4 (2002): Endokrin wirksame Substanzen in Kläranlagen : Vorkommen, Verbleib und Wirkung: ATV-DVWK Arbeitsbericht, Hennef, Gesellschaft zur Förderung der Abwassertechnik (GFA).

[131] ATV-DVWK-Arbeitsgruppe KA-5.1 (2004): Sandfänge: Arbeitsbericht: Sandfanggutaufbereitung. KA Korrespondenz Abwasser, 51, 5, 534–536.

[132] ATV-DVWK-Arbeitsgruppe KA-6.3 (2002): Tropf- und Tauchkörper: Arbeitsbericht: Neue Erkenntnisse über Anlagen mit getauchtem Festbett. KA Korrespondenz Abwasser, 49, 12, 1703-1707.

[133] ATV-DVWK-Arbeitsgruppe KA-8.2 (2004): Abwasserreinigung durch Fällung oder Flockung: Arbeitsbericht: Kennzahlen zur gezielten P-Elimination in kommunalen Kläranlagen. KA Korrespondenz Abwasser, 51, 7, 766-770.

[134] ATV-DVWK-Arbeitsgruppfe ES 1.3 (2004): Fremdwasser - Arbeitsbericht: Auswirkungen von Fremdwasser und Hinweise zum Erkennen kritischer Fremdwasserverhältnisse. KA Korrespondenz Abwasser, 51, 6, 664-666.

[135] ATV-DVWK-Fachausschuss KA-3 (2002): Adsorbierbare organisch gebundene Halogene (AOX) in der Indirekteinleiterüberwachung: Arbeitsbericht des ATV-DVWK-Fachausschuss KA-3 "Einleiten von Abwasser aus gewerblichen und industriellen Betrieben in eine öffentliche Abwasseranlage". KA Korrespondenz Abwasser, 49, 9, 1270–1276.

[136] ATV-DVWK-Fachausschuss KA-7 (2000): Membranbelebungsverfahren: Arbeitsbericht. KA Korrespondenz Abwasser, 47, 10, 1547–1553.

[137] ATV-Fachausschuss 1.4 (1988): Arbeitsbericht des Fachausschusses 1.4 "Planung von Abwasserpumpwerken, -hebeanlagen und Druckrohrleitungen" Planung und Bau von Abwasserdruckleitungen Teil 2. KA Korrespondenz Abwasser, 35, 6, 604-607.

[138] ATV-Fachausschuss 1.4 (1988): Planung und Bau von Abwaserdruckleitungen - Arbeitsbericht der ATV-Fachausschusses 1.4 "Planung von Abwasserpumpwerken, -hebeanlagen und Druckrohrleitungen" 1. Teil. KA Korrespondenz Abwasser, 35, 5, 493-495.

[139] ATV-Fachausschuss 1.7 (1998): Regeln für den Kanalbetrieb - Arbeitsbericht: Die Haltungslänge aus betrieblicher Sicht. KA Korrespondenz Abwasser, 45, 9, 1714–1716.

[140] ATV-Fachausschuss 2.1 (1987): Stickstoff und Phosphor in Fließgewässern: "Grundsätze der Abwasserreinigung hinsichtlich der Einleitung in Gewässer und deren Nutzung". KA Korrespondenz Abwasser, 34, 11, 1215–1223.

[141] ATV-Fachausschuss 2.11 (1982): Hinweise zum Entwurf und Bau von Kläranlagen: 2. Arbeitsbericht (Genehmigungsentwurf) des ATV-Fachausschusses 2.11. KA Korrespondenz Abwasser, 29, 5, 335–337.

[142] ATV-Fachausschuss 2.11 (1996): Planerische Gesichtspunkte unter dem Aspekt der Betriebssicherheit von Abwasseranlagen: Arbeitsbericht des ATV-Fachausschusses 2.11 "Entwurf und Bau von Kläranlagen". KA Korrespondenz Abwasser, 43, 1, 105.

[143] ATV-Fachausschuss 2.12 (1994): Personalbedarf für den Betrieb kommunaler Kläranlagen: Arbeitsbericht des ATV-Fachausschusses 2.12 "Betrieb von Kläranlagen". KA Korrespondenz Abwasser, 41, 6, 973.

[144] ATV-Fachausschuss 2.13 (1979): Sauerstoffkonzentrationsmessung, Reglung und Steuerung der Sauerstoffzufuhr, Automatisierung von Kläranlagen. KA Korrespondenz Abwasser, 26, 2, 78-102.

[145] ATV-Fachausschuss 2.2 (1987): Modellrechnungen in der Wassergütewirtschaft: Vergleichende Zusammenstellung häufig verwendeter Gewässergütemodelle in der Bundesrepublik Deutschland - überarbeitete Fassung Dez. 1986. KA Korrespondenz Abwasser, 34, 6, 670–677.

[146] ATV-Fachausschuss 2.2 (1995): Modellrechnungen in der Wassergütewirtschaft: Anwendungsbeispiele. KA Korrespondenz Abwasser, 6, 483.

[147] ATV-Fachausschuss 2.3 (1982): Schwermetalle im häuslichen Abwasser und Klärschlamm: Arbeitsbericht des ATV-Fachausschusses 2.3. KA Korrespondenz Abwasser, 29, 12, 955–958.

[148] ATV-Fachausschuss 2.5 (1988): Schlammräumsysteme für Nachklärbecken von belebungsanlagen: Arbeitsbericht des ATV-Fachausschusses 2.5 "Absetzverfahren". KA Korrespondenz Abwasser, 35, 3, 263–274.

[149] ATV-Fachausschuss 2.5 (1993): Anwendungshinweise zum ATV-Arbeitsblatt A 131 - Teil Nachklärbecken: Arbeitsbericht des ATV-Fachausschusses 2.5 "Absetzverfahren". KA Korrespondenz Abwasser, 40, 2, 224–225.

[150] ATV-Fachausschuss 2.5 (1997): Konstruktive Aspekte der Planung von Nachklärbecken für Belebungsanlagen - horizontal durchströmte Rundbecken: Arbeitsbericht des ATV-Fachausschusses 2.5 "Absetzverfahren". KA Korrespondenz Abwasser, 44, 11, 2061–2064.

[151] ATV-Fachausschuss 2.5 (1999): Feststoffabtrennung durch Entspannungsflotation Arbeitsbericht des ATV-Fachausschusses 2.5 "Absetzverfahren": Kurzfassung. KA Korrespondenz Abwasser, 46, 7, 1125–1126.

[152] ATV-Fachausschuß 2.6 (1975): Anwendung der Sauerstoffbegasung beim Belebungsverfahren, Aerobe biologische Abwasserreinigungsverfahren. KA Korrespondenz Abwasser, 22, 9, 278-291.

[153] ATV-Fachausschuß 2.6.2 (1984): Anwendung der Sauerstoffbegasung beim Belebungsverfahren Teil II: Arbeitsbericht des ATV-Arbeitskreises 2.6.2 "Sauerstoffbegasung". KA Korrespondenz Abwasser, 31, 10, 855–860.

[154] ATV-Fachausschuss 2.7 (1977): Reinigung hochverschmutzten Abwassers: Brauereien. KA Korrespondenz Abwasser, 24, 6, 182-186.

[155] ATV-Fachausschuss 2.7 (1977): Reinigung hochverschmutzten Abwassers: Papier-, Karton- und Pappenfabriken. KA Korrespondenz Abwasser, 24, 11, 360-363.

[156] ATV-Fachausschuss 2.8 (1976): Erfahrungen mit der Mikrosiebung von Abwasser, Verfahren zur weitergehenden Reinigung nach biologischer Behandlung. KA Korrespondenz Abwasser, 23, 12, 346-351.

[157] ATV-Fachausschuss 2.8 (1978): Abwasserfiltration nach biologischer Reinigung, Verfahren zur weitergehenden Reinigung nach biologischer Behandlung. KA Korrespondenz Abwasser, 25, 6, 216-221.

[158] ATV-Fachausschuss 2.8 (1997): Verfahren der weitergehenden Abwasserreinigung nach biologischer Behandlung - Arbeitsbericht: Abwasserfiltration. KA Korrespondenz Abwasser, 44, 3, 524-544.

[159] ATV-Fachausschuss 2.9 (1983): Phosphorelimination - 3. Arbeitsbericht des ATV-Fachausschusses 2.9. KA Korrespondenz Abwasser, 30, 3, 191–199.

[160] ATV-Fachausschuss 3.15 (1998): Rückstände aus thermischen Abfallbehandlungsanlagen: Arbeitsbericht des ATV-Fachausschusses 3.15. ATV-Schriftenreihe, Band 10, Hennef, Gesellschaft zur Förderung der Abwassertechnik (GFA).

[161] ATV-Fachausschuss 3.3 (1991): Trocknung, Verbrennung, Energieverwertung - Arbeitsbericht: Thermische Klärschlammbehandlung - heutiger Stand,. KA Korrespondenz Abwasser, 38, 6, 814-821.

[162] ATV-Fachausschuss 5.4 (1991): Leistungsvergleich kommunaler Kläranlagen. KA Korrespondenz Abwasser, 38, 1, 63.

[163] ATV-Fachausschuss 5.4 (1997): Synopse der Eigenkontrollverordnungen der Bundesländer: Arbeitsbericht des ATV-Fachausschusses 5.4 "Nachbarschaften". KA Korrespondenz Abwasser, 44, 2, 316-321.

[164] ATV-Fachausschuss 7.2 (1978): Reinigung organisch verschmutzten Abwassers: Hefeindustrie. KA Korrespondenz Abwasser, 25, 9, 322-323.

[165] ATV-Fachausschuss 7.2 (1978): Reinigung organisch verschmutzten Abwassers: Molkereien und Milchindustriebetriebe, zukünftig FA 7.2. KA Korrespondenz Abwasser, 25, 4, 114-117.

[166] ATV-Fachausschuss 7.2 (1979): Reinigung organisch verschmutzten Abwassers: Zuckerfabriken. KA Korrespondenz Abwasser, 26, 3, 156–161.

[167] ATV-Fachausschuss 7.2 (1980): Organisch verschmutzte Industrieabwässer: Lederherstellende Betriebe. KA Korrespondenz Abwasser, 27, 7, 473-476.

[168] ATV-Fachausschuss 7.2 (1981): Organisch verschmutzte Industrieabwässer: Weinbereitung. KA Korrespondenz Abwasser, 28, 9, 656-660.

[169] ATV-Fachausschuss 7.5 (1993): 2. Arbeitsbericht: Technologische Beurteilungskriterien zur anaeroben Abwasserbehandlung. KA Korrespondenz Abwasser, 40, 2, 217–223.

[170] ATV-Fachausschusses 2.5 (1997): Bemessung und Gestaltung getauchter, gelochter Ablaufrohre in Nachklaerbecken: Bemessungsbeispiel Arbeitsbericht des ATV-Fachausschusses 2.5. KA Korrespondenz Abwasser, 44, 2, 322–324.

[171] ATV-Fachausschusses 2.6 (1996): Hinweise zu tiefen Belebungsbecken: Arbeitsbericht des ATV-Fachausschusses 2.6 "Aerobe biologische Abwasserreinigungsverfahren". KA Korrespondenz Abwasser, 43, 6, 1083–1086.

[172] ATV-Fachhausschuss 3.3 (1995): Trocknung, Verbrennung, Energieverwertung - Arbeitsbericht: Klärschlammverbrennung, Emissionen. KA Korrespondenz Abwasser, 42, 11, 2071-2078.

[173] 1943): Ausführungsbestimmungen zur Verordnung über Fettabscheider vom 26.1.1943 mit Zeichnungen. Kleine Mitteilung d. V.W.B.L., .

[174] Austermann-Haun, U.; Seyfried, C. F. (1994): Experiences gained in the operation of anaerobic treatment plants in Germany. Water Science and Technology, 30, 12, 415–424.

[175] Austermann-Haun, U. (1997): Inbetriebnahme anaerober Festbettreaktoren, Dissertation. Veröffentlichungen des ISAH, Band 93, Hannover, ISAH.

[176] Austermann-Haun, U.; Meyer, H.; Seyfried, C. F.; Rosenwinkel, K.-H. (1999): Full scale experiences with anaerobic/aerobic treatment plants in the food and beverage industry. Water Science and Technology, 40, 1, 305–312.

[177] Austermann-Haun, U.; Wendler, D.; Rosenwinkel, K.-H. (2001): Großtechnische Erfahrungen mit der Co-Fermentation in Deutschland. KA Korrespondenz Abwasser, 48, 10, 1443–1451.

[178] Austermann-Haun, U. (2008): Anaerobverfahren - Übersicht. gwf Special Wasser/Abwasser, 149, 14, 6–11.

[179] Axelrad, E. L. (1980): Flexible shells: 15th International Congress on Theoretical and Applied Mechanics, Preprints, Amsterdam-New York-Oxford, North-Holland Publishing Company.

[180] Axelrad, E. L.; Emmerling, F. A. (1983): Große Verformungen und Traglasten elastischer Rohre unter Biegung und Außendruck. Ingenieur-Archiv, 53, 1, 41–52.

[181] Axelrad, E. L. (1983): Schalentheorie. Leitfäden der angewandten Mathematik und Mechanik, vol. 58, Stuttgart, Teubner Verlagsgesellschaft.

[182] Ayers, R. S.; Westcot, D. W. (1985): Water quality for agriculture. FAO irrigation and drainage paper, Band 29, Rome, Food and Agriculture Organization.

[183] Baars, J. K.; Muskat, J. (1962): Der Sauerstoffeintrag in Wasser mit Hilfe rotierender Bürsten. Gesundheits-Ingenieur, 83, 7, 201–206.

[184] Baccini, P., Lerman, A. (2013): Lakes: chemistry, geology, physics, Springer Science & Business Media.

[185] Bach, H. (1937): The 'Tank Filter' for the Purification of Sewage and Trade Wastes: Part 1. Water Works and Sewerage, 84, 8, 389-393.

[186] Bach, H. (1937): The 'Tank Filter' for the Purification of Sewage and Trade Wastes: Part 2. Water Works and Sewerage, 84, 12, 446–449.

[187] Bachmann, G. (1964): Beitrag zur Normung von Tropfkörperfüllstoffen. gwf Wasser/Abwasser, 105, 32, 872-874.

[188] Bachon, U.; Böhnke, B.; Dohmann, M.; Düputell, D.; Fischer, K. D.; Grünebaum, T.; Günthert, F. W.; Hohmann R.; Kalbskopf, K. H.; Kettler, R.; Korber, H. G.; Koppe P.; Lewer, H. J.; Lux, W.; Malz, F.; Mock, B.; Preiß, W.; Radcke, D.; Resch, H.; Rölle, R.; Saake, M.; Schlegel, S.; Schmidt-Bregas, F.; Schulz, A.; Stein, A.; Steinmann, G.; Stozek, A.; Teichgräber, B.; Winkhaus, E.; Wienhusen, A. (1997): Mechanische Abwasserreinigung, Berlin, Ernst & Sohn.

[189] Bach, W. (1912): Wasserverdrängung. Technisches Gemeindeblatt, 15, 5. November, 225-.

[190] Bahre, G. (1986): Weitergehende Stickstoffelimination durch alternierende Nitrifikation / Denitrifikation in ein- und zweistufigen Belebungsanlagen. Schriftenreihe Siedlungswasserwirtschaft Bochum (SiWaWi), Band 8, Bochum, Gesellschaft zur Förderung des Lehrstuhls für Wasserwirtschaft und Umwelttechnik an der Ruhr-Universität Bochum e.V.

[191] Bahri, A.; Brissaud, F. (2004): Setting up microbiological water reuse guidelines for the Mediterranean. Water Science and Technology, 50, 2, 39–46.

[192] Baier, U. (1989): Einfluß der aerob-thermophilen Vorstufe auf die Behandlung von kommunalem Klärschlamm. KA Korrespondenz Abwasser, 36, 5, 609-616.

[193] Balke, S. (1960): Meinungen um Detergentien - In der Fragestunde des Bundestages. KA Korrespondenz Abwasser, 5, Mai, 3-5.

[194] Ballance, R. C.; Funke, J. W.; Imhoff, K. R. (1978): Wastewater from Plating Works: Required Pretreatment and Disposal of Concentrates. Progress in Water Technology, 10, 1/2, 513–514.

[195] Bälz, W. (1966): Umfang und Verlauf der alkalischen Schlammfaulung verschiedenartig zusammengesetzter organischer Substanzen. Stuttgarter Berichte zur Siedlungswasserwirtschaft, Band 20, München, Oldenbourg.

[196] Bank, E.; Vogt, B.; Lerch, A. (2007): Bemessung von Schöpfwerken durch statistische Analysen von Kanalisations- und Hochwasserabflüssen. KA Korrespondenz Abwasser, Abfall, 54, 12, 1226–1231.
[197] Bantz, I. (1997): Vollzugskonzept der Stadt Düsseldorf im Indirekteinleiterbereich. In: Dohmann, M. (Hrsg.): Umweltqualitäten und Wirtschaften - Was wurde erreicht? Wo geht es hin? 30. Essener Tagung für Wasser- und Abfallwirtschaft vom 19.3. - 21.3.1997 in Aachen, Gewässerschutz, Wasser, Abwasser, Bd. 158, 21/1, Aachen, Gesellschaft zur Förderung der Siedlungswasserwirtschaft an der RWTH Aachen.
[198] Barjenbruch, M. (1997): Leistungsfähigkeit und Kosten von Filtern in der kommunalen Abwasserreinigung. Veröffentlichungen des ISAH, Band 97, Hannover, ISAH.
[199] Barjenbruch, M.; Al Jiroudi, D. (2005): Erfahrungen aus dem Vergleich von Kleinkläranlagen auf dem Demonstrationsfeld in Dorf Mecklenburg. gwf Wasser/Abwasser, 146, 5, 400–407.
[200] Barnard, J. L. (1973): Biological Denitrification. Journal of the Institute of Water Pollution Control (JIWPC), 72, 6, 705-720.
[201] Barnard, J. L. (1975): Nutrient Removal in Biological Systems. Journal of the Institute of Water Pollution Control (JIWPC), 74, 2, 143–154.
[202] Barnard, J. L. (1984): Design & Operation of Bardenpho Plants in an African Country. Journal of the Institute of Water Pollution Control (JIWPC), 83, 443-449.
[203] Barnard, J. L. (1998): The development of nutrient removal processes. Journal of the Chartered Institution of Water and Environmental Management, 12, 330-337.
[204] Barnard, J. L.; Scruggs, C. E. (2003): Biological Phosphorus Removal. Water Environment & Technology, 15, 2, 26–33.
[205] Barnard, J. L.; Abraham, K. (2006): Key features of successful BNR operation. Water Science and Technology, 53, 12, 1–9.
[206] Barnard, J. L.; Steichen, M. T. (2006): Where is biological nutrient removal going now? Water Science and Technology, 53, 3, 155–164.
[207] Barnard, J. L.; Kunetz, T. E.; Sobanski, J. P. (2008): Sixty-five-year old final clarifier performance rivals that of modern designs. Water Science and Technology, 57, 8, 1235–1240.
[208] Barth, E. F.; English, J. N.; Salotto, B. V.; Jackson, B. N.; Ettinger, M. B. (1965): Field Survey of Four Municipal Wastewater Treatment Plants Receiving Metallic Wastes. Journal Water Pollution Control Federation, 37, 8, 1101–1121.
[209] Barth, F. (2003): Umsetzung der WRRL im Rhein- und Donau-Einzugsgebiet. In: Dohmann, M. (Hrsg.): 36. Essener Tagung für Wasser- und Abfallwirtschaft, Gewässerschutz, Wasser, Abwasser, Bd. 190, 1/1-1/11, Aachen, Gesellschaft zur Förderung der Siedlungswasserwirtschaft an der RWTH Aachen.
[210] Batstone, D. J. (2002): Anaerobic digestion model no. 1. IWA Scientific and Technical Report, Band 13, London, IWA Publishing.
[211] Bauer, H. (2005): Untersuchung zur Betriebsweise aerober Schlammstabilisierungsanlagen. KA Korrespondenz Abwasser, Abfall, 52, 1, 39–44.
[212] Bauer, U. (1982): Mikrobiozide Wirkstoffe als belastende Verbindungen im Wasser. Vom Wasser, 58, 297–340.
[213] Bau, K. (1986): Rationeller Einsatz der aerob-thermophilen Stabilisierung durch Rohschlamm-Vorentwässerung. Schriftenreihe WAR, Band 29, Darmstadt, Verein zur Förderung des Instituts WAR, Wasserversorgung, Abwassertechnik, Abfalltechnik, Umwelt- und Raumplanung der Technischen Hochschule Darmstadt.
[214] Baumann, G. (1987): Anwendbarkeit der anaeroben biologischen Abwasserreinigung. KA Korrespondenz Abwasser, 34, 1, 28-35.
[215] Baumann, P.; Krauth, K.; Schwntner, G. (1992): Zweckentsprechender Einsatz von Monitoren zur kontinuierlichen Bestimmung von NH4-N, NO3-N und PO3-4-P auf kommunalen Kläranlagen. KA Korrespondenz Abwasser, 39, 8, 1143-1150.
[216] Baumann, P.; Krauth, K. (1993): Dosierung von Kohlenstoffverbindungen bei der weitergehenden Stickstoffelimination. KA Korrespondenz Abwasser, 40, 11, 1792–1805.
[217] Baumann, P.; Hansen, J.; Reichert, J. (2005): Steuerung der Stickstoffelimination auf Grundlage des Redox-Potenzials. KA Korrespondenz Abwasser, Abfall, 52, 12, 1352–1358.

[218] Baumann, P.; Roth, M. (2008): Senkung des Stromverbrauchs auf Kläranlagen. Deutsche Vereinigung für Wasserwirtschaft, Abwasser und Abfall Nr. 4, Stuttgart.

[219] Baumbach, A.; Sägebrecht, D.; Heine, A. (2001): Kostenkennziffern für Abwasserpumpwerke. KA Korrespondenz Abwasser, 48, 11, 1623 - 1628.

[220] Bäumer, K. A.; Lohaus, J. (1997): Stand und Finanzierung der Abwasserentsorgung: Ergebnisse der ATV-Umfrage 1997. ATV-Schriftenreihe, Band 8, Hennef, Gesellschaft zur Förderung der Abwassertechnik (GFA).

[221] Baumgarten, G. (1998): Behandlung von Deponiesickerwasser mit Membranverfahren: Umkehrosmose, Nanofiltration. Veröffentlichungen des ISAH, Band 99, Hannover, ISAH.

[222] Baumgart, H.-C. (1987): Störungsanalyse und Vorbeugemassnahmen zur Gewährleistung der Betriebssicherheit kommunaler Kläranlagen. gwf Wasser/Abwasser, 128, 11, 569-575.

[223] Baumgart, H.-C. (1996): Qualifikation und Weiterbildung von Mitarbeitern auf Abwasseranlagen. In: Abwassertechnische Vereinigung (Hrsg.): Abwasser- und Abfallwirtschaft - Umweltschutz vor neuen Aufgaben. ATV- Bundestagung, BMBF-Statusseminar, Ausstellerforum 14. - 16. Oktober 1996, Congress Center Leipzig, ATV-Schriftenreihe, Bd. 4, 391–400, Hennef, Gesellschaft zur Förderung der Abwassertechnik (GFA).

[224] Baumgart, H.-C. (2000): Erfahrung der Emschergenossenschaft mit der Verbrennung und Mitverbrennung von Klärschlamm. In: Dohmann, M. (Hrsg.): 33. Essener Tagung für Wasser- und Abfallwirtschaft, Gewässerschutz, Wasser, Abwasser, Bd. 177, 57/1-57/11, Aachen, Gesellschaft zur Förderung der Siedlungswasserwirtschaft an der RWTH Aachen.

[225] Baumhögger, W. (1948): Spulwurmplage und Abwasserbeseitigung in Darmstadt. Gesundheits-Ingenieur, 69, 2, 40-43.

[226] Bavor, H. J. (Hrsg.) (1994): Wetland systems in water pollution control: Proceedings of the IAWQ International Specialist Conference on Wetland Systems in Water Pollution Control, held in Sydney, Australia, 23 - 25 November 1992. Water Science and Technology, Oxford u.a., Pergamon Press.

[227] Baxter, S. S.; Horlacher, H. F. (1954): Submerged Sludge Heating at Philadelphia's Northeast Works. Sewage and Industrial Wastes, 26, 8, 961–966.

[228] Bayerisches Landesamt für Umwelt (2008): PHYLIB - Das deutsche Bewertungsverfahren für Makrophyten und Phytobenthos. https://www.lfu.bayern.de/wasser/gewaesserqualitaet_seen/phylib_deutsch/index.htm

[229] Bayerisches Landesamt für Wasserwirtschaft (1990): Das mikroskopische Bild bei der aeroben Abwasserreinigung. Informationsberichte des Bayerischen Landesamtes für Wasserwirtschaft, München, Bayerisches Landesamt für Wasserwirtschaft.

[230] BDEW (2016): Spurenstoffe und Gewässerressourcen, Positionen und Handlungsansätze aus wasserwirtschaftlicher Sicht. BDEW, Berlin.

[231] Beckereit, M. (1988): Kosten der anaeroben Abwasserbehandlung. Veröffentlichungen des ISAH, Band 71, Hannover, ISAH.

[232] Becker, M.; Spengler, B.; Vaupel, W. (1998): Luftbilder zur Ermittlung befestigter Flächen - Verläßliche Grundlage für siedlungswasserwirtschaftliche Berechnungen. KA Korrespondenz Abwasser, 45, 8, 1454-1464.

[233] Becker, M.; Raasch, U.; Spengler, B. (2002): Das neue Arbeitsblatt ATV-DVWK-A 138 und seine qualitativen Anforderungen - Auswirkungen auf die Praxis. KA Korrespondenz Abwasser, 49, 6, 857–866.

[234] Becker, M.; Raasch, U.; Beaupain, M. (2011): Ganzheitliche Regenwasserbewirtschaftung - von der Grundstücksentwässerung bis zum Gewässer. In: Deutsche Vereinigung für Wasserwirtschaft, Abwasser und Abfall (Hrsg.): 10. Regewassertage, Hennef, Deutsche Vereinigung für Wasserwirtschaft, Abwasser und Abfall.

[235] Beck, P. (1984): Das Teichgut Birkenhof der Kraftwerkstreppe Mittlere Isar. Österreichische Wasserwirtschaft, 36, 5/6, 127–129.

[236] Beer, W.-D. (1954): Über den Einfluß des Phenolgehaltes des Pleißewassers auf die Mikrolebewelt. Wasserwirtschaft Wassertechnik, 4, 4, 125–131.

[237] Begert, A. (1978): Ein Beitrag zur Reinigung des Abwassers eines Chemiefaserwerkes, eines chemischen Betriebes und einer Kokerei. Wiener Mitteilungen, Band 24, Wien, IWAG.

[238] Begert, A. (1985): Kleine Belebungsanlagen mit einem Anschlusswert bis 500 Einwohnergleichwerte. Wiener Mitteilungen, Band 63, Wien, TU, Inst. f. Wassergüte u. Landschaftswasserbau.
[239] Behmel, U.; Meyer-Pitroff, R. (1996): Risiken bei der Cofermentation organischer Reststoffe in Biogasanlagen. KA Korrespondenz Abwasser, 43, 10, 2172–2179.
[240] Beier, M. (2003): Kennzahlenbildung und Gebührenermittlung in der Siedlungswasserwirtschaft auf Basis einer systematischen Kostengliederung. Schriftenreihe ISAH, Band 123, Hannover.
[241] Beitelsmann, D. (1987): Untersuchungen zur Optimierung der biologischen und weitergehenden Reinigung von Textilabwasser gemeinsam mit häuslichem Abwasser, Dissertation. Gewässerschutz, Wasser, Abwasser, Band 97, Aachen, Gesellschaft zur Förderung der Siedlungswasserwirtschaft an der RWTH Aachen.
[242] Bendel, H. L. (1951): Das PISTA-Eisenungsverfahren zur Wasser- und Abwasserreinigung. Gesundheits-Ingenieur, 72, 13/14, 231-234.
[243] Benedek, P. (1989): Trends in der Wasserwirtschaft der Donau. gwf Wasser/Abwasser, 130, 8, 373–385.
[244] Benedict, A. H.; Epstein, E.; English, J. N. (1986): Municipal Sludge Composting Technology Evaluation. Journal Water Pollution Control Federation, 58, 4, 279–289.
[245] Benefield, L. D.; Randall, C. W. (1980): Biological Process Design for Wastewater Treatment, New York, Prentice-Hall Inc.
[246] Beneke, H. (2000): Lexikon der Korrosion und des Korrosionsschutzes, Essen, Vulkan-Verlag.
[247] Berger, C.; Falk, C.; Hetzel, F.; Pinnekamp, J.; Roder, S.; Ruppelt, J. (2016): Zustand der Kanalisation in Deutschland. Ergebnisse der DWA-Umfrage 2015. KA Korrespondenz Abwasser, Abfall, 63, 6, 498–508.
[248] Berger, W. (2008): Kompost-Toiletten, Freiburg, Ökobuch-Verlag.
[249] Bergmann, A. (2011): Organische Spurenstoffe im Wasserkreislauf: Diskussionspapier für die Acatech-Projektgruppe" Georessource Wasser-Herausforderung Globaler Wandel", Acatech.
[250] Bergmann, A.; Mälzer, H.-J.; Pinnekamp, J. (2016): Möglichkeiten zur Senkung des Anteils organischer Spurenstoffe durch zusätzliche Behandlungsstufen auf kommunalen Kläranlagen am Beispiel der Ruhr. In: Pinnekamp, J. (Hrsg.): 49. Essener Tagung für Wasser- und Abfallwirtschaft, Gewässerschutz, Wasser, Abwasser, Band 239, 10/1-10/11, Aachen, Gesellschaft zur Förderung der Siedlungswasserwirtschaft an der RWTH Aachen.
[251] Berkner, I. (1999): Erfahrungen bei der Verwertung von Rechen- und Sandfanggut in der Kompostierung. KA Korrespondenz Abwasser, 46, 10, 1596–1601.
[252] Bernhardt, H. (1972): Technische Maßnahmen gegen die Eutrophierung von Oberflächengewässern. Vom Wasser, 39, 53–89.
[253] Bernhardt, H. (1978): Die hypolimnische Belüftung der Wahnbachtalsperre. gwf Wasser/Abwasser, 119, 4, 177–182.
[254] Bernhardt, H. (1978): Phosphor – Wege und Verbleib in der BRD, Weinheim, Chemie.
[255] Bernhardt, H.; Clasen, J. (1982): Limnological Effects of the Elimination of Phosphorus from the Wahnbach Reservoir. Water Science and Technology, 14, 4-5, 397–406.
[256] Bernhardt, H.; Bretschneider, H. (2001): Taschenbuch der Wasserwirtschaft, Hamburg, Parey.
[257] Bernhart, A. P. (1973): Treatment and disposal of wastewater from homes by soil infiltration and evapotranspiration, Toronto, University of Toronto Press.
[258] Bever, J.; Stein, A.; Teichmann, H. (1995): Weitergehende Abwasserreinigung, München, R. Oldenbourg.
[259] Biebersdorf, N.; Schwentner, G. (2014): Erfahrungen aus Bau und Betrieb einer Aktivkohleanlage. In: Pinnekamp, J. (Hrsg.): 15. Kölner Kanal und Kläranlagen Kolloquium, Aachener Schriften zur Stadtentwässerung, Band 18, 28/1-28/16.
[260] Bieker, S.; Cornel, P.; Wagner, M. (2010): Semicentralised supply and treatment systems: integrated infrastructure solutions for fast growing urban areas. Water Science and Technology, 61, 11, 2905–2913.
[261] Bielecki, R. (1979): Neue Methoden und Entwicklungstendenzen für das Bauen und Betreiben von Abwasserleitungen großer und kleiner Durchmesser: Festvortrag anlässlich der 125-Jahrfeier der Fachhochschule Nordostniedersachsen, Fachbereich Bauingenieurwesen (Wasserwirtschaft und Kulturtechnik) in Suderburg. Wasser und Boden, 31, 8

[262] Billmeier, E. (1983): Bewertung der bei Betrieb maßgebenden Parameter für den Sauerstoffeintrag. KA Korrespondenz Abwasser, 30, 5, 334-339.

[263] Binding, K.-H. (1975): Behandlung organisch hochbelasteter Abwässer einer Sauerkrautfabrik. Die Wasserwirtschaft, 65, 10, 265–271.

[264] Bischof, F. (2006): Neue Entwicklungen im Bereich von Rechen, Sieben sowie Rechen- und Siebgutpressen bei der Abwasserableitung und -behandlung. In: Institut WAR (Hrsg.): Schriftenreihe WAR, Schriftenreihe WAR, Bd. 176, Verein zur Förderung des Instituts IWAR der TU Darmstadt, Darmstadt, 25–34.

[265] Bischofsberger, W.; Wurm, H. J. (1960): Über die Wirtschaftlichkeit verschiedener Entphenolungsverfahren. Industrieabwässer, 4, 15–23.

[266] Bischofsberger, W. (1973): Stand und Entwicklung von biologischen Kleinkläranlagen mit Abwasserbelüftung. In: Liebmann, H. (Hrsg.): Stand und Entwicklung der Abwasserreinigung. Vorträge des Münchner Abwasserbiologischen Herbstkurses 1972, Münchener Beiträge zur Abwasser-, Fischerei- und Flussbiologie, Bd. 24, 256–285, München u.a., Oldenbourg.

[267] Bischofsberger, W. (1986): Überlegungen zur Planung zweistufiger biologischer Kläranlagen. In: Abwasserbehandlung in mehrstufigen biologischen Kläranlagen. 16. Abwassertechnisches Seminar, Berichte aus Wassergütewirtschaft und Gesundheitsingenieurwesen, Bd. 69, Gesellschaft zur Förderung des Lehrstuhls für Wassergütewirtschaft und Gesundheitswesen der Technischen Universität München, München, 97–119.

[268] Bischofsberger, W. (1988): Stand der biologischen Phosphatelimination. Wasser und Boden, 40, 240–243.

[269] Bischofsberger, W. (Hrsg.) (1989): Weitergehende Abwasserreinigung: Stickstoff- und Phosphorelimination. Berichte aus Wassergütewirtschaft und Gesundheitsingenieurwesen, Band 91, München, Gesellschaft zur Förderung des Lehrstuhls für Wassergütewirtschaft und Gesundheitswesen der Technischen Universität München.

[270] Bischofsberger, W.; Hegemann, W. (2000): Lexikon der Abwassertechnik, Essen, Vulkan-Verl.

[271] Bischop, M. (2004): Neubau der zentralen Entsorgungsanlage Iserlohn. Wasser und Abfall - Boden, Altlasten, Umweltrecht, 9, 36–38.

[272] Bixio, D.; Heyder, B. d.; Cikurel, H.; Muston, M.; Miska, V.; Joksimovic, D.; Schäfer, A. I.; Ravazzini, A.; Aharoni, A.; Savic, D.; Thoeye, C. (2005): Municipal wastewater reclamation: where do we stand? An overview of treatment technology and management practice. Water Science and Technology: Water Supply, 5, 1, 77–85.

[273] Bjarsch, B. (1997): 125 Jahre Berliner Rieselfeld-Geschichte. Wasser und Boden, 49, 3, 45–48.

[274] Blanken, G.; Strauch, D.; Tietjen, C. (1972): Abfälle aus Massentierhaltungen. Müll und Abfall, 4, 2, 37–47.

[275] Bleisteiner, S.; Kexel, S.; Wedi, D. (2006): Membranbelebungsanlage Monheim: Erfahrungen über Betrieb, Leistungsfähigkeit und Auswirkungen auf das Gewässer. gwf Wasser/Abwasser, 147, 7-8, 501–508.

[276] Blokker, P. C.; Marcinowski, H.-J.F. (1972): Überblick über die Beschaffenheit der Raffinerieabwässer in Westeuropa. gwf Wasser/Abwasser, 113, 8, 356-360.

[277] Bloodgood, D. E.; Erganian, G. (1947): Characteristics of Strawboard Waste. Sewage Works Journal, 19, 6, 1021–1031.

[278] Bloodgood, D. E.; Hargleroad, J. C. (1948): Anaerobic Digestion of Strawboard Waste. Paper Trade Journal, 127, 22, 43.

[279] Bloodgood, D. E. (1948): Milk Waste Disposal. Sewage Works Journal, 20, 4, 695–706.

[280] Blumenthal, U. J.; Mara, D. D.; Peasey, A.; Ruiz-Palacios, S. R. (2000): Guidelines for the microbiological quality of treated wastewater used in agriculture: recommendations for revising WHO guidelines. Bulletin of the World Health Organization, 78, 9, 1104–1116.

[281] Bode, H.; Jenkins, D.; Koopmann, B. (1982): Der Einsatz von Chlor zur Bekämpfung von Blähschlamm. KA Korrespondenz Abwasser, 29, 12, 931-936.

[282] Bode, H. (1988): Biologische Reinigung von organisch hochbelasteten Industrieabwässern und die Auswirkungen unterschiedlicher Verdünungs- grade des Abwassers. KA Korrespondenz Abwasser, 35, 4, 325-333.

[283] Bode, H. (1996): Verhinderung von Betriebsstörungen und Durchführung von Sicherheitsanalysen bei kommunalen Kläranlagen. In: Husmann, M. (Hrsg.): "Betrieb von Kläranlagen - Optimierung und Kostensparen". 14. Bochumer Workshop Siedlungswasserwirtschaft am 19. September 1996, Schriftenreihe Siedlungswasserwirtschaft Bochum (SiWaWi), Bd. 32, 91-130, Bochum, Gesellschaft zur Förderung des Lehrstuhls für Wasserwirtschaft und Umwelttechnik an der Ruhr-Universität Bochum e.V.

[284] Bode, H.; Klopp, R. (1997): Entwicklung der Auswirkungen von indirekt einleitenden metalloberflächen-veredelnden Betrieben auf die kommunale Abwasserbehandlung. In: Dohmann, M. (Hrsg.): Umweltqualitäten und Wirtschaften - Was wurde erreicht? Wo geht es hin? 30. Essener Tagung für Wasser- und Abfallwirtschaft vom 19.3. - 21.3.1997 in Aachen, Gewässerschutz, Wasser, Abwasser, Bd. 158, 23/1, Aachen, Gesellschaft zur Förderung der Siedlungswasserwirtschaft an der RWTH Aachen.

[285] Bode, H. (2000): Kostenrelevanz unterschiedlicher Anforderungen an die Abwasserbehandlung: Vergleiche und Hinweise. In: Dohmann, M. (Hrsg.): Wissenschaftlich-Technische Mitteilungen des Instituts zur Förderung der Wassergüte- und Wassermengenwirtschaft e.V., Band 2, Gewässerschutz, Wasser, Abwasser, Band 178, Gesellschaft zur Förderung der Siedlungswasserwirtschaft an der RWTH Aachen, Aachen, 8/1-8/12.

[286] Bode, H. (2001): Klärschlammbehandlung und -entsorgung: Wie klar sind die Rahmenbedingungen für die Betreiber? KA Korrespondenz Abwasser, 48, 12, 1758–1765.

[287] Bode, H.; Evers, P.; Jardin, N. (2002): Organisation der Niederschlagswasserbehandlung : Erfahrungsbericht über den Betrieb von 500 Niederschlagswasserbehandlungsanlagen. In: Dohmann, M. (Hrsg.): 35. Essener Tagung für Wasser- und Abfallwirtschaft vom 20.3. -22.3.2002 in Essen. Teil 1, Gewässerschutz, Wasser, Abwasser, Bd. 188, 23/1 - 23/19, Aachen, Gesellschaft zur Förderung der Siedlungswasserwirtschaft an der RWTH Aachen.

[288] Boeck, H.-J. (1987): Reinigung organisch hochbelasteter Kreislaufwässer der Altpapierverarbeitung mit dem anaeroben Belebungsverfahren, Dissertation. Veröffentlichungen des ISAH, Band 69, Hannover, ISAH.

[289] Boes, M. (1990): Anordnung und Bemessung der Luftzufuhr von belüfteten Sandfängen. KA Korrespondenz Abwasser, 37, 7, 785–788.

[290] Böhm, E.; Hillenbrand, T.; Marscheider-Weidemann, F. (2002): Ermittlung der Quellen für die prioritären Stoffe nach Artikel 16 der Wasserrahmenrichtlinie und Abschätzung ihrer Eintragsmengen in die Gewässer in Deutschland: Forschungsbericht 200 28 234. Texte, Band 68, Berlin, Umweltbundesamt.

[291] Böhm, E.; Hillenbrand, T.; Marscheider-Weidemann, F.; Müller, B.; Wiederhold, J.; Herrchen, M.; Klein, M. (2002): Umweltforschungsplan des Bundesministeriums für Umwelt, Naturschutz und Reaktorsicherheit. Forschungsbericht, 200 28 234, UBA-FB 000394, .

[292] Böhm, H. R. (Hrsg.) (1991): Umweltverträglichkeitsprüfung UVP in der Wasserwirtschaft: Administrativer Wildwuchs oder ökologische Keule: Dokumentation der Beiträge zum Interdisziplinären Kolloquium am 22.02.1990 und zum Sachverständigengespräch am 23.02.1990 in Zusammenarbeit mit dem Zentrum für Interdisziplinäre Technikforschung (ZIT) an der Technischen Hochschule Darmstadt. Schriftenreihe WAR, Band 49, Darmstadt, Bibliothek des Inst. WAR.

[293] Böhm, H. R. (Hrsg.) (1991): UVP in der abfallwirtschaftlichen Planung: 22. Wassertechnisches Seminar - Abfallwirtschaft. Schriftenreihe WAR, Band 50, Darmstadt, Bibliothek des Inst. WAR.

[294] Böhnke, B. (1964): Abwasserreinigung in kleineren und mittleren Gemeinden. Kommunalwirtschaft, 9, 371-377.

[295] Böhnke, B. (1964): Einfluß von Trinkwasserentnahmen sowie von Kühl-und Brauchwasser auf das Abwasserbelastungsvermögen eines Flusses. Münchner Beiträge zur Abwasser-, Fischerei-und Flußbiologie, 11, 43–66.

[296] Böhnke, B. (1965): Untersuchungen über die Behandlung von cyanhaltigen Abwässern auf Tropfkörpern. Vom Wasser, 32, 291-309.

[297] Böhnke, B. (Hrsg.) (1975): Die weitergehende Abwasserreinigung unter besonderer Berücksichtigung der Erfahrungen mit der Phosphor- und Stickstoffeliminierung im technischen Maßstab und praktische Anwendung in Schweden: Aussprachetagung am 20. und 21.6.1974 in Roetgen. Gewäs-

serschutz, Wasser, Abwasser, Band 17, Aachen, Gesellschaft zur Förderung der Siedlungswasserwirtschaft an der RWTH Aachen.

[298] Böhnke, B. (Hrsg.) (1977): Berichte über Kläranlagen in Schweden und in der Schweiz unter besonderer Berücksichtigung der Phosphatelimination. Gewässerschutz, Wasser, Abwasser, Band 28, Aachen, Gesellschaft zur Förderung der Siedlungswasserwirtschaft an der RWTH Aachen.

[299] Böhnke, B. (1977): Das Adsorptions-Belebungsverfahren. KA Korrespondenz Abwasser, 24, 2, 33–42.

[300] Böhnke, B. (1978): Die Leistungsfähigkeit von Belebungsanlagen - Gewässergüte und erforderliche Klärleistung. KA Korrespondenz Abwasser, 25, 6, 201-212.

[301] Böhnke, B.; Strohmeier, A. (1983): Mehrstufige biologische Anlagen. KA Korrespondenz Abwasser, 30, 5, 324–333.

[302] Böhnke, B. (Hrsg.) (1984): A-B-Technologie: Erfahrungsaustausch 1. Gewässerschutz, Wasser, Abwasser, Band 70, Aachen, Gesellschaft zur Förderung der Siedlungswasserwirtschaft an der RWTH Aachen.

[303] Böhnke, B. (Hrsg.) (1991): Weitergehende Abwasserreinigung in ein- und zweistufigen biologischen Kläranlagen - Stickstoff- und Phosphorelimination. Gewässerschutz, Wasser, Abwasser, Band 126, Aachen, Gesellschaft zur Förderung der Siedlungswasserwirtschaft an der RWTH Aachen.

[304] Bolle, F.-W., Merkel, W., Lindner, W., Firk, W., Schitthelm, D., Brandt, K.-H. (2012): Carbon-Footprint-Modell für die wasserwirtschaftliche Praxis. In: Pinnekamp, J. (Hrsg.): 45. Essener Tagung für Wasser- und Abfallwirtschaft, Gewässerschutz, Wasser, Abwasser, Band 230, 5/1-5/15, Aachen, Gesellschaft zur Förderung der Siedlungswasserwirtschaft an der RWTH Aachen.

[305] Bolle, F.-W. (2005): Die verursachergerechte Verteilung von Abwasserentsorgungskosten. Gewässerschutz, Wasser, Abwasser, Band 197, Aachen, Gesellschaft zur Förderung der Siedlungswasserwirtschaft an der RWTH Aachen.

[306] Boller, M. (1988): Biologische Phosphorelimination im Belebtschlammverfahren. Gas-Wasser-Abwasser, 68, 3, 110–119.

[307] Boller, M. (1997): Small wastewater treatment plants—a challenge to wastewater engineers. Water Science and Technology, 35, 6, 1–12.

[308] Boller, R.; Strunkheide, J.; Witte, H. (2002): Betrieb und Wartung von Kleinkläranlagen: Ein Praxis-Handbuch für Betreiber, Wartungsbetriebe und Behörden, München, Hirthammer.

[309] Boll, R.; Kayser, R. (1987): Experiences with Land Treatment of Wastewater in the Federal Republic of Germany. Water Science and Technology, 19, 8, 51–62.

[310] Bomhard, H. (1979): Faulbehälter aus Beton. Bauingenieur, 54, 77–84.

[311] Borchardt, D. (1992): Wirkungen stoßartiger Belastungen auf ausgewählte Fließgewässerorganismen: Ein Beitrag zur Beurteilung ökologischer Schäden durch Niederschlagswassereinleitungen aus Kanalisationen, Dissertation. Wasser - Abwasser - Abfall, Band 10, Kassel, Verein zur Förderung des Fachgebietes Siedlungswasserwirtschaft an der Univ., Gesamthochsch.

[312] Borchardt, D.; Richter, S. (2003): Identification of significant pressures and impacts upon receiving waters. Water Science and Technology, 48, 10, 33–38.

[313] Borchmann, A., Rosenwinkel, K.-H., Lange, R. (2010): Wassermanagement in der Obst und Gemüse verarbeitenden Industrie. DLG Workshop - Wasser und Wassereffizienz in der Lebensmittelindustrie, Frankfurt.

[314] Borchmann, A.; Brinkmeyer, J.; Rosenwinkel, K. H. (2008): Industrielle Abwasserwiederverwertung. gwf Special Wasser/Abwasser, 149, 13, 32–40.

[315] Bornemann, C.; Freund, M.; Londong, J.; Nowak, O.; Otterpohl, R.; Rolfs, T. (1998): Hinweise zur dynamischen Simulation von Belebungsanlagen mit dem Belebtschlammodell Nr. 1 der IAWQ. KA Korrespondenz Abwasser, 45, 3, 445–462.

[316] Börner, T. (1992): Einflußfaktoren für die Leistungsfähigkeit von Pflanzenkläranlagen, Dissertation. Schriftenreihe WAR, Band 58, Darmstadt, Bibliothek des Inst. WAR.

[317] Born, R. (1977): Beitrag zur adsorptiven Abtrennung kolloidal verteilter organischer Abwasserinhaltsstoffe durch Flotation. Technisch-wissenschaftliche Schriftenreihe der ATV, Berichte zur Abwasser- und Abfalltechnik, Band 6, St. Augustin, Gesellschaft zur Förderung der Abwassertechnik (GFA).

[318] Born, R. (1992): Thermische Schlammbehandlung: Trocknung und Verbrennung. In: Verein zur Förderung des Instituts für Wasserversorgung, Abwasserbeseitigung und Raumplanung der Technischen Hochschule Darmstadt (Hrsg.): Klärschlammbehandlung und Klärschlammentsorgung. Stand und Entwicklungstendenzen, Schriftenreihe WAR, Bd. 66, 165–194, Darmstadt, Bibliothek des Inst. WAR.

[319] Boruff, C. S.; Blaine, R. K. (1953): Grain Distillery Feeds and Wastes. Sewage and Industrial Wastes, 25, 10, 1179–1186.

[320] Bosseler, B., Weith, C. (1996): Vergleichende Untersuchung zur Bemessung von mittels Relining-Verfahren sanierten Abwasserleitungen. Ruhr-Universität Bochum, Bochum.

[321] Both, R. (2001): Directive on Odour in Ambient Air: an established system of odour regulation in Germany. Water Science and Technology, 44, 9, 119–126.

[322] Botsch, B. (2012): Versuch einer Sandfangbemessung auf der Grundlage einer Typisierung unter Verwendung der numerischen Strömungssimulation, Karlsruhe, B. Botsch.

[323] Botsch, B. (2013): Verfahren zur Prüfung von Sandfängen in Kläranlagen. DE201310008698, 18. Mai 2013, Deutschland.

[324] Boussinesq, J. (1885): Application des potentiels à l'étude de l'équilibre et du mouvement des solides élastiques, Paris, Gauthier-Villars.

[325] Bowker, R.P.G. and Burgess, J.E. (2001): Activated sludge diffusion as an odor control technique. In: Frechen, F.-B. u. Stuetz, R. M. (Hrsg.): Odours in wastewater treatment. Measurement, modeling and control, IWA Publishing, London, 415–434.

[326] Boye, E. (1966): Ekoperl - Mittel zur Ölbingung. gwf Wasser/Abwasser, 107, 6, 159-160.

[327] Braun, D.; Gujer, W. (2008): Reactive tracers reveal hydraulic and control instabilities in full-scale activated sludge plant. Water Science and Technology, 57, 7, 1001–1007.

[328] Braun, H. (1966): Der Einfluß der Nährstoffkonzentration auf die Reaktionskinetik des Belebtschlammverfahrens. Karlsruher Berichte zur Ingenieurbiologie, Band 1, Karlsruhe, Otto Berenz Verlag.

[329] Braun, H.-J.; Zingler, E. (1986): Betriebserfahrungen mit der aerob-thermophilen Schlammbehandlung (ATS-Verfahren). KA Korrespondenz Abwasser, 33, 11, 1028–1037.

[330] Braun, R.; Allenspach, H. (1958): Versuche über die gemeinsame Verrottung von Müll und Klärschlamm. Schweizerische Zeitschrift für Hydrologie, 20, 1, 60-134.

[331] Brautlecht, P.; Gredigk, S. (1999): Erfassung von Energieeinsparpotentialen und deren wirtschaftliche Umsetzung auf kommunalen Abwasserreinigungsanlagen. In: Dohmann, M. (Hrsg.): 32. Essener Tagung für Wasser- und Abfallwirtschaft, Gewässerschutz, Wasser, Abwasser, Band 172, 22/1-22/14, Aachen, Gesellschaft zur Förderung der Siedlungswasserwirtschaft an der RWTH Aachen.

[332] Brautlecht, P. (2000): Technische und ökonomische Aspekte kommunaler Klärschlammtrocknungsanlagen. Gewässerschutz, Wasser, Abwasser, Band 181, Aachen, Gesellschaft zur Förderung der Siedlungswasserwirtschaft an der RWTH Aachen.

[333] Brazier, L. G. (1927): On the Flexure of Thin Cylindrical Shells and Other "Thin" Sections. Proceedings of the Royal Society A: Mathematical, Physical and Engineering Sciences, 116, 773, 104–114.

[334] Brecht, W.; Dalpke, H.-L.; Börner, F. (1973): Untersuchung der geschlossenen Wasserkreisläufe in einer weiteren altpapierverarbeitenden Papierfabrik. Wochenbaltt für Papierfabrikation, 101, 4, 113–119.

[335] Breitling, V. (1960): Die Bedeutung der Wasserwirtschaft der Hüttenindustrie für die allgemeine Wasserversorgung und die Reinhaltung der Oberflächengewässer. gwf Wasser/Abwasser, 101, 1, 73-79.

[336] Brendel, G. (1982): Informationen für das Betriebspersonal: Folge 3. KA Korrespondenz Abwasser

[337] Brepols, C.; Schäfer, H.; Engelhardt, N. (2005): Hinweise zur verfahrenstechnischen Integration getauchter Membranfilter in kommunalen Membranbelebungsanlagen. KA Korrespondenz Abwasser, Abfall, 52, 1, 45–50.

[338] Bringezu, S.; Doedens, H.; Faulstich, M.; Gallenkemper, B.; Koch, M.; Reiche, J.; van Wickeren, P.; Weber, G.; Werner, P. (2001): Stickstoffbilanz in Deutschland. KA Wasserwirtschaft, Abwasser, Abfall, 48, 11, 1551–1556.

[339] Bringmann, G.; Schröder, W. (1960): Großtechnische biologische Entphenolung der Abwässer eines Kunstharzbetriebes nach dem Nocardia-Verfahren. Gesundheits-Ingenieur, 81, 7, 205-207.

[340] Bringmann, G.; Kühn, R. (1965): Schnellidentifikation im Unterdruckverfahren. Gesundheits-Ingenieur, 86, 1, 16–19.

[341] Brinkmeyer, J. (2008): Membran-Bio-Reaktoren mit organischen und anorganischen getauchten Niederdruckmembranen, Dissertation. Veröffentlichungen des ISAH, Band 141, Hannover, ISAH.

[342] Brissaud, F. (Hrsg.) (2005): Waste stabilisation ponds VI: Selected proceedings of the 6th IWA International Conference on Waste Stabilisation Ponds, held in Avignon, France, 28 September - 1 October 2004. Water Science and Technology, London, IWA Publishing.

[343] Brix, H.; Schierup, H.-H.; Arias, C. A. (2007): Twenty years experience with constructed wetland systems in Denmark – what did we learn? Water Science and Technology, 56, 3, 63–68.

[344] Brix, J.; Imhoff, K.; Weldert, R. (1934): Die Stadtentwässerung in Deutschland, Gustav Fischer Verlag.

[345] Brix, J.; Imhoff, K.; Weldert, R. (1934): Die Stadtentwässerung in Deutschland: Band 2, Jena, Gustav Fischer.

[346] Brombach H.; Michelbach S.; Wöhrle C. (1993): Feststoffe in der Mischwasserkanalisation, Sedimentation und Remobilisierung. KA Korrespondenz Abwasser, 40, 12, 1910–1926.

[347] Brombach, H.; Schütz, A. (1990): Eigenkontrolle von Regenentlastungen. KA Korrespondenz Abwasser, 37, 10, 1165-1174.

[348] Brombach, H.; Wöhrle, C. (1997): Gemessene Entlastungsaktivität von Regenüberlaufbecken. KA Korrespondenz Abwasser, 44, 1, 44-60.

[349] Brombach, H.; Fuchs, S. (2001): Datenpool gemessener Verschmutzungskonzentrationen von Trocken- und Regenwetterabflüssen in Misch- und Trennkanalisationen : Abschlussbericht ; Langfassung, ATV-DVWK-Forschungsfonds 2001 ; Projekt 1/2001, Hennef, ATV-DVWK.

[350] Brombach, H.; Fuchs, S. (2003): Datenpool gemessener Verschmutzungskonzentrationen in Misch- und Trennkanalisationen. KA Wasserwirtschaft, Abwasser, Abfall, 50, 4, 441–450.

[351] Brombach, H.; Weiß, G.; Fuchs, S. (2005): A new database on urban runoff pollution: Comparison of separate and combined sewer systems. Water Science and Technology, 51, 2, 119–128.

[352] Brombach, H. (2006): Abwasserkanalisation und Regenbecken im Spiegel der Statistik: Prof. Dr.-Ing. Karlheinz Krauth zum 70. Geburtstag gewidmet. KA Korrespondenz Abwasser, 53, 11, 1114–1122.

[353] Brombach, H.; Dettmar, J. (2010): Im Spiegel der Statistik: Abwasserkanalisation und Regenwasserbehandlung in Deutschland. KA Korrespondenz Abwasser, Abfall, 57, 1, 28–36.

[354] Brooks, R. B. (1970): Heat treatment of sewage sludge. Journal of the Institute of Water Pollution Control (JIWPC), 69, 1, 92–99.

[355] Bruce, A. M. (Hrsg.) (1984): Sewage sludge stabilisation and disinfection. Ellis Horwood series water and wastewater technology, Chichester, Horwood.

[356] Brühne, A. (1944): Betrachtungen über die Richtlinien für die landwirtschaftliche Verwertung städtischer Abwässer. Gesundheits-Ingenieur, 67, 5, 126-129.

[357] Brunner, P. G. et al. (1996): Handlungsempfehlungen zum Umgang mit Regenwasser. 2. Arbeitsbericht der ATV - Arbeitsgruppe 1.4.3 "Regenwasserbehandlung" im ATV - Fachausschuss 1.4 "Beurteilung und Behandlung des Regenwetterabflusses. KA Korrespondenz Abwasser, 43, 8, 1445–1454.

[358] Brunner, P. G. (1996): Weitergehende Regenwasserbehandlung durch Bodenfilter. In: Abwassertechnische Vereinigung (Hrsg.): Abwasser- und Abfallwirtschaft, ATV Schriftenreihe, Band 4, Gesellschaft zur Förderung der Abwassertechnik (GFA), Hennef, 523.

[359] Brunner, P. G. (1998): Modifizierte Entwässerungssysteme. KA Korrespondenz Abwasser, 45, 4, 648–656.

[360] Brunner, P. G. (2002): Bodenfilter zur Regenwasserbehandlung in Misch- und Trennsystemen. Landesanstalt für Umweltschutz Baden-Württemberg, Karlsruhe.

[361] Brunner, R. (1972): Der Einsatz von Ionenaustauscher-Harzen bei der Behandlung von Industrieabwässern. Vom Wasser, 39, 195–221.

[362] Bruns, J. (1999): Dynamische Kopplung von Regenwasserbehandlung und Abwasserreinigung bei Mischwasserzufluss. Stuttgarter Berichte zur Siedlungswasserwirtschaft, Band 151, München, Oldenbourg.

[363] Bruns, J.; Krauth, K. (1999): Verweilzeitverteilung in Tropfkörpern in Abhängigkeit von der Füllkörperstruktur und der Bauweise: Gefördert mit Mitteln des Forschungsfonds von ATV und GFA (Projekt 35/98). KA Korrespondenz Abwasser, 46, 4, 569-575.

[364] Bruns, N. (2003): Stromkosteneinsparung in kommunalen Kläranlagen durch Optimierung der Belüftersteuerung. Wasser und Abfall - Boden, Altlasten, Umweltrecht, 9, 26–29.

[365] Bubbis, N. S. (1962): Sludge Drying Lagoons at Winnipeg. Journal Water Pollution Control Federation, 34, 8, 830–832.

[366] Buchli, R.; Koch, F.; Matter, B. (1993): Versuche zur Lagerung von getrocknetem Klärschlamm. Gas-Wasser-Abwasser, 73, 3, 194-200.

[367] Bückner, W. (1949): Die Wirtschaftlichkeit der Faulgasgewinnung. Gesundheits-Ingenieur, 70, 15/16, 252-259.

[368] Bucksteeg, K. (1971): Beitrag zu Thema: Baukosten von Kläranlagen. gwf Wasser/Abwasser, 112, 3, 163–172.

[369] Bucksteeg, K. (1977): Kleine Kläranlagen zur biologischen Abwasserbehandlung - ein kritischer Beitrag zu Theorie und Praxis. KA Korrespondenz Abwasser, 24, 3, 61-65.

[370] Bucksteeg, K.; Hollfelder, F. (1978): Versuche zur Bestimmung der Leistungsfähigkeit eines Gerätes zur Tiefenwasserbelüftung von Seen. gwf Wasser/Abwasser, 119, 2, 65–72.

[371] Bucksteeg, K.; Schleypen, P. (1983): Abwasserreinigung in unbelüfteten Teichen und in Pflanzenanlagen. In: Böhnke, B. (Hrsg.): Abwasser- und Schlammbehandlung: Fortschritte und Probleme, Gewässerschutz, Wasser, Abwasser, Bd. 59, 453–478, Aachen, Gesellschaft zur Förderung der Siedlungswasserwirtschaft an der RWTH Aachen.

[372] Bucksteeg, K. (1983): Lösungen für die Regenwaserbehandlung in Abwaserteichanlagen. gwf Wasser/Abwasser, 124, 3, 126-127.

[373] Bucksteeg, K. (1990): Suitability of different biological sewage treatment systems. Water Science and Technology, 22, 3-4, 187–194.

[374] Bucksteeg, K. (1991): Anforderungen und Programm zum Schutz von Binnenseen bei Planung und Betrieb von Abwasseranlagen im Freistaat Bayern. ATV-Berichte, 41, 695.

[375] Bucksteeg, W.; Thiele, H. (1957): Möglichkeiten zur experimentellen Ermittlung der Einwohnergleichwerte für industrielle Abwässer. gwf Wasser/Abwasser, 98, 36, 909–910.

[376] Bucksteeg, W.; Thiele, H. (1957): Über Urochrome in Abwässern, ihr Verhalten bei der Abwasserreinigung im Vorfluter sowie bei der Oberflächenwasseraufbereitung. gwf Wasser/Abwasser, 98, 2, 26–32.

[377] Bucksteeg, W. (1963): Spezielle Abwasserprobleme der galvanischen Industrie. Metall-Reinigung und Vorbehandlung, 12, 10, 181–188.

[378] Bucksteeg, W. (1966): Welch praktische Bedeutung haben die Verfahren zur Abwehr der Gewässereutrophierung? Vortragsveröffentlichungen Haus der Technik Band 83, Essen.

[379] Bueb, M.; Finzenhagen, M.; Mann, T.; Müller, K. (1990): Verminderung der Abwasseremission in der Chemischen Industrie durch Verfahrensumstellungen und Teilstrombehandlungen. KA Korrespondenz Abwasser, 37, 5, 542-558.

[380] Buer, T.; Dorgeloh, E. (2001): Ertüchtigung von Nachklärbecken durch den Einbau von Kreuzstromabscheidern. KA Korrespondenz Abwasser, 48, 4, 500–505.

[381] Bührer, H., Ambühl, H. (1986): Die Möglichkeiten einer Sanierung des Greifensees. Wasser-Energie-Luft, 78, 43–53.

[382] Bullermann, M. (2016): Großtechnische Regenwasserversickerung unter besonderer Berücksichtigung des Grundwasserschutzes. In: Deutsche Vereinigung für Wasserwirtschaft, Abwasser und Abfall (Hrsg.): 15. RegenwasserTage, Hennef, Deutsche Vereinigung für Wasserwirtschaft, Abwasser und Abfall.

[383] Bülow von, F. (1924): Der Einfluss der Jahreszeiten auf den Abfluss in städtischen Kanalisationsanlagen. Gesundheits-Ingenieur, 47, 40, 465–470.

[384] Bulson, P. S. (1985): Buried structures: static and dynamic strength. Chapman and Hall civil engineering, London-New York, Chapman and Hall.

[385] Bund der Ingenieure für Wasserwirtschaft, Abfallwirtschaft und Kulturbau (BWK) e.V. (2008): Detaillierte Nachweisführung immissionsorientierter Anforderungen an Misch- und Niederschlagswassereinleitungen gemäss BWK-Merkblatt 3. BWK-Regelwerk, Band 7, Stuttgart, Fraunhofer-IRB-Verl.

[386] Bund der Ingenieure für Wasserwirtschaft, Abfallwirtschaft und Kulturbau (BWK) e.V. (2008): BWK-M 7: Detaillierte Nachweisführung immissionsorientierter Anforderungen an Misch- und Nieder-

schlagswassereinleitungen gemäß BWK-Merkblatt 3 (November 2008).Fraunhofer-IRB-Verl., Stuttgart.
[387] Bundesanstalt für Gewässerkunde (2017): Hydrologischer Atlas Deutschland. http://geoportal.bafg.de/mapapps/resources/apps/HAD/index.html?lang=de, abgerufen am: 16.08.2017.
[388] Bundesministerium für Arbeit und Sozialordnung (1997): Verordnung über Sicherheit und Gesundheitsschutz bei der Benutzung von Arbeitsmitteln bei der Arbeit (Arbeitsmittelbenutzungsverordnung): AMBV (11.03.1997). Bundesgesetzblatt Teil I, 16 (19.03.), 450–453.
[389] Bundesministerium für Ernährung, Landwirtschaft und Verbraucherschutz (2012): Verordnung über das Inverkehrbringen von Düngemitteln, Bodenhilfsstoffen, Kultursubstraten und Pflanzenhilfsmitteln (Düngemittelverordnung - DüMV): DüMV . Bundesgesetzblatt Teil I, 2482.
[390] Bundesministerium für Umwelt, Naturschutz und Reaktorsicherheit (1976): Verordnung über den Schutz vor Schäden durch ionisierende Strahlen (Strahlenschutzverordnung): StrlSchV (13.10.1976). Bundesgesetzblatt Teil I, 125 (20.10.), 2905–2995.
[391] Bundesministerium für Umwelt, Naturschutz und Reaktorsicherheit (1998): Verordnung über die Verbringung radioaktiver Abfälle in das oder aus dem Bundesgebiet (Atomrechtliche Abfallverbringungsverordnung): AtAV (27.07.1998). Bundesgesetzblatt Teil I, 47 (31.07.), 1918–1934.
[392] Bundesministerium für Umwelt, Naturschutz und Reaktorsicherheit (1998): Sechste Allgemeine Verwaltungsvorschrift zum Bundes-Immissionsschutzgesetz (Technische Anleitung zum Schutz gegen Lärm): TA Lärm (26.08.1998). Gemeinsames Ministerialblatt GMBl, 26, 503.
[393] Bundesministerium für Umwelt, Naturschutz und Reaktorsicherheit (2002): Erste Allgemeine Verwaltungsvorschrift zum Bundes-Immissionsschutzgesetz (Technische Anleitung zur Reinhaltung der Luft-TA Luft): TA Luft . Gemeinsames Ministerialblatt GMBl, 511.
[394] Bundesministerium für Umwelt, Naturschutz und Reaktorsicherheit (2010): Die Wasserrahmenrichtlinie: Auf dem Weg zu guten Gewässern: Ergebnisse der Bewirtschaftungsplanung 2009 in Deutschland. BMU, Berlin.
[395] Bundesministerium für Umwelt, Naturschutz und Reaktorsicherheit (2013): Die Wasserrahmenrichtlinie: Eine Zwischenbilanz zur Umsetzung der Maßnahmenprogramme 2012. BMU, Berlin.
[396] Bundesministerium für Umwelt, Naturschutz und Reaktorsicherheit (2013): Gesetz zum Schutz vor schädlichen Umwelteinwirkungen durch Luftverunreinigungen, Geräusche, Erschütterungen und ähnliche Vorgänge (Bundes-Immissionsschutzgesetz - BImSchG): BImSchG . Bundesgesetzblatt Teil I, 1274.
[397] Bundesministerium für Umwelt, Naturschutz und Reaktorsicherheit (2013): Gesetz zur Förderung der Kreislaufwirtschaft und Sicherung der umweltverträglichen Bewirtschaftung von Abfällen (Kreislaufwirtschaftsgesetz-KrWG) . Bundesgesetzblatt Teil I, 22, 1324.
[398] Bundesministerium für Umwelt, Naturschutz, Bau und Reaktorsicherheit (2004): Neufassung der Abwasserverordnung (17.06.2004). Bundesgesetzblatt Teil I, 28 (22.06.), 1108, 2625.
[399] Bundesministerium für Umwelt, Naturschutz, Bau und Reaktorsicherheit (2005): Neufassung des Abwasserabgabengesetzes (18.01.2005). Bundesgesetzblatt Teil I, 5 (25.01.), 114–119.
[400] Bundesministerium für Umwelt, Naturschutz, Bau und Reaktorsicherheit (2017): Verordnung zur Neuordnung der Klärschlammverwertung (27. September 2017). Bundesgesetzblatt Teil I, 65, 3465–3512.
[401] Bundesministerium für Wirtschaft und Energie (BMWi) (2015): Die Energie der Zukunft: Vierter Monitoring-Bericht zur Energiewende. Bundesministerium für Wirtschaft und Energie, Berlin.
[402] Bunge, T. (1995): Die Umweltverträglichkeitsprüfung von Abwasserbehandlungsanlagen: rechtliche Anforderungen. KA Korrespondenz Abwasser, 42, 7, 1083-1090.
[403] Burchard, C. H.; Groche, D.; Zerres, H. P. (2001): ATV Handbuch einfacher Messungen und Untersuchungen auf Klärwerken, München, Hirthammer.
[404] Burger, F. X.; Spiller, K. (1993): Einsatz eines Prozessleitsystems bei der Erweiterung der Kläranlage Forchheim des Abwasserzweckverbandes Breisgauer Bucht. KA Korrespondenz Abwasser, 40, 10, 1656.
[405] Burgess, S. G.; Wood, L. B. (1964): The Properties and Detection of Sludge Gas. Journal and Proceedings. The Institute of Sewage Purification, 63, Part 1, 24–46.
[406] Burkhardt, C. (1944): Treibstoff aus Sieb- und Rechengut. Technisches Gemeindeblatt, 47, 223.

[407] Burkhardt, C. (1948): Treibstoff aus Sieb- und Rechengut. Gesundheits-Ingenieur, 69, 2, 61.
[408] Burkhardt, C. (1949): Über die Heizung und Schwimmdeckenbekämpfung in Schlammfaulbehältern. Gesundheits-Ingenieur, 70, 9/10, 158-160.
[409] Burkhardt, C. (1953): Erdbecken als getrennte Schlammfaulräume. Wasserwirtschaft Wassertechnik, 3, 8, 188-192.
[410] Burtscher, E. (1996): Innerbetriebliche Maßnahmen bei der Textilindustrie. In: Kroiss, H. (Hrsg.): Einfluß von Indirekteinleitungen auf Planung und Betrieb von Abwasseranlagen. ÖWAV-Seminar, Wien, 26. - 27. Februar 1996, Wiener Mitteilungen, Bd. 129, Inst. für Wassergüte u. Abfallwirtschaft Techn. Univ. Wien, Wien, 263–295.
[411] Buswell, A. M.; Hatfield, W. D. (1939): Anaerobic Fermentations. Bulletin (Illinois State Water Survey), Band 32, Urbana, Illinois.
[412] Buswell, A. M. (1947): Important Considerations in Sludge Digestion. Part II. Microbiology and Theory of Anaerobic Digestion. Sewage Works Journal, 19, 1, 28–36.
[413] Buswell, A. M. (1947): Reaction of Sodium Nitrate in Stabilizing Organic Wastes. Sewage Works Journal, 19, 4, 628.
[414] Buswell, A. M.; Sollo, F. W., JR. (1948): Methane Fermentation of a Fiberboard Waste. Sewage Works Journal, 20, 4, 687–694.
[415] Buswell, A. M. (1948): Wichtige Betrachtungen über die Schlammfaulung - Teil II: Importent Considerations In Sludge Digestion in: Sewage Works Journal Bd. 19 (1947), Nr. 1, S. 19-38 - Teil I von H. E. Schlenz, Zeitschriften-Umschau. Gesundheits-Ingenieur, 69, 10, 308-310.
[416] Buswell, A. M. (1957): Fundamentals of Anaerobic Treatment of Organic Wastes. Sewage and Industrial Wastes, 29, 6, 717–721.
[417] Bux, M.; Baumann, R. (2003): Solare Trocknung von Klärschlamm: Verbreitung, Leistung und Kosten. KA Korrespondenz Abwasser, 50, 6, 732–739.
[418] Bux, M.; Baumann, R. (2003): Wirtschaftlichkeit und CO2 -Bilanz der solaren Trocknung von mechanisch entwässertem Klärschlamm. KA Korrespondenz Abwasser, 50, 9, 1169-117.
[419] Bux, M.; Starcevic, N. (2005): Stand der Technik solarer und solarunterstützter Trocknungsverfahren für Klärschlamm. gwf Wasser/Abwasser, 146, 6, 504–509.
[420] Buysch, H.-P. (1973): Eindickung von Klärschlamm unter Einfluß der Temperatur. Gewässerschutz, Wasser, Abwasser, Band 14, Aachen, Gesellschaft zur Förderung der Siedlungswasserwirtschaft an der RWTH Aachen.
[421] Calvert, J. T. (1961): Modern sewage disposal methods. Civil Engineering, 56, 783–787.
[422] Cameron, M. M.; Lorenz, L. M. (2013): Biological and environmental control of disease vectors, Wallingford, CABI.
[423] Camp, T. R. (1942): Grit Chamber Design. Sewage Works Journal, 14, 2, 368–381.
[424] Camp, T. R. (1945): Sedimentation and Design of Settling Tanks. Proceedings of the American Society of Civil Engineers, 71, 4, 445–486.
[425] Caspers, H. (1984): OECD Eutrophication of Waters. Monitoring, Assessment and Control. — 154 pp. Paris: Organisation for Economic Co-Operation and Development 1982. (Publié en français sous le titre »Eutrophication des Eaux. Méthodes de Surveillance, d'Evaluation et de Lutte«). Internationale Revue der gesamten Hydrobiologie und Hydrographie, 69, 2, 200.
[426] Cassell, E. A.; Sawyer, C. N. (1959): A Method of Starting High-Rate Digesters. Sewage and Industrial Wastes, 31, 2, 123–132.
[427] Cecil, D. (2003): Controlling nitrogen removal using redox and ammonium sensors. Water Science and Technology, 47, 11, 109–114.
[428] Chipperfield, P. N. J. (1967): Performance of Plastic Filter Media in Industrial and Domestic Waste Treatment. Journal Water Pollution Control Federation, 39, 11, 1860–1874.
[429] Christoffels, E. (2001): Ein Instrument zur Unterstützung wasserwirtschaftlicher Planungsaufgaben am Beispiel der Erft - ATV-Gewässergütemodell. KA Korrespondenz Abwasser, 48, 7, 968–972.
[430] Clayton, A. J.; van Vuuren, L. R. J.; Roux, B. (1982): Development of Water Reclamation Technology in South Africa. Water Science and Technology, 14, 4-5, 339–353.
[431] Cleary, E. J. (1967): The ORSANCO Story: Water Qualitiy Management in the Ohio Valley Under an Interstate Compact, Baltimore, Johns Hopkins University Press.

[432] Cleary, E. J. (1983): Managing Water Resources: Lessons for the U.S. Journal Water Pollution Control Federation, 55, 8, 1034–1041.
[433] Coburg, R. C. (2005): Technische und organisatorische Maßnahmen zur Steigerung der Efizienz der Instandhaltung kommunaler Kanalnetze. Gewässerschutz, Wasser, Abwasser, Band 199, Aachen, Gesellschaft zur Förderung der Siedlungswasserwirtschaft an der RWTH Aachen.
[434] Coburn, S. E.; Agar, C. C.; Bloodgood, D. E.; Stutz, C. N.; Black, H. H.; Dickerson, B. W.; Connell, C. H.; Hess, R.; Coburn, C.; Wise, W. S.; Cox, L.; Gurnham, C. F.; Weston, R. F.; Matthew, C. J.; Enslow, L. H.; Hoak, R. D.; Lawrance, W. A.; McCarthy, J. A.; Rudolfs, W.; McKee, J. E.; Camp, T. R.; Swope, H. G.; Cooper, J. E.; Oeming, L. F.; Graham, A. K.; Sawyer, C. N. (1950): Forum on Industrial Waste Problems. Sewage and Industrial Wastes, 22, 6, 776–806.
[435] Committee on Sanitary Engineering Research of the Sanitary Engineering Division (1959): Sludge Treatment and Disposal by the Zimmerman Process. Journal of the Sanitary Engineering Division, 85, 4, 13-23.
[436] Conradin, F., Hahn H.H., Lengyel, W., Pöltner, R., Schalekamp, M. u. Ulmer, J. (Hrsg.) (1995): Handbuch Wasserversorgungs- und Abwassertechnik. Band 1, Rohrnetztechnik. Handbuch Wasserversorgungs- und Abwassertechnik: Band 1, Essen, Vulkan-Verlag.
[437] Cooper, P. (2001): Constructed Wetlands and Reed-Beds: Mature Technology for the Treatment of Wastewater from Small Populations. Journal of the Chartered Institution of Water and Environmental Management, 15, 2, 79-85.
[438] Cooper, P. F.; Downing, A. L. (1998): Milestones in the development of the activated sludge process over the past eighty years. Journal of the Chartered Institution of Water and Environmental Management, 12, 5, 303–313.
[439] Cord-Landwehr, K. (1986): Stabilisierung von Mülldeponien durch eine Sickerwasserkreislaufführung. Veröffentlichungen des ISAH, Band 66, Hannover, ISAH.
[440] Cornel, P.Möglichkeiten der Wiederverwendung von Abwasser – Ein Überblick, 58. Darmstädter Seminar - Abwassertechnik - am 11.11.1999 in Darmstadt. In: Schriftenreihe IWAR TU Darmstadt, 1.
[441] Cornel, P. (1998): Industrieabwasserbehandlung - Herausforderung an Wirtschaft und Technologie. In: Verein zur Förderung des Instituts für Wasserversorgung, Abwasserbeseitigung und Raumplanung der TH Darmstadt (Hrsg.): Fortschritte in der Abwassertechnik. 15 Jahre Forschungs- und Entwicklungstätigkeit von Prof. Dr.-ing H. Johannes Pöpel, Schriftenreihe WAR, Bd. 109, Bibliothek des Inst. WAR, Darmstadt, 255–272.
[442] Cornel, P.; Wagner, M.; Krause, S.; Weber, B. (2001): Verwendung von Abwasser zur Bewässerung – Erarbeiten von Anlagenkonzepten unter besonderer Berücksichtigung des Nährstoffverbleibs im Wasser und jahreszeitlich unterschiedlicher Fahrweise. KA Wasserwirtschaft, Abwasser, Abfall, 48, 1, 84–93.
[443] Cornel, P. (2002): Rückgewinnung von Phosphor aus Klärschlamm und Klärschlammaschen. In: Wiemer, K. (Hrsg.): Bio- und Restabfallbehandlung. Biologisch, mechanisch, thermisch, Fachbuchreihe Abfall-Wirtschaft des Witzenhausen-Instituts für Abfall, Umwelt und Energie, Witzenhausen-Institut für Abfall, Umwelt und Energie GmbH, Witzenhausen
[444] Cornel, P.; Wagner, M.; Krause, S. (2003): Investigation of oxygen transfer rates in full scale membrane bioreactors. Water Science and Technology, 47, 11, 313–319.
[445] Cornel, P.; Krause, S. (2006): Das Membranbelebungsverfahren in der industriellen Abwasserbehandlung: Erfahrungen und Beispiele. KA Korrespondenz Abwasser, 53, 10, 1018–1024.
[446] Cornel, P. (2006): Weitergehende Behandlung von Kläranlagenabläufen (A-Kohle, Oxidations-, Desinfektionsverfahren). Wasserwirtschaftskurs-Kurs M/2. Deutsche Vereinigung für Wasserwirtschaft, Abwasser und Abfall, Hennef.
[447] Cornel, P.; Meda, A. (2008): Wasserwiederverwendung zur landwirtschaftlichen Bewässerung. gwf Wasser/Abwasser, 149, 1, 18–24.
[448] Cornel, P.; Meda, A.; Bieker, S. (2011): Wastewater as a source of energy, nutrients, and service water. In: Wilderer, P. (Hrsg.): Treatise on water science. Water quality engineering, Bd. 4, Elsevier, Amsterdam, Boston, London, 337–376.
[449] Cornel, P.; Schaum, C. (2012): Stand der Maßnahmen für den Gewässerschutz und Ausblick in Deutschland, Standortbestimmung in der Wassergütewirtschaft. In: Institut für Wassergüte, Res-

sourcenmanagement und Abfallwirtschaft der Technischen Universität Wien (Hrsg.): Standortbestimmung in der Wassergütewirtschaft, Wiener Mitteilungen, Band 226
[450] Cram, E. B. (1943): The effect of various treatment processes on the survival of helminth ova and protozoan cysts in sewage. Sewage Works Journal, 15, 6, 1119–1138.
[451] Crawford, S. C. (1958): Spray Irrigation of Certain Sulfate Pulp Mill Wastes. Sewage and Industrial Wastes, 30, 10, 1266–1272.
[452] Crotogino, H. (1949): Erfahrungen mit dem biologischen Abbau von phenolhaltigen Industrieabwässern. Gesundheits-Ingenieur, 70, 1/2, 11–14.
[453] Culp, R. L. (1973): Nährstoffbeseitigung aus Abwasser. In: Böhnke, B. (Hrsg.): Gefährdung von Grund- und Oberflächenwässern durch Gifte und Reststoffe aus Abwassern und Ablagerungen, Gewässerschutz, Wasser, Abwasser, Bd. 10, 221ff., Aachen, Gesellschaft zur Förderung der Siedlungswasserwirtschaft an der RWTH Aachen.
[454] Culp, R. L.; Culp, G. L. (1974): Advanced Wastewater Treatment, New York, Van Nostrand Reinhold.
[455] Czysz, W.; Denne, A.; Rump, H.; Schneider, W.; Staudte, E.; Supperl, W.; Blitz, E.; Böhnke, B.; Doetsch, P.; Dreschmann, P.; Pöppinghaus, K.; Siekmann, K.; Thomas, S. (1984): Abwassertechnologie: Entstehung, Ableitung, Behandlung, Analytik der Abwässer, Berlin, Heidelberg, Springer Berlin Heidelberg.
[456] Dahlem, H. (1938): Hochbelastete Tropfkörper und deren Baukosten. Gesundheits-Ingenieur, 61, 34, 472-474.
[457] Dahlem, H. W. (1977): Vergleichende Untersuchung der Abbauvorgänge in ein- und mehrstufigen Tropfkörpern und Belebungsanlagen, Darmstadt.
[458] Daigger, G. T.; Nicholson, G. A. (1990): Performance of Four Full-Scale Nitrifying Wastewater Treatment Plants Incorporating Selectors. Research Journal of the Water Pollution Control Federation, 62, 5, 676–683.
[459] Damiecki, R. (1982): Leistung und Prozeßstabilität einstufiger kommunaler Tropfkörperanlagen. KA Korrespondenz Abwasser, 29, 3, 134-141.
[460] Dammann, E. (1990): Wasserkreisläufe und Abwasserreinigung in Hüttenwerken unter erschwerten Bedingungen eines schlechten Einsatzwassers. Schriftenreihe ISAH, Heft 78, Hannover.
[461] Danielewski, G. (1967): Die Wasserdichtheit von Rohren und Leistungen aus Beton, Stahlbeton und Spannbeton. gwf Wasser/Abwasser, 108, 36, 1031–1036.
[462] Daun, M. (1996): VerTech-Naßoxidationsanlage Apeldoorn: Erfahrungen aus dem Dauerbetrieb. Abwassertechnik, 47, 1, 46-49.
[463] Decker, J. (1997): Auswirkungen des Fremdwassers auf die Abwasserableitung. In: Dohmann, M. (Hrsg.): 30. Essener Tagung für Wasser- und Abfallwirtschaft, Gewässerschutz, Wasser, Abwasser, Band 156, 17/1-17/18, Aachen.
[464] Dedié, K. (1955): Tierseuchenerreger im Abwasser. Forum Städtehygiene, 6, 9, 177–180.
[465] Demoll, R.; Liebmann, H. (1942): Die Bedeutung des Tropfkörpermaterials für die Reinigungswirkung - Die besondere Eignung des Scheibentropfkörpers für die Versuche. Gesundheits-Ingenieur, 65, 7/8, 55-64.
[466] Demoll, R. (1952): Bemerkungen über "Abwasserlast" und "Abwasserlastenplan", Briefe an den Herausgeber. Gesundheits-Ingenieur, 73, 9/10, 174–175.
[467] Denkert, B. (2003): Maschinelle Eindickung von Klärschlamm - Großtechnischer Betriebsversuch in Müster. In: ATV-DVWK (Hrsg.): Klärschlamm aktuell 2: Ausgewählte Beiträge der 3. ATV-DVWK-Klärschlammtage. 5.-7. Mai 2003, Würzburg, ATV-DVWK-Schriftenreihe, Bd. 29, 323–356, Hennef, ATV-DVWK.
[468] Denkert, R. (2007): Zentrifugen in der parktischen Anwendung. In: Bilitewski, B., Quicker, P., Schnurrer, H. u. Zeschmar-Lahl, B. (Hrsg.): Müll-Handbuch. Sammlung und Transport, Behandlung und Ablagerung sowie Vermeidung und Verwertung von Abfällen. Ergänzbares Handbuch für die kommunale und industrielle Abfallwirtschaft, ESV-Handbücher zum Umweltschutz, Erich Schmidt Verlag, Berlin, 3242.
[469] Denkert, R.; Reza-Tehrani, Y. (2017): „Sommer-/Winter-Schlamm“ – Einflüsse auf die Klärschlammentwässerung. KA Korrespondenz Abwasser, Abfall, 64, 1, 40–48.

[470] Dersch, G.; Mundschenk, H. (1993): Ein mobiles In-situ-Messsystem zur gammaspektrometrischen Bestimmung von Radionukliden in Oberflächengewässern. Deutsche Gewässerkundliche Mitteilungen, 37, 18-23.

[471] Dettmar, J.; Schüßler, O.; Lorenzen, A. (2001): Anwendung selbsttätiger Schwallspülklappen in der Mischwasserkanalisation. KA Korrespondenz Abwasser, 48, 11, 1556–1564.

[472] Deutsche Bundesregierung (1994): Gesetz über Abgaben für das Einleiten von Abwasser in Gewässer: AbwAG (18.11.1994). Bundesgesetzblatt Teil I, 80, 3370–3376.

[473] Deutsche Bundesregierung (2002): Wasserhaushaltgesetz. Gesetz zur Ordnung des Wasserhaushalts: WHG (23.08.2002). Bundesgesetzblatt Teil I, 59, 3245–3266.

[474] Deutsche Vereinigung für Wasserwirtschaft, Abwasser und Abfall: DWA-A 131: Arbeitsblatt DWA-A 131 Bemessung von einstufigen Belebungsanlagen .Deutsche Vereinigung für Wasserwirtschaft, Abwasser und Abfall, Hennef.

[475] Deutsche Vereinigung für Wasserwirtschaft, Abwasser und Abfall: DWA-M 302: DWA-Merkblatt M 302: Klärschlammdesintegration .Deutsche Vereinigung für Wasserwirtschaft, Abwasser und Abfall, Hennef.

[476] Deutsche Vereinigung für Wasserwirtschaft, Abwasser und Abfall: DWA-Merkblatt-M 362-1: Umgang mit Baggergut .Deutsche Vereinigung für Wasserwirtschaft, Abwasser und Abfall, Hennef.

[477] Deutsche Vereinigung für Wasserwirtschaft, Abwasser und Abfall: M 605: DWA-Merkblatt-M 605: Wirkung, Bemessung und Betrieb von Vorsperren zur Verminderung von Stoffeinträgen in Talsperren .Deutsche Vereinigung für Wasserwirtschaft, Abwasser und Abfall, Hennef.

[478] Deutsche Vereinigung für Wasserwirtschaft, Abwasser und Abfall: M 606: DWA-Merkblatt-M 606: Grundlagen und Maßnahmen der Seentherapie .Deutsche Vereinigung für Wasserwirtschaft, Abwasser und Abfall, Hennef.

[479] Deutsche Vereinigung für Wasserwirtschaft, Abwasser und Abfall: Eindickung von Klärschlamm-DWA-Merkblatt M 381: .Deutsche Vereinigung für Wasserwirtschaft, Abwasser und Abfall, Hennef.

[480] Deutsche Vereinigung für Wasserwirtschaft, Abwasser und Abfall: Merkblatt DWA-M 271: Personalbedarf für den Betrieb kommunaler Kläranlagen .Deutsche Vereinigung für Wasserwirtschaft, Abwasser und Abfall, Hennef.

[481] Deutsche Vereinigung für Wasserwirtschaft, Abwasser und Abfall: M 127: Richtlinie für die statistische Berechnung von Entwässerungsleitungen für Sickerwasser aus Deponien .Gesellschaft zur Förderung der Abwassertechnik (GFA), Hennef.

[482] Deutsche Vereinigung für Wasserwirtschaft, Abwasser und Abfall: A 143-2: Statische Berechnung zur Sanierung von Abwasserleitungen und -kanälen mit Lining- und Montageverfahren .Deutsche Vereinigung für Wasserwirtschaft, Abwasser und Abfall, Hennef (Sieg).

[483] Deutsche Vereinigung für Wasserwirtschaft, Abwasser und Abfall (1979): ATV-DVWK-A 120: Richtlinien für das Prüfen elektronischer Berechnungen von Kanalnetzen (August 1979).Deutsche Vereinigung für Wasserwirtschaft, Abwasser und Abfall, Hennef.

[484] Deutsche Vereinigung für Wasserwirtschaft, Abwasser und Abfall (1984): ATV-DVWK-A 119: Grundsätze für die Berechnung von Entwässerungsnetzen mit elektronischen Datenverarbeitungsanlagen (Oktober 1984).Deutsche Vereinigung für Wasserwirtschaft, Abwasser und Abfall, Hennef.

[485] Deutsche Vereinigung für Wasserwirtschaft, Abwasser und Abfall (1985): M 250: ATV-Merkblatt-M 250 Maßnahmen zur Sauerstoffanreicherung von Oberflächengewässern (September 1985).Deutsche Vereinigung für Wasserwirtschaft, Abwasser und Abfall, Hennef.

[486] Deutsche Vereinigung für Wasserwirtschaft, Abwasser und Abfall (1990): ATV-A 140-1: Regeln für den Kanalbetrieb. Teil I: Kanalnetz (März 1990).Deutsche Vereinigung für Wasserwirtschaft, Abwasser und Abfall, St. Augustin.

[487] Deutsche Vereinigung für Wasserwirtschaft, Abwasser und Abfall (2000): ATV- A 134: Planung und Bau von Abwasserpumpanlagen (Juni 2000).Gesellschaft zur Förderung der Abwassertechnik (GFA), Hennef.

[488] Deutsche Vereinigung für Wasserwirtschaft, Abwasser und Abfall (2000): ATV-DVWK-A 127: Statische Berechnung von Abwasserkanälen und -leitungen (August 2000).Gesellschaft zur Förderung der Abwassertechnik (GFA), Hennef.

[489] Deutsche Vereinigung für Wasserwirtschaft, Abwasser und Abfall (2000): ATV-DVWK-A 157: Bauwerke der Kanalisation (November 2000).Deutsche Vereinigung für Wasserwirtschaft, Abwasser und Abfall, Hennef.

[490] Deutsche Vereinigung für Wasserwirtschaft, Abwasser und Abfall (2001): ATV-DVWK-M 177: Bemessung und Gestaltung von Regenentlastungsanlagen in Mischwasserkanälen (Juni 2001).Gesellschaft zur Förderung der Abwassertechnik (GFA), Hennef.

[491] Deutsche Vereinigung für Wasserwirtschaft, Abwasser und Abfall (2003): ATV-DVWK-A 198: Vereinheitlichung und Herleitung von Bemessungswerten für Abwasseranlagen (April 2003).Deutsche Vereinigung für Wasserwirtschaft, Abwasser und Abfall, Hennef.

[492] Deutsche Vereinigung für Wasserwirtschaft, Abwasser und Abfall (2003): ATV-DVWK-M 154: Geruchsemissionen aus Entwässerungssystemen (Oktober 2003).Deutsche Vereinigung für Wasserwirtschaft, Abwasser und Abfall, Hennef.

[493] Deutsche Vereinigung für Wasserwirtschaft, Abwasser und Abfall (2003): DWA-M 152: Merkblatt ATV-DVWK-M 152 Umsteigekatalog von ATV-M 143-2 zu DIN EN 13508-2 (Oktober 2003).ATV-DVWK, Dt. Vereinigung für Wasserwirtschaft, Abwasser, Abfall, Hennef.

[494] Deutsche Vereinigung für Wasserwirtschaft, Abwasser und Abfall (2004): ATV-DVWK-M 165: Anforderungen an Niederschlag-Abfluss-Berechnungen in der Siedlungsentwässerung (Januar 2004).Deutsche Vereinigung für Wasserwirtschaft, Abwasser und Abfall, Hennef.

[495] Deutsche Vereinigung für Wasserwirtschaft, Abwasser und Abfall (2004): ATV-M 146: Abwasserleitungen und -kanäle in Wassergewinnungsgebieten (Mai 2004).Gesellschaft zur Förderung der Abwassertechnik (GFA), Hennef.

[496] Deutsche Vereinigung für Wasserwirtschaft, Abwasser und Abfall (2004): ATV-DVWK-M 115-3: Indirekteinleitung nicht häuslichen Abwassers. Teil 3: Praxis der Indirekteinleiterüberwachung (August 2004).Deutsche Vereinigung für Wasserwirtschaft, Abwasser und Abfall, Hennef.

[497] Deutsche Vereinigung für Wasserwirtschaft, Abwasser und Abfall (2005): Dichtungssysteme in Deichen: DWA-Themen WW 7.3. DWA-Themen, Hennef, Deutsche Vereinigung für Wasserwirtschaft, Abwasser und Abfall.

[498] Deutsche Vereinigung für Wasserwirtschaft, Abwasser und Abfall (2005): DWA-A 116-1: Besondere Entwässerungsverfahren - Teil 1: Unterdruckentwässerungssysteme außerhalb von Gebäuden (März 2005).Deutsche Vereinigung für Wasserwirtschaft, Abwasser und Abfall, Hennef.

[499] Deutsche Vereinigung für Wasserwirtschaft, Abwasser und Abfall (2005): DWA-A 147: Betriebsaufwand für die Kanalisation (April 2005).Deutsche Vereinigung für Wasserwirtschaft, Abwasser und Abfall, Hennef.

[500] Deutsche Vereinigung für Wasserwirtschaft, Abwasser und Abfall (2005): DWA-A 138: Planung, Bau und Betrieb von Anlagen zur Versickerung von Niederschlagswasser (April 2005).Deutsche Vereinigung für Wasserwirtschaft, Abwasser und Abfall, Hennef.

[501] Deutsche Vereinigung für Wasserwirtschaft, Abwasser und Abfall (2005): DWA-A 201: Grundsätze für Bemessung, Bau und Betrieb von Abwasserteichanlagen; korrigierter Stand: Dezember 2011 (August 2005).Deutsche Vereinigung für Wasserwirtschaft, Abwasser und Abfall, Hennef.

[502] Deutsche Vereinigung für Wasserwirtschaft, Abwasser und Abfall (2005): DWA-A 201: Grundsätze für Bemessung, Bau und Betrieb von Abwasserteichanlagen; korrigierter Stand: Dezember 2011 (August 2005).Deutsche Vereinigung für Wasserwirtschaft, Abwasser und Abfall, Hennef.

[503] Deutsche Vereinigung für Wasserwirtschaft, Abwasser und Abfall (2005): DWA-M 753: Abwasser aus der Kartoffelverarbeitung (Oktober 2005).Deutsche Vereinigung für Wasserwirtschaft, Abwasser und Abfall, Hennef.

[504] Deutsche Vereinigung für Wasserwirtschaft, Abwasser und Abfall (2005): DWA-M 174: Betriebsaufwand für die Kanalisation (Oktober 2005).Deutsche Vereinigung für Wasserwirtschaft, Abwasser und Abfall, Hennef.

[505] Deutsche Vereinigung für Wasserwirtschaft, Abwasser und Abfall (2005): DWA-M 178: Empfehlungen für Planung, Bau und Betrieb von Retentionsbodenfiltern zur weitergehenden Regenwasserbehandlung im Misch- und Trennsystem (Oktober 2005).Deutsche Vereinigung für Wasserwirtschaft, Abwasser und Abfall, Hennef.

[506] Deutsche Vereinigung für Wasserwirtschaft, Abwasser und Abfall (2005): DWA-M 180: Handlungsrahmen zur Planung der Abflusssteuerung in Kanalnetzen (Dezember 2005).Deutsche Vereinigung für Wasserwirtschaft, Abwasser und Abfall, Hennef.
[507] Deutsche Vereinigung für Wasserwirtschaft, Abwasser und Abfall (2006): DWA-M 158: Bauwerke der Kanalisation (März 2006).Deutsche Vereinigung für Wasserwirtschaft, Abwasser und Abfall, Hennef.
[508] Deutsche Vereinigung für Wasserwirtschaft, Abwasser und Abfall (2006): DWA-A 118: Hydraulische Bemessung und Nachweis von Entwässerungssystemen (März 2006).Deutsche Vereinigung für Wasserwirtschaft, Abwasser und Abfall, Hennef.
[509] Deutsche Vereinigung für Wasserwirtschaft, Abwasser und Abfall (2006): DWA-A 112-Entwurf: Hydraulische Dimensionierung und Leistungsnachweis von Sonderbauwerken in Abwasserleitungen und -kanälen (Juli 2006).Deutsche Vereinigung für Wasserwirtschaft, Abwasser und Abfall, Hennef.
[510] Deutsche Vereinigung für Wasserwirtschaft, Abwasser und Abfall (2006): DWA-A 199-4: Dienst- und Betriebsanweisung für das Personal von Abwasseranlagen Teil 4: Betriebsanweisung für das Personal von Kläranlagen (August 2006).Deutsche Vereinigung für Wasserwirtschaft, Abwasser und Abfall, Hennef.
[511] Deutsche Vereinigung für Wasserwirtschaft, Abwasser und Abfall (2006): DWA-A 110: Hydraulische Dimensionierung und Leistungsnachweis von Abwasserleitungen und -kanälen (August 2006).Deutsche Vereinigung für Wasserwirtschaft, Abwasser und Abfall, Hennef.
[512] Deutsche Vereinigung für Wasserwirtschaft, Abwasser und Abfall (2006): DWA-A 280: Behandlung von Schlamm aus Kleinkläranlagen in kommunalen Kläranlagen (Oktober 2006).Deutsche Vereinigung für Wasserwirtschaft, Abwasser und Abfall, Hennef.
[513] Deutsche Vereinigung für Wasserwirtschaft, Abwasser und Abfall (2006): DWA-M 376: Sicherheitsregeln für Biogasbehälter mit Membrandichtung (Oktober 2006).Deutsche Vereinigung für Wasserwirtschaft, Abwasser und Abfall, Hennef.
[514] Deutsche Vereinigung für Wasserwirtschaft, Abwasser und Abfall (2006): DWA-A 226 (Entwurf): Grundsätze für die Abwasserbehandlung in Belebungsanlagen mit gemeinsamer aerober Schlammstabilisierung ab 1.000 Einwohnerwerte (zurückgezogen) (November 2006).Deutsche Vereinigung für Wasserwirtschaft, Abwasser und Abfall, Hennef.
[515] Deutsche Vereinigung für Wasserwirtschaft, Abwasser und Abfall (2006): DWA-M 803: Kostenstrukturen in der Abwassertechnik (November 2006).Deutsche Vereinigung für Wasserwirtschaft, Abwasser und Abfall, Hennef.
[516] Deutsche Vereinigung für Wasserwirtschaft, Abwasser und Abfall (2006): DWA-A 100: Leitlinien der integralen Siedlungsentwässerung (ISiE) (Dezember 2006).Deutsche Vereinigung für Wasserwirtschaft, Abwasser und Abfall, Hennef.
[517] Deutsche Vereinigung für Wasserwirtschaft, Abwasser und Abfall (2007): Abkopplungsmassnahmen in der Stadtentwässerung. DWA-Themen. Deutsche Vereinigung für Wasserwirtschaft, Abwasser und Abfall, Hennef.
[518] Deutsche Vereinigung für Wasserwirtschaft, Abwasser und Abfall (2007): DWA-M 209: Messung der Sauerstoffzufuhr von Belüftungseinrichtungen in Belebungsanlagen in Reinwasser und in belebtem Schlamm (April 2007).Deutsche Vereinigung für Wasserwirtschaft, Abwasser und Abfall, Hennef.
[519] Deutsche Vereinigung für Wasserwirtschaft, Abwasser und Abfall (Hrsg.) (2007): Anwendung von Ölaufnahmegeräten auf Binnen- und Küstengewässern: Technisches Hilfswerk. DWA-Themen, IG 7.2, Hennef, Deutsche Vereinigung für Wasserwirtschaft, Abwasser und Abfall.
[520] Deutsche Vereinigung für Wasserwirtschaft, Abwasser und Abfall (2007): DWA-A 116-2: Besondere Entwässerungsverfahren (Mai 2007).Deutsche Vereinigung für Wasserwirtschaft, Abwasser und Abfall, Hennef.
[521] Deutsche Vereinigung für Wasserwirtschaft, Abwasser und Abfall (2007): DWA-A 199-3: Dienst- und Betriebsanweisung für das Personal von Abwasseranlagen Teil 3: Betriebsanweisung für das Personal von Abwasserpumpanlagen (Juni 2007).Deutsche Vereinigung für Wasserwirtschaft, Abwasser und Abfall, Hennef.
[522] Deutsche Vereinigung für Wasserwirtschaft, Abwasser und Abfall (2007): DWA-M 715: Ölbeseitigung auf Verkehrsflächen (Juni 2007).Deutsche Vereinigung für Wasserwirtschaft, Abwasser und Abfall, Hennef.

[523] Deutsche Vereinigung für Wasserwirtschaft, Abwasser und Abfall (2007): DWA-A 199-2: Dienst- und Betriebsanweisung für das Personal von Abwasseranlagen Teil 2: Betriebsanweisung für das Personal von Kanalnetzen und Regenwasserbehandlungsanlagen (Juli 2007).Deutsche Vereinigung für Wasserwirtschaft, Abwasser und Abfall, Hennef.

[524] Deutsche Vereinigung für Wasserwirtschaft, Abwasser und Abfall (2007): DWA-M 207: Informations- und Kommunikationsnetzwerke für die Abwassertechnik (Juli 2007).Deutsche Vereinigung für Wasserwirtschaft, Abwasser und Abfall, Hennef.

[525] Deutsche Vereinigung für Wasserwirtschaft, Abwasser und Abfall (2007): DWA-A 112: Hydraulische Dimensionierung und Leistungsnachweis von Sonderbauwerken in Abwasserleitungen und -kanälen (August 2007).Deutsche Vereinigung für Wasserwirtschaft, Abwasser und Abfall, Hennef.

[526] Deutsche Vereinigung für Wasserwirtschaft, Abwasser und Abfall (2007): DWA-M 603: Freizeit und Erholung an Fließgewässern (Oktober 2007).Deutsche Vereinigung für Wasserwirtschaft, Abwasser und Abfall, Hennef.

[527] Deutsche Vereinigung für Wasserwirtschaft, Abwasser und Abfall (2007): DWA-M 213-1: Planung und Bau der Elektrotechnik auf Anlagen der Abwassertechnik. Teil 1: Allgemeine Planungs- und Baugrundlagen (November 2007).Deutsche Vereinigung für Wasserwirtschaft, Abwasser und Abfall, Hennef.

[528] Deutsche Vereinigung für Wasserwirtschaft, Abwasser und Abfall (2007): DWA-M 167-5: Abscheider und Rückstausicherungsanlagen bei der Grundstücksentwässerung: Einbau, Betrieb, Wartung und Kontrolle, Teil 5: Rückstausicherung und Leichtflüssigkeitssperren (Dezember 2007).Deutsche Vereinigung für Wasserwirtschaft, Abwasser und Abfall, Hennef.

[529] Deutsche Vereinigung für Wasserwirtschaft, Abwasser und Abfall (2007): DWA-M 167-5: Abscheider- und Rückstausicherungsanlagen in der Grundstücksentwässerung (Dezember 2007).Deutsche Vereinigung für Wasserwirtschaft, Abwasser und Abfall, Hennef.

[530] Deutsche Vereinigung für Wasserwirtschaft, Abwasser und Abfall (2007): DWA-M 167-1: Abscheider- und Rückstausicherungsanlagen in der Grundstücksentwässerung: Einbau, Betrieb, Wartung und Kontrolle, Teil 1: Rechtliche und technische Bestimmungen (Dezember 2007).Deutsche Vereinigung für Wasserwirtschaft, Abwasser und Abfall, Hennef.

[531] Deutsche Vereinigung für Wasserwirtschaft, Abwasser und Abfall (2007): DWA-M 167-2: Abscheider- und Rückstausicherungsanlagen in der Grundstücksentwässerung: Einbau, Betrieb, Wartung und Kontrolle, Teil 2: Abscheideranlagen für Leichtflüssigkeiten (Dezember 2007).Deutsche Vereinigung für Wasserwirtschaft, Abwasser und Abfall, Hennef.

[532] Deutsche Vereinigung für Wasserwirtschaft, Abwasser und Abfall (2007): DWA-M 167-3: Abscheider- und Rückstausicherungsanlagen in der Grundstücksentwässerung: Einbau, Betrieb, Wartung und Kontrolle, Teil 3: Abscheideranlagen für Fette und Abscheideranlagen für Stärke (Dezember 2007).Deutsche Vereinigung für Wasserwirtschaft, Abwasser und Abfall, Hennef.

[533] Deutsche Vereinigung für Wasserwirtschaft, Abwasser und Abfall (2007): DWA-M 167-4: Abscheider- und Rückstausicherungsanlagen in der Grundstücksentwässerung: Einbau, Betrieb, Wartung und Kontrolle, Teil 4: Abscheideranlagen für Amalgam (Dezember 2007).Deutsche Vereinigung für Wasserwirtschaft, Abwasser und Abfall, Hennef.

[534] Deutsche Vereinigung für Wasserwirtschaft, Abwasser und Abfall (2008): Aufbereitungsstufen für die Wasserwiederverwendung: Mai 2008, Hennef, Deutsche Vereinigung für Wasserwirtschaft, Abwasser und Abfall.

[535] Deutsche Vereinigung für Wasserwirtschaft, Abwasser und Abfall (2008): Neuartige Sanitärsysteme. DWA-Themen, Hennef, Deutsche Vereinigung für Wasserwirtschaft, Abwasser und Abfall.

[536] Deutsche Vereinigung für Wasserwirtschaft, Abwasser und Abfall (2008): DWA-M 1100: Benchmarking in der Wasserversorgung und Abwasserbeseitigung (März 2008).Deutsche Vereinigung für Wasserwirtschaft, Abwasser und Abfall, Hennef.

[537] Deutsche Vereinigung für Wasserwirtschaft, Abwasser und Abfall (2008): DWA-M 269: Prozessmessgeräte für Stickstoff, Phosphor und Kohlenstoff in Abwasserbehandlungsanlagen (März 2008).Deutsche Vereinigung für Wasserwirtschaft, Abwasser und Abfall, Hennef.

[538] Deutsche Vereinigung für Wasserwirtschaft, Abwasser und Abfall (2008): DWA-M 211: Schutz und Instandsetzung von Betonbauwerken in kommunalen Kläranlagen (April 2008).Deutsche Vereinigung für Wasserwirtschaft, Abwasser und Abfall, Hennef.

[539] Deutsche Vereinigung für Wasserwirtschaft, Abwasser und Abfall (2008): DWA-M 149-4: Zustandserfassung und -beurteilung von Entwässerungssystemen außerhalb von Gebäuden - Teil 4: Detektion von Lagerungsdefekten und Hohlräumen mittels geophysikalischer Verfahren (Juli 2008).Deutsche Vereinigung für Wasserwirtschaft, Abwasser und Abfall, Hennef.
[540] Deutsche Vereinigung für Wasserwirtschaft, Abwasser und Abfall (2008): DWA-M 383: Kennwerte der Klärschlammentwässerung (Oktober 2008).Deutsche Vereinigung für Wasserwirtschaft, Abwasser und Abfall, Hennef.
[541] Deutsche Vereinigung für Wasserwirtschaft, Abwasser und Abfall (2008): DWA-M 710: Abwasser aus der Verarbeitung tierischer Nebenprodukte (Dezember 2008).Deutsche Vereinigung für Wasserwirtschaft, Abwasser und Abfall, Hennef.
[542] Deutsche Vereinigung für Wasserwirtschaft, Abwasser und Abfall (2008): DWA-A 125: Rohrvortrieb und verwandte Verfahren (Dezember 2008).Deutsche Vereinigung für Wasserwirtschaft, Abwasser und Abfall, Hennef (Sieg).
[543] Deutsche Vereinigung für Wasserwirtschaft, Abwasser und Abfall (2009): DWA-M 380: Co-Vergärung in kommunalen Klärschlammfaulbehältern, Abfallvergärungsanlagen und landwirtschafltichen Biogasanlagen (Juni 2009).Deutsche Vereinigung für Wasserwirtschaft, Abwasser und Abfall, Hennef.
[544] Deutsche Vereinigung für Wasserwirtschaft, Abwasser und Abfall (2009): DWA-M 114: Energie aus Abwasser,- Wärme- und Lageenergie (Juni 2009).Deutsche Vereinigung für Wasserwirtschaft, Abwasser und Abfall, Hennef.
[545] Deutsche Vereinigung für Wasserwirtschaft, Abwasser und Abfall (2009): DWA-M 210: Belebungsanlagen mit Aufstaubetrieb (Juli 2009).Deutsche Vereinigung für Wasserwirtschaft, Abwasser und Abfall, Hennef.
[546] Deutsche Vereinigung für Wasserwirtschaft, Abwasser und Abfall (2009): DWA-A 139: Einbau und Prüfung von Abwasserleitungen und -kanälen (Dezember 2009).Deutsche Vereinigung für Wasserwirtschaft, Abwasser und Abfall, Hennef.
[547] Deutsche Vereinigung für Wasserwirtschaft, Abwasser und Abfall (2010): Energiepotenziale in der deutschen Wasserwirtschaft: Schwerpunkt Abwasser. DWA-Themen, Hennef.
[548] Deutsche Vereinigung für Wasserwirtschaft, Abwasser und Abfall (2010): DWA-M 168: Korrosion von Abwasseranlagen - Abwasserableitungen, Merkblatt DWA-M 168 (Juni 2010).Deutsche Vereinigung für Wasserwirtschaft, Abwasser und Abfall, Hennef.
[549] Deutsche Vereinigung für Wasserwirtschaft, Abwasser und Abfall (2010): DWA-A 111: Hydraulische Dimensionierung und betrieblicher Leistungsnachweis von Anlagen zur Abfluss- und Wasserstandsbegrenzung in Entwässerungssystemen (Dezember 2010).Deutsche Vereinigung für Wasserwirtschaft, Abwasser und Abfall, Hennef.
[550] Deutsche Vereinigung für Wasserwirtschaft, Abwasser und Abfall (2010): DWA-M 149-5: Zustandserfassung und -beurteilung von Entwässerungssystemen außerhalb von Gebäuden (Dezember 2010).Deutsche Vereinigung für Wasserwirtschaft, Abwasser und Abfall, Hennef.
[551] Deutsche Vereinigung für Wasserwirtschaft, Abwasser und Abfall (2011): DWA-A 202: Chemisch-physikalische Verfahren zur Elimination von Phosphor aus Abwasser (Mai 2011).Deutsche Vereinigung für Wasserwirtschaft, Abwasser und Abfall, Hennef.
[552] Deutsche Vereinigung für Wasserwirtschaft, Abwasser und Abfall (2011): DWA-A 222: Grundsätze für Bemessung, Bau und Betrieb von kleinen Kläranlagen mit aerober biologischer Reinigungsstufe bis 1.000 Einwohnerwerte (Mai 2011).Deutsche Vereinigung für Wasserwirtschaft, Abwasser und Abfall, Hennef.
[553] Deutsche Vereinigung für Wasserwirtschaft, Abwasser und Abfall (2011): DWA-M 256: Prozessmesstechnik auf Kläranlagen (Juni 2011).Deutsche Vereinigung für Wasserwirtschaft, Abwasser und Abfall, Hennef.
[554] Deutsche Vereinigung für Wasserwirtschaft, Abwasser und Abfall (2011): DWA-M 708: Abwasser aus der Milchverarbeitung (Oktober 2011).Deutsche Vereinigung für Wasserwirtschaft, Abwasser und Abfall, Hennef.
[555] Deutsche Vereinigung für Wasserwirtschaft, Abwasser und Abfall (2011): DWA-A 199-1: Dienstanweisung für das Personal von Abwasseranlagen Teil 1: Dienstanweisung für das Personal von Ab-

wasseranlagen (November 2011).Deutsche Vereinigung für Wasserwirtschaft, Abwasser und Abfall, Hennef.

[556] Deutsche Vereinigung für Wasserwirtschaft, Abwasser und Abfall (2011): DWA-M 507-1: Deiche an Fließgewässern - Teil 1: Planung, Bau und Betrieb (Dezember 2011).Deutsche Vereinigung für Wasserwirtschaft, Abwasser und Abfall, Hennef.

[557] Deutsche Vereinigung für Wasserwirtschaft, Abwasser und Abfall (2011): DWA-M 386: Thermische Behandlung von Klärschlämmen (Dezember 2011).Deutsche Vereinigung für Wasserwirtschaft, Abwasser und Abfall, Hennef.

[558] Deutsche Vereinigung für Wasserwirtschaft, Abwasser und Abfall (2012): Kalkulation von Gebühren und Beiträgen der Abwasserbeseitigung. DWA-Themen, 3/2012, Hennef, Deutsche Vereinigung für Wasserwirtschaft, Abwasser und Abfall.

[559] Deutsche Vereinigung für Wasserwirtschaft, Abwasser und Abfall (2012): DWA-M 773: Abwasser aus der Weinbereitung (Juli 2012).Deutsche Vereinigung für Wasserwirtschaft, Abwasser und Abfall, Hennef.

[560] Deutsche Vereinigung für Wasserwirtschaft, Abwasser und Abfall (2012): Leitlinien zur Durchführung dynamischer Kostenvergleichsrechnungen (KVR-Leitlinien) (Juli 2012).Deutsche Vereinigung für Wasserwirtschaft, Abwasser und Abfall, Hennef.

[561] Deutsche Vereinigung für Wasserwirtschaft, Abwasser und Abfall (2012): DWA-M 766: Abwasser der Erfrischungsgetränke-, der Fruchtsaft-Industrie und der Mineralbrunnen (August 2012).Deutsche Vereinigung für Wasserwirtschaft, Abwasser und Abfall, Hennef.

[562] Deutsche Vereinigung für Wasserwirtschaft, Abwasser und Abfall (2012): DWA-M 1000: Anforderungen an die Qualifikation und die Organisation von Betreibern von Abwasseranlagen (August 2012).Deutsche Vereinigung für Wasserwirtschaft, Abwasser und Abfall, Hennef.

[563] Deutsche Vereinigung für Wasserwirtschaft, Abwasser und Abfall (2012): DWA-M 153: Handlungsempfehlungen zum Umgang mit Regenwasser (August 2012).Deutsche Vereinigung für Wasserwirtschaft, Abwasser und Abfall, Hennef.

[564] Deutsche Vereinigung für Wasserwirtschaft, Abwasser und Abfall (2013): DWA-M 115-1: Indirekteinleitung nicht häuslichen Abwassers. Teil 1: Rechtsgrundlagen (Februar 2013).Deutsche Vereinigung für Wasserwirtschaft, Abwasser und Abfall, Hennef.

[565] Deutsche Vereinigung für Wasserwirtschaft, Abwasser und Abfall (2013): DWA-M 115-2: Indirekteinleitung nicht häuslichen Abwassers. Teil 2: Anforderungen (Februar 2013).Deutsche Vereinigung für Wasserwirtschaft, Abwasser und Abfall, Hennef (Sieg).

[566] Deutsche Vereinigung für Wasserwirtschaft, Abwasser und Abfall (2013): DWA-M 366: Maschinelle Schlammentwässerung (Februar 2013).Deutsche Vereinigung für Wasserwirtschaft, Abwasser und Abfall, Hennef.

[567] Deutsche Vereinigung für Wasserwirtschaft, Abwasser und Abfall (2013): DWA-M 205: Desinfektion von biologisch gereinigtem Abwasser (März 2013).Deutsche Vereinigung für Wasserwirtschaft, Abwasser und Abfall, Hennef.

[568] Deutsche Vereinigung für Wasserwirtschaft, Abwasser und Abfall (2013): DWA-M 103: Hochwasserschutz für Abwasseranlagen (Oktober 2013).Deutsche Vereinigung für Wasserwirtschaft, Abwasser und Abfall, Hennef.

[569] Deutsche Vereinigung für Wasserwirtschaft, Abwasser und Abfall (2013): DWA-A 166: Bauwerke der zentralen Regenwasserbehandlung und -rückhaltung – Konstruktive Gestaltung und Ausrüstung (November 2013).Deutsche Vereinigung für Wasserwirtschaft, Abwasser und Abfall, Hennef.

[570] Deutsche Vereinigung für Wasserwirtschaft, Abwasser und Abfall (2013): DWA-M 176: Hinweise zur konstruktiven Gestaltung und Ausrüstung von Bauwerken der zentralen Regenwasserbehandlung und -rückhaltung (November 2013).Deutsche Vereinigung für Wasserwirtschaft, Abwasser und Abfall, Hennef.

[571] Deutsche Vereinigung für Wasserwirtschaft, Abwasser und Abfall (2013): DWA-A 117: Bemessung von Regenrückhalteräumen (Dezember 2013).Deutsche Vereinigung für Wasserwirtschaft, Abwasser und Abfall, Hennef.

[572] Deutsche Vereinigung für Wasserwirtschaft, Abwasser und Abfall (2013): DWA-M 149-2: Zustandserfassung und -beurteilung von Entwässerungssystemen außerhalb von Gebäuden (Dezember 2013).Deutsche Vereinigung für Wasserwirtschaft, Abwasser und Abfall, Hennef.

[573] Deutsche Vereinigung für Wasserwirtschaft, Abwasser und Abfall (2014): Membran-Bioreaktor-Verfahren (MBR-Verfahren): Merkblatt DWA-M 227. DWA-Regelwerk, M 227, Hennef, Deutsche Vereinigung für Wasserwirtschaft, Abwasser und Abfall.

[574] Deutsche Vereinigung für Wasserwirtschaft, Abwasser und Abfall (2014): DWA-A 161: Statische Berechnung von Vortriebsrohren (März 2014).Deutsche Vereinigung für Wasserwirtschaft, Abwasser und Abfall, Hennef.

[575] Deutsche Vereinigung für Wasserwirtschaft, Abwasser und Abfall (2014): DWA-M 279: Schmutzwasser von unbewirtschafteten Rastanlagen (April 2014).Deutsche Vereinigung für Wasserwirtschaft, Abwasser und Abfall, Hennef.

[576] Deutsche Vereinigung für Wasserwirtschaft, Abwasser und Abfall (2014): DWA-M 509: Fischaufstiegsanlagen und fischpassierbare Bauwerke – Gestaltung, Bemessung, Qualitätssicherung (Mai 2014).Deutsche Vereinigung für Wasserwirtschaft, Abwasser und Abfall, Hennef.

[577] Deutsche Vereinigung für Wasserwirtschaft, Abwasser und Abfall (2014): DWA-M 368: Biologische Stabilisierung von Klärschlamm (Juni 2014).Deutsche Vereinigung für Wasserwirtschaft, Abwasser und Abfall, Hennef.

[578] Deutsche Vereinigung für Wasserwirtschaft, Abwasser und Abfall (2014): DWA-A 262: Grundsätze für Bemessung, Bau und Betrieb von Pflanzenkläranlagen mit bepflanzten Bodenfiltern zur biologischen Reinigung kommunalen Abwassers (Juni 2014).Deutsche Vereinigung für Wasserwirtschaft, Abwasser und Abfall, Hennef.

[579] Deutsche Vereinigung für Wasserwirtschaft, Abwasser und Abfall (2014): DWA-A 272: Grundsätze für die Planung und Implementierung Neuartiger Sanitärsysteme (NASS) (Juni 2014).Deutsche Vereinigung für Wasserwirtschaft, Abwasser und Abfall, Hennef.

[580] Deutsche Vereinigung für Wasserwirtschaft, Abwasser und Abfall (2014): DWA-M 197: Ausschreibung von Kanalreinigungsleistungen mit dem Hochdruckspülverfahren (Juli 2014).Deutsche Vereinigung für Wasserwirtschaft, Abwasser und Abfall, Hennef.

[581] Deutsche Vereinigung für Wasserwirtschaft, Abwasser und Abfall (2014): DWA-M 350: Aufbereitung von synthetischen polymeren Flockungsmitteln zur Klärschlammkonditionierung (August 2014).Deutsche Vereinigung für Wasserwirtschaft, Abwasser und Abfall, Hennef.

[582] Deutsche Vereinigung für Wasserwirtschaft, Abwasser und Abfall (2015): Möglichkeiten der Elimination von anthropogenen Spurenstoffen. DWA-Themen, 3/2015, Hennef, Deutsche Vereinigung für Wasserwirtschaft, Abwasser und Abfall.

[583] Deutsche Vereinigung für Wasserwirtschaft, Abwasser und Abfall (2015): Schlammfaulung oder gemeinsame aerobe Stabilisierung bei Kläranlagen kleiner und mittlerer Größe. DWA-Themen, Band 2015,1, Hennef (Sieg), Hennef (Sieg), Deutsche Vereinigung für Wasserwirtschaft, Abwasser und Abfall.

[584] Deutsche Vereinigung für Wasserwirtschaft, Abwasser und Abfall (2015): DWA-A 143-1: Planung und Überwachung von Sanierungsmaßnahmen (Februar 2015).Deutsche Vereinigung für Wasserwirtschaft, Abwasser und Abfall, Hennef (Sieg).

[585] Deutsche Vereinigung für Wasserwirtschaft, Abwasser und Abfall (2015): DWA-A 143-2: Sanierung von Entwässerungssystemen außerhalb von Gebäuden Teil 2: Statische Berechnung zur Sanierung von Abwasserleitungen und -kanälen mit Lining- und Montageverfahren (Juli 2015).Deutsche Vereinigung für Wasserwirtschaft, Abwasser und Abfall, Hennef.

[586] Deutsche Vereinigung für Wasserwirtschaft, Abwasser und Abfall (2015): DWA-M 369: Merkblatt DWA-M 369 Abfälle aus kommunalen Abwasseranlagen - Rechen- und Sandfanggut, Kanal- und Sinkkastengut (September 2015).Deutsche Vereinigung für Wasserwirtschaft, Abwasser und Abfall, Hennef.

[587] Deutsche Vereinigung für Wasserwirtschaft, Abwasser und Abfall (2015): DWA-M 733: Abwasser aus der Herstellung Technischer Textilien (Oktober 2015).Deutsche Vereinigung für Wasserwirtschaft, Abwasser und Abfall, Hennef.

[588] Deutsche Vereinigung für Wasserwirtschaft, Abwasser und Abfall (2015): DWA-M 751: Abwasser aus der Gemüseverarbeitung und Sauerkrautbereitung (November 2015).Deutsche Vereinigung für Wasserwirtschaft, Abwasser und Abfall, Hennef.

[589] Deutsche Vereinigung für Wasserwirtschaft, Abwasser und Abfall (2015): DWA-A 216: Energiecheck und Energieanalyse (Dezember 2015).Deutsche Vereinigung für Wasserwirtschaft, Abwasser und Abfall, Hennef.

[590] Deutsche Vereinigung für Wasserwirtschaft, Abwasser und Abfall (2016): 28. Leistungsvergleich kommunaler Kläranlagen. KA Korrespondenz Abwasser, Abfall, 63, 10, 867-870.

[591] Deutsche Vereinigung für Wasserwirtschaft, Abwasser und Abfall (2016): DWA-A 142: Abwasserleitungen und -kanäle in Wassergewinnungsgebieten (Januar 2016).Deutsche Vereinigung für Wasserwirtschaft, Abwasser und Abfall, Hennef.

[592] Deutsche Vereinigung für Wasserwirtschaft, Abwasser und Abfall (2016): Diffuse Stoffeinträge in Gewässer aus der Landwirtschaft. DWA-Themen, T2/2016, Hennef, Deutsche Vereinigung für Wasserwirtschaft, Abwasser und Abfall.

[593] Deutsche Vereinigung für Wasserwirtschaft, Abwasser und Abfall (2016): DWA-Stellungnahme zur bestehenden Regelung der Düngemittelverordnung vom 05. 12. 2012 hinsichtlich des Einsatzes synthetischer Polymere bei der Klärschlammverwertung, Hennef. http://de.dwa.de/tl_files/_media/content/PDFs/Abteilung_WAW/Hoe/Stellungnahmen/DWA-StellungnahmePolymer20160202.pdf, abgerufen am: 04.08.2017.

[594] Deutsche Vereinigung für Wasserwirtschaft, Abwasser und Abfall (2016): DWA-M 149-3: Zustandserfassung und -beurteilung von Entwässerungssystemen außerhalb von Gebäuden Teil 3: Beurteilung nach optischer Inspektion (Februar 2016).Deutsche Vereinigung für Wasserwirtschaft, Abwasser und Abfall, Hennef.

[595] Deutsche Vereinigung für Wasserwirtschaft, Abwasser und Abfall (2016): DWA-A 704: Betriebsanalytik für Abwasseranlagen (April 2016).Deutsche Vereinigung für Wasserwirtschaft, Abwasser und Abfall, Hennef.

[596] Deutsche Vereinigung für Wasserwirtschaft, Abwasser und Abfall (2016): DWA-262-Entwurf: Grundsätze für Bemessung, Bau und Betrieb von Kläranlagen mit Bodenfiltern zur Reinigung kommunalen Abwassers (April 2016).Deutsche Vereinigung für Wasserwirtschaft, Abwasser und Abfall, Hennef.

[597] Deutsche Vereinigung für Wasserwirtschaft, Abwasser und Abfall (2016): DWA-A 131: Bemessung von einstufigen Belebungsanlagen (Juni 2016).Deutsche Vereinigung für Wasserwirtschaft, Abwasser und Abfall, Hennef.

[598] Deutsche Vereinigung für Wasserwirtschaft, Abwasser und Abfall (2016): DWA-A 203: Abwasserfiltration durch Raumfilter nach biologischer Reinigung (Entwurf) (Juli 2016).Deutsche Vereinigung für Wasserwirtschaft, Abwasser und Abfall, Hennef.

[599] Deutsche Vereinigung für Wasserwirtschaft, Abwasser und Abfall (2016): DWA-A 268: Automatisierung von einstufigen Belebungsanlagen (August 2016).Deutsche Vereinigung für Wasserwirtschaft, Abwasser und Abfall, Hennef.

[600] Deutsche Vereinigung für Wasserwirtschaft, Abwasser und Abfall (2016): DWA-A 268: Automatisierung von einstufigen Belebungsanlagen (August 2016) (August 2016).Gesellschaft zur Förderung der Abwassertechnik (GFA), Hennef.

[601] Deutsche Vereinigung für Wasserwirtschaft, Abwasser und Abfall (2016): DWA-M 149-6: Zustandserfassung und -beurteilung von Entwässerungssystemen außerhalb von Gebäuden – Teil 6: Druckprüfungen in Betrieb befindlicher Entwässerungssysteme mit Wasser oder Luft (August 2016).Deutsche Vereinigung für Wasserwirtschaft, Abwasser und Abfall, Hennef.

[602] Deutsche Vereinigung für Wasserwirtschaft, Abwasser und Abfall (2016): DWA-M 277-Entwurf: Hinweise zur Auslegung von Anlagen zur Behandlung und Nutzung von Grauwasser und Grauwasserteilströmen (September 2016).Deutsche Vereinigung für Wasserwirtschaft, Abwasser und Abfall, Hennef.

[603] Deutsche Vereinigung für Wasserwirtschaft, Abwasser und Abfall (2016): DWA-M 260-Entwurf: Visualisierung und Auswertung von Prozessinformationen auf Abwasseranlagen (Entwurf) (September 2016).Deutsche Vereinigung für Wasserwirtschaft, Abwasser und Abfall, Hennef.

[604] Deutsche Vereinigung für Wasserwirtschaft, Abwasser und Abfall (2016): DWA-A 102-Entwurf: Arbeitsblatt DWA-A 102/BWK-A 3 Grundsätze zur Bewirtschaftung und Behandlung von Regenwetterabflüssen zur Einleitung in Oberflächengewässer (Oktober 2016).Deutsche Vereinigung für Wasserwirtschaft, Abwasser und Abfall, Hennef.

[605] Deutsche Vereinigung für Wasserwirtschaft, Abwasser und Abfall (2017): Merkblatt DWA-M 229-2: Systeme zur Belüftung und Durchmischung von Belebungsanlagen. Teil 2: Betrieb (Entwurf) (2017).Deutsche Vereinigung für Wasserwirtschaft, Abwasser und Abfall, Hennef.
[606] Deutsche Vereinigung für Wasserwirtschaft, Abwasser und Abfall (2017): DWA-A 221-Entwurf: Grundsätze für die Verwendung von Kleinkläranlagen (März 2017).Deutsche Vereinigung für Wasserwirtschaft, Abwasser und Abfall, Hennef.
[607] Deutsche Vereinigung für Wasserwirtschaft, Abwasser und Abfall (2017): DWA-M 229-1: Merkblatt DWA-M 229-1: Systeme zur Belüftung und Durchmischung von Belebungsanlagen - Teil 1: Planung, Ausschreibung und Ausführung (September 2017).Deutsche Vereinigung für Wasserwirtschaft, Abwasser und Abfall, Hennef.
[608] Deutsche Vereinigung für Wasserwirtschaft, Abwasser und Abfall (2017): DWA-M 229-2: Merkblatt DWA-M 229-2: Systeme zur Belüftung und Durchmischung von Belebungsanlagen - Teil 2: Betrieb (September 2017).Deutsche Vereinigung für Wasserwirtschaft, Abwasser und Abfall, Hennef.
[609] Deutscher Bundestag (1991): Gesetz über Wasser- und Bodenverbände: WVG (12.02.1991). Bundesgesetzblatt Teil I, 1578.
[610] Deutscher Bundestag (2004): Verordnung über Anforderungen an das Einleiten von Abwasser in Gewässer: AbwV (22.06.2004). Bundesgesetzblatt Teil I, 28, 1109–1184.
[611] Deutscher Bundestag (2016): Verordnung zum Schutz der Oberflächengewässer: OGewV (20.06.2016). Bundesgesetzblatt Teil I, 13736.
[612] Deutscher Bundestag (2016): Gesetz zur Ordnung des Wasserhaushalts: WHG (26.07.2016). Bundesgesetzblatt Teil I, 1839.
[613] Deutscher Wetterdienst (1997): Starkniederschlagshöhen für Deutschland: KOSTRA-Atlas, Offenbach am Main, Dt. Wetterdienst.
[614] Deutsches Institut für Normung (1087): DIN 38409-2: Deutsche Einheitsverfahren zur Wasser-, Abwasser- und Schlammuntersuchung; Summarische Wirkungs- und Stoffkenngrößen (Gruppe H); Bestimmung der abfiltrierbaren Stoffe und des Glührückstandes (H 2 (März 1087).Beuth, Berlin.
[615] Deutsches Institut für Normung (1957): DIN 4041: Fettabscheider; Einbau, Größe und Schlammfänge, Richtlinien (zurückgezogen) (Januar 1957).Beuth, Berlin.
[616] Deutsches Institut für Normung (1980): DIN 38409-9: Deutsche Einheitsverfahren zur Wasser-, Abwasser- und Schlammuntersuchung; Summarische Wirkungs- und Stoffkenngrößen (Gruppe H); Bestimmung des Volumenanteils der absetzbaren Stoffe in Wasser und Abwasser (H 9) (Juli 1980).Beuth, Berlin.
[617] Deutsches Institut für Normung (1980): DIN 38409-41: Deutsche Einheitsverfahren zur Wasser-, Abwasser- und Schlammuntersuchung; Summarische Wirkungs- und Stoffkenngrößen (Gruppe H); Bestimmung des Chemischen Sauerstoffbedarfs (CSB) im Bereich über 15 mg/l (H 41) (Dezember 1980).Beuth, Berlin.
[618] Deutsches Institut für Normung (1982): DIN 4043: Sperren für Leichtflüssigkeiten (Heizölsperren); Baugrundsätze, Einbau und Betrieb, Prüfungen (zurückgerufen) (Oktober 1982).Beuth, Berlin.
[619] Deutsches Institut für Normung (1984): DIN 38404-6: Deutsche Einheitsverfahren zur Wasser-, Abwasser- und Schlammuntersuchung; Physikalische und physikalisch-chemische Kenngrößen (Gruppe C); Bestimmung der Redox-Spannung (C 6) (Mai 1984).Beuth, Berlin.
[620] Deutsches Institut für Normung (1985): DIN 38414-8: Deutsche Einheitsverfahren zur Wasser-, Abwasser- und Schlammuntersuchung; Schlamm und Sedimente (Gruppe S); Bestimmung des Faulverhaltens (S 8) (Juni 1985).Beuth, Berlin.
[621] Deutsches Institut für Normung (1987): DIN 38409-1: Deutsche Einheitsverfahren zur Wasser-, Abwasser- und Schlammuntersuchung; Summarische Wirkungs- und Stoffkenngrößen (Gruppe H); Bestimmung des Gesamttrockenrückstandes, des Filtrattrockenrückstandes und des Glührückstandes (H 1) (Januar 1987).Beuth, Berlin.
[622] Deutsches Institut für Normung (1989): DIN 38412-30: Deutsche Einheitsverfahren zur Wasser-, Abwasser- und Schlammuntersuchung; Testverfahren mit Wasserorganismen (Gruppe L); Bestimmung der nicht akut giftigen Wirkung von Abwasser gegenüber Daphnien über Verdünnungsstufen (L 30) (März 1989).Beuth, Berlin.
[623] Deutsches Institut für Normung (1991): DIN 38412-33: Deutsche Einheitsverfahren zur Wasser-, Abwasser- und Schlammuntersuchung; Testverfahren mit Wasserorganismen (Gruppe L); Bestim-

mung der nicht giftigen Wirkung von Abwasser gegenüber Grünalgen (Scenedesmus-Chlorophyll-Fluoreszenztest) über Verdünnungsstufen (L 33) (März 1991).Beuth, Berlin.

[624] Deutsches Institut für Normung (1992): DIN 38409-44: Deutsche Einheitsverfahren zur Wasser-, Abwasser- und Schlammuntersuchung; Summarische Wirkungs- und Stoffkenngrößen (Gruppe H); Bestimmung des Chemischen Sauerstoffbedarfs (CSB) im Bereich 5 bis 50 mg/l (H 44) (Mai 1992).Beuth, Berlin.

[625] Deutsches Institut für Normung (1993): DIN EN 26777: Wasserbeschaffenheit; Bestimmung von Nitrit; Spektrometrisches Verfahren (ISO 6777:1984) (April 1993).Beuth, Berlin.

[626] Deutsches Institut für Normung (1993): EN 27888: Wasserbeschaffenheit; Bestimmung der elektrischen Leitfähigkeit (ISO 7888:1985) (November 1993).Beuth, Berlin.

[627] Deutsches Institut für Normung (1993): DIN EN 25663: Wasserbeschaffenheit; Bestimmung des Kjeldahl-Stickstoffs; Verfahren nach Aufschluß mit Selen (ISO 5663:1984) (November 1993).Beuth, Berlin.

[628] Deutsches Institut für Normung (1994): DIN EN 903: Wasserbeschaffenheit; Bestimmung von anionischen oberflächenaktiven Stoffen durch Messung des Methylenblau-Index MBAS (ISO 7875-1:1984, modifiziert) (Januar 1994).Beuth, Berlin.

[629] Deutsches Institut für Normung (1994): DIN EN ISO 9887: Wasserbeschaffenheit - Bestimmung der aeroben biologischen Abbaubarkeit organischer Stoffe im wäßrigen Medium - Halbkontinuierlicher Belebtschlammtest (SCAS) (ISO 9887:1992) (Dezember 1994).Beuth, Berlin.

[630] Deutsches Institut für Normung (1995): DIN EN ISO 8467: Wasserbeschaffenheit - Bestimmung des Permanganat-Index (ISO 8467:1993) (Mai 1995).Beuth, Berlin.

[631] Deutsches Institut für Normung (1996): EN 752-2: Entwässerungssysteme außerhalb von Gebäuden - Teil 2: Anforderungen (Oktober 1996).Beuth, Berlin.

[632] Deutsches Institut für Normung (1997): DIN EN 1091: Unterdruckentwässerungssysteme außerhalb von Gebäuden (Februar 1997).Beuth, Berlin.

[633] Deutsches Institut für Normung (1997): DIN EN 1671: Druckentwässerungssysteme außerhalb von Gebäuden (August 1997).Beuth, Berlin.

[634] Deutsches Institut für Normung (1997): DIN EN 1484: Wasseranalytik - Anleitungen zur Bestimmung des gesamten organischen Kohlenstoffs (TOC) und des gelösten organischen Kohlenstoffs (DOC) (August 1997).Beuth, Berlin.

[635] Deutsches Institut für Normung (1997): DIN EN 1295-1: Statische Berechnung von erdverlegten Rohrleitungen unter verschiedenen Belastungsbedingungen - Teil 1: Allgemeine Anforderungen (September 1997).Beuth, Berlin.

[636] Deutsches Institut für Normung (1997): EN 752-4: Entwässerungssysteme außerhalb von Gebäuden - Teil 4: Hydraulische Berechnung und Umweltschutzaspekte (1997-11).Beuth, Berlin.

[637] Deutsches Institut für Normung (1998): DIN EN ISO 10707: Wasserbeschaffenheit - Bestimmung der vollständigen aeroben biologischen Abbaubarkeit organischer Stoffe in einem wäßrigen Medium - Verfahren mittels Bestimmung des biochemischen Sauerstoffbedarfs (geschlossener Flaschentest) (ISO 10707:1994) (März 1998).Beuth, Berlin.

[638] Deutsches Institut für Normung (1998): DIN EN 1899-1: Wasserbeschaffenheit - Bestimmung des Biochemischen Sauerstoffbedarfs nach n Tagen (BSB_n) - Teil 1: Verdünnungs- und Impfverfahren nach Zugabe von Allylthioharnstoff (ISO 5815:1989, modifiziert) (Mai 1998).Beuth, Berlin.

[639] Deutsches Institut für Normung (1998): DIN EN ISO 11734: Wasserbeschaffenheit - Bestimmung der vollständigen anaeroben biologischen Abbaubarkeit organischer Verbindungen im Faulschlamm - Verfahren durch Messung der Biogasproduktion (ISO 11734:1995) (November 1998).Beuth, Berlin.

[640] Deutsches Institut für Normung (1999): DIN 19650: Bewässerung - Hygienische Belange von Bewässerungswasser (Februar 1999).Beuth, Berlin.

[641] Deutsches Institut für Normung (1999): DIN 19650: Hygienische Belange von Bewässerungswasser (Februar 1999).Beuth Verlag GmbH, Berlin.

[642] Deutsches Institut für Normung (1999): DIN ISO 9613-2: Akustik - Dämpfung des Schalls bei der Ausbreitung im Freien - Teil 2: Allgemeines Berechnungsverfahren (Oktober 1999).Beuth, Berlin.

[643] Deutsches Institut für Normung (1999): DIN EN ISO 9888: Wasserbeschaffenheit - Bestimmung der aeroben biologischen Abbaubarkeit organischer Stoffe im wäßrigen Medium - Statischer Test (Zahn-Wellens-Test) (ISO 9888:1999) (November 1999).Beuth, Berlin.

[644] Deutsches Institut für Normung (2000): DIN EN ISO 7027: Wasserbeschaffenheit - Bestimmung der Trübung (ISO 7027:1999) (April 2000).Beuth, Berlin.

[645] Deutsches Institut für Normung (2000): DIN EN ISO 7899-2: Wasserbeschaffenheit - Nachweis und Zählung von intestinalen Enterokokken - Teil 2: Verfahren durch Membranfiltration (ISO 7899-2:2000); Deutsche Fassung EN ISO 7899-2:2000 (November 2000).Beuth, Berlin.

[646] Deutsches Institut für Normung (2001): DIN EN ISO 4042: Verbindungselemente - Galvanische Überzüge (ISO 4042:1999) (Januar 2001).Beuth, Berlin.

[647] Deutsches Institut für Normung (2001): DIN EN 12354-4: Bauakustik - Berechnung der akustischen Eigenschaften von Gebäuden aus den Bauteileigenschaften - Teil 4: Schallübertragung von Räumen ins Freie (April 2001).Beuth, Berlin.

[648] Deutsches Institut für Normung (2002): DIN 19558: Kläranlagen - Ablaufeinrichtungen, Überfallwehr und Tauchwand, getauchte Ablaufrohre in Becken - Baugrundsätze, Hauptmaße, Anordnungsbeispiele (Dezember 2002).Beuth, Berlin.

[649] Deutsches Institut für Normung (2003): ISO 13641-1: Wasserbeschaffenheit - Bestimmung der Hemmwirkung der Gasproduktion auf anaerobe Bakterien - Teil 1: Allgemeiner Test (Mai 2003).Beuth, Berlin.

[650] Deutsches Institut für Normung (2003): ISO 13641-2: Wasserbeschaffenheit - Bestimmung der Hemmwirkung der Gasproduktion auf anaerobe Bakterien - Teil 2: Untersuchung bei niedrigen Biomassekonzentrationen (Mai 2003).Beuth, Berlin.

[651] Deutsches Institut für Normung (2003): DIN EN 13725: Luftbeschaffenheit - Bestimmung der Geruchsstoffkonzentration mit dynamischer Olfaktometrie; Deutsche Fassung EN 13725:2003 (Juli 2003).Beuth, Berlin.

[652] Deutsches Institut für Normung (2003): DIN EN ISO 12260: Wasserbeschaffenheit - Bestimmung von Stickstoff - Bestimmung von gebundenem Stickstoff (TNb) nach Oxidation zu Stickstoffoxiden; Deutsche Fassung EN 12260:2003 (Dezember 2003).Beuth, Berlin.

[653] Deutsches Institut für Normung (2004): DIN 19557: Kläranlagen - Mineralische Füllstoffe und Füllstoffe aus Kunststoff für Tropfkörper - Anforderungen, Prüfung, Lieferung, Einbringen (Januar 2004).Beuth, Berlin.

[654] Deutsches Institut für Normung (2004): DIN EN ISO 11733: Wasserbeschaffenheit - Bestimmung der Elimination und der biologischen Abbaubarkeit organischer Verbindungen in einem wässrigen Medium - Belebtschlamm-Simulationstest (ISO 11733:2004) (November 2004).Beuth, Berlin.

[655] Deutsches Institut für Normung (2005): DIN EN ISO 11732: Wasserbeschaffenheit - Bestimmung von Ammoniumstickstoff - Verfahren mittels Fließanalytik (CFA und FIA) und spektrometrischer Detektion (ISO 11732:2005) (Mai 2005).Beuth, Berlin.

[656] Deutsches Institut für Normung (2006): DIN EN ISO 9509: Wasserbeschaffenheit - Toxizitätstest zur Bestimmung der Nitrifikationshemmung in Belebtschlamm (ISO 9509:2006) (Oktober 2006).Beuth, Berlin.

[657] Deutsches Institut für Normung (2007): DIN EN ISO 8192: Wasserbeschaffenheit - Bestimmung der Hemmung des Sauerstoffverbrauchs von Belebtschlamm nach Kohlenstoff- und Ammonium-Oxidation (ISO 8192:2007) (Mai 2007).Beuth, Berlin.

[658] Deutsches Institut für Normung (2008): EN 752: Entwässerungssysteme außerhalb von Gebäuden (2008-04).Beuth, Berlin.

[659] Deutsches Institut für Normung (2009): DIN 19684-10: Bodenbeschaffenheit - Chemische Laboruntersuchungen - Teil 10: Untersuchung und Beurteilung des Wassers bei Bewässerungsmaßnahmen (2009).Beuth Verlag, Berlin.

[660] Deutsches Institut für Normung (2009): DIN-Fachbericht CEN/TR 12566-5: Kleinkläranlagen für bis zu 50 EW - Teil 5: Filtrationsanlagen für vorbehandeltes häusliches Schmutzwasser; Deutsche Fassung CEN/TR 12566-5:2008 (Januar 2009).Beuth, Berlin.

[661] Deutsches Institut für Normung (2009): DIN EN ISO 11348-1: Wasserbeschaffenheit - Bestimmung der Hemmwirkung von Wasserproben auf die Lichtemission von Vibrio fischeri (Leuchtbakterientest) - Teil 1: Verfahren mit frisch gezüchteten Bakterien (ISO 11348-1:2007) (Mai 2009).Beuth, Berlin.

[662] Deutsches Institut für Normung (2009): DIN EN ISO 11348-2: Wasserbeschaffenheit - Bestimmung der Hemmwirkung von Wasserproben auf die Lichtemission von Vibrio fischeri (Leuchtbakterientest) - Teil 2: Verfahren mit flüssig getrockneten Bakterien (ISO 11348-2:2007) (Mai 2009).Beuth, Berlin.

[663] Deutsches Institut für Normung (2009): DIN EN ISO 11348-3: Wasserbeschaffenheit - Bestimmung der Hemmwirkung von Wasserproben auf die Lichtemission von Vibrio fischeri (Leuchtbakterientest) - Teil 3: Verfahren mit gefriergetrockneten Bakterien (ISO 11348-3:2007) (Mai 2009).Beuth, Berlin.

[664] Deutsches Institut für Normung (2009): DIN EN ISO 15088: Wasserbeschaffenheit - Bestimmung der akuten Toxizität von Abwasser auf Zebrafisch-Eier (Danio rerio) (ISO 15088:2007) (Juni 2009).Beuth, Berlin.

[665] Deutsches Institut für Normung (2009): DIN EN ISO 11885: Wasserbeschaffenheit - Bestimmung von ausgewählten Elementen durch induktiv gekoppelte Plasma-Atom-Emissionsspektrometrie (ICP-OES) (ISO 11885:2007) (September 2009).Beuth, Berlin.

[666] Deutsches Institut für Normung (2010): DIN 4261-5: Kleinkläranlagen - Teil 5: Versickerung von biologisch aerob behandeltem Schmutzwasser (Oktober 2010).Beuth, Berlin.

[667] Deutsches Institut für Normung (2010): DIN 38409-23: Deutsche Einheitsverfahren zur Wasser-, Abwasser- und Schlammuntersuchung - Summarische Wirkungs- und Stoffkenngrößen (Gruppe H) - Teil 23: Bestimmung der bismutaktiven Substanzen (H 23) (Dezember 2010).Beuth, Berlin.

[668] Deutsches Institut für Normung (2011): DIN 38405-9: Deutsche Einheitsverfahren zur Wasser-, Abwasser- und Schlammuntersuchung - Anionen (Gruppe D) - Teil 9: Photometrische Bestimmung von Nitrat (D 9) (September 2011).Beuth, Berlin.

[669] Deutsches Institut für Normung (2011): DIN EN ISO 50001: Energiemanagementsysteme - Anforderungen mit Anleitung zur Anwendung (ISO 50001:2011) (Dezember 2011).Beuth, Berlin.

[670] Deutsches Institut für Normung (2012): DIN EN ISO 10523: Wasserbeschaffenheit - Bestimmung des pH-Werts (ISO 10523:2008) (April 2012).Beuth, Berlin.

[671] Deutsches Institut für Normung (2012): DIN 38409-7: Deutsche Einheitsverfahren zur Wasser-, Abwasser- und Schlammuntersuchung - Summarische Wirkungs- und Stoffkenngrößen (Gruppe H) - Teil 7: Bestimmung der Säure- und Basekapazität (H 7) (Dezember 2012).Beuth, Berlin.

[672] Deutsches Institut für Normung (2013): DIN EN ISO 5814: Wasserbeschaffenheit - Bestimmung des gelösten Sauerstoffs - Elektrochemisches Verfahren (ISO 5814:2012) (Februar 2013).Beuth, Berlin.

[673] Deutsches Institut für Normung (2013): DIN EN ISO 7827: Wasserbeschaffenheit - Bestimmung der "leichten", "vollständigen" aeroben biologischen Abbaubarkeit organischer Stoffe in einem wässrigen Medium - Verfahren mittels Analyse des gelösten organischen Kohlenstoffs (DOC) (ISO 7827:2010) (März 2013).Beuth, Berlin.

[674] Deutsches Institut für Normung (2014): DIN EN ISO 9308-2: Wasserbeschaffenheit - Zählung von Escherichia coli und coliformen Bakterien - Teil 2: Verfahren zur Bestimmung der wahrscheinlichsten Keimzahl (ISO 9308-2:2012); Deutsche Fassung EN ISO 9308-2:2014 (Juni 2014).Beuth, Berlin.

[675] Deutsches Institut für Normung (2014): DIN ISO 15923-1: Wasserbeschaffenheit - Bestimmung von ausgewählten Parametern mittels Einzelanalysensystemen - Teil 1: Ammonium, Nitrat, Nitrit, Chlorid, Orthophosphat, Sulfat und Silikat durch photometrische Detektion (ISO 15923-1:2013) (Juli 2014).Beuth, Berlin.

[676] Deutsches Institut für Normung (2016): DIN 4045: Abwassertechnik - Grundbegriffe (November 2016).Beuth, Berlin.

[677] Deutsches Institut für Normung (2016): DIN 1986-100: Entwässerungsanlagen für Gebäude und Grundstücke - Teil 100: Bestimmungen in Verbindung mit DIN EN 752 und DIN EN 12056 (12/2016).Beuth, Berlin.

[678] Deutsches Institut für Normung (2017): DIN EN ISO 17294-2: Wasserbeschaffenheit - Anwendung der induktiv gekoppelten Plasma-Massenspektrometrie (ICP-MS) - Teil 2: Bestimmung von ausgewählten Elementen einschließlich Uran-Isotope (ISO 17294-2:2016); Deutsche Fassung EN ISO 17294-2:2016 (Januar 2017).Beuth, Berlin.

[679] Deutsches Institut für Normung (2017): DIN EN 752: Entwässerungssysteme außerhalb von Gebäuden - Kanalmanagement (Juli 2017).Beuth, Berlin.

[680] Dichtl, N. (1984): Die Stabilisation von Klärschlämmen unter besonderer Berücksichtigung einer zweistufigen aeroben/anaeroben Prozeßführung. Schriftenreihe Siedlungswasserwirtschaft Bochum

(SiWaWi), Band 5, Bochum, Verein zur Förderung des Lehrstuhls für Wasserwirtschaft und Umwelttechnik II an der Ruhr-Universität Bochum.

[681] Dichtl, N.; Bauerfeld, K. (2007): Stoffliche Nutzung von Klärschlamm in verschiedenen EU-Ländern. In: Pinnekamp, J. (Hrsg.): 40. Essener Tagung für Wasser- und Abfallwirtschaft, Gewässerschutz, Wasser, Abwasser, Band 207, 56/1-56/11, Aachen, Gesellschaft zur Förderung der Siedlungswasserwirtschaft an der RWTH Aachen.

[682] Dickens, R.; Wallus, B.; Arundel, J. (1980): Fluidized-bed incineration of sewage sludge at Esher 1976-78. Journal of the Institute of Water Pollution Control (JIWPC), 79, 431–441.

[683] Dierichs, A.; Heinichen, G. (1956): Deutsch-tschechoslowakische Phenolarbeitstagung in Leipzig. Wasserwirtschaft Wassertechnik, 6, 2, 35–44.

[684] Dieterich, B. (1958): Radioaktive Stoffe in Wasser und Abwasser. Vom Wasser, 25, 163-180.

[685] Dieterich, B. H. (1958): Die Einordnung des Oberflächenwassers in die Wassergütewirtschaft. Stuttgarter Berichte zur Siedlungswasserwirtschaft, Oldenbourg.

[686] Dippold, W.; Blas, H. (1987): An interceptor sewer for the Chiemsee. Wasserwirtschaft, 77, 11, 584–590.

[687] Dobrochtow, N. D. (1941): Abwassergeschwindigkeit und Mindestgefälle von Entwässerungsleitungen - Erfahrungen und Berechnungen. Gesundheits-Ingenieur, 64, 48, 646–647.

[688] Doedens, H. (1969): Neuere Verfahren zur biologischen Reinigung von Molkereiabwasser. Veröffentlichungen des ISAH, Band 32, Hannover, Inst. für Siedlungswasserwirtschaft der TU.

[689] Doedens, H.; Schüßler, H. (1984): Möglichkeiten der wirtschaftlichen Entsorgung von Rechen- und Siebgut. Die Wasserwirtschaft, 74, 2, 62–65.

[690] Dohmann, M. (1998): Weitergehende Abwasserreinigung. KA Korrespondenz Abwasser, 45, 7, 1240–1251.

[691] Dohmann, M. (2002): Was passiert nach 2005? - Verschiedene Szenarien. In: Dohmann, M. (Hrsg.): 35. Essener Tagung für Wasser- und Abfallwirtschaft vom 20.3. -22.3.2002 in Essen. Teil 1, Gewässerschutz, Wasser, Abwasser, Bd. 188, 60/1-60/10, Aachen, Gesellschaft zur Förderung der Siedlungswasserwirtschaft an der RWTH Aachen.

[692] Dolgner, W.; Schindel, H. (2006): Wasserwirtschaft-Restaurierung von polytrophen Seen in Mecklenburg-Vorpommern. Wasser und Abfall, 8, 12, 36–41.

[693] Doll, H. (2001): Dimensionierung von Kunststofflinern Close-Fit-Verfahren – Versuchsgestützte Modifikation von Berechnungsansätzen der ATV M 127 Teil 2, Dissertation. Mitteilungsheft, Band 59, Hannover, Universität Hannover.

[694] Dominguez, D.; Schärer, M.; Zimmermann-Steffens, S.; Bleny, H. (2016): Reduktion der Spurenstoffe in Gewässern. Aqua & Gas, 96, 1, 16–23.

[695] Dönges, H.-J. (1982): Nutzungsmöglichkeiten von organischen Klärschlämmen zur Energiegewinnung an ausgeführten Beispielen. KA Korrespondenz Abwasser, 29, 12, 888.

[696] Donnert, D.; Klute, R.; Luther, K.; Peter, A.; Safert, F. (1987): Betriebsversuche zur konzentrationsabhängigen Fällmitteldosierung bei der Simultanfällung. In: Abwassertechnische Vereinigung (Hrsg.): ATV-Jahreshauptversammlung, Berichte der ATV, Bd. 37, 447-490, St. Augustin, Gesellschaft zur Förderung der Abwassertechnik (GFA).

[697] Donoghue, C.; Jackson, G.; Koop, J. H.; Heuven, A. J. M. (2012): The Environmental Performance of the European Brewing Sector. Report number 3101010DR02. The Brewers of Europe

[698] Donta, A. (1997): Der Boden als Bioreaktor bei der Aufbringung von Abwasser auf landwirtschaftlich genutzte Flächen. Veröffentlichungen des ISAH, Band 100, Hannover, Technische Universität Hannover.

[699] Dorgeloh, E.; Baumann, A. (1995): Leistungen und Kosten einfacher Filtrationsverfahren in der Abwasserreinigung. In: Dohmann, M. (Hrsg.): 28. Essener Tagung für Wasser- und Abfallwirtschaft, Zustandserfassung und -beurteilung von Entwässerungssystemen außerhalb von Gebäuden, Band 152, 25/1.

[700] Dornhofer, K. (1998): Ein Beitrag zur Optimierung der Stickstoffentfernung in zweistufigen Belebungsanlagen, Zugl.: Wien, Techn. Univ., Diss. Wiener Mitteilungen, Band 152, Wien, IWAG.

[701] Dorschel, W. (1996): Perspektiven der zukünftigen Klärschlammentsorgung unter Berücksichtigung neuer gesetzlicher Rahmenbedingungen. KA Korrespondenz Abwasser, 43, 10, 1788-1794.

[702] Dörtelmann, D. (1997): Energieversorgung auf der Basis von konfektionierten Schlämmen. In: Mennerich, A. (Hrsg.): Abwasser- und Abfallwirtschaft. ATV-Kongress und ATV-Landesgruppentagung Nordrhein-Westfalen, Bielefeld 1997, ATV-Schriftenreihe, Bd. 6, 59–66, Hennef, Gesellschaft zur Förderung der Abwassertechnik (GFA).

[703] Drensla, K.; Firk, W.; Janot, A. (2001): Entwässerungsverhalten des Klärschlammes der Membranbelebungsanlage Rödingen des Erftverbandes. In: Dohmann, M. (Hrsg.): 34. Essener Tagung für Wasser- und Abfallwirtschaft, Gewässerschutz, Wasser, Abwasser, Band 184, 49/1-49/5, Aachen, Gesellschaft zur Förderung der Siedlungswasserwirtschaft an der RWTH Aachen.

[704] Driewer, G. (1996): Rechtliche Grundlagen bei der Feststellung und Beurteilung von Gerüchen aus Kläranlagen. KA Korrespondenz Abwasser, 43, 6, 1013-1024.

[705] Driewer, G. (1999): Rechtliche Aspekte der Abwasserentsorgung. KA Korrespondenz Abwasser, 46, 2, 170–185.

[706] Duddeck, H.; Erdmann, J. (1983): Statik der Tunnel in Lockergestein – Vergleich der Berechnungsmodelle. Die Bautechnik, 58, 11, 407–414.

[707] Dunbar, W. P. (1954): Leitfaden für die Abwasserreinigungsfrage, München-Berlin, R. Oldenbourg.

[708] Durth, A. (2000): Einfluss von Temperatur, Anlagenkonfiguration und Auslastung auf die Ablaufkonzentration bei der biologischen Abwasserreinigung. Schriftenreihe WAR, Band 126, Darmstadt, Technische Universität Darmstadt.

[709] Durth, A. (2000): Perspektiven der Klärschlammbehandlung - Bilanzierung und Verminderung der Menge von kommunalem Klärschlamm. In: Verein zur Förderung des Instituts für Wasserversorgung, Abwasserbeseitigung und Raumplanung der Technischen Hochschule Darmstadt (Hrsg.): Kommunale Klärschlammbehandlung vor dem Hintergrund der neuen europäischen Klärschlammrichtlinie, Schriftenreihe WAR, Bd. 128, 44–67, Darmstadt, Bibliothek des Inst. WAR.

[710] Durth, A.; Pöpel, H. J.; Wagner, M. (2001): Ansätze zur Bilanzierung und Verminderung der Menge von kommunalem Klärschlamm. Gefördert mit Mitteln des Forschungsfonds von ATV und GFA (Projekt 3/95). KA Korrespondenz Abwasser, 48, 3, 349–358.

[711] DVGW BGW ATV FW-Kommission "Radioaktive Substanzen und Wasser" (1996): Wichtige Hinweise für den Betrieb von Abwasserbehandlungsanlagen im Falle einer durch radioaktive Stoffe bedingten Notfallsituation. KA Korrespondenz Abwasser, 43, 6, 1086.

[712] DVGW, ARW, ATTAWBR, AWE, AWWR (2010): Memorandum: Forderungen zum Schutz von Fließgewässern und Talsperren zur Sicherung der Trinkwasserversorgung. DVGW, ARW, ATTAWBR, AWE, AWWR, Bonn.

[713] DVWK-Arbeitsausschuss 4.4 (1984): EDV in der Wassertechnik: EDV-Programm zur Prüfung der Bestandsdaten und Ergebnisse von Kanalnetzberechnungen. KA Korrespondenz Abwasser, 31, 9, 779-781.

[714] DWA-Arbeitsgruppe Ad-hoc WI-00.1 (2008): Unternehmensbenchmarking als Bestandteil der Modernisierungsstrategie: Kennzahlen und Auswertungsgrundsätze. DWA-Themen, Hennef, Deutsche Vereinigung für Wasserwirtschaft, Abwasser und Abfall.

[715] DWA-Arbeitsgruppe AK-1.6 (2005): Klärschlammdesintegration - Arbeitsbericht: Wirtschaftlicher und betrieblicher Vergleich verschiedener Verfahren zur Klärschlammdesintegration. KA Korrespondenz Abwasser, Abfall, 52, 2, 189–196.

[716] DWA-Arbeitsgruppe AK-1.6 (2009): Klärschlammdesintegration - Arbeitsbericht: Biologisch wirksame Zusatzstoffe in der Abwasserreinigung Aktuelle Anwendung und Bewertung von Einsatzmöglichkeiten. KA Korrespondenz Abwasser, 56, 3, 274–278.

[717] DWA-Arbeitsgruppe ES-2.5 (2008): Anforderungen und Grundsätze der Entwässerungssicherheit - Arbeitsbericht: Prüfung der Überflutungssicherheit von Entwässerungssystemen. KA Korrespondenz Abwasser, 55, 9, 972–976.

[718] DWA-Arbeitsgruppe KA-6.5 (2007): Lamellenabscheider in Belebungsbecken - Arbeitsbericht: Einsatz von Lamellenabscheidern in Belebungsbecken - Betriebserfahrungen und planerische Hinweise. KA Korrespondenz Abwasser, 54, 54, 1246–1250.

[719] DWA-Arbeitsgruppe KA-8 (2008): Anthropogene Spurenstoffe im Wasserkreislauf - Arzneistoffe. Deutsche Vereinigung für Wasserwirtschaft, Abwasser und Abfall, Hennef.

[720] DWA-Arbeitsgruppe KEK-1.1 (2013): Wertstoffrückgewinnung aus Abwasser und Klärschlamm - Zweiter Arbeitsbericht: Stand und Perspektiven der Phosphorrückgewinnung aus Abwasser und Klärschlamm - Teil 1. KA Korrespondenz Abwasser, Abfall, 60, 10, 837–844.

[721] DWA-Arbeitsgruppe KEK-1.1 (2013): Wertstoffrückgewinnung aus Abwasser und Klärschlamm - Zweiter Arbeitsbericht: Stand und Perspektiven der Phosphorrückgewinnung aus Abwasser und Klärschlamm -Teil 2. KA Korrespondenz Abwasser, Abfall, 60, 11, 976–981.

[722] DWA-Arbeitsgruppe KEK-1.4 (2016): Neue Technologien zur Schlammbehandlung - Arbeitsbericht: Verfahren und Trends in der Thermischen Klärschlammbehandlung – Teil 1. KA Korrespondenz Abwasser, Abfall, 63, 7, 598–606.

[723] DWA-Arbeitsgruppe KEK-1.4 (2016): Neue Technologien zur Schlammbehandlung - Arbeitsbericht: Verfahren und Trends in der Thermischen Klärschlammbehandlung – Teil 1. KA Korrespondenz Abwasser, Abfall, 63, 7, 598–606.

[724] DWA-Arbeitsgruppe KEK-10.4 (2016): Wärme- und Kältekonzepte auf Kläranlagen: Arbeitsbericht der DWA-Arbeitsgruppe KEK-10.4 „Wärme- und Kältekonzepte auf Kläranlagen“. KA Korrespondenz Abwasser, Abfall, 63, 8, 704–713.

[725] DWA-Arbeitsgruppe WI-1.2 (2015): Benchmarking, Balanced Scorecard/Neue Steuerungsinstrumente - Arbeitsbericht: Wie können Kennzahlen bei der Unternehmenssteuerung helfen? - Ein Praxisbericht aus der Wasserwirtschaft - Teil 1: Grundlagen. KA Korrespondenz Abwasser, Abfall, 62, 1, 54–57.

[726] DWA-Arbeitsgruppe WI-1.2 (2015): Benchmarking, Balanced Scorecard/Neue Steuerungsinstrumente - Arbeitsbericht: Wie können Kennzahlen bei der Unternehmenssteuerung helfen? - Ein Praxisbericht aus der Wasserwirtschaft - Teil 2: Praxisbeispiele. KA Korrespondenz Abwasser, Abfall, 62, 3, 257–263.

[727] DWA-Fachausschuss AK-2 (2005): Stabilisation, Entseuchung, Konditionierung, Eindickung und Entwässerung von Schlämmen - Arbeitsbericht: Einsatz von polymeren Flockungshilfsmitteln in der Klärschlammbehandlung vor dem Hintergrund der neuen Düngemittelverordnung vom 26. November 2003. KA Korrespondenz Abwasser, Abfall, 52, 1, 68–73.

[728] DWA-Fachausschuss KA-10 (2014): Abwasserbehandlung im ländlichen Raum - Arbeitsbericht: Standortbestimmung der Abwasserentsorgung im ländlichen Raum. KA Korrespondenz Abwasser, Abfall, 61, 6, 518–526.

[729] DWA-Fachausschuss KA-5 (2007): Absetzverfahren - Arbeitsbericht: Betriebsempfehlungen bei Problemen mit Nachklärbecken von Belebungsanlagen – Teil 2: Ursachen und Maßnahmen – Arbeitsbericht. KA Korrespondenz Abwasser, 54, 11, 1136–1141.

[730] DWA-Fachausschuss KA-5 (2008): Absetzverfahren - Arbeitsbericht: Sandfänge – Anforderungen, Systeme und Bemessung. KA Korrespondenz Abwasser, 55, 5, 508–518.

[731] DWA-Fachausschuss KA-5 (2013): Absetzverfahren - Arbeitsbericht: Einlaufbauwerke von Nachklärbecken. KA Korrespondenz Abwasser, 60, 4, 290–298.

[732] DWA-Fachauswschuss KA-5 (2005): Absetzvorgänge und Klarwasserabzug im SBR: Arbeitsbericht des DWA-Fachausschuss KA-5 "Absetzverfahren", Hennef.

[733] Eaton, A. D.; Clesceri, L. S.; Greenberg, A. E.; Franson, M. A. H. (1998): Standard methods for the examination of water and wastewater, Washington, DC, American Public Health Association.

[734] Ebeling, G. (1946): Versuche über die Wirkung phenolhaltiger Abwässer in Zusammenhang mit Rheinuntersuchungen auf der Strecke von Mainz bis Emmerich in den Jahren 1935-1937. Vom Wasser, 81–91.

[735] Ebers, T.; Fuchs, L.; Schneider, A. (1993): Neue Wege in der kommunalen Klärtechnik. Abwassertechnik, 44, 2, 23-.

[736] Eckenfelder, W. W.; Ford, D. L. (1970): Water pollution control: experimental procedures for process design, University of Michigan, Pemberton Press.

[737] Eckenfelder, W. W. (1970): Water Quality Engineering for Practicing Engineers. Professional Engineering Career Development Series, New York, Barnes & Noble.

[738] Eckenfelder, W. W.; Patoczka, J. (1990): Performance and Design of a Selector for Bulking Control. Research Journal of the Water Pollution Control Federation, 62, 2, 151–159.

[739] Eckenfelder, W. W., JR.; Barnhart, E. (1961): Synthetic Detergent Removal from Laundry Wastes. Water and Sewage Works, 108, 347-251.

[740] Eckoldt, M. (1962): Die künstliche Belüftung der Flüsse. Deutsche Gewässerkundliche Mitteilungen, 10, 1, 1–6.

[741] Edelmann, W. (2008): Einspeisung von Biogas - Zukunftsperspektiven. Gas-Wasser-Abwasser, 88, 2, 117-122.

[742] Edwards, G. P. (1940): New Developments in Activated Sludge Plant Operation: Discussion by Don E. Bloodgood. Sewage Works Journal, 12, 6, 1077-1085.

[743] Edwards, R. W.; Rolley, H. L. J. (1965): Oxygen Consumption of River Muds. Journal of Ecology, 53, 1, 1–19.

[744] Egberts, G.; Hauschulz, W. (1992): Der Einsatz der UV-Bestrahlung zur Keimzahlreduzierung im biologisch gereinigten Abwasser. KA Korrespondenz Abwasser, 39, 11, 1605-1611.

[745] Eggersglüß, H.; Hartmann, H. (1990): Betriebserfahrungen mit dem Blockheizkraftwerk des Klärwerks Bremen-Farge. gwf Wasser/Abwasser, 131, 3, 114-119.

[746] Egle, L.; Rechberger, H.; Zessner, M. (2014): Endbericht Phosphorrückgewinnung aus dem Abwasser. Bundesministerium für Land-und Forstwirtschaft, Wien.

[747] Eichinger, J. (1993): Erfahrungen mit der nachgeschalteten Denitrifikation. In: Dohmann, M. (Hrsg.): Neue Ansätze im integrierten Umweltschutz: eine Herausforderung für Staat, Wirtschaft und Bürger. 26. Essener Tagung für Wasser- und Abfallwirtschaft vom 17. 3. - 19. 3. 1993 in Aachen, Gewässerschutz, Wasser, Abwasser, Bd. 139, 21, Aachen, Gesellschaft zur Förderung der Siedlungswasserwirtschaft an der RWTH Aachen.

[748] Eickhoff, F. F. (1969): Untersuchungen über die getrennte aerobe Schlammstabilisierung, Dissertation. Veröffentlichungen des ISAH, Band 33, Hannover, Technische Universität Hannover.

[749] Einfeld, J.; Günter, H.; Dorias, B.; Drews, D. (2004): Schneckenbefall bei Nitrifikationstropfkörpern. KA Korrespondenz Abwasser, 51, 1, 44–47.

[750] Eitner, R.; Kotzur, T. (2002): Abschluss und Nachsorge um Abfalldeponien. In: Dohmann, M. (Hrsg.): 35. Essener Tagung für Wasser- und Abfallwirtschaft vom 20.3. -22.3.2002 in Essen. Teil 1, Gewässerschutz, Wasser, Abwasser, Bd. 188, 62/1-62/20, Aachen, Gesellschaft zur Förderung der Siedlungswasserwirtschaft an der RWTH Aachen.

[751] El Shahid, S. (1997): Zur Belastung erdverlegter Rohrleitungen nach dem Ziehen von Verbauprofilen, Dissertation. Technisch-wissenschaftliche Berichte des IKT, Band 5, Gelsenkirchen, Institut für Kanalisationstechnik.

[752] Eldridge, E. F. (1940): High-Rate Recirculating Filter for Milk Wastes. Sewage Works Engineering, 11, 12, 599.

[753] Eldridge, E. F. (1947): Symposium on industrial wastes - canning industry. Industrial and Engineering Chemistry, 39, 619–624.

[754] Eliassen, R.; Schulhoff, H. B. (1944): Grease Removal at Army Sewage Treatment Plants. Sewage Works Journal, 16, 2, 296-313.

[755] Eliassen, R.; Schulhoff, H. B. (1944): Grease Removal by Vacuum Flotation. Sewage Works Journal, 16, 2, 287–295.

[756] Emde, W. v. d. (1957): Beitrag zu Versuchen zur Abwasserreinigung mit belebtem Schlamm. Veröffentlichungen des ISAH, Band 1, Hannover, Technische Universität Hannover.

[757] Emde, W. v. d. (1963): Die neue Abwasserreinigungsanlage der Raffinerie Hamburg-Harburg. gwf Wasser/Abwasser, 104, 4, 94–96.

[758] Emde, W. v. d. (1964): 50 Jahre Schlammbelebungsverfahren: Die Geschichte des Belebungsverfahrens. gwf Wasser/Abwasser, 105, 28, 755–760.

[759] Emde, W. v. d. (1964): Die Technik der Belüftung in Belebtschlammanlagen. Schweizerische Zeitschrift für Hydrologie, 26, 338–361.

[760] Emde, W. v. d. (Hrsg.) (1973): Zellstoffabwässer: Anfall und Reinigung. Wiener Mitteilungen, Band 13, Wien u.a., IWAG.

[761] Emde, W. v. d. (1975): Die Kläranlage Wien-Blumental. Österreichische Abwasserrundschau, 20, 73–82.

[762] Emde, W. v. d. (Hrsg.) (1985): Blähschlammprobleme beim Belebungsverfahren: Fortbildungskurs des ÖWWV Wien, 30.1.1985. Wiener Mitteilungen, Band 56, Wien.

[763] Emde, W. v. d. (Hrsg.) (1986): Planung und Betrieb von Behandlungsanlagen: Vorträge. Wiener Mitteilungen, Band 65, Wien, Institut für Wassergüte und Landschaftswasserbau, Technische Universität Wien.
[764] Emde, W. v. d. (Hrsg.) (1987): Nitrifikation, Denitrifikation: Fortbildungskurs. Wiener Mitteilungen, Band 69, Wien, Institut für Wassergüte und Landschaftswasserbau, Technische Universität Wien.
[765] Emde, W. v. d.; Matsché, N. (1988): Kombinierte biologisch-chemische Phosphorelimination - Verfahren, Erfahrungen, Beurteilung, Planungsvorschläge. In: Wolf, P. (Hrsg.): Planungshilfen zur weitergehenden Abwasserreinigung und Klärschlammentsorgung, Wasser-Abwasser-Abfall: Schriftenreihe des Fachgebietes Siedlungswasserwirtschaft der Universität-Gesamthochschule Kassel, Bd. 2, 140–153, München, F. Hirthammer Verlag.
[766] Emde, W. v. d. (1998): Geschichte des Belebungsverfahrens. KA Korrespondenz Abwasser, 45, 6, 1086–1101.
[767] Emde, W. v. d. (2001): Betriebsweisen von Belebungsanlagen. In: Wiener Mitteilungen, Band 166, Wien, I-1.
[768] Emmerling, F. A. (1982): Nichtlineare Biegung und Beulen von Zylindern und krummen Rohren bei Normaldruck. Archive of Applied Mechanics, 52, 1, 1–16.
[769] Engelhardt, N. (2002): Wirtschaftlichkeit einer großtechnischen kommunalen Membranbelebungsanlage am beispiel der Kläranlage Nordkanal (80.000 EW) des Erftverbandes. In: Dohmann, M. (Hrsg.): 35. Essener Tagung für Wasser- und Abfallwirtschaft vom 20.3. -22.3.2002 in Essen. Teil 1, Gewässerschutz, Wasser, Abwasser, Bd. 188, 26/1-26/19, Aachen, Gesellschaft zur Förderung der Siedlungswasserwirtschaft an der RWTH Aachen.
[770] Engelhardt, N. (2006): Die Membranbelebungsanlage Nordkanal - Konzeption und Betrieb. In: Matsché, N. (Hrsg.): Betriebserfahrungen moderner Kläranlagen, Wiener Mitteilungen, Bd. 195, 123–140, Wien, Inst. für Wassergüte Ressourcenmanagement u. Abfallwirtschaft, TU Wien.
[771] Engelhardt, N.; Schäfer, H. (08.09.2016): "Energiesparen durch Einsatz der Membranfiltration?". 34. Bochumer Workshop Siedlungswasserwirtschaft, Bochum.
[772] Engelmann, U.; Lützner, K.; Müller, V. (2003): Erfahrungen beim Einsatz von Pflanzenkläranlagen in Sachsen. KA Korrespondenz Abwasser, 50, 3, 308–320.
[773] Engli, H.; Derungs, A.; Keller, M. (2001): Co-Vergärung von Speiseresten am Beispiel der ARA Samnaun. Gas-Wasser-Abwasser, 81, 7, 451–457.
[774] Enmore, H. L.; Weat, W. F. (1961): Effects of water temperature on stream reaeration. Journal of the Sanitary Engineering Division, 87, 6, 59–71.
[775] Enslow, L. H. (1943): Activated-sludge bulking. Water Works and Sewerage, 90, 239–242.
[776] Erbe, V.; Frehmann, T.; Geiger, W. F.; Krebs, P.; Londong, J.; Rosenwinkel, K.-H.; Seggelke, K. (2002): Integrated modelling as an analytical and optimisation tool for urban watershed management. Water Science and Technology, 46, 6-7, 141–150.
[777] Erbe, V. (2004): Entwicklung eines integralen Modellansatzes zur immissionsorientierten Bewirtschaftung von Kanalnetz, Kläranlage und Gewässer. Schriftenreihe des Lehrstuhls Abfallwirtschaft und des Lehrstuhls Siedlungswasserwirtschaft, Band 13, Berlin, Rhombos-Verlag.
[778] Erdmann, J.; Duddeck, H. (1983): Statik der Tunnel im Lockergestein - Vergleich der Berechnungsmodelle. Bauingenieur, 58, 11, 407–414.
[779] Ermel, G. (1983): Stickstoffentfernung in einstufigen Belebungsanlagen: Steuerung der Denitrifikation, Dissertation. Veröffentlichungen des Instituts für Stadtbauwesen der TU Braunschweig, Band 35, Braunschweig, Institut für Stadtbauwesen.
[780] Ertl, C.; Ginzel, G. (2000): Wiedervernässung des ehemaligen Rieselfeldes Karolinenhöhe in Berlin mit geklärtem Abwasser: Auswirkungen auf die Entwicklung der Grundwasserbeschaffenheit. KA Korrespondenz Abwasser, 47, 12, 1828–1832.
[781] Eschke, H.-D.Synthetic Mucks in Different Water Matrices. In: Synthetic Musk Fragrances in the Environment, 17–28.
[782] Esvelt, L. A.; Hart, H. H. (1970): Treatment of Fruit Processing Waste by Aeration. Journal Water Pollution Control Federation, 42, 7, 1305–1326.
[783] Ettinger, F. (2016): Versickerung von Niederschlagswasser im Lichte verschärfter Anforderungen des Grundwasserschutzes. In: Deutsche Vereinigung für Wasserwirtschaft, Abwasser und Abfall

(Hrsg.): 15. RegenwasserTage, Hennef, Deutsche Vereinigung für Wasserwirtschaft, Abwasser und Abfall.

[784] Europäische Kommission (14.11.2002): Ein Blueprint für den Schutz der europäischen Wasserressourcen: Mitteilung der Kommission an das Europäische Parlament, den Rat, den Europäischen Wirtschafts- und Sozialausschuss und den Ausschuss der Regionen - COM(2012) 673 final, Brüssel.

[785] Europäische Kommission (2003): Leitfaden zur Identifizierung und Ausweisung von erheblich veränderten und künstlichen Wasserkörpern. Guidance Document. CIS-Arbeitsgruppe 2.2 Nr. 4, Luxembourg.

[786] Europäische Kommission (05.04.2004): Geänderter Vorschlag für eine Richtlinie des Europäischen Parlaments und des Rates über die Qualität der Badegewässer. Europäische Kommission, Brüssel.

[787] Europäische Kommission (2015): Durchführungsbeschluss (EU) 2015/495 der Kommission vom 20. März 2015 zur Erstellung einer Beobachtungsliste von Stoffen für eine unionsweite Überwachung im Bereich der Wasserpolitik gemäß der Richtlinie 2008/105/EG des Europäischen Parlaments und des Rates (24. März 2015). Amtsblatt der Europäischen Gemeinschaften, L74/40 – L78/42.

[788] Europäischer Gerichtshof: Vertragsverletzung eines Mitgliedstaats – Umwelt – Richtlinie 2000/60/EG – Ordnungsrahmen für Maßnahmen der Gemeinschaft im Bereich der Wasserpolitik – Deckung der Kosten für Wasserdienstleistungen – Begriff ‚Wasserdienstleistungen'. ECLI:EU:C:2014:2202, .

[789] Europäisches Parlament (1986): Richtlinie 86/278/EWG über den Schutz der Umwelt und insbesondere der Böden bei der Verwendung von Klärschlamm in der Landwirtschaft: 86/278/EWG (1986). Amtsblatt der Europäischen Union, L 181, 6–12.

[790] Europäisches Parlament (1991): Richtlinie über die Behandlung von kommunalem Abwasser: 91/271/EEC (21.05.1991). Amtsblatt der Europäischen Gemeinschaften, L 135/40-L125/52.

[791] Europäisches Parlament (1996): Richtlinie 2008/1/EG des Europäischen Parlamentes und des Rates vom 15. Januar 2008 über die integrierte Vermeidung und Verminderung der Umweltverschmutzung: 96/61/EG (24.09.1996). Amtsblatt der Europäischen Gemeinschaften, L 257/26–L 257/40.

[792] Europäisches Parlament (2000): Richtlinie zur Schaffung eines Ordnungsrahmens für Maßnahmen der Gemeinschaft im Bereich der Wasserpolitik: 2000/60/EG (23.10.2000). Amtsblatt der Europäischen Gemeinschaften, L 327/1-L 327/72.

[793] Europäisches Parlament (2004): Verordnung über Detergenzien: 648/2004 (31.03.2004). Amtsblatt der Europäischen Gemeinschaften, L 104/1-L 104/35.

[794] Europäisches Parlament (2006): Richtlinie 2006/118/EG zum Schutz des Grundwassers vor Verschmutzung und Verschlechterung: 2006/118/EG (2006). Amtsblatt der Europäischen Union, L 372/27.12.2006, 19–31.

[795] Europäisches Parlament (2006): Richtlinie 2006/7/EG über die Qualität der Badegewässer und deren Bewirtschaftung und zur Aufhebung der Richtlinie 76/160/EWG: 2006/7/EG (2006). Amtsblatt der Europäischen Union, L 64/04.03.2006, 37–51.

[796] Europäisches Parlament (2006): Richtlinie über die Qualität der Badegewässer und deren Bewirtschaftung und zur Aufhebung der Richtlinie 76/160/EWG: 2006/7/EG (15.02.2006). Amtsblatt der Europäischen Gemeinschaften, L 64/37-L 64/51.

[797] Europäisches Parlament (2006): Richtlinie zum Schutz des Grundwassers vor Verschmutzung und Verschlechterung: 2006/118/EG (27.12.2006). Amtsblatt der Europäischen Gemeinschaften, L372/19 - L372/31.

[798] Europäisches Parlament (2008): Richtlinie zur Schaffung eines Ordnungsrahmens für Maßnahmen der Gemeinschaft im Bereich der Meeresumwelt (Meeresstrategie-Rahmenrichtlinie): 2008/56/EG (17.06.2008). Amtsblatt der Europäischen Gemeinschaften, L 164/19–L 164/40.

[799] Europäisches Parlament (2008): Richtlinie über Umweltqualitätsnormen im Bereich der Wasserpolitik: 2008/105/EG (24.12.2008). Amtsblatt der Europäischen Gemeinschaften, L348/84 - L348/97.

[800] Europäisches Parlament (2010): Richtlinie über Industrieemissionen (integrierte Vermeidung und Verminderung der Umweltverschmutzung): 2010/75/EU (24.10.2010). Amtsblatt der Europäischen Gemeinschaften, L 334/17–L 334/119.

[801] Europäisches Parlament (2013): Richtlinie des Europäischen Parlaments und des Rates vom 12. August 2013 zur Änderung der Richtlinien 2000/60/EG und 2008/105/EG in Bezug auf prioritäre Stoffe im Bereich der Wasserpolitik: 2013/39/EU (24.06.2013). Amtsblatt der Europäischen Gemeinschaften, L226/1 – L226/17.

[802] Evers, P.; Grünebaum, T.; Wilde, J. (1999): Leistungskennzahlen als Grundlage für vergleichende Wirtschaftlichkeitsbetrachtungen in der Siedlungswasserwirtschaft. gwf Wasser/Abwasser, 140, 4, 253-258.

[803] Evers, P.; Schmitt, F. (2003): Neubau und erste Betriebserfahrungen Klärschlamm-Monoverbrennungsanlage Elverlingsen. In: ATV-DVWK (Hrsg.): Klärschlamm aktuell 2: Ausgewählte Beiträge der 3. ATV-DVWK-Klärschlammtage. 5.-7. Mai 2003, Würzburg, ATV-DVWK-Schriftenreihe, Bd. 29, 449–468, Hennef, ATV-DVWK.

[804] Evers, P.; Grünebaum, T. (2010): Erfahrungen aus Planung und Bau einer Ozonierungs- und Pulveraktivkohleanlage auf der Kläranlage Schwerte. In: Pinnekamp, J. (Hrsg.): 43. Essener Tagung für Wasser- und Abfallwirtschaft, Gewässerschutz, Wasser, Abwasser, Band 220, 29/1-29/16, Aachen, Gesellschaft zur Förderung der Siedlungswasserwirtschaft an der RWTH Aachen.

[805] Ewert, W. (2006): Betriebliche Probleme durch Unkrustationen nehmen zu - Gründe und Abhilfemöglichkeiten. In: Pinnekamp, J. (Hrsg.): 39. Essener Tagung für Wasser- und Abfallwirtschaft, Gewässerschutz, Wasser, Abwasser, Band 202, 61/1-61/14, Aachen, Gesellschaft zur Förderung der Siedlungswasserwirtschaft an der RWTH Aachen.

[806] Faber, H. A. (1947): The Hypochlorite Process for Treatment of Wool Scouring Wastes and for Recovery of Wool Grease. Sewage Works Journal, 19, 2, 248–255.

[807] Fahlenkamp, H. (2004): Untersuchungen zum Eintrag und zur Elimination von gefährlichen Stoffen in kommunalen Kläranlagen: Abschlussbericht zum Forschungsvorhaben, Düsseldorf, MUNLV.

[808] Fair, G. M.; Imhoff, K. (1929): The Arithmetic of Sewage Treatment Works, New York, John Wiley & Sons.

[809] Fair, G. M.; Moore, E. W. (1934): Time and Rate of Sludge Digestion, and Their Variation with Temperature. Sewage Works Journal, 6, 1, 3–13.

[810] Fair, G. M. (1936): The "Log-Difference" Method of Estimating the Constants of the First-Stage Bio-Chemical Oxygen Demand Curve. Sewage Works Journal, 8, 3, 430–434.

[811] Fair, G. M.; Moore, E. W. (1937): Observations on the Digestion of a Sewage Sludge over a Wide Range of Temperatures. Sewage Works Journal, 9, 1, 3–5.

[812] Fair, G. M. (1939): The Dissolved Oxygen Sag: An Analysis. Sewage Works Journal, 11, 3, 445–461.

[813] Fair, G. M.; Moore, E. W.; Thomas, J. H. A. (1941): The Natural Purification of River Muds and Pollutional Sediments. Sewage Works Journal, 13, 2, 270–307.

[814] Fair, G. M.; Geyer, C. J. (1954): Water supply and waste water disposal, London-New York, John Wiley & Sons; Chapman and Hall.

[815] Fair, G. M. (1962): Pollution Abatement in the Ruhr District. Journal Water Pollution Control Federation, 34, 8, 749–766.

[816] Falck, T. (1935): Die Entwicklung der Abwasserreinigung in Fischteichen. Gesundheits-Ingenieur, 58, 1, 6-12.

[817] Falter, B. (1975): Berechnung freier und einseitig elastisch gebetteter Kreisbögen und -ringe unter Außendruck mit großen Verschiebungen und Verdrehungen, Dissertation, Hannover, Technische Universität Hannover.

[818] Falter, B. (1994): Praktische Vorgehensweise beim Standsicherheitsnachweis für Linersysteme in Abwasserkanälen. Tiefbau, Ingenieurbau, Straßenbau (TIS), 36, 9, 13–28.

[819] Falter, B.; Hinrichs, H.; Lenz J.; Schwerdt B. (1999): Erdüberdeckte Kunststoffrohre unter kombinierten Belastungen aus Verkehr und Innendruck. KA Korrespondenz Abwasser, 46, 2, 233–238.

[820] FAO (2014): AQUASTAT database: September 2014. http://www.fao.org/nr/aquastat, abgerufen am: 28.05.2016.

[821] fbr (2005): Grauwasser-Recycling: Hinweisblatt H 201, Darmstadt. https://www.rlp-buergerservice.de/bis/rheinpfalzkreis_bis/ressource.do?id=52518&_type=file, abgerufen am: 18.07.2016.

[822] Fehr, G.; Jürging, M.; Tempel-Thederan, K. (1992): Umweltverträglichkeitsprüfung in der Siedlungswasserwirtschaft. In: Biffl, W., Imhoff, K. R., Jost, B., Naber, G., Schalekamp, M., Suchomel, P., Tessendorff, H. u. Moser, H. (Hrsg.): Handbuch Wasserversorgungs- und Abwassertechnik, Vulkan-Verlag, Essen, 399–424.

[823] Felde, D. von (2016): Klärschlammentsorgungskonzept des Ruhrverband. In: Pinnekamp, J. (Hrsg.): 17. Kölner Kanal und Kläranlagen Kolloqium, Aachener Schriften zur Stadtentwässerung, Aachen.

[824] Felde, K. von; Burmeister, M.; Vollmer, J. (2000): Wartung von Kleinkläranlagen: Projekt der Abwasser-Info-Börse in Niedersachsen. KA Korrespondenz Abwasser, 47, 12, 1807–1812.
[825] Feldmann, R. (1987): Die ökologische Bedeutung der Klärschlammteiche des Ruhrverbandes in Menden (Märkischer Kreis, NRW). KA Korrespondenz Abwasser, 34, 2, 155-160.
[826] Felske, C. (2005): Minimierung von Restgasemissionen aus Siedlungsabfalldeponien durch Methanoxidation in Deponieabdeckschichten. In: Pinnekamp, J. (Hrsg.): Wissenschaftlich-Technische Mitteilungen des Instituts zur Förderung der Wassergüte- und Wassermengenwirtschaft e.V., Band 5, Gewässerschutz, Wasser, Abwasser, Band 200, Gesellschaft zur Förderung der Siedlungswasserwirtschaft an der RWTH Aachen, Aachen, 1/1-1/15.
[827] Fenz, R.; Kroiss, H. (1999): Wirkung von Mischwassereinleitungen auf kleine Fliessgewaesser. In: Dohmann, M. (Hrsg.): 32. Essener Tagung für Wasser- und Abfallwirtschaft, Gewässerschutz, Wasser, Abwasser, Band 172, 37/1-37/16, Aachen, Gesellschaft zur Förderung der Siedlungswasserwirtschaft an der RWTH Aachen.
[828] Ferguson, J. F. et al. (Hrsg.) (2004): Forest Industry Wastewater VII. Water Science and Technology, London, IWA Publishing.
[829] Feyen, H. A. (1987): Möglichkeiten und Grenzen der Prozeßleittechnik in kommunalen Abwasserreinigungsanlagen. Gewässerschutz, Wasser, Abwasser, Band 101, Aachen, Gesellschaft zur Förderung der Siedlungswasserwirtschaft an der RWTH Aachen.
[830] Feyen, H. A.; Sanz, J. P.; Zenzes, N. (1996): Betriebsprobleme kommunaler Abwasserfilteranlagen erkennen und vermeiden. KA Korrespondenz Abwasser, 43, 4, 525-538.
[831] Finstein, M. S.; Heukelekian, H. (1967): Gross dimensions of activated sludge flocs with reference to bulking. Journal Water Pollution Control Federation, 39, 1, 33–40.
[832] Firk, W. (1985): Weitergehende Abwasserreinigung durch den kombinierten Einsatz der Fällung, der Flockung und der Filtration, Dissertation. Gewässerschutz, Wasser, Abwasser, Band 74, Aachen, Gesellschaft zur Förderung der Siedlungswasserwirtschaft an der RWTH Aachen.
[833] Firk, W.; Mertsch, V.; Pinnekamp, J. (1998): Kosten der Abwasserreinigung im internationalen Vergleich. In: Abwassertechnische Vereinigung (Hrsg.): Abwasser- und Abfallwirtschaft, ATV Schriftenreihe, Band 12, 333-354.
[834] Firk, W. (2003): Kostenentwicklung bei Membranbelebungsanlagen. In: Dohmann, M. (Hrsg.): 36. Essener Tagung für Wasser- und Abfallwirtschaft, Gewässerschutz, Wasser, Abwasser, Bd. 190, 35/1-35/4, Aachen, Gesellschaft zur Förderung der Siedlungswasserwirtschaft an der RWTH Aachen.
[835] Firk, W. (2016): Strategien zur Minderung anthropogener Spurenstoffe. Wasserwirtschaft Wassertechnik, 1-2, 6–7.
[836] Firk, W.; Hübner, M.; Rolfs, T. (2017): Betriebserfahrungen mit den Membranbelebungsanlagen Woffelsbach und Konzen im Einzugsgebiet der Rurtalsperre. In: Pinnekamp, J. (Hrsg.): 50. Essener Tagung für Wasser- und Abfallwirtschaft, Gewässerschutz, Wasser, Abwasser, Band 245, 66/1-66/11, Aachen, Gesellschaft zur Förderung der Siedlungswasserwirtschaft an der RWTH Aachen.
[837] Fischer, A. J.; Hillman, A.; Gehm, H. W. (1940): Improved Sewage Clarification by Pre-Flocculation without Chemicals. Sewage Works Journal, 12, 2, 280-306.
[838] Fischer, A. J.; Greene, R. A. (1945): Plant Scale Tests on Thermophilic Digestion. Sewage Works Journal, 17, 4, 718–729.
[839] Fischer, K.-D. (1999): Entwicklung eines neuen Nitrat-Rückführungssystems zur Stickstoffelimination bei kommunalen Abwässern. Gewässerschutz, Wasser, Abwasser, Band 176, Aachen, Gesellschaft zur Förderung der Siedlungswasserwirtschaft an der RWTH Aachen.
[840] Fitch, E. B. (1957): The significance of detention in sedimentation. Sewer and Industrial Wastes, 29, 10, 1123–1133.
[841] Fittschen, I.; Hahn H.H. (1998): Characterization of the municipal wastewaterpart human urine and a preliminary comparison with liquid cattle excretion. Water Science and Technology, 38, 6, 9–16.
[842] Flett, L. (1961): Das Abwasserproblem und die Detergentien. Wasser, Luft und Betrieb, 5, 1, 21-24.
[843] Flinspach, D.; Fleig, H. (1972): Die Aufstellung von Wärmelastplänen durch rechnerische Simulation der Wärmetauschvorgänge - dargelegt am Beispiel des "Wärmelastplanes Rhein". Die Wasserwirtschaft, 62, 5, 127–133.
[844] Ford, Davis L. et al. (1979): Design and Economics of Powdered Activated Carbon in the Activated Sludge Process. In: Jenkins, S. H. (Hrsg.): Water Pollution Research: Workshop of Domestic and In-

dustrial Wastewater in Large Plants, Advances in Water Pollution Research, Bd. 12, Pergamon Press, Frankfurt

[845] Förderverein des Institutes für Siedlungswasserwirtschaft und Abfalltechnik (ISAH) der Universität Hannover (Hrsg.) (2004): 8. Hannoversche Industrieabwasser-Tagung, Brauerei-Seminar: Tagungsband. Veröffentlichungen des ISAH, Band 132, Hannover, ISAH.

[846] Forschungs- u. Entwicklungsinst. für Industrie- u. Siedlungswasserwirtschaft sowie Abfallwirtschaft e.V. (1985): Abtrennung von Feststoffen aus dem Abwasser: 60. Siedlungswasserwirtschaftliches Kolloquium. Stuttgarter Berichte zur Siedlungswasserwirtschaft, Band 87, München, Kommissionsverlag Oldenbourg.

[847] Franke, W. (2011): Biofilter als Bestandteil kombinierter Abluftbehandlungsverfahren in der Abwasserwirtschaft. Wasser - Abwasser - Umwelt, Band 32, Kassel, Kassel Univ. Press.

[848] Franz, T.; Cullmann, M.; Krebs, P. (2008): Analyse fremdwasserbeeinflussender Faktoren mittels multidimensionaler Skalierung. KA Korrespondenz Abwasser, 55, 5, 474–490.

[849] Frauendorf, G. (2000): Tauchmotor-Rührwerke zur wirtschaftlichen Strömungsbildung in Belebungsanlagen. KA Korrespondenz Abwasser, 47, 11, 1634–1636.

[850] Frechen, F.-B. (1988): Geruchsemissionen aus Kläranlagen, Dissertation. Gewässerschutz, Wasser, Abwasser, Band 108, Aachen, Gesellschaft zur Förderung der Siedlungswasserwirtschaft an der RWTH Aachen.

[851] Frechen, F.-B. (1996): Die geruchsfreie Kläranlage? Bauliche und betriebliche Maßnahmen zur Reduzierung von Geruchsemissionen. In: Institut SiWaWi der Universität Bochum (Hrsg.): Betrieb von Kläranlagen – Optimierung und Kostensparen, Schriftenreihe Siedlungswasserwirtschaft Bochum (SiWaWi), Band 32, 173, Bochum.

[852] Frechen, F.-B.Geruchsemissionen aus Abwasseranlagen. In: Sekoulov, I. u. Gulyas, H. (Hrsg.): Fortbildungskurs und Kolloquium der Abwasserwirtschaft: Eigen- und Fremdüberwachung von Kläranlagen, Hamburger Berichte zur Siedlungswasserwirtschaft, Band 23, 1–37.

[853] Frechen, F.-B. (2000): Odour measurement and odour policy in Germany. Water Science and Technology, 41, 6, 17–24.

[854] Frechen, F.-B. (2004): Bedeutung der Membrantechnik für die künftige kommunale Abwasserbehandlung. In: Dohmann, M. (Hrsg.): 37. Essener Tagung für Wasser- und Abfallwirtschaft, Gewässerschutz, Wasser, Abwasser, Bd. 193, 11/1-11/12, Aachen, Gesellschaft zur Förderung der Siedlungswasserwirtschaft an der RWTH Aachen.

[855] Frechen, F.-B. (2004): Odour emission inventory of German wastewater treatment plants: odour flow rates and odour emission capacity. Water Science and Technology, 50, 4, 139–146.

[856] Frechen, F.-B. (2006): Geruchsentstehung und -verminderungsmaßnahmen in Kanalnetzen. In: Pinnekamp, J. (Hrsg.): 7. Kölner Kanalkolloquium, Aachener Schriften zur Stadtentwässerung, Band 9, 14/1-14/19.

[857] Frechen, F.-B.; Franke, W. (2015): Bestimmung von Geruchsemissionen aus Absturzbauwerken in der Kanalisation durch das Geruchsemissionspotenzial GEP. Gefahrstoffe - Reinhaltung der Luft, 75, 10, 417–420.

[858] Frechen, F.-B. (2015): Geruchsemissionen aus Entwässerungsnetzen. In: Deutsche Vereinigung für Wasserwirtschaft, Abwasser und Abfall (Hrsg.): DWA-WasserWirtschafts-Kurs P/1 "Entwässerungskonzepte/Sanierungsplanung", Deutsche Vereinigung für Wasserwirtschaft, Abwasser und Abfall, Hennef, 303-244.

[859] Frechen, F.-B.; Romaker, J.; Giebel, S. M.; Behrens, A. (2016): Regelung der Dosierung von Chemikalien in die Kanalisation zur Geruchs- und Korrosionsbekämpfung. In: Pinnekamp, J. (Hrsg.): 17. Kölner Kanal und Kläranlagen Kolloqium, Aachener Schriften zur Stadtentwässerung, Aachen.

[860] Frechen, F.-B. (2017): Verhinderung von Geruchsbelastungen aus industriellen Abwässern. In: Deutsche Vereinigung für Wasserwirtschaft, Abwasser und Abfall (Hrsg.): WasserWirtschafts-Kurs P/5 Behandlung von Industrie- und Gewerbeabwasser, Deutsche Vereinigung für Wasserwirtschaft, Abwasser und Abfall, Hennef, 137.

[861] Frehmann, T. (2003): Untersuchung der Wirksamkeit von Stauraumkanälen mit unten liegender Entlastung zur Regenwasserbehandlung. Forum Siedlungswasserwirtschaft und Abfallwirtschaft Universität GH Essen, H. 21, Aachen, Shaker.

[862] Frehmann, T.; Obenaus, F.; Kraft, A. (2014): Smart Energy in der Wasserwirtschaft. KA Korrespondenz Abwasser, Abfall, 61, 2, 118–123.
[863] Freimann, R.; Valentin, F. (2001): Einfluss von Einlaufbauwerk und Schlammspiegel auf Strömungsstrukturen in Nachklärbecken. Die Wasserwirtschaft, 91, 5, 240–244.
[864] Freumuth, H.; Sälzer, E. (1987): Ermittlung zum Stand der Technik der Lärmminderung bei genehmigungsbedürftigen Anlagen nach 4. BIMSchV-Klärwerke: Contract UFOPLAN 10503102-15. Forschungsbericht. Umweltbundesamt Umweltforschungsplan des Bundesministers des Innern ; 87-029, Berlin.
[865] Friedrich, M.; Schmidt, M.; Küver, J.; Schulz, H. H. (2004): Sulfidoxidation in kommunalem Abwasser. KA Korrespondenz Abwasser, 51, 9, 954–960.
[866] Fries, D. (1978): Vergleich von Verfahren zur Reinigung von organisch hochbelasteten Industrieabwässern am Beispiel einer Wollwäscherei und einer Altölraffinerie. Schriftenreihe ISAH, Heft 46, Hannover.
[867] Fries, F. (1931): Die Kläranlage Essen-Rellinghausen und die Auswirkung ihrer letzten Erweiterung. Gesundheits-Ingenieur, 54, 45, 661-670.
[868] Fritze, H. (1948): Die Reinhaltung der Flussläufe bei landwirtschaftlicher Nutzung städtischer Abwässer. Gesundheits-Ingenieur, 69, 6, 169–171.
[869] Frör, O.; Weiß, S.; Weyand, M. (2016): Förderung der Akzeptanz hydromorphologischer Maßnahmen. KW Korrespondenz Wasserwirtschaft, 9, 9, 545–550.
[870] Fuchs, S.; Lucas, S.; Brombach, H.; Weiß, G.; Haller, B. (2003): Fremdwasserprobleme erkennen - methodische Ansätze. KA Korrespondenz Abwasser, 50, 1, 28–32.
[871] Fuchs, S.; Lucas, S. (2003): Regionalisierung von Fremdwasserproblemen. KA Korrespondenz Abwasser, 50, 3, 302–307.
[872] Fuchs, S.; Mayer, I.; Haller, B.; Roth, H. (2014): Lamella settlers for storm water treatment–performance and design recommendations. Water Science and Technology, 69, 2, 278–285.
[873] Fuhrman, R. E.; Langdon, L. E. (1954): Scum Control in Sludge Digestion [with Discussion]. Sewage and Industrial Wastes, 26, 4, 453–461.
[874] Fux, C.; Lange, K.; Faessler, A.; Huber, P.; Grueniger, B.; Siegrist, H. (2003): Nitrogen removal from digester supernatant via nitrite - SBR or SHARON? Water Science and Technology, 48, 8, 9–18.
[875] Gähr, F.; Hermanutz, F.; Oppermann, W. (1994): Ozonation - An Important Technique to Comply With the New German Laws for Textile Wastewater Treatment. Water Science and Technology, 30, 3, 255–263.
[876] Gälli, R.; Ort, C.; Schärer, M. (2009): Mikroverunreinigungen in den Gewässern–Bewertung und Reduktion der Schadstoffbelastung aus der Siedlungsentwässerung. Umwelt-Wissen, 917, 103.
[877] Galloway, J. N.; Aber, J. D.; Erisman, J. W.; Seitzinger, S. P.; Howarth, R. W.; Cowling, E. B.; Cosby, B. J. (2003): The nitrogen cascade. Bioscience, 53, 4, 341–356.
[878] Gammeter, S. (1996): Einflüsse der Siedlungsentwässerung auf die Invertebraten-Zönose kleiner Fließgewässer, Dissertation, Zürich.
[879] Garber, W. F., Ludwig, H. F., Ludwig, R. G., Anderson, D. R. (1992): Appropriate environmental standards in developing nations. Water Science and Technology. Water Science and Technology, 25, 9, 17–30.
[880] Garber, W. F.; Ohara, G. T.; Colbaugh, J. E.; Raksit, S. K. (1975): Thermophilic Digestion at the Hyperion Treatment Plant. Journal Water Pollution Control Federation, 47, 5, 950–961.
[881] Garber, W. F. (1982): Operating Experience with Thermophilic Anaerobic Digestion. Journal Water Pollution Control Federation, 54, 8, 1170–1175.
[882] Gartner, G. (1972): Seenreinhaltung in Bayern. gwf Wasser/Abwasser, 113, 9, 410–423.
[883] Gassen, M.; Kenzer, G. (1978): Kanalnetzberechnung. KA Korrespondenz Abwasser, 25, 9, 319–321.
[884] Gassen, M. (1993): Stand und Entwicklung der Festbettechnologie für die kommunale Abwasserreinigung. In: Dohmann, M. (Hrsg.): 26. Essener Tagung für Wasser- und Abfallwirtschaft, Gewässerschutz, Wasser, Abwasser, Band 139, 20/1–20/23, Aachen.
[885] Gassen, M. (1998): Erste Erfahrungen über den Betrieb und die Wirtschaftlichkeit von Festbettreaktoren auf deutschen Kläranlagen. In: Dohmann, M. (Hrsg.): 31. Essener Tagung für Wasser- und Ab-

fallwirtschaft, Gewässerschutz, Wasser, Abwasser, Band 165, 32/1-32/22, Aachen, Gesellschaft zur Förderung der Siedlungswasserwirtschaft an der RWTH Aachen.

[886] Gautam, S.; Shah, M. R.; Sabharwal, S.; Sharma, A. (2005): Gamma Irradiation of Municipal Sludge for Safe Disposal and Agricultural Use. Water Environment Research, 77, 5, 472–479.

[887] Gehm, H. W.; Morgan, P. F.; Trubnick, E. H. (1949): A Novel High Rate Anaerobic Waste Treatment System [with Discussion]. Sewage Works Journal, 21, 5, 851–858.

[888] Gehm, H. W.; Morgan, P. F. (1950): Ein neues wirkungsvolles Faulverfahren für Industrie-Abwasser: A Novel High Rate Anaerobic Waste Treatment System in: Sewage Works Journal Bd. 21 (1949), Nr. 5, S. 851 - Besprechung von Eugene H. Trubnick, Zeitschriften-Umschau. Gesundheits-Ingenieur, 71, 9/10, 163.

[889] Gehm, H. W.; Behn, V. C. (1950): High-Rate Anaerobic Digestion of Industrial Wastes. Sewage and Industrial Wastes, 22, 8, 1034–1040.

[890] Gehm, H. W. (1963): The Application of Stabilization Ponds in the Purification of Pulp and Paper Mill Wastes. Journal Water Pollution Control Federation, 35, 9, 1174–1180.

[891] Geiger, H. (1952): Umwälzung und Schwimmdeckenzerstörung in getrennten Schlammfaulräumen. Gesundheits-Ingenieur, 73, 7/8, 129-132.

[892] Geiger, H. (1958): Ein Belüftungsverfahren mit geringer Einblastiefe. Gesundheits-Ingenieur, 79, 1, 13-15.

[893] Geiger, W. F.; Dreiseitl, H.; Stemplewski, J. (2009): Neue Wege für das Regenwasser: Handbuch zum Rückhalt und zur Versickerung von Regenwasser in Baugebieten, München, Oldenbourg-Industrieverlag.

[894] Geller, G. (1998): Horizontal durchflossene Pflanzenkläranlagen im deutschsprachigen Raum - langfristige Erfahrungen. Wasser und Boden, 50, 1, 18–25.

[895] Geller, G.; Höner, G. (2003): Qualitätsmanagement im Ingenieurwesen am Beispiel 'Bewachsene Bodenfilter'. Wasser und Boden, 55, 3, 11-15.

[896] Genschow, E.; Hegemann, W. (1993): Untersuchungen zur anaeroben Reinigung von Gerbereiabwasser. gwf Wasser/Abwasser, 134, 5, 262–270.

[897] Gerber, H. (2016): Erfahrungen mit dem PYREG-Verfahren auf der Kläranlage Linz-Unkel. In: Pinnekamp, J. (Hrsg.): 17. Kölner Kanal und Kläranlagen Kolloqium, Aachener Schriften zur Stadtentwässerung, Aachen.

[898] Gerlich, J. W. (1967): Better Than the Pilot Model. The American City, New York, Butterheim Publishing Corp.

[899] Gethke, H.-G. (1983): Untersuchung und Anwendung eines zweistufigen Belebungsverfahrens mit einer Höchstlastbelebung in der 1. Stufe und einer Schwachlastbelebung in der 2. Stufe (Adsorptions-Belebungs-Verfahren). Gewässerschutz, Wasser, Abwasser, Band 66, Aachen, Gesellschaft zur Förderung der Siedlungswasserwirtschaft an der RWTH Aachen.

[900] Geyer, W. (2001): Ausbau der Kläranlage Saalfelden nach dem Hybridverfahren. In: Kroiß, H. (Hrsg.): Anpassung von Kläranlagen - Planung und Betrieb. ÖWAV/TU-Seminar, Wien 2001, Wirtschaftskammer Österreich, 5. - 6. März 2001, Wiener Mitteilungen, Bd. 166, IWAG Institut für Wassergüte und Abfallwirtschaft, Wien, 357-384.

[901] Giles, J. H. (1943): Inlet and outlet design for sedimentation tanks. Sewage Works Journal, 15, 4, 609–614.

[902] Gilles, J. (1987): Öffentliche Abwasserbeseitigung im Spiegel der Statistik. KA Korrespondenz Abwasser, 34, 5, 414-437.

[903] Glasenapp, J. (1992): Leistungsfähigkeit und Wirtschaftlichkeit von Verfahrensvarianten zur Stickstoffelimination beim Belebtschlammverfahren. Schriftenreihe WAR, Band 57, Darmstadt, Bibliothek des Inst. WAR.

[904] Glasenapp, J.; Kassner, W. (2001): Spezifischer Klärschlammanfall und Bemessungsansätze. In: ATV-DVWK (Hrsg.): Klärschlamm aktuell 1: Ausgewählte Beiträge der 2. ATV-DVWK-Klärschlammtage. 7.-10. Mai 2001, Würzburg, ATV-DVWK-Schriftenreihe, Bd. 27, 167-181, Hennef, Gesellschaft zur Förderung der Abwassertechnik (GFA).

[905] Glasenapp, J.; Seier, K. (2007): Aerob-Thermophile Stabilisierung. In: Bilitewski, B., Quicker, P., Schnurrer, H. u. Zeschmar-Lahl, B. (Hrsg.): Müll-Handbuch. Sammlung und Transport, Behandlung und Ablagerung sowie Vermeidung und Verwertung von Abfällen. Ergänzbares Handbuch für die

kommunale und industrielle Abfallwirtschaft, ESV-Handbücher zum Umweltschutz, Erich Schmidt Verlag, Berlin, 3057-3060.

[906] Gloyna, E. F.; Ledbetter, J. O. (1969): Principles of radiological health, New York, Marcel Dekker.

[907] Gloyna, E. F. (1971): Waste Stabilization Ponds. World Health Organization Monograph Series, Band 60, Genf, World Health Organization.

[908] Gloyna, E. F.; Li, L.; McBrayer, R. N. (1994): Engineering aspects of supercritical water oxidation. Water Science and Technology, 30, 9, 1–10.

[909] Gockel, H. (1970): Abwässer aus Sauerkrautfabriken. Vom Wasser, 17, 8, 216–222.

[910] Godart, B.; Lenz, G. (1996): Planungsvorbereitungen, Bau und Betrieb der Flockungsfiltrationsanlagen des Wupperverbandes. KA Korrespondenz Abwasser, 43, 4, 546-554.

[911] Goldberg, B. (2006): Kleinkläranlagen heute, Berlin, HUSS-MEDIEN GmbH.

[912] Görner, K.; Hübner, K. (1999): Umweltschutztechnik. VDI-Buch, Berlin, Heidelberg, Springer Berlin Heidelberg.

[913] Gotaas, H. B.; Oswald, W. J. (1958): 1957 Operators Forum - Stabilization Ponds. Sewage and Industrial Wastes, 30, 698ff.

[914] Götz, C.; Bergmann, S.; Ort, C.; Singer, H.; Kase, R. (2012): Mikroschadstoffe aus kommunalem Abwasser-Stoffflussmodellierung, Situationsanalyse und Reduktionspotenziale für Nordrhein-Westfalen. Studie im Auftrag des Ministeriums für Klimaschutz, Umwelt, Landwirtschaf, Natur-und Verbraucherschutz Nordrhein-Westfalen (MKULNV)

[915] Götz, K.; Walz, A. (2017): Arznei für Mensch und Umwelt? Umsetzung der Empfehlungen des Handbuches Kommunikationsstrategien zur Schärfung des Umweltbewusstseins im Umgang mit Arzneimitteln – ein Beitrag zum nachhaltigen Umgang mit Arzneimitteln. Texte, 18/2017, .

[916] Gould, R. H. (1942): New developments, N. Y. City. Sewage Works Journal, 14, 313-.

[917] Gould, R. H. (1942): Operating Experiences in New York City. Sewage Works Journal, 14, 1, 70–80.

[918] Gould, R. H. (1943): Improved final settling tanks at Bowery Bay. Civil Engineering, 13, 6, 279.

[919] Gould, R. H. (1944): New York City plans $82 million sewage works construction. Sewage Works Engineering and Municipal Sanitation, 16, 506-508.

[920] Gould, R. H. (1945): Activated sludge settling tanks: Discussion. Sewage Works Journal, 17, 63.

[921] Gould, R. H. (1954): Die Klärwerke von New York. Gesundheits-Ingenieur, 75, 1/2, 2-4.

[922] Gould, R. H. (1959): Economical practices in the activated sludge and sludge digestion processes. Sewage and Industrial Wastes, 31, 4, 399–405.

[923] Grabbe, U. (1998): Untersuchungen zur weitergehenden Abwasserreinigung mit Hilfe textiler Filtermedien: Tuchfiltration und Mikrosiebung, Dissertation. Veröffentlichungen des ISAH, Band 104, Hannover, ISAH.

[924] Grady, C. P. L.; Lim, H. C. (1980): Biological Wastewater Treatment: Theory and Applications, New York, Marcel Dekker Inc.

[925] Gräf, R. (1996): Anwendung physikalischer und chemisch-physikalischer Verfahren in der industriellen Abwasserreinigung. In: Abwassertechnische Vereinigung (Hrsg.): Abwasser- und Abfallwirtschaft - Umweltschutz vor neuen Aufgaben. ATV- Bundestagung, BMBF-Statusseminar, Ausstellerforum 14. - 16. Oktober 1996, Congress Center Leipzig, ATV-Schriftenreihe, Bd. 4, 111–126, Hennef, Gesellschaft zur Förderung der Abwassertechnik (GFA).

[926] Grant, S.; Hurwitz, E.; Mohlman, F. W. (1930): The Oxygen Requirements of the Activated Sludge Process. Sewage Works Journal, 2, 2, 228–244.

[927] Grau, A. (1978. In: Böhnke, B. (Hrsg.): 10. Essener Tagung für Wasser- und Abfallwirtschaft, Gewässerschutz, Wasser, Abwasser, Band 25, 391-, Aachen, Gesellschaft zur Förderung der Siedlungswasserwirtschaft an der RWTH Aachen.

[928] Greenberg, A. E.; Dean B. H. (1958): The beef tapeworm, measly beef, and sewage: a review. Sewer and Industrial Wastes, 30, 12, 262–269.

[929] Greene, R. A. (1949): Sludge Heating Methods. Sewage Works Journal, 21, 6, 968–973.

[930] Greene, R. A. (1950): Schlammerwärmungsmethoden: Sludge heating methods in: Sewage Works Journal, Bd. 21, S. 968, Zeitschriften-Umschau. Gesundheits-Ingenieur, 71, 11/12, 196.

[931] Gresch, M.; Armbruster, M.; Braun, D.; Gujer, W. (2011): Effects of aeration patterns on the flow field in wastewater aeration tanks. Water Research, 45, 2, 810–818.

[932] Griffiths, J.; Withnell, I. (1956): Experiments with gas recirculation in sludge digestion tanks. Journal and Proceedings. The Institute of Sewage Purification, 55, Part 2, 125-.

[933] Groche, D. (1964): Die Messung von Fließvorgängen in ausgeführten Bauwerken der Abwasserreinigung mit Hilfe von künstlich radioaktiven Isotopen und ihre Auswertung sowie Rückschlüsse auf die Konstruktionselemente. Stuttgarter Berichte zur Siedlungswasserwirtschaft, Band 13, Müchen, Oldenbourg.

[934] Gropp, H. (1962): Über die vorläufigen sanitären Richtlinien für die Einrichtung und den Betrieb landwirtschaftlicher Rieselfelder zur Unschädlichmachung und Ausnutzung von Abwässern in der UdSSR. Wasserwirtschaft Wassertechnik, 12, 4, 154-157.

[935] Grotehusmann, D.; Khelil A.; Sieker F.; Uhl M. (1992): Naturnahe Regenwasserentsorgung durch Mulden-Rigolen-Systeme. KA Korrespondenz Abwasser, 39, 05, 666–687.

[936] Gruhler, J.; Böhm, R. (1964): Schlammbehandlung - Notwendigkeit und Lösungswege. Wasserwirtschaft Wassertechnik, 14, 10, 309–312.

[937] Gruhler, J. F. (1962): Abflussbeiwerte für Regenwasserabflüsse bei der Stadtentwässerung. Wasserwirtschaft Wassertechnik, 12, 3, 119–126.

[938] Grummt, T. (2016): Projekt Tox-Box Gefährdungsbasiertes Risikomanagement für anthropogene Spurenstoffe zur Sicherung der Trinkwasserversorgung. In: Pinnekamp, J. (Hrsg.): 49. Essener Tagung für Wasser- und Abfallwirtschaft, Gewässerschutz, Wasser, Abwasser, Band 239, 42/1-42/2, Aachen, Gesellschaft zur Förderung der Siedlungswasserwirtschaft an der RWTH Aachen.

[939] Grünebaum, T., Friedrich, G., Konold, W. (2008): Prioritätensetzung für die Gewässerentwicklung in einem kompensatorischen Ansatz („Strahlwirkung"). In: Pinnekamp, J. (Hrsg.): 41. Essener Tagung für Wasser- und Abfallwirtschaft, Gewässerschutz, Wasser, Abwasser, Band 211, 60/1-60/16, Aachen, Gesellschaft zur Förderung der Siedlungswasserwirtschaft an der RWTH Aachen.

[940] Grünebaum, T., Nusch, E. A., Schweder, H., Weyand, M. (15. und 16. November 2004): Was bedeutet Kosteneffizienz im Gewässerschutz? Workshop „Flussgebietsmanagement – 5. Workshop zum Umsetzungsprozess der Europäischen Wasserrahmenrichtlinie", Essen.

[941] Grünebaum, T. (1990): Untersuchungen zur weitergehenden Abwasserreinigung bei schwach gepufferten Abwässern, Dissertation. Gewässerschutz, Wasser, Abwasser, Band 123, Aachen, Gesellschaft zur Förderung der Siedlungswasserwirtschaft an der RWTH Aachen.

[942] Grünebaum, T. (1990): Wechselwirkungen zwischen weitergehender Abwasserreinigung und Schlammbehandlung. In: Abwassertechnische Vereinigung (Hrsg.): ATV-Kongress 90: Fortschrittliche Abwassertechnologien, Dokumentation und Schriftenreihe aus Wissenschaft und Praxis, Bd. 24, 229-241, St. Augustin, Gesellschaft zur Förderung der Abwassertechnik (GFA).

[943] Grünebaum, T.; Schmitt, F.; Schröter, D.; Weyand, M. (1996): Analyse der Betriebskosten von Kläranlagen. In: Institut für Siedlungswasserwirtschaft der Universität Bochum (Hrsg.): Schriftenreihe SIWAWI Bochum, Band 32, Bochum, 5-30.

[944] Grünebaum, T.; Resch, H. (1999): Ausrüstung, Sanierung und Optimierung bestehender Nachklärbecken. gwf Wasser/Abwasser, 140, 15, 5–10.

[945] Grünebaum, T.; Evers, P. (2001): Leistung der Abwasserbehandlung als bewertbare Größe. In: Abwassertechnische Vereinigung (Hrsg.): ATV-DVWK Bundes- und Landesverbandstagung 2001, 111–131.

[946] Grünebaum, T. (11.03.2014): Weitergehende Abwasserreinigung – Techniken, Grenzen und Sinn der Vierten Reinigungsstufe in kommunalen Kläranlagen. 16. Dresdner Abwassertagung, Dresden.

[947] Grünebaum, T.; Thöle, D.; Lyko, S.; Jagemann, P.; Keysers, C.; Türk, J.; Herbst, H. (2016): Praxis der weitergehenden Elimination von Mikroverunreinigungen auf kommunalen Kläranlagen - Ergebnisse des großtechnischen Betriebs im Rahmen eines Forschungs- und Entwicklungsvorhabens. In: Pinnekamp, J. (Hrsg.): 49. Essener Tagung für Wasser- und Abfallwirtschaft, Gewässerschutz, Wasser, Abwasser, Band 239, 56/1-56/17, Aachen, Gesellschaft zur Förderung der Siedlungswasserwirtschaft an der RWTH Aachen.

[948] Grune, W. N. (1955): Sewage chlorination in review. Water and Sewage Works, 102, August, 350–357.

[949] Grüning, H. (2002): Ein Modell zur simultanen Bewirtschaftung von Kanalnetz und Kläranlage unter Berücksichtigung resultierender Gewässerbelastungen, Dissertation. Schriftenreihe Siedlungswasserwirtschaft Bochum (SiWaWi), Band 42, Bochum.

[950] Gschößl, T.; Gebert, W. (2002): Neue Erkenntnissse bei der biologischen Abwasserreinigung mit Tropfkörpern. KA Korrespondenz Abwasser, 49, 12, 1682–1688.

[951] Gujer, W.Denitrifikation im Nachklärbecken. In: Verbandsbericht / Verband Schweizerischer Abwasserfachleute, 1–11.

[952] Gujer, W. (1985): Ein dynamisches Modell für die Simulation von komplexen Belebtschlammverfahren, Habil., Zürich, ETH.

[953] Gujer, W.; Boller, M. (1986): Design of a nitrifying tertiary trickling filter based on theoretical concepts. Water Research, 20, 11, 1353–1362.

[954] Gujer, W.; Boller, M. (1986): Nitrification in tertiary trickling filters followed by deep- bed filters. Water Research, 20, 11, 1363–1373.

[955] Gujer, W.; Henze, M. (1991): Activated Sludge Modelling and Simulation. Water Science and Technology, 23, 4-6, 1011–1023.

[956] Gujer, W.; Henze, M.; Mino, T.; van Loosdrecht, M. (1999): Activated sludge model no. 3. Water Science and Technology, 39, 1, 183–193.

[957] Gujer, W. (2007): Siedlungswasserwirtschaft, Berlin, Heidelberg, Springer-Verlag Berlin Heidelberg.

[958] Günder, B. (1999): Das Membranbelebungsverfahren in der kommunalen Abwasserreinigung. Stuttgarter Berichte zur Siedlungswasserwirtschaft, Band 153, München, Oldenbourg.

[959] Günder, B. (2000): Das Membranbelebungsverfahren in der kommunalen Abwasserreinigung. KA Korrespondenz Abwasser, 47, 11, 1627-1633.

[960] Gunnerson, C. G.; Stuckey, D. C. (1986): Anaerobic digestion: Principles and practices for biogas systems. World Bank Technical Paper, Band 49, Washington, D.C., World Bank.

[961] Gunson, C. P. (1946): Preaerated Raw Sludge Recirculation Increases Primary Sedimentation Efficiency at Denver. Sewage Works Journal, 18, 6, 1121-1126.

[962] Gunson, C. P. (1948): Durch Rückleitung vorbelüfteten Rohschlammes wird in Denver die Absetzwirkung erhöht: Preaerated Raw Sludge Recirculation Increases Primary Sedimentation Efficiency At Denver - in: Sewage Works Journal, Band 18 (1946), Nr. 6, S. 1121-1126, Zeitschriften-Umschau. Gesundheits-Ingenieur, 69, 10, 310.

[963] Günter, E. (1942): Die landwirtschaftliche Verwertung städtischer Abwässer im Blick der Hygiene. Gesundheits-Ingenieur, 65, 43/44, 361–363.

[964] Günthert, F. W.; Reicherter, E. (2001): Investitionskosten der Abwasserentsorgung, Oldenbourg Industrieverlag.

[965] Günthert, F. W.; Reicherter, E. (2001): Kommunale Kläranlagen: Bemessung-Erweiterung-Optimierung-Kosten. Kontakt & Studium, Band 510, Renningen-Malmsheim, Expert.

[966] Gurel, M.; Iskender, G. O. S.; Arslan-Alaton, I.; Tanik, A.; Orhon, D. (2007): A global overview of treated wastewater guidelines and standards for agricultural reuse. Fresenius Environmental Bulletin, 16, 6, 590–595.

[967] Gutekunst, B. (1988): Sielhautuntersuchungen zur Einkreisung Schwermetallhaltiger Einleitungen, Dissertation. Schriftenreihe des ISWW der TH Karlsruhe, Band 49, Karlsruhe, Inst. für Siedlungswasserwirtschaft der TH Karlsruhe.

[968] Gutekunst, B. (1989): Praktische Erfahrungen und Ergebnisse aus Sielhautuntersuchungen zur Ermittlung schwermetallhaltiger Einleitungen. KA Korrespondenz Abwasser, 36, 12, 1367-1375.

[969] Gutekunst, B. (1989): Wechselwirkungen zwischen Schwermetallen und Sielhaut. gwf Wasser/Abwasser, 130, 9, 456–462.

[970] Gutekunst, B. (1990): Sielhautuntersuchungen zur Einkreisung schwermetallhaltiger Einleitungen. KA Korrespondenz Abwasser, 37, 9, 1000-1004.

[971] Guttenberger, J. (1998): Zur Handhabung des KOSTRA-Kartenwerks. Wasser und Boden, 50, 12, 41-45.

[972] Haack, K. (1954): Eine hygienische Frage bei der landwirtschaftlichen Verwertung von Molkerei-Abwasser. Gesundheits-Ingenieur, 75, 13/14, 226-229.

[973] Haag, I.; Schmid, G.; Westrich, B. (2004): Oxygen exchange in the River Neckar: Evaluating the performance of re-aeration equations on the basis of a gas-tracer experiment. Hydrologie und Wasserbewirtschaftung/Hydrology and Water Resources Management-Germany, 48, 5, 160–171.

[974] Haarstrick, A.; Mora Naranjo, N.; Meima, J. A.; Hempel, D. C. (2003): Monitoring und Prognose des Langzeitemissionsverhaltens von Siedlungsabfällen. gwf Wasser/Abwasser, 144, 12, 862-670.

[975] Haase, L. W. (1942): Wassergütewirtschaft und Stofferhaltung. Gesundheits-Ingenieur, 65, 3/4, 17–20.
[976] Haberer, K. (1973): Mögliche Auswirkungen einer künstlichen Temperaturerhöhung der Oberflächengewässer auf die Wasserversorgung. gwf Wasser/Abwasser, 114, 12, 565–570.
[977] Haberkern, B.; Maier, W.; Schneider, U. (2008): Steigerung der Energieeffizienz auf kommunalen Kläranlagen. UBA-FB, Band 11, Darmstadt u.a., iat-Ingenieurberatung für Abwassertechnik.
[978] Habets, L.; Zumbrägel, M. (1998): Biologische Aufbereitung eines geschlossenen Wasserkreislaufes mit Schwefelrückgewinnung in einer neuen Papierfabrik. gwf Wasser/Abwasser, 139, 11, 733-736.
[979] Habets, L.; Driessen, W. (2007): Anaerobic treatment of pulp and paper mill effluents?: Status quo and new developments. Water Science and Technology, 55, 6, 223–230.
[980] Hablützel, L. (2002): Überwachung der Nachklärung und Filtration mit Trübungs- und Schlammspiegelmessung. In: Verband Schweizer Abwasser- und Gewässerschutzfachleute (Hrsg.): Nachklärung und Filtration - Optimierungs- und Ausbaumöglichkeiten, Band 549, Zürich
[981] Haendel, H. (1982): Anforderungen an Kanalnetzberechnungen mit EDV-Anlagen. KA Korrespondenz Abwasser, 29, 11, 750-753.
[982] Haendel, H. (1984): Rohrwerkstoffe zur Abwasserableitung. Teil 1. KA Korrespondenz Abwasser, 31, 7, 592-598.
[983] Haendel, H. (1984): Rohrwerkstoffe zur Abwasserableitung. Teil 2. KA Korrespondenz Abwasser, 31, 8, 701-707.
[984] Haendel, H. (1992): Schächte für Abwasserkanäle und -leitungen. KA Korrespondenz Abwasser, 39, 8, 1114–1122.
[985] Häfele, K.; Benzinger, S.; Dammann, E.; Pretzsch, K. (1999): Gemeinsame Behandlung von Überschußschlamm aus der erhöhten biologischen Phosphorelimination und Eisenhydroxidschlamm. KA Korrespondenz Abwasser, 46, 3, 382-390.
[986] Hager, W. H.; Raymann, B.; Bretscher, U. (1985): Die Berechnung des Fremdwasseranfalls in Abwassersystemen. gwf Wasser/Abwasser, 126, 11, 582–588.
[987] Hagspiel, B. (2016): Klärschlammbehandlung und Phosphorrückgewinnung mit dem Mephrec-Verfahren auf der Kläranlage Nürnberg. In: Pinnekamp, J. (Hrsg.): 17. Kölner Kanal und Kläranlagen Kolloqium, Aachener Schriften zur Stadtentwässerung, Aachen.
[988] Hahn, H. H.; Klute, R.; Balmer, P. (1986): Recycling in Chemical Water and Wastewater Treatment: Proceedings of the Second International Gothenburg Symposium. Schriftenreihe des Instituts für Siedlungswasserwirtschaft, Band 50, Karlsruhe, Universität Karlsruhe.
[989] Hahn, H. H. (1993): Fällungs-/Flockungschemikalien: Anforderungen, Angebot, Auswahl und Qualität. Schriftenreihe des Instituts für Siedlungswasserwirtschaft, Band 67, Karlsruhe, Universität Karlsruhe.
[990] Haider, S. (2004): CSB-Elimination in höchstbelasteten Belebungsstufen und ihre Auswirkung auf die Stickstoffelimination von zweistufigen Anlagen unter dem Gesichtspunkt der mathematischen Modellierung, Zugl.: Wien, Techn. Univ., Diss., 2002. Wiener Mitteilungen, Band 188, Wien, Inst. für Wassergüte u. Abfallwirtschaft TU Wien.
[991] Hai-Qing, L. (2000): Schaumentwicklung in kommunalen Klärwerken. Gewässerschutz, Wasser, Abwasser, Band 179, Aachen, Gesellschaft zur Förderung der Siedlungswasserwirtschaft an der RWTH Aachen.
[992] Hall, E. R. (Hrsg.) (1992): Anaerobic digestion VI: Proceedings of the Sixth International Symposium on Anaerobic Digestion, São Paulo, Brazil, 12 - 16 May 1991. Water Science and Technology, Oxford u.a., Pergamon Press.
[993] Hall, E. R. u. Colodey, A. G. (Hrsg.) (1997): Forest Industry Wastewaters V, Selected Proceedings of the 5th IAWQ International Symposium on Forest Industry Wastewaters. Water Science and Technology, Oxford u.a., Pergamon Press.
[994] Hall, S. J., Fux, C. u. Keller, J. (Hrsg.) (2004): Sequencing Batch Reactor Technology III: Selected Proceedings of the IWA International Specialised Conference on Sequencing Batch Reactor Technology, held in Noosa, Queensland, Australia, 22-26 February 2004, .
[995] Halvorson, O. (1936): Aerofiltration of Sewage and Industrial Waste. Water Works and Sewerage, 83, 9, 307–313.
[996] Hamacher, R. (2000): Bau- und Betriebskosten von Anlagen zur Regenwasserversickerung. KA Korrespondenz Abwasser, 47, 4, 560-568.

[997] Hamm, A. (1995): Grenzen der Nährstoffbelastung in Oberflächengewässern. In: Dohmann, M. (Hrsg.): 28. Essener Tagung für Wasser- und Abfallwirtschaft, Zustandserfassung und -beurteilung von Entwässerungssystemen außerhalb von Gebäuden, Band 152, 14/1.

[998] Hanisch, B. (1960): Die wirtschaftliche Anwendung der Flotation mit sehr kleinen Luftblasen zur Reinigung von Abwasser. Stuttgarter Berichte zur Siedlungswasserwirtschaft, Band 8, München, R. Oldenbourg.

[999] Hanisch, B. (1963): Die technischen Maßnahmen zur Abwasserbeseitigung am Tegernsee. gwf Wasser/Abwasser, 104, 48, 1399–1404.

[1000] Hanisch, B. (1967): Die großräumige Kläranlage einer ländlichen Gemeinde. Wasser und Boden, 19, 1, 5-8.

[1001] Hansen, J.; Wu, K.; Kolisch, G.; Hobus, I.; Schirmer, G. (2007): Ökoeffizienz in der Wasserwirtschaft-Steigerung der Energieeffizienz von Abwasseranlagen. Ministerium für Umwelt, Forsten und Verbraucherschutz Rheinland-Pfalz, Mainz.

[1002] Hanßen, H. (1999): Rechengutmitverbrennung in der Verwertungsanlage für Rückstände aus der Abwasserbehandlung (VERA). KA Korrespondenz Abwasser, 46, 10, 1588–1595.

[1003] Hanßen, H.; Rothsprack, J. (2005): Endet eine preiswerte Entsorgung für Klärschlamm Mitte 2005? In: Pinnekamp, J. (Hrsg.): 38. Essener Tagung für Wasser- und Abfallwirtschaft, Gewässerschutz, Wasser, Abwasser, Band 198, 68/1-68/15, Aachen, Gesellschaft zur Förderung der Siedlungswasserwirtschaft an der RWTH Aachen.

[1004] Hanßen, H.; Rothsprack, J. (2005): Perspektiven der thermischen Klärschlammverwertung. KA Korrespondenz Abwasser, 52, 10, 1126–1133.

[1005] Hanßen, H. (2007): Stand und Entwicklung der thermischen Klärschlammentsorgung in Deutschland. KA Korrespondenz Abwasser, 54, 10, 1007–1012.

[1006] Harms, M.; Englert, R. (2006): Getauchte Membranfiltration in der dezentralen Abwasserreinigung. KA Korrespondenz Abwasser, 53, 12, 1246–1251.

[1007] Harremös, P. (2002): Integrated urban drainage, status and perspectives. Water Science and Technology, 45, 3, 1–10.

[1008] Harrington, D. W.; Marris, P. J. (1986): The treatment of leachate: a UK perspective. Journal of the Institute of Water Pollution Control (JIWPC), 85, 1, 45-56.

[1009] Härtel, L. (1990): Modellansätze zur dynamischen Simulation des Belebtschlammverfahrens, Dissertation. Schriftenreihe WAR, Band 47, Darmstadt, Technische Universität Darmstadt.

[1010] Hartig, H. (1960): Abwasser-Großflächenberieselung und Verbesserung der landwirtschaftlichen Verhältnisse auf den Berliner Rieselfeldern. Wasserwirtschaft Wassertechnik, 10, 4, 166–174.

[1011] Hartinger, L. (Hrsg.) (1977): Taschenbuch der Abwasserbehandlung für die metallverarbeitende Industrie, Band 2: Technik, München, Carl Hanser Verlag.

[1012] Hartinger, L. (1986): Möglichkeiten der Schwermetallentfernung aus Abwässern. KA Korrespondenz Abwasser, 33, 5, 396–404.

[1013] Hartinger, L. (1986): Verringerung der Abwassermenge und der Metallfracht durch Einsatz von Ionenaustauschern in der metallverarbeitenden Industrie. KA Korrespondenz Abwasser, 33, 10, 895-896.

[1014] Hartinger, L. (1990): Stand der Technik bei der Elimination von Schwermetallen aus dem Abwasser. In: Böhnke, B. (Hrsg.): Abwasser-und Abfalltechnik: Konzepte und Praxis. 22. Essener Tagung vom 8.3. - 10.3.1989 in Aachen, Gewässerschutz, Wasser, Abwasser, Bd. 112, 463, Aachen, Gesellschaft zur Förderung der Siedlungswasserwirtschaft an der RWTH Aachen.

[1015] Hartmann H.; Pöpel, F. (1958): Der neue belüftete Sandfang auf der biologischen Reinigungsanlage der Stadt Heilbronn. gwf Wasser/Abwasser, 99, 22, 535–539.

[1016] Hartmann H. (1960): Entwicklung und Betrieb von Tauchtropfkörperanlagen. gwf Wasser/Abwasser, 101, 12, 281–285.

[1017] Hartmann H. (1961): Neuere Erkenntnisse bei der Anwendung des Tauchtropfkörperverfahrens. Stuttgarter Berichte zur Siedlungswasserwirtschaft, Band 3, München, Oldenbourg.

[1018] Hartmann, L. (1960): Die Beziehung zwischen Beschaffenheit, Leistungsfähigkeit und Lebensgemeinschaft der Belebtschlammflocke am Beispiel einer mehrstufigen Versuchsanlage. Vom Wasser, 27, 107–184.

[1019] Hartmann, L. (1992): Biologische Abwasserreinigung, Berlin, Heidelberg, New York, Springer.

[1020] Hartwig, P.; Rosenwinkel, K.-H. (2011): Möglichkeiten zur Verbesserung der Energiebilanz einer Kläranlage am Beispiel der Kläranlage Rheda-Wiedenbrück. KA Korrespondenz Abwasser, Abfall, 58, 6, 558–565.

[1021] Haselberger, F.; Randolf, R. (1957): Die Wasserversorgung und Abwasserbeseitigung der Stadt Moskau. Wasserwirtschaft Wassertechnik, 7, 6, 193-196.

[1022] Haseltine, T. R. (1955): A Rational Approach to the Design of Activated Sludge Plants. Water and Sewage Works, 102, 487–495.

[1023] Haseltine, T. R. (1961): Sludge Reaeration in the Activated Sludge Process: A Survey. Journal Water Pollution Control Federation, 33, 9, 946–967.

[1024] Hassebrauck, M.; Ermel, G. (1996): Two examples of thermal drying of sewage sludge. Water Science and Technology, 33, 12, 235–242.

[1025] Haucke, M. (1963): Die Trockenneutralisation von Eisensulfat-Heptahdrat. Stahl und Eisen, 83, 14, 859–864.

[1026] Haury, M. (1958): Darmstadts Abwassersorgen und durchgeführte Massnahmen: Sonderdruck. Forum Städtehygiene, 11, 209.

[1027] Haußmann, R. (1996): Gebührenzu- und -abschläge für Industriebetriebe. In: Abwassertechnische Vereinigung (Hrsg.): Abwasser- und Abfallwirtschaft - Umweltschutz vor neuen Aufgaben. ATV-Bundestagung, BMBF-Statusseminar, Ausstellerforum 14. - 16. Oktober 1996, Congress Center Leipzig, ATV-Schriftenreihe, Bd. 4, 277–288, Hennef, Gesellschaft zur Förderung der Abwassertechnik (GFA).

[1028] Havelaar, A.; Blumenthal, U. J.; Strauss, M.; Kay, D.; Bartram, J. (2001): Guidelines: the current position. In: Fewtrell, L. u. Bartram, J. (Hrsg.): Water quality: guidelines, standards, and health. Assessment of risk and risk management for water-related infectious disease, IWA Pub., London, 17–42.

[1029] Hegemann, W. (1974): Beitrag zur Anwendung von reinem Sauerstoff beim Belebungsverfahren. Technisch-wissenschaftliche Schriftenreihe der ATV, Berichte zur Abwasser- und Abfalltechnik, Band 3, Bonn, Gesellschaft zur Förderung der Abwassertechnik (GFA).

[1030] Hegemann, W. (1991): Phosphor-Elimination - Alternative Verfahrenstechniken zur chemischen Fällung. In: Böhnke, B. (Hrsg.): Wasser, Abwasser, Abfall: Perspektiven für das Jahr 2000. 23. Essener Tagung vom 28.3. - 30.3.1990 in Essen, Gewässerschutz, Wasser, Abwasser, Bd. 119, 459-484, Aachen, Gesellschaft zur Förderung der Siedlungswasserwirtschaft an der RWTH Aachen.

[1031] Hegemann, W.; ATV-Fachausschuss 2.8 (1998): Leistungstabelle über Verfahren der weitergehenden Abwasserreinigung nach biologischer Behandlung - Arbeitsbericht. KA Korrespondenz Abwasser, 45, 7, 1335–1336.

[1032] Heijnen, J. J.; Enger, W. A.; Mulder, A.; Lourens, P. A.; Keijzers, A. A.; Hoeks, F. W. J. M. M. (1985): Anwendung der anaeroben Wirbelschichttechnik in der biologischen Abwasserreinigung. gwf Wasser/Abwasser, 126, 2, 81–87.

[1033] Heijnen, J. J.; Mulder, A.; Weltevrede, R.; Hols; J.; van Leeuwen, H. L. J. M. (1991): Large Scale Anaerobic-Aerobic Treatment of Complex Industrial Waste Water Using Biofilm Reactors. Water Science and Technology, 23, 7-9, 1427–1436.

[1034] Heilker, E. (1982): Neue Verfahren der Trinkwasseraufbereitung bei der Rheinisch-Westfälischen Wasserwerksgesellschaft mbH, Mülheim a.d. Ruhr. Forum Städtehygiene, 33, 206.

[1035] Heilmann, A. (1940): Die Rückgewinnung von Fett aus Abwässern. Gesundheits-Ingenieur, 63, 19, 234–237.

[1036] Heinrich, K.; Heinrich, S. (2008): Kleinkläranlagen: Handbuch, Niederfrohna, Mironde-Verlag.

[1037] Heins, P. (1956): Wandernde Intensivbeschickung runder Tropfkörper. Gesundheits-Ingenieur, 77, 17/18, 274-275.

[1038] Heise, L. W.; Johnson, M.; Hoak, R. D. (1955): Disposal of Waste Pickle Liquor by Controlled Oxidation and Continuous Lime Treatment. Sewage and Industrial Wastes, 27, 2, 190–197.

[1039] Helmer, C. (1994): Einfluß von Temperatur- und Stoßbelastungen auf die Mikroflora der belebten Schlämme in Bio-P-Anlagen, Dissertation. Veröffentlichungen des ISAH, Band 89, Hannover, ISAH.

[1040] Helmer, C.; Tromm, C.; Hippen, A.; Rosenwinkel, K.-H.; Seyfried, C. F.; Kunst, S. (2001): Single stage biological nitrogen removal by nitritation and anaerobic ammonium oxidation in biofilm systems. Water Science and Technology, 43, 1, 311–320.

[1041] Helmers, E. N.; Frame, J. D.; Greenberg, A. E.; Sawyer, C. N. (1952): Nutritional Requirements in the Biological Stabilization of Industrial Wastes: III. Treatment with Supplementary Nutrients. Sewage and Industrial Wastes, 24, 4, 496–507.
[1042] Helmreich, B. (2010): Stoffliche Betrachtung der dezentralen Niederschlagswasserbehandlung. Berichte aus der Siedlungswasserwirtschaft. Technische Universität München Band 199, München.
[1043] Hemmert-Halswick, A.; Gebauer, O. (1940): Die hygienischen und landwirtschaftlichen Forderungen bei der Abwasserverwertung. Gesundheits-Ingenieur, 63, 16, 190-191.
[1044] Hennerkes, J. (2005): Fremdwasservermeidung und -reduzierung in Monschau. In: Pinnekamp, J. (Hrsg.): 38. Essener Tagung für Wasser- und Abfallwirtschaft, Gewässerschutz, Wasser, Abwasser, Band 198, 42/1–42/17, Aachen, Gesellschaft zur Förderung der Siedlungswasserwirtschaft an der RWTH Aachen.
[1045] Hennerkes, J.; Schmidt, A.; Schröder, M.; Sistemich Stefan (2006): Entwicklung einer systematischen Vorgehensweise zur Fremdwasservermeidung und -reduzierung. KA Korrespondenz Abwasser, 53, 4, 354–360.
[1046] Hennerkes, J. (2006): Reduzierung von Fremdwasser bei der Abwasserreinigung, Dissertation, Aachen, Gesellschaft zur Förderung der Siedlungswasserwirtschaft an der RWTH Aachen.
[1047] Henze, M.; Grady, C. P. L.; Gujer, W.; Marais, G. v. R.; Matsuo, T. (1987): Activated Sludge Model No. 1. IAWPRC Scientific and Technical Reports, Band 1, London, IAWQ.
[1048] Henze, M. (1992): Characterization of Wastewater for Modelling of Activated Sludge Processes. Water Science and Technology, 25, 6, 1–15.
[1049] Henze, M.; Gujer, W.; Mino, T.; van Loosdrecht, M. (2000): Activated Sludge Models ASM1, ASM2, ASM2d and ASM3. IWA Scientific and Technical Report, Band 9, London, IWA Publishing.
[1050] Hepcke, H. (1984): Möglichkeiten und Grenzen der Leistungssteigerung und Energieeinsparung beim Druckentspannungsflotationsverfahren. Veröffentlichungen des ISAH, Band 57, Hannover, Technische Universität Hannover.
[1051] Herbert, J. C., Fries, M. K., Archer, A. B. (1992): The Feasibility Studies and Design of a Public Sewage Collection, Treatment and Outfall Scheme for the South Coast of Barbados. Water Science and Technology, 25, 12, 3–12.
[1052] Hermanns, U. (1996): Untersuchungen zur Umwaelzung von Belebungsbecken. Abwassertechnik, 47, 5, 32–36.
[1053] Hermanns, U.; Stein, A.; Schlegel, S. (1999): Kurzschlußströmungen in Belebungsbecken. KA Korrespondenz Abwasser, 46, 1, 52-56.
[1054] Hessisches Ministerium für Umwelt, Energie, Landwirtschaft und Verbraucherschutz (2011): Arbeitshilfe zur Verbesserung der Energieeffizienz von Abwasserbehandlungsanlagen: Anforderungen an die Planung und Durchführung. Hessisches Ministerium für Umwelt, Energie, Landwirtschaft und Verbraucherschutz, Wiesbaden.
[1055] Hettche (1955). Städtehygiene, 1.
[1056] Heukelekian, H. (1949): Characteristics and treatment of penicillin wastes. Industrial and Engineering Chemistry, 41, 7, 1535.
[1057] Heyer, K.-U.; Hupe, K.; Stegmann, R. (2005): Stilllegungsmaßnahmen für Siedlungsabfalldeponien: Infiltration und aerobe In-situ-Stabilisierung. KA Korrespondenz Abwasser, 85, 10, 1140–1147.
[1058] Hibbeln, K. e. a. (1993. In: Dohmann, M. (Hrsg.): Neue Ansätze im integrierten Umweltschutz: eine Herausforderung für Staat, Wirtschaft und Bürger. 26. Essener Tagung für Wasser- und Abfallwirtschaft vom 17. 3. - 19. 3. 1993 in Aachen, Gewässerschutz, Wasser, Abwasser, Bd. 139, 45-, Aachen, Gesellschaft zur Förderung der Siedlungswasserwirtschaft an der RWTH Aachen.
[1059] Hiekel, S.; Merkel, W.; Overath, H. (2002): Bewertung der Einleitung von Kläranlagenabläufen in kleine Fließgewässer nach der EG-Badegewässer-Richtlinie. gwf Wasser/Abwasser, 143, 11, 784–790.
[1060] Hiessl, H.; Stemplewski, J.; Toussaint, D.; Hetschel, M.; Geisler, S.; Kersting, M. (2007): Abwasserentsorgung einer Streusiedlung mit MBR-Kleinkläranlagen im Rahmen eines Contracting-Modells. KA Korrespondenz Abwasser, 54, 12, 1238–1245.
[1061] Hilgart, A. A. (1950): Design and Operation of a Treatment Plant for Penicillin and Streptomycin Wastes. Sewage and Industrial Wastes, 22, 2, 207–211.

[1062] Hillenbrand, T.; Tettenborn, F.; Menger-Krug, E.; Marscheider-Weidemann, F. (2014): Maßnahmen zur Verminderung des Eintrages von Mikroschadstoffen in die Gewässer. Texte, 85/2014, Berlin.
[1063] Hillenbrand, T.; Tettenbohm, F.; Menger-Krug, E.; Mar-scheider-Weidemann, F.; Fuchs, S.; Toshovski, S.; Kittlaus, S.; Metzger, S.; Tjoeng, I.; Wermter, P.; Kersting, M.; Abegg-len, C. (2015): Maßnahmen zur Verminderung des Eintrages von Mikroschadstoffen in die Gewässer Texte 85/2014
[1064] Hillier, W. H. (1946): Bradford Corporation's Esholt Sewage Works. The Surveyor, 105, 769.
[1065] Hinken, L.; Urban, I.; Haun, E.; Weichgrebe, D.; Rosenwinkel, K.-H. (2008): The valuation of malnutrition in the mono-digestion of maize silage by anaerobic batch tests. Water Science and Technology, 58, 7, 1453–1459.
[1066] Hippen, A.; Helmer, C.; Kunst, S.; Rosenwinkel, K.-H.; Seyfried, C. F. (2001): Six years' practical experience with aerobic/anoxic deammonification in biofilm systems. Water Science and Technology, 44, 2-3, 39–48.
[1067] Hirschbeck, C.; Günthert, F. W. (2015): Vorschlag für ein Prüfverfahren und Prüfsand zur Messung des Abscheidegrads von Sandfängen. KA Korrespondenz Abwasser, 62, 7, 606–614.
[1068] Hoak, R. D. (1945): Treatment and Disposal of Spent Pickling Liquors. Sewage Works Journal, 17, 5, 940–951.
[1069] Hochstrat, R.; Wintgens, T.; Melin, T. (2008): Development of integrated water reuse strategies. Desalination, 218, 208–217.
[1070] Hoffmann, H. (1986): Konzeption und Bemessung der vorgeschalteten Denitrifikation beim Belebungsverfahren. Berichte aus Wassergütewirtschaft und Gesundheitsingenieurwesen, Band 72, München, Gesellschaft zur Förderung des Lehrstuhls für Wassergütewirtschaft und Gesundheitswesen der Technischen Universität München.
[1071] Hoffmann, J.; Schrader, R. (1997): Kostenvergleichsrechnungen am Beispiel Faulgasverwertung auf Kläranlagen. KA Korrespondenz Abwasser, 44, 5, 910-920.
[1072] Hoffmann, J. e. a. (1978): Kritischer Vergleich von Vor-, Simultan- und Nachfällung anhand von schwedischen und schweizerischen Erfahrungen. In: Böhnke, B. (Hrsg.): 10. Essener Tagung für Wasser- und Abfallwirtschaft, Gewässerschutz, Wasser, Abwasser, Band 25, 295-, Aachen, Gesellschaft zur Förderung der Siedlungswasserwirtschaft an der RWTH Aachen.
[1073] Hohl, J. (1989): Reinigungsleistungen von Molkereikläranlagen insbesondere im Hinblick auf die Stickstoff- und Phosphorelimination. KA Korrespondenz Abwasser, 36, 12, 1421-1425.
[1074] Hohnecker, G.; Biehler, J. (1992): Praxisgerechte Abbaubarkeitsstudien zur biologischen Sanierung von kontaminierter Erde. Abwassertechnik, 43, 2, 30.
[1075] Holler, K.; Newrzella, B. (1960): Einige Ökonomische gesichtspunkte zur Planung von Abwasserbehandlungsanlagen. Wasserwirtschaft Wassertechnik, 10, 4, 162–166.
[1076] Holz, F. (1990): Sickerwasser-Behandlung: Vorteil der biologischen vorbehandlung von Deponiesickerwasser für den Umkehrosmose-Prozess. gwf Wasser/Abwasser, 131, 9, 461-466.
[1077] Hörler, A. (1948): Die Grundlagen der Kanalisationstechnik. Verbandsbericht / Verband Schweizerischer Abwasserfachleute, Nr. 10-2, Zürich, Verband Schweizererischer Abwasserfachleute.
[1078] Hörler, A. (1958): Beitrag zur Frage der Schlammeindickung. Schweizerische Zeitschrift für Hydrologie, 20, 1, 41–59.
[1079] Hornung, K. (1984): Straßenverkehrsbelastung erdüberdeckter Rohre. KA Korrespondenz Abwasser, 31, 6, 532-541.
[1080] Hornung, K.; Kittel, D. (1989): Statik erdüberdeckter Rohre: Structural Analysis of buried pipes, Wiesbaden, Berlin, Bauverlag.
[1081] Horstkott, B.; Lewer, J. (2002): Kostenersparnis und Betriebssicherheit durch den Einsatz von Giromagnet-Motoren. In: ATV-DVWK (Hrsg.): ATV-DVWK-Bundestagung 2002. 18./19. September 2002 in Weimar, 191–205, Hennef, Gesellschaft zur Förderung der Abwassertechnik (GFA).
[1082] Horstmeyer, N.; Rapp-Fiegle, S.; Helmreich, B.; Drewes, J. E. (2014): Kosten der Abwasserbehandlung: Finanzierung, Kostenstrukturen und Kostenkenndaten der Bereiche Kanal, Sonderbauwerke und Kläranlagen Buch print + MediaCenter eBook. Edition GWF : Wasser, Abwasser, München, Deutscher Industrieverlag.
[1083] Horton, J. P.; Trebler, H. A. (1953): Recent Developments in Design of Small Milk Waste Disposal Plants. Sewage and Industrial Wastes, 25, 8, 941–949.

[1084] Howe, H. O. (1997): Technische Regeln für die Bauausführung von Abwasserleitungen und -kanäle. In: Abwassertechnische Vereinigung (Hrsg.): Abwasser- und Abfallwirtschaft, ATV Schriftenreihe, Band 6, 119–132.

[1085] Howe, H. O.; Steiner, H. R. (2001): Hochdruckspül-Festigkeit in Abwasserleitungen und -kanälen. 3R international, 40, 1, 25–31.

[1086] Howells, D. H.; Dubois, D. P. (1959): The Design and Cost of Stabilization Ponds in the Midwest. Sewage and Industrial Wastes, 31, 7, 811-818.

[1087] Hruschka, H. (1983): Prozessführung auf Kläranlagen durch Einsatz elektronischer Rechner. Berichte aus Wassergütewirtschaft und Gesundheitsingenieurwesen, Band 39, München, Gesellschaft zur Förderung des Lehrstuhls für Wassergütewirtschaft und Gesundheitswesen der Technischen Universität München.

[1088] Hruschka, H.; Siewert, H.; Huber, S. (2004): Die Behandlung kommunalen Klärschlamms in Pflanzenbeeten. gwf Wasser/Abwasser, 145, 9, 633–639.

[1089] Huber, H. G. (2008): Membranbiologie für kleinräumige Wasserkreisläufe. In: Pinnekamp, J. (Hrsg.): 41. Essener Tagung für Wasser- und Abfallwirtschaft, Gewässerschutz, Wasser, Abwasser, Band 211, 13/1–13/11, Aachen, Gesellschaft zur Förderung der Siedlungswasserwirtschaft an der RWTH Aachen.

[1090] Huber, L. (1968): Erfahrungen bei der Abwasserbeseitigung in vier neuen Erdölraffinerien. Wasser- und Abwasserforschung, 1, 5, 180–187.

[1091] Huber, M.; Welker, A.; Drewes, J. E.; Helmreich, B. (2015): Auftausalze im Straßenwinterdienst– Aufkommen und Bedeutung für dezentrale Behandlungsanlagen von Verkehrsflächenabflüssen zur Versickerung. gwf Wasser/Abwasser, 156, 11, 1138–1152.

[1092] Hübner, M.; Geiger, W. F. (1997): Beurteilung und Ermittlung der Reinigungsleistung von Regenwasserbehandlungsanlagen. KA Korrespondenz Abwasser, 44, 4, 695-704.

[1093] Hühnerberg, K.; Sarfert, F. (1967): Versuche zur Stickstoffelimination aus dem Berliner Abwasser. gwf Wasser/Abwasser, 108, 8, 966-969 u. 1197-1205.

[1094] Huisman, E. A. (1979): Report of the EIFAC Workshop on Mass Rearing of Fry and Fingerlings of Freshwater Fishes. EIFAC Technical Paper, Band 35, Rom, FAO.

[1095] Hulpke, H. (1988): Maßnahmen des gewässerbezogenen Umweltschutzes in der chemischen Industrie. In: DVWK (Hrsg.): Wasserwirtschaft im industriellen Raum. Beiträge zur Fachveranstaltung am 6. Oktober 1988 in Essen, DVWK-Schriftenreihe, Bd. 85, 159–182, Hamburg, Kommissionsverlag P. Parey.

[1096] Hummer, M.; Lechner, P. (2001): Technischer Aufbau eines Methanoxidationssystems für Deponien. KA Korrespondenz Abwasser, 48, 4, 510–513.

[1097] Hünerberg, K. (1963): Wasserversorgung und Abwasserbeseitigung in Berlin. gwf Wasser/Abwasser, 104, 42, 1203–1213.

[1098] Hunken, K.-H. (1960): Untersuchungen über den Reinigungsverlauf und den Sauerstoffverbrauch bei der Abwasserreinigung durch das Belebtschlammverfahren. Stuttgarter Berichte zur Siedlungswasserwirtschaft, Band 4, München, Oldenbourg.

[1099] Hunter, J. V., Whipple, W. Jr. (1970): Evaluating Instream Aeration of Polluted Rivers. Journal Water Pollution Control Federation, 42, 8, Part II, R249-R262.

[1100] Hunze, M. (2005): Simulation in der kommunalen Abwasserreinigung: Grundlagen, Hintergründe und Anwendungsfälle, München, Oldenburg Industrieverlag.

[1101] Hunziker, P. (2005): Einspeisung von Biogas ins Erdgasnetz: Vorreiterrolle der ARA Region Luzern. Gas-Wasser-Abwasser, 85, 4, 289–296.

[1102] Hurwitz, E.; Dundas, W. A. (1960): Wet Oxidation of Sewage Sludge. Journal Water Pollution Control Federation, 32, 9, 918–929.

[1103] Husmann, M.; Orth, H.; Schlegel, S.; Teichgräber, B. (1998): Application of process control for improved nitrogen removal. Water Science and Technology, 38, 3, 263–269.

[1104] Husmann, M. (2002): Großtechnische Klärwerksregelung - verbesserte Stickstoffelimination durch flexible Ausnutzung vorhandener Leistungsreserven. In: ATV-DVWK (Hrsg.): ATV-DVWK-Bundestagung 2002. 18./19. September 2002 in Weimar, 207, Hennef, Gesellschaft zur Förderung der Abwassertechnik (GFA).

[1105] Husmann, M. (2002): Großtechnische Klärwerksregelung: Verbesserte Stickstoffelimination durch flexible Ausnutzung vorhandener Leistungsreserven. KA Korrespondenz Abwasser, 49, 11, 1517–1524.
[1106] Husmann, W. (Hrsg.) (1952): Vom Wasser: Ein Jahrbuch für Wasserchemie und Wasserreinigungstechnik, Band 19, Weinheim, Verlag Chemie.
[1107] Husmann, W.; Malz, F. (1959): Untersuchungen zur biologischen Abwasserreinigung auf aerober thermophiler Grundlage. gwf Wasser/Abwasser, 100, 8, 189–193.
[1108] Husmann, W. (1961): Detergentien - ein Problem für Vorfluter und Kläranlagen. In: Bucksteeg, W. (Hrsg.): Die Münchener Tagung 1960 vom 13. bis 17. September 1960 und Landesgruppentagungen 1960, Berichte der ATV, Bd. 12, 53, Frankfurt (Main), ZFGW-Verlag.
[1109] Husmann, W. (1966): Auswirkungen des Detergentiengesetzes. gwf Wasser/Abwasser, 107, 2, 39-39.
[1110] IAWR – Internationale Arbeitsgemeinschaft der Wasserwerke im Rheineinzugsgebiet, RIWA Maas – Vereniging van Rivierwaterbedrijven, IAWD – International Association of Water Supply Companies in the Danube River Catchment Area, AWE – Arbeitsgemeinschaft der Wasserversorger im Einzugsgebiet der Elbe, AWWR – Arbeitsgemeinschaft der Wasserwerke an der Ruhr e. V. (2013): Europäisches Fließgewässermemorandum zur qualitativen Sicherung der Trinkwassergewinnung. Memorandum re-garding the protection of European rivers and watercourses in order to protect the provision of drinking water
[1111] Idelovitch, E.; Michail, M. (1984): Soil-Aquifer Treatment: A New Approach to an Old Method of Wastewater Reuse. Journal Water Pollution Control Federation, 56, 8, 936–943.
[1112] Illi, M.; Steiner, H. (1987): Von der Schîssgruob zur modernen Stadtentwässerung, Zürich, Verl. Neue Züricher Zeitung.
[1113] Imhoff (1943): Soll das Abwasser vor der landwirtschaftlichen Verwertung biologisch gereinigt werden? Technisches Gemeindeblatt, 46, 14-.
[1114] Imhoff (1945): Simple Calculation for Biological Treatment Works. Sewage Works Journal, 17, 6, 409-.
[1115] Imhoff (1956): Zur Geschichte der Abwasserreinigung im rheinisch-westfälischen Industriegebiet. gwf Wasser/Abwasser, 97, 18, 757–800.
[1116] Imhoff, K. R., Grabbe, F., Albrecht, D. R. (1973): Erprobung verschiedener Verfahren zur künstlichen Gewässerbelüftung. Vom Wasser Band 35
[1117] Imhoff, F. (1952): Die Entwicklung der Trinkwasserversorgung im rechtsrheinischen Industriegebiet. gwf Wasser/Abwasser, 93, 20, 569–574.
[1118] Imhoff, K. (1906): Die biologische Abwasserreinigung in Deutschland, Dissertation, Dresden, Technische-Universität Dresden.
[1119] Imhoff, K. (1924): Fortschritte der Abwasserreinigung mit belebtem Schlamm. Technisches Gemeindeblatt, 27, Nr. 11, 132–136.
[1120] Imhoff, K. (1925): Die Berechnung der Absetzbecken. Gesundheits-Ingenieur, 48, 25, 316.
[1121] Imhoff, K. (1925): Disposal of excess activated sludge by digestion. Engineering News Record, 52, Vol. 94, 936.
[1122] Imhoff, K. (1925): Sickerbecken und sparsame Ortsentwässerung. Technisches Gemeindeblatt, 28, 5. Juni
[1123] Imhoff, K. (1926): New Activated Sludge Plant of Essen, Germany. Engineering News Record, 97, 8, 298–299.
[1124] Imhoff, K.; Sierp, F. (1929): Filter aus aktiver Kohle zur Verbesserung des Geschmacks von gechlortem Trinkwasser. gwf Wasser/Abwasser, 72, 20, 465–466.
[1125] Imhoff, K.; Sierp, F. (1929): Improvement of taste of chlorinated drinking water by use of activated charcoal filters. Public Works, 60, August, 308–309.
[1126] Imhoff, K. (1931): Deutsche Erfahrungen in der Abwasserreinigung mit belebtem Schlamm. In: Engineering Society of Japan (Hrsg.): Proceedings / World Engineering Congress, Tokyo 1929, Tokyo, Nihon Kogakkai.
[1127] Imhoff, K. (1931): Die Wiederverwendung von städtischem Abwasser. Gesundheits-Ingenieur, 54, 47, 699–703.
[1128] Imhoff, K. (1931): Possibilities and Limits of the Water-Sewage-Water-Cycle. Eng. News Report

[1129] Imhoff, K. (1934): Die Arbeiten des Ruhrverbandes. In: Brix, J., Imhoff, K. u. Weldert, R. (Hrsg.): Die Stadtentwässerung in Deutschland, Gustav Fischer, Jena, 455–477.
[1130] Imhoff, K. (1934): Die deutschen Abwassergenossenschaften. Gesundheits-Ingenieur, 57, 48, 649–650.
[1131] Imhoff, K. (1936): Behelfsanlagen zur Abwasserreinigung. Die Bautechnik, 14, 25, 351–353.
[1132] Imhoff, K. (1937): Die Zerkleinerung der groben Stoffe im Abwasser. Gesundheits-Ingenieur, 60, 39, 599–601.
[1133] Imhoff, K. (1937): Erfahrungen mit Abwasserteichen im Auslande. Gesundheits-Ingenieur, 58, 11, 163–165.
[1134] Imhoff, K.; Mohlman, F. W. (1937): Improvements in Trickling Filters. Sewage Works Journal, 9, 1, 91–92.
[1135] Imhoff, K. (1938): The Design of High-Rate Trickling Filters. Sewage Works Journal, 10, 4, 705–711.
[1136] Imhoff, K. (1938): Wie berechnet man hochbelastete Tropfkörper? Gesundheits-Ingenieur, 61, 25, 350–353.
[1137] Imhoff, K. (1940): Amerikanische Abwassertechnik. Gesundheits-Ingenieur, 63, 35, 442–443.
[1138] Imhoff, K. (1940): Die Bodenlüftung bei biologischen Tropfkörpern. Gesundheits-Ingenieur, 63, 35, 262-265.
[1139] Imhoff, K.; Fair, G. M. (1940): Sewage treatment. Sewage Works Journal, 12, 6, 1164–1165.
[1140] Imhoff, K. (1941): Der Halvorson-Tropfkörper in Berlin-Stahnsdorf. Gesundheits-Ingenieur, 64, 47, 630-631.
[1141] Imhoff, K. (1941): Die Sauerstofflinie in verschmutzten Gewässern. Deutsche Wasserwirtschaft, 36, 7, 388.
[1142] Imhoff, K. (1941): Tropfkörper mit Wasserrücklauf für Molkereiabwasser. Gesundheits-Ingenieur, 64, 26, 367-369.
[1143] Imhoff, K. (1942): Behelfsbauten und Dauerbauten zur Reinigung von Abwasser. Gesundheitsingenieur, 65, 37/38, 307-311.
[1144] Imhoff, K. (1942): Der Bodenschlamm in verschmutzten Gewässern. Gesundheits-Ingenieur, 63, 19, 154–156.
[1145] Imhoff, K. (1942): Die Spülkörper in Berlin-Stahnsdorf, ein Schlusswort. Gesundheits-Ingenieur, 65, 33/34, 267-269.
[1146] Imhoff, K. (1943): Die Technik des Rückpumpens bei Tropfkörpern. Gesundheits-Ingenieur, 66, 17, 220–221.
[1147] Imhoff, K. (1943): Ein biologisches Klärwerk für eine kleine Stadt. Gesundheits-Ingenieur, 66, 16, 187-192.
[1148] Imhoff, K. (1943): Einfaches Berechnen von biologischen Klärwerken. Gesundheits-Ingenieur, 66, 15, 164–165.
[1149] Imhoff, K. (1943): Wasser schaffen durch Rückpumpen. Deutsche Wasserwirtschaft, 124.
[1150] Imhoff, K. (1944): Biologische Gasgewinnung aus Abfallstoffen. Rundschau Deutscher Techniker, 5/6, 4.
[1151] Imhoff, K. (1945): Faulversuche in Flaschen. Chemikerzeitung, 69, 17, 12.
[1152] Imhoff, K. (1946): Digester-Gas for Automobiles. Sewage Works Journal, 18, 1, 17–25.
[1153] Imhoff, K. (1947): Die Abwasserlast der deutschen Flüsse. Gesundheits-Ingenieur, 68, 4, 108-113.
[1154] Imhoff, K. (1947): Treibgasgewinnung aus festen Abfallstoffen. Gesundheits-Ingenieur, 68, 1, 3-5.
[1155] Imhoff, K.; Wagner, H. (1948): Zur Reinhaltung der deutschen Flüsse. Die Wasserwirtschaft, 7
[1156] Imhoff, K. (1949): Die amerikanische Abwasser-Wissenschaft im Jahre 1948. Gesundheits-Ingenieur, 70, 15/16, 247-252.
[1157] Imhoff, K. (1949): Die Gould-Stufenbelüftung bei der Abwasserreinigung mit belebtem Schlamm. Gesundheits-Ingenieur, 70, 23/24, 393–395.
[1158] Imhoff, K. (1949): Tropfkörper zur Reinigung von Abwasser. Schweizerische Bauzeitung, 67, 18, 253–255.
[1159] Imhoff, K. (1950): Der Abwasserlastplan für verschmutzte Flüsse. Gesundheits-Ingenieur, 71, 17/18, 269–271.
[1160] Imhoff, K. (1950): Graphical Representation of Load on Polluted Streams. Sewage and Industrial Wastes, 22, 12, 1614–1617.

[1161] Imhoff, K. (1953): Die Geschichte der biologischen Abwasserreinigung. gwf Wasser/Abwasser, 94, 12, 343–347.
[1162] Imhoff, K. (1953): Über ungeheizte Schlammfaulräume. Gesundheits-Ingenieur, 74, 17/18, 273-275.
[1163] Imhoff, K.; Dahlem, H. (1953): Ungeheizte Schlammfaulräume für kleine Städte. Gesundheits-Ingenieur, 74, 11/12, 177-178.
[1164] Imhoff, K. (1953): Wie hoch macht man biologischen Tropfkörper? Gesundheits-Ingenieur, 74, 3/4, 41-43.
[1165] Imhoff, K. (1954): Amerikanische Fortschritte im Betrieb von Schlammfaulräumen. gwf Wasser/Abwasser, 95, 16, 521-522.
[1166] Imhoff, K. (1954): Die letzte Stufe der Abwasserreinigung. gwf Wasser/Abwasser, 95, 18, 561–563.
[1167] Imhoff, K. (1955): Das zweistufige Belebungsverfahren für Abwasser. gwf Wasser/Abwasser, 96, 2, 43–54.
[1168] Imhoff, K. (1955): Soll man städtisches Abwasser überall biologisch reinigen? Kommunalwirtschaft, 357.
[1169] Imhoff, K. (1955): The final Step in sewage treatment. Sewage and Industrial Wastes, 27, 3, 322–335.
[1170] Imhoff, K.; Fair, G. M. (1956): Sewage treatment, New York, John Wiley & Sons.
[1171] Imhoff, K. (1956): Zur Geschichte der Abwasserreinigung im Rhein.- Westf. Industriegebiet. gwf Wasser/Abwasser, 97, 18, 757–800.
[1172] Imhoff, K. (1957): Wieder eine Verbesserung des Belebungsverfahrens für Abwasser. gwf Wasser/Abwasser, 98, 26, 649–650.
[1173] Imhoff, K. (1960): Schlamm muss gashaltig auf das Trockenbeet fließen. Schweizerische Zeitschrift für Hydrologie, 22, 1, 475–477.
[1174] Imhoff, K. (1961): Der Vorläufer des Stuttgarter Tauchtropfkörper. Stuttgarter Berichte zur Siedlungswasserwirtschaft, Band 3, München, Oldenbourg.
[1175] Imhoff, K.; Imhoff, K. R. (1964): Die natürlichen Verfahren der Schlammentwässerung sind immer noch wirtschaftlich. gwf Wasser/Abwasser, 105, 26, 710–715.
[1176] Imhoff, K.; Imhoff, K. R.; Jardin, N. (2009): Taschenbuch der Stadtentwässerung, München, Oldenbourg Industrieverlag.
[1177] Imhoff, K. R. (1953): Die Geschichte der biologischen Abwasserreinigung: History of biological waste water treatment. gwf Wasser/Abwasser, 94, 12, 344–347.
[1178] Imhoff, K. R. (1963): Zur Berechnung von Belebungsbecken. gwf Wasser/Abwasser, 104, 52, 1494-1498.
[1179] Imhoff, K. R. (1965): Über die Reinigungsleistung der Ruhrstauseen. gwf Wasser/Abwasser, 106, 46, 1264–1267.
[1180] Imhoff, K. R. (1966): Die Eindickung von Schlamm und die weitere Entwässerung von stabilisiertem Schlamm. In: Liebmann, H. (Hrsg.): Die Verwertung und Beseitigung von häuslichen und industriellen Abwasserschlämmen. Vorträge des Münchner Abwasserbiologischen Herbstkurses 1965, Münchener Beiträge zur Abwasser-, Fischerei- und Flussbiologie, Bd. 13, 72-92, München u.a., Oldenbourg.
[1181] Imhoff, K. R. (1968): Sauerstoffhaushalt und künstliche Wiederbelüftung im Bereich des Baldeneysees und der unteren Ruhr. gwf Wasser/Abwasser, 109, 34, 936–941.
[1182] Imhoff, K. R. (1969): Wie berechnet man eine künstliche Gewässerbelüftung? gwf Wasser/Abwasser, 110, 20, 543–545.
[1183] Imhoff, K. R.; Albrecht, D. R. (1972): Zum Einfluss von Temperatur und Turbulenz auf den Sauerstoffeinrag in Wasser: Nach dem Vortrag au fder internationalen Abwasserkonferenz in Jerusalem 18. -24.06.1972. gwf Wasser/Abwasser, 113, 6, 264–268.
[1184] Imhoff, K. R.; Albrecht, D. R. (1974): Über die Sauerstoffdynamik der stauregulierten unteren Ruhr. gwf Wasser/Abwasser, 115, 8, 355–361.
[1185] Imhoff, K. R. (1974): Water Quantity and Water Quality Management in the Ruhr Valley. Journal Water Pollution Control Federation, 46, 7, 1663–1673.
[1186] Imhoff, K. R. (1975): Erfahrungen des Ruhrverbandes bei der Klärschlammbehandlung. gwf Wasser/Abwasser, 116, 5, 216-221.

[1187] Imhoff, K. R. (1976): Störungen und Schäden an kommunalen Kläranlagen: Praktische Erfahrungen des Ruhrverbandes. Berichte der ATV, 28, 155-.
[1188] Imhoff, K. R. (Hrsg.) (1977): Abwasserreinigung in kleineren Verhältnissen. Wiener Mitteilungen, Band 22, Wien, IWAG.
[1189] Imhoff, K. R. (1977): Bewirtschaftung und weiterer Ausbau der Ruhrtalsperren. Wasserwirtschaft, 67, 7/8, 229–236.
[1190] Imhoff, K. R.; Albrecht, D. R. (1978): Anmerkungen zur Gewässergüteeinteilung nach dem Sauerstoffgehalt. gwf Wasser/Abwasser, 119, 12, 578–581.
[1191] Imhoff, K. R. (1979): Betriebsergebnisse von Tropfkörperanlagen und Bemessungsvorschlag im Hinblick auf § 7a WHG. gwf Wasser/Abwasser, 120, 2, 47–49.
[1192] Imhoff, K. R. (1979): Die Entwicklung der Abwasserreinigung und des Gewässerschutzes seit 1868. gwf Wasser/Abwasser, 120, 12, 563–576.
[1193] Imhoff, K. R. (1980): Wie entwickelt man ein Schwerpunktprogramm und welche Lösungen sind 'wirtschaftlich'? In: Planung und Organisation von Einelkläranlagen und Gruppenkläranlagen. 6. Planungstechnisches Seminar, Schriftenreihe des ISWW der TH Karlsruhe, Bd. 22, 69–100, Karlsruhe, Inst. für Siedlungswasserwirtschaft der TH Karlsruhe.
[1194] Imhoff, K. R. (1980): Zum Wert der Schlammfaulung und Hinweise zum Faulverfahren. KA Korrespondenz Abwasser, 27, 2, 130–132.
[1195] Imhoff, K. R. (1982. In: Verein zur Förderung des Instituts für Wasserversorgung, Abwasserbeseitigung und Raumplanung der TH Darmstadt (Hrsg.): Geruchsemissionen aus Abwasseranlagen, Schriftenreihe WAR, Band 9, Darmstadt, 7.
[1196] Imhoff, K. R. (1982): Experiences with Purification Lakes and Polishing Lagoons. Water Science and Technology, 14, 1-2, 189–204.
[1197] Imhoff, K. R.; Albrecht, D. R. (1982): Nährstoffgehalte und Algenwachstum in einem gestauten Fluss, Auswirkungen auf die Sauerstoffbilanz und Notwendigkeit des Nährstoffrückhaltes: Nach dem Vortrag der 11. Internationalen Abwasserkonferenz, Capetown, Südafrika, März 1982. gwf Wasser/Abwasser, 123, 3, 140–146.
[1198] Imhoff, K. R.; Albrecht, D. R. (1982): Nutrients and Algal Growth in an Impounded River, Consequences for its Oxygen Balance and Nutrient Control Strategy. Water Science and Technology, 14, 4-5, 185–197.
[1199] Imhoff, K. R. (1983): Historical Development of the Rotating Biological Contactor Process: International Symposium Fellbach, St. Augustin, EWPCA-Sekretariat.
[1200] Imhoff, K. R. (1983): Spezifische Schlammengen und Lastzahlen des Einwohners. KA Korrespondenz Abwasser, 30, 12, 907-909.
[1201] Imhoff, K. R. (1984): Experiences with Polishing Lagoons. Water Science and Technology, 16, 10-11, 285–292.
[1202] Imhoff, K. R. (1986): Bedeutung der naturnahen Verfahren bei der Abwasserbehandlung. In: Pöpel, H. J. (Hrsg.): Naturnahe Abwasserbehandlungsverfahren im Leistungsvergleich. Pflanzenkläranlagen und Abwasserteiche ; 9. wassertechnisches Seminar, Schriftenreihe WAR, Bd. 26, Bibliothek des Inst. WAR, Darmstadt, 5.
[1203] Imhoff, K. R. (1988): 75 Jahre Ruhrwasserwirtschaft. gwf Wasser/Abwasser, 129, 4, 235–245.
[1204] Imhoff, K. R. (1990): Flußsedimente-Ausbaggerung der Ruhrstauseen. Wasser und Boden, 42, 10, 649–655.
[1205] Imhoff, K. R.; Annen, G. W. (1993): Neuere Erfahrungen mit Schönungsteichen. gwf Wasser/Abwasser, 134, 5, 282–285.
[1206] Imhoff, K. R. (1996): Auswirkungen der Hochwässer auf die Gewässergüte. gwf Wasser/Abwasser, 137, 12, 652–656.
[1207] Imhoff, K. R.; Rißler, P. (1997): Die Ruhrwasserwirtschaft in den Trockenjahren 1959, 1976, 1996. gwf Wasser/Abwasser, 138, 5, 237–242.
[1208] Imhoff, K. R. (2000): 75 Jahre Belebungsverfahren in Deutschland : was bleibt zu tun? In: Dohmann, M. (Hrsg.): 33. Essener Tagung für Wasser- und Abfallwirtschaft, Gewässerschutz, Wasser, Abwasser, Bd. 177, 34/1-34/11, Aachen, Gesellschaft zur Förderung der Siedlungswasserwirtschaft an der RWTH Aachen.
[1209] Imhoff, K. R. (2008): 75 Jahre Baldeneysee. KW Korrespondenz Wasserwirtschaft, 1, 12, 671–677.

[1210] Ingerle, K. (2006): Berechnung und Optimierung von Drucklufthebern. KA Korrespondenz Abwasser, 53, 1, 42–47.
[1211] Ingildsen, P.; Olsson, G. (2016): Smart water utilities: Complexity made simple, London, England, IWA Publishing.
[1212] Internationale Kommission zum Schutz des Rheins (2009): Sedimentmanagementplan Rhein, Koblenz.
[1213] Internationale Kommission zum Schutz des Rheins (2010): Auswertungsbericht Röntgenkontrastmittel, Bericht Nr. 187, Koblenz, Internationale Kommission zum Schutze des Rheins (IKSR).
[1214] Internationale Kommission zum Schutz des Rheins (2010): Strategie Mikroverunreinigungen - Strategie für die Siedlungs- und Industrieabwässer. Bericht Nr. 181. IKSR
[1215] Irmer, H. (1977): Rechnergestützte Planung von Anlagen zur Klärschlammbehandlung, Dissertation, Darmstadt.
[1216] Isaac, P. C. G. (1962): The contribution of bottom muds to the depletion of oxygen in rivers and suggested standards for suspended solids. In: Tarzwell, C. M. (Hrsg.): Transactions third seminar on biological problems in water pollution, Cincinnati, 346–354.
[1217] Isaac, P. C. G.; Hibberd, R. L. (1972): The Use of Microstrainers and Sand Filters for Tertiary Treatment. Water Research, 6, 6, 465–474.
[1218] ISO (2009): New work item proposal – Standard for treated wastewater reuse implementation. http://publicaa.ansi.org/sites/apdl/Documents/News%20and%20Publications/Links%20Within%20Stories/ISO%20NWIP%20%28Treated%20Wastewater%20Reuse%20Implementation%29.pdf, abgerufen am: 17.01.2012.
[1219] Itokawa, H.; Thieming, C.; Pinnekamp, J. (2008): Design and operating experiences of municipal MBRs in Europe. Water Science and Technology, 58, 12, 2319–2327.
[1220] Itoyama, T.-i.; Yokose, H.; Yoshida, S.; Kuwahara, M. (1990): Evaluation of land application using secondary effluent in a forest slope: Estimation of drained water quality and discussion of the effects upon soil or plants and behavior of bacteria. Water Research, 24, 3, 275–288.
[1221] Iványi, G.; Buschmeyer, W. (1991): Faulbehälter aus Stahlbeton: Entwurf und Ausführung. Anwendung der teilweisen Vorspannung, Düsseldorf, Beton-Verlag.
[1222] Jaag, O. (1952): Die Notwendigkeit des Gewässerschutzes und unser Ziel der Abwasserreinigung in der Schweiz. Eidgenössische Anstalt für Wasserversorgung, Abwasserreinigung und Gewässerschutz, Zürich.
[1223] Jackson, C. J. (1956): Whisky and industrial alcohol distillery wastes. Journal and Proceedings. The Institute of Sewage Purification, Part 3, 206-214.
[1224] Jacobi, G.; Milojevic, N.; Rubach, G. (2001): Sanierungsstrategieen für öffentliche Kanäle: ATV-DVWK-ad-hoc-Arbeitsgruppe "Sanierungsstrategien". KA Korrespondenz Abwasser, 48, 3, 386–392.
[1225] Jagemann, P.; Teichgräber, B. (2007): Untersuchungen zum technischen Zustand und möglichen Optimierungspotentialen von Belüftungseinrichtungen nach mehrjährigem Betrieb. In: Pinnekamp, J. (Hrsg.): Wissenschaftlich-Technische Mitteilungen des Instituts zur Förderung der Wassergüte- und Wassermengenwirtschaft e.V., Band 6, Gewässerschutz, Wasser, Abwasser, Bd. 209, Gesellschaft zur Förderung der Siedlungswasserwirtschaft an der RWTH Aachen, Aachen, 21/1-.
[1226] Janert, H. (1954): The suitability of different methods of application for the utilization of sewage. Wasserwirtschaft Wassertechnik, 4, 4, 231–251.
[1227] Jansa, V.; Åkerlindh, F. (1941): A Method for Computing the Oxygen Curve in a Polluted Stream, with Special Reference to the Oxygen Consumption by Sludge Deposits. Sewage Works Journal, 13, 3, 551–556.
[1228] Janssen, H. A. (1895): Versuche über Getreidedruck in Silozellen. Zeitschrift des Vereins deutscher Ingenieure, 39, 35, 1045–1049.
[1229] Jardin, N.Integrale Niederschlagswasserbehandlung im Einzugsgebiet der Ruhr – Erste Erfahrungen mit der ganzheitlichen Optimierung am Beispiel des Einzugsgebietes der Kläranlage Wenden. In: Schriftenreihe Siedlungswasserwirtschaft der Ruhr-Uni Bochum, 165–184.
[1230] Jardin, N.; Pöpel, H. J. (1995): Einfluss der erhöhten biologischen Phosphorelimination auf die Phosphorrückbelastung aus der Schlammbehandlung. gwf Special Wasser/Abwasser, 136, 13, 44-50.

[1231] Jardin, N. (1995): Untersuchungen zum Einfluß der erhöhten biologischen Phosphorelimination auf die Phosphordynamik bei der Schlammbehandlung, Dissertation. Schriftenreihe WAR, Band 87, Darmstadt, Bibliothek des Inst. WAR.

[1232] Jardin, N. (1996): Untersuchungen zum Einfluß der erhöhten biologischen Phosphorelimination auf die Phosphordynamik bei der Schlammbehandlung. KA Korrespondenz Abwasser, 43, 11, 1875-1887.

[1233] Jardin, N.; Roehren, A. (1999): Erfahrungen aus Bau und Betrieb von Nachklaerbecken mit getauchten Ablaufrohren. gwf Special Wasser/Abwasser, 140, 15, 18–24.

[1234] Jardin, N.; Rath, L.; Sabin, A.; Schmitt, F.; Thöle, D.; Kühn, S. (2000): Cost-effective upgrading of the Arnsberg WWTP by post denitrification with a moving bed system. Water Science and Technology, 41, 9, 123–130.

[1235] Jardin, N. (2001): Auswirkungen der neuen ATV-DVWK- Arbeitsblätter A 131 und A 198 (Entwurf) auf die Berechnung des Sauerstoffbedarfs. In: Institut IWAR der Tu Darmstadt (Hrsg.): Neues zur Belüftungstechnik - Probleme, Lösungsmöglichkeiten, Entwicklungen, Schriftenreihe IWAR, Bd. 134, 31–56, Darmstadt, Verein zur Förderung des Instituts IWAR der TU Darmstadt.

[1236] Jardin, N.; Arnold, E.; Beier, M.; Grömping, M.; Kolisch, G.; Kühn, V.; Meyer, S.; Rolfs, T.; Schmidt, F.; Wett, B.; Otte-Witte, R. (2004): Rückbelastung aus der Schlammbehandlung – Verfahren zur Schlammwasserbehandlung: Arbeitsbericht der DWA-Arbeitsgruppe AK-1.3 „Rückbelastung aus der Schlammbehandlung

[1237] Jardin, N. (2005): Bilanzierung der Emissionen aus der Niederschlagswasserbehandlung – Maßnahmen zur Verbesserung der Immissionssituation. KA Korrespondenz Abwasser, Abfall, 52, 9, 987–996.

[1238] Jardin, N.; Hinzmann, H.-U. (2006): Optimierung der Niederschlagswasserbehandlung in einem Einzugsgebiet mit erhöhtem Fremdwasseranfall. In: Pinnekamp, J. (Hrsg.): 39. Essener Tagung für Wasser- und Abfallwirtschaft, Gewässerschutz, Wasser, Abwasser, Band 202, 30/1-30/22, Aachen, Gesellschaft zur Förderung der Siedlungswasserwirtschaft an der RWTH Aachen.

[1239] Jardin, N.; Hinzmann, H.-U. (2006): Optimierung der Niederschlagswasserbehandlung in einem Einzugsgebiet mit erhöhtem Fremdwasseranfall. gwf Wasser/Abwasser, 147, 7-8, 509–515.

[1240] Jardin, N. (2006): Urban wastewater treatment in Europe: from operational problems to plant design. Management of Environmental Quality: An International Journal, 17, 6, 642–653.

[1241] Jardin, N. (2007): Analyse der Fremdwassersituation und Erarbeitung von Handlungskonzepten im Einzugsgebiet der Ruhr. In: Pinnekamp, J. (Hrsg.): 40. Essener Tagung für Wasser- und Abfallwirtschaft, Gewässerschutz, Wasser, Abwasser, Band 207, 42/1-42/17, Aachen, Gesellschaft zur Förderung der Siedlungswasserwirtschaft an der RWTH Aachen.

[1242] Jardin, N. (2007): Auswirkungen fremdwasserbedingter Entlastungen auf die Gewässerqualität. Ruhrgütebericht, 111–199.

[1243] Jardin, N. (2007): Wechselwirkungen zwischen Abwasserreinigung und Schlammbehandlung. In: Bilitewski, B., Quicker, P., Schnurrer, H. u. Zeschmar-Lahl, B. (Hrsg.): Müll-Handbuch. Sammlung und Transport, Behandlung und Ablagerung sowie Vermeidung und Verwertung von Abfällen. Ergänzbares Handbuch für die kommunale und industrielle Abfallwirtschaft, ESV-Handbücher zum Umweltschutz, Erich Schmidt Verlag, Berlin, 3006–3010.

[1244] Jardin, N.; Rath, L.; Schonfeld, A.; Grunebaum, T. (2008): Cost-effective upgrading of a biological wastewater treatment plant by using lamella separators with bypass operation. Water Science and Technology, 57, 10, 1619–1625.

[1245] Jardin, N. (2008): Die Integrale Siedlungsentwässerung : Erste Erfahrungen mit der ganzheitlichen Optimierung am Beispiel des Einzugsgebietes der Kläranlage Wenden. In: Pinnekamp, J. (Hrsg.): 41. Essener Tagung für Wasser- und Abfallwirtschaft, Gewässerschutz, Wasser, Abwasser, Band 211, 33/1-33/16, Aachen, Gesellschaft zur Förderung der Siedlungswasserwirtschaft an der RWTH Aachen.

[1246] Jardin, N.; Thöle, D. (2009): Großtechnische Erfahrungen mit der Deammonifikation von Schlammwasser mit unterschiedlicher Verfahrenstechnik. In: Pinnekamp, J. (Hrsg.): 42. Essener Tagung für Wasser- und Abfallwirtschaft, Gewässerschutz, Wasser, Abwasser, Band 217, 48/1-48/19, Aachen, Gesellschaft zur Förderung der Siedlungswasserwirtschaft an der RWTH Aachen.

[1247] Jardin, N.; Hennerkes, J. (2012): Full-scale experience with the deammonification process to treat high strength sludge water–a case study. Water Science and Technology, 65, 3, 447–455.
[1248] Jardin, N. (2013): Einflussfaktoren auf Investitions- und Betriebskosten von Abwasseranlagen. In: Deutsche Vereinigung für Wasserwirtschaft, Abwasser und Abfall (Hrsg.): Kostenanalyse und Kostensteuerung in der Wasserwirtschaft, Wasserwirtschaftskurse, O/3, Deutsche Vereinigung für Wasserwirtschaft, Abwasser und Abfall, Hennef, 7–37.
[1249] Jardin, N. (2015): Abwasserzusammensetzung und erforderliche Grundlagenermittlung zur Bemessung. In: Deutsche Vereinigung für Wasserwirtschaft, Abwasser und Abfall (Hrsg.): Kommunale Abwasserbehandlung, Hennef, Deutsche Vereinigung für Wasserwirtschaft, Abwasser und Abfall.
[1250] Jedele, K.; Bunkofer, A. (1991): Auslegung von Anlagen zur weitergehenden Phosphatelimination. KA Korrespondenz Abwasser, 38, 2, 170–183.
[1251] Jekel, H. (2006): Einbindung der Öffentlichkeit bei der Umsetzung der WRRL. In: Rumm, P., Keitz, S. von u. Schmalholz, M. (Hrsg.): Handbuch der EU-Wasserrahmenrichtlinie. Inhalte, Neuerungen und Anregungen für die nationale Umsetzung, Erich Schmidt, Berlin, 81–99.
[1252] Jekel, M.; Ruhl, A.; Zietschmann, F.; Altmann, J.; Meinel, F.; Sperlich, A.; Gnirsch, R.Spurenstoffstrategie Baden-Württemberg. In: Schriftenreihe SIWAWI Bochum, 87–97.
[1253] Jenkins, D. u. Wanner, J. (Hrsg.) (2014): Activated sludge - 100 years and counting, London, IWA Publ.
[1254] Jimenez, B.; Asano, T. (2008): Water reclamation and reuse around the world. In: Jiménez C., Blanca, E. u. Asano, T. (Hrsg.): Water reuse. An international survey of current practice, issues and needs, IWA Pub., London, 3–26.
[1255] Job, R.; Kurtz, W. (2002): Technischer Bericht zur Untersuchung der Geräuschemissionen von Anlagen zur Abfallbehandlung und -verwertung sowie Kläranlagen: TÜV-Bericht Nr. 933/423901 bzw. 933/132001. Umwelt und Geologie : Lärmschutz in Hessen, Heft 1, Wiesbaden, HLUG.
[1256] Jördening, H.-J. (2008): Einführung eines anaeroben Fließbettverfahren in der Zuckerindustrie. In: gwf special Industrieabwasser, Bd. 149, 12–18.
[1257] Jost, B. (1986): Filtrationsverfahren in der weitergehenden Abwasserreinigung. Gas-Wasser-Abwasser, 66, 11, 790–797.
[1258] Jung, H. (1948): Verfahren zur chemischen Reinigung von Wasser und Abwasser mit Eisen. Gesundheits-Ingenieur, 69, 10, 305–306.
[1259] Jung, H. (1949): Schnellfaulung zur Behandlung stark organisch verschmutzter Abwässer. Vom Wasser, 17, 38–48.
[1260] Jung, H. (1950-51): Zur technischen Entwicklung des Belebtschlammverfahrens. Vom Wasser, 18, 207-219.
[1261] Jung, H. (1960): Wesen und Wirkung der hochbelasteten biologischen Abwasserreinigung. Vom Wasser, 185-197.
[1262] Jung, H.-D.; Wagner, W. (1992): Betriebskosten der neueren kommunalen Abwasserreinigungsanlagen. Abwassertechnik, 2, 64.
[1263] Kaempffe, G. (1953): Chlorgas im Rieselfeldbetrieb. Gesundheits-Ingenieur, 74, 15/16, 256–260.
[1264] Kaempffe, G.; Imhoff, K. (1961): Schlamm muss gashaltig auf das Trockenbeet fließen. gwf Wasser/Abwasser, 102, 8, 187-187.
[1265] Kahn, R.; Hill, P. (1998): An Uncommon Use. Water Environment & Technology, 10, 5, 44–49.
[1266] Kalbskopf, K. H. (1966): Über den Absetzvorgang in Sandfängen. Veröffentlichungen des ISAH, Band 24, Hannover, Technische Universität Hannover.
[1267] Kalbskopf, K. H. (1969): Abfallbeseitigung: 4. internationaler Kongress der internationalen Arbeitsgemeinschaft für Müllforschung (IAM), 2. - 5. Juni 1969 in Basel. Schweizerische Zeitschrift für Hydrologie, 31, 2, 186–783.
[1268] Kalbskopf, K.-H.; Londong, D. (1970): Entwicklungstendenzen bei Kläranlagen nach dem Belebungsverfahren für kleine Gemeinden. gwf Wasser/Abwasser, 111, 8, 455–459.
[1269] Kalbskopf, K.-H. (Hrsg.) (1997): Mechanische Abwasserreinigung. ATV-Handbuch, Berlin, Ernst.
[1270] Kalinin, G. P.; Miljukov, P. I. (1958): Approximate methods for computing unsteady flow movement of water masses. Transactions Central Forecasting Institute Nr. 66
[1271] Kaltenmeier, D. (1999): Neue Anforderungen an das Einleiten von Abwasser aus der chemischen Industrie. KA Korrespondenz Abwasser, 46, 8, 1244–1252.

[1272] Kalte, P. (2004): Betriebsanweisungen unter besonderer Beachtung der einfachen Nutzung. In: ATV-DVWK (Hrsg.): ATV-DVWK Bundestagung. 15.-16. September 2004 in Würzburg, 683–694, Hennef (Sieg), ATV-DVWK.
[1273] Kaltofen, H.; Kirchhoff, W. (1955): 20 Jahre Faulschlammverwertung in Hannover. Wasser und Boden, 7, 9, 269–272.
[1274] Kampen, R.; Bose, T.; Klose, N. (2011): Betonbauwerke in Abwasseranlagen: Planung, Bau, Instandhaltung, Düsseldorf.
[1275] Kang, S. J.; Astfalk, T. J.; Englert, C. J.; Deline, R. R. (1991): A New Procedure for Screening Feasibility of Biological Phosphorus Removal for a Wastewater. Water Science and Technology, 23, 4-6, 595–602.
[1276] Kappeler, J.; Gujer, W. (1992): Estimation of Kinetic Parameters of Heterotrophic Biomass under Aerobic Conditions and Characterization of Wastewater for Activated Sludge Modelling. Water Science and Technology, 25, 6, 125–139.
[1277] Kappeler, J.; Matthieu, R. (2007): Schwimmschlamm - Bekämpfung mittels Lipaseaktivitätsmessungen. Gas-Wasser-Abwasser, 87, 12, 961-967.
[1278] Kappe, S. E.; Neighbor, J. B. (1951): Pre-Aeration and Aerated Grit Chambers. Sewer and Industrial Wastes, 23, 7, 833–838.
[1279] Kappes, R. (1992): Abwasserverregnung - Recycling mit Zukunft? Wasserwirtschaft Wassertechnik, 42, 8, 373–380.
[1280] Kaps, J.; Eggert W. (1985): Energiereduzierung durch Horizontalbeschleuniger in Oxydationsgräben mit Oberflächenbelüftern. KA Korrespondenz Abwasser, 32, 3, 176-179.
[1281] Karakassonis, G. P. (1936): Die Bewegung der Schwerstoffe in flachgeneigten Rohren unter besonderer Berücksichtigung von Steinzeugrohren mit praktischen Anwendungen. Gesundheits-Ingenieur (Beiheft), Reihe II, 16.
[1282] Kassner, W. (2003): Solartrocknung als Technik zur Klärschlammbehandlung etabliert. gwf Wasser/Abwasser, 144, 7-8, 490–494.
[1283] Kasting, U. (2007): "Strassenabwasser": Belastungen und Behandlungstechniken. Gewässerschutz - Wasser - Abwasser (GWA), 207, 10, 1–14.
[1284] Katz, W. J.; Geinopolos, A. (1967): Sludge Thickening by Dissolved-Air Flotation. Journal Water Pollution Control Federation, 39, 6, 946–957.
[1285] Kayser, K. (2002): Nitrifikation in Teich-Bodenfilteranlagen. In: ATV-DVWK (Hrsg.): ATV-DVWK-Bundestagung 2002. 18./19. September 2002 in Weimar, 143-156, Hennef, Gesellschaft zur Förderung der Abwassertechnik (GFA).
[1286] Kayser, K. (2003): Nitrifikation in Teich-Bodenfilteranlagen, Zugl.: Hannover, Univ., Diss., 2003. Veröffentlichungen des ISAH, Band 121, Hannover, ISAH Institut für Siedlungswasserwirtschaft und Abfalltechnik der Universität Hannover.
[1287] Kayser, R. (1967): Ermittlung der Sauerstoffzufuhr von Abwasserbelüftern unter Betriebsbedingungen. Veröffentlichungen des Instituts für Stadtbauwesen der TU Braunschweig, Band 1, Braunschweig, Institut für Stadtbauwesen.
[1288] Kayser, R. (Hrsg.) (1982): Gas- und Wasserhaushalt von Mülldeponien: Internationale Fachtagung 29.9. - 1.10.1982, Braunschweig. Veröffentlichungen des Instituts für Stadtbauwesen der TU Braunschweig, Band 33, Braunschweig, Institut für Stadtbauwesen.
[1289] Kayser, R. (1982): Wirtschaftlichkeit verschiedener Belüftungssysteme unter Betriebsbedingungen: 17. ÖWWV Seminar. Wiener Mitteilungen, Band 47, Wien, Technische Universität Wien.
[1290] Kayser, R. (1989): Handbuch Wasserversorgungs- und Abwassertechnik, Essen, Vulkan-Verlag.
[1291] Kayser, R. (1989): Möglichkeiten und Grenzen der Flexibilisierung von Kläranlagen durch Prozeßregelung. Abwassertechnik, 40, 6, 13.
[1292] Kayser, R. (1993): Umweltverträglichkeits- und Kostenberechnungen der Sickerwasserbehandlung. KA Korrespondenz Abwasser, 40, 3, 350-355.
[1293] Kayser, R. (1995): Bemessung von Belebungsanlagen mit Aufstaubetrieb (SBR-Anlagen). gwf Wasser/Abwasser, 136, 12, 625–627.
[1294] Kayser, R. (1995): Einstufige Belebungsanlagen zur Stickstoffelimination. In: Dohmann, M. (Hrsg.): 28. Essener Tagung für Wasser- und Abfallwirtschaft, Zustandserfassung und -beurteilung von Entwässerungssystemen außerhalb von Gebäuden, Band 152, 23/1.

[1295] Kazmann, R. G. (1947): River infiltration as a source of groundwater supply. Proceedings American Society Civil Engineers, 73, 6, 837–853.

[1296] Keding, M.; Milojevic, N.; Otterbach, J.; Thoma, R.; Zinn, H. (2003): Zukünftige Anforderungen an die Zustandserfassung von Entwäserungssystemen außerhalb von Gebäuden. KA Korrespondenz Abwasser, 50, 9, 1135–1141.

[1297] Keefer, C. E. (1959): Effects of Premixing Raw and Digested Sludge on High-Rate Digestion. Sewage and Industrial Wastes, 31, 4, 388–398.

[1298] Kegebein, J.; Hoffmann, E.; Hahn, H. H. (2007): Performance of very small wastewater treatment plants with pronounced load variations. Water Science and Technology, 55, 7, 31–38.

[1299] Kehl, O.; Lübken, M.; Erbe, V.; Wichern, M. (2006): Mathematische Simulation des Stickstoffumsatzes in Fliessgewässern am Beispiel der Wupper. gwf Wasser/Abwasser, 147, 2, 116–124.

[1300] Kehr, D. (1933): Die Berechnung von Regenwasserabflüssen: ein Leitfaden für Studierende und Ingenieure der Praxis, München, Oldenbourg.

[1301] Kehr, D. (1951): Über die wirtschaftliche Entwässerung von Wohnsiedlungsgelände. Gesundheits-Ingenieur, 72, 21, 355–360.

[1302] Kehr, D. (1960): Entwurf von Wasserversorgungs- und Entwässerungsnetzen in Siedlungen. In: Institut für Siedlungswasserwirtschaft der Technischen Hochschule Hannover (Hrsg.): Vorträge des ersten Fortbildungskurses für Ingenieure der Siedlungswasserwirtschaft, Schriftenreihe ISAH, Heft 6, Institut für Siedlungswasserwirtschaft der TH Hannover, Hannover, 1–9.

[1303] Kehr, D.; Teichmann, H. (1961): Bau- und Betriebskosten öffentlicher Kläranlagen in der Bundesrepublik: Gutachten f.d. Bundesministerium f. Atomkernenergie u. Wasserwirtschaft. Veröffentlichungen des Institutes für Siedlungswasserwirtschaft und Abfalltechnik der Universität Hannover, Heft 8, Hannover, Institut für Siedlungswasserwirtschaft der Technischen Hochschule Hannover.

[1304] Kehren, M. (1957): Die Eisenung von farbstoffhaltigen Abwässern. In: Bucksteeg, W. (Hrsg.): Die Düsseldorfer Tagung vom 03. bis 06. Oktober 1956 und Landesgruppentagungen 1956, Berichte der ATV, Bd. 8, 110, München, Oldenbourg.

[1305] Kehr-Wieferig (1961): Beitrag zur biologischen Reinigung der Abwässer der Textilveredelungsindustrie: Ein Institutsbericht. Veröffentlichungen des ISAH, Band 7, Hannover, Institut für Siedlungswasserwirtschaft.

[1306] Keil, F. (2016): Humanarzneimittelwirkstoffe: Handlungsmöglichkeiten zur Verringerung von Gewässerbelastungen. In: Pinnekamp, J. (Hrsg.): 49. Essener Tagung für Wasser- und Abfallwirtschaft, Gewässerschutz, Wasser, Abwasser, Band 239, 7/1-7/15, Aachen, Gesellschaft zur Förderung der Siedlungswasserwirtschaft an der RWTH Aachen.

[1307] Kempa, E. S. (1969): Über aerobe Schlammstabilisierung bei niedrigen Temperaturen. Wasser, Luft und Betrieb, 13, 9, 336-340.

[1308] Kemper, M.; Fuchs, S.; Vosswinkel, N.; Uhl, M.; Mohn, R.; Weiß, G. (2015): Optimierung der Leistungsfähigkeit von Regenüberlaufbecken mittels Schrägklärertechnologie: Untersuchungs- und Entwicklungsvorhaben im Auftrag des Ministeriums für Klimaschutz, Umwelt, Landwirtschaft, Natur- und Verbraucherschutz des Landes Nordrhein-Westfalen mit dem Titel „Überwachung und Optimierung der Leistungsfähigkeit von Mischwasserbehandlungsanlagen“. MKULNV, Düsseldorf.

[1309] Kershaw, M. A. (1965): Developments in Sludge Treatment and Disposal at the Maple Lodge Works, England. Journal Water Pollution Control Federation, 37, 5, 674–691.

[1310] Kettern, J. (1990): Untersuchungen zur biologisch-chemisch-physikalischen Behandlung von Deponiesickerwässern, Dissertation. Veröffentlichungen des ISAH, Band 113, Aachen, Gesellschaft zur Förderung der Siedlungswasserwirtschaft an der RWTH Aachen.

[1311] Keysers, C. (2016): Entfernung organischer Mikroverunreinigungen aus kommunalem Abwasser mittels oxidativer und adsorptiver Verfahren im dynamischen Rezirkulationsbetrieb, Dissertation. Gewässerschutz, Wasser, Abwasser, Band 239, Aachen.

[1312] Kienzle, K. H. (1971): Untersuchungen über BSB5- und Stickstoffelimination in schwachbelasteten Belebungsanlagen mit Schlammstabilisation. Stuttgarter Berichte zur Siedlungswasserwirtschaft, Band 47, München, Oldenbourg.

[1313] Kienzle, K. H. (1977): Der Oxidationsgraben: Bau, Betrieb, Leistung und Möglichkeiten, Dissertation, Bensheim 3.

[1314] Kiess, F. (1956): Die wirtschaftlichen Möglichkeiten der Klärgasverwertung. In: Liebmann, H. (Hrsg.): Gewinnung und verwertung von Methan aus Klärschlamm und Mist, Münchener Beiträge zur Abwasser-, Fischerei- und Flussbiologie, Bd. 3, R. Oldenbourg, München, 130–215.
[1315] Kintrup, J.; Wünsch, G. (2001): Multielementanalytik der Sielhaut: Optimierte Identifizierung von Schwermetalleinleitern. KA Korrespondenz Abwasser, 48, 8, 1068–1073.
[1316] Kirchhartz, Markus, Niederehe, Wilhelm (2015): Bauausführung von Abwasserleitungen und -kanälen in geschlossener Bauweise. bbr - Fachmagazin für Brunnen- und Leitungsbau, 66, 11, 18–25.
[1317] Kisskalt, K.; Ilzhöfer, H. (1937): Die Reinigung von Abwasser in Fischteichen. Archiv für Hygiene und Bakteriologie, 118, 1, 1–66.
[1318] Kittel, D.; Stroh, G. (1971): Vorgespannte Rohrbrücken. gwf Wasser/Abwasser, 112, 3, 137-.
[1319] Kittrell, F. W. (1959): Effects of impoundments on dissolved oxygen resources. Sewage and Industrial Wastes, 31, 1065–1078.
[1320] Kiuru, H. u. Vahala, R. (Hrsg.) (2001): Dissolved air flotation in water and waste water treatment: Editorial. Water Science and Technology, London, IWA Publishing.
[1321] Klager, F. Kroiss, H.; Tikovsky, F. (2001): Raw sludge incineration in Vienna (3 Mio PE) and its implications on waste water treatment (20 years of full scale experience). In: Kroiss, H. (Hrsg.): Sewage sludge disposal: sustainable and/or reliable solutions. ÖWAV/EWA-Workshop- Wien 2001, Technische Universität Wien, 10. - 11. September 2001, Wiener Mitteilungen, Bd. 171, 113–130, Wien, IWAG.
[1322] Klasmeier, J.; Berlekamp, J. (2016): GIS-basierte Modellierung von Mikroschadstoffen in Fließgewässern. Wie das Modell GREAT-ER in der Praxis eingesetzt werden kann. gwf Wasser/Abwasser, 157, 4, 356–358.
[1323] Klassen, C. W.; Troemper, A. P. (1947): Wastes From a Whiskey Distillery - Sources and Characteristics. In: Purdue University, Department of Engineering (Hrsg.): Proceedings of the Third Industrial Waste Conference. Held at Purdue University, May 21-22, 1947, Purdue University Engineering Bulletin, Bd. 64, 153-164, Lafayette (Indiana), Purdue University.
[1324] Klauwer, E. (1982): Einrichtung zur Übernahme von Fäkalschlämmen aus Klein- und Hauskläranlagen. KA Korrespondenz Abwasser, 29, 5, 292–293.
[1325] Klauwer, E. (1998): Betrieb von Abwasserpumpwerken. In: Dohmann, M. (Hrsg.): 31. Essener Tagung für Wasser- und Abfallwirtschaft, Gewässerschutz, Wasser, Abwasser, Band 165, 22/1, Aachen, Gesellschaft zur Förderung der Siedlungswasserwirtschaft an der RWTH Aachen.
[1326] Klee, O. (1983): Stufenweiser Ausbau der Abwasserreinigung einer Zellstoff-Kartonfabrik und seine Rückwirkung auf. Die Wasserwirtschaft, 73, 6, 183–189.
[1327] Klein, H.; Steinmetz, H. (2008): Konzeption und erste Erfahrungen mit einer ausschließlich klärgasbetriebenen Brennstoffzelle: Forschungsvorhaben im Klärwerk Stuttgart-Möhringen. KA Korrespondenz Abwasser, 55, 9, 991–995.
[1328] Klein, K. (1970): Bindemittel zur Beseitigung der Ölverunreinigungen von Wasseroberflächen. Deutsche Gewässerkundliche Mitteilungen, 14, 3, 73–79.
[1329] Klopp, R.; Kornatzki, K. H. (1987): Emission und Immission von AOX im Ruhreinzugsgebiet. Zeitschrift für Wasser- und Abwasserforschung, 20, 160–167.
[1330] Klopp, R.; Koppe, P. (1991): Über die Grenzen der biologischen CSB-Elimination in kommunalen Kläranlagen. KA Korrespondenz Abwasser, 38, 2, 201–206.
[1331] Klopp, R. (1999): Kommunales Abwasser und seine Behandlung. Wasser und Gewässer - ein Handbuch, Heidelberg, Spektrum Akademischer Verlag.
[1332] Klose, J. (1963): Anlage und Reinigungswirkung von Oxydationsteichen, 13, 6, 252–257.
[1333] Klose, N. (1981): Sulfidprobleme und deren Vermeidung in Abwasseranlagen, Düsseldorf, Beton-Verlag.
[1334] Klotter, H.-E.; Hantge, E. (1965): Bemessungsgrundlage für Abwässer aus Winzerbetrieben. Vom Wasser, 32, 310–346.
[1335] Klotz, H. (1990): Analytische Neuentwicklungen zur Bestimmung von kationischen Tensiden in der Umwelt. Münchner Beiträge zur Abwasser-, Fischerei-und Flussbiologie, 44, 205–217.
[1336] Klym, H. (1974): Probleme bei der praktischen Anwendung der elektronischen Kanalnetzberechnung. Berichte Institut fuer Wasserwirtschaft und Gesundheitsingenieurwesen. TU München Nr. 7

[1337] Kneese, A. V. (1964): The Economics of Regional Water Quality Management, Baltimore, Maryland, Johns Hopkins Press.
[1338] Knoedler, E. L.; Babcock, S. H. (1947): Symposium on Industrial Wastes. Pharmaceutical and Biological Plants. Industrial and Engineering Chemistry, 39, 5, 578–582.
[1339] Knoedler, E. L.; Babcock, S. H. (1949): Industrielle Abwässer von pharmazeutischen und biologischen Werken: Industrial Wastes of Pharmaceutical and Biological Plants in: Industrial and Engin. Chem. Bd. 39 (1947), S. 578, Zeitschriften-Umschau. Gesundheits-Ingenieur, 70, 21/22, 389.
[1340] Knollmann, R. (1968): Die biologische Abwasserreinigung in Versuch, Entwurf und Betrieb. Veröffentlichungen des ISAH, Band 28, Hannover, Technische Hochschule Hannover.
[1341] Knop, E. (1951): Messung der Durchlaufzeiten von Klärbecken mit Hilfe von radioaktiven Stoffen. Die Wasserwirtschaft, 41, 5, 117–121.
[1342] Knop, E. (1954/1955): Zur Frage des Wasserausgleichs durch Talsperren und Rückpumpwerke. Wasserwirtschaft, 6, 141.
[1343] Knop, E. (1962): Anlagen zur Flußbelüftung des Lippeverbands. gwf Wasser/Abwasser, 103, 50, 1373–1374.
[1344] Knop, E. (1962): Zur Schädlichkeitsbewertung von Abwasser. KA Korrespondenz Abwasser, 9, 3, 7-8.
[1345] Knop, E.; Kalbskopf, K.-H. (1969): IV. Internationale Abwasserkonferenz (IAWPR) in Prag 1969 - Energetische und hydraulische Untersuchungen an mechanischen Belüftungssystemen, Teil 1: 21.-25.04.1969. gwf Wasser/Abwasser, 110, 8, 197-201.
[1346] Knöpp, H. (1955): Abwasserlastplan und biologischer Gütelängsschnitt – ein kritischer Vergleich. Wasserwirtschaft, 46, 3, 57–59.
[1347] Knöpp, H. (1960): Über die Rolle des Phytoplanktons im Sauerstoffhaushalt von Flüssen. gwf Wasser/Abwasser, 101, 26, 667.
[1348] Knöpp, H. (1960): Untersuchungen über das Sauerstoff-Produktions-Potential von Flussplankton. Schweizerische Zeitschrift für Hydrologie, 22, 1, 152–166.
[1349] Knöpp, H. (1964): Die "Zusätzliche Zehrung" - eine neue biochemische Kennzahl zur Bewertung von Selstreinigungskraft und Vermutzung. gwf Wasser/Abwasser, 105, 4, 92–98.
[1350] Knotte, H.; Nusch, E. (2003): Massenentwicklung von Wasserpflanzen in den Ruhrstauseen - Ursachen, Nutzungskonflikte und betriebliche Maßnahmen. In: ATV-DVWK Landesverband Nord (Hrsg.): Bundestagung und Landesverbandstagung Nord : 2./3. September 2003 in Wolfsburg, 155–184, Hennef, ATV-DVWK Deutsche Vereinigung für Wasserwirtschaft Abwasser und Abfall e.V.
[1351] Knowles, G.; Downing, A. L.; Barrett, M. J. J. (1985): Determination of Kinetic Constants for Nitrifying Bacteria in Mixed Culture, with the Aid of an Electronic Computer. Journal of General Microbiology, 38, 263–278.
[1352] Koch, Harold, C.; Bloodgood, D. E. (1959): Experimental Spray Irrigation of Paperboard Mill Wastes. Sewage and Industrial Wastes, 31, 7, 827–835.
[1353] Koenig, H. W. (1962): Die Biggetalsperre. gwf Wasser/Abwasser, 103, 26, 661–666.
[1354] Koenig, H. W.; Rincke, G. (1966): Maßnahmen des Ruhrverbandes gegen die Ölverschmutzung der Gewässer. Wasser und Boden, 18, 8, 257.
[1355] Koenig, H. W.; Rincke, G.; Imhoff, K. R. (1970): Der Sonderfall des Wasserkreislaufes an der Ruhr im Trockenjahr 1959. gwf Wasser/Abwasser, 111, 7, 369–373.
[1356] Koenig, H. W.; Imhoff, K. R. (1973): Wassergüte-und Wassermengenwirtschaft an der Ruhr. gwf Wasser/Abwasser, 114, 9, 406–412.
[1357] Köhne, M.; Schönberger, D.; Häck, M. (1998): Regelungstechnische Maßnahmen zur Leistungssteigerung einer kommunalen Kläranlage. Abwassertechnik, 49, 4, 19–23.
[1358] Kolisch, G.; Taudien, Y.; Bornemann, C.Potenzial der Spurenstoffelimination mit Pulver- und Kornaktivkohle in bestehenden Filteranlagen. In: Schriftenreihe SIWAWI Bochum, 119–134.
[1359] Kolisch, G.; Schirmer, G. (2004): Lamella Separators in the Upgrading of a Large Urban Sewage Treatment Plant. Water Science and Technology, 50, 7, 205-121.
[1360] Kolisch, G.; Boehler, M.; Arancibia, F. C.; Pinnow, D.; Krauss, W. (2005): A new approach to improve sludge dewatering using a semi-continuous hydraulic press system. Water Science and Technology, 52, 10-11, 211–218.

[1361] Kolisch, G.; Taudien, Y.; Knerr, H. (2016): Kosten-Nutzen-Bewertung der Einführung 4. Reinigungsstufen auf kommunalen Kläranlagen. Wasser und Abfall, 4, 44–49.
[1362] Kolisch, G. (P.) (2014): Projekt Nr. 2: Verbesserung der Klärgasnutzung, Steigerung der Energieausbeute auf kommunalen Kläranlagen: AZ: IV-7-042 600 003B. Ministerium für Klimaschutz, Umwelt, Landwirtschaft und Verbraucherschutz des Landes NRW (MKULNV), Düsseldorf.
[1363] Kollatsch, D. (1968): Das Anaerob-Aerob-Verfahren in der biologischen Abwasserreinigung. Wasser, Luft und Betrieb, 12, 4, 236–242.
[1364] Kollatsch, D. (1992): Die dezentrale private Abwasserbehandlung im ländlichen Raum. KA Korrespondenz Abwasser, 39, 6, 832–844.
[1365] Komolrit, K.; Goel, K. C.; Gaudry, A. F., JR. (1967): Regulation of Exogenous Nitrogen Supply and Its Possible Applications to the Activated Sludge Process. Journal Water Pollution Control Federation, 39, 2, 251–266.
[1366] Kompetenzzentrum Spurenstoffe-BW (2016). http://www.koms-bw.de, abgerufen am: 18.08.2016.
[1367] König, A.; Bruns, H. (1930): Künstliche Grundwasseranreicherung unter Berücksichtigung der Verhältnisse des Ruhrkohlengebiets. Gesundheits-Ingenieur, 53, 43, 662–667.
[1368] König, H. (1952): Die Lage der Wasserversorgungswirtschaft in der Gegenwart. gwf Wasser/Abwasser, 93, 2, 33–35.
[1369] Koot, A. C. J. (1978): Das Carrouselverfahren. In: Böhnke, B. (Hrsg.): 10. Essener Tagung für Wasser- und Abfallwirtschaft, Gewässerschutz, Wasser, Abwasser, Band 25, 503, Aachen, Gesellschaft zur Förderung der Siedlungswasserwirtschaft an der RWTH Aachen.
[1370] Koppe, P. (1982): Richtwerte der zulässigen Abwasserverschmutung für die Leistungssicherung und den Schutz der Abwasseranlagen im Arbeitsblatt A-115. In: Abwassertechnische Vereinigung (Hrsg.): ATV-Jahreshauptversammlung. Neumünster 1982, Berichte der ATV, Bd. 34, 35, St. Augustin, Gesellschaft zur Förderung der Abwassertechnik (GFA).
[1371] Koppe, P.; Nusch, E. A.; Kornatzki, K. H. (1985): Einfluss der Stauhaltung eines Flusses auf seine Wasserbeschaffenheit - Beispiel Baldeneysee. gwf Wasser/Abwasser, 126, 8, 412–422.
[1372] Koppe, P.; Stozek, A. (1999): Kommunales Abwasser: Seine Inhaltsstoffe nach Herkunft, Zusammensetzung und Reaktionen im Reinigungsprozeß einschließlich Klärschlämme, Essen, Vulkan-Verlag.
[1373] Kopp, J.; Dichtl, N. (2001): Prediction of full-scale dewatering results of sewage sludges by the physical water distribution. Water Science and Technology, 43, 11, 135–143.
[1374] Kopp, J. (2013): Einfluss der Temperaturführung und thermischer Hydrolyseverfahren auf die Klärschlammentwässerung. DWA Klärschlammtage 2013
[1375] Kopp, J.; Forstner, G. (2016): Impact of Hydrolysis and Bio-P Removal Processes on Biosolids Dewaterability and Polymer Consumption in the Dewatering Process. WEFTEC 2016, New Orleans.
[1376] Kos, M.; Wanner, J.; Šorm, I.; Grau, P. (1992): RDN activated sludge process. Water Science and Technology, 25, 4-5, 151–160.
[1377] Köster, W. (1996): Die Bedeutung von Geruchsemmisionen und Geruchsimmisionen für die Planung und den Betrieb von Abwasser- und Abfallentsorgungsanlagen. Gewässerschutz, Wasser, Abwasser, Band 154, Aachen, Gesellschaft zur Förderung der Siedlungswasserwirtschaft an der RWTH Aachen.
[1378] ITWH/DWD (2016): KOSTRA-DWD 2010: KOordinierte STarkniederschlags-Regionalisierungs-Auswertungen, Hannover, ITWH/DWD.
[1379] Kötter, K. (1982): Erweiterung der Aufbereitungsanlagen des Wasserwerkes Witten der Gelsenwasser AG durch Einführung zusätzlicher Verfahrensschritte. Forum Städtehygiene, 33, 198.
[1380] Kraffczyk, K. (1963): Die Aufbereitung der Abwässer aus der oberflächenveredelnden Metallindustrie. Metall-Reinigung und Vorbehandlung, 12, 3, 39–46.
[1381] Kraft, A. (1990): Weitergehende Abwasserreinigung mit einem biologisch intensivierten Filtrationsverfahren. Veröffentlichungen des ISAH, Band 75, Hannover, ISAH.
[1382] Kraft, H. (1984): Zur Problematik der Konstruktion von Sumpfpflanzenkläranlagen. KA Korrespondenz Abwasser, 31, 10, 840-846.
[1383] Kramer, D. (1960): Möglichkeiten der landwirtschaftlichen Abwasserverwertung in der Deutschen Demokratischen Republik. Wasserwirtschaft Wassertechnik, 10, 4, 152–161.

[1384] Krauel, A. (1962): Geschätzte und wirkliche Abflusswerte in den Einzugsgebieten der Pumpwerke Oberhausen-West und Oberhausen-Alstaden. gwf Wasser/Abwasser, 103, 4, 77–81.
[1385] Krauth, K.; Staab, K. F. (1973): Die Leistung von Tauchtropfkörperanlagen in der Praxis. gwf Wasser/Abwasser, 114, 1, 34–39.
[1386] Krauth, K. (1987): Kombinierte Verfahren zur biologischen Abwasserreinigung - Wirkungsweisen, Leistungen. In: Abwassertechnische Vereinigung (Hrsg.): ATV-Jahreshauptversammlung, Berichte der ATV, Bd. 37, 235ff., St. Augustin, Gesellschaft zur Förderung der Abwassertechnik (GFA).
[1387] Krauth, K. (2001): Die Entwicklung der Regenwasserbehandlung. Österreichische Wasser- und Abfallwirtschaft, 53, 3-4, 45–53.
[1388] Krauth, K. e. a. (1985): Forschungsbericht (79 U 03). Schriftenreihe des Bundesministers für Ernährung, Landwirtschaft und Forsten (BML), BML.
[1389] Krawczynski, S. (1959): Behandlung redioaktiver Abwässer. gwf Wasser/Abwasser, 100, 36, 906–913.
[1390] Krebs, P. (1998): Aspekte der Gestaltung von Nachklärbecken. In: Kroiss, H. (Hrsg.): Fortbildungskurs Biologische Abwasserreinigung. ÖWAV-Seminar TU-Wien, 26./27. Februar 1998, Wiener Mitteilungen, Bd. 145, IWAG, Wien, 323–357.
[1391] Krenkel, P. A.; Novotny, V. (1980): Water Quality Management, New York, Academic Press.
[1392] Kreuz, A. (1938): Handbuch der landwirtschaftlichen Abwasserverwertung, Berlin, Ebeling & Hiebold.
[1393] Kreuzinger, N.; Kroiß, H. (2013): Spurenstoffe in der aquatischen Umwelt–Einleitung. Österreichische Wasser-und Abfallwirtschaft, 65, 5-6, 149–155.
[1394] Krippgans, C. (2003): Arbeitsraumbreiten und Grabensanierung nach der neuen DIN 4124 32/03 „Baugruben und Gräben" – Ausgabe Oktober 2002. Energie/Wasser-Praxis, 3, 32.
[1395] Kroiss, H.Einsparungspotenziale bei der Bemessung von Kläranlagen. In: ATV Schriftenreihe, 1163-.
[1396] Kroiss, H. (1978): Ein Beitrag zur Reinigung von Zuckerfabriksabwasser. Wiener Mitteilungen, Band 25, Wien, IWAG.
[1397] Kroiss, H. (1985): Anaerobe Abwasserreinigung. Wiener Mitteilungen, Band 62, Wien, Institut für Wassergüte und Landschaftswasserbau, Technische Universität Wien.
[1398] Kroiss, H. (Hrsg.) (1988): Anaerobe Abwasserreinigung: Grundlagen und großtechnische Erfahrung. Wiener Mitteilungen, Band 73, Wien, Institut für Wassergüte und Landschaftswasserbau, Technische Universität Wien.
[1399] Kroiss, H. (Hrsg.) (1991): EDV-Einsatz auf Abwasserreinigungsanlagen: Fortbildungskurs des ÖWWV, Wien, 25. - 26.2.1991. Wiener Mitteilungen, Band 96, Wien, Inst. für Wassergüte und Landschaftswasserbau.
[1400] Kroiss, H. (1992): Weitergehende Reinigung kommunaler Abwässer - Technik und Kosten. In: Böhnke, B. (Hrsg.): Wasser und Abfall in Europa, Gewässerschutz, Wasser, Abwasser, Bd. 131, 367-386, Aachen, Gesellschaft zur Förderung der Siedlungswasserwirtschaft an der RWTH Aachen.
[1401] Kroiß, H. (1993): Gewässerschutz und Zellstoffproduktion in Österreich. Auf dem Weg zu einem Kompromiß zwischen Natur und Mensch? Österreichische Wasserwirtschaft, 45, 3/4, 65.
[1402] Kroiss, H. (1994): Die Bedeututung der Massenbilanz für den Betrieb und die Bemessung von Kläranlagen zur Stickstoffentfernung. KA Korrespondenz Abwasser, 41, 3, 416–424.
[1403] Kroiss, H. (Hrsg.) (1994): Eigenüberwachung von Abwasserreinigungsanlagen für den Gewässerschutz: ÖWAV-Seminar, Wien, 23. Februar 1994. Wiener Mitteilungen, Band 116, Wien, IWAG.
[1404] Kroiss, H. (1994): Wirklichkeitsnahe Bemessung von kommunalen Kläranlagen - Abschätzung und Bewertung von Sicherheit. In: Dohmann, M. (Hrsg.): 27. Essener Tagung für Wasser- und Abfallwirtschaft, Band 147, 50/1-, Aachen, Gesellschaft zur Förderung der Siedlungswasserwirtschaft an der RWTH Aachen.
[1405] Kroiss, H. (1996): Kosten-Nutzen Überlegungen zur Abwasserfiltration. In: Dohmann, M. (Hrsg.): Neue und angepaßte Techniken unter ökonomischen Zwängen, Gewässerschutz, Wasser, Abwasser, Bd. 156, 25/1, Aachen, Gesellschaft zur Förderung der Siedlungswasserwirtschaft an der RWTH Aachen.
[1406] Kroiss, H. (Hrsg.) (2000): Sicherheit und Gesundheitsschutz auf Abwasseranlagen und deren Evaluierung: ÖWAV-Seminar, TU Wien, 28. - 29. Februar 2000. Wiener Mitteilungen, Band 159, Wien, IWAG.

[1407] Kroiss, H. (Hrsg.) (2004): Datengewinnung, -verwaltung und -nutzung in der Wassergütewirtschaft: ÖWAV-Seminar, Wien 2004, TU Wien, 03. - 04. März 2004. Wiener Mitteilungen, Band 187, Wien, IWAG.
[1408] Krolewski, H. (1966): Auslegung einer Preßluft-Ölsperre für Binnehäfen. Die Wasserwirtschaft, 56, 10, 333-336.
[1409] Krolewski, H. (1985): Maßnahmen zur Luftreinhaltung bei Kraftwerken und ihre Auswirkungen auf Wasser und Abfall. VGB Kraftwerkstechnik, 65, 9, 801–806.
[1410] Krolewski, H. (1986): Die Luftreinhaltemaßnahmen und ihre Auswirkungen auf Boden und Wasser. Wasser und Boden, 38, 11, 550–553.
[1411] Krolewski, H. (1988): Weiträumige Wasserwirtschaft unter Heranziehung von Schiffartskanälen. DVWK-Schriften, 85, 331–348.
[1412] Kronvang, B.; Laubel, A.; Larsen, S. E.; Andersen, H. E.; Djurhuus, J. (2005): Buffer zones as a sink for sediment and phosphorus between the field and stream: Danish field experiences. Water Science and Technology, 51, 3-4, 55–62.
[1413] Kropf, A. (1946): Beitrag zum Sandfangproblem. Mitteilungen aus der Eidgenössischen Anstalt für Wasserversorgung, Abwasserreinigung und Gewässerschutz an der Eidgenössischen Technischen Hochschule in Zürich, Band 1, Zürich, Leemann.
[1414] Krugel, S.; Nemeth, L.; Peddle, C. (1998): Extending thermophilic anaerobic digestion for producing class a biosolids at the greater vancouver regional districts annacis island wastewater treatment plant. Water Science and Technology, 38, 8-9, 409–416.
[1415] Krüger, O.; Adam, C. (2013): Potenzialermittlung der in Deutschland anfallenden Klärschlammaschen - mögliche Phosphor- und Metallrückgewinnung. In: Deutsche Vereinigung für Wasserwirtschaft, Abwasser und Abfall (Hrsg.): 8. DWA Klärschlammtage, Hennef, Deutsche Vereinigung für Wasserwirtschaft, Abwasser und Abfall.
[1416] Krüger, O.; Adam, C. (2014): Monitoring von Klärschlammmonoverbrennungsaschen hinsichtlich ihrer Zusammensetzung zur Ermittlung ihrer Rohstoffrückgewinnungspotentiale und zur Erstellung von Referenzmaterial für die Überwachungsanalytik. Texte Umweltbundesamt, Band 49, Berlin, Umweltbundesamt.
[1417] Krüger, W. (1961): Untersuchungen über die Bodenbehandlung von Gaswerksabwässern. Wasserwirtschaft Wassertechnik, 11, 5, 203-207.
[1418] Kruse, H. D. (1990): Untersuchungen zur Wirkungsweise, Leistungsfähigkeit und Bemessung von Vakuumentgasungen für anaerobe Belebungsanlagen. Veröffentlichungen des ISAH, Band 79, Hannover, Institut für Siedlungswasserwirtschaft und Abfalltechnik.
[1419] Kruse, K.; Junge, J.; Maak, D. (1994): Sickerwasserqualität von Siedlungsabfalldeponien; Ergebnisse neuerer Datenauswertungen. KA Korrespondenz Abwasser, 41, 5, 780-786.
[1420] Kuchenrither, R. D.; Diemer, D. M.; Martin, W. J.; Senske, F. J. (1987): Composting's Emerging Role in Sludge Management: A National Perspective. Journal Water Pollution Control Federation, 59, 3, 125–131.
[1421] Kudo, A.; Fujikawa, Y.; Miyahara, S.; Zheng, J.; Takigami, H.; Sugahara, M.; Muramatsu, T. (1998): Lessons from Minamata mercury pollution, Japan - after a continuous 22 years of observation. Water Science and Technology, 38, 7, 187–193.
[1422] Kugel, G. (1982): Simultaneous Pasteurization – Digestion (SPD-Process). Water Science and Technology, 14, 6-7, 739–748.
[1423] Kugel, G. (1983): Aufbereitung von Klärgas (Biogas) in Erdgasqualität beim Niersverband. KA Korrespondenz Abwasser, 30, 6, 395-399.
[1424] Kugel, G. (1998): Biologische Schlammstabilisierung. KA Korrespondenz Abwasser, 35, 9, 1604–1620.
[1425] Kugel, G. (1998): Klärschlammeindickung, -konditionierung und -entwässerung. KA Korrespondenz Abwasser, 35, 10, 1806–1819.
[1426] Kuhn, H. (1962): Hochrheinschifffahrt, Bodenseeproblem und Erfahrungen beim schweizerischen Gewässerschutz. gwf Wasser/Abwasser, 103, 30, 772–776.
[1427] Kummert, R., Stumm, W. (1992): Gewässer als Ökosysteme. Grundlagen des Gewässerschutzes, Zürich, Verlag der Fachvereine.

[1428] Kummert, R.; Stumm, W. (1988): Gewässer als Ökosysteme: Grundlagen des Gewässerschutzes, Zürich, vdf (Verlag der Fachvereine an den Schweizer Hochschulen und Techniken).
[1429] Kunst, S. (1991): Untersuchungen zur biologischen Phosphorelimination im Hinblick auf ihre abwassertechnische Nutzung. Veröffentlichungen des ISAH, Band 77, Hannover, ISAH.
[1430] Kunst, S. (1993): Untersuchung des Einflusses verschiedener Belüftungssysteme auf die Verkeimung der Umgebung. KA Korrespondenz Abwasser, 40, 5, 716-726.
[1431] Kunst, S. (2002): Endokrin wirksame Substanzen in Kläranlagen: Vorkommen, Verbleib und Wirkung. KA Korrespondenz Abwasser, 49, 11, 1572–1577.
[1432] Kunst, S.; Scheer, C.; Panckow, N. (2003): Signifikante Nährstoffeinträge aus der Fläche: Abschlussbericht des F&E-Vorhabens, Hannover, ISAH Institut für Siedlungswasserwirtschaft und Abfalltechnik der Universität Hannover.
[1433] Kunze, W., Strauch v., E. (1942): Einfache Bauweisen für Kläranlagen auch nach dem Kriege. Gesundheits-Ingenieur, 65, 45/46, 374-377.
[1434] Künzel-Mehner, A. (1944): Behandlung von Gerbereiabwasser mit Eisenchlorid. Gesundheits-Ingenieur, 67, 3, 73-78.
[1435] Künzel-Mehnert, A. (1942): Chemisch-mechanische Wasserreinigung mit Eisenchlorid. Die Chemische Technik, 15, 129–140.
[1436] Kunze, W. (1941): Die Ablaufeinrichtungen an Absetzanlagen. Gesundheits-Ingenieur, 64, 49/50, 658–659.
[1437] Kunze, W.; Strauch v., E. (1942): Einfaches Bauwesen für Kläranlagen auch nach dem Kriege. Gesundheitsingenieur, 65, 45/46, 374–377.
[1438] Kunze, W.; Möhle, H. (1942): Zur Verwertung industrieller Abwässer. Archiv für Wasserwirtschaft des Reichsverbandes der Deutschen Wasserwirtschaft, Band 69, Berlin, Reichsverb. d. Dt. Wasserwirtschaft.
[1439] Kuratorium für Wasser und Kulturbauwesen e.V. (1977): Vergleichende Untersuchungen von elektronischen Kanalnetzberechnungen. Schriftenreihe des Kuratoriums für Wasser und Kulturbauwesen, Band 31, Hamburg, Parey.
[1440] Küttelwesch, R. (1993): Abwasser- und Abfallvermeidung im Bereich der Wäschereien, Waschen - der Inbegriff von Abwasser- und Abfallvermeidung. In: Dohmann, M. (Hrsg.): Wasser- und Bodenschutz - Anspruch und Wirklichkeit. 25. Essener Tagung vom 1. 4. - 3. 4. 1992 in Essen, Gewässerschutz, Wasser, Abwasser, Bd. 135, 313, Aachen, Gesellschaft zur Förderung der Siedlungswasserwirtschaft an der RWTH Aachen.
[1441] Lahl, U.; Ludwig, O. (2003): Umsetzung der EU-Abfallverbrennungsrichtlinie in deutsches Recht - Novelle der 17. BImSchV. In: Dohmann, M. (Hrsg.): 36. Essener Tagung für Wasser- und Abfallwirtschaft, Gewässerschutz, Wasser, Abwasser, Bd. 190, 50/1-50/10, Aachen, Gesellschaft zur Förderung der Siedlungswasserwirtschaft an der RWTH Aachen.
[1442] Lahnsteiner, J.; Lempert, G. (2007): Water management in Windhoek, Namibia. Water Science and Technology, 55, 1-2, 441–448.
[1443] Länderarbeitsgemeinschaft Wasser (1982): Einflüsse von Düngern auf die Gewässergüte, Bremen, Druckerei Appel.
[1444] Länderarbeitsgemeinschaft Wasser (1997): Eurowater: Band 1: Institutionen der Wasserwirtschaft in Europa, Berlin, Springer.
[1445] Länderarbeitsgemeinschaft Wasser (1997): Eurowater: Band 2: Dimensionen europäischer Wasserpolitik, Berlin, Springer.
[1446] Länderarbeitsgemeinschaft Wasser LAWA (1990): Limnologie und Bedeutung ausgewählter Talsperren in der Bundesrepublik Deutschland. LAWA, Wiesbaden.
[1447] Länderarbeitsgemeinschaft Wasser LAWA (2004): Workshop LAWA-EUF Bonn III „Bestandsaufnahme nach WRRL: Vorgehensweise und Ergebnisse“ am 26./27. April in Siegburg. LAWA, Düsseldorf.
[1448] Länderarbeitsgemeinschaft Wasser LAWA (2013): Handbuch zur Bewertung und planerischen Bearbeitung von erheblich veränderten (HMWB) und künstlichen Wasserkörpern (AWB): Version 2.0. LAWA, Essen.

[1449] Landesamt für Natur, Umwelt und Verbraucherschutz Nordrhein-Westfalen: Grundwassergefährdung durch undichte Kanäle – Literaturauswertung und Auswertung der Analysenergebnisse der landesweiten Grundwassermessstellen in NRW. LANUV Fachbericht Nr. 43, Recklinghausen.
[1450] Landesanstalt für Umweltschutz Baden-Württemberg (2002): Bodenfilter zur Regenwasserbehandlung in Misch- und Trennsystemen. Handbuch Wasser Nr. 4, Karlsruhe.
[1451] Langergraber, G.; Rieger, L.; Winker, S.; Alex, J.; Wiese, J.; Owerdieck, C.; Ahnert, M.; Simon, J.; Maurer, M. (2004): A guideline for simulation studies of wastewater treatment plants. Water Science and Technology, 50, 7, 131–138.
[1452] Larsen, T. A.; Gujer, W. (1996): Separate management of anthropogenic nutrient solutions (human urine). Water Science and Technology, 34, 3-4, 87–94.
[1453] Larsen, T. A.; Gujer, W. (2002): Waste Design, Source Control und On-Site-Technologien: Der Weg zu einer nachhaltigen Siedlungswasserwirtschaft. KA Korrespondenz Abwasser, Abfall, 49, 10, 1372–1379.
[1454] Larsen, T. A., Udert, K. M. u. Lienert, J. (Hrsg.) (2013): Source separation and decentralization for wastewater management, London, IWA Publishing.
[1455] Laube, F. W.; Willems G. (1991): Ermittlung der befestigten Fläche zur Bemessung von Regenentlastungsanlagen. KA Korrespondenz Abwasser, 38, 10, 1336-1340.
[1456] Laughton, P. J.; Papadopol, C. S.; Jaciw, P. (1990): Zero Discharge through Innovative Application of Intensive Silviculture to Effluent Disposal from a Small Canadian Wastewater Treatment Plant. Water Science and Technology, 22, 3-4, 217–224.
[1457] Lautrich, R. (1972): Der Abwasserkanal, Hamburg-Blankenese, Verl. Wasser und Boden.
[1458] Lawrance, W. A. (1950): The Addition of Sodium Nitrate to the Androscoggin River. Sewage and Industrial Wastes, 22, 6, 820–832.
[1459] Lawton, G. W.; Breska, G.; Engelbert, L. E.; Rohlich, G. A.; Porges, N. (1959): Spray Irrigation of Dairy Wastes. Sewage and Industrial Wastes, 31, 8, 923–933.
[1460] Lazarova, V.; Levine, B.; Sack, J.; Cirelli, G.; Jeffrey, P.; Muntau, H.; Salgot, M.; Brissaud, F. (2001): Role of water reuse for enhancing integrated water management in Europe and Mediterranean countries. Water Science and Technology, 43, 10, 25–33.
[1461] Leary, R. D.; Howson, L. R. (1963): Activated Sludge Plant for Milwaukee. Civil Engineering, September, 44–47.
[1462] Lea, W. L.; Rohlich, G. A.; Katz, W. J. (1954): Removal of Phosphates from Treated Sewage. Sewage and Industrial Wastes, 26, 3, 261–275.
[1463] Lebek, M. (2003): Bekämpfungsmaßnahmen von Blähschlamm verursacht durch Microthrix parvicella, Zugl.: Hannover, Univ., Diss., 2003. Veröffentlichungen des ISAH, Band 125, Hannover, ISAH Institut für Siedlungswasserwirtschaft und Abfalltechnik der Universität Hannover.
[1464] Lebek, M. (2016): Abwasser aus der Kartoffel- und Molkereiindustrie. 13. Hannoversche Industrieabwassertage, Hannover.
[1465] Lee, C.-H. (Hrsg.) (2005): Water Environment - Membrane Technology: Selected proceedings of the IWA International Specialised Conference on Water Environment - Membrane Technology, held in Seoul, Korea, 7 - 10 June 2004. Water Science and Technology, London, IWA Publishing.
[1466] Lehner, A.; Nowak, W. (1955): Zur Frage der zu weiträumigen Abwasserverregnung. Gesundheits-Ingenieur, 76, 15/16, 235–238.
[1467] Lemke, A. A. (1952): Flow of Air in Pipes. Sewage and Industrial Wastes, 24, 1, 24–37.
[1468] Lemmer, H.; Schade, M. (2003): Charakterisierung von Fadenbakterien zur Schaumbekämpfung in Belebungsanlagen. KA Korrespondenz Abwasser, 50, 9, 1152–1156.
[1469] Lengnick, H. (1982): Elektronische Berechnung von Kanalnetzen durch Einsatz von Mini-Computern. KA Korrespondenz Abwasser, 28, 11, 840-844.
[1470] Lenz, D.; Moeller, H. J. (1970): Beispiele für im Durchpressverfahren eingebaute große Leitungen aus Stahlbeton-und Spannbetonrohren. Beton-und Stahlbetonbau, 65, 08, 183-193.
[1471] Leonhard, D.; Hahn, H. H. (1990): Aerob-thermophile Schlammstabilisierung in Deutschland. Bericht über eine Studie für den amerikanischen Bereich. KA Korrespondenz Abwasser, 37, 5, 522-531.
[1472] Leonhard, K. (1990): Eindampfung von Deponiesickerwasser. gwf Wasser/Abwasser, 131, 9, 467–471.

[1473] Leonhardt, G. (1973): Die Belastung von starren Rohrleitungen unter Dämmen, Dissertation. Mitteilungsheft, Band 4, Hannover, Technische Universität Hannover.
[1474] Leonhardt, G. (1979): Die Erdlasten bei überschütteten Durchlässen. Bautechnik, 56, 11, 361–369.
[1475] Leonhardt, G. (1984): Einige Bemerkungen zum statischen und bodenmechanischen Konzept des ATV-Arbeitsblattes A 127. KA Korrespondenz Abwasser, 31, 6, 528–531.
[1476] Lessel, T.; Koopmann, T. (1991): Erfahrungen mit getauchten Festbettreaktoren für die Nitrifikation. KA Korrespondenz Abwasser, 38, 12, 1652-1662.
[1477] Lettinga, G.; Hulshoff, P. L. (1988): Aufwärtsdurchströmter Schlammbettreaktor (UASP-Process). In: Kroiss, H. (Hrsg.): Anaerobe Abwasserreinigung: Grundlagen und großtechnische Erfahrung, Wiener Mitteilungen, Bd. 73, 29, Wien, Institut für Wassergüte und Landschaftswasserbau, Technische Universität Wien.
[1478] Levin, P.; Smith, D. I. (1954): Six-Million-Dollar Plant Recovers Fine Coal from Susquehanna River. Civil Engineering, 24, 435–438.
[1479] Lewinsky-Kesslitz, H. P. (1962): Über die Projektierung von Druckrohrleitungen im Hinblick auf die Druckstoßgefahr. Österreichische Ingenieurzeitschrift, 12, 397–403.
[1480] Libbe, J.; Nickel, D. (2016): Wasser in der Stadt der Zukunft – planerische Herausforderungen und politische Aufgaben. disP-The Planning Review, 52, 3, 110–115.
[1481] Liebeskind, M. (2002): Gewässertypen - ein neues Element in der deutschen Gewässergütebetrachtung. KA Wasserwirtschaft, Abwasser, Abfall, 49, 11, 1493–1497.
[1482] Liebmann, H. (1949): Biologie des Tropfkörpers. Vom Wasser, 17, 62–82.
[1483] Liebmann, H.; Boch, J. (1956): Landwirtschaftliche Abwasserverwertung und Verwurmung der Haustiere. Tierärztliche Wochenschau, 69, 11, 208–211.
[1484] Liebmann, H. (Hrsg.) (1963): Kläranlagen für kleinere und mittlere Gemeinden ohne und mit gewerblichen Abwässern: Vorträge des Abwasserherbstkurses vo 1962. Münchener Beiträge zur Abwasser-, Fischerei- und Flussbiologie, Band 10, München u.a., Oldenbourg.
[1485] Liebmann, H. (1966): Die Lebensfähigkeit der Wurmeier unter den verschiedenen Bedingungen der Schlamm- und Müllbehandlung: (mit besonderer Berücksichtigung der Bekämpfung der Cysticercose des Rindes). Münchner Beiträge zur Abwasser-, Fischerei-und Flußbiologie, 13, 45–53.
[1486] Liebmann, H. (1970): Der Einfluss von Einsteigschächten auf den Abflussvorgang in Abwasserkanälen. Wasser und Abwasser in Forschung und Praxis, Bd. 2, Bielefeld, E. Schmidt.
[1487] Liénard, A. (Hrsg.) (2005): Wetland systems for water pollution control IX: Selected proceedings of the 9th IWA International Specialised Conference on Wetland Systems for Water Pollution Control, held in Avignon, France, 26 - 30 September 2004. Water Science and Technology, London, IWA Publishing.
[1488] Lindner, W. (1957): Das zweistufige Belebungsverfahren in der Abwasserreinigung, Kempen-Niederrhein, Thomas-Verlag.
[1489] Lindner, W. (1958): Schlammproduktion und Schlammalter beim Belebungsverfahren in ein- und zweistufiger Betriebsweise. Gesundheits-Ingenieur, 79, 9, 271-273.
[1490] Lindtner, S.; Nowak, O.; Kroiß, H. (2002): Benchmarking für Abwasserreinigungsanlagen. In: Institut für Wassergüte, Ressourcenmanagement und Abfallwirtschaft der Technischen Universität Wien (Hrsg.): Benchmarking in der Abwasserentsorgung, Wiener Mitteilungen, Band 176, 95–132, Wien, Institut für Wassergüte, Ressourcenmanagement und Abfallwirtschaft der Technischen Universität Wien.
[1491] Lindtner, S. (2004): Beitrag zum Benchmarking von Abwasserreinigungsanlagen. Wiener Mitteilungen, Bd. 189, Wien, Institut für Wassergüte, Ressourcenmanagement und Abfallwirtschaft der Technischen Universität Wien.
[1492] Linssen, K. (2008): Klärschlammentsorgung beim Niersverband. In: Pinnekamp, J. (Hrsg.): Niers und Niersverband - Entwicklungen 1994 - 2008. Wissenschaftlich-Technische Mitteilungen des Intituts zur Förderung der Wassergüte- und Wassermengenwirtschaft, Band 7, Gewässerschutz, Wasser, Abwasser, Bd. 214, Gesellschaft zur Förderung der Siedlungswasserwirtschaft an der RWTH Aachen, Aachen, 3/1-3/27.
[1493] Lippeverband (2016): Den Spurenstoffen auf der Spur in Dülmen - Herkunftsana-lyse und Sensibilisierung zur Vermeidung des Eintrages von Spurenstoffen in Dülmen: Abschlussbericht des F&E-

Vorhabens, gerichtet an das Ministerium für Klimaschutz, Umwelt, Landwirtschaft, Natur- und Verbraucherschutz des Landes Nordrhein-Westfalen (MKULNV) AZ 500-8657198/0001

[1494] Lippeverband (2016): DSADS – Den Spurenstoffen auf der Spur. Ein Projekt des Landes Nordrhein-Westfalen, der Stadt Dülmen und des Lippeverbands. http://www.dsads.de/worum-geht-es/, abgerufen am: 17.08.2016.

[1495] Lloyd, P. J.; Whiteland, M. R. (1990): Recent developments in oxygenation of the tidal Thames. Water and Environment Journal CIWEM, 4, 2, 103–111.

[1496] Löffler, H.; Busch, K.-F.; Burger G.; Geller, G. (2001): Ausschluß einer Grundwasserbeinträchtigung bei Beregnung mit gereinigtem Abwasser. Wasser und Boden, 53, 1+2, 48–53.

[1497] Löfgren, S.; Boström, B. (1989): nterstitial water concentrations of phosphorus, iron and manganese in a shallow, eutrophic Swedish lake—implications for phosphorus cycling. Water Research, 23, 9, 1115–1125.

[1498] Lohff, H. (1939): Vorschläge für die Durchbildung von Tiefsandfängen. Gesundheits-Ingenieur, 62, 20, 283–286.

[1499] Lohmann, J. H. (1987): Stand und Tendenzen der Automatisierung auf Kläranlagen. KA Korrespondenz Abwasser, 34, 11, 1145.

[1500] Lohse, M. (1987): Der anoxische Druckleitungsbetrieb. KA Korrespondenz Abwasser, 34, 6, 631-637.

[1501] Lohse, M.; Böning, T. (1997): Effektivkosten von Kleinkläranlagen. In: Mennerich, A. (Hrsg.): Abwasser- und Abfallwirtschaft. ATV-Kongress und ATV-Landesgruppentagung Nordrhein-Westfalen, Bielefeld 1997, ATV-Schriftenreihe, Bd. 6, 99–112, Hennef, Gesellschaft zur Förderung der Abwassertechnik (GFA).

[1502] Lohse, M. (2004): Schmutzwasserbeseitigung im ländlichen Raum, Düsseldorf, NRW-MUNLV.

[1503] Loll, U. (1974): Neue Aspekte zur getrennten aeroben Schlammstabilisation. KA Korrespondenz Abwasser, 21, 6, 135–140.

[1504] Loll, U. (1974): Stabilisierung hochkonzentrierter organischer Abwässer und Abwasserschlämme durch aerob-thermophile Abbauprozesse. gwf Wasser/Abwasser, 115, 4, 191–198.

[1505] Loll, U.; Möller, U. (1984): Prozeßziele der Klärschlammstabilisierung und deren Zusammenhang mit Dimensionierungs-, Betriebs- und Kontrollparametern. KA Korrespondenz Abwasser, 31, 11, 940–945.

[1506] Loll, U. (1984): Stand der Technik bei der aerob-thermophilen Klärschlammstabilisation. KA Korrespondenz Abwasser, 31, 11, 934–939.

[1507] Loll, U. (2001): Biogaspotenziale im Klärschlamm und anderen biogenen Abfällen. KA Korrespondenz Abwasser, 48, 10, 1424–1429.

[1508] Londong, D. (1973): Über den Sauerstoffeintrag an freien Überfällen, Dissertation. Gewässerschutz, Wasser, Abwasser, Band 12, Aachen, Gesellschaft zur Förderung der Siedlungswasserwirtschaft an der RWTH Aachen.

[1509] Londong, D. (1995): Versickerung von Regenwasser - Voraussetzungen und Kosten. In: Dohmann, M. (Hrsg.): 28. Essener Tagung für Wasser- und Abfallwirtschaft, Zustandserfassung und -beurteilung von Entwässerungssystemen außerhalb von Gebäuden, Band 152, 10/1-10/16.

[1510] Londong, D. (1997): Wie hoch ist der Kostenanteil für das Regenwasser bei einer Kläranlage? KA Korrespondenz Abwasser, 12, 2228–2232.

[1511] Londong, D.; Nothnagel, A. (1999): Bauen mit dem Regenwasser: Aus der Praxis von Projekten, München, Oldenbourg-Industrieverl.

[1512] Londong, J. (1990): Sandfanggut in kommunalen Kläranlagen. KA Korrespondenz Abwasser, 37, 12, 1473-1475.

[1513] Londong, J.; Sperling, F. (1997): Bedeutung der Abwasserreinigung für den Gewässerschutz. In: Abwassertechnische Vereinigung (Hrsg.): Abwasser- und Abfallwirtschaft, ATV Schriftenreihe, Band 6, 355.

[1514] Londong, J. (1998): Beitrag zur Bemessung belüfteter Sandfänge. KA Korrespondenz Abwasser, 45, 1, 51–56.

[1515] Londong, J.; Sauer, S. (2001): MSR-Konzepte für Kläranlagen - Stand der Technik. KA Korrespondenz Abwasser, 48, 6, 778–785.

[1516] Londong, J.; Meyer, D. (2010): Abwasserbehandlung an PWC-Anlagen. Berichte der Bundesanstalt für Straßenwesen. Unterreihe Verkehrstechnik, 5, 195

[1517] Londong, J.; Hillenbrand, T.; Niederste-Hollenberg, J. (2011): Demografischer Wandel: Anlass und Chance für Innovationen in der Wasserwirtschaft. KA Korrespondenz Abwasser, Abfall, 58, 2, 152–158.

[1518] Londong, J. (2013): Practical experience with source separation in Germany. In: Larsen, T. A., Udert, K. M. u. Lienert, J. (Hrsg.): Source separation and decentralization for wastewater management, IWA Publishing, London, 423–430.

[1519] Ludwig, R. G. u. Almeida, S. A. S. D. (Hrsg.) (1986): Marine Disposal of Wastewater. Water Science and Technology, Band 11, London, IWA Publishing.

[1520] Lühr, J.; Mälzer, D.; Schmidt, H.-G. (2003): Erdverlegte Kunststoffrohrleitungen unter extremen Einbau- und Belastungsbedingungen. KA Korrespondenz Abwasser, 50, 8, 1012-1021.

[1521] Lundberg, L. A.; Meckel, B. D.; Machese, N. J. (1996): Changing Workhorses. Water Environment & Technology, 8, 5, 47–52.

[1522] Luonsi, A. A. O. u. Rantala, P. K. (Hrsg.) (1988): Forest Industry Wastewaters. Water Science and Technology, Oxford u.a., Pergamon Press.

[1523] Lüttgens, B. (2008): Handlungsmöglichkeiten zur Reduzierung der Nährstoffausträge aus der Landwirtschaft. In: Pinnekamp, J. (Hrsg.): 41. Essener Tagung für Wasser- und Abfallwirtschaft, Gewässerschutz, Wasser, Abwasser, Band 211, 62/1-62/17, Aachen, Gesellschaft zur Förderung der Siedlungswasserwirtschaft an der RWTH Aachen.

[1524] Lützner, K. (1996): Ist eine kostengünstige Abwasserbehandlung in Pflanzenkläranlagen möglich? Neue und angepasste Techniken unter ökonomischen Zwängen. In: Dohmann, M. (Hrsg.): Neue und angepaßte Techniken unter ökonomischen Zwängen, Gewässerschutz, Wasser, Abwasser, Bd. 156, 20/1-20/13, Aachen, Gesellschaft zur Förderung der Siedlungswasserwirtschaft an der RWTH Aachen.

[1525] Lynch, M.; Stephenson, T. (1994): Experiences of Digested Sludge Thickening by Aercon. Water and Environment Journal CIWEM, 8, 6, 585–590.

[1526] Maagh, P. (2000): Sanierung von Rohrverbindungen: Expandierende Injektionsdichtungen. KA Korrespondenz Abwasser, 47, 12, 1765-1772.

[1527] Macke, E. (1983): Bemessung ablagerungsfreier Strömungszustände in Kanalisationsleitungen. KA Korrespondenz Abwasser, 30, 7, 462–469.

[1528] Mackenthun, K. M. (1962): A Review of Algae, Lake Weeds, and Nutrients. Journal Water Pollution Control Federation, 34, 10, 1077–1085.

[1529] Mahr (1935): Die Absetzanlage Wuppertal-Buchenhofen. Gesundheits-Ingenieur, 58, 2, 21–26.

[1530] Mahr, G. (1936): Versuche zur Selbstreinigung von Abwässern. Vom Wasser, 4, 11, 198–206.

[1531] Maier, U.Spurenstoffstrategie Baden-Württemberg. In: Schriftenreihe SIWAWI Bochum, 19-28.

[1532] Maier, W.; Krauth, K. (1985): Erfahrungen bei der Blähschlammbekämpfung auf Kläranlagen. KA Korrespondenz Abwasser, 32, 4, 245-250.

[1533] Malle, K.-G. (1980): Vorbehandlungsverfahren für Abwasser aus der chemischen Industrie. KA Korrespondenz Abwasser, 27, 8, 511-518.

[1534] Malmqvist, A.; Welander, T.; Olsson, L. E. (2007): Long term experience with the nutrient limited BAS process for treatment of forest industry wastewaters. Water Science and Technology, 55, 6, 89–97.

[1535] Malz, F. (1960): Untersuchungen über die Elimination von Detergentien mit Hilfe von... Industrieabwässer, April, 58-65.

[1536] Malz, F.; Müller-Neuglück, M. (1966): Untersuchungen über den Keimgehalt der Luft in Nähe offener Abwasserkanäle. Städtehygiene, 12, 249.

[1537] Malz, F. (1982): Bakterielle Beeinflussung der Umgebung von Kläranlagen durch Aerosole. In: Böhnke, B. (Hrsg.): 15. Essener Tagung für Wasser- und Abfallwirtschaft, Gewässerschutz, Wasser, Abwasser, Band 59, 113, Aachen, Gesellschaft zur Förderung der Siedlungswasserwirtschaft an der RWTH Aachen.

[1538] Manczak, H.; Roediger, H. (1969): Praktische Erfahrungen mit der Verwendung von Emscherbrunnen zur biologischen Abwasserreinigung. gwf Wasser/Abwasser, 49, 8, 201-207.

[1539] Männig, F. (2006): Abflusssteuerung des Dresdner Mischwassernetzes. Wasser und Abfall - Boden, Altlasten, Umweltrecht, 1/2, 10–15.

[1540] Mann, M. A.; Cramer, J. A. (1992): Disinfecting with Ultraviolet Radiation. Water Environment & Technology, 4, 12, 40-45.

[1541] Mann, T.; Reher, P.; Willig, M. (1988): Die Entwicklung der Abwasserentsorgung in einem Großbetrieb der Chemischen Industrie am Beispiel des Werkes Leverkusen der Bayer AG. KA Korrespondenz Abwasser, 35, 8, 799-810.

[1542] Mara, D. D. (Hrsg.) (1996): Waste stabilization ponds: Technology and Applications: Selected proceedings of the 3rd International Symposium on Waste Stabilization Ponds: Technology and Applications, held in João Pessoa, Paraíba, Brazil, 27 - 31 March 1995. Water Science and Technology, Oxford u.a., Pergamon Press.

[1543] Marner, S. T.; Schröter, D.; Jardin, N. (2016): Towards energy neutrality by optimising the activated sludge process of the WWTP Bochum-Ölbachtal. Water Science and Technology, 73, 12, 3057–3063.

[1544] Marquardt, K. (1972): Wirtschaftliche Aufbereitung von Abwassern aus der metallverarbeitenden Industrie. Wasser, Luft und Betrieb, 16, 10, 317–321.

[1545] Marquart, E. (1934): Beton- und Eisenbetonleitungen, ihre Belastung und Prüfung, Berlin, Ernst & Sohn.

[1546] Marriott, M. J. (1996): The Hydraulic Characteristics of Ovoid Sewers. Water and Environmental Management, 10, 5, 365–368.

[1547] Marston, A. (1930): The theory of external loads on closed conduits in the light of the latest experiments. Bulletin (Iowa Engineering Experiment Station), Band 96, Ames.

[1548] Martin, J. H., JR.; Bostian, H. E.; Stern, G. (1990): Reductions of enteric microorganisms during aerobic sludge digestion. Water Research, 24, 11, 1377–1385.

[1549] Marzinkowski, M. (1993): Abwasser- und Abfallvermeidung bei der Textilveredelung. In: Dohmann, M. (Hrsg.): Wasser- und Bodenschutz - Anspruch und Wirklichkeit. 25. Essener Tagung vom 1. 4. - 3. 4. 1992 in Essen, Gewässerschutz, Wasser, Abwasser, Bd. 135, 297, Aachen, Gesellschaft zur Förderung der Siedlungswasserwirtschaft an der RWTH Aachen.

[1550] Masselli, J. W.; Masselli, N. W.; Burford, G. (1967): Sulfide Saturation for Better Digester Performance. Journal Water Pollution Control Federation, 39, 8, 1369–1373.

[1551] Mata-Alvarez, J. u. Moletta, R. (Hrsg.) (2005): Sustainable Viticulture and Winery Wastes Management: Selected Proceedings of the 3rd International Specialised Conference on Sustainable Viticulture and Winery Wastes Management, Held in Barcelona, Spain. Water Science and Technology, London, IWA Publishing.

[1552] Matsché, N. (1989): Mikrobiologie beim Belebungsverfahren. In: Institut für Wassergüte, Ressourcenmanagement und Abfallwirtschaft der Technischen Universität Wien (Hrsg.): Fortbildungskurs biologische Abwasserreinigung, Wiener Mitteilungen, Bd. 81, Wien, F-1.

[1553] Matsché, N. (1996): Indirekteinleitung und Blähschlammbildung. In: Kroiss, H. (Hrsg.): Einfluß von Indirekteinleitungen auf Planung und Betrieb von Abwasseranlagen. ÖWAV-Seminar, Wien, 26. - 27. Februar 1996, Wiener Mitteilungen, Bd. 129, Inst. für Wassergüte u. Abfallwirtschaft Techn. Univ. Wien, Wien, 159–182.

[1554] Matsché, N.; Winkler, S. (2001): Blähschlammvermeidung. Gas-Wasser-Abwasser, 81, 11, 747-753.

[1555] Matsché, N. (2007): Korrosions- und Geruchsprobleme in der Kanalisation. In: Institut für Wassergüte, Ressourcenmanagement und Abfallwirtschaft der Technischen Universität Wien (Hrsg.): Geruchs- und Korrosionsprobleme in der Kanalisation, Wiener Mitteilungen, Band 176, Wien, Institut für Wassergüte, Ressourcenmanagement und Abfallwirtschaft der Technischen Universität Wien.

[1556] Matsch, L. C. (1981): Zweistufige aerobe-anaerobe Schlammbehandlung unter besonderer Berücksichtigung des erforderlichen Energieaufwandes und des zu erwartenden Gasanfalls. In: Böhnke, B. (Hrsg.): Energieminimierung auf Kläranlagen und umweltrelevante Behandlung und Beseitigung von Klärschlämmen und Abfällen. 13. Essener Tagung vom 5.3. - 7.3.1980 in Essen, Gewässerschutz, Wasser, Abwasser, Bd. 45, 137-149, Aachen, Gesellschaft zur Förderung der Siedlungswasserwirtschaft an der RWTH Aachen.

[1557] Matthews, P. J. (1995): Water quality objectives: A tool to ensure environmental protection and wise expenditure. Water Science and Technology, 32, 5-6, 7–14.

[1558] Mauch, E. (1973): Die Überwachung von Benzinabscheideranlagen durch die kommunalen Aufsichtsorgane unter besonderer Berücksichtigung der Neuwagen-Entkonservierung. gwf Wasser/Abwasser, 114, 2, 90–98.
[1559] Mauch, E. (1998): Die Selbstreinigung der Gewässer - Das Phänomen und seine Bedeutung für die Wassergütewirtschaft. KA Korrespondenz Abwasser, 45, 8, 1439–1453.
[1560] Maus, H.; Evers, P. (2005): Fremdwasserproblematik, Ursachen und Ansätze zur Reduzierung. In: Pinnekamp, J. (Hrsg.): 38. Essener Tagung für Wasser- und Abfallwirtschaft, Gewässerschutz, Wasser, Abwasser, Band 198, 39/1–39/14, Aachen, Gesellschaft zur Förderung der Siedlungswasserwirtschaft an der RWTH Aachen.
[1561] Maus, H.; Thormeyer, K. (2008): Anaerobe Vorbehandlung für Abwässer aus Papierfabrikation. In: gwf special Industrieabwasser, Bd. 149, 88–91.
[1562] May, R. W.; Ackers, J. C.; Butler, D.; John, S. (1996): Development of design technology for self-cleansing sewers. Water Science and Technology, 33, 9, 195-205.
[1563] Mayr, B.; Novak, S.; Horvat, P.; Gaisch, F.; Narodoslawsky, M.; Moser, A. (1995): Purification of landfill leachates by means of combined biological and membrane separation treatment. Chemical and biochemical engineering quarterly, 9, 1, 39-45.
[1564] McCarthy, J. A. (1949): A Method for Treatment of Wool Scouring Wastes. Sewage Works Journal, 21, 1, 75–83.
[1565] McCarthy, J. A. (1950): Characteristics and Treatment of Wool Dyeing Wastes. Sewage and Industrial Wastes, 22, 1, 77–86.
[1566] McCarthy, J. A. (1950): Eigenschaften und Behandlung von Abwässern einer Wollfärberei: Characteristics and Treatment of Wool Dyeing Wasters in: Sewage and Industrial Wastes, Bd. 22 (1950), S. 77, Zeitschriften-Umschau. Gesundheits-Ingenieur, 71, 15/16, 260.
[1567] McCarthy, J. A. (1950): Eine Methode zur Behandlung von Wollwaschwasser: in: Sewage Works Journal, Bd. 21 (1949), S. 75-83, Zeitschriften-Umschau. Gesundheits-Ingenieur, 71, 1/2, 34-35.
[1568] McCarthy, J. A. (1950): Forum on Industrial Waste Problems: Textile Wastes: Problem Involved. Sewage and Industrial Wastes, 22, 6, 801–802.
[1569] McCarthy, J. A. (1952): Use of Calcium Chloride in the Treatment of Industrial Wastes. Sewage and Industrial Wastes, 24, 4, 473–479.
[1570] McCarty, P. L.; Smith, D. P. (1986): Anaerobic wastewater treatment. Environmental Science & Technology, 20, 12, 1200–1206.
[1571] McDonnell, A. J.; Hall, S. D. (1969): Effect of Environmental Factors on Benthal Oxygen Uptake. Journal Water Pollution Control Federation, 41, 8, R353-R363.
[1572] McGauhey, P. H.; Klein, S. A. (1959): Removal of ABS by Sewage Treatment. Sewage and Industrial Wastes, 31, 8, 877–899.
[1573] McKee, F. J.; Jones, S. L. (1950): Milk Waste Treatment by Aeration. Sewage and Industrial Wastes, 22, 8, 1041–1046.
[1574] McKee, F. J. (1957): Dairy Waste Disposal by Spray Irrigation. Sewage and Industrial Wastes, 29, 2, 157–164.
[1575] McKee, J. E.; Fair, G. M.; Kraus, L. S. (1942): Load Distribution in the Activated Sludge Process. Sewage Works Journal, 14, 1, 121-146.
[1576] McKee, J. E.; Camp, T. R. (1950): Forum on Industrial Waste Problems: Tanning Wastes: Some Special Problems. Sewage and Industrial Wastes, 22, 6, 803–806.
[1577] McKinney, R. E.; Benjes, H. H., JR.; Wright, J. R. (1970): Evaluation of a Complete Mixing Activated Sludge Plant. Journal Water Pollution Control Federation, 42, 5, 737–752.
[1578] McNicholas, J.; Tench, H. B. (1959): A Review of Recent Activated Sludge Research at Manchester. Journal and Proceedings. The Institute of Sewage Purification, 58, 4, 425–435.
[1579] McNicholas, J. (1962): Belüftungsversuche in Manchester. In: Bucksteeg, W. (Hrsg.): Die Hamburger Tagung 1961 vom 12. bis 17. September 1961 und Landesgruppentagungen 1961, Berichte der ATV, Bd. 13, 114ff., Frankfurt (Main), ZFGW-Verlag.
[1580] Mechsner, K.; Fleischmann, T. (1990): Ultraviolettdesinfektion des Wassers und bakterielle Wiederverkeimung. Gas-Wasser-Abwasser, 70, 6, 417–421.
[1581] Meier, K. H. (1978): Die Bemessung von Regenüberläufen mit hochgezogenem Wehr. KA Korrespondenz Abwasser, 25, 7, 241–244.

[1582] Meinck, F.; Spaltenstein, A. (1947): Abwasser der Kohleveredelungsindustrien und Trinkwasserversorgung: Ein Beitrag zur Kenntnis der Phenolwässer. Gesundheits-Ingenieur, 68, 1, 7-11.

[1583] Meinck, F. (1950): Kritische Betrachtungen zur Belastbarkeit der Gewässer. Gesundheits-Ingenieur, 71, 13/14, 216–220.

[1584] Meinck, F.; Antze, H. (1952): Beitrag zur Frage der landwirtschaftlichen Abwasserverwertung unter besonderer Berücksichtigung ihrer hygienischen Seite. Wasser und Boden, 4, 12.

[1585] Meinck, F. (1955): Über die Einwohnergleichwerte industrieller Abwässer. Gesundheits-Ingenieur, 76, 15/16, 225–229.

[1586] Meinck, F.; Stoof, H.; Kohlschütter, H. (1968): Industrie-Abwässer. Schriftenreihe des Vereins für Wasser-, Boden- und Lufthygiene, Band 6, Stuttgart, Gustav Fischer.

[1587] Meissner, R.; Rupp, H.; Guhr, H. (1993): Schwermetallbelastung von Boden und W asser im Bereich der Magdeburger Rieselfelder und Auswirkungen auf deren künftige Nutzung. Wasser und Boden, 45, 2, 76–80.

[1588] Melsa, A.; Wienhusen, A. (1988): Klärschlammentsorgung im Einzugsgebiet der Ruhr. Standortbestimmung 1988. gwf Wasser/Abwasser, 129, 4, 282-289.

[1589] Melsa, A.; Wessel, M. (1993): Zusammenspiel von Klärschlammentwässerung und -trocknung vor einer Verbrennung. In: Dohmann, M. (Hrsg.): 25. Essener Tagung für Wasser- und Abfallwirtschaft, Gewässerschutz, Wasser, Abwasser, Bd. 135, 387, Aachen, Gesellschaft zur Förderung der Siedlungswasserwirtschaft an der RWTH Aachen.

[1590] Melsa, A. (2001): Trocknung von Klärschlamm: Grundlagen, Möglichkeiten und Probleme verschiedener Verfahren. In: ATV-DVWK (Hrsg.): Klärschlamm aktuell 1: Ausgewählte Beiträge der 2. ATV-DVWK-Klärschlammtage. 7.-10. Mai 2001, Würzburg, ATV-DVWK-Schriftenreihe, Bd. 27, 275–307, Hennef, Gesellschaft zur Förderung der Abwassertechnik (GFA).

[1591] Mennerich, A. (1995): Kanalschadensbehebung. Dokumentation und Schriftenreihe der ATV aus Wissenschaft und Praxis, Band 35, Hennef, Gesellschaft zur Förderung der Abwassertechnik (GFA).

[1592] Mennerich, A. (1997): Versickerung von Regenwasser. ATV-Schriftenreihe / Hrsg.: Abwassertechnische Vereinigung e.V. (ATV), Band 7, Hennef, Gesellschaft zur Förderung der Abwassertechnik (GFA).

[1593] Merkel, W. (1933): Die Fliesseigenschaften von Abwasserschlamm und anderen Dickstoffen, Dissertation, München u.a., Oldenbourg.

[1594] Merkel, W. (2004): Arzneimittelrückstände in der aquatischen Umwelt. gwf Wasser/Abwasser, 145, 5, 326–335.

[1595] Merkel, W. (2004): Arzneimittelrückstände in der aquatischen Umwelt. gwf Wasser/Abwasser, 145, 5, 326–335.

[1596] Merz, R. C. (1959): Utilization of Liquid Sludge. Water and Sewage Works, 106, 11, 489–493.

[1597] Metcalf & Eddy (1972): Wastewater engineering: collection, treatment and disposal. McGraw-Hill series in water resources and environmental engineering, New York, McGraw-Hill.

[1598] Metzger, S.; Tjoeng, I. O.; Rößler, A.; Schwentner, G.; Rölle, R. (2014): Kosten der Pulveraktivkohleanwendung zur Spurenstoffelimination am Beispiel ausgeführter und in Bau befindlicher Anlagen. KA Korrespondenz Abwasser, Abfall, 61, 11, 1029–1037.

[1599] Metzler, D. F.; Culp, R. L.; Stoltenberg, H. A.; Woodward, R. L.; Walton, G.; Chang, S. L.; Clarke, N. A.; Palmer, C. M.; Middleton, F. M.; Connell, C. H. (1958): Emergency Use of Reclaimed Water for Potable Supply at Chanute, Kan. Journal American Water Works Association, 50, 8, 1021–1060.

[1600] Meuler, S.; Paris, S.; Hackner, T. (2008): Membrane bio-reactors for decentralized wastewater treatment and reuse. Water Science and Technology, 58, 2, 285–294.

[1601] Meyer, D. (2015): Umgang mit stickstoffbelasteten Abwässern an Ausflungszielen in exponierter Lage. Dissertation. Schriftenreihe des Bauhaus-Institus für zukunftsweisende Infrastruktursysteme, Band 28, Weimar.

[1602] Meyer, H. G.; Hanke, R. (1997): Reduction of nitrogen and phosphorus discharges from Bayer's Dormagen production site. European Water Pollution Control, 7, 1, 8–16.

[1603] Meyer, H.-J. (1954): Die Beseitigung der Abwässer aus Flachsrösten. Wasserwirtschaft Wassertechnik, 4, 5, 195–196.

[1604] Mey, S. (2016): Stand der Klärschlammvergasung in Deutschland. In: Pinnekamp, J. (Hrsg.): 17. Kölner Kanal und Kläranlagen Kolloqium, Aachener Schriften zur Stadtentwässerung, Aachen.

[1605] Middlebrooks, E. J. (1974): Review paper: Animal waste management and characterization. Water Research, 8, 697–712.

[1606] Mietzel, T. (2008): Ein neues Verfahren zur Bewertung von Maßnahmen zur Niederschlagswasserbehandlung. Forum Siedlungswasserwirtschaft und Abfallwirtschaft Universität Duisburg-Essen, Band 34, Aachen, Shaker.

[1607] Milojevic, N. (2004): Generelle Sanierungsplanung - Ganzheitliche Betrachtung.: ATV-DVWK-Bundestagung 2004; 15./16. September in Würzburg, 441–460.

[1608] Minister für Arbeit, Gesundheit und Soziales NRW (1978): Lärmschutz an Klärwerken, Düsseldorf.

[1609] Ministerium für Ernährung, Landwirtschaft und Bumwelt Baden-Württemberg (1977): Informationsschrift .

[1610] Ministerium für Klimaschutz, Umwelt, Landwirtschaft und Verbraucherschutz des Landes NRW (2015): Retentionsbodenfilter: Handbuch für Planung, Bau und Betrieb. Umwelt. MKULNV, Düsseldorf.

[1611] Ministerium für Klimaschutz, Umwelt, Landwirtschaft und Verbraucherschutz des Landes NRW (2016): Entwicklung und Stand der Abwasserbeseitigung in Nordrhein-Westfalen: Langfassung des Berichts mit ergänzender flußgebietsbezogener Darstellung der Abwasseranlagen und ihrer Einleitungen. MKULNV, Düsseldorf.

[1612] Ministerium für Klimaschutz, Umwelt, Landwirtschaft, Natur- und Verbraucherschutz des Landes Nordrhein-Westfalen (2015): Bericht der Expertenkommission Legionellen, Düsseldorf.

[1613] Ministerium für Umwelt und Naturschutz, Landwirtschaft und Verbraucherschutz des Landes NRW (2007): Verordnung über die Qualität und die Bewirtschaftung der Badegewässer (Badegewässerverordnung) (11. Dezember 2007). Gesetz- und Verordnungsblatt NRW, 138–143.

[1614] Ministerium für Umwelt und Naturschutz, Landwirtschaft und Verbraucherschutz NRW (2004): Anforderungen an die Niederschlagsentwässerung im Trennverfahren, RdErl. d. Ministeriums für Umwelt und Naturschutz, Landwirtschaft und Verbraucherschutz (26.05.2004).

[1615] Ministerium für Umwelt und Naturschutz, Landwirtschaft und Verbraucherschutz NRW (2009): Feststellung und Beurteilung von Geruchsimmissionen (Geruchsimmissions-Richtlinie - GIRL -), RdErl. d. Ministeriums für Umwelt und Naturschutz, Landwirtschaft und Verbraucherschutz - V-3-8851.4.4 (05.11.2009).

[1616] Ministerium für Umwelt, Klima und Energiewirtschaft (2015): Leitfaden Energieeffizienz auf Kläranlagen. Ministerium für Umwelt, Klima und Energiewirtschaft, Stuttgart.

[1617] Ministerium für Umwelt, Landwirtschaft, Ernährung, Weinbau und Forsten Rheinland-Pfalz (2012): Energiesituation der kommunalen Kläranlagen in Rheinland-Pfalz: Datenauswertung 2011. Ministerium für Umwelt, Landwirtschaft, Ernährung, Weinbau und Forsten Rheinland-Pfalz, Mainz.

[1618] Mitsch, W. J. (2005): Applying science to conservation and restoration of the world's wetlands. Water Science and Technology, 51, 8, 13–26.

[1619] MKULNV (2017): Energie in Abwasseranlagen: Handbuch NRW 2.0. Ministerium für Klimaschutz, Umwelt, Landwirtschaft und Verbraucherschutz des Landes NRW (MKULNV), Düsseldorf.

[1620] Mohaupt, V.; Arle, J.; Blondzik, K.; Hilliges, F.; Naumann, S.; Völker, J. (10.05. - 11.05.2016): Die Umsetzung der Wasserrahmenrichtlinie – Stand 2016. Workshop Hydromorphologie II, Dessau.

[1621] Möhle, H. (1942): Das Abwasser der Eisenbeizereien, seine Aufarbeitung und Verwertung. Die Städtereinigung, 2 u. 3, 22-24 u. 31-36.

[1622] Möhle, H. (1955): Das hochbelastete Belebungsverfahren auf der Kläranlage Wuppertal-Buchenhofen. gwf Wasser/Abwasser, 96, 8, 239-243.

[1623] Möhle, H. (1956): The high-rate activated sludge process at the sewage treatment works at Wuppertal-Buchenhofen. Journal and Proceedings. The Institute of Sewage Purification, 55, 3, 297-.

[1624] Mohlman, F. W.; Wheeler, C. E. (1930): Activated Sludge Experiments at the Calumet Sewage Treatment Works. Sewage Works Journal, 2, 4, 529–548.

[1625] Möhring, H. G.; Steuer, J.; Westerdorff, H. (1988): Beispiele zur Optimierung der Wasserwirtschaft eines modernen Hüttenwerkes. In: DVWK (Hrsg.): Wasserwirtschaft im industriellen Raum. Beiträge zur Fachveranstaltung am 6. Oktober 1988 in Essen, DVWK-Schriftenreihe, Bd. 85, 207-228, Hamburg, Kommissionsverlag P. Parey.

[1626] Möller, K.; Bertzbach, F.; Nothhaft, S.; Waidelich, P.; Schulz, A. (2012): Benchmarking in der Abwasserbeseitigung–eine Bestandsaufnahme – Teil 1: Ziele und Ergebnisse des Benchmarkings. KA Korrespondenz Abwasser, Abfall, 59, 8, 730–737.
[1627] Möller, K.; Bertzbach, F.; Nothhaft, S.; Waidelich, P.; Schulz, A. (2012): Benchmarking in der Abwasserbeseitigung–eine Bestandsaufnahme – Teil 2: Erfolgsfaktoren des Benchmarkings. KA Korrespondenz Abwasser, Abfall, 59, 9, 829–835.
[1628] Möller, U. (1962): Die Belüftungsverfahren und ihre Bewährung in der Praxis. Kommunalwirtschaft, 372–385.
[1629] Möller, U.; Stachowske, M.; Niehoff, H.-H. (1990): Minimierung von H2S im Faulgas durch Simultanfällung mit Eisensalzen. KA Korrespondenz Abwasser, 37, 3, 270-274.
[1630] Möller, U. (1991): Klärschlamm-Trocknung als Aufbereitungsmaßnahme für eine Entsorgung bzw. Verwertung von Klärschlämmen. Abwassertechnik, 42, 1, 12.
[1631] Monod, J. (1942): Recherches sur la croissance des cultures bacteriennes, .
[1632] Montag, D. (2008): Phosphorrückgewinnung bei der Abwasserreinigung: Entwicklung eines Verfahrens zur Integration in kommunale Kläranlagen, Dissertation. Gewässerschutz, Wasser, Abwasser, Band 212, Aachen, Gesellschaft zur Förderung der Siedlungswasserwirtschaft an der RWTH Aachen.
[1633] Moore, J. G.; Leatherland, T. M.; Henry, K. I. M. (1987): Design and construction of the Kirkcaldy long sea outfall. Journal Water Environment Management, 1, 2, 185–197.
[1634] Morgan, J. M.; Thomson, J. F. (1955): Survey of Vacuum Filtration for Disposal of Sewage Sludge. Water and Sewage Works, 102, 4, 135-142.
[1635] Morgan, P. F.; Blodgett, J. H. (1954): Studies of Accelerated Digestion of Sewage Sludge [with Discussion]. Sewage and Industrial Wastes, 26, 4, 462–478.
[1636] Morgenthaler, P. (1986): Vorreinigung und Absetzanlagen: Bemessung von Vor- und Nachklärbecken und deren konstruktive Gestaltung. Verbandsbericht / Verband Schweizerischer Abwasserfachleute, Band 330, Zürich, Verband Schweizerischer Abwasserfachleute.
[1637] Morgenthaler, P. (1986): Vorreinigung und Absetzanlagen: Grundlagen der Absetzvorgänge. Verbandsbericht / Verband Schweizerischer Abwasserfachleute, Band 329, Zürich, Verband Schweizerischer Abwasserfachleute.
[1638] Moser, A. P.; Folkman, S. L. (2008): Buried pipe design. McGraw Hill professional, New York, McGraw-Hill.
[1639] Moshage, U. (2004): Rheologie kommunaler Klärschlämme: Messmethoden und Praxisrelevanz, Dissertation, Braunschweig, Gesellschaft zur Förderung des Instituts für Siedlungswasserwirtschaft an der TU Braunschweig.
[1640] Mudgal, S.; van Long, L.; Saïdi, N.; Haines, R.; McNeil, D.; Jeffrey, P.; Smith, H.; Knox, J. (2015): Optimising water reuse in the EU: Final report, Luxembourg, Publications Office.
[1641] Mudrack, K. (1966): Die aerobe Schlammstabilisierung. In: Liebmann, H. (Hrsg.): Die Verwertung und Beseitigung von häuslichen und industriellen Abwasserschlämmen. Vorträge des Münchner Abwasserbiologischen Herbstkurses 1965, Münchener Beiträge zur Abwasser-, Fischerei- und Flussbiologie, Bd. 13, 290–314, München u.a., Oldenbourg.
[1642] Mudrack, K. (1982): Grundlagen mikrobiologischer Energieumwandlung. KA Korrespondenz Abwasser, 29, 6, 382-384.
[1643] Mudrack, K. (1987): Mehrstufige biologische Abwasserreinigungsverfahren : Grundlagen, Einsatzgebiete. In: Abwassertechnische Vereinigung (Hrsg.): ATV-Jahreshauptversammlung, Berichte der ATV, Bd. 37, 259–268, St. Augustin, Gesellschaft zur Förderung der Abwassertechnik (GFA).
[1644] Mudrack, K. (1988): Biotechnologie und biologische Abwasserreinigung - Gemeinsamkeiten und Unterschiede. KA Korrespondenz Abwasser, 35, 3, 205-210.
[1645] Mudrack, K.; Kunst, S. (2003): Biologie der Abwasserreinigung, Heidelberg, Spektrum Akademischer Verlag.
[1646] Mulbarger, M. C. (1971): Nitrification and Denitrification in Activated Sludge Systems. Journal Water Pollution Control Federation, 43, 10, 2059–2070.
[1647] Mulder, J. W.; van Loosdrecht, M. C. M.; Hellinga, C.; van Kempen, R. (2001): Full-scale application of the SHARON process for treatment of rejection water of digested sludge dewatering. Water Science and Technology, 43, 11, 127–134.

[1648] Müller, D.; Pfitzner, S.; Wunderlich, M. (1998): Auswirkung von Baggergutumlagerungen auf den Sauerstoff-und Nährstoffhaushalt von Fliessgewässern. Wasser und Boden, 50, 10, 26–32.

[1649] Müller, E. (1942): Fettrückgewinnung durch Fettabscheider. Die Städtereinigung, 12, 138–140.

[1650] Müller, E. A.; Kobel, B. (1997): Mit Energiesparen die Betriebskosten der Kläranlagen um 10% senken. KA Korrespondenz Abwasser, 44, 2, 282.

[1651] Müller, G. (2016): Abwasserreinigung in Chemieparks – aktuelle Anforderungen bezüglich BVT und Gewässerschut. In: Grömping, M. (Hrsg.): Optimierung von industriellen Kläranlagen. 1. VDI-Konferenz mit begleitender Fachausstellung

[1652] Müller, J.; Tiehm, A.; Eder, B.; Günthert, F.; Hruschka, H.; Kopp, J.; Kunz, P.; Otte-Witte, R.; Schmelz, K.; Seiler, K. (2001): Verfahrensvergleich und Ergebnisse der mechanischen Klärschlammdesintegration. KA Korrespondenz Abwasser, 48, 3, 393–400.

[1653] Müller, N. (1997): Kosten der Abwasserbeseitigung: Kritische Gedanken zur allgemeinen Kostendiskussion. KA Korrespondenz Abwasser, 44, 2, 293–299.

[1654] Müller-Neuhaus, G. (1950/51): Theorie und Praxis des Abwasserlastplanes, ausgeführt am Beispiel der »Lippe«. Wasserwirtschaft, 182.

[1655] Müller-Neuhaus, G. (1954): Die Behandlung des Abwassers der Steinkohlengewinnung und -veredelung. gwf Wasser/Abwasser, 95, 18, 573–579.

[1656] Müller-Neuhaus, G. (1955): Die Klärung von Abwasser mittels Flotation unter Verwendung handelsüblicher Waschmittel und Waschrohstoffe. Vom Wasser, 340.

[1657] Müller-Neuhaus, G. (1957): Industrielle Abwasserprobleme unter besonderer Berücksichtigung der Verhältnisse im rheinisch-westfälischen Kohlenrevier. Glückauf, 93, 23/24, 684–694.

[1658] Müller-Neuhaus, G.; Grawe, K. (1959): Anfall und Behandlung des Abwassers von Steinkohlenzechen und Kokereien. Wasser, Luft und Betrieb, 3, 10, 247–252.

[1659] Müller-Neuhaus, G. (1961): Belebungsverfahren. Österreichische Wasserwirtschaft, 12, 2

[1660] Müller-Neuhaus, G.; Bischofsberger, W. (1961): Die Abwässer der Bergbaubetriebe, Frankfurt (Main), ZFGW-Verlag.

[1661] Müller-Neuhaus, G. (1971): Die getrennte aerobe Schlammstabilisierung. gwf Wasser/Abwasser, 112, 8, 392–395.

[1662] Müller, R. O. (1988): Korrosionsprobleme in Abwasseranlagen: Grundlagen, Beispiele, Maßnahmen. Verbandsbericht / Verband Schweizerischer Abwasserfachleute, Band 381, Aarau, VSA.

[1663] Müller, R. O. (1989): Korrosionsschutz in Kläranlagen: Grundlagen, Beispiele, Maßnahmen. Gas-Wasser-Abwasser, 69, 3, 121-130.

[1664] Müller, S. (2003): Anwendung des ATV-Gewässergütemodells in der wasserwirtschaftlichen Praxis. Wasser und Boden, 55, 5, 18–21.

[1665] Müller, W. (1939): Chemisch-mechanische Abwasserreinigung in Emscherbrunnen. Gesundheits-Ingenieur, 62, 46, 657–660.

[1666] Müller, W. (1940): Die Ausfaulung des Schlammes der chemisch-mechanischen Abwasserreinigung: Bericht über eine Gemeinschaftsarbeit der Stadtentwässerung und des Untersuchungsamtes der Stadt Halle/S. Gesundheits-Ingenieur, 63, 32, 405–409.

[1667] Müller, W. (1951): Steigerung der Selbstreinigung durch Flussbelebung. Gesundheits-Ingenieur, 72, 299–300.

[1668] Müller, W. (1952): Die Frischhaltung des Abwassers in Leitungen. Gesundheits-Ingenieur, 73, 9/10, 164–166.

[1669] Müller, W. (1952): Landbewässerung mit verdünntem Abwasser. Gesundheits-Ingenieur, 73, 1/2, 17–19.

[1670] Müller, W. (1953): Selbstreinigung und zulässige Abwasserlast. Gesundheits-Ingenieur, 74, 1/2, 15–20.

[1671] Müller, W. (1956): Reinhaltung der Gewässer in dicht besiedelten Gebieten. gwf Wasser/Abwasser, 97, 15, 944–946.

[1672] Müller, W. (1959): Anforderungen an die Reinigung der Abwässer in Australien. gwf Wasser/Abwasser, 100, 48, 1247–1249.

[1673] Müller, W. J. (1959): Anforderungen an die Reinigung von Abwässern in Australien. gwf Wasser/Abwasser, 100, 48, 1247–1249.

[1674] Müller, W. J.; Jacobitz, K. (1966): Erforderliche Breite von verbauten Kanalbaugruben. KA Korrespondenz Abwasser, 13, 6, 5–17.
[1675] Müller, W. J. (1968): Die Wiederverwendung von Abwasser. gwf Wasser/Abwasser, 109, 2, 33–38.
[1676] Müller, W. J. (1976): Nutzung und Wiederverwendung von Abwässern, Bielefeld, Erich Schmidt Verlag.
[1677] Mundschenk, H. (1984): Über das Verhalten von Radionukliden in Fließgewässern am Beispiel von Co 60 aus dem Kernkraftwerk Würgassen/Weser. Deutsche Gewässerkundliche Mitteilungen, 28, 5/6, 134-145.
[1678] Mundschenk, H. (1997): Erfassung und Darstellung der Kontamination von Bundeswasserstraßen mit anthropogenen Radionukleiden im Normal- und Störfall. Deutsche Gewässerkundliche Mitteilungen, 41, 2, 58-67.
[1679] MURL NRW (1999): Handbuch Energie in Kläranlagen. Ministerium für Umwelt, Raumordnung und Landwirtschaft des Landes Nord-Rhein Westfalen, Düsseldorf.
[1680] Murphy, S. (2016): Sustainable odor treatment in Abu Dhabi pumping station. World Water, 39, 6, 33.
[1681] Muskat, J. (1960): Über Erfahrungen mit Oxydationsgräben. Gesundheits-Ingenieur, 81, 1, 14-23.
[1682] Muskat, J. (1987): Oxydations- und Belebungsgräben, eine wiederentdeckte Verfahrenstechnik. KA Korrespondenz Abwasser, 34, 5, 504-512.
[1683] Nagel, D. (1943): Die Kläranlage der Stadt Würzburg. Deutsche Wasserwirtschaft, 35, 1, 19–23.
[1684] Nagel, G. (1968): Handbuch der Wasserförderschnecken. Grundlagen für den Entwurf und Betrieb von Wasserhebeanlagen mit Förderschnecken., Schwäbisch-Gmünd, Selbstverlag der RITZ Pumpenfabrik.
[1685] Nagel, G.; Radlik, K.-A. (1988): Wasserförderschnecken: Planung, Bau und Betrieb von Wasserhebeanlagen, Wiesbaden, Pfriemer.
[1686] Nahrstedt, A.; Burbaum, H.; Mauer, C.; Alt. K.; Sürder, T.; Fritzsche, J. (2014): Einsatz granulierter Aktivkohle auf dem Verbandsklärwerk „Obere Lutter“. KA Korrespondenz Abwasser, 61, 5, 408–426.
[1687] Natermann, E. (1952): Eine neue Berechnungsweise des Sauerstoffhaushaltes verunreinigter Flüsse nebst einigen Folgerungen. gwf Wasser/Abwasser, 93, 16, 449–453.
[1688] National Institute for Water Research (1978): Manual for Water Renovation and Reclamation: CSIR Technical Guide K42, Pretoria.
[1689] National Research Council (1946): Sewage Treatment at Military Installations: Report of the Committee on Sanitary Engineering. Sewage Works Journal, 18, 9, 789–1028.
[1690] National Water Council (1978): Review of Discharge Consent Conditions Consultation Paper. National Water Council, London.
[1691] Naumann, K. (1993): Chlorchemie der Natur. Chemie in unserer Zeit, 27, 1, 33–41.
[1692] Neumann, H.; Schöneborn, C. (1982): Die Weser - Belastungen, Güte, Überwachung: Landesgruppentagung 1981. Berichte der ATV, 33, 725.
[1693] Newrzella, B. (1959): Aufgaben bei der weiträumigen Landbehandlung der Abwässer. Wasserwirtschaft Wassertechnik, 9, 7, 291–298.
[1694] Nicolet-Misslbeck, L. (2014): Mehrfachbeladung von Pulveraktivkohle in der weitergehenden Abwasserreinigung - Grundlagen und Praxisempfehlungen. KA Korrespondenz Abwasser, 61, 3, 217–222.
[1695] Niegowski, S. J. (1956): Ozone Method for Destruction of Phenols in Petroleum Waste Waters. Sewage and Industrial Wastes, 28, 10, 1266–1272.
[1696] Niehoff, H.-H. (2007): Bau von Faulbehältern. In: Bilitewski, B., Quicker, P., Schnurrer, H. u. Zeschmar-Lahl, B. (Hrsg.): Müll-Handbuch. Sammlung und Transport, Behandlung und Ablagerung sowie Vermeidung und Verwertung von Abfällen. Ergänzbares Handbuch für die kommunale und industrielle Abfallwirtschaft, ESV-Handbücher zum Umweltschutz, Erich Schmidt Verlag, Berlin, 3075–3078.
[1697] Niehoff, H.-H. (2007): Die Praxis der Faulgasbewirtschaftung. In: Bilitewski, B., Quicker, P., Schnurrer, H. u. Zeschmar-Lahl, B. (Hrsg.): Müll-Handbuch. Sammlung und Transport, Behandlung und Ablagerung sowie Vermeidung und Verwertung von Abfällen. Ergänzbares Handbuch für die kommunale und industrielle Abfallwirtschaft, ESV-Handbücher zum Umweltschutz, Erich Schmidt Verlag, Berlin, 3088.
[1698] Nielsen, B.; Petersen, G. (2000): Thermophilic anaerobic digestion and pasteurisation. Practical experience from Danish wastewater treatment plants. Water Science and Technology, 42, 9, 65–72.

[1699] Nielsen, M. K.; Bechmann, H.; Henze, M. (2000): Modelling and Test of Aeration Tank Settling (ATS). Water Science and Technology, 41, 9, 179–184.
[1700] Nielsen, S. (2007): Helsinge sludge reed bed system: reduction of pathogenic microorganisms. Water Science and Technology, 56, 3, 175–182.
[1701] Nikolavcic, B.; Svardal, K.; Wandl, G.; Günther, N.; Kühn, V. (2007): Behandlung von Mischwasser im Nachklärbecken. gwf Wasser/Abwasser, 148, 10, 710–719.
[1702] Nikolavcic, B.; Svardal, K.; Wandl, G.; Spatzierer, G. (2008): Utilization of Activated Sludge Plants for Enhanced Treatment of Combined Sewage. Water Science and Technology, 58, 8, 1569–1574.
[1703] Noack, W. (1961): Ergebnisse von Untersuchungen für die biologische Reinigung von Kokereiabwasser nach dem Belebungsverfahren. Wasser, Luft und Betrieb, 5, 8, 319–324.
[1704] Noack, W. (1985): Das Abwasserkataster: Erstellung systematischer Grundlagen für Planung u. Betrieb von Abwasseranlagen u. deren Auswertung, Berlin, Erich Schmidt.
[1705] Nolting, B. (1989): Simultane Stickstoff- und Phosphorelimination in einstufigen Belebungsanlagen – Einflußparameter, Randbedingungen, Wechselwirkungen. Schriftenreihe Siedlungswasserwirtschaft Bochum (SiWaWi), Band 16, Bochum, Verein zur Förderung des Lehrstuhls für Wasserwirtschaft und Umwelttechnik II an der Ruhr-Universität Bochum.
[1706] Novak, J. T.; McDaniel, C. R.; Howard, S. C. (1990): The Effect of Boat Holding Tank Chemicals on Treatment Plant Performance. Research Journal of the Water Pollution Control Federation, 62, 3, 288–295.
[1707] Novák, L.; Havrlíková, D. (2004): Performance intensification of Prague wastewater treatment plant. Water Science and Technology, 50, 7, 139–146.
[1708] Novotny, V. (1999): Diffuse pollution from agriculture?: A worldwide outlook. Water Science and Technology, 39, 3, 1–13.
[1709] Novotny, V. (2003): Water quality - Diffuse pollution and watershed management, New York, Wiley.
[1710] Nowak, O. (2002): Bewährte Systeme zur Klärschlammbehandlung. In: Kroiß, H. (Hrsg.): Klärschlamm: Möglichkeiten und Verfahren zur Verwertung / Entsorgung ab 2004. ÖWAV-Seminar Wien 2002, Wirtschaftskammer Österreich, 23. April 2002, Wiener Mitteilungen, 177a, 47–66, Wien, Institut für Wassergüte und Abfallwirtschaft der TU Wien.
[1711] Nowak, O. (2003): Benchmarks for the energy demand of nutrient removal plants. Water Science and Technology, 47, 12, 125–132.
[1712] Nowak, O.; Keil, S.; Fimml, C. (2011): Examples of energy self-sufficient municipal nutrient removal plants. Water Science and Technology, 64, 1, 1–6.
[1713] Nowak, W.; Lehner, A. (1954): Zur Frage der Widerstandsfähigkeit von Bakterien der Coli-Gruppe gegenüber Außenfaktoren. Zeitschrift für Hygiene und Infektionskrankheiten, 139, 4, 317–328.
[1714] Nusch, E. A., Koppe, P. (1978): Die trophische Wirkung von P- und N-Verbindungen auf das Algenwachstum eines Fließgewässers in Abhängigkeit von Wasserführung, Temperatur, Globalstrahlung und Nährstoffgehalt. GWA Gewässerschutz, Wasser, Abwasser, 29, 47–65.
[1715] Nusch, E. A.; Koppe, P. (1980): Die Bedeutung der Sekundärverschmutzung bei der Eutrophierung von Fließgewässern, dargestellt am Beispiel der Ruhr und ihrer Stauseen. Münchner Beiträge zur Abwasser-, Fischerei-und Flussbiologie, 32, 299–315.
[1716] Nusch, E. A. (1982): Zur Frage kritischer Nährstoffbelastung gestauter Fließgewässer. Zeitschrift für Wasser- und Abwasserforschung, 15, 103–112.
[1717] Nützmann, G.; Ginzel, G.; Holzbecher, E.; Scholz, H.; Hoffmann, C. (2000): Grundwasserschutz durch Bodenverbesserung auf ehemaligen Rieselfeldern: Folgenabschätzung mit Hilfe gekoppelter Modelle. Wasser und Boden, 52, 9, 9–14.
[1718] o'Connor, D. J.; Thomann, R. V. (1971): A Dynamic Model of the Phytoplankton Population in the Sacramento—San Joaquin Delta. In: Hem, J. D. (Hrsg.): Nonequilibrium Systems in Natural Water Chemistry, Advances in Chemistry series, Bd. 106, 131-180.
[1719] Obenaus, F. (2004): Automatisiertes Lastmanagement auf Kläranlagen. In: ATV-DVWK (Hrsg.): ATV-DVWK Bundestagung. 15.-16. September 2004 in Würzburg, 125–142, Hennef (Sieg), ATV-DVWK.
[1720] Ødegaard, H.; Christensson, M.; Sørensen, K. (2014): Hybrid systems. In: Jenkins, D. u. Wanner, J. (Hrsg.): Activated sludge - 100 years and counting, IWA Publ, London, 293–318.

[1721] Odendaal, P. E. (1991): Recent Advances in Water Reuse Research in South Africa. Water Science and Technology, 23, 10-12, 2061–2071.
[1722] Offhaus, K. (1964): Abwasserbeseitigung bei Zuckerfabriken. In: Liebmann, H. (Hrsg.): Neuere Behandlungsverfahren von Industrieabwässern, Münchener Beiträge zur Abwasser-, Fischerei- und Flussbiologie, Bd. 11, Oldenbourg, München, 223-240.
[1723] Offhaus, K. (1965): Abwasserbeseitigung bei Zuckerfabrikenn unter besonderer Berücksichtigung der bayerischen Verhältnisse. Zucker, 18, 539–545.
[1724] Ohio River Valley Water Sanitation Commission (1966): Yearbook. Orsanco, Cincinnati.
[1725] Ohle, P. (2002): Bemessungen von Membranbioreaktoren für die kommunale Abwasserreinigung. Gewässerschutz, Wasser, Abwasser, Band 187, Aachen, Gesellschaft zur Förderung der Siedlungswasserwirtschaft an der RWTH Aachen.
[1726] Okun, D. A. (1948): Pure Oxygen in Bio-Precipitation Process May Reduce Sewage Treatment Costs. Civil Engineering, 18, 288.
[1727] Oldaker, W. H.; Burgum, A. A.: Pahren, H. R. (1968): Pilot-plant study of benthic oxygen demand of river bottom sediments. Journal Water Pollution Control Federation, 40, 1688–1701.
[1728] Oppenheimer, J. A.; Jacangelo, J. G.; Laîné, J.-M.; Hoagland, J. E. (1997): Testing the Equivalency of Ultraviolet Light and Chlorine for Disinfection of Wastewater to Reclamation Standards. Water Environment Research, 69, 1, 14–24.
[1729] Orth, H.; Lertpocasombut, K.; Wilderer, P. A. (1987): Wastewater Treatment for Industrial Estates in Southeast Asia Using Water Hyacinths. Water Science and Technology, 19, 1-2, 85–96.
[1730] Orth, H. M. (1986): Model-based design of water distribution and sewage systems, New York, Wiley.
[1731] Orth, H. M.; Sapkota, D. P. (1988): Upgrading a facultative pond by implanting water hyacinth. Water Research, 22, 12, 1503–1511.
[1732] Ortleb, D.; Bilz, G. (1940): Ein Stausee zur biologischen Reinigung von Flusswasser. Gesundheits-Ingenieur, 63, 33, 420-423.
[1733] Ortmann, K.-F. (2006): Zehn Jahre Druckentwässerung auf dem Darß. KA Korrespondenz Abwasser, 53, 8, 817–819.
[1734] Osborn, D. W.; Nicholls, H. A. (1978): Optimisation of the activated sludge process for the removal of phosphorus. Progress in Water Technology, 10, 1/2, 261-277.
[1735] Österreichischer Wasser- und Abfallwirtschaftsverband (2007): Riegelblatt 19: Richtlinien für die Bemessung von Mischwasserentlastungen (2007), Wien.
[1736] Oswald, W. J.; Gootas, H. B.; Colueke, C. G.; Kellen, W. R. (1957): Algae in Waste Treatment. Sewage and Industrial Wastes, 29, 437-457.
[1737] Otis, R. J.; Boyle, W. C. (1976): Performance of Single Household Treatment Units. Journal of the Environmental Engineering Division (ASCE), 102, EE1, 175–189.
[1738] Otterpohl, R.; Niederste-Hollenberg, J. (2000): Innovative Entwässerungskonzepte. Wasserwirtschaft Wassertechnik, 2, 23–26.
[1739] Otterpohl, R.; Oldenburg, M. (2002): Innovative Technologien zur dezentralen Abwasserbehandlung in urbanen Gebieten. KA Korrespondenz Abwasser, 49, 10, 1364–1371.
[1740] Ottmann, E. (1977): Untersuchungen über den Einsatz, die Bemessung und Leistung von Erdbecken und Oxidationsteichen. Schriftenreihe "Berichte aus der Siedlungswasserwirtschaft", Band 15, München, Technische Universität München.
[1741] Otto, U. (1996): Bau und Betrieb von Kleinkläranlagen. In: Abwassertechnische Vereinigung (Hrsg.): Abwasser- und Abfallwirtschaft - Umweltschutz vor neuen Aufgaben. ATV- Bundestagung, BMBF-Statusseminar, Ausstellerforum 14. - 16. Oktober 1996, Congress Center Leipzig, ATV-Schriftenreihe, Bd. 4, 231–254, Hennef, Gesellschaft zur Förderung der Abwassertechnik (GFA).
[1742] Otto, U. (2000): Entwicklungen beim Einsatz von Kleinkläranlagen. Gewässerschutz, Wasser, Abwasser, Band 175, Aachen, Gesellschaft zur Förderung der Siedlungswasserwirtschaft an der RWTH Aachen.
[1743] Otto, U. (2004): Kleinkläranlagen - Baustein der Abwasserentsorgung?! In: Kölling, V. (Hrsg.): Festschrift anlässlich der Verabschiedung von Herrn Professor Dr.-Ing. Max Dohmann, Gewässerschutz, Wasser, Abwasser, Bd. 195, Gesellschaft zur Förderung der Siedlungswasserwirtschaft an der RWTH Aachen, Aachen, 13/1–13/16.

[1744] Owen, M. B. (1957): Sludge Incinerator. Journal of the Sanitary Engineering Division, Proceedings of the ASCE, 83, SA 1, 1172/1-1172/27.

[1745] Owens, M.; Edwards, R. W.; Gibbs, J. W. (1964): Some reaeration studies in streams. Int. Journal Air and Water Pollution, 8, 9, 469–486.

[1746] Öztürk, I., Eroglu, V., Sarikaya, H.Z., Sakiroklu, N., Selüuk, H. (1995): Marine outfall alternative to solve the color problems of pulp and paper industry effluents. Water Science and Technology, 32, 2, 241–248.

[1747] Öztürk, I., Ho, G., Orhon, D., Tanik, A. u. Sarikaya, H. Z. (Hrsg.) (2003): Small Water and Wastewater Treatment Systems. Water Science and Technology, London, IWA Publishing.

[1748] Pahl, S.; Hegemann, W. (1998): Vergleich von Bemessungsverfahren von natürlich belüfteten Abwasserteichen. gwf Wasser/Abwasser, 139, 4, 198-203.

[1749] Paranychianakis, N. V.; Salgot, M.; Snyder, S. A.; Angelakis, A. N. (2015): Water reuse in EU states: necessity for uniform criteria to mitigate human and environmental risks. Critical Reviews in Environmental Science and Technology, 45, 13, 1409–1468.

[1750] Park, C.; Abu-Orf, M. M.; Novak, J. T. (2006): The Digestibility of Waste Activated Sludges. Water Environment Research, 78, 1, 59–68.

[1751] Parker, A. (1938): Behandlung und Beseitigung von gewerblichem Abwasser - Vortrag und Aussprache in einer Versammlung der Zivilingenieure und Chemiker in London: Surveyor 1938 - H. 2401, S. 187-190. Gesundheits-Ingenieur, 61, 36, 503.

[1752] Parker, C. D. (1951): Mechanics of corrosion of concrete sewers by hydrogen sulfide. Sewer and Industrial Wastes, 23, 12, 1477–1485.

[1753] Parker, C. D.; Jones, H. L.; Greene, N. C. (1959): Performance of large sewage lagoons at Melbourne, Australia. Sewage and Industrial Wastes, 31, 2, 133–152.

[1754] Parker, D.; Geary, S.; Jones, G.; McIntyre, L.; Oppenheim, S.; Pedregon, V.; Pope, R.; Richards, T.; Voigt, C.; Volpe, G.; Willis, J.; Witzgall, R. (2003): Making Classifying Selectors Work for Foam Elimination in the Activated-Sludge Process, 75, 1, 83–91.

[1755] Parker, D. S.; Richards, T. (1986): Nitrification in Trickling Filters. Journal Water Pollution Control Federation, 58, 9, 896–902.

[1756] Parker, D. S.; Günthert, W. (2014): Secondary clarifiers. In: Jenkins, D. u. Wanner, J. (Hrsg.): Activated sludge - 100 years and counting, IWA Publ, London, 195–220.

[1757] Park, M.-S.; Kiso, Y.; Jung, Y.-J.; Simase, M.; Wang, W. H.; Kitao, T.; Min, K.-S. (2004): Sludge thickening performance of mesh filtration process. Water Science and Technology, 50, 8, 125-133.

[1758] Parravicini, V.; Svardal, K.; Hornek, R.; Kroiss, H. (2008): Aeration of anaerobically digested sewage sludge for COD and nitrogen removal: optimization at large-scale. Water Science and Technology, 57, 2, 257–264.

[1759] Parravicini, V.; Svardal, K.; Kroiss, H. (2008): Entfernung von Stickstoff aus dem Trübwasser durch aerobe Nachbehandlung von Faulschlamm. In: Pinnekamp, J. (Hrsg.): 41. Essener Tagung für Wasser- und Abfallwirtschaft, Gewässerschutz, Wasser, Abwasser, Band 211, 28/1-28/13, Aachen, Gesellschaft zur Förderung der Siedlungswasserwirtschaft an der RWTH Aachen.

[1760] Parravicini, V.; Svardal, K.; Kroiss, H. (2008): Post-aeration of anaerobically digested sewage sludge for advanced COD and nitrogen removal: results and cost-benefit analysis at large-scale. Water Science and Technology, 57, 7, 1087–1094.

[1761] Pasveer, A. (1958): Abwasserreinigung im Oxydationsgraben. Bauamt und Gemeindebau, 31, 3, 78–85.

[1762] Pasveer, A. (1960): Neue Möglichkeiten für die Abwasserreinigung in kleinen Gemeinden. Kommunalwirtschaft, 9, 364–369.

[1763] Pasveer, A.; Sweeris, S. (1965): New Development in diffused Air Aeration. Journal Water Pollution Control Federation, 37, 9, 1267–1274.

[1764] Pasveer, I. A. (1965): Beitrag über Stickstoffbeseitigung aus Abwässern. In: Bayerisches Landesamt für Umwelt (Hrsg.): Die 3. Reinigungsstufe und die Wasser- und Abwasserbelüftung. Vorträge und Diskussionsbeiträge des Münchner Abwasserbiologischen Herbstkurses 1964, Münchener Beiträge zur Abwasser-, Fischerei- und Flussbiologie, Bd. 12, 197–200, München, Oldenbourg.

[1765] Patt, H.; Stein, A. (1996): Einsatz belüfteter Sandfänge auf Kläranlagen. KA Korrespondenz Abwasser, 43, 9, 1544–1551.

[1766] Patziger, M.; Kainz, H.; Hunze, M.; Józsa, J. (2012): Influence of secondary settling tank performance on suspended solids mass balance in activated sludge systems. Water Research, 46, 7, 2415–2424.

[1767] Patziger, M.; Günthert, F. W.; Jardin, N.; Kainz, H.; Londong, J. (2016): On the design and operation of primary settling tanks in state of the art wastewater treatment and water resources recovery. Water Science and Technology, 74, 9, 2060–2067.

[1768] Pearse, L.; Bloodgood, D. E.; Fales, A. L.; Gillespie, C. G.; Keefer, C. E.; Lafreniere, T. J.; LeBosquet, M., JR.; Mohlman, F. W.; Rudolfs, W.; Veatch, F. M.; Zeller, P. J. A. (1948): Oxidation Ponds: Report of the Committee on Sewage Disposal, Engineering Section, American Public Health Association. Sewage Works Journal, 20, 6, 1025-1031.

[1769] Pearse, L.; Bloodgood, D. E.; Fales, A. L.; Gillespie, C. G.; Keefer, C. E.; Lafreniere, T. J.; LeBosquet, M., JR.; Mohlman, F. W.; Rudolfs, W.; Veatch, F. M.; Zeller, P. J. A. (1948): Sludge Lagoons: Report of the Committee on Sewage Disposal, Engineering Section, American Public Health Association. Sewage Works Journal, 20, 5, 817–831.

[1770] Pearse, L. (1949): Schlammteiche, Zeitschriften-Umschau. Gesundheits-Ingenieur, 70, 11/12, 202-203.

[1771] Pearson, F. H.; McLean, H. R.; Klein, S. A. (1991): Pilot-Scale Septic Tank Treatment of Preservative-Laden Waste. Research Journal of the Water Pollution Control Federation, 63, 7, 991–998.

[1772] Pearson, H. W. u. Green, F. B. (Hrsg.) (1995): Waste Stabilisation Ponds and the Reuse of Pond Effluents: Selected Proceedings of the 2nd International Symposium on Waste Stabilisation Ponds and the Reuse of Pond Effluents, Berkeley, California, USA, 30. November – 3. December 1993. Water Science and Technology, London, IWA Publishing.

[1773] Pecher, K. (1997): Optimierung des Stoffrückhaltes in Stauraumkanälen, Dissertation. Gewässerschutz, Wasser, Abwasser, Band 161, Aachen.

[1774] Pecher, K. H. (2004): Verkehrswertermittlung von kommunalen Abwassernetzen unter Berücksichtigung des Alterungsverhaltens von Kanäle Verkehrswertermittlung von kommunalen Abwassernetzen unter Berücksichtigung des Alterungsverhaltens von Kanälen. In: Dohmann, M. (Hrsg.): Jubiläumsband anlässlich der Verabschiedung von Herrn Prof. Dr.-Ing. Max Dohmann, Gewässerschutz, Wasser, Abwasser, Band 195, Gesellschaft zur Förderung der Siedlungswasserwirtschaft an der RWTH Aachen, Aachen, 14/1-14/13.

[1775] Pecher, R. (1974): Der jährliche Regenabfluß von bebauten Gebieten und seine Verschmutzung. KA Korrespondenz Abwasser, 21, 5, 113-120.

[1776] Pecher, R. (1986): Kosten der Regenwasserbehandlung in mischwasserkanalisierten Entwässerungsgebieten und Auswirkungen auf dem Gewässerschutz. gwf Wasser/Abwasser, 127, 8, 374–385.

[1777] Pecher, R. (1986): Kosten der Regenwasserbehandlung in mischwasserkanalisierten Entwässerungsgebieten und Auswirkungen auf den Gewässerschutz. gwf Wasser/Abwasser, 127, 8, 374–385.

[1778] Pecher, R. (1990): Sicherheitswahl bei der Bemessung von Regen- und Mischwasserkanälen. KA Korrespondenz Abwasser, 37, 6, 674-681.

[1779] Pecher, R.; Schmidt, H.; Pecher, D. (1991): Hydraulik der Abwasserkanäle in der Praxis, Hamburg, Berlin, Parey.

[1780] Pecher, R. (1992): Abwassergebühr - Quo Vadis? KA Korrespondenz Abwasser, 39, 5, 638-654.

[1781] Pecher, R. (1992): Zukünftige Bemessungshäufigkeiten von Kanalnetzen. KA Korrespondenz Abwasser, 39, 1, 30-39.

[1782] Pecher, R. (1996): Ökonomische Folgen der europäischen Normung. In: Abwassertechnische Vereinigung (Hrsg.): Abwasser- und Abfallwirtschaft, ATV Schriftenreihe, Band 4, Gesellschaft zur Förderung der Abwassertechnik (GFA), Hennef, 33.

[1783] Pecher, R. (1998): Fremdwasseranfall im Kanalnetz : ein wasserwirtschaftliches Problem? KA Korrespondenz Abwasser, 45, 12, 2250-2258.

[1784] Pecher, R. (2000): Planung von Abwasseranlagen. ATV-DVWK-Kommentar zum ATV-DVWK-Regelwerk, Hennef, Gesellschaft zur Förderung der Abwassertechnik (GFA).

[1785] Pelzer, H. (1963): Die Ölschlammverbrennungsanlage in der Kläranlage Köln-Stammheim. gwf Wasser/Abwasser, 104, 2, 42–43.

[1786] Peña, M. R., Gijzen, H. J. u. Mara, D. D. (Hrsg.) (2002): Waste Stabilization Ponds in Latin America: Selected proceedings of the 1st International Regional Conference on Waste Stabilization Ponds in Latin America, held in Cali, Colombia, 24 - 27 October 2000. Water Science and Technology, London, IWA Publishing.
[1787] Peršić, M.; Miloradov, M.; Tutundžić, V.; Čukić, Z. (1990): Changes in the Quality of the Danube river water in the section Smederevo-Kladovo in the conditions of backwater effects. Water Science and Technology, 22, 5, 181–188.
[1788] Perthen, R. (1992): Faulbehälter - wichtige Bausteine der biologischen Abwasserklärung. Die Bautechnik, 69, 5, 240–245.
[1789] Pescod, M. B. (1992): Wastewater treatment and use in agriculture. FAO irrigation and drainage paper, Band 47, Rome, Food and Agriculture Organization.
[1790] Peter, A.; Safert, F. (1989): Betriebserfahrungen mit der biologischen Phosphatentfernung in den Klärwerken Berlin (West). KA Korrespondenz Abwasser, 36, 3, 242–255.
[1791] Petersen, L.; Lohaus, L. (2006): Betontechnologische Herausforderungen bei Räumerlaufbahnen im Kläranlagenbau. KA Korrespondenz Abwasser, 53, 5, 475–482.
[1792] Pettet, A. E.; Tomlinson, T. G.; Hemens, J. (1959): The Treatment of Strong Organic Wastes by Anaerobic Digestion. Journal of the Institution of Public Health Engineers, 58, Juli, 170–191.
[1793] Pettygrove, G. S.; Asano, T. (1984): Irrigation with reclaimed municipal wastewater: A guidance manual. California State Water Resources Control Board, Sacramento.
[1794] Pettygrove, G. S.; Asano, T. (1985): Irrigation with Reclaimed Municipal Wastewater: Manual, Chelsea, Lewis Publishers.
[1795] Petzet, S. (2012): Phosphorrückgewinnung in der Abwassertechnik - neue Verfahren für Klärschlamm und Klärschlammaschen, Dissertation. Schriftenreihe IWAR, Band 220, Darmstadt, Verein zur Förderung des Instituts IWAR der TU Darmstadt.
[1796] Pfeiff, S. H. (1996): Bau und Betrieb der Kanalisation. ATV-Handbuch, Berlin, Wilhelm Ernst & Sohn.
[1797] Pfützner, W. (1967): Untertagebau eines Hauptentlästungskanals in Karlsruhe. gwf Wasser/Abwasser, 108, 38, 1079–1087.
[1798] Phan, L.-C. (2005): Substratadsorption an belebten Schlamm und Anwendung zur Bemessung von Selektoren, Zugl.: Hannover, Univ., Diss., 2004. Veröffentlichungen des ISAH, Band 130, Hannover, ISAH.
[1799] Phelps, E. B.; Bevan, J. G. (1942): A Laboratory Study of the Guggenheim Bio-Chemical Process. Sewage Works Journal, 14, 1, 104–120.
[1800] Pickert, F. (1957): Pneumatische Pumpwerke für städtische Abwässer und Schlämme. Gesundheitsingenieur, 78, 23/24, 363-369.
[1801] Pitman, A. R. (1991): Design Considerations for Nutrient Removal Activated Sludge Plants. Water Science and Technology, 23, 4-6, 781–790.
[1802] Pitman, A. R.; Deacon, S. L.; Alexander, W. V. (1991): The thickening and treatment of sewage sludge and elutriation of resultant fatty acids to promote excess biological phosphorus removal. Water Research, 25, 1285–1294.
[1803] Pittmann, T.; Steinmetz, H. (2013): Produktion von Bioplastik auf kommunalen Kläranlagen. Wasser und Abfall, 5, 13, 37–41.
[1804] Plümer, C. H. (1957): Die Mikroorganismen der biologischen Abwasserreinigung und ihre Leistung beim Abbau der organischen Substanzen in Belüftungsbecken, Stuttgart, Technische Hochschule Stuttgart.
[1805] Plümer, C. H. (1958): Messungen über die Sauerstoffzufuhrleistungen der Belüftungsverfahren. gwf Wasser/Abwasser, 99, 50, 1277–1282.
[1806] Poehlmann, H. (1954): Die Industrie als aktiver Partner der Wasserwirtschaft. Technische Mitteilungen, 47, 3, 128–132.
[1807] Poehlmann, H. (1954): Von der Umstellung der Wasserwirtschaft auf Eisenhüttenwerken. gwf Wasser/Abwasser, 95, 2, 37-38.
[1808] Pomeroy, R.; Bowlus, F. D. (1946): Progress Report on Sulfide Buildup Rates in Sewers. Sewer Works Journal, 18, 4, 597–640.
[1809] Pönniger, R. (1962): Abwasserbeseitigung für Siedlungen, Ortschaften und kleine Städte / Der Emscherbrunnen, Wien, Verlag der Österreichischen Abwasser-Rundschau.

[1810] Pönninger, R. (1938): Der künstlich belüftete Tropfkörper. Gesundheitsingenieur (Beiheft), Reihe II, 18
[1811] Pönninger, R. (1957): Biologische Abwassereinigung durch Tropfkörper. Gesundheits-Ingenieur, 78, 5/6, 75-80.
[1812] Pöpel, F. (1942): Absetz- und Schwebstoffkurven gemeindl. Abw. Gesundheits-Ingenieur, 63, 413.
[1813] Pöpel, F. (1942): Die Ausscheidung der Feststoffe städtischer Abwässer im ständig durchflossenn Absetzraum. Gesundheits-Ingenieur, 653, 49/50, 413–415.
[1814] Pöpel, F. (1943): Die Leistung und Berechnung von Spültropfkörpern. Gesundheitsingenieur (Beiheft), Reihe II, 21
[1815] Pöpel, F. (1947): Gaserzeugung und Stoffverluste bei der Schlammfaulung. Gesundheits-Ingenieur, 68, 3, 85-93.
[1816] Pöpel, F. (1949): Bemessung von Absetzbecken. Gesundheits-Ingenieur, 70, 15/16, 241–247.
[1817] Pöpel, F. (1950): Die abfallwirtschaftlichen Fragen beim Wiederaufbau unserer Städte. In: Bucksteeg, W. (Hrsg.): Die Stuttgarter Tagung vom 13. bis 16. September 1949, Berichte der ATV, Bd. 1, 67-93, München, Oldenbourg.
[1818] Pöpel, F. (1951): Fortschitte der städtischen Humuswirtschaft: Bericht des Verfassers als Leiter der AG Städtische Humuswirtschaft der ATV auf der Jahresversammlung der ATV in Hamburg vom 05. - 08.09.1950. Gesundheits-Ingenieur, 72, 11/12, 187-189.
[1819] Pöpel, F. (1955): Hochbelastete biologische Teil- und Vollreinigungsanlagen mit großblasiger Belüftung in Deutschland. gwf Wasser/Abwasser, 96, 16, 533-538.
[1820] Pöpel, F.; Weidner, I. (1963): Über die Einflüsse auf die Klärwirkung von. Absetzbecken. gwf Wasser/Abwasser, 104, 28, 796–803.
[1821] Pöpel, H. J. (1966): Die Elimination von Phosphaten. Stuttgarter Berichte zur Siedlungswasserwirtschaft, Band 16, München, Oldenbourg.
[1822] Pöpel, H. J. (1971): Schwankungen von kläranlagenabläufen und ihre Folgen für Grenzwerte und Gewässerschutz: Schriftenreihe, R. Oldenbourg-Verlag. gwf Wasser/Abwasser, 112, 16, 1–120.
[1823] Pöpel, H. J. (1987): Grundlagen und Bemessung der biologischen Stickstoffelimination, Teil 1: Nitrifikation. gwf Wasser/Abwasser, 128, 8, 415-421.
[1824] Pöpel, H. J. (1987): Grundlagen und Bemessung der biologischen Stickstoffelimination, Teil 2: Denitrifikation. gwf Wasser/Abwasser, 128, 9, 469–474.
[1825] Pöpel, H. J.; Wagner, M. (1989): Sauerstoffeintrag und Sauerstoffertrag moderner Belüftungssysteme - Teil 2: Oberflächenlüfung. KA Korrespondenz Abwasser, 36, 5, 582–590.
[1826] Pöpel, H. J.; Wagner, M. (1989): Sauerstoffeintrag und Sauerstoffertrag moderner Belüftungssysteme - Teil 1: Druckluftbelüftung. KA Korrespondenz Abwasser, 36, 4, 453–457.
[1827] Pöpel, H. J. (Hrsg.) (1990): Pflanzenkläranlagen - besser als ihr Ruf? Schriftenreihe WAR, Band 48, Darmstadt, Bibliothek des Inst. WAR.
[1828] Pöpel, H. J.; Glasenapp, J. (1990): Sauerstoffbedarf und Sauerstoffeintrag bei der aerob-thermophilen Stabilisation von Klärschlamm. KA Korrespondenz Abwasser, 37, 10, 1237-1242.
[1829] Pöpel, H. J. (1992): Auswirkungen der Nährstoffelimination auf Menge, Zusammensetzung und Behandlung des Klärschlammes. In: Verein zur Förderung des Instituts für Wasserversorgung, Abwasserbeseitigung und Raumplanung der Technischen Hochschule Darmstadt (Hrsg.): Klärschlammbehandlung und Klärschlammentsorgung. Stand und Entwicklungstendenzen, Schriftenreihe WAR, Bd. 66, 5–30, Darmstadt, Bibliothek des Inst. WAR.
[1830] Pöpel, H. J. (1995): Investitionseinsparung bei der Denitrifikation durch Einsatz externer Kohlenstoffquellen. In: Verein zur Förderung des Instituts für Wasserversorgung, Abwasserbeseitigung und Raumplanung der TH Darmstadt (Hrsg.): Stickstoffelimination mit oder ohne externe Substrate? Erfahrungen und Überlegungen, Schriftenreihe WAR, Band 85, 129–154, Darmstadt, Institut fur Wasserversorgung, Abwasserbeseitung und Raumplanung der Technischen Hochschule Darmstadt.
[1831] Popp, W. (2002): Hygienische Anforderungen an gereinigtes Abwasser zur Bewässerung. In: Dohmann, M. (Hrsg.): 35. Essener Tagung für Wasser- und Abfallwirtschaft vom 20.3. -22.3.2002 in Essen. Teil 1, Gewässerschutz, Wasser, Abwasser, Bd. 188, 43/1-43/18, Aachen, Gesellschaft zur Förderung der Siedlungswasserwirtschaft an der RWTH Aachen.
[1832] Popp, W.; Huber, S.; Kexel, S. (2004): Abwasserdesinfektion zur Verbesserung der Badegewässerqualität an der Oberen Isar. Wasser und Abfall - Boden, Altlasten, Umweltrecht, 5, 14–18.

[1833] Porada, W.; Schuller, W. (1982): Lärmquellen an Kläranlagen und Massnahmen zur Lärmminderung. gwf Wasser/Abwasser, 123, 12, 594–599.
[1834] Porges, R.; Morris, G. L.; Towne, W. W.; Struzeski, E. J., JR.; Harlow, G. L. (1961): Sewage Treatment by Extended Aeration. Journal Water Pollution Control Federation, 33, 12, 1260–1266.
[1835] Prager, F. D. (1950): The Sludge Blanket Clarifier and what is new in it: A chronological look at its 80 year history. Water and Sewage Works, 97, 4, 143–152.
[1836] Prendl, L. (1997): Ein Beitrag zu Verständnis und Anwendung aerober Selektoren für die Blähschlammvermeidung, Dissertation. Wiener Mitteilungen, Band 139, Wien, IWAG.
[1837] Prenger, R. (1997): Umsetzung des Arbeitsblattes ATV-A 200. In: Mennerich, A. (Hrsg.): Abwasser- und Abfallwirtschaft. ATV-Kongress und ATV-Landesgruppentagung Nordrhein-Westfalen, Bielefeld 1997, ATV-Schriftenreihe, Bd. 6, 147–162, Hennef, Gesellschaft zur Förderung der Abwassertechnik (GFA).
[1838] Preuss, F. (1952): Die Unschädlichmachung von Molkereiabwasser. Wasser und Boden, 4, 9, 272–282.
[1839] Prien, K. J.; Bernhardt, H. (1989): Belüftung der Aabach-Talsperre. gwf Wasser/Abwasser, 130, 4, 206–213.
[1840] Primavesi, C. A. (1961): Die Viruseliminierung in Oberflächenwasser durch Flockung und Chlorung. Gesundheits-Ingenieur, 82, 266–268.
[1841] Proff, E. A.; Lohmann, J. H. (1997): Rheologische Charakterisierung flüssiger Klärschlämme. KA Korrespondenz Abwasser, 44, 9, 1615-1621.
[1842] Proff, E. A.; Lohmann, J. H. (1997): Schlammförderung. KA Korrespondenz Abwasser, 44, 10, 1824.
[1843] Prüss, M. (1939): Die Wiedergewinnung von Stoffen bei der Reinigung gewerblichen Abwassers. Gesundheits-Ingenieur, 62, 40, 587-590.
[1844] Prüss, M. (1952): Die Talsperrenwirtschaft an der Ruhr. gwf Wasser/Abwasser, 93, 10, 276-279l.
[1845] Quentmeier, V. (1988): Behandlung von Stau- und Sickerwässern aus Sonderabfalldeponien. Veröffentlichungen des ISAH, Band 72, Hannover, ISAH.
[1846] Quicker, P.; Faulstich, M. (2002): Kosten der Klärschlammentsorgung. Wasser und Boden, 6, 22–27.
[1847] Radcke, H. D. (1989): Beton für Kläranlagen unter besonderer Berücksichtigung der DIN 19569. KA Korrespondenz Abwasser, 36, 11, 1240.
[1848] Radunz, K. J. (1987): Abwasserentsorgung in Braunschweig. Wasser und Boden, 39, 11, 580–584.
[1849] Ramalho, R. S. (1982): Introduction to Wastewater Treatment Processes, New York, Academic Press.
[1850] Ramshorn, A. (1957): Fünfzig Jahre Emschergenossenschaft 1906-1956, Essen, Selbstverlag der Emschergenossenschaft.
[1851] Rantala, P. u. Luonsi, A. A. O. (Hrsg.) (1985): Anaerobic Treatment of Forest Industry Wastewaters: Proceedings of the First IAWPRC Symposium on Forest Industry Wastewaters, Tampere, Finland, 11-15 June 1984. Water Science and Technology, Oxford u.a., Pergamon Press.
[1852] Rapsch, A. (1993): Wasserverbandsrecht. Praxis des Verwaltungsrechts, Heft 7, München, C.H. Beck.
[1853] Rau, F.; Arle, J.; Claussen, U.; Mohaupt, V.; Irmer, U. (2014): Ökologische Umweltqualitätsnormen „flussgebietsspezifischer Schadstoffe "für Oberflächengewässer-Aktualisierung und Entwicklungsanalyse eines europäischen Vergleichs. KW Korrespondenz Wasserwirtschaft, 7, 3, 154–157.
[1854] Rebhun, M.; Heller-Grossman, L.; Manka, J. (1997): Formation of Disinfection Byproducts during Chlorination of Secondary Effluent and Renovated Water. Water Environment Research, 69, 6, 1154–1162.
[1855] Reichel, F.; Getta, M. (2008): Grundwassermodelle als Werkzeuge zur Fremdwassersanierung. KW Korrespondenz Wasserwirtschaft, 1, 12, 666–671.
[1856] Reicherter, E.; Günthert, F. W. (2001): Investitionskosten der kommunalen Abwasserreinigung. gwf Wasser/Abwasser, 142, 3, 184–188.
[1857] Reicherter, U. F. (1982): Ozon-Flockungsfiltration vor der biologischen Trinkwasseraufbereitung. Forum Städtehygiene, 33, 201.
[1858] Reichert, J. (2001): Neues zur Belüftungstechnik - Probleme, Lösungsmöglichkeiten, Entwicklungen: 64. Darmstädter Seminar -Abwassertechnik- am 15.11.2001. Schriftenreihe WAR, Band 134, Darmstadt, Technische Universität Darmstadt.

[1859] Reichert, J. (2016): Automatisierungsstrategie 2030 der Berliner Wasserbetriebe. In: Pinnekamp, J. (Hrsg.): 49. Essener Tagung für Wasser- und Abfallwirtschaft, Gewässerschutz, Wasser, Abwasser, Band 239, Aachen, Gesellschaft zur Förderung der Siedlungswasserwirtschaft an der RWTH Aachen.
[1860] Reichle, C.; Sander, P. (1935): Die Verwendung verrotteten Laubes zur Begünstigung der Zersetzung von Abwasserklärschlamm in nicht üblicher Weise arbeitenden Schlammfaulräumen und von schwerer zersetzlichen gewerblichen Abwässern. Gesundheits-Ingenieur, 58, 36, 558–559.
[1861] Reimann, D. (1994): Klärschlammverbrennung - Schadstoffverbleib, Technik, Kosten. In: Dohmann, M. (Hrsg.): 27. Essener Tagung für Wasser- und Abfallwirtschaft, Gewässerschutz, Wasser, Abwasser, Bd. 147, 56/1, Aachen, Gesellschaft zur Förderung der Siedlungswasserwirtschaft an der RWTH Aachen.
[1862] Reincke, H. (1988): Gesichtspunkte zur Abwasserbeseitigung im ländlichen Raum. Wasser und Boden, 40, 5, 248–257.
[1863] Reincke, H. (1992): Die Entwicklung der Belastungssituation der Elbe. Wasser und Boden, 10, 648–653.
[1864] Reinhardt, M. (1982): Beitrag zur Leistung und zur Wirtschaftlichkeit der Abwasserflotation als Vorreinigungsstufe in kommunalen Kläranlagen. Veröffentlichungen des ISAH, Band 53, Hannover, Technische Universität Hannover.
[1865] Reinhold, F. (1940): Regenspenden in Deutschland: Grundwerte für die Entwässerungstechnik. Archiv für Wasserwirtschaft des Reichsverbandes der Deutschen Wasserwirtschaft, Band 56, Gelsenkirchen, Reichsverb. d. Dt. Wasserwirtschaft.
[1866] Reinhold, F. (1948): Untersuchungen zur Spulwurmplage Darmstadt. Gesundheits-Ingenieur, 69, 3, 85–86.
[1867] Reinhold, F. (1949): Energiegewinnung aus Abfallstoffen. Gesundheits-Ingenieur, 70, 17/18, 309-311.
[1868] Reinhold, F. (1955): Faulgas aus organischen Stoffen. gwf Wasser/Abwasser, 96, 6, 176–177.
[1869] Reploh, H.; Handloser, M. (1957): Studies on the displacement of organisms by sewage sprays. Archiv für Hygiene und Bakteriologie, 141, 632–644.
[1870] Reploh, H. (1960): Detergentien im Trinkwasser. Gesundheits-Ingenieur, 81, 7, 210–212.
[1871] Resch, H. (1981): Untersuchung and vertikal durchströmten Nachklärbecken von Belebungsanlagen - Neue Gesichtspunkte für Bemessung und Betrieb, Band 29, München, Technische Universität München.
[1872] Resch, H. (1996): Räumeinrichtungen und Schwimmschlammräumung in Nachklärbecken. Entsorgungspraxis, 14, 11, 58–63.
[1873] Resch, H. (2003): Prospekte der Kläranlage Monheim
[1874] Resch, H. (2004): Planung und Bau einer Membranbelebungsanlage. gwf Wasser/Abwasser, 145, 9, 622–626.
[1875] Rheinheimer, G., Sekoulov, I., Hegemann, W., Raff, J. (1988): Stickstoffkreislauf im Wasser: Stickstoffumsetzungen in natürlichen Gewässern, in der Abwasserreinigung und Wasserversorgung, München, Oldenbourg Wissenschaftsverlag.
[1876] Richter, C.-J.; Mannebeck, D.; Frechen, F.-B.; Gorlt, A.; Juergens, C.; Mainx, C.; Maiwald, B.; Müller, F.; Vossen, F. (2011): Probenahme an Punkt-, Flächen und Volumenquellen: Die neue VDI-Richtlinie 3880. In: Verein Deutscher Ingenieure (Hrsg.): Gerüche in der Umwelt, VDI-Berichte, Bd. 2141, VDI-Verlag, Düsseldorf, 55–65.
[1877] Richter, H. (1961): Die biologische Abwasser-Reinigungsanalge der Großkokerei Lauchhammer. Wasserwirtschaft Wassertechnik, 11, 9, 446-450.
[1878] Richthofen, N. von (2005): Einsatz von Multielementanalysen für Sielhäute und Klärschlämme zur Indirekteinleiteridentifizierung. Veröffentlichungen des ISAH, Band 134, Hannover, ISAH.
[1879] Richthofen, N. von; Rosenwinkel, K.-H. (2008): Einsatz von Multielementanalysen für Sielhäute und Klärschlämme zur Indirekteinleiteridentifizierung. KA Korrespondenz Abwasser, 55, 5, 535–541.
[1880] Riddick, T. M. (1957): Forced circulation of reservoir waters. Water and Sewage Works, 104, 6, 231–237.

[1881] Riedel, H.; Bogner, T.; Marb, C.; Siewert, H.; Hruschka, H.; Atzenbeck, K. (2004): Solare Klärschlammtrocknung - Ergebnisse zweier Untersuchungskampagnen. KA Korrespondenz Abwasser, 51, 6, 643–659.
[1882] Riegler, G.; Capitain, P. (1993): Grundlagen für die Planung von Deponiesickerwasserbehandlungsanlagen. KA Korrespondenz Abwasser, 40, 3, 292-301.
[1883] Ries, T. (1993): Untersuchungen zur Reduzierung der Schwefelwasserstoffkonzentration im Faulgas unter Betriebsbedingungen. KA Korrespondenz Abwasser, 40, 8, 1279-1289.
[1884] Rimkus, G. G. (2004): Synthetic musk fragrances in the environment. Handbook of environmental chemistry. Volume 3, Anthropogenic compounds, pt. X, Berlin, New York, Springer.
[1885] Rincke, G. (1961): Gewässerschaden durch Mineralölprodukte. Schriftenreihe der Vereinigung Deutscher Gewässerschutz, Band 7, Bad Godesberg, Vereinigung Deutscher Gewässerschutz.
[1886] Rincke, G. (1967): Neuere Gesichtspunkte zur Abwasserreinigung mit Tropfkörpern. gwf Wasser/Abwasser, 108, 24, 667–673.
[1887] Ritzkowski, M.; Stegmann, R. (2007): Beschleunigte aerobe in situ Stabilisierung von Deponien. In: Pinnekamp, J. (Hrsg.): Wissenschaftlich-Technische Mitteilungen des Intituts zur Förderung der Wassergüte- und Wassermengenwirtschaft. Band 6, Gewässerschutz, Wasser, Abwasser, Band 209, Gesellschaft zur Förderung der Siedlungswasserwirtschaft an der RWTH Aachen, Aachen, 4/1-4/12.
[1888] Roberts, P. J. W. (1989): Dilution and Transport Predictions for Ocean Outfalls. Water Science and Technology, 21, 8-9, 969–979.
[1889] Robinson, H. D.; Barber, C.; Maris, P. J. (1982): Generation and Treatment of leachate from domestic wastes in landfills. Journal of the Institute of Water Pollution Control (JIWPC), 81, 4, 465-478.
[1890] Robinson, H. D.; Maris, P. J. (1983): The treatment of leachates drom domestic wastes in landfills. Aerobic biological treatment of a medium-strength leachate. Water Research, 17, 11, 1537–1548.
[1891] Robinson, H. D.; Grantham, G. (1988): The treatment of landfill leachates in on-site aerated lagoon plants: experience in Britain and Ireland. Water Research, 22, 15, 733–747.
[1892] Robinson, H. D. (1990): On-site treatment of leachates from landfilled wastes. Journal of the Institution of Water and Environmental Management (JIWEM), 4, 1, 78–89.
[1893] Robinson, H. D. (1992): Leachate collection, treatment and disposal. Journal of the Institution of Water and Environmental Management (JIWEM), 6, 3, 321–332.
[1894] Rödel, S.; Günthert, W.; Bleisteiner, S. (2014): Technologien für die Elimination anthropogener Spurenstoffe auf kommunalen Kläranlagen – Strategie für Bayern. gwf Wasser/Abwasser, 155, 5, 648–658.
[1895] Roediger, H. (1976): Flotation, eine wichtige Technik zur Stoffrückgewinnung, Abwasserreinigung und Schlammeindickung. KA Korrespondenz Abwasser, 23, 9, 267–273.
[1896] Roediger, M. (2007): Ausrüstung von Schlammfaulungsanlagen. In: Bilitewski, B., Quicker, P., Schnurrer, H. u. Zeschmar-Lahl, B. (Hrsg.): Müll-Handbuch. Sammlung und Transport, Behandlung und Ablagerung sowie Vermeidung und Verwertung von Abfällen. Ergänzbares Handbuch für die kommunale und industrielle Abfallwirtschaft, ESV-Handbücher zum Umweltschutz, Erich Schmidt Verlag, Berlin, 3079.
[1897] Roeleveld, P. J.; Kruit, J. (1998): Richtlinien für die Charakterisierung von Abwasser in den Niederlanden. KA Korrespondenz Abwasser, 45, 3, 465–468.
[1898] Roeleveld, P. J.; Loosdrecht, M. C. M. (2002): Experience with guidelines for wastewater characterisation in The Netherlands. Water Science and Technology, 45, 6, 77–87.
[1899] Rohde, G. (1961): Spurenelementanreicherung verursacht Rieselmüdigkeit. Wasserwirtschaft Wassertechnik, 11, 11, 542–550.
[1900] Rohde, G. (1962): The Effects of Trace Elements On the Exhaustion of Sewage Irrigated Land. Journal and Proceedings. The Institute of Sewage Purification, 61, 6, 581–585.
[1901] Rohde, H. (1936): Erfahrungen mit Abwasser-Fischteichen. Gesundheits-Ingenieur, 59, 31, 466-473.
[1902] Rohde, H. (1952): Die neuen Hochleistungstropfkörper der Kläranlage Arnsberg und eine kritische Betrachtung ihrer Betriebsergebnisse. Die Wasserwirtschaft, 42, 6, 195-.
[1903] Rohde, H. (1952/53): Querschnitt durch die neuere Entwicklung der Abwassertechnik in Deutschland. Die Wasserwirtschaft, 42/43, 251-260.
[1904] Rohde, H. (1955): Schlammfaulung und Schlammfaulbehälter. Gesundheits-Ingenieur, 76, 7/8, 111-113.

[1905] Rohde, H. (1957): Abwassertechnik in USA: Ergebnisse einer Studienreise. RKW-Auslandsdienst, Band 53, München, Hanser.

[1906] Rohde, H. (1961): Grundsätzliches über die biologische Abwasserreinigung. Wasser, Luft und Betrieb, 5, 5, 285–291.

[1907] Rölle, R. (1997): Feststoffabtrennung durch Entspannungsflotation. Die Wasserwirtschaft, 87, 1, 16–24.

[1908] Rölle, R.; Dürringer, H. (1999): Praktische Aspekte bei der Biogasverwertung. Die Wasserwirtschaft, 89, 5, 254–261.

[1909] Rosenwinkel, K. H. (1996): Ursachen und Bekämpfung von Schwimm- und Blähschlammbildung bei der Biologischen Abwasserreinigung. Wasser und Boden, 48, 5, 38–52.

[1910] Rosenwinkel, K. H.; Borchmann, A.; Brinkmeyer, J. (2008): Abwasserbehandlung in der Ernährungs- und Getränkeindustrie, produktionsintegrierter Umweltschutz. WasserWirtschafts-Kurse M/5

[1911] Rosenwinkel, K.-H. (1984): Beitrag zur Frage der wirtschaftlichen Reduzierung von Abwassermengen und Schmutzfrachten aus Brauereien und Fruchtsaftfabriken. Veröffentlichungen des ISAH, Band 56, Hannover, ISAH.

[1912] Rosenwinkel, K.-H. (1994): Abwasservorbehandlung in Betrieben der Nahrungsmittel- und Getränkeindustrie. In: Dohmann, M. (Hrsg.): Umweltschutz bei knappen Kassen - was müssen wir tun? Was können wir leisten? 27. Essener Tagung für Wasser- und Abfallwirtschaft vom 9.3. - 11.3. 1994 in Essen, Gewässerschutz, Wasser, Abwasser, Bd. 147, 39/1, Aachen, Gesellschaft zur Förderung der Siedlungswasserwirtschaft an der RWTH Aachen.

[1913] Rosenwinkel, K.-H. (1996): Innerbetriebliche Maßnahmen bei der Nahrungsmittelindustrie. In: Kroiss, H. (Hrsg.): Einfluß von Indirekteinleitungen auf Planung und Betrieb von Abwasseranlagen. ÖWAV-Seminar, Wien, 26. - 27. Februar 1996, Wiener Mitteilungen, Bd. 129, Inst. für Wassergüte u. Abfallwirtschaft Techn. Univ. Wien, Wien, 297–320.

[1914] Rosenwinkel, K.-H.; Meyer, H. (1999): Anaerobic treatment of slaughterhouse residues in municipal digesters. Water Science and Technology, 40, 1, 101–111.

[1915] Rosenwinkel, K.-H.; Phan, L.-C. (2005): Blähschlammbekämpfung mit Selektoren. In: Pinnekamp, J. (Hrsg.): 38. Essener Tagung für Wasser- und Abfallwirtschaft, Gewässerschutz, Wasser, Abwasser, Band 198, 33.1-33.12, Aachen, Gesellschaft zur Förderung der Siedlungswasserwirtschaft an der RWTH Aachen.

[1916] Rosenwinkel, K.-H., Kroiss, H., Dichtl, N., Seyfried, C. F. u. Weiland, P. (Hrsg.) (2015): Anaerobtechnik: Abwasser-, Schlamm- und Reststoffbehandlung, Biogasgewinnung, Berlin [Germany], Springer Vieweg.

[1917] Roßberg, H. (1952): Landwirtschaftliche Abwasserverwertung und Ausgleich des Grundwasserhaushaltes. Gesundheits-Ingenieur, 73, 17/18, 295–297.

[1918] Rossol, D.; Schmelz, K.-G.; Hohmann, R. (2003): Siloxane im Faulgas: Erfahrungen mit verschiedenen Gasreinigungsverfahren bei Emschergenossenschaft und Lippeverband. KA Korrespondenz Abwasser, 50, 8, 1043–1051.

[1919] Rossol, D.; Schmelz, K.-G. (2005): Siloxane im Faulgas. gwf Wasser/Abwasser, 146, 1, 55–61.

[1920] Roth, M. (1982): Untersuchungen zur Mikrosiebung nach aerober biologischer Abwasserreinigung. Stuttgarter Berichte zur Siedlungswasserwirtschaft, Band 75, München, Oldenbourg.

[1921] Roth, M. (1988): Grundlagen für den Betrieb von Kanalisationen, München, Hirthammer.

[1922] Rott, U.; Minke, R. (1994): Vorbehandlung von Abwässern der Textilindustrie. In: Dohmann, M. (Hrsg.): Umweltschutz bei knappen Kassen - was müssen wir tun? Was können wir leisten? 27. Essener Tagung für Wasser- und Abfallwirtschaft vom 9.3. - 11.3. 1994 in Essen, Gewässerschutz, Wasser, Abwasser, Bd. 147, 40/1, Aachen, Gesellschaft zur Förderung der Siedlungswasserwirtschaft an der RWTH Aachen.

[1923] Rott, U.; Minke, R. (1999): Overview of wastewater treatment and recycling in the textile processing industry. Water Science and Technology, 40, 1, 137–144.

[1924] Royal Commission on Sewage Disposal (1915): Final report of the commissioners appointed to inquire and report what methods of treating and disposing of sewage (including any liquid from any factory or manufacturing process) may properly be adopted: general summary of conclusions and recommendations. Royal Commission on Sewage Disposal, London.

[1925] Rudolfs, W.; Babbitt, H. E.; Bloodgood, D. E.; Edwards, G. P.; Faber, H. A.; Genter, A. L.; Heukelekian, H.; Miles, H. J.; Mohlman, F. W.; Ruchhoft, C. C.; Sawyer, C. N.; Setter, L. R.; van Kleeck, L. W. (1947): A Critical Review of the Literature of 1946 on Sewage and Waste Treatment and Stream Pollution. Sewage Works Journal, 19, 2, 207–247.
[1926] Rudolfs, W.; Babbitt, H. E.; Bloodgood, D. E.; Edwards, G. P.; Faber, H. A.; Gehm, W. H.; Genter, A. L.; Heukelekian, H.; Hoak, R. D.; Kratz, M.; Miles, H. J.; Mohlman, F. W.; Moore, W. A.; Orford, H.; Ruchhoft, C. C.; Sanborn, N. H.; Sawyer, C. N.; Setter, L. R.; Tsivoglou, J.; van Kleeck, L. W.; Wiley, J. S. (1950): A Critical Review of the Literature of 1949 on Sewage and Waste Treatment and Water Pollution. Sewage and Industrial Wastes, 22, 5, 593–653.
[1927] Rudolfs, W.; Babbitt, H. E.; Bloodgood, D. E.; Edwards, G. P.; Faber, H. A.; Gehm, W. H.; Genter, A. L.; Heukelekian, H.; Hoak, R. D.; Kratz, M.; Miles, H. J.; Mohlman, F. W.; Moore, W. A.; Orford, H.; Ruchhoft, C. C.; Sanborn, N. H.; Sawyer, C. N.; Setter, L. R.; Tsivoglou, J.; van Kleeck, L. W.; Wiley, J. S. (1950): A Critical Review of the Literature of 1949 on Sewage and Waste Treatment and Water Pollution. Sewage and Industrial Wastes, 22, 5, 593–653.
[1928] Rudolfs, W.; Falk, L. L.; Ragotzkei, R. A. (1951): Contamination of vegetables grown in polluted soil: I. bacterial contamination of vegetables. Sewer and Industrial Wastes, 23, 3, 253–268.
[1929] Rudolfs, W.; Falk, L. L.; Ragotzkei, R. A. (1951): Contamination of vegetables grown in polluted soil: II. Field and water studies on Endamoeba cysts. Sewage and Industrial Waste, 23, 4, 478–485.
[1930] Rudolfs, W.; Falk, L. L.; Ragotzkei, R. A. (1951): Contamination of vegetables grown in polluted soil: III. Field studies on Ascaris eggs. Sewage and Industrial Waste, 23, 5, 656–660.
[1931] Rudolfs, W.; Falk, L. L.; Ragotzkei, R. A. (1951): Contamination of Vegetables Grown in Polluted Soil: IV. Bacterial Decontamination. Sewage and Industrial Waste, 23, 6, 739–751.
[1932] Rudolfs, W.; Falk, L. L.; Ragotzkei, R. A. (1951): Contamination of Vegetables Grown in Polluted Soil: V. Helminthic Decontamination. Sewage and Industrial Waste, 23, 7, 853–860.
[1933] Rudolfs, W.; Falk, L. L.; Ragotzkei, R. A. (1951): Contamination of Vegetables Grown in Polluted Soil: VI. Application of Results. Sewage and Industrial Waste, 23, 8, 992–1000.
[1934] Rudolph, K.-U. (1983): Aerosolemissionen aus Abwasseranlagen. KA Korrespondenz Abwasser, 30, 1, 38–41.
[1935] Rüffer, H. (1966): Untersuchungen zur Charakterisierung aerob stabilisierter Schlämme. Vom Wasser, 33, 254–282.
[1936] Rüffer, H. (1968): Bemerkungen zur Problematik des Begriffes OC/load. Veröffentlichungen des ISAH, Band 27, Hannover, Technische Universität Hannover.
[1937] Rüffer, H.; Rosenwinkel, K.-H. (1991): Taschenbuch der Industrieabwasserreinigung, München, R. Oldenbourg.
[1938] Ruhrverband u. AWWR (Hrsg.) (2003): Ruhrgütebericht 2003, Essen, Ruhrverband.
[1939] Rumpf, A. (1953): Wechseltropfkörper in England. Gesundheits-Ingenieur, 74, 17/18, 281-285.
[1940] Rusten, B.; Kolkinn, O.; Odegaard, H. (1997): Moving bed biofilm reactors and chemical precipitation for high efficiency treatment of wastewater from small communities. Water Science and Technology, 35, 6, 71–79.
[1941] Rusten, B.; Hellström, B. G.; Hellström, F.; Sehested, O.; Skjelfoss, E.; Svendsen, B. (2000): Pilot testing and preliminary design of moving bed biofilm reactors for nitrogen removal at the FREVAR wastewater treatment plant. Water Science and Technology, 41, 4-5, 13–20.
[1942] Rutz, F. (2007): Strassenabwasser-Behandlungsanlagen Betriebserfahrungen und Erfolgskontrollen. GWA, 87, 2, 123–131.
[1943] Saake, M. (1986): Abscheidung und Rückhalt der Biomasse beim anaeroben Belebungsverfahren und in Festbett-Reaktoren, Dissertation. Veröffentlichungen des ISAH, Band 68, Hannover, ISAH.
[1944] Saake, M. (1988): Abscheidung und Rückhalt der Biomasse beim anaeroben Belebungsverfahren und in Festbett-Reaktoren. KA Korrespondenz Abwasser, 35, 8, 812-827.
[1945] Sälzer, E. (1981): Lärmschutz auf Kläranlagen. In: Abwassertechnische Vereinigung (Hrsg.): ATV-Landesgruppentagung 1981, Berichte der ATV, Band 33, 345.
[1946] Samstag, R. W.; Ducoste, J. J.; Griborio, A.; Nopens, I.; Batstone, D. J.; Wicks, J. D.; Saunders, S.; Wicklein, E. A.; Kenny, G.; Laurent, J. (2016): CFD for wastewater treatment: an overview. Water Science and Technology, 74, 3, 549–563.
[1947] Sanborn, N. H. (1949): Treatment of Cannery Waste. Sewage Works Engineering, 20, 199–201.

[1948] Sandelin, S. K., Vuoriranta, P. J. u. Viitasaari, M. A. (Hrsg.) (1994): Selected proceedings of the 4th IAWQ Symposium on Forest Industry Wastewaters: Held in Tampere, Finland, 8 - 11 June, 1993. Water Science and Technology, Oxford, Pergamon Press.

[1949] Sander, S.; Behnisch, J.; Wagner, M. (2017): Design of fine-bubble aeration systems for municipal WWTPs with high sea salt concentrations. Water Science and Technology, 75, 7-8, 1555–1563.

[1950] Sander, T. (2003): Ökonomie der Abwasserbeseitigung: Wirtschaftlicher Betrieb von kommunalen Abwasseranlagen, Berlin, Heidelberg, Springer Berlin Heidelberg.

[1951] Sanz Chávez, J. P. (1999): Einsatz kontinuierlich betriebener Filter zur Behandlung kommunaler Abwässer, Dissertation. Gewässerschutz, Wasser, Abwasser, Band 170, Aachen, Gesellschaft zur Förderung der Siedlungswasserwirtschaft an der RWTH Aachen.

[1952] Sarfert, F. (1990): Biologische Zusatzstoffe in der Abwasserreinigung - Bakterien - Enzyme - Vitamine - Algenpräparate. KA Korrespondenz Abwasser Betriebs-Info, 4, 793-.

[1953] Sartor, J. (1998): Die gleichzeitige Auftrittswahrscheinlichkeit hoher Abflüsse in Kanalisationsnetzen und Fließgewässern. Wasser und Boden, 50, 8, 24–28.

[1954] Sawyer, C. N.; Bradney, L. (1945): Rising of activated sludge in final settling tanks. Sewage Works Journal, 17, 6, 1191–1209.

[1955] Sawyer, C. N. (1965): Milestones in the development of the activated sludge process. Journal Water Pollution Control Federation, 37, 2, 151–162.

[1956] Sbieschni, G. (2005): Verhalten von Fetteinleitungen in den Anlagen der Abwasserableitung und -behandlung. KA Korrespondenz Abwasser, 52, 4, 405–414.

[1957] Schaaf, H. (1996): Umweltverträgliche Verwertung von gütegesicherten Klärschlammkomposten im integrierten Pflanzenbau. KA Korrespondenz Abwasser, 43, 10, 1795-1799.

[1958] Schaal, H. (1974): Betrieb und Überwachung kleiner Kläranlagen. In: Abwassertechnische Vereinigung (Hrsg.): Die Essener Tagung vom 1. bis 5. Oktober 1973. Vortragsveranstaltung anlässlich des 25 jährigen Bestehens der ATV, Berichte der ATV, Bd. 27, 235, Bonn, Gesellschaft zur Förderung der Abwassertechnik (GFA).

[1959] Schäfer, H.; Dahmen, H. (2009): Erfahrungen bei Planung, bau und Betrieb der 20 Retentionsbodenfilter des Erftverbands. In: Pinnekamp, J. (Hrsg.): 42. Essener Tagung für Wasser- und Abfallwirtschaft, Gewässerschutz, Wasser, Abwasser, Band 217, 31/1-31/13, Aachen, Gesellschaft zur Förderung der Siedlungswasserwirtschaft an der RWTH Aachen.

[1960] Schäfer, H. (2013): Investitions- und Betriebskosten bei der Abwasserreinigung. In: Deutsche Vereinigung für Wasserwirtschaft, Abwasser und Abfall (Hrsg.): Kostenanalyse und Kostensteuerung in der Wasserwirtschaft, Wasserwirtschaftskurse, O/3, Hennef, 79–104.

[1961] Schaffhauser, A. (1988): Planung und Bau von Rückhaltemassnahmen für Industrieanlagen. Verbandsbericht / Verband Schweizerischer Abwasserfachleute, Band 387, Zürich, VSA.

[1962] Schalekamp, M. (1994): Vater Rhein: die Sonne geht auf! Schweizerischer Verein des Gas-und Wasserfaches, Zürich.

[1963] Schärff, E. (1959): Die landwirtschaftliche Verwertung städtischer Abwässer in Braunschweig. In: Vortragsheft der Jahresversammlung, 25.

[1964] Schaum, C. (2016): Abwasserbehandlung der Zukunft: Gesundheits-, Gewässer- und Ressourcenschutz, Habilitation. Schriftenreihe IWAR, Band 233, Darmstadt, Verein zur Förderung des Instituts IWAR der TU Darmstadt.

[1965] Scheer, C.; Kunst, S. (2001): Kombination von ATV-Gewässergütemodell und Emissionsverfahren: Ein Instrument für die Bewirtschaftung von Einzugsgebieten gemäß der EU-Wasserrahmenrichtlinie. ATV-DVWK-Bundestagung, 166.

[1966] Scheer, C. (2004): Signifikante Nährstoffeinträge aus der Fläche. Wasserwirtschaft, 5, 42.

[1967] Scheer, H. (1994): Praxisorientierte Bestandsaufnahme zur vermehrten biologischen Phosphorelimination im deutschsprachigen Raum. KA Korrespondenz Abwasser, 41, 9, 1546–1556.

[1968] Scheer, H. (1994): Vermehrte biologische Phosphorelimination: Bemessung und Modellierung in Theorie und Praxis, Dissertation. Veröffentlichungen des ISAH, Band 88, Hannover, ISAH.

[1969] Scheer, H. (1995): Vermehrte biologische Phosphorelimination: Bemessung und Modellierung in Theorie und Praxis. gwf Special Wasser/Abwasser, 136, 13, 24-35.

[1970] Scheer, H. (1998): Bemessung von Kläranlagen auf Stickstoff- und Phosphorelimination im internationalen Vergleich, Habil.-Schr. Veröffentlichungen des ISAH, Band 102, Hannover, ISAH.

[1971] Scheer, H.; Schlegel, S. (2008): Betriebliche Optimierung unterbelasteter Kläranlagen. KA Korrespondenz Abwasser, 55, 12, 1314–1322.

[1972] Scheidig, K.; Mallon, J.; Schaaf, M.; Riedel, R. (2013): P-Recycling-Dünger aus der Schmelzvergasung von Klärschlamm und Klärschlammasche. KA Korrespondenz Abwasser, Abfall, 60, 10, 845–850.

[1973] Schiegler, L. (1954): Hydraulische und pneumatische Förderung von Klärschlamm. Gesundheitsingenieur, 75, 5/6, 93-98.

[1974] Schiemenz, F. (1955): Der biologische Vorgang der Abwasserreinigung in den Abwasserfischteichen von Freren und allgemeine Schlüsse zum Unterschied des Reinigungserfolges organischer Abwässer in fließenden und stehenden Gewässern. Wasser und Boden, 7, 9-12.

[1975] Schlegel, S. (1974): Die anaerobe Behandlung von Filtratwässern thermisch konditionierter Schlämme, Dissertation. Veröffentlichungen des ISAH, Band 39, Hannover, Selbstverlag des Institutes für Siedlungswasserwirtschaft der TU.

[1976] Schlegel, S. (1979): Einfluss einer Abdeckung auf die Höhe der Geruchsemissionen aus Kreiselbelüftungsbecken. gwf Wasser/Abwasser, 120, 6, 276–281.

[1977] Schlegel, S.; Kinder, S. (1980): Untersuchungen zur Phosphatelimination bei der Abwasserreinigung im technischen Maßstab. gwf Wasser/Abwasser, 121, 7, 315–325.

[1978] Schlegel, S.; Kalbskopf, K. H. (1982): Die Behandlung von Filtratabwassern thermisch konditionierter Schlamme mit dem anaeroben Belebungsverfahren. gwf Wasser/Abwasser, 123, 4, 203–208.

[1979] Schlegel, S. (1986): Der Einsatz von getauchten Festbettkörpern beim Belebungsverfahren. gwf Wasser/Abwasser, 127, 9, 421-428.

[1980] Schlegel, S. (1987): Bemessung und Ergebnisse von Belebungsanlagen mit Nitrifikation und vorgeschalteter Kaskadendenitrifikation. gwf Wasser/Abwasser, 128, 8, 422–431.

[1981] Schlegel, S. (1987): Betriebserfahrungen mit verschiedenen Steuerungen und Regelkreisen auf Kläranlagen. KA Korrespondenz Abwasser, 34, 11, 1168.

[1982] Schlegel, S. (1996): Automatisierung und Messen im Betrieb. In: Abwassertechnische Vereinigung (Hrsg.): Abwasser- und Abfallwirtschaft - Umweltschutz vor neuen Aufgaben. ATV- Bundestagung, BMBF-Statusseminar, Ausstellerforum 14. - 16. Oktober 1996, Congress Center Leipzig, ATV-Schriftenreihe, Bd. 4, 427–444, Hennef, Gesellschaft zur Förderung der Abwassertechnik (GFA).

[1983] Schlegel, S.; Stein, A. (2000): Design measures to increase the efficiency of secondary sedimentation tanks. Water Science and Technology, 41, 9, 209–215.

[1984] Schlegel, S.; Teichgräber, B. (2000): Operational results and experience with submerged fixed-film reactors in the pretreatment of industrial effluents. Water Science and Technology, 41, 4-5, 453–459.

[1985] Schlegel, S. (2002): Untersuchungen zur Behandlung kommunalen Abwassers in einer Anlage mit getauchten Festbetten. KA Korrespondenz Abwasser, 49, 12, 1674–1681.

[1986] Schlegel, S. (2003): Die Vorbehandlung industrieller Abwässer in Anlagen mit getauchten Festbetten. KA Korrespondenz Abwasser, 50, 5, 617–622.

[1987] Schleicher, F. (1955): Taschenbuch für Bauingenieure, Berlin, Springer.

[1988] Schleifenbaum, R.; Henrichs, M.; Uhl, M. (2016): Simulationsstudien zur Wirkung von Regenklärbecken. gwf Wasser/Abwasser, 157, 1, 76–84.

[1989] Schlenz, H. E. (1947): Important Considerations in Sludge Digestion. Part I. Practical Aspects. Sewage Works Journal, 19, 1, 19–27.

[1990] Schlenz, H. E. (1948): Wichtige Betrachtungen über die Schlammfaulung - Teil I: Importent Considerations In Sludge Digestion in: Sewage Works Journal Bd. 19 (1947), Nr. 1, S. 19-38 - Teil II von A. M. Buswell, Zeitschriften-Umschau. Gesundheits-Ingenieur, 69, 10, 308-310.

[1991] Schleypen, P.; Wolf, P. (1983): Reinigungsleistung von unbelüfteten Abwasserteichen in Bayern. gwf Wasser/Abwasser, 124, 3, 108–114.

[1992] Schleypen, P. (1986): Bemessung, Reinigungsleistung und Kosten von Abwasserteichanlagen in Bayern. In: Pöpel, H. J. (Hrsg.): Naturnahe Abwasserbehandlungsverfahren im Leistungsvergleich. Pflanzenkläranlagen und Abwasserteiche ; 9. wassertechnisches Seminar, Schriftenreihe WAR, Bd. 26, Bibliothek des Inst. WAR, Darmstadt, 163–168.

[1993] Schleypen, P. (1986): Betriebsergebnisse von belüfteten Abwasserteichen in Bayern. KA Korrespondenz Abwasser, 33, 9, 810-816.

[1994] Schleypen, P.; Gschlößl, T. (1993): Abwasserbehandlung mit Keimreduzierung? gwf Wasser/Abwasser, 134, 5, 275–281.

[1995] Schleypen, P.; Grägel, W. (2000): Abwasserdesinfektion auf der Kläranlage der Stadt Bad Tölz. gwf Wasser/Abwasser, 141, 12, 849–853.

[1996] Schleypen, P. (2002): Die Obere Isar wird ein Badegewässer. Ein neues Abwasserbehandlungskonzept. In: Gesellschaft zur Förderung des Lehrtstuhls für Siedlungswasserwirtschaft und Umwelttechnik (LSU) an der Ruhr-Universität Bochum (Hrsg.): 20. Workshop Siedlungswasserwirtschaft: Neue Konzepte und Technologien in der Abwasserentsorgung, Schriftenreihe Siedlungswasserwirtschaft Bochum (SiWaWi), Bd. 44, 29–44, Bochum, Gesellschaft zur Förderung des Lehrstuhls für Wasserwirtschaft und Umwelttechnik an der Ruhr-Universität Bochum e.V.

[1997] Schluff, R. (1986): Unterdruckentwässerung- Neue Erkenntnisse führen zu einem betriebssicheren System. Abwassertechnik, 37, 4, 37.

[1998] Schmager, C.; Heine, A. (2000): Leistungsfähigkeit von Pflanzenkläranlagen: eine statistische Analyse. gwf Wasser/Abwasser, 141, 5, 315–326.

[1999] Schmauder, G. (1957): Untersuchungen und etrachtungen zur Hygiene der Abwasserlandbehandlung. Wasserwirtschaft Wassertechnik, 7, 3, 93–101.

[2000] Schmelz, K.-G. (1999): Co-Vergärung von Klärschlamm und Bioabfällen. In: Mennerich, A. (Hrsg.): ATV-Bundes- und Landesgruppentagung Hessen, Rheinland-Pfalz, Saarland, Rheingoldhalle Mainz 28. - 29. September 1999, ATV-Schriftenreihe, Bd. 17, Gesellschaft zur Förderung der Abwassertechnik (GFA), Hennef, 109–130.

[2001] Schmelz, K.-G. (2002): Co-Vergärung von Klärschlamm und Bioabfällen. In: Dohmann, M. (Hrsg.): Wissenschaftlich-Technische Mitteilungen des Instituts zur Förderung der Wassergüte- und Wassermengenwirtschaft e.V., Band 4, Gewässerschutz, Wasser, Abwasser, Bd. 189, Gesellschaft zur Förderung der Siedlungswasserwirtschaft an der RWTH Aachen, Aachen, 2/1-2/17.

[2002] Schmelz, K.-G.; Müller, J. (2004): Klärschlammdesintegration zur Verbesserung der Faulung: Ergebnisse großtechnischer Parallelversuche. KA Korrespondenz Abwasser, 51, 6, 632–642.

[2003] Schmelz, K.-G. (2007): Auswirkungen von Hygieneanforderungen auf die Kosten und die Wege der Klärschlammentsorgung. KA Korrespondenz Abwasser, 54, 10, 1029–1034.

[2004] Schmid, B. H. (2006): Der Kühlwasserdiffusor Donaustadt: Evaluierung anhand des thermischen Monitoringprogramms. Wasser und Abfall - Boden, Altlasten, Umweltrecht, 8, 11, 37–41.

[2005] Schmidt-Bregas, F. (1958): Über die Ausbildung von rechteckigen Absetzbecken für häusliche Abwässer. Veröffentlichungen des ISAH, Band 3, Hannover, Technische Universität Hannover.

[2006] Schmidt-Bregas, F. (1961): Über Reinigungsversuche mit dem Abwasser einer Gemüse-Konservenfabrik. Forum Städtehygiene, 11, 231–233.

[2007] Schmidt, F. (1973): Überregionaler Ausgleich zwischen Wasserüberschuß- und Wassermangelgebiet in Baden-Württemberg. Wasserwirtschaft, 63, 277–287.

[2008] Schmidt, H. (1948): Abwasserverwertung durch Überwanderung sandiger Böden mittels Sickerbecken. Gesundheitsingenieur, 69, 8, 234–237.

[2009] Schmidt, U. (1964): Über die Kosten der biologischen Abwasserreinigung. Veröffentlichungen des Institutes für Siedlungswasserwirtschaft und Abfalltechnik der Universität Hannover, Band 13, Hannover, Technische Universität Hannover.

[2010] Schmidt, W. D. (1989): Grundwasseranreicherung an der Ruhr einst und jetzt. Zentralblatt für Bakteriologie, Mikrobiologie und Hygiene, 188, 1-2, 1–34.

[2011] Schmieder, E. (1997): Betriebsstörungen auf kommunalen Kläranlagen: Ursachen, Auswirkungen, Vermeidungsstrategien. Veröffentlichungen des ISAH, Band 96, Hannover, TU Hannover.

[2012] Schmitt, F. (1992): Einfluß von Ablagerungen auf den Betrieb von Abwasserkanälen. Veröffentlichungen des Institutes für Siedlungswasserwirtschaft und Abfalltechnik der Universität Hannover, Heft 82, Hannover.

[2013] Schmitt, F.; Weil, C.; Seibert-Erling, G.; Brandenburg, H. (1999): Energieanalyse als Instrument der Betriebskosten- und Verfahrensoptimierung. KA Korrespondenz Abwasser, 46, 3, 399-409.

[2014] Schmitt, F.; Evers, P.; Thöle, D. (2003): Belastungssituation kommunaler Kläranlagen. In: Dohmann, M. (Hrsg.): 36. Essener Tagung für Wasser- und Abfallwirtschaft, Gewässerschutz, Wasser, Abwasser, Bd. 190, 16/1-16/13, Aachen, Gesellschaft zur Förderung der Siedlungswasserwirtschaft an der RWTH Aachen.

[2015] Schmitt, T. G.; Thomas, M. (2000): Rechnerischer Nachweis der Überstauhäufigkeit auf der Basis von Modellregen und Starkregenserien. KA Korrespondenz Abwasser, 47, 1, 63–69.

[2016] Schmitt, T. G.; Illgen, M. (2001): Abflussbeiwerte in der Bemessung und Abflusssimulation von Entwässerungsanlage. KA Korrespondenz Abwasser, 48, 12, 1720–1728.

[2017] Schmitt, T. G. (2002): Standortbestimmung zur Regenwasserbehandlung. In: Dohmann, M. (Hrsg.): 35. Essener Tagung für Wasser- und Abfallwirtschaft vom 20.3. -22.3.2002 in Essen. Teil 1, Gewässerschutz, Wasser, Abwasser, Bd. 188, 22/1 - 22/22, Aachen, Gesellschaft zur Förderung der Siedlungswasserwirtschaft an der RWTH Aachen.

[2018] Schmitt, T. G.; Thomas, M. (2005): Spezielle Fragestellungen beim Nachweis der hydraulischen Leistungsfähigkeit großstädtischer Entwässerungssysteme. Gefördert mit Mitteln des Forschungsfonds der DWA (Projekt 8/2002). KA Korrespondenz Abwasser, 52, 7, 800–804.

[2019] Schmitt, T. G. (2006): Berücksichtigung der ungleichen Überregnung im Überstaunachweis nach ATV-A 118 am Beispiel der Stadt Karlsruhe. KA Korrespondenz Abwasser, 52, 9, 891–897.

[2020] Schmitt, T. G.; Dittmer, U. (2007): Fachberichte-Abwasserbehandlung-Simulationsstudie zum Langzeitverhalten von Retentionsbodenfiltern zur weitergehenden Mischwasserbehandlung. gwf Wasser/Abwasser, 148, 11, 793–799.

[2021] Schmitt, T. G.; Becker, M.; Flores, C.; Pfeiffer, E.; Sitzmann, D.; Uhl, M. (2008): Modellkalibrierung zur Qualitätssicherung von Kanalnetzberechnungen. KA Korrespondenz Abwasser, 55, 12, 1306–1313.

[2022] Schmitt, T. G. (2009): Neue Entwicklungen und Bewertungen zum Umgang mit Regenwasser. KA Korrespondenz Abwasser, Abfall, 56, 2, 124–130.

[2023] Schmitz-Lenders, F. (1948): Zur Aufbereitung von Klärschlamm, Briefe an die Herausgeber. Gesundheits-Ingenieur, 69, 10, 310-311.

[2024] Schmitz-Lenders, F. (1952): Ergebnisse einer Studienreise nach USA. Gesundheits-Ingenieur, 73, 17/18, 291-295.

[2025] Schmitz, U.; Husmann, M.; Orth, H. (2000): MSR - Konzepte zur Verbesserung der Stickstoffelimination in Belebungsanlagen: Ein Überblick. gwf Wasser/Abwasser, 141, 15, 16–23.

[2026] Schneider, G. G. (1988): Lagerung wassergefährdender Stoffe. KA Korrespondenz Abwasser, 35, 7, 682-690.

[2027] Schneider, K.; Utecht, K.-U.; Nogueira, R.; Rosenwinkel, K.-H. (2015): Legionellenbelastung im Abwasser: Vorkommen und Maßnahmen zur Reduzierung. KA Korrespondenz Abwasser, Abfall, 62, 6, 512–518.

[2028] Schoeffel, E. W.; Seegert, N. (1966): Das Naßluft-Oxydationsverfahren und seine Anwendung in der industriellen Abfallbeseitigung. Wasser, Luft und Betrieb, 10, 8, 541-545.

[2029] Schoenemann, B.; Jardin, N. (2015): Baden in Fließgewässern. Ein Handlungsleitfaden am Beispiel des Baldeneysees & der Unteren Ruhr im Rahmen des BMBF-Projekts Sichere Ruhr. Ruhrverband, Essen.

[2030] Schoenenberg, H. (1988): Kosten der Abwasserbehandlung. gwf Wasser/Abwasser, 129, 4, 289–296.

[2031] Schöl, A.; Kirchesch, V.; Bergfeld, T.; Müller, D. (1999): Model-based analysis of oxygen budget and biological processes in the regulated rivers Moselle and Saar: modelling the influence of benthic filter feeders on phytoplankton. Hydrobiologia, 410, 0, 167–176.

[2032] Schöler, A. (2004): Auswirkung von suspendierten Stoffen auf die Keimbelastung im gereinigten Abwasser und die Abwasserdesinfektion mit UV-Bestrahlung. Wasser und Abfall, 5, 29.

[2033] Schönberger, D.; Köhne, M.; Plaß, R.; Sekoulov, I.; Schröder, R.; Schieborr, M. (2001): Einsatz von Lamellenpaketen im Belebungsbecken zur Erhöhung des Trockensubstanzgehaltes. KA Korrespondenz Abwasser, 48, 1, 54–61.

[2034] Schouten, S.; Strous, M.; Kuypers, M. M. M.; Rijpstra, W. I. C.; Baas, Marianne, Schubert, Carsten J.; Jetten, M. S. M.; Damsté, J. S. S. (2004): Stable carbon isotopic frationations associated with inorganic carbon fixation by anaerobic ammonium-oxidizing bacteria. Applied Environmental Microbiology, 70, 6, 3785–3788.

[2035] Schranner, T. (2014): Kleinkläranlagen bewähren sich in der Praxis - Auswertung der Überwachungsdaten von über 50000 bayerischen Kleinkläranlagen. KA Korrespondenz Abwasser, Abfall, 61, 8, 695–700.

[2036] Schröder, M. (1998): Bewertung der Abwasserfiltration als Verfahrensschritt der kommunalen Abwasserbehandlung, Dissertation. Gewässerschutz, Wasser, Abwasser, Band 169, Aachen, Gesellschaft zur Förderung der Siedlungswasserwirtschaft an der RWTH Aachen.
[2037] Schroeder, G. (1958): Landwirtschaftlicher Wasserbau. Handbibliothek für Bauingenieure, Berlin, Heidelberg, Göttingen, Springer.
[2038] Schroeder, H. (1949): Zur Frage der Wurmeier im Abwasser Berlins. Gesundheits-Ingenieur, 70, 23/24, 410-416.
[2039] Schulze, E. (1954): Über die Nitratbehandlung von schwefelwasserstoffhaltigen Abwässern. gwf Wasser/Abwasser, 95, 14, 452–453.
[2040] Schulze, K. L. (1957): Experimental Vertical Screen Trickling Filter. Sewage and Industrial Wastes, 29, 4, 458–467.
[2041] Schulz, G. (1947): Betriebserfahrungen am Pleiße-Stausee Rötha des Weißelsterverbandes. Gesundheits-Ingenieur, 68, 2, 44-48.
[2042] Schulz, G. (1952): Der Turmtropfkörper des Weisselsterverbandes. Wasserwirtschaft Wassertechnik, 2, 6, 179–184.
[2043] Schürg, R. (1972): Abwasserteiche in ländlichen Gemeinden. Langjährige Erfahrungen mit unbelüfteten Abwasserteichen im norddeutschen Raum, 24, 10, 318–321.
[2044] Schüßler, H.Umgang mit Rechen- und Sandfanggut. In: ATV Schriftenreihe, 139–154.
[2045] Schüßler, H. (1984): Sieving of influent of municipal sewage treatment plants. gwf Wasser/Abwasser, 125, 5, 266–269.
[2046] Schüßler, H. (1992): Rechengutwäsche - Versuch einer Bestandsaufnahme. KA Korrespondenz Abwasser, 39, 9, 1362-1369.
[2047] Schüßler, H. (2000): Rechengutzerkleinerung und -verwertung auf der Kläranlage: Alternative zur getrennten Verwertung? KA Korrespondenz Abwasser, 47, 1, 108-115.
[2048] Schuster, F. (1938): Beitrag zu technischen Fragen der Abwasserverwertung. Die Bautechnik, 16, 25, 329–331.
[2049] Schutte, H. M. (1970): Erfahrungen mit Kanalrohren aus PVC-hart bei der Stadtentwässerung Oldenburg. KA Korrespondenz Abwasser, 17, 8, 178–181.
[2050] Schütz M. (1985): Zur Bemessung weitgehend ablagerungsfreier Strömungszustände in Kanalisationsleitungen nach Macke. KA Korrespondenz Abwasser, 32, 05, 415–419.
[2051] Schwarz, K. (1959): Die Abwasserlandbehandlung als Landeskulturmaßnahme, ihre Problematik und zweckmäßige Ausrichtung. Wasserwirtschaft Wassertechnik, 9, 2, 59–65.
[2052] Schwarz, K. (1960): Grundlagen und Erfordernisse für die Weiterentwicklung der Feldberegnung in der Deutschen Demokratischen Republik. Wasserwirtschaft Wassertechnik, 10, 11, 486–491.
[2053] Schwarz, S.; Overcamp, T. J.; Keinath, T. M. (1990): An Economic Evaluation of Indirect Sludge Drying Prior to Incineration Processes. Research Journal of the Water Pollution Control Federation, 62, 3, 275–281.
[2054] Schweizer Bundesrat (2015): Gewässerschutzverordnung: GSchV (04.11.2015).
[2055] Schweizer, V. (1983): Leistungsfähigkeit von Mehrkammergruben. KA Korrespondenz Abwasser, 30, 7, 473–480.
[2056] Schwentner, G.; Krauth, K. (1990): Auswirkungen von Mischwasserabfluß auf die Reinigungsleistung von Belebungsanlagen: Erste Ergebnisse halbtechnischer Untersuchungen. KA Korrespondenz Abwasser, 37, 8, 866-871.
[2057] Schwing, V. (1959): Die Nachkriegsentwicklung des Wasserwerks für das nördliche westfälische Kohlenrevier. gwf Wasser/Abwasser, 100, 36, 934–937.
[2058] Scott, R. H., Wisniewski, T. F., Lueck, B. T., Wiley, A. J. (1958): Aeration of stream flow at power turbines. Sewage and Industrial Wastes, 30, 1496–1595.
[2059] Sedehizade, F. (2001): Praktische Erfahrungen mit Kanalsanierungsverfahren in Berlin. gwf Special Wasser/Abwasser, 142, 14, 63–69.
[2060] Seethaler, L. (1961): Maßnahmen zum Schutz der Saale in Sachsen. Wasserwirtschaft, 51, 327–333.
[2061] Seggelke, K. (2002): Integrierte Bewirtschaftung von Kanalnetz und Kläranlage zur Reduzierung der Gewässerbelastung, Zugl.: Hannover, Univ., Diss., 2002. Veröffentlichungen des Institutes für Siedlungswasserwirtschaft und Abfalltechnik der Universität Hannover, Band 124, Hannover, ISAH.

[2062] Seggelke, K. (2003): Integrierte Bewirtschaftung von Kanalnetz und Kläranlage zur Reduzierung der Gewässerbelastung. Veröffentlichungen des ISAH, Band 124, Hannover, Universität Hannover.
[2063] Seggelke, K.; Rosenwinkel, K. H. (2004): Maßnahmen zur Verbesserung der Leistungsfähigkeit biologischer Kläranlagen bei Mischwasserzuflüssen. gwf Wasser/Abwasser, 145, 12, 856–866.
[2064] Seggelke, K.; Brown, R.; Krebs, P. (2005): Integrated approaches in urban storm drainage: where do we stand? Environmental management, 35, 4, 396–409.
[2065] Seide, P.; Weingarten, V., I. (1961): On the Buckling of Cylindrical Shells under Pure Bending. Journal of Applied Mechanics, 28, 112–116.
[2066] Seifert, A. (1940): Über die biologischen Grenzen der landwirtschaftlichen Verwertung städtischer Abwässer. Deutsche Wasserwirtschaft, 35, 6, 161-.
[2067] Seifert, M. (2008): Aufbereitung von Biogas zu Treibstoff - Betriebserfahrungen. Gas-Wasser-Abwasser, 88, 2, 99-107.
[2068] Seiler, K. (2004): Planung der Abwasserentsorgung im ländlichen Raum anhand von räumlichen Einflussfaktoren. Schriftenreihe WAR, Band 154, Darmstadt, Inst. WAR.
[2069] Seis, W.; Lesjean, B.; Maaßen, S.; Balla, D.; Hochstrat, R.; Düppenbecker, B. (2016): Rahmenbedingungen für die umweltgerechte Nutzung von behandeltem Abwasser zur landwirtschaftlichen Bewässerung: Texte 34/2016, Dessau. https://www.umweltbundesamt.de/sites/default/files/medien/378/publikationen/texte_34_2016_rahmenbedingungen_fuer_die_umweltgerechte_nutzung_von_behandeltem_abwasser_0.pdf, abgerufen am: 17.07.2016.
[2070] Sekoulov, I.; Fruhen, M.; van Asche, J. (1987): Laboruntersuchungen zur Bestimmung des biologischen Phosphoreliminationsvermögens von Belebtschlämmen. KA Korrespondenz Abwasser, 34, 4, 339-344.
[2071] Sekoulov, I. e. a. (1984). Wasser und Boden, 36, 198-.
[2072] Setter, L. R. (1943): Modified Sewage Aeration. Sewage Works Journal, 15, 4, 629-641.
[2073] Setter, L. R.; Edwards, G. P. (1944): Modified Sewage Aeration (2). Sewage Works Journal, 16, 2, 278–286.
[2074] Setter, L. R.; Carpenter, W. T.; Winslow, G. C. (1945): Principle Application of Principles of Modified Sewage Aeration. Sewage Works Journal, 17, 4, 669–691.
[2075] Seyfried, C. F. (1970): Behandlung des Abwasser aus Zellstoff- und Papierfabriken. Industrieabwässer, 45–53.
[2076] Seyfried, C. F.; Saake, M. (1986): Verfahren der anaeroben Reinigung von Industrieabwässern. KA Korrespondenz Abwasser, 33, 10, 877–892.
[2077] Seyfried, C. F. (1988): Anaerober Festbettreaktor. In: Kroiss, H. (Hrsg.): Anaerobe Abwasserreinigung: Grundlagen und großtechnische Erfahrung, Wiener Mitteilungen, Bd. 73, 105, Wien, Institut für Wassergüte und Landschaftswasserbau, Technische Universität Wien.
[2078] Seyfried, C. F.; Hesse, G. (1989): Literaturstudie zur Phosphatelimination mit Schwerpunkt Fällungsreinigung. Veröffentlichungen des ISAH, Band 73, Hannover, ISAH.
[2079] Seyfried, C. F. (1990): Anaerobe Verfahren zur Behandlung von Industrieabwässern. KA Korrespondenz Abwasser, 37, 10, 1247–1251.
[2080] Seyfried, C. F.; Hartwig, P. (1991): Großtechnische Betriebserfahrungen mit der biologischen Phosphatelimination in den Klärwerken Hildesheim und Husum. KA Korrespondenz Abwasser, 38, 2, 184–190.
[2081] Seyfried, C. F.; Baumann, P.; Jardin, N.; Scheer, H.; Teichfischer T.; Wedi, W. (1993): Biologische Phosphateliminierung in der Abwasserreinigung. KA Korrespondenz Abwasser, 40, 5, 666-670.
[2082] Seyfried, C. F.; Wiebusch, B. (2000): Deutsch-Japanische Zusammenarbeit: Verwertung von Aschen aus der Klärschlammverbrennung in der Baustoffindustrie. In: ATV-DVWK (Hrsg.): ATV-DVWK-Bundestagung 2000, ATV-DVWK-Schriftenreihe, Bd. 20, 423–454, Hennef, Gesellschaft zur Förderung der Abwassertechnik (GFA).
[2083] Shanahan, P.; Henze, M.; Koncsos, L.; Rauch, W.; Reichert, P.; Somlyódy, L.; Vanrolleghem, P. (1998): River water quality modelling: II. Problems of the art. Water Science and Technology, 38, 11, 245–252.

[2084] Shanahan, P.; Borchardt, D.; Henze, M.; Rauch, W.; Reichert, P.; Somlyódy, L.; Vanrolleghem, P. (2001): River water quality model no. 1 (RWQM1): I. Modelling approach. Water Science and Technology, 45, 3, 1–9.
[2085] Shelef, G. (1991): The Role of Wastewater Reuse in Water Resources Management in Israel. Water Science and Technology, 23, 10-12, 2081–2089.
[2086] Shelef, G.; Azov, Y. (2000): Meeting stringent environmental and reuse requirements with an integrated pond system for the twenty-first century. Water Science and Technology, 42, 10-11, 299–305.
[2087] Shilton, A. N. et al. (Hrsg.) (2003): Waste stabilisation ponds: pond technology for the new millennium: Selected proceedings of the 5th International IWA Conference on Waste Stabilisation Ponds, held at Auckland, New Zealand, 2 - 5 April 2002. Water Science and Technology, London, IWA Publishing.
[2088] Shin, K. C. (1961): Biologische Reinigung hochkonzentrierter Abwässer durch anaerobe alkalische Gärung, Dissertation, Stuttgart, TH Stuttgart.
[2089] Shutes, B. (Hrsg.) (2003): Wetland systems for water pollution control VIII: Selected proceedings of the 8th IWA International Conference for Wetland Systems in Water Pollution Control, held at Arusha, Tanzania, 16 - 19 September 2002. Water Science and Technology, London, IWA Publishing.
[2090] Shuval, H. I. (1991): Health Guidelines and Standards for Wastewater Reuse in Agriculture: Historical Perspectives. Water Science and Technology, 23, 10-12, 2073–2080.
[2091] Siefert, F. (1990): Schlammverbrennung vor dem Hintergrund der TA-Luft. KA Korrespondenz Abwasser, 37, 2, 151-159.
[2092] Siefert, F. (Hrsg.) (1991): Betriebserprobungen und Anforderungsprofile für Meßeinrichtungen in Klärwerken. Dokumentation und Schriftenreihe aus Wissenschaft und Praxis, Band 26, St. Augustin, Gesellschaft zur Förderung der Abwassertechnik (GFA).
[2093] Siegrist, H. (Hrsg.) (2003): Messtechnik - Voraussetzung für einen optimalen Gewässerschutz: VSA-Mitgliederversammlung vom 24.9.2003 in Bern. Verbandsbericht / Verband Schweizerischer Abwasserfachleute, Band 555, Zürich, VSA.
[2094] Siegrist, H.; Salzgeber, D.; Eugster, J.; Joss, A. (2008): Anammox brings WWTP closer to energy autarky due to increased biogas production and reduced aeration energy for N-removal. Water Science and Technology, 57, 3, 383–388.
[2095] Sieker, F. (2004): Objectives of a Nowadays Stormwater Management. gwf Wasser/Abwasser, 145, 12, 874–880.
[2096] Sieker, F.; Sieker, H.; Zweynert, U.; Hin, Z. (2008): Paradigmenwechsel in der Siedlungswasserwirtschaft beim Umgang mit Regenwasser. gwf Wasser/Abwasser, 149, 7-8, 558–570.
[2097] Sieler, U. (2007): Die neue DWA-A 125 /DVGW W 304 (Gelbdruck) Rohrvortrieb und verwandte Verfahren. Tiefbau, Ingenieurbau, Straßenbau (TIS), 49, 6, 47–52.
[2098] Sierp, F. (1939/40): Ein Beitrag zur Reinigung kupferhaltiger Abwässer. Vom Wasser, 14, 230–254.
[2099] Sierp, F. (1967): Die gewerblichen und industriellen Abwässer: Entstehung, Schädlichkeit, Verwertung, Reinigung u. Beseitigung, Berlin u.a., Springer.
[2100] Sievers, J. C.; Wätzel, T.; Londong, J.; Kraft, E. (2016): Case study: characterization of source-separated blackwater and greywater in the ecological housing estate Lübeck "Flintenbreite"(Germany). Environmental Earth Sciences, 75, 22, 1428.
[2101] Sievers, J. C. (2017): Charakterisierung von Grauwasser. Schriftenreihe des Bauhaus-Institus für zukunftsweisende Infrastruktursysteme, Band 37, Weimar, Rhombos-Verlag.
[2102] Simon, M.; Bekele, V.; Kulasová, B.; Maul, C.; Oppermann, R.; Řehák, P. (1993): Die Elbe und ihr Einzugsgebiet. Wasserwirtschaft Wassertechnik, 7, 15–23.
[2103] Singh, A. K.; Gin, M. F.; Ni, F.; Christensen, E. R. (1993): A Source-Receptor Method for Determining Non-Point Sources of PAHs to the Milwaukee Harbor Estuary. Water Science and Technology, 28, 8-9, 91–102.
[2104] Singleton, M. T. (1949): Experiments on Anaerobic Digestion of Wool Scouring Wastes. Sewage Works Journal, 21, 2, 286–293.
[2105] Sixt, H. (1997): Integrierter Umweltschutz: Qualitäts- und Umweltmanagement als ergänzende Teile zur Vermeidung industrieller Emissionen. KA Korrespondenz Abwasser, 44, 6, 1019-1027.
[2106] Sloots, K.; van der Vlies, A. W. (2007): Emission reduction by multipurpose buffer strips on arable fields. Water Science and Technology, 56, 1, 81–88.

[2107] Smith, V. H.; Tilman, G. D.; Nekola, J. C. (1999): Eutrophication: Impacts of excess nutrient inputs on freshwater, marine, and terrestrial ecosystems. Environmental Pollution, 100, 1-3, 179–196.
[2108] Sobel, L. H.; Newman, S. Z. (1980): Comparison of experimental and simplified analytical results for the plastic in-plane bending and buckling of an elbow. Journal of Pressure Vessel Technology, 102, 4, 400–409.
[2109] Somlyody, L.; Brunner, P. H.; Kroiss, H. (1999): Nutrient balances for Danube countries: A strategic analysis. Water Science and Technology, 40, 10, 9–16.
[2110] Sonnenburg, R. (1991): Verfahrensentwicklung zur Nitrifikation und Denitrifikation an einer belüfteten Abwasserteichanlage. KA Korrespondenz Abwasser, 38, 10, 1380-1386.
[2111] Spagl, K. M.; Siewert, H.; Hruschka, H. (2006): Untersuchungen zur Beschaffenheit kommunalen Klärschlamms in Pflanzenbeeten. gwf Wasser/Abwasser, 147, 12, 799–804.
[2112] Spangler, M. G. (1947): Underground Conduits – an appraisal of modern Research. Proceedings of the American Society of Civil Engineers, 73, 6, 855–884.
[2113] Spatzierer, G. (2001): Betriebserfahrungen mit der Regenwettersteuerung. In: Kroiß, H. (Hrsg.): Anpassung von Kläranlagen - Planung und Betrieb. ÖWAV/TU-Seminar, Wien 2001, Wirtschaftskammer Österreich, 5. - 6. März 2001, Wiener Mitteilungen, Bd. 166, IWAG Institut für Wassergüte und Abfallwirtschaft, Wien, 131–143.
[2114] Speece, R. E. (1988): A survey of municipal anaerobic sludge digesters and diagnostic activity assays. Water Research, 22, 3, 365–372.
[2115] Spence, J.; Toh, S. L. (1979): Collapse of Thin Orthotropic Elliptical Cylindrical Shells Under Combined Bending and Pressure Loads. Journal of Applied Mechanics, 46, 2, 363–371.
[2116] Spengler, P.; Scholz-Muramatsu, H.; Gaiser, S.; Metzger, J. (2003): Verbleib ausgewählter Xenoestrogene in der Kläranlage. gwf Wasser/Abwasser, 144, 4, 284–291.
[2117] Sperling, F. (1988): Wasserstoffperoxid gegen Fischsterben in der Lippe. gwf Wasser/Abwasser, 129, 9, 587–591.
[2118] Spies, P. (1986): Anaerobe Behandlung fetthaltigen Abwassers am Beispiel einer Wollwäscherei, Dissertation. Veröffentlichungen des ISAH, Band 65, Hannover, ISAH.
[2119] St. Winkler; Matsché, N. (2008): Das Hybridverfahren - Grundlagen und praktische Erfahrungen. In: Kroiss, H. (Hrsg.): Biologische Abwasserreinigung - aktuelle Entwicklungen. ÖWAV-Seminar, Wien 2008, TU Wien, 7. - 8. Februar 2008, Wiener Mitteilungen, Bd. 208, Inst. für Wassergüte Ressourcenmanagement und Abfallwirtschaft, Wien, 115-134.
[2120] Stalmann, V. (1965): Die BSK-Turbine: Ein neues Hochleistungs-Belüf· tungssystem der Abwassertechnik. gwf Wasser/Abwasser, 106, 613–617.
[2121] Stalmann, V. (2004): Das Niederschlagsregelwerk für die Deutsche Wasserwirtschaft. Wasserwirtschaft, 94, 10, 8–27.
[2122] Stamou, A. I.; Theodoridis, G.; Xanthopoulos, K. (2009): Design of secondary settling tanks using a CFD model. Journal of Environmental Engineering, 135, 7, 551–561.
[2123] Stanbridge, H. H. (1956): Thoughts on biological filtration. Journal and Proceedings. The Institute of Sewage Purification, 55, 3, 270–289.
[2124] State of California (2015): Water recycling criteria: Title 22, Division 4, Environmental Health, California code of regulations.
http://government.westlaw.com/linkedslice/default.asp?RS=GVT1.0&VR=2.0&SP=CCR-1000&Action=Welcome, abgerufen am: 21.07.2015.
[2125] Steel, E. W. (1938): Bioflocculation and Contact Aeration. Water Works and Sewerage, 3, 158–161.
[2126] Steffen, A. J. (1955): Full-Scale Modified Digestion of Meat Packing Wastes. Sewage and Industrial Wastes, 27, 12, 1364–1368.
[2127] Steffen, A. J. (1957): The new and the old slaughterhouse waste treatment processes. Wastes Engineering, 28, 401–404.
[2128] Steidle, L. (1963): Die Abwasserreinigung in kleinen Orten mittels Trapezfaulanlage. In: Liebmann, H. (Hrsg.): Kläranlagen für kleinere und mittlere Gemeinden ohne und mit gewerblichen Abwässern. Vorträge des Abwasserherbstkurses vo 1962, Münchener Beiträge zur Abwasser-, Fischerei- und Flussbiologie, Bd. 10, 145-168, München u.a., Oldenbourg.
[2129] Stein, A. (1992): Ein Beitrag zur Gestaltung belüfteter Sandfänge. KA Korrespondenz Abwasser, 39, 4, 518–524.

[2130] Stein, C. (1937): Die landwirtschaftliche Verwertung städtischer Abwässer, Berlin, Heidelberg, Springer Berlin Heidelberg.
[2131] Stein, C. (1960): Ökonomische Betrachtungen über die Abwasserverregnung auf Viehweiden. Wasserwirtschaft Wassertechnik, 10, 11, 492–499.
[2132] Stein, D.; Möllers, K. (1987): Werkseitige Korrosionsschutzmaßnahmen für Abwasserrohre aus Beton oder Stahlbeton. KA Korrespondenz Abwasser, 34, 10, 1016–1026.
[2133] Stein, D. (2003): Grabenloser Leitungsbau, Berlin, Ernst & Sohn.
[2134] Stein, D.; Stein, R. (2014): Instandhaltung von Kanalisationen, Bochum, Stein.
[2135] Steinmann, G. A. (1990): The final sedimenation plant of a trickling filter: operation, efficiency and design. gwf Wasser/Abwasser, 131, 9, 480–489.
[2136] Steinmetz, H.; Wiese, J. (2005): Neue Konzepte zur Steuerung und Regelung von kommunalen SBR-Anlagen. gwf Wasser/Abwasser, 146, 3, 213–216.
[2137] Stein, S.; Walther, H. (2002): Die Membranbelebungsanlage von Markranstädt. Gas-Wasser-Abwasser, 82, 1, 49-55.
[2138] Steinwender (1944): Behelfsmäßige Chlorung mit Heberansaugung. gwf Wasser/Abwasser, 87, 2, 49-50.
[2139] Steinzeug Keramo (2016): Handbuch. Leitfaden für den Bau von Abwasserrohrsystemen, Frechen.
[2140] Stendahl, K.; Jäfverström, S. (2004): Recycling of sludge with the Aqua Reci process. Water Science and Technology, 49, 10, 233–240.
[2141] Stetar, E. A.; Boston, H. L.; Larsen, I. L.; Mobley, M. H. (1993): The Removal of Radioactive Cobalt, Cesium, and Iodine in a Conventional Municipal Wastewater Treatment Plant. Water Environment Research, 65, 5, 630–639.
[2142] Steuer, J. (1986): Behandlung der Gichtgas-Waschwässer von Hochöfen: Optimierung der betrieblichen Wasserwirtschaft durch neue und kostengünstige Verfahrenstechniken unter besonderer Berücksichtigung des Wasser- und Rohstoffrecyclings sowie der Gewässerentlastung und der Abfallbeseitigung, Dissertation. Gewässerschutz, Wasser, Abwasser, Band 87, Aachen, Gesellschaft zur Förderung der Siedlungswasserwirtschaft an der RWTH Aachen.
[2143] Stier, E.; Fischer, M. (1998): Klärwärter-Taschenbuch, München, Hirthammer.
[2144] Stobbe, G. (1964): Über das Verhalten von belebtem Schlamm in aufsteigender Wasserbewegung. Veröffentlichungen des ISAH, Band 18, Hannover.
[2145] Stobbe, G. (1969): Über den Schlammindex. Forum Städtehygiene, 20, 9, 222–224.
[2146] Stock, M. (2004): Mögliche Auswirkungen des Klimawandels auf die Wasserwirtschaft: 15.-16. September 2004 in Würzburg. Tagungsband der ATV-DVWK-Bundestagung. 1. Aufl., Hennef, ATV-DVWK.
[2147] Stotz, G.; Krauth, K. (2001): Wirkung von Regenklärbecken für die Reinigung von Niederschlagswasser. Gefördert mit Mitteln des Forschungsfonds von ATV-DVWK und GFA (Projekt 11/1998). KA Wasserwirtschaft, Abwasser, Abfall, 48, 5, 639 - 650.
[2148] Straub, H. (1951): Das Klär- und Kompostwerk der Stadt Baden-Baden. gwf Wasser/Abwasser, 92, 24, 323–332.
[2149] Straub, H. (1954): Das Kompostwerk Baden-Baden. gwf Wasser/Abwasser, 95, 12, 382-387.
[2150] Straub, H. (1956): Kompostierung städtischer Abfallstoffe: Erfahrungsbericht vom Kompostwerk Baden-Baden. Gesundheits-Ingenieur, 77, 19/20, 312–317.
[2151] Straub, H. (1958): Erfahrungsbericht über die Müll-Klärschlamm-Kompostierung. In: Bucksteeg, W. (Hrsg.): Die Bremer Tagung vom 18. bis 21. September 1957 und Landesgruppentagungen 1957, Berichte der ATV, Bd. 9, 146-153, München, Oldenbourg.
[2152] Strauch, D. (1998): Pathogenic Microorganisms in Sludge. Anaerobic Digestion and Disinfection Methods to Make Sludge Usable as Fertiliser. European Water Management, 1, 2, 12-26.
[2153] Strebel, O. J.; Engelbrecht, H. (1955): Neues Verfahren zur Vernichtung phenolhaltiger Gaswässer. Stahl und Eisen, 75, 6, 346–348.
[2154] Streeter, H. W.; Phelps, E. B. (1925): A study of the pollution and purification of the Ohio River: III. Factors concerned in the phenomena of oxidation and reaeration. U. S. Public Health Bulletin, 146.
[2155] Streeter, H. W. (1935): Measures of Natural Oxidation in Polluted Streams. I. The Oxygen Demand Factor. Sewage Works Journal, 7, 2, 251–279.

[2156] Streeter, H. W. (1935): Measures of Natural Oxidation in Polluted Streams. II. The Reaeration Factor and Oxygen Balance. Sewage Works Journal, 7, 3, 534–552.
[2157] Streeter, H. W. (1936): Measures of Natural Oxidation in Polluted Streams. III. An Experimental Study of Atmospheric Reaeration under Stream-Flow Conditions. Sewage Works Journal, 8, 2, 282–316.
[2158] Strom, P. F.; Jenkins, D. (1984): Identification and Significance of Filamentous Microorganisms in Activated Sludge. Journal Water Pollution Control Federation, 56, 5, 449–459.
[2159] Stuewer, U. (1959): Welche Forderungen müssen an die Detergentien gestellt werden? Kommunalwirtschaft, 9, 255–259.
[2160] Stumm, W.; Morgan, J. J. (1962): Stream pollution by algal nutrients. 12th Annual Conference on Sanitary Engineering, University of Kansas, Lawrence, Kansas.
[2161] Stumpf, M.; Ternes, T. A.; Haberer, K.; Seel, P.; Baumann, W. (1996): Nachweis von Arzneimittelrückständen in Kläranlagen und Fließgewässern. Vom Wasser, 86, 291–303.
[2162] Sturz, O. (1961). Deutsche Gewässerkundliche Mitteilungen, 135.
[2163] Sutherland, R. (1947): Tanning Industry. Industrial and Engineering Chemistry, 39, 5, 628-631.
[2164] Sutherland, R. (1949): Gerbereiabwasser: Industrial Wastes from Tanning Industry in: Industrial and Eng. Chem. Bd. 39 (1947), S. 628, Zeitschriften-Umschau. Gesundheits-Ingenieur, 70, 19/20, 348-349.
[2165] Svardal, K. (1994): Meß-, Regel- und Steuerungsstrategien. KA Korrespondenz Abwasser, 41, 9, 1586-1596.
[2166] Svardal, K.; Nikolavcic, B. (2008): Mischwasserbehandlung im Nachklärbecken. In: Kroiss, H. (Hrsg.): Biologische Abwasserreinigung - aktuelle Entwicklungen. ÖWAV-Seminar, Wien 2008, TU Wien, 7. - 8. Februar 2008, Wiener Mitteilungen, Bd. 208, Inst. für Wassergüte Ressourcenmanagement und Abfallwirtschaft, Wien, 207–228.
[2167] Swanwick, J. D.; Shurben, D. G. (1969): Effective chemical treatment for inhibition of anaerobic sewage sludge digestion due to anionic detergents. Journal of the Institute of Water Pollution Control (JIWPC), 68, 2, 190-202.
[2168] Switzenbaum, M. S. (Hrsg.) (1991): Anaerobic Treatment Technology for Municipal and Industrial Wastewaters: Proceedings of the IAWPRC international specialised workshop held in Valladolid, Spain, 24 - 26 September 1990. Water Science and Technology, Oxford u.a., Pergamon Press.
[2169] Sydney, R.; Esfandi, E.; Surapaneni, S. (1996): Control concrete sewer corrosion via the crown spray process. Water Environment Research, 68, 3, 338–347.
[2170] Symons, J. M., Lee, R. D., Robeck, G. G. (1970): Watershed Human-Use Level and Water Quality. Journal American Water Works Association, 62, 7, 412–422.
[2171] Symons, J. M. (1969): Water Quality Behavior in Reservoirs : A Compilation of Published Research, Cincinnati, Public Health Service Publication.
[2172] Tabasaran, O. (1970): Beim anaeroben Abbau organischer Stoffe erzielbare Gasmengen in Abhängigkeit vom Belastungsverhältnis. Gesundheits-Ingenieur, 91, 11, 327–329.
[2173] Tanaka, N.; Takenaka K. (1995): Control of hydrogen sulfide and degradation of organic matter by air Injection into a wastewater force-main. Water Science and Technology, 31, 7, 273–282.
[2174] Taylor, F. S. (1948): Use of chloroben for odor control. Sewage Works Journal, 20, 5, 917–920.
[2175] Tchobanoglous, G.; Maitski, F.; Thompson, K.; Chadwick, T. H. (1989): Evolution and performance of city of San Diego pilot-scale aquatic wastewater treatment system using water hyacinths. Journal Water Pollution Control Federation, 61, 11/12, 1625–1635.
[2176] Teichfischer T.; Ladiges, G. (1990): Kontinuierliche Messungen von Feststoffgehalten in Belebungsbecken und im Ablauf kommunaler Kläranlagen. gwf Wasser/Abwasser, 131, 10, 573–576.
[2177] Teichgräber, B.; Becker, A. E.; Frei, L. (1995): Versäuerung von Primärschlamm zur Unterstützung der vermehrten biologischen Phosphorelimination und der Denitrifikation. gwf Special Wasser/Abwasser, 136, 13, 36–43.
[2178] Teichgräber, B.; Stein, A.; Hermanns, U.; Patt, H. (1996): Flotationserscheinungen in vertikal durchströmten Nachklärbecken nach tiefen Belebungsbecken. KA Korrespondenz Abwasser, 43, 11, 1946-1953.
[2179] Teichgräber, B. (1998): Belebungsanlagen mit Aufstaubetrieb: Bemessung und Anwendung. KA Korrespondenz Abwasser, 45, 5, 886-892.

[2180] Teichgräber, B. (2000): Acidification of primary sludge to promote increased biological phosphorus elimination and denitrification. Water Science and Technology, 41, 9, 163–170.
[2181] Teichgräber, B.; Screff, D.; Ekkerlein, C.; Wilderer, P. A. (2001): SBR Technology in Germany - an overview, 43, 3, 323–330.
[2182] Teichgraeber, H.; Hälbich, E. (1941): Schlammfaulung in offenen Erdbecken. Gesundheits-Ingenieur, 64, 19, 278-281.
[2183] Teichgraeber, H. (1943): Die anaerobe Zersetzung von Klärschlamm mit besonderer Berücksichtigung der Gasmengen, Band 66, München, Oldenbourg.
[2184] Teichmann, H. (1997): Biologische und weitergehende Abwasserreinigung. ATV-Handbuch, Berlin, Ernst & Sohn.
[2185] Teletzke, G. H.; Gitchel, W. B.; Diddams, D. G.; Hoffman, C. A. (1967): Components of Sludge and Its Wet Air Oxidation Products. Journal Water Pollution Control Federation, 39, 6, 994–1005.
[2186] Teller, K. (1958): Die Wasserwirtschaft in der englischen Industrie (II. Teil). Wasser, Luft und Betrieb, 2, 1, 5.
[2187] Templeton, C. W. (1951): Cannery Waste Treatment and Disposal. Sewage and Industrial Wastes, 23, 12, 1540–1545.
[2188] Tenney, M. W.; Stumm, W. (1965): Chemical flocculation of microorganisms in biological waste treatment. Journal Water Pollution Control Federation, 37, 10, 1370–1388.
[2189] Ternes, T. A. (1998): Occurence of drugs in German sewage treatment plants and rivers. Water Research, 32, 11, 3245–3260.
[2190] Terzioglu, K.; A. Peter; F. Sarfert (1987): Regenklärbecken am Dianasee in Berlin. Ein Pilotprojekt mit dem Son- derprogramm zur Verbesserung der Wassergüte der Berliner Seen. KA Korrespondenz Abwasser, 34, 12, 1296-1302.
[2191] Teschner, K.; Maciel, N.; Hegemann, W. (2004): Kolmation von vertikal durchströmten Pflanzenkläranlagen : Prozesse und Ursachen. gwf Wasser/Abwasser, 145, 1, 26–35.
[2192] Thackston, E. L., Speece, R. E. (1966): Review of supplemental reaeration of flowing streams. Journal Water Pollution Control Federation, 38, 1614–1622.
[2193] Theilen, U.; Luthardt-Behle, T. (2004): Untersuchungen an einem neu entwickelten belüfteten Walzensandfang mit Rundprofil. KA Korrespondenz Abwasser, 51, 5, 511–516.
[2194] Thépot, O. (2012): Experimentelle Beurteilung der Standsicherheit von begehbaren Sammlern mit dem MAC-Prüfsystem. 3R international, 3/4, 249–257.
[2195] Thierbach, R. D.; Hanssen, H. (2002): Utilisation of energy from digester gas and sludge incineration at Hamburg's Köhlbrandhöft WWTP. Water Science and Technology, 46, 4-5, 397–403.
[2196] Thistlethwayte, D. K. B. (1972): The control of sulphides in sewerage systems, Sydney, Butterworths.
[2197] Thöle, D.; Böcker, K. (2003): Ergebnisse von Energieanalysen beim Wupper- und Ruhrverband. In: Dohmann, M. (Hrsg.): 36. Essener Tagung für Wasser- und Abfallwirtschaft, Gewässerschutz, Wasser, Abwasser, Bd. 190, 15/1-15/11, Aachen, Gesellschaft zur Förderung der Siedlungswasserwirtschaft an der RWTH Aachen.
[2198] Thöle, D.; Utecht, K.-U.; Schmitt, F. (2004): Praktische Erfahrungen mit der Umsetzung von Energiesparmaßnahmen auf Kläranlagen. KA Korrespondenz Abwasser, 51, 6, 619–624.
[2199] Thöle, D.; Schmitt, F.; Utecht, K.-U. (2007): Energieeffizienz auf Kläranlagen des Ruhrverbands. In: Pinnekamp, J. (Hrsg.): Wissenschaftlich-Technische Mitteilungen des Intituts zur Förderung der Wassergüte- und Wassermengenwirtschaft. Band 6, Gewässerschutz, Wasser, Abwasser, Band 209, Gesellschaft zur Förderung der Siedlungswasserwirtschaft an der RWTH Aachen, Aachen, 19.
[2200] Thöle, D.; Schmitt, F.; Grünebaum, T.; Evers, P. (2008): Themenschwerpunkt Energie beim Ruhrverband. KA Korrespondenz Abwasser, 55, 6, 651–660.
[2201] Thöle, D.; Grünebaum, T.; Schmitt, F.; Lorenz, G. (2011): Energie- und CO2-Bilanz eines Wasserverbands. KA Korrespondenz Abwasser, Abfall, 58, 6, 542–548.
[2202] Thomann, M.; Rieger, L.; Frommhold, S.; Siegrist, H.; Gujer, W. (2002): An efficient monitoring concept with control charts for on-line sensors. Water Science and Technology, 46, 4-5, 107–116.
[2203] Thomas, E. A. (1969): Die Elimination der Phosphorverbindungen aus dem Abwasser. In: Abwassertechnische Vereinigung (Hrsg.): Europäisches Abwassersymposium München 1969, Berichte der ATV, Bd. 23, 253-257, Bonn, Gesellschaft zur Förderung der Abwassertechnik (GFA).

[2204] Thomas, E. A. (1971): Behandlung von Gemeindeabwässern mit 3. Reinigungsstufe vor Einleitung in Seen (Zürichsee). In: Böhnke, B. (Hrsg.): Gefährdung und Schutz von Grund- und Oberflächenwässern, Gewässerschutz, Wasser, Abwasser, Bd. 4, 339–349, Mondorf (Bonn), Krupinski.
[2205] Thomas, G. (1973): Die Verbrennung von Klärschlamm, ein aktuelles Problem. Chemie Ingenieur Technik, 45, 9-10, 716-723.
[2206] Thomas, M. P. (2008): The secret to achieving reliable biological phosphorus removal. Water Science and Technology, 58, 6, 1231–1236.
[2207] Thorbecke, F. (1962): Die Wasser des Bodensees im Luftbild. gwf Wasser/Abwasser, 103, 30, 787–790.
[2208] Thyen, E.; Mecke, P.; Pasch, J. (1994): Betriebserfahrungen mit der UV-Bestrahlung von biologisch gereinigtem Abwasser. Wasser und Boden, 46, 5, 333–351.
[2209] Tilche, A.; Galatola, M. (2008): The potential of bio-methane as bio-fuel/bio-energy for reducing greenhouse gas emissions: a qualitative assessment for Europe in a life cycle perspective. Water Science and Technology, 57, 11, 1683–1692.
[2210] Tischer, W. (1978): Belebtschlamm-Eindickung im Klärwerk München-Großlappen. Abwassertechnik mit Abfalltechnik, 34-36.
[2211] Tolksdorf, J.; Cornel, P. (2017): Semicentralized greywater and blackwater treatment for fast growing cities: how uncertain influent characteristics might affect the treatment processes. Water Science and Technology, 75, 7, 1722–1731.
[2212] Torpey, W. N. (1948): Practical Results of Step Aeration. Sewage Works Journal, 20, 5, 781-788.
[2213] Torpey, W. N. (1954): Concentration of Combined Primary and Activated Sludge in Separate Thikening Tanks. Proceedings of the American Society of Civil Engineers, 80, 1, 443.
[2214] Torpey, W. N.; Chasick, A. H. (1955): Principles of Activated Sludge Operation. Sewage and Industrial Wastes, 27, 11, 1217–1233.
[2215] Townend, C. B. (1961): Recent Middlesex Developments in Mechanization and Automation of Sewage Plant Operation. Journal and Proceedings. The Institute of Sewage Purification, 60, Part 4, 273-293.
[2216] Trautmann, N.; Hinken, L.; Borchmann, A.; Rosenwinkel, K.-H. (2016): Anaerobtechnik zur Behandlung von Abwasser der Hefeindustrie. 13. Hannoversche Industrieabwassertage, Hannover.
[2217] Trebler, H. A.; Harding, H. G. (1955): Fundamentals of the Control and Treatment of Dairy Waste. Sewage and Industrial Wastes, 27, 12, 1369–1382.
[2218] Triebel, W. (1961): Erfahrungen über die landwirtschaftliche Verwertung von Klärschlamm. Die Wasserwirtschaft, 51, 10, 264–267.
[2219] Triebel, W.; Peil, G. (1967): Die Schlammbehandlung auf dem Gruppenklärwerk I des Niersverbandes. gwf Wasser/Abwasser, 108, 18, 495–506.
[2220] Tritt, W. P.; Martin, J. (1991): Behandlung von flüssigen und festen Schlachthofabfällen: Literaturstudie. Veröffentlichungen des ISAH, Band 81, Hannover, ISAH.
[2221] Tritt, W. P. (1992): Anaerobe Behandlung von flüssigen und festen Abfällen aus Schlacht- und Fleischverarbeitungsbetrieben. Veröffentlichungen des ISAH, Band 83, Hannover, ISAH.
[2222] Trobisch, K. H. (1992): Recent Developments in the Treatment of Chemical Waste Water in Europe. Water Science and Technology, 26, 1-2, 319–332.
[2223] Trüb, C. L.; Althaus, H.; Posch, J. (1961): A bacterial gastroenteritis epidemic and the dry weather period in the Ruhr water supply area in late fall and winter of 1959/1960 in the North Rhine - Westphalia area. Archiv für Hygiene und Bakteriologie, 145, 6, 302–320.
[2224] Trubnick, E. H.; Mueller, P. K. (1958): Sludge Dewatering Practice. Sewage and Industrial Wastes, 30, 11, 1364-1378.
[2225] Tuttahs, G. (1988): Förderung von Abwasser. Maschinelle Einrichtungen zur Förderung kleinerer Zuflüsse. KA Korrespondenz Abwasser, 35, 10, 998-1006.
[2226] Tyagi, U. N.; Bowen, P. T. (1989): Polymer Characteristics and Attachment Sites in the Sludge Matrix. Water Science and Technology, 21, 8-9, 899–908.
[2227] U.S. Environmental Protection Agency (1987): Design Manual: Phosphorus Removal: Report # EPA/621/1-87/00 1, Cincinnati, OH, U.S. Environmental Protection Agency.
[2228] Udert, K. M.; Wächter, M. (2012): Complete nutrient recovery from source-separated urine by nitrification and distillation. Water Research, 46, 2, 453–464.

[2229] Uhl, M.; Langner, J.; Henrichs, M. (2013): Bilanzierung des Wasserhaushalts in Siedlungen. In: Steinmetz, H. u. Dittmer, U. (Hrsg.): Management des urbanen Wasserhaushalts - mehr als nur Kanalnetzplanung, Stuttgarter Berichte zur Siedlungswasserwirtschaft, Band 217, 91–118, München, DIV Deutscher Industrieverlag.
[2230] Uhlmann, D.; Klose, J. (1959): Wirkungsweise und Anwendungsmöglichkeiten von Oxidationsteichen. Wasserwirtschaft Wassertechnik, 9, 11, 502–509.
[2231] Ullrich, A. H.; Smith, M. W. (1957): Operation experience with activated sludge-biosorption at Austin, Texas. Sewage and Industrial Wastes, 29, 4, 400–413.
[2232] Umweltbundesamt (2003): Bewertung der Anwesenheit teil- oder nicht bewertbarer Stoffe im Trinkwasser aus gesundheitlicher Sicht. Bundesgesundheitsblatt - Gesundheitsforschung - Gesundheitsschutz, 46, 3, 249–251.
[2233] Umweltbundesamt (2016): Die Wasserrahmenrichtlinie – Deutschlands Gewässer 2015, Berlin, Umweltbundesamt.
[2234] Umweltbundesamt Hrsg. (2005): Merkblatt zu den besten verfügbaren Techniken für die Oberflächenbehandlung von Metallen und Kunststoffen nach der Industrie-Emissionen-Richtlinie 2010/75/EU. Umweltbundesamt, Berlin.
[2235] Umweltbundesamt Hrsg. (2012): Merkblatt über die Besten Verfügbare Techniken in der Eisen- und Stahlerzeugung nach der Industrie-Emissionen-Richtlinie 2010/75/EU. Umweltbundesamt, Berlin.
[2236] UNESCO (2015): The United Nations world water development report 2015: Water for a sustainable world. United Nations, Paris.
[2237] Unger, P. (1988): Tabellen zur hydraulischen Dimensionierung von Abwasserkanälen und -leitungen. DN 100-4000, DN 300/450-1400/2100. Nach ATV-Arbeitsblatt A 110 mit kb(mm)-Werten 0,1; 0,25; 0,50; 0,75; 1,50, Lich, Ingwis.
[2238] United Nations Development Programme (2006): Human development report: Beyond scarcity: power, poverty and the global water crisis. UNDP, New York.
[2239] Universität Duisbrug-Essen (2017): Darstellung neuer Verfahren zur Fließgewässerbewertung anhand von Makrozoobenthos in Deutschland. http://www.fliessgewaesserbewertung.de/
[2240] Urban, U.; Heilmann, A.; Freystein, J. (2004): Ergebnisse der linearen und feinblasigen Belüftung einer Druckleitung zur Vermeidung von Geruchsemissionen und Korrosion. KA Korrespondenz Abwasser, Abfall, 51, 4, 372–375.
[2241] US EPA (2007): Chesapeake Bay Watershed, Virginia. Watershed-Based General Permit for Nutrient Discharges and Nutrient Trading. http://www.theexchangeassociation.org/wp-content/uploads/sites/8/2014/01/5.-EPA-Case-Study-Watershed-Based-Permitting-in-Chesapeake-Bay.pdf
[2242] US Government (2002): Federal Water Pollution Control Act (27.11.2002).
[2243] USEPA (2012): Guidelines for water reuse. EPA/600/R-12/618, Washington, Cincinnati, US Environmental Protection Agency.
[2244] van Appeldorn, W.; Widmann, W. (2002): Optimierung der biologischen Phosphorelimination auf der Kläranlage Innsbruck. KA Korrespondenz Abwasser, 49, 2, 223–227.
[2245] van de Graaf, Astrid A. (1991): Biological oxidation of ammonium under anoxic conditions: Anammox process. In: Blažej, A. (Hrsg.): Environmental biotechnology. Proceedings of the International Symposium on Biotechnology, Bratislava, Czecho-Slovakia, June 27 - 29, 1990, Studies in Environmental Science, Bd. 42, 667–670, Amsterdam u.a., Elsevier.
[2246] van de Graaf, Astrid A.; Bruijn, P. d.; Robertson, L. A.; Jetten, M. S. M.; Kuenen, J. G. (1996): Autotrophic growth of anaerobic ammonium-oxidizing microorganisms in a fluidized bed reactor. Microbiology, 142, 2187–2196.
[2247] van de Kraats, J. A. (1994): Rehabilitation of the River Rhine. Water Science and Technology, 29, 3
[2248] van der Pas, A. (1986): Abwasserreinigung durch die Kombination physikalischer und biologischer Technologien. KA Korrespondenz Abwasser, 33, 10, 916-920.
[2249] van Lier, J. B. (2008): High-rate anaerobic wastewater treatment: diversifying from end-of-the-pipe treatment to resource-oriented conversion techniques. Water Science and Technology, 57, 8, 1137–1148.

[2250] van Niekerk, A.; Kawahigashi, J.; Reichlin, D.; Malea, A.; Jenkins, D. (1987): Foaming in Anaerobic Digesters: A Survey and Laboratory Investigation. Journal Water Pollution Control Federation, 59, 5, 249–253.
[2251] van Vuuren, L. R. J., Henzen, M. R., Stander, G.J., Clayton, A. (1970): The Full-scale relcamation of purified sewage effluent for the augmentation of the domestric supplies of the city of Windhoek. Proc. Int. Conf. Water Pollut. Res., I-32/1-I-32/9.
[2252] Vanrolleghem, P.; Borchardt, D.; Henze, M.; Rauch, W.; Reichert, P.; Shanahan, P.; Somlyódy, L. (2001): River water quality model no. 1 (RWQM1): III. Biochemical submodel selection. Water Science and Technology, 45, 3, 31–40.
[2253] Vanrolleghem, P. A.; Lee, D. S. (2003): On-line monitoring equipment for wastewater treatment processes: state of the art. Water Science and Technology, 47, 2, 1–34.
[2254] Vater, W. (1964): Öl in Klärwerken. gwf Wasser/Abwasser, 105, 38, 1045–1047.
[2255] Vater, W. (1980): Ist die Schlammverbrennung in der gegenwärtigen Phase der Energieverkanppung noch vertretbar? KA Korrespondenz Abwasser, 27, 2, 137-141.
[2256] Veatch, N. T. (1948): Industrial Uses for Reclaimed Sewage Effluents. Sewage Works Journal, 20, 1, 3–11.
[2257] Veatch, N. T. (1948): Industrial Uses of Reclaimed Sewage Effluents. Sewage Works Journal, 20, 1, 3–11.
[2258] Veatch, N. T. (1948): Industrial Uses of Reclaimed Sewage Effluents. Journal American Water Works Association, 40, 1, 1–7.
[2259] Veits, G. (1977): Einfluß der Vorklärung auf die biologische Stufe und auf die Wirtschaftlichkeit von Belebungsanlagen. Schriftenreihe "Berichte aus der Siedlungswasserwirtschaft", Band 18, München, Technische Universität München.
[2260] Veit, W. (1967): Der "Nordstadtsammler" in Hannover. gwf Wasser/Abwasser, 108, 16, 418–425.
[2261] Veitwisch, D. (2004): Abwasserrechtliche Auswirkungen der Richtlinie des Rates 96/61/EG über die integrierte Vermeidung und Verminderung der Umweltverschmutzung (IVU-Richtlinie). In: Dohmann, M. (Hrsg.): 37. Essener Tagung für Wasser- und Abfallwirtschaft, Gewässerschutz, Wasser, Abwasser, Bd. 193, 27/1-27/7, Aachen, Gesellschaft zur Förderung der Siedlungswasserwirtschaft an der RWTH Aachen.
[2262] Verband Schweizer Abwasser- und Gewässerschutzfachleute (1995): Richtlinie für den Einsatz, die Auswahl und die Bemessung von Kleinkläranlagen. Verband Schweizer Abwasser- und Gewässerschutzfachleute, Glattbrugg.
[2263] Verband Schweizer Abwasser- und Gewässerschutzfachleute (2010): Energie in ARA (2008/2010). Verband Schweizer Abwasser- und Gewässerschutzfachleute, Glattbrugg.
[2264] Verein Deutscher Ingenieure (1980): VDI-Richtlinie 2443: Abgasreinigung durch oxidierende Gaswäsche (1980).VDI Verlag, Düsseldorf.
[2265] Verein Deutscher Ingenieure (1985): VDI-Richtlinie 3478: Biologische Abluftreinigung Biowäscher (1985).VDI Verlag, Düsseldorf.
[2266] Verein Deutscher Ingenieure (1987): VDI-Richtlinie 2442: Abgasreinigung durch thermische Verbrennung (1987).VDI Verlag, Düsseldorf.
[2267] Verein Deutscher Ingenieure (1989): Biologische Abgasreinigung: Praktische Erfahrungen und Neue Entwicklungen, VDI-Berichte 735, Congress Köln 23. and 24. May 1989, Düsseldorf, VDI Verlag.
[2268] Verein Deutscher Ingenieure (2006): VDI 3940 Blatt 1: Bestimmung von Geruchsstollimmissionen durch Begehungen - Bestimmung der Immissionshäuligkeit von erkennbaren Gerüchen - Rastermessung (Februar 2006).
[2269] Verein Deutscher Ingenieure (2011): VDI 3880: Olfaktometrie – Statische Probenahme (Oktober 2011).
[2270] Verein Deutscher Ingenieure (2017): VDI 3885 Blatt 1: Olfaktometrie – Messung des Geruchs-Emissions-Potenzials von Flüssigkeiten (Juni 2017).VDI-Verlag, Düsseldorf.
[2271] Verwaltungs-Berufsgenossenschaft (1997): BGV B3: Unfallverhütungsvorschrift: Lärm (01.10.1997).C.L. Rautenberg-Druck, Glückstadt.
[2272] Verworn, H.-R.; Assheuer, J. (2005): Das neue Berechnungsverfahren für die 5- und 10-Minuten-Werte in KOSTRA. KA Korrespondenz Abwasser, 52, 12, 1335–1343.

[2273] Verworn, H.-R. (2008): Flächenabhängige Abminderung statistischer Regenwerte. KW Korrespondenz Wasserwirtschaft, 1, 9, 493–498.
[2274] Viehl, K. (1934): The Effect of Temperature and of Season on Biological Sewage Purification. Zentralblatt fur Bakteriologie, Parasitenkunde, Infektionskrankheiten und Hygiene, Abt. II, 91, 14–39.
[2275] Viehl, K. (1937): Reinigungswirkung eines künstlichen Sees. Die Städtereinigung, 37, 430–433.
[2276] Viehl, K. (1942): Über die Reinigung von häuslichem Abwasser durch Ausfaulen. Gesundheits-Ingenieur, 65, 47/48, 394–397.
[2277] Viehl, K. (1950): Zur Frage der Abwasserverwertung. Gesundheits-Ingenieur, 71, 7/8, 126–133.
[2278] Viehl, K.; Mudrack, K.; Neumann, H. (1963): Erfahrungen mit Belebungs- und Oxydationsgräben in Niedersachsen. Gesundheits-Ingenieur, 84, 9, 260–268.
[2279] Vogt, M. (1986): Belüftete Abwasserteiche - Verfahrenstechnische Unterschiede bei Ein- satz verschiedener Belüftungssysteme. KA Korrespondenz Abwasser, 33, 1, 40-42.
[2280] Voigt, G. (1962): Probleme der Wasserversorgung und Abwasserbeseitigung in der Faserplattenindustrie. Wasserwirtschaft Wassertechnik, 12, 3, 96–101.
[2281] Vollenweider, R. A. (2013): Coastal marine eutrophication: principles and control. In: Vollenweider, R. A. (Hrsg.): Marine Coastal Eutrophication. Proceedings of an International Conference, Bologna, Italy, 21-24 March 1990, Elsevier Science, Burlington, 1–20.
[2282] Vollenweider, R. A. (Hrsg.) (2013): Marine Coastal Eutrophication: Proceedings of an International Conference, Bologna, Italy, 21-24 March 1990, Burlington, Elsevier Science.
[2283] Voss, K. (1985): Erfahrungen mit Abwasserteichen in Schleswig-Holstein. In: Böhnke, B. (Hrsg.): Gewässerschutz und Abwasserreinigung als komplexe Aufgabe: was ist nötig und was ist machbar?, Gewässerschutz, Wasser, Abwasser, Bd. 69, 193–207, Aachen, Gesellschaft zur Förderung der Siedlungswasserwirtschaft an der RWTH Aachen.
[2284] Vrdjburg, R. (1964): Separation of sand and sewage sludge by hydrocyclone. gwf Wasser/Abwasser, 105, 1343–1344.
[2285] VSA-Plattform "Verfahrenstechnik Mikroverunreinigungen" (2016). https://www.micropoll.ch/aktuell/, abgerufen am: 18.08.2016.
[2286] Wagner, F. (1982): Ursachen, Verhinderung und Bekämpfung der Blähschlammbildung in Belebungsverfahren. Stuttgarter Berichte zur Siedlungswasserwirtschaft, Band 76, München, Oldenbourg.
[2287] Wagner, G. (2010): Waschmittel: Chemie, Umwelt, Nachhaltigkeit, Weinheim, Wiley-VCH.
[2288] Wagner, H. (1950): Die Bewertung von Abwassereinleitungen. Gesundheits-Ingenieur, 71, 5-6, 73–78.
[2289] Wagner, H. (1958): Versuche mit der künstlichen Flußwasserbelüftung. Deutsche Gewässerkundliche Mitteilungen, 4, 73–79.
[2290] Wagner, J. (2003): Optimierung von Druckbelüftungssystemen in der Abwasserbehandlung. Veröffentlichungen des ISAH, Band 122, Hannover, Technische Universität Hannover.
[2291] Wagner, J. (2016): Mikroschadstoffe im Gewässer – Schritte zu einer nationalen Mikroschadstoffstrategie. Wasser und Abfall, 18, 3, 25–28.
[2292] Wagner, M.; Pöpel, H. J. (1995): Möglichkeiten der Kosteneinsparung bei Abwasserbehandlungsanlagen - eine Übersicht. In: Verein zur Förderung des Instituts für Wasserversorgung, Abwasserbeseitigung und Raumplanung der Technischen Hochschule Darmstadt (Hrsg.): Möglichkeiten und Grenzen der Einsparung von Investitions- und Betriebskosten bei der Abwasserbehandlung. 47. Darmstädter Seminar - Abwassertechnik, Schriftenreihe WAR, Bd. 86, 1–24, Darmstadt, Bibliothek des Inst. WAR.
[2293] Wagner, M. (1997): Sauerstoffeintrag und Sauerstoffertrag von Belüftungssystemen und deren Bestimmung mit modernen Meßmethoden. Schriftenreihe WAR, Band 100, Darmstadt, Technische Universität Darmstadt.
[2294] Wagner, M. (1998): Belüftungstechnik in Europa - Stand und Perspektiven. In: Verein zur Förderung des Instituts für Wasserversorgung, Abwasserbeseitigung und Raumplanung der TH Darmstadt (Hrsg.): Fortschritte in der Abwassertechnik. 15 Jahre Forschungs- und Entwicklungstätigkeit von Prof. Dr.-ing H. Johannes Pöpel, Schriftenreihe WAR, Bd. 109, Bibliothek des Inst. WAR, Darmstadt, 3-36.
[2295] Wagner, M. (2001): Neues zur Belüftungstechnik: Probleme, Lösungsmöglichkeiten, Entwicklungen, mit Ausstellung : 64. Darmstädter Seminar--Abwassertechnik. Schriftenreihe WAR, Band 134,

Darmstadt [Germany], Verein zur Förderung des Instituts WAR, Wasserversorgung, Abwassertechnik, Abfalltechnik, Umwelt- und Raumplanung der Technischen Hochschule Darmstadt.
[2296] Wagner, M.; Hoeßle, R. von (2002): Belagsbildung auf Druckluftbelüftungselementen mit EPDM-Membranen. gwf Wasser/Abwasser, 143, 9, 648–653.
[2297] Wagner, M.; Loock, P. (2006): Neue maschinen- und verfahrens technische Möglichkeiten zur Einsparung von Betriebskosten bei der Abwasserbehandlung: 78. Darmstädter Seminar Abwassertechnik. Schriftenreihe WAR, Band 176, Darmstadt, Technische Universität Darmstadt.
[2298] Wagner, W. (2000): Stellenwert der Nutzungsdauer von Abwasseranlagen unter Kostengesichtspunkten. KA Korrespondenz Abwasser, 47, 7, 1036–1047.
[2299] Wagner, W. (2004): Wirtschaftlichkeitsbetrachtungen zum Einsatz von Pflanzenkläranlagen. gwf Wasser/Abwasser, 145, 4, 238–250.
[2300] Wahl, A. J.; Larson, C. C.; Neighbor, J. B.; Cooper, T. W.; Katz, W. J.; Wirts. J. J.; St. Sebesta, J.; Hanlon, J. B. (1964): 1963: Operators' Forum. Journal Water Pollution Control Federation, 36, 4, 401–433.
[2301] Wahl, A. J.; Larson, C. C.; Neighbor, J. B.; Cooper, T. W.; Katz, W. J.; Wirts, J. J.; Sebesta, S. J.; Hanlon, J. B. (1964): 1963: Operator's Forum. Journal Water Pollution Control Federation, 36, 4, 401–433.
[2302] Waldhoff, A., Borchardt, D. (2004): Immissionsbezogene Nachweisverfahren niederschlagsbedingter Gewässerbelastungen: Welche Maßnahmen zu welchen Kosten? KA Korrespondenz Abwasser, 51, 10, 1082–1088.
[2303] Walther, K. A. (1964): Wasser, bedrohtes Lebenselement, Zürich, Montana-Verlag.
[2304] Wandl, G.; Kroiss, H.; Svardal, K. (2006): The main wastewater treatment plant of Vienna: an example of cost effective wastewater treatment for large cities. Water Science and Technology, 54, 10, 79–86.
[2305] Wanner, J. (1994): Activated Sludge Bulking and Foaming Control, Basel, Technomic Publishing AG.
[2306] Wasmund, N. (2007): Cyanobakterienentwicklung in der Ostsee. gwf Wasser/Abwasser, 148, 7/8, 543–547.
[2307] Wasserchemische Gesellschaft in der GDCh; Deutsches Institut für Normung (1993): Deutsche Einheitsverfahren zur Wasser-, Abwasser- und Schlamm-Untersuchung: Physikalische, chemische, biologische und bakteriologische Verfahren, Weinheim, VCH.
[2308] Water Environment Federation (Hrsg.) (1996): Operation of municipal wastewater treatment plants. Manual of practice, Band 11, Alexandria, VA (USA), WEF.
[2309] Water Environment Federation (2010): Design of municipal wastewater treatment plants. ASCE manual and report on engineering practice, Band 76, New York, McGraw-Hill.
[2310] Water UK (2014): A revision of the Water Framework Directive, London. http://www.water.org.uk/publications/policy-positions-and-briefings/revision-water-framework-directive, abgerufen am: 16.08.2017.
[2311] Weber, B. (1990): Minimierung von Emissionen der Deponien, Dissertation. Veröffentlichungen des ISAH, Band 74, Hannover, ISAH.
[2312] Weber, W. (1964): Die Einfluss von Schlachthofabwässern auf die Gestaltung städtischer Entwässerungsnetze und Sammelkläranlagen. Stuttgarter Berichte zur Siedlungswasserwirtschaft, Band 14, München, Oldenbourg.
[2313] Wedi, D.; Resch, H. (2003): Entkeimung von Kläranlagenabläufen mit dem Membranbelebungsverfahren - Pilotprojekt Monheim. In: Pinnekamp, J. (Hrsg.): Abwasserdesinfektion und energetische Optimierung als zukünftige Aufgabe der Siedlungswasserwirtschaft : 78. Siedlungswasserwirtschaftliches Kolloquium am 09. Oktober 2003, Stuttgarter Berichte zur Siedlungswasserwirtschaft, Bd. 174, 79-90, Stuttgart, Oldenbourg Industrieverlag.
[2314] Wedi, D.; Joss, A. (2008): Dimensioning of membrane bioreactors for municipal wastewater treatment. Water Science and Technology, 57, 6, 829–835.
[2315] Weicker, G. (1938): Der Muldenstausee bei Glauchau. Gesundheits-Ingenieur, 61, 40, 582–585.
[2316] Weismann, D. (1999): Kommunale Abwasserpumpwerke, Essen, Vulkan-Verlag.
[2317] Weiß, G.; Brombach, H. (2004): Kritische Bewertung der Immissionsbelastung der Gewässer durch Regenwassereinleitungen. In: Dohmann, M. (Hrsg.): 37. Essener Tagung für Wasser- und Abfallwirt-

schaft, Gewässerschutz, Wasser, Abwasser, Bd. 193, 20/1-20/11, Aachen, Gesellschaft zur Förderung der Siedlungswasserwirtschaft an der RWTH Aachen.

[2318] Weiß, G. (2009): Schwimmstoffrückhalt in Regenbecken mit Tauchwänden: Prof. Dr.-Ing. habil. Hansjörg Brombach nachträglich zum 65. Geburtstag gewidmet. KA Korrespondenz Abwasser, 56, 5, 474–480.

[2319] Weiß, G. (2014): Innovative use of lamella clarifiers for central stormwater treatment in separate sewer systems. Water Science and Technology, 69, 8, 1606–1611.

[2320] Welker, A. (2005): Schadstoffströme im urbanen Wasserkreislauf – Aufkommen und Verteilung, insbesondere in den Abwasserentsorgungssystemen, Habilitationsschrift. Schriftenreihe des FG Siedlungswasserwirtschaft, Band 20, Kaiserslautern.

[2321] Weltin, D.; Gehring, M.; Tennhardt, L.; Vogel, D.; Busch, K.; Hegemann, W.; Bilitewski, B. (2003): Vorkommen und Eliminierung von Bisphenol A in ausgewählten deutschen Kläranlagen. Wasser und Boden, 55, 1/2, 29–35.

[2322] Werner, T. (1998): Beitrag zur Bemessung von einstufigen Belebungsanlagen mit Kaskadendenitrifikation, Dissertation, Berlin.

[2323] Werther, J. (2003): Aktuelle Entwicklungen bei der thermischen Behandlung von Klärschlamm. KA Korrespondenz Abwasser, 50, 6, 784–791.

[2324] Wessel, M.; Bode, H. (2001): Betriebserfahrungen mit der Klärschlammtrocknung Hattingen des Ruhrverbandes. gwf Wasser/Abwasser, 142, 10, 689–697.

[2325] Westlund, Å. D.; Hagland, Eva, Rothman, Maria (1998): Operational aspects on foaming in digesters caused by microthrix parvicella. Water Science and Technology, 38, 8-9, 29–34.

[2326] Wett, B.; Dengg, J. (2001): Anpassung der Verbandskläranlage Achental - Inntal - Zillertal durch separate Trübwasserbehandlung. In: Wiener Mitteilungen, Band 166, Wien, 385–408.

[2327] Wett, B. (2007): Development and implementation of a robust deammonification process. Water Science and Technology, 56, 7, 81–88.

[2328] Weyand, M.; Willems, G. (1999): Behandlung von Niederschlagswasser in Mischsystemen. gwf Wasser/Abwasser, 140, 12, 816–826.

[2329] Weyand, M.; Schilling, W.; Broll-Bickhardt, J. (2000): Wirtschaftlichkeit und Effektivität der Kanalnetzsteuerung. KA Korrespondenz Abwasser, 47, 2, 223-232.

[2330] Weyand, M. (2001): Regelungstechnische Aspekte bei der Abflusssteuerung in Kanalnetzen. KA Wasserwirtschaft, Abwasser, Abfall, 48, 6, 835–843.

[2331] Weyand, M.; Xanthopoulos, C.; Schilling, W. (2003): Auswertung von Messdaten an Mischwasserentlastungsanlagen zur Beurteilung der Steuerungswürdigkeit von Mischkanalisationen. KA Korrespondenz Abwasser, 50, 1, 33–38.

[2332] Weyand, M.; Nusch, E. A.; Redeker, M. (2004): Die Durchgängigkeit von Gewässersystemen – Konzeptionelle Überlegungen zu deren Wiederherstellung am Beispiel des Ruhreinzugsgebietes. gwf Wasser/Abwasser, 145, 9, 605–611.

[2333] Weyand, M. (2006): Die ökonomische Bedeutung der WRRL für Abwasserentsorger. In: Rumm, P., Keitz, S. von u. Schmalholz, M. (Hrsg.): Handbuch der EU-Wasserrahmenrichtlinie. Inhalte, Neuerungen und Anregungen für die nationale Umsetzung, Erich Schmidt, Berlin, 445–460.

[2334] Weyand, M.; Grünebaum, T. (2008): Der gute Gewässerzustand als Zielvorgabe - von Einzelmaßnahmen zu einer gewässersystemaren Entwicklung. In: Lehrstuhl und Versuchsanstalt für Wasserbau und Wasserwirtschaft der TU München (Hrsg.): Fachtagung Gewässermorphologie & EU-WRRL, 48–57.

[2335] Weyand, M.; Podraza, P. (2017): Der Fluch der guten Tat - Ursachen des übermäßigen Pflanzenwachstums in den Ruhrstauseen und seine Auswirkungen auf die Freizeitnutzung. In: Pinnekamp, J. (Hrsg.): 50. Essener Tagung für Wasser- und Abfallwirtschaft, Gewässerschutz, Wasser, Abwasser, Band 245, 9/1-9/15, Aachen, Gesellschaft zur Förderung der Siedlungswasserwirtschaft an der RWTH Aachen.

[2336] Weyrauch, W. (1977): Zusammenhänge zwischen Fällungsbedingungen und Schlammeigenschaften bei der Phosphatelimination aus Abwässern, Dissertation, Darmstadt, Technische Hochschule Darmstadt.

[2337] Wheatley, A. D.; Fisher, M. B.; Grobicki, A. M. W. (1997): Application of Anaerobic Digestion for the Treatment of Industrial Wastewaters in Europe. Journal of the Chartered Institution of Water and Environmental Management, 11, 1, 39-46.
[2338] WHO (1989): Health guidelines for the use of wastewater in agriculture and aquaculture, Report of a WHO scientific group. World Health Organization Technical Report Series, Band 778, Geneva, Albany, WHO.
[2339] WHO (2006): Wastewater use in agriculture. Guidelines for the safe use of wastewater, excreta and greywater, Band 2, Geneva, World Health Organization.
[2340] Wichern, M. (2000): Bemessung und Nachrechnung von Belebungsanlagen verschiedener Verfahrensweisen, Dissertation. Veröffentlichungen des ISAH, Band 112, Hannover, ISAH.
[2341] Wiebusch, B.; Seyfried, C. F.; Johnke, B.; Credo, S. (1997): Stand der Mono-Klärschlammverbrennung in Deutschland. KA Korrespondenz Abwasser, 44, 3, 473-492.
[2342] Wiebusch, B.; Coverdale, S. (2002): Klärschlammverwertung und -entsorgung bei der Northumbrian Water im Nordosten Englands. KA Korrespondenz Abwasser, 49, 1, 66–75.
[2343] Wiechers, H. N. S. (Hrsg.) (1983): Phosphate Removal in Biological Processes: Proceedings of a Seminar held in Pretoria, Republic of South Africa, 5-6 April, 1982. Water Science and Technology, Oxford u.a., Pergamon Press.
[2344] Wiegmann, D. H. (1952): Die Abwasser des Steinkohlen- und Braunkohlen-Bergbaus. In: Bucksteeg, W. (Hrsg.): Die Essener Tagung vom 13. bis 14. September 1951, Berichte der ATV, Bd. 3, 81, München, Oldenbourg.
[2345] Wiese, J. (2004): Entwicklung von Strategien für einen integrierten Betrieb von SBR-Kläranlagen und Mischkanalisation, Dissertation, Kaiserslautern, Technische Universität Kaiserslautern.
[2346] Wiesmann, J. (1976): Internationaler Wettbewerb für die Kläranlage Zürich. In: Kuntze, E. (Hrsg.): 3. EAS 1975: 3. Europäisches Abwasser- und Abfallsymposium, Berichte der ATV, Bd. 28, 259ff., Bonn, Gesellschaft zur Förderung der Abwassertechnik (GFA).
[2347] Wieting, J., Wolf, P. (1990): Stickstoffbilanz der BRD. Wasser und Boden, 10, 646–648.
[2348] Wilbers, A.; Felix-Henningsen, P. (1994): Polyzyklische Aromatische Kohlenwasserstoffe in Böden von Rieselfeldern am Beispiel der Stadt Münster. Wasser und Boden, 46, 12, 14–18.
[2349] Wilcox, L. V. (1948): Agricultural Uses of Reclaimed Sewage Effluent. Sewage Works Journal, 20, 1, 24–33.
[2350] Wilcox, L. V. (1949): Landwirtschaftliche Verwendung von gereinigten Abwasserabläufen, Zeitschriften-Umschau. Gesundheits-Ingenieur, 70, 5/6, 105.
[2351] Wild, D. (1997): Nährstoffflüsse in Kläranlagen mit biologischer Phosphorelimination, Dissertation, Zürich.
[2352] Wilderer, P. A.; Hartmann, L. (1978): Zweistufiges Verfahren zur weitergehenden biologischen Abwasserreinigung. KA Korrespondenz Abwasser, 25, 9, 295–299.
[2353] Wilderer, P. A., Irvine, R. L. u. Doellerer, J. (Hrsg.) (1997): Sequencing Batch Reactor Technology: Batch Application of Periodic Unsteady-state Processes: Selected Proceedings of the 1st IAWQ International Specialised Conference on Sequencing Batch Reactor Technology, Münich, Germany, 18–20 March 1996. Water Science and Technology, Oxford u.a., Pergamon Press.
[2354] Wild, H. E., JR.; Sawyer, C. N.; McMahon, T. C. (1971): Factors Affecting Nitrification Kinetics. Journal Water Pollution Control Federation, 43, 9, 1845–1854.
[2355] Wiley, A. J.,Lueck, B. F., Scott, R. H., Wisniewski, T. F. (1960): Commercial-Scale Operation of Turbine Aeration on Wisconsin Rivers. Journal Water Pollution Control Federation, 32, 2, 186–194.
[2356] Willaredt, E.; Zech, H. (1985): Nachklärteiche - ein Beitrag zu Natur- und Landschaftsschutz? KA Korrespondenz Abwasser, 32, 3, 180-184.
[2357] Willems, G. (1988): Nachweis zur Regenwasserbehandlung. gwf Wasser/Abwasser, 129, 129, 269–274.
[2358] Willems, G. (1990): Betrieb und Überwachung von Regenbecken. KA Korrespondenz Abwasser, 37, 10, 1160-1164.
[2359] Willems, G.; Rüschenberg, M.; Bode, H. (1999): Ausmaß des Mischwasserrückhalts bei der Niederschlagsbehandlung und die damit verbundenen Investitionskosten. In: Institut für Siedlungswasserwirtschaft der Universität Bochum (Hrsg.): 17. Workshop Siedlungswasserwirtschaft: Mischwasser – quo vadis ?, Schriftenreihe Siedlungswasserwirtschaft Bochum (SiWaWi), Band 36, Bochum, 5-29.

[2360] Willems, G. (1999): Kaltduschen hält gesund: Abwasserberatung NRW. Abwasserreport, 4
[2361] Willems, G.; Hinzmann, U. (2001): Auswertung von Wasserstandsmessungen an Regenbecken. gwf Wasser/Abwasser, 142, 11, 761–766.
[2362] Willems, G.; Rüschenberg, M. (2001): Kosten von Niederschlagswasserbehandlungsanlagen. In: Dohmann, M. (Hrsg.): 34. Essener Tagung für Wasser- und Abfallwirtschaft, Gewässerschutz, Wasser, Abwasser, Band 184, 12/1-12/13, Aachen, Gesellschaft zur Förderung der Siedlungswasserwirtschaft an der RWTH Aachen.
[2363] Will, J.; Högel, C.; Klopp, R. (2013): Vorkommen und Herkunft der Industriechemikalien Benzotriazole und TMDD im Oberflächenwasser und kommunalen Abwasser - Beispiel Ruhr. KA Korrespondenz Abwasser, Abfall, 60, 8, 684–690.
[2364] Wilson, G. T.; MacLeod, N. (1974): A critical appraisal of empirical equations and models for the prediction of the coefficient of reaeration of deoxygenated water. Water Research, 8, 6, 341–366.
[2365] Wilson, M.; Sandino, J.; Cote, T.; Brueckner, T.; Boltz, J.; Michelsen, D. (2012): Design and Operational Insights of the World's Largest Integrated Fixed Film Activated Sludge (IFAS) Process for Low Nitrogen Limits. Proceedings of the Water Environment Federation, 12, 3970–3988.
[2366] Winter, Klaus, J.; Goetz, D. (2004): Einfluss der Abwasserzusammensetzung auf die Kolmationsneigung vertikal durchströmter Bewachsener Bodenfilter. KA Korrespondenz Abwasser, 51, 9, 961–966.
[2367] Winter, A.; Dichtl, N. (2002): Minimierung von Betriebskosten auf Kläranlagen durch Klärschlammdesintegration. gwf Wasser/Abwasser, 143, 10, 712–718.
[2368] Wolber, J. (1938): Beseitigung jodoformartigem Chlorphenolgeschmack aus Trinkwasser. gwf Wasser/Abwasser, 81, 14, 236–238.
[2369] Wolber, J. (1941): Erfahrungen beim Ausbau eines Wasserwerks mit Oberflächen- und Grundwasserversorgung. gwf Wasser/Abwasser, 84, 17, 257–263.
[2370] Wolf, D. (1987): Weitgehende Stickstoffoxidation in Tropfkörpern. KA Korrespondenz Abwasser, 34, 6, 645-649.
[2371] Wolf, P. (1971): Die Berücksichtigung neuerer Erkenntnisse bei Sauerstoffberechnungen in Fließgewässern. gwf Wasser/Abwasser, 112, 4, 200–203.
[2372] Wolf, P. (1974): Aerobe Schlammstabilisierung: Folgerungen aus der fachlichen Diskussion in Bad Boll. gwf Wasser/Abwasser, 115, 6, 283–287.
[2373] Wolf, P.; Boes, M.; Buck, H. (1986): Auswirkungen von Fluss-Stauhaltungen auf die Gewässerbeschaffenheit. Wasserwirtschaft, 76, 7/8, 314–319.
[2374] Wolf, P.; Telgmann, U.; Memmen, K. (1994): Biologische Phosphatelimination - Betriebserfahrungen an drei Großanlagen. gwf Wasser/Abwasser, 135, 9, 506-515.
[2375] Wolters, N. (1972): Die technische Bedeutung der anaeroben Respiration. Abwassertechnik, 23, 4–5.
[2376] Wontner-Smith, H. (1941): Grease from sewage helps Great Britain. Engineering News Record, 126, 13. März, 441-413.
[2377] Wood, A. (1995): Constructed wetlands in water pollution control: fundamentals to their understanding. Water Science and Technology, 32, 3, 21–29.
[2378] Wood, A. A.; Claydon, M. B.; Finch, J. (1970): Synthetic detergents: some problems. Water Pollution Control, 69, 6, 675–685.
[2379] Wood, J. D. (1958): The Flexure of a Uniformly Pressurized, Circular, Cylindrical Shell. Journal of Applied Mechanics, 25, 12, 453–458.
[2380] World Health Organization (Hrsg.) (1985): Appropriate technology for the treatment of wastewaters for small rural communities: Report on a WHO meeting, Lyon, 7 - 11 June 1982. EURO Reports and Studies, Band 90, Kopenhagen, WHO, Regional Office for Europe.
[2381] Wöttke, H. (1954): Beitrag zur vergleichenden Betrachtung deutscher Kanalberechnungsmethoden. Bauamt und Gemeindebau, 27, 9, 273–278.
[2382] Wuhrmann, K. (1953): Ergebnisse von Grossversuchen an hochbelasteten Belebtschlammanlagen und Tropfkörpern. Schweizerische Zeitschrift für Hydrologie, 15, 1, 1–93.
[2383] Wuhrmann, K. (1957): Wege und bisherige Erfolge in der Eliminierung eutrophierender Stoffe. gwf Wasser/Abwasser, 98, 50, 1255-1256.
[2384] Wurm, H. J. (1970): Die Behandlung phenolhaltiger Abwässer im rheinisch-westfälischen Industriegebiet. gwf Wasser/Abwasser, 111, 2, 95–101.

[2385] Wurm, H.-J. (1973): Untersuchungen über die Wirtschaftlichkeit der wichtigsten physikalisch-chemischen Verfahren zur Entphenolung von Kokereiabwässern. Gewässerschutz, Wasser, Abwasser, Band 13, Aachen, Gesellschaft zur Förderung der Siedlungswasserwirtschaft an der RWTH Aachen; der TH Aachen.

[2386] Zacharias, B. (1996): Behandlung von Abwasser aus der Fahrzeugwäsche. In: Abwassertechnische Vereinigung (Hrsg.): Abwasser- und Abfallwirtschaft - Umweltschutz vor neuen Aufgaben. ATV-Bundestagung, BMBF-Statusseminar, Ausstellerforum 14. - 16. Oktober 1996, Congress Center Leipzig, ATV-Schriftenreihe, Bd. 4, 339–358, Hennef, Gesellschaft zur Förderung der Abwassertechnik (GFA).

[2387] Zander, B. (1972): Druckentwässerung - ein neuzeitliches Verfahren zur Ableitung von Abwasser. gwf Wasser/Abwasser, 113, 10, 447–452.

[2388] Zander, H. (1970): Die Gründung des Wasserverbandes Westdeutsche Kanäle. gwf Wasser/Abwasser, 111, 10, 584–590.

[2389] Zerres, H.-P. (2004): 30 Jahre Leistungsvergleich der kommunalen Kläranlagen in Baden-Württemberg: Ziele, Entwicklungen und Ergebnisse. KA Korrespondenz Abwasser, 51, 9, 987–995.

[2390] Zettl, U. (08.09.2015): WWTP Stuttgart – Mühlhausen – changeover to air distribution control system (ADC). 12th IWA Specialised Conference on Design, Operation and Economics of Large Wastewater Treatment Plants, Prag.

[2391] Zimmermann, H. (1994): Beanspruchung eines Auskleidungsrohres in Verbindung mit einer längs gerissenen, elastisch gebetteten Rohrleitung, Dissertation. Technische Wissenschaftliche Mitteilungen, 1994-12, Bochum, Ruhr-Universität Bochum.

[2392] Zimpel, J.; Grothkopp, H. (1992): Behandlung von Abwässern der metallbe- und -verarbeitenden Industrie. In: Böhnke, B. (Hrsg.): Wasser und Abfall in Europa, Gewässerschutz, Wasser, Abwasser, Bd. 131, 435, Aachen, Gesellschaft zur Förderung der Siedlungswasserwirtschaft an der RWTH Aachen.

[2393] Zingler, E. (1987): Entseuchung und Zwischenspeicherung von Klärschlämmen vor der landwirtschaftlichen Verwertung. In: Abwassertechnische Vereinigung (Hrsg.): ATV-Jahreshauptversammlung, Berichte der ATV, Bd. 37, 387, St. Augustin, Gesellschaft zur Förderung der Abwassertechnik (GFA).

[2394] Zlokarnik, M. (1994): Wassersparende Prozesse in der chemischen Industrie. Wasser und Boden, 46, 10, 10-.

[2395] Züllig, H. (1984): Erfassen von Messwerten und Daten. Verbandsbericht / Verband Schweizerischer Abwasserfachleute, Band 284, Zürich, VSA.

[2396] Zunker, F. (1938): Theorie des Fettabscheiders und ihre praktische Anwendun. Gesundheits-Ingenieur, 61, 33, 454–458.

Inserentenverzeichnis